개정증보3판 2쇄 인쇄 | 2026년 4월 1일
개정증보3판 1쇄 발행 | 2026년 3월 3일

지은이 | 이정기, 타블라라사 편집팀
펴낸곳 | (주)타블라라사
컨텐츠 담당 | 홍경진, 윤선영, 김수경, 엄연희, 문아현, 최현아, 고민지, 최방숙
편집디자인 | 홍경진
표지디자인 | IKOONG

출판등록 | 2016년 8월 10일(제 2019-000011호)
이메일 | quiz94@naver.com
홈페이지 | http://aidenmapstore.com

에이튼
국내여행
가이드북

AI시대 여행가이드북을 펴내며...

머리말이나 서문 부분은 좀 지루하기 마련입니다. 빨리 본문으로 넘어가고 싶은 생각이 드는 것도 사실인데요, 실용서적이 어떤 이유로 만들어졌는지를 알고 나면, 책을 훨씬 잘 활용할 수 있습니다. 이 책을 처음 보신다면 여행지를 찾기에 앞서, 펴내며 부분을 꼭 읽어주시기를 부탁드립니다.

에이든 국내여행 가이드북은 2020년 초판 이후 6년 만에 '개정증보 3판', 총 1,088p로 업그레이드되어 돌아왔다. 배낭여행처럼 가방에 넣고 다니는 책이 아니기에, 두께를 늘리는 데 큰 망설임은 없었다. 그동안 가볼 곳들과 예쁜 장소들은 더 많아졌고, 에이든이 이를 정리해 보여주지 못할 이유도 없다고 생각했다.

이 책은 거실이나 책장에 꽂아두고 아무 페이지나 펼쳐보는 책이다. 가이드북을 훑어보다가 다트 던지듯 손으로 찍으며 가볼 곳을 정해도 좋다. 사진만 보고 마음이 움직이는 곳에서 잠시 멈춰도 좋다. 그래서 쉽게 선택할 수 있도록 사진을 충분히 담았다. 정보를 설명하기 위한 사진이 아니라, 그 장소가 가진 분위기와 온도를 사진만으로도 전달할 수 있도록 고른 이미지들이다. 여행지는 설명보다 느낌으로 먼저 다가오는 경우가 많기 때문이다.

이 책은 몇 곳을 골라 큐레이션하는 가이드북이 아니다. 국내 여행지 전체를 총정리한 일종의 '여행지 사전'에 가깝다. 사전처럼 아무 페이지나 펼쳐도 여행에 푹 빠질 수 있게 만들었다. AI 기술의 발달과 수많은 정보가 넘쳐나는 시대에, 검색 몇 번이면 웬만한 정보는 다 나온다. 그래서 에이든은 다른 질문에서 출발했다. '이번 주말에 어디 갈까?' 라는 질문에 독자가 스스로 답을 찾을 수 있도록 하려면 어떤 책을 만들어야 할까?

그래서 역대 한국관광 100선, 최신 방문객 트렌드 등의 관광 통계, SNS 및 미디어 노출 빈도, 지자체들의 문화관광 홍보 자료, 저평가된 숨은 여행지들에 대한 수많은 여행객들의 리뷰를 모두 통합 분석해 1차로 5천 개 이상의 여행지를 수집했다. 그중 '1시간 이상 이동해서 찾아갈 만하고, 여행자들의 행복 만족도를 높일 수 있는 곳'이라는 에이든만의 기준으로 여행지 약 2천 개를 골라냈다.

또 이 여행지 정보를 요약해 여행지를 쉽게 선택하고, 여행을 계획할 수 있도록 제작했다. 그 이후에 포털 사이트나 AI 이용은 독자의 몫이다. 기존의 여행서는 한 여행지에 많은 이야기를 담으려는 구조적 한계를 가지고 있다. 그렇게 되면 많은 여행지를 추천해줄 수 없을 뿐 아니라, 실시간 반영이 어렵고 출간 이후 정보의 최신성은 더더욱 떨어질 수밖에 없다. 이러한 부분들까지 감안해 「에이든 국내여행 가이드북 개정증보 3판」으로 AI 시대에 맞게 업그레이드했다. 10명의 에디터와 제작자들이 1년 동안 이 책에 매달려 총 1만 시간에 가까운 시간을 들였다. 직접 발로 뛰는 취재, 무수한 검색과 자료 수집, 수백 번의 팩트 체크와 사진 선별 끝에 모든 정보를 하나로 모아 '믿을 수 있는 콘텐츠'로 정제했다. 방대한 글로벌 데이터를 학습한 AI라 할지라도, 대한민국 구석구석의 생생한 숨결과 미세한 변화까지 담아내기에는 한계가 있다. 그 빈틈을 에이든의 발로 뛴 취재로 채웠다.

에이든의 독자들은 말한다.
"미친 디테일", "여행에 진심인 출판사."

그 덕분에 「에이든 국내여행 가이드북」은 매년 국내여행 베스트셀러 1위가 되었고, 이제는 스테디셀러가 되었다. 에이든이라는 이름을 알아보고 기다려주는 독자들도 생겼다.

타블라라사는 출판사이지만, 출판사에만 머물지 않는 혁신을 기반으로 한 콘텐츠 스타트업이다. 충분한 콘텐츠와 지도를 확보하면, 종이책에만 머무르지 않고 디지털 콘텐츠 시장에도 진출할 것이다. 과거 론리플래닛이 전 세계를 여행 콘텐츠로 묶어냈듯, 우리는 'aiden' 브랜드와 AI시대에 맞는 새로운 한국식 콘텐츠 스타일로 세계 시장에 도전할 것이다. 여행자들이 한눈에 '쏙' 이해하고 바로 사용할 수 있는 조각난 콘텐츠, 사진과 정보, 그리고 지도와 팁이 김밥처럼 정갈하게 배열된 한국 스타일의 콘텐츠를 전략으로 삼아 나아갈 것이다. 마케팅에만 의존해 브랜드를 키우지 않을 것이며, 콘텐츠만으로 여행자들에게 작은 빛이 될 것이다.

'타블라라사'는 라틴어로 '빈 서판'을 뜻한다.
아무것도 없는 백지에 그림을 그려가듯,
에이든은 아직 세상에 없는 여행 콘텐츠를
한 줄 한 줄, 하나씩 그려가고자 한다.

'에이든(aiden)'은 고대 아일랜드어로 '작은 불빛'이라는 뜻을 지녔다.
여러분의 여행 준비가 막막할 때,
그 여정을 환히 비춰주는 작은 빛이 될 것이다.

이 가이드북이 그 빛이 되어줄 수 있기를 진심으로 바란다.

2026년 1월 31일 이정기

JK.lee

가이드북 사용법

01 테마페이지에서 컨셉잡기

1) 앞부분 테마 부분과 중간부분 도별·계절 테마 부분을 후루룩 넘겨가면서, 이번 주말은 어떤 컨셉으로 나들이 계획을 세울지 끌리는 느낌으로 골라보세요.

2) 가고 싶은 도시, 음식, 꽃 계절, 액티비티, 유명 카페, 핫한 SNS 스팟, 멋지고 프라이빗한 숙소, 다양한 시설의 리조트 그리고 KTX나 SRT가 닿는 곳, 한국관광100선 여행지, 조선·백제·신라·고구려 등의 역사 그리고 빵지순례까지

3) 생각 많이 하지 말고 그냥 쭉 넘겨가며 끌리는 대로 하나를 골라보세요. 잘 골라지지 않는다면, 지역을 선택하고 앞쪽 계절 테마에서 골라보는 것도 방법이에요.

*고르셨으면 해당 여행지를 행정구역으로 찾아가보세요. 앞의 목차나 뒤의 인덱스를 활용해도 좋아요.

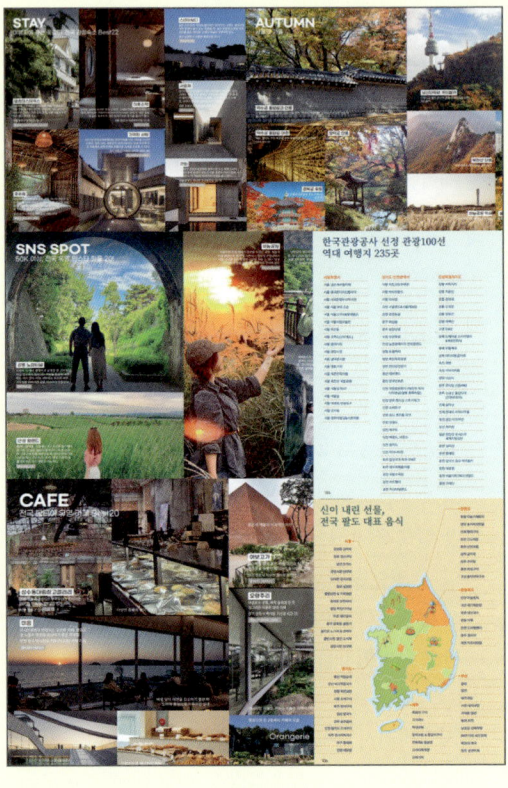

02 핵심 여행지 고르기

1) 테마 페이지에서 잡은 컨셉을 기반으로 특정 여행지를 고르거나, 특정 행정구역을 고르셨으면 이제 해당 여행지 목록 페이지로 이동합니다.

2) 먼저 고르신 여행지 주변의 다른 여행지들과 함께 살펴봅니다.

3) 모두 앞뒤 한 페이지 사이에서는 시/군/구가 변하지 않는 한 이동이 쉬워요.

*고르셨다면 이제 다음 항목에서 지도로 범위를 넓혀 더 멀리 살펴보아요.

03 지도로 주변 더 자세히 보기

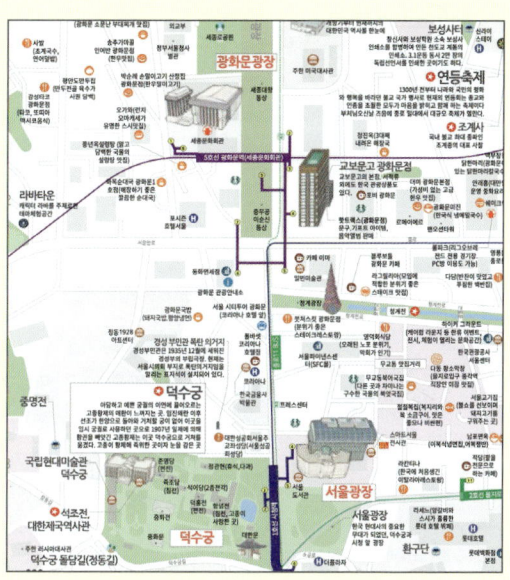

1) 지도 위에 선정한 여행지를 표시해 두시고, 이후에 지도위에만 있는 다른 맛집이나 여행지도 지도위에서 골라 표시해 둡니다. 기본적으로 이 가이드북에는 2,000개가량의 스팟이 소개되지만, 지도위에는 이 스팟 이외에도 1,000개 가량의 스팟들이 추가로 포함되어 있습니다.

2) 이후 이동 동선에 맞게 본인의 여행 루트를 직접 설계합니다.

※ 에이든 국내여행 가이드북말고도 큰 사이즈(A1 사이즈)의 방수종이로 만든 지도를 서점 또는 스마트스토어에서 판매하고 있습니다. "에이든 전국여행 지도"로 네이버 검색해주세요. 한눈에 크게 보시길 원하시면 이 지도를 구매해 활용하시면 루트 설계에 큰 도움이 됩니다.

05 근처 맛집, 카페, 사 올 것 고르기

1) 목적으로 하는 여행지를 고르고 그 주변 가볼 만한 곳을 정했으면 해당 행정구역의 주요 음식은 무엇이고, 어떤 음식점이 유명하고, 어떤 사 올 만한것이 있는지 알아봅니다.

2) 맛집은 해당 여행지에서 약간 떨어져 있을 수도 있어요. 지역별 테마에서 먹거리와 음식점을 찾아보아요. *지역별 테마란, 행정구역별로 나누어 여행지 목록이 나오는데 그 지역의 맨 앞부분에 있어요

3) 기념품을 구매하는 것은 그 도시를 기억하고 추억하는 아주 효과적인 방법이에요. 기념품을 구입해서 추억에 저장해 보아요.

별매   여행 여권으로 다녀온곳 도장 찍기

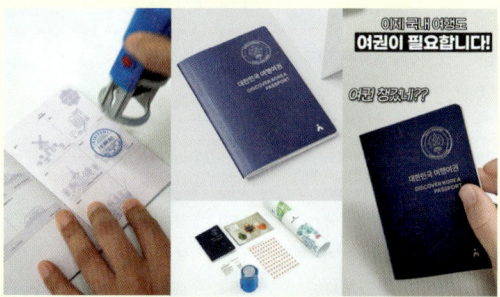

1) 에이든에서 만든 "국내여행 스탬프북"이 있어요. 다녀온 행정구역을 스탬프로 꽝! 찍어 추억을 기록하는 방법이에요

2) 네이버에서 "에이든 국내여행 여권 스탬프북"으로 검색해 보세요 *본 가이드북에 포함되지 않은 별도 구매하는 제품입니다.

11

MAP

성북구

간송미술관
빛나는 보물을 모아둔 집
'간송미술관' 조선의 유명인들의
그림과 문화재들이 전시되고 있다.

바질숲 권스비어
(바질페스토쉬림프)

포썸(대창쌀국수,
베트남음식)

고려대학교 아이스링크
실내 아이스링크로 4계절 이용이 가능하다. 강습은
개인레슨과 단체강습, 방학 특강반 등으로 나뉜다.
자유이용시간에 입장료를 내고 자유롭게 이용할 수
있다.

초림정(중식당)

스시만 종암점
(특선초밥,스시만정식)

메기의추억
(매운탕,해물탕)

사뽀블랑
(성북구 3대 빵집으로 알려진
성북동 빵맛집, 산딸기프레첼)

수아당
(5cm망모스김밥,왕김밥)

큰대문집
(소갈비,소등심)

숙수도가
(숙성한우1++레스토랑)

윤휘식당(일본 가정식)

근처식당
(쌀국수,
팟타이)

성신여대입구역

돈암동거리

성신여자대학교

우정초밥
(런치,디너타임
오마카세)

나폴레옹과자점
본점(사라다빵,베이커리)

팔백집
(쫄갈비)

고려대학교

본관

고려대역

성북02

성북
경찰서

**고려대학교 본관 및
구 중앙도서관**

비나레스토랑
(인도커리,인도
현지식식당)

혜화문

한성대입구역

공푸(차돌짬뽕,
중식집)

번트(번트슈페너,
저녁엔 와인바)

백소정 본점
(소바,돈카츠)

국시집(칼국수)

혜화칼국수
(국시,생새튀김)

짚풀생활사박물관

안암역

오살(영국식 인도커리)

혜화필리핀마켓

정돈 대학로본점(돈가스)

보문사
사찰에 석굴암이 있는
유서 깊은 도심속 사찰

서울약령시장
한약재 전문시장으로 청량리역 근처로
상인들이 모이면서 자연스레 생겨났다.
좋은 한약재를 저렴하게 구입하기 위한
필수 장소라고 보면 된다.

제기동성당

촌놈(삼겹살,항정살)

대학로거리

삼선상상
어린이공원

보문역

고려대학교

선농단 역사공원
농사가 잘되길 바라는 제사를 지내고
백성들과 고깃국을 나눠 먹은대에서
설렁탕이 유래

약령시장

한의약
박물관

경동시장

핏제리아오
(나폴리식화덕피자)

낙산공원

아르코미술관

예술가의 집

테르트르
(갤러리형 카페,루프탑)

낙산공원
성곽 배경으로 낙산공원에서
바라보는 서울의 야경이 정말
아름답다.
조선 600년 성곽과 그 뒤로
보이는 서울의 붉은노을이
배경이 된다면 멋진 인생사진이
나올것 같다.

어머니
대성집(해장국,
수육등)이 일품

경동시장

마로니에공원

쇳대박물관

도넛정수 창신
(동양풍 도넛 맛집)

창신역

제기동역

나정음 할매 쭈꾸미
(중독성 있는
쭈꾸미 맛집)

구 공업전습소 본관
(구 중앙시험소 청사)

이화동 벽화마을
곳곳이 포토존인
벽화마을, 서울에
흔치않은 추억의 마을

숭인근린공원

용두역

종묘
조선 역대 왕과 왕후의 신주를
모신 사당. 맞배 지붕의
장엄한 건축미가 압도적.
유교에는 사람이 죽으면 혼이
혼은 하늘로 가고 백은 땅으로
돌아간다는 말이 있다.

흥인지문
서울 성곽 4대문
중의 하나인 동대문

하늘빛 전통
천연염색 연구소

맹그로브 신설

신설동역

육전식당1
(줄서는 삼겹살
맛집)

용두공원

동묘앞역

성곽공원

호정(줄서는 삼겹살
맛집)

에베레스트
레스토랑(커리)

동묘공원(관우를
모시는 사당)

서울 풍물시장
골동품, 고서, 가전, 공구등 다양한
풍물 중고품이 가득한 곳으로
역사가 오래된 풍물시장

청계천 판잣집 테마존

동대문역

동묘벼룩시장

서울풍물시장
전통문화체험관

한우마을
(정육식당)

종묘
(동대문 중구)

로5가역

생선구이
닭한마리 골목

동대문
종합시장

신발종합상가

황학동 주방거리

동묘 벼룩시장
세계 어디 도시를 여행해도 꼭
찾는 곳은 그 지역 벼룩시장,
조선시대부터 옛 장터 자리

청계천 박물관
청계천 판잣집 체험관

대도식당
왕십리본점(등심)

청계천
헌책방거리

JW메리어트 동대문스퀘어 서울

신당창작
아케이드

일본군 위안부
기억터

맛나곱창
(소곱창,돼지곱창)

인더매스 마장
(창고형인테리어카페)

평화시장

현대시티 아울렛

두산타워 동대문시장 청평화시장

**동대문 쇼핑
역사문화공원**

**동대문디자인
플라자 (DDP)**

심세정(베이커리카페)

제일곱창 본점

엔터식스
왕십리점

밀리오레

APM

동대문관광
안내소

스시 소우카이
(오마카세)

동대문 역사문화공원역

신당역

왕십리곱창

상왕십리역

왕십리육감식당

왕십리역

이마트

왕십리점

광희문

충무아트센터
클래식과 연극, 뮤지컬 등
다양한 공연과 갤러리, 카페
등이 있는 복합 시설

그해그달(쌀케이크)

평양면옥
(편육,평양냉면)

**신당동
떡볶이 타운**

노띵커피

청구역

태극당
(모나카)

평안도
족발집(족발)

종이나라 박물관

펄시커피

장충체육관

금복지식당
(늦꽃목살,본삼겹)

동입구역

대현산 배수지 공원
모노레일

행당역

15

경복궁·서촌·북촌

얼스어스
서촌 사랑스러운 케이크 맛집, 일회용품 사용하지 않는 제로웨이스트 카페

수풀
제주도에서 인기있는 인테리어 소품샵의 서울 지점

청와대
청와대 본관

대통령 관저

대정원

소정원

녹지원

영빈관

대통령 비서실 여민1관

대통령 비서실 여민2관

여민3관

청와대 앞길
청와대 사랑채, 분수대, 대고각, 영빈관, 무궁화 동산이 나오는 효자로삼거리에서 팔판 삼거리에 이르는 길

건청궁
(고종이 휴식을 목적으로 지은 이궁, 민비 시해장소)

향원정

함화당
(후궁 거처)

집경당
(후궁 거처)

서촌마을
서촌은 경복궁 서쪽에 있는 마을을 일컫는 별칭이다. 오랫동안 골목길을 지켜온 낡은 상점들과 한옥집, 그리고 새로 생겨난 습자와의 조화가 전혀 어색하지 않은 곳이다. 미로 같은 골목길을 걷다 보면 산뜻한 파스텔 컬러의 벽화와 앙증맞은 그림들이 눈과 발을 사로잡는다. 옛 느낌과 더불어 감각적이고 세련된 공간들도 함께 공존하고 있는 서촌은 특유의 정겨움과 소박함을 유지하고 있다.

청운효자동 주민센터

서촌

베어카페
(서촌 분위기 좋은 한옥 서점이자 카페)

아키비스트
(아인슈페너가 맛있는 카페)

무궁화동산
옛 중앙정보부의 궁정동 안전가옥 터에 마련된 시민휴식공원

청와대사랑채
대한민국 역대 대통령의 발자취와 한국 문화 관련 전시 진행. 한국 문화 전시, 한식 홍보관 등도 함께 운영된다.

태원전

한국전통주연구소
쌀, 전통누룩, 물, 꽃과 약재 등 자연 재료로만 술을 빚는 국내 전통주 양주기술을 교육하는 기관

효자베이커리
백종원3대 천왕, 콘브레드 추천

서촌 통인시장
경복궁의 서쪽에 있는 마을로, 효자동과 사직동 일대를 서촌이랬으며 통인시장에는 통용되는 화폐인 엽전으로 식사할 수 있는 곳이다. 통인시장에는 기름 떡볶이, 떡갈비, 전 등을 도시락에 담아 먹을 수 있다.

경복궁
'영원토록 큰 복을 이루리라'라는 의미의 경복궁. 임진왜란 때 소실된 것을 흥선대원군의 지휘 아래 재건. 임진왜란 이후 재건 전까지는 거의 사용되지 않음. 경복궁을 법궁이라고 하며 반듯반듯 격식있는 구조

스페터

전통문화원

잘빠진메밀 서촌 본점
(메밀막국수)

애월식당
(제주돼지 맛집)

ofr.seoul
(프랑스.파리 분위기의 서촌 편집샵이자 책 서점)

용금옥(추어탕)

정부서울청사 창성동 별관

고트델리카촌
서촌스코프 (잠봉뵈르샌드위치, 피자)

공정무역가게 그루
(의류와 수공예품 등 300여가지의 공정무역상품을 판매)

서촌금상고로케

대오서점
(60년 넘은 서점으로 현재는 문화공간 및 촬영장소로 유명, 아이유 앨범사진)

이상의 집
소설가 이상이 살던 집터에 꾸며진 문화공간

오스테리아소띠
(이탈리안 레스토랑, 벨라안나)

통의동 보안여관
(옛날 여관을 리모델링해 갤러리, 카페, 서점 등 다양한 볼거리)

하향정

경회루

교태전
(왕비의 침전)

강녕전
(국왕의 침전)

천추전

만추전

사정전
(왕이 집무를 보던 편전)

수정전

리틀템포 디자인샵
(서촌 경복궁 근처 귀여운 문구 잡화점)

서촌구루루

돌밭메밀꽃
(메밀전병, 메밀칼국수)

그라운드시소 서촌
트렌디한 전시가 열리는 전시공간

재단법인 아름지기

애즈라이크
(브런치카페)

근정전(경복궁의 정전으로 국가의식, 외국사신 접견)

근정문

칸다소바 경복궁점
(일본식라면, 마제소바)

그랑핸드 서촌
(향수, 핸드워시 등 판매하는 감각적인 매장)

스태픽스
(은행나무 마당이 있고 뷰가 좋은 파운드케이크, 디저트카페)

서미나들이
(한복 대여점)

제부동찬칫집
들깨칼국수, 잔치국수

쏘리에스프레소바
(에스프레소, 에그타르트)

대림미술관
현대 사진 작품 위주의 전시가 열리는 미술관

국립고궁박물관
조선 왕실의 보물과 문화재 전시

경복궁

홍례문

세종마을 음식문화거리

서촌계단집
(각종회, 해산물집)

한복남
(한복 대여점)

원모어백
서촌 소품샵, 다양한 팝업스토어 열림

사직단

사직단
토지의 신과 곡물의 산에게 조선 임금이 제사를 드리던 곳으로 조선 태조 이성계가 1395년에 종묘와 함께 만들었다. 사적 121호

2호선 경복궁역(정부서울청사)

광화문
1395년 태조 4년 창건된 경복궁의 정문(왕실의 권위). 임진왜란때 소실된 이후 흥선대원군이 경복궁을 재건 1927년 일제의 조선총독부가 해체하여 다른곳으로 이전하는 수모. 2010년 원래의 모습과 원래위치로 돌아오는 복원작업으로 재건

나무사이로
(아담한 한옥집의 카페)

서울지방경찰청

국립민속박물관
한국인의 전통 생활상을 보고, 느끼고, 체험할 수 있는 곳. 선사시대부터 현대까지의 한국인의 생활상을 전시. 조선시대 사대부의 출생부터 제례까지의 과정을 살펴볼 수도 있다. 경복궁 입장 시 무료 관람. 1월 1일, 설날과 추석 연휴 휴관.

서울서둘째로잘하는집(전통죽, 팥죽)

중앙고등학교
1908년 기호지방의 우국지사들에 의해 설립된 기호학교가 1910년 9월 흥사단에서 설립한 융희학교를 합병하여 설립된 학교로, 3·1운동 이후 조선 소년군창설, 6·10만세운동, 광주학생운동을 시작한 곳이기도 했다. 근대건물과의 조화가 아름다운 곳으로 겨울밤이 촬영지 이기도 했다.

창덕궁
유네스코 세계문화유산으로 선정된 국내 유일의 궁궐, 조선 건축양식이 온전히 남아있는 가장 한국적인 궁궐. 태종 이방원이 왕자의 난이 있던 경복궁을 피해 새로 지은 창덕궁으로 일직선 구조의 경복궁과는 달리 자연 산세에 맞춘 궁궐

북촌한옥마을
북촌은 원래 청계천과 종로의 윗동네를 이르는 지명이다. 지금의 남산에 해당하는 종로의 아랫동네는 남촌이라고 했다. 근래에는 경복궁과 창덕궁 사이의 한옥마을을 북촌이라 부른다. 일제시대를 지나 현대에 이르기까지 개량된 한옥들이 많이 남아있다.

신 선원전
(역대 왕금님 초상을 봉안)

북촌동양문화박물관
고불 맹사성 정승이 사시던 집터에 공예품, 전통 고가구들 관람, 북촌한옥마을에서 가장 높은 곳에 위치한 전망대

국립어린이민속박물관
국립민속박물관 내에 위치. 오감을 이용하여 민속문화 체험 프로그램 운영. 의생활, 식생활, 주생활, 사회생활, 놀이 등으로 구성. 차례상 차려보기, 집 지어보기, 한복 아바타 만들기 등의 체험 진행.

포스톤즈 삼청점
삼청동 주민센터
돌 계단길

원서동 고희동 가옥
우리나라 최초의 서양화가 고희동이 살았던 목조 개량한옥, 등록문화재 84호 지정(개방)

이준구가옥
일제강점기 서양식 주택, 개화기 상류층 양식(비공개)

삼해소주가
삼청동과 북촌 한옥마을, 아담한 한옥 건물에서 서울의 전통을 시음하고 이해하며 소통할 수 있는 공간.(예약)

북촌8경 삼청동돌계단길
가모갤러리

삼청동수제빗집(녹두전, 수제비맛집)

공근혜갤러리

삼청동길

삼청동길
경복궁 담과 고풍스러운 한옥들 사이에 미술관과 상점들이 있는 거리. 과거와 현대가 만나는 지금 당장에라도 걷고 싶은 곳

삼청빙수(삼청동길 한옥에서 먹는 빙수)

북촌7경

북촌6경

북촌한옥마을

삼청동 카페거리

한옥밀집지역

북촌3경

한옥밀집지역

북촌전통공예체험관

북촌동양공예공방

전통혼례법보공방

나전과 옻칠

북촌5경

북촌4경

명인박물관

석정보름우물(조선후기 우물)

계동 배렴가옥
한국 수묵산수화가인 제당 배렴이 살던 곳에서 미술품 전시(개방)

부띠끄껑성(박스테이크)

차마시는뜰(한옥스타일의 전통찻집)

세계장신구박물관
전세계 각지에서온 전통 장신구 1,000여점이 전시되어 있는 박물관.

동림매듭박물관
한국의 전통 매듭 전시

가회민화박물관
민화, 부적이 전시되어 있는 박물관

유심사
만해 한용운 스님의 거처로 사용되던 곳

블루보틀 삼청한옥(한옥의 블루보틀)

삼청동길 은행나무
과거와 현대가 공존하는 은행나무 길

삼청파출소

국제갤러리
세계적인 해외 현대미술 작품 전시

정독도서관

북촌박물관
조선시대 목가구 및 고미술품 전시(유료 전시)

대장장이 화덕피자(한옥본관, 퀄리티 높은 피자)

북촌마을서재
누구나 들어와 책을 볼 수 있는 한옥

서울교육박물관
커피방안간

백인제가옥
근대 한옥의 양식을 고스란히 보존하고 있는 대표적인 일제강점기 한옥. 넉넉한 안채와 넓은 정원, 가장 높은 곳에는 아담한 별당채(개방)

청원산방
다양한 전통 창호로 이루어진 전통 한옥 박물관

성체전통건축자료관

천하보쌈(창덕궁옆 맛있는 보쌈맛집)(맛집)

황생가칼국수(칼국수, 만두)

큰기와집(한정식)

갤러리담

아궁이공방

국립현대미술관 서울
다양한 장르의 현대 미술 작품을 다루는 미술관. 전시실, 디지털정보실, 멀티미디어룸, 영화관 등 운영. 어린이, 일반인, 전문인을 위한 교육 프로그램도 운영.

현대카드 디자인 라이브러리

락고재 한옥
북촌전통한옥마을

계동길

북촌문화센터

북촌4경

창덕궁전경, 돌담 너머로 창덕궁의 전경이 가장 잘 보이는 장소

회화나무

아트선재센터

오브젝트 삼청점

북촌마을안내소

경춘자라리맹기는날(매운라면으로 유명한곳)

아디파이더스클럽(인력거 투어 체험)

팬스토어 안국(그릭요거트집)

계동길

런던 베이글 뮤지엄 안국점

아릴적 추억이 떠오르는 근대의 손길이 남아있는 곳으로 우리가 지켜야할 아름다운 근대 역사의 길

현대 원서공원
현대건설이 사옥 건립을 시민에게 제공하고자 조성한 공원

스미스가 좋아하는 스무디(한옥레스토랑, 분위기좋은 곳)

솔트24

은나무(한국 전통문양 응용한 수공예 악세사리 전문점)

안국동 윤보선생가(비공개)

전통주갤러리

아라리오뮤지엄 인 스페이스

아라리오갤러리

조선김밥(국시와 오뎅김밥이 맛있는 분식 맛집)

헌법재판소

프린트 원서점

재생워터

금호미술관
현대 예술 작가들의 작품 전시

미완성식탁(시즌별 특별한 마카롱 카페)

깡통만두(비빔국수)

톤티커피

어니언 안국

갤러리 현대

도트 블랭킷

카페레이어드 안국점

다운타우너 안국(수제버거)

덕성여중

덕성여고

그날그한복

소온테이블(샌드위치)

카페 노티드 안국

소온테이블(엔조비 피스타누)

동십자각
동십자각은 광화문에서 연결되어 오는 경복궁 외궁성이 건춘문을 향하여 꺾이는 부분에 세운 망루이다.

서울 관상감 관천대

인사동길
전통문화의 거리
전통문화의 거리로 조성되어 고미술, 골동품, 고서적, 각종 선물용품점, 외국인이 필수로 찾는 풍물마켓

서울동행사회(국내 지역특산물 유기농 제품 판매하는 안국역 상회)

오레실우크라덴 인사점(토리빠이탄)

운현궁양관
일본이 왕종 세자의 거처로 흥성대원군 손자 이준용에게 지어준 저택

운현궁

서울공예박물관

한국사찰음식 문화체험관

종로경찰서

천도교중앙대교당
3대 교주 손병희에 의해 세워진 우리나라 천도교의 총본산. 바로크풍 탑모양, 화강석 기초와 붉은 벽돌이 어우러진 고풍스러운 4층 건물

모도우 광화문점(한우 다이닝룸)

써머셋 팰리스 서울

컬러풀뮤지엄
9가지 테마와 30여가지 포토존이 있어 사진찍으며 놀기 좋은 곳

안녕인사동

테라로사 커피광화문점(넓은 공간커피가 맛있는 카페)

나인트리 프리미어

인사동길

익선동

경운동민병옥가옥

17

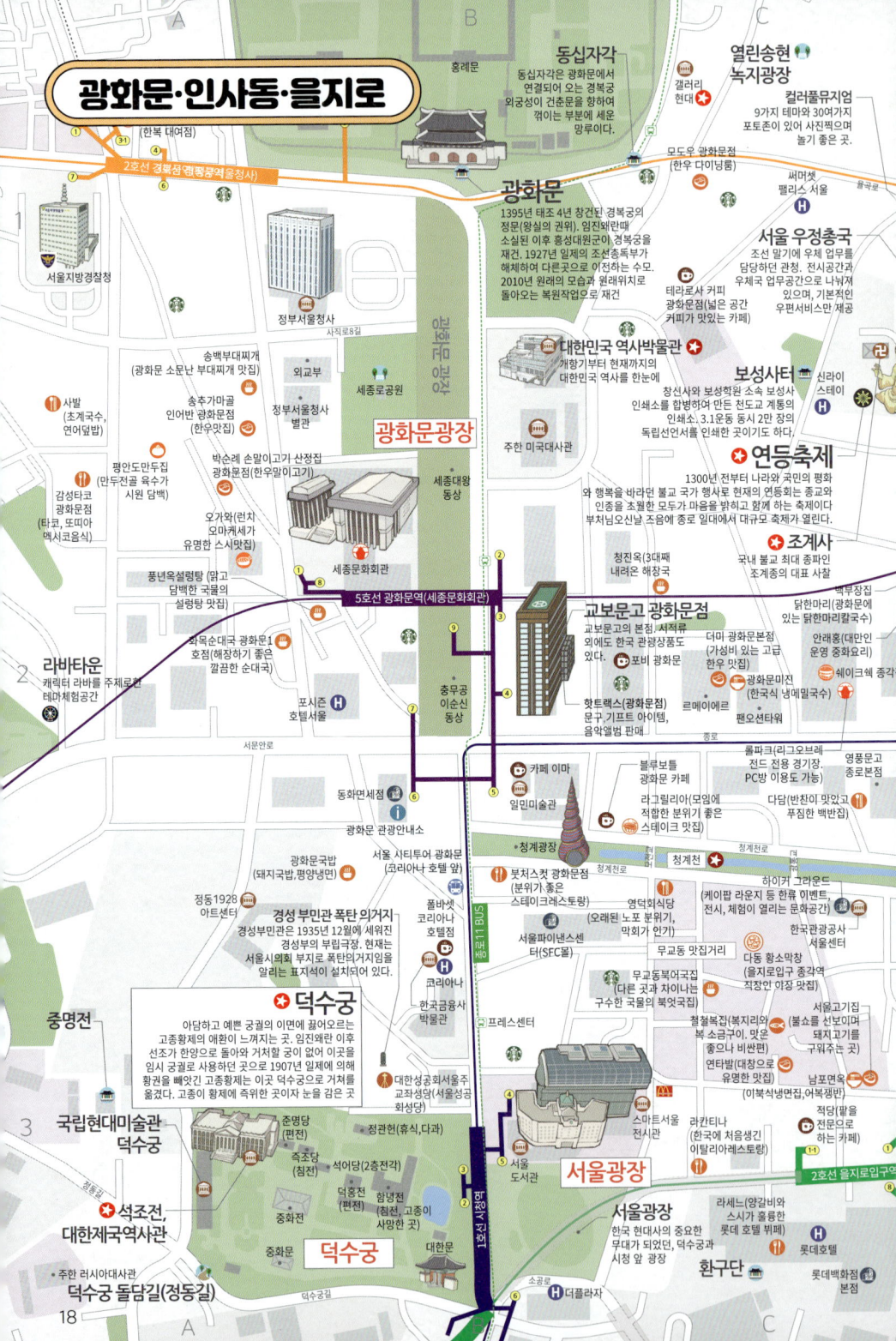

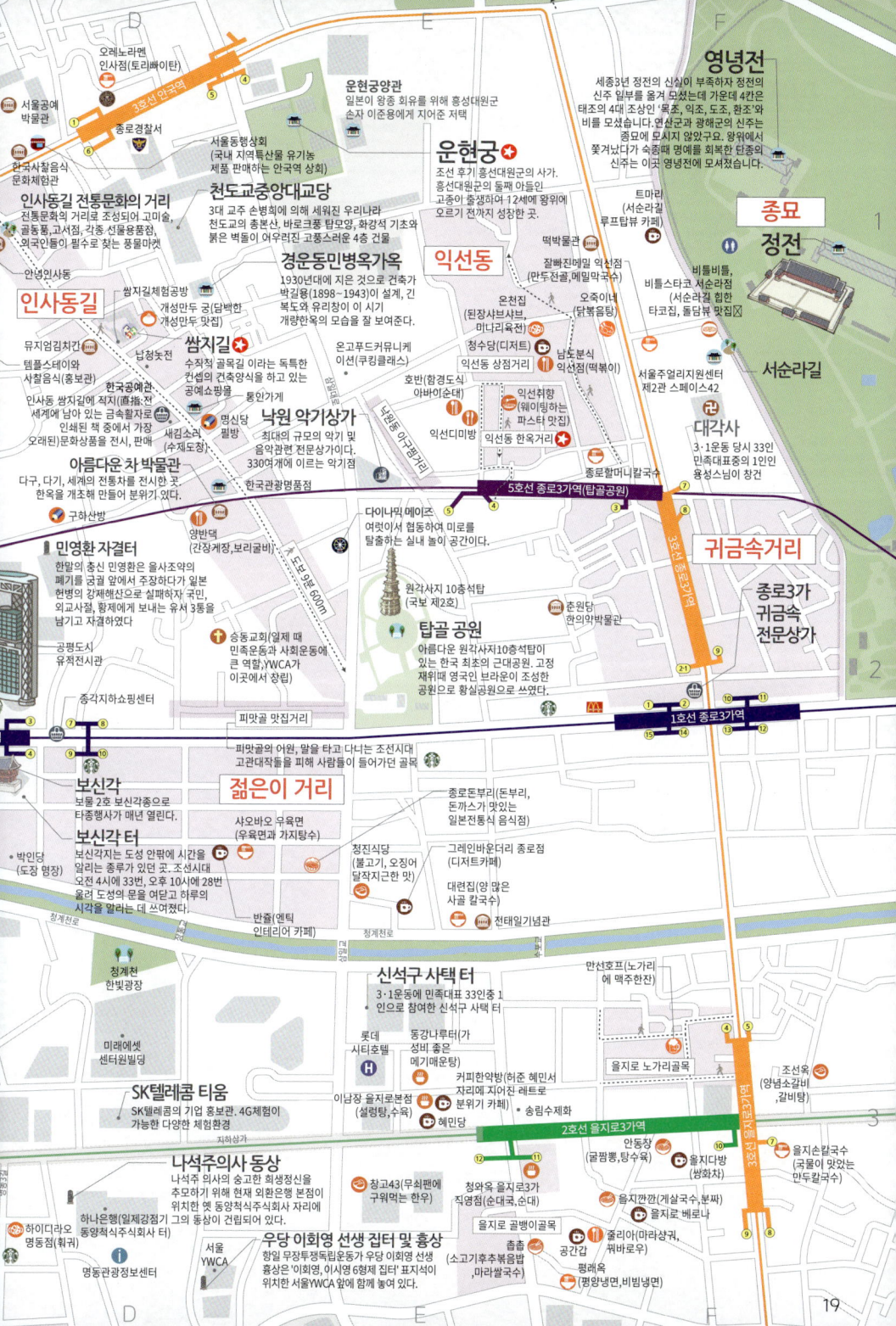

영녕전
세종3년 정전의 신실이 부족하자 정전의 신주 일부를 옮겨 모셨는데 가운데 4칸은 태조의 4대 조상인 '목조, 익조, 도조, 환조'와 비를 모셨습니다. 연산군과 광해군의 신주는 종묘에 모시지 않았으나, 왕위에서 쫓겨났다가 숙종때 명예를 회복한 단종의 신주는 이곳 영녕전에 모셔집니다.

종묘
정전

운현궁양관
일본이 왕종 회유를 위해 흥성대원군 손자 이준용에게 지어준 저택

운현궁 ✚
조선 후기 흥선대원군의 사가. 흥선대원군의 둘째 아들인 고종이 출생하여 12세에 왕위에 오르기 전까지 성장한 곳.

익선동

천도교중앙대교당
3대 교주 손병희에 의해 세워진 우리나라 천도교의 총본산. 바로크풍 탑모양, 화강석 기초와 붉은 벽돌이 어우러진 고풍스러운 4층 건물

경운동민병옥가옥
1930년대에 지은 것으로 건축가 박길용(1898~1943)이 설계, 긴 복도와 유리창이 이 시기 개량한옥의 모습을 잘 보여준다.

인사동길 전통문화의 거리
전통문화의 거리로 조성되어 고미술과, 골동품, 고서점, 각종 선물용품점, 외국인들이 필수로 찾는 풍물마켓

오레노라멘 인사점(토리빠이탄)
서울공예박물관
한국사찰음식 문화체험관
안녕인사동

인사동길

쌈지길체험공방
개성만두 궁(담백한 개성만두 맛집)

뮤지엄김치관
템플스테이와 사찰음식 체험(홍보관)
납청놋전
한국공예관
인사동 쌈지길에 세계에 남아 있는 금속활자로 인쇄된 책 중에서 가장 오래된(직지)문화재를 전시, 판매

쌈지길 ✪
수직적 골목길 이라는 독특한 컨셉의 건축양식을 하고 있는 공예쇼핑몰

명심당 필방
새김소리 (수제도장)
한국관광명품점

아름다운 차 박물관
다구, 다기, 세계의 전통차를 전시한 곳. 한옥을 개조해 분위기 있는.

구하산방

익선동

떡박물관
잘빠진매일 익선점 (만두전골,메밀막국수)
온천집 (된장샤브샤브, 미니김치찜)
오죽이네 (닭볶음탕)
청수당(디저트)
익선동 상점거리
호반(함경도식 아바이순대)
남도분식 익선점(떡볶이)
익선취향 (웨이팅하는 파스타 맛집)
익선디미방
익선동 한옥거리 ✚
종로할머니칼국수

온고푸드커뮤니케이션(쿠킹클래스)

낙원 악기상가
최대의 규모의 악기 및 음악관련 전문상가이다. 330여개에 이르는 악기점

서울주얼리지원센터 제2관 스페이스42

대각사
3·1운동 당시 33인 민족대표중의 1인인 용성스님이 창건

트카마 (서순라길 루프탑뷰 카페)
비틀비틀, 비틀스타코 서순라점 (서순라길 힙한 타코집, 돌담처 맛집) ⊠
서순라길

민영환 자결터
한말의 충신 민영환은 을사조약의 폐기를 궁월 앞에서 주장하다가 일본 헌병의 강제해산으로 실패하자 국민, 외교사절, 황제에게 보내는 유서 3통을 남기고 자결하였다.

공평도시 유적전시관

양반댁 (간장게장,보리굴밥)

다이나믹 메이즈
여럿이서 협동하여 미로를 탈출하는 실내 놀이 공간이다.

승동교회(일제 때 민족운동과 사회운동에 큰 역할,YWCA가 이곳에서 창립)

원각사지 10층석탑 (국보 제2호)

춘원당 한의약박물관

5호선 종로3가역(탑골공원)

귀금속거리

종로3가 귀금속 전문상가

종로지하쇼핑센터

피맛골 맛집거리

탑골 공원
아름다운 원각사지10층석탑이 있는 한국 최초의 근대공원. 고종 재위때 영국인 브라운이 조성한 공원으로서 황실공원으로 쓰였다.

1호선 종로3가역

젊은이 거리

피맛골의 어원, 말을 타고 다니는 조선시대 고관대작들을 피해 사람들이 들어가던 골목

보신각
보물 2호 보신각종으로 타종행사가 매년 열린다.

보신각터
보신각터는 도성 안팎에 시간을 알리는 종루가 있던 곳. 조선시대 오전 4시에 33번, 오후 10시에 28번 울려 도성의 문을 여닫고 하루의 시각을 알리는 데 쓰여졌다.

박인당 (도장 명장)

샤오바오 우육면 (우육면과 가지탕수)

종로돈부리(돈부리, 돈까스가 맛있는 일본전통식 음식점)

청진식당 (불고기, 오징어 달작지근한 맛)

그레이바운더리 종로점 (디저트카페)

대련집(양 많은 사골 칼국수)

반출(엔틱 인테리어 카페)

천태일기념관

청계천 한빛광장

미래에셋 센터원빌딩

신석구 사택 터
3·1운동에 민족대표 33인중 1인으로 참여한 신석구 사택 터

만선호프(노가리에 맥주한잔)

롯데 시티호텔
동강나루터(가성비 좋은 메기매운탕)
커피한약방(허준 헤민이 자리에 지어진 레트로 분위기 카페)

을지로 노가리골목

조선옥 (양념소갈비, 갈비탕)

SK텔레콤 티움
SK텔레콤의 기업 홍보관. 4G체험이 가능한 다양한 체험환경

이남자 을지로본점 (설렁탕,수육)

혜민당

송림수제화

2호선 을지로3가역

안동장 (굴짬뽕,탕수육)

을지로포차 (쌍화차)

나석주의사 동상
나석주 의사의 숭고한 희생정신을 추모하기 위해 현재 외환은행 본점이 위치한 옛 동양척식주식회사 자리에 그의 동상이 건립되어 있다.

하이디라오 명동점(훠궈)
하나은행 (일제강점기 그의 동상이 건립되어.. 동양척식주식회사 터)

창고43(무쇠판에 구워먹는 한우)

정와옥 을지로3가직영점(순대국,순대)

을지로 골뱅이골목

을지손칼국수 (국물이 맛있는 만두칼국수)

을지깐깐(게살국수,분쿠)

을지로 베로나

줄리아(마라샹궈, 마라탕)

공간갑

촙촙 (소고기후추복음밥, 마라쌀국수)

평래옥 (평양냉면,비빔냉면)

서울 YWCA
명동관광정보센터

우당 이회영 선생 집터 및 흉상
항일 무장투쟁독립운동가 우당 이회영 선생 흉상은 '이회영, 이시영 6형제 집터' 표지석이 위치한 서울YWCA 앞에 함께 놓여있다.

광진구·성동구·송파구

송정 제방길 단풍
성동교에서 군자교까지 왕벚나무, 은행나무, 버즘나무의 단풍이 볼만하다.

어린이대공원 연꽃
(7,8월) 어린이대공원 정문 왼쪽 환경 연못에 피어난 4,500㎡ 규모의 연꽃지. 화려한 출렁이 환경 연꽃을 가득 수놓고 있다. 어린이 대공원 안의 다양한 정원과 동물원을 함께 관람할 수 있는 곳

서울 상상나라

블루보틀 성수 카페
호호 식당
쵸리상경
꾸아 성수점
성수동 갈비골목
할머니의 레시피(백반)
가을단풍길
거울연못
디뮤지엄 (한남동에서 성수로 옮긴 복합문화예술센터)

서울숲역

헬로우뮤지엄
폴라랩 (키친웨어로 유명한 매장)
뚝섬 미술관
대성갈비 (돼지갈비)
성수족발
어니언성수 (팡도르,소금빵)

아모레 성수
아모레 퍼시픽의 모든 브랜드를 체험,구매할 수 있는곳. 피부톤에 맞는 파운데이션을 만들수 있다(예약필수)

송강대면소 (오뎅우동,자루우동)
빠오즈푸 본점 (중국식만두)
어린이대공원역
환원당
카페 그자체
베이커리(디저트)
아찌
떡볶이
도단집 (냉동삼겹살)
호야초밥 참치본점
카페 아르아우
부또토토 에스프레스 대형카페
건국대학교
일감호
송림식당 (돼지불백)

성수동 가죽 거리
Scene
미도인 성수(스테이크)
HDD(피자전문점)
소문난 성수감자탕
유니온 스타 볼링클럽

성수동 수제화거리

성수동 카페거리

디올 성수
럭셔리한 외관으로 핫한 디올 팝업스토어

KWANGYA SEOUL
(SM 엔터테인먼트 아티스트들의 음반과 굿즈를 판매하는 스토어)

대림창고 (갤러리카페)
성수다락 (인테리어가 이쁜 파스타집)

성수연방
개성과 감성이 돋보이는 복합 문화 공간으로 성수동의 핫플레이스다.

텅성수 스페이스
LCDC SEOUL (다양한 팝업스토어가 열리는 성수동 볼거리)
에스팩토리 (페스티벌,마켓 등 다양한 팝업이 열리는 대형 공간)
인덱스숍

커먼그라운드
대형 컨테이너 200여 개를 쌓아 만든 세계 최대 규모의 컨테이너 쇼핑몰

양꼬치 거리

건대입구역
라구뜨 (호텔뷔페)
더클래식 펜타즈 이그제큐티브 레지던스
송림식당 (돼지불백)

송화산시도삭면 (딤섬)
더나인몰 건대점 (힙하고 카치한 소품샵)

언더스탠드 에비뉴
알록달록한 컨테이너로 둘러싸인 구조로 상점들과 카페, 레스토랑이 있는 이색적인 곳

camel (빈티지한 느낌의 카페)
PFAD (쌀 구움과자, 디저트카페)
계탄집 본점 (숯불닭갈비)
아드프카피 로스터스

뚝섬관광선 선착장
뚝섬유람선 선착장

뚝섬유원지역
뚝섬길 홍차가게 (애프터눈티,디저트)

뚝방길
뚝섬 아름다운 나눔장터
뚝섬수영장
뚝섬한강공원 핑크뮬리
한강여름캠핑장
뚝섬캠핑장
서울윈드서핑장
뚝섬한강공원

서울특별시 수도박물관

피규어뮤지엄w
애니메이션, 만화, 영화 등의 액션 피규어와 장난감이 전시되어 있는 세련되고 현대적인 박물관.

청담동 명품패션거리

갤러리아 백화점 이스트
압구정로데오역
오아시스 (에그네딕트)
10꼬르소꼬모 청담점
스매싱볼 청담점
청담골 반상 (고등어백반)

리사르커피 청담점 (에스프레소)
페어링룸 (분위기좋은 이탈리아레스토랑)
레어마켓
송은
새벽집 청담동점 (소고기구이, 선지해장국)
소전서림
톡톡 (고급진 분위기의 레스토랑)
뷰터블르바드

강남구청역
르뱅롤즈 (유기농맛집)
젠제로
청담역
청담근린공원

잠실 종합운동장

봉은사 산수유, 홍매화
노란 산수유 꽃과 붉은 홍매화 나무가 봄 분위기를 물씬 자아내는 곳, 특히 진분홍 홍매화를 찾는 이들이 많다.(3,4월)

봉은사
신라 원성왕 10년 연회국사가 창건 1498년 성종때 중창하여 봉은사 라는 이름으로 변경. 강남의 현대식 높은 빌딩에 미륵 대불의 야경이 매우 신비로운 곳

봉은사 단풍길
곰바위(곱창)

인터컨티넨탈 서울 코엑스
삼성중앙역
외고집설렁탕 (설렁탕)
세븐럭카지노 강남코엑스점

봉은사역
코엑스
올림픽 주경기장
잠실야구장
종합운동장역

코엑스 아쿠아리움
코엑스몰
종합선물시장 코엑스 지하에 있는 쇼핑복합시설
별마당 도서관

아시아 공원

선정릉 및 개나리
선릉(9대 성종), 정릉(11대 중종)을 모신 릉. 선정릉은 릉 이지만, 산책길로도 매우 훌륭하다. 도심이라 생각이 들지 않을 정도로 개나리 핀 릉이 아늑하다. 릉만 덩그러니 있을것 같지만 충분히 걸을 길이 있다.

선정릉역
민속극장풍류
코엑스
그랜드 인터컨티넨탈
현대백화점
삼성역
강남경찰서
파크 하얏트 서울

D　　　　　　　　　　　E　　　　　　　　　　　F

어린이대공원
숲속캠핑체험장

유니버설
아트센터

실란트로
커피

어린이대공원 벚꽃
(3,4월) 잔디밭을 주변에 벚나무가
늘어져 있어 사진촬영하기 좋다.

어린이대공원
벚꽃

광진숲나루

서울 어린이 대공원

카페러슬
(루프탑카페)

어린이대공원
5세이하 아이들과 함께 하기
더욱 좋은 테마파크

광나루역

광진교 8번가

광진교

서북면옥
(냉면)

천호대교

함흥본가연옥
(회냉면,만두)

광진구

모두랑
(즉석떡볶이,
야끼만두)

찌마기 구의점
(조개찜)

브로트가쎄율리
(유기농밀가루로 만드는 빵집)

밀도 광장동점
(식빵이 유명한 곳)

대원칼국수(손칼국수)

스시텐
(초밥,우동)

올림픽대교

비에이치테이블
(브런치카페)

구의역

강변테크노마트

2호선

민정식당(수육전골,
수제돈가스)

강변 스파랜드

오후의빵집
(금,토에만
열리는프랑스빵집)

강변역

동서울
종합터미널

카페다르다
(애견동반가능 카페)

우리유황온천

유천냉면 풍납본점
(물냉면,비빔냉면)

라멘다이야
(완탕라멘,일본식라면)

잠실대교

광나루
한강공원

서울아산병원

올림픽공원
송파구에 있는 1986년에 완공된 43만 평의
공원. 몽촌토성 지가 복원되어 있고 각종 조각과
미술관 등의 시설. 특히 '나 홀로 나무'는 웨딩
스냅사진 촬영의 성지

올림픽공원

올림픽공원
호돌이열차

몽촌호

서울책보고
전국 최초의 초대형 헌책방, 13만권의
헌책이 가득한 공간에 헌책을 열람하고
판매하는 곳에서 그치지 않고 다양한
프로그램과 북콘서트가 진행되는
복합문화공간이다.

가을단풍길(성내천산책길)

수상관광
콜택시승강장

잠실한강공원
여름캠핑장

잠실나루역

송파구

**올림픽공원
들꽃마루 코스모스**
서울에서 코스모스 사진촬영으로
추천하는 (9,10,11월)명소이다.

몽촌토성역

소마미술관

잠실수상레저파크
패들보드,카약

잠실수영장

서울스카이
서울을 360도 뷰로 볼 수 있는 23층, 555m
높이의 국내최고 높이 전망대. 117층 전망층,
118층 스카이데크, 119층 캐릭터디저트
카페,122층 서울스카이카페, 123층 라운지

현명주오두파이
(호두파이전문점)

롯데월드타워

한성백제역

석촌호수
롯데월드와 롯데월드타워를 끼고 있는
호수로 원래 송파나루터가 있는 한강.
1970년대 매립공사가 진행되면서
물길이현재의 석촌호수로 남게 되었고
잠실동과 신천동이 생겨남.
석촌호수에는 벚꽃나무가 많아 봄이
되면 벚꽃축제가 열린다.

잠실한강공원

롯데월드 아이스링크장
유리동 천장으로 밤에는
테마파크 야경과 퍼레이드
축제의 즐거움을 느낄 수 있다.

**롯데월드
아쿠아리움**

잠실역

8호선

카페 페퍼(디저트카페)

송파나루역

대홍집(쭈꾸미)

디어블라썸 커피
(더티초코,디저트카페)

요리하는남자
(파스타,화덕피자)

잠실새내역

롯데월드 민속박물관

키자니아 서울
어린이를 위한
직업체험 놀이공간

시그니엘

삼전도비

멘야하나비
(소바)

송리단길

해주냉면(매생이냉면
으로 유명한곳)

롯데월드

서울놀이마당

석촌호수
벚꽃길

뉴잭랜드 스토리
(브런치)

카페 노티드 잠실

송파나루역

늘푸른목장 잠실본점

롯데월드 어드벤처

매직아일랜드

엘리스리틀이태리(피자)

캇밋 송리단길점 (멕시코음식)

21

D　　　　　　　　　　　E　　　　　　　　　　　F

서초구·강남구

한남역

한강공원 잠원지구

한일관 압구정집
(불고기한정식,
한정식당)

무탄 (유린기,
멘보샤 중식당)

현대백화점

압구정공영 P
주차장

현대고등학교

압구정역

신사동 가로수길

젠틀몬스터 신사
플래그십스토어

신구초등학교

아로마티카
제로스테이션 신사

피겨앤그라운드
신사역 쇼핑부터
전시까지 다양한 볼거리

코끼리베이글
(베이글이 맛있는 곳)

돈까스잔치
(돈까스, 잔치국수)

잠원한강공원
여름캠핑장

가로수길 은행나무
신사역 8번출구 초입부터 현대고등학교
앞 대로변까지 이어지는 650m 길이의
은행나무 길(10,11월)

쥬즈
(딤섬,완탕면)

스파레이

아더 신사
스페이스

외계인방앗간

한강공원 잠원지구
수영장

서울웨이브 아트센터
스타벅스

신사동 가로수길
아기자기한 카페와 맛집, 의류샵,
편집샵들이 밀집. 젊은이들이
많이 찾는 약속의 거리

김수사(사시미,스시)

모스가든(테라스가
있는 갤러리형
복합카페)

반포대교 달빛무지개 분수
570m 구간 반포대교 양측에 설치된 분수로 야간에
무지개 빛 분수가 되어 한강으로 떨어진다.
매년 4월부터 10월까지 가동. 하루에 4~6회(회당 20
분), 현재 위치가 전망 포인트다.

신사역

학동공원

세빛섬

골든블루
마리나

한성돈까스
(돈까스)

논현 가구거리

잠원역

논현역

호텔 카푸치노

**서울 밤도깨비
야시장 - 한강달빛야시장**
반포한강공원 달빛광장, 매주
금토(18:00~22:00), 푸드존,
핸드메이드존, 다양한 이벤트

반포환강시민공원

반포역

노보텔 앰배서더
서울 강남 호텔

인터랙트 with 글루텐프리
(무설탕, 무밀가루 케이크)

고속버스터미널 지하상가
의류, 인테리어소품, 꽃 등 화훼등이
주요 품목인 지하상가로 타 지역보다
굉장히 저렴하다.

한과와락(개성주악·디저트 카페,
정월(야외테라스·아인슈페너나)

화이트리의
반포본점

사평역

김선생조개찜
(조개찜)

신세계백화점 강남점
1천여 브랜드가 있는 백화점

고속터미널역

서울 고속버스
터미널(경부)

신논현역

교보빌딩

센트럴시티
터미널(호남)

바비레드

센트럴시티

JW 매리어트 호텔 서울

강남본점(파스타)

에이카페
알베르(카페)

신반포역

호호식당

고속버스 터미널

마루심
(장어덮밥)

일상비빌스

파이브가이즈 강남

땀땀(쌀국수)

포비
강남

강남역 거리
강남역부터 신논현역까지
쇼핑가, 맛집 밀집지역

허밍웨이길

밴건디
스테이크하우스

마녀주방 강남점(파스타)
을지다락 강남(파스타)

강남역거리

MAILLET
(커피, 마카롱,
프렌치 디저트)

국립중앙
도서관

서리풀 공원

서초관광정보센터

장꼬방(찹쌀떡, 단팥죽)

라싸브어
(디너코스)

서울 서초경찰서

서초구

부띠크모나코

삼성타운

서래마을

서울
프랑스학교

몽마르뜨공원

미순
(곱창국수·호부추
향정살볶음,중식당)

강남 지하상가
매일 6만명 이상 방문하는
강남역 지하의 주요 쇼핑 구역

fincafe
(베이커리카페)

교대역

우동명가거리
야마본진
(자루우동)

미국식
(수제버거)

서관면옥 교대본점
(평양냉면)

태양커피

서초역

페이브
방배본점

메종엠오
(베이커리, 특히
구움과자류가 뛰어남)

삼산회관 교대점
(돼지김치구이,
돼지김치찌개)

버드나무집 서초동본점
(갈비정식,양념갈비)

내방역

용산구·남산

아현역

애오개역

37.5 익스프레스 공덕점

공덕역

마포 경찰서

황금콩밭 (미술랭 소개, 두부보쌈)

진미식당 (간장게장)

비파티세리 공덕점

숭례문 서울로 7017

준공된지 600년이 넘은 조선시대 서울 성곽의 정문. 관악산이 화기를 가지고 있다고 여겨 "화기를 화기로 잡는다"는 의미에서 '숭례'라는 한자와 불에 잘 타는 세로 현판

남대문 경찰서

개미슈퍼

서울 구역사 (문화역 서울284)

2004년까지 서울역으로 쓰였던 곳을 '문화역 서울 284' 이름으로 재탄생한 문화공간

공덕동 족발골목
시장 한쪽에서 시작한 족발집이 골목을 이루고 원래 시장보다 더 사람들이 많이 찾는 곳이다. 대를 이어 순대와 족발을 파는 오래된 집들도 있다.

아이엠베이글 공덕점 (브런치 카페)

을밀대 (평양냉면,녹두지짐)

마포공덕시장

성우이용원

남도해양관광열차 (S-Train)
서울역과 여수엑스포 역을 잇는 관광열차. 거북선을 본뜬 객차의 모양. 가족실과 커플실 외에도 다례를 체험할 수 있는 공간을 운영.

일신기사식당 (불고기백반유명)

서울역 KTX

서울특별시 교육청 남산도서관

마모에

바이 쉐라톤 조선 서울역

서울역

남산 소월길 은행나무
남산도서관 앞 소월길에 매년 10,11월이면 노랗게 물든 은행나무를 볼 수 있다.

후암서재

효창공원
사적 제330호로 지정된 공원. 정보의 장남인 문효세자의 무덤이 있어 효창공원이라 부른다. 이곳에는 백범 김구선생의 묘소와 이봉창, 윤봉길, 백정기의사의 3묘소가 있다. 역사적으로 의미도 있는 이곳은 산책하기에도 좋은 곳이다.

김구 묘소

숙명여자대학교

상록수 (황지살, 돼지구이)

숙대입구역

구복만두

이봉창, 윤봉길, 백정기 3의사의 묘

청라천향수육이 유명한 중식집

초원(특상우설)

카페 다포딜 (해방촌뷰)

백범김구 기념관 및 묘역

신성각(중식당)

우스블랑 (샌드위치,베이커리카페)

백범김구 기념관

mtl효창 (디저트카페)

오츠커피 용산점 (아인슈페너)

전쟁기념관
조국을 위해 목숨을 바친 호국 선열들을 추모하고 기리는 기념관. 호국추모실, 전쟁 역사실, 해외파병실, 국군발전실 등 운영 삼국시대부터 현대까지의 호국 선열의 역사를 살펴볼 수 있다. 6.25전쟁 당시 사용되었던 전차, 미사일, 헬리콥터도 전시. 국군 군악·의장행사, 현충일 위생대회 등도 진행된다.

복성각 (중화요리)

역전회관 마포본점 (바싹불고기)

공덕역

5호선

6호선

정대포 (갈매기살, 돼지껍데기)

프린츠

원조조박집 (돼지갈비)

도화점

마포역

마포원조떡볶이 (백종원의3대떡볶이)

산동만두(군만두) 찐만두 육즙이 일품

도화아파트먼트 (베이커리 북카페)

효창공원앞역

베이커리무이

남영역

열정도쭈꾸미

몽탄(우대갈비, 짚불삼겹살)

6호선

마포 음식문화거리
여의도와 인접해있어 직장인들이 많이 찾는 갈비와 주물럭으로 유명한 거리이다. 한결같이 수십년을 갈비만 식당도 많다. 용강동 재개발 이후 갈비와 주물럭 이외에도 족발, 꼼장어, 치킨 등의 음식점들이 많이 있으니 한번쯤 가볼만 하다.

현래옥(손짜장)

채그로

아이강오유 (한강뷰 레스토랑)

용문해장국 (55년전통해장국)

창성옥 (해장국,뼈전골)

용산용문시장

문배동육칼 본점(육개장과 칼국수)

삼각지역

삼각지역부터 녹사평역까지 버즘나무 단풍

봉산집(차돌박이)

도토리

4호선

쌤쌤쌤 (라자냐,잠봉뵈르파스타)

용산전자상가

나진전자월드 도매상가 원효상가 도매상가

전자랜드

나진상가

선인프라자

노보텔 스위트 앱서더 서울 용산 호텔

서울드래곤시티

용산역

현선이네 용산본점 (떡볶이)

테디뵈르하우스 (크루아상, 뱅스위스)

효뜨(효뜨쌀국수, 공심채조개볶음)

서해금빛열차(G-Train)
용산역에서 출발해 익산역까지 운행하는 서해안 관광열차. 중간 구간에서 개그 공연과 오카리나 연주 이벤트도 진행된다. 온돌마루가 설치된 객실이 있으며, 족욕 카페도 운영. 코레일이 운영하는 관광열차 중 가장 인기가 좋다. 익산에 도착하면 보석 박물관, 미륵사지 석탑에 방문해보자.공간을 운영

아이파크몰

신용산역

영앤스윗 (레터링케이크)

볼드런치

미미옥

신용산점(양지쌀 국수,미나리육전 튀김)

아모레퍼시픽 미술관

팝콘D스퀘어
다양한 애니메이션 전시회가 열리는 복합문화공간

용산도시 기억전시관

용산어린이정원

서빙고 근린공원

용산구

국립중앙박물관 어린이박물관

이촌역

새남터 순교성지
천주교 신자들의 순례 장소이며 김대건신부의 처형 순교지

백빈건널목

오근내닭갈비 본점(서울에서 춘천 닭갈비 맛)

섬집(참게매운탕, 와다비빔밥)

갯마을 한강로점 (손만두,만둣국)

국립중앙박물관
22만 점의 유물을 소장한 서울 도심의 초대형 박물관. 국립한글 고고, 역사, 미술, 아시아 관련 문화재 전시. 전시뿐만 아니라 사회교육, 공연 등의 행사도 진행된다. 공원 폭포와 전경이 아름다워 산책로로도 자주 활용된다. 전시관 내 카페테리아, 휴게실, 아트 숍, 식당, 편의점 운영.

국립한글 박물관

노들섬 달포토존

이촌 한강공원

이촌 한강공원

땅끝마을(노량진 수산시장 횟집)

거북선 나루터

이촌한강공원

원효대교

한강철교

노들섬

한강대교

경의중앙

마포구·여의도

전쟁과 여성 인권박물관
마포구

나랑가 (초밥)

홍대
수많은 젊은이의 인파와 복잡스러운 상가들이 밀집되어 있는 홍익대학교 앞 젊은이의 거리

카페꼬마&안쿠브레 동교점
바다회사랑
코코로카라
마포관광정보센터
하이디라오
홍대입구
사거리
라이즈 오토그래프 컬렉션

청어람 망원점(곱창요리)
소금집델리 망원리(샌드위치)
알맹상점

망리단길
오래된 구도심, 아기자기한 카페와 맛집들이 각각의 독특한 인테리어로 재탄생된 곳. 근처에 망원시장이 있어 같이 방문하기 좋다.

월그레이테일

이이알리 망원(호지차라떼)
산청엔푸짐치(삼겹살)
소바식당
진진(중식당)
리얼케이팝댄스
osteria ora(이탈리아음식)

망원역

포포브레드(밤식이)
빌리프커피로스터스
옥동식(돼지곰탕)
카덴(우동)
홍대거리
상상마당
갤러리팩토리샵
혼가스(돈가스)

커피가게동경(아인슈페너)
어글리베이커리
망원동증식우동본점

망리단길
프레젠트모먼트
1년 내내 크리스마스 컨셉인 소품샵
카페꼬마 합정점

메세나폴리스쇼핑몰

크레이지카츠(돈가스)
아우름(라자냐)
최강금돈까스(돈가스)
YG엔터데이먼트
교다이야(미쉐린 가이드 서울 2024 합정 수타우동)
스케줄합정(샐러드,파스타,피자)

델리인디아(인도음식)
하카다분코(일본라멘)
윤씨밀방
올네노라멘본점(일본식라면)
옹달샘(김치찜)

합정역

상수역

서울함공원
실제로 사용했던 퇴역함정 3척(서울함, 고속정, 잠수함)을 전시, 체험하는 곳으로 다목적 광장과 공원이 있어 아이들과 함께하기 좋은 곳.

망원시장
마포구 망원동에 있는 재래시장으로 다양한 먹거리가 있어 미디어에서 많이 소개된 곳이다. 방송국이 많은 상암동과 가까워 TV 촬영지로 많이 활용되기도 한다.

양화나루

양화한강공원 장미

KT&G 상상마당
아이디어 팬시, 독특한 악세사리 문구들로 가득한 곳

당인식당(백반)

당고집(벚꽃빙수,벚꽃당고)

선유도 공원
과거 정수장 건물을 자연과 공유할 수 있도록 재탄생 시킨 환경재생 생태공원. 수생식물원, 수질정화원, 온실, 바람의 언덕, 카페, 도서관등의 시설이 있다.

관공선선착장
한강랜드 잠두봉선착장

선유도원 공원

절두산 순교성지
천주교 신자들의 순례 장소이며 근처의 외국인선교사묘원도 함께 둘러볼만한다.

당인리발전소 벚꽃길
매년 1주일 가량 벚꽃철 개방을 한다. 발전소 관람이 가능한 유일한 계절(3,4월)

앤트러사이트 합정점(상수 합정 빈티지한 창고형 카페)

마포새빛문화숲(상수동 산책하기 좋은 예쁜 공원)

무대륙
카페, 식당, 전시, 공연 등 다양한 경험이 가능한 상수 핫플

선유도역

또순이네집(숯불에 끓인 된장찌개 맛집)

카페설리번 당산점(디저트카페)

서울마리나 요트

여의도 한강공원 수영장

서울색공원

안양천 벚꽃길
양천, 영등포, 구로로 이어지는 안양천의 벚꽃 제방길(3,4월)

이조보쌈(오징어보쌈,보쌈)

당산역

헌정기념관

여의도 한강공원

미락가츠(돈까스)

음(우유단팥빵,베이커리)

국회의사당
1975년에 준공된 건물로 돔형태의 지붕으로 건축되었다. 국회참관은 국회의사당과 헌정기념관 전시실을 관람할 수 있다. 온라인예약 필수

국회도서관

국회의사당역

여의도공원

양평유수지생태공원

쿠끼림베이글(카페,베이커리)
YDP곤충체험학습관

우뚝1984(우대갈비,대창)
영등포경찰서

맨홀거피(영국 감성 대형 로스터리 카페)

여의도 윤중로 벚꽃길
원효대교 남단부터 국회의사당 방면으로 강변을 따라 이어지는 벚꽃길. 엄청난 인파가 예상됨으로 새벽같이 오거나, 대중교통을 추천한다.(3,4월)

여의도 공원

IFC몰
SeMA 벙커
문화의콘래드 서울 호텔
마당(광장)
오복수산 여의도점(덮밥,사시미,스시)

KBS

당산공원

베르두레(브런치카페)

영등포구청역

영등포전통시장

영등포시장역

야시장
대한옥(꼬리수육)

세상의모든아침(뷰가 좋은 브런치레스토랑)

쉐프즈 문래본점(딸기크림케익,케이크맛집)

구 경성방직 사무동
오월의종 타임스퀘어점
대문점(족발)

영등포전통시장

플랜폴라니

패트릭스카페(여의도점)
여의도백화점

라크라센터(창고형인테리어의 브런치카페)

시즌커피앤베이크

씨랄라 워터파크
슬라이드, 키즈존, 구내 매점, 마사지 서비스 등 갖춘 도심 실내 워터파크

부일숯불갈비
음식거리

문래역

타임스퀘어

26

경의선 책거리
시민들에게 책을 통한 복합문화공간을 제공하고자 경의선 폐선부지에 조성한 테마거리

신촌

라구식당 (라구파스타)
소바연구소
고삼이(숯불등등어구이, 삼치, 오징어볶음)
미분당신촌 (왈국수)
포티드
클로리스
유닭스토리 닭한마리 신촌점
사주카페거리
글벗서점
카츠업(김치카츠나베)
아오이토라 (야끼소바빵)

이한열 기념관
1987년 유월항쟁의 기록을 보존하고, 연구하며, 전시를 통해 민주주의의 역사를 교육하는 박물관이다. 주말은 예약제로 운영됨

신촌역
아민 이화
이대앞
연어초밥
이대역

이대 쇼핑거리
악세서리, 구두, 의류, 핸드백등의 20대 초반 여성들이 좋아할만한 소품들을 살 수 있는 작은 샵들이 많다.

이대거리
오르칼베이커리
아현역

아현동 가구거리

충정로역

신촌/이대 거리
이화여대, 연세대, 서강대등의 대학교가 몰려있는 20대 초반의 젊은이들이 많은 거리. 신촌역 주변에는 음식점이 많고 이대역 앞에는 작은 의류 샵들이 많다.

아현동 전골목
모듬전과 막걸리 몇병이면 기분좋게 배를 채울 수 있다. 그 규모는 크진 않지만 옛 모습을 찾아낼 수 있는 곳이다.

애오개역

노고산
서강대학교

37.5 익스프레스 공덕점
마포경찰서

황금콩밭 (미슐랭 소개, 두부보쌈)
진미식당 (간장게장)
비파티세리 공덕점

성우이용원

효창공원
사적 제330호로 지정된 공원. 정보의 장남인 문효세자의 무덤이 있어 효창공원이라 부른다. 이곳에는 백범 김구선생의 묘소와 이봉창, 윤봉길, 백정기의사의 3묘소가 있다. 역사적으로 의미도 있는 이곳은 산책하기에도 좋은 곳이다.

일신기사식당 (불고기백반유명)

예술시장 프리마켓
매주 토요일 오후에 열리는 프리마켓. 비가오면 열리지 않고 겨울철(12~2월)에도 열리지 않는다.

와우산

홍익대학교 서울캠퍼스
광흥창역

공덕동 족발골목
시장 한쪽에서 시작한 족발집이 많은 거리를 이루고 원래 시장보다 더 사람들이 많이 찾는 곳이다. 대를 이어 순대와 족발을 파는 오래된 집들도 있다.

아이엠베이글 공덕점 (브런치 카페)

대흥역

을미대 (평양냉면, 녹두지짐)

마포공덕시장

백범김구 기념관 및 묘역

숙명여자대학교

김구 묘소

이봉창, 윤봉길, 백정기 3의사의 묘소

서강나루공원

신수로 (제주돈마호크, 도까살)

과자방 (디저트카페)

복성각 (중화요리)

램랜드(오래된 양갈비 전문점)

역전회관 마포본점 (박싹불고기)

마포옥 (차돌수육)

원조воск박집 (돼지갈비)

신성각 (중식당)

백범김구 기념관

경의선숲길

공덕역

정대포 (갈매기살, 돼지껍데기)
도화점

프린츠
마포新당떡볶이 (백종원의3대떡볶이)

mtl효창
우스블랑 (디저트카페)

서울 밤도깨비 야시장 - 여의도 월드나이트마켓
여의도 물빛광장, 매주 금토(18:00~23:00), 푸드존, 핸드메이드존, 낭만아트존

마포역

산동만두(군만두) 찐만두 육즙이 일품

도화아파트먼트 (베이커리 북카페)

마포 음식문화거리
여의도와 인접해있어 직장인들이 많이 찾는 갈비와 주물럭으로 유명한 거리이다. 한결같이 수십년을 갈비만 구워낸 식당도 많다. 용강동 재개발 이후 갈비와 주물럭 이외에도 족발, 꼼장어, 치킨 등의 음식점들이 많이 있으니 한번쯤 가볼만 하다.

용해꾼국 (55년전통해꾼국)
창성호 (해장국, 뼈전골)
용산용문시장

효창공원앞역

나진전자월드 도매상가

원효상가

여의도 물빛광장
시원한 강바람을 맞으며 야경을 즐길 수 있는 곳으로 여름에는 밤도깨비야시장이 열린다. 여름에는 얕은 물놀이장으로 개장

현장 (손짜장)
채그로
아이오유 (한강뷰 레스토랑)

용산전자상가

전자랜드
나진상가
노보텔 스위트 앰배서더 서울 용산 호텔
선인프라자
서울드래곤시티

아이파크몰

이랜드 크루즈
스토리 크루즈, 한강 투어 크루즈, 달빛 크루즈 등 다양한 코스 운영. 선상 음악 연주도 들을 수 있다. 서울의 화려한 야경을 볼 수 있는 디너 코스 추천. 겨울에는 다소 쌀쌀할 수 있으므로 옷을 따뜻하게 입고 탑승하자.

서해금빛열차(G-Train)
용산역에서 출발해 익산역까지 운행하는 서해안 관광열차. 중간 구간에서 개그 공연과 오카리나 연주 이벤트도 진행된다. 온돌마루가 설치된 객실이 있으며, 족욕 카페도 운영. 코레일이 운영하는 관광열차 중 가장 인기가 좋다. 익산에 도착하면 보석 박물관, 미륵사지 석탑에 방문해보자. 공간을 운영

여의도한강공원 서울색공원

여의나루역

희정식당(부대) 찌게, (스테이크)
브레드05 (앵버터, 치즈프랑스)
현대백화점더현대 서울
다양한 즐길거리가 많은 곳
가양칼국수
버섯매운탕
진주집 (닭칼국수, 콩국수)
자매공원(앙카라공원)
터키의 풍물이 담긴 주제공원으로 조성, 앙카라는 터키의 수도

새남터 순교성지
천주교 신자들의 순례 장소이며 김대건신부의 처형 순교지

서울 세계 불꽃 축제
오리배 탑승장

63스퀘어
지상 249미터의 63빌딩 전망대이다. 서울의 상징적인 랜드마크로 오랫동안 유지되었다. 전망대인 63아트가 있다. 주차는 패키지 구입시 최장4시간까지 무료이다.

63스퀘어

백빈건널목
오근내닭갈비 본점(서울에서 춘천 닭갈비 맛)
미미옥 신용산점 (양지쌀국수, 머나리육전튀김)

영앤스윗 (레터링케이크)
볼드핸즈
섬집(참게매운탕 와다비빔밥)
이촌 한강공원

노들섬 달토퓨전존

노들섬

27

수도권-북부

황해남도

평화누리 자전거길
자전거 라이더들이 자유롭고 힘차게
질주하기에 안성맞춤인 곳

장풍군

도라전망대
개성시와 송악산이 보이는 북한 방향 전망대
전망대 옆 제3땅굴이 있는데 모노레일을 타고
내부를 관람할 수 있다.

**호로고루
해바라기밭
(8,9월)**

개성

판문점
만 10세 이상의 단체(최소 30명 이상 최대 40명
이하)만 방문 가능, 통일부 홈페이지 확인 필

율곡수목원

**벽초지
문화수목원**

임진각 평화누리공원
휴전선 남쪽으로 7km 떨어진 통일을 염원하는 공간이자 공원으로
1953년 포로 2천여 명이 귀환했던 자유의 다리 일부가 남아있다.

파주시

헤이리 예술마을
49만 5868제곱 미터의 넓이를 가진 예술 마을
갤러리, 공연장, 카페, 박물관 등이 있고 예술인들의
주거공간. 국내외 건축가들이 직접 설계한 예술적인
건축물

**도라산
(전망)**

화석정

연안군

고려산 낙조대
고려산 적석사에 위치한 전망대로 석모도와
교동도 사이의 아름다운 석양 관람.
적석사에서 계단으로 전망대까지 이동

개풍군

프로방스 마을
프랑스 남부 프로방스 지역의 이름을
따온 계획 마을. 만화 속에 들어온 듯한
파스텔톤의 건물 각종 소품가게, 의류샵,
레스토랑, 카페, 빵집탄생한 곳

**류재은
베이커리**

갈릴리농원(장어)

운천

**헤이리트럭터스
국립민속박물관 파주
카메라타함안공**
뮤직스페이스

오두산통일전망대
황해북도 개풍군이 보이는
해발 140m 전망대

교동도

강화나들길

강화천문과학관

부근리 고인돌

강화나들길

역사박물관

한국근현대사박물관

시세계아울렛

더테리텅리

대룡시장
(6.25 피난민들에 의해
형성된 시간이 멈춘듯한
시장)

선착장

**고려
궁지**

연미정 애기봉평화
문수산성 생태공원

**김포애기봉
생태공원정**

스타벅스

버터링

파주 삼릉

파주

연안군

강화군

**일오삼
간장게장**

광성보

**옥토끼
우주센터**

조양방직

평화누리
태산매립리파크
(텐트설치가능)

갑곶돈대

아보가

지혜의숲(출판단지)

다온케이크

전류리포구

**포레스트
아웃팅스**

불음도

보문사

**추천음식
강화젓국**

덕포진

1. **황화인쇄박물관**
2. **열화당책박물관**

원마운트

웨스트킨

**KTX
행신**

석모도
강화군에 속한 섬으로
보문사, 민머루해수욕장 등이 있다.
예전에는 배를 타고 들어갔는데 석모대교
개통후 당일치기 여행이 가능해졌다.

신송아

유진면옥

아트팩토리참기름 강화

장화리일몰조망지

강화나들길

덕진진

멍때림

온수성당

주문도

강화광성보
몽골, 미국등의 외세와의
침략전쟁을 치룬 곳

초지진

**대명
포구**

**행주산성
(서울전망)**

**롯데
아웃팅스**
베라키자

고양시

**서남물재생센터
메타세쿼이아길**

경인아라뱃길

계양공원옥닥

하늘공원옥화

**김포
함상**

김포 라베니체

어썸월드

공원

동막해변

차이나타운
인천역 앞에 있는 중국인 거주 지역으로
중국음식점이 많다. 붉은색 중국 간판들이
많아서 마치 중국에 여행 온 느낌

장봉도

신도

인천

김포국제공항

**답동
성당**

청라호수공원

한들철길

**부천호수
식물원 수피아**

푸른수목원

명장거리

월미공원 전망대 및 둘레길
월미도는 인천상륙작전의 전초지 역할을 한
곳으로 월미 전망대에 오르면 인천항,
연안부두, 소월미도 등이 보이고 멀리 송도의
높은 빌딩들이 보인다.

장봉도 해안둘레길

영종도

인천국제공항

인천공항T2

인천공항T1

**영종도
하늘정원**

개항누리길

현책방거리
안스베이커리

부천

웅진플레이도시

부천시

황해
(서해)

대한민국 서쪽
바다의 공식
명칭은 황해
입니다.

서운 은곡 카페거리

백운산 전망대

인천항

월미테마파크

인천대공원

**광명
동굴**

인스파이어 엔터테인먼트 리조트
인스파이어 아레나, 스플래시 베이, 오로라 등
즐길거리가 많은 대규모 복합 리조트

을왕리해수욕장

미음

**월미
레일바이크**

**추천음식
월미도
조개구이**

소래습지 생태공원

송도 센트럴파크
송도 국제도시에 위치한 고층 빌딩 사이의
그림 같은 공원. G타워 33층에 오르면
센트럴 파크 전경 관람가능

마시안 해변

대무의도

소무의도

파라다이스시티
(씨메르, 원더박스)

소무의도 둘레길
(무의바다누리길)

**추천음식
시흥 연입밥**

**국립세계
문자박물관**

시흥갯벌생태공원

월곶 조개포차

**남동공단
떡볶이**

연꽃테마파크

시흥시

시흥옥구공원 낙조대

티라이트

생명의 나무 전망대

시화MTV거북섬

오이도등대

**물향
저수지**

경기도북부-북부

국립수목원(포천) ★

세조의 여명으로 500년 동안 지켜온 수목원, 오랜 시간 잘 지켜온 원시 자연 수목원, 엄격한 출입통제로 사전 예약을 통해서만 입장. 과거에는 광릉 수목원으로 불렸으며, 광릉은 세조의 무덤.

국립수목원 10,11월단풍

남양주 서리산 철쭉

서리산 전망대에서 정상까지 이르는 길에 있는 철쭉 동산. 수도권 최대 규모의 자생 철쭉 군락지로 유명한 곳.

잣향기푸른숲

80년 이상의 잣나무림 숲체험, 산림치유

아침고요수목원 ●

축령산 자락에 수많은 꽃과 정원으로 꾸며진 테마수목원. 10만평의 면적에 22개의 각종 정원으로 이루어진 특색있는 수목원

아침고요수목원 단풍

물맑음수목원

다양한 숲놀이터, 허브식물원 물맑음놀이터, 화계정원 사계정원, 탁트인뷰

구리시

망우산 가을단풍길
망우리공원에서 시작하는 사색의길

구리 한강시민공원
유채꽃, 코스모스

남양주시립박물관(역사박물관)

팔당역 1번 출구에서 약 270m 거리에 위치. 구석기시대부터 근대까지의 남양주의 고고유물 등을 전시, 합죽선 부채 만들기, 부석피리 만들기 등을 체험할 수 있다.

남양주 능내연꽃마을

다산생태공원 서쪽에 위치한 드넓은 연꽃단지. 팔당호를 끼고 광활한 백련 무리가 자라고 있다.

양평 두물머리 세미원 연꽃 ★

두물머리 옆 3만 평에 이르는 연꽃 길을 걸을 수 있다. 7, 8월 연꽃개화 시기 연꽃은 보통 오전에 개화하는 오후에 꽃봉오리가 오므라든다. 연꽃 사이에 있는 시골길은 그 풍경이 아늑하다.

지역 라벨

- 남양주시
- 구리시
- 하남시
- 덕암산
- 고덕산

34

경기도북부-서부

★ 제3땅굴
1978년 10월 발견된 남침땅굴.
임진각주차장에서 DMZ 안보연계관광
참여. 모노레일 관광고 도보관광승 선택

★ 도라전망대
개성시와 송악산이 보이는 북한 방향 전망대
전망대 옆 제3땅꿀이 있는데 모노레일을
타고 내부를 관람할 수 있다.

평화열차
DMZ(D-Train)
서울-도라산

● 장단면

임진각 평화누리
임진강 독개다리
임진각관광지

장산전망대

DMZ 생생누리

● 도라산역
● 임진강역

★ 임진각 평화곤돌라
국내 최초 민통선을 연결하는
곤돌라. 길이 850m.

반구정나루
터집(장어)

반구정과
황희선생유적지

문산자유시장
청도
헤마리랜드

★ 임진각 평화누리공원
휴전선 남쪽으로 7km 떨어진
통일을 염원하는 공간이자 공원으로
1953년 포로 2천여 명이 귀환했던
자유의 다리 일부가 남아있다.

덕진산성
(고구려,민통선)

대성동 자유의 마을
(남한 유일 비무장지대
JSA에 위치한 마을)

허준 묘
(조선 선조때 명의)

해마루촌
(농촌체험마을)

율곡수목원
사계정원, 침엽수원
암석원, 유실수원

임진강

파주 율곡 습지공원
(유채꽃, 코스모스)

화석정
(전망)

이세화선생묘
(조선 숙종때
문신, 청백리)

성혼선생묘
(조선 성리학 대학자)

★ 문산읍
● 문산역

파주향교

파주시
● 파주역

월롱면

★ 헤이리 예술마을
49만 5868제곱 미터의 넓이를 가진 예술 마을. 갤러리,
공연장, 카페, 박물관 등이 있고 예술인들의 주거공간.
국내외 건축가들이 직접 설계한 예술적인 건축물

문지리535
(커피, 브런치)

만우천

갈릴리농원
본관 (장어맛집)

황희정승 묘

프로방스 마을
프랑스 남부 프로방스 지역의 이름을 따온 계획
마을. 만화 속에 들어온 듯한 파스텔톤의 건물 각종
소품가게, 의류샵, 레스토랑, 카페, 빵집탄생한 곳

삼고집 파주점
(고기말이)

파주팜랜드
(체험목장, 캠핑
글램핑, 바베큐)

만우천

황정욱묘및
신도비

파주 LCD 단지

소울원
(정원,식물원카페)

용주서원

월롱면
● 월롱역

파주닭국수

삼악산

한국근현대사
박물관

탄현면

파주 영어마을
공식명칭 경기미래교육 파주 캠퍼스로 마치
세트장같은 마을 분위기로 많은 예능과 드라마 촬영지

청곡
농원

모산목장

하니랜드

★ 오두산통일전망대
황해북도 개풍군이 보이는
해발 140m 전망대

오두산성

카트랜드

뮤지엄헤이
아트와 신기술로 탄생된
몰입형 예술 전시 공간

통일동산
두부마을

파주 장릉
(인조,인열왕후)

파주삼릉
공릉(장순왕후),순릉(공혜왕후)
영릉(진종소황제, 효순황후)

● 금촌역

파주시

권율묘역

사임당습지

★ 애기봉 평화생태공원
평화, 생태를 주제로한 전시관·
북한을 가까이에 볼 수 있는
전망이 좋은 곳

평화누리길
3코스(한강철책길)

조강저수지

개화천

김포다도 박물관

평화누리길
2코스

카페진정성
하성본점

일산황토
마루한증막

앤드테라스

교하동

파주사립
충양도서관

일산역

한미해병 참전비

바윗재백숙
(삼계탕)

운정역

퍼스트가든
수목원, 넓은 공간에
사진찍기 좋은 곳, 야경
불빛과 볼 것 많은 곳

꿈목장
낙농체험, 체험목장
송아지 우유주기 체험

태산

★ 태산패밀리파크
1000평의 피크닉장
놀이터, 야생화, 실습
체험, 물놀이장

레드파이프
(커피, 브런치)

더티트렁크
(커피, 브런치)

고인돌 산림욕장
(고인돌 20여기)

★ 지혜의 숲
도서관, 전시관,박물관 등
복합문화공간

나비나라 박물관

청산어죽

파주놀이구름
미디어 환상의 폭포, 뿅뿅이
언덕, 나무 트리 테이블로 구성

운정천

설문천

장욱정 세트장

검바위 약수터

연보람목장
(낙농체험)

채식공간 녹두
(파스타,채소)

운정카페
거리

**일산 어린이
천문대**

덤핑거리
(구제 쇼핑)

카페드첼시
(브런치)

포내천

남양홍씨
예사공송모단

김포시

천마산

통진읍

검룡대천

오리산

★ 파주출판단지
북,카페, 현책방, 갤러리,
레스토랑 등이 모여있다

● 서고지
통진
IC

● 대곶
IC

서지리
IC

양촌읍

가마가천

한강 신도시
호수공원

김포 한강
오토캠핑장

뱅부15-8

열화당
책박물관

심학산

★ 심학산 전망대
북한의 개풍군도 볼 수 있는
전망대.높이가 낮은 산

에델바움 카페
파주점(초강옥
수수피자)

일산서구

고양생태공원

일산칼국수
본점

구 일산
역사

고봉산

고양시

일산역

★ 김포아트빌리지
17개의 한옥과 7개의 창작
스튜디오, 야외공연장 등

김포 라베니체

김포한강
야생조류
생태공원

현대모터스튜디오 고양

킨텍스(전시장)

운양동
카페거리

일산 동물의 왕국
(동물원)

원마운트
쇼핑몰, 워터파크
스누피파크, 스포츠 클럽
소라곰 고양

오누커피
매니골

아쿠아플라넷
(아쿠아리움)

달맞이
공원

비비하우스

포레스트
커피

YELLOW
MOUNTAIN

이한농원(캠핑체험)
아침이슬농원(딸기체험)

H
일산동구

★ 고양 꽃박람회

장항습지

★ 일산호수공원

A B C

스피드파크(카트)
파산서원
파평용연
(파평윤씨 발상지,
윤씨연못)
성면
무거리 물푸레나무
김덕함 묘 및 신도비
월드 푸드 스트리트
파인힐커피하우스
초소앙기념관
동두천역
유정부대찌개
자유수호평화박물관, 벚꽃길
초록지마을
(농촌체험마을)
일미담
(한정식)
굴사낭 동두천점
생연동
동두천 관광특구
보산동
보산역
소요산탑
유황온천
동두천시
만월봉
노패개울천
봉암저수지
상패천
평화를 품은 집(도서관)
곰시고개
늘노천
직천지
남면
갓바위
죽골
동두천중앙역
동두천시
동두천기상대
(별자리천체관측소)
불현동
쇠꼽마을
(농촌체험마을)
평화오르골
비학산
장군바위 전망대
맑은물 농원
(관광농원)
태봉산
시내산
은현면
안골
사당골
느티나무 바지락 칼국수
두루뫼 박물관
맑은물 농원
(관광농원)
망당산
호촌저수지
밤바위
죽골
용암리 막국수
니지모리 스튜디오
경기도 일본마을,드라마세트장이었던 곳을 테마파크로
절봉산
회암사
파주 이이유적
고즈넉하고 산책하기 좋은 율곡이이의 자운서원
법원읍
대능4리 벽화마을
바다푸꾸미
자웅산
외비고개
큰골
석우천
조명박물관
조명의 역사, 조명灯
체험, 놀이, 공연, 포토존
야외 잔디밭, 미취학 아동 추천
강경 숯불바베큐 양주점
덕계역
덕계저수지
칠봉산 레저타운
회천동
양주
IC
회암사지
양주시립박물관
엄숭산
문화유적
양주
IC
옥정
애룡저수지
금병산
대무시골
양주시문화예술회관
광적면
덕계저수지
상희원
(도예체험)
카페 검은현
도락산
도마산
벽초지
문화수목원
테마 수목원으로 26개
정원에 1000여종의 식물,
유럽정원, 동양정원
발랑저수지
너구리
불곡산
(465m)
백화암
추천음식
양주 송추갈비
양주 관아지
양주향교
고추내간장농원
(물놀이, 바베큐,
식물정원카페)
백년찻집 간장게장
고장산
나리농원
광탄면
윤관장군묘
(별무반을 이끌고
여진족을 물리친후
동북9성 축조)
응달산
주맣농원
명덜(반려견
수영장, 운동장)
체재고개
노아산
신천
마장호수 출렁다리
길이 220m, 폭 1.5m의 보행다리
다리 중간에 방탄유리 설치
홍죽천
백석읍
대모산성
(삼국시대)
남방저수지
양주역
두래농원
(체험농원)
국사집
밀가마
멍컷(칼국수)
파주용미리
마애이불입상
필모드
레드브릿지
브루다 양주
오랑주리
은행산 숲길
직동근린공원
국립아세안 자연휴양림
아시아 국가들의 전통가옥을
테마로 숙박시설 운영.
숲체험, 아세안 투어 추천
마말리고개
대모산성
(삼국시대)
녹양천
녹양역
의정부
종합운동장
의정부제일시장
용봉통닭, 영선네국수, 송프로집 수목원 카페
피자, 곰보냉면이 대표맛집
파크187
명봉산
박달산
(369m)
마장호수
마장호수
돌레길
호명산
홍복저수지
의정부역
의정부 천문대
주관측실, 보조관측실
전시실, 보조관측실
파크187
보광사
신라 진성여왕 8년 창건된 천년
사찰. 영조의 어머니 숙빈 최씨가
잠들어 있는 소령원의 원찰
장흥자생
수목원
권율장군묘
송암스페이스센터
故송암 엄춘보선생의카서설천문대.
반사망원경,숙박시설, 케이블
정통부대기지
(부대볶음, 찌개)
의정부
부대찌개 거리
오뎅식당
의정부역
의정부시
철마산
중남미문화원
병설 박물관
중남미 문화를 소개하는
유일한 문화공간
장흥조각공원
국내외 유명 현대 미술 작품과
자연이 어우러진 예술 공간
양주시립
장욱진미술관
순교자 황사영
알렉시오 묘
두리랜드
놀이기구와 키즈카페의 조합
북한산둘레길 15구간
카페리브로
아나키아
(초대형케이크,
아몬드크림라떼)
의정부
음악도서관
담다헌 체험교육관
(떡, 한과 등)
쥬쥬랜드
실내동물원, 먹이체험
물놀이장, 로봇박물관
동물방목장
가나아트파크
어린이 체험 가득한 놀이 예술공간
양주 온동
(단경왕후)
양주민속박물관
송추가마골 본촌
(갈비탕,갈비)
산너미길 통명산
입구
의정부
예술의전당
미륵암
아일랜드
캐슬
서삼릉
효릉(인종, 인성왕후)
예릉(철종, 철인왕후)
희릉(중종, 장경왕후)
렛츠런팜 원당
원당종마목장으로 4km
가량와 초원과 구릉으로
이루어진 산책로가 펼쳐진다
고양 렛츠런팜 원당 벚꽃
개명산
선우랑 마을
최영장군묘
(고려시대 무장)
일영역
BTS촬영 장소
장흥면
교외선
개웅산
일영유원지
송추
IC
신흥레저타운
도천수영장, 수영장
배구장, 운동장
송추계곡
북한산국립공원에4km 가량
이어지는 계곡으로 소나무와
가래나무 많은 계곡
북한산둘레길 16구간
회룡폭포
북한산둘레길 16구간
원효사
원각사
카페아노
도봉산역
인강원
파크프리베
유아승마체험 가능한 정원카페
서계박세당 사랑채(조선후기실학자)
청학문화의거리
통일워터파크
철마산대군 사당
(성종의 형)
통일로 IC
지구촌종합 레저타운
남경수목원
만5천평 규모, 꽃의
평상/정자 이용가
리틀피아 자연숲놀이터
북한산둘레길 21구간
우아령길입구(송추농장)<-6.5km->
교현우이령길입구(북한산우이역)
오봉산
석굴암
북한산
우이역
도봉산
도봉산역
우리나라(국밥)
우이동 먹거리마을
수락산
흥국사
목남산
쌍밥정식
수락산역
렛츠런팜 원당
원당종마목장으로 4km
가량와 초원과 구릉으로
이루어진 산책로가 펼쳐진다
흥국사
무량사, 국녕사,
아미타사,상운사
북한산성
스타벅스
더북한산점
우이동 천연연록
워터파크
우이령길
단풍
북한
산성
노원
문화의거리
봉암산
불암사
구파발 인공폭포
스타필드 고양
은평한옥마을
도선사
마애석불
북한 북한산
도봉산 진달래
카페산아래
방학천
청학동계곡
우이천
창동역
산들소리
수목원
중랑천워터파크

37

경기도남부-서부

평화누리길
3코스(한강철책길)

하니랜드

중남미문화원 병설 박물관
중남미 문화원 정문 앞쪽에 위치한 박물관. 중남미의 토기, 목기, 석기, 가면, 생활공예품 전시. 미술관과 종교전시관, 조각공원도 함께 운영되는. 연중무휴.

북한산 우이령길 단풍
강북구 견인 차량 보관소 앞 우이령길 입구부터 오봉아파트까지는 6.8km, 우이탐방지원센터 ~교현탐방지원센터 약 4.5km가 본격 숲길. 사전예약 필수, 신분증 필요. 어린이 노약자 모두 걸을 수 있는 쉬운 산책길

심학산 전망대
날씨가 좋은 날엔 북한의 개풍군도 볼 수 있는 전망대

운정역

파주출판단지
경기도 파주시 문발동 일대에 위치한 출판단지. 북 카페, 헌책방, 갤러리, 레스토랑 등이 모여있다.

파주시

테마동물원 쥬쥬
동물들을 우리 밖에서 체험할 수 있는 체험학습형 동물원. 뱀, 파충류 등을 만져보거나 앵무새의 환영 인사를 들어볼 수 있다. 매주 동물과의 미팅, 먹이주기 등의 프로그램 진행.

북한산 진달래
북한산 우이동과 대동문을 잇는 1km 구간의 진달래 능선. 백련사 매표소에서 출발하여 백련사 갈림길에서 진달래 능선을 따라 대동문까지 이동하여 구천 폭포 방향으로 하산하는 코스 추천.

도봉산
북한산둘레길 도봉옛길

전류리 포구
김포한강생태조류 생태공원
운양동 카페거리

현대모터 스튜디오 고양
(자동차 테마파크)

백마역

렛츠런팜 원당
넓은 초원 그리고 뛰어노는 말들을 볼 수 있는 서울 근교 목장

김포아트빌리지 ★
17개의 한옥과 5개의 창작 스튜디오, 야외공연장 등

김포 사색의 길

김포 라베니체
한강중앙공원 끝빛 수로 문보트, 야경명소

IC 통일로

고양 배다골테마파크 연꽃밭
배다골테마파크 후문 나무데크길로 이어진 연꽃밭. 연꽃을 포함해 갈대, 창포, 부들 등 다양한 수생 식물을 관찰할 수 있는

구파발 인공폭포

북한산둘레길 소나무숲길
북한산둘레길 흰구름길

북한산둘레길 마실길
북한산둘레길 구름정원길

대동문
칼바위 능선

광화문광장

우저서원 김포향교
김포점

피싱파크 진산각
아이들과 함께 뛰어놀며 낚시체험도 할 수 있는

꽃풍경 식물원

경인아라뱃길 유람선 현대크루즈호

고촌읍

고양시
경복궁
임진왜란으로 소실되어 오랜 기간 방치되었지만, 여전히 조선의 대표 궁궐

김포시

금정사
인천 검단 선사박물관

계양천

아라마루 전망대
(아라폭포)

보름산 미술관

강서한강공원

행주산성

덕수궁
고종, 대한 제국의 황제로 즉위한 곳이자 사랑한 곳

길상사(아담하고 아름다운 사찰)

서울공예 박물관

청와대 앞길

서촌마을
서촌통인시장

창경궁

경희궁, 서울역사박물관
서대문형무소

청계 청계천
북촌 광장
한옥마을

종묘

서울특별시
흥인지문
남산골한옥마을

인천광역시

경인아라뱃길
(아라마리나&아라폭포)
한강과 서해를 잇는 뱃길 수변 레저 및 휴식 공간

굴포천
김포국제공항

서울식물원

난지한강공원

하늘공원 억새

망원한강공원
우장산공원

하늘공원 캠핑장

망리단길

합정
카페거리

서울로 7017
남산 케이블카

인천 계양산 진달래
지선사, 봉일사지 삼층석탑

계양산 둘레길
청라 스파렉스

계양산 (395m)

계양구

김포국제공항 국내선 전망대

부천어린이 과학관 순환센터

수명산
매봉산

연남동
경의선숲길

홍대

연남동
동교동

양화한강공원

남산 둘레길

까치산

목동

국립한글박물관 국립중앙박물관
용산
전쟁 기념관

서울특별시

인천나비공원
서인천 IC
인천나비공원 은행나무숲

굴포천 생태하천
부평 IC

도당산(벚꽃축제)
아트벙커 B39

스페이스작

로데오거리

타임 스퀘어
여의도 한강공원

이촌한강공원
노들섬

잠원 한강공원

부평구
한국만화박물관

부천 원미산 진달래

부천자연 생태공원
부천식물원, 자연생태박물관 무릉도원수목원, 튼튼유아숲체험원 농경유물전시관

반포대교달빛무지개분수
봄부터 가을까지, 화려한 조명과 음악에 맞춘 분수 쇼가 펼쳐지는 서울 대표 야경 명소

반포 한강공원
반포 IC

부평문화 의거리

나리스키친(파스타)
상동호수공원

심곡천

부천 유럽 자기박물관
석왕사

푸른수목원
항동저수지, 수생식물원 등 도서관·계류원, 항동철길

대림 차이나타운

신림동 별빛거리

방배동 카페골목

사당 가구거리

방배동 먹자골목

우면산
선암

웅진플레이 도시 ★
도심형 종합 레저스포츠 타운

동암산
용화선원

안중근공원
안중근 의사 의거 100주년 기념공원

안양천 IC

광명시

쥬라리움

말이 고개

녹두 거리

서울둘레길 5코스

과천시

연주암

인천광역시

인천대공원 ★
소래산 줄기의 자연풍경 수목원, 전망대, 산림욕장

소전미술관
과림저수지

소래산

영화원
명절시대(치즈퐁당)

충현박물관

관악산

서울랜드 ★

서울대과천과학관
어린이 과학체험

과천과학관

대한민국 수준원점
인천어린이 박물관

삼막사

소래포구 어시장
인라인스케이트장
삼미시장

창조코사
베니어

광명에디슨뮤지엄
어린이 과학체험

삼성산

안양예술공원

과천향현화
자연학습장

과천향교 서울대공원 둘레길

남동구

베이커리카페 소래 JC

광명동굴
폐광된 일제시대에 만든 동굴 테마파크
(청동기 고인돌)

이케아 광명

삼성산 산림욕장

관악산 관악수목원
관악산림욕장

장수산(백숙)

포레스트 아웃팅스
용도체험

청룡

용수수목원
(민간수목원)

광명역

벚꽃길

연수구

송도컨벤시아, 송도해돋이 도서관

인천상륙작전 기념관

원인재

시흥 갯골생태공원
일제 시대부터 145만평의 소래염전이었던 지역

관곡지

시흥 연꽃테마파크
관곡지 주변의 연꽃테마파크 및 식책로

백합칼국수

안양유원지

자이슬

김중업건축박물관 ★
근대 건축의 대가, 프랑스 르코르뷔지에의 유일한 한국인 제자

안양시

오월의 곤드레 (군포점)

배곧한울공원
바다놀이터와 해수풀장

오십리조 칼국수

소래포구 전망대

시흥옥구공원 낙조대
시화호, 시흥, 송도, 오이도를 한눈에 내려다 볼 수 있는 전망대

월곶

갯골습지공원
흔들전망대

백운호수
카페인더뷰

관모산

시흥
늠내길

시흥 JC

물왕호수

물왕저수지 토속음식마을

옹기촌

안양시

만안구

안양시

백운호수
둘레길 ★

군포시

남도연(꼬막,아귀찜)

군포 철쭉동산

백운산

홍종흔베이커리(어니언킹)

군포시

39

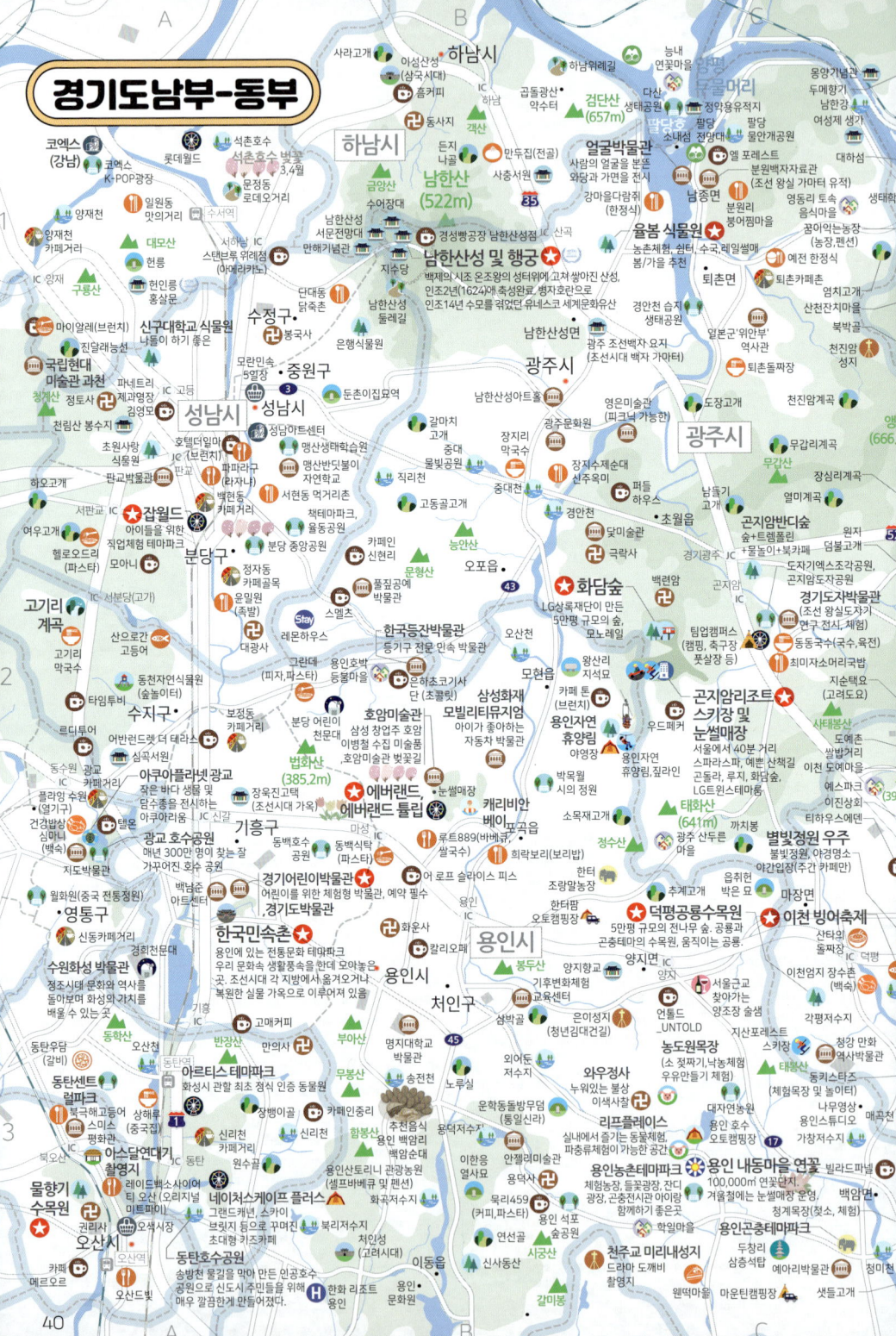

경기도남부-동부

양근향교
청계산 등산로 옥천면
옥천 냉면마을
사나사, 함왕혈
양평군립박물관 옥천
카포레 양평군
라뷰 베이커리카페 양평읍 양평역
대복식당(불고기가게)
질마재 강상면 수목원
강하면
뜰안에농장 물소리길 4코스
나를 찾는 정원 흑천
양자고개 개군면
황금천 상촌계곡
양자산 카페마치 풍원면
죽포미술관
문바위계곡 요곡 개군할머니 토종순대국
문바위 주어천 여주 팜스 테마마을
유원지 양자산 여주 파사성 (신라, 조선 임진왜란)
산북머 여주 루덴시아 금사저수지 봉서마을 이포보 홍원막국수
유럽 마을 콘셉트 테마파크
해여림빌리지
남이고개
진괄래 사슴마을 망재산 놀라운맥주 여주 두리
엘리판랜드 (맥주체험공장) 캠핑장
원적산(634m) 해월 최시형 이현 저수지 이태리회관(파스타) 흥천면
묘소 이천돌솥밥
이천신대리 백송 앞니 호왕산 대관리
지석리지석묘 신대천
사기막골도예촌 이천 산수유마을
거중, 청목 김좌근 고택 산수유 마을 초입에서 옥괴정으로 하상하는 코스
이천세라피아(도자기체험) 설봉공원(및 국제조각공원)
이천시립박물관 이천도자기 축제, 살물화축제 개최시지자축제 휴식년
토야 흙놀이공원 비브리스 시립월전미술관
부발읍 이천설봉온천랜드
이천시 이천에서 나오는 100% 천연 온천수 물을 이용하는 온천
이천캠핑랜드 더반 올가닉 (브런치,피자,파스타)
롯데 서테마파크 청엄관광농원
호법 55도브런치 (서희 : 거란과 (카라반, 글램핑
강동6주 담판) 오토캠핑)
이천시 대월면 신해 저수지
호법면 흙토람 이천 한국기독교 단오박촌
두미천 도예공방 역사박물관 달봉채
논수천 이천 도니스 메이데이
어농성지 (파스타,피자)
시몬스테라스 명품쌀마을 대명산
남이섬IC 가남읍 이천 메타
외할머니네 이천 세라이걸
커피 (두부전골) 모가면 항아리제
두미리 미륵불 서경들마을 고개 구래골
꾸메숲 버섯나라 혼천산
(버섯체험)
노성산 (268m)
하개골 산안고개 정수고개
영창대군묘
성호호수 연꽃단지 와우목장 신흥사 설성산 (280m)
6-7월 (젖소, 체험)

별담하늘담 양평양떼목장
양평 보릿 고개마을 꼬꼬모닝말 먹이주기 체험, 산책
용문산자연 휴양림 경기영어마을 오리, 돼지, 양, 타조, 포토존
문계서원
양평 군립미술관 풀짱 허브나라 양평 민물고기 고바우 설렁탕
쉬자파크 양평 캠프 양평 아프리카 박물관 생태학습관
양평 양평군유수 지평교 지평지구전투전적비
용문면
용문역 지평면 지평역
양평 옹달샘 꽃노름마을 지평면 해바라기 마을
흑유재(레드오비 슈페너) 추읍산 무왕리 마을회관과 무왕교회 사이 대로변 앞뒤로 해바라기밭이 드넓게 펼쳐지는. (8~9월)
쉐르빌온천 (583m) 가루매마을
관광호텔
양평오후다섯시 그랑아치 수곡서원 배나무 쟁이골 구둔역폐역 (근대문화유산 등록문화재 건축학개론 촬영지)
(한옥) 풀빌라 Stay
양평 산수유 홍원막국수 대평 저수지 구둔영화관
농어촌 인성학교 원통산 한얼테마 과학·박물관 동여주(하이패스전용)
개군면 산수유 유기농 고달사지 (고려시대 사찰터)
제봉산
대신면 대신IC
상백리 청보리축제 4월에서 5월사이 상백리 양화천, 남한강 변 일대에서 개최되는 청보리 축제. 마을 주민들이 자체적으로 기획한 소담한 축제로 줄배 타기, 보리 구워 먹기 등의 이색 체험행사들이 진행된다.
찬우물 나루터
여주IC 대진
홍천면 여주보 바베네집 (한정식)
여주 산수유마을 여주시 북내면 무이숲
산수유 마을 초입에서 옥괴정으로 하상하는 코스
에코생물원 조선효종 영릉재실 (재실 : 제사를 지내기 위해 지은 집) 여주도자기 아울렛 싸리산
자연 모험 놀이터 동물, 과일나무, 감성캠핑 주말 예약필수 세종대왕의 영릉과 효종릉의 영릉
여주도예 여주시
인도카레 황포돛배나루터 영월공원 현충탑 여주박물관 송백보리밥
여주향교 여주도자기세상, 백옥도자미술관 목아박물관(불교 미술 문화관)
부부농장카페 (오리불고기) 여주참숯마을 (오토캠핑, 펜션)
능서면 북성산 영월루 금은모래 캠핑장 곤밀관 신륵사 국민 관광지
대령사 여주온천 신륵사,
대랑사 곤밀관 여주곤충박물관 명성황후 생가, 명성황후 기념관 황학산 수목원 강천면 세종천문대
넓은들농장 (농촌체험) 곤충교육 전문인력도 양성하는 체험 가능도
신세계아울렛 바하리아 카페우스 여성생활사 박물관
창남이고개
그늘집 (육견물냉면) 여주IC 여주 강천섬 은행나무길 강천섬 안쪽 수변데크 근처를 따라 위치한 1.3km 규모의 은행나무 길. 캠핑족들의 백팩킹 명소, 카약, 래프팅 여강길 2코스 (세물머리길)
신하 은아목장 동물 당근주기험, 소 젖짜기, 모래놀이터 피자/아이스크림 만들기 체험 늘향골마을
영장개골 강금산 청미천 청평천 동강파크펜션
이천관광농원 정대년 신도비 영준농원 가마섬 (내륙섬)
이천 테르메덴 넓은 부지의 숲에 둘러싸인 한국 최초의 독일식 온천. 삼림욕, 바데풀, 스포츠 시설 등이 갖추어져 있다. 도림골산
관한천수로 원부저수지 완장고개 완장산
설성천 설성산 신흥사 오갑산
설성면 이황천 백족천 충주시

양근향교
양평군
양평군

41

경기도남부-남부

★ **티라이트 전망대**
75미터 높이로 조력발전 전시관
360도 파노라마 투명 유리바닥으로
360도 전망이 가능

티라이트

오이도빨강등대
오이도는 원래 육지에서 4km
떨어진 섬이었으나 일제시대
갯벌이 염전이 되면서 육지와 연결.
오이도 섬의 모양이 '까마귀 귀'와
비슷하다 하여 '오이도'라는 명칭

솔찬공원

송도스포츠파크,
송도바다쉼터

오십이도 칼국수
프로젝트 C

오이도 음식
오이도 정동진
오이도 문화거리
카페더피치

오이도 선사
유적공원

시흥옥구공원 낙조대
서해호, 시흥, 송도,
오이도를 한눈에 내려다
볼 수 있는 전망대

JC 군자
오정각

군자봉

안산시

베트남고향식당
(베트남음식)
화랑유원지

사세충렬문
성포예술광장
(성포예술공원)
경기도미술관

안산시
안산
IC

안산 고잔역 해바라기
폐철로인 고잔역 협궤철로를 따라 자라난 500m
길이의 해바라기 길. 4호선 고잔역 2번 출구에서
왼쪽으로 나오면 바로 열차 길이 등장한다!

안산시
단원구
화정역사박물관
안산식물원

시흥시

랑데갈부 시흥거북섬점.
시흥거북섬웨이브파크점
(펜케이크)

추천음식
시흥밥상
시흥 연잎밥

시화호

방아머리항
여객선터미널

시화나래
휴게소

녹으로 양수지

우음도

우음도 송산그린시티전망대
시화호가 한눈에 보이는 전망대로
2022년까지 15만 명이 거주하게 될
관광·레저복합도시가 송산그린시티

각소지

방아머리 해수욕장

대부바다향기
테마파크

구봉도
낙조전망대

발리다

대부도
종현마을
(조개,칼국수)

카페루헤

16호원조
할머니칼국수

대부도서
남부연결도로

추천음식
대부도 바지락 칼국수

비들기바위

별망성지

안산갈대습지공원
31만평의 대규모 갈대/습지
공원9,10,11월

당골

비봉 습지공원
갈대숲과 습지, 관찰로
전망대 및 쉼터 등
비봉 습지공원 억새

사당

각소지

한필
저수지

창문 아트센터(폐공장에 만들어진
작업공간이자 갤러리, 운동장)

남이
장군묘

화성 공룡알화석지
천연기념물 414호, 공룡의
알 화석을 볼 수 있다.

삼존
저수지

가시리마을

영흥대교

대부도
트리
캠핑장

선재도

당너머해변

종이
미술관

축도

씨엘관광농원
글램핑

힘센장어
(장어,가리비)

동주염전

대부도
아라뜰
오토캠핑장

유리섬
박물관

대부
해솔길

대부
해안길

어섬비행장
어섬

한우물골

곱돌재

한필
저수지

송산면

★ **대부바다
향기테마
파크**

고래숲
관광농원

해뜨는 대부도
고랫부리
(생태체험)

바다향기
수목원

안산 어촌
민속박물관

안산 대부광산 퇴적암층
선사시대 공룡발자국 및 화석
이 발견된 퇴적암층

**탄도인공
습지공원**

신흥사

애니랜드

화성 당성
(백제->고구려->신라)

또나따목장

양노저수지

남양읍

카페미당

남양향교

남양성모
성지

남양읍

화성시

정원채 고가

롤링힐스
호텔

궐패미골

★ **탄도바닷길**
물때 확인 필수!

★ **탄도항 누에등대전망대**
대부도 끝자락에 있는 일몰 명소.
바다위에 풍력발전 풍차와 함께
일몰이 지는 곳(갯벌체험 가능)

제부도

제부도
해수욕장

오솔길

대하횟집
소라횟집

카페 해갓

탄도항

전곡항

제부도
워터워크

카페 물레

하내 테마파크
곤충박물관, 수영장
소금족탕, 철쭉길 수련원

안곡서원

안곡서원

서신면

해바라기 군락지

매화리어촌체험마을
(조개캐기, 굴따기)

청원수로(낚시)

남양홍씨
묘역

방죽늪

매바위

함봉산

홍나파생가

대성저수지

라파팜스토리(먹이주기
체험미크닉바베큐)

무궁새
장지골

동방저수지

트로피칼베어
(파파야수확체험)

이용한
장군묘

**서해랑 제부도
해상케이블카**
전곡항과 제부도를 잇는 해상케이블카
2.12km 길이로 서해를 조망

제부도 해안산책로
제부도는 하루에 두번 바닷물이 갈라지는
길이 열린다. 해안산책로는 1km 가량으로
기암괴석과 아름다운 바다를 볼 수 있다.
제부도에서 보는 일몰 또한 아름답다.

백미리어촌체험마을
(조개캐기, 굴따기)

해솔마을
오토캠핑장

정용채
가옥

왕모수로

**궁평리
해수욕장**

궁평항
(노을)

★ **우리꽃식물원**
도심속 자연을 느낄 수 있는
전망대, 산책로, 유리온실 등

화성호

광단골

배진
개골

단산골

추천음식
화성시 바지락
칼국수

멱우리

살오리골

단산식염온천

우정읍

쌍봉산

장안면

입파도

국화도

할아버지 동물농장
(놀이터, 먹이주기 체험)

매향리
평화생태공원

민들레
연극마을

버섯말
고개

정든사

수마산

봉화산

불노산

농뿌리산

중앙산

수도사
(신라시대 창건)
원효대사께서 수도사 부근
토굴에서 해골물 깨달음의

남양읍

원효대사깨달음
체험관

메인스트리트
(커피, 햄버거)

★ **서해수호관**
NLL과 해전실, 천안함실
연평해전, 천안함,연평도 포격전

웨스턴베이마리나호텔,
라마다 앙코르 평택 호텔,
라마다 평택 호텔

당진시

군포시
안산객사
남도연 (꼬막,아구찜)
수리산
반월호수 둘레길
군포 철쭉동산

백운호수 둘레길
초막골생태공원
산책로가 잘 되어 있는
자연친화형 도시공원

백운호수
고기리 계곡
계곡 주변으로 카페와
음식점이 많은
고기리 막국수

의왕시
의왕시청사

정자동 카페골목
윤일원 (족발)
풀짚공예 박물관

오포읍
43

온리쪼쿠미
누리 천문대

해우차 (뚝배물감)

산으로간 동천자연식물원
(숲놀이터)

스멜츠
레몬하우스

한국등잔박물관
등기구 전문 민속 박물관

Stay

반월 호수
모더스 브레드

수원시

유니스의 정원 (파스타,바베큐)

철도박물관
다양한 기차를 볼 수 있는

봉곡순대국
42

왕송호수
초이마루

보정동 카페거리

분당 어린이
천연호박
그린다 (피자,파스타)

용인호박
불놀이마을

삼성화재
모빌리티뮤지엄
아이가 좋아하는
자동차 박물관

오산천

용인초교기사
단 (초콜릿)

수원화성
UNESCO 세계문화유산으로
정조가 만든 애와 실용적이고
혁신적일 성곽, 왕이 거주할 수
년(1794)에 착공, 2년 반에 완공.

수지구

로드투어
어반터렛 더 테라스

호암미술관
삼성 창업주 호암
이병철 수집 미술관
호암미술관 꽃길길

봉강순대국

광이재 약수터

의왕레일파크
왕송호수
4.3km레일

장안문

경기도청

수원화성

일월수목원
일월 저수지 옆에 위치.
식물 문화 중심의
평지형 수목원

매송면

원평허브농원 (다양한 허브와 체험)

타임빌라스

온수골 산책

영통구

아트센터
한국민속촌이트밀
한국민속촌놀이공원

에버랜드
에버랜드 튤립

캐리비안 베이

추천음식
수원 왕갈비

권선구

수원성대공원

수원 스타필드

성수, 신사, 한남동의 힙한
음식점이나 카페, 유명 패션

삼봉도시
태행산성 예랑도예원

멍우리계곡

자안천

화성 어린이
문화센터

화성시

엄마술관

곤지암

한국민속촌
용인에 있는 전통문화속의
우리 문화속 생활을 테마파크
곳. 조선시대 각 지방에서 옮겨오거나
복원한 실물 가옥으로 이루어져 있는

용인시

경기도박물관

명지대학교
자연사 박물관

처인구

용인시

화운산

김유신 장군사당
건당산

혜경궁베이커리 (커피,빵,파스타)

주말농장
한식마을

응건통 둘레길

소다미술관

고매커피

부아산
만의사

노루실

동탄우당 (갈비)

북극해고등어
스위스
평화관

동탄센트럴파크
(오산과 동탄전망,
권율장군 주둔)

오산천

반장산

송전천

용덕저수지

덕우저수지

화성 베어팜
(반달곰, 해양생물)

정남면

서오산IC

오산시

아스달연대기
촬영지

카페인중리

무봉산

신리천

신리천 카페거리

함봉산

이한음
열차묘

안꼴저수지

양곡저수지

율암온천
노천탕, 아이족욕, 찜질방으로 구성.
참숯가마 오겹살 구이도 인기.

더포레
화성 제암리
3·1운동 순국 유적 및 기념관
일제의 3.1운동 탄압 학살현장

물향기 수목원
습지생태원, 수생식물원
유실수원, 소나무원, 곤충생태원

배해정도가
(막걸리 양조장)

남양IC

레이디벡소사이어
티 오산 (오리지널
미트파크)

네이처스케이프 플러스
그랜드캐년, 스카이
브릿지 등으로 꾸며진
초대형 키즈카페

오산시

용인산토리니 관광농원
(셀프바베큐 및 펜션)

묵리459

연선골

신사동내

중리 저수지

벳낭메기

뽕누리 (짬뽕)

공미산

사장저수지
산림욕장

초록숲

카페
메르오르

오산역
오산딩
브런치

송림천

동탄호수공원
송방천 물길을 막아 만든 인공호수
공원으로 신도시 주민들을 위해
매우 깔끔하게 만들었어요.

한화 리조트
용인

남사읍

용인
문화유산

절골

중리 저수지

상신 도시숲

칼바위
늘푸른농원

화성 은행나무
마을

당재산

옹암면

덕절리IC

소풍 (동물원)

만기사

진위면

진위천시민유원지
오토캠핑장, 레일바이크,
물놀이장, 수변쉼터

어비낙조
일몰이 아름다운

조병화문학관

동도사

고천저수지

15

신숙자 선생사당

황구지천

사리당

서탄면

제일식물원

수역저수지

그린웨이
39

양지면

추조사

40

청북읍

무성산 성지

김메골

회화산

송탄
영빈루

Stay
트리하우스 펜션

익신터
고개

앰봉

신성봉

양성향교

원천사

김네집 (부대찌개)

부락산문화공원

정도전사당

성원사

양성 석조
여래입상

양성면

포승읍

늘푸른농원

응양산

고덕면

고덕면

하나농원
숲속워터파크

방아골

소쇄미지

웃다리문화촌
(체험장, 캠핑장)

덕암산

원균장군묘

안성 3.1
운동기념관

약수터식당
(곱창전골)

최규수
어사각

고성산
(297m)

안성

무양산성

별난마을

박승완
선생기념탑

안성맞춤
랜드
가족공원

올드타임(박물관)
겔러스트랑

등하산

평택시

신북 IC

청북 IC

평택시
농업생태원

평택역

바람새마을
들판에 코스모스
핑크뮬리, 천일홍 등

오가
(교동짬뽕)

경복궁
(한정식)

고등어명물이다
(고등어구이)

정조대왕 능행차

벌터 (파스타)

봉현정효자비
(아버지를구하기 위해 물에
몸을 던졌다가 익사한 효자)

대덕면

미양면

안성팜랜드

평택서부문화
예술회관

평택 로얄
관광호텔

오성면

포승읍

등하산

하양산

소풍정원
캠핑장, 산책로, 진위천 제방길
연못, 자전거 라이딩 가능

내리문화공원

삼정수로

오성강변

원곡면

안중읍

성남사

안성천

초록미소마을
(농촌체험)

평택항

바람새마을

우박사
칼국수

평택호

공도읍

대동법시행
기념비

카페타임슬라우스

안성시

평택시

중중국고개

38

안성팜랜드
양, 토끼, 라마, 말 등의 동물들이
있어 아이들 체험, 넓은 초원이
있어 산책하기 좋다.

안성팜랜드
유채꽃 3,4월

스모카타운

평성도

강원특별자치도-북부

1

평강군   김화군

철원 평화전망대
철원군 중부전선의 비무장지대를 한눈에 볼
수 있는 전망대. 모노레일카로 쉽게 전망대에
오를 수 있다.

양구 두타연 단풍
민통선 안쪽으로 계곡 단풍
트레킹하기 좋은 곳10,11월

동송읍   **철원DMZ 생태평화공원**   근동면   원남면   원동면   임남면   두타연 평화누리길
백마고지   소이산 모노레일   (제2땅굴, 평화전망대, 월정리역,   제2땅꿀   화천읍   양구군   방산면   두타연   양구 DMZ
전적지   승리전망대, 화살머리고지   추천음식   자생식물원시공원   양구 수목원

소이산 생태숲   구 철원 제일교회   홈페이지 확인 필)   근남면   철원군 화강 다슬기   백암산 케이블카   세계평화의   양구박물관
녹색길   갈말읍   두루웰속문화촌   기와물결   1178미터정상   종 공원   양구 선사박물관,
교동맥국수   내대막국수   (에코어드벤처)   평화의댐   화천   양구 근현대

철원군   금강산댐 관람   꺼먹다리   사 박물관

철원 평화전망대 관련 표기들...

2

포천시   화천군   파로호   소양호   춘천시

명성산   백운산   명지산   연인산   용추계곡   가평군

3

남양주시   북한강   홍천   홍천군

구리시   유명산   용문산   양평군   횡성군

강원특별자치도-남부

강원특별자치도-서북부

강원특별자치도-동북부

고성군

현내면 초도항
화진포 해양박물관
화진포
고성화진포 둘레길
노인산

화진포 해수욕장
화진포 생태 박물관
백섬해상전망대
건봉산
거진항

건봉사
(신라 법흥왕
7년 창건)
극락암
간성향교

추천음식
고성 가리비
고성산

고성군

하늬라벤더팜
보랏빛 라벤더가 선물하는 유럽풍 정원
장신리유원지
함정균가옥, 왕곡마을

진부령

양구군

제4땅굴

을지전망대
DMZ 및 북한 전망
양구 펀치볼 전망
양구 펀치볼 둘레길
양구 전쟁
기념관
해안분지

왕곡마을
영화 '동주촬영지
100년된 기와집 20여채와
초가집 30여채 군락

진부령유원지
진부령
미술관
진부령유원지

마산
신선봉
진부령산당
(황태구이)
울산바위
(황태장국)
촬영 휴게소
화암사

양구군

두타연

양구 두타연 단풍
민통선 안쪽으로 계곡 단풍
트레킹하기 좋은 곳 10,11월

두타연길
평화누리길
두타연갤러리

도솔산
팔랑곰
캠핑장

부흥식당(황태구이)
국립 용대
자연휴양림
용바위식당(황태)
용대리 매바위
인공폭포

내설악
백공미술관

델피노리조트
시드누

설악 케이블카
설악산 권금성에까지
연결되어 있는 케이블카

백석산
백석산지구
전투 전적비
양구백토

직연폭포

양구
백자박물관

동면

DMZ야생동물생태관

양구 수목원

양구
생태식물원

대암산 용늪
국내 람사르습지 1호
출입허가 필

대암산
(1,312.6m)

양지말약수
대암산 생태탐방로

카페루체

명동山

한국DMZ
평화생명동산
내심적계곡

용늪마을
자연생태학교

서화면

동국대학교
만해마을
(북카페)

구만동계곡
여초김응현서예관

토왕성폭포
비가 선물해 준
설악의 비경
천불동계곡

아인53카페
(브런치카페)

팔랑폭포

후곡약수터

광치
자연휴양림

인제군

북면

공립인제
내설악미술관

한국시집
박물관

심이선녀탕

백담계곡
백담사

백담문스카페
(쌍차)

옥녀탕계곡

설악산
(1,708m)

곰배령
산림생태탐방
예약필수

용소폭포
주전골
(단풍)

오색령

양구읍
한반도섬

파로호

배꼽제빵소
(베이커리카페)

파로호 꽃섬

양구선사박물관

비봉산

광치막국수

광치계곡

소양강
한강단구

남북면옥
(메밀국수)

인제
인제향교

설악산 국립공원
(외설악)

장수대
뗴레둠체

필레약수터
(단풍)

용소폭포관광

인제스피디움
서킷체험, 레카카트,
유아카트, 서킷카트

오색약수터
주차장(도보 13분)

박수근미술관
생가터인 양구읍 정림리마을
위치기념관, 현대미술관,
박수근 파빌리온,
어린이미술관, 라키비움

장수오계숯불닭구이
전주식당
(두부전골)

시래원(시래기밥)

도촌약국수

합강정
내린천 번지점프

하추리농촌마을
(가마솥밥집기,체험밥)

인제캠핑타운

인제읍

인제 내린천
수변공원(래프팅)

오색주전골

사명산
주곡약수터

봉화산
무장애 숲길

양구재래식
순두부

국토정중앙
천문대

시인박인환의거리
박인환 문학관, 50년대 한국
모더니즘을 대표하던 시인
인제재래식순두부

인제촌
민속박물관

인제나르샤파크
스카이워크,전망대
캠핑장,스카이다이빙

한석산

인제군

점봉산

오색주전골
설피마을

인제읍

춘천시

소양강
(소양호)

자작나무오토
캠핑장

남면
인더다든
(정원 애견동반 가능카페)

응봉산

인제 소양강 둘레길

38COFFEE
변418EAST
(마운틴뷰 베이커리카페)

인제 아르고
체험센터(ATV,
레저체험장)

10,11월

원대리 자작나무 숲
(속삭이는 자작나무 숲)

옛날원대막국수
(막국수)

별들의 기침
자작나무숲의후데이

카페
하주리(마을주민이
운영하는 카페)

고향집
(두부요리)

아침가리계곡
(트레킹)

방태산
자연휴양림
단풍 10,11월

방태산

인제 비밀의 정원
군사 보호지역으로 출입 및 항공촬영이
금지되어 있어 자연의 비밀스러움이
그대로 보존되어 있다. 446번 지방도
길가에 설치된 전망데크에서 촬영할 수
있다. 매년 10월이면 단풍과 새벽녘
하얀 서리 풍경을 찍기 위해 출사 나온
사람들로 매우 북적인다.

원대리 속삭이는
자작나무 단풍숲
속삭이는 자작나무숲

바회마을
(초가체험촌)

기린면
방동계곡

진동계곡

현리
IC 인제

미산계곡

마의태자권역

백봉산

상남면

가리산
자연휴양림

용소계곡

가리산
(1,050m)

가리산 레포츠파크
짚라인

가리산막국수

소물산

50

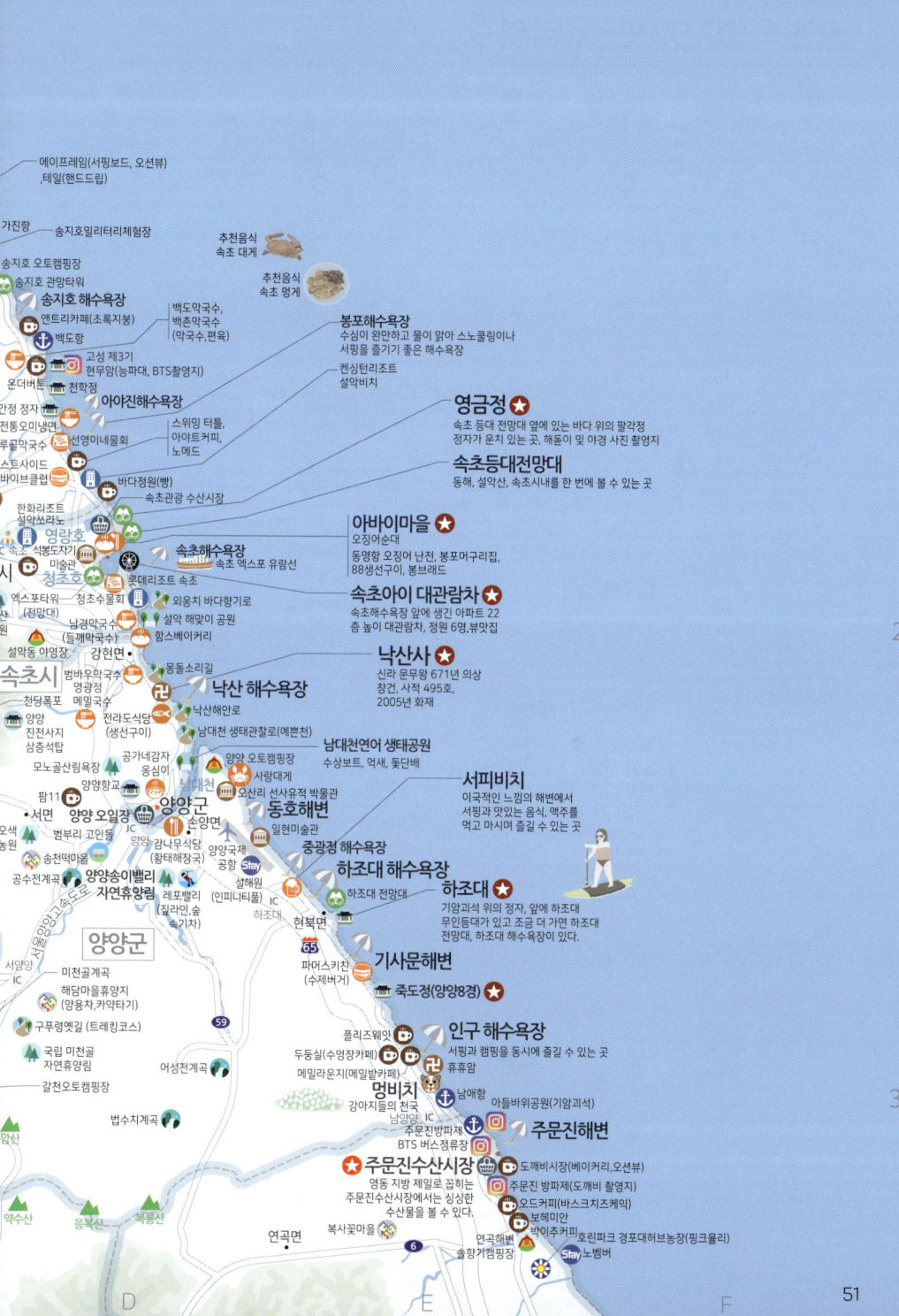

에이프레임(서핑보드, 오션뷰)
테일(핸드드립)

가진항
송지호밀리터리체험장

송지호 오토캠핑장
송지호 관망타워

송지호 해수욕장
앤트리카페(초록지붕)
백도항

백도막국수,
백촌막국수
(막국수,편육)

고성 제3기
현무암(능파대, BTS촬영지)

온더바트
천학정

**추천음식
속초 대게**

**추천음식
속초 멍게**

봉포해수욕장
수심이 완만하고 물이 맑아 스노쿨링이나
서핑을 즐기기 좋은 해수욕장

켄싱턴리조트
설악비치

간정 정자
전통오미냉면
루콜라막국수
이스트사이드
바이브클럽

아야진해수욕장

스위밍 터틀,
아야트커피,
노메드

선영이네물회

영금정 ★
속초 등대 전망대 옆에 있는 바다 위의 팔각정
정자가 운치 있는 곳, 해돋이 및 야경 사진 촬영지

속초등대전망대
동해, 설악산, 속초시내를 한 번에 볼 수 있는 곳

바다정원(빵)
속초관광 수산시장

한화리조트
설악쏘라노
영랑호

아바이마을 ★
오징어순대
동명항 오징어 난전, 봉포어구리집,
88생선구이, 봉트래드

IC 속초 석봉도자기
미술관
청초호

속초해수욕장
속초 엑스포 유람선

롯데리조트 속초

엑스포타워
(전망대)
청초수물회

속초아이 대관람차 ★
속초해수욕장 앞에 생긴 아파트 22
층 높이 대관람차, 정원 6명,뷰맛집

남경막국수
(들깨막국수)
설악동 야영장

설악 해맞이 공원

함스베이커리

외옹치 바다향기로

낙산사 ★
신라 문무왕 671년 의상
창건, 사적 495호,
2005년 화재

강현면
범바우학국수
영광정
메밀국수

몽돌소리길

낙산 해수욕장

속초시

천당폭포
양양
진전사지
삼층석탑

전라도식당
(생선구이)

낙산해안로

남대천 생태관찰로(예쁜천)

남대천연어 생태공원
수상보트, 억새, 돛단배

모노골산림욕장
팜11

양양항교
양양항

공가네감자
웅심이

양양 오토캠핑장
사랑대교

오산리 선사유적 박물관

서피비치
이국적인 느낌의 해변에서
서핑과 맛있는 음식, 맥주를
먹고 마시며 즐길 수 있는 곳

서면
양양 오일장
오색
농원

범부리 고인돌

양양군

감나무식당
(황태해장국)

양양국제
공항
살해원
(인피니티풀)

동호해변
일현미술관

중광정 해수욕장

하조대 해수욕장
하조대 전망대

하조대 ★
기암괴석 위의 정자, 앞에 하조대
무인등대가 있고 조금 더 가면 하조대
전망대, 하조대 해수욕장이 있다.

송천떡마을
**양양송이밸리
자연휴양림**
레포빌리
집라인,숲
속기차

미천골계곡
해담마을휴양지
(양용차,카약타기)
구푸령옛길 (트레킹코스)

국립 미천골
자연휴양림
갈천오토캠핑장

양양군

서양양
IC

기사문해변

파머스키친
(수제버거)

죽도정(양양8경) ★

인구 해수욕장
서핑과 캠핑을 동시에 즐길 수 있는 곳

플리즈웨잇(수영장카페)
두둥실(수영장카페)
메밀라운지(메밀밭카페)

휴휴암

멍비치
강아지들의 천국
남양IC

법수치계곡

아들바위공원(기암괴석)

남애항

주문진방파제
BTS 버스정류장

주문진해변

복사꽃마을

주문진수산시장 ★
영동 지방 제일로 꼽히는
주문진수산시장에서는 싱싱한
수산물을 볼 수 있다.

도깨비시장(베이커리,오션뷰)

주문진 방파제(도깨비 촬영지)

오드커피(바스크치즈케익)

보헤미안
바이추커피 호린파크 경포대허브농장(핑크뮬리)

연곡해변
연곡면
솔향기캠핑장
노벰버

약수산
응봉산
북봉산

연곡면

강원특별자치도-서남부

홍천군

A · B · C

공작산(887.4m)

★ 수타사

횡성군

산림휴양농원 노아의 숲
은퇴한 노부부가 지친 도시인을 위해 만든 산림 치유 공간

공작산생태숲
수타사 주변 자생식물 및 향토 수종을 식재·복원한 역사문화 생태숲

★ **풍수원 성당**
빨간 벽돌과 고딕양식의 종탑이 독특해 영화나 드라마 촬영지로도 활용

★ **섬강 유원지**

횡성군

★ **뮤지엄산**
노출 콘크리트의 대가 안도타다오 설계 뮤지엄으로 플라워가든, 워터가든, 스톤가든, 제임스터렐관

★ **소나타 오브 라이트**
오크밸리 리조트의 참나무 숲에 마련한 빛의 산책 코스. 해가 지고 어둠이 찾아오면 숲속엔 형형색색의 또 다른 빛이 켜진다.
20:00~23:00

★ **구룡사**
치악산에 있는 의상대사가 창건, 보광루가 당당하고 멋진 절

★ **안흥찐빵 모락모락마을**

치악산 (1,288m)

★ **소금산 울렁다리**
카페스톤크릭(수리봉 절벽 뷰)
판대아이스파크(인공방벽)

★ **원주 레일파크**
간현역(풍경열차)→판대역 (레일바이크)→간현역

★ **반계리 은행나무**
천연기념물. 거대한 한그루 반계리 1945-1

여주시

원주시

원주 법천사지

추천음식 원주 추어탕

★ **미륵산 미륵불상**
미륵봉 바위벼랑에 약 16m 높이의 미륵 불상이 있는 곳

충주시

사근진해변

경포호
벚꽃길 4월
참소리에디슨
과학박물관

경포생태저류지
그림같은 길, 메타세쿼이아길에서
인생샷을 찍을 수 있다.

경포해변

아르떼뮤지엄 강릉
압도적인 규모와 화려한 영상미,
강릉의 핫플레이스

허균 허난설헌기념관(생가터)

원더스카이
대형 미끄럼틀과 놀이 시설이
조성된 실내 어드벤처 파크

엄지네포장마차 본점(꼬막,육회), 강릉짬뽕순두부
동화가든, 초당소금빵(소금빵, 아이스크림)

카페 툇마루,
순두부젤라또
1호점

만동제과
노암터널

시바차 본점
(초당옥수수빙수)

안목해변 커피거리
백사장 길이 500미터의 아름다운
해변. 아름다운 해변을 보며
예쁜카페에서 마시는 커피한잔

하슬라아트월드 ★
아이들과 함께 체험도 해보고 가볍게 현대미술을
관람하기 좋은 미술관

중앙시장
현대장칼국수

송담서원

테라로사

정동진
레일바이크

강릉통일공원

정동진해변 및 정동진역 ★
광화문의 정 동쪽에 있는 세계에서 바다와 가장 가까운 역, 정동진역
동해 바다와 썬크루즈호텔을 배경으로 붉게 떠오르는 태양을 볼 수 있는 곳
바다와 정동진역과 태양만으로도 감성에 젖는 여행길

정동진시간박물관

모래시계공원

썬크루즈 호텔&리조트
해발 60미터 절벽 위에 만들어진 배 모양의
리조트 및 복합시설. 특히 이곳에서 바라보는
정동진 해변의 모습은 더 웅장하게 보인다.

강릉시

칠성산

파래산

정동심곡바다부채길
천혜의 비경을 감상하는 환상적인 트레킹 코스

옥계역

망상오토캠핑장

옥계면

베이커리카페 클램(오션뷰)

석병산

강릉쌍둥이
동물농장

백두대간 생태수목원

망상해수욕장 ★

도깨비골 스카이밸리(스카이 사이클)

묵호등대

동해제빵소

오뚜기칼국수(장칼국수)

소복소복(일식)

어달해수욕장
조용하고 아담한 크기로 모래가
곱고 수온이 적당한 해수욕장

도깨비골 해랑전망대

논골담길(예쁜 골목길)

묵호항 ★

묵호당(수제우유아울렛)

한성해변 터널

강추사

추천음식
동해 묵호 물회

백두대간
약초나라

동해시

무릉계곡
맑은 물과 기암괴석이
어우러진 아름다운 계곡

괘방산

동해시

천곡황금박쥐동굴

카페히든
(한옥)

드립커피

무릉별유천지
최대 4명이 탑승 가능한 왕복형
글라이딩 놀이기구로 유명

베틀바위 산성길

춘봉산

무릉계곡

두타산성

무릉산장

두타산마천루

협곡

쉰움산

천은사

천곡동

동화 IC

북평동

삼화역

추암 촛대바위 및 추암조각공원 ★
솟아오른 기암괴석과 조각공원의 전시

이사부사자공원

부일막국수

이사부길

삼척해변역

쏠비치 삼척

삼척전복해물뚝배기

마린데크(오션뷰,화덕피자,카페)

삼척해수욕장 ★

삼척항

새천년해안도로

벽너머엔 나릿골 감성마을(핑크뮬리)

두타산
(1,353m)

삼척 미로정원

마로면

미로역

도경리역(폐역)

죽서루

아란사로

삼척시립
박물관

부명활국수(옹심이)

삼척역

하안낭만
(파스타)

이사부길

영경묘

대궐
(대형 한옥)

준경묘

삼척시

시소소
(자쿠지,바다뷰)

근덕면

IC근덕

삼척 맹방
유채꽃마을 벚꽃길 ★
상맹방 해수욕장, 바닷가엔
유채꽃 그리고 벚꽃길 3,4월

신기면

강원 종합
박물관

민물고기
전시관

덕산바다횟집

맹방비치
캠핑장

덕봉산해안
생태탐방로

맹방해수욕장 ★
BTS 순례지, '버터' 촬영지

덕산항

하장면

환선굴 ★
5억 3천만 년 전의 석회암
동굴. 모노레일을 타고
올라가는 것을 추천. 큰 규모의
동굴에 깜짝 놀람. 동굴 안의
온도가 낮아서 겉옷이 필요

부남해수욕장 ★
'헤어질 결심' 촬영지

파로라

삼척 해양 레일바이크 ★
궁촌역 <-> 용화역

대금굴

대이리
동굴지대

덕항산
(1,071m)

초곡용굴 촛대바위길
바다를 따라 걷는 길

삼척해상케이블카 ★
용화역 <-> 장호역

용화해수욕장

용화해수욕장
캠핑장

위아펜션
(수영장.영화관)

네가있는바다

갈남항
(스노쿨링성지)

태백시

삼척시

텃밭에노는닭(매운닭갈비)

장호해수욕장

55

충청북도-전체

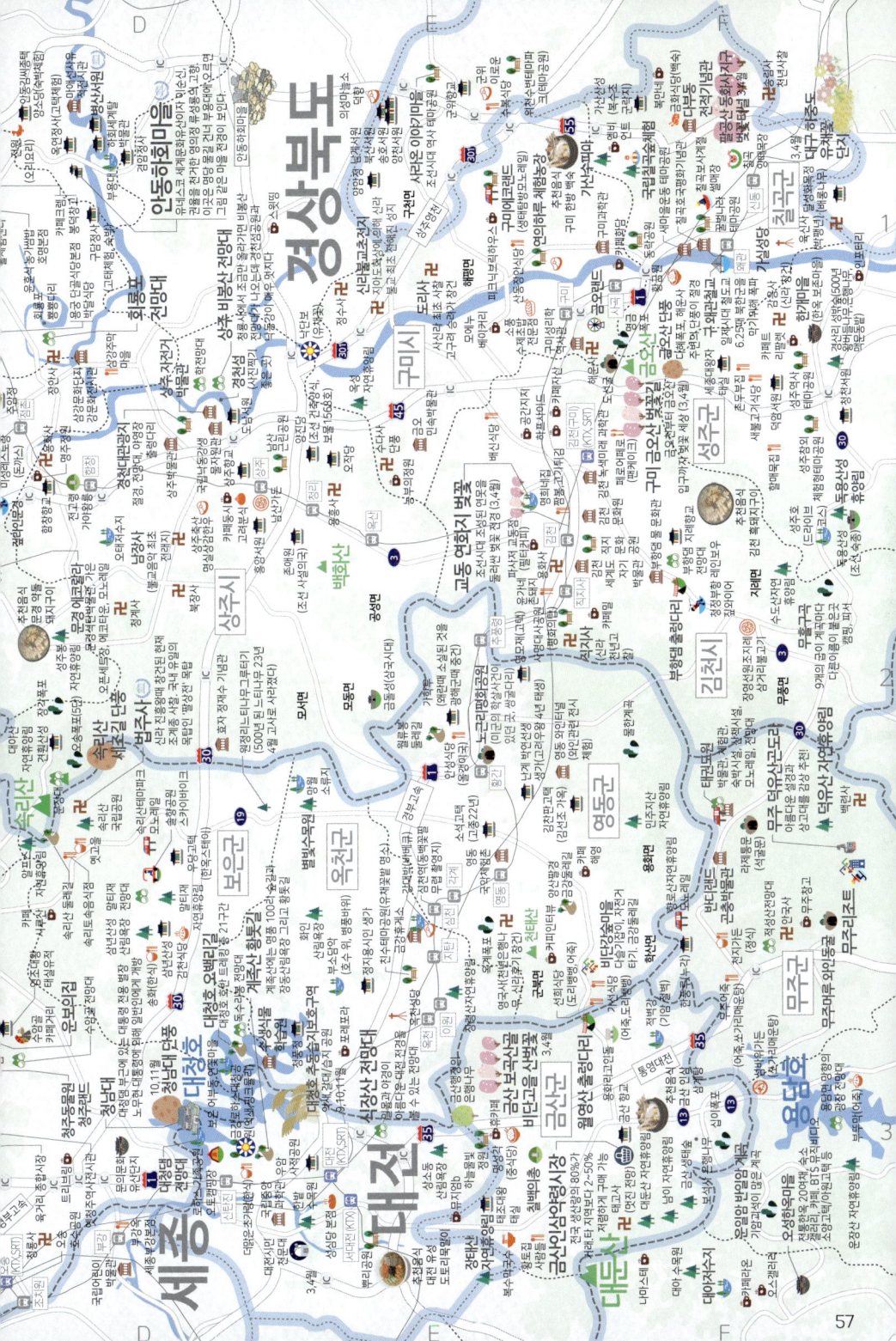

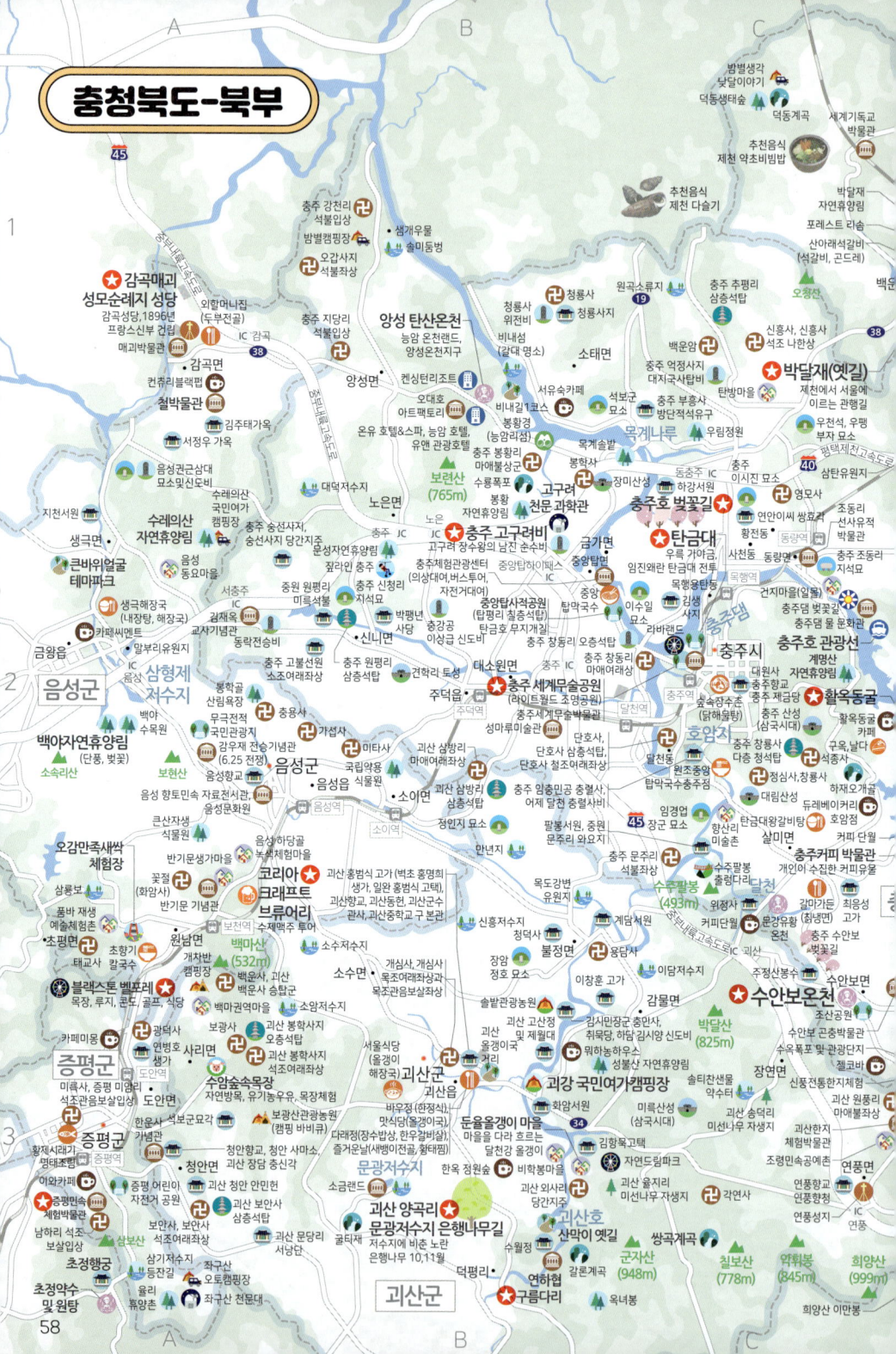

충청북도-북부

충주 강천리
석불입상

감곡매괴
성모순례지 성당
감곡성당,1896년
프랑스신부 건립
매괴박물관

외할머니집
(두부전골)

양성 탄산온천
능암 온천랜드,
양성온천지구

샘개우물

오갑사지
석불좌상

솔미둥벙

청룡사
위전비

청룡사
청룡사지

밤벌생각
낮달이야기

덕동생태숲

덕동계곡

세계기독교
박물관

추천음식
제천 약초비빔밥

추천음식
제천 다슬기

박달재
자연휴양림
포레스트 리솜

산아래석갈비
(석갈비, 곤드레)

감곡면

컨트리블랙펍

철박물관

김주태가옥

서정우 가옥

음성권근상대
묘소및신도비

수레의산
자연휴양림

큰바위얼굴
테마파크

지천서원

생극면

카페씨멘트

금왕읍

음성

동요마을

서충주

대덕저수지

노은면

충주 고선리
석불입상

충주 지당리
석불입상

양성면

캔터키리조트

오대호
아트팩토리

온유 호텔&스파, 능암 호텔,
유뗀 관광호텔

충주 봉황리
마애불상군

보련산
(765m)

봉황
자연휴양림

고구려
천문 과학관

원곡소류지

오황산

충주 추평리
삼층석탑

신흥사, 신흥사
석조 나한상

박달재(옛길)
제천에서 서울에
이르는 관행길

우전석, 우뗑
부자 묘소

매괴박물관

상봉언저리

삼탄유원지

동주

동주 IC

하강서원

장미산성

이시진 묘소

영모사

조동리
선사유적
박물관

황정동

동량면

충주 조동리
유적지

충주댐 벚꽃길
문화유산

거피제(마을일출)

충주댐

음성군

백야자연휴양림
(단풍, 벚꽃)

소속리산

보현산

충주 JC

고구려 장수왕의 남진 순수비

충주체험관광센터
(의상대여,버스체험,
자연대여관)

짧인애 충주

충주 신청리
지석묘

충주 봉양리
마애불상군

봉황사

수룡폭포

금가면

중앙탑

중앙탑휴게
중앙탑공원

중앙탑사적공원
(탑평리 칠층석탑)

탄금대
임진왜란 탄금대 전투
목행용산동

이수일
묘소

김생
사지

수안보온천

둔율올갱이 마을
마을을 흐르는
달천강 올갱이국

괴산 홍범식 고가 (벽초 홍명희
생가, 일완 홍범식 고택),
괴산향교, 괴산동헌,
괴산군수 관사, 괴산중학교 구 본관

58

A   B   C

충청북도-중부

음성군

백야자연휴양림
(단풍, 벚꽃)

소속리산

삼형제저수지

백야 수목원

무극전적국민관광지

감우재 전승기념관
(6.25 전쟁)

음성향교

큰산자생식물원

반기문 기념관

코리아하우스 비전 & 카페
미래의 집과 라이프스타일을
만들어 나가는 프로젝트

천주교 배티순교성지
신유박해 이후 박해를 피해온 교우촌
순교자의 묘소가 있다.

한독의약박물관
다양한 프로그램과 전시
아이들이 유용한 박물관

생거진천 자연휴양림
치유의 숲, 유아숲체험원

진천 종박물관
세계적 가치를 인정받은
한국종 전시, 금속예술의 극치인 범종

만뢰산
(611m)

진천군

진천군

꽃찾이
(화암사)

오감만족새싹 체험장
실내 놀이터

삼룡보

원남면

블랙스톤 벨포레
목장, 루지, 콘도,
골프, 식당

벨포레리조트
백아권역마을
카페리움

광덕사

두타산
(598m)

영수사

연방호 사리골 생가

증평군

진천농다리
(유형문화재28호 돌다리)

취꼬리명당

초정붕어마을

황제시래기
명태조림
석조관음보살입상
마루리수숲

미라사, 증평 미흘리

증평군

증평군

마차박물관
신기전 발사체험 당나귀 타기
먹이주기, 관광용 마차타기

증평민속 체험박물관

최명길묘소
(병자호란 주화론)

손병희선생
유허지

삼기저수지 등잔길

초정행궁
(세계 3대 광천수)

오창온천 로하스파
찜질방, 수영장, 목욕탕
워터파크, 키즈카페
헬스장이 한곳에!

다래목장
목장카페

국제서원

운보의집
(김기창 화백의 집, 공원과
미술관, 미스터선샤인 촬영지)

구녀산
(493m)

상당산성 자연휴양림

청주동물원
청주랜드

청주시

청주 신채호
사당 및 묘소

미동산 수목원

상수허브랜드
한광농원 밀 수목원
1000여 종의 허브 재배

대청댐
대전과 청주 사이에 있는
우리나라에서 3번째로 큰
댐. 많은 이들이 대청호의
아름다움에 반해 드라이브

세종특별시

청주시

문의문화유산단지

신니면
충주 고들산원
소조여래좌상
견학라 토성

봉학골 산림욕장
대소원면
충주 IC

산용사
주덕읍
주덕역

충주 창동리 오층석탑
마애여래상
한바
캔속

탄금대 ★
충주시

계명산 자연휴양림

제천 청풍호 벚꽃길 ★
청풍명월의 고장 청풍호의
벚꽃축제 (3,4월)

충주호

충주 세계무술공원 ★
(라이트월드 조명공원)
충주세계무술박물관

성마루미술관

갑섭사 卍
미타사
국립약용
식물원
소이면

음성역 ───○ 음성읍 소이역

음성·향토민속 자료전시관,
음성문화관
음성 하당골 녹색체험마을
반기문생가마을

코리아크래프트 ★
브루어리 수제맥주 투어

소수무지수지
백운사, 괴산
백운산 승탑군
소수면
소암저수지

괴산 봉학사지 오층석탑
괴산 봉학사지
석조여래좌상

괴산군 卍
괴산읍

수암산수목장
자연방목, 유기농, 목장체험
보광산관광농원(캠핑 바비큐)
청안향교, 청안 사마소,
괴산 장담 삼신각

소그랜드
문광저수지 ★
괴산 청안 안민현
굴탐지소

괴산 양곡리 ★
문광저수지
은행나무길 덕평리

괴산군

좌구산 자연휴양림 ★
증평 좌구산 구름다리
& 좌구산 숲 명상의 집

괴산 청천리
고가
동보원
자연휴양림
소토소토
(시골감성,
아이와함께)
옥화대
옥화9경
신선봉

옥화 자연휴양림

충북 알프스
자연휴양림

보은미니어
공원
속리산알프스
캠핑장펜션
산외면
37

카페
시루봉

보은군

말티재 자연휴양림
속리산의 관문 말티재,
세조가 알을 타고
왔다 하여 붙여진
보은교
보은읍
보은군○

달천역 (닭애울탕)
단호사, 충주
단호사 삼층석탑
단호동

대원사
충주향교
충주 제금당

정심사,창화사

충주 산성
(삼국시대)
구의, 날다

윈도흐양
다층 청석탑

충주 창룡사 卍

활옥동굴
하재오개골

고산사
석조, 관음보살좌상
석조나한상

월악산
모노레일

꽃담치마습

엘림펜션
오토캠핑장

괴산 홍범식 고가
(벽초 홍명희 생가, 일완
홍범식고택), 괴산한옥
괴산동헌, 괴산군수
관사, 괴산중학교
구 본관

충주 임종민공 충렬사,
어제 달천 충렬사
탑평리국수중주단

임경업
묘소

괴산 삼방리
마애여래좌상

괴산 삼방리
삼층석탑

정인지
묘소

만년지

괴산 홍범식 고가

불정면

장암
정호 요소

괴산 외사리
당간지주
성불사
석불입상

목도강변 유원지
목도관음보살좌상

괴산 고산정
과 제월대

솔밭관광농원

괴산
올갱이국
거리

서울식당
(올갱이 해장국)

괴산 보안사
삼층석탑
괴산 문당리
서낭단

연하협
구름다리

군자산
(948m)
옥녀봉

갈론계곡

제수리재

사랑산
암서재,
괴산 송시열 유적,
화양서원

동원식당
(닭백숙)

화양구곡
화양동계곡

석천암

이평한옥설렁탕
(곰탕, 설렁탕)

우암 송시열묘,
만동묘정비,
화양동
관광농원
화양서원 묘정비

괴산버섯랜드

후평숲 유원지

부흥리 유원지

공림사 卍

사담계곡
유원지

도명산
(642m)

낙영산
(684m)

채운암,
채암암
대웅전

백악산
(858m)

괴산 사담리
망개나무 자생지

청화산

법주사 ★
신라 진흥왕때 창건된 현재 조계종 사찰.
국내 유일의 목탑인 '팔상전' 목탑

경희식당,
신토불이약초식당

괴산읍
관족음, 복천암, 상환암,
수정암, 여적암, 탈골암

속리산 ★
(1,058m)

속리산
관광특구
속리산
조각공원

속리산
산채비빔밥 거리

속리산 세조길 단풍 ★
기암절경이 빼어난 속리산의
둘레길 단풍. 10,11월

정이품송 공원

LOTUS
BLOSSOM

말티재 전망대
(속리산,보은군 전망)

속리산테마파크모노레일

솔향공원
스카이바이크

삼가 저수지

만수계곡

속리산 둘레길

구병리 아름마을

삼년산성

상현서원

보은향교
보은
동헌

보은
문화원

서원계곡

보은
서원리 소나무

구병산
(877m)

7,8,9,10월
보은 구병리 ★
아름마을 메밀꽃밭

61

호암지

충주향교
충주 창룡사

단호동

45 장구 묘소

중부내륙고속도로 IC

괴산

충주 문주리
석불좌상

수주팔봉 출렁다리

커피단윈

소주팔봉
(493m)

달천

위정수

괴산
계담서원

용담사

이창훈 고가

이담저수지

감물면

김시민장군 충민사,
취묵당, 하담 김시양 신도비
위하농하우스

괴산 자연휴양림

수안보온천 ★
지하 250미터 수온 53도
산도8.3 약 알카리성 온천

박달산
(825m)

산도8.3 약 알카리성 온천

장연면

젤코바

괴산 송덕리
미선나무 자생지

미륵산성
(삼국시대)

김향묵고택

자연드림파크

괴산 율지리
미선나무 자생지

각연사

둔율올갱이 마을
마을을 다라 흐르는
달천강 올갱이

쌍곡계곡

칠보산
(778m)

악휘봉
(845m)

산막이 옛길

수월정

당간지주

선유구곡
(선유동계곡)

우암 송시열묘,

운악산 이만봉

희양산
(999m)

원풍향청

연풍면

연풍성지

연풍향교

연풍교
연풍향청

중부내륙고속도로

문경역

문경세재 IC

문경시

하재오개골

충주 산성

하재오개골

윈도흐양

레이백이거리
악어섬

호암정

커피
단윈

악어봉
(전망대)

게으른...
악어 송계계곡

월악산
(1,097m)

한수면

덕주사
마애여래입상

수문
폭포

수옥정 물놀이장
제천 송계리
대불정주 범자비
충주 미륵리 사지 귀부

수옥폭포 및
관광안내소

매학폭포

포암산
(962m)

미륵대원지 卍

하늘재 ★

고산사
석조,관음보살좌상
석조나한상

제천 사자빈신사지
사사자 구층석탑
중원 미륵리 석등,
중원 미륵리 도요지,
충주 마륵리 오층석탑,

제원 송계리
망개나무 자생지

황강 영당,
및 수암사

충주커피 박물관
개인이 수집한 커피유물

갈가무든 최응소
(칠냉면) 고가
문강온황온천

수안보면

수안보
벚꽃길

충주 수안부
고충박물관

주정산봉수

조산공원

괴산 원풍리
마애불좌상

조령민속
공예촌

괴산한지
체험박물관

괴산한지

솔티한샘불
약수터

조령산
자연휴양림

자연드림파크

충청북도-남부

충청남도-서북부

충청남도-서남부

★ 안면도수목원

★ 안면도
자연휴양림

★ 꽃지해변
태안 안면읍에 있는 5km에
이르는 끝내주는 낙조 전망 해변.
백사장을 따라 해당화가 만발해
'꽃지'라는 이름을 갖게 됨

안면가 (해물철판)

아일랜드 리솜.
오아시스 선셋스파

★ 천북굴단지
11월~2월까지 잡히는 최상품으로
매년 12월 '천북 굴 축제'

훈이네굴수산 (굴찜)
천북굴단지 청수굴집수산

뒷섬
모래성
닭섬
맨삽지(학성리
공룡발자국화석)
할미성

내파수도

외도

꽃지해변

꽃지
해안공원

태왕사신기
안면도세트장

샛별
글램핑

안면도
미로공원

바람아래관광농원

안면도

외파수도

★ 코리아 플라워파크
튤립, 수국 등 다양한 꽃축제

샛별해수욕장

운여해변

고남패총박물관

★ 아티카리조트

★ 멜로우데이즈

아랫나무골
육도항

딴명장섬

장고도

장삼포해수욕장

장돌해수욕장

바람아래해변

조개부리
마을

안면도 영목항

고남면

추도항

고남

추도

육도

월

장고도항

전망대

영목항

추도

허육도

고대도

바이더오

고대도항

초전항

선촌항

호자도항

소도항

허육도항

호자도

고대도항

오봉산 차박지

Stay

스테이오봉

원산도

오봉산

원산창고

선생묘

이지함

오천면

저두항

대천-삼시도

삽시도
둘레길

삽시도항

삽시도

추천음식
대천항 꽃게

대천항

대천항-호도

호도해수욕장

명덕도

호도항

토끼섬

외점도 볼모도

★ 대천해수욕장
스카이바이크
보령 시민탑광장

대길산도

호도

추도

짚트랙(대천해수욕장)

중길산도

소길산도

녹도

보령머드축제

다보도

모도

녹도항

★ 마스타대천워터파크
대천해수욕장 안에 위치한
워터파크. 적당한 수심과
유수풀로 인기

소화사도

관장도

대화사도

대청도

소청도

★ 무창포해수욕장
매월 음력 보름날과 그믐날 전후 해변에서
석대도까지 1.5km 바닷길이 열린다.

외연도

외연도항

당산양도

불공여도

무창포 비체팰리스 스파

석도

오도

독섬

무마도

홍원항(꽃게,쭈꾸미,직판장)

외연도 상록수림 ★
대천항에서 1시간 30분가량 걸리는 보령
외연도의 상록수림
20m도 넘는 나무를 비롯하여 신비한 자연의
숲을 있는 그대로 볼 수 있는 곳, 2박 추천!

서산회관 (쭈꾸미)

★ 서천 마량리
동백나무 숲

한국최초
성경전래지 기념관

녹도-외연도

언도-어청도

연도

연도항

세종 호수공원

세종특별자치시
바람꽃의
다육식물원

금강대교
금남 백로
서식지
수운교
토솔사

신탄진
핑크뮬리

대청댐 물문화관

금강로하스
대청공원

신탄진동
신탄진 IC
덕암동
처봉동
칼국수

대청댐
대전과 청주 사이에 있는
우리나라에서 3번째로 큰 댐. 많은
이들이 대청호 주변 드라이브

IC 회인

청남대 단풍
10.11월

청남대
대청댐 부근에 있는 대통령 전용 휴양
노무현 대통령에 의해 일반인에게 개방
승용차로 오려면 홈페이지에서 미리 예약

IC 보은

보은군

오봉산
대전 유성
도토리묵말이

쥐백정
부추해물
삼정생태공원

찬샘마을

국립대전현충원
보문둘레길

붕대학
회덕동
회덕향교

여찬교
애니멀
파크

대전사립미술관
이응노미술관

명상정원

대청호 오백리길
대청호 호반 트레킹
코스 총 21구간

계족산 황톳길
계족산에는 명품 100리 숲길과 장동산림욕장 그리고
황톳길. 황톳길은 맨발로 걸을 수 있는 힐링
여행지. 20분만 오르면 계족산성이 있는 대전 전망

대전엑스포
과학공원

국립중앙과학관
우리나라 대표 국립
과학관, 체험
대전화폐박물관

추동인공
생태습지
생태공원

대청호 추동
습지보호구역
억새,갈대/습지 공원
9,10,11월

대전선사박물관

대전시민
천문대

회덕향교

대전사립미술관
이응노미술관

매봉식당 계족산본점
동춘당공원

명상정원

김정선생
묘소공원

옥천군

한밭수목원

유성
커피인러브

법동석장승
하리하리 오씨칼국수
태화장

수목거리
카페거리
파이브센트

세천유원지
(세천공원) 벚꽃

IC 옥천

대전광역시
성심당
성심당 케익부띠끄
성심당 시루케익전문점

대덕구

우암사
적공원
소제동
카페거리
생청당

서대전역

대전광역시

중구

동구

두부두루치기

식장산
(598m)

식장산 전망대
일몰과 야경이
아름다운 대전 전경을
볼 수 있는 전망대

옥천역

IC 옥천

가수원역

보문산
보문산아내
여래좌상

보문산
(457m)

판암역

샤우당
유화원당사당,
안동권씨유회당
종가일원

뿌리공원

용화사

구봉산
(264m)

장계
충절사

대전 오월드

흑석리역

IC 안영

JC 산내

대전남부

구만리계곡

뮤지엄B

상소오토캠핑장

상소동
산림욕장

캠프
향기

하늘빛정원

서대산
(904m)

모원재, 두마선원재,
염선재, 계룡 사계고택

추천음식
금산 인삼 삼계탕

옛터민속
박물관

단재 신채호
선생생가

요광리
은행나무

금산 보곡산골
비단고을 산벚꽃
3,4월

장태산
자연휴양림 단풍

만인산푸른학습원
만인산 자연휴양림

태조대왕
태실

추부면
IC 추부

장춘관,명심각
(짬뽕, 짜장면)

숭암저수지

신안사

천태산
(715m)

장태산
자연휴양림야영장

지구별
그림책마을

황토집사람들
(청국장정식,
영양솥삭밥)

조헌사당(표충사)

복수면

아르케마래
(카페,파스타)

수심대

복수약국

목소리
테마파크

너구리의피난처
(파전, 해물수제비)

구시내
이골

금산
바리실마을

조팝꽃
피는마을

영동군

태고사
(멋진 전망)

군지폭포,수락계곡

진산면

진산향교
17

스테이인터뷰
금산(수영장,계곡)

Stay

금성면

고경명선생비

금산 칠백의총

금산 천내리 용호석,
권충민공순절비

아일랜드
금강
월원

월영산 출렁다리

원골식당 (어죽, 도리뱅뱅이)

금산
대둔산
자연휴양림

청강수계곡

진산양지리
팽나무 연리목

금산양교

금산다락원

아인리석탑

제원면

천내리고인돌

천내강

농바우
마을

용강서원

용화리

부금산
8m)

금산인삼약령시장
전국 생산량의 80%가
거래되는 인삼전문시장
타 지역보다 2~50%
저렴하게 구매 가능

금산읍

금산한방
스파호텔휴

금산 대원정사

탑선리석탑
37

금산생태
과학체험관

용화리고인돌

적벽강

청풍서원

적벽강

권율장군 이치대첩비
(이치 전투 : 권율/황진
장군이 외군에 승리해
왜군의 천라도 진출을 막음)

진악산
(732m)

태영민속
박물관

금산
백령성

육백고지

삼원가든(전골)

개삼터, 개삼각

귀암사

청풍서원

덕산사

부리면

적벽강
바단물길

적벽강
휴양의 집

수통1리마을

금산산림문화타운
느티골산림욕장,
금산생태숲,
남이자연휴양림

두문동골

봉황천

남이면

마이산

영천암

의병승장비

남일면

보석사
천년 은행나무

공간케렌시아

홍도저수지

산댐이골

죽포동천폭포

홍도마을

무주군

경상북도-북부

제천시

A　　　B　　　C

제천(KTX)

고씨동굴
리틀포레스트
영주 부석사
은행나무길

도담삼봉
우뚝 솟은 3개의 기암

단양석문 돌기둥

오달관광지

부석사
1,300여년의 역사를 간직하고 있는 삼국시대 창건된 사찰.

충주댐에서 충주나루로
가는 벚꽃터널(3,4월)

중원 고구려비
고구려 장수왕의
남진 순수비

산아래본점 (쌈밥)

커피가크

청풍황금

단양군

온달성
온달동굴
소백산 자연휴양림
온달동굴
천주인궁

부석사
부석사
식당

충주댐문화관

청풍나루 유람선

다양강 잔도

청풍랜드

이끼터널

카페 산 위 단양

충주박물관
충주향교
충주읍성

청풍호반케이블카

단양 전망대
단양

단양 고수동굴

소백산

라바랜드

충주(KTX)

청풍호 관광모노레일

능강솟대문화공간

화강간
수양개빛터널

단양 구경시장
토종꿀,각종 버섯, 마늘

소백산자락 1코스
소수서원~삼가동 총 12km

메밀정원

제천 청풍호 벚꽃길

괴산성벽길

가련

양백산 전망대

소백산 전망대
선비촌

중앙탑사적공원
(탑평리 칠층석탑)

충주 탄금공원
(라이트월드조명공원)

호암지

소선암 오토캠핑장

해발 664미터, 단양이 속에 들어오는 곳으로 국내 최대 활공장이다.

영주시

소수서원
우리나라 최초의 서원

국립충주기상과학관

옥순봉 출렁다리

10.11월

월악산 만수계곡

추천음식 단양 마늘정식

나드리(폴링)

바우정
(한정식)

수주팔봉

커피단윌 드레베이어쿼 호암정

살미역 (KTX)

갈마가든

충주호

이류오른쪽 월악산

청풍문화재단지
향교, 관아, 민가등 충주댐으로 수몰된 지역의 문화재를 이전하여 농성곳. 망월루에서 충주호 전망을 볼 수 있다.

자연관찰로 단풍

예천 곤충생태원
곤충관, 테마, 놀이시설, 모노레일

풍기역(KTX)

희방사

삼천서고택

근대역사
문화거리
청국장
서천둔치

소수서원

37

경주(KTX)

수안보온천

수안보온천역(KTX)

미륵대원지

통일신라 후기에 세워진 사원으로 추정. 석굴을 주 본전으로 하는 사찰로
문경읍

하늘재
우리나라에서 가장 오래된 고갯길

사인암
(단양8경)

메리불룸

36

무섬마을

중원 워터피아

충북 아쿠아리움

미륵산성 (삼국시대)

뭐하농하우스

문경새재 오픈세트장

오토캠핑장

연풍(KTX)

문경새재 오토캠핑장

월악산

월악산

하늘자락공원둘레길

까치

예천군

예천 천문우주센터
천문대, 우주영상실, 관측자 숙소, 스페이스 타워

예천출렁다리마을

금당실 전통마을

외나무다리
3번씩 물로 둘러싸인 정통주

55

그녀의 홍카페

봉정사

이상록 고택
(고택체험)

문경새재
충청지역과 영남지역을 이어주는 옛길

소백산하늘 자연공원

추천음식 문경 한우등심

뉴욕제과

55

이천돈가

산양정원소

초간정

안동김씨종택
양소당
(숙박체험)

마애여래입상
망포스베이커리
396

괴산군

갈론계곡

쌍곡계곡

문경시

연하협곡다리

문경용추계곡

19

이평취설정당
(오탕, 설탕장)

문경용추계곡

문경 철도박물관

고모산성

문경 활공랜드
(패러글라이딩)

미성레스토랑
(돈까스)

산양면

산양정원소

단골식당본점

금당실 전통마을

윤흥식 농가삼밥

삼천서고택
병암정

호명봉점
봉덕창고

카페크렘

적천서고택

일지식당

봉정사

미원면

문경 에코랄라

문경석탄박물관, 가은 오픈세트장, 에코타운, 모노레일, 카페 가은

죽림인문경

궁동

밥당

특별사

화수포 전망대
내성천의 태극무늬 모양으로 휘감아 도는 회룡포를 한눈에 담을 수 있는 곳

회룡포 뿅뿅다리

안동김씨종택

원통 커피컴퍼니

마애선각아 적천서고택

속리산

속리산 둘레길

속리산

추천음식 문경 약돌 돼지구이

가은역

평주정원

전구령

용화사

삼강문화단지
강문화전시관
(고택체험, 숙박)

주암정

장안소

안동하회마을
(고태체험, 숙박)

마애선각아 적천서고택

일지식당

오연지마

견훤산성

장각폭포

성주봉 자연휴양림

오태저수지

가야화원

삼강주막마을

부용대
경렴정 하회세탁루
박물관

호계서원

영호루

속리산테마파크 모노레일

문장대

속리산 세조길 단풍
기암절경이 빼어난 속리산의 둘레길 단풍. 10.11월

남장사
(불음악 최초 전래지)

경천대관광지
절경, 전망대, 아영장

청계라

상주박물관

상주 자전거
박물관

안동하회마을
유네스코 세계문화유산이자 이순신, 권율을 천거한 영의정 류성룡의 고향. 명당 물길 건너 부용대에 오르면 그림 같은 마을 전경이 보인다.

안동시 생활체육공원
가람초화원 꽃스오스
풍산태사로 2119)

폴모스드 봉정

안동 (1727 영조 3), IC

옛고을 속리산 국립공원

법주사

상주향교

남산근린공원

상주박물관

상주축산 명실상감한우

국립낙동강생 물자원관

도남서원

청원

학전망대

상주 비봉산 전망대
청룡사에서 조금만 올라가면 비봉산 전망대가 나오는데 경천섬공원과 단통양이 보인다.

존애원
(조선 사설의국)

홍양서원

낙단보
(유채꽃)

보은군

30

효자 정재수 기념관

북장사

남산가든

남장사

존애원
(조선 사설의국)

양진당
(조선 건축양식, 보물1568호)

경천섬
(사진찍기 좋은 곳)

정수사

경상북도

의성 전통시장

의성 향교

제오리
공룡발자국
화석지

모서면

소류지

모동면

백화산

오작당

옥천군

19

별빛수목원

망월

금돌성(삼국시대)

월류봉 둘레길

가학루
(임란때 소실된 것을 광해군때 중건)

3

공성면

옥성
자연휴양림

수다사
단풍

농부의정원

금오

구미시

구미성리학 역사관

신라불교초전지
지아도산에 의해 신라 불교 최초 전하진 성지

안망정
도리사

송호서원
양전서원

남계서원

소덕향

낙산서원
(고택자가 조문국~

조문국 박물관

군위향교

사라온 이야기마을
조선시대 역사 테마공원

논산손칼국수

산호마을

영동
국악체험촌

난계 박연선생
생가(고려우왕 4년 태생)

김찬문고택
(김선조 가옥)

영동 와인터널
(와인관련 전시체험)

영동군

노근리평화공원
(미군의 학살사건이 있던 곳, 쌍굴다리)

추풍령

황간(KTX)

교동 연화지 벚꽃
조선시대 조성된 연못을 둘러싼 벚꽃 풍경(3,4월)

파사석 교동정
(필터커피)

명회네집
짬뽕.고기튀김

해평면
모에누
베이커리
피크닉브릭하우스
소풍

공간지지

수제초밥
전문점

구미에코랜드
(생태탐방모노레일)

연이하루 체험농장
추천음식
구미 한방 백숙

도리사

사신라 최초 사찰 고구려 승려가 창건

구미과학관

구미 한방 백숙

해평면

명심대사공원
존덕지

교동 연화지 벚꽃

수목원

민주지산 자연휴양림

물한계곡

김천세계 자기 문화 박물관

직지사

김천 녹색미래 과학관

김천 직지 문화공원

페레로페레 팬케이크

직지사

신라
고찰

카페밀

사명당공원
(평화의탑)

카페자산

구미성리학 역사관

위천수변터파크
크 (테마공원)

하프사이노

엄마야누워 어릴적에
신송갈비

가산두메마을

수목원
사유원

남천고택

한방마을

영동군

김천(구미)
(KTX, SRT)

직지사

금오산

금오산
폭포

명금다리

1

금오랜드

가산산성
(복수초 군락지)

가산산성
동락공원

엠비언트

경천

74

경상북도-남부

영주 솔향기마을
예천 곤충생태원
곤충 체험관을 비롯해 곤충 테마
놀이시설 등이 있는 테마공원.
예천 곤충나라·사과테마파크
오토캠핑장, 물놀이장
모노레일을 타고 시설 사이를
이동할 수 있다.

효자면
명봉사
은풍면
청룡사
예천 백두대간
파워스팟
곡곡 서원

예천군

예천금당실마을
서악사
카페크렌(바스크
치즈케이크)
예천문화의집
예천문화회관

예천군

신천서원
노봉서원

삼판서고택
(고려말~조선시대선비의
판서가 나왔던 집)
오산서원

영주 서천 벚꽃길
가흥동사

의산서원
노계서원

한천사
한천사 철조
여래좌상
감천면
외나무다리
옥년서원

명민
안동소주

경무산(332m)
(이황의 문화생
이열도가 세운 첨각
이황 친필현판)

선몽대
구담정사
(고택체험, 숙박)
옹천정사
(류성룡 선생이 장비록을
집필한곳, 고택체험)
화천서원, 하회 겸암댁

녹송고지
영주향교

영주 신암리
마애여래삼존상

태교당(인절
미 카스테라)
흑석사

봉송송석헌
고택(지방 사대부 저택)

홀리가든

오렌지꽃향기는
바람에날리고

35번 국도
재산면

매애비로자
나불입상

청량산
도립공원

청량산
(870m)

영주역

영주시

영주시

장수면
석송령
만수당
(찹쌀딱)

예천온천
옥녀서원

한천사

장수
조이월드

무섬마을
(청국장)

의산서원

퇴계태실
퇴계선생 조부 건립, 이황선생의 후손이 사는 곳
퇴계종택(퇴계선생 후손이 지은 가옥)
농암종택(농암 이현보의 종택,
고택체험, 숙박),
고산정(철경의 정자), 분강서원

녹전면
국학진흥원
(유교책판)

도산원탑

도산서원
1550년, 공부에 접중할 수 있도록
모든 환경을 만들어 놓은 곳으로 조선
성리학을 완성한 대학자 이황이 직접
설계(도산서당)성리학적 사상에 따라
소박함과 조화로움이 강조된 건축물

무섬마을
3면이 물로 둘러싸인

Stay
전통가옥
진월사

문수면
무섬식당
(청국장)

봉정사
극락전,현존하는
최고의 목조건물

봉서사

옥산사

안동 군자마을
(20여채 고택, 고택스테이)
탁청정종가

예안향교, 용암정

청성수상길
(예미마을)

월전서당

상산정

영릉
안동호반
자연휴양림

도산서당
추천음식
안동 간고등어
추천음식
안동 건진국수

위동사
한절골

예천천문 우주센터
천문대, 우주영상실, 관측소 숙소
천문우주과학관, 스페이스타워

학가산
자연휴양림

보문면
보문사

도정서원

도솔사

정총사

신천서원

안동 의성김씨 종택, 원주변씨
간재종택 및 간재정, 경광서원
의성김씨학봉종택, 광풍정

서후면

예담(고등어)

맘모스
베이커리

안동 이천동
마애여래입상,
연미사, 모운사

월영교
나무교량·인도교로 국내 최대

낙강 물길공원
한국의 모네 '지베르니 숲'
SNS 사진 명소(이국적)

법흥사지 칠층전탑 (통일신라),
법흥동 고성이씨탑동파종택,
안동 법흥사지 칠층전탑,
안동 운흥동 당간지주와 오층전탑

동악골
금제가든
(닭백숙탕)

예안향교

정재 종택
(고택체험, 숙박)

전주유씨무실
종택, 기양서당

의산서원

화기인동
장세종택

괴헌고택, 밤산서원
이산서원

야옹정

녹전면
알출사

삼산정

안동문화관광단지
유교랜드

구름에(한옥)

지례예술촌
(한옥 숙박)

임하댐

금포고택

샌드래정원
(식물원 카페)

진옥가옥

사드리행원
(유교책판)

경무산
(332m)
농가쌈밥

안동 김씨종택 양소당
(고택체험), 삼귀정

카페더뷰
커피홀베이커리

마애선사
유적전시관

인생마카롱
풍천면
부용대

옥연정사
이화녀담(찜닭)

인리심싸이택

안동역

안동시

396 서소문가

한낮
카츠 하우스
(돈까스)
역동서원
안동향교

월영당
월영당

Stay
한낮
안동민속촌

커피컴퍼니

Thang
coffee

Stay

병산서원
유네스코 세계유산
(풍산대사로 2119)

병산서원
유네스코 세계유산
(풍산대사로 2119)

안동 풍산 들계티
코스모스길

화천서원, 하회 겸암댁

부용원자

고산서원

안동하회마을
유네스코 세계문화유산이자 이순신,
권율을 천거한 영의정 류성룡의 고향.
류성룡은 이곳에서 징비록을 저술하게
된다. 나라를 구한 인재를 배출한 곳
그래서 이곳은 명당, 물길 건너 부용대에
오르면 그림 같은 마을 전경이 보인다.

대곡사
지장사

조탑동
5층전탑

남안동

소호헌

폴포스트

장수지
가라산

고운사
고운 최치원의 호를 딴 사찰
30동 건물로 규모가 큰
천년고찰

달빛정원
길안다슬캠프

선찰사

봉황사

청성북도
독립운동기념관

사빈서원

금소면

경상북도
독립운동기념관
(한옥 숙박)

안사우정국
(가지덮밥)

옥련사

장하지

당진영덕고속도로(상주 영덕)

탑동지

안동
JC

촌국수가
(물송촌 칼국수)

IC 북의성

마니컵양냉동닭
(마늘통닭)

단촌면

IC 의성

의성 만취당,
사촌마을 후산정사

사촌마을 가로수

성황고개

조해고택
(한옥스테이)

달빛정원
길안다슬캠프

묵계서원 외
안동김씨 묵계종택

계명산
자연휴양림

만휴정

안사우정국
(가지덮밥)

안사면

안동
JC

한곡전통
창조박물관

안계면

속수서원
구천면
정수사

비안향교

교촌효촌
체험마을

만장사

산제지

안평면

우곡서원
저스테이1250
Stay

의성군

구름위의
산책농원

대산지산

삼바위골

의성컬링센터

점곡면

옥산면
두웅산

용담사

전기갑산

백석탄 포트홀

연전산

신성리
공룡발자국

금봉자연
휴양림

금봉
저수지

황학산

화산서원

소계당(조선
후기 전통가옥)

정원 레스토랑
(마들돈까스)

의성향교

의성전통시장

달라스햄버거
(옛날햄버거)

사곡면

금봉산

주월사

비안면

제오리 공룡발자국 화석지
1억 1500만년 전, 316개 백악기
공룡발자국 화석(4종류)

봉양면
양암정

조성지

청화산
캠프

조문국 박물관
삼한시대 초기 고대국가
문의점 연적기념비,
의성 조문국사적지

금성산고분군
(조문국의 무덤군으로
의성 경덕왕릉)

금성산
(531m)

의성 화전리
산수유 마을
마을에 화곡지까지
이어지는 산수유 꽃길. 3,4월

수정사

장곡지

사곡면

송학서원

안덕면

현서면

도리사
신라 최초 사찰
고구려 승려가 창건
도리사 석탑

법주사

소보면

서군위
IC 하이패스

양천서원

지보사

사라온 이야기마을
조선시대 역사 테마공원

의성 탑리리 오층석탑
산운생태공원
산운마을

탑리역

산수유생태공원
빙계계곡

춘산면

신흥지

수달캠핑

성역
저수지

고무산

수락리
주상절리

군위군

삼국유사면

군위향교
군위문화원

남계서원
특산서원
송호서원

군위읍

김수환 추기경
사랑과나눔공원

둔태지

빙계계곡

순호지

무계천사

칠목서원

연의허루 체험농장
무농약 '연꽃 농장'

낙봉서원

연의면

속백자연
생태학습원

옛날돈까스

군위
JC

봉강
서원

우보면

압곡사

수태사

석산생태농원
모노레일

구미에코랜드
생태탐방로·모노레일

해평철새
도래지

군위
IC

이로운한우

의흥면

의흥향교

혜원의 집
영화 <리틀포레스트> 촬영지

79

경상북도-동북부

A · B · C

1 · 2 · 3

부석사 1,300년의 역사를 갖고 있는 삼국시대 창건된 사찰. 무량수전의 배흘림 기둥이 유명

영주 부석사 은행나무길 부석사 일주문부터 500m, 10,11월

선달산계곡 캠핑장
선달산 (1,236m)
오전약수 관광지
우구치계곡

국립청옥산자연휴양림

국립백두대간 수목원 아시아 최대규모 수목원이며 백두산 호랑이를 볼 수 있는 곳
청옥산 (1,277m)
낙동정맥트레일 청옥산2코스

마구령 (820m)
한밤실농촌 체험마을
봉화객주 화회피자
월로천
봉화별 야영장 문화관리원
각호산 (1,175m)
구마계곡 (고선계곡)

소백산 국립공원 (1,439m)

콩세계 과학관
플라잉스톤
소백산 자락길10코스
숲속캠핑장
축서사
황토흙집
봉화솔향기구마계곡 서울캠핑장
봉화서동리 동・서삼층석탑
청옥야영장

소백산자락 1코스
초암사
성혈사
선비세상
선비촌
가평리 계서당 (성이성 생가)
물야면
문수산 자연휴양림
봉화솔향기
분천역 산타마을 눈썰매장, 일파라체움, 산타레일싸이바이크

비로사
죽계구곡 고분
영주 순흥 벽화와 고분 (신라)
소백산 삼가야영장
소수박물관
상석리 왜가리 (백로) 서식지
봉화 닭실마을
문수산 (1,205m)

봉화 동양리 두동마을 산수유 노란 산수유가 마을을 뒤덮는 곳. 3,4월
춘양면 / 춘양역

희방폭포 희방계곡
금선계곡
여우생태 관찰원
순흥전통묵집 (전통묵밥)
지림사
청암정
삼계서원
다덕약수관광지
사미정계곡

희방사
무쇠달마을
영주 순흥 어숙묘(신라)

소수서원 명종 친필 편액 이황이 소수서원이라는 사액을 받아 조선 대원군의 서원철폐에도 살아남은 서원
구만서원
행계서원 덕산서원 마애여래좌상
봉화 북지리 마애여래좌상
고향집식당 (청국장)
봉성숯불구이
법전면
불화항교
범바위전망대

봉화군

죽령 (689m)
유석사
청도너츠 본사
풍기향교
영주향교
영주 신암리 마애여래삼존상 (지방 사대부 저택)
바래미 마을
인하원
구양서원
봉산서원
비진숲커피
봉화운계리 페탑(고려시대)
명호면
홀리가스
갈산천구곡 1코스

국립산림 치유원 인더숲(한정식)
약선당 풍기읍 홍보전시관
삼판서고택 (고려말~조선초 세분의 판서가 지낸 집)
녹오고지
영주향교
태극당(인절미 카스테라)
봉산송석헌 고택
오랜꽃향기는 바람에날리고
35번 국도
서교
재산면
마애비로자나불입상 나불입상
뒷마그네골
산내골
아래미잠골

영주시
영주 서천 벚꽃길
가흥동
영주역
괴헌고택, 병산서원 이산서원
야옹정

퇴계태실 퇴계선생 조부 건립, 이황선생이 태어난 곳
퇴계종택 (퇴계선생 후손이 지은 가옥), 농암종택 (농암 이현보의 종택, 고택체험, 숙박), 고산정(절경의 정자), 분강서원

청량산 (870m)
청량산 도립공원
청량정사
다래바위
고산정

예천 곤충 생태원 예천곤충나라 사과테마파크 오토캠핑장, 물놀이장
영주 솔향기길
의산서원
장수면
화기리인동 장씨종택
녹전면
일출사

무섬마을 3면이 물로 둘러싸인 전통마을
무섬식당 (황장국)
문수면
진월사
봉화산

도산서원 1550년 공부에 집중할 수 있도록 모든 환경을 만들어 놓은 곳으로 조선 성리학을 완성한 대학자 이황이 직접 설계(도산서당) 성리학적 사상에 따라 소박함과 조화로움이 강조된 건축물
도산서당
국학진흥원 유교책판
안동호반 자연휴양림
도산온탕
선성수상길 (예끼마을)
월천서당

만수당 (찹쌀떡)
석송령
예천온천
수도리 전통마을
감천면
외나무다리
Stay 김구 가옥

예안향교, 용암정
삼산정

추천음식 안동 간고등어
추천음식 안동 건진국수

예천군
예천천문 우주센터 천문대, 우주영상실, 관측자차 숙소 천문우주캠프, 스페이스타워

봉정사 극락전, 현존하는 최고의 목조건물
옥녀봉
안동 군자마을 (20여채 고택, 탁청정종가)
예안
월영교
월영당 달빵

예천금당실마을
서악사
카페크렘(바스크 치즈케이크)
학가산 자연휴양림
보문사
죽헌고택 (한옥스테이)
그녀의 홍카페

법흥사지 칠층전탑 (통일신라), 법흥동 고성이씨탑동파종택, 안동 법흥사 칠층전탑, 안동 운흥동 당간지주와 오층전탑

낙강 물길공원 한국의 모네 '자베르니 숲' SNS 사진 명소(이국적)

동악루 금재가든 (닭백숙탕)

월영교 나무교량 인도교로 국내 최대

안동호

신천서원
노봉서원
안동소주
도정서원 (석사구이)
정무산 (332m)
안동김씨종택 양소당 (숙박체험), 삼귀정
서후면
체화정
이닭(고동어)
마애여래입상, 연미사/모운사
안동 이천동 마애여래입상
396 서소한가
마애선사 유적전시관

커피정경
구담정원
인생카통롱
풍천면
커피홀베이커리
커피베이
카페더유
Stay Thanø coffee

전주유씨무실 종택, 기양시삭
윤훈식(고)동가쌈밥
명인

안동문화관광단지 유교랜드
안동민속촌
커피컴퍼니

안동시

병산서원 유네스코 세계유산 (풍산태사로 2119) 류성룡 위패
안동 풍산류계곡 코스모길
옥연정사 (류성룡 선생이 징비록을 집필한곳, 고택체험) 화천서원, 하회 겸암정사
이화식당(찜닭)
무릉유원지
남후면
카즈 옮음(돈까스)
정자 종택 (고택, 숙박)
봉황사
구담고택

안동하회마을 유네스코 세계문화유산이자 이순신·권율을 천거한 영의정 류성룡의 고향. 류성룡은 이곳에서 징비록을 쓴다. 나라를 구할 인재를 배출한 곳 그래서 이곳은 많은 위인이 그림 같은 마을에 전경이 보인다.

지장사
부용대
고산서원
조탑동 5층전탑
폴모스트
장수닭갈비
갈라산
구름에(한옥)
금포고택
청송 평산신씨 판사공파 종택, 서벽고택 종택체험

고운사 고운 최치원의 호를 딴 사찰 30동 건물로 규모가 큰 천년고찰
후현지
소호현
선찰사
달빛정원
길안단술기캠프
지례예술촌 고택, 문학자료관

임하댐
경상북도 독립운동기념관

덕구온천
리조트 호텔
대수호
북면
부구해수욕장
덕구계곡
아늑
울진 국립
해양과학관
후정해수욕장
이칼국수
카페무
폭풍속으로
(드라마) 촬영지
구수곡자연
휴양림
죽변면
덕구온천스파월드
하트해변
반야계곡
낙동정맥트레일
봉화1코스
포면
국내 유일의
자연용출온천
죽변해안 스카이레일
두천리
울진 금강
소나무 숲길
하나great대회센터
죽변해안의 바다 전망 모노레일
금강송캠프
금강송숲길
낙동정맥트레일 울진1코스
궁궐의 재료가 되었던 황장목
금강소나무
숲길 1구간
페리아펜션
카라반
봉평 해수욕장
울진 봉평리 신라비
울진항교
소광리계곡
금강송 에코리움
숙소, 산림욕장, 금강송
숲길을 느낄수 있는 체류형 휴소
소광리
울진금강
소나무숲
민물고기생태
체험관
울진 엑스포공원
울진해수욕장
울진군
울진아쿠아리움
금산
쌍전리산
돌배나무
불영사계곡
절벽과 기암괴석 여름,
피서지, 가을 드라이브 코스
성류굴
지하강금이라! 불린
석회동굴
모린병원
울진왕피천공원
은어다리(일몰명소)
백두대간협곡열차
(V-트레인)
분천커피방앗간
옥방천
국립 통고산
자연휴양림
불영사
왕피천
관광농원
촛대바위
망양정 해수욕장
울진 해안도로
해파랑길(78.3km)
서면
울진군
Cafe1-21
망양정
진보리 지석묘
낙동정맥트레일
봉화3코스
피아골
왕피천생
태참방로
왕피천계곡
매화천
부모골
장군골
신암천
소고기재
대령산
영양국제밤하늘
보호공원
망양휴게소
바다전망휴게소
덕신해수욕장
영신해수욕장
영양 반딧불이 생태숲
국내 최대 반딧불이 서식지
수하계곡
고초산
기양저수지
현종산
오징어풍물거리
7
망양해수욕장
허리목재
일월산자생화공원
일제시대 폐광산을 둘러싼 야생화 단지
영양반딧불이
천문대
울진 평해황씨 해월종택
월자봉
일월산
(1,219m)
천화사계곡
상계하계폭포
계미천
명계서원
음실저수지
마진천
금강소나무
생태경영림
용골
영양수비
별빛캠핑장
길마골
비지골
기성면
항곡골
왕재골
국립 검마산
자연휴양림
수비면
본신계곡
쌍다리골
무신골
구산 해수욕장
반변천
일월면
88
국립 검마산
자연휴양림
구지골
정진골
황천골
운봉서원
월송정
(신라시대 달을
즐기던 장소, 1980년
복원)
장열공사당
주실마을
영양5코스
죽파리
자작나무숲
신선계곡
백암온천 관광특구
신라시대부터 이어져온 국내
유일 유황온천
한화리조트
백암관온천
온정면
거일1리
어촌체험마을
대게앤쿡
(대게국수/라면,
후포리백년식당 (대게),
한마음대게수산 (대게))
동막골
검산성
(항일운동
성지구안댐)
조동흥가옥
영양두메
송하마을
도라골골
양덕마을
음떡마을
향암 미술관
평해읍
Stay 앤드페블
갓바위전망대
등기산 스카이워크
바다 위 20미터 높이의 스카이워크. 소원을
이루어주는 갓바위와 후포 앞바다 조망
벽산생가
새봄식당
전통쌈칼국수
영양읍
장파천
울진 백암
온천마을
동심식당 (전복죽,모듬회)
후포항·울릉도 도동 여객터미널
영양군
영양향교
영양군
삼지수변공원
영양문화원
영양향교
영양읍
평해황씨
종택
후포해수욕장
후포항
대게를 사서 바로 쪄먹을 수 있는 식당들이
모여있다. 대게빵도 유명
영양서석지
영양고추 홍보전시관
영양남경대
후포루
유금사
블루오션
Cafe&Restaurant
선바위관광지
낙동강 절벽이 흐르고 절벽과
강 사이 촛대같은 선바위
봉감모전오층석탑
화원천
영양풍력발전단지
(바람의언덕)
보림사당
사양정
안문힐링
센터 마을
철암산 화석단지
(2300만 년 전)
그리가다(화분밀크피)
해온안
백석해수욕장
입암약수식당
(닭죽, 닭불고기)
봉화산
청송약수가든(누룽지백숙)
창수전시림
창수면
장육사
옥천재사
영덕 안동권씨
운계서원
운산서원
병곡면
Stay
고래불해수욕장
영리해수욕장
남이포식당
(메기매운탕)
청송 청송
신기리
밀양박씨회부각
군립 청송
야송미술관
정계향문화
체험교육원
(음식디미방)
두들마을
갈천동초가
까치구멍집
인량리
영덕 대게
고래불대게
고래불
국민야영장
대진 해수욕장
대진항
괴시리 전통마을
고려 대학자 목은 이색 탄생지
조선 전통가옥, 조선시대 양반가옥
진보향교
석보면
맹동산
전통 테마마을
나라골보리말
체험학교
영해향교
사암재
벌영리 메타세콰이어 숲
개인소유로 심은 메타세콰이어 숲
사기점골
영해면
영덕 이색
기념관
묘곡저수지
서항목재
신돌석장군유적지
영해 3.1 의거탑
무안박씨의공파종택
원생대 변성암,
영덕 대소산 봉수대
축산면
목계솔밭길
청송 신기리
포도산
명동산
영덕 부경항
죽도산 퇴적암
영덕군
정일호선주집(대게)
천리향횟식당(가자미)
대게원조 차유 어촌체험마을
찬경루, 임이정 우송당
(축조 14년), 운봉관
(세종10년, 객사), 운봉관
청송포교당, 운봉관
청송향교
IC 동창송영양
황장재
영덕 대게
추현음식
영덕 대게
국사당산
경정해수욕장
30
달기폭포
지품면
영덕읍
영덕풍력발전단지
전망대
오보해수욕장

경상북도-동남부

경상남도-서북부

부산광역시-남부

부산진구
부산진구

동구
동구

중구
중구

서구
서구

부산광역시

연제구
연제구

수영구

남구
남구

영도구
영도구

태종대유원지

삼광사
연등 축제로 유명한 불교사찰

금정산 둘레길 7코스

삼각홍

괘법동

부산국제 고등학교

KAIST부설 한국과학영재학교

창신공원

부산보훈병원

개금동

종은삼성병원

동서대학교

주례여자 고등학교

엄광산

부산전통 문화체험관

씨앗호떡

구덕문화공원 서대신동 주민센터

구덕 공설운동장

서대신동

삼육부산병원

임시수도 기념관

대티역

감천문화마을
언덕길을 따라 파스텔톤 주택들이 옹기종기 모여있는 동화 같은 관광지다.

감천초등학교

인터지스

미부아트센터

부산국제수산물 도매시장

암남공원

송도해안볼레길

송도해상 케이블카

송도해수욕장

EL16.52

송도용궁구름다리
암남동과 동섬을 잇는 다리로 바다 위를 걷는 듯한 느낌을 받을 수 있다.

냉채족발

연등동 근린공원

화지동 화지공원

국립부산국악원

부산진구

당감동 주민센터 어모장군 단비

당감동

경원고등학교

롯데면세점 부산점

가야역 부암역

가야초등학교 범천동

성수미술관 부산시연면

가야동

가산초등학교

개금밀면

개금 골목시장

인제대학교 부산백병원

런닝맨 베이커스(Bakers)

범일중

호천마을

커낵트현대 부산

범일동

부전역 부전도서관

동의대역

성지곡당

삼정타워

동천

남천지역 해양경찰청

KT&G

범내골역

서면절음의 거리 (포부산진구)

부산커피박물관

드림씨어터

안동네 벽화마을

부산진일신여학교

부산재개발 문화관

안용복기념

수정산

수정동

구봉산 치유숲길

문화공감수정
일본식 가옥, 아이유 '방편지' 촬영지로 유명

편의방 (만두)

초량1941 이바구공작소 초량밀면

김민부전망대

중앙공원 역화마을

차이나타운

부산역 KTX-SRT

보수동 책방골목

초량 이바구길

매축지마을

부산 시민회관

부산전시관

부산진역

부산동구청 좌천동

초량동

부산진역

부산과학체험관

아이테르 미술관

중앙역

부산민주공원 중앙동

부산영화체험박물관 부산세관박물관

부산항 연안 여객터미널

용두산공원 용두산타워

청학수변공원

왔다식당(스지된장전골)

삼진어묵 체험·역사관

부산대교

부산보훈병원

동아대학교

부민동

서구

수미동

부산근대 역사관

석당박물관

아미동

비석문화마을

피란생활박물관

비석문화마을

옥녀봉 최민식 갤러리

감천천

감천초등학교

천마산

천마산 조각공원

남부민동

남항

자갈치시장

오구카페

남부동 외항

몽실종가 돼지국밥

산복도로 전망대

부산 공동어시장

깡깡이 예술마을 어묵

영도대교

신선동 재기

봉래동

청학배수지 전망대

미피카페 부산

아르떼뮤지엄

영도선박 박물관

피어크 카페&베이커리

신기리영도

흰여울 문화마을

영도해안 산책로

절영해안 산책로

에테르 흰여울비치

영도관광 2차아파트

영도해녀촌 (성게알, 김밥)

영도해녀촌 문화전시관

송도타임캡슐 (테이트명소)

75광장 중리등대

중리노을 전망대

중리산(150m)

중리해안 산책로

국립해양박물관

크루즈터미널

부산 국제터미널

카페 385

북빈물량장 대체부두

감만부두 시민공원

신선대
바다 경치가 아름다운 산책로

대연역 대연동

경성대 부경대역

경성대 문화golma

풍년갈곱창

유엔기념공원

젠츠베이커리

국립일제강제 동원역사관, 유엔평화기념관

동명불원

봉오리산 (173.3m)

무민아트

부경대학교 용당캠퍼스

합천국밥집

신당리

태종대온천

태종대갈마당 (먹자골목)

태종산

태종사(6~7월 수국꽃축제)

영도 등대

신선바위

황령산 (427m)

금련산 (415m)

황령산 봉수대

부산남부 경찰서

남천역

남천동

벚꽃거리

좋은좌 남천성당

용소국 (옵스OPS)

성수골

경성대학교

김유순 대구뽈찜

못골 골목시장

문현역

못골역

대연동

부산박물관

부산 장감골

유치각 국수

국립일제강제

평화공원

동명불원

연산동 정과정유적지

배산성지 둘레길

복합문화공간 현대모터스튜디오부산

영주간

F1963 꽃피는 4월 말일수 5월

망미역

수영 사적공원

수영역

광안역 광안동

곱창거리 광안

종합시장

광안리카페골목

광안리해변 테마거리

멸치마을

망미동

봉리산

연제구
연제구

부산 연등축제

송상현광장

구상 반려암

부전역

서면지하상가

부산국제 고등학교

94

D

해운대구·

APEC
나루공원

부산 영화의
전당

뮤지엄 원
LED 미술전시관.
사진 찍기 좋은 곳.

부산시청자미디어센터

BEXCO(컨벤션센터)

센텀시티역

커넥트그라운드

현대
백화점

롯데크로스

신세계센텀시티

옥련선원
미술관

수영만
요트경기장

만덕동

월광
수변공원

톤쇼우광안점
(로스카즈)

부산
본점

부산
영화거리 누리마루
Apec하우스

밀락더마켓

민락회타운

광안대교(다이아몬드브릿지)

광안리해변

해파랑길

이기대 수변공원

이기대해안산책로

해파랑카페

오륙도해맞이공원
해파랑길 관광안내소

오륙도스카이워크
오륙도 유람선

오륙도
오륙도
등대

부산항·용호항

E

신해운대역

동해선

신해운대역

해운대서관

대천
공원

좌동
재래시장

NC백화점
해운대점

옵스
신도시점

해운대
가야밀면

나가하마만게츠
(나가하마라라멘)

맛소문
오리불고기

해운정사

솔밭예술마을

해운대역

해운대온천센터

해운대
시장

해운대
포장마차촌

스파랜드

더베이
101

해운대
미포유람선

씨라이프
아쿠아리움

해운대더합소갈비집

해운대기와
집대구탕

수민이네
(조개구이)

부산 엑스
더 스카이

소보잉
클라우드

해운대해수욕장   미포철길

동백섬, 동백공원, 출렁다리

해운대 마린시티

F

공수항

공수어촌
체험마을

송정동

송정
해수욕장

활어회

해마루

구덕포항

청사포 다릿돌 전망대

청사포 감성버스정류장

청사포

비비비당

해운대 블루라인파크 ★
(해운대 해변열차,스카이캡슐)
해안 절경을 따라 운행되는 해변열차와
스카이캡슐. 아름다운 경치를 구경할
수 있으며 해질녘에 타면 더 운치 있다.

달맞이길 (문탠로드)

해운대 그린레일웨이
(해운대 블루라인파크 미포정거장~청사포 등대)

1

2

3

D   **E**   **F**

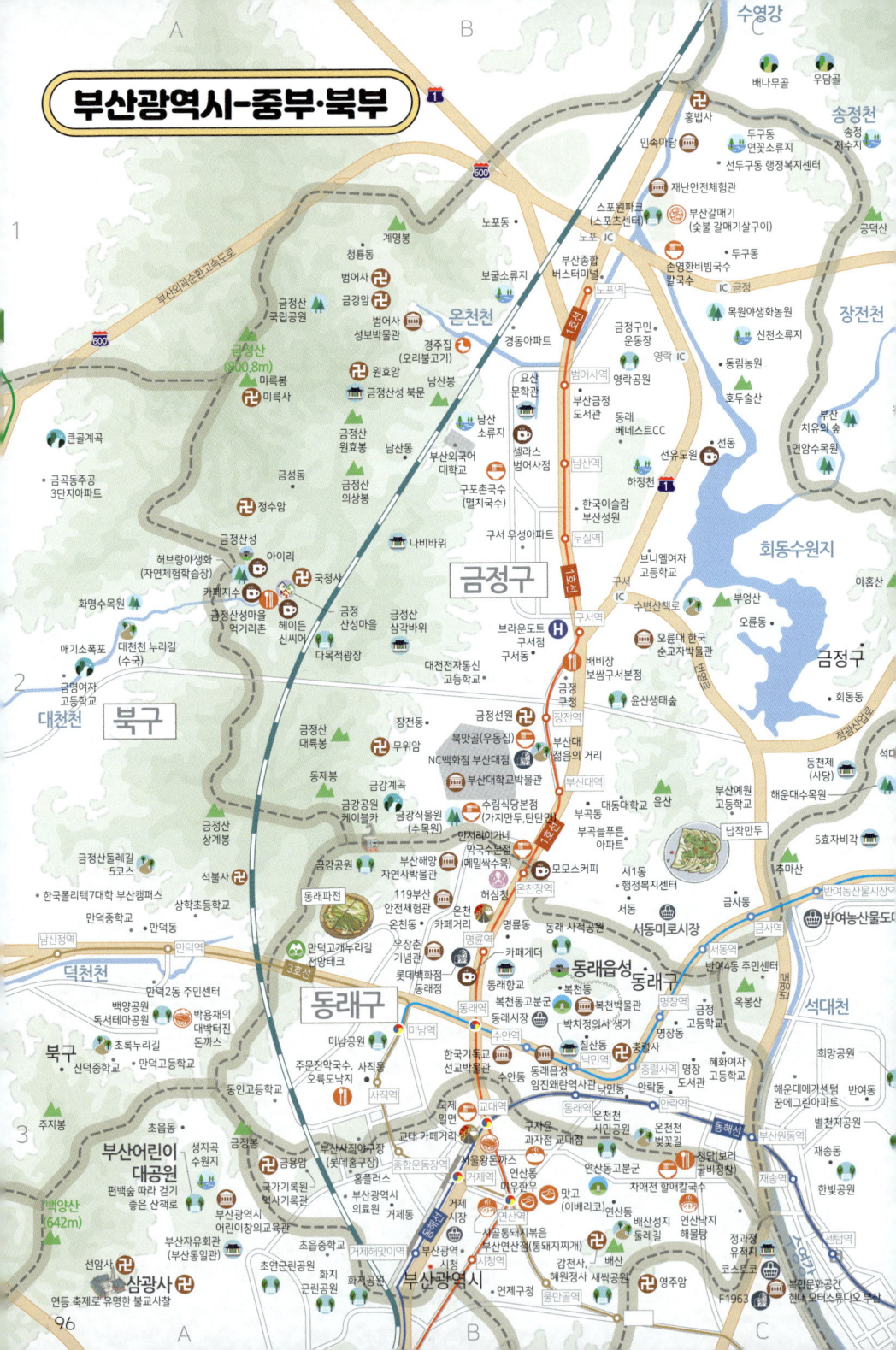

부산광역시-중부·북부

부산광역시-서부

A   B   C

1

비아조
양로고택
(대형한옥카페)

죽림동
죽동동
양탄
(오리코스요리)
침천재
(사당)

6.25전몰
장병충혼탑,
김해죽도왜성

가락동
서낙동강

봉곡천
대청천

남해고속도로제2지선

조만강

조만강
오플로우

IC 가락

104 IC 장유

금병산
범방대
(경승지)
둔치도

범방동
삼층석탑
한국해양대학교
서부산융합캠퍼스
미음동
범방동

공티고개

랜츠런파크
부산경남
녹산고향동산

베스트 루이스
해밀턴 호텔
다온나루
(한옥카페)
이프리오

지사 IC
58
헤르몬 호텔 H

너터리고개

프리드리히알렉산더대학교
부산캠퍼스
지사동

지사119
안전센터
풍상산

미음지구
일반산업단지

생곡동
가달고분군
생곡
일반산업단지
생곡동

항일무명
용사위령비

2

하이스트CC

지사천
구랑천

사자바위
용산
성산

명월산

베스트
호텔 H

동의과학대학교
미음캠퍼스

구랑동
구랑
소류지

미음소류지

노적봉

장룡수산 본점
(민물장어구이)

보배산

장고개

옥포
소류지
오봉산

봉화산
녹산동

진해물산 녹산용가든
(한우꽃등심,
함박스테이크)

2
부산신항역

신촌
계곡

산양소류지
록산

3

송정천

성골 소류지

화동공원

송정동

화전지구
일반산업단지

화전동

2
화전소류지

화전드림숲
화연공원

녹산지구
국가산업단지
강서소방서

희망공원
신호동

2월호텔
강서본관
남파랑길

보람공원
갈맷길5코스

신호119안전센터
소담
공원

신라
스테이

신호공원

북철송장역

98

A   B   C

기장군 · 해운대구 · 수영구

기장군

고향연화(전복리조뜨,모듬카츠)

범고래다방(동해 전망이 아름다운 4층 루프탑 카페)
젓병등대

죽도
신선한 해산물을 저렴하게 맛볼 수 있는 곳

기장꼼장어

오랑대
캠핑, 낚시, 일출 사진 촬영 명소

오시리아 관광단지

더 이스트 인 부산 (대게, 오리 불고기, 꼬막, 갈치, 커피까지 한 번에 즐길 수 있는 곳)

오랑대공원

국립부산과학관

아난티 코브 캐비네 드 쁘아송

아난티코브(아난티 하우스,아난티 앳 부산 코브)

아난티 코브 살롱 드 이터널저니(북카페)

H 펜트하우스,아난티

대게만찬(깔끔하고 가격도 저렴한 대게 맛집)

워터하우스(온천,스파)

롯데월드 어드벤처 부산

스카이라인루지 부산

풍원장시골밥상집(백반집)

오시리아역

안동보리밥

국립수산과학관

프리미엄아울렛 부산

부산 칠드런스 뮤지엄

사랑대

대구탕

IKEA동부산

송정해녀집 (전복구이)

공수어촌 체험마을

원조할매국밥 (모둠국밥,돼지국밥)

해운대 그린레일웨이 (송정역-구덕포-다릿돌전망대-청사포 정거장-달맞이터널-미포정거장)

해동 용궁사 ⭐
드넓은 바다와 맞닿아있는 한국에서 가장 아름다운 불교사찰. 아름다운 경치 때문에 항상 관광객으로 붐비는 곳. 다양한 불상과 약수터, 108계단 등이 설치되어 있다. 주말에는 주차하기 힘들 수 있으므로 버스로 이동하는 것을 추천.

해운대구

대천공원
장산 출입구에 있는 가볍게 운동하기 좋은 공원

신해운대역

동해선

송정집 (자가제면 국수, 만두 맛집)

수월경화

송일정

송정해수욕장
서핑하기 좋은 깨끗한 해수욕장.

해운정사

해운대가야 밀면

좌동재래시장 (횟집, 식당, 식자재)

해운대31CM 해물팥죽,칼국수)

정관신도시시장(재 래시장, 식당가)

맘보식당 (산더미물갈비)

해운대 시외버스터미널

중동역

장산역

NC백화점 해운대점

해마루
해운대 앞바다 경치가 아름다운 전망대

청사포다릿돌전망대
바닷가까지 뻗어있는 유리 바닥길 다리 전망대. 망원경 너머 보이는 풍경도 멋지다.

부산2호선

솔밭예술마을
작은 공방이 모여있는 예술마을. 다양한 체험행사나 개최된다.

해운대

달맞이길

하진이네 (조개구이,청사포 앞바다)

라꽁띠(분위기 좋은 파스타 맛집)

청사포
아담한 횟집과 카페가 모여있는 정겨운 어촌마을

마포

청사포 감성버스정류장

해운대블루라인파크(해변열차,스카이캡슐)

수민이네(조개구이)
연탄불에 구워 먹는 조개구이가 맛집. 오래된 해송 너머로 바다가 펼쳐지는 경치도 아름답다. 조개 파티가 끝난 후 먹는 후식 라면도 별미.

해운대 미포유람선

힐스파
해운대 전망이 끝내주는 목욕탕 겸 찜질방

해운대시장
횟집, 식당, 치킨집, 분식점, 길거리 음식점 등이 모여있는 먹거리 시장. 시장 인심을 느끼며 식사하고 싶다면 이곳을 추천.

해운대 달맞이길 (문탠로드) ⭐
보름달 뜨는 밤에 꼭 들러봐야 할 환상적인 둘레길. 봄철에는 아름다운 벚꽃 군락이 보름달의 운치를 더한다.

씨라이프 부산아쿠아리움
다양한 해양생물을 만나볼 수 있는 웅장한 아쿠아리움. 상어, 펭귄, 가오리, 해마, 거북이 등 다양한 해양생물들이 살고 있으며, 상어 먹이 주기, 물고기 만져보기, 인어공주 쇼 등 다양한 이벤트도 열린다. 월~목요일 10:00~19:00, 금~일요일 09:00~21:00 개장.

부산엑스더스카이 전망대

해운대해수욕장 ⭐
명실상부 대한민국에서 가장 유명한 해수욕장. 다양한 수상스포츠부터 요트까지 즐길 수 있는 곳. 해수욕장 주변에 고급 호텔과 식당, 쇼핑몰 등이 모여있어 야경도 아름답다.

더베이101 ⭐
푸드트럭, 카페, 레스토랑, 요트클럽, 잡화점 등이 모여있는 복합상가. 1층 펍에서 해운대 야경을 바라보며 맥주를 즐기거나 3층 루프탑 레스토랑에서 식사를 즐기기 좋다.

60년전통밀면맥밥

김유순대구뽈찜

못골골목시장

경성대부경대역

경성대문화공원

UN기념공원
6.25 전쟁 UN 참전군과 전사자들을 기리는 기념공원. 이국적으로 꾸며져 있어 산책하기 좋다.

지게골역

문현동곱창골목

못골역

풍년곱창
(돼지곱창, 소고기곱창전골)

철인7호 경성대점
(맛있는 치킨집)

용호만 유람선 터미널

매축지마을
구석구석 옛 부산의 정취가 남아있는 재개발 곳

조선통신사역사관
조선통신사에 대한 설명, 역사, 행로에 대한 지도 모형 등의 전시

쌍둥이돼지국밥

대연역

부산장난감박물관

UN조각공원

진주냉면대연점
(소육전,물냉면)

겐츠베이커리

평화공원
6.25 전쟁에 참전한 한국군과 UN 참전군 전사자들을 기리는 공원. 조용하고 깨끗해 가볍게 산책하기 좋다.

부산박물관
부산의 역사와 부산에서 출토된 유물을 전시해놓은 박물관. 09:00~18:00 개관, 월요일 휴관, 무료입장.

부산과학체험관
다양한 과학체험을 즐길 수 있는 어린이박물관. 09:30~17:30 개관, 월요일 휴관.

아이테르범일구역

내호냉면

우암동 소막마을

공원칼국수
(시원한 조개국물 칼국수, 줄서는 맛집)

용호동할매팥빙수
단팥죽에 팥 맛으로 유명한 가성비 최고 빙수 맛집

동명불원

이기대해안산책로
해변 길과 등산로가 이어지는 해안 산책로. 오륙도까지 왕복 약 3~4시간 소요.

이바구길모노레일
주민들을 위해 무료로 운영하는 아담한 모노레일.

밀면

이기대 갈맷길

이기대

이기대수변공원
바닷바람 맞으며 산책하기 좋은 해변공원. 바다 건너 해운대 경치가 아름답다.

초량이바구길
6.25당시 피난민들이 모여 살았던 산동네로 지금은 기념품점, 포토존, 카페, 막걸리집 등이 모여있다.

초량밀면(밀면맛집)

국제여객터미널

본전돼지국밥

국립일제강제동원역사관
일제강점기의 아픈 한국사를 소개하는 박물관. 10:00~18:00 개관, 월요일 휴관, 무료입장.

이기대 2시간 40분

오륙도해맞이공원
탁 트인 동해를 바라보며 산책할 수 있는 곳. 해녀들이 갓 잡은 해산물을 판매한다.

차이나타운
중국집, 만둣집이 모여있는 곳. 만두 전문점 신발원이 유명

감만부두시민공원
낚시하기 좋은 부둣가 공원. 오후 11까지 부산항대교에 조명이 들어와 야경도 아름답다.

합천국밥집
(따로국밥, 수육백반)

남구

신선대
바다 경치가 아름다운 산책로.

해파랑카페
(전면 오션뷰, 디저트카페)

텍사스 거리

40계단길
옛 피난민들의 만남의 장소. 박재홍의 노래 '경상도 아가씨'의 배경이 된 곳.

오륙도가원
(탁트인 바다전망의 한우전문점, 카페도있다)

해파랑길관광안내소

오륙도유람선

객터미널

부산영화체험박물관
다양한 영화도 보고 트릭 아이 사진도 찍을 수 있는 체험박물관. 아이들과 함께 방문하기 좋다. 10:00~18:00 개관, 월요일 휴관.

젬스톤(수영장을 개조해 만든 감성 카페)

국제시장
동명의 영화로 더욱 유명해진 생필품 시장. 식재료와 군것질거리를 판매하는 상점부터 먹거리, 구제 옷가게, 소품점, 철물점, 안경점, 전자제품 판매점 등 테마별로 모여있다. 식사하기도 좋고 구경하기도 좋은 활기찬 재래시장.

오륙도스카이워크
오륙도와 해안 절벽부터 광안대교까지 이어지는 풍경을 감상할 수 있는 아찔한 유리길 전망대. 37m 높이의 숭무달 절벽 끝에 설치되어있으며 바닥이 통유리로 되어있어 마치 바닷속을 걸어다니는듯한 느낌을 받을 수 있다. 유리에 상처가 날 수 있으므로 입구에 있는 비닐 덧신을 신고 걸어야 한다. 무료입장.

왔다식당
(스지된장전골)

청학수변공원

영도선박박물관

미피카페 부산

신기라묘도
(숲속뷰카페,노키즈존)

피아크 카페&베이커리

아르메뮤지엄 부산

카페 385

용두산공원 부산타워
120m 높이에서 부산 도심을 내려다볼 수 있는 360도 전망대. 저녁 8시에 레이저 쇼가 펼쳐진다.

오륙도
6개의 바위섬이 모여있는 곳. 등대가 있는 섬까지 배로 이동할 수 있다.

삼진어묵 본점 및 체험역사관
영도 육지를 배우고 어묵도 만들어볼 수 있는 체험관. samjinstory.com 홈페이지 사전예약 필수

국립해양박물관
영도와 바다생물의 모형, 해양 관련 자료가 전시되어있는 박물관. 화~금요일 09:00~18:00, 토·일요일 09:00~19:00 개관, 월요일 휴관, 무료입장.

도날드(떡볶이)

복천사

봉래산
영도와 부산 시내를 내려다볼 수 있는 전망산.

부산국제크루즈터미널

조도

한국해양대학교

팬스타크루즈

에테르(오션뷰, 루프탑카페)

흰여울해안터널

흰여울 피아노계단

영도

흰여울전망대

영도구

한국해양대학교아치캠퍼스박물관

동삼동패총전시관

75광장

태종대유람선
태종대 앞바다를 한 바퀴 돌아보는 유람선

영도관광실탄사격장

중리해녀촌(문어숙회)

영도해녀촌(성게살,김밥)

영도해녀문화전시관

중리학동굴

영도해녀문화체험관

동삼어촌체험마을

김치박물관

수국꽃문화축제
6~7월 태종사에서 열리는 다채로운 수국 축제

흰여울문화마을
해안절벽길에 작은 주택이 옹기종기 모여있는 문화마을. 알록달록한 담장 길을 따라 감성적인 소품숍과 카페가 모여있다. 영화 범죄와의 전쟁, 변호인 촬영지로도 유명하다.

태종대온천

태종대로변
조개구이

물망초(조개구이)

감지해변산책로

태종대

태종대
탁 트인 바다 경치를 즐길 수 있는 언덕 전망대. 바다의 운치를 더하는 등대, 신선 바위, 모자상 등이 설치되어있다. 걸어서 구경하기는 다소 힘들기 때문에 다누비 순환 열차를 이용하는 것을 추천.

태종대자갈마당
아름다운 자갈밭 풍경을 바라보며 해녀분들이 갓 잡아 올린 해산물도 맛볼 수 있는 먹자골목

태종사

영도등대

태종대다누비열차
태종대 등대를 찍고 돌아오는 꼬마 기차

신선바위

태종대유원지
자갈밭, 등대, 전망대가 설치된 유명 산책로

태종대전망대
탁 트인 바다 경치를 즐길 수 있는 전망대. 다누비 열차를 이용해 이동하는 것을 추천.

남포동

★ 보수동책방골목
소설책, 만화책, 잡지, 외국 도서 등 다양한 중고 책이 모여있는 책방골목. 어린 시절 즐겨 읽던 책들을 싸게 구매할 수 있다. 대형서점이나 인터넷 서점에서는 구할 수 없는 희귀한 책을 발견할 수 있을지도.

부평깡통시장
씨앗호떡, 큐브 스테이크, 철판 아이스크림, 치즈구이 등을 판매하는 부산 길거리 음식의 천국. 세계 각국에서 모여든 수입상품을 판매하는 시장으로도 유명하다.

보수동
책방골목

인앤빈
(원두를 직접 볶아 내린 핸드드립커피)

가톨릭센터

P 공영

국제시장
동명의 영화로 더욱 유명해진 생필품 시장. 식재료와 군것질거리를 판매하는 상점부터 옷가게, 구제 옷가게, 소품점, 철물점, 안경점, 전자제품 판매점 등이 테마별로 모여있다. 식사하기도 좋고 구경하기도 좋은 활기찬 재래시장.

소문난똥집이모
(닭모래집,닭날개구이)

국제시장

돌고래순두부
(가성비 좋은 칼칼한 순두부찌개 맛집)

깡통골목할매
유부전골본점
(유부우동,유부전골)

장우손 부산어묵
깡통시장본점(어묵)

꽃분이네
(영화 국제시장 촬영지,현재는 카페로운영)

개미집 본점
(낙지, 곱창, 새우가 들어가는 전골 요리 낙곱새 맛집)

이가네떡볶이
(깡통시장속 떡볶이)

지앤비 호텔 H

P

세정
(한치회, 모밀쟁반)

공순대
(순대전골,이북식 순대전문점)

바다집
(수중전골,낙곱볶음)

아리랑 거리

아리랑 거리
옷과 생활소품을 주로 판매하는 전통시장 거리

부평양곱창1호점
(돌판양념곱창,소금구이)

조선의한우
(한우구이)

추억보물섬
골동품, 장난감 전시관

★ BIFF광장 (비프광장)
먹을 것도 볼거리도 너무 많은 부산 쇼핑의 중심지

호텔 아벤트리 부산 비엔씨 (B&C) H

대정양곱창
(매콤달콤한 양념구이 곱창 맛집)

마라쿵젠
(마라탕,훠궈)

부산족발
(새콤달콤한 해파리냉채와 곁들여 먹는 냉채족발 맛집)

원산면옥
(냉면 맛집)

광복로

냉채족발

남포 하운드 호텔 텔프리미어 H

부평족발골목

남포쭈꾸미
(주꾸미 볶음)

18번완당집
(일본식 만둣국,완당, 모밀국수 발국수가 유명한 곳)

육전밀면
남포점
(밀면,육전)

토성초교

창선동 먹자골목

부산BIFF거리

★ 창선동 먹자골목
비빔당면과 씨앗호떡이 유명한 군것질 천국

씨앗호떡

서구청

남포참치
(사시미,오마카세스시)

⑦

⑤

① 호선 자갈치역

⑩

호텔 노아 H

③

★ 부산자갈치시장

⑥

④

영심이찐빵
(생활의달인 찐빵집)

②

①

백화양곱창
(연탄불에 구워 먹는 고소한 양곱창 맛집)

경북대구횟집
(모듬구이)

한월횟집
(갈치조림,모듬생선구이)

A   B   C

부산근대역사관 ⭐
일제강점기부터 지금까지 부산의 다양한
모습을 전시해놓은 박물관. 09:00~18:00
개관, 월요일 휴관, 무료입장.

남성
초교

겐짱카레본점
(일본인 부부가 만드는
정통 일본식 카레)

전주식당
(돌솥비빔밥,숭늉)

40계단길
옛 피난민들의 만남의 장소. 박재홍의
노래 '경상도 아가씨'의 배경이 된 곳.

일미밀면

이재모피자
(치즈가 듬뿍 올라간 수제
피자와 파스타 맛집)

스톤스트리트
(인도식 난에 청포도
토핑을 얹어 먹는
독특한 샐러드)

부산면세점 용두산점

피프카메라
(중고카메라)

화국반점
(영화 신세계에 나왔던
간짜장 맛집)

부산영화체험박물관
다양한 영화도 보고 트릭 아이 사진도 찍을
수 있는 체험박물관. 아이들과 함께 방문하기
좋다. 10:00~18:00 개관, 월요일 휴관.

노티스(쌀창
고를 개조한
복합문화공
간인 카페)

한성1918

중앙모밀
(모밀국수,
모밀냄비, 우동)

돌쇠장작구이
(깍둑설기한 안창살구이)

뚱보집
(쭈꾸미구이,새우빈대떡)

타워힐 호텔

부산타워 ⭐
120m 높이에서 부산 도심을
내려다볼 수 있는 360도 전망대.
저녁 8시에 레이저 쇼가 펼쳐진다.

센트럴
파크 호텔해운대
그랜드호텔

연경재(고즈넉한분위기,
디저트카페)

신창동커피
(크림커피,디저트)

이순신
장군동상

종각
꽃시계

밀면

용두산미디어파크
부산 시내 야경을 즐길 수 있는 도심
공원. 공원 안에 설치된 부산타워를 통해
엘리베이터로 이동하면 120m 높이에서
전망을 즐길 수 있다. 이순신 장군 동상,
팔각정, 모형 선박전시관 등 볼거리와
즐길 거리가 많은 곳.

광복경양식
(옛 감성이 느껴지는
정통 경양식집)

쿠오리노
(드립커피,팬케이크,
말차라떼가 맛있는
감성 카페)

고갈비할매집
(연탄화로 고갈비)

부산꼼장어맛집성일집
(꼼장어양념구이,소금구이)

광복로패션거리

할매가야밀면
담백한 육수가 입맛을 돋우는 유명 밀면집. 독특한 양념장이
들어간 비빔밀면과 쫄깃쫄깃한 고기만두도 인기. 둘 이상이
함께 방문한다면 물밀면과 비빔밀면을 함께 시켜보자.

바우노바
(직접 로스팅한
원두로 내린커피)

롯데백화점
광복점

삼익식당
(돼지불고기백반)

테라비 남포점

납작만두

이찌
(참숯화로에 즐기는
소고기오마카세)

모시모시(세트
메뉴가 가성비
좋은 횟집)

1호선 남포역

남포지하쇼핑센터
(공예품, 소품, 옷)

부산 롯데
타운타워(26년 예정)

부산명물횟집
(놀라운토요일반영)

롯데마트

제일산꼼장어장어구이

남포동 건어물도매시장
(건어물)

활어회

신경북상회
(대게, 랍스타
코스요리 판매하는 곳)

영도대교(도개교) ⭐
한국 최초 연륙교이자 유일한 일엽식
도개교, 대형선박이 지나갈때 다리가
개방(14시)

총각상회
(다양한 회,
해산물이 들어간
코스요리)

백화상회
(자갈치시장
활어회 횟집)

전북특별자치도-서북부

서천군

서천 JC

진포해양테마공원
말랭이마을
월명산 자락의 마을. 7080 추억을 담은 근대문화공간으로 재탄생

금강철새조망대
성흥사
금강하구둑, 금강호 관광지
금강습지 생태공원
금강미래체험관
진포시비공원

★신흥동 일본식가옥
신흥동가옥
장항항

한일옥
군산 시간 여행마을
채만식 문학관
군산역
이영춘 가옥 (일제가옥)

군산항
금란도
군산 해망굴
월명공원
월명호수

초원사진관

이성당
1945년에 세워져 우리나라에서 가장 오랜 역사를 가진 빵집
군산빵집
은적사
영국빵집
군산문화원

지린성, 복성루
미라벨
푸르던

군산어린이교통공원
교통안전 체험
옥구평야

새만금횟집
선유도 월명유람선
●비응도
새만금비응공원
베스트웨스턴호텔

옥녀교차로 (청보리 풍경)
새만금 어린이랜드

★군산근대화거리
근대역사와 해양문화 전시. 군산만의 역사와 항일항쟁 당시의 기록 등을 전시 중
국립군산대학교 박물관

카페산타로사
카페옥녀몰 (원두커피) (핸드드립)
카페. 옥산리

은파호수

청암산 오토캠핑장
군산호수

군산근대역사박물관
동국사
(국내 유일의 일본식 사찰)
추천음식 군산 쭈꾸미

옥구향교, 옥산서원 염의서원, 자천대
염의서원 문창서원

군산공항
치동서원

군산 개정면 구 일본인농장 창고

은파호수공원
은파 물빛다리, 음악분수 등의 볼거리와 호숫가 카페거리
은파호수공원 벛꽃길

공감선유

★경암동 철길마을
옛 철길을 따라 추억의 상점, 교복대여점이 있는 사진명소

군산시

김제평야

군산컨트리클럽 (골프)

군산 대각산 전망대 (고군산군도, 선유도, 무녀도의 아름다운 전망)
신시도 (노란 금계국이 가득한 곳 드라이브하기 좋은 곳)
●야미도

두곡서원
진봉망해대
심포항
망해사석간
새만금바람길
진봉산 (72m)

코스모스 4백리길

김제시

영화 마이웨이 촬영현장
군평저수지

●신시도

새만금 및 신시전망대
바다를 가로질러 가는 33.9Km의 세계에서 가장 긴 방조제의 중간이 신시도인데 이곳에 전망대가 설치되어 있다.

안성관광농원

반곡산 (32m)
삼불암
핀아드래 (핑크뮬리, 호수뷰)

무녀2구마을버스 (버스 카페)

●두리도
●비안도

간재선생유지, 계양서원

청호저수지 (그네에서 노을과 저수지를 감상하며 인생샷)

석정 문학관
신석정 고택

부안향교

가력도
가력도항
가력도 생태공원

계화조류지

영화 이순신 세트장
석불산 영상랜드 (불멸의이순신 세트장)
신재생에너지 테마파크

효충사

청호 저수지

계화회관 (백합죽) (백합구이)

석불산
성황사
이매창묘
할매피순대 (피순대, 모둠전골)

부안 IC
15
부안문화원

108

전북특별자치도-동북부

전북특별자치도-서남부

지산
유원지

소쇄원

화순
야교리나

IC 10.11월
무등산 억새/단풍

백아산 하늘다리
백아산
눈썰매장

백아산
자연휴양림

곡성 섬진강 천문대
압록유원지 별전캠프장

섬진강대나무숲길
섬진강

구례군

더브드101
혜성

화개장터
형제봉출렁다리

무등산
평귄마을

세량지
사진 마니아들의 촬영명소로
유명, 산벚나무 유명

화순적벽
관광지 문화유적

지리산
가는길
돌실숲불화관
(석공구이)

사성암 전망대
544년 건립, 원효대사의
행적이 있는 공기암절벽위

섬진강 벚꽃길
섬진강 벚꽃축제

화개
재첩국수

섬진강 식당

스타케이하동
깨끗하고 낮은 수심

섬진강 물길 따라 시장가
형성 봄에는 주변에
벚꽃이 만발

(스카이워크)

최참판댁

매암제다원

무등산 편백
자연휴양림

대황강 출렁다리

임대정 원림

아미산
명상길(전망)

천태암

태안사(신라 경덕왕
재위 천년 사찰)

섬진강과 지리산 전망
신비로운 사성암운해

구례구(KTX,SRT)

27

평사리공원 및 섬진강
넓은 백사장과

구례봉 활공장(전망)

구례 다슬기

매화마을(매화꽃)

동정호(수국)

하동 송림공원
(섬진강변 산책)

하동
횡천

하동군

광양 홍쌍리
청매실농원 매화 3,4월

무등산양떼목장

화순 고인돌 유적지

나주 남평 동천로
은행나무길 10.11월

드들강 솔밭 유원지

주암호
주암댐

송광사

송치천
(왕동가스)

백운산
자연휴양림

백운산

차도리
가든

느랭이골

섬진강

전라남도

우주드림
운주사
(미디어아트 전시)

화순군

조계산

낙안읍성 민속마을
삼한,백제,고려,조선을
이어온 성곽마을,국내최초
사적지정된 민속마을

순천시
국가정원

순천 고인돌
공원

주암호 생태지
습지관찰대,
생태보전지, 수생식물

순천 향매실 마을
매화 3월,4월

선암사

삼국시대 신라사찰,
아치형 각교 승선교가
유명

도내
순천 드라마
세트장

삼매광양
불고기집

17

17

옥룡사지 동백나무 숲
해발 403m 7ha,붉은 동백이
가득한 천연림.1,2,3,4월

광양시

광양와인
동굴

광양항 해양公원

매화

섬진강

이순신대교

추첨음식
광양 불고기

월영화관

용장역
경전선 순천만
(간이역)

순천만
갈대군락지

70만 평의 국내 최대
갈대 군락지. 10.11월

중흥사

와온해변(일몰이
아름다운 바다)

여수공항

영취산

여수(KTX,SRT)

여천(KTX,SRT)

여수시

국역사

여수엑스포
(KTX,SRT)

대한다원
150만 평의 차 관광농원

보림ম(통일신라,
창건, 선종이 가장
먼저 들어온 곳)

특미관
춘원서옥

득량역
추억의 거리

대서면
중산 일몰전망대

원조소문난갈비탕
(갈비탕,갈비찜)

리움미술관

순천만 용산전망대
순천만의 웅장한 S자 물길 특히
해질무렵 더욱 아름답게 보이는 곳

여자만 갯벌

어느멋진날

여수가사리
갈대밭

디오선리조트
워터파크

여수엑스포
스카이타워

고소동
벽화마을

라마다해상짚트랙

10

보성군

대한다원

비봉
공룡공원

율포 솔밭
해수욕장

율포 솔밭 해수풀장

고흥
무술목

갑재민속
전시관

풍류해수욕장

커피농장

산티아고 본점

소호동동다리
야경이 예쁜 바다위
산책로

추첨음식
여수 소라

팔영산
자연휴양림

루이테마파크
워터파크

돌산공원

해상 케이블카 탑승이 가능한
여수 밤바다를 가장 아름답게
볼 수 있는 곳. 돌산공원에는
야간에도 운행(주야간 운행)

돌산도

여수
해상케
이블카

리마다해상짚트랙

화태도

나진국밥

유월드
진남관(이순신의
전라좌수영본영)
삼도수군통제영 본영

낭만 포차거리

여수 명게

카페모던
동남진물산과학관

정남진 편백숲
우드랜드

수문해수욕장

장흥갯벌
(정흥삼합)

고흥 향교

고흥 분청문화 오토캠핑장
박물관

팔영산
팔영대

남포미술관

팔영산

영남용바위(기암괴석)

남열 캠핑장

영남 파랏

고흥 우주발사 전망대

돌산도

백야도

개도

갈치조림기동车게
맛있는집

개도

장흥군

천관산 자연휴양림

장흥 위성룡가옥

천관산
연대봉 억새
산

장흥126타워

소록도

고흥 우주천문 과학관
천체투영실, 관측실, 프로그램

도양읍

성성산장어숯불구이

mkr coffee

치유의숲
편백나무 숲길

고흥 금탑사
비자나무 숲

고흥 금탑사

생명생숲치유의
집 암 작업실

남열해수욕장

나로 우주센터
발사 전망

마복산

내나로도

금오도

연도

연홍도
연홍 미술관

거금 생태숲

고흥 발포만호성
(성종 21년)

발포해수욕장

나로우주 해수욕장

나로 우주센터
우주과학관

금오도

금오도비렁길

선학동 유채마을
(유채꽃,메밀꽃)

거금도

힐링파크 쑥섬쑥섬(애도)
수국성지, 기암괴석. 울창한 난대림

금당도

신도

거금도
돌레길

거금도
해안도로

다도해 해상 국립공원

외나로도

연도

가사동백숲
해변

충도

시산도

소가문도

평일도

생일도

초도

손죽도

3

청산도 유채꽃
3월, 인공의 소음이 없는
천연소리만 가득한 청산도

카페마르

청산 슬로길
7코스

D   E   F

117

전라남도-서북부

고창군

영광군
함평군
신안군
무안군
목포시

118

국립 방장산 자연휴양림
방장산 자연휴양림 단풍 국립장성 숲체원

국립 방장산 자연휴양림

IC 고창
IC 남고창

몽계
폭포
내장산
케이블카

내장산

내장산 백양사 단풍

추월산골드
캠핑장

가마골
생태공원

가마골계곡

순창군

장성 축령산
편백숲
(장성 치유의 숲)

홍길동
테마파크

장성군

홍길동테마파크
홍길동 생가

야영장

홍길동
테마파크

장성군

삼계면

황룡강 생태공원
강 길을 따라 다양한
노란 꽃밭이 있다
인스타포토존

가산사원

장성 외마을
(철정으로 유명)

담소

어등산
(339m)

하남역

하남면

팔열 부정각

본량동

삼도동

1913송정역시장
송정떡갈비1호점

명화식육식당
(애호박찌개)

서광주 IC

나주 IC

세량제

금성산생태숲

금성산
(451m)

나주시

금성관

나주시
영모정

나주
명당동

영산포 홍어거리

나주
영모정

국립 나주 박물관

나주 덕림리고분군
(코스모스 밭)

나주 반남
고분군(핑크뮬리)

신북면

영암군

덕진차밭
녹색 넓은 차밭
차밭 꼭대기 정자에서 한눈에
들어오는 월출산을 볼 수 있다

모양마을
(산촌체험
마을)

북일면

카페그림
(베이커리카페)

봉암

장성역

장성군

봉암 장성호
수변길

장성호 출렁다리
장성호
관광지

장성향교
장성읍
해운대식당

고산서원

고돈상회

워킹타우너

옹정가든
(포토존,모던남)

숲밭닭구이

원상리 오층석탑

초동순두부

월봉서원
(성리학자
고봉 기대승)

아트미

세컨드원
디저트카페

대전면

북구적

국립 광주
과학관

국립 광주
과학관

국립
광주박물관

광주광역시

광주광역시

광주송정역(KTX)
지평

송정

서구

상무

광주역

광주 운천
저수지 연꽃

광주
공항

사하 마니아들의 촬영 명소, CNN이 선정한
한국에서 가봐야할 곳1 벚나무 수백그루

바클래시

아르티오

수춘마을
연꽃놀이책로

나주 동섬
유채꽃
(3, 4월)

유딜라이트

나주 남평천교

리비
은행나무10, 11월

남평역

남평역

빛가람
호수공원(전망대)

월하당(대형카페)

진미국밥

나주 철천리
마애칠불상과
석조여래입상

황학마을
금동삼화토굴구이(삼겹살)

왕곡면

왕곡가든

일본인 지주가옥
구로즈미이토로

미륵사

다도면

세지면

인동농산
(생고기비빔밥)

불회사

운흥사

불갑천
윤주사(볼거리가
많은 사찰 심향실)

개천사

개천사 비자나무숲

등룡보리수집
마을

봉하산촌마을

영팔정
(조선시대 정자)

아크로
컨트리 클럽

금정면

영암
송석정

영암
덕진면

영암 송석저수지

영암
덕진면

영암
영보마을

영암 최성호가옥

죽녹원

담양 전라남도자연환경
연수원 은행나무길

떡갈비정식, 한정식

추천음식
담양 떡갈비

영산강

담양
리조트온천

담양 금성산성

담양 주취의골목

금성면

담양 관방제림

남도 예담

국수거리

연동사

담양 창평 슬로시티
(고택 그리고 마을)

담양 창평 삼지내마을

삼거리농원(솔
뚜껑삼봉음탕)

담양

담양 창평 슬로시티
(고택 그리고 마을)

소쇄원

소쇄원
양산보의 정원으로
스승 조광조가 유배되어 사망한
후, 세상에 등지고 이곳에 내려와
정원을 만듦

무등산 억새/단풍

펭귄마을

무등산
(1,187m)

무등산
국립공원

무등산 평촌
자연휴양림

수만리생태
숲공원

광주 보리밥정식
(닭구이)

취미마을농장
(닭구이)

개미산전망대

순창군

담양호 국민관광지

담양 용마루길

담양호

메타세쿼이아
가로수길

2006년 '한국의 아름다운
길 100선'에서 최우수상

메타 프로방스

설산 옥과휴게소

관음사(곡성)

성룡사

성룡사
(곡성)

겸면목화
공원

영귀서원

오산면

백아산 하늘다리
백아산 눈썰매장

백아산
(810m)

화순 서유리
공룡발자국화석 산지

동복호

백아산
자연휴양림

화순 적벽
관광지문화유적

동복면

화순 오지호 생가

독상리석등

한천농악
전수회관

모후산
(919m)

화순 연두리 숲정이
(왕버들, 페스튜티오,
산책하기 좋은 곳)

유마사

사평면

주암호
조각공원

임대정 원림

한천 자연휴양림

한천 보리밥
&보리마루터

테마파크 소동
&리조트 워터락

죽수서원

화순 고인돌유적지

해망서원

춘양면

불탑선천
불거리가
많은사찰

화순성화명도
수축석주모음
암각기문

송석정유원지

천연염색 송
(천연염색공예관)

화순 쌍봉사
철감선탑비

학포당

쌍봉사
(화순)

청풍면

화산산
(614m)

봉덕계곡

명봉역

야생화예술촌

도곡면

용암산
(547m)

삼호강

병산

화순읍

만연사

만연폭포

화순 편백
자연휴양림

화순군

화순군

화순학교

화순 메타세
거리 조광조선생
적려 유허비

양동호가옥

영벽정

한천면

천불천탑농장
리조트

화순능주
삼성각

화순 쌍봉사
철감선탑비

이양역

이양면

복내면

주암호 생태습지

율어면
초암산 철쭉

보성군

겸면면 초암산
(576m)

다원사

다원사 가는벚꽃길

보성당촌

대원사
티벳박물관

119

전라남도-서남부

자산어보'

도초도

시목해변

경치도

반월도선착장·반월도
박지도
부소도
휴암도
안좌복 여객선
터미널

외달도
해수욕장
외달도
달리도달리도항
고하도전망대
고하도
이충무공 유적
더자반
(모음구이,갈치조림)

목포항~안좌도

목포항~안좌도

해남 목포구'

퍼플교

옥도
옥도항
하늘바다
캠핑장

자라도
시하도
시하도항

영암국제자동차경주장
국제규모 대회 개최가 가능한
국내 유일 카트경기장
레이싱카트등 체험할 수 있는 곳

파인비치
골프호텔

신창손
순대국밥
우리기사식당
(갈치조림,밥반)

문병도
문병도항

장병도
장병도항

북강선착장

장산도
축강선착장

장산면

마진항
마전도

오시아노
관광단지
서동시(해남)

오시아노
오토캠핑리조트
오시아노
해수욕장

금호도
금호순대국밥

개도
개도항

대야도

김대중 대통령 생가
능산도 하의여객선
터미널·하의면

하의도
신도항
신도해변

덕봉강당

상태도
신의상태
선착장

신의면

신안동리항
평사도
평사도
선착장

하의도
토지항쟁비

율도
선착장
율도

고사도

화원면

자연과사람들카페
(오션뷰,함박스테이크)

우항리 공룡화석
자연유적지

그래팜팜
관광농원, 딸기체험
자연유적지

해남 공룡박물관
공룡 화석과 뼈 모형, 움직이는 공룡전시관

하태도

신의도(독각)~목포항

해남우수영
여객선터미널
울도숯불갈비

도장사
(해남)

평사도·율도~제주도(목포)(5시간)

진도(녹진)~목포항

광대도항
혈도
송도항

저도항
쉬낙항

청용어촌
체험마을

작도항

진도대교
명량해협

해양 에너지 공원
해금강강술래터
진도타워 (진도대교를 한눈에
감상할 수 있는 곳)

OCEAN VIEW
꿈의세계카페
(진도대교옆)

역파진 전첩비
벽파정

명량대첩비
울돌목

명량해협
울돌목

명량해상케이블카
진도스테이션·해남스테이션

우수영 관광지
명량대첩의 승전을
기념하는 울돌목이
있는 관광지

이충무공
용장사

진도군항
진도백미
호수공원

진도개테마파크

소전 미술관
소포검정쌀마을
전왕온의묘
(삼별초가 왕으로
추대한 왕온)

진도읍
진도읍성

묵은지(한우)

운림산방
조선 화가 허유

그냥경양식
(왕돈까스)

군내면

용장성(삼별초)

고군면

진도 의신사천교

진도풍경 오토캠핑장

진도해양
생태관

선비의 짬뽕포차
(짜장,짬뽕,탕수육)

진도 신비의
바닷길

진도 신비의
바닷길
가계해변

가사도
가사도항

조도면
가사도 등대

주지도
주지항

양덕도
양덕항

장도
해비치131

세방
마을
나노로그스토어
(스페셜티,핸드
드립커피)

세방낙조
전망대
다도해의 섬 사이로 지는 태양,
단연코 일몰 최고의 명소

북송도

불도

지산면
송가인 마을

송가인공원

진도 상만리
오층석탑과 비자나무

임회면

진도군

여귀산
(457m)

지산면

구름숲오토리
(핸드드립커피,한옥카페)

의신면

쪽빛(갈치구이,삼겹살,칼국수)

베에르랑디 공원

쌍계사

모도실회

모도할미제

진도 접읍어초
체험마을

금호도

해오름(회 한상)

용천식당(낙지볶음)

소성남도

성남도
성남항

외병도
외병항

눌옥도
눌옥도항

끝섬산
전망대

소성남도
소성남도항

내병도
내병항

옥도항

도리산 전망대
다도해의 절경을 한눈에

장전미술관

구암사

의신면

장죽도

해변
죽림어촌
체험마을

금갑
아리랑마을

접도
무거치

까페수풍명(디저트)

상구자도

하구자도

찻집작은갤러리
(수제비,파전)

쏠비치 진도
외국궁전같은 외관과
야경, 짬뽕, 뷰가 좋음.
인피니티풀 인기

국립남도국악원

진도 남도진성
(삼별초)

배중손 관광지
사당 각종 전시관

진도
자연휴양림

관사도
진목항
관사도
관사항
나배도
나배항

갈목도
갈목항

소마도
소마항

대마도
대마항

모도
모도선착장
모도해변

조도면
조도면 등대

창유항·하조도
등대
신전해변

하조도

각흘도·하조도(4시간)

장죽도

길마도

사자도

상구자도

하구자도

대정원도
대정원도항

서거차도
서거차도항

동거차도항
동거차도

청등항·정등도
관매도
관매도
선착장

동거거군도

각흘항
각흘도

죽항항

슬도

구도
슬도항

둑거항

독거도
탄항항
탄항도

혈도선착장
동거거군도

대장구도항

대굴도항

병풍도

120

A   B   C

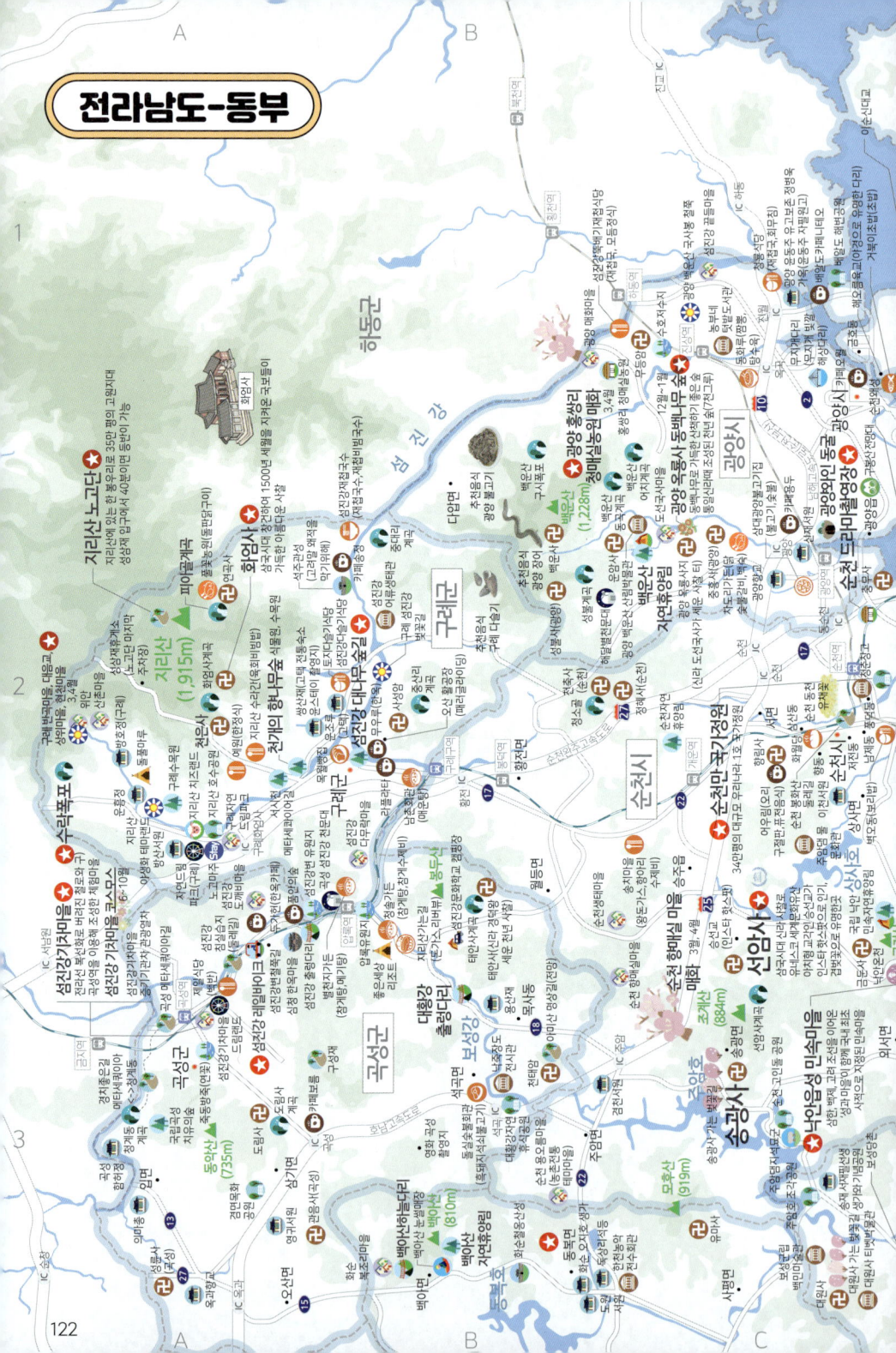

전라남도-동부

123

제주공항근처

제주국제공항

용두암
해안도로

이호테우등대
빨간색, 하얀색 목마 등대를 배경으로
사진촬영을 꼭 해야 하는 곳

1.체험배낚시 전진호(배낚시)
2.이호털보 배낚시(배낚시)
3.서프로와(서핑)

몽돌해변

이호테우해수욕장
공항에서 10분, 목마
등대보며 방파제 산책

김희선 제주몽국
용담이호해안도로
파리바게뜨
제주국제공항점
(제주마음샌드)

카페나모나모베이커리
도두봉무지개 해안도로
도두봉(제주 숨은 비경 중 하나)
도두봉전망대
코바다이빙스쿨
(패들보드)

순옥이네명가(소라,전복)
카페진성s 종점

어영공원
바다를 마주보고
있는 공원

백679방붸이커리
제주사수집

도두봉 키세스존
도두동무지개해안도로
제주해녀의집(전복죽, 물회),
삼미횟집(모듬회)

그라나다 앞 공간,
이호테우해변 목마등대

시티투어버스

코코로오브에펜션(료칸)

구엄리돌염전 구엄리 돌염전
일돌

신의한모
(한치간장게장
낫또덮밥)

섬앤썸 오션뷰

슬로보트(바다전망)
그럼외도(돌멩이 라떼)
니모메(선셋)

제주시민속오일장
공항 가기 전에 꼭 들러봐! 끝자리
2일, 7일에 열리는 오일장
노티드 제주DT

알짜지(제주의
몽돌해변)

현사포구 제주이호테우해변
공중회장실
월대천

카페 엔제리너스

자매국수(고기국수)
황해식당
(갈치조림)

제주돔베고기집
(돔베고기 정식세트)

돈키쥬스
넥슨컴퓨터박물관
벌이드는곳삔디
제주 하멜

1.노을리(선셋카페)
2. 노라바(문어라면)
3. 해성도두닭
(흑돼지.토마토짬뽕)

애월 해안도로

1.이티하우스
(게하)
문개항아리
(해물라면)
도시해녀
(해녀체험)

바다속고등어쌈밥
(고등어쌈밥)

은희네해장국
(소고기해장국)

하귤별장
(야외데크)

마농 제주본점
(돌문어스튜)

바닐라파레트
(쑥크림라떼)

수산유원지
수산저수지의 뚝방길,
숨은 명소, 출사 장소,
조용한 산책길

토토아뜰리에
(원데이 쿠킹클래스)

**맛동산
감귤체험농장**
애월읍 광령리 3227,
감귤체험

노형수퍼마켓
1200평 규모에서
즐기는 미디어아트 전시.
스테이위드커피
(참복뷔르, 핸드드립)

수목원길 야시장
그러므로part2

향파두리 해바라기
[6~8월] 제주에서 매우 가까운
해바라기 밭

고성숲길
제주홀릭뮤지엄
(다채로운 포토존을
꾸며놓은 실내 관광지.)

오2가(우리천장)

미깡자고감귤밭
&카페

광령
초등학교

한라수목원

굴향기 농장

제주도립미술관
이상한선물가게앨리스(소품샵)
신비의도로
(도깨비 도로)

애월 장전리 벚꽃
보는 것만으로도 풍성한
왕벚꽃 길[4월]

스시애월(사시미앤
도로초밥세트)

향파두리 유채꽃
[3,4월] 삼별초의 최후 격전지와 유채꽃

숨쉬는오늘날
(독립서점)

향파두리 코스모스
가을에는 역시
코스모스[9,10월]

향파두리 백일홍
백일 간의 백일홍
향연[8,9,10월]

백제사

다도한끼
(한옥)

알레그라 제주
(이국적)

무수천
양쪽 바위벽과 흐르는 천,
기암절벽과 폭포, 호수가
있는 곳. 산책하기 좋음

**아날로그
감귤밭**

1.제주굴품팔러(풀빌라)
2.제주 까르마(풀빌라)
3.엔젤풀빌라(풀빌라)

카페 레크레
(돌담스무디)

카페소분의일
(핸드드립으로
내려주는 카페)

제주공룡랜드
국내 최대 공룡 테마파크, 30종 100
여마리 공룡. 토이랜드, 조랑알체험장
(리모델링 여부확인 필)

**제주 오라동
청보리밭**
푸르른 청보리 내 마음을
채우고[4,5월]

미스틱3도
(동물체험할 수 있는
정원이 딸린 카페)

향파두리 항몽유적지
몽골의 침입시 삼별초가 최후까지
항전한 곳, 전라도 전투에서
패하여 제주도로 건너와 이곳에
항파두성을 쌓음. 근처에 방문객을
위하여 꽃을 심어 놓음

극락오름

아이바가든
9개의 테마가 있는 미디어 아트 전시관

프레리아(독채)

어호4
(가츠동)

제주불빛정원 제주장미정원
제주불빛정원 장미   제주장미정원, 제주야간명소

하우스오브레퓨즈
폐건물을 탈바꿈한 신상 복합문화공간. 카페,
레스토랑, 편집숍이 있으며 지하에는 전시관도
있어 식사, 쇼핑, 전시까지 모두 즐길 수 있다.

국립제주
호국원

어승생악
해발 1,168m 작은 한라산이라 불리는 산
작은 한라산이라 불리며 짧은 시간
왕복1시간에 등반이 가능
'어승생' = '임금님께 바치는 말'

어승생승마장
(승마)

더럭
분교

화조원
아이와제주,다양한 조류
및 알파카 체험농장

테디베어하우스 테지움
테디베어와 동물 인형들을 직접 만지고
사진찍을 수 있는 테마 파크
친절, 영유아도 놀기 좋음

상가리야자숲
이색적인 야자숲. 사진
찍기 좋은 곳

알레스아트
영화 속 음악을 라이브
바이올린 연주로 들을수
있는 섀도우 콘서트가
열리는 곳.

LAVANT

스테이
느긋
(통창)

트리드앤스톤
(인피니티풀)

너와의첫여행
(감귤체험가능,
흑돼지 돈스스)

스테이 온
(반려동물동반)

유수암마을
(자연생태마을)

하가리
연꽃마을
연화지

TONKATSU
서황(서황카츠)

골목카페호수
(한옥카페)

도치돌 알파카목장
알파카, 토끼, 염소, 양,
먹이주기 체험

무병장수 테마파크
제주 힐링명상센터, 국궁체험,
승마체험(승마 사전예약 필)

9.81 파크
그래비티 레이싱, 카트 실내 체험
게임존, 하늘그네,F&B

981파크
잔디밭

제주안전체험관

이끼숲소길
이끼숲소길 에이드

**렛츠런파크
· 제주**
렛츠런파크
제주(승마)
제주승마공원
(승마)

애월읍

천아수원지
단풍

천아오름

천아계곡 단풍
제주의 아름다움을
단풍과 함께[10,11월]

제주 어승생악
일제동굴진지

궷물오름 우지每 숲

궷물오름

족은녹고메오름

큰노꼬메오름

124

용담해안도로 항공기샷
듀포레(더티 크루아상)
앵무아네트 용담점

용두암
제주 공항 근처, 용의모습을
닮은 기암괴석의 해변

제주목 관아
조선시대 제주도의 행정
정치가 이루어지던 곳

1. 미친부엌(크림짬뽕)
2. 제주시새우리
(딱새우김밥)
3. 일통이반(성게알)

동문재래시장
집에 갈땐 두 손 무겁게
오메기떡, 문어빵, 큐브스테이크,
활어회 등 빼먹을 수 없는 먹거리 천국

제주국제여객터미널

아리리오
뮤지엄

제주항

사라봉공원

용두암
해수랜드
논짐부식당
향사당
제주감솔숙소
제주항교
북호텔(중고책방)

탑동해변
공연장
(탑동광장)

산지등대
아베베베이커리
흑돼지거리

도도리키친
(컵곱소스)
떡집골목
두맹이골목

제주삼색우리
신산공원
신선오름
(고등어구이)

국수문화거리

평정심 우전해장국
(2일)

먹쿠슬낭
카페

**제주 전농로
벚꽃거리**
[4월] 제주종합경기(벚꽃)

제주김만복
본점(김밥)
올래국수
(고기국수)
국수만찬
(고기국수)

제주도자전거대여
보물섬하이킹자전거
제이바이시클 자전거
박스앤자전거

올리버팬케이크(프렌치토스트)

한라수목원입구 벚꽃
한라수목원 입구 차로에 왕벚꽃 만개[4월]

산지천
산지천고술

제주러브랜드
밤에 가면 더 재밌어, 유쾌
발칙한 성 테마공원

오라CC 진입로 겹벚꽃길
골프존카운티
오라

제주도민 겹벚꽃 명소[4월]

**제주 오라동
메밀꽃밭**
바다까지 이어질 것 같은
넓은 꽃밭[5,6,9,10월]

오라동 유채꽃밭
진짜 넓은 유채밭[4,5월]

천왕사 단풍
한옥과 단풍을 가을을 느끼게
해주고...[10,11월]

천왕사

어리목탐방지원센터

월평사

오늘제주
(하르방샌드)

한라수목원 수국[5,6,7월]
남국사

카페 캄포
(캄포라떼)

오드쌈(아메리카노,
루꼴라 피자)

방선문계곡
방선문

남국사 수국
사찰 한옥에 어우러지는
수국[5,6,7월]

자연in PLANT827(데니쉬식빵)

월평꽃시장

**제주대학교
은행나무 단풍**
노란색 컬러감이 주는
가을의 감성[10,11월]

아라 차경(수변)

제주대학교 벚꽃길
제주에서 이른시기 피는
벚꽃길[4월]
제주대학교

바티하우스(일본식)

하리보 굿즈, 팝업숍
하리보 해피월드

별빛누리 공원
(아이랑 가기 좋은
천문 과학관)

제주난타
주방 도구를 악기처럼 활용하는
세계적인 퍼포먼스 '난타'의 제주
전용 극장. 오후 2시 전까지
예약하면 당일 공연도 관람 가능.

관음사
사진찍기 좋은 독특한
분위기의 사찰

관음사지구안내소

**사라봉의병
항쟁기념탑**

화복비석거리

별도봉(애기업은돌, 자살바위)
사라봉 벚꽃

모충사(김만덕과
의병을 기리는 곳)

곱막식당
(고등어추어탕)

남춘식당(콩국수, 열치국수, 김밥)

완당(고등어
회, 갈치조림)

사굴길 (낙지볶음
청각포함)

다가키
(다가키김밥)

스시 호시카이

닭머르해안길 억새
멋진 해안길 옆 억새[10,11,12월]

닭머르해안
올레길 18코스로 아름다운 해안 절경으로
남들은 잘 모르는 커플 사진 촬영 명소

삼양해수욕장
신경통에 으뜸인 반짝이는 검은
모래에 모살뜸(모래찜질) 어때?

1. 서프앤조이
2. 제주패들보드서핑
낮은제주
(오션뷰)

포구한여백 올레길 18코스
제주삼양동유적

고요새
(오션뷰)

원동봉
(원당오름)

국립제주박물관
선사시대부터 조선시대까지
제주의 역사와 문화

글라 하우스
(가든뷰)

감귤나무숲

감귤나무 숲

**제주도 민속
자연사박물관**
화산섬 제주의 탄생과
민속 유물들

제주 삼성혈 벚꽃
웅장한 벚꽃 나무 사이 한옥뷰[4월]

삼성혈
신비한 구멍에서 솟아난 세 명의
선인이 탐라국을 세웠다는 탐라국
시조의 전설이 있는 곳. 제를 모시던
누각 사이 우거진 녹음이 멋져

제주송점농원
(감귤 체험)

커피템플(슈퍼
클린 에스프레소)

팔각정, 신촌향사
마이다이버스
연북정
(전망 좋은 정자)

동경신촌
(자쿠지숙소)
신촌포구
(보리빵)

섬집오루
바다책(독채)
하루앤하루
우리집

시야오하우스
제주(다이닝)

닭머르
해안길
억새밭

신촌덕인당
(보리빵)

점점(초당옥수수
아이스크림)

원당사지
불탑사

딜레탕트
조천함덕점
(키쉬 파이)

조천스테이(독채)
2.민드롱이(독채)
1924서까래(독채)
조천농짓(독집)

스테어 스트레스리스(독채)
신현재(장작)

텐저린267감귤체험농장

돌담연가(정원)

새미동산(동백꽃밭,
감귤체험, 핑크뮬리)

개똥이 동물원
(동물체험,무료입장)

트라쿰커피(유명
바리스타가 내려주는
핸드드립 커피)

5L2F
(크림크레마,
153커피)

제주시

**제주 김경숙
해바라기 농장**
해바라기 절정에 이르면
여름이어라[6,7,8월]

탑 승마클럽(승마)

제주 명도암
참살이마을

아침미소목장
송아지 우유주기, 요구르트
체험목장, 카페

제주 4.3 평화공원

제주어린이
교통공원

봉개동 왕벚나무자생지 벚꽃
제주도 149호 천연기념물로 지정. 3월
말이 되면 우리나라에서 가장 먼저 벚꽃이
개화하는 곳으로도 유명[4월]

노루 생태관찰원
노루를 직접 관찰할 수
있는 곳, 노루먹이 체험

한라생태숲
난대, 온대, 한대 식물을 한 장소에서
모두 볼 수 있는 곳. 2층 전망데크에
오르면 한라산 정상 부 관람 가능.
가벼운 산책으로 한라산 정상과
제주 앞바다를 볼 수 있는 곳

더시에나CC

제주마방목지
한라산 중턱 넓은 초원
그리고 수많은 조랑말. 순수
제주철통의 조랑말이 있는
이곳은 천연기념물 347호

절물자연휴양림 수국
산책로에서 수국 무리를 감상[5,6,7월]

제주힐CC

절물자연휴양림
삼나무 숲을 산책할 수 있는 다양한
시설이 갖춰진 천연림. 절물, '절
옆에 물이 있다'라는 의미

플라자 CC

절물오름

1112번 도로
단연코 우리나라에서 가장 아름다운 길

사려니숲길
입구

사려니숲길 산수국

삼나무 숲길

관음사코스 5시간 8.6Km

이호테우등대
빨간색, 하얀색 목마 등대를 배경으로 사진촬영을 꼭 해야 하는 곳

1.체험배낚시 전진호(배낚시)
2.이호텔보 배낚시(배낚시)
3.서프로와(서핑)

도시해녀
(해녀체험)

몽돌해변
알작지(제주의 몽돌해변)

슬로보트(바다전망)
그림외도(돌멩이 라떼)
니모메모에 선셋)

신의한모

바다속 고둥어쌈밥
(고둥어쌈밥)

파군봉
(바굼지오름)

이호테우 해수욕장

외도339

1132

은희네해장국
(소고기해장국)

맛동산 감귤체험농장
애월읍 광령리 3227, 감귤체험

안목스테이 안목5감도(복층),
시오재(정원)
토토아뜰리에
(쿠킹클래스)

항파두리 해바라기
[6~9월]제주에서 매우 가까운 해바라기밭

항파두리
나홀로 나무

고성숲길

무수천
양쪽 바위벽에 흐르는 천,
기암절벽과 폭포, 호수가
있는 곳, 산책하기 좋음

항파두리
항파두성

올레길 16코스

제주기와

알레니크 제주
(이국적)

항파두리 백일홍
백일 간의 백일홍 향연[8,9,10월]

월대천

광령 초등학교

제주홀릭무자업
&카페

미깡장 고감귤밭

**아날로그
감귤밭**

1.제주달콤풀빌라(풀빌라)
2.제주 까르di(풀빌라)
3.엔젤풀빌라(풀빌라)

카페 레크레
(돌담스무디)

항파두리 유채꽃 [3,4월]

극락오름

다도한가
(한옥)

아루요
(가츠동)

아이바가든
9개의 테마가 있는
미디어 아트 전시관

제주불빛정원 장미

항파두리 항몽유적지
몽골의 침입이 삼별초가 최후까지
항전한 곳. 전라도 전투에서
패하여 제주도로 건너와 이곳에
항파두성을 쌓음, 근처에 방문객을
위하여 꽃을 심어 놓음

미스틱3도
(동물체험할 수 있는
정원이 딸린 카페)

제주불빛정원
제주장미정원, 제주야간명소

**렛츠런파크
제주**

렛츠런파크
제주(승마)

제주승마공원
(승마)

괫물오름 우거진 숲

족은녹고메오름

큰노꼬메오름

애월읍

1117

한대오름

천아수원지
단풍

천아오름

천아계곡 단풍
제주의 아름다움을
단풍과 함께[10,11월]

국립제주 호국원

천왕사

1100고지 단풍
오르지 않아도 되는 단풍길
걷기[10,11월]

삼형제 큰오름

1100고지
설경

1100고지
P

1100고지
한라산 남벽 뷰 감상 가능

**1100고지
람사르습지**

**이호테우
해수욕장**

현사포구 제주이호테우해변
공중화장실

자매국수(고기국수)

황해식당
(갈치조림)

바이러닝 에스프레소 바
제주점(꺼멍라떼, 푸딩)

하귤별장
(야외데크)

마농제주본점),
노형슈퍼마켈
1200평 규모에서
즐기는 미디어아트 전시.

스테이위드어밤
(잠뽀뵈르, 핸드드립)

두갓(귤차지 체험을
즐길수 있는 앤틱카페)

제주공룡랜드

카페엔젤리너스
카페 모나모베이커리
도두동무지개 해안도로
도두봉(제주 숨은 비경 중 하나)

도두동전망대
코바야비스쿨
(패들보드)

도두봉
도두봉키세순스

순옥이네명가(소라,전복)

카페진정성 종점

앳골(동나무집)

코코로오보에팬션(료칸)
이호테우해변 목마입

제주민속오일장
공항 가기 전에 꼭 들러봐 끝자리
2월, 7일에 열리는 오일장

섬타르 제주공항점
(에그타르트)

규태네왕곱창
(양곱창모음)

제주돔베고기집
(돔베고기 흑돼지)

도산doc(흑돼지)

블루메배이글
(콘치즈 베이글,
소금 베이글)

바닐라파레트
(쑥크림라떼)

수목원테마파크
플레이박스VR, 얼음
미끄럼틀, 초콜릿만들기
체험 등 아이들과
함께하기 좋은 곳

수목원길 야시장

귤향기 농장
노형동 160(1100로 3118)
체험은 어두워지기 전에 오세요
이상한선물가게갤러리(소품샵)

신비의도로
(도깨비 도로)

카페사분의일
(핸드드립으로
내려주는 카페)

제주러브랜드
밤에 가면 더 재밌어, 유쾌
발칙한 성 테마공원

**제주 오라동
청보리밭**
푸르른 청보리 내 마음
채우고[4,5월]

어승생승마장
(승마)

**제주 오라동
메밀꽃밭**
바다까지 이어질 것 같은
넓은 꽃밭[5,6,9,10월]

오라동 유채꽃밭
진짜 넓은 유채꽃밭[4,5월]

1117

어영공원
바다를 마주보고
있는 공원

백다방메이커리
제주사수점

도두항

도두해녀의집(전복죽, 물회)

삼미횟집(모둠회)

시티투어버스

착한집(왕갈치조림)

제주김만복 본점(김밥)

솔지식당
(가브리살)

요이우동교자
제주연동점
(넓적우동)

숙성도
(숙성흑돼지)

파리바게뜨
제주국제공항점

베이크앤그릴(치아바타)

노티드 제주DT

삼무공원석탄용
증기기관차가
있는 빛꽃명소

국수만찬
(고기국수)

넥센컴퓨터박물관

빌드어스곳빵디

제주도립미술관
물가에 떠 있는 듯한 모습이
인상적인 미술관

골프존카운티
오라

그러므로part2(카페라떼와 잘
어울리는 커피맛집)

방선문계곡

방선문

김희선 제주몽국

구름다리

올레길 17코스

듀포레
(크루아상)

용두암

용연
용두해안
용두항

바이제주(소품샵)

용두암 용연계곡
해수랜드

제주향교

제주감성숙소
(고사리꽃밭)

우진해장국
(고사리육개장)

북호텔(정글소파)

한라수목원 수국
(하르방샌드)

한라수목원입구 벚꽃
한라수목원 입구 차로에 왕벚꽃 만개[4월]

제주아트센터

민오름
제주 시내와 한라산을 바티하우스
한눈에 볼 수 있는 오름

한라수목원
희귀식물과 멸종위기 식물로 이색적인 수목원
다른 세상에 온 듯한 느낌의 신비

오늘제주
(감포라떼)

한라수목원 수국
[5,6,7월]

카페 캄포
(감포라떼)

오드씽(아메리카노,
루꼴라 피자)

**오라CC 진입로
겹벚꽃길**
제주도민 겹벚꽃 명소[4월]

천왕사 단풍
한옥과 단풍은 가을을 느끼게
해주고...[10,11월]

천왕사

어승생악
해발 1,168m 작은 한라산이라 불리는 산
작은 한라산'이라 불리며 짧은 시간
왕복1시간에 등반가능
'어승생' = '임금님께 바치는 말'

어리목탐방지원센터

제주 어승생악
일제동굴진지

관음사코스 5시간 8.6Km

2시간 4.5Km

만세동산(오름)

왕관바위

선작지왓
(윗세오름) 철쭉

윗세오름

병풍바위

백록담

전망데크

남벽분기점

아라리오
뮤지엄

탑동해변
공연장
(탑동광장)

**동문
재래
시장**

항덕영

도토리키친
(정글소파)

제주감성숙소
신산공원
벚꽃

우진해장국
(고사리육개장)

제주 삼성혈 벚꽃

삼성혈

원담(고등어
회, 갈치조림)

스시 호카세
(오미카세)

시골길(낙지볶음)

다가리
(다가미
김밥)

올리버팬케이크 (프렌치토스트)

**하리보
해피월드**

127

한림
A
B
C
1
2
3
곽지해수욕장 일몰
곽지해수욕장
현무암 독살(원담)을 이루는 곳이 파도가 잔잔하여 물놀이 하기 좋다.
곽지해수욕장에는 용천수가 나오는 '과물 노천탕'이 있다.
과물, '용천수가 솟아나는 우물' 의미
집의기록상점
(메이플피칸쿠키)
귀덕궤물 동산
(작은 언덕 공원)
제주애단비 귀덕(풀빌라),
팜스빌리지 팜스조이
키즈 스파 펜션(풀빌라)
리버브제주(LP 감성 카페)
제주시차(동백꽃과자)
카페콜라(코카콜라
박물관 겸 콜라 카페)
한림 해안도로
카페인어
(카페인어 크림라떼)
비양놀
(비양도뷰 카페)
카페
비양놀
노을
올레길 15-B코스
평수포구
수수주택
한림항
도선대합실
옥만이네 제주금능협재점
(옥만이해물갈비찜)
면뻡는선생만두
빚는아내(한우수
육만두전골)
비양도등대
비양봉 정상에 있는 흰색 등대.
등대로 올라가는 길에 있는
대나무 숲은 숨은 사진 명소.
우무(커스터드 푸딩)
한림항
보아비양
한림칼국수
(보말칼국수)
플로웨이브
(제주낙화오메기떡)
비양도
바당길(전복뚝배기,톳칼국수)
웨이뷰 협재바다 OCEANVIEW
한라산소주(공장투어)
카페유주
비양도항
별돈별 협재해변점
(흑돼지)
옹포리포구
가르송티미드 제주(소품샵),
제주소품샵 시키 협재점
협재해수욕장
제주공항에서 30킬로미터, 제주에서 으뜸가는 석양 명소
협재해변 앞의 비양도는 어린왕자 보아뱀의 모양
하늘고래블루(독채)
안녕협재씨
(딱새우장비빔밥)
면뻡는선생만두빚는아내(만두전골)
명월성지
동명정류장
(밭담라떼)
협재포구
어랭이(독채)
수우동
한형수정원
호텔샌드(선인장모텔)
잔물결 협재점(잔물결블렌드커피)
쉼표(오메기오곡라떼, 봉글락샌드위치)
협재칼국수
협재더꽃돈
명월스테이
금능해수욕장
돼지굽는
정원
한림공원 매화,튤립
3~4월 개화
명월 팽나무 군락
수령 50년 이상 된
팽나무들이 가로수로
군락을 이루고 있다.
멋스럽게 조용한 마을
피어22(태왁, 랍스터테일)
금능포구
금능해수욕장
야자나무
제갈양 제주
협재점(갈치조림)
과수원피스 농원
결겹
한림공원
이국적인 테마
식물원과 용암 동굴
한림공원
수선화 1,2월
서담미가
문워크(풀빌라)
금능석물원
돌하르방 및
얼굴 석상 가득
협재차경 별뷔
수월가
싱싱잇(칵테일바,
흑돼지 바베큐)
월령 선인장 군락지
어디서든 쉽게 볼 수 없는
선인장 군락
월령포구
일렁이는
액티브파크
실내클라이밍,
카트 키즈카페
올레길 14코스
제주라라하우스
(풀빌라)
판포포구
스노클링으로 유명한
이색물놀이 장소
해거름전망대
해 질 무렵 조용히 낙조를
감상하기 좋은 곳
제주성서식물원
비블리아
협재굴,황금굴,
쌍용굴
금능남로 유채꽃길
라온프라이빗CC~제주
선인장마을까지 이어지는
유채꽃 드라이브 코스
짚불도 제주판포점
(목살, 삼겹살)
바다를본돼지(전복뚝배기)
오지힐 그라운즈(호주식 비건 베이커리 카페)
올트라마린(당근케이크)
제주맥주 양조장
사전 예약제로 운영되는 양조장
투어(에일 생맥주 시음 가능)
서부농업기술센터
촛불맨드라미
이국적 풍경을 만들어주는
맨드라미[9,10월]
풍차와 전복
(전복돌솥밥, 전복버터구이)
판포리아(독새기 음료세트)
코코메아(미트파이)
벨진우영(독채)
마루나키친
(황게 크림파스타)
더마파크
기마공연, 승마체험,카트등
즐길거리가 많은 곳.
제주돌마을공원
다이브자이언트 제주
프리다이빙
휴앤풀
신창·풍차 해안도로
채훈이네 해장국
(고사리육개장,해장국)
서쪽아이(풀빌라)
더마카트
카트레이싱
제주현대미술관
현대미술 작품과
야외 조각작품 감상
저지문화
예술인마을
클랭블루(풍력발전
기와 바다 전망)
비체올린 카약
숲속 1km 수로길 및 공원
비체올린
버베나
월림차경
싱계물공원풍차
비체올린 능소화
서부농업기술센터
코스모스
코스모스는 돌담길에
있어야 제맛[9,10월]
문화예술공공수장고
유동룡미술관
(아미타쿤 미술관)
싱계물공원
오형제 풀빌라
데미안
(돈까스정식)
제주돌창고
(수영장이
있는 카페)
옷뜨르항아리
(보말칼국수,
고기국수)
제주도립김창열미술관
테이크타임커피
로스터스(귤슈페너)
와랑식탁
(해장하라게라면)
두모산책
방림원
한경해안로
(신창풍차 해안도로)
풍차로 가는 길
(싱계물 오션라떼)
웨스트그라운드
(애플망고빙수)
유람 위드북스
클랭블루 수동(독채)
지지예술
정보화마을
김홍수
아틀리에
그린사이공
(돼지BBQ바게트샌드위치)
라이엔네 풀빌라 스테이
땡큐드라이버
스테이
조수리 장미마을
제주돗
(근고기)
가메창
(암메)
소리소문(독립서점)
마중 오름
수리담(독채)
산노루 제주점
(말차라떼,말차팥라떼)
아홉굿마을
1000개의 의자를 구경할 수
있는 곳, 무한도전 촬영
저지오름
둘레가 약 900m, 깊이가 약 60m증
되는 매우 가파른 깔때기형 산상분화구
용수리포구
천주교 용수성지
한국 최초의 신부 김대건
신부가 제주에 표착한
것을 기념하는 곳.
올레길
13코스
무위의 공간
제주 차귀도
요트투어
카페데스틸
(오란프레소)
별밭스테이(독채)
낙천의자공원
초대형 의자와 사진
찍을 수 있는 곳.
물드리네
(염색체험)
생각하는 정원
1만2천평 대지에 7
개의 소정원
환상숲 곶자왈공원
천연 원시림 곶자왈 공원, 매시간
정각의 숲 해설 듣기는 필수
제주환상전기자전거
절부암(제주도 기념물 제9호, 조선시대
조난당한 남편의 사연이 있는)
올레길 12코스
청수미방
(라구볼로네제)
이립(보늬밤,
말차 크림라떼)
카멜리아문 차귀도
제주소품샵
한경면
청수리아파트(독채)
제주 유리의 성
유리공예 조각품으로
이루어진 테마파크
차귀도유람선
별돈별 정원점
(제주산흑돼지)

한경

A

판포포구
스노쿨링으로 유명한
이색물놀이 장소

풍차와 전복
(전복돌솥밥, 전복버터구이)

테이크타임커피
로스터스(귤슈페너)

한경해안로
(신창풍차 해안도로)

신창풍차
해안도로 일몰

그린사이공
(고사리BBQ바게트샌드위치)

차귀도 억새
독특한 형태인
차귀도 배경과
억새[9,10,11월]

차귀도

1.차귀도달래배낚시(배낚시)
2.진성배낚시(배낚시)
3.대물호(배낚시)

수월봉 노을

수월봉
지질트레일

스퀘어베이(우영우촬영지)

도구리알
배를 타고 나가지 않아도
돌고래 떼를 볼 수 있는 곳.

B

호텔샌드(선인장몽테)
잔물결 협재점(잔물결블렌드커피)
쉼표(오메기오곡라떼, 봉글락샌드위치)

월령 선인장 군락지
어디서든 쉽게 볼 수 없는
선인장 군락

해거름전망대
해 질 무렵 조용히 낙조를
감상하기 좋은 곳

바다를본파지(전복뚝배기)

오지힐 그라운즈(호주식 비건 베이커리 카페)

판포리아에새기 음료세트

벨진우영(독채)

휴앤풀

다이브자이언트 제주
프리다이빙

서쪽아이(풀빌라)

채훈이네 해장국
(고사리육개장,해장국)

싱계물공원풍차

싱계물공원
풍력발전기와 바다,
물 위를 걷는 육교

풍차로 가는 길

해안도로 일몰

수리담(독채)

라이엔네 풀빌라 스테이

천주교 용수성지
한국 최초의 신부 김대건
신부가 제주에 표착한
것을 기념하는 곳

제주 차귀도
요트투어

제주환상전기자전거

차귀도유람선

자구내포구

당산봉
오름.일몰명소

한경1번가
(순살갈치조림)

고도17

엄블랑찡뽕
(해물찡뽕, 탕수육)

엉알해안
해안절벽과 올레길 그리고 아름다운
석양이 있는 유네스코 세계지질공원

신도포구

미완성(개방감)

미쁜제과
(미쁜크림라떼,
아메리카노)

신도1400(야자숲)

스테이 알오에이 인 제주(마당)

무릉소운(프라이빗)

트림(삼각지붕)

스테이가랑(풀빌라)

제주놀 3320(독채)

어쩌다 영락(독채)

영락리 방파제
대정읍 앞바데에서
돌고래 조망

스테이 안도감 제주
(빈티지)

C

금능해수욕장

3가옥 개화
한림공원 매화,튤립

피어22(태왁, 랍스터테일)

금능포구

제강어 제주
협재점(갈치조림)

한림공원

결겹

금능석물원
돌하르방 및 얼굴 석상 가득

월령포구   일렁이는

액티브파크

섭재(독채)

금능남로 유채꽃길
라온프라이빗CC~제주 선인장마을까지
이어지는 유채꽃 드라이브 코스

협재굴,황금굴,
쌍용굴

제주맥주 양조장
사전 예약제 투어에(에일 생맥주 시음 가능)

마루나키친
(황게 크림파스타)

비체올린 카약
숲속 1km 수로길 및 공원

비체올린 능소화

오형제 풀빌라

웨스트그라운드

데미안
(돈까스정식)

블루웨이
프리다이브

두오산파

클랜블루
스테이(2안)

그 해 여름(수제청 음료)

더마파크
기마공연, 승마체험,카트등
즐길거리가 많은 곳.

제주돌마을공원

더마카트
카트레이싱

서부농업기술센터
코스모스, 촛불 맨드라미   월림차경

제주창고
(수영장이(보말칼국수, 고기국수)
있는 카페

우뜨르항아리
(보말칼국수, 고기국수)
있는 카페

클랭블루 수동(독채)

유랑 위드북스

저지예술
정보화마을   가메창
(암메)

산노루 제주점
(말차라떼,말차팔라떼)

아홉굿마을
1000개의 의자를 구경할 수
있는 곳, 무한도전 촬영

낙천의자공원
초대형 의자와 사진
찍을 수 있는 곳.

땡큐드라이버
스테이

제주도
(근고기)

별밭스테이(독채)

한경면

저지오름
매우 가파른, 깔때기형 산상분화구
소리소문(독립서점)

무위의 공간

생각하는 정원
1만2천평 대지에 7개의 소정원

청수미방
(라구볼로네제)

묘한식당
(흑돼지돔베카츠)

청수리아파트(독채)

봄빛코티지(독채)

제주 가마오름
일제동굴진지

청수곶,팸통여관(독채)

몽땅(제주수제
롤치즈돈까스)

산양큰엉곶
숲속의 작은마을을 재구현한 곳으로
다양한 포토존을, 기차포토존,
백설공주 오두막이 유명하다.

제주 곶자왈 도립공원
곶자왈이란 암괴들이 불규칙하게
널려있는 지대에 형성된 숲(숲 트레킹)

제주포소

무릉차경(곶자왈)

올레길 11코스

탐라는일상(독채)

무릉리

대정읍

애플망고1947
(제주애플망고빙수,제
주애플망고추스)

밧멧(모로코)

대정성지
(정약용 조카 정난주 마리아
묘가 있는 천주교 성지)

가시오름

올레

북마카게스트하우스
(게스트하우스)

주주스튜디오 제주
(소품샵)

감저카페
(덩쿨빵) 덩쿨이 멋진

모슬포한라전복 본점-
(전복돌솥밥)

동일리포구

소금막
(석양)

하단 라벨/코스

풍차 해안도로
신창·한경

노을 해안보러 떼

올레길 14코스

올레길 13코스

올레길 12코스

올레길 12코스

반딧불이마을 청수리
매년 6월 초~7월 초 한 달간
반딧불이 축제가 열리는 곳.

녹남봉오름 백일홍

포슬포슈수케이크

제주도예촌

초콜릿박물관

하소로커피
(직접 로스팅한
원두가 인기있는
핸드립 카페)

금자매식당(전복성게돌
솥밥, 전복돌솥밥정식,
양념게장정식)

별돈별 정원점
(제주산흑돼지)

제주소품샵

카멜리아문 차귀도

카페데스틸
(오란프레소)

용수리포구

제주 차귀도
요트투어

절부암(제주도 기념물 제9호, 조선시대
조난당한 남편의 사연이 있는)

수리담(독채)

돼지BBQ바게트샌드위치

앤앤풀

날외15(그래놀라와 오디가
들어간 건강한 수제요거트)

인스밀(이국적인 야자수
전망을 즐길 수 있는 카페)

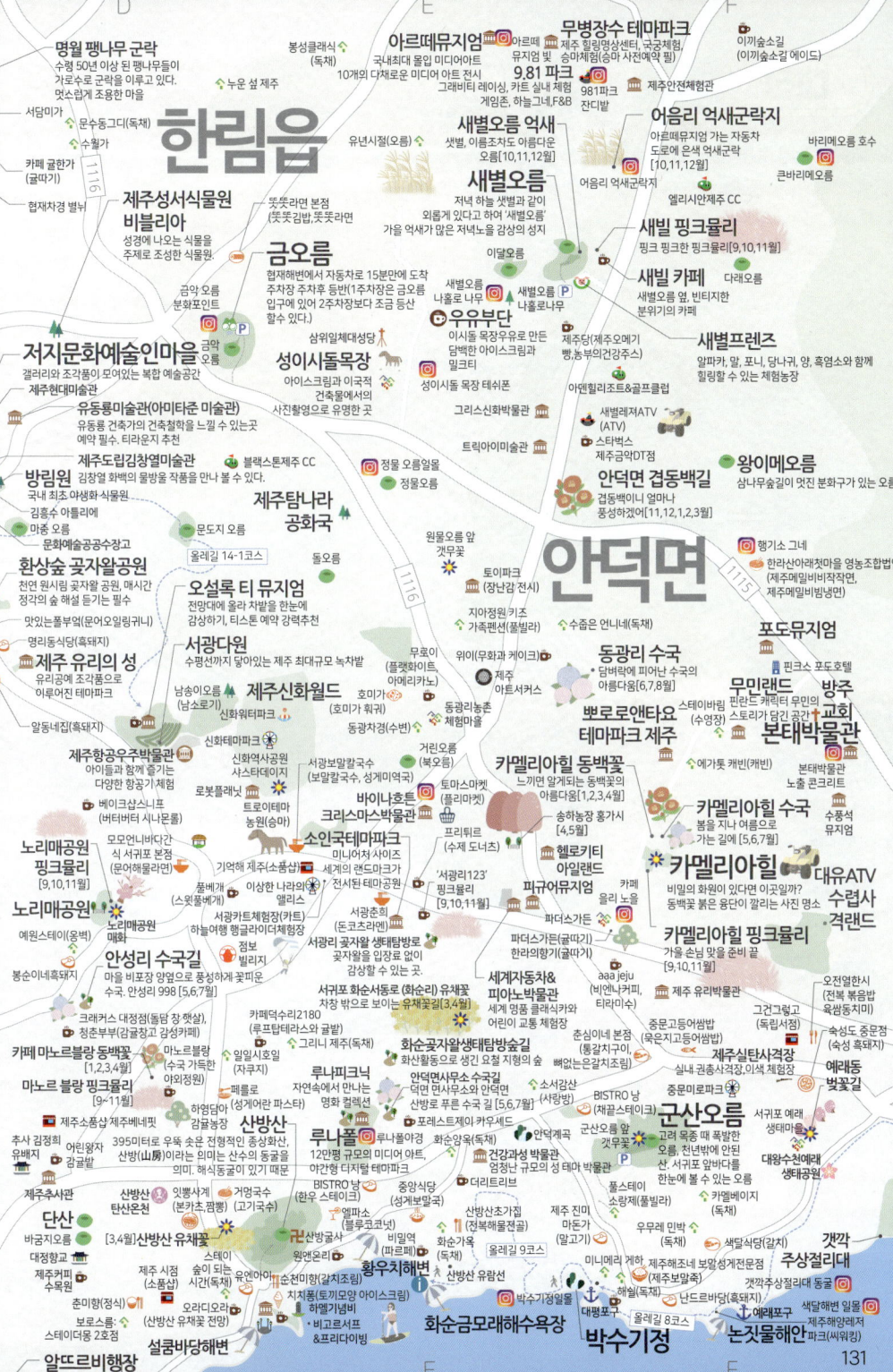

대정

상단 지역 (우측)

한경가든
(순살갈치조림)

엄블랑짬뽕
(해물짬뽕, 탕수육)

하소로커피
(직접 로스팅한
원두가 인기있는
핸드드립 카페)

청수곶,
펠롱여관(독채)

산양큰엉곶
숲속의 작은마을을 재구현한 곳으로
다양한 포토존이 있다. 기차포토존,
백설공주 오두막이 유명하다.

엉알해안
해안절벽과 올레길 그리고
아름다운 석양이 있는
유네스코 세계지질공원

수월봉 노을
수월봉
지질트레일

수월봉
해 질 무렵 보이는 저녁노을이
으뜸인 곳 수월정에서 보이는
차귀도와 차귀해안의
절경주차 후 1분

스퀘어베이(우영우촬영지)

신도포구

무릉차캉(곶자왈)

제주포슬
(포슬옥수수케이크)

탐라는일상(독채)

도구리알
배를 타고 나가지 않아도
돌고래 떼를 볼 수 있는 곳.

미완성(개방감)

미쁜제
(미쁜크림라떼,
아메리카노)

신도1400(야자수)

녹남봉오름 백일홍

스테이 알오에인 제주(마당)

올레길 12코스

무릉2리

스테이가랑(풀빌라)

트룸(삼각지붕)

우릉소운(프라이빗)

LLLF(허니문, 고소미)

제주놀 3320(독채)

대정읍

어쩌다 영락(독채)

영락리 방파제
대정읍 앞바다에서
돌고래 조망

밧밧(모로코)

스테이 안도감 제주
(빈티지)

초콜릿박물관

가시오름

주주스튜디오 제주(소품샵)

북마크게스트하우스

날외15(그래놀라, 수제요거트)

인스밀(야자수)

모슬포한라전복 본점(전복돌솥밥)

감저카페

소금새(석양)

동일리포구

수애기베이커리(노을뷰 전망카페)

하모체육공원 제주올레안내소

옥동식당(보말칼국수)

모슬포항

미영이네식당(고등어회)

글라글라하와이(해물찜)

제2덕승(갈치조림)

만선식당(고등어회,고등어조림)

호정이네(갈치조림)

글라글라하와이
(은갈치&칩스, 하와이안 해물찜)

마라도정기여객선
마라도까지 25분 소요, 하루 3~4회 왕복.
사전예약해야 티켓을 쉽게 구할 수 있다.
가파도는 중간에 하선 하면 된다.

하모해수욕장
모래가 곱고 수심이 얕으며 해안가
뒤의 넓은 잔디밭에서는 야영

마라도

마라도 억새
세상과 등지고 작은
섬에 살고
싶다면[10,11,12월]

살레덕
선착장

자리덕
선착장

마라도해녀촌짬장
(톳짜장면, 미역 짬뽕)

GS25 · 심봉사눈뜬톳해물짜장짬뽕
(톳짜장, 톳짬뽕)

환상의짜장
(톳짜장, 톳짬뽕)

대문바위

레트로 감성 사진 찍기
좋은 초등학교 건물   가파초등학교
마라분교장

원조마라도해물짜장면집
(톳짜장면 원조집)

GS25

마라도펜션   마라잔담
의용소방대

마라도횟집   바다와짜장
서바당횟집   (톳짜장, 톳짬뽕)
(물회, 짜장면
짬뽕)   마라치안센터

마라도교회

마라도 등대
세계의 등대 모형이
함께 전시되어있는
마라도 등대

해녀4대촬영녀
(즉석 모둠회)

마라 보건진료소

철가방을든해녀
(해물 짜장면)

마라도 기원정사
내륙과 다른 독특한 건축양식이
인상적인 불교 사찰

마라도
최남단민박

마라도 성당
동글동글한 외형이
인상적인 천주교 성당

마라도 억새

팔도민박

마라도 관광쉼터

초콜릿캐슬
(최남단의집)

대한민국
최남단비

장군바위

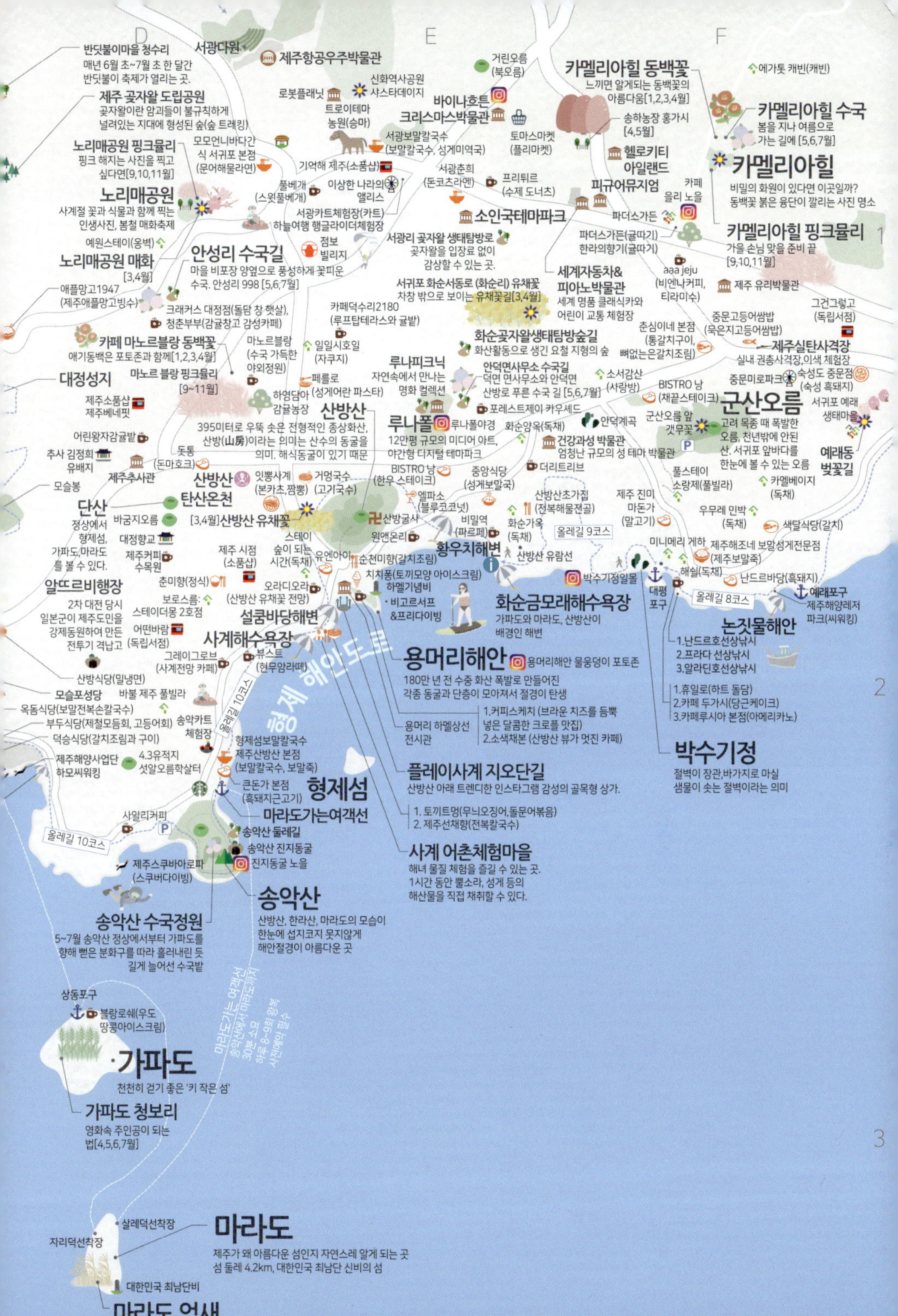

반딧불이마을 청수리
매년 6월 초~7월 초 한 달간
반딧불이 축제가 열리는 곳

서광다원

제주항공우주박물관

거린오름 (북오름)

카멜리아힐 동백꽃
느끼면 알게되는 동백꽃의
아름다움[1,2,3,4월]

에가톳 캐빈(캐빈)

카멜리아힐 수국
봄을 지나 여름으로
가는 길에[5,6,7월]

제주 곶자왈 도립공원
곶자왈이란 암괴들이 불규칙하게
널려있는 지대에 형성된 숲 숲속 트레킹

로봇플래닛
트로이테마

신화역사공원
샤스타데이시

바이나흐튼
크리스마스박물관

송하농장 홍가시
[4,5월]

★ 카멜리아힐
비밀의 화원이 있다면 이곳일까?
동백꽃 붉은 융단이 깔리는 사진 명소

노리매공원 핑크뮬리
핑크 해지는 사진을 찍고
싶다면[9,10,11월]

모모언니바다간
식 서귀포 본점
(문어해물라면)

토마스마켓
(플리마켓)

헬로키티
아일랜드

카페
율리 노을

노리매공원
사계절 꽃과 식물과 함께 찍는
인생사진, 봄철 매화축제

풀베개
(스웟품베개)

이상한 나라의
앨리스

서광춘희
(돈코스라멘)

프리퍼틀
(수제 도너츠)

피규어뮤지엄

aaa jeju
(비엔나커피,
티라미수)

카멜리아힐 핑크뮬리
가을 손님 맞을 준비 끝
[9,10,11월]

예원스테이(옹벽)

서광카트체험장(카트)
하늘여행 행글라이더체험장

소인국테마파크

파더스가든
파더스가든(귤따기)
한라의향기(귤따기)

제주 유리박물관

그건그렇고
(독립서점)

노리매공원 매화
[3,4월]

안성리 수국길
마을 비포장 양옆으로 풍성하게 꽃피운
수국. 안성리 998 [5,6,7월]

서귀포 곶자왈 생태탐방로
곶자왈을 입장료 없이
감상할 수 있는 곳

세계자동차&
피아노박물관
세계 명품 클래식카와
어린이 교통 체험장

중문고등어쌈밥
(옥손집고등어쌈밥)

제주실탄사격장
실내 권총사격장,이색 체험공간

애플망고1947
(제주애플망고빙수)

크래커스 대정점(담화 창 햇살,
청춘부부(감귤창고 감성카페)

카페듀수리2180
(루프탑테라스와 귤밭)

화순곶자왈생태탐방숲길
화산활동으로 생긴 요철 지형의 숲

중심에비본점
(뼈없는갈치조림)

중문미로파크 숙성흑돼지
(채끝스테이크) 숙성 중문점

서귀포 예래
생태마을

카페 마노르블랑 동백꽃
애기동백은 포트로즈와 함께[1,2,3,4월]

마노르블랑
(수국 가득한
야외정원)

일일시호일
(자쿠시)

루나피크닉
자연속에서 만나는
명화 컬렉션

루나폴
12만평 규모의 미디어 아트,
야간형 디지털 테마파크

안덕면사무소 수국길
덕면 면사무소와 안덕면
산방로 푸른 수국 길 [5,6,7월]

소서갈소
(사랑방)

포레스트제주 카우쉐드

군산오름 앞
갯못구이

군산오름
고려 목종 때 융발한
오름, 천년밖에 안된
산. 서귀포 앞바다를
한눈에 볼 수 있는 오름

예래동
벚꽃길

대정성지

제주소품샵
제주커피네

마노르블랑 핑크뮬리
[9~11월]

어린왕자감귤밭

페르로
(성게어란 파스타)

감귤농장

하멍담아
(성게어란 파스타)

건강과성 박물관
엄청난 규모의 성 테마 박물관

중앙식당
(성게보말죽)

BISTRO 낭
(한우 스테이크)

더리브르

풀스테이
(독채)

카멜베이지
(독채)

황토재마을

무우레 민박
(독채)

살대식당(갈치)

추사 김정희
유배지

도마호크2

엉뚱아제
(본카츠.짬뽕)

거멍국수
(고기국수)

제주 진미
마당
(말고기)

올레길 9코스

올레길 8코스

예래포구
제주해양레저
생태마을(씨워킹)

모슬봉

산방산
탄산온천
[3,4월]산방산 유채꽃

산방산
395미터의 우뚝 솟은 전형적인 종상화산.
산방(山房)이라는 의미는 산수의 동굴을
의미. 해식동굴이 있기 때문

바굼지오름

산방산사호텔

비밀녁
(파르페)

화순가옥
(독채)

단산
정상에서
형제섬.
가파도,마라도도
볼 수 있다.

대정향교

제주시청
수목원

숲이 되는
시간(독채)

유엔아이

산천단비
(블루고코낫)

정복해물전집

산방산소품샵

산방굴사

화순양옥(독채)

산방산 유람선

제주추사관

이순신책방(독채)

치치퐁(토끼모양 아이스크림)

산방전망대
(산방전복돌판구이)

오라디오라
(산방산 유채꽃 전망)

설콩바당해변

BeST
(천우암카페)

비고르서프
&프리다이빙

알뜨르비행장
2차 대전 당시
일본군이 제주도민을
강제동원하여 만든
전투기 격납고

춘미향(정식)

보로스름:
스테이드몽 2호점

화순금모래해수욕장
가파도와 송악산이
배경인 해변

논깃물해안
1.난드르흔선상남시
2.프라다 선상남시
3.알라딘흔선상남시

모슬포성당
옥돔식당(보말전복손칼국수)
부두식당(제철모듬회,고등어회)
덕승식당(갈치조림과 구이)

그레이그로브
(사계전망 카페)

용머리해안
180만 년간 수중 화산 폭발로 만들어진
각종 동굴과 단층이 모여져서 절경이 탄생

용머리 하멜상선
전시관

1.커피스케치 (브라운 치즈를 듬뿍
넣은 달콤한 크로플 맛집)
2.소박채본 (산방산 뷰가 멋진 카페)

1.휴일로(하트 돌담)
2.카페 두가시(당근케이크)
3.카페루이스본점(아메리카노)

박수기정
절벽이 장관,바가지로 마실
샘물이 솟는 절벽이라는 의미

제주해양사업단
하모씨워킹

4.3유적지
셋알오름 부근

형제섬보말칼국수
제주산방 본점
(보말칼국수, 보말죽)

콘돈가 본점
(흑돼지고기)

플레이사계 지오단길
산방산 아래 트렌디한 인스타그램 감성의 골목형 상가.

1. 토끼뜨멍(무이오징어,돌문어볶음)
2. 제주선채림(전복칼국수)

사계해수욕장

사계전망대

형제섬

마라도가는여객선

사알리커피

제주스쿠바로루프
(스쿠버다이빙)

송악산 둘레길

송악산 진지동굴
진지동굴 노을

송악산

산방산, 한라산, 마라도의 모습이
한눈에 섭지코지 못지않게
해안절경이 아름다운 곳

사계 어촌체험마을
해녀 물질 체험을 즐길 수 있는 곳.
1시간 동안 뿔소라, 성게 등의
해산물을 직접 채취할 수 있다.

송악산 수국정원
5~7월 송악산 정상에서부터 가파도를
향해 뻗은 분화구를 따라 흘러내릴 듯
길게 늘어선 수국밭

올레길 10코스

상동포구
블랑로쉐(우도
땅콩아이스크림)

가파도
천천히 걷기 좋은 '키 작은 섬'

가파도 청보리
영화속 주인공이 되는
법[4,5,6,7월]

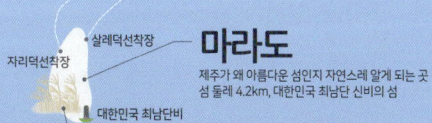

마라도
제주가 왜 아름다운 섬인지 자연스레 알게 되는 곳
섬 둘레 4.2km, 대한민국 최남단 신비의 섬

살레덕선착장

자리덕선착장

대한민국 최남단비

마라도 억새

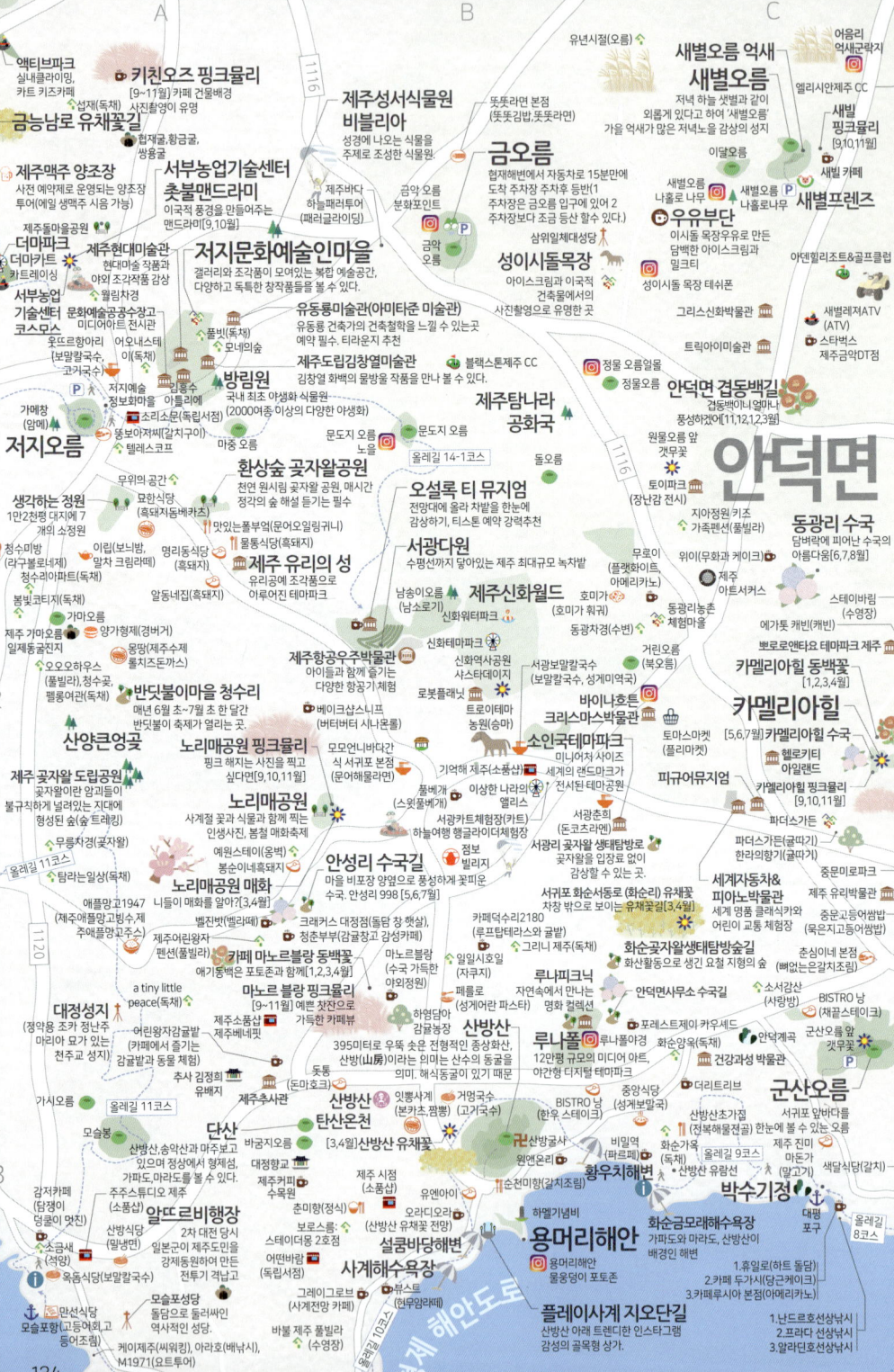

안덕면

A열

액티브파크 실내클라이밍, 카트 키즈카페
키친오즈 핑크뮬리 [9~11월] 카페 건물배경 사진촬영 유명
금능남로 유채꽃길 섭재[독채], 황금굴, 쌍용굴
제주맥주 양조장 사전 예약제로 운영되는 양조장 투어(에일 생맥주 시음 가능)
서부농업기술센터 촛불맨드라미 이국적 분위기를 만들어주는 맨드라미[9,10월]
제주돌문화공원
더마파크 더마마트 카트레이싱
제주현대미술관 현대미술 작품과 야외 조각작품 감상
서부농업 기술센터 코스모스
문화예술공공수장고 미디어아트 전시관
우드트향나리 (보말칼국수, 이[독채] 고기국수
가메창 (암메)
저지오름
생각하는 정원 1만2천평 대지에 7개의 소정원
청수미방 (라구블로네버) 청수리아파트[독채]
봄빛코티지[독채]
가마오즈 일제동굴진지
오오오하우스 (풀빌라), 청수곶 펠롱관[독채]
제주 곶자왈 도립공원 곶자왈은 암괴들이 불규칙하게 널려있는 지대에 형성된 숲(숲 트레킹)
무릉차경(곶자왈)
산양큰엉곶
애플망고1947 (제주애플망고빙수제 주애플망고주스)
대정성지 (정약용 조카 정난주 마리아 묘가 있는 천주교 성지)
a tiny little peace[독채]
가시오름
모슬봉
감저카페 (담쟁이 덩굴이 멋진)
주스스튜디오제주 [소품샵]
산방식당 (밀냉면)
소금바위 [소품샵]
옥솜식당 (보말칼국수)
만석식당 (고등어회,외고등어조림)
모슬포항
케이제주 (씨워킹), 아라호(배낚시), M1971(요트투어)
모슬포성당 돌담으로 둘러싸인 역사적인 성당.

B열

제주성서식물원 비블리아 성경에 나오는 식물을 주제로 조성한 식물원
유년시절[오름]
뚜똣라면 본점 (뚜똣김밥,뚜똣라면)
금오름 협재해변에서 자동차로 15분만에 도착 주차장 주차후 등반(1주차장은 오름 입구에 있어 2주차장보다 조금 등산 할수 있다.)
금악오름 분화포인트
제주바다 하늘매화정원(패러글라이딩)
삼위일체대성당
성이시돌목장 아이스크림과 이국적 건축물에서의 사진촬영으로 유명한 곳
성이시돌 목장 테쉰폰
그리스신화박물관
트릭아이미술관
정물 오름들얼돌
유동룡미술관(아미타준 미술관) 유동룡 건축가의 건축철학을 느낄 수 있는 곳 건축가 필수 티라믹주 추천
제주도립김창열미술관 김창열 화백의 물방울 작품을 만나 볼 수 있다.
블랙스톤제주 CC
저지문화예술인마을 갤러리와 조각품이 모여있는 복합 예술공간, 다양하고 독특한 창작품을 볼 수 있다.
윌림차경
방림원 국내 최초 야생화식물원 (2000여종 이상의 다양한 야생화)
아들리마을 아틀리에
소리소문[독립서점]
뚱보아저씨(갈치구이)
텔레스코프
마중 오름
우도[독채] 모네의숲
무위의공간 묘각식당 (흑돼지돔베카츠)
이립(보니방, 말차 크림라떼
맛있는흑부엌[문어오일링귀니]
물통식당(흑돼지)
명리동식당 (흑돼지)
제주 유리의 성 유리공예 조각품으로 이루어진 테마파크
알동네집(흑돼지)
남송이오름 (남소로기)
제주신화월드 신화워터파크
제주항공우주박물관 아이들과 함께 즐기는 다양한 항공 체험
신화역사공원 샤스타데이지
로봇플래닛
베이크스니프 (버터버터 시나몬롤)
반딧불이마을 청수리 매년 6월 초~7월 초 단간 반딧불이 축제가 열리는 곳.
노리매공원 핑크뮬리 핑크 해지는 사진을 찍고 싶다면[9,10,11월]
모모언니바다간식 서귀포 본점 (문어해물라면)
노리매공원 사계절 꽃과 식물과 함께 찍는 인생사진, 봄철 매화축제
예원스테이(웡벽)
봉순이네록화집
안성리 수국길 마을 비포장 양영으로 풍성하게 꽃밭길은 수국, 안성리 998 [5,6,7월]
풀베개 (~웟풀베개)
이상한 나라의 엘리스
서광카트체험장(카트) 봄을여행 챔글라이더체험장
서광곶자왈 생태탐방로 곶자왈을 입장료 없이 감상할 수 있는 곳.
탐라는일상[독채]
별표밧(벨라떼)
크래커스 대정점(돌담 창 햇살, 감귤창고 감성카페)
제주현대왕자 펜션(풀빌라)
어린왕자감귤낭 (귤밭과 동물체험)
카페 마노르블랑 동백꽃 애기동백은 포토존과 함께[1,2,3,4월]
마노르블랑 (수국 가득한 야외정원)
마노르 블랑 핑크뮬리 마노르 블랑 [9~11월] 예쁜 찻잔과 가득한 카페뷰
제주소품샵 제주베케핏
대정읍 마화
추사 김정희 유배지
제주추사관
단산 산방산,송악산과 마주보고 있으며 정상에서서 산방산, 가파도,마라도를 볼 수 있다.
산방산 탄산온천 [3,4월]산방산 유채꽃
바굼지오름
대정향교
돗물애 제주커피 수목원
춘미향(정식)
보스니스 스테이더몸 2호점
어떤바람 [독립서점]
알뜨르비행장 2차 대전 당시 일본군이 제주도민을 강제동원하여 만든 전투기 격납고
그레이그쿠보 (사계천망 카페)
바봉 제주 풀빌라 (수영장)
사계해수욕장
하멜기념비
설몽바당해변
용머리해안 물웅덩이 포토존
플레이사계 지오단지 산방산 아래 트렌디한 인스타감성의 골목형 상가.

C열

새별오름 억새
새별오름 저녁 하늘 샛별과 같이 외롭게 있다하여 '새별오름' 가을 억새가 많은 저녁노을 감상의 성지
어음리 억새군락지
엘리시안제주 CC
새빌 핑크뮬리 [9,10,11월]
새빌 카페
이달오름
새별오름 나홀로 나무
새별프렌즈
우유부단 이시돌 목장우유로 만든 담백한 아이스크림과 밀크티
아덴힐리조트&골프클럽
새별레저ATV (ATV)
스타벅스 제주금악DT점
안덕면 겹동백길 겹동백나니얼나니 풍성하겠어[11,12,1,2,3월]
원물오름 앞 갯무꽃
토이파크 [장난감 전시]
지앤제주 키즈 가족펜션[풀빌라]
동광리 수국 담벼락에 피어난 수국의 아름다움[6,7,8월]
위이(무화과 케이크)
제주아트서커스
스테이바링 [수영장]
무로이 [플랫화이트, 아메리카노]
제주 플랫화이트
에가툿 뺴이(캐빈)
호미가 (호미가 꿔궤)
동광리농촌 체험공간
거린오름 (북오름)
뽀로로앤타요 테마파크 제주
카멜리아힐 동백꽃 [1,2,3,4월]
카멜리아힐
바이나흐튼 크리스마스박물관
카멜리아힐 수국 [5,6,7월]
헬로키티 아일랜드
피규어뮤지엄
카멜리아힐 핑크뮬리 [9,10,11월]
파더스가든 (귤따기) 한라의향기[귤따기]
소인국테마파크 미니어처 사이즈 세계의 랜드마크가 전시된 테마공원
토마스마켓 (플리마켓)
삼원촌장 (돈코츠라멘)
중문피로만수
서광보말칼국수 (보말칼국수, 성게미역국)
서광곶자왈 생태탐방로 곶자왈을 입장료 없이 감상할 수 있는 곳.
파더스가든[귤따기]
한라의향기[귤따기]
세계자동차& 피아노박물관 세계 명품 클래식카와 어린이 교통 체험장
제주 유리박물관
카페데수리2180 (루프탑테라스와 귤밭)
그리니 제주[독채]
화순곶자왈 생태탐방숲길 화산활동으로 생긴 요철 지형의 숲
춘심이네 본점 뼈없는은갈치조림]
루나피크닉 자연속에 있는 명화 컬렉션
일일시초얼 (자쿠지)
하영양수 감귤농장
햄블러 [성게어란 파스타)
안덕면사무소 수국길
포레스트제이 카우셰드
소시갓산 (사랑방)
BISTRO 낭 (채끝스테이크)
루나폴 12만평 규모의 미디어 아트, 야간형 디지털 테마파크
산방산 395미터로 우뚝 솟은 전형적인 종상화산, 산방(山房)이라는 의미는 산수의 동굴을 의미, 해식동굴이 있기 때문
루나폴가경
화순양국(독채)
건강과성 박물관
안덕계곡
군산오름 서귀포 앞바다를 한눈에 볼 수 있는 오름
돗통
돗나르
잇뽕사계 (북카페 찜빵)
거멍국수 (고기국수)
BISTRO 낭 (한우 스테이크)
중앙식당 (중문맛집)
더리트리브
산방산초가집 [정복햄물요리] 한눈에 볼 수 있는 오름
제주진미 마돈가 (갈치구이)
산달식당 (갈치)
산방굴사
웰컴리조트
산방연화 (정복햄물요리)
산방산 유람선
황우치해변
순천미향(갈치조림)
유엔미라 (갈치조림)
오엔이오라 (갈치조림)
비밀역 (파르페)
섬머미향 (갈치조림)
화순가곡 (알고기)
화순해수욕장
화순금모래해수욕장 가파도와 마라도, 산방산이 배경인 해변
휴일로(하트 돌담)
카페 두가시당(근케이크)
카페루시아 본점 (아메리카노)
박수기정 대평 포구
뷰트리 (뉴우메닝)
1.난드르호선상낚시
2.프라다 선상낚시
3.알라딘호선상낚시

올레길 14-1코스
올레길 11코스
올레길 9코스
올레길 8코스

서귀포
A
B
C
1
2
3
1100고지 단풍
오르지 않아도 되는 단풍길 걷기[10,11월]
삼형제 큰오름
1100고지 설경
1100고지
한라산 남벽 뷰 감상 가능
1100고지 람사르습지
1139
돌오름
2시간 4.5Km
만세동산(오름)
선작지왓 (윗세오름) 철쭉
윗세누운오름
윗세오름
병풍바위
영실탐방코스 2시간 30분 5.8Km
영실탐방안내소
한라산 영실코스 단풍
그냥 등산말고, 단풍 등산[10,11월]
포도뮤지엄
현대미술을 전시,관람할 수 있는 복합문화공간
방주교회
제주 7대 아름다운 건축물 관광지는 아니지만 특이한 건물로 많은 사람들이 찾는 곳
핀크스 포도호텔
본태박물관
세계적인 건축가 안도타다오의 작품. 노출 콘크리트와 빛, 물이 조화롭게 어우러진 건축미. 세계적인 거장들의 작품과 우리나라 전통공예 전시
본태박물관 노출 콘크리트
아라고나이트 고온천
미네랄이 풍부하고 독특한 우유 빛깔의 아라고나이트 고온천수를 경험할 수 있는 곳. 가족 단위로 방문하기 좋다.
수풍석 뮤지엄
법정악 전망대
정상에 오르면 파노라마 뷰가 펼쳐지는 전망대.
서귀포시
법정이오름
거린사슴
서귀포자연휴양림
운동화가 아니어도 괜찮아, 혼자 걸어봐도 좋아 제주의 숲에서 캠핑해보는 색다른 경험
시오름
제주다원
생각보다 어려운 녹차 미로와 곳곳의 포토존, 무인카페
클럽엘제주 컨트리클럽
롯데스카이힐 제주 CC
녹차 미로공원
중문레저 UTV(ATV)
서귀포 치유의 숲
평균수령 60년 이상의 전국 최고의 편백 숲이 여러 곳에 조성
1115
하늘아래수목원
대유ATV수렵사격랜드
ATV, 수렵, 사격
서귀포 천문과학 문화관
밤하늘의 천체 및 태양을 관찰할 수 있는 천체 망원경 보유
선물가게바나나 제주 소품샵 서귀포중문점 (소품샵)
오전열한시(전복 볶음밥 육쌈동치미)
김서프제주(서핑), 제주배럴서핑 스쿨(서핑)
숙성도 중문점 (숙성 흑돼지)
1.연돈(돈까스), 2.숙성도(숙성흑삼겹), 3.형제도식당 (갈치한상)
천제연폭포
총 3단으로 이루어진 폭포
법화사지 배롱나무
중문향토오일장
끝자리 3일, 8일에 열리는 오일장
법화사
스테이월든(독채)
도순다원
엄또폭포
비가 많이 와야만 볼 수 있는 신비의 폭포
호근동 동백길
시골길에 피어있는 붉은 동백길. 주소: 호근동 1323-1 [11,12,1,2,3월]
고근산
서귀포시와 서귀포 앞바다가 한눈에 보이는 곳
그건그렇고 (독립서점)
예래동 벚꽃길
조용하게 즐기는 벚꽃. 예래생태공원 [3,4월]
제주스테이 비우다(창호지창)
서유의섬 풀빌라
삼미흑돼지
감따남 (시그니처 귤라떼)
곳곳(귤밭)
제주운정이네 (갈치조림)
중문동 벚꽃길
예래동 주민센터부터 구 중문동 주민센터까지 벚꽃 드라이브 길[3,4월]
뜻밖의발견(조용한 빈티지 카페)
호근모루(가족)
1136
서귀포 예래 생태마을
까망돼지 중문점
고집돌우럭
중문 모메든식당 (제주산흑돼지)
국수바다 본점 (고기국수, 비빔고기국수)
한국야구 명예의 전당
서귀포시청 제2청사
모루헌(독채)
버디프렌즈 플래닛(생태문화)
여미지식물원
스토리캐슬 EP.1 더 신데렐라
둘레길 중문 본점
볼스카페
화고 신시가지점 (숙성 흑돼지)
대왕수천예래 생태공원
박물관은 살아있다
중문별장 (커피 아마카세, 코소롱라떼)
돈이랑 본점 (돼지고기 근고기)
1132
사서책방&1급마크 (독립서점)
서귀피안 (오션뷰)
그림 포레스트
폭포샷
수두리보말칼국수
세리월드
종합 레저 테마파크로 카트,승마, 미로공원등 즐길거리가 다양하다.
테디베어뮤지엄,초콜릿랜드
가람돌솥밥
진곶내 몽개바위 노을
플레이웍스 (일러스트샵)
하라케케 (말차라떼)
엉덩물계곡 유채꽃 [3,4월]
무비랜드 왁스뮤지엄
꽃귤농장
아프리카 박물관
약천사
월평올레
워터월드 제주 (미디어전시관)
제주 월드컵 경기장
갯깍 주상절리대
중문색달해변
수질평가 1위 해변 깨끗한 바다, 수영이나 해양스포츠에 제격
조안베어 뮤지엄
제주제트 수상보트
답다니 수국
이곳이 수국 맛집[6,7월]
제주국제컨벤션센터 면세점 위치
디스커버제주 돌고래탐사
켄싱턴리조트 서귀포점
속골(제주도민이 즐겨찾는계곡)
올레길 8코스
대포포구
제주곰집 (흑돼지 오겹살)
제스토리 (소품샵)
법환포구
월평포구
러디스 (핑크오션라떼)
제주국제평화센터
남북평화, 세계 평화에 기여한 분들의 밀랍인형
월평포구 스노클링
강정천
더클리프(브런치와 칵테일을 즐길 수 있는 오션뷰 카페)
카페오늘 (도순 애플망고케이크)
올레길 7코스
서건도
카페텐저린 (흑돼지 오겹살)
두머니물(범섬과 유채꽃이 아름다운 곳,법환동 1541)
액트몬제주점
1000평 규모의 엔터테인먼트 오락실
강정항
돔베낭길
중문관광단지
대포주상절리대
화산 분출 후 용암 표면이 균등한 수축으로 수직 방향으로 생겨난 돌기둥이 주상절리.
범섬
퍼시픽 마리나 요트투어
유럽형 럭셔리 요트 상그릴라 호를 타고 서귀포 앞바다 관광
베릿내공원
서귀포 엉덩물계곡 유채꽃

한라산

왕관바위

진달래밭대피소
(1시까지 도착해야 한라산 등반 가능)

사라오름
성널오름

사라오름 단풍
호수전망
단풍 [10,11월]

한라산 성판악코스 단풍
가을 등반에는 성판악이지 [10,11월]

사라오름 산정호수

전망데크
백록담
남벽분기점

수망리 마흐니숲길
사람 손길 닿지 않은 순수한 숲

한남사려니오름숲
하루 300만이 입장할 수 있는 제주의 가장 오래된 삼나무 숲. 방문시 최소 3일 전까지 숲나들e 홈페이지에서 선착순 예약.

이승악오름 벚꽃
오름에 벚꽃이라니 [3,4월]

이승악
쭉 뻗은 삼나무숲과 메밀밭으로 유명한 오름

머체왓 숲길

돌낭예술원
현무암과 식물이 예술 작품처럼 어우러진 석부작 테마공원.

머체왓숲길 방문객 지원센터

상효원 백일홍
여름에 볼 수 있는 꽃 [6,7,8,9월]

호명사 천국의문

고살리 숲길
흐르는 물소리에 마음까지 촉촉해지는 숲길

휴애리 자연생활 공원 핑크뮬리
남원의 포토존 [9,10,11월]

위미리 3760 (위미리동백군락지)
토종 동백나무를 볼 수 있는 곳 [11,12,1,2,3월]

상효원 메리골드
가을에서 겨울까지 볼 수 있는 메리골드 [9,10,11월]

휴애리 자연생활 공원 수국
오색빛깔 아름다운 수국 [4,5,6,7월]

편백포 레스트

휴애리 매화
3~4월 개화

상효원 동백
한라산 뷰의 상효원 동백꽃 [11,12,1,2,3월]

상효원
수목원

카페델보스케
(한라봉주스, 크로플)

고살리 숲길 속괴

휴애리 자연생활공원
실컷 먹고 따고 감귤체험과 사계절 꽃들로 핫한 사진명소

휴애리 자연생활공원 동백꽃
애기동백이 뭐야? [11,12,1,2,3월]

상효원 튤립
4~5월 개화
튤립이 가득한 세상, 튤립축제

돈내코유원지
숲으로 에워싸인 투명한 청록빛 폭포

휴애리 자연생활공원 매화
매화 축제 체험 [3,4월]

휴애리 자연생활공원 귤밭
내가 직접 따는 감귤맛은 어떨까? [10,11,12,1월]

우리들 CC

상효원 수국
수국의 아름다움을 느껴봐 [6,7월]

돈내코로 동백 돌담

쌀오름

원앙폭포
두 개의 물줄기가 떨어지는 폭포 사진명소로 유명하다.

돈내코로 동백 돌담

사우스포레스트
(전복버터리조또)

레몬뮤지엄(제주레몬을 아이스크림, 레몬따기체험)

담소요(야외 정원, 카페, 편집샵)

수란재(돌담)

동백포레스트

동백포레스트 동백
동백정원에서 커피 한잔 [11,12,1,2,3월]

윈드1947 카트 테마파크

친봉산장 (봉뉘이)

미미파스타 (딱새우파스타)

가을동화감귤밭

양금석가옥

천지연폭포
계곡으로 떨어지는 폭포의 모습이 한편의 동양화 같은 곳

제주 벨롬 리조트
제주화(온실파티룸)

무량제주(가마솥누룽지 빙수), CAFE EPL(태옥빙수락)

봉봉감귤체험 농장(귤따기)

위미리 수국길
소담스러운 수국 [5,6,7월]

쉼터체험농장 (감귤, 황금향)

서귀포 감귤박물관
감귤 테마 박물관, 강귤체험

카페미깡감귤밭 (귤따기 체험)

뙤미(순대국밥,보말국) 위미1리 어촌체험마을

라바북스 (독립서점)

판도제주

수옥(수영장)

평온(귤밭체험)

하례감귤 체험농장
감귤 체험

공사이도 (야외자쿠지)

이음새교육농장

제주동백

서귀포 올레시장
아케이드 형태의 서귀포에서 가장 큰 시장

제주흑돈세상수라간 (흑오겹살)

제주흑돈세상수라간 (흑오겹살)

쇼소깍 산물 관광농원
감귤체험과 농기구박물관과 즐길거리가 있다.

라콘크레(제주 애플망고빙수, 붕어소금빵)

카페서연의집
(건축학개론 촬영지, 서연의 집 케이크)

남진포.착한배낚시 (배낚시)

섬소나이 위미점(짬뽕)

이중섭문화거리

베케(차콩크 림라떼)

효도일(下孝日)(독채)

쇼소깍 (카약)

공천포식당 (한치물회)

공천포

서귀포 다이브센터 (스쿠버다이빙, 스노클링)

바궁식당(가정식백반), 동선제면가(물망국수)

제주에인감귤밭 (에이드)

고씨네천지국수(멸고국수)

아리(튀김우동)

중앙통닭 올레삼다정 (마늘치킨) (갈치)

다정이네 올레시장 본점(애솔멸치고추김밥)

오늘정김밥

구들민박감귤체험농장
서귀포시 토평동 804

효소
올레

쇼소깍 올레

호텔창고펜션 (야외자쿠지)

걸매생태 공원 매화

솜반천
숨도
삼매봉

네거리식당 (갈치국)

나원회포차

보래드 베이커스 (맛있는 스콘)

담소 (독립서점)

테라로사 (핸드드립)

보목 마을

하효쇼소깍해변

쇼소깍
해양레포츠타운 (수상보트)

쇼소깍
투명카약, 수상자전거 체험하러 줄 서는 곳. 지하수와 바닷물이 만나는 곳. 쇼소깍이라는 이름은 쇼는 '소', 소는 '웅덩이', 깍은 '끝'을 의미

오버센스(튜욱스 아메리카노, 페퍼로니 피자)

서귀포 하논분화구

솜피네 연리지 숲도(독채)

중앙통닭 (갈치조림)

이중섭미술관

이중섭 거주지
소암기념관

자구리 공원

왕종미술관

게우지코지 카페 (수준급 커피를 맛볼 수 있는 오션뷰 카페)

캡틴호 (놀래기, 우럭, 쥐치가 잘 잡히는 낚시체험장)

황우지해안
숨은 명소, 천연 수영장이 펼쳐지는 곳

60빈스 (바질에그 샌드위치)

서귀포철십리 스 리사공원

삼매봉도서관

서귀포유람선

P

P

새연교
서귀포연
서귀포항

선녀탕

새섬

허니문하우스 (수리남촬영지)

서복전시관 (진시황의 명에 제주왔온 서복)

소천지 (독립책방)

게스트하우스

올레길 6코스

제지기 오름
바위산으로 험한 산세가 보이는 오름

외돌개
우뚝 솟은 바위, 올레길 7코스

문섬

서귀포잠수함
서귀포 문섬의 아름다운 연산호를 감상할 수 있는 서귀포 잠수함 체험

소정방폭포
폭포높이가 7m가량으로 여름철 물맞이 장소로 인기 정방폭포 동쪽의 아담한 폭포

소천지 투영 한라산

정방폭포
해안으로 바로 떨어지는 해안폭포로 아시아에서는 찾아보기 힘든 비경 천지연, 천제연과 더불어 제주 3대 폭포 중에 하나

섶섬

지귀도

남원

성판악코스 4시간 30분 9.6km

성판악안내표소

5.16도로숲터널 '이상한 변호사 우영우' 촬영지

사려니숲길 삼나무길

흙붉은오름 / 속밭대피소 / 성널오름 / 사라오름

한라산 성판악코스 단풍 가을 단풍에는 성판악이지[10,11월]

수망리 마흐니숲길 사람 손길 닿지 않은 순수한 숲

왕관바위

진달래밭대피소 (1시까지 도착해야 한라산 등반 가능)

사라오름 단풍 호수전망 단풍[10,11월]

사라오름 산정호수

선작지왓 (윗세오름) 철쭉 / 백록담 / 전망데크 / 윗세오름 / 남벽분기점

한남사려니오름숲 하루 300명만 입장할 수 있는 제주의 가장 오래된 삼나무 숲. 방문일 최소 3일 전까지 숲나들 홈페이지에서 선착순 예약.

한라산

이승악 쭉 뻗은 삼나무숲과 메밀밭으로 유명한 오름

이승악오름 벚꽃 오름에 벚꽃이라니 [3,4월]

위미리 3760 (위미리동백군락지) 토종 동백나무를 볼 수 있는 곳[11,12,1,2,3월]

상효원 백일홍 여름에 볼 수 있는 꽃[6,7,8,9월]

호명사 천국의문

고살리 숲길 흐르는 물소리에 마음까지 촉촉해지는 숲길

휴애리 자연생활 공원 핑크뮬리 [9,10,11월]

상효원 메리골드 가을에서 겨울까지 볼 수 있는 메리골드[9,10,11월]

휴애리 자연생활 공원 수국 [4,5,6,7월]

상효원 동백 한라산 부의 상효원 동백꽃[11,12,1,2,3월]

우리들 CC

고살리 숲길 속괴

휴애리 자연생활공원 귤밭 [10,11,12,1월]

휴애리 자연생활공원 실컷 먹고 따고 감귤체험과 사계절 볼 수 있는 핫한 사진명소

상효원 튤립 4~5월 개화 튤립이 가득한 세상, 튤립축제

상효원 수목원

카페델보스케 (한라봉주스, 크로플)

돈내코유원지 숲으로 에워싸인 투명한 청록빛 폭포

휴애리 자연생활공원 매화 [3,4월]

상효원 수국 수국의 아름다움을 느껴봐[6,7월]

쌀오름 / 돈내코 동백 돌담

동백포레스트

휴애리 자연생활공원 동백꽃[11,12,1,2,3월]

서귀포 치유의 숲 평균수령 60년 이상의 전국 최고의 편백 숲이 여러 곳에 조성

원앙폭포 두 개의 물줄기가 떨어지는 폭포 사진명소로 유명하다.

레몬뮤지엄 (제주레몬 아이스크림/레몬따기체험)

동백포레스트 동백 [11,12,1,2,3월]

1115

서귀포시

윈드1947 카트 테마파크

사우스포레스트 (전복버터리조또)

친봉산장 (봉봉이) / 수란채(돌담) / 담소요(야외 정원, 카페, 편집샵) / 양금석가옥

미미파스타 (딱새우파스타)

무량제주(가마솥누룽지 빙수), CAFE EPL(태왁도시락)

쉼터체험농장(감귤, 황금향)

봉봉감귤체험(귤따기)

카페미깡귤밭 (귤따기 체험)

뙤미(순대국밥,보말국)

위미리 어촌체험마을

이음새소농장

하늘아래 수목원

제주 벨곤 리조트 / 제주화(온실파티룸)

호근동 동백길

천지연폭포 계곡으로 떨어지는 폭포의 모습이 한편의 동양화 같은 곳

수옥(수영장)

제주에인감귤밭 (에이드, 프렌티토스트)

제주흑돈세상수라간 (흑오겹살)

서귀포 감귤박물관 감귤 테마 박물관, 감귤체험

평곤(굴밭체험)

하례감귤 체험농장

공사이도 (야외자쿠지)

라른들루(제주 애플망고빙수)

카페서연의집

씨플로우 프리다이빙 / 곳곳(굴밭)

모루천 호근모루(가족)

걸매생태공원 매화 3~4월 개화

고씨네천지국수(멸근국수)

아리(튀김오뎅)

서귀포 올레시장 아케이드 형태의 서귀포에서 가장 큰 시장

이중섭문화거리

쇠소깍 산물 관광농원 감귤체험과 농기구박물관이 즐길거리가 있다.

고요편지(독립서점) / 하효일 (下孝日)(독채)

쇠소깍 (카인)

식물집 / 서귀포 하논분화구

서귀포시금기당미술관 세계 조가비 박물관

숨도(구.석부작 테마공원)

솜반천 (물놀이) 연리지(독채)

베케(차콩크 림라떼)

중앙통닭 / 올레삼다정 (마농치킨)

다정이네 올레시츠 본점(매운멸치고추김밥) 오현정김밥

구들민박감귤체험농장 서귀포시 토평동 804

쇠소깍 올레

공천포식당 (한치물회) / 공천포

서귀포 다이브센터 (스쿠버다이빙, 스노클링)

서귀포피안 (오션뷰)

네거리식당 (갈치국)

나원회포차

보래드 베이커스 (맛있는 스콘)

테라로사 (핸드드립)

효돈천 / 쇠소깍 (핸드드립)

소정방폭포 폭포높이가 7m가량으로 여름철 물맞이 장소로 인기 정방폭포 동쪽의 아담한 폭포

쇠소깍 / 보목 마을 / 보목포구

하라케케 (말차라떼)

JW 메리어트 제주 리조트 & 스파

삼매봉

동백남길 / 서귀포칠십리 리싱공원 / 삼매봉도서관

중섭다방 / 소암기념관 / 이중섭거주지 / 월광화실 / 지구리 공원

담소 (쇠소깍)

오버센스(듀스 아에리카노, 페퍼로니 피자)

게우지코지 카페 (수준급 커피를 맛볼 수 있는 오션뷰 카페)

벙커야라우스

3봄남딸기(마늘) / 올레 7코스 / 선녀탕

서귀포유람선 / 서귀포항

쇠소깍 지하수와 바닷물이 만나는 곳

보목포구

캡틴호 (놀래기, 우럭, 쥐치가 잘 잡히는 낚시체험장)

속골(제주도민이 즐겨찾는계곡)

60빈스 (바질에그 샌드위치)

법환포구 / 두머니물

황우지해안 숨은 명소, 천연 수영장이 펼쳐지는 곳,근처 황우지해안 열두굴(일제 군사용 동굴)

허니문하우스 (수리남촬영지)

외돌개 제주에서 가장 아름다운 산책길. 우뚝 솟은 바위, 올레길 7코스

새섬 새연교 일몰

서복전시관 (진시황의 명에 제주에온 서복)

소천지 / 담소 소천지 투명 한라산 / 올레 6코스

제지기 오름 바위산으로 험한 산세를 보이는 오름

범섬

황우지해안 선녀탕 스노쿨링

문섬

서귀포잠수함 서귀포 문섬의 아름다운 연산호를 감상할 수 있는 서귀포 잠수함 체험

정방폭포 해안으로 바로 떨어지는 해안폭포로 아시아에서는 찾아보기 힘든 비경 천지연, 천제연과 더불어 제주 3대 폭포 중에 하나

섶섬

지귀도

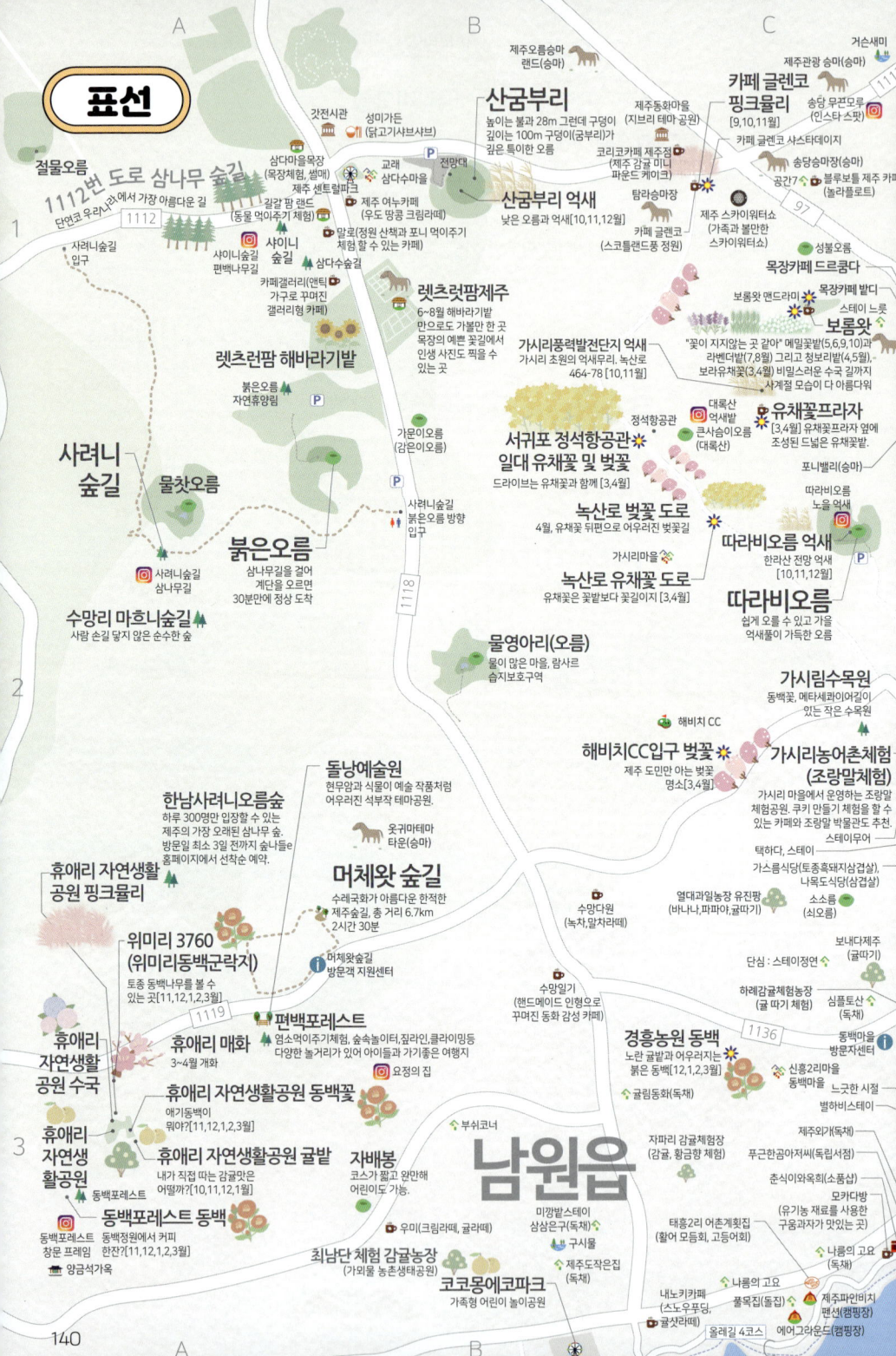

성산읍

아부오름 갯무꽃밭
아부오름
문석이오름
동거문오름

스누피가든
피너츠의 에피소드를 재현해놓은 자연휴식공간
제주 자연이 주는 느낌과 테마가든에서

백악이 오름 가는 산간도로

백약이오름 가는 산간 도로
백약이오름
푸른 초원과 나무계단
꽃을 든 커플사진을 많이 찍는 곳

송당리 메밀꽃밭 [5,6,9,10월] 송당리 산164-4

와일드오차드
120만 평 규모의 유기농 녹차밭. 티테이스팅, 농장 투어, 차밭 투어

청초밭 동백 [11,12,1,2,3월]

제주아리랑 혼
제주아리랑과 태권뮤지컬 공연장

OK승마장

영주산(오름)
천국의 계단(보랏빛) 산수국 계단, 산악철 6~7월

낙타트래킹
노바운더리 제주 (리조또 파스타)
스테이 연화

정의향교
고창환 고택, 고병오 고택

성읍칠십리식당 (흑돼지오겹살)
옛날팥죽(새알팥죽)

무명고택(독채)

검정문날로에 알로에숍

오늘은 녹차향담

오늘은카트 레이싱(카트)

가시리 마을 벚꽃
제주 나무 그리고 벚꽃집 [3,4월]

수민문화 (독립서점)

갑선이오름

포토갤러리 자연사랑미술관
브리드인제주
가시식당(두루치기), 나목식당(삼겹살, 두루치기)

표선면

가시리마을
유채꽃 드라이브 코스(녹산로)와 유채꽃 축제로 유명한 마을. 미술관, 카페, 공방, 밥집들이 있는 작은 제주마을

제주허브동산 허브
심을 수 있는 모든것 [9,10,11월]

한아름식당
가세오름

광동식당
흑돼지두루치기)

제주허브동산
낮보단 밤에 가봐, 반짝이는 조명작품들 사이 향긋한 허브향

북살롱 이마고 (독립서점)

제주감성독채숙소 스테이비움

카페멜빌 (멜빌플레이트)

제주 판타스틱버거 (베지버거)

소노캄제주
하트나무

몽중정원

녹음실 제주

여기고씨네 (딱새우회, 머리튀김)

하이재(독채)

몽상화(독채)

세계술박물관

여름정원 (3단 도시락 브런치, 여름알차샷라떼)

검은여식당 (갈치조림)

오아로(가족여행)

아키아사핑스쿨, 서프포인트(서핑)

13월의제주 (독채)

제주촌집(오겹살)
제주촌집(흑돼지오겹살)
제주민속촌

제주민속촌 수국
대장금 촬영지에 수국무리 [6,7월]

제주민속촌

다카포(모래놀이할수 있는 카페)

표선칼국수(고기칼국수, 매생이보말전)
표선 돌담칼국수(보말죽칼국수),
자연산전문 해미횟집(다금바리회),
당포로나인(왕치스롤카츠)

아룸레저 (리스본 감성이 느껴지는 에그타르트 맛집)

김영갑갤러리 두모악
20년간 제주만 사진에 담았던 작가의 미술관, 차분한 정원과 카페에서 쉬어가기

신천목장 귤피밭

신풍 신천 바다목장
제주올레 3코스에 해당하는 곳으로 해안 옆 목장이 이색적 아름다운 해안가 옆. 말이 뛰는 초원 위를 걷는 기분
관광 목장이 아니므로 지정된 올레길로만 이동

신천아트빌리지
마을 곳곳을 수놓은 51점의 벽화 작품들이 있는 해변 마을

소금막해수욕장
도민이 추천하는 조용한 해변. 수심이 얕고 완만해 주로 서핑 초보들이 파도를 즐기는 곳.

표선해비치 해수욕장
무릎 정도의 해수면이 백 미터 이상 펼쳐지는 얕고 넓은 해수욕장 그래서 수영하지 않는 사람들이 걷기에도 좋고 아이들이 놀기에 딱 좋다.

표선 7부두(부두라떼,포토존),
카페 젠타일스(심플라떼, 임마누엘라떼)

표선어촌식당 (옥돔지리탕, 물회)

표선해안도로

제주올레 공식안내소
당케포구

웨이브 (수제버거)

표선우동가게(돈까스)
표선산마트(광어회,고등어회)

해비치 호텔 & 리조트

성읍민속마을

성읍랜드
승마, 카트, ATV, 말당근주기체험 등 즐길거리가 많은 곳

다이나믹메이즈
실내 어드벤처 스포츠 테마파크
아이 어른 같이하는 미로탈출 게임 등 다수 체험놀이

일출랜드
신비로운 지하동굴 속에서 연감 폭포, 천연동굴 미천굴을 중심으로 한 자연컨셉 테마랜드

성읍민속마을
1423년(세종 5년) 현청이 생긴 이후 조선 말기까지 '정의현' 소재지였던 곳 전통 초가 가옥들에 현무암의 돌담 사이에 분포

제주 고사리맛집복돼지식당 (고사리주물럭우한리필)
만덕이네(갈치초집정식,전 복문어흑돼지두루치기)

정의현성

초가헌(기름떡, 아메리카노)

남산봉 (망오름)

통오름

독자봉

불특청식당(디너,런치)

고흐의 정원

아줄레주 (리스본 감성이 느껴지는)

달리야드(족욕탕)

스테이삼달오름 (풀빌라)

신풍포구

마이올 제주 풀빌라
감성숙소(오션뷰)

제이아바댕랜드 (동유리창 밖으로 보이는 멋진 바다전망 카페)

카페아오오(올디너즈, 올디사나몬)

제주 달로와 (풀빌라)

표선·세화해안도로
표선·세화민속촌박물관

오드리물(스쿠바)

성산 브런치 카페 난산리다방 (버섯크림 감자뇨끼)

성산 브런치 난산리다방 & 조아가지구(버섯크림 스프, 브런치)

유건에코윤

제주전시컨벤션센터

소계(양옥집)

난산리클럽 (게스트하우스)

제주 성산 난산리 식당 (양식 코스 요리)

베니스랜드
베니스의 축소판, 곤돌라타고 한바퀴

뷰 제주하늘

다이나믹메이즈

어라운드폴리

성읍리 갯무꽃

팜파스 그라스
풍성한 느낌의 팜파스[10,11,12,1월]

성읍랜드

제주해양 동물박물관

아일랜드플라워
목장형 동물 체험 카페

혼인지
혼인 신화가 전해오는 연못, 전통 혼례 체험

혼인지 수국
연못주변 수국밭[6,7월]

올레길 2코스

온평리 환해장성

온평바다한그릇 (해물라면)

올레들펜션(독채)

올레길 2코스

신산·온평 해안도로

온평포구

대수산봉 (갈치조림)

성산바다 (갈치조림)

빛의 벙커
해저 광케이블 시설이 전시 시설로 재탄생
빛의 벙커 웅장한 공간

제주커피박물관 Baum

짱구네 유채꽃밭
산책하기 제격인 [12,1,2,3월]

짱구네 유채꽃밭 [원형 감귤장식]

수와키 (독채)

감귤랜드귤체험장 스테이요해 (이국적)

고성오일장
컬러인제주

141

성산

구좌읍

- 김녕미로공원 — 길을 잃는 즐거움. 키만큼 큰 나무 벽에 갇히면 하늘이 더 파랗게 보여
- 오리온 제주용암수 — 무료로 운영되어 아이와 견학하기 좋은 오리온 제주용암수 홍보관.
- 아일랜드 라운지 — 아이보리 매직(독채) / 그계절 (식물이 함께하는 싱그러운 카페)
- 만장굴 — 유네스코 세계자연유산. 땅이 쑥 들어갈걸? 겉옷 필수. 세계 최장길이 자연동굴
- 둔지오름

- 제주흐름(2인독채)
- 선흘곶자왈(제주도 국가지질공원) / 선흘 동백동산(동백나무 10여만 그루가 숲을 이룸)
- 자드부팡(벽돌빵)
- 선흘감리교회 / 선흘감리교회 카페 동백(티라미수), 샤스타데이지, 카페 세바(핸드드립, 커피.제주 보리빵)
- 비케이브(비케이브라떼, 비케이브요거트)
- 선흘림(불멍)
- 카페 비케이브 🌸 / 촛불랜드라미 / 카페 비케이브 백일홍
- 스테이션흘숲(안채, 사랑채, 실외 자쿠지)
- 이공팔오(통 유리창 안으로 들어오는 채광 멋진 카페)
- 메이즈랜드 장미 / 메이즈랜드 — 미로 박물관도 구경하고 미로 체험도 할 수 있는 곳
- 비자림 — 500~800년된 비자나무 2,500여 그루가 있는 곳 천년을 버텨온 원시림
- 월랑소운 / 오메기파크 / 제주
- 한울랜드
- 로미뮤직하우스(LP카페, 줄리앤쓰) / 종종제주(소품샵)
- 송당나무(유르온실에서 산책할 수 있는 곳)
- 송당리 / 송당지 / 심심주택
- 다랑쉬오름 일출 / 다랑쉬오름 — 둘레가 약 1.5킬로미터, 깊이 115미터로 원뿔모양의 분화구 / 월랑봉
- 제주라프 — 선흘방주할머니식당(검정국수.콩요리)
- 동굴의다원 다희연 — 동굴카페, 녹차밭, 짚라인, 카트투어
- 윗밤오름 / 선흘리 벵뒤굴
- 고사리커피(고사리커피(굴피차 커피), 쌀 다쿠아즈)
- 치저스(한치리조또아란치니)
- 송당일상 / 송당미학(독채)
- 풍림다방(진한 바닐라맛의 카페 풍 림브레붸)
- 송당리먼목
- 아끈다랑쉬오름 억새 / 아끈다랑쉬오름 억새군락의 끝판왕[9,10,11,12월]
- 캐릭파크
- 캔디원
- 선녀와 나무꾼 테마공원 — 어릴적 추억의 장소
- 디포레라마반 파크(캠핑장) / 독립서점 / 송당려림
- 아부오름 갯꽃밭 — 제주에서만 볼 수 있는 야생화[5,6,7월]
- 용눈이오름 — 환상적인 일몰을 감상하기 좋은 오름. 제주에서 가볍게 산책할 수 있는 하나의 오름. 능선을 고른다면 바로 이곳
- 용눈이오름 억새 — 억새군락의 끝판왕[9,10,11,12월]
- 상춘재(멍게비빔밥) / 포레스트 공룡사파리 / 오름나그네(보말칼국수)
- 거친오름 / 체오름 / 밧돌오름
- 안돌오름 백일홍 / 안돌오름
- 송당무끈모루 나무사이 포토존 / 송당무끈모루
- 안드르(돌땅크라베,안돌오름) / 아부오름 노을 맛집
- 높은오름 — 제주 동부에서 가장 높은 오름
- 문석이오름 / 동거문오름
- 스누피가든 — 피너츠의 에피소드를 재현해놓을 자연휴식공간. 제주 자연이 주는 느낌과 테마가든에서
- 탱크야놀자(ATV) — 제주오름승마랜드(승마)
- 제주 세계자연유산센터
- 거문오름 — 세계유네스코 자연유산 등재. 학술적, 자연유산적 가치가 높은
- 안돌오름 비밀의숲 — 삼나무와 편백나무가 빽빽히 들어선 예쁜 숲
- 안돌오름 비밀의숲
- 새미오름(초보자가 오르기 쉬운 오름)
- 거슨새미
- 제주관광 식물원(승마)
- 아부오름
- 산굼부리 — 높이는 불과 28m 그런데 구덩이 깊이는 100m 구덩이(굼부리)가 깊은 특이한 오름
- 제주동화마을(지브리 테마 공원)
- 카페 글렌코 핑크뮬리[9,10,11월] / 카페 글렌코 샤스타데이지
- 송당 무끈모루(인스타스팟)
- 송당승마장(승마) / 공간7(놀라플로트.제주녹차땅콩떡)
- 송당리 메밀꽃밭[5,6,9,10월] 송당리 산164-4, 백약이 오름 가는 중간 아부오름도 오르고 메밀꽃밭 사진도 찍고
- 백약이오름 가는 산간도로
- 백약이오름 — 푸른 초원과 나무계단 꽃을 든 커플사진을 많이 찍는 곳
- 베니스랜드 — 베니스의 축소판, 곤돌라타고 한바퀴 / 어라운드폴리(독채)
- 코리코카페 제주점(제주 강글 미니 파운드 케이크) / 탐라승마장
- 카페 글렌코(스코틀랜드풍 정원)
- 제주 스카이워터쇼(가족과 볼만한 스카이워터쇼)
- 성불오름
- 청초밭 동백 포토존
- 와일드오차드 — 120만 평 규모의 유기농 녹차밭. 티 테이스팅, 농장 투어, 차밭 투어
- 목장카페 드르쿰다 — 제주흑암보리라떼
- 청초밭 동백 — 아이와 함께 동백체험 군락[11,12,1,2,3월]
- 팜파스 그라스 — 풍성한 느낌의 팜파스[10,11,12월] / 뷰 제주하늘
- 보롬왓 맨드라미 / 스테이 느윽
- 보롬왓 — "꽃이 지지않는 곳 같아" 메밀꽃밭(5,6,9,10)과 라벤더밭[7,8월] 그리고 청보리밭[4,5월]. 보라유채꽃[3,4월] 비밀스러운 수국 길까지 사계절 모습도 다 아름다워
- 목장카페 밭디
- 제주아리랑 혼 — 제주아리랑과 태권뮤지컬 공연장
- 영주산(오름) — 천국의 계단(보랏빛) 산수국 계단, 수국철 6~7월
- 이어도승마장(승마) / 알프스승마장포니(승마)
- 제주 고사리맛집흑돼지식당 (고사리주물럭무한리필)
- 일출랜드 — 신비로운 지하동굴 속에서 영감 넘쳐나는 미천굴을 중심으로 한 자연 테마랜드
- 남송봉(망오름)
- 가시리풍력발전단지 억새 — 가시리 초원의 억새무리. 녹산로 464-78[10,11월]
- 대록산 / 큰사슴이오름(대록산)
- 포니밸리(승마) / 낙타트래킹(승마) / OK승마장
- 스테이 연화
- 노바운더리 제주(리조또.파스타)
- 다이나믹메이즈 — 실내 어드벤처 스포츠 테마파크. 아이 어른 같이하는 미로탈출 게임 등 다수 체험놀이
- 의정향교 / 고창환 고택 / 고평오 고택
- 정의현성
- 성읍칠십리식당(제주흑돼지오겹살), 옛날팥죽(새알팥죽) / 무명고지(독채)
- 서귀포 정석항공관 일대 유채꽃 및 벚꽃 — 드라이브는 유채꽃과 함께[3,4월]
- 유채꽃프라자[3,4월] 유채꽃프라자 옆에 조성된 드넓은 유채꽃밭. 카페에서 유채꽃 보며 커피한잔의 여유
- 노을 억새
- 성읍랜드 — 승마,카트, ATV, 말랑근주기체험 등 즐길거리가 많은 곳
- 김정말알로에 알로에숲 — 온실 알로에 숲
- 오늘은 녹차 한잔 동글샵 / 오늘은녹차한잔(향긋한 녹차 한잔에) / 오늘은카트 레이싱(카트)
- 성읍민속마을 — 1423년(세종 5년) 현청이 생긴 이후 조선 말기까지 '정의현' 소재지였던 고전통 초가 가옥들이 현무암의 돌담 사이에 분포
- 녹산로 벚꽃 도로 — 4월, 유채꽃 뒤편으로 어우러진 벚꽃길 / 가시리마을
- 녹산로 유채꽃 도로 — 유채꽃은 꽃밭보다 꽃길이다[3,4월]
- 따라비오름 억새 — 한라산 전망 억새[10,11,12월]
- 따라비오름 — 쉽게 오를 수 있고 가을 오름풀이 가득한 오름

A   B   C

제주밭담 테마공원
제주 전통의 돌담문화를 볼 수 있는 곳, 진빌레 밭담길

월정리해수욕장
에메랄드빛 바다와 수많은 카페 커플 여행자들이 꼭 들렀다 가는 곳!

월정리 해안도로

구좌풍력발전기
1. 월정투명카약
2. 제주웨이브서핑
3. 월정퀵서프

월정리카페거리

코난해변
수심이 얕고 에메랄드빛의 바다. 스노쿨링으로 유명하다.

월정리이촌해원조고등어 쌈밥김녕구좌점
(고등어묵은지찌짐)

그초록
(아보카도 카페)

구좌방파제
어등포해녀촌
(회정식, 우럭젓갈)

오저여 일몰

디어브리즈
(소품샵)

큰손상회
(소품샵)

워너비 제주
(소품샵)

제주감성쿠키 독채스테이 그슬

구좌을 우럭튀김
민경이네어등포식당
(우럭정식,민경이물회)

용천동굴

김녕사굴

김녕미로공원
길을 잃는 즐거움. 키만큼 큰 나무 벽에 갇히면 하늘이 더 파랗게 보여

오리온
제주용암수
무료로 운영되어 아이와 견학하기 좋은 곳 오리온 제주용암수 홍보관.

월정리갈비밥
(11첩 정식)

떡하니
문어떡볶이

아이보리
매직(흑채)

그계절
(식물이 함께하는 싱글카페)

비수기해변호우
(구좌 당근 케이크)

말괏돋(돌문어크림덮밥)

아일랜드 라운지
전동휠, 오락실 체험이 가능한 아이들 체험 실내공간

Avec 0426(독채)

톰톰카레(치즈돈카레,
시금치카레)

세화해수욕장
파란 바다를 배경, 의자 사진 찍는 곳!

세화포구

명진전복(전복돌솥밥)

평대리해수욕장

구좌 용문사 앞 해변

하우스 오브
록록(팬션)

카페한라산

세화 돌담칼국수
(보말죽칼국수,
고기칼국수)

종달리 해안도로

별방진
왜구를 막기위해 1510
년 축성한 방조소

윤스타 피자앤
파스타(화덕피자)

토끼섬
토끼섬 문주란 자생지

올레길 21코스

하도핑크
(딱새우리조또)

우도, 토끼섬 전망

하도카약

하도해변

제주 하도리 철새도래지

꼬스펜뇨
(꼬스펜뇨라떼)

청파식당회집(활고등어회)

청묘오장

세화민속오일장
"시장 앞 푸른 바다 감상하여
문어꼬치 먹기" 끝자리 0일, 5
일에 열리는 오일장

포멜로 제주

아크제주
(인테리어소품)

제주
해녀박물관
제주 해녀의 역사와 삶을
엿볼 수 있는 장소

양광돈가스
(치즈 흑돼지
돈가스)

임진고택

제주풀무질
(독립서점)

제주해녀
항일운동기념탑

모어모어

지미봉(지미오름,
정상까지 15분, 올레
21코스)

종달수다뜰
(13첩 한정식,
갈치조림 백반)

종달리 수국길
창밖으로 보이는
수국길[5,6,7월]

철새 천연기념물
희귀새도래 및 서식지
(철새도래지, 출사장소)

종달항

이스트포레스트
(전복리조또)

소심한책방
(독립서점)

온종달(독채)

순희밥상
(순희밥상)

메이네

종달산경매
리골드(독채)

해월경당
(보말궁수)

종달리해변
종달리 해안도로

브라운비치

두산봉
10분만 오르면 탁 트인 풍경을 볼 수 있는
뷰 포인트. 코스가 짧고 길이 잘 정비되어
있어 아이들도 쉽게 오를 수 있다.

말미오름(두산봉,제주도,
올레길 1코스 첫 번째 오름)

제주 올레1코스 안내소

올레길 1코스

휴일기록(바비큐)

오돌(꼼돌이오름,
오른리마때)

알오름

시흥님

새벽숯불구이 (봄 그리고 가을)
(흑돼지오겹살, 흑돼지목살)

새벽숯불구이(흑돼지생오겹)

바다의집(백반정식,
고등어구이)

구좌읍

둔지오름

비자림
500~800년된 비자나무 2,500여 그루가 있는 곳
천연을 버려온 원시림 그리고 피톤치드로 가득한 산림욕
항균효과가 뛰어난 비자 열매, 몸이 건강해지는 여행

메이즈랜드 장미

메이즈랜드
미로 박물관도 구경하고
미로 체험도 할 수 있는 곳

송당나무
(유리온실에서
산책할 수 있는 곳)

송당일상

섬섭이네
(흑돼지뽕구려)

풍림다방(브레밀)

우연히,그 곳
(아인슈페너)

송당
본향당
(독립서점)

제주
오메기파크

비자림의
비자나무

월랑소운

다랑쉬오름 일출

다랑쉬오름 철쭉

다랑쉬오름 갯무꽃

다랑쉬오름
둘레길 약 1.5킬로미터, 깊이 115
미터로 원뿔모양의 분화구

월랑봉

아끈다랑쉬
오름

아끈다랑쉬
오름 억새
억새군락의 끝판왕[9,10,11,12월]

제주레일바이크
용눈이 오름 옆, 제주 대자연을 2,3,4
인승으로 달릴 수 있는 레일 바이크

아부오름 갯무꽃밭 [5,6,7월]

높은오름
제주 동부에서 가장 높은 오름

노을 맛집

아부오름
문석이
오름

동거문오름

용눈이오름
환상적인 일몰을 감상하기 좋은 곳
제주에서 가볍게 산책할 수 있는 하나의
오름을 고른다면 바로 이곳.

용눈이오름 억새
억새군락의 끝판왕
[9,10,11,12월]

고성오일장
아케이드 천장이 있는 매일 열리는 전통시장.
'우리들의 블루스'의 시장 장면 촬영지

스누피가든
피너츠의 에피소드를 재현해놓은 자연휴식공간
제주 자연이 주는 느낌과 테마가든에서

송당리 메밀밭
[5,6,9,10월]

백약이오름 가는
산간도로

어니스트밀크 본점
(한라목장 우유로
만든 수제요거트)

감귤랜드귤체험장

스테이묘해
(이국적)

부촌(성게미역국)
꽃가람(고기국수)

보롬제과마늘바게트)

어머니닭집

제주커피박물관
Baum

컬인인제주(독채)

성산바다
(갈치조림)

수와기
(독채)

빛의 벙커
해저 광케이블 시설의
전시 시설로 재탄생한
빛의 벙커
웅장한 공간

대수산봉

성산읍

백약이오름
청초밭 동백
아이와 함께 동백꽃 군락[11,12,1,2,3월]

와일드오차드
120만 평 규모의 유기농 녹차밭. 티 테이스팅, 농장 투어, 차밭 투어

백약이 오름 가는 산간도로

짱구네 유채꽃밭
원형 강율장식

제주해양
동물박물관

짱구네 유채꽃밭
산책하기 제격인
[12,1,2,3월]

올레길 2코스

혼인지

온평리
환해장성

아일랜드플라워
목장형 동물 체험 카페

성읍리 갯무꽃

145

147

황해남도

고려(918~1392년)

태봉

충청남도

몽골의 1차 침입
1231년(고종 18년) 고려를 침입
귀주 함락이 쉽지 않자 개경을 진격하여 포위
그러자 고려가 강화를 요청하여 감후관(다루가치) 72명을 두고 철군하였다.

이괄의 난(1624년 인조2년)
공신책봉에 불만을 품은 이괄의 반란으로
도성을 점거하고 새로운 왕을 옹립하려 실패
인조는 공주의 공산성으로 피난
결국 관군에 의해 진압

연안성 전투
1592.8.28(선조 25년)
초토사 이정암이 구로다 나가마사 3군을
상대해 물리침, 왜군은 퇴각

정묘호란(후금 홍타이지)
1627년 광해를 위해 원수를 갚는다는 명분으로
조선을 공격(인조 5년) 압록강을 넘어 의주도, 정주, 평양,
인조가 피신한 강화로 진격하여, 조선은 항복
형제국이 되어 강화를 체결

고려 강화 천도
1232년(고종 19년) 최우는 독단으로 강화 천도
이에 자극을 받아 몽골의 2차 침입
이후 30년간 7차에 걸쳐 침입

병인양요(1866년 고종3년)
천주교 탄압을 구실로 로즈 제독이 이끄는 프랑스 함대 7척이
강화도를 점령하고 통상수문 체결 요구. 12월 2일 프랑스 군이
문수산성을 점령하자 조선군의 공격으로 27명 사상
12월 17일 강화성을 철수하면서 불을 지르고 서적,
무기, 보물들을 가지고 청나라로 철군(프랑스군 3명 사상)
조선의 쇄국정책은 한층 강화

신미양요
(1871년 고종8년)

**운요호 사건(1875)과
강화도 조약(1876)**

몽골의 강화도 전투
해전에 약한 몽골은 강화를 치지 못하자 항복을 권유
몽골과장 살리타가 고려 김윤후에게 화살 맞고 전사하여 철수
1235년(고종 22) 몽골은 다시 공격 4년간 전국 각지를 황폐화 했으며
황룡사 9층 목탑도 이때 파괴되었다.
고려는 이 사건 팔만대장경을 재조하였고
1238년(고종 25년) 몽골에 강화를 제의하고 몽골은 철수하였다.
강화에 들어갔던 39년 끝에 몽골과 간접의에 들어갔다.
1270년 원종이 개경으로 환도하면서 고려-몽골 전쟁이 끝났다.

동학농민운동 빌미 텐진조약으로 왜군 상륙
1894.6.9 동학군 진압을 위해
텐진조약에 근거하여(청 원병), 왜 자동 파병) 인천 상륙
동학군 진압이 목적이었으나 동학 진압을 이남으로 상륙했어야!
전주화약으로 청군은 철군했으나 왜군은 철군하지 않고
한양을 점령(1894.7.23). 왜에 의해 강제 갑오개혁 실시

동학농민군과 조선정부의 전주화약 내용
1894.6.11 전주화약 체결
고종과 민씨의 청군 원병으로 텐진조약에 의한 일본군 자동 파병
청과 왜의 철군을 위해서 동학군 해산하겠다.
전라도에 집강소를 설치하여 행정과 치안 공동 관리

오페르트 도굴사건(1868)
독일 오페르트가 통상을 요구하다가,
충남 덕산의 흥선 대원군 아버지인 남연군 묘 도굴
하려다 실패로 끝난 사건, 이후 천주교에 대한 박해 강화

동학농민운동 빌미로 청군 상륙
1894.6.8 동학군 진압을 위해
청군과 민씨 세력은 청군 원병을 청해 아산만 상륙

고려 송악(개성)
개경, 왕건의 고려 건국(918년) 1년 뒤인
919년 송악으로 수도 이전.
고려는 남경(서울), 서경(평양), 동경(경주)을 두고 통치

임진강 전투
1592년 6월 27일, 임진에서 조선 육군 13,000명
임진강에 진을 치자대군은 작전상 후퇴, 조선은
명령에 따라 도하하여 공격, 왜군에게 대패

양주(해유령)
1592년 6월 25일
선조를 쫓기 위한 왜병 선
부원수 신각의 육군이 이긴 전투

인천광역시
선조, 도성 복귀
1592년 4월 30일 도성을 떠나
1593년 9월 19일 도성을 복귀
임진왜란 의주파천 기간

행주대첩
1593년 3월 14일
행주산성에서 권율의 조선군이
크게 승리한 전투
임진왜란 육전 3대첩 중 하나

용인전투
1592년 7월 13일 임진왜란 대패
패전라도 삼도의 4만 전라도방어사 곽영 2만
충청도 윤선각 1만5천도 3남의 조선군이
왜의 1600명에게 작전 실패로 대패

당성(화성)
6세기 중엽 한강유역을 차지하여
중국과 직교역을 확보한 곳이
당성(당항성)이다.

제암리 학살사건
1919.4.15 제암리 교회
예성한남녀를 불러서 불을 질러 사망
떨어지는 아기도 총검으로 학살

148

충청/전라 역사지도

경상 역사지도

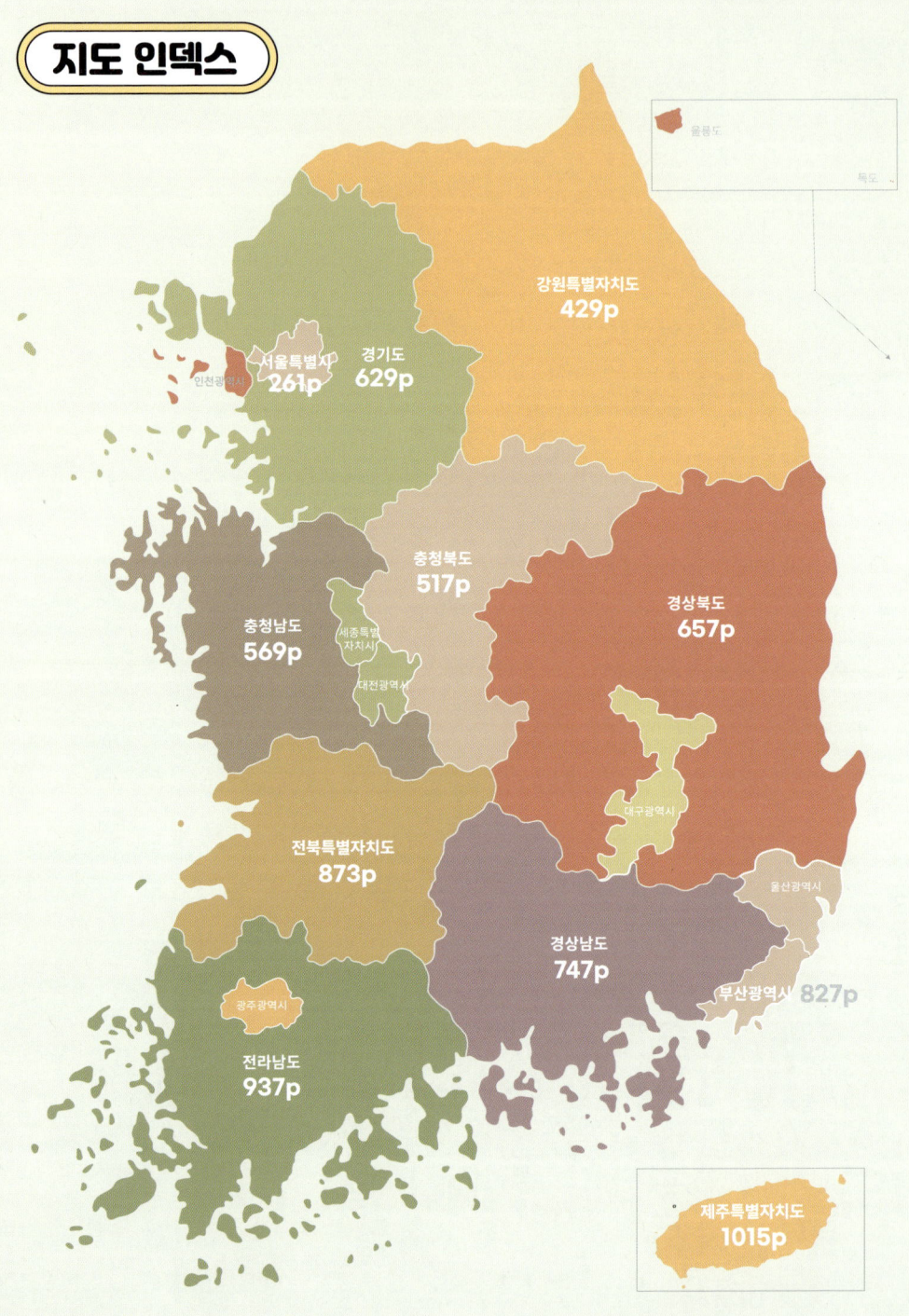

지도 인덱스

울릉도

독도

강원특별자치도
429p

인천광역시

서울특별시
261p

경기도
629p

충청북도
517p

경상북도
657p

충청남도
569p

세종특별
자치시

대전광역시

대구광역시

전북특별자치도
873p

경상남도
747p

울산광역시

광주광역시

부산광역시 827p

전라남도
937p

제주특별자치도
1015p

테마

신이 내린 선물,
전국 팔도 대표 음식

강원특별자치도
- 영월 다슬기해장국
- 양양 송이버섯전골
- 인제 황태구이
- 정선 곤드레밥
- 화천 산천어회
- 삼척 곰치국
- 원주 추어탕
- 홍천 화로구이
- 고성 동치미막국수

서울특별시
- 응암동 감자국
- 종로 생선구이
- 남산 돈까스
- 광장시장 빈대떡
- 남대문 갈치조림
- 종로 설렁탕
- 평양냉면 & 어복쟁반
- 동대문 닭한마리
- 청담 파인다이닝
- 마포 돼지갈비
- 종각 공평동 꼼장어
- 을지로 노가리 & 생맥주
- 통인시장 엽전 도시락
- 광장시장 빈대떡

충청북도
- 단양 마늘정식
- 괴산 메기매운탕
- 옥천 생선국수
- 영동 어죽
- 진천 도리뱅뱅이
- 충주 꿩요리
- 제천 약초비빔밥

경기도
- 용인 백암순대
- 안산 바지락칼국수
- 양평 옥천냉면
- 시흥 조개구이
- 파주 장어구이
- 일산 칼국수
- 양주 송추갈비
- 인천 월미도 조개구이
- 여주 천서리막국수
- 파주 황복회
- 연천 매운탕

부산광역시
- 갈비
- 돼지국밥
- 서면 돼지국밥
- 가야동 밀면
- 동래 파전
- 남포동 냉채족발
- BIFF거리 씨앗호떡
- 해운대 복국
- 영도 삼진어묵

제주특별자치도
- 흑돼지 구이
- 고기국수
- 딱새우회
- 갈치조림 & 통갈치구이
- 전복죽& 돌솥밥
- 고사리육개장
- 오메기떡

지역별로 여행시 반드시 먹어봐야 할 특산물, 대표 요리들이 있어요. 여행 지역을 대표하는 인기 음식, 대표 음식이 무엇인지 꼭 확인해보아요. 여행지를 이해하는 가장 빠른 방법은 그 지역의 음식을 경험해 보는 것일지 몰라요. 그 지역의 음식에 역사와 문화, 자연특성과 인심이 고스란히 담겨있으니 말이죠.

충청남도

보령 굴밥
태안 주꾸미
공주 국밥
부여 연잎밥
금산 인삼 삼계탕
서산 어리굴젓
당진 꽃게장
태안 꽃게탕
대전 묵밥
홍성 새조개샤브샤브

전북특별자치도

부안 백합죽
전주 콩나물국밥
진안 애저찜
군산 꽃게장

전라남도

보성 벌교꼬막
완도 전복구이
무안 낙지요리
순천 짱뚱어탕
신안 흑산도 홍어삼합
장흥 매생이국
진도 간재미회무침
진안 애저찜
목포 세발낙지

경상북도

울진 대게
문경 약돌돼지구이
안동 간고등어
울릉도 오징어물회
경주 쌈밥
대구 뭉티기
예천 돼지막창순대
고령 도토리수제비
청송 백숙
영천 소머리국밥
대구 육개장

경상남도

창원 불고기
거제 도다리쑥국
거제 복요리
통영 굴요리
통영 충무김밥
남해 멸치회
진주 육회비빔밥
함양 연잎밥
김해 뒷고기
창녕 송이백숙
거제 대구탕

봄바람이 휘날리면~
꽃길을 걸어요 - 벚꽃편

벚꽃이 휘날릴 때, 비로소 봄이 완성되었음을 느껴요. 아무리 사막같은 마음이어도 벚꽃이 만들어내는 화사함과 봄바람이 더해지면 건조했던 마음에도 촉촉함이 생겨납니다. 화창해도, 바람이 불어도, 심지어 비가 내려도 좋아요. 벚꽃은 언제봐도 아름다우니까요. 전국의 벚꽃 명소들을 소개합니다.

봄바람이 휘날리면~
꽃길을 걸어요 - 봄꽃편

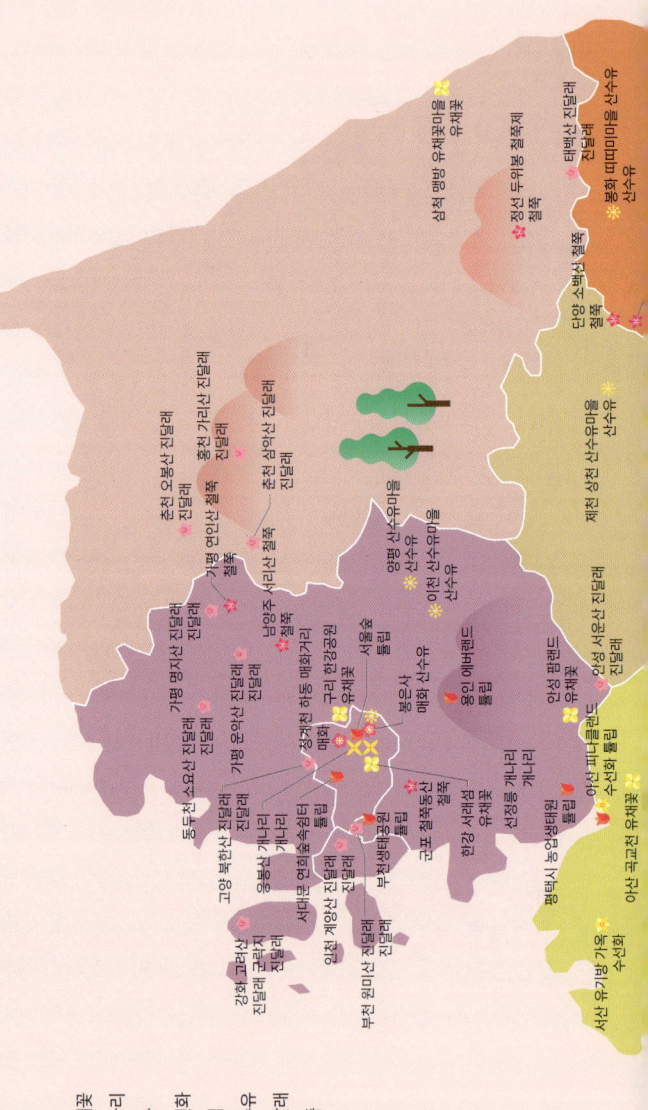

춘천 오봉산 진달래

춘천 가리산 진달래

춘천 삼악산 진달래

삼척 명망 유채꽃마을 유채꽃

정선 두위봉 철쭉

태백산 진달래

봉화 띠띠미마을 산수유

단양 소백산 철쭉

제천 상천 산수유마을 산수유

가평 연인산 철쭉

남양주 서리산 철쭉

양평 산수유마을 산수유

이천 산수유마을 산수유

동두천 소요산 진달래

가평 명지산 진달래

가평 운악산 진달래

서울숲 튤립

봉은사 매화

용인 에버랜드 튤립

안성 팜랜드 유채꽃

안성 서운산 진달래

고양 북한산 진달래

응봉산 개나리

정개산 하동 매화거리 매화

구리 한강공원 매화

안산 피나클랜드 튤립

수선화 튤립

일산 연화숲 숲길마을 튤립

서대문 계양산 숲길터 튤립

구로 철쭉동산 철쭉

선정릉 개나리 개나리

강화 교리산 진달래

군포 고려산 진달래

인천 원미산 진달래

한강 서래섬 유채꽃

화성 봉화태봉산 철쭉

아산 곡교천 유채꽃

아산 유기방가옥 수선화

서산 유기방가옥 수선화

평택시 농업생태원

부천 원미산 진달래 진달래

법정스님은 "봄이 와서 꽃이 피는게 아니라, 꽃이 피니까 봄이 온다"라 말씀하셨어요. 겨우내 앙상했던 가지틈 사이로 초록의 싹이나 움을 틔우고 끝내 꽃망울을 터트려내는 계절의 기적을 목격할 시간이에요. 벚꽃, 유채, 매화, 수선화, 튤립, 산수유, 진달래, 개나리 등 찬란한 봄꽃 향연을 즐겨보아요.

유채꽃 개나리 매화 수선화 튤립 산수유 진달래 철쭉

160

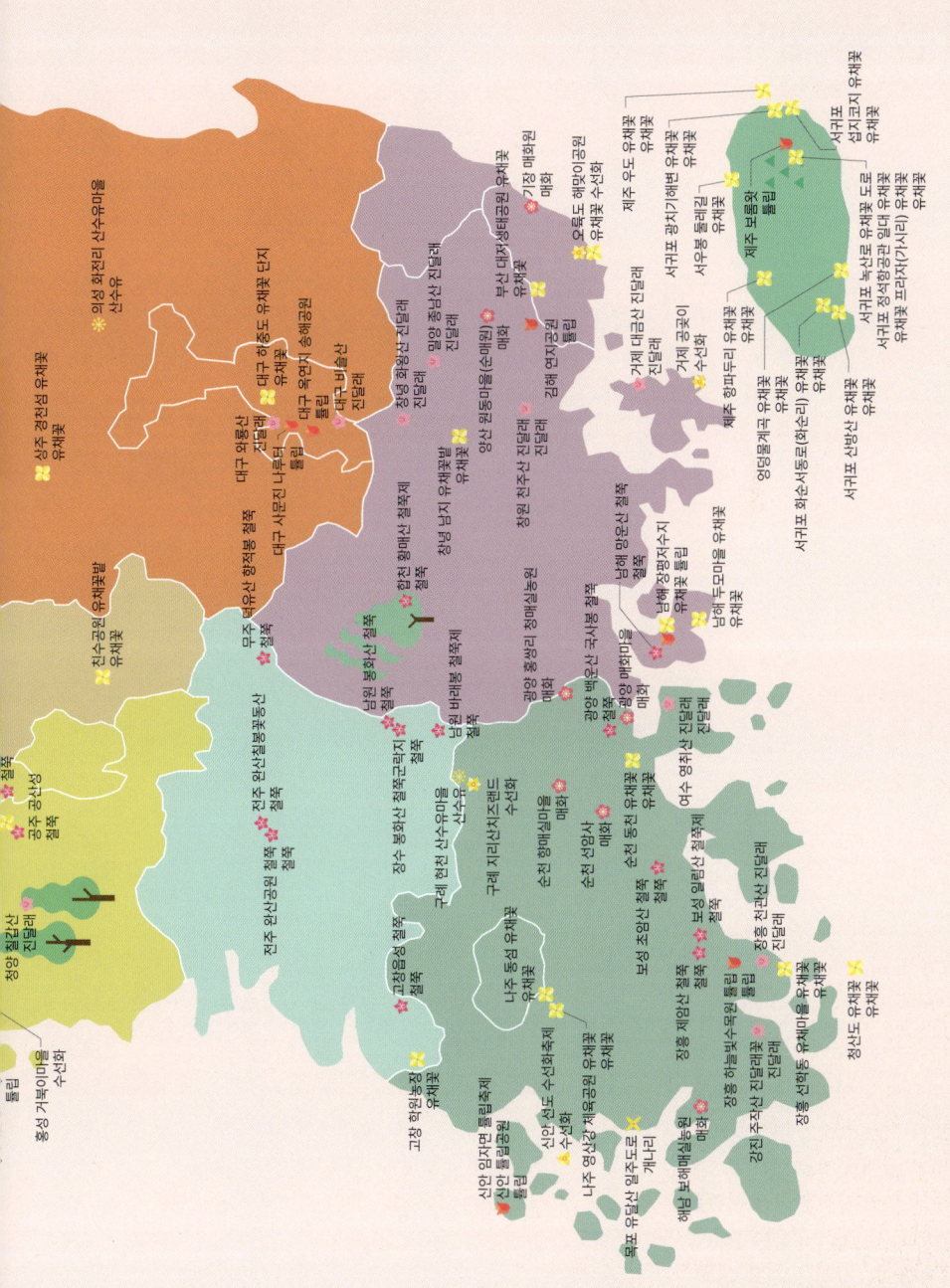

성주 경천섬 유채꽃
유채꽃

의성 화전리 선수유마을
선수유

진수공원 유채꽃밭
유채꽃

대구 와룡산 진달래
대구 하중도 유채꽃 단지
유채꽃
대구 옥연지 송해공원
대구 팔공산 진달래
대구 비슬산 철쭉
대구 서문시장 나무터
무주 덕유산 향적봉 철쭉
청송 화왕산 진달래
함양 중남산 진달래
부산 대저생태공원 유채꽃
유채꽃
오륙도 해맞이공원
유채꽃 수선화
제주 보름왓
유채꽃
가창 매화원
매화
김해 연지공원
튤립

제주 대둔산 유채꽃
유채꽃
제주 광치기해변 유채꽃
유채꽃
서우봉 둘레길 유채꽃
유채꽃
서귀포 섬지꼬지 유채꽃
유채꽃
서귀포 유채꽃
유채꽃

합천 황매산 철쭉
철쭉
양산 원동매실(순매원)
매화
거제 대금산 진달래
진달래
거제 공곶이
수선화
제주 항파두리 유채꽃
유채꽃
서귀포 녹산로 유채꽃 도로
서귀포 정석항공관 일대 유채꽃
서귀포 유채꽃 프라자(가시리) 유채꽃
유채꽃

청원 남지 유채꽃밭
유채꽃
청원 전주산 진달래
진달래
남해 망운산 철쭉
철쭉
엄령계곡 유채꽃
유채꽃
서귀포 산방산 유채꽃
유채꽃

공주 공산성
철쭉
공주 공산성
철쭉

전주 덕진공원 철쭉
철쭉

남원 봉화산 철쭉
철쭉

남원 바래봉 철쭉
철쭉

광양 홍쌍리 청매실농원
매화
구례 산수유 진달래마을
매화
남해 배우산 국사봉 철쭉
철쭉
남해 두모마을 유채꽃
유채꽃
남해 두모마을 유채꽃
유채꽃

여수 영취산 진달래
진달래

청양 칠갑산
진달래

진주 완산공원 철쭉
철쭉
전주 봉화산 철쭉·구릉지
철쭉
구례 현천 산수유마을
수선화
순천 매실마을
매화
순천 선암사
매화
순천 동천 유채꽃
유채꽃

홍성 거북이마을
튤립
수선화

고창 읍성 철쭉
철쭉
나주 동남 유채꽃
유채꽃
보성 조안산 철쭉
철쭉
보성 일림산 철쭉
철쭉
장흥 제암산 철쭉
철쭉
장흥 천관산 진달래
진달래

고창 학원농장
튤립

신안 임자면 튤립공원
튤립
신안 선도 수선화축제
수선화
나주 영산강 체육공원 유채꽃
유채꽃
나주 영산강 일주도로 개나리
장흥 하늘빛수목원 유채꽃
유채꽃
장흥 선학동 유채꽃
유채꽃
청산도 유채꽃
유채꽃

해남 보해매실농원
매화
목포 유달산 일주도로
강진 주작산 진달래
진달래
장흥 주작산 진달래
진달래

"여름이었다" 생명력의 여름꽃 향연

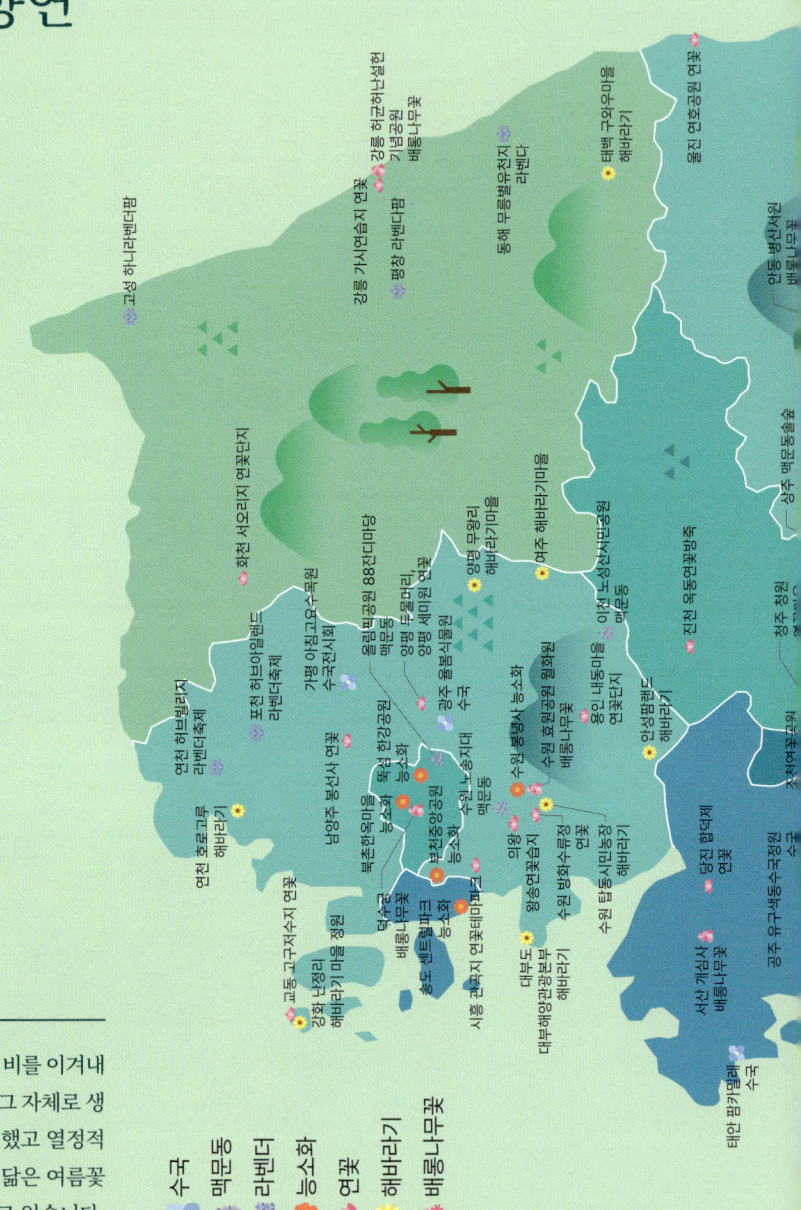

뜨거운 태양, 쏟아지는 비를 이겨내고 피어난 여름꽃들은 그 자체로 생명력을 상징해요. 치열했고 열정적이었고 빛났던 청춘을 닮은 여름꽃들이 여러분을 기다리고 있습니다. 수국, 맥문동, 라벤더, 능소화, 연꽃, 해바라기, 배롱나무 등 전국의 여름꽃 명소들을 소개합니다.

대왕등수국축제표
신숭겸장군유적지 배롱나무꽃
포항 호미곶 해바라기밭
경주 연지단지
경주 동궁과 월지 연꽃
경주 동부사적지역 패랭이꽃 능소화
경주 황성공원 해바라기
경주 불국사 능소화
경주 동방역 해바라기꽃
경주 양동마을 백일홍
꽃무릇길
영천 오리장림 백일홍
경산 대부잠수교
연암정원 연꽃
경주 게임숲 청산대
경산 화랑공원 해바라기밭
울산 배롱나무길카페 해바라기
울산 대왕암공원 백일홍
울산 화정공원
울산 태화강국가정원 해바라기
울산 테마식물수목원 라벤더
울산 선암호수공원 백일홍
태화강국가정원 양귀비
울산 장생포 수국 페스티벌
강동화암 주상절리
종알리 해안도로 수국
한라 서우봉 해바라기밭
혼인지 수국
베니스랜드 유람수국축제
후애리자연생활공원 유람수국축제
중앙사 해안도로
김녕 해바라기가든장
부산 영도대교 연꽃
부산 해안대
감내 수국마을
통영 수국축제
양산 황산공원 해바라기
부산 황산공원 국가정원 라벤더
창원 강주 해바라기길 축제
김해 수로왕릉 양귀비
김해 고래동유채지 능소화
함안 고려동유적지 수국 라벤더
함안 연꽃테마파크
진주 월아산 수국 페스티벌
거제 수국문화축제
거제 파랑대문 앞 수국
거제 지세포성 라벤더
청파두리 항몽유적지 해바라기
함백두리 항몽유적지 해바라기
통영 이순신공원 수국
여수 로맨티아 수국
여수 해상케이블카
영도 보광사 능소화
영도 보광사 수국
고성 그래비스정원
고성 상족암군립공원 연꽃
마노르블랑 수국
카멜리아힐 수국
동광리 수국길
제주 파더스가든 수국
담다나수국밭
거제 연화도 수국
거제 센트리움수국
뿌리공원 능소화
전주 덕진공원 연꽃
옥천 육영수생가기념 배롱나무꽃
논산 돈암서원 배롱나무꽃
논산 돈암서원 능소화
화성 능소화
광양 사라실 라벤더담
순창 메타세콰이어길 백일홍
담양 영욱헌 배롱나무꽃
보성 문화공
광양 이순신공원 수국
부여 서동연꽃축제 (궁남지) 연꽃
서천 문헌서원 배롱나무길 라벤더축제
서천 장항송림산림욕장 백일홍
군산 중항당 배롱나무꽃
논산 명재고택 배롱나무꽃
숲테마원
고창 학원농장 해바라기
고창 청농수목 라벤더축제
군산 옥구향교 배롱나무꽃
나주 메타세콰이어길 백일홍
담양 메타세콰이어길 백일홍
순천만 백일홍
나주 남파고택 백일홍
나주 선암지벌 연구소 백일홍
무안 연꽃축제 수국
함안 안관사 능소화
보성 수목군립수목원
신안 도초당자연어양 수국
나주 느리지자방에 수국
신안 퍼플섬 라벤더축제
해남 해바라기 수국
해남 프로리스트수목원
163

사계절의 하이라이트,
가을꽃지도

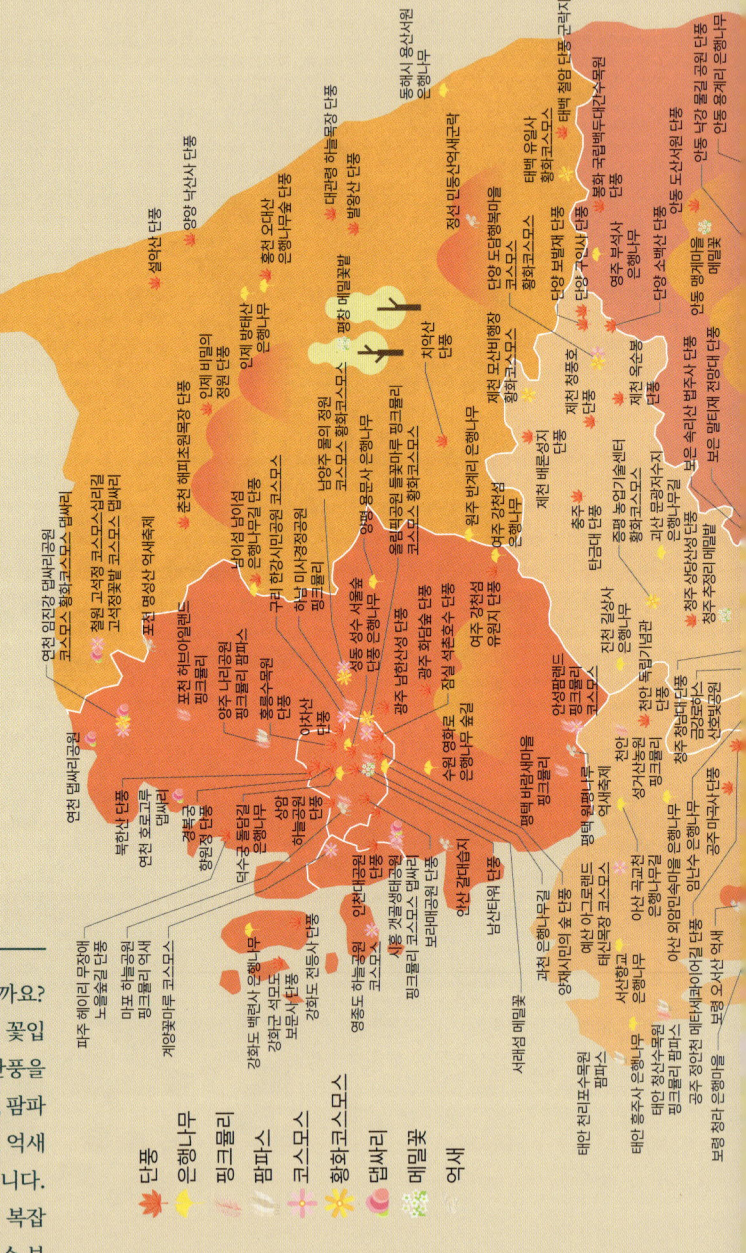

사계절의 절정은 가을이 아닐까요? 가을을 완성시키는 것은 단연 꽃입니다. 세상에 색을 입히는 단풍을 비롯하여 은행나무, 핑크뮬리, 팜파스, 코스모스, 댑싸리, 메밀꽃, 억새 등이 가을의 장면을 완성시킵니다. 가을꽃들이 바람에 너울대면 복잡했던 상념들도 가라앉아 비로소 보는이의 마음도 안정됩니다.

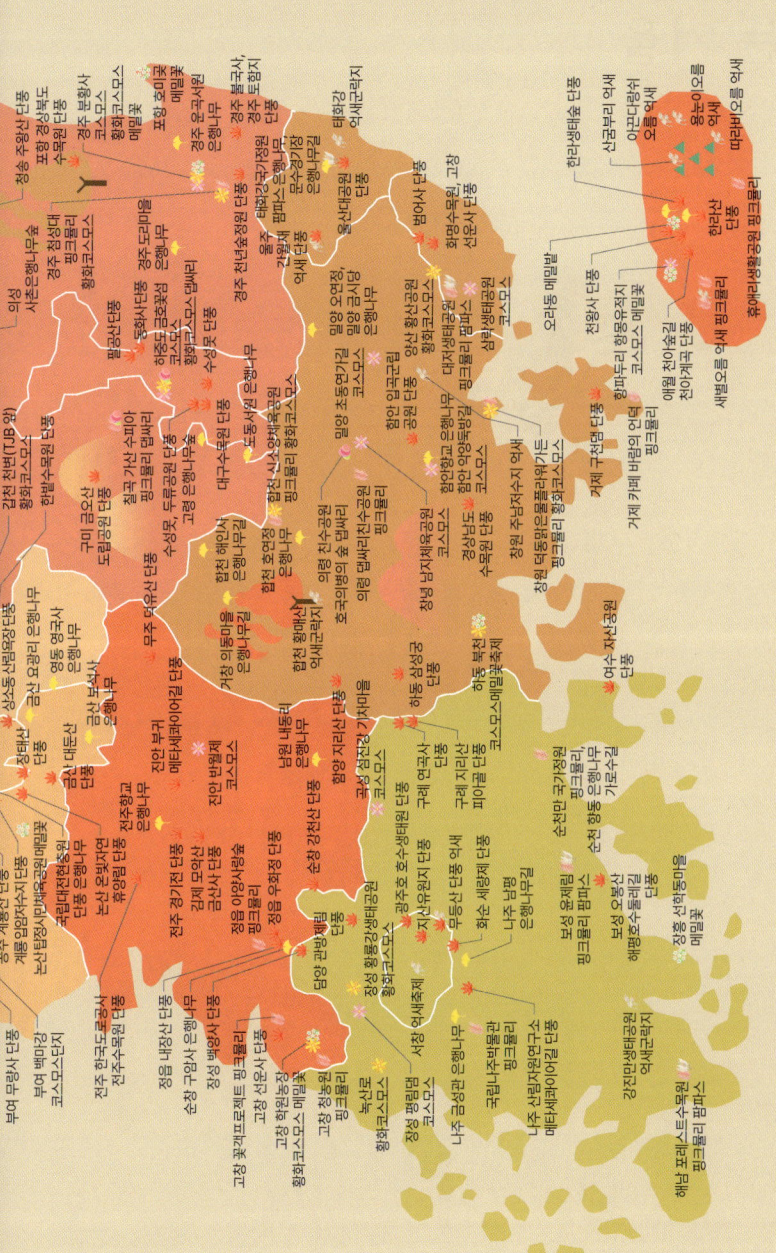

추울수록 더
뜨거워지는 겨울

화천 산천어축제 얼음썰매

춘천송암스포츠타운 빙상경기장
춘천 엘리시안 강촌 눈썰매, 스키장
춘천 남이섬 빙상경기장

대관령 눈꽃마을 눈썰매장
평창 알펜시아리조트 스키장
평창 모나 용평리조트
눈썰매장, 스키장

태백 오투리조트
스키장

정선 하이원리조트
스키장, 눈썰매

단양 사계절 썰매장

평창 휘니스파크
눈썰매장, 스키장
횡성 웰리힐리파크 스키장

포천 어린이교재센터 사계절 썰매장

춘천 스노우랜드 썰매장
춘천 비발디파크 스키장

원주 오크밸리 눈썰매
가평 사계절썰매장

양평 애버스킨 얼음썰매
원주 오크밸리리조트

남양주 별내동 스키장

포천 베어스타운
남양주 천마산 스키장

고양 어울림누리
스노우파크

고양 일산호수 얼음썰매

광운대학교 아이스링크

파주 어울림 DMZ
생태마을 얼음썰매

원마운트
스노우파크

고려대학교 아이스링크

김포 조각공원 눈썰매

강화 옥토끼우주센터 얼음썰매

목동 종합운동장 실내아이스링크

서울광장 스케이트장

성동 뚝섬 아이스링크

잠실 롯데월드 아이스링크

성남중앙공원 눈썰매장

용인 에버랜드

경기도립 아이스링크

용인 양지파인리조트
스키장, 스키장

이천 지산포레스트리조트

분당 올림픽스포츠센터
아이스링크

양주 옥정중앙공원 눈썰매장

안양실내빙상장

선학국제빙상경기장

고척 제2실내아이스링크

과천 방상장

안산 썰매장

과천 서울랜드 눈썰매

수원 아이스하우스 아이스링크

용인 웨이브파크 아이스링크

종평 인속체험박물관
얼음썰매, 눈썰매장

종평 좌구산 썰매장

충주 생명누리공원 눈썰매장

아산 피나클랜드 눈썰매장
아산 영인산 눈썰매장

청주 사계절 썰매장
청주 실내빙상장

아산 이순신빙상장

닥산온천 눈썰매장

소내골 천안 스노우아드벤처

공주 사계절 썰매장

플레이그라운드 거대 눈썰매

안동 암산얼음축제

스키&스노우보드

스케이트

눈썰매

얼음썰매

166

날이 추워진다 하여 가만히 앉아있을 수만은 없죠. 액티비티를 즐기기 가장 좋은 계절인 겨울이 다가왔어요! 스키, 썰매, 아이스하키 등 온몸을 뜨겁게 달아올릴 겨울 액티비티를 가장 신나게 즐길 수 있는 핫스폿들을 소개합니다.

수목원 테마파크 얼음썰매

경주 실내테마파크
군포 산본수변테마파크
철원 기산수변파크 눈썰매장
경주 월정교 얼음썰매
이월드 눈썰매장 83타워 아이스링크
경주월드 스노우파크
울주 자수정동굴나라 눈썰매장
청도 프로방스 눈썰매장
양산 에덴벨리 리조트 스키장
롯데월드 아이스링크
돌래 아이스링크
무주덕대디랜드 사계절 썰매장
무주 덕유산 리조트 스키장
거창 수승대 썰매장
의령 자굴산눈 눈썰매장
부산 북구 무대체육센터
성주 실내빙상장
세계개 실내테마파크 아이스링크
김해 가야테마파크 눈썰매장
전주 야외빙상장
임실 치즈테마파크 눈썰매장
여수 아쿠아플라넷 눈썰매장
원주 고산자연휴양림 눈썰매장
청양알프스마을 눈썰매, 얼음썰매
남원공원 스케이트장
군산 야외빙상장
전주화산체육관 방상경기장
김제 모악랜드 눈썰매장
담양 메타세쿼이아 썰매장
전주키즈랜드 눈썰매장
화순 백야산 눈썰매장
화순 금호리조트 눈썰매장
경주실내방상장
영암 기찬랜드 눈썰매장

167

CAFE
전국 탑티어 유명 카페 Best20

성수동대림창고갤러리
붉은 벽돌과 콘크리트가 어우러진 빈티지한 따뜻함. 탁 트인 개방감의 힙한 카페.
서울 성동구 성수이로 78

다양한 종류의 빵이 진열된 쇼케이스

미음
마시안해변과 연결되는 오션뷰 카페. 영종도 앞 노을과 갯벌을 감상하기 좋은 루프탑.
인천 중구 마시란로 119 (덕교동) 카페 미음
@cafe.mieum

바로 앞의 해변을 감상하기 좋은 파노라마 통창으로 이루어진 실내

바다와 노을을 한눈에 볼 수 있는 계단 위 루프탑

크로와상 등 베이커리 메뉴

붉은색 벽돌의 이국적인 외관

소금빵을 비롯한 베이커리류 진열대

아보고가

피라미드 닮은 붉은 벽돌 외관과 탁 트인
한강뷰로 유명한 베이커리 & 브런치 카페

경기 김포시 하성면 월하로 977-19

@seol_sisters

오랑주리

마장호수 상류, 마치 숲속에 온 듯
싱그러운 식물원 테마 카페

경기 양주시 백석읍 기산로 423-19

@orangerie_cafe_

이국적인 식물로 꾸며진 식물원 테마의 대형 공간

통창으로 된 2층짜리 카페의 모습

높은 지대에 위치한 대형 카페의 외관

Orangerie

라온숨

식물관을 중심으로 갤러리관, 캠핑관 등 층마
다 다른 테마가 있는 북한강 뷰 베이커리 카페

경기 남양주시 화도읍 북한강로 1146

@raonsoom_

소금빵, 크로와상 등 빵이 진열된 모습

식물과 함께 어우러지는 빈백 좌석

통창을 통해 북한강을 바라보는 캠핑존 분위기의 좌석

바하리야

사막 속 백사장을 연상시키는 마당을
바라보며 맛보는 여주쌀로 빚은 빵

경기 여주시 점봉길 43 바하리야

@cafe_bahariya

이집트 바하리야 사막에서 영감을 받은 카페 외관

채광이 좋은 통창 옆의 좌석

백사막, 물, 빛을 테마로 만든 수공간

아나키아

아름다운 숲 뷰 5층 규모 초대형 카페 & 레스토랑.
호텔급 인테리어로 돌잔치, 웨딩도 가능한 곳
경기 의정부시 잔돌길 22
@pluminx_1

세련된 모습과 큰 규모를 자랑하는 카페 외관

테이블, 소파 등 다양한 종류의 좌석
과 수공간으로 이루어진 실내

묵리459

창밖 울창한 나무가 아름다운 곳, 세련된 분위기
속 정성 가득 브런치와 스페셜티 커피
경기 용인시 처인구 이동읍 이원로 484
@mukri459_official

삼각형 통창과 차분한 색조의 곡선형 좌석

돌담과 자갈로 꾸민 카페 외부 정원

카페 해갓

통창 너머 제부도 앞바다가 펼쳐지는 브런치 카페. 노을 뷰 3층 루프탑이 인기.
경기 화성시 서신면 살곶이길86번길 53 해갓
@haegot

소금빵, 흑임자크림빵 등이 진열된 쇼케이스

제부도 바다 풍경을 조망할 수 있는 야외 계단 위 루프탑

통창과 화이트톤으로 이루어진 실내

스톤크릭

압도적인 암벽 뷰 모던한 공간에서
즐기는 묵직한 커피 한 잔
강원 원주시 지정면 지정로 1101
@stonecreek_ae32

잔디밭어 조성된 야외 정원

흰색 캐노피와 어우러지는 야외 테이블석

컬러풀한 주황색 벽이 특징인 실내 공간

172

수공간이 보이는 야외 좌석

콘크리트월
콘크리트 외벽과 우드 톤 가구의 조화. 잔잔한
재즈 음악 속 쉬어가기 좋은 곳.
충북 제천시 금성면 청풍호로 1566 콘크리트월
@space_concretewall

콘크리트 기둥과 어우러지는 미니멀한 모습

창과 계단으로 이루어진 건물의 모습

인문아카이브 양림
& 카페 후마니타스
청아한 연꽃 뷰, 고즈넉한 한옥 속 모던
한 공간에서 즐기는 인문학과 커피
충북 청주시 흥덕구 수봉로15번길 25
@yangleem.humanitas_official

책과 커피를 함께 즐길 수 있는 서가 공간

한옥과 모던한 건축물이 어우러지는 외관

카페이리정미소
옛 정미소 건물을 개조한 로스터리 카페, 높은
층고 실내에 정미 기계가 있어 독특한 분위기
충남 예산군 삽교읍 다락로 103-3
@iri_jungmiso

편안한 소파로 이루어진 좌석

높은 층고를 그대로 살린 실내와 컬러풀한 테이블

통창을 통해 숲의 모습이 보이는 실내

밤밤마들렌과 컵케이크

공간태리
통창 앞 곧게 뻗은 전나무가 보이는 숲속 카페.
곡선의 미학이 돋보이는 외관이 포토존.
대전 유성구 수통골로 9
@o.ganteri.official

독특한 곡선이 특징인 카페 외관

양조창 콘셉트를 살린 빈티지한 소품들

산양정행소
양조장의 흔적을 그대로 살린 낡은
외벽과 높은 천장. 빈티지한 오브제
와 넓은 공간 자체가 포토 스폿.
경북 문경시 산양면 불암2길 14-5
@kimbs_1987

막걸리로 발효한 베이글, 소금빵, 타르트

옛날 양조장을 개조한 카페 외관

밀림
밀림을 연상시키는 풀과, 흙, 나무로 꾸며진
카페. 파충류를 직접 만지며 교감 가능한 곳.
대구 남구 용두길 16 2,3층
@ssssy_lee

대표 메뉴인 쉬림프 에그 치아바타

이끼와 조명으로 숲의 느낌을 연출한 카페 내부

블랙으로 미니멀하게 꾸며진 테이블 좌석

오스갤러리

소양 호숫가의 갤러리 카페. 모던한 건물과 독특한 인테리어 분위기 속에서 예술과 커피를 즐겨보자.

@os_gallery

갤러리와 카페가 어우러진 내부 공간

클래식과 재즈를 들을 수 있는 청음실

넓게 펼쳐진 야외 데크와 빈티지한 벽돌 건물 외관

카페 보리

서해안 절벽과 석양이 어우러지는 곳. 억새풀 산책길 너머로 바다 풍경이 펼쳐지는 카페.

전남 영광군 백수읍 해안로 787

@voree

넓게 이어진 통창으로 보이는 파노라마 석양 뷰

콘크리트 벽 사이로 서해 바다를 볼 수 있는 야외 수공간

포토존으로 인기 있는 서해 바다 앞 나무와 정원

SUKSAN

거대한 바위 절벽을 닮은 콘크리트 외관, 세련된 실내에서 즐기는 환상적인 하버뷰의 매력

전남 목포시 고하대로 588

@suksan_official

탁 트인 목포 항구 뷰를 자랑하는 카페 내부

카페 건물 사이에 숨겨진 산책로

약 3천 평 규모의 대형 카페 외관

대표메뉴 중 하나인 카페라떼

클랭블루 제주

신창풍차해안도로의 풍차를 바라볼 수 있는 오션뷰 카페. 2층은 갤러리로 운영 중

제주 제주시 한경면 한경해안로 552-22

@kleinblue_jeju

바다 위 풍차와 사진을 찍기 좋은 풍차 포토존

SNS SPOT
50K 이상, 전국 유명 인스타 핫플 20!

강릉 노암터널
드라마 '도깨비' 촬영지로 유명한 옛 기차 터널.
터널 입구에서 들어오는 역광을 활용해 사진
찍는 이가 많다. 터널 내부에도 포토존 마련.
기찻길을 따라가면 강릉 시내까지 연결된다.
@nimus_g

안성 팜랜드
봄에는 유채꽃, 가을에는 코스모스와 핑크뮬리
로 가득 찬 넓은 들판이 펼쳐진다. 키 큰 나무
한 그루나 풍차를 배경으로 목가적인 분위기의
사진을 찍는 것이 인기. 토끼, 양 등 다양한 동
물에게 먹이 주기 체험도 가능하다.
@hyang_doy

하늘공원

가을이면 은빛 억새가 장관을 이루는 공원. 하늘계
단을 배경으로 한 인물 사진이나 정상의 전망대에서
서울 시내를 담는 광활한 사진을 찍을 수 있다. 일몰
시각에 맞춰 방문하여 노을까지 만끽해보자.

@ssossoyam

단양강 잔도

남한강의 깎아지른 절벽을 따라 설치된 데크 산책
로. 약 1.2km 길이로 강물 위를 걷는 듯한 짜릿함과
아름다운 강변 풍경을 동시에 즐길 수 있다. 곡선 난
간 앞에서 단양강을 배경으로 사진 찍기 좋다.

@y___jjjjjjjjjj

포천 아트밸리

에메랄드빛 호수와 병풍처럼 둘러선 화강암
절벽이 이국적인 분위기를 연출하는 폐채석
장. 모노레일을 타고 올라가면 천주호 앞에서
웅장한 절벽을 배경으로 사진을 남길 수 있다.

@kja0525

SNS SPOT 50K 이상, 전국 유명 인스타 핫플 20!

대전 명상정원

대청호 오백리길 구간 중 사진 찍기 좋은 산책 명소. 드라마 '슬픈연가'를 촬영했던 곳으로 여름철 수위가 낮아지면 호수 한가운데 나무 한 그루가 서 있는 모래섬까지 걸어갈 수 있는 길이 열린다.

@ahn_john

육백마지기

드넓은 초원과 대형 풍력발전기가 어우러진 알프스 감성 포토존. 6월 경 만개하는 새하얀 샤스타데이지 꽃밭으로 인기가 높다. 무지개 의자, 동화속 성 모양의 조형물 앞이 대표 포토존, 일몰과 은하수 촬영 명소로도 유명하다.

@dal_yena.12

경주 보문호수

경주를 대표하는 50만 평 규모의 대형 인공호수. 봄철 벚꽃 터널이 아름답기로 소문났다. 보문정 방향으로 앵글을 잡고 주변의 고즈넉한 한옥과 함께 담는 구도 또한 인기.

@codus_x

당진 골정지(골정저수지)

저수지에 비치는 정자의 반영 사진으로 유명한 포토
스팟. 봄에는 벚꽃, 여름에는 연꽃, 가을에는 단풍이
정자와 어우러져 다른 매력을 선사한다. 둘레길이
조성되어 있어 산책하기 좋다.

@hahahahasun26

파주 마장호수

물 위를 가로지르는 길이 220m의 흔들다리로 유명한
호수. 출렁거리는 아찔함을 즐기며 호수의 아름다운 경
관도 감상할 수 있다. 전망대 카페에서는 호수 전체와 출
렁다리를 조망하는 파노라마 사진을 찍을 수 있다.

@_hj__in

구례 사성암

오산의 절벽에 아슬아슬하게 자리 잡은 암자. 섬진강과 지리산이 어우러진 수려한 풍경을 조망한다. 암자 앞 마당에서 구례 평야와 섬진강의 운해 풍경이 내려다보인다. 새벽녘이나 해 질 녘에 방문하길 추천.

@seulgi_sz

애월 상가리야자숲

키 큰 야자수들로 가득하여 이국적인 열대 휴양지에 온 듯한 숲길. 야자수 사이의 오솔길을 산책하거나 나무 해먹, 흔들 그네 등 소품이 설치되어 있어 트로피컬 감성의 사진을 남길 수 있다.

@bae_chae_yoon

고창 선운사 단풍

천년 고찰인 선운사 주변을 붉게 물들이는 단풍 터널이 장관이다. 도솔천을 따라 걷는 숲길과 선운사 입구의 고즈넉한 풍경을 배경으로 한 단풍 사진 촬영은 필수.

@diamond_8025

거제 외도 보타니아

배를 타고 들어가야만 만날 수 있는 특별한 해상정원. 섬 전체가 거대한 정원으로 지중해풍 건축물과 이국적인 식물들이 조화를 이루고 있다. 비너스 가든의 조각상과 유럽식 계단을 배경으로 한 사진이 인기.

@boranoooo

순천만습지

세계 5대 연안습지 중 하나. 가을에 펼쳐지는 황금빛 갈대밭이 인기 포토존이다. 용산 전망대에 올라 순천만 전체를 감싸는 S자형 수로와 갯벌, 광활한 갈대밭을 사진에 담아보자.

@haaaaa_o2

SNS SPOT 50K 이상, 전국 유명 인스타 핫플 20!

남해 독일마을
주황색 지붕과 흰 벽을 지닌 독일식 집들이 모여 있는 마을. 남해 바다와 조화를 이루어 유럽에 온 듯한 분위기를 낸다. 전망이 탁 트인 언덕 위가 마을 전경과 함께 바다를 담을 수 있어 포토존으로 인기.

@violet__s2

단양 만천하 스카이워크
남한강 절벽 위 U자형 투명 바닥 전망대. 아찔한 높이에서 남한강과 소백산맥의 풍경을 한눈에 담을 수 있다. 스카이워크 끝의 유리 바닥 위에서 발아래 절경과 함께 기념사진을 남겨보자. 짚와이어 체험도 가능하다.

@jeeeeuning

오조포구
서귀포 일몰 명소로 유명한 포구. 드라마 '웰컴 투 삼달리 촬영지'로 알려지면서 더욱 인기를 얻었다. 방파제 앞에서 성산일출봉을 배경으로 일몰 사진을 찍을 수 있다.

@195.1_

롯데월드 어드벤처 부산

동화 속 성이 보이는 로리 캐슬 분수대 앞, 롤러코스터 자이언트 디거를 배경으로 한 구도 등 사진 찍기 좋은 공간이 다양한 놀이동산. 중앙의 토킹트리 앞에선 캐릭터들과 기념 촬영이 가능하다.

@the_vvhj

포항 이가리 닻 전망대

바다를 향해 길게 뻗은 닻 모양의 해상 전망대. 닻의 뾰족한 끝부분 또는 난간에 기대면 광활한 바다를 배경으로 인생샷을 남길 수 있다. 닻의 끝은 직선거리 251km 너머의 독도를 향하고 있다.

@jjungmato

STAY
여행지에 꽂는 꽃갈피, 전국 감성숙소 Best22

웰컴미스테익스
서울에서 가장 머물고 싶은 한옥 1위로 선정된 곳. 전통 한옥 서까래와 모던한 인테리어, 책과 음악이 어우러진 곳이다. 하루 오직 한 팀, 다른 사람과 마주치지 않는 비대면 숙소.
서울 종로구 창의문로7길 27
@welcomemistakes_house

이호소락
소격동 골목에 위치한 한옥 스테이. 오래된 한옥의 서까래와 기둥이 화이트톤 인테리어와 어우러져 아늑한 분위기. 작은 정원과 실외 자쿠지가 있어 프라이빗한 휴식을 즐기기 좋다.
서울 종로구 북촌로5가길 17-8
@2hosorak

기억의 사원
2017년 한국건축문화대상 준공건축물 부문 대상을 수상한 스테이. 깊은 산속, 북한강이 내려다보이는 곳에 위치해 모든 객실에서 장락산맥의 아름다운 산세를 감상할 수 있다.
경기 가평군 가평읍 상지로 832-86
@_memorymaker

중휴림
파주에서 느끼는 발리 감성. 개별 대나무 정원과 노천 핫스파, 단독 바비큐 등 프라이빗한 휴식을 경험할 수 있는 곳. 온돌형과 침대형 중 선택할 수 있으며 인피니티풀도 두 곳 마련되어 있다.
경기 파주시 파주읍 바리골길 198-178
@joonghyurim_paju

스테이보다

높은 산과 맑은 계곡에 둘러싸인 프라이빗 스테이. 프라이빗 이끼 정원이 숨어 있는 '정원동'과 높은 천장과 오픈된 다락 공간을 품은 '보다동' 2개의 객실로 이루어져 있다.

경기 남양주시 수동면 축령산로 21-2

@stayboda

유리트리트 풀빌라

@uretreat_

세계적인 건축가 곽희수가 설계한 럭셔리 풀빌라. 거대한 콘크리트 건물이 공중에 떠 있는 듯한 압도적인 비주얼이 특징이다. 모든 객실에 프라이빗 스파가 설치되어 있다.

강원 홍천군 서면 한서로 1468-55

서로재

콘크리트의 모던함과 나무의 따뜻함이 어우러진 감성 스테이. 객실 곳곳 창마다 서로 다른 매력의 나무 풍경이 펼쳐진다. 객실마다 노천탕, 실내 욕탕, 온수 수영장, 사우나 등 다른 옵션을 가지고 있다.

강원 고성군 죽왕면 봉수대길 118

@seorojae

더 한옥 헤리티지

강원도 영월 수려한 자연 속에 위치한 럭셔리 한옥 리조트. 2024 베르사유 건축상 호텔 부문 세계 1위에 빛나는 곳으로, 한옥의 정취와 자연의 운치를 함께 즐길 수 있도록 설계된 것이 특징.

강원 영월군 남면 문개실길 37-150

@thehanok_heritage

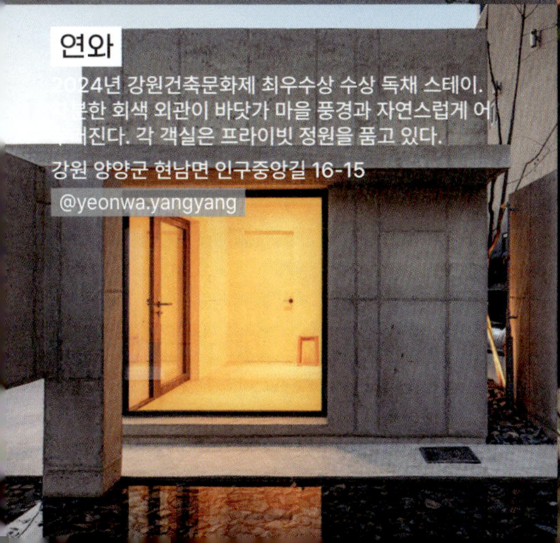

연와

2024년 강원건축문화제 최우수상 수상 독채 스테이. 편한 회색 외관이 바닷가 마을 풍경과 자연스럽게 어우러진다. 각 객실은 프라이빗 정원을 품고 있다.

강원 양양군 현남면 인구중앙길 16-15

@yeonwa.yangyang

더리버에스풀빌라

에메랄드빛 바다, 수상가옥을 콘셉트로 조성된 하이앤드 풀빌라. 50m 길이 온수 인피니티풀이 이국적이다. 노천 자쿠지가 있는 풀사이드 자쿠지 빌라는 눈이 오는 겨울에 더욱 낭만적.

충북 청주시 상당구 미원면 옥화2길 13-29

@the_river_s

알마게스트

호수 앞 조용한 독채 펜션. 화이트톤 인테리어에 나무 가구, 따뜻한 조명이 어우러져 아늑한 분위기. 프라이빗한 노천탕과 아늑한 라운지, 고요한 중정이 갖추어져 있어 편안한 휴식을 취하기 좋다.

충남 아산시 송악면 송악저수지길 273
@almagest_lake

하울펜션

초록 정원과 푸른 바다가 펼쳐진 오션뷰 스테이. 실내는 화이트 톤 인테리어로 밝고 따뜻한 분위기. 테이블, 흔들그네, 선베드가 갖추어진 정원은 아이들이 뛰어놀기에도 좋다. 사진ⓒ하울펜션

충남 태안군 고남면 옷점길 147-58

스테이인터뷰 금산

볏짚 지붕과 패턴 타일 외관이 동남아 휴양지를 연상시키는 스테이. 바로 앞에 계곡이 흐르고, 수영장도 잘 갖추어져 있어 아이들과 방문하기에도 좋다. 감성적인 카라반, 방갈로와 풀 카바나도 갖추었다.

충남 금산군 진산면 유안람로 2423
@stayinterview_geumsan

대정연가

소나무 숲과 사과 과수원으로 둘러싸인 고요한 독채 스테이. 넓은 데크와 야외 자쿠지를 갖추어 밤하늘의 별을 바라보며 낭만적인 시간을 보낼 수 있다. 특급 호텔 일식 셰프 출신 사장님이 조식을 제공한다.

경북 봉화군 춘양면 달구벌길 62-152 1층
@daejungyeonga

키에튀드

자연 속에 위치한 고요한 스테이. 복잡한 일상에서 벗어나 오롯이 휴식을 즐기기 좋은 숲속 집이다. 실내는 화이트와 브라운이 어우러진 편안한 분위기. 간살 문 사이로 들어오는 햇살이 따사롭다.

경북 청도군 매전면 관하실길 54-124
@_qui_etude_

스테이 아안유

오래된 시골집을 고쳐 만든 한옥 스테이. 민트색 지붕과 하얀 벽 화사한 외관과 아기자기한 실내가 어우러져 톡톡 튀는 느낌. 넓은 잔디밭이 있어 아이와 함께 방문하기 좋다.

경남 함안군 칠서면 아롱1길 61
@stay_aanu

스트라이프 남해 풀빌라

핑크빛 건물과 경쾌한 스트라이프 벽, 인피니티 풀이 어우러진 이국적인 분위기. 숙소 앞으로 남해의 풍경이 펼쳐진다. 바다가 보이는 이층 버스에 앉아 인생샷을 남겨 보길 추천.

경남 남해군 서면 남서대로 1965-60
@stlife_namhae

스테이 하담담

콘크리트 담장으로 외부와는 완벽하게 단절하면서 정원 위 공간은 원 모양으로 비워내 햇살이 쏟아지는 곳.

경북 경주시 새골길 49-18 1층
@stayhadamdam

스테이리안

사방이 푸른 산으로 둘러싸인 곳에 자리 잡은 스테이. 안채, 별채, 사랑채로 이루어져 있다. 주변 산세와 한옥 지붕이 하나의 프레임에 담기는 수정원 위 징검다리가 포토존.

전북 완주군 상관면 만덕산길 69-13
@stay_rian

하이클래스153 풀빌라

여수 오션뷰 풀빌라. 바다와 연결된 듯한 대형 인피니티풀이 이곳의 시그니처. 키즈존과 노래방, 게임존을 갖춘 하이플레이랜드가 있어 아이와 어른 모두 즐거운 시간을 보낼 수 있다.

전담 여수시 돌산읍 무술목길 116
@highclass153

유년시절

제주 대자연 속 프라이빗 스테이. 붉은 건물과 초록빛 야자수, 제주의 풍기 물이 어우러져 이국적인 정취를 물씬 풍긴다. 김사명위 한넬실이 속쇼로 유명하다.

제주 제주시 애월읍 녹근로 523
@childhood_stay

잔월

팽나무로 둘러싸인 작은 마을 속 고요한 스테이. 본채와 별채, 프라이빗 스파동으로 이루어진 공간이다. 야외와 연결된 마루에서 차 한 잔의 여유를 즐기기 좋은 곳.

제주 제주시 한림읍 명월로2길 11
@stay.janwol

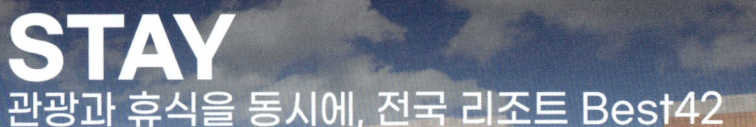

STAY
관광과 휴식을 동시에, 전국 리조트 Best42

인스파이어 엔터테인먼트 리조트

영종도에 자리 잡은 엔터테인먼트 리조트. 숙박을 넘어 다양한 경험을 제공하는 압도적인 스케일의 복합 문화 공간이다. 150m 길이 디지털 엔터테인먼트 거리 '오로라'가 이곳의 시그니처. 사진ⓒ 인스파이어 엔터테인먼트 리조트

인천 중구 공항문화로 127

인스파이어 엔터테인먼트 리조트의 외관. 5성급 호텔 3개 타워로 이루어져 있다.

통창으로 바다가 보이는 감각적인 디자인의 스위트룸

다목적 대형 원형홀 로툰다에 있는 초대형 키네틱 샹들리에. 매시 15분, 45분에 미디어 아트 쇼가 진행된다. 매일 07:30~21:00 운영.

사계절 운영하는 실내 워터파크 '스플래시 베이'. 평일 08:00~20:00, 주말 및 공휴일 08:00~22:00 운영.

곤지암리조트

서울 강남에서 차로 40분 거리에 위치 접근성이 뛰어난 사계절 종합 리조트. 수도권 최대 규모의 스키 슬로프와 가을철 단풍으로 유명한 '화담숲'을 갖추고 있어 계절마다 방문객이 끊이지 않는다. 사진ⓒ곤지암리조트

경기 광주시 도척면 도척윗로 278

1,325m의 슬로프 정상까지 이어주는 곤돌라. 곤돌라에서 내리면 스키하우스 2층의 야외 잔디광장에 곤돌라 하늘공원이 조성되어 있다.

이탈리안 요리와 와인을 즐길 수 있는 동굴 레스토랑 '라그로타'. 런치 11:30~14:30, 디너 17:30~22:00 운영.

모던한 분위기의 프라임 객실 내부

실내풀과 온수풀은 상시, 야외풀은 하절기 운영되는 패밀리 스파. 11:00~20:00 운영.

191

소노벨 비발디파크

매봉산 자락 위치 대규모 복합 리조트. 이집트 테마 초대형 워터파크 '오션월드', 국제스키연맹 공인 슬로프를 포함한 '스키월드'를 운영한다. 사진ⓒ소노호텔앤리조트

강원 홍천군 서면 한치골길 262

유럽 대저택 감성의 소노펠리체 빌리지.
프라이빗한 대형 평형대 객실로 구성되어 있다.

초심자용부터 최상급 난이도까지 다양한 슬로프를 갖춘 스키장. 12~2월 동계 시즌, 심야 스키 운영 시 09:00~ 익일 03:00.

복층 구조의 고급스러운 프레지덴셜 객실 내부

하계 시즌에 운영되는 '오션월드'의 300m 길이의 슬라이드 어트랙션 몬스터 블래스터. 10:30~20:00 운영.

웰리힐리파크

해발 600m 이상 고지에 위치, 사계절 내내 역동적인 액티비티를 즐길 수 있는 종합 리조트. 국제스키연맹(FIS) 공인 슬로프를 보유한 '스노우파크'가 핵심 시설. 사진ⓒ웰리힐리파크

강원 횡성군 둔내면 고원로 451 웰리힐리파크

겨울철 리조트와 스키장 '스노우파크' 전경. 광폭 슬로프부터 매니아를 위한 코스까지 다양하다. 12~2월 09:00~22:00 운영.

스키와 스노우보드를 즐길 수 있는 20면의 다양한 슬로프.

새해를 맞이하며 리조트에서 열리는 불꽃놀이. 매년 12월 31일 22:00~24:00 스키장 광장 야외무대에서 진행.

1.2km의 트랙을 내려오며 스피드를 즐길 수 있는 스카이라인 루지. 알파 슬로프 일대에 위치.

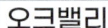

오크밸리

참나무 숲으로 둘러싸인 복합 휴양 리조트. 숲길 따라 야간 디지털 미디어 아트쇼 '소나타 오브 라이트'가 펼쳐진다. 야외 놀이동산 '퍼니 팩토리' 등 놀이·체험 시설이 풍부하다. 사진ⓒ오크밸리

강원특별자치도 원주시 지정면 오크밸리2길 40 오크밸리리조트 힐스빌리지

숲으로 둘러싸인 리조트의 모습. 자연 경관을 살린 골프 코스와 문화, 레저, 식음 시설이 다양하게 마련되어 있다.

동계 시즌 운행하는 '스노우 어드벤처' 리프트. 초급과 중급으로 나눠서 운영된다. 09:00~22:00 운영.

자연 속에서 걷기 좋은 숲속 '다둔길 산책로'. 다양한 코스가 마련되어 있으며 약 2시간~2시간 30분 소요된다.

오크밸리 경관이 보이는 빌라 객실. 심플하고 아늑한 분위기가 특징이다.

모나 용평

2018 평창 동계올림픽 알파인 스키 대회가 열렸던 사계절 복합 리조트. 백두대간 파노라마뷰를 감상할 수 있는 '발왕산 케이블카'와 알파카가 있는 '애니포레'를 운영한다. 사진ⓒ모나 용평

강원 평창군 대관령면 올림픽로 715

모노레일과 동물 먹이주기 체험을 할 수 있는 '애니포레'. 09:30~17:00 운영.

11~3월 동계 시즌 운영하는 모나 용평 스키장. 주간 09:00~17:00, 야간 19:00~23:00 운영.

케이블카를 타고 올라갈 수 있는 발왕산 스카이워크. 발왕산 관광케이블카 매일 09:00~17:00 운행.

대관령 청정수를 사용하는 '용평워터파크'와 발왕산의 모습. 용평 워터파크는 10:00~17:30 운영하며 실내존은 사계절 운영된다.

썬크루즈 호텔&리조트

해안 절벽 위 거대한 선박이 정박한 듯한 모습의 리조트. 모든 객실에서 동해의 일출을 감상할 수 있다.
정동진 전경을 파노라마 뷰로 감상할 수 있는' 360도 회전 스카이라운지'가 인기. 사진 ⓒ 썬크루즈 호텔&리조트
강원 강릉시 강동면 헌화로 950-39

바다를 바라보며 수영할 수 있는 인피니티 풀. 썬크루즈 1층과
비치크루즈 11층 두 곳에 있다. 7~8월, 09:00~19:00 운영.

정동진 바다가 보이는 럭셔리 객실 내부. 발코니 오션뷰
객실을 선택하면 발코니에서 일출을 감상할 수 있다.

바다와 조각공원이 내려다 보이는 썬크루즈 8층 레스토랑. 조식
뷔페 07:00~10:30, 중식 및 석식 11:30~21:00 운영.

쏠비치 삼척

그리스 산토리니를 모티브로 설계된 지중해풍 리조트. 푸른 바다와 하얀 건물이 어우러진 산토리니 광장이 시그니처 공간. 전용 해변인 프라이빗 비치와 연결되어 있다. 사진©소노호텔앤리조트

강원 삼척시 수로부인길 453

삼척 해변을 따라 자리 잡은 리조트의 모습. 파란 지붕이 특징이다.

동해를 조망할 수 있는 객실 내부

사계절 즐기는 워터파크 '오션 플레이'. 실내존 10:00~18:00, 야외존 10:00~17:30 운영. 10~4월 비수기에는 야외 어트랙션은 운영 종료.

산토리니 마을을 테마로 하는 베이커리 카페 '마마티라'. 09:00~21:00 운영.

웰컴센터의 사우나 시설. 07:00~20:00 운영.

199

하이원리조트

해발 1,340m 고지에 위치, 한여름에도 쾌적한 복합 리조트. 스키장은 총 20면의 슬로프를 갖췄다. 국내 유일 내국인 출입이 가능한 강원랜드 카지노 운영. 사진ⓒ하이원리조트

강원 정선군 고한읍 하이원길 424

내국인과 외국인이 함께 출입 가능한 국내 유일 카지노인 강원랜드. 10:00~익일 06:00 운영.

스키하우스와 하이원탑을 왕복하는 '운탄고도 케이블카'와 동계 시즌 스키장의 모습. 케이블카 09:00~22:00 운영.

하이원 그랜드호텔 객실 내부

운탄고도 케이블카를 타고 갈 수 있는 도롱이 연못. 왕복 1시간 30분 소요되며 완만한 숲길이어서 누구나 걷기 좋다.

파크로쉬 리조트앤웰니스

정선의 깊은 산 속에 자리 잡은 웰니스 리조트. 전
문가와 함께하는 요가, 피트니스, 명상 등 웰니스
프로그램을 통해 몸과 마음의 에너지를 재충전할
수 있는 곳이다. 사진ⓒ파크로쉬 리조트앤웰니스
강원 정선군 북평면 중봉길 9-12

통창으로 산이 보이는 호텔 내부의 모습.

파크로쉬 13층에 위치한 루프탑. 오후 9시
부터는 모든 조명이 꺼지며 별을 볼 수 있다.

파크로쉬 리조트의 로비 모습. 자작나무
패턴으로 숲 같은 분위기를 연출한다.

요가 클래스가 열리는 웰니스 클럽. 웰니스 코치와 함
께 요가, 피트니스, 명상 프로그램을 체험할 수 있다.

델피노 리조트

설악산 울산바위의 웅장한 전경을 가까이에서 감상할 수 있는 대형 리조트. 사계절 온천수로 물놀이를 즐길 수 있는 워터파크 '오션플레이'와 인피니티풀까지 다양한 공간을 갖추었다. 사진 © 소노호텔앤리조트

강원 고성군 토성면 미시령옛길 1153

눈이 쌓인 리조트의 전경

통창으로 울산바위가 보이는 객실 뷰

울산바위가 보이는 11층 인피니티 풀.
매일 09:00~17:00 운영.

사계절 물놀이와 스파를 즐길 수 있는 '오션플레이'.
야외 10:00~17:00, 실내 10:00~18:00 운영.

200평 규모의 놀이공간 '키즈클럽'. 주중
10:00~18:00, 주말 10:00~21:00 운영.

한화리조트 설악쏘라노

울산바위가 한눈에 들어오는 이탈리아 투스카니 모티브 유럽풍 리조트. 야외 스파 시설인 '스파밸리'에서 설악산을 조망하며 뜨끈한 온천욕을 즐길 수 있다. 사진ⓒ한화리조트 설악쏘라노

강원 속초시 미시령로2983번길 111

설악산과 동해를 보며 골프를 즐길 수 있는 '플라자CC 설악'. 비회원은 이용일 기준 1개월 전부터 예약 가능하다.

유럽 대저택의 고풍스러운 분위기가 느껴지는 리조트 외관과 울산바위가 보이는 탁 트인 전경.

리조트 객실 내부의 모습

'설악 워터피아'의 야외 어트랙션. 하절기 10:00~18:00 운영.

롯데리조트 속초

외옹치항 해안 절벽에 위치하여 삼면이 동해로 둘러싸인 오션뷰 리조트. 모든 객실에서 바다 조망이 가능하며, 인피니티 풀을 갖춘 '속초 워터파크'와 해안 산책로 '바다향기로'가 시그니처. 사진ⓒ롯데리조트 속초

강원 속초시 대포항길 186

해안 절벽 위에 지어진 리조트의 모습. 리조트에서 외옹치항까지 계단으로 바로 이어진다.

슬라이드와 액티비티풀이 있는 '워터파크'. 10:00~19:00 운영.

오션뷰를 볼 수 있는 객실 모습

바다 전망을 감상할 수 있는 뷔페 레스토랑 '마키노차야'. 조식 07:00~11:00, 석식 17:30~20:30 운영.

소노벨 단양

남한강의 수려한 경관과 단양 8경의 비경을 품은 휴양 리조트. 키즈풀, 유수풀, 바데풀 등을 갖춘 사계절 테마 워터파크 '오션플레이'를 운영한다. 사진ⓒ소노호텔앤리조트

충북 단양군 단양읍 삼봉로 187-17

남한강 옆에 위치한 리조트 전경

하계 시즌 운영하는 오션플레이 노천탕. 오션플레이 오픈 시간 1시간 후~마감시간 1시간 전 운영.

사계절 운영하는 사우나 시설. 07:00~19:00 운영.

리조트 내의 한식 레스토랑 '미채원'. 조식 07:00~10:00 운영.

남한강 풍경이 보이는 레이크뷰 객실

포레스트 리솜

울창한 원시림 속에 자리 잡은 친환경 숲속 휴양 리조트. 인피니티 풀과 프라이빗 스톤 스파가 시
그니처, 숲을 바라보며 노천 스파를 즐길 수 있는 '해브나인 웰니스 스파'가 핵심. 사진ⓒ포레스트 리솜

충북 제천시 백운면 금봉로 365

프라이빗한 객실 테라스에서 감상하는 별과 은하수

히노끼탕이 있는 해브나인 웰니스 스파.
10:00~18:00 운영.

3개의 야외 스파가 마련된 밸리스파존.
나이트스파 매주 토, 일 18:30~21:30 운영.

포레스트 리솜의 외관

우드톤의 아늑한 숲 속 객실 내부

청풍리조트

청풍호의 수려한 풍경을 마주하고 있는 호반 리조트. 국민연금공단에서 운영해 합리적인 가격으로 이용 가능하다. 객실은 레이크뷰와 마운틴뷰가 있으며, 제천 한방 약재를 이용한 '한방 사우나', 등 다양한 부대시설도 갖추었다. 사진©청풍리조트

충북 제천시 청풍면 청풍호로 1798

청풍호와 마주보고 있는 리조트의 전경

하계시즌 운영되는 리조트 실내 수영장. 09:00~18:00 운영.

청풍호가 보이는 스위트 객실

힐하우스 한방 사우나

벨포레리조트

증평의 푸른 숲속에 위치, 자연과 액티비티가 어우러진 복합 테마 리조트. 어린이 뮤지컬, 마운틴 카트, 벨포레 목장과 놀이동산까지 온 가족 즐길 거리가 다양해 아이를 동반한 가족 여행객이 많다. 사진ⓒ벨포레리조트

충북 증평군 도안면 벨포레길 346

튜브를 타고 슬로프를 내려오는 '사계절 썰매장'. 하절기 10:00~18:00, 동절기 10:00~17:00 운영.

'벨포레 놀이동산'의 회전목마. 하절기 10:00~18:00, 동절기 10:00~17:00 운영.

벨포레 콘도 웰컴센터의 로비

동물체험과 먹이주기를 할 수 있는 '벨포레 목장'

벨포레 리조트의 전경

소노벨 천안

중부권 최대 규모 리조트. 사계절 물놀이와 따뜻한 온천을 즐길 수 있는 '오션 어드벤처'가 있는 곳. 겨울이면 오션 어드벤처 야외에 다양한 눈놀이를 경험할 수 있는 '스노우 어드벤처'가 펼쳐진다. 사진ⓒ 소노호텔앤리조트

충남 천안시 동남구 성남면 소노로 1

눈 놀이터, 회전 썰매를 즐길 수 있는 '스노우 어드벤처'. 12~2월 10:00~17:00 운영.

사계절 물놀이를 즐기는 '오션 어드벤처'와 리조트의 모습

'오션 어드벤처'의 어트랙션 바디 슬라이드. 10:00~18:00 운영, 실외존은 동계 시즌 미운영.

안락한 패밀리 스탠다드 객실

온탕, 열탕, 냉탕이 구비된 실내 온천 사우나. 07:00~19:00 운영.

207

스플라스 리솜

최고 49°C의 덕산 온천수를 활용한 온천 테마 웰니스 리조트. 사계절 운영되는 '스파&워터파크'는
다양한 온천스파와 함께 다이나믹한 파도 풀과 짜릿한 어트랙션을 갖추었다. 사진ⓒ스플라스 리솜
충남 예산군 덕산면 온천단지3로 45-7

실내에 마련된 사계절 온천 스파의 바데풀. 11종의 수
압마사지를 받을 수 있다. 07:00~19:00 운영.

차분한 우드톤의 객실 내부

반신욕을 즐길 수 있는 객실 내 욕조

3개의 슬라이드, 8종의 파도가 치는 파도풀 등 다양한 어트랙션이 있는
워터파크. 09:00~18:00 운영, 동계 시즌 일부 어트랙션 미운영.

아일랜드 리솜

인피니티 풀에서 노을을 볼 수 있는 '오아식스 선셋스파'. 일반 시즌 10:00~19:00, 여름 성수기 10:00~20:00 운영. 사진ⓒ아일랜드 리솜
충남 태안군 안면읍 꽃지해안로 204

꽃지 해변 앞에 위치한 별장형 객실 '오션빌라스'

비치라운지 '아일랜드 57'의 투명돔 '일루글루'. 야외광장은 5~10월, 일루글루는 매일 상시 운영.

바다 전망의 '오션타워' 객실

'오션빌라스' 독채 객실 내부

롯데리조트부여

백제의 역사와 문화가 살아 숨 쉬는 부여 소재 복합 휴양 리조트. 현대적 시설 속에 중정과 대청마루 등 한국 전통 건축미를 담아낸 것이 특징. 주요 시설로는 유수풀과 키즈풀을 갖춘 워터파크 '아쿠아가든'이 있다. 사진ⓒ롯데리조트부여

충남 부여군 규암면 백제문로 400

리조트와 가까워 접근성이 좋은 롯데아울렛 부여. 리조트와 마찬가지로 한옥 요소를 담아냈다.

사계절 운영되는 실내 워터파크 '아쿠아가든'. 유수풀, 어린이풀, 풀이 있어 온가족이 함께 즐기기 좋다. 10:00~18:00 운영

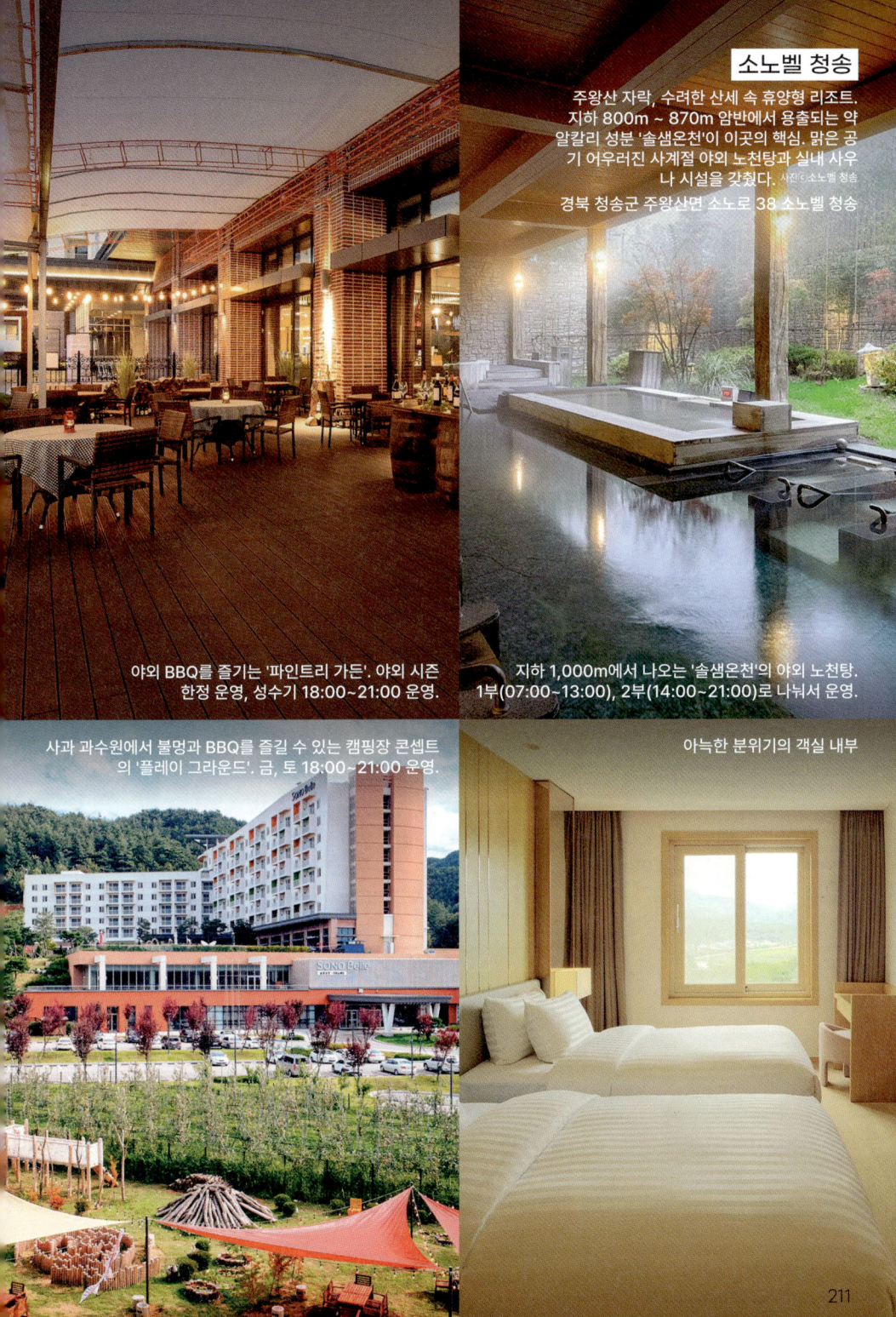

소노벨 청송

주왕산 자락, 수려한 산세 속 휴양형 리조트. 지하 800m ~ 870m 암반에서 용출되는 약알칼리 성분 '솔샘온천'이 이곳의 핵심. 맑은 공기 어우러진 사계절 야외 노천탕과 실내 사우나 시설을 갖췄다. 사진©소노벨 청송

경북 청송군 주왕산면 소노로 38 소노벨 청송

야외 BBQ를 즐기는 '파인트리 가든'. 야외 시즌 한정 운영, 성수기 18:00~21:00 운영.

지하 1,000m에서 나오는 '솔샘온천'의 야외 노천탕. 1부(07:00~13:00), 2부(14:00~21:00)로 나눠서 운영.

사과 과수원에서 불멍과 BBQ를 즐길 수 있는 캠핑장 콘셉트의 '플레이 그라운드'. 금, 토 18:00~21:00 운영.

아늑한 분위기의 객실 내부

211

한화리조트 경주

신라의 고전미와 현대적 감각이 공존하는 리조트. 지하 750m에서 용출되는 천연 온천수를 사용하는 뽀로로 테마 사계절 워터파크 '뽀로로 아쿠아빌리지'가 이곳의 하이라이트. 사진 ⓒ 한화리조트 경주

경북 경주시 보문로 182-27 한화콘도미니엄

뽀로로 마을을 표현한 국내 최초 천연 온천수 워터파크 '뽀로로 아쿠아빌리지'. 사계절 10:00~18:00 운영.

경주 담톤의 외관

장자의 소요유를 콘셉트로 조성된 야외 정원 '소요원'

모던한 분위기의 객실 내부

212

소노캄 경주

고요한 보문호수와 마주한 휴양형 리조트. 2025년 전면 리노베이션을 진행해 현대적이고 쾌적한 시설을 갖추었다. 동궁과 월지의 곡선미를 재해석한 '웰니스 풀앤스파'가 이곳의 시그니처. 사진ⓒ소노호텔앤리조트

경북 경주시 보문로 402-12 소노캄 경주

보문호수를 앞에 두고 있는 리조트의 외관.

지하 680m에서 끌어올린 약알칼리 온천수가 흐르는 '웰니스 풀앤스파'. 실내, 실외, 사우나로 구성되어 있다.

'웰니스 풀앤스파'의 실외 온천. 성수기 기준 매일 09:00~21:00 운영.

경주 보문호수가 보이는 스위트 객실의 모습. 동양적인 인테리어가 포인트.

비바체 리조트

지리산 자락 하동호와 맞닿은 전 객실 레이크뷰 휴양 리조트. 숲속 호수에서 유영하는 듯한 100m 인피니티풀이 인기있다. 정갈한 조식과 푸짐한 석식 BBQ를 즐길 수 있는 레스토랑 운영. 사진ⓒ 비바체 리조트

경남 하동군 청암면 청학로 876 비바체 리조트

호수가 보이는 레이크뷰 객실

뒤에는 지리산, 앞에는 하동호가 있는 리조트의 전체 외관

조식과 석식 BBQ 뷔페를 운영하는 1층의 레스토랑. 조식뷔페 08:00~10:00, 석식 17:00~21:00 운영.

하동호와 지리산이 한눈에 보이는 인피니티 풀. 입실일 체크인 시간부터 21:00, 퇴실일 08:00부터 체크아웃까지 이용 가능.

쏠비치 남해

이탈리아 남부 휴양지 모티브 해양 리조트. 절벽 위로 켜켜이 쌓아진 모습은 남해 특유의 다랭이 논을 연상하게 한다. 탁 트인 오션뷰를 배경으로 압도적 스케일의 인피니티 풀이 펼쳐진다. 사진ⓒ소노호텔앤리조트

경남 남해군 미조면 미송로303번길 115 쏠비치 남해

남해 바다를 배경으로 자리하고 있는 다랭이 논 모양의 독특한 리조트 외관.

남해 바다와 이어지는 듯한 인피니티 풀. 주중 10:00~20:00, 주말 및 공휴일 10:00~21:00 운영.

사계절 운영하는 바다 위 스케이트장 '아이스 비치'. 10:00~14:30, 15:00~19:30 2부제로 운영.

야외 별관에 위치한 '비스트로 케미'. 12:00~18:00는 카페, 18:00~23:00는 펍과 바로 운영된다. 모히또, 피자, 젤라또 등 판매.

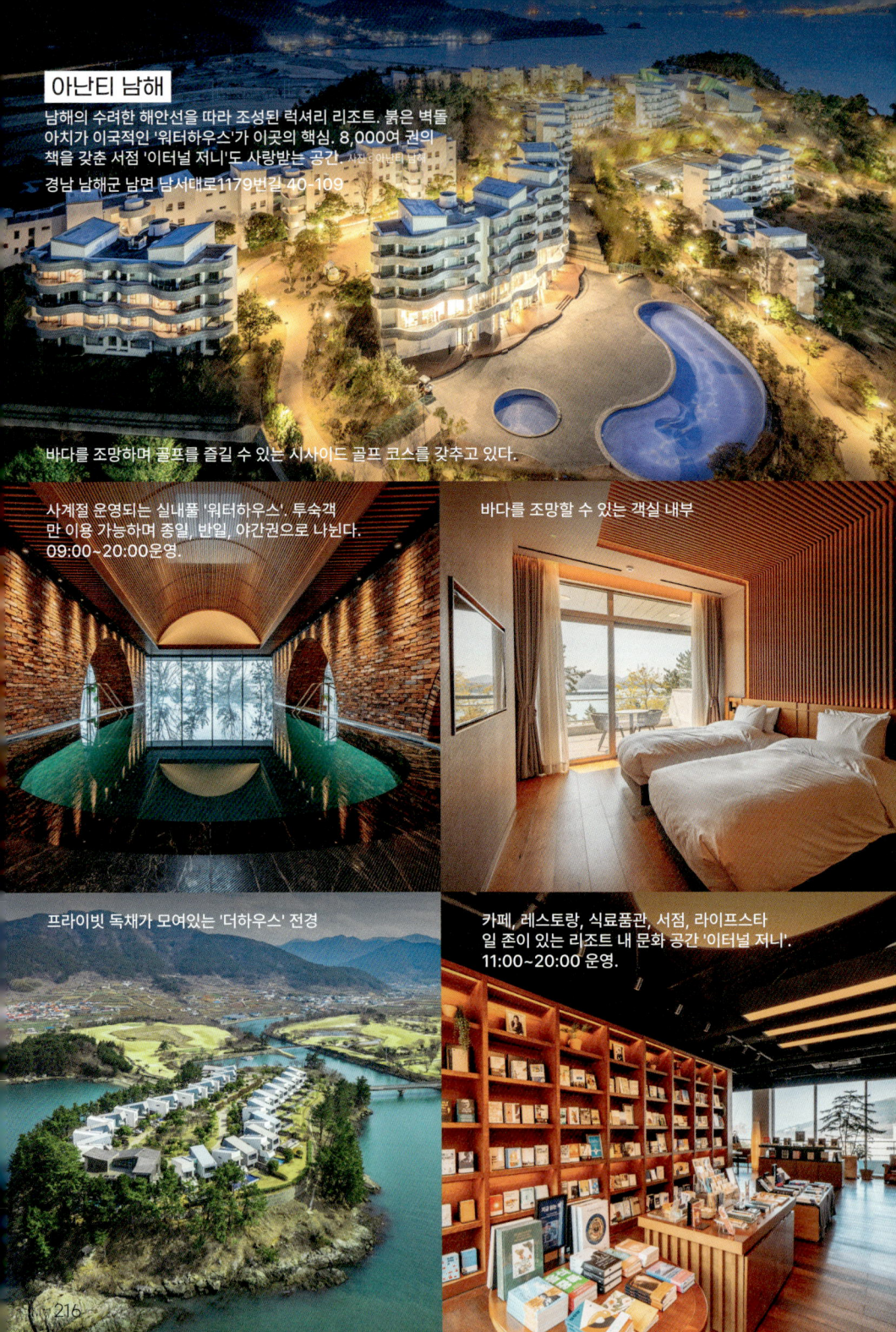

아난티 남해

남해의 수려한 해안선을 따라 조성된 럭셔리 리조트. 붉은 벽돌
아치가 이국적인 '워터하우스'가 이곳의 핵심. 8,000여 권의
책을 갖춘 서점 '이터널 저니'도 사랑받는 공간. 사진 ⓒ 아난티 남해
경남 남해군 남면 남서대로1179번길 40-109

바다를 조망하며 골프를 즐길 수 있는 시사이드 골프 코스를 갖추고 있다.

사계절 운영되는 실내풀 '워터하우스'. 투숙객
만 이용 가능하며 종일, 반일, 야간권으로 나뉜다.
09:00~20:00운영.

바다를 조망할 수 있는 객실 내부

프라이빗 독채가 모여있는 '더하우스' 전경

카페, 레스토랑, 식료품관, 서점, 라이프스타
일 존이 있는 리조트 내 문화 공간 '이터널 저니'.
11:00~20:00 운영.

소노캄 거제

끝없이 펼쳐진 한려해상국립공원의 풍경을 즐길 수 있는 해양 리조트. 마리나베이에서 카타마란 요트와 제트 크루저를 활용한 해넘이 요트 투어, 야간 불꽃 투어 등 차별화된 레저 프로그램을 운영한다. 사진 ⓒ 소노호텔앤리조트

경남 거제시 일운면 거제대로 2660

바다 앞에 위치한 리조트의 모습. 모든 객실이 바다를 볼 수 있는 오션뷰로 되어 있다.

이탈리아 친퀘테레를 모티브로 한 레스토랑 '몬테로쏘'. 토마호크 스테이크와 화덕피자가 인기 메뉴이다. 08:00~22:00 운영.

모험선 테마의 오션뷰 객실. 해변과 산의 전망을 모두 즐길 수 있다.

오션어드벤처의 인피니티 풀. 10:00~17:30 운영, 야외존은 동계 시즌 미운영.

셀프 BBQ를 즐길 수 있는 'BBQ 팩토리'. 목~월 17:00~21:00 운영.

한화리조트 거제 벨버디어

거가대교와 남해의 절경이 어우러진 해양 리조트. 바다 위 100m의 인피니티풀이 이곳의 시그니처. 시푸드 다이닝 '치치 더 테라스', 오션뷰 레스토랑 'L-Floor' 등 식음 시설 운영. 사진ⓒ한화리조트 거제 벨버디어

경남 거제시 장목면 거제북로 2501-40

리조트 20층에 위치한 인피니티 풀. 예약제로 운영된다. 10:30~19:30 운영.

바다를 보며 수영을 즐길 수 있는 실내외 수영장. 실내 풀 10:30~19:00, 실외풀 11:30~17:00 운영.

바다가 보이는 차분한 분위기의 객실

리조트 최상층의 조식 레스토랑. 1~3부로 나눠서 운영된다. 07:00~12:30 운영, 중식과 석식은 미운영.

계절 생선회 한 상, 특선 런치 코스 등을 판매하는 프리미엄 시푸드 다이닝 '치치 더 테라스'. 15:00~22:00 운영.

금호통영마리나리조트

'동양의 나폴리' 통영에 위치한 해상 리조트. 전용 마리나에서 출발하는 고품격 요트 투어가 이곳의 하이라이트. 붉은 노을 속 선셋 투어 등 특별한 해양 레저를 경험할 수 있다. 사진ⓒ금호통영마리나리조트

경남 통영시 큰발개1길 33 금호통영마리나리조트

요트 투어 선착장이 있는 리조트의 모습. 40인승과 27인승 카타마란 요트를 상시 운항한다.

리조트 지하 1층에 위치한 스포츠센터의 탁구장. 15:00~23:00 운영.

통영 바다 뷰의 통창 객실

바다 위 석양을 볼 수 있는 요트 투어. 한산대첩 접전지 투어, 한산도 제승당 요트 투어, 썬셋 요트 투어 등 프로그램이 다양하다. 1~2시간 소요 (프로그램 별 상이).

바다를 보며 야외 테라스에서 즐기는 '오션 그릴 BBQ'. 18:00~22:00 운영, 기상 상황에 따라 실내 운영.

한화리조트 해운대

광안대교와 오션뷰를 한눈에 담을 수 있는 시티 리조트. 바다를 배경으로 다이닝을 즐길 수 있는
'클라우드 32'와 바다를 바라보며 피로를 풀 수 있는 오션뷰 사우나 운영. 사진ⓒ한화리조트 해운대
부산 해운대구 마린시티3로 52 한화리조트 해운대

오륙도 전망을 즐길 수 있는 4층 실
내 사우나. 06:00~21:00 운영.

광안대교를 보며 식사할 수 있는 2층 '피쉬 앤 시사이
드 키친'. 사전예약 필요. 17:00~21:30 운영.

마린시티의 화려한 야경을 완성하는 리조트의 모습

바다가 보이는 전망과 모던한 화이트톤으로 이루어진 객실 내부

아난티 코브

기장의 아름다운 해안선을 따라 조성된 복합 휴양 단지. 미로처럼 연결된 벽면을 가득 채운 미디어 아트와 감각적인 음악이 함께하는 '워터하우스'에서 사계절 내내 온천욕을 즐길 수 있는 곳. 사진ⓒ아난티 코브

부산 기장군 기장읍 기장해안로 268-31

천연 온천수 수백 톤을 활용해 운영되는 '워터하우스'의 화려한 미디어 아트. 성수기(6~9월) 기준 09:00~21:00 운영.

바다가 내려다 보이는 프라이빗 레지던스

기장 바다와 어우러지는 리조트의 전체 외관. 펜트하우스와 프라이빗 레지던스 모든 객실에서 바다가 보인다.

1km 길이의 프라이빗 해변을 따라 조성된 산책로. 해동 용궁사부터 대변항까지 이어진다.

티와 디저트를 즐길 수 있는 10층 '맥퀸즈 라운지'. 10:00~20:00 운영.

223

소노벨 변산

프랑스 노르망디를 모티브로 한 이국적인 휴양 리조트. 사계절 워터파크 '오션플레이'는 아이를 동반한 가족 여행객이 선호한다. 루프탑 다이닝 '더 선셋'은 동계 시즌 유리 돔이 시그니처. 사진ⓒ소노호텔앤리조트

전북 부안군 변산면 소노로 10

바다를 바로 앞에 둔 리조트의 모습

사계절 운영하는 실내 유수풀. 평일 10:00~17:00, 주말 10:00~18:00 운영.

워터파크 '오션플레이'의 야외 파도풀. 비수기에는 미운영되며 노천탕은 동계 시즌에도 운영.

한식 레스토랑 '더 테이블'. 조식 뷔페 07:30~10:00, 중식 12:00~15:00, 석식 17:00~21:00 운영.

복층 구조의 실버 스위트 객실

이글루 모양 돔이 있는 루프탑 다이닝 '더 선셋'. 바비큐와 그릴을 즐길 수 있다. 당일 사전 예약 필요. 17:00~21:00 운영.

남원예촌 한옥스테이

전통 한옥의 고즈넉함과 현대적 리조트의 편리함을 동시에 느낄 수 있는 한옥스테이. 옛 방식 그대로 참나무 장작으로 아궁이에 불을 지펴 구들장을 데운다. 아름다운 정자 '부용정'이 하이라이트. 사진ⓒ남원예촌 한옥스테이
전북 남원시 광한북로 17

수페리어 대청, 디럭스 온돌 등 한옥의 특성을 살려 만든 스테이의 외관과 입구.

한옥 명장들이 직접 자연에서 얻은 재료로 지은 한옥의 외관. 야간 조명으로 고즈넉한 분위기를 연출한다.

온돌 구조와 전통적인 요소를 그대로 살린 특색 있는 객실

백제시대 고유 건축법으로 지은 정자 '부용정'. 전통 체험 프로그램을 운영한다. 09:00~21:00 운영.

라테라스 리조트

여수 돌산 해안선을 따라 위치한 휴양 리조트. 이국적인 야자수와 탁 트인 남해의 자연이 어우러져 해외 휴양지에 온 것 같은 분위기. 감성 이자카야 '만카이', 요트 탑승장 등 다양한 부대시설을 운영. 사진ⓒ 라테라스 리조트

전남 여수시 돌산읍 진모1길 29-12

돌산도 바다를 앞에 둔 리조트의 전경. 라테라스동과 깔라까따동으로 나뉜다.

일본의 가마쿠라 거리를 재현한 테마 공간 '만카이'. 야끼니꾸, 된장술밥 등 이자카야 메뉴 판매. 18:00~24:00 운영.

통창으로 돌산도 바다가 보이는 세련된 객실의 모습

해외 휴양지 같은 이국적인 분위기의 라테라스 인피니티 풀. 동절기 제외 09:00~21:00 운영.

아이들을 위한 키즈 워터파크. 낮은 수심과 미끄럼틀로 안심하고 놀 수 있다. 동절기 제외 09:00~19:00 운영.

디오션리조트

다도해의 풍경이 파노라마처럼 펼쳐지는 여수 휴양 리조트. 실내외 수영장은 물론 짜릿한 슬라이드와 파도풀을 갖춘 '디 오션 워터파크'는 가족 단위 여행객에게 추천 사진ⓒ디오션리조트

전남 여수시 소호로 295

여수 바다와 맞닿은 리조트와 워터파크. 캐논볼, 더블 토네이도 등 어트랙션이 다양하다. 10:00~18:00, 동절기 야외존 미운영.

사계절 운영되는 실내 워터파크. 파도풀, 유수풀, 유아풀 등을 즐길 수 있다. 10:00~18:00 운영.

리조트 내의 디오션 호텔의 모습. 15층까지 있으며 오션뷰를 즐길 수 있다.

큰 창문을 통해 바다가 내다보이는 객실의 모습.

225

쏠비치 진도

남프랑스의 휴양지 프로방스를 모티브로 한 이국적인 휴양 리조트. 사계절 인피니티풀을 운영하며, 하루 한 번 바닷길이 열리는 작은 섬 '소삼도'와 연결된 해안 산책로가 있다. 사진 ⓒ소노호텔앤리조트

전남 진도군 의신면 송군길 30-40

바다를 앞에 둔 리조트와 소삼도의 모습. 소삼도에 숨겨진 힌트를 찾는 체험 프로그램 '로스트 아일랜드'도 운영한다. 약 1시간 30분 소요, 09:00~18:00 운영.

바다를 앞에 둔 리조트와 소삼도의 모습. 소삼도에 숨겨진 힌트를 찾는 체험 프로그램 '로스트 아일랜드'도 운영한다. 약 1시간 30분 소요, 09:00~18:00 운영.

안락하고 세련된 객실 내부

실내에서 스파를 즐기며 바다를 볼 수 있는 사우나. 인피니티풀 이용객은 사우나 무료 이용 가능. 07:00~23:00 운영.

해비치 호텔&리조트 제주

제주의 아름다운 일출을 마주할 수 있는 복합 휴양
단지. 스파, 사우나, 피트니스 등이 모여 있는 '윈터가
든'이 이곳의 핵심. 온 가족이 함께 즐길 수 있는 '트
윈 풀'과 휴양지 감성 가득 성인 전용 '더 써드 풀'을
갖추었다. 사진 ⓒ해비치 호텔&리조트 제주
제주 서귀포시 표선면 민속해안로 537

제주의 숲 곶자왈을 모티브로 한 실내 정원
으로 둘러싸인 프렌치 레스토랑 '밀리우'.
디너 18:00~22:00 운영, 매주 수목 휴무.

서귀포 바다가 보이는 테라스가 있는 객실

야자수와 어우러지는 야외 풀 '더 써드 풀'의 모
습. 13:00~22:00 운영, 11~4월 미운영.

라이브 연주와 와인, 칵테일, 위스키를 즐길 수
있는 '바99'. 17:00~익일 01:00 운영.

227

남원 바다를 앞에 두고 있는 리조트의 전경.

금호제주리조트

남원 큰엉해안경승지를 앞마당처럼 품고 있는 이국적인 리조트. 정원과 연결된 큰엉 산책로를 따라 걷다 보면 나무들이 겹쳐 작은 한반도 모양을 이루는 '한반도 포토존'을 만날 수 있다. 사진 ⓒ 금호제주리조트

제주 서귀포시 남원읍 태위로 522-12 금호제주리조트

제주 바다가 보이는 로얄 스위트 프리미어 객실.

바다가 보이는 곳에서 물놀이를 즐길 수 있는 '아쿠아나' 실외풀. 10:00~18:00 운영.

바다와 실외풀을 보며 흑돼지 구이를 즐길 수 있는 '오션 그릴'. 런치 12:00~16:00, 디너 18:00~22:00 운영.

조식 뷔페를 운영하는 1층 레스토랑, 07:00~10:00 운영.

켄싱턴리조트 서귀포점

자연을 오롯이 만끽하기 좋은 휴양 리조트. 마운틴뷰 객실에서는 한라산을, 오션뷰 객실에서는 서귀포 바다와 범섬을 한눈에 담을 수 있다. 사계절 아름다운 팜트리 정원과 해안 산책로가 조성되어 있다. 사진ⓒ켄싱턴리조트 서귀포점

제주 서귀포시 이어도로 684

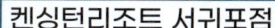

리조트 앞에 조성된 사계절 팜트리 정원의 모습. 올레길 7코스와 더불어 로즈마리가든, 하귤정원 등이 있다.

산책로에서 범섬 사진을 찍을 수 있는 포토존

팜트리 가든의 분수 연못. 조명이 켜져서 해질녘 산책을 즐기기 좋다.

팜트리 정원 누릴 볼 수 있는 리조트 내의 애슐리퀸즈. 11:30~21:00 운영.

범섬과 바다를 조망할 수 있는 객실.

JW 메리어트 제주 리조트 & 스파

세계적인 건축가 빌 벤슬리가 디자인한 럭셔리 리조트. 제주의 초가, 유채, 돌담, 해녀에서 영감을 얻었다. 정원에서 제주올레길 7코스와 바로 연결되어 외돌개, 범섬 등 제주의 비경을 감상하기 좋다. 사진ⓒJW 메리어트 제주 리조트 & 스파

제주 서귀포시 태평로 152

인피니티 풀, 온수 수영장이 있는 리프레시 야외 공간. 09:00~21:00 운영.

한국의 초가 건축양식과 제주의 독특한 지형에서 영감을 받은 건축물.

리조트 내의 어린이 놀이 시설인 '리플레이 키즈 클럽'. 09:00~21:00 운영.

돌담과 자연의 풍경을 볼 수 있는 리조트 로비의 모습.

제주신화월드

휴식과 놀이를 한곳에서 즐길 수 있는 제주 최대 규모의 복합 리조트. 놀이기구 가득한 '신화
테마파크', 실내외 파도풀과 유수풀을 갖춘 '신화워터파크' 등을 갖추고 있다. 사진ⓒ제주신화월드
제주 서귀포시 안덕면 신화역사로304번길 38

제주신화월드 리조트의 전경. 호텔과 리조트
에 더불어 신화워터파크, 신화테마파크, 모모
쥬동물원으로 구성되어 있다.

신화워터파크의 '버블팝'. 초대형 비치볼 위에
서 점프하고 미끄러지는 실내 어트랙션. 사계
절 11:00~19:00 운영.

워터파크와 테마파크가 내려다보이는 리조트 객실.

신화테마파크의 어트랙션 '오스카 스핀 앤
범프'. 바이킹과 회전 코스터가 결합된 놀이
기구다. 10:00~20:00 운영.

233

레츠코레일 로드
KTX SRT

운전의 고단함, 막혔다 풀렸다 하는 도로의 사정에서 잠시 벗어나보세요. 열차 창 밖으로 보이는 풍경을 통해 여행의 설렘을 온전히 만끽해보세요. 기차는 교통수단이 아니라 그 자체로 여행이 되기도 한답니다. 자, 기차표 끊을 준비 되셨나요?

행신
서울 청량리
영등포
용산
덕소
양평 중앙선 횡성
진부 (오대산)
강릉
정동진
광명
판교
수서
강릉선
둔내
평창
묵호
동해
수원
부발
서원주
만종
원주
동탄
가남
감곡장호원
양성온천
제천
평택지제
충주
단양
천안아산
중부내륙선
풍기
영주
오송
문경
서대전
대전
공주
계룡
안동
논산
의성
경부선
김천구미
익산
전주
영천
포항
김제
동대구
서대구
경산
경주
정읍
호남선
남원
밀양
울산
장성
곡성
광주송정
구례구
경전선
창원
진영
구포
나주
순천
진주
마산
창원중앙
목포
전라선
여천
부산
여수엑스포

——	SRT선
——	코레일 고속선
●	SRT역
●	코레일 역
○	공용역

여행을 위한 '빠른 길'

목적지에 다다르는 가장 빠른 길이 어디일지, 또는 돌아가더라도 보고싶었던 풍경을 맘껏 둘러볼 수 있는 그런 길이 어디일지 찾아보세요.

한국관광공사 선정 관광100선
역대 여행지 235곳

서울특별시

서울 남산 N서울타워

서울 동대문디자인플라자

서울 서대문형무소역사관

서울 5대 고궁

서울 서울스카이&롯데월드

서울 서울시립미술관

서울 익선동

서울 코엑스(스타필드)

서울 홍대거리

서울 광장시장

서울 남대문시장

서울 명동거리

서울 북촌한옥마을

서울 북한산 국립공원

서울 서울로7017

서울 서울숲

서울 이태원 관광특구

서울 인사동

서울 청와대앞길&서촌마을

경기도·인천광역시

가평 아침고요수목원

가평 쁘띠프랑스

가평 자라섬

과천 서울랜드&서울대공원

광명 광명동굴

광주 화담숲

광주 남한산성

수원 수원화성

안성 농협경제지주 안성팜랜드

양평 두물머리

연천 재인폭포공원

연천 한탄강관광지

용인 에버랜드

용인 한국민속촌

인천 개항장문화지구&인천 차이
　　나타운(송월동 동화마을)

인천 강화 원도심 스토리워크

인천 소래포구

인천 송도 센트럴 파크

인천 영종도

인천 차이나타운

인천 백령도, 대청도

인천 월미도

화성 제부도

파주 임진각과 파주 DMZ

파주 헤이리예술마을

포천 국립수목원

포천 아트밸리

포천 허브아일랜드

강원특별자치도

강릉 커피거리

강릉 주문진

강릉 경포대

강릉 오죽헌

강릉 정동진

강원 태백산

고성 DMZ

동해 도째비골 스카이밸리
　　&해랑전망대

동해 무릉계곡

삼척 대이리동굴지대

속초 해변

속초 아바이마을

양양 낙산사

원주 뮤지엄 산(SAN)

원주 소금산 출렁다리
　　(간현관광지)

인제 설악산

인제 원대리 자작나무숲

정선 삼탄 아트마인

정선 하이원

철원 한탄강 유네스코
　　세계지질공원

춘천 남이섬

춘천 물레길

춘천 삼악산 호수 케이블카

평창 대관령

홍천 비발디파크&오션월드

홍천 오대산

우리나라를 대표하는 여행지 235곳을 소개합니다. 한국관광공사가 선정하여 더욱 믿을 수 있는, 우리나라의 랜드마크들을 살펴보세요. 2년에 한 번씩 발표하는 우리나라의 대표여행지들을 모두 모아 정리했습니다. 한국인이라면 반드시 가봐야 할, 외국인에게 자신있게 추천해줄 관광명소를 추천해 드립니다.

충청북도

괴산 산막이 옛길

단양 만천하스카이워크&
　　단양강 잔도

단양 단양팔경

단양 도담삼봉

단양 소백산

보은 법주사

보은 속리산 법주사&
　　속리산테마파크

제천 의림지

제천 청풍호반케이블카

청주 청남대

충주 중앙탑사적공원&
　　탄금호무지개길

충청남도·대전광역시 ·세종특별자치시

공주 백제유적지(공산성, 무령왕
　　릉과 왕릉원)

대전 계족산 황톳길

대전 장태산 자연휴양림

대전 한밭수목원

대천 대천 해수욕장

부여 백제유적지
　　(부소산성, 궁남지)

부여 부소산성

서산 해미읍성

서천 국립생태원

세종 세종호수공원 일원

세종 국립세종수목원

아산 외암마을

예산 예당호출렁다리&음악분수

예산 예산황새공원

예산 수덕사

태안 신두리 해안사구

태안 안면도 꽃지해변

태안 안면도

경상북도·대구광역시

경주 불국사&석굴암

경주 대릉원&동궁과 월지
　　&첨성대&황리단길

고령 대가야 고분군

대구 서문시장&동성로

대구 수성못

대구 팔공산

대구 근대골목

대구 방천시장과 김광석
　　다시그리기길

대구 안지랑 곱창골목

대구 앞산공원

문경 문경새재 도립공원

봉화 백두대간 협곡열차

안동 병산서원

안동 하회마을

영덕 대게거리

영주 부석사

영주 소수서원

울릉도 독도

울진 금강소나무숲길

울진 죽변해안스카이레일

청송 주왕산&주산지

포항 호미곶

포항 스페이스워크

포항 운하&죽도시장

한국관광공사 선정 관광100선
역대 여행지 235곳

경상남도

거제 바람의 언덕

거제 외도 보타니아

거제 해금강

거창 항노화힐링랜드

고성 당항포

김해 김해가야테마파크

남해 독일마을

남해 다랭이마을

진주 진주성

창원 진해 여좌천

창녕 우포늪

통영 동피랑 마을

통영 디피랑

통영 소매물도

통영 스카이라인 루지

통영 장사도

통영 수도조망 케이블카

함양 지리산

합천 해인사

합천 황매산국립공원

부산광역시

부산 감천문화마을

부산 다대포 꿈의 낙조분수&
    다대포 해수욕장

부산 용궁 구름다리&
    송도 해수욕장

부산 용두산&자갈치 관광특구

부산 태종대

부산 흰여울문화마을

부산 해운대&송정해수욕장

부산 광안리해변&SUP존

부산 국제시장&부평깡통시장

부산 마린시티

부산 송도 해수욕장

부산 엑스더스카이&
    해운대 그린레일웨이

부산 오시리아 관광단지

부산 자갈치시장

울산광역시

울산 간절곶

울산 대왕암공원

울산 반구대 암각화

울산 영남 알프스

울산 태화강 국가정원

울산 장생포 고래문화특구

울산 태화강 십리대숲

전북특별자치도

고창 고창고인돌운곡습지마을

고창 선운산

군산 고군산군도

군산 시간여행(근대문화유산)

남원 남원시립김병종미술관

무주 덕유산

무주 반디랜드&태권도원

부안 변산반도

순창 강천산

완주 삼례문화예술촌

익산 미륵사지

익산 왕궁리 유적

임실 치즈마을

전주 한옥마을

정읍 내장산

정읍 옥정호 구절초 지방정원

진안 마이산

전라남도·광주광역시

강진 가우도

고흥 쑥섬(애도)

곡성 섬진강 기차마을

광주 국립아시아문화전당

광주 무등산

광주 5.18 기념공원

광주 대인예술시장

광주 양림동 역사문화마을

구례 상생의길&소나무숲길

담양 죽녹원

목포 근대역사문화공간&
　　 목포해상케이블카

보성 보성 녹차밭(대한다원)

순천 순천만습지&순천만국가정원

순천 낙안읍성

신안 퍼플섬

신안 증도

신안 홍도

여수 오동도&엑스포해양공원

여수 여수세계박람회장&
　　 여수해상케이블카

여수 향일암

완도 청산도

장흥 정남진장흥토요시장

해남 땅끝 관광지

해남 미황사

제주특별자치도

제주 비자림

제주 성산일출봉

제주 올레길

제주 우도

제주 천지연 폭포

제주 카멜리아힐

제주 한라산

제주 김영갑갤러리 두모악

제주 돌문화공원

제주 사려니숲길

제주 산굼부리

제주 서귀포 매일올레시장

제주 섭지코지

제주 성읍 민속마을

제주 쇠소깍

제주 에코랜드 테마파크

제주 절물자연휴양림

제주 중문관광단지

제주 지질트레일

직접 가볼 수 있는 고구려 여행지

천년 넘는 역사를 지니며 한반도 북부와 만주벌판까지 그 영향력을 키워왔던 강인한 왕조였어요. 한반도의 위쪽을 주무대로 삼았기에 현재 우리나라 안에서 고구려의 흔적을 찾기란 쉽지 않지만, 그렇기에 더 뜻깊고 귀한 고구려의 역사 여행지들을 소개해드립니다. 고구려로 시간여행 떠나볼까요?

서울 광진구 아차산 생태공원

소나무 숲길, 황톳길, 습지원, 나비정원 등 테마 공간과 고구려 역사 홍보관이 있다.

경기 구리시 고구려 대장간 마을

고구려 대장촌을 그대로 재현해 놓아 고구려 시대 사극 촬영장으로 유명하다. 고구려 토기와 철제 무기가 발굴되었다.

경기 연천군 연천 호로고루 해바라기

고구려 때부터 조선시대까지 군사 목적으로 활용된 역사적인 건물로, 고구려 시대의 건축 양식을 살펴볼 수 있다.

경기 연천군 당포성

삼각형 모양의 절벽에 만들어진 고구려성으로, 전략적 요충지였다. 대표적인 고구려의 역사여행지이다.

충북 단양군 온달 관광지

볼품없던 온달에게 무술과 병법을 가르쳐 고구려의 훌륭한 장수로 성장시킨 평강공주의 이야기를 테마로 한 관광지로 고구려 배경 세트장이기도 하다.

강원 강릉시 하슬라 아트월드

고구려 시대 당시 불리던 강릉의 옛 지명인 '하슬라'로 이름 지어진 이곳은, 바다와 함께 현대미술 작품들을 감상할 수 있는 곳이다.

충북 충주시 장미산성

고구려 산성으로 백제, 고구려, 신라가 차례대로 이 성을 차지해 왔다. 3국이 치열한 전투를 벌인 장소이자, 전략적 요충지였다.

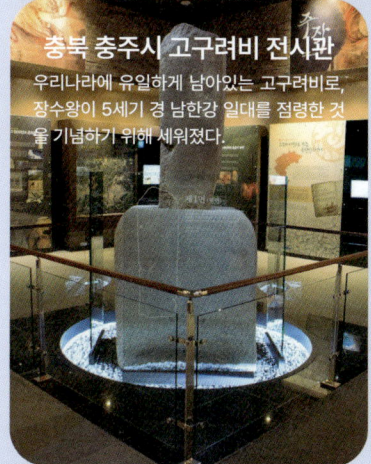

충북 충주시 고구려비 전시관

우리나라에 유일하게 남아있는 고구려비로, 장수왕이 5세기 경 남한강 일대를 점령한 것을 기념하기 위해 세워졌다.

경북 문경시 가은오픈세트장

고구려의 성을 답사하고 고증하고, 고분벽화의 색채감을 입혀 고구려를 재현해둔 세트장이다.

신라 천년의 역사 스탬프 투어

삼국시대를 이끈 주역, 천 년의 역사를 이어온 신라 왕국! 부족 연맹으로부터 출발하여 백제와 고구려를 정복하며 통일을 이끌어낸 신라는 우리 역사에서 반드시 짚고 넘어가야 할 중요한 대목이에요. 그 찬란했던 역사가 고스란히 남아있는 명소들을 소개합니다. 신라시대로의 타임슬립을 떠나보아요.

경북 경주시 문무대왕릉

삼국통일을 이끌어낸 문무대왕을 추모할 수 있는 수중릉이다.

경북 경주시 동궁원

경주 동궁원이라고도 불리며 신라시대 풍경을 그대로 담은 테마 식물원으로 꾸며져 있다.

경북 경주시 불국사

다보탑, 불국사3층석탑, 금동아미타여래좌상 등 국보만 7점을 보유한 신라불교의 역사를 지닌 곳이다.

경북 경주시 분황사

선덕여왕을 위해 지어진 사찰로 원래는 매우 큰 사찰이었으나 승유억불 정책으로 작은 암자 크기로 남아있다.

경북 경주시 첨성대

첨성대는 신라 선덕여왕 때 지어진 관측시설로 국보 제31호로 지정되어 있다.

경북 경주시 동궁과 월지

삼국통일 후, 문무대왕이 왕권을 강화하기 위해 보다 화려하게 지었던 별궁과 연못이다.

경북 경주시 신라역사과학관

신라를 대표하는 문화유산들의 기능과 제작 원리를 모형으로 관찰하며 배울 수 있는 곳이다.

경북 경주시 대릉원과 천마총

가장 큰 규모의 고분군인 대릉원, 각종 토기 및 장신구 등 1만 개 이상의 유물이 쏟아진 천마총은 신라를 대표하는 문화재이다.

경북 영천시 화랑 설화마을

1,000년의 역사를 가진 화랑도와 옛 설화를 바탕으로 한 역사 테마파크

경북 경주시 석굴암

유네스코 세계문화유산에 등재된, 신라 불교의 대표적인 문화재이다.

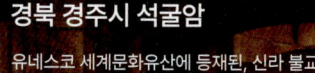

경남 진주시 남악서원

김유신 장군이 꿈에서 신령을 만나 삼국통일의 가르침을 받았다 전해지는 곳으로, 그가 꿈을 꿨던 자리에 서원을 세웠다.

백제로 떠나는 시간 여행

중국으로부터 새로운 문물을 유연하게 받아들여 백제화 하고, 이를 일본에 전하며 동아시아 문화권을 만드는데 혁혁한 공을 세웠던 백제! 지금의 서울을 중심으로 세력을 떨쳤던 백제의 흔적을 따라가보아요. 은은하면서도 찬란했던 백제의 문화를 짚어봅니다.

서울 송파구 한성 백제박물관

500년간 백제의 수도였던 서울의 생활상과 백제의 흥망성쇠를 한눈에 확인할 수 있다.

충남 부여군 서동요테마파크

백제 무왕이 지은 향가 '서동요'를 테마로 지어진 백제 건축물이다.

충남 공주시 무령왕릉과 왕릉원

백제시대 왕과 왕족의 묘. 무령왕릉은 도굴 없이 1,500년 전 모습 그대로 발굴되었다.

충남 부여군 백제문화단지

백제시대를 고증해낸 역사 테마파크이다. 삼국시대 왕궁으로는 최초로 당시 모습을 재현해낸 사비궁은 역사적 가치가 크다.

충남 부여군 궁남지

우리나라에서 가장 오래된 인공정원으로, 서동요로 유명한 백제 무왕 때 만들어진 것으로 추정된다.

충남 부여군 국립부여박물관

백제문화를 대표하는 유물 금동대향로
가 전시되어 있는 백제문화 박물관.

충남 부여군 낙화암

나당 연합군이 쳐들어오자 궁녀들이 이곳에서 몸을 던졌는데,
그 모습이 꽃이 떨어지는 모습과 같았다 하여 낙화암이라 불린다.

충남 부여군 부여왕릉원

사비시대 백제 왕족의 무덤군. 유네스코 세계유산으로 등재되어 있다.

전북 김제시 김제 벽골제

백제시대 당시 농사를 위해 지었던
우리나라 최초의 농경용 저수지이다.

전북 익산시 미륵사지

신라로부터의 침입을 종교의 힘으로
막아내기 위해 지어진 백제 최고 규
모의 사찰로 미륵사지 석탑이 있다.

전남 영광군 백제불교최초 도래지

영광의 법성포는 백제불교의 도래지
로,백제 시대의 불교 모습, 불교의 전
파 과정에 대해 알 수 있는 곳이다.

@naryblossom_1

전남 영암군 왕인박사유적지

일본으로 건너가 백제문화를 전수하
며 일본 황실의 스승이 되었던 왕인의
영정과 위패가 모셔져 있는 곳이다.

가야, 신라와 백제와 함께 한 삼국시대

고구려, 백제, 신라와 함께 600여 년에 걸쳐 세력을 키워나갔던 가야! 이 시대를 일컫어 사국시대라 불러야 한다는 이들도 있어요. 철기를 앞세워 탄탄했던 군사력을 비롯, 자율적이고 수평적인 체계를 유지해온 가야만의 특별한 흔적을 짚어보아요. 신비의 왕국, 가야시대로의 역사여행에 초대합니다.

경북 고령군 대가야생활촌

1,500년 전 대가야 사람들이 살던 모습을 복원해놓은 마을 겸 살아있는 역사박물관이다.

경북 고령군 지산동 고분군

대가야의 신비를 간직한 704기의 대규모 고분군. 철의 왕국 대가야의 역사와 순장 문화를 엿볼 수 있다.

경남 고성군 송학동 고분군

삼국시대 6가야 중 하나인 소가야의 고분들이 모여있는 유적지이다.

경남 김해시 김해 수로왕릉

약 4백만 명의 본관으로 알려진 김해 김씨의 시조이자 금관가야의 시조인 김해 수로왕이 모셔져 있는 능이다.

경남 김해시 대성동 고분박물관

금관가야의 최고 지배계층들이 잠들어있는 대성동고분군을 통해, 가야 문화의 정수를 알 수 있는 곳이다.

경남 창녕군 교동,송현동 고분군

경남 창녕군 교동과 송현동 일대에 걸쳐 있는 6가야 중 하나인 비화가야의 고분군이다.

일제강점기 역사여행지

500년이 넘는 시간 동안 우리를 하나의 뿌리로 지탱해온 조선의 국권이 일본에 의해 침탈당했어요. 조선의 찬란했던 역사와 일제 수탈의 뼈아픈 현장들이 우리나라 곳곳에 남아있답니다. 역사적 가치가 큰 의미있는 장소들을 추려보았습니다. 역사를 잊은 민족에게 미래는 없다 하지요. 오래 기억해야할 공간들을 확인해보세요.

서울 서대문구 서대문형무소

일제강점기~해방 독립운동가들이 투옥되었던 감옥. 독립운동가들에게 자행된 모진 핍박의 흔적이 그대로 남아있다.

충남 천안시 독립기념관

독립을 기념하고, 일본의 역사 왜곡을 막고자 국민의 성금을 모아 1987년 광복절에 건립된 곳이다.

경북 포항시 일본인 가옥거리

일본인들에 의해 착취되었던 아픈 역사를 잊지 않기 위해 그들의 가옥들을 보수 정비하여 만든 거리이다.

전북 군산시 일본식가옥

대지주였던 히로쓰 게이사브로의 가옥으로 일본식 전통 가옥+서양의 응접실+우리의 온돌이 더해진 독특한 구조를 자랑한다.

전북 군산시 군산 근대화거리

군산근대건축관, 근대미술관, 근대역사박물관, 호남관세박물관 등 일제강점기 수탈의 역사가 남아있는 공간이다.

전북 완주군 삼례문화예술촌

일제 강점기 호남평야 쌀 수탈의 거점이었던 삼례 양곡 창고가 지역 문화공간으로 재탄생했다.

제주 서귀포시 알뜨르비행장 및 일본군 비행기 격납고

유네스코 세계문화유산이자 조선시대 성곽 건축의 정점이자 백미. 정조의 효심으로 시작되어 군사적 요새로 쓰였다.

@yeji_curation

245

조선
역사여행지

500년 유구한 역사를 이어온 조선은 우리 땅 곳곳에 선비의 기개와 왕실의 품격이 서린 수많은 흔적을 남겼어요. 화려한 도심 속 궁궐부터 자연과 조화를 이루는 고즈넉한 서원, 민초들의 삶이 숨 쉬는 소박한 한옥 마을까지, 우리나라 구석구석 보석처럼 숨어있는 조선시대의 역사 공간들을 확인해 볼까요?

서울 종로구 경복궁

조선의 다섯 궁궐 중 가장 큰 규모와 아름다운 건축미를 자랑하는 조선 제일의 법궁. 서울의 랜드마크이다.

서울 종로구 창덕궁

유네스코 세계문화유산으로 등재된 궁궐로 조선의 왕들이 정무를 보아오던 궁궐이자 왕들이 가장 오래 머물렀던 곳이다.

서울 중구 덕수궁

전통적인 중화전과 서양식 석조전의 대비가 특별한 곳. 고종 황제가 대한제국을 전포했던 한국 근대사의 아픔이 담겨 있는 공간이다.

서울 종로구 종묘

유네스코 세계문화유산으로 등재, 조선시대 역대 왕과 왕비의 신주를 모시고 제사를 지내던 국가 최고의 사당이다.

경기 수원시 수원화성

유네스코 세계문화유산이자 조선시대 성곽 건축의 정점이자 백미. 정조의 효심으로 시작되어 군사적요새로 쓰였다.

경기 광주시 남한산성

유네스코 세계문화유산에 등재된 조선 시대의 산성. 유사시 임금이 한양 도성에서 나와 머무르며 전쟁을 지휘할 수 있도록 설계된 비 수도이다.

인천광역시 강화군 광성보

강화 해협을 지켜온 역사적 요새. 특히 신미양요 당시, 압도적인 전력의 미군에 맞선 조선군이 마지막까지 항전했던 치열한 격전지이다.

경기 남양주시 정약용 유적지

'목민심서'로 유명한 조선 후기 최고의 실학자 다산 정약용의 숨결이 깃든 곳. 선생의 생가 '여유당'과 그의 묘, 다산 문화관과 기념관이 자리 잡고 있다.

강원 강릉시 오죽헌

세계 유일의 모자 화폐 모델, 신사임당과 율곡 이이가 태어난 곳. 조선 초기 건축 양식과 주거 문화를 보여주는 귀중한 문화유산이다.

경북 안동시 도산서원

퇴계 이황의 정신과 품격이 깃든 유네스코 세계문화유산. 퇴계 이황이 직접 지은 '도산서당'에서 시작해, 제자들이 뜻을 모아 증축하면서 사원으로서의 모습을 갖추었다.

경북 안동시 안동 하회마을

조선시대 학자 유성룡의 고향. 고려 말부터 풍산 류씨들이 정착해 살았던 마을로, 유네스코 세계문화유산으로 지정되었다.

경남 통영시 이순신 공원

한산대첩의 승리와 이순신 장군의 업적을 기리기 위해 조성된 곳. 정상에 우뚝 선 충무공 동상의 손끝이 가리키는 곳이 바로 그 유명한 학익진이 펼쳐졌던 현장이다.

경남 진주시 진주성

임진왜란 3대 대첩 중 하나, 진주대첩의 역사적 무대. 3,800여 명의 적은 인원이 2만여 명의 왜군을 상대로 성을 지켜낸 승리의 현장이다.

전북 전주시 전주 한옥마을

조선 왕조의 뿌리. 태조 이성계의 어진을 모신 '경기전', 교육기관 '전주향교', 조선왕조실록을 보관했던 '전주사고' 등이 자리 잡고 있다.

전남 순천시 낙안읍성

우리나라 3대 읍성 중 하나, 조선 시대의 성벽, 동헌, 객사, 민가가 원형 그대로 보존되어 있으며, 지금도 실제 주민들이 거주하며 전통을 이어나가고 있다.

액티비티
전국일주

지루한 것 못 참는 당신을 위한 추천 여행지! 신나고 짜릿한 경험 가득한 액티비티 명소들을 소개합니다. 패러글라이딩, 루지, 모노레일, 레일바이크, 요트 등 아름다운 풍경은 물론 짜릿한 즐거움을 선사하는 전국의 액티비티 성지들을 확인해보세요.

경상북도
- 모노레일 울산광역시 장생포 모노레일
- 짚라인 대구광역시 스파크랜드
- 레일바이크 청도군 청도 레일바이크
- 레일바이크 문경시 문경철로자전거진남역
- 루지 청도군 군파크 루지 테마파크
- 스카이레일 울진군 죽변해안스카이레일
- 조형물 포항시 스페이스워크
- 모노레일 영주시 소백산역 모노레일

전북특별자치도
- 모노레일 무주군 태권도원
- 스카이트레일 남원시 지리산 허브밸리
- 스카이트레일 익산시 다이노키즈월드

전라남도
- 루지 여수시 유월드 루지테마파크
- 모노레일 나주시 빛가람전망대 모노레일
- 모노레일 순천시 순천 스카이큐브
- 모노레일 완도군 완도타워 모노레일
- 모노레일 완도군 장보고 어린이공원
- 모노레일 해남군 땅끝전망대
- 카트 영암군 영암국제카트경기장
- 케이블카 여수시 여수 해상케이블카
- 미디어아트 담양군 딜라이트 담양

제주특별자치도
- 짚라인 서귀포시 토종흑염소목장 남원본점
- 카트 서귀포시 세리월드
- 카트 서귀포시 윈드1947 테마파크
- 카트 제주시 비체올린

서울특별시

스케이트 노원구
광운대학교 아이스링크장

실내스포츠 송파구
스포츠 360 플레이

스케이트 양천구
목동 종합운동장 실내아이스링크

경기도

레일바이크 인천광역시
영종씨사이드 레일바이크

레일바이크 의왕시
왕송호수

루지 인천광역시
강화 씨사이드리조트 루지

모노레일 인천광역시
월미바다열차

모노레일 광주시
화담숲 모노레일

충청북도

모노레일 보은군
속리산 테마파크 모노레일

모노레일 제천시
청풍호 관광 모노레일

스카이워크 단양군
만천하스카이워크 짚와이어

충청남도

스카이바이크 보령시
대천해수욕장 스카이바이크

카트 태안군 안면카트체험장

강원특별자치도

레일바이크 삼척시
삼척 해양 레일바이크

레일바이크 정선군
정선레일바이크

레일바이크 춘천시
강촌레일파크

루지 동해시 무릉별유천지

루지 평창군 용평루지

루지 횡성군 횡성루지체험장

루지, 짚라인 동해시
무릉별유천지

모노레일 삼척시 환선굴

짚라인 태백시 통리탄탄파크

카트 동해시 인제스피디움

경상남도

모노레일 부산광역시
해운대블루라인파크

모노레일 거제시
거제 관광모노레일

레일바이크 김해시
김해낙동강레일파크

레일바이크 하동군
하동레일바이크

루지 통영시
스카이라인루지 통영

카트 통영시
더카트인통영

케이블카 사천시
사천바다케이블카

짚라인 모노레일 함양군
대봉산 스카이랜드

카트 통영시
더카트인통영

성심당
오직 대전에서만 운영하는 대전의 자부심

성심당 케익부띠끄 외관
성심당의 케이크 특화 매장. 딸기 시루, 망고 시루 등 인기 케이크가 모여있다.

성심당 본점
'당일 생산한 빵은 당일 소진한다'는 원칙과 지역 사회 기부 활동으로 존경받는 대전의 향토 제과점. 2011년 미쉐린 가이드에 등재되며 전국적인 명성을 얻었다.
사진©성심당 공식홈

튀김소보로
단팥빵과 잘 튀긴 소보로를 합친 간판 메뉴

알밤시루와 과일시루
시즌 한정 알밤 케이크와 생과일이 층층이 올라간 과일시루

잠봉뵈르
바삭 쫀득한 바게트에 고소한 버터와 감칠맛 있는 햄

성심당 내부
튀김소보로, 보문산 메아리 등 시그니처 빵부터 식사빵, 선물용 빵까지 구역별로 진열되어 있다.

이성당
군산의 상징이자 유서 깊은 빵집

단팥빵
쌀가루 빵피 속에 묵직할 정도로
꽉 찬 달콤한 팥소

이성당
80년 역사, 1945년 해방 직후부터 이어온 국내 가장 오래된 빵집.
쌀가루를 배합해 얇고 찰진 피를 만드는 전통 방식을 고수한다. 사
진ⓒ이성당

마늘바게트
겉은 바삭하고, 마늘 소스가 듬뿍 스며
들어 진한 맛.

이성당 내부
메인인 단팥빵을 제외하고는 줄을 서지
않고 자유롭게 담을 수 있다.

야채빵
튀기지 않아 담백하다. 아삭한 양배추
와 은은한 후추향.

PNB풍년제과
전주 수제 초코파이의 원조

PNB풍년제과 본점
3대째 가업을 이어오는 전주의 대표 노포. 2대 강현희 씨가 완성한 '수제 초코파이'는
하루 평균 1만 개 이상 팔리는 전주를 상징하는 빵이 되었다. 사진©PNB풍년제과

수제 초코파이
잼과 크림이 조화로운 진한 코코아 빵, 크림치즈,
말차 등 맛이 다양하다.

수제 붓세
옥수수 가루로 만든 촉신한 빵 사이에 모카크림과
딸기잼을 넣었다.

내부
1층에서 빵을 구매 후 2층 카페에서
배울 수 있다.

전병세트
70년 전통의 기술로 구워낸 땅콩, 파래,
생강 맛의 바삭한 수제 전병

비엔씨제과
40년째 부산 시민이 사랑하는 만남의 광장

비엔씨제과 본점 외관
1983년 부산 남포동에서 시작해 부산 현대 빵집의 상징과도 같은 곳. 이곳에서 빵을 구매하며 약속을 기다리는 사람이 많아 부산 '만남의 광장'으로 불린다. 사진ⓒ비엔씨제과

몽블랑
달콤하고 촉촉한 페스츄리 빵 위에 특제소스를 뿌려 마무리

바나나빵
우유랑 찰떡 궁합 진한 바나나맛 빵

파이만주
바삭한 파이 속에 팥·호두·밤이 든 사그니처 만주

비엔씨제과 내부
빵마다 시식 코너가 잘 되어 있다. 편하게 맛보고 구매하자.

씨엘비베이커리

원조 바게트의 진한 감동

씨엘비 베이커리

'새우바게트'와 '크림치즈바게트'의 원조 개발자가 운영한다. 새우바게트와, 크림치즈바게트는 이곳에서만 맛볼 수 있는 별미 사진©씨엘비 베이커리

내부

인기 메뉴인 새우바게트와 크림치즈바게트 등을 진열대에서 바로 구매 가능

새우바게트

반죽에 건새우를 직접 갈아 넣어 풍미 깊은 맛. 씨엘비 대표 메뉴

쉘브론

촉촉하고 부드러운 식감. 초코페어 극 마니아에게 인기

밤식빵

밤이 듬뿍 들어가 포만감이 느껴지는 식빵

나비파이

결이 살아있는 페스츄리에 달콤한 꿀로 마무

대원당
전 세대를 아우르는 추억의 맛

대원당
1968년 시작되어 춘천에서 가장 오래된 역사를 자랑하는 곳. 화려한 가게보다는 좋은 재료와 전통적인 방식을 고수하며, 추억의 '옛날 빵' 맛을 선보인다. 사진©대원당

대원당 내부
1층은 빵집과 카페, 2~3층은 빵공장으로 운영한다.

빵
꽈배기, 맘모스, 카스테라, 사라다빵 등 꾸준히 사랑받는 스테디빵 종류가 많다.

버터크림빵
대원당 시그니처 메뉴. 두툼하고 부드러운 식빵에 고소한 버터크림을 발랐다.

맘모스빵
얼굴보다 큰 크기의 먹음직스러운 빵. 대원당 베스트 메뉴 중 하나.

257

김영모과자점
명장의 이름이 곧 품질, 서울 대표 빵집

김영모과자점 본점
대한민국 제과 명장(제6호) 김영모 회장이 운영하는 서울의 대표 빵집. 국내 최초로 유산균 발효법을
성공시켜 한국 베이커리의 수준을 한 단계 높였다는 평가를 받고 있다. 사진©김영모과자점

김영모과자점 내부
기본 페이스트리 빵부터 케이크, 쿠키, 마카롱, 푸딩
등 디저트 종류도 다양하다.

연유빵
연유시럽이 더해져 부드럽고 달콤한 빵.
블루베리 맛도 있다.

몽블랑
1993년 출시된 시그니처, 겹겹이 럼
시럽이 스며든 달콤 촉촉한 페이스트리

258

궁전제과

1973년부터 광주를 지켜온 빵 성지

궁전제과 내부
천연효모종으로 빵을 만들어 당일 생산과 판매를 원칙으로 한다.

궁전제과 외관
광주 내에서만 8개의 직영점을 운영해 광주
에 가야만 맛볼 수 있는 빵. 1973년부터 시작
하여 광주에서 가장 오래된 역사를 자랑한다.
사진ⓒ궁전제과

나비파이
궁전제과의 시그니처. 나비 모양으로 층층이 쌓인
페이스트리가 바삭하다.

공룡알
바게트 안에 달걀·마요네즈·피클·맛살·
샐러드를 채운 든든한 빵

친절은 탄수화물로부터, 대동빵지도

서울특별시

논현동 꼼다비뛰드
바게트샌드위치

한남동 타르틴베이커리
컨트리브레드

장충동 태극당 모나카

양재 소울브레드
크림치즈 치아바타

연희동 폴앤폴리나
프레첼, 치아바타

이태원 오월의 종 호밀무화과

서초동 루엘드파리
크로아상, 데니쉬

망우동 팡도리노 베이커리
호밀앙버터, 맘모스

봉천동 장블랑제리 단팥빵, 맘모스

성북동 나폴레옹과자점 사라다빵

상도동 브레드덕 프레첼, 깜빠뉴

망원동 어글리베이커리
사워도우, 크림빵

도곡동 김영모과자점 몽블랑

연희동 피터팬1978 아기궁댕이

경기도·인천광역시

고양 가온베이커리 스콘

양평 하우스베이커리
대파치즈브레드

파주 나무와베이커리 치아바타

양평 곽지원빵공방
두물머리스페셜빵

고양 심플리브레드 밤팥바게트, 팥빵

가평 르봉빵 연유쌀바게트

포천 브래드팩토리 자색고구마빵

고양 웨스트진베이커리 엘리게이터

의정부 르뱅브레드 깜빠뉴, 호밀빵

오산 홍종흔베이커리 어니언킹

수원 하얀풍차제과 치즈바게트

안양 우리밀빵굼터 건강담은
밤콩밤콩

수원 오봉베르 크로아상

성남 데조로의집 바질크런치베이글

안양 곰이네 고래빵 포카치아

성남 앙토낭카렘 화이트롤

인천 안스베이커리 엔젤링

인천 베이커리율교P3120 콩고물
바게트

인천 제이스레시피 스콘

인천 실리제롬 도쿄앙버터

인천 샹끄발레르 소금빵

인천 베이커리이올 크림빵

강원특별자치도

강릉 강릉빵다방 크림빵

영월 브레드 메밀 메밀빵

춘천 그림같은빵집시즌2
데니쉬, 몽블랑

강릉 빵짓는농부 통밀빵

춘천 자유빵집
프레첼, 크로아상

강릉 바로방 야채빵

춘천 대원당 구로맘모스

삼척 문화제과 꽈배기

춘천 유동부치아바타 치아
바타

강릉 돌체테리아
먹물치즈식빵

지역을 대표하는 유명 빵집들! 빵덕후들의 가슴을 떨리게 하는 지역의 터줏대감 빵집들을 소개합니다. 인근 지역으로 여행하면 반드시 들러야 할, 먹어봐야 할 대표 메뉴가 있는 지역별 빵집들을 정리했어요. 오래된 역사를 자랑하거나 전국구 인기를 이끄는 특별한 메뉴를 지닌 빵집만을 선정했어요.

충청북도

단양 훈이네 마늘빵

충주 우봉제빵집, 브레드365 깜빠뉴

청주 안셈 앙버터

청주 브레드홈 마늘바게트

청주 우리 베이커리 초코케이크

충청남도·대전광역시 ·세종특별자치시

천안 뚜쥬루과자점 거북이빵

천안 몽상가인 바게트

대전 성심당 빵

대전 하레하레 못난이 녹차 인절미

대전 한스브레드 크로아상

부여 에펠제과 소보루

세종 이한빵집 올리브푸가스

세종 시옷빵집 식빵

경상북도·대구광역시

경주 황남빵

경주 찰보리빵

대구 삼송빵집

안동 하회탈빵 사과빵

예천 토끼간 빵

의성 마늘빵

포항 독도빵

울릉군 오징어먹물빵

울릉군 호박빵

울진 대게빵

안동 맘모스제과 크림치즈빵

포항 한스드림베이커리 갈릭바게트

포항 시민제과 런치사라다

경주 녹음제과 크로아상

경상남도·부산광역시 ·울산광역시

통영 꿀빵

부산 송도 고등어빵

부산 갈매기빵

부산 옵스 슈크림빵

부산 1950태성당 빵

마산 코아양과 롤케이크

거제 블루일베이커리 앙버터프레첼

창원 메종드르뱅 팡도르

김해 김덕규베이커리 마늘크림빵

창원 그린하우스제과 몽블랑

마산 고려당 빠다빵

부산 바게트제작소 바게트

부산 베이커스 크로아상

부산 무슈뱅상 바통

부산 밀한줌 단팥빵

부산 비엔씨제과 파이만주

부산 백구당제과점 크로이즌

부산 이흥용과자점 검정고무신, 흰고무신

부산 희와제과 맘모스, 밤팥빵

부산 겐츠베이커리 밤페스츄리

부산 루반도르파티세리 새우감자 바게트

친절은 탄수화물로부터,
대동빵지도

전북특별자치도

전주 PNB 풍년제과 초코파이

익산 풍성제과 옥수수식빵

남원 명문제과 생크림 소보로

전주 올드스터프 크림크로와상

군산 물밀소 치아바타

군산 이성당 빵

전라남도·광주광역시

목포 목화솜빵

여수 갓버터도나스

광양 매화빵

담양 대나무케이크

구례 밤파이

보성 벌교꼬막빵

무안 양파빵

장성 사과발효빵

장흥 매생이빵

완도 전복빵

진도 울금도넛

신안 대파빵

구례 목월빵집 호밀빵

목포 코롬방제과점
새우바게트, 크림치즈바게트

여수 여수당 바게트버거

보성 모리씨빵가게 아몬드 크림빵

여수 싱글벙글빵집 야채사라다빵

순천 화월당 볼카스테라

광주 궁전제과 공룡알빵

제주도

제주공항 파리바게뜨점 마음샌드

제주하멜 치즈케이크

제주동문시장 솔브레 소금빵

애월빵공장앤카페
애월샌드, 현무암쌀빵

애월당 카페 돌크림빵

카페 노티드 제주 도넛

마마롱 에끌레어

버터모닝 버터빵

노을리 연탄빵

도누케이크하우스 빵

탐나쑥빵

제주 시차 화과자

수애기베이커리 소금빵, 마늘빵

프리튀르 수제 도너츠

사계제과 버터비 마카롱

효은디저트 산방산카페점
한라봉양갱

볼스카페 소금빵

아베베베이커리 크림빵

프랑제리 사과빵

백한철 꽈배기, 식빵

수와래 베이커리 소금빵

하례감귤점빵협동조합 상웨빵

옵서빵집 녹차빵,
녹차야채 샐러드빵

저스트브레드 고사리잠봉뵈르

일출봉쑥빵보리빵 보리찐빵

덕인당 쑥빵, 보리빵

01

서울특별시

SPRING
서울의 봄

석촌호수 벚꽃
호수 전체를 감싸는 1,000여 그루의 왕벚나무 터널과 놀이공원이 어우러진 이국적 풍광

들꽃마루 양귀비
언덕 꼭대기 원두막에서 내려다
보는 입체적인 꽃의 파노라마

응봉산 개나리
산 전체가 노란색 물감으로 칠해진 듯
한 경관.

봉은사 홍매화
강남 빌딩 속 퍼지는 매화 향기 은은
한 산사 산책로

서울 어린이대공원 벚꽃
잔디밭 위로 쏟아지는 봄볕 아래 즐기는 낭만적인 꽃 피크닉

서울숲 튤립
수만 송이 튤립이 빚어내는 다채로운 색채의 향연

창덕궁 홍매화
고풍스러운 성정각과 어우러진 홍매화의 우아한 자태

여의도 윤중로 벚꽃길
한강의 시원한 바람에 꽃잎 흩날리는 서울 대표 봄 명소
사진ⓒ한국관광 콘텐츠랩

263

SUMMER
서울의 여름

뚝섬한강공원 수영장
쏟아지는 태양 아래 시원하게 즐기는 유수풀, 한강의 탁트인 뷰는 덤으로 만끽하자

경복궁 향원정
'향기가 멀리 퍼진다'는 뜻처럼 수려한 자태의 2층 육각 정자

광화문광장 음악분수
최대 15m까지, 무더위 격파하는 물줄기의 춤

@hye_memory

264

반포대교 무지개다리
시원한 강바람이 간절한 여름밤, 더위를 잊게
하는 무지갯빛 분수 쇼

롯데월드 아쿠아리움
오대양 바닷속 풍경을 그대로 옮겨온 13
개 테마 수조사진ⓒ한국관광 콘텐츠랩

서울숲과 나무
곧게 뻗은 메타세쿼이아 나무가 만들어 낸
시원한 그늘

뚝섬한강공원 야영
배달 음식과 대여 텐트로 즐기는 풀 내음 가득한 도시 피크닉 사
진ⓒ한국관광 콘텐츠랩

여의도 한강공원 자전거
자전거 1시간으로 떠나는 여의도 여행, 한
강을 곁에 두고 시원하게 달려보자 사진ⓒ
한국관광 콘텐츠랩

경복궁 별빛야행
전문 해설이 함께하는 밤의 궁궐
사진ⓒ한국관광 콘텐츠랩

AUTUMN
서울의 가을

덕수궁 돌담길과 단풍
갓 떨어진 낙엽을 밟으며 걷는 가을 정취. '한국의 아름다운 길 100선'에 꼽힌 서울 대표 산책로

덕수궁 돌담길 야경
1km, 짧아도 진한 여운이 남는 오렌지빛 돌담길 사진 ©한국관광 콘텐츠랩

창덕궁 단풍
조선 임금들이 사랑한 궁궐의 비경

경복궁 후원
오색 단풍이 내려앉은 한국 전통 정원의 미

남산타워와 케이블카
단풍으로 물든 남산의 품을 가로지르는 낭만
케이블카

북한산 단풍
백운대에서 내려다보는 붉은 능선

하늘공원 억새
생태 복원으로 태어난 은빛 파도

올림픽공원 황화코스모스
들꽃마루 언덕을 가득 채운 주황빛 꽃물결

WINTER
서울의 겨울

서울광장 스케이트장
단돈 천 원으로 즐기는 겨울 낭만. 소중한 사람과 겨울 추억 쌓기 도전해 보자.

더현대 서울
더현대에 등장한 '팝업 크리스마스'
사진©한국관광 콘텐츠랩

서울빛초롱축제
청계천 따라 이어지는 화려한 미디
어 아트

올림픽공원 나홀로나무
오직 나와 한 그루의 나무만 마주하는 듯한 이국적 설경

눈덮인 경복궁
현대의 분주함과 대비되는 600년 역사
순백의 고궁

국립중앙박물관
시공을 초월한 지혜와 예술이 머무는 곳

별마당도서관
책장에서 튀어나온 크리스마스 축제

한강공원 뚝섬 눈썰매장
아이도 어른도 동심으로 돌아가는 80m 대형
슬로프ⓒ한국관광 콘텐츠랩

서울의 먹거리

01 우이동 먹거리마을 | 강북구 우이동

도봉산과 북한산 사이 휴게소에 있다. 닭백숙, 오리 백숙, 더덕 불고기, 장어구이 등 보양 음식점이 많아 등산 후에 식사를 해결하기 좋다.

02 망원시장 길거리음식 | 마포구 망원시장

개성 있는 뒷골목 분위기로 망리단길 가운데 있는 길거리 음식의 성지. 특히 수제 고로케와 닭강정, 어묵 등이 유명

03 노량진수산시장 회 | 동작구 노량진수산시장

전국 최대규모의 수산시장으로 동·서해안뿐만 아니라 전 세계에서 잡아 올린 수산물들이 모두 모여있다. 상차림비를 내면 식당에서 직접 고른 회를 먹고 갈 수 있다.

04 광장시장 빈대떡 | 종로구 광장시장

간 녹두에 숙주, 김치, 파가 들어간 반죽을 기름을 넉넉히 둘러 즉석에서 부쳐준다. 겉은 바삭하고, 아삭한 숙주와 파가 들어간 속은 촉촉하다.

05

성수동 카페거리
| 성동구 성수동

성수역 3번 출구에서 나와 우회전하면 분위기 좋은 카페거리가 이어진다. 브런치 카페와 갤러리도 모여있어 데이트 코스로도 좋다

06

인사동 한정식 **| 종로구 인사동**

인사동 쌈지길 근처에 운치 있는 한정식집이 모여있다. 친구들과 가볍게 한 끼 식사를 즐기기 좋은 곳부터 고급스러운 코스요리까지 다양하다.

07

통인시장 길거리음식
| 종로구 통인시장

엽전을 사서 도시락을 받고 그 안에 반찬을 엽전으로 살 수 있다. 기름떡볶이와 마약 김밥, 모짜렐라 닭꼬치가 인기

08

남대문시장 갈치조림
| 중구 남대문시장

양은냄비나 뚝배기에 고춧가루 양념으로 칼칼하게 끓여 나온다. 부드럽게 익은 무와 국물에 흰밥을 비벼 먹는 게 별미다.

09

동대문 닭한마리 **| 종로구 동대문**

닭 한 마리를 통째로 넣고 감자, 파, 대추, 인삼 등을 넣어 즉석에서 끓여 먹는 음식이다. 닭고기를 건져 먹고 칼국수를 넣어 다시 끓여 먹으면 더 맛있다.

10

신당동 떡볶이 **| 중구 신당동**

신당동 떡볶이 골목에서는 떡볶이, 오뎅, 라면 사리, 만두, 계란, 치즈가 듬뿍 들어간 푸짐한 떡볶이를 판매한다.

서울에서 살만한 것들

1.서울 랜드마크 자개 책갈피
서울의 상징적인 랜드마크인 남산 풍경을 담은 디자인 굿즈. 자개와 태슬 장식으로 서울의 현대와 전통의 분위기가 어우러지는 기념품이다.

2.해치&소울프렌즈 인형
해치상을 모티브로 한 서울의 마스코트 캐릭터. 2024년 리뉴얼되어 더욱 귀여운 굿즈가 다양해졌다. 소울프렌즈는 백호, 주작, 청룡, 현무 등 사신을 상징한다.

3.반가사유상 미니어처
용산 국립중앙박물관의 인기 상품으로, 반가사유상이 손하트를 하고 있는 익살스러운 디자인으로 유명하다. 포즈별, 컬러별로 수집하는 재미가 있다.

4.갓 책갈피
한국 고유의 노방천에 갓 모양의 수를 둔 책갈피로, 일상에서 사용하기 좋은 기념품으로 인기.

5.탬버린즈 핸드크림
서울 성수동에 가면 꼭 방문해야 할 곳. 탬버린즈 성수 플래그십 스토어는 감각적이고 과감한 디스플레이로 인기 있다. 쉘 퍼퓸 핸드크림이 대표적인 인기 상품이다.

6.젠틀몬스터 선글라스
K-아이웨어로 인기를 끄는 국내 브랜드. 서울 성수를 대표하는 핫플레이스로 떠오른 젠틀몬스터 하우스 노웨어는 여행자들의 필수 방문 코스다.

7.카카오프렌즈 춘식이 키링
카카오프렌즈 스토어에서는 라이언, 춘식이 등 귀여운 캐릭터 굿즈를 다양하게 판매한다. 홍대점, 용산 아이파크몰, 코엑스 스타필드점이 대표 매장.

8.운현궁 벽지 패턴 한지 부채
서울역사박물관과 서울디자인재단에서 만든 박물관 굿즈. 고종황제가 살았던 운현궁의 벽지 패턴을 활용해 전통 복각 기법으로 제작했다.

9.노리개
인사동, 삼청동 등에서 전통 한복 및 소품을 판매한다. 인사동에서는 자신만의 취향으로 노리개 만들기 체험도 가능.

10.서울 풍경 마그넷
경복궁, 광화문, 남산, 서울시청광장, 세빛섬, 한강공원, DDP 총 7가지 서울시의 풍경을 담은 마그넷. 서울의 감성을 간직하기 좋다.

11.나전 쌍학구름무늬 와인 홀더랙
우리나라 전통공예인 나전칠기를 와인 홀더랙에 접목했다. 경복궁 옆 국립고궁박물관의 고궁뜨락 뮤지엄숍에서 판매.

12.대한제국 트럼프카드
대한제국을 상징하는 문양과 주요 인물들을 모티브로 제작한 유일무이한 디자인의 트럼프 카드. 북촌한옥마을의 소품샵, 기념품샵에서 판매한다.

13.궁궐 마그넷
서울을 대표하는 궁궐의 풍경을 담은 마그넷. 경복궁 향원정, 창덕궁 상량정의 모습을 일러스트로 표현했다.

14.조선왕실 와인마개
조선의 왕이 입던 용포에 사용되던 무늬를 바탕으로 디자인된 와인 마개. 특색 있는 선물로 인기있다. 창덕궁 내의 굿즈숍 '사랑'에서 판매.

15.서울 라이스 라거
서울 유일의 쌀 농가에서 재배한 경복궁 쌀로 만든 서울 로컬 맥주. 합정과 성수에 위치한 서울 브루어리에서 캔맥주로 구매 가능하다.

16.프릳츠 서울 양탕국 드립백
서울의 커피 브랜드 프릳츠에서 서울역사박물관과 컬래버레이션한 드립백. 1930년대 조선 신여성을 모티브로 디자인했다. 양탕국은 과거 한양에서 커피를 부르던 말.

17.태극당 전병 세트
태극당은 서울에서 가장 오래된 빵집이다. 남대문전병, 서울전병 등 네 가지 전병으로 구성된 전병 세트는 선물용으로 제격이다.

서울의 BEST 맛집

01

오레노라멘 본점 | 마포구

스스로에게 떳떳한 라멘을 만든다.
미슐랭 선정 라멘 맛집

02

목란 | 서대문구

이연복 쉐프가 운영하는 중식당
동파육 멘보샤는 사전예약 필수

03

진미식당 | 마포구

서해에서 직접 잡은 꽃게로 만드는 간
장게장 단일메뉴. 미슐랭 선정

04

옥동식 | 마포구

지리산 순종 흑돼지로 끓인 맑은 육수,
담백하고 감칠맛 나는 미슐랭 선정 돼
지 곰탕

05

광화문 미진 | 종로구

60년 넘는 메밀국수 맛집. 종로 회사
원들에게 사랑받는 미슐랭 맛집

06

명동교자 | 중구

50년 역사의 칼국수집. 진한 닭육수
에 푸짐한고명의 칼국수 메뉴에 만두
한판을 추가하면 완벽

07

우래옥 | 중구

80년 전통 평양냉면 성지

08

진주집 | 영등포구

여름엔 하루 1,000그릇씩 팔린다는 콩국수

09

삼청동 수제비 | 종로구

1982년부터 이어진 수제비 노포

10

중앙해장 | 강남구

질좋은 곱창 가득한 해장국, 곱창전골 맛집

11

소이연남 | 마포구

미쉐린 빕 구르망에 오른 태국 쌀국수 음식점

12

서촌계단집 | 종로구

소라, 문어, 꽃게, 갑오징어 등 다양한 해산물 메뉴를 맛볼 수 있는 곳

13

금왕돈까스 | 성북구

생고기의 부드러운 맛과 칼칼한 특제 고추소스가 버무려진 돈까스

14

희정식당 | 영등포구

노포 감성의 부대찌개집 티본 모듬 스테이크도 인기

15

삼산회관 교대점 | 서초구

비법양념의 100일의 숙성과정을 거친 김치가 들어간 돼지고기김치찌개

서 울

인사동, 북촌한옥마을, 삼청동길,
경복궁, 광화문 청계천, 광화문광장,
대한민국역사박물관 창덕궁, 익선동,
창경궁, 서촌 통인시장,
북악스카이웨이 및 팔각정, 종묘

은평구
은평한옥마을

서대문구
서대문형무소

종로

강서구
서울식물원

마포구
홍대, 하늘공원
경의선숲길 망원
한강공원

용산
전쟁기념관
이태원 경리단길
국립중앙박물관

양천구

서울 세계 불꽃 축제
여의도 윤중로 벚꽃길
여의도 한강공원

영등포구
국립서울현충원

동작구

구로구
항동푸른수목원

금천구

관악구
사로수길

도봉구

북구
북서울꿈의숲

노원구
화랑대 철도공원

북구   길상사

동대문구

중랑구

성동구
성수동카페거리
서울숲

광진구
서울어린이대공원
뚝섬 한강공원

강동구
암사동선사유적지

서울시청 및 광장, 명동성당, 서울시립미술관,
덕수궁, 동대문디자인플라자 (DDP),
남산골한옥마을, 남산 케이블카

봉은사
코엑스

강남구

송파구
올림픽공원, 석촌호수
서울스카이

반포 한강공원
서초구

은평한옥마을 "북한산 자락 아래 대규모 한옥마을"

북한산 웅장한 자락 아래 펼쳐진 대규모 한옥 주거 단지. 전통 한옥의 멋을 살리면서도, 현대 건축 기술이 접목된 새로운 형태의 한옥들도 볼 수 있다. 사계절 변화하는 북한산의 모습과 한옥 지붕이 만들어내는 풍경을 마을 어디에서든지 감상할 수 있다. 은평 역사 한옥 박물관, 단풍 뷰가 아름다운 카페 '1인1잔' 등이 있어 가족 나들이는 물론 데이트 코스로도 추천. 북한산과 진관사까지 함께 둘러보기 좋다. 단, 주민들이 실제로 거주하는 공간이니 소음에 주의할 것. (36p E:3)

서울 은평구 연서로50길 7-10　　#도심속전원 #한옥단지 #북한산 #진관사 #은평구핫플

스타벅스 더북한산점 카페
"특별한 메뉴가 있는 북한산 뷰 스타벅스"

북한산의 웅장한 자연을 느낄 수 있는 특별한 스타벅스. 도심 속에서 커피 한 잔의 여유를 즐기며 편안한 시간을 보낼 수 있는 곳이다. 스페셜 매장으로 일부 매장에서만 맛볼 수 있는 인절미 크림 라떼, 막걸리향 크림 콜드 브루 등 독특한 음료와 북한산 마운틴 바움쿠헨 등 북한산 테마 베이커리를 즐길 수 있다. 월~금 08:00~21:00, 주말 07:00~21:00 영업. (37p E:3)

서울 은평구 대서문길 24-11
#북한산뷰 #특화매장 #북한산베이커리

응정헌 STAY "북한산 자락, 자연 닮은 한옥 스테이"

북한산 자락, 은평 한옥마을에 위치한 고즈넉한 한옥 스테이. 하루 한 팀만 이용해 프라이빗하다. 다과상에 앉아 창밖 아름다운 풍경을 바라보며 차 한 잔의 여유를 즐길 수 있는 곳. 정갈한 이부자리 방과 침대방, 누마루로 구성되어 있다. 한옥 피크닉 프로그램, 1년 후 나에게 등 이색 프로그램 운영. 조식 제공, 주차 1대 무료.

서울 은평구 연서로50길 19　　#북한산 #은평한옥마을 #피크닉

서대문형무소 추천 "독립운동가들의 피와 땀이 서린 아픔의 장소"

일제가 경성 감옥이라는 이름으로 세운 근대 감옥 시설. 해방에 이르기까지 유관순, 윤봉길, 강우규 등 **수많은 독립운동가가 투옥되어 갖은 고문과 탄압을 당했던 아픔의 장소**이다. 전시관-중앙사-옥사-고문실-격벽장-사형장-시구문-추모비 순서로 관람할 것. 전시를 자세히 보려면 2시간 정도 소요된다. 아이들과 함께 방문해 아픈 역사를 되새기기 좋은 곳. 성인 기준 3,000원. 09:00~18:00 운영(동절기 17:00까지), 매주 월요일 휴관. (39p F:2)

서울 서대문구 통일로 251   #독립운동 #일제강점기 #투옥

피터팬1978 `빵집`

"타피오카와 고소한 크림치즈 '아기궁댕이 빵'"

1978년에 오픈해 2대에 걸쳐 운영하고 있는 연희동 터줏대감 빵집. 단팥빵부터 소금빵, 통호밀식빵 등 메뉴가 다양하다. 시그니처 메뉴는 크림치즈가 가득 들어 있는 아기궁댕이 빵으로, 타피오카 성분을 더해서 쫄깃하다. 찹쌀떡 같은 쫀득함과 크림치즈의 고소한 맛을 한 번에 느낄 수 있다. 3~6천 원대. 매일 08:00~21:00 운영. (29p D:3)

서울 서대문구 증가로 10 1층
#소금빵 #아기궁댕이 빵

오레노라멘 본점 `맛집`

"스스로에게 떳떳한 라멘을 만들어요"

진한 닭 육수가 매력적인 토리파이탄과 깔끔하면서도 깊은 맛을 느낄 수 있는 쇼유 라멘만 판매되는 곳으로 매일 라멘 육수와 면을 만들며 '스스로에게 떳떳한 라멘을 만들고 싶다'를 모티브로 깊고 깔끔한 라멘 맛이 좋다. 2019년~2023년까지 미슐랭으로도 선정된 곳이다. 연중무휴. (26p C:2) 사진ⓒ한국관광 콘텐츠랩

서울 마포구 독막로6길 14
#미슐랭선정 #깔끔깊은맛 #라멘맛집

목란 `맛집` "이연복 쉐프가 운영하는 중식당"

이연복 쉐프가 운영하는 중식당으로 런치, 저녁 코스요리와 중식 단품 메뉴가 있다. 동파육, 몽골리안 비프, 멘보샤 등 사전 예약 메뉴가 있어 미리 확인 후 방문하는 것을 추천한다. 가장 인기 있는 메뉴는 부드러운 식감의 동파육. 전화 및 방문 예약이 가능하며 매월 1일과 15일 한 달에 딱 2번만 예약할 수 있다. 브레이크 타임 : 15시~17시, 월요일 정기 휴무. (29p D:3) 사진ⓒ한국관광 콘텐츠랩

서울 서대문구 연희로15길 21　　#이연복쉐프 #멘보샤 #중식코스요리

폴앤폴리나 `빵집` "속 편한 발효빵의 정석"

식사 빵을 주로 판매하는 연희동 베이커리. 홍대 정문에서 10년 동안 운영하던 본점을 연희동으로 이전했다. 빵을 장시간 발효해 소화가 잘 되는 점이 특징이며, 자극적이지 않고 담백해서 샌드위치로 만들어 먹기 좋다. 설탕과 버터를 넣지 않고 올리브오일로 반죽한 치아바타와 속이 촉촉해서 식빵 대용으로 먹기 좋은 깜빠뉴가 대표 메뉴. 치아바타 3천 원대. 매일 11:00~18:00 운영. (26p C:3)

서울 서대문구 연희로11길 56　　#치아바타 #속편한 #발효빵

홍대 "새로운 라이프스타일 트렌드를 만나는 곳"

단순히 젊은이들이 모이는 거리를 넘어 새로운 라이프스타일 트렌드를 만날 수 있는 곳이다. 거리 곳곳에서 펼쳐지는 **버스킹 공연과 아티스트들의 벽화와 조형물, 독특한 편집숍과 독립 서점**이 밀집해 있어 **트렌디한 쇼핑**을 즐길 수 있다. 개성 강한 카페와 주점이 가득해 늘 많은 사람으로 북적이는 메인 거리 외에도 힙스터 카페가 많은 상수와 합정까지 본인의 스타일에 맞추어 방문해 볼 것을 추천. 인근 연트럴파크에서 감성 넘치는 여유를 즐겨보아도 좋다. (26p C:1) 사진ⓒ한국관광 콘텐츠랩

서울 마포구 서교동   #트렌드 #버스킹 #쇼핑

소이연남 맛집
"태국 현지의 맛을 느낄 수 있는 곳"

태국보다 더 맛있는 쌀국수를 목표로 다양한 쌀국수를 맛볼 수 있는 곳. 진하고 감칠맛 나는 육수와 부들부들한 수육이 일품인 **소고기 쌀국수와 매콤새콤한 똠얌 쌀국수** 등이 인기가 많다. 기호에 맞게 피쉬소스, 고추식초, 태국 고춧가루, 설탕을 넣어 먹으면 더 풍부한 태국 쌀국수 맛을 느낄 수 있다. 키오스크 주문, 브레이크 타임은 15시~17시. (29p D:3) 사진ⓒ한국관광 콘텐츠랩

서울 마포구 동교로 267 1층
#홍대맛집 #태국음식 #태국쌀국수

옥동식 맛집 "맑은 육수의 담백한 곰탕"

지리산 자락에서 키운 **국내산 순종 흑돼지**의 앞다리, 뒷다릿살만 고아 맑은 육수를 자랑하는 돼지국밥 단일 메뉴로, 담백하고 진한 감칠맛이 좋다. 자극적이지 않아 김치와 함께 먹으면 더 감칠맛 있는 국밥 맛을 느낄 수 있다. 2018년~2023년 미슐랭으로도 선정된 곳이다. 1일 100그릇 한정판매, 브레이크타임 15시~17시. (26p C:1) 사진ⓒ한국관광 콘텐츠랩

서울 마포구 양화로7길 44-10
#돼지국밥 #미슐랭 #지리산

연남동 경의선숲길 추천 "감성 넘치는 도심 속 숲길, 연트럴파크"

경의선 폐철길을 공원화한 곳. 그중 연남동 구간은 '연남동+센트럴파크=연트럴파크'라고 불리는 서울의 대표 힐링 명소이다. 잔디밭에 돗자리를 펴고 피크닉을 즐기거나, 좋은 사람들과 모여 앉아 커피나 맥주를 마시며 여유로운 시간을 보내기 좋은 곳. 공원 양옆으로는 아기자기한 카페와 독립 서점, 빈티지숍, 맛집들이 가득해 누구와 방문해도 좋다. 복잡한 홍대를 벗어나 조용한 곳을 찾는다면 이곳을 추천. 지하철 2호선, 공항철도 홍대입구역 3번 출구. (27p D:1)

서울 마포구 연남동 375   #경의선 #폐철길 #감성가득

하늘공원 "도심에서 은빛 억새의 물결"

서울 월드컵공원 중 가장 높은 곳. 봄과 여름에는 싱그러운 녹음과 야생화, 가을에는 코스모스와 억새로 유명하다. 특히 10월 억새축제 무렵이면 끝없이 펼쳐진 억새가 장관을 이루니, 억새 사이로 난 길을 따라 걸으며 인생 사진을 남겨보자. 축제 기간에 방문하면 밤 시간대 달빛 아래 빛나는 은빛 억새를 감상할 수 있다. 정상까지는 하늘 계단이나 산책로를 따라 걸어 올라갈 수 있지만, 체력을 아끼고 싶다면 입구에서 맹꽁이 전기차를 탈 것을 추천. (29p D:3)

서울 마포구 하늘공원로 95
#월드컵공원 #가을억새 #축제

포포브레드 빵집
"국산 쌀과 천연 발효종으로 구워낸 속 편한 비건 치아바타"

버터, 우유, 달걀 등 동물성 재료를 사용하지 않는 비건 베이커리. 인공 감미료, 보존료, 색소도 사용하지 않는다. 공주 알밤을 듬뿍 넣은 쫀득한 밥쌀 식빵 '밤쌀이', 쌀 깜빠뉴에 무화과를 넣은 '무화과 쌀 깜빠뉴' 등 재료 본연의 맛을 살린 담백한 식사 빵이 주를 이룬다. 8천 원대. 화~토 12:00~18:00 운영. 매주 일, 월 휴무. (26p C:1) 사진ⓒ한국관광 콘텐츠랩

서울 마포구 동교로18길 13　　#비건 #치아바타 #밤쌀식빵

리치몬드과자점 빵집
"공주 밤이 통째로 들어간 밤식빵의 원조!"

@parkbread

권상범 제과 명장의 베이커리로, 서울 3대 빵집 중 하나로 불린다. 1980년대부터 공주 밤이 통째로 들어간 밤식빵을 판매해 온 밤식빵의 원조로 불린다. 얇은 슈 안에 크림이 듬뿍 들어간 슈크림과 바삭한 식감이 특징인 밤 파이도 스테디셀러. 밤식빵 1만 원대. 수~월 08:00~22:00 운영. 매일 오전 8~11시에는 빵 뷔페 조식 운영. (30p C:2)

서울 마포구 월드컵북로 86　　#밤식빵 #밤파이 #제과명장

계동길 추천 "응답하라 1988, 근대의 거리로 초대해~"

북촌 한옥마을을 지나 중앙중. 고등학교부터 안국역에 이르는 길로 어릴 적 추억이 떠오르는 근대의 손길이 그대로 남아있다. 우리나라 최초의 목욕탕인 '중앙탕'이 있으며, 중앙중. 고등학교는 '겨울연가'의 촬영지이기도 하다. 경복궁을 관람하고 나서 이곳까지 이르면 숨어있던 감성이 되살아난다. 우리가 지켜야 할 아름다운 근대 역사의 길 중 하나. (17p F:3)

서울 종로구 계동 129-6   #근대역사 #북촌한옥마을 #겨울연가

포스톤즈 삼청점 카페 "햇살, 은행나무 그리고 포스톤즈 라떼의 매력"

거대한 통창 너머 아름다운 은행나무 뷰가 펼쳐지는 카페. 마치 숲속에 들어온 듯 싱그럽고 편안한 분위기이다. 은은한 단맛과 적당한 바디감이 일품인 포스톤즈 라떼가 시그니처 메뉴. 치즈케이크, 소금빵도 맛있다. 탁 트인 루프탑에서 쏟아지는 햇살과 삼청동의 고즈넉함을 느끼며 잠시 힐링을 즐겨보길 추천. 월~금 07:30~22:00, 주말 08:30~22:00 영업. (14p B:2)

서울 종로구 삼청로 103-4   #삼청동카페 #포스톤즈라떼 #통창

어니언 안국 카페
"100년 고택에서 즐기는 달콤한 팡도르"

@jinida_s2

북촌 한옥마을 초입. 현대적인 감각과 전통미가 공존하는 베이커리 카페. 100년 넘은 고택을 개조해 고즈넉한 분위기 속에서 신선한 빵과 직접 로스팅한 커피를 즐길 수 있다. 슈가파우더가 소복하게 올라간 팡도르와 향긋한 밀크티가 이곳의 시그니처. 햇살이 잘 드는 대청마루 자리가 사진을 남기기에 좋다. 월~금 07:00~22:00, 주말 09:00~22:00 영업. (17p F:3)

서울 종로구 계동길 5
#고택 #팡도르 #밀크티

삼청동수제비 맛집 "미쉐린 가이드가 추천한 삼청동 노포 수제빗집"

1982년부터 삼청동을 지켜온 터줏대감 맛집. 주문받은 즉시 면을 뽑고 수제비 반죽을 떼어내어 다른 곳보다 반죽이 찰지다. 육수에는 해물과 다시마가 아낌없이 들어가 시원한 맛이 나고, 칼칼한 김치와도 잘 어울린다. 점심시간에 많이 밀리기 때문에 한두 시간 정도 여유를 두고 방문하는 것이 좋다. (17p D:1)

서울 종로구 삼청로 101-1
#칼국수 #수제비 #해물육수 #김치맛집

인사동, 인사동길 전통문화의거리 `추천` "한국적인 것들은 다 이곳에!"

과거 청계천 장교를 지나 남대문까지 이어졌던 길. 지금은 서울의 전통과 문화가 생생하게 살아 숨 쉬는 전통문화의 거리로 조성되었다. **고미술품, 골동품, 고서점 및 전통 공예품과 기념품 가게가 모여 있어,** 마치 시간 여행을 하는 듯한 느낌을 받을 수 있다. 다양한 수공예품 가게가 모여 있는 복합 문화 공간 쌈지길이 이 길의 랜드마크이다. 마음에 드는 기념품을 하나 산 다음 고즈넉한 전통찻집에 앉아 차와 다과를 즐기며 여유로운 시간을 보내길 추천. (19p D:1)

서울 종로구 관훈동 36　　#전통문화 #기념품 #풍물마켓

삼청동길

"돌담과 한옥 사이, 여유로운 분위기"

북촌한옥마을과 경복궁 사이에 있는 길. 조선 시대 궁궐 가까이에 있었던 만큼 여유롭고 고즈넉한 분위기가 특징. 북촌과 이어져 있어 전통 한옥을 개조한 갤러리, 레스토랑, 카페가 많다. 독특한 수공예품이나 미술 작품, 패션 아이템을 찾아보는 재미도 쏠쏠한 곳. 산책을 즐긴 후 카페에서 커피와 디저트를 즐기며 여유로운 시간을 보내보길 추천. 날씨가 좋다면 테라스나 창가 자리에 앉아 사람들을 구경하는 것만으로도 시간이 잘 간다. (17p D:2)

서울 종로구 삼청로 156
#북촌한옥마을 #경복궁 #갤러리

북촌한옥마을 추천 "고즈넉한 한옥 지붕과 N서울타워가 한눈에!"

북촌은 경복궁과 창덕궁 사이에 있는 동네로 경복궁과 가까워 권문세가들이 주로 거주하던 곳이다. 아직도 남아있는 많은 개량 한옥이 이곳의 역사를 지키고 있다. 한옥 지붕과 함께 저 멀리 N서울타워까지 감상할 수 있어 더 특별한 곳. 주민 보호를 위해 북촌11길 일대는 오후 17시부터 다음 날 오전 10시까지 관람객 방문을 제한한다. 위반 시 과태료 10만 원이 부과되니 주의할 것. 매일 10:00~17:00 운영. 매주 일요일 골목길 쉬는 날. (17p E:1)

서울 종로구 계동길 37　　#경복궁 #한옥 #권문세가

청계천 추천 "광화문 도심, 빌딩 숲 사이를 흐르는 물길"

종로구와 중구를 가로지르며 흐르는 약 **10km** 길이 도심 하천. 이곳의 랜드마크 소라 모양 조형물이 서 있는 청계광장이 이곳의 시작점이다. 물길을 따라 조성된 산책로를 걸으며 물에 발을 담글 수도 있고, 징검다리도 건너며 도심 속 힐링을 즐길 수 있다. 크리스마스나 연말에는 서울 빛초롱 축제가 열려 더욱 화려한 야경을 즐길 수 있으니 시기를 맞추어 방문해 볼 것. (18p C:2)

서울 종로구 창신동   #청계천 #소라조형물 #광화문

경복궁

경복궁 `추천` "조선 정궁의 반듯한 매력, 베르사유 궁전에 비할 바가 아니지"

경복궁 근정전

수문장 교대식

'영원토록 큰 복을 이루리라'라는 의미를 담은 조선의 정궁. 법궁이라고도 불린다. 아름답고 웅장하며, 여러 건축물이 반듯반듯하게 정리된 것이 특징. 사전 예매를 통해 가능한 야간 특별 관람이 아주 인기 있다. 경복궁의 중심 근정전과 연회를 베풀던 경회루, 궁궐 후원 향원정은 반드시 둘러볼 것. 입장료 대인 기준 3,000원, 한복 착용 시 무료. 09:00 입장, 동절기 17:00, 하절기 18:30, 3~5월, 9~10월 18:00까지 운영, 매주 화요일 휴궁. (16p C:2)

서울 종로구 사직로 161   #조선의정궁 #근정전 #야간특별관람

경복궁 향원정

"작은 연못 위, 왕들의 휴식처"

웅장한 근정전과 경회루를 지나 궁궐의 깊숙한 곳에 위치한 아름다운 정자. 왕과 왕비, 왕실 가족들이 자연을 즐기며 휴식을 취하던 고요한 공간이다. 연못 가운데 작은 섬 위에 서 있는 2층 육각형 정자로 한국 전통 정원 건축의 백미이다. 가을철 단풍과 향원정, 향원정으로 가는 다리 취향교가 어우러진 풍경이 특히 아름답기로 유명하다. 경복궁 관람 마지막 코스로 방문하여 여유로운 산책을 즐겨보는 건 어떨까. (16p C:2)

서울 종로구 사직로 161
#왕의휴식처 #경복궁정자 #단풍명소

광화문 `추천` "단순한 정문이 아니야, 수도 서울의 상징이야"

1395년 태조 4년 창건된 경복궁의 정문. '빛이 사방을 비춘다'라는 뜻을 품은 조선 시대 한양 중심 거리의 시작점이다. 좌우에는 해태상이 서 있으며, 앞으로는 넓은 광장이 펼쳐져 있다. 이곳은 각종 행사가 열리며 세종대왕 동상, 충무공 이순신 장군 동상이 서울 지키듯 서 있는 랜드마크. 조선 시대 왕궁을 지키던 수문군들의 의식 행렬과 교대 모습을 절도 있게 재현한 수문장 교대 의식은 반드시 챙겨볼 것. 10:00, 14:00, 1일 2회 진행, 화요일 휴무. (18p B:1)

서울 종로구 효자로 12　　#경복궁정문 #해태상 #수문장교대의식

국립고궁박물관 "세종대왕의 해시계를 직접 본다고?"

조선 시대 왕궁의 보물과 문화재가 전시된 박물관으로 경복궁 안에 자리 잡고 있다. 양부일구 (해시계), 천상열차분야지도 각석 등을 전시. 상설 전시 중인 왕실 문화 유물에 대한 설명을 들어볼 수 있는 한국어 전시 해설은 10:00, 15:00, 1일 2회 진행된다. 입장료 무료. 전시 해설 안내데스크 문의. 10:00~18:00 운영, 수요일 토요일은 21:00까지. 1.1, 설날, 추석 당일 휴관. (16p C:3)ㅣ사진ⓒ한국관광 콘텐츠랩

서울 종로구 효자로 12　　#왕실의품격 #경복궁 #전시해설

국립민속박물관
"과거와 현대, 한국인의 삶을 다루다"

과거에서 현대에 이르기까지 한국인의 삶과 문화를 체험할 수 있는 곳. 한국인의 하루, 일년, 일생을 주제로 한 상설 전시가 열리고 있다. 옥외 전시장 옛날 이발소, 만화 가게, 다방 등 70~80년대 감성 가득한 추억의 거리에서 레트로한 사진을 남겨보자. 어린이박물관은 사전 예약 후 관람 가능. 입장료 무료. 3~10월 09:00~18:00, 11~2월 09:00~17:00 운영, 3~10월 매주 토요일 20:00까지. 1.1, 설날, 추석 당일 휴관. (17p D:2) 사진ⓒ한국관광 콘텐츠랩

서울 종로구 삼청로 37

#생활사 #추억의거리 #어린이박물관

광화문광장 추천 "위대한 역사의 중심, 시민의 놀이터"

광화문 바로 앞에 넓게 펼쳐진 광장. 조선 시대에는 관아들이 늘어선 육조 거리였다. 세종대왕과 충무공 이순신 장군 동상이 멋지게 서 있고, 그 아래 '세종이야기', '충무공 이야기' 전시관이 있어 각각 무료로 관람할 수 있다. 여름에는 명량해전 분수 시원한 물놀이, 겨울에는 미디어파사드 '서울라이트 광화문'이 펼쳐지는 서울의 랜드마크. 시민들이 자유롭게 의견을 표현하고, 집회나 시위를 하는 우리나라 민주주의의 상징적인 공간이기도 하다. (18p B:1)

서울 종로구 세종대로 175   #육조거리 #랜드마크 #민주주의

대한민국역사박물관 "지금 이 순간에도 대한민국의 역사는 진행 중"

대한민국 역사박물관은 19세기 말 개항기부터 현재까지의 대한민국 역사를 기록한 곳으로, 대한민국 최초의 국립 근현대사 박물관이다. 대한민국의 태동, 기초 확립, 성장과 발전, 선진화 과정을 전시하고 있으며, 어린이를 위한 '말랑말랑 현대사 놀이터'에서 체험형 전시도 진행하니 아이와 함께 방문해 볼 것. 관람료 무료. 10:00~18:00 운영, 수, 토요일은 21:00까지. 1.1, 설날, 추석 당일 휴관. (18p B:1)

서울 종로구 세종대로 198   #대한민국역사 #근현대사 #역사꿈마을

국립현대미술관 서울 "현대미술은 창의력을 키워주지!"

다양한 장르의 현대 미술 작품을 다루는 미술관. 전시실과 디지털정보실, 멀티미디어 홀, 영화관 등이 있으며, 어린이, 일반인, 전문인을 위한 교육 프로그램도 운영된다. 한국어, 영어 오디오 가이드 기기를 빌리거나 스마트폰 앱의 오디오 가이드를 활용할 수 있다. (17p D:2) 사진ⓒ한국관광 콘텐츠랩

서울 종로구 소격동 165
#현대미술관 #교육프로그램 #오디오가이드

성곡미술관 "민족의 얼 이란 무엇일까?"

우리 민족의 정서를 대변하는 현대미술 작품을 전시하고 있는 성곡미술관은 신예 작가 발굴을 위한 '성곡 내일의 작가' 사업을 진행하고 있다. 미술관에는 시기별로 다양한 전시가 진행되며, 조각공원과 카페도 함께 운영하고 있다. 매주 월요일 휴관. (14p A:2) 사진ⓒ한국관광 콘텐츠랩

서울 종로구 신문로2가 1-101
#현대미술 #성곡미술관 #조각공원

동묘 벼룩시장 `추천`
"세계 어디 도시를 여행해도 꼭 찾는 곳은 그 지역 벼룩시장"

조선 시대부터 옛 장터 자리로 현재는 골동품, 고서, 가전, 공구 등 다양한 풍물 중고품이 거래되고 있다. (15p E:2) 사진ⓒ한국관광 콘텐츠랩

서울 종로구 숭인동 102-8
#벼룩시장 #골동품 #중고품

광장시장
"여전히 서울의 3대 '시장' 중 하나"

조선 후기 조선의 3대 '장' 중 하나로, 1905년 '동대문시장'으로 첫 개장 했다. 2000년대 후반부터 먹자골목으로 유명세를 탄 관광지가 되었다. (14p C:3)

서울 종로구 숭인동 102-8
#동대문시장 #먹자골목 #조선3대장

국립어린이과학관
"과학관만큼 체험 소재가 많은 곳도 없어!"

어린이를 위한 체험, 관찰 탐구, 창작활동이 이루어지는 어린이 과학관. 감각 놀이터, 상상 놀이터, 창작 놀이터, 4D 영상관 등을 운영한다. 인터넷을 통한 사전 예약 필. 상설 전시 성인 기준 2,000원. 09:30~17:30 운영, 매주 월요일 휴관. (14p C:2) 사진ⓒ한국관광 콘텐츠랩

서울 종로구 와룡동 2-70 #어린이과학관

리제로 서울 `카페` "경희궁 근처, 힙한 도심 속 베이커리 카페"

@rezero_seoul

서울의 중심, 경희궁 근처 도심 속 대형 루프탑 베이커리 카페. 층고가 높고 공간이 넓어 쾌적한 분위기. 탁 트인 시티뷰가 환상적이다. 고소한 '참깨 방앗간 슈페너'와 '피넛 버터 슈페너'가 이곳의 시그니처 메뉴. 아메리카노는 원두를 선택할 수 있다. 바삭쫄깃한 크로글과 카이막 세트, 푸짐한 양의 아이스크림이 인기. 매일 11:00~22:30 영업. (14p A:2)

서울 종로구 경희궁3길 3-5 3층
#서울시티뷰 #베이커리 #아이스크림

익선동 `추천`
"잠시 시간과 걸음이 멈추어 서는 곳"

전통 한옥과 고즈넉한 멋과 트렌디한 감각이 어우러진 힙스터 성지. 미로처럼 복잡한 좁은 골목길이 이곳의 매력이다. '청수당 베이커리'처럼 한옥의 멋을 그대로 살린 독특한 카페, 와인바, 빈티지숍, 공방 등이 곳곳에 자리 잡고 있다. 고전적인 한옥 배경에 빈티지 소품과 네온사인이 어우러져 뉴트로한 분위기를 자아내는 곳. 주말 오후에는 매우 혼잡하니 평일 저녁이나 주말 오전에 방문할 것. 인사동, 종묘 등 주변 명소를 둘러보기 전후에 방문하면 좋다. (19p E:1)

서울 종로구 익선동 #뉴트로 #감성여행 #골목

광화문미진 `맛집`
"미쉐린 가이드에 소개된 메밀국수 맛집"

60년 넘게 광화문을 지켜온 메밀국수 맛집. 종로 회사원들이 즐겨 찾는 맛집이기도 하다. 푸짐한 양의 메밀면에 무, 간장 육수가 딸려 나온다. 원기를 북돋아 주는 냉 메밀 낙지도 추천한다. (18p C:2) 사진ⓒ한국관광 콘텐츠랩

서울 종로구 종로 19
#메밀국수 #메밀낙지 #메밀전병

석파정 서울미술관
"운치있는 자연경관을 가진 미술관"

서울 유형문화유산 석파정 옆에 위치한 미술관. 3층 규모의 미술관에서 시기별로 다양한 전시가 진행된다. 흥선대원군 별서, 다목적 홀, 뮤지엄 숍 등의 부대시설이 갖추어져 있다. 매주 월요일 휴관, 문화가 있는 날은 관람료를 반값으로 인하해 준다. (14p A:1) 사진ⓒ한국관광 콘텐츠랩

서울 종로구 종로 부암동 201
#서울미술관 #석파정 #문화가있는날

진중 우육면관 본점 `맛집`
"쫄깃한 우육면에 아삭한 오이소채 한입"

미쉐린 가이드 서울 빕 구르망에 5년 연속 선정된 우육면 전문점. 양지, 아롱사태, 업진살과 면이 어우러진 우육면 진과 양지가 들어간 우육면이 대표 메뉴. 상큼한 오이소채는 우육면과 잘 어울린다. 아름다운 청계천을 바라보며, 매일 직접 빚는 중국식 생 만두 수교도 맛보자. 우육면 진 15,000원, 오이소채 3,000원. 매일 11:00~22:00 영업. (14p B:3)

서울 종로구 청계천로 75-2
#미쉐린 #우육면 #청계천

서촌 통인시장 `추천` "엽전으로 반찬 쇼핑해 볼까?"

경복궁 서쪽, 서촌 지역에 위치한 전통 시장. 이곳의 가장 큰 즐거움은 엽전 도시락. 시장 내 고객 만족 센터 2층 도시락 카페에서 현금을 엽전으로 바꾼 다음, 엽전으로 원하는 반찬을 구매해 나만의 도시락을 만들 수 있다. 엽전 1냥=500원. 시장의 명물 기름 떡볶이도 맛볼 것. 통인시장 점포 07:00~21:00 영업, 도시락 카페 평일 11:00~15:00, 주말 16:00까지 이용 가능. (16p B:2) 사진ⓒ한국관광 콘텐츠랩

서울 종로구 자하문로15길 18   #서촌 #엽전도시락 #기름떡볶이

창덕궁

창덕궁 `추천` "조선의 왕들이 가장 사랑했던 궁"

희정당

돈화문

조선의 왕들이 가장 사랑했던 아름다운 궁. 자연과의 조화를 가장 잘 보여주는 궁으로 인정받아 유네스코 세계문화유산에 등재되었다. 이곳의 백미는 궁궐 뒤쪽 후원. 자연을 거스르지 않고 배치한 정자와 연못이 고즈넉한 아름다움을 선사한다. 공식 행사를 치르던 인정전과 왕이 업무를 보던 선정전도 꼭 둘러볼 것. 전각 관람 성인 기준 3,000원, 후원 관람료 별도. 09:00 입장, 동절기 17:30, 하절기 18:30, 2~5월, 9~10월 18:00까지 운영, 매주 월요일 휴궁. (17p F:1)

서울 종로구 율곡로 99　　#유네스코 #자연과조화 #후원

창덕궁 후원 단풍
"거대하진 않지만 위엄있는 단풍"

언덕 자연을 그대로 살려 조성한 한국적인 정원이자 왕실의 휴식 공간. 입구부터 시작되는 단풍은 안으로 들어갈수록 더 짙어진다. 연못과 정자, 붉게 물든 단풍이 어우러진 풍경이 고즈넉하고 아름다운 곳. 10월 말~11월 초가 단풍을 감상하기 가장 좋은 시기. 문화재 해설사와의 가이드 투어 형태로만 관람할 수 있으며 사전 예약이 필수. 단풍철 예약은 특히 치열한 편이니 서두를 것. 후원 관람 5,000원. 후원 관람 시 창덕궁 전각 관람권 구매 필수. (14p C:2)

서울 종로구 율곡로 99
#창덕궁 #왕실휴식공간 #단풍

창덕궁 낙선재 "단청이 없어서 더 단아한 느낌"

순정황후 윤씨, 덕혜옹주 등 대한제국 마지막 황실 가족이 마지막까지 생활하던 곳. 단청을 하지 않아서 소박하고 단아한 분위기를 낸다. 한옥 특유의 건축미를 그대로 보여주는 곳. 누마루와 온돌방 사이의 둥근 모양의 만월문은 낙선재의 대표적인 포토존이다. 낙선재 뒤로는 후원이 있으며, 건물과 후원 사이에 계단식 화단이 있다. 창덕궁과 창경궁의 경계에 위치하고 있다. (14p C:2)

서울 종로구 율곡로 99   #대한제국 #황실 #한옥 #만월문

창덕궁 인정전 "풍악을 울려라~ 궁중 연회가 열리던 곳이야"

왕의 즉위식, 외국 사신 접견, 궁중 연회 등 국가적인 행사를 치르던 곳. 2단의 월대 위에 웅장한 전각이 눈길을 끈다. 내부는 1908년에 서양식으로 개조하며 설치한 전등, 커튼, 유리 창문이 지금까지 남아 있다. 공식 홈페이지에서 '창덕궁 깊이 보기' 무료 프로그램을 사전에 예약하면 인정전의 내부로 직접 들어갈 수도 있다. 관람 가능 시기는 한정되어 있으므로 홈페이지에서 확인 필수. (14p C:2)

서울 종로구 율곡로 99   #2층전각 #서양식 #내부관람

창경궁 "가을밤의 낭만, 궁에서 즐기는 미디어 아트"

창경궁 대온실

창경궁 대온실

성종이 세 명의 대비를 모시기 위해 지은 궁궐로 왕실 가족의 주거공간으로 활용. 장희빈과 사도세자의 비극이 서린 장소. 고즈넉한 밤 풍경과 미디어 아트가 어우러지는 '물빛 연화'로 유명. 춘당지 연못과 건축물에 투사되는 물빛 연화는 3월~12월 19시에 시작되며, 9월부터 11월 초 전체 상영 기간에 가장 아름다운 광경을 볼 수 있다. 조선시대 궁궐 정전 중 가장 오래된 명정전과 철과 유리로 이루어진 이국적인 모습의 대온실은 꼭 둘러봐야 할 포토 스폿. 입장료 1,000원, 한복 착용 시 무료. 09:00~21:00 운영(입장 마감 20:00), 매주 월요일 휴무. (14p C:2) 사진ⓒ한국관광 콘텐츠랩 서울 종로구 창경궁로 185   #물빛연화 #가을추천 #대온실

북악스카이웨이 및 팔각정 추천 "오늘 밤, 야경 볼래? 서울 대표 드라이브 코스"

서울의 아름다운 드라이브 코스로 선정된 하늘길. 서울 시내의 빌딩 숲과 자연이 어우러진 풍경을 감상하며 드라이브까지 즐길 수 있어 드라이브의 성지로 불린다. 북악산 능선을 따라 10km에 이르며, 북악스카이웨이의 정점에 위치한 팔각정에서 남산타워를 중심으로 펼쳐지는 서울의 풍경을 한눈에 담을 수 있다. 반짝이는 야경을 볼 수 있는 저녁~밤 시간대 방문을 추천. (14p B:1)

서울 종로구 북악산로 267 #드라이브코스 #팔각정 #야경명소

스코프(Scoff) 빵집 "영국인이 직접 운영하는 베이커리"

@scoffbakehouse

영국인이 직접 운영하는 영국식 베이커리. 인기 메뉴는 버터의 풍미가 가득한 스콘으로, 가장 기본인 버터 스콘부터 얼그레이 스콘, 토마토 파마산 치즈 스콘 등 종류가 다양하다. 꾸덕꾸덕한 브라우니와 영국식 파운드케이크 스타일의 레몬 케이크 역시 반드시 맛봐야 할 메뉴. 스콘 3~4천 원대. 일~금 10:00~20:00, 주말 09:00~20:00 운영. (14p A:1)

서울 종로구 창의문로 149 1층 #스콘 #브라우니 #영국식

서촌계단집 맛집 "산지직송! 당일판매!"

@gugujeoljeol_food

소라, 문어, 꽃게, 갑오징어 등 다양한 해산물 메뉴를 맛볼 수 있는 곳이다. 해산물 전문점이다 보니 계절에 따라 판매되는 제철 메뉴가 달라진다. 홍합탕이 기본 메뉴로 제공되며 산지 직송, 당일 판매로 더욱 신선한 해산물 맛보기가 가능하다. 좁은 골목 사이에 자리 잡고 있어 노포 감성을 제대로 느낄 수 있다. 연중무휴. (16p B:3)

서울 종로구 자하문로1길 15
#노포감성 #해산물맛집 #제철해산물

성북동 산책로(북악하늘길)
"조용히 걸으며 서울을 느껴봐!"

41년 만에 개방된 북악하늘길, 일명 북악산 '김신조 루트로 불린다. 41년간 군사 통제구역이었으며 이곳에서 서울 시내, 북한산, 북악산, 인왕산을 모두 볼 수 있다. (14p B:1) 사진ⓒ

한국관광 콘텐츠랩

서울 종로구 평창동 산 6-17
#북악하늘길 #김신조루트 #서울성곽

종묘 [추천] "웅장함보다는 신성함, 화려함보다는 절제미"

조선 시대 역대 왕과 왕비의 신주를 모시고 제사를 지내던 국가 최고의 사당. 유네스코 세계문화유산이다. 제사를 지낸 공간이기에 웅장함보다는 절제미가 돋보이는 곳. 길고 낮은 기단 위 쭉 뻗은 처마가 고요한 분위기를 만드는 곳. 매년 5월 첫째 주 일요일에는 유네스코 인류무형문화유산 종묘제례와 종묘제례악이 어우러지는 종묘대제가 열리니 참고. 입장료 대인 기준 1,000원. 시간제 관람이 원칙이며, 토요일만 자유 관람 가능. 매주 화요일 휴무. (14p C:2)

서울 종로구 종로 157   #유네스코 #절제미 #종묘대제

효자베이커리 [빵집]

"추억을 불러오는 콘브레드의 힘"

서촌 통인시장 입구의 40년 전통 빵집. 옛날 동네 빵집 특유의 정겨운 메뉴가 향수를 자극한다. 옥수수 알갱이가 톡톡 씹히는, 고소하고 달콤한 콘브레드가 이곳만의 독특한 대표 메뉴. 콘브레드는 따뜻하게 먹을 때 가장 맛있으니 참고하자. 이 외에도 발효 무화과 빵, 어니언 크림치즈 소보르가 인기. 6~7천 원대. 화~일 08:00~20:20 운영. 매주 월 휴무. (16p A:2)

서울 종로구 필운대로 54
#청와대납품 #콘브레드 #콘옥수수

런던베이글뮤지엄 빵집

"영국 빈티지 감성을 그대로 옮겨놓은 듯한 이국적인 분위기"

언제 가도 웨이팅이 긴 베이글 전문점. 영국 런던을 옮겨놓은 듯한 이국적인 인테리어와 다양한 토핑의 쫀득한 베이글이 특징이다. 폭신하고 짭짤한 감자 치즈 베이글, 프레첼 베이글 사이에 쪽파 크림치즈가 들어간 쪽파 프레첼 베이글은 꼭 맛봐야 할 대표 메뉴다. 베이글 5~8천 원대. 방문 전 캐치테이블 앱에서 원격 웨이팅을 거는 것이 좋다. 매일 07:00~17:30 운영. (17p E:2) 사진ⓒ한국관광 콘텐츠랩

서울 종로구 북촌로4길 20
#베이글 #쪽파크림치즈 #프레첼베이글

웰컴미스테익스 STAY "하루 오직 한 팀, 프라이빗 감성 한옥 스테이"

@welcomemistakes_house

서울에서 가장 머물고 싶은 한옥, 1위로 선정된 곳. 전통 한옥 서까래와 모던한 인테리어, 책과 음악이 어우러진 서울 독채 한옥 스테이이다. 복잡한 도심, 피로한 일상에서 벗어나 조용한 휴식을 즐기기 좋은 곳. 하루 오직 한 팀, 어디에서도 다른 사람과 마주치지 않는 비대면 숙소로 완전한 몰입이 필요한 사람에게 추천.

서울 종로구 창의문로7길 27   #전통한옥 #도심 #비대면

이호소락 `STAY` "동그란 창 너머 작은 정원과 자쿠지 풍경"

@2hosorak

정독도서관 근처, 소격동 골목에 위치한 한옥 스테이. 오래된 한옥의 서까래와 기둥이 화이트톤 인테리어와 어우러져 아늑한 분위기. 작은 정원과 실외 자쿠지가 있어 프라이빗한 휴식을 즐기기 좋은 곳으로 침대 앞 동그란 창을 통해 바라보는 풍경이 고즈넉하다. 13:00 체크아웃으로 조금 더 여유로운 휴식을 취할 수 있다.

서울 종로구 북촌로5길 17-8   #소격동 #한옥스테이 #자쿠지

종로하루 `STAY` "호스트의 섬세한 배려가 돋보이는 적산가옥"

@jongno_haru

오래된 골목 100년 넘은 적산 가옥을 리모델링해 만든 2층 독채 민박. 화이트톤 실내는 우드톤 천장과 어우러져 깔끔하면서도 아늑한 느낌이다. 통창 너머 작은 정원을 바라보며 휴식할 수 있는 곳. 각종 가전, 용품이 잘 갖추어져 있어 내 집처럼 편안히 쉬어가기 좋다. 종묘, 창덕궁, 창경궁 등과 가까운 것도 장점.

서울 종로구 창경궁로21가길 5-3   #적산가옥 #정원 #종묘

길상사 `추천` "성북동 언덕, 마음이 쉬어가는 고요한 사찰"

무소유 정신을 실천한 법정 스님의 흔적이 남아 있는 공간. 서울 3대 요정 중 하나였으나 고 김영한 여사가 법정 스님에게 시주하면서 절이 되었다. 성북동 언덕에 위치해 고요하고 평화로운 분위기. 아름다운 한옥과 정원을 보존해 사계절 내내 아름답다. 내려오는 길, 골목길을 따라 여유로운 산책을 즐겨보자. 소설가 이태준이 살았던 가옥에 자리 잡은 찻집 '수연산방'에 들러보는 것도 추천. (14p C:1)

서울 성북구 선잠로5길 68　#무소유 #성북동골목길 #이태준가옥

윤휘식당 `맛집`
"정갈한 일본가정식 한 끼"

@o__k_ay

매일 아침 모든 재료와 소스를 직접 만들어 제공하는 곳이다. 오리지널 함박스테끼 정식, 바질 돈테끼 정식 등 다양한 일본 가정식 전문점으로 정갈한 한 끼를 즐길 수 있다. 밥, 된장국, 샐러드, 단무지, 장조림, 두부, 과일이 기본으로 제공된다. 태블릿 주문, 월요일 정기 휴무 (15p E:1)

서울 성북구 보문로34길 70 2층
#일본가정식맛집 #성신여대 #일본가정식

나폴레옹과자점 `빵집`
"서울 3대 빵집의 맏형"

서울 3대 빵집의 시작인 50년 이상의 역사 깊은 베이커리. 서울 3대 빵집 중 다른 두 곳인 '김영모 과자점'의 김영모 명장과 '리치몬드 과자점'의 권상범 명장 등 수많은 제과 명장을 배출한 제과 사관학교로 불린다. 신선한 채소, 달걀, 감자가 들어가는 사라다 빵, 직접 만든 수제 팥앙금이 들어가는 통팥빵이 오랜 스테디셀러. 3~6천 원대. 매일 09:00~20:30 운영. (15p D:1)

서울 성북구 성북로 7
#서울3대빵집 #사라다빵 #통팥빵

@jung7154

수연산방 `카페`
"고즈넉한 풍경과 건강한 전통차를 즐길 수 있는 전통찻집"

한옥에 앉아 고즈넉하게 풍경과 전통차를 즐길 수 있는 오래된 전통찻집. 소설가 상허 이태준 고택을 개조. 외국인 관광객들에게도 핫플레이스. 단호박 빙수가 유명하며, 서비스로 나온 한과와 곡물차는 리필 가능. (14p C:1)
사진ⓒ한국관광 콘텐츠랩

서울 성북구 성북로26길 8
#성북동카페 #전통찻집 #단호박빙수

금왕돈까스 `맛집` "추억의 옛날돈까스"

생고기의 부드러운 맛과 칼칼한 특제소스가 버무려진 돈까스를 맛볼 수 있는 곳. 안심, 등심, 치킨까스 등이 있으며 수프, 깍두기, 쌈장, 고추 밑반찬과 마카로니와 완두콩 샐러드가 제공되며 경양식 돈까스를 맛보고 싶다면 추천한다. 고추와 쌈장은 돈까스와 함께 먹으면 별미다. 월요일 정기 휴무. (14p C:1) 사진ⓒ한국관광 콘텐츠랩

서울 성북구 성북로 138
#치킨까스 #돈까스맛집 #옛날돈까스

더 스팟 패뷸러스 `카페`
"앤틱한 분위기 속 프리미엄 디저트"

@jaehyeongchoi

명동 중국대사관 앞, 60년 역사의 근대 건축물을 개조한 디저트 카페. 높은 층고와 앤틱 가구, 화려한 샹들리에가 어우러져 고풍스러운 분위기. 르 꼬르동 블루 출신 디저트팀이 만드는 티라미수와 케이크, 구움과자가 이곳의 시그니처. 전문 바리스타가 내어주는 커피 또한 수준급. 10:00~22:50 영업, 수요일만 22:35까지. (14p B:3)

서울 중구 명동2길 22 1, 2층
#아메리카노 #티라미수 #앤틱카페

한국은행 화폐박물관
"지구에서 화폐는 어떤 의미가 있을까?"

한국은행 건물에 위치한 화폐 박물관. 모형 금고, 세계의 화폐, 위조지폐 식별 방법 등이 전시되어 있다. 화폐를 통해 경제 관념과 금융 지식을 쌓을 수 있다. 무료입장. 월요일, 설날과 추석연휴, 12월 29일~1월 2일 휴관. (14p B:3)

서울 중구 남대문로3가 110   #화폐박물관 #한국은행 #경제교육

간송미술관
"세계 기록 문화유산 훈민정음해례본을 소장하고 있는 박물관"

문화재 보호를 위해 전형필선생이 전 재산을 털어 만든 대한민국 최초의 민간 박물관. 서화와 도자기 등 많은 문화재, 특히 훈민정음해례본 중 하나를 소장한 것으로 유명. 4월 말~5월 초 춘계전시, 9월 말~10월 초 추계전시 때 방문할 수 있다. 자세한 일정은 재단 홈페이지를 통해 확인. (14p C:1) 사진ⓒ한국관광 콘텐츠랩

서울 성북구 성북로 102-11 간송미술관
#최초사립박물관 #훈민정음해례본

문화역서울284
"서울역은 우리 모두의 추억이지!"

옛 서울 역사를 그대로 재현해 놓은 문화역
서울284는 서울역 안에 있는 복합 문화공간
이다. 다양한 문화예술 작품 전시되어 있으며
다양한 공연과 강연도 진행된다. 284는 옛
서울역의 사적 번호를 뜻한다. (24p C:1)

서울 중구 봉래동2가 122-25

#문화역서울284 #복합문화공간 #옛서울역

명동성당 추천 "도시 속 고요함, 한국 천주교의 상징"

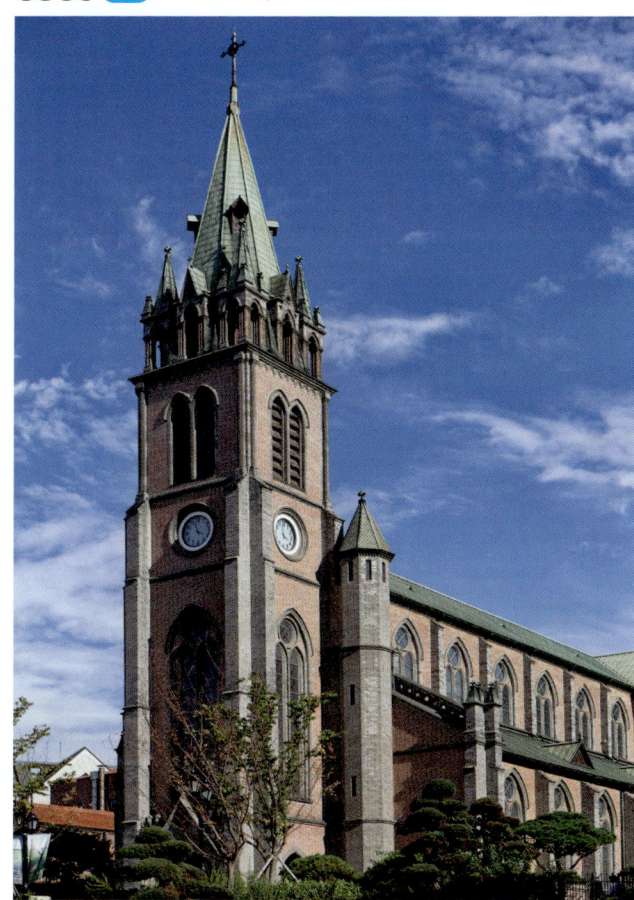

한국 최초의 고딕 양식 벽돌 성당으로, 한국 천주교를 상징하는 역사적인 건축물이다. 화려한
도시 속에서 고요하고 웅장한 분위기를 자아내는 곳. 성당 지하에는 천주교 순교자들의 유해가
안치된 공간이 있다. 명동 쇼핑가에서 가까워 함께 방문하기 좋으며, 미사가 없는 시간에 방문
하면 대성전 관람도 비교적 자유롭다. 종교 시설이므로 방문 시 정숙을 유지하자. (14p C:3)

서울 중구 명동길 74   #고딕양식 #성당 #천주교

명동교자 맛집
"미쉐린에 빛나는 명동교자"

ⓒ한국관광 콘텐츠랩

50년이 훌쩍 넘는 역사의 칼국숫집. 맛있게
얼큰한 마늘 김치에 진한 칼국수를 함께 먹으
면 얼어있던 몸이 녹는 기분이 든다. 진한 닭
육수에 푸짐한 고명, 여기에 만두 한 판까지
함께 하면 속이 든든하다. 수년째 미쉐린가이
드에 선정되고 있는 맛집이다. (14p B:3) 사진

서울 중구 명동10길 29

#칼국수 #만두 #닭육수

서울시청 및 광장 "서울의 중심, 과거와 현재가 공존하는 시민의 광장"

마치 거대한 파도가 일렁이는 듯한 디자인의 신청사 건물과 일제 강점기 경성부청이었던 옛 시청사 건물, 푸른 잔디 광장이 어우러진 서울의 랜드마크. 그 자체로 서울의 역사와 현재, 미래를 담고 있는 상징적인 건축물이다. 옛 시청사 건물은 현재 서울도서관으로 운영 중. 시청 앞 넓게 펼쳐진 잔디밭은 다양한 축제, 공연, 대규모 행사가 펼쳐지는 장소이니 방문 시기에 어떤 행사가 열리는지 미리 확인해 볼 것. 겨울이면 야외 스케이트장이 개장되어 서울의 겨울을 즐길 수 있다. (18p B:3)

서울 중구 세종대로 110   #서울시청 #서울도서관 #잔디광장

서울시립미술관 추천 "수준 높은 현대 미술과 고즈넉한 돌담길의 낭만"

현대 미술을 중심으로 수준 높은 전시를 선보이는 곳으로, 르네상스식 옛 대법원 건물과 현대적인 신축 건물을 연결한 것이 특징. 전시실 외에도 서점, 카페, 야외 산책로와 조각공원이 마련되어 있다. 덕수궁 돌담길 인근에 있어 관람 전후에 산책하며 낭만적인 시간을 즐길 수 있다. 관람료 무료(특별전 유료). 화~금 10:00~20:00, 주말 및 공휴일 10:00~19:00(동절기 18:00까지) 운영, 1.1, 매주 월요일 휴관. (14p A:3) 사진ⓒ한국관광 콘텐츠랩

서울 중구 덕수궁길 61   #현대미술 #르네상스 #돌담길산책

진주회관 맛집
"시청역 서울 3대 콩국수 맛집"

60년 전통 서울 3대 콩국수 맛집. 고소한 콩국물과 쫄깃한 면발의 냉콩국수 전문이지만, 섞어찌개와 김치볶음밥으로도 유명하다. 콩국수는 3월부터 11월까지만 맛볼 수 있으니 참고할 것. 콩국수 16,000원, 섞어찌개 11,000원. 시청역 9번 출구 도보 1분. 월~금 11:00~21:00, 토 11:00~20:00 영업, 매주 일요일 휴무. (14p B:3) 사진ⓒ한국관광 콘텐츠랩

서울 중구 세종대로11길 26
#60년전통 #냉콩국수 #섞어찌개

태극당 빵집 "서울에서 가장 오래된 빵집, 추억의 모나카"

서울에서 가장 오래된 빵집이라는 한마디로 설명할 수 있는 곳. 1946년 문을 열어 지금까지 추억의 맛이 담긴 과자와 빵을 선보이고 있다. 속이 꽉 찬 단팥빵, 한 끼 식사용으로 좋은 야채 사라다빵이 스테디셀러이며, 우유 맛 아이스크림이 들어있는 태극당 모나카는 디저트로 제격이다. 3~7천 원대. 매일 08:00~21:00 운영, 연중무휴. (15p D:3)

서울 중구 동호로24길 7
#모나카 #사라다빵 #추억

덕수궁 ────────────────

덕수궁 추천 "전통과 서양식의 조화, 고종의 아픔을 담은 궁"

고종 황제가 대한제국을 선포했던 역사적인 공간이자, 한국 근대사의 아픔이 남아 있는 곳. 전통 건축 중화전과 서양 양식 석조전의 대비가 매력적인 곳이다. 조명에 비친 이 두 건물의 로맨틱한 야경은 꼭 눈에 담아둘 것. 덕수궁을 감싸고 있는 아름다운 돌담길을 따라 산책해 보아도 좋다. 대한문 앞 화려하고 절도 있는 수문장 교대 의식이 11:00, 14:00, 1일 2회 진행되니 일정에 참고하자. 입장료 대인 기준 1,000원. 09:00~21:00 운영, 매주 월요일 휴궁. (18p A:3) 사진ⓒ한국관광 콘텐츠랩

서울 중구 세종대로 99   #고종황제 #대한제국 #야경명소

덕수궁 돌담길
"고즈넉한 돌담과 노란 단풍의 조화"

덕수궁 따라 고풍스러운 돌담이 이어진 아름다운 산책로. 덕수궁 대한문 왼쪽 길을 따라 구세군중앙회관에 이르는 구간이 대표적이다. 길을 따라 은행나무가 이어져 있어 가을이 되면 길 전체가 노란색으로 물든다. 밤에는 조명이 켜져 더욱 낭만적인 분위기. 서울시청 서소문청사 13층 정동 전망대에 오르면 돌담길과 덕수궁, 빌딩 숲 풍경을 무료로 감상할 수 있다. 연인이 함께 걸으면 헤어진다는 이야기도 있었지만, 길 끝에 가정법원이 있어서 생긴 오해다. 안심하고 방문해 보길 추천. (18p A:3) 사진ⓒ한국관광 콘텐츠랩

서울 중구 세종대로19길 24
#덕수궁 #은행나무길 #돌담길

덕수궁 석조전 [추천] "로맨틱한 석조전에서 만나는 대한제국의 꿈"

웅장하고 아름다운 서양식 건축물. 대한제국의 근대화 의지를 상징한다. 지금은 대한제국역사관으로 활용되고 있다. 석조전 야간 탐방과 테라스 카페 체험, 뮤지컬 관람으로 구성된 덕수궁 야간 관람 프로그램 '덕수궁 밤의 석조전'이 매우 인기이니 일정 확인 후 예약에 도전해 보자. 대한제국역사관 관람 또한 해설사와 함께하는 투어 형태로 진행되며 사전 예약 필수다. 궁능유적본부 홈페이지에서 관람일 일주일 전 오전 10:00 예약 오픈. (18p A:3)

서울 중구 세종대로 99   #서양식건물 #고종황제 #야간탐방

동대문디자인플라자 (DDP) [추천] "디자인과 미래를 담은 서울의 랜드마크"

서울 패션 위크 등 각종 전시, 패션쇼, 콘퍼런스, 문화 행사가 열리는 은빛 복합 문화 공간. 디자인과 패션 산업의 중심지이다. 내부에는 DDP 뮤지엄, 전시 공간, 디자인 숍 등이 있으며, 밤이 되면 굴곡진 은빛 표면이 미디어 아트로 활용되어 화려한 야경을 자랑한다. 동대문 쇼핑타운과 바로 연결되어 있어 쇼핑과 문화를 함께 즐기기 좋은 곳. (15p D:3)

서울 중구 을지로 281   #DDP #패션 #디자인

우래옥 [맛집] "평양냉면의 성지"

@stop_it_food

80년에 가까운 오래된 역사와 전통을 자랑하는 평양냉면 성지. 한우의 육수, 슴슴한 메밀면발이 조화를 이룬다. 평양냉면을 좋아하지 않는 사람도 이곳의 냉면은 받아들일 것이다. 가격대는 높은 편이지만 그 값을 한다는 평이 많다. 좋은 재료와 깨끗한 조리법, 그리고 감칠맛 나는 맛까지 딱 맞아떨어진다. (14p C:3)

서울 중구 창경궁로 62-29
#평양냉면 #비빔냉면 #육향

304

UH 스위트 서울 스퀘어 `STAY` "도심 속 프라이빗 스파룸"

복잡한 도심 속 아늑한 스파 호텔. 일반 스파룸 외 프라이빗 테라스, 박공지붕 타입으로 구성되어 있다. 객실마다 자쿠지가 있어 프라이빗한 스파를 즐길 수 있으며, 박공지붕 타입은 지붕 아래 안락한 복층 그물이 또 하나의 매력. 시청, 명동, 남산 등과 가까워 여행 후 피로를 풀기 좋다. 시청역 7번 출구, 도보 5분 거리.

서울 중구 남대문로1길 43 2, 3, 4, 5층　　　#도심속스파 #자쿠지 #시청역

용산공원 미군기지 장교숙소
"서울 속 미국, 용산 최고의 핫플레이스"

@_luvchaeyeon

미군 기지가 철수하며 해당 부지가 일반인들에게 공개되었다. 특히 장교 숙소는 이국적인 느낌 덕에 발길이 끊이지 않는 곳. 너른 잔디밭 속 빨간 벽돌집은 어쩐지 미드 속 한 장면 같은 이색적인 느낌을 주기도. 특히 5,516동을 추천! (25p D:3)

서울 용산구 서빙고동 235-101
#미군기지 #용산공원 #용산핫플

백빈건널목 "드라마 속 그 공간, 도심에서 떠나는 추억여행"

<나의 아저씨>를 비롯해, 많은 드라마의 촬영지로 유명. 서울에선 보기 힘든 철길 건널목. 땡땡거리라고도 불림. 용산의 번화가에서 만나는 정겨운 풍경이라 출사를 나온 사람들이 많다. '용산 방앗간'을 검색하여 갈 것을 추천. (24p B:3)

서울 용산구 이촌로29길 31
#드라마촬영지 #출사명소 #땡땡거리

남산골한옥마을 "남산 자락에서 만나는 선조들의 삶"

남산 자락에 조성된 전통문화 공간. 서울 각지에 흩어져 있던 전통 한옥 5채를 복원하여, 한옥에 살았던 선조들의 생활 문화를 보여준다. 계곡과 정자, 연못을 복원해 꾸민 전통 정원도 함께 감상할 수 있다. 전통문화 관광 해설 1일 4회 운영, 하절기 09:00~21:00, 동절기 09:00~20:00 운영, 전통 정원 24시간 개방. 매주 월요일 휴관. (14p C:3)

서울 중구 퇴계로34길 28   #남산 #한옥 #전통

이태원 경리단길 "이국적인 분위기, O리단길의 근본"

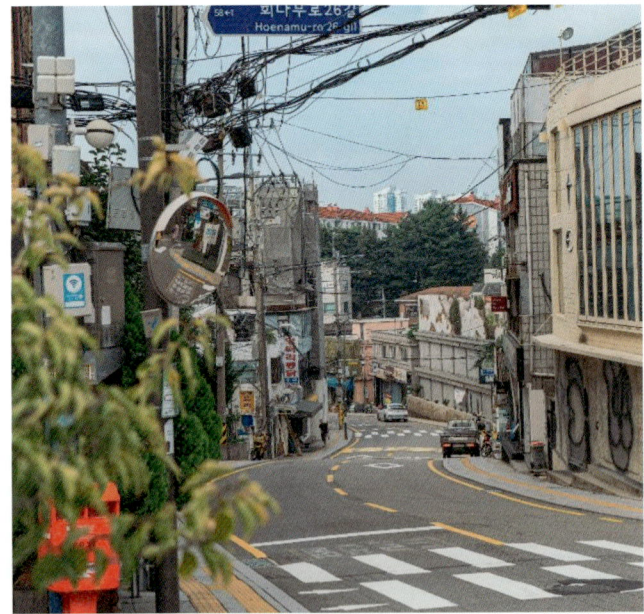

남산 케이블카
"남산을 가장 빨리 오르는 법"

서울 시내의 풍경을 한눈에 담을 수 있는 케이블카. 회현동 승강장부터 정상까지 편도 약 600m 길이로 이동에는 약 3분이 소요. 상행과 하행 2대의 캐빈이 동시에 운행되며 정원은 48명이다. 연인, 가족 등 소중한 사람과 함께 방문했다면 사랑의 자물쇠도 걸어 보자. 대인 기준 왕복 15,000원. 매일 10:00~23:00 운영. 명동역 1번 출구, 서울역 서울스퀘어에서 셔틀버스 이용 가능. (25p D:1)

서울 중구 소파로 83
#시내풍경 #사랑의자물쇠 #남산

6호선 녹사평역 도보 5분 거리에 있는 이색 거리. 이국적인 분위기에서 세계 음식을 맛볼 수 있는 곳으로도 유명하다. 한때 큰 인기를 끌며 많은 인파로 붐비던 곳이었지만, 최근 경리단길은 차분하고 여유로운 분위기에 가깝다. 골목골목 감성적인 카페, 브런치 가게, 소품숍이 아기자기하게 모여 있어 구경하는 재미도 있다. 경리단길 언덕 따라 남산 방향으로 오르며 아름다운 서울의 석양을 즐겨보아도 좋다. (25p D:2) 사진ⓒ한국관광 콘텐츠랩

서울 용산구 이태원동
#O리단길 #이국적 #석양명소

N서울타워(남산타워) 추천 "서울의 중심에 올라 외쳐봐! 내가 왔다고!"

명실상부한 서울의 대표 랜드마크 중 하나로, 정상에는 N서울타워와 방송 송신탑, 팔각정이 있다. 도성의 남쪽에 있는 산이라 하여 '남산'이라고 불린다. 조선 시대 국방 통신 제도의 하나인 봉수대가 설치되어있는데, 이 봉수대는 조선 팔도 전국으로 연결되어 있다. (25p D:1)

서울 용산구 남산공원길 105   #남산 #N서울타워 #봉수대

삼성미술관 리움
"고풍스러운 미술로 가득한 곳"

MUSEUM 1(고미술품), MUSEUM 2(근·현대 미술품)로 나뉘어 운영되는 미술관. 세계적인 현대 미술가들의 작품이 전시되는 곳으로 유명한데, 리움 건물 또한 세계적인 건축가들의 작품이다. (25p E:2)

서울 용산구 한남동 747-18
#미술관 #현대미술 #건축

307

전쟁기념관 추천 "거대한 무기가 한가득, 평화의 가치를 배우는 곳"

참전국 기념비

전사자명비

조국을 위해 목숨을 바친 호국 선열을 추모하고 기리는 기념관. 호국 추모실, 전쟁 역사실, 해외파병실, 6·25전쟁실, 국군 발전실 등으로 나뉘어 운영되며, 삼국시대부터 현대까지의 호국 선열의 역사를 살펴볼 수 있다. 6·25전쟁 당시 사용되었던 전차, 미사일, 헬리콥터도 만나볼 수 있는 곳. 기념일에는 국군 군악, 의장 행사, 현충일 사생대회 등도 진행된다. 아이와 함께 방문 추천. 관람료 무료, 09:30~18:00 운영, 매주 월요일 휴관. (25p C:2)

서울 용산구 이태원로 29   #전쟁 #호국선열 #추모

더베이커스테이블 `빵집`
"독일인 셰프가 만드는 독일 현지 빵"

@chamchijoah

독일인 제빵사가 운영하는 베이커리 겸 레스토랑. 독일 전통 호밀빵인 폴콘브로트를 비롯해 브레첼 스틱, 피타 브레드 등 국내 베이커리에서는 쉽게 볼 수 없는 이국적인 유럽식 빵이 많다. 슈니첼(독일식 커틀릿), 부랏부어스트(독일 소시지), 수프, 샌드위치 등 브런치 메뉴도 인기. 폴콘브로트 8천 원대. 월~금 08:00~21:00, 토~일 08:00~20:00 운영. (25p D:2)

서울 용산구 녹사평대로 244-1
#독일 #슈니첼 #폴콘브로트

오월의종 `빵집`
"재료 본연의 풍미가 묵직하게 살아있는 하드 빵의 성지"

@maybell__bakery

천연 효모로 식사 빵이 주메뉴인 이태원 빵집. 담백하고 건강한 하드 계열 빵을 주로 판매하는데, 빵이 모두 큼직한데도 4~5천 원대의 부담 없는 가격으로 구매할 수 있어 인기다. 그중에서도 말린 무화과를 아낌없이 넣은 무화과 호밀빵이 대표 메뉴. 블루리본을 14번이나 받은 곳으로, 오픈런 하지 않으면 빵이 금방 동난다. 호밀빵 4천 원대. 화~토 11:00~18:00 운영. 일, 월 휴무. (25p E:2)

서울 용산구 이태원로45길 34 1층
#천연효모 #하드계열빵 #무화과호밀빵

테디뵈르하우스 `빵집`
"크루아상의 바삭한 식감과 파리 카페 느낌"

@teddy.beurre.house

용리단길의 핫플레이스로 떠오르는 유럽 감성 베이커리 카페. 프랑스 고급 버터를 아낌없이 사용해 겉은 바삭하고 속은 촉촉한 시그니처 크루아상, 커스터드 크림과 초코칩이 들어간 뱅스위스 등 페이스트리 류가 주를 이룬다. 테디뵈르(테디베어)라는 이름 답게 매장 곳곳에 곰돌이 인형으로 장식되어 있어 포토존으로도 인기. 4~6천 원대. 매일 10:00~22:00 운영. (24p C:2)

서울 용산구 한강대로40가길 42 1층
#크루아상 #뱅스위스 #페이스트리

국립중앙박물관 `추천` "서울 도심 속 초대형 박물관"

약 43만 점 이상의 유물을 소장한 서울 도심 속 초대형 박물관. 엄청난 규모로 하루에 모두 둘러보기 어려우니 미리 관람 동선을 계획해 두는 것이 좋다. 어린이박물관은 사전 예약제로 운영, 굿즈숍 방문도 필수. 용산가족공원과 연결, 야외 정원도 아름다워 날씨가 좋다면 산책해 보길. 차량이 몰리는 주말과 공휴일에는 이촌역을 이용하는 것이 좋다. 관람료 무료(특별 전시 유료). 월, 화, 목, 금, 일요일 10:00~18:00, 수, 토요일 10:00~21:00 운영. 1.1, 설날, 추석 당일 휴관. (24p C:3)

서울 용산구 서빙고로 137   #초대형박물관 #어린이박물관 #용산가족공원

성수동카페거리 `추천` "힙하고 트렌디한 팝업 스토어의 성지"

다양한 브랜드들이 신제품을 선보이는 팝업 스토어의 성지. 과거 수제화 공장과 창고 건물을 트렌디하게 재탄생시킨 서울의 핫플레이스이다. 방문할 때마다 새로운 트렌드를 가장 먼저 경험할 수 있는 곳. 단순히 커피를 마시는 곳을 넘어, 라이프스타일숍, 서점, 카페 등이 한데 모여 있어 쇼핑과 휴식을 함께 즐길 수 있다. '디올 성수', 무신사 스탠다드 & 엠프티', '올리브영N 성수'는 꼭 방문해 볼 것. 낡은 건물과 조명이 어우러진 감성적인 사진을 남길 수 있는 저녁 시간에 방문하길 추천한다. (20p A:1)

서울 성동구 성수동2가   #트렌디 #팝업스토어 #공간재생

대림창고 `카페` "작품 감상도 하며 편안하게 쉬었다 갈 수 있는 갤러리 카페"

옛날 공장을 카페 겸 갤러리 칼럼으로 개조한 곳. 공장 특유의 천장이 높고 공간이 넓어서 편안한 느낌의 카페. 곳곳에 설치된 난로는 레트로 감성을 느끼기에 충분하다. 음료와 식사 부스는 별도 운영. (20p B:1)

서울 성동구 성수이로 78   #성수동핫플카페 #갤러리칼럼 #창고형카페

호호식당 `맛집`

"고즈넉한 분위기에서 맛보는 일본 가정식, 데이트하기 좋은 장소"

운치 있는 한옥에서 깔끔한 일본 가정식을 맛볼 수 있는 맛집. 다소 양이 적은 편이며, 인기가 많아 대기 필수. '네이버 예약' 추천. 대학로, 익선동, 성수동 지점 운영. 이용 시간 1시간으로 제한. (20p A:1)

서울 성동구 서울숲4길 25

#일본가정식 #데이트코스 #한옥맛집

서울숲 추천 "뉴욕에 센트럴파크가 있다면, 서울은 여기야!"

서울숲 은행나무 군락지 단풍

서울 대표 힐링 공간, 옛 임금님의 사냥터였다. 뉴욕의 센트럴파크, 런던의 하이드파크 같은 도심 속 공원. 문화예술공원, 생태숲, 체험학습원, 습지생태원으로 이루어져 있으며 평화롭게 노니는 꽃사슴을 볼 수 있는 곳으로도 유명하다. 푸른 잔디에서 맑은 공기를 마시며 피크닉을 즐겨보는 건 어떨까. 숲속 놀이터, 가족마당, 유아 숲 체험장 등이 있어 가족 나들이로 추천하나 사실 누구와 와도 좋은 곳이다. 트렌디한 카페와 맛집이 모여 있는 성수동도 함께 둘러보길. (29p D:3) 사진ⓒ한국관광 콘텐츠랩   서울 성동구 뚝섬로 273   #꽃사슴 #피크닉명소 #힐링공간

광진구 어린이대공원

"벚꽃 예쁘지? 엄마도 어릴 때 소풍 왔었어"

오랜 역사를 자랑하는 가족 휴식 공간. 동물원, 놀이동산, 식물원을 한곳에서 즐길 수 있다. 넓은 잔디 위에서 피크닉을 즐기거나, 마음껏 뛰어놀기 좋은 곳. 어린이 체험 전시 공간인 '서울상상나라', 교통안전을 배울 수 있는 '키즈오토파크'도 있다. 봄철 벚꽃 명소로도 유명. 입장료 무료, 놀이동산 어트랙션 별도. 공원 05:00~22:00, 동물원 10:00~17:00, 놀이동산 10:00~18:30 운영. (21p D:1)

서울 광진구 능동로 216
#동물원 #놀이동산 #벚꽃명소

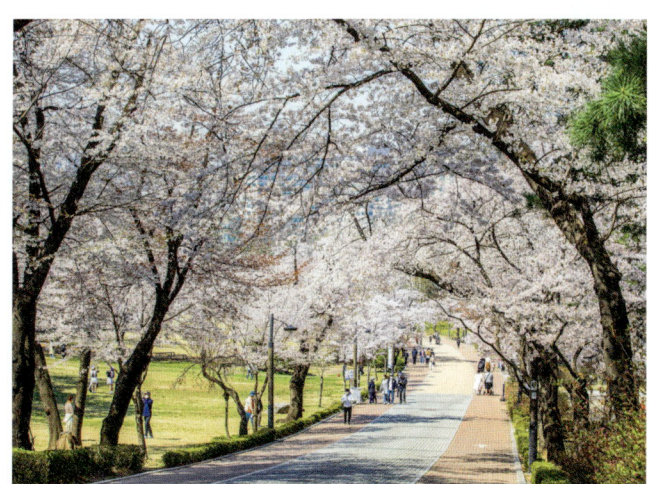

311

커먼그라운드 "파란색 컨테이너! 요즘 저기가 힙하다며?"

파란색 컨테이너를 차곡차곡 쌓아 올린 독특한 외관으로 시선을 사로잡는 복합 쇼핑몰이자 떠오르는 힙스터 성지이다. 이국적인 외관을 배경으로 사진을 남기기 좋은 인증샷 명소. 독립 디자이너 브랜드, 신진 브랜드, 소규모 편집숍, 카페 등이 모여 있고, 주말마다 플리마켓, 팝업 스토어, 공연 등 다양한 행사가 열려 활기찬 분위기가 느껴진다. 트렌드에 민감한 사람이라면 방문해 보길 추천. 건대입구역 6번 출구. 매일 11:00~22:00 영업. (20p C:1)

서울 광진구 아차산로 200　#건대핫플레이스 #컨테이너건축물 #신진브랜드

옥류헌릴렉스 `카페`
"북한산 자락에서 즐기는 릴렉스 타임"

북한산 자락, 우이동 계곡 따라 자리 잡은 초대형 한옥 베이커리 카페. 넓은 부지에 여러 동의 건물이 흩어져 있어 여유로운 분위기. 소이라떼 위에 수제 크림과 로투스쿠키, 견과류가 올라간 릴렉슈페너가 시그니처. 프렌치 토스트 등 브런치 메뉴도 다양하다. 시원한 물소리가 들리는 야외 테라스석에서 진정한 힐링을 즐겨보자. 매일 11:00~22:00 영업. (29p D:2)

서울 강북구 삼양로181길 142
#북한산카페 #우이동계곡 #프렌치토스트

카페산아래 `카페`
"북한산 숲이 내 품안에"

숲속인가 싶게 초록의 청량감이 넘치는 카페이다. 북한산 숲 뷰로 유명한 카페답게 통창 너머로 계절이 눈에 보인다. 커피와 함께 크로플도 함께 드시길 추천한다. (37p F:3)

서울 강북구 삼양로181길 56
#북한산뷰 #통창 #크로플맛집

북서울꿈의숲 "자연이 주는 선물, 우리 가족의 소풍 여행지"

서울에서 4번째로 큰 규모를 자랑하는 시민들의 휴식처. 서울을 내려다볼 수 있는 전망대와 아름다운 월영지, 다양한 프로그램이 운영 중인 미술관과 공연장 등 가족 단위의 시민들이 다양하게 쉴 수 있는 공간이다.

서울 강북구 월계로 173　#전망대 #가족여행 #데이트명소

서울식물원 추천 "식물 따라 떠나는 초록색 세계여행"

주제원, 열린숲, 호수원, 습지원으로 구성된 거대한 식물원. 그중, 마치 커다란 연꽃잎처럼 보이는 온실로 유명하다. 건물 자체가 하나의 예술 작품인 곳. 온실 내부는 열대관과 지중해관으로 나뉘며, 로마, 바르셀로나, 이스탄불 등 세계 12개 도시 식물과 문화를 콘셉트로 전시 중. 도시별 포토존도 잘 마련되어 있어, 가족, 연인들의 실내 나들이 코스로 추천. 입장료 성인 기준 5,000원. 09:30~18:00(동절기 17:00까지) 운영, 매주 월요일 휴관. (39p E:2)

서울 강서구 마곡동로 161   #식물문화 #온실 #세계12개도시

화랑대 철도공원 "서울의 마지막 간이역 화랑대역의 변신"

경춘선 숲길의 마지막 구간인 화랑대역. 지금은 기차와 산책로가 어우러진 철도 테마 공원이 되었다. 기차 운행은 하지 않지만, 스위스, 이탈리아의 자연과 철도를 축소해 놓은 노원기차마을과 기차 테마 카페, 트램 도서관 등을 갖추고 다양한 문화 행사가 이루어지는 휴식 공간으로 많은 사람이 찾는다. 밤이 되면 다양한 야간 조형물에 반짝여 특히 아름다운 곳. 기차와 함께 시간이 멈춰 있는 듯한 화랑대역으로 시간 여행을 떠나보자.

서울 노원구 화랑로 608 (공릉동) 화랑대 철도공원

#경춘숲길 #화랑대역 #마지막간이역

항동푸른수목원
"언제 와도 '푸른 수목원"

도심에서 즐길 수 있는 생태섬으로, 다양한 수생생물들을 볼 수 있는 환경적 가치가 매우 큰 곳이다. 수천 종의 식물과 다양한 테마원이 운영되어 숲 체험이 가능하다. 나무데크 둘레길이 펼쳐져 있어 산책하기 좋다. 아이와 걷기에도 훌륭. (39p E:2) 사진ⓒ한국관광 콘텐츠랩

서울 구로구 연동로 240

#서울최초시립수목원 #생태섬 #수생생물

진주집 맛집 "여의도 직장인들에게 유명한 콩국수 전문점"

여름철엔 하루 1,000그릇 넘게 팔린다는 콩국수 맛집. 1962년부터 3대째 내려오는 콩국수 전문점으로, 걸쭉한 콩 국물과 잘 어울리는 톡 쏘는 김치맛이 일품이다. 겨울에는 따끈한 국물의 칼국수를 추천한다. (27p D:3) 사진ⓒ한국관광 콘텐츠랩

서울 영등포구 국제금융로6길 33 여의도백화점 지하1층
#콩국수 #진한국물 #푸짐한양

희정식당 맛집 "노포 감성의 부대찌개 맛집"

@imttoyoung

30년 넘게 영업한 노포 감성의 부대찌개 집으로, 점심은 진한 국물에 소시지와 햄이 잔뜩 들어 있는 부대찌개와 티본 모듬 스테이크를 판매한다. 부대찌개에 라면 사리, 공깃밥이 포함되어 있다. 텁텁하지 않고 개운하면서 깔끔한 옛 부대찌개 맛이 좋다. 직장인들에게 특히 인기가 좋다. 일요일 정기 휴무. (27p D:3)

서울 영등포구 여의나루로 117
#직장인맛집 #부대찌개 #노포감성

코끼리베이글 빵집 "화덕에서 참나무 장작으로 구워낸 쫄깃한 화덕 베이글"

참나무 장작 화덕에서 굽는 베이글 전문점. 일반 베이글과 달리 쫄깃한 식감과 은은한 불향이 포인트. 인기가 많아 30분~1시간 웨이팅은 필수. 기본에 충실한 플레인 베이글, 인기 메뉴인 버터솔트 베이글, 신선한 크림이 가득 들어간 크림치즈생크림 등 메뉴가 다양하다. 베이글 샌드위치는 즉석에서 만들어준다. 베이글 2~5천 원대. 매일 08:30~18:30 운영. (26p A:3) 사진ⓒ한국관광 콘텐츠랩

서울 영등포구 선유로 176
#화덕 #베이글 #불향

또순이네 맛집 "숯불에 끓여 먹는 차돌박이 된장찌개"

차돌박이와 소고기, 두부, 냉이, 고추, 파를 넣고 매콤하게 끓인 된장찌개 맛집. 원래는 양념 고기구이 전문점이었지만, 맛있는 된장찌개로 유명해졌다. 뚝배기에 담긴 된장찌개를 숯불 위에 놓고 끓여 먹는데, 마지막 한술까지 뜨끈하게 즐길 수 있다. 된장찌개 포장 가능. (26p A:2) 사진ⓒ한국관광 콘텐츠랩

서울 영등포구 양평동4가 선유로47길 16
#된장찌개 #진한국물 #고기구이

서울 세계 불꽃 축제 "골든 존을 잡으려면 치밀한 계획이 필수!"

매년 10월경 밤하늘을 수놓는 세계적인 불꽃 쇼. 전 세계 불꽃 팀들이 참가하여 음악과 스토리가 담긴 불꽃 쇼를 선보이는데, 이 쇼를 보기 위해 수백만 명의 인파가 몰려든다. 불꽃이 가장 잘 보이는 여의도 한강공원 원효대교 북단은 자리 경쟁이 치열해 해 뜨기 전부터 붐빈다. 이촌 한강공원, N서울타워, 사육신 역사공원 등 다른 스폿도 미리 알아볼 것. 장시간 대기를 위해 돗자리, 간식 필수. 쌀쌀하므로 담요를 준비할 것. 축제 당일 교통 통제되며, 여의나루역은 무정차 통과할 수 있으니 참고. (27p E:3)

서울 영등포구 여의도동 8   #세계불꽃쇼 #여의도한강공원 #교통혼잡주의

여의도 윤중로 벚꽃길 "이번 봄 꽃놀이는 여기 어때?"

국회의사당 뒤편 여의서로를 따라 이어지는 벚꽃길. 수백 그루의 왕벚나무가 터널을 이루는 벚꽃놀이 필수 코스이다. 벚꽃이 만개하는 시기에는 하늘이 보이지 않을 정도로 꽃잎이 가득해 환상적인 분위기. 바로 옆에 한강이 흐르고 있어 더욱 아름답다. 매년 4월경, 벚꽃 개화 시기에 맞추어 '영등포 여의도 봄꽃 축제'가 열리니 일정에 참고하자. 축제 기간에는 차량 통제가 이루어져 안전하며, 거리 공연, 체험, 푸드 트럭, 포토존 등 다양한 이벤트가 함께 진행된다. (26p C:2) 사진ⓒ한국관광 콘텐츠랩

서울 영등포구 여의도동　#여의서로 #벚꽃터널 #봄꽃축제

더현대 서울
"백화점이야 공원이야? 서울 최대 백화점"

2021년 서울 최대 규모로 개장했다. 현대백화점의 플래그십 스토어로, 하이테크한 외관과 실내의 반을 차지하는 조경 공간으로 여의도 랜드마크로 급부상했다. (27p D:3) 사진ⓒ한국관광 콘텐츠랩

서울 영등포구 여의대로 108

#플래그십스토어 #서울최대백화점

이랜드크루즈 "서울 살면서 한강 유람선 한번 못 타본다는 게 말이 돼?"

서울의 랜드마크, 한강 위를 운항하는 크루즈. 여의도와 잠실 두 곳의 선착장에서 출발한다. 한강 투어 크루즈를 기본으로 선셋 크루즈, 별빛 크루즈, 달빛 뮤직 크루즈와 달빛 디너 크루즈 등 다양한 테마가 있다. 달빛 크루즈의 경우 반포대교 달빛 무지개 분수를 관람할 수 있다. 탑승 시 신분증 지참, 사전 예약 권장. 잠실은 주말만 운영, 동절기 휴항. (27p D:3) 사진ⓒ한국관광 콘텐츠랩

서울 영등포구 여의동로 280 이크루즈 매표소　#한강 #크루즈 #랜드마크

서울한강공원

서울한강공원 추천

"이렇게 아름다운 강이 가까이 있다는 건 축복이야"

서울을 가로질러 흐르는 한강을 따라 조성된 11개 공원. 공원마다 다른 매력과 테마를 가지고 있다. 넓게 뻗은 자전거 도로와 산책로, 잔디밭에서 레저와 피크닉을 즐기기 좋아 서울을 여행한다면 반드시 방문해야 할 필수 코스, 화려한 한강 야경을 바라보며 즐기는 치맥은 꼭 해봐야 할 특별한 경험이다. 한강공원의 중심 여의도 지구를 비롯해 화려한 무지개 분수 쇼로 유명한 반포 지구, 다양한 레저를 즐길 수 있는 뚝섬 지구를 특히 추천한다. (27p D:3)

서울 영등포구 여의도동 84
#한강 #피크닉 #한강야경

여의도 한강공원 "도심 속 K-피크닉 성지"

봄에는 '봄꽃 축제', 가을에는 '세계 불꽃 축제'가 열리는 서울의 대표 힐링 명소. 자전거를 빌려 시원한 강바람을 맞으며 라이딩을 즐기거나, 유람선을 타고 화려한 야경을 감상하며 한강을 제대로 느껴보자. 물빛무대에서는 각종 공연과 이벤트가 열리며, 특히 여름철에는 물빛광장에서 아이들과 신나는 물놀이를 즐길 수 있다. 넓은 잔디밭에 돗자리를 펴고 편의점이나 배달 앱을 이용해 즐기는 한강 라면과 치킨은 이곳에서 맛볼 수 있는 최고의 맛. 5호선 여의나루역 2, 3번 출구와 가깝다. (26p C:3)

서울 영등포구 여의동로 330   #축제 #힐링 #유람선

반포 한강공원 "밤이 더 아름다운 로맨틱한 야경 명소"

달빛 무지개 분수로 유명한 로맨틱한 서울의 야경 명소. 반포대교에 설치된 교량 분수에서 음악과 조명에 맞춰 물줄기가 뿜어져 나와 환상적인 분위기를 연출한다. 분수 가동 시간에 맞추어 유람선을 타면 더욱 환상적인 야경을 즐길 수 있다. 밤의 화려한 조명으로 유명한 인공 섬 세빛섬에서는 한강을 바라보며 식사와 커피를 즐길 수 있다. 낮 시간 대 푸른 하늘과 시원한 강바람을 맞으며 요트, 보트 등 수상레저를 경험해 보는 것도 추천. 달빛 무지개 분수는 보통 4월~10월에 운영되므로 방문 전 확인 필수. (22p A:2)

서울시 서초구 신반포로11길 40   #달빛무지개분수 #야경명소 #세빛섬

뚝섬 한강공원 추천 "돗자리 필수! 넓은 잔디가 펼쳐진 힐링 명소"

드넓은 잔디밭과 산책로가 있어 햇살 아래 돗자리를 펴고 피크닉을 즐기는 사람들이 많은 곳. 구불구불한 자벌레 모양 건축물이 랜드마크이며, 각종 체험과 미디어아트, 휴게 라운지가 공존하는 복합 문화 공간 한강플플과 키즈카페 등으로 활용되고 있어 한강을 바라보며 여유로운 시간을 보내기 좋다. 수상레저, 암벽 등반을 즐길 수 있으며, 매년 여름 야외 수영장이 개장하여, 아이들과 함께 방문하기 좋은 물놀이 명소로 손꼽힌다. 지하철 7호선 자양역 2, 3번 출구. (23p F:1)

서울 광진구 자양동 704-1
#피크닉 #뚝섬자벌레 #야외수영장

망원 한강공원 "조용하고 여유로운 피크닉을 즐기고 싶다면"

넓은 잔디밭에서 일상의 평화로움을 느끼기 좋은 곳. 다른 한강 공원보다 상대적으로 덜 붐벼, 돗자리를 펴고 책을 읽거나 친구, 연인, 가족과 시간을 보내기 좋다. 망원동과 가까워 시장이나 카페, 맛집에서 포장해 온 음식을 즐길 수 있는 곳. 밤이 되면 한강 건너 여의도의 빌딩 숲의 화려한 야경을 감상할 수 있다. 실제 함정 3척이 전시된 서울함 공원을 품고 있어 함정 내부를 둘러보며 해군 문화를 체험해 볼 수 있다. 서울함 공원 입장료 성인 기준 3,000원. (26p A:1)

서울 마포구 마포나루길 467
#망원동 #여의도야경 #서울함공원

국립서울현충원
"추모의 공간에 피어난 아름다운 수양벚꽃"

"조국을 위해 목숨을 바친 독립 유공자, 국가 유공자, 참전 용사를 비롯해 역대 대통령, 국가 발전 기여자들이 잠든 곳. 현충문, 현충탑으로 상징되는 이곳은 엄숙한 추모의 공간이지만, 버드나무처럼 아래로 길게 늘어진 수양벚꽃을 볼 수 있는 것으로도 매우 유명하다. 4~6월, 9~10월 월~금 13:20에 절도 있는 현충원 근무 교대식이 진행되니 일정에 참고하자. 지하철 4, 9호선 동작역 바로 앞. 매일 06:00~18:00 운영.

서울 동작구 현충로 210
#현충문 #수양벚꽃 #근무교대식

방배김밥 [맛집]
"밥보다 속 재료가 더 많이 들어갔어요"

밥보다 속 재료가 더 많이 들어가고 큼지막한 김밥 크기로 유명세를 탄 곳. 우엉, 돈까스, 김치, 소고기, 고추 등 다양한 김밥 메뉴가 있으며 대표 메뉴는 잘게 썬 유부와 단무지가 어우러져 야채로 고기 맛을 낸 방배김밥이다. 담백한 맛이 좋다. 포장만 가능하며 현금으로 계산 후 알아서 거스름돈을 가져가는 셀프시스템. 월요일 정기 휴무.

서울 동작구 동작대로27길 59-16
#서울3대김밥맛집 #유부김밥 #포장만가능

샹블랑제리 [빵집]
"팥과 견과류가 가득 들어간 대왕 맘모스빵"
저렴한 가격 대비 압도적인 크기와 맛으로 30년 가까이 이어져 오고 있는 가성비 빵집. 청와대에 납품까지 했던 단팥빵이 대표 메뉴. 빵 안에 팥을 아끼지 않고 듬뿍 넣어 묵직한 무게감이 특징이다. 커다란 크기의 맘모스빵은 인기가 너무 많아 1인 1개로 수량이 한정되어 있다. 2~7천 원대. 매일 07:00~22:00 운영.

서울 관악구 낙성대역길 8
#맘모스빵 #팥 #청와대납품

샤로수길 "핫플의 성지, 골목으로 떠나는 세계여행"

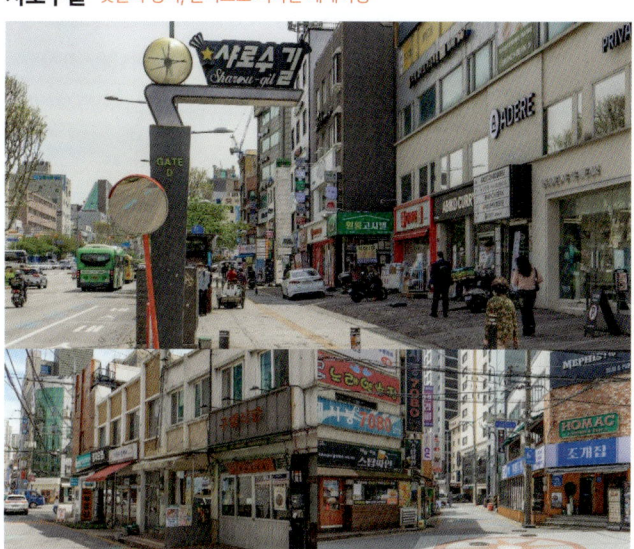

서울대입구역 2번 출구에 형성된 거리. 맛집은 물론 카페, 소품숍까지 사람들의 발길이 이어지는 핫플레이스들의 집합소. 대학가만의 에너지와 세계 각국의 음식점들이 독특한 분위기를 자아낸다. (39p F:2) 사진ⓒ한국관광 콘텐츠랩

서울 관악구 관악로14길   #서울대입구역 #2번출구 #핫플레이스

텐동요츠야 [맛집]
"특제 소스와 튀김의 궁합이 환상적인 샤로수길 대표 맛집"

텐동은 튀김을 밥 위에 얹은 일본식 튀김덮밥이다. 새우, 전복, 장어, 버섯, 호박 등을 식용유와 참기름을 섞은 기름에 튀겨내어 매우 고소하다. 다양한 튀김 종류를 골라 주문할 수 있으며, 생맥주나 하이볼도 함께 주문할 수 있다.

서울 관악구 관악로14길 35   #텐동 #장어튀김 #샤로수길

메종엠오 `빵집`
"휘낭시에와 마들렌이 보여주는 구움과자의 정점"

@2yuri0519

구움과자가 맛있는 디저트 전문점. 베스트셀러는 마들렌으로, 프랑스산 버터를 사용해 고소하다. 기본 마들렌부터 소금초코 마들렌, 메이플 마들렌 등 다양한 종류가 있어 취향대로 고르기 좋다. 이 외에도 휘낭시에, 밀푀유 등 프랑스식 디저트를 기반으로 하는 독창적인 메뉴가 특징. 마들렌 3천 원대. 목~일 11:30~20:00 운영, 월~수 휴무. (22p A:3)

서울 서초구 방배로26길 22   #구움과자 #마들렌 #휘낭시에

김영모과자점 `빵집`
"'몽블랑'의 원조 김영모 명장의 제과점"

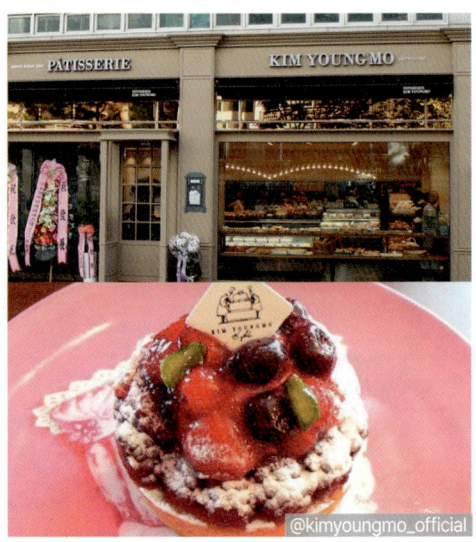
@kimyoungmo_official

한국 베이커리의 자존심이라 불리는 김영모 명장의 제과점. 서울 3대 빵집 중 하나로, 자연 발효종과 유기농 밀가루를 사용해 건강하고 지속 가능한 빵을 만든다는 확고한 철학으로 운영된다. 600만 개 넘게 팔린 몽블랑과 깔끔하고 담백한 전통 바게트의 맛을 느낄 수 있는 바게트샌드위치가 대표적인 인기 메뉴. 9천~1만 원대. 매일 08:00~22:30 운영. (23p E:3)

서울 서초구 효령로 403 서초그랑몰 102호
#몽블랑 #서울3대빵집 #바게트

반포대교달빛무지개분수 `추천`
"음악과 함께 즐기는 화려한 교량 분수"

서울의 밤하늘을 배경으로 펼쳐지는 화려한 교량 분수. 한강의 대표적인 야경 명소다. 4월부터 10월까지, 낮 12시와 저녁 19:30~21:00에 30분 간격으로, 매회 약 20분간 감미로운 음악과 함께 무지갯빛 분수 쇼가 펼쳐진다. 반포한강공원이나 잠수교에서 보는 것을 추천. 운영 기간은 날씨에 따라 변동할 수 있으며, 11월~3월은 미운영. (22p A:2)

서울 서초구 반포동
#분수쇼 #한강 #야경

양재 시민의 숲 "서울의 단풍 명소"

양재 시민의 숲이 가장 아름다워지는 계절, 가을. 화려한 단풍과 낙엽 숲길을 즐길 수 있어 많은 사람이 찾는다. 신분당선 양재시민의숲역에서 하차하거나 공영주차장 주차하고 도보로 이동한다. 우측 구룡산과 좌측 우면산 사이, 경부고속도로 옆에 양재 시민의 숲이 있다.

서울 서초구 매헌로 99 양재시민의숲 　　#단풍길 #생활형공원 #서울둘레길

애플하우스 맛집
"춘장 소스를 넣어 만든 떡볶이"

서울 10대 떡볶이 맛집으로 꼽힌 즉석떡볶이 전문점. 밀떡과 어묵, 양배추, 라면 사리, 쫄면 사리가 들어간 매콤 달콤한 떡볶이를 선보인다. 달달한 양념이 묻은 비빔만두도 꼭 함께 주문해 보자.

서울 서초구 반포동 신반포로 50
#즉석떡볶이 #비빔만두 #가성비

한강 서래섬
"서울 반나절 유채꽃 여행"

9호선 신반포역 1번 출구 하차 후 북측으로 20분 이동. 반포 대도심에서 유채꽃 향기를 즐길 수 있는 곳으로, 감성적인 글귀들과 조형물로 이루어진 포토존이 잘 갖춰져 있다. 봄 축제 기간에는 다양한 체험 행사와 공연 행사도 진행되며 한복을 빌려 입고 꽃놀이를 즐기는 이색 체험도 가능하다.

서울 서초구 반포동 1335-1 　#유채꽃 #포토존 #한복체험

한강 서래섬 메밀꽃 "가을의 특별한 선물, 메밀꽃밭"

봉평 메밀꽃 축제가 부럽지 않은 서래섬의 메밀꽃! 봄엔 유채꽃이, 가을엔 메밀꽃이 서래섬을 수놓는다. 도심 속에서 즐길 수 있는 꽃 축제로, 일몰 시간에 맞춰 가면 훨씬 더 감동적!

서울 서초구 신반포로 11길 40   #반포한강공원 #서래섬 #메밀꽃

한가람디자인미술관 "다양한 전시가 열리는 곳"

예술의 전당 전면 왼쪽에 있는 한가람디자인미술관은 광천장 시스템을 도입하여 실내에서 감상하는 듯한 느낌을 준다. 기간별로 다양한 전시와 아트마켓 등의 행사가 진행된다. 근처에 노천카페와 한식당이 운영된다. 매주 월요일 휴무.

서울 서초구 서초동 700
#한가람디자인미술관 #예술의전당 #광천장시스템

서울웨이브아트센터 "물 위에 떠 있는 듯, 통창을 통해 보는 한강"

한강을 가장 아름답게 감상할 수 있는 공간. 잠원지구 내 설치되어 있으며 다양한 전시 콘텐츠들이 활용되고 있음. 통창을 통해 보이는 한강의 수면, 서울의 야경은 이곳의 가장 큰 자랑거리다. 밤에 더 아름다운 곳이다. (22p B:1) 사진ⓒ한국관광 콘텐츠랩

서울 서초구 잠원로 145-35   #서울야경 #전시장 #아트센터

신사동 가로수길 "패션 모델처럼 멋진 옷을 입고 걸어봐!"

아기자기한 카페와 맛집, 의류 가게, 편집숍들이 밀집되어 있으며 젊은이들이 많이 찾는 약속의 거리이기도 하다. (22p C:1) 사진ⓒ한국관광콘텐츠랩

서울 강남구 신사동 667-13
#카페 #핫플레이스 #약속의거리

선정릉 `추천` "생각보다 가보면 훨씬 아늑하고 좋은 곳"

선릉(9대 성종), 정릉(11대 중종)을 모신 능. 역사 여행지이지만, 개나리꽃을 감상하며 산책하기도 매우 좋다. 도심이라 생각이 들지 않을 정도로 개나리 핀 능이 아늑하다. 능만 덩그러니 있을 것 같지만, 충분히 걸을 길이 있다. 선릉역 8번 출구에서 가깝다. (23p E:2)

서울 강남구 선릉로100길 1   #역사여행지 #개나리 #성종 #중종

봉은사 `추천` "강남 빌딩 숲 사이 천년 고찰"

현대적인 삼성동에 위치한 천년 고찰. 화려한 빌딩 숲 사이에 고즈넉하게 자리 잡아 과거와 현재가 공존하는 매력을 느낄 수 있다. 사찰 안에 서면 지붕 너머로 고층 빌딩들이 보이며, 높이 23m에 달하는 거대한 미륵대불의 모습이 압도적이다. 은은한 미소를 짓고 있는 불상을 올려다보면 마음이 편안해지는 느낌. 해 질 무렵 방문하면 더욱 고요하고 평화로운 분위기이다. 차담 템플스테이, 수행 템플스테이 등 운영. 근처 코엑스, 선정릉 등과 함께 둘러보길 추천. (23p E:2)

서울 강남구 봉은사로 531
#빌딩숲 #미륵대불 #템플스테이

청담골 반상 `맛집`
"30년 전통의 백반집"

@twokang90

제육볶음, 누룽지, 스팸, 고등어구이 등 다양한 한정식을 맛볼 수 있는 30년 전통의 백반집. 계란찜, 도토리묵, 콩나물무침 등 다양한 밑반찬과 함께 깔끔한 음식 맛이 좋다. 주문과 결제 키오스크 시스템으로 번호를 불리면 셀프로 가지러 가는 시스템이다. 오픈 주방 및 깔끔한 외관으로 인기가 좋다. 브레이크타임 15시~17시, 토, 일 정기 휴무. (23p D:1)

서울 강남구 선릉로112길 21
#오픈주방 #30년전통 #선정릉백반집

코엑스 (강남) 추천 "쇼핑, 문화, 엔터테인먼트를 한 곳에!"

대형 박람회, 테마 전시, 팝업 스토어 등 볼거리가 다양한 컨벤션 복합 공간. 대규모 전시장 및 컨벤션 센터와 함께 약 300개 매장이 입점한 대형 쇼핑몰 스타필드 코엑스몰이 연결되어 있다. 약 5만 권의 책으로 유명한 별마당 도서관, 다양한 해양 생물을 만날 수 있는 코엑스 아쿠아리움, 멀티플렉스 영화관 메가박스가 필수 코스. (23p F:2)

서울 강남구 영동대로 513   #박람회 #쇼핑 #문화

중앙해장 맛집
"이토록 푸짐한 해장국"

@hynorii

부속물이 워낙 많아 밥을 말 수 없을 정도의 훌륭한 해장국집. 이곳은 곱창전골로도 유명하다. 질 좋은 곱창에 푸짐한 채소까지 그야말로 최고의 맛집이다. 가족 식사로도 회식 자리로도 훌륭한 곳. (23p F:2)

서울 강남구 영동대로86길 17 육인빌딩
#양선지해장국 #내장탕 #선지

외계인방앗간 빵집
"쫀득한 식감이 일품인 쌀 빵 전문점"

@hyjang74

국내산 순쌀만 사용해 빵을 만드는 곳. 밀가루를 전혀 사용하지 않아 소화가 잘 되며, 쫀득하고 담백한 식감이 특징이다. 올리브가 듬뿍 들어간 귀족 올리브 빵을 비롯해 콩 크림과 인절미 파우더가 들어가 고소한 인절미 빵, 짭짤하고 단단한 식감이 특징인 명란 바게트가 대표 메뉴. 4~6천 원대. 월~토 08:00~20:30, 일 08:00~19:30 운영. (22p C:1)

서울 강남구 논현로149길 19   #소화가잘되는빵 #올리브빵 #no밀가루

올림픽공원 추천 "K-공연, K-웨딩 촬영의 성지"

1988년 서울올림픽을 위해 조성, 지금은 문화, 예술, 자연과 휴식이 결합한 복합 문화 랜드마크로 자리 잡았다. KSPO DOME, 올림픽 홀 등 대형 공연장이 모여 있어 국내 최정상 가수들의 콘서트와 팬 미팅이 개최되는 K-공연 문화의 중심지. 드넓은 잔디밭과 광장은 아이들이 뛰어놀기 좋은 최적의 장소. 넓은 언덕 위 홀로 서 있는 '나 홀로 나무'는 유명한 웨딩 촬영 스폿이다. 공원이 매우 넓어 어린아이와 방문한다면 피크닉용 카트를 준비하자. (21p F:3)

서울 송파구 올림픽로 424   #서울올림픽 #콘서트 #나홀로나무

서울스카이(롯데월드타워) 추천 "지상 500m, 발밑에 펼쳐지는 서울의 밤"

잠실 랜드마크 롯데월드타워 117~123층에 위치한 전망대. 전망대까지 빠른 속도로 오르는 전용 엘리베이터 '스카이셔틀'에서 내리면 눈앞에 환상적인 서울의 전경이 360도 파노라마로 펼쳐진다. 118층 투명 바닥 스카이테크에 올라 짜릿한 스릴과 함께 인생샷을 남겨 보자. 일몰 시간에 방문하면, 환상적인 석양부터 화려한 야경까지 한 번에 즐길 수 있다. 맑은 날 방문할 것. 입장권 성인 기준 31,000원. 매일 10:30~22:00 운영.
(21p E:3) 사진ⓒ한국관광 콘텐츠랩

서울 송파구 올림픽로 300 117~123층   #잠실랜드마크 #스카이데크 #서울전망명소

석촌호수 "이렇게 아름답고 큰 호수가! 서울 여행 필수 코스"

서울의 대표적인 인공 호수. 롯데월드타워 앞 동호와 롯데월드 매직 아일랜드가 위치한 서호가 있으며 두 호수는 산책로로 연결되어 있다. 봄에는 호수 전체를 둘러싼 벚꽃이 만개하고, 가을에는 단풍으로 물들어 아름답다. 연인, 가족과 손잡고 산책하거나, 가벼운 러닝을 즐기기 좋은 곳. 종종 호수 위에 러버덕, 벨리곰, 포켓몬 등 대형 캐릭터가 설치되므로 방문 전 확인해 멋진 사진을 남겨 보자. (21p E:3)

서울 송파구 삼학사로 136   #인공호수 #벚꽃명소 #대형캐릭터전시

롯데월드 어드벤처 "말이 필요 없는 도심 속 초대형 테마파크!"

서울 어디에서나 접근성이 좋은 도심 속 초대형 테마파크. 스페인 해적선, 파라오의 분노, 아틀란티스 등 다양한 어트랙션을 제공한다. 다양한 주제로 진행되는 퍼레이드도 유명하다. 공휴일과 방학 시즌에는 대기 줄이 길어질 수 있다. (21p E:3)

서울 송파구 잠실동 40-1   #테마파크 #도심접근성 #퍼레이드

암사동선사유적지

"서울에서 가장 오래된 마을"

선사시대를 대표하는 유적지. 신석기시대의 흔적을 확인할 수 있는 곳. 빗살무늬토기를 비롯 다양한 유적지와 박물관 견학이 가능하다. 역사 교육은 물론 고즈넉한 산책 명소이기도 하다. 박물관은 사전 예약이 필수이다.

서울 강동구 올림픽로 875

#선사시대 #빗살무늬토기 #사전예약필수

02

경기도·인천광역시

SPRING
경기의 봄

경기도청 팔달산 벚꽃
왕벚나무들이 어깨를 맞댄 벚꽃 터널

일산 호수공원
푸른 호수와 도심이 맞닿아 만들어낸 휴식 공간

고양 고양국제꽃박람회
전 세계 희귀 식물과 화훼 명장들의 집
결소사진ⓒ한국관광 콘텐츠랩

강화군 고려산 철쭉
하늘 아래, 30만 평 대지에 펼쳐지는 분홍빛 융단

Flowers, Fantasy and Fragrance

동두천 니지모리스튜디오
여권 없이 떠나는 일본 에도시대 여행

@nawusmik

부천 종합운동장 진달래
운동장 뒤편, 원미산자락에 자리한 꽃의 요새

수원 화성행궁 벚꽃
성곽을 따라 이어지는 벚꽃 산책로. 한 폭의 동양화 같은 풍경

시흥 갯골생태공원
갯골 따라 올라간 전망대에서 바라본 봄의 왈츠

이천 산수유마을
황금빛 봄이 절정인 산수유 군락의 마을

SUMMER
경기의 여름

광명동굴
뜨거운 햇살이 닿지 않는 12°C의 별빛 동굴. 천연 냉장고에서 무더위를 타파하자.

남양주 물의정원 나무포토존
물의정원 인기 스타 비스듬히 누운 버드나무

@youngeun927

고양 행주산성 역사공원
권율 장군의 승전지가 힐링의 쉼터로

@o__xinn

인천 을왕리 해수욕장
물멍도 물놀이도 가능한 서해안 인기 피서지.

인천 선재도
간조에만 드러나는 신바로운 바닷길

인천 월미도 바다열차
지상 18m 위에서 유영하는 서해의 푸른 파노라마

인천 난정리 해바라기마을
교동도의 여름은 해바라기가 춤춘다.

AUTUMN
경기의 가을

양평 두물머리 은행나무
북한강과 남한강이 만나는 두물경의 수호신. 잠시 멈춰 400년산 황금 나무를 바라보자.

강화군 전등사와 감나무
가장 오랜 역사를 지닌 사찰에 익어가는 가을의 결실

화담숲 단풍과 모노레일
1,300여 그루 단풍 나무 사이를 순항하는 숲 속 열차

인천 소래생태공원 억새
일렁이는 은빛 억새 속 풍차와 소금 창고

수원 화성행궁 단풍
정조의 효심이 깃든 행궁, 200년 전 왕의 단풍 정원을 걸어보자.

광주 남한산성 단풍
수어장대 위로 마주한 불타는 단풍의 절정

일산 호수공원 황화코스모스
청명한 가을 하늘 아래, 나비가 노니는 황화코스모스밭

양평 용문사 은행나무
천년의 세월을 견뎌낸 황금탑, 용문사를 지키는 신령한 고목

WINTER
경기의 겨울

가평 아침고요수목원 오색별빛정원전
겨울밤을 깨우는 600만 개의 빛. 설경 위로 반사되는 화려한 조명

강화도 조양방직
1930년대 방직 공장의 감각적 변신 사진ⓒ한
국관광 콘텐츠랩 관광 콘텐츠랩

연천 재인폭포 얼음폭포
거대한 주상절리에 맺힌 순백의 겨울 왕국

곤지암 리조트 스키장
서울에서 1시간이면 만나는 설원 위 활주로

포천 허브아일랜드 동화축제
핀란드 산타마을을 모티브로 한 공간 반짝
이는 터널 끝에 마주한 동화 속 겨울 마을

하남 아쿠아필드 찜질방
시린 겨울 뜨끈하게 녹이는 힐링 공간
사진ⓒ한국관광 콘텐츠랩

부천 한국만화박물관
근대 만화의 시작부터 현대 웹툰까지
의 변천사 사진ⓒ한국관광 콘텐츠랩

양평 두물머리
얼어붙은 강물 위 소복이 쌓인 눈.
고요한 두물머리의 겨울밤

경기도·인천의 먹거리

01

가평 닭갈비 | 가평군

닭고기와 갖은 채소를 고추장 양념에 재웠다가 구워 먹는 요리로, 큰 무쇠 팬에 볶아 먹는 형태와 숯으로 구워 먹는 형태로 나뉜다.

02

가평 막국수 | 가평군

메밀국수에 매콤달콤한 양념을 얹고 국물에 말아 먹는 음식으로, 국물은 가게에 따라 동치미 국물을 쓰기도, 소고기 육수를 쓰기도 한다.

03

곤지암 소머리국밥 | 광주시

곤지암은 경상도 사람들이 한양으로 과거시험을 보기 위해 지나던 길목으로, 이들이 소머리국밥을 자주 먹었다고 전해진다.

04

남한산성 백숙거리 | 광주시

남한산성 성곽 안에는 2대, 3대로 이어져 오는 백숙 거리가 조성되어 있다. 일반 백숙도 맛있지만, 토종닭이나 오리를 넣은 누룽지 백숙이 인기

05

동두천 떡갈비 | 동두천시

동두천 떡갈비는 육즙이 많고 부드러운 식감과 달콤한 양념 맛이 일품이다. 보통 한정식 차림의 반찬이나 갈비탕과 함께 나온다.

06

팔달문 통닭거리 | 수원시

'극한직업'으로 더 유명해진 수원 통닭거리는 팔달문시장 안에 있다. 진미통닭, 용성통닭 두 가게가 가장 유명하며, 영화 속 갈비통닭도 맛볼 수 있다.

07 수원 왕갈비 | 수원시

전국 3대 우시장이었던 수원 우시장의 영향으로 왕갈빗집이 많이 생겼다.

08 시흥 연잎밥 | 시흥시

국내 최대 연근생산지 을왕저수지에서 나온 연근, 연잎 요리

09 대부도 바지락칼국수 | 안산시

갯벌에서 채취한 질 좋은 바지락으로 끓인 바지락칼국수 전문점

10 양주 송추갈비 | 양주시

큰 가마가 있는 송추 가마골에서 자란 소로 만든 갈비

11 옥천리 옥천냉면 | 양평군

한우 편육과 큰 돼지 완자를 곁들여 먹는 것이 특징인 황해도식 냉면

12 양평 쌈밥 | 양평군

친환경 농업 특구 지역에서 자란 청정하게 갓 재배한 채소 쌈밥

13 양평해장국 | 양평군

선지와 소 내장, 콩나물을 넣고 얼큰하게 끓여 만든 해장국

14 백암리 백암순대 | 용인시

조선 시대 백암시장에서 만들어 먹던 채소가 많이 들어간 순대

15 의정부식 부대찌개 | 의정부시

미군 보급품인 스팸, 핫도그 햄을 이용해 끓인 부대찌개를 탄생시킨 곳

경기도·인천의 먹거리

16

파주 황복회 | 파주시

4~6월 봄철에 임진강과 강화도 창후리에서만 잡힌다. 바다 복어보다 살이 연하고 단맛이 나며 맛이 가장 좋은 복어로 꼽힌다.

17

송탄식 부대찌개 | 평택시

의정부식과 달리 치즈나 햄, 라면 사리 등 부재료를 듬뿍 넣고 끓여 깊고 진한 맛을 낸다.

18

장암리 이동갈비 | 포천시

60년대부터 암소의 생갈비나 양념갈비를 참숯에 구워 먹는 이동갈비촌이 생겨났다. 조각 갈비를 길게 펼쳐 가격 대비 양이 많고 맛이 독특하다.

19

화성 바지락칼국수 | 화성시

궁평리와 제부도 일대에 바지락칼국수 전문점이 모여있다. 바지락 파전, 바지락탕 등도 별미

20

강화 장어 | 인천광역시

자연방식으로 기른 뱀장어로, 자연산에 가까운 두툼한 크기와 흙냄새가 거의 없는 맛이 매력적이다.

21

인천 물텀벙이 | 인천광역시

인천의 물텀벙이는 아귀찜을 뜻한다. 콩나물과 미더덕, 아귀가 아낌없이 들어간 매콤한 아귀찜인 물텀벙이

22

연평도 꽃게 | 인천광역시

살이 많고 알이 꽉 찬 최상급 꽃게의
산지

23

신포시장 쫄면 | 인천광역시

냉면을 잘못 뽑아내다 탄생한 쫄면의
시초 신포국제시장

24

신포시장 닭강정 | 인천광역시

가마솥에 튀겨낸 닭고기에 매콤달콤
양념과 땅콩가루 솔솔

25

월미도 조개구이 | 인천광역시

월미도 문화의 거리를 따라 늘어선 조
개구이집들

26

월미도 해물찜 | 인천광역시

전복, 랍스터, 키조개, 대하, 낙지호롱
구이 등을 넣은 해물찜

27

차이나타운 짬뽕 | 인천광역시

제1패루 안쪽 짬뽕 짜장면 맛집이 모
여있다.

28

차이나타운 짜장면 | 인천광역시

우리나라에서 재탄생한 음식 짜장면,
최초의 짜장면집 공화춘

경기도·인천에서 살만한 것들

1
가평

2
강화

3
송산

4
장호원

5
장단면

6
양평

7
연평도

8
대부도

9
대부도

1.가평 잣
전국 잣 생산량의 44%를 차지하는 가평 잣은 해발고도가 높은 산림지대에서 자라나 알이 굵고 윤기가 난다. 3대 영양소와 무기질, 비타민이 풍부해 노약자와 환자에게 더욱 좋다.

2.강화 인삼
한국전쟁 이후 개성의 인삼 업자들이 강화도에 내려와 인삼을 재배하기 시작했다. 보통 6년근 인삼이 재배되어 향이 진하며, 다른 지역의 인삼보다 묵직하고 탄탄하다.

3.송산 포도
바닷바람을 맞고 자라 일반 포도보다 당도가 높고 알이 굵다. 샤인머스캣, 망고맛 포도, 퍼플레이디 등 다양한 품종으로 개량된 포도가 생산된다.

4.장호원 복숭아
'햇사레'라는 브랜드 이름처럼 풍부한 햇살을 받고 자라 기분 좋은 식감과 달콤한 과즙이 특징이다.

5.장단면 장단콩
오염되지 않은 민간인 통제구역 일대에서 재배된 장단콩. 알이 굵고 영양가가 높다. 장단콩 두부, 간장, 메주 등을 판매한다.

6.양평 딸기
양평의 깨끗한 물과 비옥한 토양에서 자라는 딸기. 당도가 높고 과육이 단단하다. 직접 딸기를 수확할 수 있는 체험형 농장이 많다.

7.연평도 꽃게
조류가 빠르고 수심이 얕은 연평도 앞바다는 꽃게가 서식하기 최적의 환경. 4~6월과 10~11월이 제철이며 가을에는 특히 살이 꽉 차고 단 맛이 좋다.

8.대부도 포도
경기도 안산시에 위치한 섬 대부도에서는 서해의 습도와 큰 기온 차로 인해 육지보다 달콤한 포도가 생산된다. 대부도 포도는 껍질이 두껍고 과육이 치밀해서 오래 두고 먹을 수 있다. 대부도의 포도를 이용한 포도주와 포도즙도 인기가 있다.

9.대부도 천일염
서해 갯벌의 영양을 그대로 품은 소금. 옹기를 깐 염전에서 채염한 토판염이라서 미네랄이 풍부하다. 담백하고 깔끔한 맛이 특징이다.

10
인천

11
인천

12
백령도

13
수원

14
포천

15
용인

16
강화

17
수원

18
광주

19
이천

10.인천 개항로 맥주
무심하게 적힌 '개항로' 세 글자가 레트로한 인천 로컬 맥주. 힙한 패키지 덕분에 선물로도 좋다.

11.인천 차이나타운 월병
차이나타운에 왔다면 공갈빵, 월병, 복숭아빵을 찾아보자. 차와 함께 곁들이면 그 맛이 일품이다.

12.백령도 특산물 3종 세트
백령도의 세 가지 특산물, 돌미역과 돌다시마, 까나리 액젓으로 구성된 패키지. 인천항 연안여객터미널에서 구매

13.수원 정지영커피 드립백
수원 행궁동을 대표하는 커피 브랜드. 수원 화성이 패키지에 그려진 드립백 세트는 기념품이나 선물로 좋다.

14.포천 막걸리
맑은 물로 빚어 목 넘김이 부드럽고 깔끔한 맛. 일동, 이동, 느린마을 산사원의 막걸리가 유명하다. 여러 병 구성은 파티 선물로 추천.

15.용인 한국민속촌 단청 키링
민속촌 감성 가득한 단청 문양을 활용한 키링. 민화를 활용한 마그넷 등 디자인 소품 추천. 갓 키링, 부적 키링도 인기.

16.강화 화문석
화문석의 고장 강화. 왕골로 짠 화문석이 부담스럽다면, 화문석 티 코스터, 화문석 방석, 여름용 가방을 추천

17.수원 화성 테마 책갈피
정조대왕 능행차와 수원의 상징물을 모티브로 한 굿즈. 책갈피, 마스킹 테이프 등 다양한 소품이 있다. 행리단길을 중심으로 한 로컬굿즈도 살펴보자.

18.광주 왕실 도자기
맑고 깨끗한 우윳빛 도자기. 고온에서 구워 공장제보다 견고하다. 장식용 도자기뿐 아니라 커피잔, 식기 등 다양한 제품이 있다.

19.이천 도자기
점토와 땔감이 풍부한 도자기의 도시, 사음동 도예마을, 도자기 축제가 유명

경기도·인천 BEST 맛집

@minor._.94

연경 | 인천광역시

화려한 외관으로도 유명한 곳. 하얀콩을 60일간 숙성시켜 만든 하얀춘장을 이용한 담백한 하얀짜장이 유명

@s2_pong_s2

오목골 즉석메밀우동 | 인천

계란말이 김밥과 메밀 우동이 유명한 집. 24시간 영업

@ts32287546

일산칼국수본점 | 고양시

조개 베이스의 시원하고 진한 국물맛과 쫄깃한 면발이 어우러지는 닭칼국수집

갈릴리농원본관 | 파주시

장어단일메뉴집. 공기밥, 김치 등 별도 메뉴는 없어 옆 마트에서 따로 구매 후 식사할 수 있다. 기본으로 쌈, 소스만 제공된다.

송추가마골 본관 | 양주시

1층에서는 갈비탕, 곰탕 등 식사류, 2층에서는 구이류를 먹을 수 있는 곳

팔당원조칼제비칼국수 | 하남시

TV프로그램에서 방영되어 더욱 유명해진 곳으로 칼제비가 대표메뉴다.

07

장지리막국수 | 광주시

산처럼 쌓여 있는 숙주가 가득한 불고기 전골과 막국수의 조합

08

그늘집 | 여주시

한우 샤브고기, 육전 등 채소가 가득한 전골인 진주 어복쟁반

09

홍원막국수 | 여주시

90년 전통 막국수 전문점. 시원한 육수와 메밀면이 잘 어울린다.

10

@kyoo75kr

청목 | 이천시

이천쌀로 만든 쌀밥 한정식집

11

고기리 막국수 | 용인시

들기름막국수가 인기인 고기리 막국수, 물막국수, 비빔막국수도 호평

12

윤밀원 | 성남시

분당 3대 족발 맛집으로 평양냉면, 막국수, 칼국수, 족발, 양곰탕이 인기

13

진미통닭 | 수원시

커다란 가마솥으로 튀겨낸 후라이드 치킨

14

@sunkyung4300

장수촌 | 의왕시

국내산 오리와 닭, 100% 천연재료로 음식이 제공되는 백숙집.

15

안성장터국밥 | 안성시

1920년부터 운영하고 있는 노포. 장터국밥, 소머리수육 2가지 메뉴

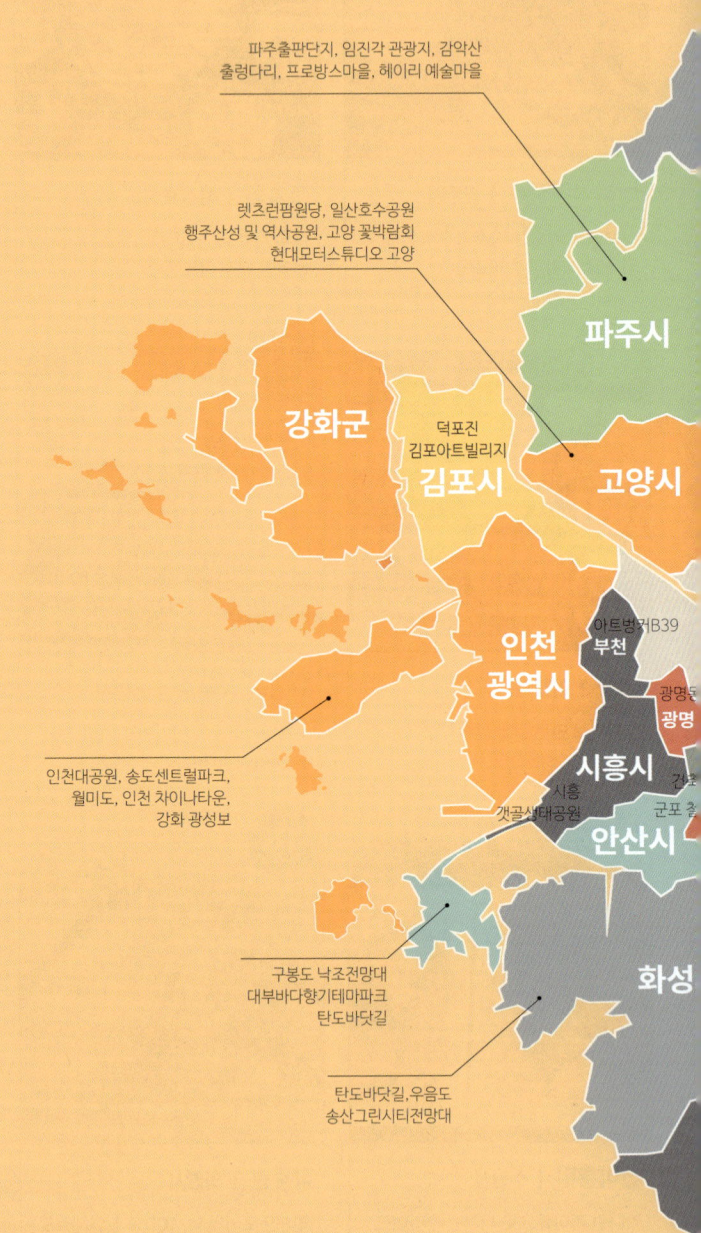

파주출판단지, 임진각 관광지, 감악산
출렁다리, 프로방스마을, 헤이리 예술마을

렛츠런팜원당, 일산호수공원
행주산성 및 역사공원, 고양 꽃박람회
현대모터스튜디오 고양

파주시

강화군

덕포진
김포아트빌리지
김포시

고양시

인천
광역시

아트벙커B39
부천

광명동
광명

시흥시

시흥
갯골생태공원

강
군포 철
안산시

인천대공원, 송도센트럴파크,
월미도, 인천 차이나타운,
강화 광성보

화성

구봉도 낙조전망대
대부바다향기테마파크
탄도바닷길

탄도바닷길,우음도
송산그린시티전망대

재인폭포 출렁다리, 호로고루
해바라기밭, 한탄강 관광지

국립수목원,
포천아트밸리, 산정호수
포천 허브아일랜드

아침고요수목원 단풍, 에델바이스
스위스테마파크, 쁘띠프랑스,
피노키오와 다빈치

연천군

니지모리 스튜디오
동두천시

포천시

주시

추계곡

가평군

의정부 부대찌개 거리
의정부시

정약용유적지

남양주시

고구려 대장간마을
구리시

하남 산곡천 벚꽃

하남시

양평군

두물머리,
양평 세미원 연꽃

서울대공원
서울랜드

성남시

광주시

잠월드

곤지암도자공원
경기도자박물관
남한산성
화담숲

여주 강천섬
은행나무길 여주
루덴시아

의왕레일파크

시

광교 호수공원
수원화성

이천시

시몬스테라스

여주시

용인시

오산시

물향기 수목원

안성시

한국민속촌, 경기도박물관
용인 대장금 파크, 모빌리티
뮤지엄, 에버랜드, 호암미술관

택시

안산갈대습지공원
안성팜랜드

소풍정원
평택호 관광지

347

아트벙커B39
"예술로 거듭난 쓰레기 소각장"

수년간 방치되던 쓰레기 소각장이 복합 문화 예술공간으로 거듭났다. 쓰레기를 쏟아붓고 저장하던 공간이 전시와 공연이 가능한 홀로 활용되고 있다. 실험적인 전시와 공연이 펼쳐지는 이곳이 과연 소각장이 맞는지 의심이 될 정도. (39p D:2) 사진ⓒ한국관광 콘텐츠랩

경기 부천시 삼작로 53
#쓰레기소각장 #공연전시 #업사이클링

웅진플레이 도시 `추천`
"온천과 워터파크를 한 번에!"

@ka.rin.23

수도권 최대 규모 워터파크 겸 온천스파. 파도 풀과 다양한 놀이시설이 갖추어진 워터파크와 천연 온천수를 이용한 바데 풀과 수압 마사지장이 갖추어진 스파 시설이 있어 가족 단위 여행객에게 인기가 있다. 공식 홈페이지나 카카오톡 채널을 통해 할인, 프로모션 행사를 안내받을 수 있다. (39p D:2)

경기 부천시 조마루로 2
#워터파크 #온천 #가족여행

한국만화박물관
"만화가 웹툰이 되기까지!"

만화의 도시 부천에 재개관된 국내 최초 만화 전문 박물관. 만화 관련 희귀자료, 원로작가의 원화 등이 전시되어 있다. 1900년대 만화부터 최신 만화까지 두루 살펴볼 수 있으며, 4D 애니메이션과 만화 그리기를 체험해 볼 수도 있다. 매주 월요일, 1월 1일, 설날과 추석 연휴 휴관. (39p D:2) 사진ⓒ한국관광 콘텐츠랩

경기 부천시 상동 529-36
#한국만화박물관 #만화의도시 #만화체험

부천 진달래동산 "4만 그루 진달래는 어떤 느낌일까?"

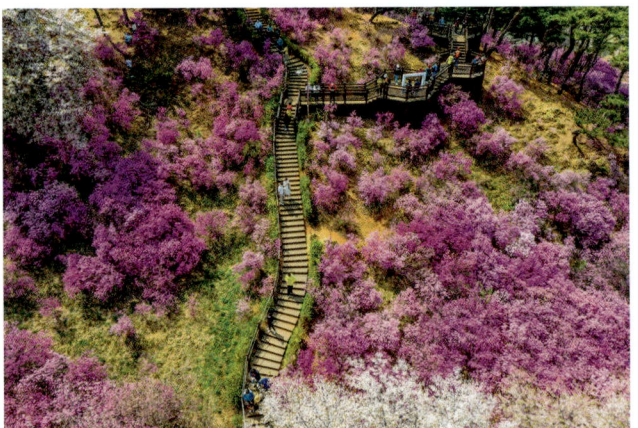

부천 종합운동장과 원미산 정상 사이에 있는 3km 규모의 진달래 동산. 원미산을 등산하며 15,000㎡ 규모의 4만여 그루 진달래를 감상할 수 있다. 진달래 개화 시기에는 동산뿐만 아니라 원미산 기슭 곳곳이 진달래로 물들며, 우리나라 토종 꽃인 백 진달래도 구경할 수 있다. 아름다운 풍경으로 부천 둘레길 1코스로도 지정된 곳으로, 평탄한 지형이라 남녀노소 부담 없이 걸을 수 있다. (39p E:2)

경기 부천시 춘의동 산21-1   #진달래동산 #원미산 #부천둘레길

인천 계양산 진달래
"등산 없이 진달래꽃을 즐길 수 있는 곳"

계양산 팔각정을 빙 둘러 피어난 진달래. 계양산 둘레길이 운영되지만, 팔각정을 거치지 않으니 인천녹지 축 둘레길을 거쳐 이동하는 것을 추천한다. 팔각정은 등산로 초입에 있으니, 진달래만 즐길 예정이라면 굳이 정상까지 등산하지 않아도 된다. (39p D:2)

인천 계양구 계산동 산10-11
#계양산 #진달래 #둘레길

인천대공원 "도심 속 광활한 자연, 가족 나들이 명소"

관모산에 위치한 도심 공원으로 수목원, 습지, 호수, 어린이동물원 등 볼거리가 많아 주말이면 피크닉 하러 오는 가족들로 북적인다. 동물원에는 낙타, 사막여우, 독수리 등 평소에 보기 힘든 희귀 동물들이 살고 있다. 공원 부지 내 캠핑장이 조성되어 있으며, 샤워실, 식수대 등 편의시설을 갖추고 있어 편리하다. 매일 05:00~23:00(동절기 22:00까지) 운영, 어린이동물원은 10:00~17:00까지. (39p D:3)

인천 남동구 무네미로 236   #도심공원 #동물원 #가족캠핑

경인아라뱃길(아라마리나&아라폭포) "서해와 한강을 연결하는 인공 뱃길"

서해와 한강을 연결하는 우리나라 최초의 인공 뱃길. 아라마리나에서 요트, 카약 등 다양

한 수상 레저를 즐길 수 있는 곳. 계양산 협곡 지형을 활용해 조성한 아라 폭포 위에는 바닥이 투명한 아라마루 전망대가 있어 아찔한 풍경을 감상할 수 있다. 서해의 정서진과 함께 있어 다양한 해양 레저와 자전거 라이딩을 즐길 수 있는 복합 문화 공간이다. (39p D:2)

인천 계양구 둑실동 산77-9
#서해 #한강 #인공뱃길

안스베이커리 빵집
"짭조름한 명란 바게트와 바삭한 몽블랑"

제7대 제과명장이 운영하는 곳으로, 구월동을 넘어 인천을 대표하는 '인천의 성심당'으로 불리는 빵집. 특허를 받을 정도로 짜지 않고 감칠맛 있는 명란 소스가 들어 있는 바삭한 명란 바게트, 쫀쫀한 식감을 느낄 수 있는 시그니처 생식빵을 추천한다. 아침 일찍 열어 밤늦게까지 운영한다. 5~6천 원대. 매일 07:30~23:30 운영. (28p C:3)

인천 남동구 인주대로 664
#명란바게트 #몽블랑 #생식빵

오목골 즉석메밀우동 맛집
"야식이 생각날 때 찾아가 보자"

@s2_pong_s2

계란말이 김밥과 메밀 우동이 유명한 집. 우동의 진한 국물과 고명으로 올라간 쑥갓과 지단, 파가 잘 어울린다. 살짝 매콤한 맛의 튀김가루를 뿌려 먹으면 더욱 맛있다. 1인 1메뉴 주문 시 사리 추가 1회 무료. 24시간 영업으로 출출한 밤 야식으로 즐기기 좋다. 연중무휴.

인천 미추홀구 석정로 142
#인천맛집 #메밀우동 #계란말이김밥

백령도 "그 이름만으로도 가보고 싶은 섬"

대이작도 "모든 면이 바다로 둘러싸인 모래섬, 자꾸 생각 나는 곳"

북한과 근접한 최북단의 섬. 사곶 해변은 단단한 백사장으로 인해 비행장으로 사용되기도 했다. 유람선을 타면 기암 바위 등의 절경을 감상할 수 있다.

인천 옹진군 백령면 가 을리 702-2
#백령도 #사곶해변 #두무진

물이 빠지면 사라지고 물이 들면 나타나는 신비의 모래섬 '풀등'이 있는 곳. 부아산 정상에서 볼 수 있는 하트모양의 항구, 작지만 보면 볼수록 매력에 빠지는 작은 풀안 해수욕장뿐만 아니라 부아산 정상가는 길 아기자기한 빨간 구름다리도 볼 만하다. 섬 전체가 산책로로 되어 있다. (30p A:3)

인천 옹진군 자월면 대이작로70번길 3-8   #풀등 #모래섬 #산책로

송도센트럴파크 [추천] "미래 도시 속 자연을 품은 공원"

미래 지향적 도시 설계로 유명한 송도 국제도시에 있는 대형 공원. 하늘로 뻗은 고층 빌딩들 사이 한옥마을을 비롯해 선셋 정원, 산책 정원, 테라스 정원 등 다양한 볼거리가 있다. 산책 정원에서는 실제 꽃사슴을 만나는 재밌는 경험을 해볼 수 있는 곳. 인공수로에서는 수상 택시, 카누 등 수상 레저를 즐길 수 있다. G타워 33층 전망대에 오르면 센트럴파크와 국제업무지구의 모습을 무료로 감상해 보길 추천. (38p C:3)

인천 연수구 컨벤시아대로 160   #송도국제도시 #테마정원 #인공수로

월미도  "인천에 왔다면 반드시 들러야 할 필수 코스!"

월미도 대관람차

월미도 유람선 선착장

월미 전망대

오랜 역사를 가진 인천의 상징적인 관광지. 그 인기는 여전하다. 스릴 넘치기로 전국적으로 유명한 **바이킹과 디스코 팡팡**이 있는 월미 짱랜드뿐만 아니라 인천역을 출발해 **월미도 전체를 돌아보는 모노레일 월미바다열차**, 우리나라 이민의 아픈 역사를 전시하는 한국이민사박물관이 있어 즐길 거리, 볼거리가 풍성하다. 월미 짱랜드 인근 선착장에서 유람선을 타고 웅장한 인천대교와 서해의 풍경을 즐겨 보자. 갈매기 먹이 주기 체험, 불꽃놀이 감상도 가능. (38p C:3)

인천 중구 북성동1가 98-352   #바이킹 #바다열차 #유람선

인천 차이나타운 `추천` "여행 온 느낌도 내고! 맛있는 짜장면도 먹고!"

인천역 바로 앞 오래된 화교의 거리, 중국 음식점들이 즐비하게 몰려 있다. 이곳 음식점들은 많게는 백 년이 넘는 역사를 자랑하며, 독특한 화교 식 레시피를 고수하는 곳이 많다. 그래서 같은 짬뽕, 짜장면이라도 뭔가 특별한 맛이 나는 곳. 거리 전체가 붉은색 중국 전통 양식으로 꾸며져 있어 이국적인 분위기. 공갈빵, 홍두병 등 다양한 중국 간식거리와 기념품을 구경해 볼 것. (38p C:2)

인천 중구 차이나타운로26번길 12-17   #화교 #중국요리 #이국적분위기

팔미도 유람선
"인천상륙작전의 격전지!"

민간인의 출입이 금지되었던 무인도 팔미도를 둘러보는 유람선. 오전 코스, 오후 코스, 선셋 코스를 운영한다. 팔미도에 도착하면 대한민국 최초로 세워진 팔미도 등대도 구경해보자. 팔미도 등대는 인천 상륙 작전의 성공에 크게 기여한 것으로도 유명하다. 디오라마 전시관에서 인천 상륙 작전 관련 지식을 얻을 수도 있다. (38p C:3) 사진ⓒ한국관광 콘텐츠랩

인천 중구 항동7가 58-1
#팔미도 #등대 #인천상륙작전

인천개항박물관
"개항 역사가 살아있는 공간"

개항 이후 근대 인천의 모습을 살펴볼 수 있는 박물관. 인천 개항장, 경인 철도, 인천 전환국 등에 대해 전시하고 있다. 박물관은 옛 일본 제일은행 인천지점 자리에 있으며, 르네상스식 건물 양식을 띄는 건물 자체로도 가치가 있다. 입장료 일반 기준 500원. 09:00~18:00 운영, 매주 월요일 휴관. (38p C:3) 사진ⓒ한국관광 콘텐츠랩

인천 중구 중앙동1가 9-2
#인천개항박물관 #근대역사 #르네상스건축

미음 `카페`
"커피 한 잔과 해안가 산책을 동시에"

@cafe.mieum

영종도 마시안 해변에 위치한 오션뷰 베이커리 카페. 모던한 외관과 세련된 실내가 어우러진 트렌디한 분위기로 일몰 시간에 특히 아름답다. 달콤 쌉싸름한 '미음 크림라떼'가 이곳의 시그니처. 카페에서 바닷가로 나갈 수 있고, 간단히 손과 발을 씻을 수 있는 시설이 갖추어져 있어 아이와 함께 방문하기에도 좋다. 월~목 10:00~20:30, 금~일 10:00~21:00 영업. (28p B:3)

인천 중구 마시란로 119
#마시안해변 #일몰명소 #아이와여행

영종씨사이드 레일바이크 `추천` "서울에서 가까운 바다 풍경 레일바이크"

월미도, 인천대교의 풍경을 즐길 수 있는 5.6km 길이의 레일바이크. 인공폭포, 디지털 트리, 수목 터널 존 등을 함께 운영한다. 레일바이크가 운행되지 않는 구간은 자전거로 이동할 수 있다. 캠핑장, 놀이 시설, 전망데크, 산책로도 함께 즐길 수 있다. (38p C:2)

인천 중구 중 산동 1957-2 　　　 #레일바이크 #월미도 #인천대교

연경 `맛집` "차이나타운 하얀짜장 맛집"

@minor._.94

외관이 화려하고, 내부는 중국 분위기가 물씬 풍긴다. 북경오리, 코스요리, 딤섬 등 메뉴가 다양하다. 얇고 바삭한 튀김옷에 달짝찌근한 소스의 탕수육, 하얀콩을 60일간 숙성시켜 만든 하얀춘장을 이용한 담백한 하얀짜장이 유명하다. 주말은 차없는 거리로 주차 불가. (38p C:2)

인천 중구 차이나타운로 41
#차이나타운 #하얀짜장 #딤섬

자연도소금빵 `빵집`
"하루 6번만 갓 구워내는 '겉바속촉' 소금빵 단일 성지"

@saltbread.in.seaside

다른 메뉴 없이 오직 소금빵 단일메뉴로만 하루에 7천 개를 판매하는 곳. 좋은 소금, 버터를 아낌없이 사용해 버터의 풍미와 짭짤한 맛이 조화를 이룬다. 낱개 판매 없이 4개입으로만 구매 가능하며, 빵 나오는 시간은 9시, 12시 30분, 14시, 15시 30분, 17시, 18시 30분 하루 딱 6번으로 정해져 있다. 4개입 1만 원 대. 매일 09:00~22:00 운영. (28p C:3)

인천 중구 은하수로 10 더테라스프라자 1층
#버터풍미가득 #소금빵 #단일메뉴

을왕리해수욕장 "낭만적인 일몰이 있는 국민 해수욕장"

초승달 모양의 아름다운 백사장과 울창한 송림, 기암괴석이 절경을 이루는 곳. 인천 영종도에 위치해 수도권에서 가기 좋은 곳. 서해안 3대 낙조 명소로, 해 질 녁 바다를 붉게 물들이는 낭만적인 일몰을 감상할 수 있다. 수심이 얕고 편의 시설이 잘 갖추어져 가족 단위 여행객에게 인기 있는 관광 명소. 해수욕, 스포츠, 낚시 등을 즐길 수 있다. (38p A:3)

인천 중구 용유서로302번길 16-15 　　　 #해수욕장 #낙조명소 #가족여행

영종도 백운산 전망대 "장관을 이루는 바다 위 인천대교, 보고 싶지 않아?"

인천 앞바다, 인천대교, 송도국제도시 등을 한 눈에 볼 수 있다. 공항철도 운서역에서 도보 15분 거리에 등반 입구가 있다. 등반 입구 주소는 '운서동 산72-5', 차로 이동할 경우 운서역 앞에 주차장을 검색한 후 주차하자. (38p B:2) 사진ⓒ 한국관광 콘텐츠랩

인천 중구 운서동 산1-1
#인천대교 #송도국제도시 #운서역

인천당 빵집 "화덕에서 직접 구워낸 담백한 공갈빵과 추억의 밤과자"

노포 감성 가득한 옛날 과자점. 1960년대부터 숯불에 직접 생과자를 구워 온 곳으로, 은은한 숯 향과 바삭한 식감이 일품이다. 외관은 허름하지만, 안으로 들어가면 센베이, 상투과자, 밤과자 등이 가득 쌓여 있다. 노부부가 직접 과자를 굽는 모습은 어르신들에게는 추억으로, 젊은이들에게는 신선함으로 다가온다. 1kg에 10,000원. 매일 09:00~18:00 운영. 사진ⓒ인천당

인천 중구 참외전로 138
#화덕 #생과자 #상투과자

고려궁지 "고려 왕조의 도읍지였던 강화도"

몽골의 침략을 피해 강화도로 도읍지를 옮긴 고려 왕조가 거주하던 궁궐 터. 원래 큰 규모의 궁궐이었지만 병자호란, 병인양요 등 크고 작은 사건들을 겪으며 대부분의 건물이 화재로 전소 혹은 훼손되었다. 근처에 우리나라에서 가장 오래된 한옥 성당인 강화 성당이 있고, 매달 2, 7로 끝나는 날에 강화 오일장이 서니 함께 방문해 보자. (38p B:1)

인천 강화군 강화읍 북문길 42   #고려궁궐 #외규장각 #역사여행

교동도 대룡시장 "1970년대에서 시간이 멈췄어"

연산군, 광해군, 안평대군 등의 유배지였던 교동도에 6·25전쟁의 피난민들이 모여 만들어진 시장. 대룡시장에는 6~70년대가 그대로 멈춘 것 같은 느낌의 시장 골목이 남아있다. 강화도와 다리가 연결되어 군의 출입증을 받으면 쉽게 들어갈 수 있다. (30p A:1)

인천 강화군 교동면 교동서로 2   #교동도 #대룡시장 #레트로

온수리성당 추천 "한옥 성당의 품격"

보기 힘든 한옥으로 된 성당. 200년 전 지어졌던 모습 그대로 보존 중이다. 전통 한옥의 모습에 이국적인 성당의 모습이 더해져 신비함을 자아낸다. 근현대사의 역사가 고스란히 간직되어 있는 이곳은, 역사적 가치와 함께 특유의 분위기에 매료된 사람들이 많이 찾는다. (38p B:1)

인천 강화군 길상면 삼랑성길 24　　#한옥성당 #대한성공회 #강화도

강화 고려산 낙조대
"서해의 석양은 언제나 아름다워"

고려산 서쪽 적석사까지 차로 오를 수 있는 곳. 적석사에서 계단으로 전망대까지 이동하면 석모도와 교동도 사이의 아름다운 석양을 즐길 수 있다. (38p B:1)

인천 강화군 내가면 고천리 산74-1
#고려산 #적석사 #석양

석모도 "보문사에서의 일몰이 끝내주는 곳"

강화군에 속한 섬으로 보문사, 민머루해수욕장 등이 있다. 예전에는 배를 타고 들어갔는데, 석모대교 개통 후 당일치기 여행이 가능해졌다. (38p A:1)

인천 강화군 삼산면 삼산북로 4　　#석모도 #보문사 #당일여행

전등사
"강화도를 대표하는 유서 깊은 사찰"

고구려 소수림왕 시기 창건된 것으로 전해지는 유서 깊은 사찰이다. 정족산성 안에 자리 잡고 있어 호국 불교의 성지로 불린다. 조선 후기에는 조선왕조실록을 보관한 정족산 사고를 지키는 역할을 한 곳. 보물로 지정된 대웅전은 화려한 내부 장식과 조각으로 유명하다. 대웅전 네 모서리 추녀를 떠받치고 있는 벌거벗은 여인 형태의 나녀상 조각을 찾아보자. (38p B:2) 사진ⓒ한국관광 콘텐츠랩

인천 강화군 길상면 전등사로 37-41
#고구려 #호국불교 #나녀상

나룻터꽃게집 맛집
"속 살이 꽉 차 있는 꽃게요리 전문점"

@cooljb

7종의 밑반찬과 함께 나오는 꽃게탕은 큼지막한 꽃게와 콩나물, 각종 채소가 들어 있어 시원한 국물이 일품이다. 가득한 게살과 바삭한 튀김 맛이 어우러진 꽃게 튀김도 추천. 한정으로 판매되는 꽃게 정식을 시키면 꽃게탕, 간장게장, 양념게장, 꽃게 튀김 등 다양한 꽃게요리를 한 번에 즐길 수 있다. 수요일 정기 휴무. (38p A:1)

인천 강화군 내가면 중앙로 1270 나룻터꽃게집
#꽃게정식 #게장맛집 #강화도맛집

부근리 고인돌
"마음의 눈으로 보면 청동기시대로의 시간여행!"

유네스코 세계문화유산으로 지정된 강화 부근리 고인돌은 동북아시아 지역 최대 규모를 자랑하는 탁자식 고인돌로, 다른 고인돌보다 크기가 커서 웅장한 느낌이 든다. 받침돌 위 상판 돌 무게가 무려 50톤에 달하는데, 이 무거운 돌을 어떻게 위에 올렸을지 통 짐작이 가질 않는다. (28p B:2)

인천 강화군 하점면 부근리 317
#강화부근리고인돌 #유네스코세계문화유산 #탁자식고인돌

강화 광성보 "끝까지 싸우겠다는 의지가 보여!"

신미양요 당시 가장 치열한 격전지였던 역사적인 요새. 흙과 돌을 섞어서 쌓은 성이 해안가를 따라 길게 이어져 있다. 드라마 '미스터선샤인' 1회 전투 장면이 이곳에서 촬영되었다. 언덕에 위치해 경치가 매우 아름다운 곳. 푸른 강화 해협과 서해의 섬들을 바라보며 해안가 산책을 즐겨 보자. 강화도의 다른 요새인 초지진, 덕진진과 함께 묶어 둘러보는 코스로도 계획할 수 있다. 입장료 성인 기준 1,500원. (38p B:1)

인천 강화군 불은면 덕성리 833   #신미양요 #미스터선샤인 #해안가산책

맛을담은강된장 맛집 "오늘 하루 수고한 나에게 선물하는 건강 밥상"

조미료를 넣지 않고 음식 본연의 맛과 향을 내는 곳으로 주문과 동시에 조리하여 갓 지은 가마솥밥과 정갈한 계절 반찬을 맛볼 수 있다. 화이트톤에 내부 인테리어로 깔끔하다. 메뉴는 전복영양밥, 문어영양밥, 우렁강된장 등 다양하며 어린이가 먹을 수 있는 어린이 불고기 메뉴가 별도 있다. 씸과 반찬은 무한리필도 제공된다. 캐치테이블 앱으로 예약 가능 (38p B:2)

사진ⓒ한국관광 콘텐츠랩

인천 강화군 화도면 해안남로 1164 강화군 화도면 사기리 320

#정부지정안심식당 #노조미료 #루지맛집

인스파이어 엔터테인먼트 리조트 "압도적 스케일의 복합 문화 공간"

영종도에 자리 잡은 엔터테인먼트 리조트. 숙박을 넘어 다양한 경험을 제공하는 압도적인 스케일의 복합 문화 공간이다. 숲, 태양, 바다 모티브의 3개 타워로 이루어져 있으며, 150m 길이 디지털 엔터테인먼트 거리 '오로라'가 이곳의 시그니처. 유리 돔 아래 트로피컬 감성 워터파크 '스플래시 베이'와 콘서트, 이벤트 등 대형 공연이 열리는 '인스파이어 아레나', 전 세계 음식을 한곳에 모은 '오아시스 고메 빌리지' 등 다양한 시설을 갖추어 지루할 틈이 없다. (30p A:2) 사진ⓒ인스파이어 엔터테인먼트 리조트

인천 중구 공항문화로 127   #영종도 #엔터테인먼트 #아레나

357

애기봉 평화생태공원
"북한을 지척에서 볼 수 있는 곳"

멀리 북한 땅이 들여다보이는 전망공원. 공원 전망대 및 안보교육실, 평화생태전시관과 함께 평안북도 출생 김소월 시인의 문학관이 마련되어 있다. (36p A:2)

경기 김포시 월곶면 평화공원로 289
#북한전망 #안보교육관 #김소월문학관

덕포진 "신미양요 치열한 전투의 현장"

조선시대 해상 전투를 위한 포대가 설치되어

가혜리 카페 "미디어 아트가 펼쳐지는 키즈프렌들리 카페"

@gahyeri_cafe

초대형 미디어 아트로 알려진 베이커리 카페. LED 스크린 속 시시각각 변하는 화려한 장면과 실내 인공 연못이 어우러져 몽환적인 분위기. 리얼 코코넛 커피스무디 등 음료는 물론 가혜리브런치와 파스타, 피자 등 식사 메뉴가 준비되어 있어 한끼 든든하게 즐기며 쉬어갈 수 있다. 수유실 완비, 어린이 음료 판매 등으로 가족 단위 방문에 추천. 매일 10:00~21:00 영업. (28p C:3)

경기 김포시 대곶면 덕포진로103번길 84   #미디어아트 #브런치카페 #키즈프렌들리

있는 군사시설이다. 신미양요 때 미군, 프랑스 군과의 전쟁이 있었으며, 당시 사용되었던 포대 및 전투 장면이 재현되어 있다. 1981년 사적 292호로 지정되었다. (38p C:1)

경기 김포시 대곶면 덕포진로103번길 90
#해상전투 #군사안보시설 #문화유적

라베니체 "김포의 베니스, 라베니체"

인공수로를 따라 양옆으로 상가들이 이어져 있다. 낮에도 예쁘지만 이곳은 밤이 하이라이트! 상가들의 네온사인이 켜지고 거리의 가로등이 켜지면 이곳이 한국인지, 이탈리아의 베네치아인지 헷갈리고 만다. 수로를 따라 보트를 탈 수도 있어서 더욱 낭만적이다. (39p D:1)

경기 김포시 장기동 2080-1
#금빛수로 #문보트 #네온사인

김포아트빌리지 "전통과 예술이 만나는 공간"

김포 예술가들의 작업실과 교육 전시관, 오픈 스튜디오, 야외공연장 등이 모여있는 예술 단지. 원 데이 클래스 등 일반 시민들도 참여할 수 있는 행사들이 기획되어 있다. 전통문화를 배우고 전통놀이, 한옥 숙박도 즐길 수 있는 한옥마을도 함께 운영한다. (39p D:1)

경기 김포시 모담공원로 170   #예술마을 #예술체험 #한옥체험

아보고가 [카페]
"아! 보고 가? 피라미드 형태 이색 카페"

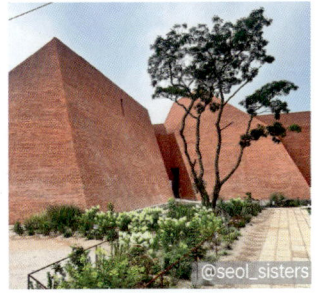
@seol_sisters

붉은 벽돌을 쌓아 만든 피라미드 형태, 탁 트인 한강뷰로 유명한 베이커리 & 브런치 카페. 달콤 고소한 풍미의 아몬드 크림 귀리 라떼와 흑임자 크림 귀리 라떼가 시그니처 메뉴이다. 겉바속촉의 정석 트러플 버터롤이 특히 맛있는 곳. 샌드위치 등 브런치 메뉴도 든든한 한 끼로 충분하다. 10세부터 입장 가능. 월~금 10:00~19:50, 토~일 10:00~20:40 영업. (28p C:2)

경기 김포시 하성면 월하로 977-19
#한강뷰 #피라미드 #베이커리

중남미문화원 [추천]
"고양시에서 만난 작은 남미"

중남미 문화원 정문 앞쪽에 위치한 박물관. 중남미의 토기, 목기, 석기, 가면, 생활공예품을 전시하며, 미술관과 종교전시관, 조각공원도 함께 운영된다. 연중무휴. (39p E:1) 사진ⓒ

경기 고양시 덕양구 고양동 302
#중남미 #박물관 #조각공원

북한산 [추천] "서울 근교 진달래 등산길"

서울과 고양에 걸친 수도권 대표 명산이다. 백운대 등 세 봉우리가 솟아 삼각산으로도 불린다. 화강암 절경이 빼어나며, 단위 면적당 탐방객 수로 기네스북에 등재된 사랑받는 국립공원이다. 특히 우이동과 대동문을 잇는 1km 구간의 진달래 능선이 유명한데, 백련사 매표소에서 출발하여 백련사 갈림길에서 진달래 능선을 따라 대동문까지 이동하여 구천 폭포 방향으로 하산하는 코스를 추천한다. 진달래 능선에는 수유동 국립 419 민주묘지가 있다. (39p F:1)

경기 고양시 덕양구 대서문길 375   #북한산 #진달래능선 #419민주묘지

렛츠런팜원당(원당종마목장) 추천
"초원에서 말이 뛰노는 모습을 볼 수 있다니!"

한국마사회 운영, 경마장에서 달리는 경주마를 키우는 곳이다. 날씨가 따뜻한 날이면 푸른 초원에서 평화롭게 풀을 뜯는 말들의 모습을 바라보며 가족끼리 피크닉을 즐길 수 있다. 봄에는 벚꽃이, 가을에는 단풍이 가득해 멋진 포토존을 만들어준다. 흰말, 검은 말, 갈색 말은 물론 귀여운 아기 말까지 만날 수 있는 곳. 동물을 좋아하는 아이에게 추천. 매주 수~일 09:00~17:00 개방(동절기 16:00까지), 매주 월~화, 명절, 공휴일 휴무. (39p E:1)

경기 고양시 덕양구 서삼릉길 233-112
#피크닉 #경주마 #벚꽃명소

일산호수공원 추천 "호수공원 하면 여기지!"

우리나라에서 가장 유명한 호수 공원. 호수와 호수 둘레 산책로, 넓은 잔디광장, 자연 학습원과 전통 정원 등 다양한 시설이 조성되어 많은 사람이 휴식을 즐기기 위해 방문한다. 공원 북쪽에 있는 노래하는 분수대는 4~10월 저녁 시간대에 운영되며, 음악과 함께 화려한 조명 쇼가 펼쳐지니 시간을 맞추어 방문해 볼 것. 인근 웨스턴돔, 원마운트, 레이킨스몰, 아쿠아플라넷 등과 함께 둘러보기 좋다. 노래하는 분수대는 계절별, 월별 운영 시간이 변동되니 사전 확인 필수. (36p C:3)

경기 고양시 일산동구 호수로 595   #호수공원 #휴식처 #분수대

현대모터스튜디오 고양
"자동차의 모든 것, 아빠도 반하는 자동차 테마파크"

아이도, 어른도 반하는 자동차 테마파크. 자동차의 제작 과정, 기술, 시승 등 자동차에 관한 모든 체험이 가능하다. 4D Ride 체험관에선 놀이기구를 탄 듯 실감 나는 움직임을 느껴볼 수도 있다. 워낙 많은 사람의 사랑을 받는 곳이라 사전 예약은 필수! 상설 전시+4D Ride 통합 성인 기준 16,000원. 차량 전시 09:00~20:00, 상설 전시 월~금 10:00~18:00, 주말은 19:00까지. 상설 전시 매주 월요일 휴무. (39p D:1)

경기 고양시 일산서구 킨텍스로 217-6
#자동차테마파크 #고양핫플 #4DRide

행주산성 및 역사공원 "행주대첩의 무대가 된 이곳!"

행주산성에서 본 방화대교　　　　　　　　　행주대첩비

임진왜란 3대 대첩 중 하나인 행주대첩이 일어난 곳. 승리를 기념하기 위해 세운 행주대첩비와 권율 장군의 영정을 모신 충장사가 있다. 행주산성 아래 조성된 역사공원에는 넓은 잔디밭과 산책로가 있어 산책이나 피크닉을 즐기기 좋으며, 행호정에 올라 한강 풍경을 감상할 수 있다. 일몰과 야경이 아름답기로 유명. 산성 입장료 무료. 09:00~18:00(동절기 17:00까지) 운영, 3~10월 매월 2, 4번째 토요일 야간 개장 18:00~22:00, 매주 월요일 휴무. (39p E:2)

경기 고양시 덕양구 행주내동 산26-1　　　#권율장군 #행주대첩 #역사공원

주막보리밥 서오릉본점 맛집
"특허 받은 시래기 털레기 수제비 맛집"

@156.h_cm

22년동안 운영되고 있는 곳으로 특허 받은 시래기 털레기 수제비, 푸짐하고 신선한 나물들과 함께 나오는 옛날 보리밥, 코다리찜이 대표 메뉴이다. 가장 인기가 많은 시래기 털레기 수제비는 통으로 시래기가 들어 있어 시래기 향과 쫄깃한 수제비 반죽, 된장 베이스에 칼칼한 국물맛이 조화롭다. 본관과 신관으로 나누어져 있으며 웨이팅이 있는 편. 별도 대기 공간 보유.

경기 고양시 덕양구 용두로47번길 133
#시래기털레기수제비 #서오릉맛집 #특허

고양 꽃박람회 "엄청난 규모여서 미리 준비해야!"

전 세계의 이색적인 꽃과 화훼 기술, 작품을 한자리에서 즐길 수 있는 화훼 박람회. 관람은 물론 싱싱한 꽃과 식물을 저렴하게 구매할 수 있다. 꽃바구니, 압화 등 화훼 관련 체험이 이루어지며, 무대에서 다양한 공연도 열린다. 야외 화훼 전시장은 곳곳에 포토존이 마련되어 있어 멋진 추억을 남길 수 있다. 대중교통 이용 방문자 현장 입장권 구매 시 3천 원 할인. 매년 4~5월경 개최. 정확한 시간과 일정은 홈페이지에서 확인해 볼 것. (36p C:3)

경기 고양시 일산동구 호수로 595　　　#세계의꽃 #화훼박람회 #차없는박람회

포레스트아웃팅스 카페 "식물원 느낌 인테리어 카페"

@roxane.ellaa

2층 둥근 조명을 중심으로 카페의 내부 인테리어가 한눈에 보이는 곳이 대표 포토 스팟. 카페 내부에 크고 작은 잉어들이 헤엄치며 연못이 있고, 다양한 식물들이 있어 식물원에 온 것 같은 느낌을 받을 수 있다. 계단식 좌석, 마루 등 테이블과 좌석 스타일이 조금씩 달라 취향과 편의에 맞게 앉을 수 있다. 음료는 물론 크루아상, 스콘 등 아기자기하고 맛있는 베이커리류와 브런치를 즐길 수 있다. (36p C:3)

경기 고양시 일산동구 고양대로 1124   #베이커리카페 #식물원카페 #다양한좌석

심학산 전망대 "둘레길도 걷고 한강전망의 북한땅도 보고"

날씨가 좋은 날엔 북한의 개풍군도 볼 수 있는 전망대. 높이가 낮은 산이어서 둘레길로 등반하는 데 그리 어렵지 않다. 둘레길은 2시간이면 완주 할 수 있는데, 산마루가든, 우농타조농장, 교하배수지, 약천사 등에서 오르면 된다. 주차장은 여러 곳이 있지만, 일반적으로 심학산 둘레길 주차장을 이용한다. (39p D:1)

경기 파주시 동패동 산 282-1   #심학산 #둘레길 #전망대

웨스트진베이커리 빵집
"국내 최초 개발 엘리게이터 파이!"

화려한 카페형 빵집은 아니지만 오직 맛으로 승부하는 곳. 이곳에서 국내 최초로 개발한 대표 메뉴 엘리게이터 파이는 악어 등껍질을 닮은 피칸 파이로 91겹으로 이루어져 있어 촉촉하고 은은한 달콤함이 매력이다. 직접 만든 밤 앙금과 밤 알갱이가 들어간 수제 파이만주는 선물용으로 인기를 끈다. 엘리게이터 파이 8천 원대. 매일 08:30~21:30 운영. (28p C:3)

경기 고양시 덕양구 화신로 74
#엘리게이터파이 #91겹 #수제파이만주

원마운트 워터파크
"경기 고양시에 있는 워터파크"

도심 속 실내외에서 즐길 수 있는 워터파크. 실내 워터파크는 4층, 실외 워터파크는 7층에 있다. 수영 모자를 반드시 착용해야 하므로 잊지 말고 챙겨가자. (37p C:3) 사진ⓒ한국관광 콘텐츠랩

경기 고양시 일산서구 대화 동 2606
#워터파크 #실내외 #수영모자

마장호수 출렁다리
"수채화 속에 들어와 있는듯한 착각"

농업용 저수지에서 호수공원으로 변신한 마장호수! 이곳의 하이라이트는 출렁다리. 긴 출렁다리에서 내려다보는 호수와 주변의 풍경은 아찔함과 아름다움을 동시에 느끼게 해준다. (37p D:2)

경기 파주시 광탄면 기산로 313
#마장호수 #출렁다리 #수채화

제3땅굴
"한국전쟁 당시 만들어진 땅굴"

한국전쟁 때 북한군이 우리나라에 침입하기 위해 만들었던 땅굴로, 1978년 10월 17일 발견되었다. DMZ 관광셔틀버스를 타고 제3땅굴, 도라전망대, 도라산역을 돌아보는 투어 프로그램을 운영한다. (36p B:1) 사진ⓒ한국관광
콘텐츠랩-이범수

경기 파주시 군내면 제3땅굴로 210-358
#한국전쟁 #땅굴 #역사여행지

보광사 "드라마 <더 글로리>에 등장했던 그 사찰"

고령산에 있는 절로, 신라시대에 도선국사가 창건하였다. 넓은 주차장이 마련되어 있어 자동차로 쉽게 이동할 수 있다. 최근 넷플릭스 '더 글로리'에 등장하며 이곳을 찾는 관광객들이 부쩍 늘었다. (37p D:2)

경기 파주시 광탄면 보광로474번길 87　　　#신라시대 #불교사찰 #더글로리

벽초지 문화수목원 추천 "27가지 주제로 꾸며진 동서양 정원"

동서양 정원 어우러진 풍경에서 인생 사진 찍을 수 있는 곳. 신화, 모험, 자유 등 27가지 주제로 꾸며진 유럽식 정원과 한국식 정원이 있다. 사철 계절 꽃들이 피어나 아름답지만 그중에서도 특히 가을철 국화꽃이 탐스럽고 예쁘다. (37p D:2)

경기 파주시 광탄면 부흥로 242　　　#유럽식정원 #한국식정원 #포토존

파주출판단지

파주출판단지 추천 "출판의 천국, 유명 건축물을 보는 재미는 덤!"

책을 주제로 한 모든 것이 모여 있는 곳. 기획, 인쇄, 유통 모든 과정이 이루어지는 국내 유일 출판문화 산업단지이다. 건물 하나하나 예술 작품 같은 곳. 출판사마다 특색있는 북카페, 갤러리, 박물관, 중고책방 등을 운영해 출판 종사자뿐만 아니라 일반인들도 즐길 거리가 많다. 특히 거대한 서가로 유형한 '지혜의 숲'이 이곳의 상징. 아이를 동반한 가족에게 추천. 매년 열리는 어린이책잔치, 파주 북소리 축제 기간에 맞춰 방문해 보자. (36p B:3)

경기 파주시 문발동　　　#건축 #북카페 #어린이책잔치

지혜의 숲
"거대한 책장으로 둘러싸인 독서 천국"

열린 문화공간이자 도서관. 8m 높이로 쌓아 올린 거대한 책장의 길이가 3.1km에 달한다. 이 압도적인 서가가 이곳의 포토존이다. 각 층에는 국내외의 다양한 도서들이 실제로 전시되어 있으며 자유롭게 읽을 수 있다. 카페에서 커피 한 잔의 여유를 즐기기도 좋은 곳. 다양한 인문학 강연, 전시, 이벤트가 열리니 지혜의 숲 홈페이지에서 일정 확인 후 방문하는 것이 좋다. 아시아 출판문화 정보센터 1층, 입장료 무료. 매일 10:00~20:00 운영. (36p B:3) 사진ⓒ 한국관광 콘텐츠랩

경기 파주시 회동길 145
#도서관 #북카페 #포토존

열화당책박물관
"책 수집가의 비밀 서재에 초대 받은 느낌"

예술서적 전문 출판사 열화당에서 운영하는 박물관으로, 국내부터 해외 고서까지 세계 각국의 책 4만여 권이 있어 책 수집가의 고풍스러운 서재에 온 듯한 느낌이다. 2층에서는 책을 읽으며 LP로 음악을 감상할 수 있는 음악 라운지가 있다. 월, 수, 금 오후 2시에는 도슨트를 운영한다. 성인 12,000원. 관람 가능 시간 2시간. 평일 10:00~17:00 운영. 주말 휴무. (36p B:3) 사진ⓒ한국관광 콘텐츠랩

경기 파주시 광인사길 25 열화당
#책박물관 #음악라운지 #도슨트

활판인쇄박물관 "파주출판단지에 왔으니 나만의 책을 만들어 봐"

활자를 직접 만지고 책을 제본하는 경험을 할 수 있는 박물관. 자신의 이름 활자를 직접 찾아 잉크를 묻히고 표지를 인쇄해 책으로 엮는 체험 프로그램을 운영한다. 근대 인쇄소 '보성사'를 복원한 공간과 활자에 얽힌 독립운동가들의 이야기가 전시되어 있다. 벽을 가득 채운 3,800만 개의 활자 앞에서 사진은 필수. 체험 프로그램은 네이버예약 가능. 성인 4,000원. 매일 09:00~18:00 운영. (30p C:1) 사진ⓒ한국관광 콘텐츠랩

경기 파주시 회동길 145　　#활자의숲 #책만들기 #체험프로그램

임진각 평화누리 공원

임진각 관광지 <u>추천</u> "역사를 배우며 평화의 소중함을 느껴보자"

자유의 다리

명절에 실향민들이 합동으로 차례를 지내는 망배단

휴전선 7km 남쪽에 위치. 역사를 배우고, 평화에 감사하며, 통일을 염원하는 곳. 이곳의 상징 임진각 옆에는 한국전쟁 포로들이 귀환했던 자유의 다리와 한반도 북쪽 끝 신의주까지 달리던 기차가 남아 있다. 총탄 자국이 고스란히 남아 있어 아이들에게 전쟁의 아픔과 평화의 소중함을 생생하게 알려줄 수 있는 곳. (36p C:1)

경기 파주시 문산읍 임진각로 164
#한국전쟁 #휴전선 #평화

임진각 평화누리 공원 추천 "넓은 잔디 언덕, 알록달록 바람개비"

임진각 관광지 안에 조성된 공간으로 드넓은 잔디밭과 예술 작품이 어우러져 평화롭고 희망찬 분위기를 느낄 수 있는 곳. 날씨가 좋은 날이면 잔디밭에서 아이들과 피크닉을 즐기기도 좋다. 바람의 언덕에 설치된 수많은 알록달록 바람개비들은 평화의 메시지를 담고 있는 이곳 최고의 포토스폿이다. 음악의 언덕에서 펼쳐지는 공연과 음악회도 즐겨 보자. (36p C:1)

경기도 파주시 문산읍 임진각로 177   #잔디밭 #바람개비

임진각 평화곤돌라 "평화를 소망하며 임진강 건너로!"

임진강을 가로질러 북한 접경지대 일대를 둘러볼 수 있는 곤돌라. 임진각 관광지에서 출발해 캠프 그리브스까지 이동한다. 운행 구간에 민간인 통제 구역도 포함되어 있어 더 특별한 추억을 남길 수 있다. 바닥이 투명한 크리스털 캐빈을 타면 임진각의 때 묻지 않은 자연 풍경을 오롯이 즐길 수 있다. 평화 곤돌라 왕복 대인 기준 12,000~15,000원, 신분증 지참 필수. 매일 09:00~18:00 운영. 3, 6, 9, 12월 첫 주 월요일 휴무. (36p B:1)

경기 파주시 문산읍 임진각로 148-73
#임진강 #민통선 #신분증필참

임진각 평화누리 독개다리 "부서진 교각이 스카이워크로!"

'홀로 남은 다리'라는 이름 그대로, 한국전쟁 당시 폭격으로 교각만 남아있던 경의선 철교의 일부를 복원해 만든 스카이워크. 다리를 따라 걸으며 전쟁이 남긴 상처와 임진강의 풍경을 동시에 느낄 수 있다. 한국전쟁 때 사용되었던 군 지하 벙커를 독특한 전시 공간으로 꾸민 BEAT 131도 아이들과 함께 둘러보기 좋다. 독개다리 성인 기준 2,000원, 독개다리+BEAT 131 성인 기준 2,500원, 독개다리 08:30~17:30 운영, 매주 월요일 휴무. (36p C:1)

경기 파주시 문산읍 마정리 1400-5   #한국전쟁 #경의선철교

파주 이이유적
"율곡 이이와 신사임당이 모셔져 있는 곳"

신사임당의 아들이자 조선 중기 학자였던 율곡 이이 선생의 유적지. 율곡 및 신사임당의 가족이 이곳에 모셔져 있다. 율곡의 생애와 업적을 전시해 놓은 율곡 기념관이 유적지 안에 있다. 산책로 및 벤치가 마련되어 있어 간단하게 나들이를 즐기기에도 좋다. (37p D:1)

경기 파주시 법원읍 자운서원로 204
#율곡이이 #역사유적지 #교육여행지

감악산 출렁다리 [추천] "절경을 보며 걷는 짜릿한 이 기분!"

스릴과 아름다운 자연을 동시에 즐길 수 있는 150m 길이의 출렁다리. 다리 위를 걸으면 감악산 웅장한 계곡이 발아래 시원하게 펼쳐지고, 바람이 불면 다리가 약간 출렁인다. 그 아찔한 감각이 '악' 소리가 나는 곳. 하지만 초속 30m 강풍에도 안전한 다리라고 하니 안심하고 이동하자. 출렁다리를 건너 운계폭포와 범륜사를 거쳐 전망대에 오르는 코스가 일반적. 일출~일몰 시까지 운영, 매주 토요일 야간 경관 조명, 일몰 후 2시간 연장 개방. (32p B:3)

경기 파주시 적성면 설마천로 238   #출렁다리 #운계폭포 #범륜사

평화열차 DMZ(D-Train) 서울-도라산
"분단의 아픔을 돌아보는 관광열차"

서울역에서 도라산역까지 운행되는 관광열차. 전쟁, 생태, 기차를 테마로 한 카페, 전망석, 포토존, 갤러리 등 운영.전쟁·생태·기차를 테마로 한 카페와 전망석, 포토존, 갤러리 등을 운영한다. DMZ 패스를 사면 무제한으로 이용할 수 있으니 참고. 민간인 출입통제구역을 지나갈 경우 반드시 신분증을 지참해야 한다. 또한, 꼭 왕복표를 소지해야 한다. (36p B:1)

경기 파주시 장단면 노상리 556
#DMZ #평화열차 #도라산역

채식공간 녹두 [맛집]
"소박한 분위기의 유기농 채식 음식점"

@jihyun2_oh

목,금,토요일만 운영하는 소박한 분위기의 친환경, 유기농 채식 음식점으로 텃밭에서 기른 유기농채소와 로컬푸드로 베이스로 한 제철요리가 제공된다. 메뉴는 20여가지의 뿌리, 열매, 잎 채소와 매콤새콤한 전통 발효 간장양념이 나오는 제철 채소구이와 밥 외에 솥밥, 나물 주먹밥 등이 있다. 공간이 크지 않아 예약을 하고 방문하는 것을 추천한다. 브레이크타임 15시~17시 (36p B:3)

경기 파주시 산남로107번길 35-35 녹두
#비건식당 #제철요리 #친환경재료

도라전망대
"눈에 보이지만 갈 수 없는 곳"

서부전선 군사분계선 최북단에 있는 전망대. 개성공단과 송악산, 개성시 일부 모습이 선명하게 보인다. 전망대 옆 제3 땅굴이 있는데, 모노레일을 타고 내부를 관람할 수 있다. (36p B:1)

경기 파주시 장단면 제3땅굴로 310
#DMZ #도라전망대 #제3땅굴

프로방스마을 "동화 속에 들어온 것 같아!"

프랑스 남동부 프로방스를 모티브로 조성한 테마 마을. 파스텔톤 건물과 아기자기한 상점이 마치 동화 속에 들어온 것 같은 분위기. 작은 에펠 탑, 벽화, 정원 등 마을 곳곳이 포토존이라 이국적인 사진을 남기기 좋은 곳. 프랑스 레스토랑을 비롯해, 베이커리와 카페, 쇼품숍이 자리 잡고 있고, 캐리커처, 디퓨저 만들기 등 체험 공간도 마련되어 있어 가족 또는 연인과 방문하기 좋다. 밤이 되면 로맨틱한 분위기. 매일 10:00~22:00 운영. (36p B:2)

경기 파주시 탄현면 새오리로 69 　　　#프랑스풍 #동화 #로맨틱

오두산통일전망대 "지도에서만 보았던 황해도 이렇게 쉽게 볼 수 있을 줄이야"

황해북도 개풍군 관산반도의 북한 주민들이 보인다. 한강과 임진강이 만나는 오두산 해발 140m에 있다. (36p A:2)

경기 파주시 탄현면 필승로 369 　　　#오두산통일전망대 #임진강 #북한조망

갈릴리농원본관 맛집
"오로지 장어 맛에만 집중했어요"

메뉴는 장어 단일 품목이며 주류는 판매되지 만 공기밥, 김치 등 별도 메뉴는 없어 옆 마트 에서 따로 구매 후 식사할 수 있다. (육류,어패 류,술,음료 반입불가) 구매하지 않고 사전에 챙겨오면 비용을 아낄 수 있어 햇반, 대파, 김 치 등 미리 준비하는 것도 하나의 팁. 기본으 로 쌈, 소스만 제공되며 더 필요할 경우 셀프 바를 이용하면 된다. 연중무휴 (36p C:2) 사 진ⓒ한국관광 콘텐츠랩

경기 파주시 탄현면 방촌로 1196
#장어맛집 #외부음식반입가능 #장어구이

헤이리 예술마을

헤이리 예술마을 추천 "도자기 체험하고, 미니어처박물관 어때?"

예술가들이 모여 살고 있는 공동체 마을. 갤러리, 공연장, 카페, 박물관과 함께 예술인들의 주거 공간과 작업실이 있다. 국내외 건축가들이 직접 설계한 예술적인 건축물도 만나볼 수 있는 곳. 도자기, 공예, 미니어처 공방 등 다양한 체험거리가 있으며, 스토리 미니어처 박물관, 영화 박물관 등 다양한 주제의 박물관 갤러리가 있어 즐길 거리, 볼거리가 풍부하다. 성인 기준 미니어처 박물관 5,000원, 영화 박물관 4,500원. 체험은 사전 예약 필수. (36p B:2)

경기 파주시 탄현면 헤이리마을길 70-21   #예술인마을 #체험 #박물관

헤이리 트릭아트 "어질어질~ 재미있는 착시 사진 찍기"

입체 그림과 거울을 활용한 체험형 트릭아트 공간. 모나리자 등 60여 점의 명화를 재해석한 명화 트릭아트를 비롯해 액자 밖으로 튀어나오는 듯한 동물 트릭아트, 착시 효과가 재미있는 착시 트릭아트 등이 있다. 쾌적한 실내에서 시간을 보낼 수 있어 날씨가 궂은 날 아이들과 방문하기 좋다. 성인 8,000원, 네이버 예매시 할인. 평일 11:00~18:00, 주말 11:00~18:30 운영. 매주 월요일 휴무. (28p C:2) 사진ⓒ한국관광 콘텐츠랩

경기 파주시 탄현면 헤이리마을길 93-53   #트릭아트 #명화 #실내여행지

국립민속박물관 파주

"들어서자마자 우와~ 감탄사가 절로 나오는 개방형 수장고"

들어서는 순간 2층 규모의 수장고에 압도되는 박물관. 100만점 이상의 민속 소장품과 자료를 개방형 수장고에 전시해 관람객과의 거리를 좁혔다. 매주 토요일 11시, 14시 무료 도슨트 진행. 미취학 어린이가 신체 활동을 바탕으로 유물과 자료를 탐구할 수 있는 어린이 체험실도 운영한다. 입장료 무료. 화~일 10:00~18:00 운영. 매주 월요일 휴관. (28p C:2) 사진ⓒ한국관광 콘텐츠랩

경기 파주시 탄현면 헤이리로 30 국립민속박물관 파주
#수장고 #박물관 #어린이체험실

카메라타 황인용 뮤직스페이스 추천 "휴대폰은 내려놓고 음악에만 집중해 봐"

10미터 높이의 높은 층고를 오직 음악으로 가득 채우는 곳. 라디오 DJ가 수집한 1920년대 빈티지 오디오, LP, CD 컬렉션을 만나볼 수 있는 클래식 음악 감상실이다. 음악 감상에만 집중할 수 있도록 의자가 모두 한 방향으로 배치되어 있는 점이 특징이다. 입장료에는 음료 한 잔 포함. 입장료 성인 15,000원. 금~수 11:00~21:00 운영, 매주 목요일 휴무. (28p C:2) 사진ⓒ한국관광 콘텐츠랩

경기 파주시 탄현면 헤이리마을길 83   #클래식음악 #음악감상실 #빈티지오디오

퍼스트가든 "20개가 넘는 테마정원부터 놀이동산까지"

식물원, 수목원, 동물원, 놀이동산, 레스토랑까지 함께 운영하고 있어 가족 여행객이 편히 쉬다 갈 수 있다. 피크닉 가든, 테라스 가든, 허브 가든, 버드 가든 등 20가지 넘는 테마정원을 비롯해 회전목마, 바이킹, 범퍼카 등 다양한 놀이 기구까지 즐길 거리가 가득하다. (36p C:3)

경기 파주시 탑삭골길 260   #식물원 #동물원 #놀이동산

버터킹빵공장 `빵집`
"천연 버터의 풍미를 쏟아부은 시그니처 킹콩브레드"

파주의 가성비 좋은 베이커리 빵집. 이름처럼 빵이 공장 수준으로 많고 큼직한 크기를 자랑한다. 시그니처 메뉴인 킹콩브레드에는 시나몬 브리오슈 위에 7가지 견과류가 듬뿍 올라간다. 호박 특제 크림이 들어간 호박마차도 추천하는 메뉴. 파주프리미엄아울렛, 파주출판단지와 가까워 함께 들르기 좋다. 5~8천 원대. 매일 08:00~21:30 운영. (28p C:2) 사진
ⓒ한국관광 콘텐츠랩

경기 파주시 지목로 71 버터킹빵공장
#킹콩브레드 #호박마차 #대형빵집

류재은베이커리 `빵집`
"알싸하고 달콤한 풍미가 진하게 밴 '마늘빵'의 성지"

@jeon0008

파주에 간다면 필수 코스로 방문해야 할 곳으로 소문난 마늘빵 맛집. 시그니처 메뉴인 허브와 마늘빵은 스틱 형태의 마늘빵 5개가 들어 있고 은은한 로즈마리 향이 나는 것이 독특한 점이다. 빵이 나오자마자 금방 동

파주 삼릉
"일 년에 딱 두 번 열리는 고요한 숲길"

조선왕릉 중 하나로 공릉, 순릉, 영릉이 모여 있다. 고요한 숲길을 걸으며 힐링하기 좋은 곳. 영릉~순릉 구간, 공릉 숲길은 일 년 중 5~6월, 10~11월 중 기간을 정해 특별 개방하니 시기를 맞추어 방문할 것을 추천. 맨발 걷기 금지. 입장료 대인 기준 1,000원, 지역 주민 500원. 09:00~17:30 운영, 매주 월요일 휴무. (36p C:2)

경기 파주시 조리읍 삼릉로 89
#조선왕릉 #숲길 #힐링

날 정도로 인기 있다. 1층에서 계산 후 2층으로 올라가면 넓은 좌석이 나온다. 허브와 마늘빵 9천 원대. 일~금 09:00~21:30, 토 09:00~22:00 운영. (28p C:2)

경기 파주시 탄현면 요풍길 265
#마늘빵 #허브

파주 율곡습지공원
"소리 소문 없이 다녀올 수 있는 곳"

파주 파평면 주민들이 습지를 활용해 손수 가꾼 100만 송이 코스모스 꽃밭. 가을철에 코스모스 꽃밭에서 코스모스 축제와 음악회도 진행된다. 봄에는 <u>유채꽃과 양귀비꽃</u>이 피어난다. 율곡 습지 공원과 임진강 사이는 민통선 철책선으로 막혀 있지만, 생태 탐방로를 따라 평화 누리길까지 이동할 수 있다. (36p C:1)

경기 파주시 파평면 율곡리 188
#코스모스꽃밭 #율곡습지공원 #평화누리길

중휴림 (STAY) "마치 휴양지에 온 듯한 파주 속 작은 발리"

@joonghyurim_paju

파주에서 느끼는 발리 감성. 개별 대나무 정원과 노천 핫스파, 단독 바비큐 등 프라이빗한 휴식을 경험할 수 있는 곳. 온돌형과 침대형 중 선택할 수 있으며 인피니티풀도 두 곳 마련되어 있다. 금요일 클럽 파티, 토요일과 피크시즌 야외 뮤비+캠프파이어 이벤트가 있으니 별빛 아래 감성적인 분위기를 함께 느껴보길 추천.

경기 파주시 파주읍 바리골길 198-178   #발리감성 #핫스파 #인피니티풀

양주 나리공원 추천 "잘 가꾸어진 공원"

양주 나리공원 동쪽에 있는 드넓은 황화 코스모스 꽃밭. 동쪽 천일홍 꽃밭을 따라서도 황화 코스모스가 꽃길을 이루고 있다. 황화 코스모스뿐만 아니라 천일홍, 핑크뮬리, 장미 등 다양한 꽃이 심겨 있고, 곳곳에 쉼터와 원두막이 있어 편하게 이동할 수 있다. (37p F:2)

경기 양주시 광사동 731　　#양주나리공원 #가을꽃 #천일홍

용암리 막국수 맛집
"메인은 부지깽이 막국수!"

@andy877_5

메밀막국수, 메밀 손만두, 수육이 있으며 메밀막국수는 물, 비빔, 장, 부지깽이 이렇게 4가지로 나누어져 있다. 부지깽이 막국수는 오직 용암리 막국수에서만 먹을 수 있는 메뉴로 신선한 메밀면, 들기름, 특제 양조간장, 부지깽이나물을 넣어 만들어지는데 먹을 때 바로 섞지 말고, 막국수랑 나물을 조금씩 곁들여 먹으면 더맛이 좋다. 화요일 정기 휴무. (37p F:1)

경기 양주시 은현면 평화로1889번길 46-12
#양주맛집 #부지깽이막국수 #막국수맛집

가나아트파크 추천 "온가족이 함께 즐기는 예술 놀이터"

다양한 예술 전시와 체험행사가 있는 예술 테마파크. 회화, 조각품이 전시되어 있는 실내 공간 말고 야외에도 다양한 조형물과 그물 놀이 기구 등 예술작품으로 채워진 야외 놀이터가 마련되어 있다. 10:30~18:00 개관, 주말 및 공휴일 10:30~19:00 개관, 야외 놀이터 입장료 별도. (37p D:3)

경기 양주시 장흥면 권율로 117　　#미술관 #예술체험 #놀이기구

오랑주리 `카페`
"식물원 느낌 브런치 카페"

온통 초록색으로 덮이고 푸른 식물원 느낌의 내부 인테리어가 포토 스팟이다. 입구부터 식물들이 가득하다. 내부 인공연못 안에 커다란 잉어도 볼 수 있고 화분들도 판매하고 있다. 음료는 커피, 티, 스무디, 리큐어 등으로 준비되어 있고 피자, 파니니 등 간단한 식사도 가능하다. 주차는 음료 주문 후 식기 반납할 때 요청하면 2시간 무료 지원이 된다. (37p E:2)
사진ⓒ한국관광 콘텐츠랩

경기 양주시 백석읍 기산로 423-19
#식물원카페 #온실카페 #양주카페

회암사지박물관 "왕실사찰의 위용"

고려 말부터 조선 초까지 최대의 왕실사찰이었던 회암사에 있는 박물관. 회암사의 역사와 위상, 유물, 모형, 영상 등이 전시되어있다. 매주 월요일, 1월 1일, 설날과 추석 연휴 휴관. (37p F:2) 사진ⓒ한국관광 콘텐츠랩

경기 양주시 율정동 299-1
#회암사 #왕실사찰 #박물관

송추계곡 "물놀이와 식도락을 한 번에!"

수도권 주민들이 즐겨 찾는 여름 피서지. 북한산국립공원 도봉산 자락에 위치해 있다. 숲이 주는 그늘과 청량한 계곡물이 어우러져 시원하고, 수심이 얕은 구간이 있어 아이들이 물놀이하기 좋은 곳. 계곡 주변에 수영장과 음식점이 많이 모여 있어 계곡을 방문하지 않아도 편하게 물놀이를 즐기다 올 수 있다. 도봉산 산행을 즐기고 송추계곡에 놀러 오는 등산객도 많다. 1 주차장은 그늘이 많고, 2 주차장은 계곡 입구와 가까우니 참고할 것. (37p E:3) 사진ⓒ한국관광 콘텐츠랩

경기 양주시 장흥면 울대리   #도봉산자락 #수영장 #피서지

두리랜드 "임채무 배우가 맞이해주는 어린이 테마파크"

탤런트 임채무 씨가 운영하는 놀이동산으로 유명하다. 장흥국민관광지를 내려다볼 수 있는 관람차와 바이킹, 회전목마, 범퍼카, 회전그네 등 다양한 놀이시설 및 트릭아트 체험장, 야외수영장이 마련되어 있다. (37p E:3) 사진ⓒ한국관광 콘텐츠랩

경기 양주시 장흥면 권율로 120
#회전목마 #범퍼카 #트릭아트

송추가마골 본관 `맛집`
"흔들다리가 있다고?"

1층에서는 갈비탕, 곰탕 등 식사류, 2층에서는 구이류를 먹을 수 있는 공간으로 구성되어 있다. 갈비탕은 큰 뚝배기에 푸짐한 팽이버섯, 당면, 많은 고기양이 있어 인기가 많고, 고기는 직원분이 직접 구워주시고 부드럽고 연하다. 본관과 신관을 이어주는 흔들다리가 있어 소소한 재미를 느낄 수 있다. 넉넉한 주차 공간. 포장 가능, 연중무휴. (37p E:3) 사진ⓒ한국관광 콘텐츠랩

경기 양주시 장흥면 호국로 525
#양주장흥맛집 #두리랜드맛집 #가족식사하기좋은곳

송암스페이스센터 추천 "별 볼 일 있는 우주테마파크"

지금까지와는 다른, 전혀 새로운 천체관측소가 생겨났다. 최첨단 장비로 별을 관측할 수 있는 천문대, 우주를 배울 수 있는 스페이스센터, 이 자체로 여행이 따로 없는 케이블카, 호텔급 숙소와 레스토랑까지... 그야말로 국내 최고의 우주테마파크이다. (37p E:2) 사진
ⓒ한국관광 콘텐츠랩

경기 양주시 장흥면 권율로185번길 103
#천체관측소 #스페이스센터 #우주테마파크

동두천 자유수호평화박물관 진입로 벚꽃길 "오르는 언덕길 벚꽃잎은 눈꽃되어 떨어지고"

소요산 자유수호박물관 진입로에 많은 벚꽃이 피어있다. 벚꽃 철에는 야간개장도 하고 박물관도 무료입장할 수 있다고 하니 박물관 홈페이지를 참고해보자. (37p F:1)

경기 동두천시 상봉암동 산 33
#소요산 #자유수호박물관 #벚꽃

니지모리 스튜디오 추천 "동두천으로 떠나는 교토 여행"

@nawusmik

일본 교토 거리를 그대로 옮겨 놓은 듯한 테마파크형 드라마 세트장. 호수와 일본 전통 가옥이 어우러져 이국적인 분위기를 자아낸다. 건축물부터 작은 소품 하나하나까지 모두 완벽한 일본식. 호수를 중심으로 전통 일본식 료칸, 음식점, 카페, 기모노 대여실이 모여 있다. 만 15세 미만 부모 동반 시 입장 가능, 기모노 대여 포함 패키지 판매. 입장권 평일 20,000원, 주말/공휴일 25,000원. 매일 11:00~21:00 운영. (32p C:3)

경기 동두천시 천보산로 567-12   #일본풍 #포토존 #기모노대여

의정부미술도서관 추천 "도서관으로 떠나는 여행"

도서관에 미술관을 더한 우리나라 최초의 특화 도서관, 기획 전시실을 비롯, 오픈스튜디오까지 복합문화공간이다. 유럽의 유명 미술관이 떠오르는 아름다운 공간을 구경하는 재미에 시간이 흐르는 것도 잊을 정도이다. 공간, 책, 전시 모두 어느 것 하나 빠지는 게 없는 매력적인 도서관이다. (31p D:1) 사진ⓒ한국관광 콘텐츠랩

경기 의정부시 민락로 248　　#특화도서관 #오픈스튜디오 #갤러리

동두천 소요산 "소요산 등산은 진달래 철에"

소요산 초입부터 정상까지 등산로 곳곳을 물들인 진달래 무리. 일주문-자재암-하 백운대-중 백운대-선녀탕을 지나 다시 일주문으로 돌아오는 5.7km 1시간 30분 거리의 코스를 추천한다. 거리는 짧지만 험한 산길이 이어져 주의를 기울여야 한다. (32p C:3)

경기 동두천시 상봉암동 산1-1　　#소요산 #진달래 #등산코스

오뎅식당 맛집

"1960년대 정통 의정부식 부대찌개 맛볼 수 있는 곳"

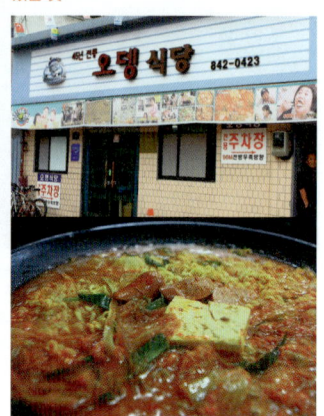

1960년 개업해 우리나라에서 부대찌개를 처음으로 선보인 식당. 햄, 소시지, 두부, 다진 소고기에 직접 담근 묵은지를 넣어 얼큰하게 끓여준다. 소시지, 햄, 베이컨, 감자수제비, 라면 사리 등을 추가해 먹을 수 있다. (37p F:2) 사진ⓒ한국관광 콘텐츠랩

경기 의정부시 의정부1동 호국로1309 #의정부부대찌개 #원조부대찌개 #깔끔한맛

의정부 부대찌개 거리

"의정부에 왔다면 반드시 들러야 할 이곳!"

미군부대가 있던 의정부시에서는 미군 보급품인 햄, 소시지를 넣어 얼큰한 찌개를 끓여먹었는데, 이게 부대찌개의 시초가 되었다. 김치, 소시지가 들어간 베이스에 라면, 떡 사리 등을 추가해 나만의 부대찌개를 만들어 먹을 수 있다. 다양한 부대찌개집이 모여있지만 '오뎅식당'이라는 가게가 특히 유명하다. (37p F:2) 사진ⓒ한국관광 콘텐츠랩

경기 의정부시 호국로1309번길 7 #지역음식 #소시지 #라면사리

아나키아 `카페` "호텔이야, 카페야? 럭셔리한 분위기 초대형 카페"

@pluminx_1

5층 규모 초대형 카페 & 레스토랑. 초코 크림과 아몬드 베이스, 에스프레소로 만들어진 아몬드 크림 라떼가 시그니처. 소금빵과 크로와상도 인기. 수공간과 플랜테리어, 모던하고 시크한 바 분위기 등 각각 다른 무드를 가진 1~3층은 카페, 채광 좋은 4~5층 레스토랑으로 운영. 고급스러운 인테리어로 돌잔치, 하우스 웨딩도 가능하다. 카페 매일 10:00~22:00 영업. (37p F:2)

경기 의정부시 잔돌길 22
#초대형카페 #고급스러움 #아몬드크림라떼

당포성 "당포성으로 별 보러 가지 않을래?"

임진강 위에 지어진 고구려의 성이다. 우리나라에서 흔히 볼 수 없는 고구려 유적지라서 더 특별하다. 별의 빛을 방해하지 않는 탁 트인 공간에서 오롯이 별을 바라볼 수 있어 별 보기 좋은 곳으로도 꼽힌다. 당포성 정상에 있는 나홀로나무에서 꼭 사진을 찍어보자. (32p B:2)

경기 연천군 미산면 동이리 778   #고구려 #전략적요충지 #임진강

재인폭포 출렁다리 `추천` "한탄강과 주상절리의 절경을 한눈에"

한탄강 지류 협곡에 위치한 출렁다리. 다리 위에 서면 웅장하게 떨어지는 재인폭포와 주상절리의 모습을 정면에서 가장 완벽하게 감상할 수 있다. 출렁다리와 연결된 스카이워크 전망대와 한탄강 지질 탐방로를 따라 걸으며 조용히 힐링하는 시간을 보내보길 추천. 주차장에서 폭포 입구까지 유료 전기 셔틀버스를 운행하니 참고할 것. 재인폭포 공원 입장료 성인 기준 5,000원, 셔틀버스 편도 1,000원. 매일 09:00~18:00 운영. (33p D:1)

경기 연천군 연천읍 고문리 산21   #한탄강 #출렁다리 #여름여행지

호로고루 해바라기밭 "유적지 앞 노란 해바라기의 향연"

고구려 3대 평지성 중 하나. 앞쪽에 너른 해바라기밭이 펼쳐져 있다. 매년 계절 꽃밭이 조성되며 성곽 위에서 임진강을 내려다볼 수 있는 곳. 드넓은 잔디밭이 있어 활동적인 아이가 있는 가족 여행지로도 좋다. 드라마 'VIP' 촬영지로 알려진 하늘 계단이 가장 유명한 포토 스팟이니, 이곳에서 감성적인 사진을 남겨보길 추천. 9월 초가 해바라기 시즌이나 방문 전 개화 상태를 확인해 보는 것이 안전하다. 방문 시 모자, 양산, 생수 준비 필수. (32p A:2)

경기 연천군 장남면 원당리 1258   #해바라기밭 #고구려유적지 #하늘계단

한탄강 관광지 "아이와 함께 강변 뷰 캠핑을 즐기고 싶다면!"

관광지 전체가 유네스코 한탄강 세계지질공원에 속해 있는 곳. 빼어난 자연 경관과 다양한 레저, 편의시설이 완벽한 조화를 이루는 휴양지로 아이를 동반한 가족 단위 여행이나 캠핑으로 인기가 매우 높다. 강변을 따라 오토캠핑장, 카라반 하우스, 캐빈 하우스 등 숙박시설이 조성되어 있고 여름철 물놀이장을 비롯한 다양한 운동 시설도 갖추어져 있다. 이곳의 탁 트인 전망을 바라보며 강변 뷰 캠핑을 즐겨보자. 어린이 캐릭터 공원, 어린이교통랜드도 방문해 볼 것. (32p B:2) 사진ⓒ한국관광 콘텐츠랩

경기 연천군 전곡읍 선사로 76
#한탄강 #가족캠핑 #휴양지

임진강 주상절리
"한탄강을 따라 뻗은 주상절리 절경"

연천군 미산면 동이리, 한탄강이 흐르는 이 자리에서 1.5km 대형 주상절리를 발견할 수 있다. 한탄강을 따라 직선으로 뻗은 주상절리 절벽을 따라 폭포, 담쟁이덩굴이 멋진 경치가 되어준다. 가을이면 이 주상절리를 따라 단풍잎이 피어나 경치가 더 아름답다. (32p B:2)

경기 연천군 미산면 마동로196번길 226-28
#한탄강 #주상절리 #단풍

전곡리 선사유적지
"아슐리안 주먹도끼가 발견된 역사적인 곳!"

동북아시아 최초로 아슐리안 주먹도끼가 발굴된 곳. 전곡선사 박물관에서 구석기 시대 화석들과 당시 사람들이 불을 피우고, 도자기를 만들던 모습을 그대로 재현해 전시하고 있다. 사냥하기, 집 짓기 등 선사시대 체험 프로그램도 진행하고 있다. 선사 박물관 10~18시 개관, 7~8월 10~19시 개관, 매주 월요일 휴관, 월요일이 공휴일일 경우 개관. (32p B:2) 사진ⓒ한국관광 콘텐츠랩

경기 연천군 전곡읍 전곡리 515
#구석기 #주먹도끼 #선사시대체험

망향비빔국수 본점 `맛집`
"중독성 있는 매콤함, 다음엔 곱빼기로!"

매콤하고 중독성 있는 맛으로 유명한 비빔국수 맛집이다. 군인 손님들의 든든한 한 끼를 책임질 정도로 양이 넉넉하다. 비빔국수는 물론 잔치국수, 만두도 맛있다. 아기 국수를 판매해 가족끼리 방문하기 좋은 곳. 비빔국수 8,000원, 잔치국수 8,000원, 아기 국수 3,000원. 포장 가능, 매일 10:00~20:00 영업. (32p C:2) 사진ⓒ한국관광 콘텐츠랩

경기 연천군 청산면 궁평로 5
#매콤한맛 #비빔국수 #아기국수

포천아트밸리 `추천` "천주호로 유명한 포천 핫플레이스"

버려진 채석장을 재생해 세운 복합 문화 예술 공간. 이국적인 분위기의 인공 호수 천주호로 유명하다. 조각공원, 하늘정원 전망대, 공연장, 미술관 등이 조성되어 있으며, 아름다운 경관 덕분에 '달의 연인-보보경심 려' 등 다수의 드라마와 영화가 촬영되었다. 모노레일을 이용하면 입구에서 천주호까지 편하게 오르내릴 수 있다. 입장료 성인 기준 5,000원, 매일 19:00~18:00 운영. 모노레일 왕복 성인 기준 2,300원, 09:00~17:50(하행 막차). (33p E:3)

경기 포천시 신북면 아트밸리로 234   #폐채석장 #포천나들이 #모노레일

포천 한탄강 하늘다리
"한탄강이 그대로 내려다 보이는 투명 스카이워크"

투명한 강화유리가 깔린 한탄강 스카이워크. 위로 오르면 한탄강 주상절리와 적벽강이 훤히 내려다보인다. 한탄강 주상절리 둘레길이 모두 이 하늘다리를 걸치고 있기 때문에, 둘레길을 걸으며 두루 관광해도 좋겠다. (33p D:1)

경기 포천시 영북면 비둘기낭길 207
#한탄강 #강화유리 #스카이워크

팜브릿지 `카페`
"구름다리 포토존이 예쁜 식물원 테마 카페"

@miyoung0418

초록 가득한 공간에서 즐기는 편안한 시간, 식물원 테마 초대형 베이커리 카페 & 레스토랑 금, 토 라이브 공연이 진행되니 공연 일정 사전 확인 필수. 동절기 일~목 10:00~23:00, 금~토 10:00~24:00 영업. (34p A:1)

경기 포천시 소흘읍 죽엽산로 660
#식물원테마 #구름다리 #라이브공연

비둘기낭폭포
"드라마 <킹덤> 속 신비한 그 곳"

비둘기의 둥지 마냥 주머니 모양을 하고 있어 비둘기낭이라 불리는 이곳은 지형학적 가치를 인정받아 천연기념물로 지정되어 보호받고 있다. 산속 깊은 곳의 신비한 폭포 모습에 다들 홀린 듯 감탄하는데, <킹덤>, <추노>, <아스달연대기> 등의 드라마도 이곳에서 촬영되었다. (33p D:1)

경기 포천시 영북면 대회산리 415-2
#신비한곳 #킹덤촬영지 #드라마촬영지

국립수목원 추천 "왕실의 기품이 느껴지는 특별한 숲"

국립수목원 만풍

세조가 잠든 광릉의 능림으로 500년 이상 보존되어 온 거대한 숲이다. 봄꽃, 여름 녹음, 가을 단풍과 겨울 눈꽃 등 사계절 다른 매력을 느낄 수 있어 언제 방문해도 좋은 곳. 산림박물관과 어린이정원 등 다양한 전문 전시원도 둘러볼 것. 사전 예약제로 운영되어 혼잡함 없이 고요하고 여유롭게 숲길을 즐길 수 있다. 입장료 성인 기준 1,000원 4~10월 09:00~18:00, 11~3월 09:00~17:00 운영, 매주 월요일 휴무. 홈페이지 사전 예약 필수. (34p A:1)

경기 포천시 소흘읍 광릉수목원로 415   #광릉 #500년보존 #사전예약제

포천 허브아일랜드 `추천` "국내 최대 허브 테마파크!"

국내 최대 규모 허브 테마파크. 물의 도시 베네치아를 연상시키는 베네치아 존 및 힐링 존, 산타 존 등 다양한 공간이 조성되어 있다. 계절마다 라벤더 축제, 핑크뮬리 축제, 불빛 동화 축제 등 다양한 축제가 이어지니 방문 시 일정 확인 필수. 보기에도 예쁜 허브꽃 비빔밥이 레스토랑 시그니처 메뉴이다. 입장료 성인 기준 평일 10,000원, 주말/공휴일 12,000원. 평일/일요일 10:00~21:00 운영, 토요일은 22:00까지. 매주 수요일 휴무. (33p D:2)

경기 포천시 신북면 청신로947번길 51　　　#허브테마파크 #베네치아 #핑크뮬리

포천 장암리 이동갈비 `맛집`
"포천에 왔다면 이동갈비는 필수"

포천 이동면 장암리에 이동갈비 전문점 20여 곳이 모여있다. 보통 고소한 맛이 일품인 생갈비와 양파, 간장, 마늘 등을 넣고 양념한 양념갈비, 두 메뉴를 판매한다. 신선한 한우를 직접 공수해 가격이 합리적이면서도 맛도 뛰어나다. (33p F:2)

경기 포천시 이동면 화동로 1996

#생갈비 #양념갈비 #지역음식

원조이동 김미자할머니갈비 `맛집` "옛 이동갈비 맛을 느끼고 싶다면"

15년 이상 숙성한 특제 양념에 직접 갈비를 재어 제공하는 곳으로 푸짐한 양과 달짝지근하면서 감칠맛 나는 양념 갈비 맛으로 인기 있는 곳이다. 연탄에 구워 살짝 입힌 불향과 밥을 함께 먹으면 맛이 좋다. 바로 앞에 백운계곡이 있어 자연친화적인 분위기를 느낄 수 있다. 연중무휴 (33p F:2)

경기 포천시 이동면 화동로 2087　　　#계곡뷰 #50년전통 #수제갈비

산정호수 추천 "꽁꽁 언 호수에서 즐기는 오리 썰매"

산정호수 명성산

"가을억새의 몽환적인 느낌과 탁트인 호수전망이 일품"

명성산에 둘러싸인 아름다운 인공 호수. 산과 물이 어우러진 그림 같은 풍경을 자랑한다. 호수를 둘러싸고 걷기 좋은 둘레길이 조성되어 있으며, 소나무 숲이 우거져 있어 시원하게 산책할 수 있다. 가을철 명성산 억새가 장관을 이루는 시기에 방문하길 추천. 추운 겨울, 호수가 꽁꽁 얼어 썰매 축제가 열리면 귀여운 얼음 썰매를 즐길 수 있다. 호수 주변에서 포천 특산물인 이동 갈비 식당과 막걸리를 맛볼 수 있으니 참고할 것. (33p E:1)

경기 포천시 영북면 산정호수로411번길 108   #명성산 #둘레길 #얼음썰매

가을에는 산정호수 일원에서 억새꽃 축제가 열린다. 산정호수에서 1시간 반가량 올라가면 억새꽃 군락지가 나온다. 산정호수 주변에도 억새를 체험할 수 있는 산책로가 있다. 산정호수 산정지주차장(산동주차장)에 주차 후 등반하면 된다. (33p F:1)

경기 포천시 이동면 도평리 산426
#산정호수 #억새꽃축제 #명성산

자라섬 추천 "꽃과 음악이 흐르는 아름다운 섬"

매년 가을마다 열리는 자라섬 재즈 페스티벌이 유명하다. 섬 안에 오토캠핑장이 있어 하루 머물다 가는 사람들도 많다. 섬 안에는 시기별로 철쭉, 유채, 국화꽃 등 계절 꽃이 만개하고, 바다를 둘러싸고 둘레길이 마련되어 있다. 일몰부터 밤 11시까지는 야간 조명이 불을 밝혀 멋진 밤 풍경을 만들어준다. (35p E:1)

경기 가평군 가평읍 달전리 1-1   #재즈페스티벌 #오토캠핑장 #둘레길

가평 자라섬 국제재즈페스티벌
"재즈는 흥을 북돋지!"

세계적으로 유명한 재즈 아티스트들이 참여하는 페스티벌. 한국에 재즈 장르를 대중화시키는 데도 큰 역할을 했다. 음악을 들으며 가평에서 제조된 재즈 막걸리, 재즈 와인 등도 맛볼 수 있다. (35p E:1)

경기 가평군 가평읍 달전리 28
#재즈 #가평 #페스티벌

힐링닭갈비 가평본점 맛집
"애견 동반 가능한 철판 닭갈비 전문점"

내 자식들에게, 내 부모님에게 대접할 수 있는 음식만 손님에게 대접한다'라는 모티브로 운영하고 있는 닭갈비집. 미리 초벌 후 철판으로 닭갈비가 제공되며, 취향에 맞게 떡, 우동 등 사리를 추가할 수 있다. 간장 소스로 맛을 낸 어린이 닭갈비가 있어 어린이를 동반한 가족 단위 손님도 부담 없이 이용할 수 있다. 소형견 동반 가능.연중무휴 (35p E:1) 사진ⓒ한국관광 콘텐츠랩

경기 가평군 가평읍 북한강변로 1083 힐링닭갈비 가평
#잣고을100대맛집 #애견동반가능 #남이섬

골든트리 가평 카페 "북한강 전망 노출 콘크리트 카페"

@goldentree__official

북한강을 배경으로 유명 건축가의 설계로 지어진 노출 콘크리트 건물이 함께 놓여있는 프레임이 이곳의 포토존으로 한 폭의 그림 같은 사진을 남길 수 있다. 각종 음료와 더불어 같이 곁들여 먹을 수 있는 케이크, 스콘류도 먹을 수 있다. 내부는 통창으로 되어 있어 시원한 북한강 조망이 가능하다. 2층 테라스 루프탑은 노키즈존이다. (35p E:1)

경기 가평군 가평읍 금대리 130-18   #북한강카페 #멋진건축물 #가평카페

용추계곡 추천 "넓은 바다로만 다니다가 산줄기 계곡이 그리워 찾게 된 곳"

가평 칼봉산과 연인산 사이로 흐르고 있는 폭포가 있는 계곡. 용추폭포 일대에는 바위 등이 많으며 유원지로 형성되어 있다. (44p B:2)

경기 가평군 가평읍 승안리   #용추계곡 #가평8경 #칼봉산

아침고요수목원 `추천` "많은 꽃과 20개의 정원으로 만족도가 매우 높은 곳"

원예학적 관점의 주제로 20여 개의 정원을 만든 수목원. 수많은 영화와 드라마 촬영지로 유명하며, 시기별로 다양한 꽃나무로 수목원이 가득하다. 축령산 자락에 있으며 분재정원 입구에는 350년 된 소나무 분재가 있다. (34p C:1)

경기 가평군 상면 수목원로 432   #수목원 #촬영지 #정원

아침고요수목원 단풍 "잘 꾸며진 수목원의 단풍, 볼만하지?"

전통 한옥, 연못 등 한국적인 아름다움을 살린 정원으로 유명한 아침고요수목원. 이곳의 백미는 가을철 단풍이다. 수목원에서 자라는 다양한 나무들이 다채롭게 물들어 빨강, 노랑, 주황이 어우러진 화려한 단풍을 마음껏 감상할 수 있다. 천년향 주변은 수목원에서 단풍이 가장 아름답게 물드는 곳이니 지나치지 말고, 사진으로 남겨 보자. 입장료 성인 기준 11,000원. 매일 10:00~21:00 운영, 토요일은 23:00까지. (34p C:1)

경기 가평군 상면 수목원로 432   #전통미 #단풍명소 #천년향

가평 연인산
"가평여행, 이젠 등산으로 해보는 건 어때?"

연인산 장수봉에서부터 연인산을 잇는 철쭉 길. 장수봉뿐만 아니라, 우정봉, 매봉, 칼봉, 노적봉 모든 구간에 걸쳐 해발 700m 이상 능선에서부터 정상 부근까지 철쭉을 감상할 수 있다. 정상으로 향할수록 철쭉이 더욱 더 탐스러워진다. 백둔리에서 장수고개, 장수능선을 거쳐 정상을 향하는 코스를 추천한다. (44p B:2)

경기 가평군 북면 백둔리 산1-2
#연인산 #철쭉길 #등산코스

청평호 추천 "수상 레저 한번 해보는 것도 좋아"

청평호는 수상스키, 웨이크보드, 제트스키 등 수상 레저를 즐기기 좋은 곳으로, 서울에서 자가용 50분 거리로 접근성도 좋다. 청평호 인근에 수상 레저 업체들도 많이 운영되고 있다. (35p D:2)

경기 가평군 설악면 사룡리 372   #청평호 #수상레저 #서울근교

에델바이스 스위스테마파크 "서울 근교에서 즐기는 작은 스위스"

스위스의 작은 마을을 테마로 조성된 곳. 파스텔톤 건물들이 산자락을 따라 옹기종기 모여 있다. 동화 속에 들어온 것 같은 이국적인 분위기. 치즈퐁뒤, 수제 크림치즈, 아이스크림 만들기 등 다양한 체험이 가능한 곳. 전통 의상을 대여해 기념사진도 남길 수 있다. 겨울에는 눈썰매, 여름에는 물썰매를 즐길 수 있고, 양목장에서 먹이 주기 체험도 가능해 아이들과 함께 방문하기 좋다. 입장권 8,000원. 매일 09:00~20:00 운영. 체험은 네이버 사전 예약. (35p D:2)

경기 가평군 설악면 다락재로 226-57   #스위스마을 #양목장 #다양한체험

송원 맛집

"한옥에서 즐기는 건강한 밥상"

가평에서 유명한 잣 요리를 맛볼 수 있는 곳으로 한식을 좋아하는 분들에게 추천한다. 한옥 외관과 우드톤의 인테리어로 깔끔하다. 모든 메뉴는 2인이상 주문 가능하며 잣두부 버섯전골, 보쌈, 보리밥 등 구성에 따라 메뉴가 달라 개인에 취향에 맞춰 주문하면 된다. 강된장에 6가지 나물을 섞어 먹으면 아삭한 식감의 나물과 보리밥이 조화로워 맛있다. 연중무휴. (34p C:1)

경기 가평군 상면 수목원로 72
#한정식맛집 #잣요리 #한옥외관

가평 명지산

"조금은 험난할지라도 정상은 멋진 전망을 보여줘!"

명지산 화채 바위에서 사향봉까지 1km 구간에 이르는 진달래 터널. 아비재 고개 귀목 마을 능선에도 진달래 군락지가 조성되어 있다. 익근리 주차장에서 출발해 사향 봉 방향으로 등산한 후 화채 바위 삼거리(1079봉, 명지4봉)에서 명지 1봉 정상까지 이동 후 하차하는 코스 추천. 산행에는 약 6시간이 소요되며 산길이 험난하므로 체력이 필요하다. 명지산 정상에 오르면 진달래 터널을 조망해 볼 수 있다. 명지산은 경기도 내에서 두 번째로 높은 산으로 높이 1,267m를 자랑한다. (44p B:2)

경기 가평군 북면 도대리 산266
#명지산 #진달래 #등산

국립 유명산자연휴양림
"캠핑의 성지, 예약을 위한 치열한 움직임!"

국가에서 운영하는 자연휴양림 겸 캠핑장. 시설 이용료가 저렴하면서도 시설이 잘 갖추어져 있어 캠핑족들에게 더 유명하다. 수도권과 접근성이 좋아 주중에도 사람이 많고, 캠핑장 예약도 치열하다. 1988년 개장한 국내 최초의 자연휴양림이기도 하다. (35p D:3)

경기 가평군 설악면 유명산길 79-53
#캠핑장 #자연휴양림 #가족여행

가평 경춘선 대성리역
"다소 한적한 가평 시골 벚꽃길"

@thyme0070

대성리역 뒤편으로 나와 북한강변 산책로부터 북쪽으로 이어지는 강변 벚꽃길. 대성리역에서 청평대교를 지나 청평유원지에 이르는 곳에는 4km가량의 가평 올레길이 형성되어 있다. 다소 한적한 가평의 강변 벚꽃 산책길이 운치 있다. (34p C:2)

경기 가평군 청평면 대성리 392-24
#강변벚꽃길 #가평올레길 #대성리역

가평 삼회리 벚꽃길
"봄에 가평 놀러갔다면, 꼭 벚꽃길 들러보세요~!"

@thyme0070

신청평대교 건너 삼회리 큰길까지 4.5km 거리에는 30년 이상 된 수백 그루의 벚나무가 늘어서 있다. 가평 아침고요수목원, 남이섬, 춘천 등을 다녀올 때 들르기 좋은 곳. (35p D:2)

경기 가평군 청평면 삼회리 191-14
#벚꽃길 #신청평대교 #꽃비

쁘띠프랑스 추천 "소설 '어린 왕자' 속으로 출발!"

소설 '어린 왕자'를 그대로 옮겨 놓은 듯한 프랑스풍 테마파크. 생텍쥐페리 기념관, 오르골 하우스, 유럽 인형의 집 등 다양한 전시관이 있다. 오르골 시연 등 다양한 프랑스식 공연이 펼쳐지니 미리 공연 시간표를 확인하고 움직일 것. 12월~2월은 '피노키오&어린 왕자 별빛축제'라 불리는 야간 축제를 진행하니 시기를 맞추어 방문해 보자. 입장료 대인 기준 12,000원, 쁘띠프랑스+이탈리아 마을 통합 이용권 19,500원. 매일 09:00~18:00 운영. (35p D:2)

경기 가평군 청평면 호반로 1063   #어린왕자 #프랑스풍 #오르골시연

피노키오와 다빈치 추천 "예술에 동심 더하기, 이탈리아 마을"

레오나르도 다빈치와 동화 '피노키오'를 주제로 조성된 이탈리아풍 테마파크. 피노키오 조형물과 포토존이 가득한 피노키오 전시관과 레오나르도 다빈치의 예술 세계를 엿볼 수 있는 다빈치 전시관을 둘러볼 것. 마리오네트 퍼포먼스 등 공연도 놓치지 말 것. 쁘띠프랑스와 통합 이용권으로 관람 가능. 입장료 대인 기준 12,000원, 쁘띠프랑스+이탈리아 마을 통합 이용권 19,500원. 매일 09:00~18:00 운영. (35p E:2) 사진ⓒ한국관광 콘텐츠랩

경기 가평군 청평면 호반로 1073-56   #이탈리아풍 #다빈치 #피노키오

기억의 사원 STAY "고요한 공간에서 바라보는 짙은 운무의 매력"

@_memorymaker

2017년 한국건축문화대상 준공건축물 부문 대상을 수상한 스테이. 깊은 산속, 북한강이 내려다보이는 곳에 위치해 모든 객실에서 장락산맥의 아름다운 산세를 감상할 수 있다. 실내 월풀, 실외 스파, 실외 욕조에서 프라이빗 수영장까지 객실별 옵션이 다양한 편. 운이 좋은 날이면 발밑에 펼쳐지는 짙은 운무를 만나볼 수 있다.

경기 가평군 가평읍 상지로 832-86   #장락산맥 #운무 #프라이빗

달빛새 베이커리앤카페 `카페` "숲길과 정원이 있는 싱그러운 베이커리 카페"

@happy_kisook

플랜테리어 싱그러운 사진 찍기 좋은 베이커리 카페. 벚꽃, 유채꽃, 수국 등 계절마다 아름다운 꽃으로 채워지는 넓은 정원이 있는 곳. 바삭한 소보로 라떼와 달콤 고소한 달빛새 라떼가 시그니처 메뉴. 소금빵 등 매일 매장에서 굽는 신선한 빵도 맛집. 빵과 커피를 충분히 즐겼다면 숲길 산책로를 걸으며 힐링해 보길 추천. 매일 11:00~19:00 영업. (34p A:2)

경기 남양주시 진접읍 금강로782번길 292-21　　#플랜테리어 #정원 #숲길산책로

남양주 능내연꽃마을 연꽃 "다산길에서 만난 연꽃"

@muse2032

다산생태공원 서쪽에 위치한 드넓은 연꽃단지. 팔당호를 끼고 광활한 백련 무리가 자라나 있다. 옛 능내역이 있던 남양주 조안면 능내 연꽃 마을에서 출발하는 다산길 2코스를 걸으며 다산생태공원과 연꽃단지를 모두 둘러보고 원점으로 돌아올 수 있다. 다산길 2코스는 13km 거리로 도보 약 3~4시간이 소요. 자전거 도로가 조성되어 하이킹 코스로도 인기가 많다. (34p C:3)

경기 남양주시 조안면 능내리 60-3　　#다산생태공원 #연꽃단지 #다산길

목향원 `맛집` "수락산 경치가 아름다운 고즈넉한 산채식당"

흥국사 전망을 즐길 수 있는 운치 있는 한옥 식당. 식사류로는 돼지 불고기 쌈밥, 산나물비빔밥과 잔치 국수가 인기 있으며, 다양한 차도 후식으로 즐길 수 있다. 쌈밥에 나오는 쌈 채소는 직접 농사지은 것이라 신선하고 식감도 아삭하다. 수락산과 불암산 등반객들이 자주 찾는 등산객 맛집이기도 하다. (37p F:3)

사진ⓒ한국관광 콘텐츠랩

경기 남양주시 별내동 2334

#쌈밥 #산채비빔밥 #잔치국수

남양주 서리산 철쭉

"수도권 최대 규모 자생 철쭉 군락지"

서리산 전망대에서 정상까지 이르는 길에 있는 철쭉 동산. 제2 주차장 하차 후 산림휴양관-화채봉 삼거리를 거쳐 철쭉동산에 들른 후 정상을 찍고 억새밭 삼거리-전망대-임도 삼거리를 거쳐 다시 제2 주차장으로 하차하는 코스를 추천. 이 코스는(서리산 코스) 7km 거리로, 2시간 30분이 소요된다. 서리산은 수도권 최대 규모의 자생 철쭉 군락지로 유명하다. (34p C:1)

경기 남양주시 수동면 외방리 산28

#서리산 #철쭉 #등산코스

소화묘원 [추천] "두물머리 뒤 산자락으로 뜨는 태양의 일출은 정말 끝내줘"

팔당호와 두물머리의 아름다운 풍경을 한눈에 담을 수 있는 곳. 사진작가들 사이에서 일출과 일몰, 운해의 명소로 잘 알려진 인기 포토스폿이다. 고요한 새벽 운해의 신비롭고 몽환적인 모습을 바라보며 깊은 사색에 잠기기 좋은 곳. 밤이 되면 환상적인 야경이 펼쳐져 새벽과는 다른 매력을 선사한다. 일반적인 관광지가 아닌 천주교 묘역이므로 경건한 마음으로 조용히 다녀올 것. (34p B:3)

경기 남양주시 조안면 능내리 산10   #두물머리 #일출명소 #사진작가

정약용유적지 "다산 정약용 선생의 숨결을 찾아서"

조선 후기 최고의 실학자 다산 정약용 선생의 생가인 여유당과 선생의 묘, 다산문화관과 기념관이 있는 곳. '목민심서', '경세유표' 등 선생이 남긴 저서 사본과 수원화성 축조 현장을 담은 디오라마, 거중기, 녹로 모형 등을 전시하고 있다. 주변에는 다산 생태공원이 펼쳐져 있어, 역사 체험과 함께 아름다운 자연을 즐기기 좋다. 아이들과 함께 방문해 보길 추천. (40p C:1)

경기 남양주시 조안면 다산로747번길 11   #실학자 #정약용 #역사체험

능내역 "시간이 정차하는 추억의 능내역"

기차는 다니지 않지만 시간이 정차하고 있는 곳이 있다. 바로 간이역이다. 4대강 자전거 도로 길목에 있어 접근성이 뛰어나다. 잠시 시간이 멈추어 선 듯 옛 감성이 물씬 풍기는 이곳으로 추억여행을 떠나보자. (34p C:3)

경기 남양주시 조안면 다산로 566-5
#간이역 #폐역 #레트로

고구려 대장간마을 "고구려의 가옥은 다른 시대와 어떻게 다를까?"

고구려 토기, 철기, 담덕채(가옥), 기와집, 대장간 등이 남아있는 테마 마을. 창살 무늬가 새겨진 문과 가옥의 온돌 시설이 인상적이다. 굴렁쇠, 제기차기 등 전통문화를 체험해볼 수도 있다. 인기 드라마 태왕사신기의 촬영지기도 하다. (29p D:3) 사진ⓒ한국관광 콘텐츠랩

경기 남양주시 조안면 능내리 산10
#고구려 #태왕사신기 #테마마을

물의정원 추천 "계절마다 매력적인 풍경을 보여주는 힐링 코스"

초여름의 상징 양귀비, 가을에는 코스모스로 가득한 정원. 한적하게 산책하면서 힐링하기 좋은 장소. 큰 일교차와 강으로 둘러싸여 있어 새벽 물안개가 장관을 이룬다. 사진 애호가들의 촬영지로 유명. (34p C:3)

경기 남양주시 조안면 진중리 95　　#서울근교 #양귀비명소 #코스모스명소

김삿갓밥집 맛집 "나물류가 제일 많은 보리밥집"

@kimjeongnam

삿갓 정식 단일 메뉴만 제공되는 곳으로 고급스럽고 화려하진 않지만 매일 30찬이 넘는 반찬을 직접 조리하는 곳이다. 가정집 느낌의 외관으로 정원이 있어 가볍게 거닐기도 좋다. 보리밥, 30찬, 수육, 호박죽이 나오며 반찬 리필도 가능하다. 식후에 즐기기 좋은 식혜도 9시간 조리해 직접 만들었다고 하니 맛보는 것을 추천한다. 별도 대기 공간 보유. 월, 화요일 정기 휴무. (34p C:2)

경기 남양주시 화도읍 경춘로 2483　　#정부지정안심식당 #가정식식당 #밑반찬30종

카페 대너리스 카페
"북한강 전망 앤틱 카페"

@taek_98__

내부에, 통창에 넝쿨이 둘러싸여 있어 북한강을 볼 수 있는 사각 창문이 대표 포토존. 지하 1층부터 3층 규모로 되어 있으며, 담쟁이로 둘러싸인 예쁜 건물과 유럽 느낌으로 꾸며진 푸릇한 정원이 이쁜 곳이다. 내부는 앤틱한 느낌의 그림들이 걸려 있어 미술관 갤러리 느낌도 받을 수 있다. 포토 인화기도 있어 사진을 인화하여 추억 남기기도 가능하다. 평일에만 브런치를 즐길 수 있다. (34p C:3)

경기 남양주시 조안면 북한강로 914
#넝쿨프레임 #유럽풍정원 #북한강뷰

스테이보다 STAY "프라이빗 이끼 정원 VS 아늑한 다락 공간"

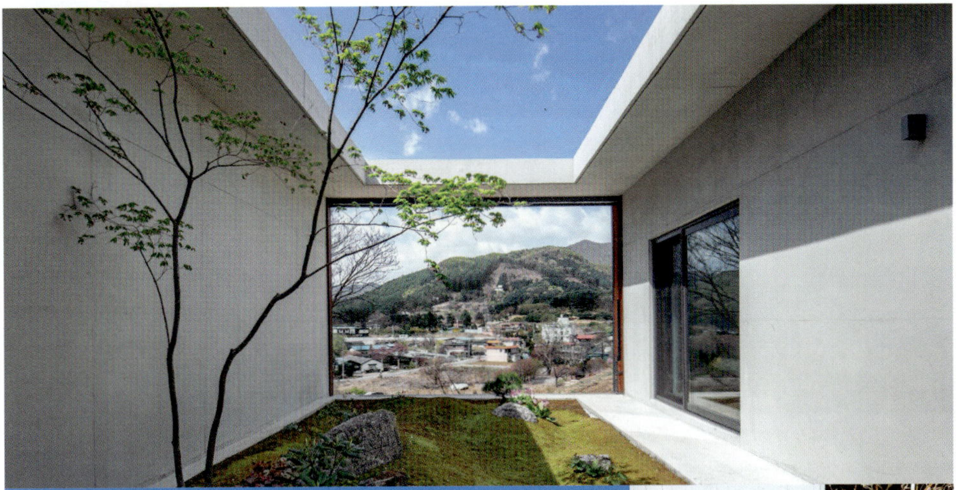

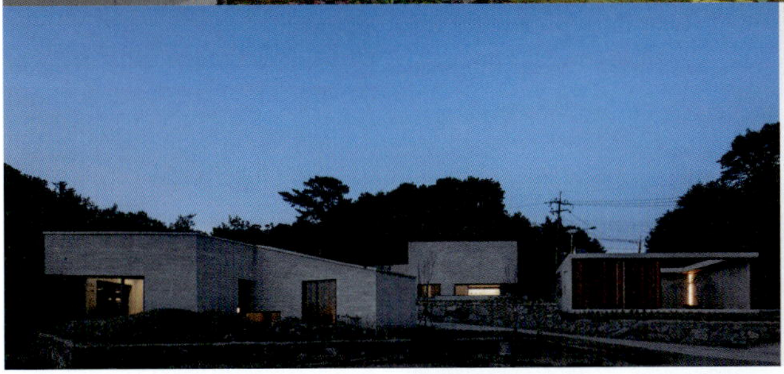

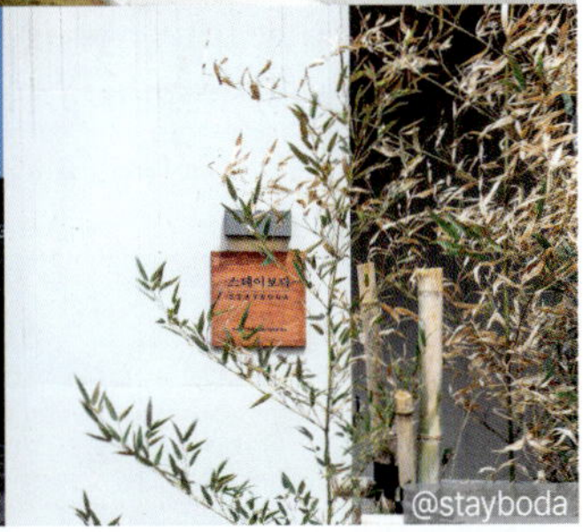

높은 산과 맑은 계곡에 둘러싸인 프라이빗 스테이. 프라이빗 이끼 정원이 숨어 있는 '정원동'과 높은 천장과 오픈된 다락 공간을 품은 '보다동' 2개의 객실로 이루어져 있다. 두 객실 모두 화이트톤 인테리어에 우드 가구가 어우러진 깔끔한 분위기. 통창 너머 따스한 햇살이 쏟아져 편안한 느낌이다. 가족과 함께 자연 속 휴식을 즐기고 싶다면 방문해 보길.

경기 남양주시 수동면 축령산로 21-2 #이끼정원 #다락 #휴식

팔당원조칼제비칼국수 맛집

"시원한 국물이 끝내줘요"

TV프로그램에 소개되며 유명세를 얻은 곳으로 칼제비가 대표메뉴다. 국물이 끓기 시작하면 김가루를 넣고 국물이 1분 정도 끓으면 수제비를 넣고, 먼저 먹은 후 4분 후 칼국수를 먹으면 더욱 맛있는 칼제비를 즐길 수 있다. 기호에 따라 사리, 볶음죽 추가 주문이 가능하다. 매운 얼큰 칼제비와 하얀 바지락 국물 칼제비가 있어 남녀노소 먹기 좋다. 연중무휴. (34p B:3) 사진ⓒ한국관광 콘텐츠랩

경기 하남시 미사동로40번길 178-35
#정부지정안심식당 #스타필드맛집 #칼제비

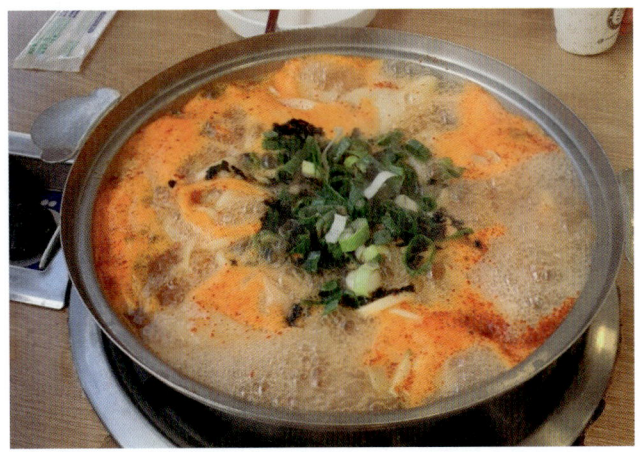

구리 한강공원 유채꽃 "수도권 최대의 유채꽃밭"

한강을 따라 조성된 **수도권 최대 규모(25,000㎡)** 유채꽃밭. 꽃길을 따라 벤치와 원두막이 설치되어 있어 쉽게 이동할 수 있다. 도심에서 한강과 유채꽃을 모두 조망할 수 있어 사람들이 많이 찾는 곳. 한강과 유채꽃밭 사이로는 산책로와 자전거 도로가 조성되어 있다. 봄철 축제 기간에는 가요제, 체험행사 등이 진행된다. (34p A:3)

경기 구리시 토평동 843   #한강 #유채꽃밭 #봄축제

장지리막국수 맛집
"뜨거운 소불고기와 시원한 막국수의 만남"

대표 메뉴는 물, 비빔 막국수다. 불고기전골을 함께 먹으려면 2인 이상 주문해야 하며, 보통과 곱빼기 가격이 동일하여 취향에 맞게 주문하는 것을 추천한다. 숙주가 산처럼 쌓여있는 불고기전골과 막국수의 조합이 좋다. 별도로 마련되어 있는 대기 공간은 후식도 즐길 수 있는 곳으로 보리 강정, 커피가 있다. 아기의자 보유. 브레이크 타임 16시~17시. (40p B:2) 사진ⓒ한국관광 콘텐츠랩

경기 광주시 고불로 7
#소불고기막국수세트 #경기광주 #가성비

팔당전망대
"팔당호의 아름다움을 한눈에"

수도권의 생명수인 팔당호의 아름다운 전경을 감상할 수 있는 실내 전망대. 망원경을 통해 팔당댐과 주변 산과 섬을 조망할 수 있는 힐링 공간이다. 같은 건물 1층에는 물의 소중함을 알리는 팔당 물 환경 전시관이 있어 교육과 휴식을 함께 누릴 수 있다. 아이들과 함께 방문하기 좋은 곳. 입장료, 주차료 모두 무료. 매일 09:00~18:00 운영. (40p C:1)

경기 광주시 남종면 산수로 1692
#팔당호 #실내전망대 #물환경전시관

남한산성

남한산성 `추천` "인조가 피신했던 조선 시대 방어 도시"

유네스코 세계문화유산에 등재된 <mark>조선 시대의 산성</mark>. 유사시 임금이 머무르며 전쟁을 지휘할 수 있도록 설계된 방어 도시였다. 행궁은 임금이 잠시 머무르던 임시 궁궐. 실제로 병자호란 당시 인조는 이곳으로 피신해 행궁에 머물며 항전했다. 남한산성의 가장 큰 매력은 성곽 트레킹. 정비된 성곽을 따라 걸으며 서울 시내와 산세가 어우러진 풍경을 감상해 보자. 행궁 입장료 성인 기준 3,000원. 매일 10:00~18:00 운영, 동절기 17:00까지. 매주 월요일 휴무. (40p B:1)

경기 광주시 남한산성면 산성리 935-1   #방어도시 #임시거처 #병자호란

남한산성 서문 전망대 "옛 성곽에서 내려다보는 현대 서울의 야경"

성곽 트레킹의 하이라이트, 최고의 야경 명소, 인기 있는 포토존이다. 어두운 밤하늘과 도시의 화려한 조명이 대비된 환상적인 서울 야경을 감상할 수 있는 곳. 로터리에서 서문으로 올라가는 길은 약간 오르막이지만 초보자도 쉽게 오를 수 있을 정도. 황홀한 일몰과 화려한 야경을 동시에 즐길 수 있는 해 질 녘에 방문할 것을 추천한다. 이 시간대는 주차장이 만차될 수 있으므로 1~2시간 정도 일찍 도착해 여유롭게 이동하자. (40p B:1)
경기 광주시 남한산성면 산성리 산16   #성곽트레킹 #야경명소 #일몰맛집

지수당 "숨 가쁜 트레킹 후에 잠시 앉아 땀 식히기 좋은 곳"

남한산성 안의 고즈넉한 정자와 작은 연못을 만날 수 있는 곳. 전쟁 시 군마와 병사들에게 물을 공급하기 위해 만든 시설로, 원래는 세 개의 연못이 있었으나 현재 두 개만 남아 있다. 푸른 향나무와 소나무가 있어 자연 풍경을 감상하며 잠시 쉬어가기 좋다. 지수당 근처에는 수령 200년 넘은 보호수와, 병자호란 때 공적을 세워 노비에서 정2품까지 올라간 역사 속 인물인 서흔남 묘비도 있으니 함께 둘러보자. (40p B:1)
경기 광주시 남한산성면 산성리   #연못 #보호수 #향나무

수어장대 "남한산성 꼭대기에 오르면 만날 수 있어"

남한산성에 있던 5개의 장대 중 현재 유일하게 남아 있는 곳. 지휘와 관측을 위한 군사적 목적으로 만들어진 누각으로 남한산성 안에서 가장 높은 정상에 위치한다. 영조 27년에 2층으로 증축되어 성 안의 건물 중에서도 제일 웅장하고 화려한 모습을 자랑한다. 높은 위치 덕분에 이곳에서 풍경을 내려다보기 좋다. 밤에는 조명이 켜져 낮과는 또 다른 느낌이다. (40p B:1)
경기 광주시 남한산성면 산성리   #남한산성 #2층누각 #뷰포인트

스멜츠 `카페` "거대 통창 너머 숲뷰가 아름다운 SNS 핫플"

@euneuny__

계절의 변화를 한 폭의 그림처럼 담아내는 뷰 맛집. 2층 거대한 통창 너머 봄의 벚꽃, 여름의 초록, 가을의 단풍, 겨울의 설경을 감상할 수 있는 아늑한 공간이다. 블랙, 화이트 등 브런치 메뉴와 스멜츠 크림 라떼 등 시그니처 메뉴가 인기. 스콘도 맛있다. 도심 속에서 커피 한 잔의 여유를 즐기며 쉬어가기 좋은 곳으로 단풍 시즌 방문 추천. 매일 10:30~22:00 영업. (43p F:1)

경기 광주시 신현로 103
#거대한통창 #단풍시즌 #브런치

율봄 식물원
"사계절 언제 가도 아름다운 식물원"

총 면적 2만여 평에 달하는 율봄 식물원에는 제철을 맞은 광주 특산품을 이용한 다양한 농촌체험 프로그램이 진행된다. 봄철 딸기, 여름 토마토, 가을에는 밤과 고구마를 수확하는 프로그램을 진행한다. (40p B:1)

경기 광주시 퇴촌면 태허정로 267-54
#체험여행 #딸기수확 #토마토수확

곤지암리조트 스키장
"겨울 액티비티는 이곳에서!"

수도권 스키어들이 야간 스키나 당일치기 코스로 애정하는 서울 40분 거리 접근성 좋은 스키장. 초급부터 상급까지 총 9면의 다양한 슬로프를 운영 중. 스키&보드스쿨과 눈썰매장을 함께 운영해 아이들과 함께 겨울철 가족여행으로 방문하기 좋은 곳. 성수기에는 얼리 모닝 스키를 즐길 수 있다. (40p C:2) 사진ⓒ한

국관광 콘텐츠랩

경기 광주시 도척면 도척윗로 278
#스키 #눈썰매 #수도권

경기도·인천 광주시

화담숲 `추천` "모노레일 타고 단풍 속으로, 가을 단풍의 성지"

우리나라 자생 식물과 세계의 식물들을 수집해 이끼원, 분재원, 수국원 등 17개의 테마원으로 조성한 곳. 경사가 완만한 데크길로 조성되어 있어 누구나 편안하게 관람할 수 있다. 가을철 화려하고 웅장한 단풍은 축제로 즐길 정도로 압도적인데 이 기간 티켓 구하기는 하늘의 별 따기, 아이돌 콘서트 티켓 못지않다. 힘들게 걷지 않고 숲 전체를 즐길 수 있는 모노레일도 인기. 곤지암리조트 바로 옆 위치. 성인 기준 입장료 10,000원, 모노레일 순환 코스 9,000원. 겨울 휴원. (40p C:2)

경기 광주시 도척면 도척윗로 278-1   #단풍축제 #모노레일 #곤지암리조트

곤지암리조트 "단풍의 성지 화담숲 품은 수도권 리조트"

서울 강남에서 차로 40분 거리에 위치 접근성이 뛰어난 사계절 종합 리조트. 수도권 최대 규모의 스키 슬로프와 가을철 단풍으로 유명한 '화담숲'을 갖추고 있어 계절마다 방문객이 끊이지 않는다. 스파, 루지 360, 생태 하천 등 온 가족이 함께 즐길 수 있는 시설이 다양하며, 잔디밭 위 야외 BBQ 존과 동굴 레스토랑 '라그로타' 같은 이색 다이닝도 경험할 수 있는 곳. 모던한 객실은 2인부터 대가족까지 머물 수 있는 다양한 타입을 갖추어 가족 여행객의 선호도가 높다. (40p C:2) 사진ⓒ곤지암리조트

경기 광주시 도척면 도척윗로 278　　#수도권 #화담숲 #스키장

두물머리 (추천) "마치 한 폭의 동양화 같은 풍경"

북한강과 남한강이 만나는 물줄기로, 두 물이 만나는 곳이라 해서 두물머리라 불린다. 마치 한 폭의 동양화 같은 아름다운 풍경을 자랑하는 곳. 물가에 서 있는 400년 된 느티나무와 대형 나무 액자 포토존에서 멋진 사진을 남겨 보자. 물안개가 피어오르는 이른 아침 시간에 방문하면 느티나무와 황포돛배, 잔잔한 강과 물안개가 어우러진 고요하고 몽환적인 분위기를 느낄 수 있다. 세미원과 배다리로 연결되어 있어 함께 둘러보기 좋다. (34p B:3)

경기도 양평군 양서면 두물머리길 145　　#동양화 #느티나무 #황포돛배

양평 세미원 연꽃  "청초하게 피어난 연꽃이 보고 싶다면"

연꽃, 수련, 물속 식물로 유명한 대형 연꽃 정원이자 친환경 생태공원. 홍련지, 백련지 뿐만 아니라 페리기념 연못, 빅토리아 연못, 열대수련 연못 등이 조성되어 있어, 연꽃이 피어나는 여름이 되면 압도적인 장관을 이룬다. 청초하게 피어난 연꽃을 배경으로 여름날의 추억을 사진으로 남겨보자. 그늘이 많지 않아 모자, 양산, 생수 준비 필수. 입장료 성인 기준 7,000원. 09:00~18:00 운영, 11~3월 매주 월요일 휴무. (34p C:3)

경기 양평군 양서면 양수로 93   #두물머리 #연꽃 #생태공원

하우스베이커리 빵집
"고즈넉한 한옥에서 즐기는 베이커리카페"

고즈넉한 한옥 분위기와 화려한 비주얼의 빵을 즐길 수 있는 베이커리 카페. 배우 이영애 씨가 살던 한옥을 개조한 곳으로도 유명하다. 생망고와 크림을 크루아상 위에 가득 올린 망고 크루아상, 상큼한 요거트 크림이 들어간 소복소복을 먹어보자. 좌석이 다양하고 온돌방도 있는 것이 특징이다. 6~8천 원대. 월~금 10:30~19:00, 토~일 10:00~20:00 운영. (34p C:3) 사진ⓒ한국관광 콘텐츠랩

경기 양평군 서종면 북한강로 684
#과일크로와상 #한옥 #소복소복

중미산 천문대
"감성과 사랑이 폭발하는 곳"

@kdfngsuk

서울에서 그리 멀지 않은 곳에 있는 인기가 좋은 천문대. 가족과 함께 연인과 함께 별 보러 가는 여행은 꽤 감성적이고 사랑이 넘치게 한다. 대략 3,000여 개의 별을 볼 수 있는 곳이라고 한다. (35p D:3)

경기 양평군 옥천면 신복리 85
#천문대 #별구경 #가족여행

흑유재 카페
"레드빈슈페너와 즐기는 과일 양갱 플레이트"

@zzang_u__

갤러리에 온 듯한 차분하고 정갈한 분위기의 카페. 흑과 백이 대비된 공간과 돌, 나무, 물이 어우러진 모던한 인테리어가 동양적인 아름다움을 자아내는 곳. 달콤한 팥크림이 독특한 레드빈슈페너와 흑임자 음료인 블랙스트림 라떼가 이곳의 시그니처. 딸기, 망고, 귤, 블루베리, 청사과 모양 새콤 달콤한 양갱은 이곳을 대표하는 비주얼 디저트. 매일 10:00~22:00 영업. (41p D:1)

경기 양평군 개군면 신내길7번길 36
#갤러리 #흑과백 #과일양갱

그랑아치풀빌라 `STAY` "프라이빗 수영장이 있는 감성 스테이"

@grangarch

조용한 산속 한적한 마을, 양평 산수유꽃마을에 위치한 펜션. 바로 앞에 시원한 계곡이 흘러 발 담그고 여름을 즐기기 좋은 곳. 화이트&우드 톤으로 꾸며진 객실은 아늑하고 감성적인 분위기. 객실마다 수영장이 갖추어져 있어 언제 방문해도 프라이빗한 물놀이를 즐길 수 있다. 영유아 포함 가족은 4인까지 예약할 수 있어 아이들과 방문하기 좋은 곳. (41p E:1)   경기 양평군 개군면 산수유꽃길 207   #산수유마을 #물놀이

STAY246 `STAY` "네모난 창 너머 그림 같은 마운틴뷰"

@stay246_pension

두터운 프레임 네모난 창이 주변 풍경을 액자처럼 담아내는 곳. 그 풍경을 바라보며 따뜻한 스파를 즐길 수 있는 스테이이다. 전 객실 마운틴뷰, 실내는 화이트와 브라운톤이 어우러진 깔끔하고 모던한 분위기로 침대 타입과 온돌 타입이 있다. 작은 계곡을 끼고 있으며, 넓은 정원과 수영장도 갖추었다. 수영장은 6월~9월까지 이용 가능.

경기 양평군 용문면 중원산로 246-5   #액자창 #스파 #마운틴뷰

양평군립미술관
"현대미술은 창의력을 높여주곤 해!"

양평 군립미술관은 전시장, 교육 시설, 세미나실, 카페 등을 갖춘 복합 문화시설로 시기별로 다양한 현대미술 작품이 전시되고 있다. 매주 월요일 휴관. (31p E:2) 사진ⓒ한국관광 콘텐츠랩

경기 양평군 양평읍 양근리 543
#양평군립미술관 #복합문화시설 #현대미술

파사성 "남한강 따라 걷는 성곽길"

파사산 능선을 따라 지어진 1,800m에 이르는 산성. 신라시대 때 처음 만들어진 것으로 보고되고 있다. 이곳 능선을 따라 걷다 보면 남한강의 풍경을 한눈에 담을 수 있다. 파사성은 막국수로 유명한 천서리에 속하기에, 산행 후 막국수 한 그릇을 꼭 추천한다. (41p E:1)

경기 여주시 대신면 천서리 산9
#성곽길 #전략적요충지 #막국수

여주 강천섬 은행나무길 추천 "가을이면 펼쳐지는 황금빛 카펫"

강천섬의 가장 큰 매력. 길고 곧게 뻗은 은행나무 길이다. 가을이 되면 수백 그루의 은행나무가 황금빛으로 물들어 장관을 이룬다. 바람에 떨어진 은행잎이 바닥에 깔린 모습이 마치 노란 카펫 같다. 은행나무 터널 입구에 서서 가을 추억을 사진으로 남겨 보자. 돗자리와 간편한 간식을 준비해 간단한 피크닉을 즐기거나 자전거 라이딩을 즐겨보면 어떨까? 섬 내부로는 차량 진입 불가. 강천섬 입구에 주차한 다음 도보로 다리를 건너 이동한다. (41p F:3)

경기 여주시 강천면 강천리길 88-60   #강천섬 #은행나무터널 #피크닉

홍원막국수 맛집 "90년 전통을 자랑하는 이포나루 전통 막국수"

여주 천서리 막국수촌에서도 손꼽히는 막국수 전문점. 소고기 양지머리와 닭고기, 무, 다시마를 넣고 끓인 시원한 육수가 메밀 면과 잘 어울린다. 물 막국수, 비빔 막국수 중 선택할 수 있으며 함께 주문할 수 있는 편육도 막국수만큼이나 인기가 있다. (41p E:1) 사진ⓒ한국관광 콘텐츠랩

경기 여주시 대신면 여양1로 14
#물막국수 #비빔막국수 #편육

신륵사 국민 관광지
"도자 체험 할 수 있는 곳"

예술 작품보다는 실생활에 자주 쓰이는 생활 도자 작품을 직접 만져보고, 만들어보고, 구매할 수 있는 도자기 체험장 및 신륵사 사찰 일원. 매년 5월이면 여주시에 도자기 축제가 열리는데, 품질 좋은 생활도자기를 합리적으로 구매할 수 있으므로 그릇을 좋아하는 분이라면 한 번쯤 들러보면 좋겠다. (41p F:2)

경기 여주시 신륵사길 73
#도자기축제 #도자기판매 #신륵사

여주 루덴시아 "유럽 마을 콘셉트 테마파크"

아름다운 자연 속 유럽의 문화와 예술이 어우러진 테마파크. 마치 유럽의 작은 마을에 온 듯한 이국적인 분위기를 느낄 수 있다. 내부에 마련된 아트&토이, 앤티크, 토이카, 트레인 등 다양한 테마 갤러리는 희귀한 소장품으로 가득해 아이들과 함께 방문하기 좋다. 평일 10:00~18:00, 토요일, 공휴일 21:00, 일요일 20:00까지 운영. (41p D:2) 사진ⓒ한국관광 콘텐츠랩

경기 여주시 산북면 금당1로 177
#유럽 #테마파크 #갤러리

바하리야 [카페]
"이집트 바하리야 사막 컨셉 카페"

@cafe_bahariya

카페 외부 삼각형의 건축물과 백사막을 배경으로 신비로운 사진을 연출할 수 있다. 해 질 무렵 노을 질 때는 더 이국적인 분위기의 사진을 찍을 수 있다. 이집트 바하리야 사막을 모티브로 백사막, 물, 빛을 테마로 만들어진 카페이다. 음료는 커피, 라떼, 프라페, 에이드, 생과일쥬스, 티 등이 있으며 쌀, 찹쌀, 현미, 보리, 콩을 볶아서 만든 여주 쌀라떼가 시그니처 메뉴다. (41p E:3)

경기 여주시 점봉길 43 바하리야
#여주카페 #백사막 #사막컨셉

황포돛배나루터
"황포돛배 타고 도는 남한강 한 바퀴"

여주 영릉 선착장에서 황포돛배를 타고 강변 유원지, 신륵사 등 여주 시내를 한 바퀴 둘러볼 수 있다. 이 황포돛배는 자동차가 없던 시절 서울 마포구와 충청도까지 연결해 주는 여객선이었다. 해상 체험이다 보니 일정에 변동이 생길 수 있으므로 사전 문의는 필수. (031-882-2206) 신분증을 지참해야 탑승할 수 있다는 점도 잊지 말자. (41p F:2) 사진ⓒ한국관광 콘텐츠랩

경기 여주시 천송동
#황포돛배 #이색체험 #신분증필참

여주박물관 "여주는 어떤 곳일까?"

여주박물관은 황마관(문학, 수석, 조선왕릉)과 여마관(여주 역사, 학예연구)으로 나뉘어 운영된다. 그중 황마관에 위치한 기획 전시관에서 매번 다양한 전시가 이루어진다. 전통놀이를 직접 체험할 수 있는 공간도 있으니 함께 즐겨보자. 무료입장. 매주 월요일, 1월 1일, 설날과 추석 연휴 휴관. (41p F:2) 사진ⓒ한국관광 콘텐츠랩

경기 여주시 천송동 545-1
#여주박물관 #전통놀이 #무료입장

시몬스테라스 [추천] "단순한 쇼룸이 아니다, 시몬스의 복합 문화 공간"

침대 브랜드 시몬스가 운영하는 감각적인 라이프스타일 쇼룸이자 복합 문화 공간. 단순한 가구 매장을 넘어, 시몬스의 역사, 기술, 그리고 철학을 전시와 체험을 통해 입체적으로 보여주는 힙한 문화 허브로 거듭나고 있다. 독특하고 세련된 인테리어와 아름답게 조성된 야외 정원 덕분에 SNS 사진 핫플레이스로 유명한 곳. 대형 트리와 화려한 일루미네이션으로 꾸며지는 크리스마스 시즌에 방문해 볼 것을 추천. 매일 11:00~20:00 운영. (41p D:3)

경기 이천시 모가면 사실로 988   #시몬스쇼룸 #문화허브 # SNS성지

덕평공룡수목원 "공룡덕후들 모여라~!"

수목원 곳곳에 숨어있는 공룡 모형을 찾는 재미가 있는 곳. 공룡의 움직임부터 울음소리까지 그대로 재현해 마치 실제 공룡을 보는 듯하다. 그 밖에도 공룡 분수 등 아이들이 즐길만한 시설이 많다. (40p C:3) 사진ⓒ한국관광 콘텐츠랩

경기 이천시 마장면 작촌로 282
#공룡모형 #공룡분수 #놀이터

이천 테르메덴 "어른 모시고 갈만한 곳"

넓은 부지의 숲에 둘러싸인 한국 최초의 독일식 온천. 삼림욕, 바데풀, 스포츠 시설 등이 갖추어져 있다. 온천에서 나오는 물줄기로 몸을 자극하여 안마, 피부 활성화 효과를 얻을 수 있다. (41p D:3) 사진ⓒ한국관광 콘텐츠랩

경기 이천시 모가면 신갈리 361-2
#독일식온천 #바데풀 #삼림욕

이천 산수유마을 [추천] "산수유는 마을과 어우러져 더 정감있어!"

이천 백사면 송말리, 도립리, 경사리에 걸쳐 조성된 산수유 마을. 도립리에 위치한 산수유 마을 초입에서(산수유 사랑채) 영원사를 지나 원적봉 정상에 올라 옥괴정으로 하산하는 코스 곳곳에서 노란 산수유꽃을 즐길 수 있다. 이중 산수유 마을 초입에서부터 영원사를 지나는 구간이 특히 아름답다. 이천의 산수유 둘레길 코스로도 지정된 곳. 이곳에 위치한 산수유나무는 100~150년 된 것이라고 한다. 이천 산수유 마을은 전남 구례 다음으로 꼽히는 대규모 산수유 군락지이다. (41p D:2)

경기 이천시 백사면 도립리 1006   #산수유 #군락지 #힐링체험

청목 [맛집]
"찰진 돌솥 밥과 20가지 반찬이 딸려 나오는 한정식집"

이천 쌀로 지은 돌솥밥에 20가지 반찬이 제공되는 한정식집. 반찬으로 나오는 꽁치, 조기, 수육, 시래기 된장국, 나물, 간장게장 등은 무한 리필된다. 인테리어도 깔끔하고 반찬도 정갈해서 손님 대접하기도 좋다. 식사시간에는 30분 이상 대기해야 하므로 여유롭게 방문하는 것을 추천한다. (41p D:2)

경기 이천시 경충대로 3046
#이천쌀 #돌솥밥 #한정식 #반찬무한리필

@kyoo75kr

한국민속촌

한국민속촌 `추천` "조선 시대로 시간 여행을 떠나보자!"

우리 조상들의 생활상을 재현한 전통문화 테마파크. 양반 가옥, 서민 가옥, 한약방 등 옛 마을의 모습이 실제처럼 조성되어 있어 마치 시간 여행을 하는 것 같은 느낌이다. 장인들이 공예품을 만드는 모습, 농악 놀이, 줄타기 곡예 등도 볼 수 있는 곳. 마을 곳곳을 돌아다니는 꽃거지와 마주친다면 재미있는 사진을 남겨 보자. 입장권 성인 기준 37,000원. 월~목 10:00~18:00, 금~일 20:00까지. (43p E:1) 사진ⓒ한국관광 콘텐츠랩

경기 용인시 기흥구 민속촌로 90　　#전통문화 #시간여행 #놀이기구

한국민속촌눈썰매장

"온가족이 함께 즐길 수 있는 눈썰매장"

짜릿한 속도감을 느낄 수 있는 한국민속촌 내의 눈썰매장. 성인 코스와 어린이 코스로 나누어져 있으며, 어린이 코스는 경사도를 적절히 조정해 스릴 있으면서도 안전하게 즐길 수 있다. 한국민속촌 놀이공원을 지나 안쪽으로 들어가면 나온다. 운영 시간 10:30~16:30, 눈썰매장 개장과 마감 시간은 변동되기도 하니 방문 전 확인. (43p E:1)

경기 용인시 기흥구 민속촌로 90
#썰매 #겨울 #가족여행

한국민속촌놀이동산 "민속촌에서 즐기는 놀이기구라니, 신선한걸?"

아이들과 즐기기 좋은 놀이기구를 갖춘 한국민속촌 내의 놀이동산. 아이들이 타기 좋은 미니바이킹, 매직티컵, 회전목마, 범퍼카부터 어른도 즐길 수 있는 크레이지스윙, 드롭앤트위스트, 귀신전 등 총 14종의 어트랙션이 있다. 다른 놀이동산에 비해 대기 줄이 길지 않아 편하게 즐길 수 있다. 한국민속촌 입장권에 포함. 현장 상황에 따라 놀이기구 운행시간 변동. (43p E:1) 사진ⓒ한국관광 콘텐츠랩

경기 용인시 기흥구 민속촌로 90   #어트랙션 #바이킹 #귀신전

경기도박물관 "한반도에서 경기도가 갖는 의미"

경기도의 역사와 문화를 소개하는 교육적 가치가 높은 박물관. 토기, 도자기, 의복, 민속자료 등 다양한 분야의 유물을 소장, 전시 중이다. 경기도어린이박물관, 백남준아트센터와 함께 뮤지엄 파크를 이루고 있어 함께 방문해 다양한 문화와 예술을 경험하기 좋다. 아이를 동반한 가족 단위 방문객에게 추천. 11:00, 13:00, 15:00 전시 해설 진행, 예약 없이 안내 데스크 앞에 모여 참여. 입장료 무료. 10:00~18:00 운영, 매주 월요일 휴무. (43p E:1) 사진ⓒ한국관광 콘텐츠랩

경기 용인시 기흥구 상갈동 85   #경기도역사 #어린이박물관 #백남준아트센터

고기리 계곡 "핫플의 새로운 조건, '계곡뷰'"

성남시와 용인시 경계에 있는 고기리 계곡은 낙생저수지 주변의 최대 유원지이다. 계곡 주변으로 카페와 맛집, 미술관과 박물관이 이어져 있어 용인 최고의 핫플로 떠오르고 있다. (43p E:1) 사진ⓒ한국관광 콘텐츠랩

경기 용인시 수지구 샘말로131번길 15
#낙생저수지 #카페거리 #용인최대유원지

고기리 막국수 `맛집` "36개월 미만 아기 막국수 무료"

한옥 느낌의 내외부로 편안한 분위기와 깔끔한 인테리어가 매력적인 곳이다. 신발을 벗고 전 좌석을 이용하며 메뉴는 들기름막국수, 물/비빔막국수가 있다. 대표메뉴는 들기름막국수로 고소한 들기름 향과 함께 감칠맛이 느껴진다. 36개월 미만 어린이에게 아기막국수를 무료로 제공한다. 주류는 1인당 1잔, 2인당 1병으로 제한된다. 테이블링 앱을 통해 예약 가능. 화요일 정기휴무 (43p E:1) 사진ⓒ한국관광 콘텐츠랩

경기 용인시 수지구 이종무로 157

#정부지정안심식당 #깔끔담백 #들기름막국수

용인농촌테마파크 "도심에서 즐기는 농촌의 풍경"

농업체험, 과학체험, 동화체험 등 즐길 거리가 많은 야외 농장 및 박물관. 종합체험관 1층에는 채소 심기 체험, 젖소 체험 등을 진행하는 농촌 체험장이, 2층에는 우리 신체가 어떻게 구성되어 있고 무슨 역할을 하는지 알아보는 인체의 신비관이, 3층에는 전래동화를 그대로 재현해놓은 갤러리가 마련되어 있다. 그 밖에 곤충체험관, 동물체험장, 야외정원 등이 하루 종일 즐길 거리가 많다. (40p C:3)

경기 용인시 원삼면 농촌파크로 80-1

#농촌체험 #과학체험 #동화체험

용인 대장금 파크 `추천` "유명 사극 속 주인공이 되어보자!"

국내 최대 규모의 사극 오픈 세트장. 삼국, 고려, 조선 시대 등 다양한 시대의 건축물들을 역사적 고증을 통해 재현했다. 궁궐, 성곽, 저잣거리는 물론 감옥까지 볼 수 있는 곳. '대장금', '이산', '옷소매 붉은 끝동' 등 수많은 사극과 BTS 슈가의 '대취타' 뮤직비디오 촬영지로도 유명. 궁중의상을 입고 드라마 속 주인공처럼 멋진 사진을 남겨 보자. 입장권 성인 기준 11,000원. 3~10월 09:00~18:00 운영, 동절기 17:00까지. (31p E:3)

경기 용인시 처인구 백암면 용천드라마길 25   #사극촬영지 #궁중의상체험 #BTS슈가대취타

용인자연휴양림
"공중에서 관람하는 울창한 숲길"

정광산 숲속에 위치한 용인자연휴양림을 가로지르는 짚라인이 6개의 코스로 운영되어 초심자부터 숙련자까지 누구나 즐길 수 있다. 짚라인에 대한 두려움이 없다면 300m 길이의 6번 알바트로스 코스를 추천한다. 근교에 위치한 에버랜드, 한국민속촌, 백남준 아트센터도 함께 들러보자. (40p C:2) 사진ⓒ한국관광 콘텐츠랩

경기 용인시 처인구 모현읍 초부리 284

#용인자연휴양림 #짚라인 #근교여행

용인 내동마을 연꽃
"다양한 종류의 수련을 볼 수 있는 곳"

용인시 처인구 원삼면 내동마을 마을회관 앞으로 펼쳐진 100,000m² 연꽃단지. 아트렉션, 조이토마씩, 셀레브레이션 등 다양한 종류의 수련이 피어난다. 수련은 일반 연꽃과 달리 꽃이 수면과 맞닿아 피어나고, 연잎이 갈라져 있다. 내동마을에서는 홍련, 백련뿐만 아니라 분홍, 노란빛 수련도 만나볼 수 있다. 겨울철에는 아이들을 위한 눈썰매장이 운영된다. (40p C:3) 사진ⓒ한국관광 콘텐츠랩

경기 용인시 처인구 원삼면 사암리 827
#연꽃단지 #수련 #눈썰매장

어비낙조 "감동적인 이동저수지 일몰 풍경"

@renassong

용인 8경 중 제2경으로 꼽히는 어비 낙조는 해 질 녘 낙조(석양) 사진촬영 명소로 유명하다. 어비리 저수지 일대를 붉게 물들이는 석양 풍경이 아름다워 문체부 지정 '사진 찍기 좋은 녹색명소'로 지정된 바 있다. (43p F:2)

경기 용인시 처인구 이동읍 어비리
#낙조전망 #저수지 #사진촬영

묵리459 `카페`
"숲 뷰 통창이 아름다운 카페"

숲속뷰와 함께 통창으로 비친 햇살과 한 폭의 수묵화 같은 사진 연출이 가능하다. 벽면이 모두 통창이라 개방감이 좋아 실내에서도 실외에 있는 듯한 느낌을 받을 수 있다. 메뉴는 커피, 쥬스, 티 등이 있으며 대표 메뉴는 먹을 닮은 크림라떼인 묵 라떼와 묵리 시그니처가 있다. 또한 치킨과 크로플, 소스가 곁들어진 묵 리플, 샐러드 등 다양한 브런치도 맛볼 수 있다. (43p F:2)

경기 용인시 처인구 이동읍 이원로 484
#숲속뷰 #용인대형카페 #브런치카페

한택식물원 "바오밥 나무 보러 오세요"

계절 꽃, 들꽃 풍경이 아름다운 식물원. 봄에는 매화, 산수유, 수선화가, 여름에는 작약, 모란, 나리꽃 등을 감상할 수 있다. 넓은 부지에 29개의 테마 정원으로 구성되어 있는데, 이 중 호주 온실로 이동하면 소설 '어린 왕자'에 등장하는 거대한 바오밥 나무를 구경할 수 있다. (31p E:3)

경기 용인시 처인구 백암면 한택로 2
#계절꽃 #테마정원 #바오밥나무

삼성화재 모빌리티뮤지엄
"자동차 러버 어린이들의 최애 박물관"

교통수단의 역사와 미래 기술을 체험할 수 있는 교통 전문 박물관. 클래식 자동차들을 시대별로 감상할 수 있는 곳. 어린이들의 눈높이에 맞춘 RC카 올인원, 레디! 플라이 드론, 블록 나라, 자율 주행 드라이브 등 다양한 체험 프로그램을 운영하여 자동차를 사랑하는 아이들과 함께 방문하길 추천. 에버랜드와 함께 묶어 여행 코스로 짜기 좋다. 입장료 성인 기준 10,000원, 일부 체험 유료. 화~금 09:00~17:00, 주말 10:00~18:00 운영, 매주 월요일 휴무. (43p F:1)

경기 용인시 처인구 포곡읍 에버랜드로376번길 171

#교통수단 #자동차 #다양한체험

에버랜드 추천 "대한민국 최대 규모 종합 테마파크"

야간 퍼레이드

용인 에버랜드 튤립

온 가족이 즐길 수 있는 국내 최대 규모 테마파크. T 익스프레스, 아마존 익스프레스 등 스릴 넘치는 놀이기구와 사파리 월드, 로스트 밸리, 판다 월드 등 동물 관람 시설로 유명하다. 계절마다 펼쳐지는 튤립, 장미, 국화 등 꽃 축제와 화려한 퍼레이드와 불꽃놀이 등 볼거리, 즐길 거리가 다양한 곳. 이곳에서 가족과 행복한 추억을 쌓아 보자. 에버랜드 앱으로 스마트 줄서기 가능. 입장료 시즌별, 요일별 상이. 일~목 10:00~20:00 운영, 금~토 21:00까지. (43p F:1) 사진ⓒ한국관광 콘텐츠랩

경기 용인시 처인구 포곡읍 에버랜드로 19 　　#T익스프레스 #사파리월드 #퍼레이드

호암미술관 추천 "정원까지 아름다운 사립미술관"

삼성그룹 창업주인 고 호암 이병철 선생이 수집한 미술품을 바탕으로 개관한 사립미술관. 고서화, 도자, 불교 미술품, 목가구 등이 전시되어 있다. 본관 건물이 전통 한옥 형태로 되어있어 아름다운 조경미를 뽐내며, 잘 관리된 전통 정원 '희원'도 멋스럽다. 벚꽃 명소로도 손꼽히는 곳. 홈페이지 확인 필수. 큐피커 앱으로 오디오 가이드 이용 가능. 통합권 성인 기준 25,000원. 10:00~18:00 운영, 매주 월요일 휴관. (43p F:1) 사진ⓒ한국관광 콘텐츠랩

경기 용인시 처인구 포곡읍 에버랜드로562번길 38　　#사립미술관 #전통정원 #벚꽃명소

어로프슬라이스피스 `빵집`
"감각적인 대형 베이커리 카페"

@lovelygirl_ssun

이름처럼 '빵 한 덩어리'를 나누는 여유를 지향하는 대형 베이커리 카페. 시그니처 메뉴는 뜀틀빵인데, 뜀틀처럼 생긴 재밌는 모양과 더불어 겉은 바삭하고 속은 촉촉한 페이스츄리다. 초코 뜀틀 케이크, 뜀틀 쿠키도 판매한다. 매장이 2층 규모로 크고 넓으며, 빵을 따뜻하게 데워 먹을 수 있는 전자레인지가 준비되어 있다. 뜀틀빵 7천 원대. 매일 10:00~19:00 운영. (43p F:1)

경기 용인시 처인구 백령로 47
#뜀틀빵 #페이스츄리 #대형카페

잡월드 "버라이어티한 직업의 세계"

다양한 직업체험을 해볼 수 있는 이색 테마파크. 만 4세부터 초~중학생까지 어린이의 눈높이에 맞춘 직업체험을 진행한다. 고용노동부에서 운영하기 때문에 일반 테마파크보다 더 전문적인 직업체험을 즐길 수 있다. (40p A:2) 사진ⓒ한국관광 콘텐츠랩

경기 성남시 분당구 정자동 분당수서로 501
#직업체험 #어린이 #고용노동부

희락보리 `맛집`
"나물, 보리밥이 리필되는 곳"

구수한 청국장과 보리밥이 기본으로 고등어 구이가 나오는 고등어 보리밥, 직접 담근 국내산 양념게장이 제공되는 양념게장 보리밥, 기본 보리밥 청국장 3가지 메뉴로 나뉜다. 보리밥과 비벼 먹을 수 있는 생부추, 콩나물, 느타리버섯, 고사리 등 나물들이 다양해서 참기름과 함께 비벼먹으면 고소한 맛이 좋다. 나물과 보리밥 리필도 가능하다. 수요일 정기휴무 (43p F:1) 사

진ⓒ한국관광 콘텐츠랩

경기 용인시 처인구 포곡읍 포곡로234번길 10
#정부지정안심식당 #호암미술관맛집 #에버랜드근처

캐리비안 베이
"여름이면 입에 오르내리는 핫한 워터파크"

카리브해를 모티브로 한 이국적인 워터파크. 겨울에는 실내에서 따뜻한 유수 풀을 즐길 수 있다. 실외 파도 풀, 메가 스톰, 워터 봅슬레이, 아쿠아루프를 추천. 성수기에는 일부 어트랙션에 다소 대기가 있을 수 있다. (43p F:1) 사진ⓒ한국관광 콘텐츠랩

경기 용인시 처인구 포곡 읍 유운리 551-1
#워터파크 #캐리비안베이 #메가스톰

광교 호수공원 "호수를 더 가까이에서 느껴보자!"

고층 빌딩과 호수, 초록 나무가 어우러진 도심 속 친환경 공원. 두 개의 호수를 잇는 호수 둘레길이 조성되어 있어 산책하기 좋다. 프라이부르크 전망대에 올라 아름다운 풍경을 감상하거나, 이곳의 포토 스폿 어번 레비에서 호수를 가까이 느끼며 멋진 사진을 남겨볼 것. 가족 캠핑장, 반려견 놀이터, 클라이밍장 등 다양한 시설이 갖추어져 있어 누구와 방문해도 즐거운 여가 시간을 보낼 수 있다. 종종 문화 행사가 이루어지니 홈페이지 행사 안내 페이지를 참고할 것. (43p E:1) 사진ⓒ한국관광 콘텐츠랩·박아름

경기 수원시 영통구 광교호수로 165   #도심공원 #프라이부르크전망대 #어번레비

달구운바람 돼지갈비 영통망포점
"갓 구운 고기에 매콤달달 냉면 한 입"

방금 구운 고기를 기다림 없이 맛볼 수 있는 원적외선 직화 돼지 양념구이 전문점. 고기가 구워져 나와 옷에 냄새가 배지 않아 좋다. 따끈한 고기를 매콤 달달한 비빔냉면과 함께 먹으면 더 맛있다. 샐러드 바에서 쌈 채소와 반찬을 자유롭게 이용할 수 있다. 돼지 양념구이 20,000원. 포장 주문 시 할인, 매일 11:20~22:00 영업. 사진ⓒ한국관광 콘텐츠랩

경기 수원시 영통구 영통로174번길 5 1층
#돼지양념구이 #비빔냉면 #샐러드바

하얀풍차 "입안에서 사르르 녹는"
폭신하고 달콤한 '화이트롤'의 절대 강자"

수원 빵지순례 필수 코스인 곳. 부드러운 빵에 생크림, 슈크림, 연유크림을 바르고 카스테라 가루를 묻힌 화이트롤이 가장 유명하다. 입안에서 녹아내리는 듯한 식감이 특징. 덴마크산 황치즈를 듬뿍 올린 치즈바게트도 인기. 매월 15, 16일에는 구매 금액의 50%를 다음에 쓸 수 있는 상품권으로 돌려준다. 6~7천 원대. 매일 07:00~23:00 운영, 연중무휴. (43p E:2)
사진ⓒ한국관광 콘텐츠랩

경기 수원시 영통구 영통로 195
#황치즈바게트 #화이트롤 #수원빵지순례

수원박물관
"수원을 알고 싶으면 일단 와보라고!"

수원 박물관에는 수원역사박물관, 한국 서예 박물관이 함께 운영되고 있다. 1960년대 수원의 영동시장 거리를 재연한 모습이 인상적이다. 한국 서예 박물관 상설전시실은 189평 국내 최대 규모로 운영되고 있다. 매달 첫째 주 월요일 휴관. 사진ⓒ한국관광 콘텐츠랩

경기 수원시 영통구 이의동 1088-10
#수원박물관 #한국서예박물관 #영동시장거리

플라잉 수원 "열기구 타고 수원화성을 한 눈에!"

150m 상공에서 바라보는 수원화성의 모습은 어떨까? 도심의 하늘을 날 수 있는 기회는 그리 흔치 않을 것이다. 검증받은 파일럿과 함께 안전한 헬륨기구에서 수원의 하늘을 날아보자. 특히 수원화성의 야경은 동화 속 그 자체일 것이다. (43p E:1) 사진ⓒ한국관광 콘텐츠랩-이범수

경기 수원시 팔달구 경수대로 697   #수원화성 #야경 #열기구

수원화성

수원화성 추천 "정조의 효심과 꿈을 담은 조선 시대 건축의 걸작"

유네스코 세계문화유산에 등재된 조선 시대 건축 기술의 정수이자 걸작. 화서문 - 장안문 - 방화수류정 - 연무대 코스를 추천한다. 화홍문은 야경이, 서장대는 일몰이 아름다운 곳. 수원화성을 편안하게 둘러보고 싶다면 주요 명소를 순환하는 관광 열차 '화성어차'를 추천. 직접 활을 쏴 과녁을 맞히는 '국궁 체험'도 경험해 보자. 성인 기준 어차 6,000원, 국궁 체험 1회 10발 3,000원. (43p E:1)

경기 수원시 장안구 영화동 320-2   #유네스코 #건축기술 #역사

방화수류정
"피크닉의 성지로 거듭나다"

수원화성의 아름다운 건축물 중 하나. 사방을 감시할 수 있는 군사적 기능과 주변 경관을 조망하는 정자의 기능을 동시에 갖추었다. 높은 벼랑 위에 위치해 환상적인 경관을 자랑하며 연못 '용연' 및 수목과 잘 어우러져 그 자체로 한 폭의 동양화 같은 모습. 밤이 되면 은은한 조명이 정자를 비추는데 그 모습이 용연에 그대로 반사되어 고즈넉한 분위기를 자아낸다. (43p E:1)

경기 수원시 팔달구 수원천로392번길 44-6
#벼랑위누각 #피크닉성지 #미디어아트쇼

장안문 "수원화성의 북문, 숭례문보다 웅장하다고!"

정조대왕이 수도 한양에서 사도세자의 묘소를 방문할 때 가장 먼저 통과했던 문. 그래서인지 서울의 국보인 숭례문보다도 더 웅장하다. 문 바깥에 반원 모양의 옹성이 가장 큰 특징. 밤이 되면 은은한 조명으로 더욱 아름답게 빛나는 웅장한 문루와 옹성을 배경으로 낭만적인 야경 사진을 남길 수 있다. 장안문을 시작으로 성곽길을 따라 걸으며 수원 시내와 화성 건축을 제대로 감상할 수 있는 산책 코스를 추천. (43p D:1)

경기 수원시 팔달구 장안동   #수원화성 #정조대왕 #성곽길

수원화성박물관
"정조 시대, 수원 화성의 모든 것"

수원화성의 모든 것을 담은 곳. 화성의 건설 과정을 모형, 영상, 유물 등을 통해 생생하고 자세하게 보여준다. 축성 과정이 상세히 기록된 '화성성역의궤'에 대해서도 소개하고 있어 수원화성을 방문하기 전 이곳 먼저 관람하며 다양한 배경지식을 쌓아 볼 것을 추천한다. 거중기와 녹로의 모습도 살펴볼 수 있다. 입장권 성인 기준 2,000원, 화성행궁, 수원화성박물관, 수원박물관 통합 관람권 4,000원. 09:00~18:00 운영, 매주 월요일 휴관. (43p E:1) 사진ⓒ한국관광 콘텐츠랩

경기 수원시 팔달구 창룡대로 21
#수원화성 #건설과정 #화성성역의궤

화성행궁 추천 "낮보다 아름다운 행궁의 밤, 정조의 효심을 느껴보자"

정조대왕이 아버지 사도세자의 묘를 참배할 때 임시로 머물거나, 연회 등을 열었던 장소이다. 수원화성 성곽과 함께 유네스코 세계문화유산으로 등재되어 있다. 봉수당은 어머니 혜경궁 홍씨의 성대한 회갑연을 열었던 장소. 한복을 입고 행궁을 거닐며 특별한 사진을 남겨보는 것도 좋다. 고즈넉한 야경을 즐길 수 있는 '달빛화담'은 매년 정해진 기간에만 열리니 일정 사전 확인 필수. 매일 09:00~18:00 운영(야간 개장:18:00~21:30), 입장료 성인 기준 2,000원. (43p D:1)

경기 수원시 팔달구 정조로 825   #정조대왕 #사도세자 #야간개장

경기도청 벚꽃길 "도청뒷길을 지나 화성행궁으로 가는 벚꽃길"

경기도청 후문 또는 정문부터 팔달산으로 오르는 벚꽃길로 **수원의 대표 벚꽃 명소**이다. 그리 높지 않은 산책길로 오르다 보면 수원 시내를 한눈에 볼 수 있는 팔달산 팔당 공원에 이른다. (43p D:1)

경기 수원시 팔달구 매산로3가 1-10   #수원벚꽃 #팔달산 #꽃비

가보정 "수원 3대 갈비 중에서도 으뜸!" 맛집

경기도에서 맛집 리뷰, 추천수가 가장 많은 곳. 유명 맛집답게 건물과 시설의 규모가 엄청나다. 한우와 미국산 갈비 중 선택해 주문 가능하며 생갈비와 양념갈비 모두 맛이 좋다. 수원을 대표 하는 3대 갈비가 있지만 이곳은 언제나 으뜸! (43p E:1) 사진ⓒ한국관광 콘텐츠랩

경기 수원시 팔달구 장다리로 282   #한우생갈비 #미국산생갈비 #3대갈비천왕

수원 통닭거리
"가마솥에 통째로, 겉바속촉 통닭의 성지"

1970년대부터 형성된 통닭 전문 거리. 수십 년 전통의 노포들이 모여 있다. 이곳 통닭은 가 마솥에 닭을 통째로 튀겨내는 옛 방식을 고수 한다. 고온에서 빠르게 튀겨내 겉바속촉, 담백 한 맛이 일품. 수원화성, 화성행궁과 가까워 주 변을 둘러본 후 들리기 좋은 곳이다. 저렴한 가 격과 넉넉한 인심으로 오랜 세월 사랑받아온 수원의 명소. (43p E:1) 사진ⓒ한국관광 콘텐츠랩

경기 수원시 팔달구 팔달로1가 46-2
#가마솥통닭 #노포 #화성행궁

의왕시청사 벚꽃길
"한적한 벚꽃 소풍 나들이"
의왕시청사에서 중앙도서관으로 이어지는 벚 꽃길. 의왕시청 주차장이 붐비면 중앙도서관 주차장을 이용할 수 있다. 많은 가족 나들이 객들이 시청 벚꽃축제에 참가한다. 다양한 문 화행사와 체험도 진행된다. (43p D:1)

경기 의왕시 고천동 171
#의왕시청벚꽃길 #벚꽃축제 #가족나들이

월화원 `추천` "한국에 온 중국식 정원 "

한국과 중국, 서로의 나라에 전통 정원을 짓기로 약속하면서 세워진 정원이다. 중국 광둥 지역의 전통 양식에 따라 지어졌다. 중국 드라마 세트장 같은 느낌의 이국적인 분위기를 자랑하여, 이곳에서 사진을 찍으려는 사람들이 많다. (43p E:1)

경기 수원시 팔달구 인계동   #중국식정원 #인공호수 #정자

철도박물관
"철도, 기차 만큼 추억에 잠기는 소재도 없지!"

@oliviajunghee

1899년부터 시작된 대한민국 철도의 역사를 전시해놓은 박물관. 증기기관차부터 KTX까지 다양한 열차 모형들과 증기기관차, 대통령 전용 객차, 화차 등의 실물도 전시되어있으며, 철도의 과학적 원리를 학습할 수도 있다. 월요일, 공휴일 다음 날, 1월 1일, 설날과 추석 연휴 휴관. (43p D:1)

경기 의왕시 월암동 374-1

#철도역사 #기차여행 #학습체험

의왕레일파크 `추천` "레일바이크 타고 호수 위를 달려보자"

철새 도래지이자 아름다운 경관을 자랑하는 왕송호수 둘레를 달리는 레일바이크. 호수 위에 레일을 설치해 물 위를 달리는 것 같은 느낌. 꽃 터널, 팝업 뮤지엄, 포토존 등을 지나며 즐거운 추억을 남길 수 있다. 탑승장 인근에 철도박물관, 조류 생태과학관, 자연학습공원 등이 위치해 함께 둘러보기 좋다. 주말과 공휴일은 사전 예약 필수. 주말과 공휴일은 사전 예약 필수. 주말 2인 기준 35,000원. 매일 09:30~17:00 운영. (43p D:1)

경기 의왕시 왕송못동로 221   #왕송호수 #레일 #포토존

백운호수 둘레길 "걷기 좋은 백운호수 산책길"

호수를 둘러싸고 나무데크길이 이어져있어 산책하기 좋다. 오리 배를 타고 백운호수를 유유자적 누빌 수도 있다. 백운호수는 1950년대 농업용수 공급을 위해 만들어진 인공 호수로, 주변에 호수 풍경을 즐길 수 있는 카페와 레스토랑들이 모여있다. (43p D:1)

경기 의왕시 학의동 산75-3   #백운호수 #둘레길 #오리배

롯데프리미엄아울렛 의왕점
"아울렛으로 나들이 가자!"

@y.mj

롯데프리미엄아울렛인 이곳은 쇼핑뿐만 아니라 나들이 명소로 손꼽히고 있다. 자연친화적인 설계와 풍부한 콘텐츠들 덕분에 가족 단위의 방문객들에게 만족도가 높다. 특히 글라스빌과 플레이블은 대표적인 포토존이자 핫플레이스!

경기 의왕시 학의동 1039
#프리미엄아울렛 #쇼핑 #가족여행

오월의 곤드레 맛집
"정성 가득한 한 끼, 웨이팅한 보람이 있네"

건강한 재료로 만든 한식 밥상을 맛볼 수 있는 곳. 곤드레밥, 새우장, 청국장 등이 나오는 오월 밥상이 기본 메뉴. 짜지 않은 새우장과 구수한 청국장이 향긋한 곤드레밥과 잘 어우러진다. 추가 메뉴로는 직화 돼지숯불구이가 인기. 깨끗한 매장, 친절한 서비스로 기분 좋은 한 끼를 즐길 수 있다. 오월 밥상 13,000원, 매일 11:00~21:00 영업. (39p F:3)

경기 의왕시 안양판교로 254
#곤드레밥 #한식밥상 #서비스굿

서울대공원 벚꽃길
"여유로운 벚꽃 산책길을 원한다면"

봄철 서울대공원은 주차장과 과천저수지 입구부터 벚꽃길이 형성된다. 특히 제4호 교를 지나 동물원의 우측길이 벚꽃이 많다. 붐비는 여의도나 석촌호수보다는 비싸진 않지만, 입장료를 내는 이곳이 좀 더 한적하게 벚꽃을 즐길 수 있다. 주차장이 굉장히 넓으며, 대중교통 이용 시 4호선 대공원역에서 하차하면 되어 교통은 매우 편리하다. (31p D:2)

경기 과천시 막계동 산117-10
#서울대공원 #벚꽃길 #한적함

서울대공원 추천 "코끼리 열차 타고, 동물원 도착!"

동물원, 식물원, 테마가든, 서울랜드, 국립현대미술관 등을 포함한 복합 테마파크. 공원 전체가 숲과 나무로 둘러싸여 아름다운 곳으로, 봄에는 벚꽃, 가을에는 단풍이 유명하니 시기를 맞추어 방문해 즐겨보자. 공원이 매우 넓어 이동 시 코끼리 열차, 스카이리프트, 동물원 무료 순환 버스를 이용할 것. 동물원 입장권+리프트 1회+코끼리 열차 1회 패키지 추천, 패키지가 8,000 원, 09:00 오픈, 간절기 18:00, 하절기 19:00, 동절기 17:00까지 운영. (31p D:2)

경기 과천시 대공원광장로 102   #동물원 #코끼리열차 #벚꽃명소

서울랜드 "순한 맛 놀이기구 가득한 가족 나들이 명소"

서울대공원 내에 조성된 테마파크. 캐릭터타운, 모험의 나라, 미래의 나라 등 5개 테마에 아이들과 즐길 수 있는 순한 맛 놀이기구가 많은 것이 특징. 고공에서 급하강하는 스카이X가 인기. 화려한 조명과 레이저로 꾸며지는 루나 레이저 판타지도 놓치지 말 것. 겨울에는 눈썰매장과 빙어 낚시도 즐길 수 있다. 스카이X 예약 필수, 요금 별도. 종일권 성인 기준 52,000원. 월~금 10:00~19:00, 토 21:00, 일 20:00까지 운영. (39p F:3)

경기 과천시 막계동 82   #순한맛 #레이저쇼 #눈썰매장

국립현대미술관 과천
"나들이 하기에도 괜찮은 곳"

한국의 근·현대 미술 작품을 전시하고 있는 과천 국립현대미술관은 건축, 공예, 사진, 회화, 조각, 미디어 등 다양한 분야를 취급한다. 시기별로 다양한 전시가 진행된다. 월요일, 1월 1일 휴관. (31p D:2)

경기 과천시 막계동 산58-4
#국립현대미술관 #근현대미술 #미디어아트

홍종흔베이커리 빵집 "차갑게 먹는
바삭한 '어니언 킹' 베이글의 원조"

제9대 제과 명장 홍종흔 명장의 베이커리. 한옥 스타일의 매장이 멋스럽고 야외 정원과 작은 연못이 있어 편안하게 휴식하기 좋다. 호두 베이글에 양파 크림치즈를 넣은 어니언킹과 우유버터로 만든 몽블랑이 시그니처 메뉴다. 어니언킹은 잠시 냉동실에 넣었다가 먹으면 더욱 맛있다. 6~8천 원대. 매일 09:00~22:00 운영, 연중무휴. (39p F:3) 사진ⓒ한국관광 콘텐츠랩

경기 군포시 번영로 252
#어니언킹 #몽블랑 #명장

렛츠런파크 서울 추천 "경마장으로 소풍을"

경마는 물론 승마 체험과 가족공원에서의 산책까지 가족과 연인의 소풍지로 손색없는 곳이다. 특히 봄에는 금청동마상부터 실내승마장까지 이어지는 길이 벚꽃으로 물들어 봄철 최고의 데이트 코스로 꼽힌다. 경마를 좋아하는 사람도, 그렇지 않은 사람도 즐길 거리가 많은 곳이다.

경기 과천시 경마 공원대로 107   #과천경마장 #벚꽃성지 #경마

군포 철쭉동산 "백만 그루 철쭉 군락"

군포 철쭉 공원 옆에 있는 1백만 그루 이상의 철쭉 군락지. 20,000m² 규모의 다양한 색의 철쭉이 군포 시내를 물들인다. 한국관광공사가 선정한 봄에 가보고 싶은 명소로 꼽힌 곳으로, 매해 봄에는 군포 철쭉 축제를 열어 다양한 문화 행사도 진행한다. 철쭉동산 안에는 군포의 자랑 김연아 선수의 동상도 설치되어 있다. (39p F:3)

경기 군포시 산본동 1152-14   #군포철쭉공원 #철쭉축제 #김연아동상

남도연 맛집 "자연을 담은 건강한 밥상"

@nest_ej

직화구이와 사계절 내내 국내산 벌교 꼬막을 맛볼 수 있는 남도 음식 전문점. 가장 인기가 많은 메뉴는 꼬막 정식으로 간장 베이스인 간장 꼬막 정식과 초고추장 베이스인 남도 꼬막 정식 2종류다. 한꺼번에 비비지 않고 꼬막을 밥 위에 적당량을 덜어 덮밥처럼 먹으면 더 맛있게 즐길 수 있다. 브레이크 타임 15시 30분~17시 (39p F:3)

경기 군포시 산본로323번길 4-17 군포프라자 2층　　　#군포맛집 #꼬막맛집 #건강한밥상

안양충훈 벚꽃길(안양천 벚꽃길)
"멀리갈 필요가 없어 안양충훈벚꽃 축제만으로도 충분해"

안양천을 따라 천변에 1.5km가량 벚꽃길이 형성되어 있으며 석수동 충훈2교 일대에서 안양충훈 벚꽃 축제가 열린다. 이 시기에는 다양한 체험행사와 즐길 거리 볼거리 먹거리가 펼쳐진다. 천변에는 서너 군데의 주차 공간이 있다. 대중교통 이용 시 관악역에서 24분 거리에 있다. (39p E:3)

경기 안양시 만안구 석수동 666-20　　　#안양천 #벚꽃축제 #충훈2교

김중업건축박물관
"건축을 예술로 끌어올린 김중업 교수의 업적"

@juju.kim79

우리나라 1세대 건축가인 김중업 교수의 생애와 건축물들을 전시하고 있는 박물관. 김중업 교수는 프랑스 대사관, 신당동 서산부인과, 옛 제주대학교 본관 등을 설계한 건축가로, 박물관에서 건물 모형과 설계도 등을 살펴볼 수 있다. 근처에 안양예술공원이 있으니 함께 방문하는 것을 추천한다. 09~18시 개관, 매주 월요일과 설날, 추석 당일 휴관. (39p F:3)

경기 안양시 만안구 예술공원로103번길 4
#건축가 #김중업 #박물관

스팀하우스 맛집
"육즙 가득 딤섬, 땅콩 가득 탄탄멘!"

홍콩, 중국 6성 음식을 맛 볼 수 있는 감각 모던 중식 요리 전문점. 가장 인기 있는 메뉴는 딤섬과 3단계 맵개로 조절 가능한 탄탄멘이다. 딤섬은 육즙이 가득하고, 탄탄멘은 얇은 면에 땅콩의 고소함과 부드러움을 한꺼번에 느낄 수 있어 맛이 좋다는 평이다. 네이버 예약 가능, 브레이크타임 15시~17시 (39p F:3)

사진ⓒ한국관광 콘텐츠랩

경기 안양시 동안구 인덕원로 19-2 1층
#딤섬맛집 #관악동맛집 #퓨전중식

구봉도 낙조전망대 추천 "서해에서 가장 아름다운 석양을 볼 수 있는 곳"

서해에서 가장 아름다운 석양을 볼 수 있는 곳은 어디일까. 구봉도의 할배바위, 할매바위 사이로 떨어지는 해의 모습은 인생에 꼭 한번은 보아야 할 명장면이라 꼽힌다. 낙조전망대에서 보는 서해의 낙조, 대부도 경치 역시 손꼽히는 명소이다. (42p A:1)

경기 안산시 단원구 구봉타운길 43   #서해 #낙조 #석양

발리다 카페 "발리 감성 베이커리 카페"

@cafe_baliida

입구 앞에 있는 노란 '발리다' 글자 조형물이 이곳의 대표 포토존. 마치 휴양지 발리에 온 듯한 기분을 느끼게 해주는 카페이다. 달콤쌉싸름한 맛이 일품인 더스트브라운, 파인애플과 레몬즙을 넣어 하루 20잔만 한정적으로 판매하는 트로피컬 파인 등 독특한 음료 메뉴가 8가지가 있다. 조각 케이크도 있어 간단한 베이커리류도 즐길 수 있다. 2층은 안전상의 문제로 노키즈존으로 운영된다. (42p A:1)

경기 안산시 단원구 구봉타운길 57 1층, 2층   #휴양지느낌 #발리분위기 #대부도카페

대부바다향기테마파크
"바다향기 따라 걷는 나무데크길"

10~11월 금빛으로 물든 갈대들이 넘실대는 풍경이 아름다운 곳. 서해바다를 마주하고 있어 그 이름 그대로 바다 향기가 물씬 느껴진다. 갈대밭을 따라 걷기 좋은 나무데크길이 죽이어져 있다. 단, 근처에 매점이나 식당이 없으므로 간식거리나 마실 거리를 챙겨가는 것이 좋겠다. (42p A:1)

경기 안산시 단원구 대부황금로 1480-7

#서해전망 #갈대밭 #철새도래지

유니스의 정원
"정원이 있는 복합문화공간"

영국의 시골 정원을 연상케 하는 숲, 실내 정원, 카페, 레스토랑으로 이루어진 복합문화공간. 레스토랑은 실내와 야외공간으로 구성되어 있으며 바비큐, 스파게티, 스테이크 등을 맛 볼 수 있다. 테이블 내 연결된 패드가 있어 바로 주문 가능하다. 식사 후 야외 산책로를 거닐며 산책을 즐기기 좋다. 브레이크 타임 15시~17시, 월요일 정기휴무 (43p D:1) 사진ⓒ 한국관광 콘텐츠랩

경기 안산시 상록구 반월천북길 139

#이풀실내정원 #반월호수맛집 #식물원식당

탄도바닷길 "하루 두 번, 바닷길이 열린다"

탄도항과 그 앞의 작은 섬 누에섬을 잇는 길. 하루 두 번 바닷물이 갈라지며 길이 열려 걸어서 누에섬에 들어갈 수 있다. 누에섬 정상 하얀 등대에 오르면 서해의 탁 트인 풍경을 감상할 수 있다. 탄도항과 누에섬 주변에 설치된 대형 풍력발전기가 이국적인 풍경을 만들어낸다. 풍차와 바닷길, 환상적인 석양이 어우러진 모습이 아름다운 곳. 방문 전 탄도 바닷길 시간표를 확인할 것. 탄도항 인근 안산어촌민속박물관과 묶어 같은 날 코스로 계획하기 좋은 곳. (42p B:2)

경기 안산시 단원구 선감동 717-5　　　#탄도항 #누에섬 #신비의바닷길

안산갈대습지공원 `추천` "황금빛 일렁이는 갈대의 풍경"

시화호의 오염된 물을 정화하기 위해 인위적으로 조성된 습지. 드넓은 갈대밭이 조성되어 있어 가을이 되면 황금빛 갈대 물결이 장관을 이룬다. 계절마다 다양한 철새가 찾아오며, 수달 같은 희귀 동물을 만나는 행운을 누릴 수 있는 곳. 탐방대에 들러 새들의 모습을 조용히 관찰해도 좋다. 시화호의 역사와 습지의 역할을 알려주는 습지생태관이 있어 더 유익한 곳. 체험 프로그램 홈페이지 참고. 3~10월 10:00~18:00 운영, 동절기 16:30까지, 매주 월요일 휴무. (42p C:1)

경기 안산시 상록구 갈대습지로 76　　　#갈대밭 #철새도래지 #가을여행지

티라이트 전망대(달 전망대)
"답답한 마음이 들 때 난 전망대에 올라!"

75m 높이로 조력발전 전시관이 내부에 있다. 파노라마 투명 유리 바닥으로 360도 전망할 수 있다. (42p A:1)

경기 안산시 단원구 대부동 대부황금로 1927
#시화호조력발전소 #조력발전문화관

경기도미술관 "창의력을 높여주는 현대미술"

다양한 장르의 현대 미술품이 전시된 미술관. 시기별로 전시 내용이 바뀌며, 각종 교육과 행사도 진행된다. 무료입장, 매주 월요일 휴관. (42p C:1) 사진ⓒ한국관광 콘텐츠랩

경기 안산시 단원구 초지동 667
#현대미술 #미술관 #무료입장

대궐막국수 안산본점 `맛집`
"자가제면 막국수 맛집"

주문 즉시 뽑아내는 신선한 메밀면과 진한 육수가 어우러져 깊은 맛을 내는 막국수 맛집. 속초 명태회 막국수, 황금 옹심이 메밀 칼국수 등 국수 메뉴에 한돈 막장 수육을 곁들이면 더 맛있다. 속초 명태회 막국수 13,000원, 황금 옹심이 메밀 칼국수 12,000원, 한돈 막장 수육(소) 16,000원.

경기 안산시 상록구 용신로 282 1층
#메밀면 #회막국수 #옹심이칼국수

시흥 갯골생태공원 추천 "갯벌과 옛 염전의 정취를 느낄 수 있는 곳"

시흥 갯골생태공원 흔들전망대

일제강점기에 천일염이 생산되었던 옛 소래염전 부지로, 소금 생산이 중단된 지금은 철새들이 찾아오는 갯벌 생태 체험장이 되었다. 봄이 되면 공원 곳곳에 심어진 벚나무가 화려한 꽃을 피우는 벚꽃 명소이기도 하다. 이곳의 랜드마크 흔들 전망대에 올라 공원 전체의 풍경을 감상해 보자. 옛 염전과 소금 창고가 남아있어 소금 생산, 소금 놀이터, 염전 포토존 등이 포함된 염전 체험 프로그램을 경험해 볼 수 있으니 참고. 공원 상시 개방. 체험 운영 시간 및 요일 사전 확인 필수. (39p D:3) 사진ⓒ한국관광 콘텐츠랩

경기 시흥시 동서로 287   #옛염전 #흔들전망대 #철새

오이도 빨강 등대
"등대를 배경으로 멋진 사진을 찍어보자"

오이도의 랜드마크, 빨간색 전망대형 등대이다. 나선형 계단을 올라가면 탁 트인 서해의 풍경을 한눈에 담을 수 있는 곳. 해가 지는 시간에 방문하면 붉게 물든 하늘과 바다의 환상적인 모습을 배경으로 예쁜 사진을 남길 수 있다. 월 13:00~17:30, 화~일 10:30~17:30 운영. (42p B:1)

경기 시흥시 오이도로 170
#오이도 #등대 #포토스폿

오이도 정동진 맛집
"싱싱한 조개구이? 언제든지 OK!"

아름다운 석양을 바라보며 즐기는 신선한 조개구이. '나 혼자 산다'에서 기안84가 다녀간 곳이다. 모차렐라치즈 조개구이, 해물라면, 해물칼국수 등 다양한 메뉴가 있다. 조개구이를 주문하면 주꾸미볶음, 치즈 라볶이, 알밥, 콘치즈 등이 곁들여 나와 더욱 푸짐하다. 무한 리필로도 선택 가능. 조개구이 60,000원.발렛파킹. 연중무휴, 24시간 영업. (42p B:1)사진ⓒ한국관광 콘텐츠랩

경기 시흥시 오이도로 151-1
#석양 #조개구이 #24시간영업

시흥 연꽃테마파크 "3만 6000m² 규모 도심형 연꽃테마파크"

시흥시 하중동 관곡지 동쪽 담장 너머, 시흥시 생명 농업기술센터 북쪽에 있는 3만 6,000m² 규모의 도심형 연꽃테마파크. 백련, 홍련, 수련, 가시연, 노랑어리연 등 오색의 연꽃이 골고루 심겨져 있어, 여름이면 장관을 이룬다. 연꽃은 오후가 되면 꽃잎을 닫아버리기도 하니 되도록 오전에 방문할 것. 비 오는 날도 운치 있다. (39p E:3)

경기 시흥시 하중동 224-1   #연꽃테마파크 #관곡지 #백련홍련

광명동굴 추천 "테마파크로 변신한 폐광산의 매력"

폐광산을 활용해 조성한 동굴 테마파크. 황금 폭포, 황금길, 동굴 예술의 전당 등이 놓치면 안될 핵심 스폿. 동굴을 활용한 레이저 쇼, 미디어파사드 공연 등 다양한 볼거리가 있다. 연중 12도를 유지하는 동굴의 특징을 활용한 와인 동굴이 있어 다양한 국산 와인을 시음하고 구매도 할 수 있다. 운동화 착용 필수, 여름에 방문하더라도 긴팔 겉옷을 준비할 것. 관람료 성인 기준 10,000원. 09:00~18:00 운영, 매주 월요일 휴무. (39p E:3)

경기 광명시 가학로85번길 142   #동굴테마파크 #광명핫플 #미디어파사드

광명본갈비 맛집 "40년 전통의 갈비 맛집"

@87hongsam

대표 메뉴는 한우 꽃등심, 한우 생등심 등 한우와 돼지갈비 메뉴가 있고 점심 특선은 왕갈비탕, 한우육회비빔밥, 함흥냉면이 있다. 화력 좋은 숯불 불판 위에 고기를 굽는 형태이며 고기는 겉은 바삭하고 속은 촉촉한 육즙이 가득하여 맛이 좋다. 공간이 넓고 프라이빗한 룸이 있어 단체모임 장소로도 이용 가능한 곳이다. (39p E:3)

경기 광명시 덕안로77번길 5 지웰에스테이트 206호
#광명맛집 #40년전통 #돼지갈비

제부도 해안산책로
"일몰 보며 산책하는 그 기분은 뭐랄까..."

제부도는 하루에 두 번 바닷물이 갈라져 길이 열린다. 해안 산책로는 1km가량으로 기암괴석과 아름다운 바다를 볼 수 있다. 제부도에서 보는 일몰 또한 아름답다. (42p A:2)

경기 화성시 서신면 해안길 421-12
#바닷길 #해안산책로 #일몰

명장시대 빵집 "크림치즈가 아낌없이 들어간 명장의 치즈퐁당"

대한민국 제11대 제과 명장이 운영하는 베이커리 카페로 2층짜리 본관과 별관, 그리고 넓은 정원을 갖추고 있어 가족 단위로 방문하기 좋다. 가장 인기 있는 메뉴는 치즈퐁당과 갈릭크림바게트다. 갈릭퐁당은 바삭한 바게트볼 안을 크림치즈로 채운 빵인데 느끼하지 않고 고소하다. 5~6천 원대. 월~금 08:30~21:00, 토~일 08:30~22:00 운영. (39p E:3) 사진ⓒ한국관광 콘텐츠랩

경기 광명시 범안로 930   #치즈퐁당 #갈릭크림바게트 #베이커리카페

비봉 습지공원 "바람에 부딪치는 억새 소리 그리고 이어폰으로 나오는 음악"

시화호 습지는 북쪽 안산갈대습지(안산)와 남쪽 비봉습지공원(화성)으로 나뉜다. 갈대는 흙 속으로 공기를 제공해줘 습지를 맑고 깨끗한 땅으로 유지해주는 천연 정화기 역할을 한다. 이 갈대밭은 시화호로 유입되는 물의 수질 관리를 위해 수생식물을 심은 31만 평의 대규모 인공습지이다. 축구장 앞 주차장에 주차 후 이동하자. (42p C:1) 사진ⓒ한국관광 콘텐츠랩

경기 화성시 비봉면 삼화리   #인공습지 #갈대습지 #시화호

서해랑 제부도 해상케이블카 추천
"서해안의 일몰 풍경을 감상할 수 있는 해상 케이블카"

2,120m, 전곡항에서 제부도까지 이어지는 전국 최장 길이의 해상 케이블카. 전곡항과 제부도를 포함한 서해안 풍경을 즐길 수 있어 SNS 사진 촬영 명소로 입소문을 타고 있다. 일몰 시간에는 제부도 너머 해가 저물어가는 풍경을 감상할 수 있다. 평일 10~19시, 주말 09~20시 영업. 바닥이 투명한 크리스탈 캐빈을 함께 운영한다. (42p B:2)

경기 화성시 서신면 전곡항로 1-10   #서해전망 #케이블카 #투명바닥

카페해갓 카페 "3면바다뷰 베이커리 카페"

일출과 일몰을 모두 감상할 수 있는 3면 바다 뷰 베이커리 & 브런치 카페. 커다란 통창 너머 바라보는 바다 풍경이 평화로운 곳. 넓고 쾌적한 실내와 계단식 좌석이 있는 야외 테라스, 루프탑까지 다양한 공간이 마련되어 있다. 매일 10:00~20:00 영업, 브런치 주문 10:00~16:00까지. 1월 1일 당일만 신년 해돋이를 위해 운영시간이 변경된다. (42p B:2)

경기 화성시 서신면 살곶이길86번길 53
#3면바다뷰 #브런치 #일출과일몰

우음도 송산그린시티전망대 "시화호와 서해 풍경을 한눈에!"

시화호 간척 사업으로 육지가 된 우음도에 우뚝 솟아 있는 전망대. 시화호의 물이 하늘로 솟아 오르는 모습을 형상화한 외관으로 아름다운 조형미를 자랑한다. 시화호와 그 너머 시원하게 펼쳐진 서해의 풍경까지 한눈에 감상할 수 있는 곳. 전망대 근처 공룡알화석산지와 함께하는 코스로 계획해 드넓은 갈대밭 사이를 걸어볼 것을 추천한다. 전망대 내부 음식물 반입 금지. 입장료 무료, 월~금 10:00~17:00 운영, 주말과 공휴일 휴무 확인 필수. (42p B:1)

경기 화성시 송산면 고정리 산1-38   #간척사업 #시화호풍경 #주말휴무

화성 공룡알화석산지 "1억 년 전 공룡의 서식지 떠나보자"

1억 년 전 공룡의 주요 서식지였던 곳. 세계적으로 공룡알 화석이 한꺼번에 발견된 것은 매우 드물다. (42p C:1)

경기 화성시 송산면 고정리　　#공룡화석 #백악기 #화석산지

오산 독산성 세마대(전망대) 추천 "조선시대 경기 남부 주요 군사요지!"

임진왜란 당시 권율 장군의 주둔지였던 독산성은 경기 남부 주요 군사 요새였다. 독산성 성곽길을 따라 오르면 주변 일대가 한눈에 들어와 풍경을 감상하기 좋다. 밤에는 오산에서 동탄 방면으로 펼쳐지는 아름다운 야경을 즐길 수 있는 곳. 차로 이동할 경우 '독산성 산림욕장 주차장'에 주차하자. (43p E:2)

경기 오산시 지곶동 155　　#독산성 #권율장군 #야경

우리꽃식물원 "국내 자생식물 생태학습장"

우리나라에서 자생하는 1,000여 종의 꽃을 만나볼 수 있는 식물원. 한옥처럼 꾸며진 유리온실 '우리 꽃 사계절관'을 중심으로 석림원, 생태연못, 280년 된 소나무 등이 있어 사계절 언제 찾아도 볼거리가 다양하다. 3~10월엔 오전 9시~오후 6시, 11~2월엔 오전 9시~오후 5시까지 운영된다. 매주 월요일과 1월 1일, 설날과 추석 당일 휴관. (43p D:2) 사진ⓒ 한국관광 콘텐츠랩

경기 화성시 팔탄면 3.1만세로 777-17
#한옥 #유리온실 #자생화

화성 제암리 3.1운동 순국 유적 및 기념관 "애국선열의 독립정신을 배우는 곳"

1919년 4월 15일 제암리 마을 교회에서 일본군에 의해 3.1운동에 참여했던 마을 주민 23명이 끔찍하게 살해당하는 사건이 발생했는데, 이 사건이 바로 '제암리 학살사건'이다. 캐나다인 선교사였던 스코필드가 이 참상을 사진으로 찍어 해외 언론에 제보하였고, 한국이 일본으로부터 독립하는데 큰 영향을 끼쳤다. (43p D:2) 사진ⓒ한국관광 콘텐츠랩

경기 화성시 향남읍 제암길 50
#제암리학살사건 #독립운동 #역사여행지

물향기 수목원 [추천] "물과 나무가 빚어낸 싱그러움"

이름 그대로 물을 주제로 한 수목원이다. 습지생태원, 수생식물원을 중심으로 토피어리원, 단풍나무원 등 다양한 테마 정원이 조성되어 있다. 수생식물원과 습지생태원에 꽃이 피어나 가장 싱그러운 시기인 봄과 초여름에 방문할 것을 추천. 단풍나무원의 단풍이 물드는 가을도 아름답다. 주말 체험 프로그램 사전 예약 필수. 지하철 1호선 오산대역 2번 출구에서 도보 이동. 입장료 무료. 09:00~18:00 운영, 동절기 17:00까지, 매주 월요일 휴무. (43p E:2)

경기 오산시 청학로 211   #습지생태원 #수생식물원 #단풍

소풍정원 "캠핑장을 품은 숲속 정원"

편백나무가 가득한 정원으로, 넓은 캠핑장이 갖춰져 있어 캠핑하러 오는 사람들도 많다. 매년 여름이면 물놀이장을 개장한다. (43p E:3)

경기 평택시 고덕면 궁리 426-39   #편백나무 #물놀이장 #캠핑장

김네집 [맛집]

"이 집 부대찌개 맛보려면 서둘러야 해!"

송탄 부대찌개의 정수. 햄과 마늘이 듬뿍 들어간 진한 부대찌개는 푸짐한 양을 자랑한다. 대기표를 받고 기다렸다가 식사하는 방식. 평일은 19:00, 주말은 18:30까지 도착해야 대기할 수 있다. 손님이 많으면 일찍 마감하니 여유 있게 방문할 것. 부대찌개 12,000원. 15.:00~17:00 포장 브레이크 타임(식사는 가능), 매달 1, 3번째 월요일 휴무. (43p E:3) 사진 ⓒ한국관광 콘텐츠랩

경기 평택시 중앙시장로25번길 15
#송탄부대찌개 #진한국물 #웨이팅

서해수호관 "서해를 지켜낸 해군 장병의 희생을 기리는 곳"

연평 해전 때 북방한계선을 지켜낸 대한민국 해군의 역사를 전시하고 있는 군사 박물관. 연평 해전, 연평도 포격사건 등 서해 북방한계선 일대를 지키기 위해 순직하신 호국영령의 넋을 기리고, 안보정신을 고취할 수 있는 추모공간이기도 하다. (42p C:3) 사진ⓒ한국관광 콘텐츠랩

경기 평택시 포승읍 2함대길 122   #해군 #군사박물관 #연평해전

안성장터국밥
"100년동안 이어진 장터국밥"

1920년부터 운영하고 있는 오래된 안성 국밥집. 메뉴는 장터국밥, 소머리수육 2가지다. 장터국밥은 한그릇에 7.000원. 담백하고 깔끔한 국물맛과 고기, 야채 등 속재료도 푸짐하게 들어있어 배부른 한 끼를 먹을 수 있다는 맛 평이 많다. 포장가능, 라스트오더 19시40분 사진ⓒ한국관광 콘텐츠랩

경기 안성시 미양면 구례골길 170-17
#안성팜랜드맛집 #4대째운영 #가성비맛집

평택호 관광지 "평택호로 떠나는 피크닉"

평택호를 따라 호수 산책로가 마련되어 있는데, 봄에는 산책로에 벚꽃이 드리워 더욱 아름답다. 평택호 예술관에 호수 전망이 멋지게 보이는 전망대가 마련되어 있다. (30p C:3)

경기 평택시 현덕면 평택호길 48   #호수 #벚꽃길 #산책

안성팜랜드 "이번 주는 대관령 대신 안성 어때?"

![안성팜랜드 유채꽃]

드넓은 초원이 펼쳐진 **목장형 테마파크**. 말, 양, 염소, 소, 돼지 등 다양한 **가축과 교감**할 수 있다. 먹이 주기 체험과 승마 체험, 가축 공연 관람은 물론 익싸이팅 파크에서 놀이기구도 즐길 수 있어 아이를 동반한 가족 단위 방문객에게 인기. 봄에는 유채꽃, 가을 핑크뮬리 등 시즌별 아름다운 풍경을 자랑하니 넓은 초원과 풍차, 꽃밭이 어우러진 이국적인 풍경 앞에서 인생 사진을 남겨 보자. 시즌별 입장료 상이, 각종 체험 및 탑승 유료. 매일 10:00~18:00 운영. (43p F:3)

경기 안성시 공도읍 대신두길 28   #목장테마파크 #익싸이팅파크 #인생샷명소

427

안성맞춤랜드 "남사당 공연부터 사계절 썰매까지 안성맞춤!"

안성맞춤랜드는 안성을 대표하는 대규모 복합 문화 공원이다. 탁 트인 잔디광장과 수변 산책로가 잘 조성되어 있어 가족 피크닉과 휴식 공간으로 사랑받고 있다.

이곳의 핵심은 유네스코 인류무형문화유산인 남사당 놀이를 관람할 수 있는 전용 공연장이다. 또한 사계절 썰매장, 캠핑장, 천문과학관, 공예문화센터 등 다양한 체험 시설을 갖추고 있어 아이들과 함께 방문하기에 최적. 매년 가을에는 바우덕이 축제가 열리는 문화와 예술의 중심지이기도 하다. (31p E:3)

경기 안성시 보개면 남사당로 198   #남사당공연 #바우덕이축제 #가족여행

약수터식당 맛집
"푸짐한 곱창전골이 당긴다면"

곱창전골 전문 한식당으로 약 200명 넘게 수용할 수 있다. 떡, 버섯, 깻잎, 마늘이 듬뿍 올라가 있는 전골을 보글보글 끓인 후 꽉 찬 곱과 함께 먹으면 얼큰하고 시원해 속이 쫙 풀린다. 마지막에 볶음밥을 먹는 것도 추천한다. 월요일 정기 휴무(공휴일 제외), 포장 가능. (43p F:3) 사진ⓒ한국관광 콘텐츠랩

경기 안성시 양성면 만세로 667
#현지맛집 #곱창전골 #안성맛집

안성 구사리 은행나무길
"시골 마을 은행나무길"

안성시 보개면 보개교에서 구사리 마을 초입까지 논길을 따라 이어진 1.2km 규모의 은행나무 길. 300여 그루의 은행나무와 들녘이 노랗게 물든 풍경이 아름다운 곳. 옛 향수를 간직한 구사리 마을의 풍경도 고즈넉하다.

경기 안성시 보개면 구사리 69
#안성 #은행나무길 #고즈넉한

03

강원특별자치도

SURFYY BEACH

SPRING
강원의 봄

설악산 비선대 철쭉
신선이 하늘로 올라갔다는 전설의 비선대. 연분홍빛 향연을 벗 삼아 놀다 가지 않았을까.

수타사
공작산 끝자락, 신라 시대 사찰과 철쭉이 어우러진 곳

태백산 당골광장 철쭉
태백산의 관문, 당골 광장에서부터 시작되는 봄의 등산로

춘천 의암호
물안개가 피어오르는 꽃향기 드라이
브 코스

강릉 경포대 벚꽃
관동팔경 경포대를 중심으로 피어난 분
홍빛 터널

원주 소금산그랜드밸리
흔들리는 다리 위에서 싱그러운 녹음이 느껴
지는 곳

삼척 맹방유채꽃 마을
약 2만 평에 달하는 광활한 노란 유채꽃밭사진©
한국관광 콘텐츠랩

고성 하늬라벤더팜 라벤더
온통 보랏빛으로 물든 동해안의 작은 프로방스

SUMMER
강원의 여름

강릉 경포해수욕장
깨끗한 모래사장과 울창한 소나무 숲이 어우러진 곳. 푸른 동해의 활기와 낭만이 교차
하는 강릉 대표 휴양지.

삼척 장호항
투명한 에메랄드빛 바다가 품은 '한국의 나폴리'

SURFYY

양양 서피비치
자유와 젊음이 일렁이는 서퍼 천국

고성 거진항
낚시부터 해변 산책까지 항구 매력에 풍덩!

삼척 미인폭포
우윳빛 푸른색 폭포수가 미인의 자태 그 자체

@haedeun.___e

433

AUTUMN
강원의 가을

평창 오대산 월정사 단풍
가장 먼저 단풍 소식을 알리는 강원도, 그 중심에서 짙푸른 전나무 사이로 스며든 붉은 단풍이 천년 고찰과 어우러진다. 사진ⓒ한국관광 콘텐츠랩

원주 반계리 은행나무
가을바람이 지나가면, 폭신한 노란 카펫이 펼쳐지는 곳

속초 설악산 단풍
단풍으로 타오르는 바위산이 건네는 가을의 인사

강릉 하슬라아트월드 둥지
동해를 배경으로 둥지 튼 예술 공간 사진ⓒ한국관광 콘텐츠랩

@sooooongram

인제 원대리자작나무숲 단풍
하얀 기둥 위로 쏟아지는 노란 빛, 마치 북유럽의 어느 숲을 연상시킨다

춘천 남이섬
나만의 동화가 시작되는 단풍나무 섬

춘천 남이섬 메타세콰이어길
남이섬의 수많은 산책로 중 가장 상징적. 좌우로 대칭인 거대 나무

영월 한반도지형
굽이치는 강이 빚어낸 우리 국토의 형상

@borami_da

435

WINTER
강원의 겨울

강릉 정동진 일출
붉은 태양이 수평선 위로 솟아오르는 장관. 새로운 시작을 다짐
하는 약속의 땅으로 삼아 보자.

화천 산천어 축제
짜릿한 손맛이 생생한 얼음 위 놀이터

평창 대관령 양떼목장
하얀 도화지로 변신한 '한국의
알프스'

동해 해파랑길
푸른 바다와 파도 소리를 길동무 삼아 걷는 770km

평창 발왕산 관광케이블카
발아래로 펼쳐지는 거대한 설국

평창 실버벨교회
대관령 숲속에 숨은 작은 유럽풍 교회

태백 태백산 설경
1,567m 천년 주목에 핀 눈꽃

인제 원대리자작나무숲 설경
설표를 닮은 나무와 순백의 눈이 만든 겨울왕국

강원특별자치도의 먹거리

01

사천 물회 | 강릉시 사천면

해산물, 채소에 고추장 양념장을 얹어 찬물에 말아 먹는 물회는 먼저 회를 먹은 뒤 밥이나 소면을 말아먹는다. 사천 물회는 광어, 가자미, 우럭, 한치, 해삼, 오징어 등의 해산물을 넣어 만든다.

02

중앙시장 닭강정 | 강릉시 중앙시장

중앙시장에는 가마솥에서 바로 튀긴 닭에 새콤달콤한 양념을 발라주는 닭강정집이 많다. 그중에서도 명성닭강정, 베니닭강정이 유명하다

03

초당순두부 | 강릉시

초당순두부는 깨끗한 강릉의 바닷물로 간을 맞추어 만든다. 간장 양념을 끼얹어 콩의 담백한 맛을 즐기며 먹는다. 순두부 백반이나 전골 세트 등의 메뉴도 있다. 순두부는 필수 아미노산, 단백질 함량 등이 높은 건강식품이다

04

감자옹심이 | 강릉시

옹심이는 강원도 감자를 갈아 물을 뺀 뒤 가라앉은 전분과 함께 동글게 빚은 것으로, 멸치 육수에 옹심이와 채소를 넣고 끓여 양념장을 얹어 먹는다. 메밀면이나 칼국수 면과 같이 끓여 먹기도 한다.

05

백도 가리비 | 고성군 백도

고성은 청정해역 양식 가리비의 국내 최대 생산지로, 찜, 전, 회무침 등으로 요리해 먹는다.

06

고성 홍게 | 고성군

수온이 낮은 고성 앞바다에서 잡힌 홍게는 신선하고 살도 꽉 차있다. 홍게는 보통 양념 없이 담백하게 쪄 먹는다.

07

고성 막국수 | 고성군

고성에도 춘천, 봉평 못지않게 유명한 막국수 집이 많다. 막국수는 메밀면에 육수와 양념장, 채소를 얹어 먹는 음식으로 담백한 맛이 특징이다.

08

오징어 물회 | 동해시

오징어물회는 배, 양파, 풋고추, 오이 등의 채소를 곁들여 버무려 먹으며, 7~11월이 가장 맛있다. 오징어잡이 배 불빛으로 빛나는 묵호항 야경도 유명

09

묵호물회 | 동해시 묵호항

묵호항에서 어획한 오징어, 활어, 전복 등이 들어간다. 신선한 횟감을 채소와 함께 새콤달콤한 양념에 무쳐 먹는다.

10

삼척 곰치국 | 삼척시

곰치국은 자산어보에 '맛이 순하고 술병에 좋다'는 기록이 남아 있을 정도로 해장에 좋다. 특히 얼큰하고 시원한 국물 맛이 일품이다.

강원특별자치도의 먹거리

11

속초 대게 | 속초시 동명항, 대포항

속초 동명항, 대포항 주변에 대게 음식점이 많이 모여있다. 대게는 배의 색이 진하고 배딱지를 눌렀을 때 단단한 것이 좋으며, 늦겨울과 이른 봄에 가장 맛이 좋다

12

오징어 순대 | 속초시 아바이마을

오징어순대는 오징어 몸통에 찹쌀, 고추, 배추, 숙주, 당면 등으로 속을 채워 만든다. 보통 썰어서 달걀 물을 입혀 구운 뒤 소스에 찍어 먹는다. 속초시장이나 아바이마을에 오징어 순대 전문점이 많다.

13

속초 중앙시장 닭강정 | 속초시 중앙시장

닭강정은 속초 중앙시장을 대표하는 먹거리로, 시장 부근에만 80여 개가 넘는 닭강정 집이 모여있다. 그중에서도 만석닭강정, 속초시장 닭집, 예스 닭강정이 유명하다. 식어도 맛있으니 자리가 없다면 포장해서 먹어보자.

14

속초 중앙시장 순대국밥 | 속초시 중앙시장

속초 중앙시장의 순댓국밥은 시장을 대표하는 숨은 먹거리다. 다른 지역과 달리 깔끔하고 담백한 순댓국밥이 여행의 피로를 싹 풀어줄 것이다.

15 코다리 냉면 | 속초시

반건조한 명태 코다리를 넣어 만든 코다리 냉면은 속초를 대표하는 먹거리다. 쫄깃한 코다리 살이 매콤달콤한 비빔냉면과 잘 어울린다.

16 양양 메밀국수 | 양양군

육수에 부어 먹는 것과 달리 동치미 국물을 부어 먹는 것이 양양식 메밀국수다. 양념장과 오이, 김을 얹은 면에 따로 나오는 동치미를 부어먹는다.

17 양양 송이밥 | 양양군

양양은 암과 성인병 예방에 특효인 송이버섯의 산지. 살이 단단하고 향이 풍부해 유명한 양양 송이는 보통 송이돌솥밥, 송이 전골 등으로 요리한다.

18 영월 칡국수 | 영월군

영월 칡국수는 칡뿌리에서 나온 녹말로 만든다. 멸치육수에 국수를 끓여 김치 썬 것과 고춧가루 양념장을 얹어 얼큰한 맛이 좋다.

19 영월 곤드레 나물밥 | 영월군

곤드레는 보릿고개 시절 곡물을 대신하던 태백산 자생 산채로, 삶아둔 곤드레를 들기름과 소금 등으로 양념한 뒤 쌀 위에 얹어 밥을 짓는다.

20 원주 추어탕 | 원주시

상위에 솥을 올리고 끓여서 먹는 것이 원주식 추어탕이다. 미꾸라지를 갈지 않고 통째로 넣고, 고추장을 넣어 끓여 국물이 진하고 얼큰한 맛이 난다.

강원특별자치도의 먹거리

21

황기족발 | 원주시

황기를 넣고 삶은 황기족발은 원주를 대표하는 명물 먹거리다. 한방 향이 족발 특유의 느끼함을 잡아준다.

22

용대리 황태구이 | 인제군 용대리

용대리 황태 덕장은 전국 황태 생산량의 70%를 차지한다. 황태구이는 황태에 고추장 양념을 발라 구운 요리로 뽀얀 황탯국과 같이 나온다.

23

정선군 감자옹심이 | 정선군

옹심이는 강원도 감자를 갈아 물을 뺀 뒤 가라앉은 전분과 함께 동글게 빚은 것으로, 멸치 육수에 옹심이와 채소를 넣고 끓여 양념장을 얹어 먹는다. 메밀면이나 칼국수 면과 같이 끓여 먹기도 한다.

24

춘천 막국수 | 춘천시

막국수는 메밀국수에 매콤달콤한 양념을 얹고 국물에 말아 먹는 음식으로, 국물은 동치미 국물이나 소고기 육수 등으로 가게마다 다르다. 샘밭, 유포리, 남부 막국수가 춘천 3대 막국숫집이다.

25

춘천 닭갈비 | 춘천시

닭갈비는 닭고기와 갖은 채소를 고추장 양념에 재웠다가 구워 먹는데, 큰 무쇠 팬에 볶아 먹는 형태와 숯으로 구워 먹는 형태로 나뉜다.

26

메밀전병 | 평창군

메밀전병은 메밀 반죽을 얇게 부친 뒤 속을 넣어 팬에 지져 먹는 일종의 떡으로, 속에는 김치와 돼지고기 다진 것 등이 들어간다.

27

메밀묵 무침 | 평창군

메밀묵무침은 메밀가루를 쑤어 굳힌 묵을 큼직하게 썰어 각종 채소와 함께 양념에 버무려 먹는 음식이다.

28

홍청군 닭갈비 | 홍천군

홍천닭갈비는 춘천식과는 달리 육수를 넣고 자박하게 끓여 만든다. 춘천식과는 또 다른 매력!

29

안흥찐빵 | 횡성군 안흥면

기계식 찐빵과 달리 삼삼하고 담백한 맛이 일품이다. 안흥면 찐빵마을에 할머니들이 손수 빚어 만든 수제 안흥찐빵 집이 모여있다.

30

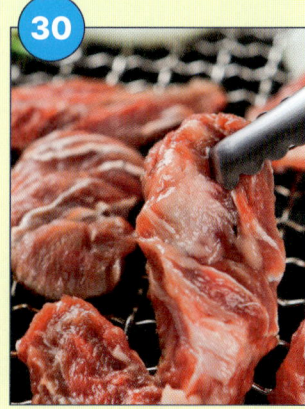

횡성 한우 | 횡성군

'횡성 한우 시장'은 동대문 밖에서 열리는 가장 큰 시장이다. 청정 고랭지의 신선한 목초를 먹고 자라며, 추운 기후 덕에 지방 축적률이 높아 육질이 좋다.

사진 ⓒ한국관광 콘텐츠랩

강원특별자치도에서 살만한 것들

1. 강릉
2. 주문진
3. 속초
4. 속초
5. 양양
6. 정선
7. 정선
8. 정선
9. 봉평
10. 안흥
11. 영월

1.강릉 한과
사천면 모래내한과마을에서는 아직도 찹쌀 반죽을 기름에 튀기고 튀밥을 묻혀 만든 전통 한과가 만들어지고 있다. 어르신들이 좋아해 명절 선물로 인기 있다.

2.주문진 오징어
강원도 주문진항에서 어획되는 오징어는 단 백질 함량이 높고 비타민, 타우린 등이 함유 되어 피로 해소에도 좋다. 깨끗한 바닷바람 으로 말린 마른오징어나 반 건조된 오징어 도 맛있다.

3.속초 오징어 순대
오징어순대는 오징어 몸통에 소고기, 두부, 채 소, 당면 등을 넣어 만드는 영양간식이다. 속 초 중앙시장에 가면 오징어순대 집이 모여있 고, 집에서 먹을 수 있도록 냉동한 제품을 살 수도 있다.

4.속초 젓갈
속초 젓갈은 실향민들에 의해 제조되기 시작 했다. 일반적인 젓갈과 달리 염분이 낮고, 고 춧가루를 넣어 맵게 먹는다. 맛내기용 젓갈과 달리, 젓갈 자체를 반찬으로 먹는다. 명태젓, 명란젓, 가자미식해가 유명하다.

5.양양 송이버섯
태백산 자락에서 재배된다. 살이 두껍고 향이 진하며, 수분 함량이 적어 오래 보관할 수 있 다. 8cm 이상에 갓이 퍼지지 않고 자루가 굵 은 제품이 상품!

6.정선 곤드레
태백산 정상 부근에서 자라나는 곤드레나물 은 식감이 연하고, 담백하면서도 향기가 좋아 한번 맛보면 다시 찾게 된다.

7.정선 황기
청정지역 정선군에서 재배되는 황기는 보 통 닭백숙이나 삼계탕, 수육을 할 때 넣어 먹는다.

8.정선 수리취떡
수리취라는 식물의 어린잎을 넣어 찐 멥쌀 떡 을 수리취떡이라고 한다. 조상들이 단옷날 꼭 챙겨 먹은 음식이기도 하다. 안에 팥고물이 든 수리취떡도 있다. 정선 오일장이나 떡집에서 구매할 수 있다.

9.봉평 메밀묵
창동리 봉평 시장에서 메밀묵을 사거나 메밀 묵 요리를 맛볼 수 있다. 동네 마트에서도 메 밀묵을 살 수 있다. 보통 한입 크기로 썰어 양 념에 무쳐 먹거나, 가늘게 채를 썰어 육수, 김 치, 김 가루, 참기름 등을 넣고 묵사발을 만들 어 먹는다.

10.안흥 찐빵
횡성군 안흥면에서 재배한 국산 팥고물을 넣 어 만든 안흥찐빵은, 기계식 찐빵과 달리 삼삼 하고 담백한 맛이 일품이다. 안흥면 찐빵마을 에 할머니들이 손수 빚어 만든 수제 안흥찐빵 을 살 수 있다.

12
치악산

13
정선

14
홍천

15
평창

16
정선

17
속초

18
횡성

19
강릉

20
춘천

21
인제

22
인제

11.영월 칡
일교차가 커서 전분 함량이 높고 맛이 진해 예로부터 귀한 약재로 대접 받은 영월 칡. 현재는 칡 국수, 칡 비빔국수, 칡냉면 등으로 먹는다. 영월 서부시장과 고씨동굴 근처에서 칡을 이용한 음식을 맛볼 수 있다.

12.치악산 복숭아
해발 1,288m에서 재배되는 치악산 복숭아는 100년 넘는 재배의 역사를 가지고 있다. 오랫동안 품종을 개발해 병충해에 강하고 맛이 달콤하다.

13.정선 찰옥수수
강원도 정선군 고산지대에서 재배된 달콤하고 쫄깃한 찰옥수수는 옥수수 낱알의 껍질이 얇아서 껍질이 이에 끼지 않고 식감도 좋다.

14.홍천 잣
홍천군은 해발이 높고 자연환경이 깨끗해더 고소한 잣이 생산된다. 잣에는 면역력을 높여주는 불포화 지방산이 혈압을 낮춰주는 마그네슘이 많이 함유되어있다.

15.평창 당귀
10~11월 중 강원도 평창군 진부면 일대에서 생산되는 당귀는 보통 말려서 절단된 형태로 판매되며, 생당귀는 술에 넣어 당귀 주로 먹기도 한다. 당귀는 몸통이 크고 잔뿌리가 적으며 잘린 단면이 희고 깨끗하며 진득한 것이 좋다.

16.정선 조청
조청은 곡물을 엿기름으로 졸여 만든 달콤한 전통 감미료다. 정선에서는 무, 도라지, 옥수수 등으로 만든 다양한 조청을 판매한다.

17.속초 닭강정
속초중앙시장에 가면 반드시 사야 할 명물 먹거리. 소스를 입혔는데도 눅눅하지 않고 식어도 맛이 좋다. 시장 내에 다양한 닭강정 점포들이 모여 있다.

18.횡성 더덕
횡성 더덕은 육질이 부드럽고 산더덕처럼 깊은 향이 난다. 더덕에는 사포닌과 인우린이 많이 함유되어 폐, 신장 건강에 좋다. 더덕은 겉이 매끄럽고 뿌리가 적은 것이 상품이다.

19.강릉 샌드
강릉의 특색을 녹여낸 커피맛, 초당옥수수 맛 등 다양한 맛의 샌드. 바삭하고 고소한 맛이 일품이다.

20.춘천 감자빵
갓 캐낸 감자를 닮은 압도적인 비주얼, 떡처럼 쫀득한 빵 속에 으깬 감자를 넣어 담백하고 달콤하다.

21.인제 오미자
고지대 청정지역에서 무농약으로 재배되어 품질이 높은 인제의 대표 특산물. 오미자청으로 만들어 오미자차, 오미자에이드를 즐긴다.

22.인제 황태
자연풍에 서서히 건조된 용대리 황태는 비린내가 없고, 고소하며 담백하다. 덕장 근처 직판장에서 구매.

445

강원특별자치도 BEST 맛집

01

토담숯불 닭갈비 | 춘천시

간장, 고추장, 소금 등 다양한 소스의 닭갈비 메뉴가 있어 삼색 닭갈비를 맛볼 수 있다. 달궈진 석쇠 위에 닭갈비를 올려 구워 먹는 방식이다.

02

용바위식당 | 인제군

황태국밥, 메밀전병 등이 있으며 구이, 국, 밥으로 구성된 황태구이 정식이 주메뉴이다. 김무침, 젓갈, 장아찌, 각종 나물들이 밑반찬으로 제공된다.

03

금수강산 막국수 | 홍천군

주변이 산으로 둘러쌓여 있는 막국수 맛집. 주메뉴는 메밀 물막국수, 메밀 비빔막국수!

04

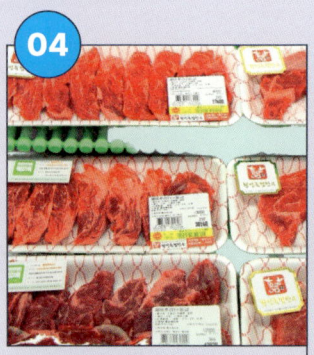

횡성축협 한우프라자 | 횡성군

정육 매대에서 고기를 직접 구입해 상차림비를 별도 지불하고 먹는 셀프식당. 저렴한 고기부터 한우 최고등급까지 다양한 한우고기를 맛 볼 수 있다.

05

까치둥지 | 원주시

단일 메뉴 알탕으로 오징어 젓갈, 마늘쫑 무침, 멸치볶음, 햄감자 샐러드 등 정갈한 밑반찬 평이 좋은 곳

06

풀내음 | 평창군

100% 국산 메밀을 사용하는 메밀음식전문점으로 대표메뉴는 메밀국수, 메밀모듬. 마치 할머니집에 온 것 같은 정겨운 인테리어가 매력적인 곳

감자네 | 평창군

27년째 운영되는 닭볶음탕 맛집

@sisun_by_stella

엄지네포장마차 | 강릉시

신선한 꼬막과 육회 맛 평이 좋은 곳

강릉짬뽕순두부 동화가든 | 강릉시

100% 우리 콩을 사용하여 만드는 짬뽕 순두부집

오뚜기 칼국수 | 동해시

얼큰하고 쫄깃한 면발의 장칼국수 맛집

태백닭갈비 | 태백시

매콤한 육수가 있어 물닭갈비라고도 불린다.

@leee5637.

찬이네 감자탕 | 정선군

곤드레가 잔뜩 들어간 깔끔한 감자탕

초원가든 | 영월군

돌솥밥과 고소한 고등어구이를 함께

선영이네물회 | 고성군

물회, 오징어 순대가 맛있는 곳

청초수물회 | 속초시

청초호뷰를 보며 새콤달콤한 물회를!

강원특별자치도

한탄강 주상절리길
한탄강물윗길
철원노동당사

인제스피디움
원대리 속삭이는
자작나무숲

철원군

화천군
조경철 천문대,
아르테마수목공원

양구군
양구 두타연,
을지전망대

인제

소양강 스카이워크, 남이섬, 제이드 가든
구봉산 전망 카페거리, 애니메이션박물관
춘천 중도 물레길, 강촌레일파크 레일바이크
의암호 스카이워크, 레고랜드

춘천시

홍천군
홍천 은행나무 숲
오션월드

횡성군

풍수원 성당
안흥 찐빵마을

원주시

반계리 은행나무, 구룡사
치악산 국립공원
소금산 그랜드밸리, 뮤지엄산
소금산 출렁다리/울렁다리

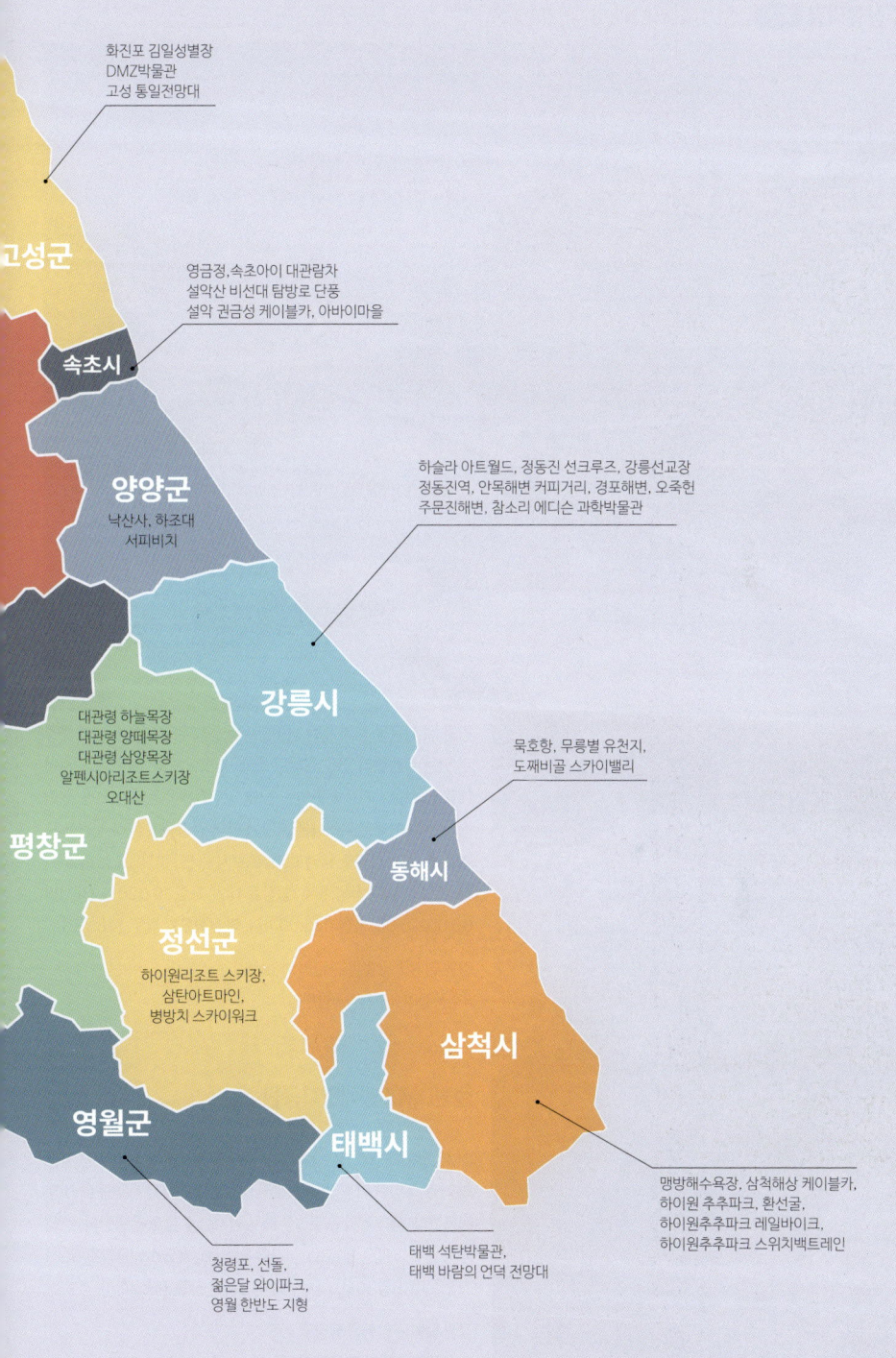

화진포 김일성별장
DMZ박물관
고성 통일전망대

고성군

영금정,속초아이 대관람차
설악산 비선대 탐방로 단풍
설악 권금성 케이블카, 아바이마을

속초시

양양군

낙산사, 하조대
서피비치

하슬라 아트월드, 정동진 선크루즈, 강릉선교장
정동진역, 안목해변 커피거리, 경포해변, 오죽헌
주문진해변, 참소리 에디슨 과학박물관

대관령 하늘목장
대관령 양떼목장
대관령 삼양목장
알펜시아리조트스키장
오대산

강릉시

묵호항, 무릉별 유천지,
도째비골 스카이밸리

평창군

동해시

정선군

하이원리조트 스키장,
삼탄아트마인,
병방치 스카이워크

삼척시

영월군

태백시

맹방해수욕장, 삼척해상 케이블카,
하이원 추추파크, 환선굴,
하이원추추파크 레일바이크,
하이원추추파크 스위치백트레인

청령포, 선돌,
젊은달 와이파크,
영월 한반도 지형

태백 석탄박물관,
태백 바람의 언덕 전망대

449

한탄강 주상절리길 `추천` "한탄강 협곡 풍경을 즐기며 걷는 길"

한탄강물윗길

강물 위 허공을 걷는 듯한 짜릿함과 아름다운 풍경을 동시에 즐길 수 있는 주상절리 협곡 트레킹 코스. '잔도'라고도 불린다. 드르니 매표소와 순담 매표소를 잇는 3.6km 구간을 이동하는 코스. 절벽에서 반원 형태로 튀어나온 순담 스카이 전망대에 들러 시원한 풍경도 즐기고, 사진도 남겨 보자. 초보자는 드르니 매표소 출발 권장. 편안한 신발 착용 필수. 입장료 대인 기준 10,000원, 3~11월 09:00~16:00, 동절기 15:00까지. 매주 화요일 휴무. (48p B:1)

강원 철원군 갈말읍 군탄리 1139-52
#주상절리 #트레킹 #한탄강

철원DMZ 생태평화공원
"대자연의 감동, 분단의 아픔"

DMZ 접경지대에 있는 공원으로 비무장지대와 때 묻지 않은 생창리 마을 풍경이 아름답다. 생창리 탐방안내소에서 신분증 확인 후 이동한다. 생태체험 프로그램과 숙박시설을 함께 운영한다. 생태체험 프로그램은 제1코스(십자탑 탐방로), 제2코스(용양보 코스)가 있으며 매일 10시, 14시부터 약 3시간 진행. (48p C:1)

강원 철원군 김화읍 생창길 479
#비무장지대 #생태체험 #숙박

내대막국수 `맛집`
"시골집 분위기의 천연 메밀 막국숫집"

@flyman8192

물막국수, 비빔 막국수가 대표 메뉴로 주문과 동시에 반죽해서 면을 뽑아 다소 시간이 소요되는 편. 육수를 넣고 기호에 맞게 겨자, 설탕을 넣어 먹으면 된다. 깔끔하고 담백한 육수 맛이 좋은 곳. 모든 재료를 국내산으로 사용하며 방송에도 출연해 유명해진 곳이다. 매달 1, 3번째 화요일 정기 휴무. 브레이크타임 15시 30분~17시. (48p B:1)

강원 철원군 갈말읍 내대1길 29-10 내대막국수   #시골집분위기 #주문동시반죽

철원 평화전망대
"가슴 아픈 역사 가슴 뭉클한 느낌!"

철원군 중부 전선의 비무장지대를 한눈에 볼 수 있는 전망대로, 모노레일로 쉽게 전망대에 오를 수 있다. (48p B:1)

강원 철원군 동송읍 중강리 588-14
#철원군 #비무장지대 #모노레일

철원노동당사 `추천` "전쟁의 아픔, 평화의 소중함"

6.25 전쟁 이전 북한 노동당 당사로 쓰였던 역사적인 건축물. 북한은 이곳에서 주민들의 노동력과 자금을 동원하고, 주민들을 통제했다. 반공을 주장하던 고문, 학살했던 비극의 현장. 러시아 건축 양식을 따라 지은 3층 건물이었지만 전쟁을 겪으며 현재 2, 3층 지붕과 내부가 파괴되고, 뼈대와 외벽만 남아 있다. 곳곳에 총탄과 포탄의 흔적이 남아 있어 참혹했던 전쟁의 역사를 가까이에서 느낄 수 있다. (48p A:1)

강원 철원군 철원읍 금강산로 265   #북한노동당 #비극 #전쟁

고석정 꽃밭 추천 "꽃평선, 끝이 보이지 않는 꽃밭"

철원의 대표 관광지인 고석정은 한탄강 협곡 내의 15m의 바위를 뜻한다. 철원군은 고석정 주변, 옛 군사 훈련지에 고석정 꽃밭을 운영 중이다. 무지개가 연상되는 꽃밭에는 댑싸리, 맨드라미, 메밀꽃 등 다채로운 꽃들이 심겨 있다. 2025년 한 해 60만 명의 방문객이 찾으며 많은 인기를 끌었다. 축구장 약 22개 규모 초대형 꽃밭에서 인생 사진을 찍어보자. (48p B:1)

강원 철원군 동송읍 장흥리 10-2   #해바라기 #맨드라미 #메밀꽃

조경철 천문대
"광덕산 위, 밤하늘 저장소"

우리나라 천문학계 발전에 없어선 안 될 조경철 박사의 업적을 기리기 위해 세워진 천문대. 우주에 관심이 많은 아이들이 간다면 그 어떤 테마파크를 갔을 때보다 행복해할 곳이다. 최신식 기계들을 이용해 달의 표면, 별들을 관찰하기 좋다. 워낙 추운 곳이다 보니 든든한 외투는 필수! (48p C:2)

강원 화천군 사내면 천문대길 431
#천문대 #조경철박사 #우주

아름테마수목공원
"그림같은 사랑나무"

북한강이 내려다보이는 곳에 사랑나무 한 그루가 그림 같은 풍경을 그려내고 있다. 나무 그네에 앉아 흐르는 강물을 보고 있으면 세상의 근심이 모두 사라지는 기분. 산책로 끝엔 '반지교'도 있으니 걸어볼 것을 추천한다. (49p D:2)

강원 화천군 하남면 거례리 514-1
#수목원 #사랑나무 #반지교

화천 서오지리 연꽃단지 "분홍 연잎 아름답게 피어오르고"

춘천 사북면 지촌리에서 건넌들길을 건너면 만날 수 있는 **10만 평 규모의 대규모 연꽃단지**. 수면을 가득 채운 연분홍빛 연꽃과 푸른 연잎이 장관을 이루는 곳. 단지 내 징검다리와 오솔길을 따라 여유롭게 산책한 뒤, 체험관에서 연꽃 아이스크림과 은은한 연잎차를 즐기며 잠시 힐링의 시간을 즐겨보자. (49p D:2)

강원 화천군 하남면 서오지리 25-7　#연꽃단지 #화천 #북한강

소양강 스카이워크　추천　"소양강 위를 걷는 듯한 짜릿함"

유유히 흐르는 소양강의 물결을 내려다볼 수 있는 스카이워크. 강화유리로 되어 있어 마치 강물 위를 걷는 듯한 짜릿함을 느낄 수 있다. 옆으로는 소양강 처녀상, 원형 광장 앞에는 쏘가리상이 있어 기념사진을 남기기에도 좋은 곳. 해가 지면 스카이워크 전체에 화려한 LED 조명이 켜져 더 아름답다. 입장료 2,000원이 있지만, 춘천사랑상품권으로 다시 돌려받는 방식. 카드 결제만 가능. 4~9월 10:00~21:00 운영, 11~3월 18:00까지. 매주 화요일 휴무. (49p D:2)

강원 춘천시 영서로 2663　#소양강처녀상 #쏘가리상 #야경명소

시골쌈밥　맛집
"건강한 시골밥상을 찾는다면"

@choyoungmi_ch

대표 메뉴는 우렁쌈밥 세트로 제육볶음, 삼겹살 중 선택하면 된다. 2인 이상 주문 가능하며 밑반찬 8종과 함께 제공된다. 쌈장 위에 우렁이 올려져 있어서 잘 비벼 쫄깃한 식감의 우렁장과 함께 곁들여 먹으면 된다. 특히 세트에 포함되는 된장찌개에 냉이가 들어 있어 냉이 향이 입안 가득 퍼지며 된장 구수함까지 조화로워 맛 평이 좋다. 수요일 정기 휴무. (49p D:2)

강원 화천군 화천읍 평화로 333
#우렁쌈밥 #시골밥상 #건강밥상

백암산 케이블카
"북한을 볼 수 있는 최전방 케이블카"

북한 접경 지역에는 최초로 만들어진 케이블카로, 백암산 너머 북한의 모습까지 눈에 담을 수 있다. 백암산 정상까지 약 10분간 2km를 이동한다. 케이블카에서 내려 전망대까지 이동하면 망원경이 설치되어 있다. 전망대에서 절벽과 너른 산세 풍경을 감상할 수 있는데, 특히 겨울철 설경이 아름답다. (49p D:1) 사진

ⓒ한국관광 콘텐츠랩

강원 화천군 화천읍 한묵령로 1285-89
#백암산 #전망 #케이블카

엘리시안강촌스키장
"다양한 코스 보유"

경춘선이나 ITX-청춘열차 탑승 후 강촌역(백양리역) 하차. 6인승 고속 리프트를 운영하기 때문에 대기시간이 짧다. 다양한 코스를 운영해 초심자들도 부담 없이 즐길 수 있다. (48p C:3) 사진ⓒ한국관광 콘텐츠랩

강원 춘천시 남산면 백양리 산97-6
#강촌 #리프트 #초심자

구곡폭포관광지
"50m 절벽에서 떨어지는 웅장한 자연의 힘"

춘천 봉화산 기슭, 높이 약 50m 절벽에서 아홉 굽이를 휘돌아 떨어지는 웅장한 폭포다. 여름에는 시원한 물보라, 겨울에는 거대한 빙벽이 장관을 연출한다. 빙벽 등반의 명소로 유명한 곳. 매표소에서 숲과 계곡이 어우러진 완만한 산책로를 따라 약 20분 정도 오르면 폭포에 도착한다. 폭포 위 정겨운 문배마을에서 산나물비빔밥, 손두부를 맛보아도 좋다. (48p C:3)

강원 춘천시 남산면 강촌구곡길 254
#폭포 #빙벽 #문배마을

남이섬 추천 "짚와이어 타고, 나미나라공화국으로 출발!"

드라마 '겨울연가'의 촬영지로 전 세계 여행자들의 사랑을 받는 섬이다. '나미나라공화국'이라는 가상의 나라 콘셉트로 연간 멤버십을 여권이라 부른다. 섬 전체에 갤러리, 공예원, 박물관 등이 조성되어 있어 볼거리가 풍부하다. 남이섬의 상징, 높이 솟은 나무가 하늘을 찌를 듯한 메타세쿼이아길을 걸으며 로맨틱한 사진을 남겨보면 어떨까. 입장료 성인 기준 19,000원. 매일 08:00~21:00 운영. 배를 타는 대신 짚와이어를 타고 짜릿하게 입장하는 방법도 있으니 참고할 것. (48p C:3)

강원 춘천시 남산면 남이섬길 1   #나미나라공화국 #메타세쿼이아 #짚와이어

제이드 가든 `추천`

"작은 유럽에서 느끼는 산책의 즐거움"

유럽풍 건축물과 정원이 어우러져 이국적인 분위기를 느낄 수 있는 곳. 아이리스 가든, 이탈리안 웨딩 가든, 이끼원 등 다양한 테마 정원을 감상할 수 있다. 나무 향 솔솔 '나무내음길', 나무 그늘이 드리워진 '숲속 바람길' 등 다양한 산책 코스가 마련되어 있으니 취향에 따라 선택해 힐링의 시간을 가져보길 추천. 곳곳에 마련된 포토존 앞에서 예쁜 기념사진도 남겨보자. 입장료 11,000원. 매일 09:00~18:00 운영. (48p C:3)

강원 춘천시 남산면 햇골길 80
#유럽풍 #산책로 #테마정원

구봉산 카페거리

구봉산 전망 카페거리 `추천` "아름다운 춘천 풍경과 커피 한 잔"

춘천을 대표하는 핫플레이스. 구봉산 중턱에 위치해 **춘천 시내, 소양강, 의암호를 한눈에 내려다볼 수 있어 전망대**라는 이름이 붙었다. 프렌차이즈 카페부터 독특한 분위기의 개인 카페, 베이커리 카페까지 다양한 카페가 모여 있어 커피를 즐기며 아름다운 경치를 감상할 수 있다. 소원의 종 포토존으로 유명한 '산토리니'가 이곳의 랜드마크. 주말과 공휴일에는 인기 카페의 대기 시간이 길 수 있으니 여유롭게 방문하길 추천. 드라이브 코스로 다녀오기 좋다. (49p D:3)

강원 춘천시 동면 순환대로 1154-103   #구봉산 #전망대 #산토리니

산토리니 카페 [카페] "산토리니 풍 카페에서 즐기는 환상적인 뷰"

구봉산 카페거리의 랜드마크 카페. 춘천 시내가 시원하게 내려다보이는 환상적인 뷰를 자랑한다. 그리스 산토리니 풍 건축물과 초록 잔디, 소원의 종탑으로 유명한 곳이다. 실내는 통창 구조이며 탁 트인 야외에도 테이블이 있어 어디서든 편안하게 커피와 뷰를 즐길 수 있다. 넓은 잔디밭이 있어 아이들이 뛰어놀기 좋아 가족 단위 방문객에게도 인기. 종탑을 배경으로 이국적인 사진을 남겨 보자. 일~목 10:00~21:00 영업, 금~토 22:00까지. (49p D:3)

강원 춘천시 동면 순환대로 1154-97   #전망대카페 #산토리니 #소원의종탑

투썸플레이스 춘천 구봉산점 [카페]
"투썸은 동네에도 있잖아? 여긴 좀 달라!"

아찔한 유리 스카이워크로 유명한 SNS 인증샷 명소. 3면이 투명한 유리로 되어 있어, 이곳에 서면 마치 공중에 떠서 춘천 시내를 내려다보는 듯한 짜릿한 경험을 즐길 수 있다. 넓고 쾌적한 실내 공간도 전면 통유리창으로 되어 있어 탁 트인 뷰를 즐기며 여유로운 시간을 보내기 좋다. 월~금 10:00, 토~일 09:30 오픈, 22:00까지 영업. (49p D:3)

강원 춘천시 동면 순환대로 1154-105
#3면유리 #스카이워크 #SNS인증샷

춘천 오봉산 진달래
"진달래는 등산과 함께"

오봉산 입구부터 정상까지 이르는 진달래 군락지. 성동 계곡 방향에서도 진달래가 자생하지만, 1, 2, 3봉에 이르는 북쪽 사면에 있는 진달래 경관이 매우 아름답다. 버스로 이동한다면 배후령에서 출발해 1, 2, 3봉을 거쳐 오봉산 정상에 올라 하산하는 3시간 거리의 코스를 추천한다. 단, 배후령에서 출발하는 춘천행 버스는 하루에 4번만 운행되므로 주의. 오봉산 정상에서 바라본 소양댐과 기암괴석의 모습도 아름답다. (49p D:2)

강원 춘천시 북산면 청평리 산189-2
#진달래 #100대명산 #의암호전망

춘천 소양호 유람선 "잔잔한 호수를 보는 것 만으로도"

국내 최대 면적, 저수량을 가진 소양강댐을 둘러보는 유람선. 주변 계곡에서 향어, 송어, 잉어 등의 담수어를 낚을 수 있다. 유시민 전 장관이 아내에게 사랑 고백을 한 곳으로도 유명하다. 탑승 시 신분증을 꼭 지참해야 한다. (49p D:2)

강원 춘천시 북산면 청평리 산205-1   #소양강댐 #유람선 #사랑고백

해피초원목장 "춘천으로 떠나는 스위스 여행"

@suin2_

7만 평의 드넓은 초지 위에서 양, 소, 토끼 등 귀여운 동물들과 교감할 수 있는 체험형 목장. SNS 에서는 '한국의 스위스 포토존'으로 화제가 되었다. 산책로를 따라 15분 정도 올라가면 의암호 와 산줄기가 어우러진 절경이 펼쳐진다. BTS 멤버들의 추천 메뉴로 유명한 목장 한정 한우버거 를 맛보는 것도 필수 코스. 10:00~18:00, 입장료 8000원. (49p D:2)

강원 춘천시 사북면 춘화로 330-48   #한우버거 #한우식당 #가성비

애니메이션박물관 "어른과 아이 모두 즐거운 애니메이션의 모든 것"

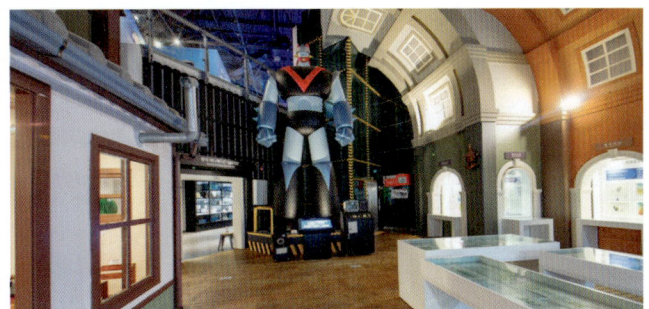

우리나라 최초 애니메이션 박물관. 애니메이션의 기원, 탄생, 발전, 종류, 제작기법 등 애니메이 션의 모든 것이 전시되어 있다. 애니메이션에 직접 음향 효과를 넣거나 더빙하는 등 다양한 체험 이 마련되어 있어 어른도 아이도 즐거운 시간을 보낼 수 있다. 인기 애니메이션 '구름빵'을 테마 로 한 카페가 있어 커피와 구름빵을 맛보며 잠시 쉬어갈 수 있다. 토이로봇관도 함께 둘러볼 것. 애니메이션박물관+토이로봇관 7,000원. 10:00~17:50 운영, 매주 월요일 휴관. (44p B:2)

강원 춘천시 서면 박사로 854   #애니메이션 #토이로봇관 #구름빵

대원당 빵집 "50년 전통의 춘천 노포 빵집"

춘천에서 가장 오래된 빵집. 1968년부터 이어져온 노포답게 옛날 방식의 투박하지만 정겨운 빵을 만든다. 고소한 소보로 사이에 코코아 파우더, 딸기잼, 버터크림을 바른 구로 맘모스, 부 드럽지만 느끼하지 않은 버터 크림이 들어간 버터크림빵이 대표적이다. 매장에는 아기 의자와 아기 침대까지 있어 가족끼리 방문하기 좋다. 버터크림빵 2천 원대. 매일 08:00~22:00 운영.

강원 춘천시 퇴계로 191   #버터크림빵 #구로맘모스 #노포

이상원미술관
"예술로 충전을, 숙박으로 힐링을"

극사실주의 작가 이상원 화백이 개관한 미술 관. 높은 고도에 지어진 원형의 유리 건물로 전시뿐만 아니라 숙박시설로도 인기가 높다. 자연 속에서 제대로 된 쉼과 충전을 원하는 분이라면, 전시로 충전을 숙박으로 온전한 쉼 을 얻을 수 있을 것이다. (48p C:2) 사진ⓒ한국관 광 콘텐츠랩

강원 춘천시 사북면 화악지암길 99 #아트호텔 #전시 #자연

@daewondang_official

457

오월학교 `카페` "따스한 공간에서 즐기는 상큼한 참새 라떼"

@owol_school

아이들이 뛰어놀던 폐교를 고쳐 만든 따스한 공간. 실내는 나무와 햇살이 어우러져 아늑하고 편안한 분위기. 직접 만든 오렌지청과 부드러운 스팀 우유가 만난 상큼한 참새 라떼가 시그니처. 레스토랑 메뉴인 오월 된장 우동과 명란 들기름 파스타도 맛있다. 나무 창작소, 오월사진관 함께 운영. 카페 월~목 11:00~19:00, 금~일 11:00~20:00 영업. (49p D:2)

강원 춘천시 서면 납실길 160   #폐교 #참새라떼 #오월된장우동

김유정역, 김유정문학촌 `추천` "김유정의 삶이 흐르는 감성 문학 여행지"

소설 '동백꽃'으로 잘 알려진 작가 김유정. 그의 숨결이 가득 담긴 김유정역과 김유정 문학촌이 가까이 자리 잡고 있다. 옛 대합실과 역무실 모습이 그대로 남아 있는 김유정역에서 레트로 감성 사진을 남겼다면 김유정 문학촌으로 이동해 보자. 김유정 생가를 비롯해, 김유정 기념전시관, 김유정 이야기집을 돌아보며 그의 삶과 작품을 이해할 수 있다. 입장료 2,000원, 하절기 09:30~18:00 운영, 동절기 17:00까지. 매주 월요일 휴관. (49p D:3)

강원 춘천시 신동면 김유정로 1435   #김유정 #동백꽃 #단편소설

국립춘천박물관 "강원도의 역사는 어떨까?"

1층에는 강원의 선사~고대 시대가 2층에는 강원의 중세~근세 시대가 전시된 박물관. 야외 정원에서 강원도 고인돌, 조선 시대 무덤 등도 관람할 수 있고, 비정기적으로 특별 전시와 교육·문화 행사도 진행된다. 관람료 무료, 09:00~18:00 운영, 매주 월요일 휴관, 야외 정원은 휴관일에도 개방. (49p D:3)

강원 춘천시 석사동 95-3
#강원역사 #선사시대 #고인돌

춘천 삼악산 진달래 "100대 명산"

삼악산 입구부터 정상 용화봉까지 곳곳을 물들인 진달래 군락지. 삼악산장 매표소에서 출발하여 용화봉 정상을 찍고 흥국사, 등선폭포 방향으로 내려오는 3~4시간 코스를 추천한다. 이외의 코스는 다소 위험하고 힘들 수 있다. 삼악산은 풍부한 볼거리로 산림청에 의해 100대 명산으로 선정되었는데, 삼악산 정상에서 바라본 의암호와 북한강 전망도 절경이다. (49p D:3)

강원 춘천시 서면 덕두원리 산186-3
#삼악산 #100대명산 #의암호전망

강촌레일파크 레일바이크 "가족과 즐기는 낭만 가득 레일바이크"

북한강 절경을 감상할 수 있는 레일바이크. 김유정, 경강, 가평 세 가지 코스로 운영한다. 이중 김유정 코스는 서로 다른 테마로 꾸며진 4개의 터널을 지나 색다른 경험을 선사한다. 김유정역~낭구마을 6km 구간은 레일바이크로 달린 후, 낭구마을에서 낭만열차로 갈아타 강촌역까지 이동하는 코스. 경강 코스는 경강역을 출발해 느티나무 터널을 지나, 북한강 철교를 건너며 주변의 아름다운 자연을 감상할 수 있다. 가평 코스는 가평역을 출발해 경강역에서 회차한다. (49p D:3)

강원도 춘천시 신동면 김유정로 1383   #북한강 #김유정 #경강

춘천 중도 물레길 "카누에서 느끼는 호수의 낭만"

<u>춘천 의암호의 대표 힐링 액티비티.</u> 카누가 물 위를 부드럽게 미끄러지듯 나아가는 느낌이 재미있다. 중도 유원지를 지나 무인도 자연 생태숲길로 회항하는 자연 생태공원길 코스가 가장 인기. 물총 싸움을 즐기는 '서바이벌 카누', 특별한 날을 기념하는 '파티 카누' 등 이색 프로그램도 운영된다. 잘 마르는 옷 착용, 여벌 옷, 모자, 선크림 준비. 주말 및 성수기 사전 예약 필수. 카누 1대 2인 기준 30,000원, 매일 09:00~18:00 운영. 계절에 따라 유동적이니 사전 확인할 것. (49p D:3) 사진ⓒ한국관광 콘텐츠랩

강원 춘천시 스포츠타운길223번길 95 1층   #카누체험 #물길 #캠핑

자유빵집 (빵집)
"춘천 로컬재료와 프랑스식 베이커리의 만남"

앙버터만 25만 개 이상 파는 정통 프랑스식 베이커리. 앙버터는 천연 발효종으로 만든 프레첼 빵에 프랑스 버터와 국산 앙금을 넣었다. 춘천산 대파로 만든 크림치즈가 들어간 춘천 대파빵도 이곳의 시그니처 메뉴인데, 전국 TOP 10 베이글로 선정되었을 정도. 프랑스 파리에서 빵을 배운 사장님의 제빵 기술과 춘천 로컬 재료의 조화가 훌륭하다. 4~5천 원대. 매일 10:00~18:00 운영. (49p D:2)

강원 춘천시 만천로199번길 28 1층
#앙버터 #대파빵 #베이글

459

춘천통나무집닭갈비 맛집 "춘천 관광객이 가장 즐겨 찾는 닭갈비집"

춘천 닭갈비집 중에서도 가장 유명한 40년 된 닭갈비집. 닭갈비, 호박, 양배추를 매콤한 양념에 볶아주며, 양이 워낙 푸짐해 성인 남성이어도 1인분만 시켜도 될 정도이다. 소양댐 경치를 즐길 수 있는 고즈넉한 통나무집으로, 넓은 팔각정과 아이들이 뛰어놀 수 있는 트램펄린도 설치되어 있다. (49p D:2) 사진ⓒ한국관광 콘텐츠랩

강원 춘천시 신북읍 신샘밭로 763   #닭갈비 #소양댐 #팔각정

토담숯불닭갈비 맛집
"인생 닭갈비를 찾는다면 바로 이곳!"

철판 닭갈비가 아닌 숯불 닭갈비이다. 부드러운 식감에 아이들도 먹을 수 있는 소금, 간장 닭갈비 그리고 어른들이 좋아하는 고추장 닭갈비를 모두 함께 먹을 수 있다. 공간이 아주 넓고 깨끗하여 가족 식사 자리로 아주 좋다. (49p D:2) 사진ⓒ한국관광 콘텐츠랩

강원 춘천시 신북읍 신샘밭로 662
#간장숯불닭갈비 #소금숯불닭갈비 #더덕

감자밭 빵집 "진짜 감자 모양을 재현한 '감자빵'의 원조"

@gamzabatt

흙이 묻은 실제 감자처럼 생긴 비주얼로 눈길을 사로잡는 '감자빵'의 원조. 쫀득한 쌀가루 반죽 안에 국산 감자 앙금이 어우러져 포슬포슬한 맛으로 인기 있다. 고구마빵 역시 고구마와 똑닮은 모양 안에는 달달한 고구마 속이 들어있다. 본관과 신관으로 나뉘어 있으며 야외 정원도 예쁘니 꼭 둘러보자. 3~4천 원대. 10:00~21:00 운영, 연중무휴. (49p D:2)

강원 춘천시 신북읍 신샘밭로 674   #감자빵 #감자모양 #군고구마빵

춘천 소양강댐 "닭갈비 먹고 벚꽃 구경하고!"

매년 봄이면 소양강댐으로 향하는 길에 벚꽃이 만발한다. 꽃잎이 바람에 흩날리며 떨어지는 모습이 마치 꽃비처럼 아름답다. 댐 정상부에 올라가면 소양호의 반짝이는 푸른 물결과 연분홍 벚꽃이 어우러진 환상적인 풍경을 만끽할 수 있다. (49p D:2)

강원 춘천시 신북읍 천전리 산73-6   #벚꽃 #소양강댐 #꽃비

의암호 스카이워크 "물 위를 걷는 듯한 짜릿함, 투명 유리 스카이워크"

바닥 전체가 투명 강화유리로 되어 있는 아찔한 스카이워크. 수면 위 약 12m 높이에 설치되어 있어 발아래로 푸른 호수의 풍경이 그대로 내려다보인다. 마치 물 위를 걷는 듯한 스릴을 느낄 수 있는 곳. 스카이워크 끝에 서서 탁 트인 의암호와 주변 산세를 감상하며 멋진 사진을 남겨보아도 좋다. 규모가 크지 않아 주변 삼악산 호수 케이블카와 함께 둘러보기 좋다. 입장료 무료, 09:00~18:00 운영, 동절기 및 기상 악화 시 이용 제한. (49p D:3)

강원 춘천시 칠전동 486   #의암호 #투명강화유리 #스릴만점

어스17 카페

"물멍에 최적화, 낭만적인 리버뷰 카페"

소양강댐 근처, 아름다운 리버뷰를 감상할 수 있는 카페. 편안한 빈백이 놓여진 초록 정원이 이곳의 시그니처 공간. 2층 음악감상실에서는 흐르는 소양강을 바라보며 여유로운 시간을 보낼 수 있다. 꾸덕하고 쫀득한 크림이 매력인 어스17 아인슈페너가 대표 메뉴. 디저트 메뉴로는 말렌카 케이크가 인기. 2층은 노키즈존. 매일 11:00~21:30 영업. (49p D:2)

강원 춘천시 신북읍 신샘밭로 766
#소양강리버뷰 #빈백 #아인슈페너

명가춘천막국수 맛집

"4대째 이어 온 전통 막국수 명가"

70년 전통을 자랑하는 순메밀 막국수 맛집. 시그니처 메뉴는 100% 메밀면 위에 다양한 고명과 비법 양념장을 올려 먹는 순메밀 막국수로 매운맛과 보통맛을 선택할 수 있다. 고소한 시래기들기름막국수와 푸짐한 메바우정식도 인기. 순메밀막국수 12,000원, 월~금 11:00~20:00, 주말 10:30~20:30 영업. 사진 ⓒ한국관광 콘텐츠랩

강원 춘천시 당간지주길 76 1층
#70년전통 #100%메밀 #순메밀

육림랜드 "춘천의 대표 테마파크"

2만 평 규모의 놀이동산 겸 동물원 겸 체험학습장. 어린이 만화 극장, 비눗방울, 전통놀이도 체험할 수 있고, 여름에는 풀장을 운영해 수영도 할 수 있다. 육림랜드에 방문한 뒤 춘천인형극장, 소양댐을 방문하는 여행코스를 추천한다. (49p D:2) 사진ⓒ한국관광 콘텐츠랩

강원 춘천시 칠전동 486 사농동 61-2
#춘천테마파크 #놀이공원 #동물원

강원특별자치도립화목원
"자연의 소중한 가치를 느끼고 싶다면"

1,800여 종 식물이 자라고 있는 공립 수목원. 계절과 상관없이 푸른 식물을 관찰할 수 있는 사계 식물원이 인기. 산림 관련 체험과 전시가 진행되는 산림박물관을 함께 운영하며, 산책로도 잘 조성되어 있어 체험과 휴식을 한 번에 누릴 수 있다. 아이가 있는 가족에게 추천. 하절기 9:00~18:00, 동절기 9:00~17:00 운영, 매월 첫째 월요일 휴관. (49p D:2) 사진ⓒ한국관광 콘텐츠랩

강원 춘천시 화목원길 24
#식물 #체험 #휴식

레고랜드 [추천] "상상이 현실이 되는 동심의 테마파크"

세계 각국의 명소를 레고 브릭으로 꾸민 글로벌 가족형 테마파크. 레고 브릭을 테마로 한 놀이기구와 쇼, 체험을 즐길 수 있으며, 호텔도 함께 운영한다. 파크 전체가 브릭스트리트, 레고 캐슬, 레고 시티 등 7개의 테마 구역으로 이루어져 있으며, 직접 레고 브릭을 조립하거나, 경주하는 등 아이의 상상력을 자극하는 다양한 체험 시설이 마련되어 있다. 레고랜드 앱 다운로드 필수. 1일 이용권 정상가 40,000원. 방문 전 홈페이지에서 운영 시간 확인 필수. (49p D:2)

강원 춘천시 하중도길 128 #레고브릭 #체험 #호텔

양구 두타연 [추천] "탐험적 트레킹을 좋아하는 분 추천!"

두타연은 민통선 안의 오염되지 않은 계곡으로, 가을 단풍여행으로 제격인 곳이다. 민간인 출입통제선 북방인 방산면 수입천 지류 계곡은 오염되지 않아 천연기념물인 열목어의 국내 최대 서식지이기도 하다. 높이 10m의 두타폭포 아래 20m의 바위가 병풍을 두른 곳이 두타연이다. 두타연 주차장에 주차하고 이목정 안내소에서 출입신청서, 서약서, 신분증을 제출하고 입장한다. (49p E:1)

강원 양구군 방산면 고방산리 1026-1 #두타연 #민통선 #열목어

시래원 맛집

"향긋한 시래기밥에 소불고기 한 입"

소불고기와 함께 나오는 시래기 정식 맛집. 부드러운 식감의 시래기와 정갈한 반찬이 맛있는 곳. 시래기밥에 양념장과 나물을 넣고 싹싹 비빈 후, 김에 비빔밥과 청어알을 올려서 먹어보자. 마지막에 나오는 고소한 누룽지 맛도 일품. 화~목 11:00~16:00, 금~일 11:00~20:00 영업. 매주 월요일 휴무. 재료 소진 시 마감. (49p E:2)

강원 양구군 국토정중앙면 봉화산로 457
#시래기음식 #정부지정안심식당 #소불고기

양구 재래식손두부 맛집

"직접 만든 두부를 바로 고소하게!"

100% 양구산 콩만 사용하는 두부 요리 식당. 매일 새벽 두부를 만들고 당일에 소진해 신선한 두부를 맛볼 수 있는 곳. 고소하고 담백한 두부 맛이 일품이다. 메뉴로는 두부전골, 짜박두부, 청국장 등이 있으며, 기본 밑반찬이 푸짐하게 나와 많은 사람이 찾는다. 식후 달콤한 식혜도 무제한으로 맛볼 수 있다. 매일 09:00~20:00 영업. (49p E:2) 사진ⓒ한국관광 콘텐츠랩

강원 양구군 양구읍 학안로 6
#재래식손두부 #두부요리

을지전망대 "최전방에 마련된 전망대"

펀치볼 지형을 감상할 수 있는 전망대. 펀치볼은 해안분지에서 나타나는 지형으로, 영국 등에서 음료수를 담는 둥근 물그릇을 뜻한다. 북한 금강산 방면의 펀치볼 지형을 관찰할 수 있다. 09~18시 영업 (11~2월은 17시 매표 마감), 공휴일을 제외한 매주 월요일 휴무, 1월 1일과 설날 추석 당일 오전 시간 휴무. (49p F:1) 사진ⓒ한국관광 콘텐츠랩-김지호

강원 양구군 해안면 전망대로 540   #펀치볼 #해안분지 #지리여행

방태산 자연휴양림 "산책하듯 단풍을 즐기고 싶다면"

폭포 & 단풍트레킹이 유명한 인제의 단풍 관광지. 계곡을 따라 폭포에 이르는 단풍의 모습이 아름답다. 방태산의 식생은 대부분 천연 활엽수가 많아 단풍이 많을 수밖에 없다. 등산이 아닌 단풍 산책이 가능한 자연휴양림으로 가벼운 마음으로 다녀올 수 있다. (50p C:3)

강원 인제군 기린면 방동리 산282-1   #방태산 #단풍트레킹 #자연휴양림

인제스피디움 추천 "짜릿한 스피드, 레이싱의 성지"

세계 자동차 연맹의 인증을 받은 국제 규모 서킷을 갖춘 드라이빙 장. 시기마다 다양한 레이싱 경기가 열리는 곳이기도 하다. 슈퍼카 체험, 드라이빙 체험 등 다양한 체험거리가 있고, 호텔과 콘도를 함께 운영해 숙박까지 한 번에 해결할 수 있다. 세계에서 몇 안 되는 레이싱 경기장 조망이 가능한 객실에서 편안한 휴식을 즐겨 보자. 스포츠 주행 서킷 라이선스 획득 후 가능, 스포츠 주행 1세션 60,000원, 예약 후 이용. (50p C:2)

강원 인제군 기린면 상하답로 130　　#F1 #레이싱 #서킷

곰배령 "자연 본연의 천상의 화원"

유네스코에서 생물권 보전지역 및 천연보호림으로 지정한 점봉산 일대와 곰배령에서 때묻지 않은 자연을 만끽할 수 있다. 1급수 물에는 다양한 물고기들이 살고 있으며, 다양한 야생화 산을 수놓는다. 점봉산 생태관리 센터 주차 후 곰배령까지 약 3~4시간 이동, forest.go.kr 산림청 홈페이지에서 입산 신청 필수. (50p C:2)

강원 인제군 기린면 설피밭길 552　　#유네스코 #점봉산 #생태체험

인제 소양강 둘레길 "원시 자연의 매력"

@grandis_soonyi

울창한 박달나무 군락과 계곡 풍경이 아름다운 트레킹 코스. '인제 천리길'이라고도 불리며, 살구미에서 시작해 박달나무 군락지까지 약 5km 이동한다. (50p B:3)

강원 인제군 남면 가넷고개길 48-8　　#박달나무 #트레킹 #인제천리길

원대리 속삭이는 자작나무숲 추천 "새하얗게 눈부신 숲을 걸어보자"

하얀 눈이 내린 북유럽 같은 이국적인 풍경으로 유명한 강원도 인제의 대표 명소. 하얀 자작나무 가지가 신비로움을 더한다. 인제 원대 산림감시초소에서 임도를 따라 약 3.5km 이동하면 자작나무 숲이 나오는데, 자작나무 코스, 치유 코스 등 난이도에 따라 다양한 탐방 코스가 마련되어 있다. 하얀 자작나무 숲을 배경으로 인디언 집 앞에서 멋진 사진을 남겨보자. 아이젠, 등산화, 스틱 착용이 필수. 하절기 09:00~18:00, 동절기 17:00까지. 매주 월, 화 정기 휴무 (50p B:3)

강원 인제군 인제읍 자작나무숲길 760   #자작나무 #탐방코스 #인디언집

비밀의정원 "비밀스러운 단풍 출사지"

사진을 좋아하는 사람이라면 모르는 이 없는 비밀의 정원. 군사 보호지역으로 출입 및 항공촬영이 금지되어 있어 자연의 비밀스러움이 그대로 보존되어 있다. 446번 지방도 길가에 조성된 전망데크에서 촬영할 수 있으며, 가을 시즌이면 단풍과 하얀 서리 풍경을 찍기 위해 출사 나온 사람들로 매우 북적인다. 알록달록한 단풍, 그 위에 내려앉은 안개와 서리, 숨 막히게 아름다운 자연의 풍경을 담아보자. (50p A:3)

강원 인제군 남면 갑둔리 산121-4번지   #비밀의정원 #단풍명소 #출사

남북면옥 맛집
"속메밀 100%로 만든 막국수"

@journal_a_la_table

1955년 오픈한 오래된 맛집으로 순메밀 동치미 물국수가 대표 메뉴이며 이 외에도 비빔국수, 잔치국수, 수육, 감자전이 있다. 메밀 겉 껍질을 넣지 않고 평양실 속 메밀 100% 사용하여 만들어 흰 메밀면을 자랑하는 곳이다. 기호에 맞춰 짭짤하고 시원한 동치미 국물을 넣어 먹으면 된다. 담백한 국물 맛 평이 좋은 편. 화요일 정기휴무. (50p B:2)

강원 인제군 인제읍 인제로178번길 24
#오래된맛집 #동치미물국수 #정부지정안심

홍천 은행나무 숲 추천 "아내를 향한 남편의 마음이 가득 담긴 곳"

2천여 그루의 은행나무가 빽빽하게 심어져 가을이면 황금빛 절경을 이루는 곳. 홍천 두빛나래펜션을 따라 올라가면 쉽게 찾을 수 있다. 남편이 부인의 병이 낫기를 기원하며 정성 들여 은행나무를 심고 가꾸었던 것이 이곳의 시작이 되었다고 한다. 사유지이지만 매년 10월 한 달 동안만 일반에 무료로 개방되니 시기를 맞추어 방문해 볼 것. 10:00~17:00 개방. (54p A:1)

강원 홍천군 내면 광원리 686-2   #은행나무 #부부애 #10월만개방

홍천 가리산 진달래

"등산을 좋아하는 분이라면 진달래와 함께!"
가리산의 온 능선을 수놓은 진달래 군락. 특히 가리산 정상부에 있는 진달래 군락지가 아름답다. 가리산 자연휴양림에서 출발해 계곡 삼거리-제2봉-뱃터갈림길을 지나 정상에 오른 후 남릉 삼거리에서 다시 휴양림으로 하차하는 등산 코스를 추천한다. 해당 코스는 9.4km 길이로 등산에 약 4시간 정도가 소요된다. (49p E:3)

강원 홍천군 두촌면 천현리 산134-133
#가리산 #진달래군락 #등산코스

수타사 "천년 고찰로 떠나는 조용한 숲길"

신라 성덕왕 때 만들어진 유서 깊은 불교 사찰로, 주변에 수타계곡과 공작산 숲길이 있어 그 경치도 그윽하다. 수타사 동종, 월인석보 등 문화재로 지정된 귀한 불교 유물들도 전시되어 있다. 공작산은 산수유나무가 많이 심겨있어 경치가 아름답고, 아이들이 숲 체험을 즐길 수 있는 교육관도 마련되어 있다. (52p C:1)

강원 홍천군 동면 수타사로 473
#숲길 #문화재 #불교

대왕산 용늪

"희귀 동식물의 보고, 국내 대표 습지"

창녕 우포늪과 함께 우리나라를 대표하는 습지대 중 한 곳이다. 좀뱀잠자리 등 세계적으로 희귀한 동식물들이 살고 있어 1997년 대한민국 첫 람사르 습지로 지정되었다. (50p B:2)

강원 인제군 인제읍 인제로187번길 8
#람사르습지 #습지식물 #지리여행

소월숲 스테이 `STAY` "깊은 산속에서 느끼는 완벽한 고립의 안락함"

@sowolforest_official

인제 깊은 산속에 위치한 프라이빗 스테이. 10만 평 규모 넓은 숲속에 위치해 완벽한 고립과 쉼을 경험해 볼 수 있는 곳. 산악 오토바이를 타고 숲을 달리는 '숲 투어'가 이곳의 시그니처 서비스. 계곡 물놀이와 나룻배 타기 등 자연 친화적인 액티비티를 경험할 수 있다. '파우재'와 '선유재'는 노천탕을, '담월재'와 '어은재'는 족욕탕을 갖추었다.

강원 인제군 기린면 어은골길 199   #프라이빗 #고립 #산악오토바이

오션월드 "오아시스 콘셉트 워터파크"

이집트 사막의 오아시스를 콘셉트로 하여 조성된 워터파크. 실내외 공간에서 다양한 어트렉션과 물놀이를 즐길 수 있다. 짜릿한 슬라이드 '몬스터 블라스터', 급류타기 '슈퍼 익스트림 리버'를 추천. 높은 파도가 몰아치는 초대형 파도풀 서핑마운트에서 마치 해변에 온 듯한 느낌을 즐길 수 있는 곳. 물놀이 후에는 릴렉스 룸, 찜질방에서 피로를 풀며 휴식할 수 있다. 계절과 요일에 따라 종일권 가격과 운영하는 구역, 어트렉션이 달라지므로 방문 전 확인 필수. (52p A:1) 사진ⓒ한국관광 콘텐츠랩

강원 홍천군 서면 한치골길 262   #오아시스 #워터파크 #어트렉션

비발디파크 스키장
"잠실에서 1시간 거리 스키장"

잠실에서 자가용 1시간 거리에(77km) 위치한 스키장. 리조트형 스키장 중 국내 최대 규모의 숙박시설을 자랑하며, 오션월드와 골프장, 승마장도 함께 즐길 수 있다. (52p A:1) 사진ⓒ한국관광 콘텐츠랩

강원 홍천군 서면 팔봉리 1290-2
#스키장 #리조트 #오션월드

금수강산 막국수 맛집
"달달하고 시원한 막국수 맛집"

주변이 산으로 둘러싸여 있어 자연 친화적인 분위기. 본채와 별채로 이루어진 막국수 전문점이다. 대표 메뉴는 메밀 물막국수, 메밀 비빔막국수로 테이블에 세팅된 설탕, 식초, 겨자 등을 기호에 맞게 뿌려 먹으면 된다. 달달하고 시원한 막국수 맛이 일품인 곳. 테이블링 앱으로 웨이팅 가능. 수요일 정기 휴무. (52p A:1) 사진ⓒ한국관광 콘텐츠랩

강원 홍천군 서면 한치골길 785
#홍천맛집 #비발디파크맛집 #막국수

양지말화로구이 맛집
"홍천 여행의 필수코스, 고추장 삼겹살"

@yam_yh

홍천에 왔다면 반드시 들려야 하는 맛집. 좋은 숯에 고추장 화로구이를 먹고 막국수를 시키면 딱 좋다. 달콤하고 부드러워 어른 아이 할 것 없이 즐겨 찾는다. (52p B:1)

강원 홍천군 홍천읍 양지말길 17-4
#고추장화로구이 #양송이더덕구이 #청결함

알파카월드 "알파카와 보내는 하루"

동물들과 교감하며 아이들이 마음껏 뛰어놀 수 있는 곳. 아이들의 즐거운 추억 만들기에 좋은 장소. 알파카와 힐링산책, 먹이주기, 열차타기 등 다양한 체험 프로그램 운영되고 있다. 일부 체험은 현금이 필요하다. (50p A:3)
사진ⓒ한국관광 콘텐츠랩

강원 홍천군 화촌면 풍천리 310
#홍천여행 #아이와가볼만한곳 #알파카

리버트리펜션 STAY "중정 테라스에서 즐기는 프라이빗한 시간"

@_rivertreepension_

홍천강과 암벽의 압도적인 풍경이 눈앞에 펼쳐지는 곳. 노출 콘크리트 외벽과 모던한 실내 인테리어가 어우러져 고급스러운 분위기. 중정 테라스에서 즐기는 바비큐와 캠프파이어가 이곳의 하이라이트. 소중한 사람들과 오붓한 시간을 보내며 힐링하기 좋은 곳. 카페와 실내 수영장도 갖추었다. 일부 객실 10kg 미만 반려동물 동반 가능.

강원 홍천군 북방면 장항2길 14-9   #홍천강 #암벽 #중정테라스

유리트리트 풀빌라 STAY "공중에 떠 있는 듯한 압도적인 비주얼"

세계적인 건축가 곽희수가 설계한 럭셔리 풀빌라. 거대한 콘크리트 건물이 공중에 떠 있는 듯한 압도적인 비주얼이 특징이다. 모든 객실에 프라이빗 스파가 설치되어 있어 조용한 휴식을 취하기 좋은 곳. 높은 층고, 통유리로 쾌적한 공간에서 홍천의 숲과 자연을 감상할 수 있다. 인피니티 풀, 프라이빗풀, 스파 무료, 이솝 어메니티 제공. 강원 홍천군 북방면 장항2길 14-9   #홍천강 #암벽 #중정테라스

소노벨 비발디파크 "날씨 상관없이 즐길 거리 풍부한 대규모 복합 가족 리조트"

매봉산 자락 위치 대규모 복합 리조트. 이집트 테마 초대형 워터파크 '오션월드', 국제스키연맹(FIS) 공인 슬로프를 포함한 '스키월드', 눈 테마파크 '스노위랜드'를 운영하며, 리조트 지하에 회전목마, 범퍼카 등 어트랙션과 카트 레이싱인 'K1 SPEED', 볼링장, 영화관, 식당가를 갖춘 '비바프렉스몰'이 위치해 가족 여행객의 선호도가 높다. 반려동물 동반 전용 객실과 펫 카페, 플레이그라운드 등을 갖추어 반려동물과 함께하는 여행에 추천. (46p A:2) 사진ⓒ소노호텔앤리조트

강원 홍천군 서면 한치골길 262   #오션월드 #스키월드 #가족여행

풍수원 성당 `추천`

"가을에 더 아름다운 단아한 성당"

고요하고 아름다운 산골 마을에 위치한 단아
한 성당. 박해 속에서도 신앙을 지켜온 천주교
신자들의 헌신으로 세워진 곳으로 강원도에
서는 처음 지어진 천주교 본당이다. 붉은 벽돌
의 고풍스러운 고딕 양식으로 지어진 건물과
종탑이 아름다워 드라마나 영화의 촬영지로
도 유명한 곳. 가을철이면 성당과 울긋불긋한
단풍이 잘 어우러진 풍경을 감상할 수 있어 많
은 사람이 찾아온다. (52p B:2)

강원 횡성군 서원면 경강로유현1길 30
#천주교 #고딕양식 #가을여행지

횡성 루지체험장

"폐쇄된 도로의 변신, 2.4km 루지 트랙"

@kumiho_99

폐쇄되어 있던 도로의 짜릿한 변신! 중력에
의지해 운전자가 속도를 제어할 수 있는 루지.
횡성 루지 체험장은 2.4km의 세계 최장거리
를 자랑한다. 기존 국도를 활용해 만든 곳이라
주변의 아름다운 풍경을 만끽하며 달릴 수 있
다. 자연과 속도를 경험해 보자. (52p C:2)

강원 횡성군 우천면 전재로 407
#루지 #세계최장길이 #익스트림

안흥 찐빵마을 `추천` "모락모락 따끈한 찐빵 한 입"

가마솥에 팥을 삶고 손으로 빚어 만드는 안흥찐빵. 막걸리로 발효해 쫄깃한 식감과 팥소
의 구수함이 어우러진 맛으로 마트 표 찐빵보다 달지 않아 더욱 손이 간다. 안흥찐빵의 역사
와 만드는 과정 등을 소개하는 모락모락 라운지도 둘러볼 것. 모락모락 찐빵관에서 진행하
는 찐빵 만들기도 체험해 볼 수 있어 아이와 함께하기 좋다. 사전 예약 필수. 모락모락 마을
09:00~18:00, 공방 09:00~17:30 운영, 매주 월요일 휴무. (52p C:2) 사진ⓒ한국관광 콘텐츠랩

강원 횡성군 안흥면 주천강로 1868　 #안흥찐빵 #찐빵만들기 #체험

횡성축협 한우프라자 본점 `맛집`
"다양한 종류의 소고기 맛집"

원하는 메뉴를 주문해 먹는 전문식당과 정육 매대에서 고기를 직접 구입해 상차림비(1인 당 3천원)를 별도 지불하고 먹는 셀프식당 2 가지로 나뉜다. 저렴한 고기부터 한우 최고등 급인 1++(9)까지 다양한 한우고기를 맛 볼 수 있다. 갈비탕, 한우탕, 육회비빔밥 등 식사메 뉴와 후식 물냉면, 비빔냉면 등 후식메뉴도 있 다. 연중무휴 (52p C:2) 사진ⓒ한국관광 콘텐츠랩

강원 횡성군 횡성읍 횡성로 337
#정부지정안심식당 #소고기구이 #횡성맛집

원주 반곡역
"커플 사진 촬영 최적지"

2005년 근대문화유산으로 등록된 반곡역 의 벚꽃. 근대 서양 목조기술을 엿볼 수 있어 서 등록문화재 제165호로 등록되었다. 근대 시대로 돌아간 것 같은 분위기의 간이역과 그 간이역을 휘감아 도는 벚꽃 덕분에 역 입구에 서 커플들의 촬영이 많다. (52p C:3)

강원 원주시 반곡동 154-2 #벚꽃 #간이역

웰리힐리파크 "역동적인 액티비티와 편안한 휴식을 동시에!"

해발 600m 이상 고지에 위치, 사계절 내내 역동적인 액티비티를 즐길 수 있는 종합 리조트. 국제스키연맹(FIS) 공인 슬로프를 보유한 '스노우파크'와 초대형 워터파크인 '워터플래닛'이 핵심 시설이다. 횡성의 자연 경관을 감상할 수 있는 관광 곤돌라, 레저 사격 게임 시설 아레나 파크을 비롯해 루지, 레이싱 카트, 실내 양궁장 등 다양한 레포츠 시설이 마련되어 있다. 유스 호스텔 객실이 마련되어 있어 단체 숙박도 가능하다. (53p D:2) 사진ⓒ웰리힐리파크

강원 횡성군 둔내면 고원로 451   #스노우파크 #워터플래닛 #관광곤돌라

반계리 은행나무 `추천`
"가을이면 황금빛 물드는 천년 역사의 상징"

약 800년~1,000년의 세월 동안 이곳에 뿌 리내려온 거대한 은행나무. 높이 약 33m, 둘 레 약 16m에 달하는 엄청난 크기로 천연기념 물로 지정되었다. 나무줄기가 아주 굵고 여러 갈래로 뻗어 있어 웅장한 느낌. 매년 가을 10 월 말~11월 초 사이 단풍이 절정에 이르면 온 몸이 황금빛으로 물들어 압도적인 아름다움 을 뽐낸다. 나무 아래 샛노랗게 떨어진 은행 잎과 나무를 배경으로 멋진 사진을 남겨보자. 가을철 주차 혼잡 주의. (52p B:3)

강원 원주시 문막읍 반계리 1495-1
#은행나무 #문화재 #가을여행지

사진정원 `카페` "달콤한 밤 라떼 한 잔과 인생샷 한 컷"

@graphygarden

넓은 정원과 핼러윈, 크리스마스 등 시즌마다 새롭게 꾸며지는 포토존으로 핫한 카페. 아이들과 함께 방문해 사진 찍어주기에 좋은 곳으로 불멍도 함께 즐길 수 있다. 고급진 바밤바 맛 밤라떼와 밤크림라떼, 할매 입맛 저격 쑥라떼가 대표 메뉴. 시즌 한정 50cm 딸기파르페도 인기. 반려견입장료 3,000원. 반려견 간식 판매. 매일 10:00~21:30 영업. (52p C:2)

강원 원주시 소초면 황골로 426   #포토존 #정원카페 #인생샷

훈이네마늘빵 `빵집`

"단양 마늘의 알싸함을 담아낸 마늘 바게트 전문점"

30년 경력의 제과기능장이 직접 개발한 특허 레시피로 만든 마늘빵 맛집. 기본 마늘빵부터 치즈, 흑마늘, 새우, 바질 등 다양한 마늘빵 시리즈가 있어 입맛에 따라 골라서 먹기 좋다. 여러 가지 마늘빵을 선택해서 맛볼 수 있도록 3구, 4구, 5구 세트로도 판매한다. 마늘빵 4천 원대. 월~금 09:00~20:30, 토~일 09:00~20:00 운영. (52p B:2)

강원 원주시 호저면 운동들2길 19 훈이네마늘빵

#마늘빵 #치즈마늘빵 #마늘빵시리즈

뮤지엄산 `추천` "건물 자체가 예술이고 작품이 되는 곳"

이름이 곧 브랜드인 유명 건축가 안도 타다오가 설계한 복합 문화 공간. 안도 타다오 특유의 견고한 노출 콘크리트 건물 자체가 하나의 예술 작품. 고요한 가든이 조성되어 있어 천천히 걸으며 사색하기 좋다. 종이의 역사와 다양한 쓰임을 보여주는 페이퍼 갤러리와 현대 미술 전시 공간인 청조 갤러리도 둘러볼 것. 제임스 터렐관, 명상관, GROUND 안토니 곰리관도 코스로 묶어 관람할 수 있다. 기본권 대인 기준 23,000원. 10:00~18:00 운영, 매주 월요일 휴관. (52p B:2)

강원 원주시 지정면 오크밸리2길 260   #원주 #오크밸리 #안도타다오

치악산 국립공원(원주) "천년 고찰 구룡사를 품은 웅장한 산"

가을 단풍과 겨울 설경이 아름답기로 유명한 명산. 가파르고 웅장한 능선이 특징이다. 최고봉 비로봉을 중심으로 역사 깊은 천년 고찰 구룡사를 품고 있다. 구룡사 매표소부터 세렴폭포까지 왕복 2시간 30분 정도 완만한 트레킹 코스는 가볍게 숲을 즐기고자 하는 사람들에게 추천. 그 이후 코스는 매우 가파르고 계단이 많아 악! 소리가 나기로 유명하다. 겨울철 치악산은 폭설이 잦고 등산로가 험난하므로 아이젠과 스틱을 꼭 준비할 것. (52p C:2)

강원 원주시 소초면 무쇠점2길 26　　#구룡사 #비로봉 #등산코스

구룡사 "9마리 용이 있는 연못을 메우고 창건한 사찰"

신라 문무왕 시기 의상대사가 창건했다고 전해지는 천년 고찰. 9마리 용이 있던 연못을 메우고 지었다 하여 구룡사라고 불린다. 치악산국립공원의 주 탐방로 중 하나인 구룡지구 입구와 가까워 매표소를 통과하면 바로 구룡사로 향하는 길이 시작된다. 경사가 완만한 산책로로 누구나 부담 없이 걸어갈 수 있는 길. 비로봉으로 오르는 등산로의 시작점 중 하나여서 산을 오르며 함께 둘러보기 좋다. 특히 가을 단풍이 아름답기로 유명한 곳. 겨울엔 고즈넉한 분위기. (52p C:2)

강원 원주시 소초면 구룡사로 500　　#치악산 #비로봉 #가을단풍

빵공장라뜰리에김가 (빵집)
"치악산의 사계절을 눈에 담으며 즐기는 여유로운 빵 조찬"

정원이 아름다운 대형 베이커리 카페. 탁 트인 치악산 풍경을 보며 빵 뷔페를 즐길 수 있다. 다양한 종류의 빵과 함께 샐러드, 수프, 파스타, 커피, 차까지 있어 브런치로 인기 있다. 단품 메뉴로는 카스테라 케이크인 천사의 달걀을 추천. 빵 7천 원대, 뷔페 성인 1만 7천 원대. 매일 10:00~22:00 운영, 빵 뷔페는 공휴일 제외 11:00~13:30 운영. (52p C:2) 사진ⓒ

한국관광 콘텐츠랩

강원 원주시 행구로 314 라뜰리에김가
#빵뷔페 #브런치 #치악산뷰

신혼부부 (맛집) "가성비 좋은 시장 분식집"

@hee_kkong2

유튜브 채널에 나와 더욱 유명해진 곳으로 입식과 좌식 모두 보유하고 있다. 떡볶이, 돈까스, 김치볶음밥 등 메뉴가 다양하며 메뉴 대부분이 6,000원대라 가성비 좋은 곳이다. 떡볶이는 즉석 떡볶이처럼 제공되는데, 긴 밀떡볶이로 칼칼하고 단맛이 나며, 단맛과 짠맛을 느낄 수 있는 돈까스도 인기가 좋다. 일요일 정기 휴무. (52p B:2)

강원 원주시 중앙시장길 11 자유상가 지하 2-2
#중앙시장맛집 #가성비끝판왕 #분식맛집

소금산 그랜드밸리

소금산 그랜드밸리 `추천` "짜릿한 스릴과 아름다운 자연"

스릴과 자연 경관을 함께 즐길 수 있는 짜릿한 시설이 가득한 복합 관광지. 이곳의 상징 출렁다리와 새롭게 추가된 울렁다리가 유명. 특히 울렁다리는 바닥이 유리로 되어 있어 발밑으로 아찔한 풍경을 내려다볼 수 있다. 편안한 복장과 운동화 착용 추천. 케이블카를 이용하면 정상까지 편하게 이동할 수 있다. 대인 기준 케이블카 코스 18,000원, 트레킹 코스 10,000원. 09:00~18:00 운영, 동절기 17:00까지, 매주 월요일 휴무. (52p A:2)

강원 원주시 지정면 지정로 317   #간현 #출렁다리 #울렁다리

소금산 울렁다리
"유리 바닥 덕분에 협곡 위를 나는 것 같은 신기한 경험"

소금산 출렁다리보다 두 배 더 긴 400m 길이의 보행현수교. 길이는 더 길지만, 출렁다리와 달리 흔들리는 느낌은 적은 편이다. 다리의 바닥 중간 중간에는 유리로 된 부분이 있어 협곡 위 공중에 떠있는 듯한 아찔한 경험을 할 수 있다. 걸으며 눈앞의 풍경을 감상하기 좋다. 울렁다리를 건너면 에스컬레이터가 이어진다. 스카이타워에서 울렁다리의 모습을 한눈에 조망할 수 있다. (52p A:2)

강원 원주시 지정면 소금산길 165-1

#보행현수교 #유리바닥 #스카이타워

소금산 출렁다리
"자유의 여신상보다 높은 곳에서 만끽하는 소금산 풍경"

관동별곡에 소개된 간현의 소금산 암벽봉우리를 연결하는 해발 100m, 길이 200m의 출렁다리. 뉴욕 자유의 여신상보다 높다. 매표소를 지나 578개의 데크 계단을 오르면 만날 수 있다. 출렁다리를 건넌 다음 하늘정원, 데크산책로, 소금잔도, 스카이타워, 울렁다리 순으로 지나는 관람 코스이다. 일방통행만 가능하니 주의. 출렁다리는 흔들림이 꽤 있으니 참고하자. (52p A:2)

강원 원주시 지정면 소금산길 100

#관동별곡 #출렁다리 #데크계단

스톤크릭 `카페` "겨울철 설산 풍경으로 유명"

@stonecreek_ae32

양쪽 카페 건물 사이로 보이는 마운틴뷰를 배경으로 사진을 찍어보자. 이곳의 대표 포토존인 만큼 줄 서서 사진을 촬영해야 하며, 수리봉 절벽의 웅장함을 느낄 수 있다. 특히 겨울에 오면 눈 쌓인 수리봉의 또 다른 절경을 감상할 수 있다. 카페는 총 3개의 건물로 이루어져 있고, 드넓은 마당이 있어 아이, 강아지 동반 여행객에게 추천할만한 곳. (52p B:2)

강원 원주시 지정면 지정로 1101   #원주카페 #마운틴뷰 #원주카페추천

오크밸리 "볼거리, 즐길 거리 다양한 숲속 리조트"

참나무 숲으로 둘러싸인 복합 휴양 리조트. 숲길 따라 야간 디지털 미디어 아트쇼 '소나타 오브 라이트'가 펼쳐진다. 세계적 건축가 안도 타다오가 설계한 '뮤지엄 산'이 위치. 동계 시즌 '스노우 어드벤처'를 운영하며, 실내 스포츠 테마파크 '바운스 슈퍼파크'와 별을 관측할 수 있는 '천문공원', 야외 놀이동산 '퍼니 팩토리' 등 놀이·체험 시설이 풍부해 가족 단위 여행객의 선호도가 높다. 브레드 이발소, 로보카 폴리, 신비아파트 등 인기 캐릭터를 활용한 키즈 객실 운영 중. (52p B:2) 사진ⓒ오크밸리

강원 원주시 지정면 오크밸리1길 66   #뮤지엄산 #스노우어드벤처 #가족여행

소나타 오브 라이트
"숲길 따라 환상적인 빛의 향연"

오크밸리 리조트에서 운영하는 야간 3D 조명 쇼. 테마별로 꾸며진 약 1.5km 숲길 산책로를 걸으며 환상적인 조명의 향연을 감상할 수 있다. 울창한 나무와 숲에 입체 조명을 비추어 마치 빛이 살아 움직이는 느낌. 18:00~22:00 운영하며, 우천 시 휴장한다. 성인 기준 20,000원. (52p B:2)

강원 원주시 지정면 월송리 1061-24
#조명쇼 #산책로 #야간개장

까치둥지 [맛집]
"최자로드에 소개된 알탕 맛집"

작고 허름한 외관의 노포. 그렇지만 이곳의 알탕을 먹기 위해 서울에서 달려오는 사람들이 많을 정도로 원주의 유명 맛집이다. 전골냄비 가득히 채워진 알과 해물, 채소들의 양에 놀라고, 그 맛에 또 한 번 놀란다. 그리고 이곳은 밑반찬이 예술. 반찬만으로도 밥 한 공기는 우습다. 미식가로 유명한 최자의 <최자로드> 맛집으로도 유명하다고. (52p B:2)

강원 원주시 치악로 1731
#알탕 #최자로드 #노포

모나 용평 "동계올림픽 무대에서 즐기는 힐링의 시간"

2018 평창 동계올림픽 알파인 스키 대회가 열렸던 사계절 복합 리조트. 백두대간 파노라마뷰를 감상할 수 있는 '발왕산 케이블카'와 대관령의 청정수를 사용하는 '용평워터파크', 알파카가 있는 '애니포레'를 비롯해, 해발 1,458m 위 레스토랑 '더 캐슬 샬레', 미디어아트 전시관 '뮤지엄 딥다이브', '공룡해양랜드' 등 부대시설과 마운틴 코스터, 루지, MTB 등 다양한 액티비티 시설을 운영한다. 5성급 드래곤밸리 호텔과 콘도단지, 프리미엄 빌라로 구성. (53p F:1)

강원 평창군 대관령면 올림픽로 715   #동계올림픽 #발왕산케이블카 #워터파크

모나 용평리조트 마운틴코스터
"산을 타고 내려오는 맨몸 롤러코스터"

평창에서 가장 핫한 곳을 꼽으라면 마운틴코스터를 꼽아야 한다. 스키장 리프트를 타고 올라가 레일 위로 최고 시속 40km에 이르는 빠른 속도를 맨몸으로 체감하는 익스트림 시설이다. 산줄기를 온몸으로 체감할 수 있고 급경사, 급커브의 속도를 온몸으로 느껴볼 수 있다는 점에서 인기가 많다. (54p C:2)

강원 평창군 대관령면 올림픽로 715
#익스트림스포츠 #급경사 #급커브

대관령 하늘목장 `추천` "트랙터 타고 정상까지, 하늘과 가까운 아름다운 목장"

약 40년 동안 목초지로 이용되어 오다가 2014년 일반에 개방된 대규모 목장. 드넓은 초원과 풍력발전기가 어우러진 이국적인 풍경으로 유명한 곳. 목장 동물들에게 건초 주기 체험을 할 수 있어 아이를 동반한 가족에게 특히 인기. 트랙터 마차를 타고 편안하게 하늘마루 정상까지 오를 수 있다. 올라갈 때는 마차, 내려올 때는 트레킹을 추천. 대인 기준 입장료 8,000원, 트랙터 마차 10,000원, 건초 주기 체험 2,000원. 매일 09:00~18:00 운영, 동절기 17:30까지. (54p C:1)

강원 평창군 대관령면 횡계리 470-5   #하늘마루 #풍력발전기 #트랙터마차

알펜시아 스키점프 센터
"동계올림픽의 환희가 남아있는 곳"

평창동계올림픽 때 스키점프 센터로 이용되었던 곳으로, 현재는 체육대회 등이 개최되는 복합체육공간으로 활용되고 있다. (54p C:2)

강원 평창군 대관령면 스포츠파크길 135
#올림픽 #스키점프 #체육시설

발왕산 기 스카이워크
"우리나라 최고(最高)의 스카이워크"

발왕산의 정기를 받을 수 있는 곳. 날씨만 허락한다면 멀리 강릉까지 볼 수 있는, 우리나라에서 가장 높은 스카이워크이다. 높은 고도를 자랑하는 곳답게 스릴 넘치고 짜릿함을 자랑한다. 스카이워크 아래로 내려다보이는 발왕산의 능선과 정취는 자연의 웅장함을 느끼게 해주고 숙연함까지 선물해준다. 좋은 기운을 팍팍 얻어오시길! (54p C:2)

강원 평창군 대관령면 올림픽로 715   #스카이워크 #정기 #발왕산

황태회관 `맛집` "스키 마니아들이 즐겨 찾는 평창 황태요리 맛집"

강원도 겨울바람으로 말린 황태로 만든 매콤한 황태 찜과 황태구이, 황태 불고기를 선보이는 곳. 용평스키장 길목에 있어 스키 마니아들에게는 이미 입소문이 난 곳이다. 반찬으로 나오는 시원한 황탯국과 매콤한 황태 식해도 입맛을 돋운다. (54p C:2) 사진ⓒ한국관광 콘텐츠랩

강원 평창군 대관령면 눈마을길 19
#황태찜 #황태구이 #황태불고기

대관령 양떼목장 `추천`
"잔잔한 감동이 있는 한국의 알프스"

푸른 초원과 하얀 양 떼가 어우러진 한국의 알프스. 한가롭게 풀을 뜯는 양 떼의 모습을 볼 수 있다. 양들과 교감하는 건초 주기 체험이 아이들에게 가장 인기. 목장 둘레를 따라 완만한 산책로가 조성되어 있어 여유롭게 걸으며 대관령의 시원한 풍경을 감상할 수 있다. 대표적인 포토존 목장 정상 움막 앞에서 멋진 사진을 남겨 보자. 입장료 대인 기준 9,000원, 건초 주기 체험 1,000원. 매일 09:00~17:30 운영, 동절기 17:00까지. (54p C:2)

강원 평창군 대관령면 대관령마루길 483-32
#목장산책로 #양떼 #건초주기체험

알펜시아리조트스키장 "평창 동계올림픽, 그때의 감동을 느껴보자"

평창 동계 올림픽 당시 스키 점프와 노르딕 복합 경기가 열렸던 곳. 초보자와 중급자를 위한 슬로프가 많고 폭이 넓어 스키나 보드를 처음 시작하는 사람이나 가족 단위 방문객에게 인기가 많다. 스키, 보드 강습 프로그램이 마련되어 있고 눈썰매장도 별도로 운영해 어린이들이 이용하기도 좋은 곳. 모노레일을 타고 스키점프대 전망대에 오르면 알펜시아 단지와 주변의 아름다운 경관을 한눈에 담을 수 있다. 주간권 대인 기준 69,000원. 주간권 09:00~17:00 운영. (54p C:2)

강원 평창군 대관령면 솔봉로 325
#평창동계올림픽 #강습 #스키점프대

대관령 삼양목장 [추천] "달콤한 아이스크림과 양몰이 공연, 둘 다 놓칠 수 없지"

휘닉스 스노우 파크
"다양한 슬로프 보유"

해발 850m~1,470m 지대에 위치한 대규모 목장. 광활한 초원과 우뚝 솟은 풍력 발전기가 어우러져 웅장하고 이국적인 분위기. 목초지에서 펼쳐지는 양몰이 공연과 동물 먹이 주기 체험 등 다양한 즐길 거리가 있어 아이들이 좋아하는 곳. 행복한 소에게 얻은 우유로 만든 아이스크림과 대관령 한우 버거도 맛보길 추천. 정상까지 셔틀버스를 타고 올라갈 수 있다. 입장료 대인 기준 12,000원. 5월~10월 09:00~18:00, 11월~4월 17:30 운영. (54p C:1)

강원 평창군 대관령면 꽃밭양지길 708-9   #풍력발전기 #양몰이공연 #아이스크림

국내 최고의 설질을 자랑하는 스키장. 21개 면의 다양한 슬로프를 갖추고 있다. 스키하우스에서 입장권 구매, 장비 대여, 식사까지 해결할 수 있다. (54p A:2)

강원 평창군 봉평면 면온리 1106-6
#설질 #스키장 #슬로프

평창 육백마지기 [추천] "별빛이 쏟아지는 그림같은 풍경"

허브나라농원
"허브와 꽃과 함께 하는 힐링"

평창 청옥산 정상에 펼쳐진 평탄한 고원지대로, 새하얀 풍력발전기를 중심으로 주변에 들꽃이 넓게 피어나 사진촬영 명소가 되었다. 특히 6월부터는 계란을 닮은 샤스타데이지 꽃이 만개해 이곳을 찾는 이들이 많다. 육백마지기 옆에 육십 마지기라 불리는 또 다른 언덕도 있는데, 2~30분이면 정상에 도착하니 함께 방문해 봐도 좋겠다. (54p B:3)

강원 평창군 미탄면 평안한치길 721-98   #풍력발전기 #꽃단지 #사진촬영

허브와 꽃길이 이어진 힐링 여행지로, 로맨틱한 분위기 덕분에 이곳을 찾는 연인들과 가족 여행객이 많다. 100여 종류의 허브가 자라고 있는 허브향 가득한 농장뿐만 아니라 허브 공방, 박물관, 갤러리 등을 함께 운영한다. 식당에서 판매하는 허브 비빔밥도 유명. (54p A:2) 사진ⓒ한국관광 콘텐츠랩-이범수

강원 평창군 봉평면 흥정계곡길 225

봉평 메밀꽃밭 "메밀전도 먹고 메밀꽃도 보고"

봉평메밀미가연 [맛집]
"은은한 단맛과 쫄깃한 식감, 100% 메밀국수"

봉평 메밀꽃밭은 근처 이효석문학관에 주차하고 조금 내려오면 나온다. 10월보다는 9월쯤에 꽃이 더 많이 핀다. 이효석의 '메밀꽃 필 무렵'에 봉평장터가 주요 배경으로 나온다. 근처에 봉평장터가 있는데, 끝자리 2일과 7일에 장이 선다. (54p A:2)

강원 평창군 봉평면 창동리 707-2
#메밀꽃 #이효석문학관 #봉평장터

깔끔한 맛을 자랑하는 메밀 요리 전문점. 메밀싹 육회, 메밀싹 묵무침 등 다양한 메밀요리를 맛볼 수 있다. 미가면이 대표 메뉴. 매콤한 메밀 비빔 국수도 추천. 봉평 5일 장날이나 주말, 공휴일에는 웨이팅이 있는 편. 미가면 12,000원. 10:00~17:00 영업, 매주 수요일 휴무. 재료 소진 시 마감. (54p A:2)

강원 평창군 봉평면 기풍로 108
#100%메밀 #육회 #메밀싹

오대산 추천 "울창한 숲길에서 즐기는 진정한 힐링"

고산 지대임에도 비교적 부드러운 능선이 이어져 가족 단위 등산객에게 인기가 좋은 곳. 월정사, 상원사 등 천년 고찰을 품고 있으며 소금강 계곡은 뛰어난 풍경을 자랑한다. 한국의 3대 전나무 숲 중 하나로 손꼽히는 월정사 전나무 숲길은 드라마 '도깨비'의 촬영지로도 유명하다. 가을 단풍 시기가 지나 겨울이 오면 고요한 설경이 펼쳐져 몽환적인 분위기. 숲속을 걸으며 마음속 걱정을 내려놓아 보는 건 어떨까. (54p B:1)

강원특별자치도 평창군 진부면 동산리 산1   #가족등산객 #천년고찰 #전나무숲길

감자네 맛집 "27년째 운영되는 닭볶음탕 맛집"

@pbpbvv

30년 전통 닭볶음탕 맛집. 신선한 재료와 손맛이 더해져 깊은 감칠맛이 뛰어나며 곤드레밥, 모둠전, 콩나물냉국, 밑반찬 5종이 함께 세팅된다. 돌솥에 갓 지은 따뜻한 곤드레밥을 닭볶음탕 국물에 비빈 다음 김에 싸 먹으면 더 맛있다. 11:00~20:30 영업, 매주 화요일 휴무. (54p B:2)

강원 평창군 진부면 방아다리로 360   #닭볶음탕맛집 #곤드레밥 #평창맛집

오대산 선재길 단풍
"온가족이 같이 걸을 수 있는 단풍길"

월정사 전나무 숲길에서 상원사까지 단풍이 절정인 산책길. 단풍 계절이 아니더라도 걸으며 사색하기 좋다. 대부분 평지이고 가을이면 계곡을 따라 단풍이 아름답기로 유명하다. 어린이도 쉽게 걸을 수 있을 만큼 길이 잘 정비되어 있으며, 단풍길은 총 9km로 걸어서 3시간가량 소요된다. (54p B:1)

강원 평창군 진부면 동산리 산1
#월정사 #단풍길 #산책

엄지네포장마차 맛집
"신선한 꼬막과 육회 맛 평이 좋은 곳"

@siri.jung.1

100% 국산 꼬막을 취급하여 음식이 제공된다. 주메뉴로는 꼬막무침, 꼬막무침비빔밥, 육사시미가 있다. 꼬막비빔밥은 쪽파, 고추가 들어있어 매콤한 맛과 간장, 들기름의 고소한 맛을 자랑한다. 대부분은 3만 원대 가격으로 2인 기준이다. 연중무휴, 포장 가능 (55p D:1)

강원 강릉시 경강로2255번길 21
#국산꼬막 #꼬막비빔밥 #꼬막무침

하슬라 아트월드 `추천` "시원한 바다를 원형 프레임에 담아보자"

언덕 위에 위치해 아름다운 동해와 숲을 배경으로 다양한 예술 작품을 감상할 수 있는 곳이다. 현대 미술관과 피노키오 & 마리오네트 박물관, 터널 미술관이 조성되어 있고, 도자기, 목공예 등 다양한 체험도 이루어져 즐길 거리가 풍성하다. 야외 공원에는 수많은 조각 작품이 펼쳐져 있으니 산책하며 둘러보길 추천. 원형 포토존 앞에서 동해의 푸른 바다를 액자처럼 담아보자. 관람권 성인 기준 17,000원, 체험 비용 별도, 사전 예약제. 매일 09:00~18:00 운영. (55p D:1) 사진ⓒ한국관광 콘텐츠랩

강원 강릉시 강동면 율곡로 1441　　#미술관 #야외조각공원 #원형포토존

안반덕(안반데기) `추천` "가슴이 뻥 뚫리는 느낌을 받고 싶다면 고~"

안반데기는 해발 1100m의 고산지대에 있는 고랭지 채소밭이 있는 곳이다. 떡메로 떡을 칠 때, 밑에 받치는 안반처럼 평평하게 생겼다고 해서 이런 이름이 붙었다. 고랭지 배추밭이 산등성으로 넓게 펼쳐져 있고 그 위에 풍력발전소가 있어 특이하고 이국적인 느낌이 든다. (54p C:2)

강원 강릉시 왕산면 안반덕길 428　　#고산지대 #고랭지밭 #풍력발전소

정동진 해변 및 정동진역 `추천` "기차에서 내리면 바다가 보일 거야"

서울 광화문에서 정 동쪽에 위치해 이름 붙여진 곳. 바다와 가장 가까운 기차역으로 기네스북에 등재된 정동진역과 아름다운 해변이 어우러진 대표적인 관광 명소이다. 기차에서 내리는 순간 푸른 바다와 마주할 수 있어 더 특별한 곳. 우리나라에서 가장 먼저 해가 뜨는 곳 중 하나로 알려져 있어 매년 1월 1일이면 해돋이를 보기 위해 수많은 사람이 찾는다. 해변을 따라 잘 조성된 산책로와 드라마 '모래시계' 촬영지가 있으니 둘러볼 것. 레일바이크를 타고 바다 옆을 달려보아도 좋다. (55p D:2)

강원 강릉시 강동면 정동역길 17　　#바닷가기차역 #해돋이명소 #레일바이크

정동진 레일바이크
"아이들과 커플과 함께하는 레일바이크"

정동진 바닷바람을 맞으며 달리는 레일바이크. 정동진역과 모래시계 공원에서 탑승할 수 있으며, 레일바이크 탑승 시 포토존에서 사진을 남겨준다. 2인승, 4인승 바이크를 함께 운영한다. (55p D:1)

강원 강릉시 강동면 정동진리 303
#정동진레일바이크 #바다 #정동진

정동진 선크루즈 "해안 절벽 위 거대한 크루즈 리조트"

정동진 해안 절벽 위에 아찔하게 들어선 거대한 크루즈 테마 리조트. 정동진을 상징하는 랜드마크이자 포토존이다. 해발 60m 위치한 덕분에 내부에서 동해의 일출을 시원하게 감상할 수 있어 해돋이 감상 최적의 장소이다. 10층 라운지는 360도로 회전해 정동진의 풍경을 파노라마로 바라볼 수 있으니 방문해 볼 것. 리조트 주변 정원에는 아름다운 조각 작품이 조성되어 있으니 감상하며 산책해 보자. (55p D:2)

강원 강릉시 강동면 헌화로 950-39　　#해안절벽 #크루즈테마 #해돋이명소

안목해변 커피거리 추천 "아름다운 해변을 바라보며 즐기는 커피 한 잔"

해변을 따라 수십 곳의 크고 작은 카페가 모여 있는 곳. 대부분 통유리 건물로 푸른 동해를 바라보는 오션뷰 카페가 많다. 조금 지겨운 획일적인 프랜차이즈 카페 대신, 고유의 로스팅 기술과 핸드드립 커피를 선보여 취향에 따라 선택해 즐길 수 있다. 카페에서 마음에 드는 커피를 테이크아웃해 안목해변을 거닐며 마셔보길 추천. 주말에는 창가 자리 경쟁이 치열하니 이른 시간이나 늦은 저녁에 방문할 것. 루프탑 감성 맛집 '보사노바', 블루리본 '카페 뤼미에르' 등 인기. (55p D:1)

강원 강릉시 창해로14번길 20-1   #안목해변 #로스팅 #오션뷰

강릉선교장 추천 "조선 시대 사대부의 품격"

원형이 거의 훼손되지 않고 잘 보존된 조선 시대 사대부 저택이다. 이곳의 백미는 사계절 아름다운 분위기를 자아내는 연못과 정자인 활래정. 선교장을 중심으로 아름다운 소나무로 둘러싸인 숲길은 야간에는 조명이 켜져 더 분위기 있는 산책을 즐길 수 있다. 숙박형 체험 프로그램, 하루의 쉼을 담은 감성 스테이 운영. 오죽헌과 가까워 하루 코스로 함께 방문하기 좋다. 관람료 성인 기준 5,000원. 매일 09:00~18:00 운영. (54p C:1)

강원 강릉시 운정길 63   #사대부저택 #활래정 #감성스테이

아르떼뮤지엄 강릉
"백두대간과 첨단 미디어 아트의 만남"

빛, 소리, 향이 결합한 몰입형 미디어 아트 전시관. 영원한 자연을 주제로 강원도 백두대간의 웅장한 지형과 아름다운 사계절을 담은 초현실적인 미디어 아트를 선보인다. 거대한 폭포와 파도, 호랑이와 꽃 등 압도적인 영상 속에 빠져들어 새로운 차원의 시공간 경험을 즐길 수 있는 공간으로 인기. 매일 10:00~20:00 운영. (55p D:1) 사진ⓒ한국관광 콘텐츠랩

강원 강릉시 난설헌로 131
#자연 #미디어아트 #몰입

경포해변

경포해변 (추천) "강릉 여행 필수 코스, 푸른 동해의 매력을 만끽해 보자"

넓은 백사장과 청량한 바다, 아름다운 해안 소나무 숲이 어우러진 동해안 대표 해수욕장. 해변을 따라 데크 산책로가 잘 조성되어 있고, 각종 편의 시설이 갖추어져 있어 사계절 많은 사람이 찾는다. 특히 가족 단위 여행객에게 인기. **봄철 경포호 벚꽃 축제 기간이나 강릉 비치 비어 페스티벌 시기**에 맞추어 방문하면 더 큰 즐거움을 느낄 수 있다. 해변 주변에 공영 주차장이 마련되어 있으나 성수기에는 일찍 만차되니 주의할 것. (55p D:1)

강원 강릉시 강문동 산1   #경포호 #축제 #해송

허균.허난설헌생가터 "남매의 문학적 정취가 느껴지는 역사 문화 공간"

조선 시대 천재 시인 허난설헌과 한국 최초의 소설 '홍길동전'의 저자 허균이 태어난 곳으로, 넓은 허균·허난설헌 기념공원 내에 있다. 전통 한옥과 소나무 숲길, 생태 연못이 어우러져 고요히 사색하기 좋은 공간. 입장권과 주차비 모두 무료. 09:00~18:00 운영, 매주 월요일 휴무. 공원 내 초희 전통차 체험관에서는 매주 목~일, 12:00~17:00까지 고풍스러운 한옥에 앉아 다도 체험을 할 수 있으니 참고할 것. (55p D:1)

강원 강릉시 난설헌로193번길 1-16   #문학가 #전통한옥 #다도체험

강릉 경포호

"자전거 타고 호수 한 바퀴 어때? 사계절 아름다운 강릉 랜드마크"

경포 해변과 함께 강릉을 대표하는 관광 명소. 호수 주변으로 산책로가 조성되어 있어 산책하기 좋은 곳. 자전거를 타고 시원한 바람을 맞으며 호수 둘레길을 도는 것이 인기 관광 코스이다. 특히 봄이 되면 호수를 둘러싼 아름다운 벚나무들이 일제히 만개해 장관을 이루는데 푸른 호수와 하얀 벚꽃이 어우러진 모습이 아름답다. 벚꽃 축제까지 열리는 전국적인 봄철 꽃놀이 명소. 호수 근처 경포대, 오죽헌, 선교장과 함께 둘러볼 것을 추천. (55p D:1)

강원 강릉시 초당동 459-28
#호수둘레길 #자전거 #벚꽃명소

경포가시연습지 "신비로운 가시연으로 가득한 강릉 연꽃 맛집"

연꽃이 가득 피어 장관을 이루는 여름철 명소이자 생태습지공원. 가시연은 연꽃의 일종으로, 가시처럼 뾰족한 모양과 자주색 빛깔을 띠어서 신비의 꽃이라고 불린다. 7~8월이면 이곳에 핀 가시연을 볼 수 있다. 습지 사이사이로 데크 산책로와 포토존이 잘 조성되어 있어 산책하며 사진을 남기기 좋다. 경포호와 나란히 있어서 함께 둘러보는 것을 추천한다. 입장료 무료. (47p E:2)

강원 강릉시 운정동 643　　#연꽃 #가시연 #여름 #습지공원

경포호수광장 "사시사철 아름다운 공원에서 잠시 쉬어가기"

경포호의 풍경을 감상하기 좋은 공원. 경포호 한 바퀴를 돌 수 있는 둘레길과 연결되어 있으며, 다 돌기 부담스럽다면 이곳 광장 주변만 둘러봐도 좋다. 벚꽃, 튤립, 코스모스 등 계절별로 다양한 꽃을 볼 수 있어 꽃놀이 스폿으로도 제격. 벚꽃축제, 등축제 등 경포호에서 열리는 축제의 주된 장소이기도 하다. 아쉽게도 반려동물 출입은 금지된다. (47p E:2)

강원 강릉시 초당동 459-28
#둘레길 #벚꽃명소 #축제

대관령 자연휴양림
"힐링되는 소나무 숲길"

1988년 한국 최초의 자연휴양림으로, 103km에 이르는 금강소나무 숲길이 유명하다. 해발 200m부터 정상까지 이곳이 자랑하는 소나무 숲길이 이어진다. 힐링 프로그램 및 숲 체험 프로그램을 운영하고 있으며, 숲 나들이 사이트를 통해 숲속의 집, 산림문화휴양관 등 시설 예약도 가능하다. (foresttrip. go.kr) (54p C:2) 사진ⓒ한국관광 콘텐츠랩

강원 강릉시 성산면 삼포암길 133
#금강소나무 #소나무숲길 #트래킹

만동제과 [빵집] "마늘 소스가 듬뿍 적셔진 촉촉하고 진한 '마늘바게트'의 강자"

강릉 중앙시장 근처 빵지순례 필수 코스로 불리는 곳. 대표 메뉴는 단짠코 마늘바게트인데, 보통 바삭한 일반 마늘바게트와 달리 이곳은 크리미하고 부드러운 식감이 차별점이다. 진하고 꾸덕한 마늘 소스 맛이 압권. 호두베이글에 양파크림을 바른 어니언베이글도 인기 있다. 마늘바게트 7천 원대. 매일 11:00~18:00 운영, 빵 소진 시 마감. (55p D:1) 사진ⓒ한국관광 콘텐츠랩

강원 강릉시 금성로 6 1층 만동제과
#마늘바게트 #어니언베이글

강릉빵다방 [빵집] "떡처럼 쫀득한 인절미 크림빵 맛 볼 사람!"

떡 좋아하는 사람이라면 입맛을 저격당할 '인절미 빵'의 원조. 인절미 크림빵은 콩가루로 덮인 찰떡 느낌의 빵 안에 부드러운 크림과 팥앙금이 가득 채워져 있어 고소함이 깊고 진하다. 이름이 재밌는 대머리독수리는 안에 진한 황치즈가 가득 들어 있다. 인절미 크림빵은 계산대에 따라 포장되어 있으니 참고. 크림빵 4천 원대. 화~일 12:00~19:00 운영. 매주 월요일 휴무. 사진ⓒ한국관광 콘텐츠랩

강원 강릉시 남강초교1길 24 강릉빵다방
#인절미크림빵 #콩가루 #대머리독수리

오죽헌 [추천] "신사임당과 율곡의 숨결을 느껴보자"

강릉 하면 떠오르는 역사 명소. 우리나라 화폐 속 두 위인, 신사임당과 그의 아들 율곡 이이가 태어난 곳이다. 조선 초기 양반집의 전형을 보여주며 주변을 둘러싼 전통 정원이 고즈넉하고 아름답다. 신사임당이 율곡 이이를 낳은 오죽헌과 검은 대나무를 배경으로 기념사진을 남겨볼 것. 율곡 기념관과 오죽헌시립박물관이 함께 있어 아이를 동반한 가족 단위 방문객에게 인기. 아이와 함께 오천 원권 지폐 속에 담긴 장소들을 찾아보아도 좋다. 관람료 성인 기준 3,000원. 매일 09:00~18:00 운영. (55p D:1)

강원 강릉시 율곡로3139번길 24   #신사임당 #율곡이이 #화폐

강릉짬뽕순두부 동화가든 본점
[맛집] "강릉 명물 짬뽕 순두부를 처음으로 선보인 식당"

초당 순두부마을에서 순두부보다 더 유명해진 '짬순' 전문점. 짬순은 짬뽕과 순두부를 결합한 요리로, 고소한 국산 콩 순두부에 매콤한 국물 맛이 어우러져 한국인이라면 누구나 좋아할 만하다. 함께 판매하는 국산콩 청국장과 각종 두부 요리들도 구수한 맛이 일품이다. (55p D:1) 사진ⓒ한국관광 콘텐츠랩

강원 강릉시 초당순두부길77번길 15
#짬순 #순두부 #두부요리

돌체테리아 `빵집`
"트렌디한 구움과자가 인기인 디저트 맛집"

@dolce_teria_official

강릉의 떠오르는 디저트 맛집. 솔티 바닐라 휘낭시에, 뽀또 다쿠아즈, 크림브륄레 에그타르트 등 트렌디한 구움과자가 인기 있다. 생초코 식빵, 샌드위치도 함께 판매하니 함께 구매하는 것을 추천. 택배 주문도 운영하는데 콘서트 티켓팅만큼 어렵다고 소문날 정도. 구움과자 3~5천 원대. 목~일 12:00~18:00 운영. 월~수 휴무.

강원 강릉시 하슬라로206번길 4-3 1층
#솔티바닐라휘낭시에 #구움과자

바로방 `빵집` "강릉 노포, 추억의 야채빵이 있는 곳"

강릉 현지인들에게 오래 사랑 받아온 동부시장 옆 로컬 빵집. 이곳의 시그니처는 아삭한 소가 가득 들어간 야채빵, 너무 달지 않아 인기있는 단팥빵, 바삭 쫀득한 생도넛 등 정겨운 빵들이다. 최근 더 넓은 곳으로 확장 이전했지만, 옛날 다방 같은 특유의 레트로 분위기는 그대로 유지되고 있다. 1~2천 원대. 매일 10:00~23:00 운영.

강원 강릉시 옥가로 14
#야채빵 #생도넛 #레트로느낌

주문진 수산시장 "싱싱한 해산물 및 생선구이를 먹을 수 있는 곳"

동해안에서 손꼽는 수산시장으로 강릉 대표 관광 명소이다. 사계절 내내 오징어, 복어, 대게 등 싱싱한 제철 수산물이 넘쳐나는 활기찬 공간. 동해에서 잡아 올린 자연산 수산물을 전문으로 판매한다. 신선한 회와 게, 생선구이를 맛본 후 건어물 쇼핑까지 야무지게 즐겨보자. 매일 07:00~22:00 영업. (54p C:1)

강원 강릉시 주문진읍 주문리 312-260   #동해안 #강릉명소 #오징어

@ddubi.ddungbob

참소리 에디슨 과학박물관 "에디슨의 발명품이 궁금하다면"

소리의 역사와 과학 기술의 발전을 체험할 수 있는 곳, 참소리 축음기 박물관과 에디슨 과학 박물관, 손성목 영화 박물관 세 가지 테마로 구성되어 있다. 축음기와 라디오 등 소리를 들려주는 기기의 역사를 다룬다. 축음기, 전구, 영사기 등 에디슨이 발명한 물품도 살펴볼 수 있는 곳. 세계 최초의 축음기인 에디슨 틴포일을 직접 볼 수 있다. 경포호 근처. 입장료 성인 기준 18,000원. 운영 시간 및 화요일 운영 유동적. 사전 확인 필수. (55p D:1)

강원 강릉시 경포로 393   #소리박물관 #에디슨 #발명품

주문진해변 "이번 여름 해변 축제 어때?"

강릉에서 양양으로 가는 길목에 위치한 해변으로 깨끗한 수질과 넓은 백사장을 자랑한다. 해변 뒤편 울창한 소나무 숲도 아름다운 곳. 매년 여름 해변 축제가 열리는 곳으로 인근 주문진항에서 쫄깃한 주문진 오징어 축제도 열려 사계절 내내 많은 관광객이 찾아온다. 근처 BTS 버스 정류장도 함께 들러 사진을 남겨길 추천. (54p C:1)

강원 강릉시 주문진읍 주문북로 210

#해변축제 #주문진 #BTS

천곡황금박쥐동굴
"황금박쥐가 사는 도심 속 동굴"

멸종위기종 1급인 황금박쥐가 서식하는 국내 유일 도심 속 석회암 동굴이다. 약 4~5억 년 전 생성된 동굴 내부에는 종유석, 석순, 석주 등 신비로운 석회암 지형 어우러져 장관을 이룬다. 연중 14~15℃를 유지해 여름철에 인기. 경이로운 자연의 세계를 보고, 배울 수 있다. 7~8월 08:30~19:30, 그 외 기간은 08:30~18:00 운영. (55p E:2)

강원 동해시 동굴로 50

#황금박쥐 #석회암동굴 #자연

추암해변 촛대바위 추천 "애국가 첫 장면의 장소로 쓰일 만큼 멋지다"

촛대 모양의 기암 바위들 배경으로 일출이 끝내주는 곳. 주변에 둘레길이 있어 산책하기 좋다. 애국가 첫 화면으로 등장하는 곳이 바로 이 촛대바위다. (55p E:2)

강원 동해시 북평동 촛대바위길 28   #애국가배경 #일출명소 #해안절경

묵호항 추천 "동해 여행 핫플레이스는 여기 다 있네!"

과거 석탄 수출입과 어업의 중심지였던 역사 깊은 항구. 지금은 묵호항을 중심으로 벽화마을로 유명한 논골담길, 묵호등대, 도째비골 스카이밸리 등 동해의 핫플레이스들이 모여있다. 항구에서 새벽에 잡아 올린 싱싱한 자연산 활어회와 대게, 홍게도 맛볼 것. 여름철 시원하게 즐길 수 있는 물회와 진짜 대게가 들어간 대게 빵도 유명하다. 식사 후 논골담길에서 바다를 배경으로 벽화와 함께 인생 사진을 남겨 보길 추천. (55p E:2)

강원 동해시 일출로 22 　#자연산활어 #논골담길 #핫플

도째비골 스카이밸리 추천 "푸른 바다 위, 짜릿한 액티비티 천국"

도깨비를 테마로 조성된 이색 해안 관광 명소. 아찔한 절벽 위 스카이워크는 바닥이 투명하여 푸른 바다 위를 걷는 듯한 짜릿한 스릴을 느낄 수 있다. 공중 자전거 스카이사이클과 높이 27m 자이언트 슬라이드 등 짜릿한 액티비티를 즐길 수 있는 곳. 스카이사이클 15,000원, 자이언트 슬라이드 3,000원, 10:00~18:00 운영, 매주 월요일 휴무. (55p E:2)

강원 동해시 묵호진동 2-109 　#도깨비 #액티비티 #스카이사이클

삼척해양레일바이크
"동해와 해송 숲을 한눈에 담다"

궁촌정거장과 용화정거장 사이, 동해를 따라 운행되는 해양 레일바이크. 동해와 해송 숲, 기암괴석을 모두 관찰할 수 있다. 체험 도중 만날 수 있는 루미나리에와 레이저 쇼도 인상적이다. 2인승, 4인승 바이크를 운영하며 예약은 인터넷 홈페이지를 통해서만 가능하다. 탑승 시간 평균 1시간. 2인승 25,000원, 4인승 35,000원. 매주 2, 4번째 수요일 휴무. (55p F:3)

강원 삼척시 근덕면 궁촌리 146-10
#삼척해양레일바이크 #동해 #레일바이크

무릉별 유천지 "옛 석회석 채광지에서 즐기는 보랏빛 장관"

석회석 폐광산을 재생해 만든 복합 체험 유원지. 스카이글라이더, 알파인코스터, 오프로드 루지 등 짜릿한 액티비티를 즐길 수 있다. 매년 6월 라벤더 축제가 열려 보랏빛 장관을 이루는 곳. 두미르 전망대에 오르면 주변의 수려한 자연 경관을 한눈에 감상할 수 있다. 09:30~17:30, 야간 개장 시 09:30~22:00 운영, 매주 월요일 휴무. (55p D:3)

강원 동해시 이기로 97 #석회석채광지 #체험유원지 #라벤더축제

맹방해수욕장 추천 "BTS 순례지, '버터' 촬영했던 그곳"

BTS가 '버터' 앨범 재킷을 촬영했던 해수욕장. 아미들에겐 순례지로 꼽힌다. 촬영 때 쓰였던 소품들 그대로 설치되어 있어 그 느낌과 감성을 살려 사진 찍기 좋다. 얕은 수심과 맑은 물, 소나무 산책길도 좋아 여름철 여행지로 딱이다. 해변 남쪽 끝에 덕봉산이라는 작은 산이 있어 더 아름다운 풍경을 이룬다. 조용하고 여유로운 분위기가 매력적인 곳으로 가족, 연인, 친구 누구와 방문해도 좋다. (55p E:3)

강원 삼척시 근덕면 #여름여행지 #얕은수심 #BTS순례지

삼척 맹방 유채꽃마을 벚꽃길
"연인, 친구와 함께 동해 드라이브 코스"

7번 국도 동쪽 삼척 맹방 유채꽃 마을 사이를 지나는 4.5km 벚꽃 가로수길을 양옆으로 노랗게 물들인 7ha 규모의 유채꽃밭. 벚꽃이 피어난 드라이브 코스를 지나며 벚꽃, 유채꽃, 동해를 모두 감상할 수 있고, 매해 봄마다 유채꽃 축제도 개최된다. (55p E:3) 사진ⓒ한국관광콘텐츠캡

강원 삼척시 근덕면 상맹방리 505
#삼척맹방 #유채꽃축제 #벚꽃길

용화해수욕장 "아담하고 사랑스러운 해변"

삼척에서 24km가량의 거리에 위치한 한적한 시골 어촌마을. 백사장 길어 1km로 작은 규모로, 조수 간만의 차가 없고 파도도 높지 않아 아이들이 놀기에 제격이다. (55p F:3)

강원 삼척시 근덕면 용화리 226-1
#삼척 #어촌마을 #아이와함께

삼척해상 케이블카 `추천` "삼척 바다를 내려다 보는 짜릿함"

임원 해수욕장
"조용한 가족만의 여행을 꿈꾼다면!"

백사장 길이 200m, 폭 50m로 아담한 해수 욕장. 주변 임원항 방파제에서는 전국 제일의 감성돔 낚시터가 있다. (47p F:3) 사진ⓒ한국관광 콘텐츠랩

강원 삼척시 근덕면 장호리 413-8
#임원항 #감성돔낚시 #아담한해수욕장

삼척시 근덕면 용화리와 장호항을 잇는 케이블카로, 25명 수용 가능한 케이블카 2대가 운영 된다. 편도 10분 소요. 케이블카 너머 내려다보이는 장호항은 한국의 나폴리라는 별명답게 아 름다운 풍경을 보여준다. 케이블카 매표소 근처인 궁촌 정거장, 용화 정거장에 방문해 이색 해 양 레일바이크도 함께 즐겨보자. 이용료 대인 기준 10,000원. 매일 09:00~1800 운영, 유동 적이므로 방문 전 확인 필수. (55p F:3)

강원 삼척시 근덕면 장호항길 12-10   #케이블카 #해변전망 #레일바이크

장호해수욕장 "장호항 근처, 한국의 나폴리"

삼척에서 24km가량 잔잔하고 아름다운 해수욕장. 천연 바람막이 지형 덕분에 안전한 물놀이를 즐길 수 있어 가족 단위 방문객이 많다. 장호항 에서 나오는 싱싱한 해산물을 맛볼 수 있으며, 낚시하기에도 좋은 곳. 물이 맑아 스노클링, 투명 카누 등 다양한 해상 액티비티를 경험해 볼 것을 추천. (55p F:3)

강원 삼척시 근덕면 장호리 413-8   #장호항 #낚시 #스노클링

초곡용굴 촛대바위길
"바다를 따라 걷는 길"

구렁이가 용으로 승천한 곳이란 전설을 지닌 곳. 멋진 바위들 사이로 데크길이 나 있는데, 바다를 끼고 걸을 수 있어 매우 짜릿하다. 바다 위를 걷는 기분을 느끼게 해주는 탐방로가 아주 인상적이다. 바로 눈앞에서 해안절경을 느낄 수 있어 방문객들의 만족도가 매우 높다. 그간 아는 사람들만 찾던 숨은 명소에서 점점 유명세를 얻고 있는 중이다. (55p F:3)

강원 삼척시 근덕면 초곡길 236-20
#에머랄드빛바다 #해안데크길 #해안탐방로

쏠비치 삼척 "프라이빗 비치가 있는 지중해풍 리조트"

그리스 산토리니를 모티브로 설계된 지중해풍 리조트. 푸른 바다와 하얀 건물이 어우러진 산토리니 광장이 시그니처 공간. 전용 해변인 프라이빗 비치와 연결되어 있다. 주요 시설로는 동해를 바라보는 야외 스파와 워터파크를 갖추어 물놀이와 휴식을 즐길 수 있는 '오션플레이', 절벽 끝에 위치한 카페 '마마티라', 프리미엄 뷔페 '셰프스 키친' 등이 있다. 배 모양 2층 침대가 있는 키즈 전용 객실과 반려동물 동반 가능한 펫 객실을 운영한다. (55p E:3) 사진ⓒ소노호텔앤리조트

강원 삼척시 수로부인길 453   #산토리니 #프라이빗비치 #오션플레이

하이원 추추파크

하이원 추추파크 추천
"기차 러버 어린이들은 여기로!"

국내 최초 철도 체험형 리조트. 산악 지형을 따라 다양한 기차 체험을 즐길 수 있다. 스위치백 트레인과 미니트레인, 레일바이크는 물론 관람차, 회전목마, UFO스윙 등 놀이기구 3종 등 즐길 거리가 풍부하다. 기차를 테마로 한 트레인빌, 글램핑장 등 다양한 형태의 숙박 시설이 있어 편안하게 머물 수 있는 곳. 스위치백 트레인 1인 왕복 20,000원. 각 체험 시설 운영 시간상이, 방문 전 확인 필수. (47p E:3) 사진ⓒ한국관광 콘텐츠랩

강원 삼척시 도계읍 심포남길 99
#스위치백 #레일바이크 #철도체험

하이원추추파크 스위치백트레인
"지그재그 달리는 증기기관차에서의 추억"

옛날 증기기관차의 모습을 그대로 재현한 관광열차. 국내 유일의 스위치백(지그재그) 구간을 운행하는 열차로, 3량짜리 열차칸마다 다른 콘셉트여서 사진을 찍는 재미가 있다. 특히 두 번째 칸은 영화 속에 나오는 듯한 고풍스러운 인테리어가 특징. 중간 정차역에서 30분간 정차해 식사를 할 수도 있다. 왕복 1시간 50분 소요. 1인 왕복 20,000원. 정확한 운행 시간표는 홈페이지 확인. (47p E:3)

강원 삼척시 도계읍 심포리 223-3   #증기기관차 #이색체험 #포토존

하이원추추파크 레일바이크
"이렇게 짜릿한 레일바이크는 처음이야"

해발고도 720m에서 경험하는 산악형 바이크. 최고 시속 25km로, 초반에만 페달을 조금 밟으면 이후로는 내리막길이 이어져 꽤 빠른 속도감을 즐길 수 있다. 옛 영동선 철길을 달리며 터널 구간도 통과해 재미를 더한다. 약 30~40분 소요. 2인승 30,000원, 4인승 40,000원. 평일 09:30~16:30, 주말 09:30~ 16:50 운영, 정확한 운행 시간표는 홈페이지 확인. 12~3월 동계 기간에는 미운행. (47p E:3)

강원 삼척시 도계읍 심포리 229-1
#산악레일바이크 #영동선철길 #액티비티

부일막국수 맛집
"부드러운 수육과 막국수가 맛있는 곳"

막국수 전문점으로 수육도 맛있는 곳. 메밀면 위에 오이와 무절임 고명이 올려져 나오는 막국수는 고소한 맛과 감칠맛이 어우러져 입맛을 돋운다. 취향에 맞게 설탕이나 식초를 더해 즐겨보자. 얇게 썰어 나오는 부드러운 수육과 아삭한 배추김치의 합이 좋은 곳. 11:00~15:30 영업, 매주 화요일 휴무. (55p E:3)

강원 삼척시 새천년도로 596
#막국수 #부드러운수육 #메밀면

해신당공원 "친한 사람끼리만 갈것!"

해신당 공원은 어촌민속전시관과 해학적인 웃음을 자아내는 남근 조각공원으로 구성되어 있다. 남근 조각공원에는 성인 조각이 야외에 대놓고 전시되어 있어 같이 가는 사람을 잘 생각해 보고 방문하시길 바란다. (47p F:3) 사진ⓒ한국관광 콘텐츠랩

강원 삼척시 원덕읍 삼척로 1852-6
#삼척 #해신당공원 #남근조각

환선굴 추천 "거대한 석회암 동굴의 신비"

약 5억 3천만 년 전에 형성된 것으로 추정되는 석회암 동굴. 깜짝 놀랄 만큼 웅장한 규모를 자랑한다. 동굴 내부는 폭포, 동굴 호수, 종유석 등 다양한 동굴 생성물들이 어우러져 신비한 분위기. 환선굴 입구까지 걸어서도 갈 수 있지만 모노레일을 타고 올라가는 것을 추천한다. 내부 온도가 낮아 겉옷을 챙겨 가는 것이 좋다. 입장료 대인 기준 4,500원, 모노레일 왕복 7,000원. (55p D:3)

강원 삼척시 신기면 환선로 800   #석회암동굴 #폭포 #모노레일

갈남항 "스노클링의 성지"

물이 워낙 맑아 스노클링 명소로 꼽히는 곳. 바다 왼쪽 끝엔 두 개의 바위가 있는데, 이 사이에서 찍는 사진이 인기다. 바위 사이로 예쁜 갈남항 해변을 담을 수 있어 인스타 명소로 꼽힌다. 바다는 수심이 다양하여 스노클링을 하기에도, 수영을 하기에도 좋다. (55p F:3)

강원 삼척시 원덕읍 갈남리 99-20
#스노클링 #프리다이빙 #맑은물

태백 고생대자연사박물관
"고생대부터 신생대까지!"

구문소 지역의 고생대 자연환경과 생물의 역사를 전시해놓은 박물관. 고생대부터 신생대까지 다양한 동식물 정보를 전시하고 있다. 구문소 지역 일대는 국내 유일하게 전기 고생대 지층 질서가 연속되어 관찰되고, 중기 고생대 부정합면을 관찰할 수 있는 곳으로 유명하다. 성인 기준 2,000원. 09:00~18:00 운영, 매주 월요일 휴관. (47p E:3) 사진ⓒ한국관광 콘텐츠랩·김지호

강원 태백시 태백로 2249
#고생대 #박물관 #구문소

태백 석탄박물관 "석탄 역사 배우고! 미니 연탄 만들고!"

우리나라의 경제발전에 이바지한 에너지원 석탄. 석탄의 역사와 석탄 산업의 변천사를 보고 배울 수 있는 곳. 석탄의 생성, 채굴, 광산 정보, 탄광 생활 등 다양한 정보가 전시되어 있으며, 실물에 가깝게 구성한 체험 갱도 관에서 광산 노동자들의 노고를 느낄 수 있다. 미니 연탄 만들기, 나만의 광물 만들기 등 다양한 체험 프로그램이 마련되어 있다. 입장료 대인 기준 2,000원. 09:00~18:00 운영, 매주 월요일 휴관. (47p D:3) 사진ⓒ한국관광 콘텐츠랩

강원 태백시 천제단길 195　　#석탄 #채굴 #체험프로그램

태백 바람의 언덕 전망대 추천 "파란 하늘과 초록 배추, 하얀 풍력발전기의 조화"

매봉산 자락, 해발 약 1,300m 고지대에 위치한 곳. 드넓은 언덕, 광활한 고랭지 배추밭과 풍력발전단지를 만들어내는 이국적인 풍경으로 유명하다. 특히 7월 말~8월 초 사이 방문하면 풍성한 배추의 초록 물결과 하얀 풍차가 어우러진 모습을 배경으로 멋진 사진을 남길 수 있다. 실제 농민들이 농사를 짓는 곳이므로 농업 활동에 방해하지 않도록 주의. 진입 통제되는 경우가 있으므로 방문 시기에 맞추어 개인 차량 통행 가능 여부, 셔틀버스 운행 정보를 반드시 확인할 것. (47p E:3)

강원 태백시 창죽동 9-440　　#고랭지배추 #풍력발전단지 #진입통제주의

태백닭갈비 맛집
"육수가 있는 물닭갈비집"

일반적으로 생각하는 닭갈비와 다르게 육수가 있는 물닭갈비 전문점. 5분 정도 끓이면 고기와 육수가 깻잎, 배추 등 채소와 어우러져 매콤한 맛이 좋다. 면 사리를 넣어 먹어도 맛있고, 마지막에 볶음밥을 볶아 먹는 것도 추천한다. 가정집을 개조해서 만든 식당으로 웨이팅 장소는 협소한 편. 10:00~21:00 영업, 매달 1, 2, 3번째 수요일 휴무. (47p D:3) 사진ⓒ한국관광 콘텐츠랩

강원 태백시 중앙남1길 10
#물닭갈비 #가정집개조식당 #매콤

통리탄탄파크 추천
"태양의 후예 덕질(?)은 태백에서"

드라마 <태양의 후예>가 촬영되었던 태백의 통리탄탄파크이다. 2001년 폐광된 삼척탄좌를 그대로 활용하여 예술단지로 변신시켰다. 드라마는 이곳의 옛 창고 건물에서 촬영되었다. 드라마를 아꼈던 시청자라면 이곳에서 어떤 장면이 촬영되었는지 가늠이 될 정도로 익숙하고 반가운 곳들이 많다. 촬영뿐만 아니라 다양한 전시들이 운영 중이니 드라마, 탄광, 예술 전시 등을 함께 즐겨보실 것을 추천한다. 사진ⓒ한국관광 콘텐츠랩

강원 태백시 통골길 116-52
#탄광 #세트장 #미디어아트

태백산 추천 "진달래 바라보며 즐기는 등산의 묘미"

태백산 천제단에서 정상까지 이어진 300m 규모의 진달래 군락지. 철쭉과 고산식물도 함께 감상할 수 있다. 유일사 매표소에서 천제단까지 향하는 4km 유일사 코스, 혹은 백단사 매표소에서 천제단까지 향하는 4km 백단사 코스를 추천한다. 등산에는 왕복 4시간 정도가 소요된다. (47p D:3)

강원 태백시 혈동 산87-2   #태백산 #천제단 #진달래

태백 구와우마을 해바라기 "고원에 핀 100만 송이 해바라기"

태백 구와우마을 고생자원식물원 동편(정문 뒤편)에 있는 해바라기밭. 해발 850m 드넓은 고원에 100만 송이에 이르는 해바라기꽃이 피어난다. 해바라기꽃이 만개하는 7월~8월 사이 태백 해바라기 축제가 진행되는 곳으로, 해바라기뿐만 아니라 코스모스꽃과 숲길 산책도 즐길 수 있다.

강원 태백시 황지동 279   #해바라기 #고원 #축제

몽토랑산양목장
"고원 위 동물농장으로 소풍을!"

@gnieah

해발 800m의 고원에 위치한 목장. 타조, 유산양, 염소, 아기돼지 등 다양한 동물들을 만날 수 있다. 450만 평에 가까운 큰 규모에 초록의 들판과 동물들을 보고 있자면, 이곳이 알프스인지 태백인지 헷갈리고 만다. 목장 안에 카페가 있는데, 산 전체가 내려다보이는 큰 통창으로 산의 능선들은 물론 태백 시내를 한눈에 볼 수 있다. 자연과 함께 힐링여행이 가능하다. (47p D:3)

강원 태백시 효자1길 27-2
#동물농장 #알프스 #아기돼지

원조태성실비식당 맛집
"가성비 좋은 한우갈비 맛집"

강원도 3대 고깃집으로 선정된 가성비 좋은 한우구이 맛집. 한우 생갈비와 양념갈비, 주물럭을 연탄불에 구워 먹는다. 당일 공수한 태백 한우만 취급해 더욱 인기 있다. 밑반찬으로 나오는 물김치와 우거지 된장국도 훌륭하다. (47p D:3) 사진ⓒ한국관광 콘텐츠랩

강원 태백시 황지동 감천로 4
#한우구이 #연탄구이 #갈비살

하이원리조트 스키장
"스키와 백두대간 감상을 한 번에!"

여유로운 초급 코스부터 바라만 봐도 짜릿한 대회전 코스까지 다양한 슬로프를 갖춘 대규모 스키장. 8인승 운탄고도 케이블카와 4인승, 6인승 체어리프트를 운영한다. 마운틴 콘도에서 마운틴 곤돌라에 탑승하여 마운틴 탑으로 이동하면 '구름 담은 카페'에 도착하는데, 360도 회전하는 이곳에서 따뜻한 커피와 함께 백두대간의 절경을 즐겨 보자. 초보자부터 선수 지망생까지 다양한 강습 프로그램 운영. 스키장 매일 09:00~22:00, 구름 담은 카페 10:00~16:00 운영. (47p D:3) 사진ⓒ하이원리조트

강원 정선군 고한읍 하이원길 424
#스키장 #운탄고도케이블카 #백두대간

하이원리조트 "운탄고도 케이블카에서 즐기는 백두대간 뷰의 매력"

해발 1,340m 고지에 위치, 한여름에도 쾌적한 복합 리조트. 국제스키연맹(FIS) 공인 슬로프 포함 총 19면의 슬로프를 갖춘 스키장은 산 정상에서 베이스까지 이어지는 긴 초급 코스가 특징. 정상부에는 눈 테마파크 '스노우 월드'가 있어 래프팅 썰매를 즐길 수 있다. 3m 거대한 파도가 몰아치는 '워터월드', 백두대간 파노라마 뷰 '운탄고도 케이블카' 등 다양한 부대시설을 갖추었다. 국내 유일 내국인 출입이 가능한 강원랜드 카지노 운영. (47p D:3)

강원 정선군 고한읍 하이원길 424   #스노우월드 #워터월드 #운탄고도케이블카

정선 아우라지

"아우라지 처녀의 슬픈 이야기가 전해지는 두 갈래의 물이 만나는 '나루'"

'아우라지'란 두 갈래의 물이 모여 어우러지는 나루라는 의미. 실제로 구절천과 골지천이 만나 흐른다. 강 건너 임을 기다리며 서 있는 아우라지 처녀 상이 이곳의 랜드마크. 사공이 노를 저어주는 전통 나룻배에서 주변 풍경을 감상하며 여유로운 시간을 보내도 좋고, 레일바이크의 종착역 아우라지역 철길을 배경으로 감성 사진을 남겨 보아도 좋다. (54p C:2)

강원 정선군 여량면 여량리 190-3
#아우라지 #처녀상 #나룻배

찬이네 감자탕 맛집

"곤드레가 잔뜩 들어간 깔끔한 감자탕"

@leee5637

감자탕과 갈비찜 맛집. 시래기 감자탕에 곤드레가 들어간 인기 메뉴 곤드레 감자탕은 향이 좋고, 잡내 없이 깔끔한 맛. 마지막은 볶음밥으로 마무리하자. 파채가 듬뿍 올라간 양푼이 매운 갈비찜과 양푼이 매운물갈새찜도 맛있다. 연중무휴, 24시간 영업.

강원 정선군 사북읍 사북중앙로 35
#정부지정안심식당 #곤드레감자탕 #시래기

메밀촌막국수 맛집

"막국수와 곤드레밥으로 유명한 정선 맛집"

명태회와 메밀순이 들어간 메밀 막국수로 유명한 곳. 메밀순이 들어가 그 향이 더 그윽하다. 다양한 산채 나물 반찬이 나오는 곤드레밥 정식과 보쌈 정식도 인기 메뉴. 보쌈은 강원도 황기를 넣어 삶아 만든다. 사진ⓒ한국관광 콘텐츠랩

강원 정선군 고한읍 고한로 79
#메밀막국수 #곤드레밥정식 #보쌈정식

정선 레일바이크 "정선의 자연을 가로지르다"

구절리역에서 아우라지역까지 이어지는 7.2km 길이의 레일바이크. 4인승은 차광막이 없는 것이 더 가벼워 운행하기 좋다. 현장 구매도 가능하지만 대기가 길기 때문에 가급적 예매하는 것을 추천한다. 열차 카페와 여치 모양의 음식점도 운영 중이다. 주변 관광명소로 아리힐스, 화암동굴, 정선 오일장 등이 있다. (54p C:2)

강원 정선군 여량면 구절리 290-82   #레일바이크 #정선 #구절리역

정선 민둥산 "가을여행지로 10월이면 억새꽃축제가 열리는, 억새산"

가을 억새로 유명한 1118.8m의 산. 7부 능선까지는 나무들이 우거져 있는데 정상 부분은 나무가 없어 민둥산으로 불린다. 정상부터 능선을 따라 억새군락지가 형성되어 있다. (54p C:3)

강원 정선군 남면 무릉리 산 135
#민둥산 #가을 #억새

타임캡슐 공원
"타임캡슐에 지금의 추억을 묻어둘 수 있다면"

영화 '엽기적인 그녀'에서 주인공이 타임캡슐을 묻는 장면이 화제가 되어 '타임캡슐 성지'가 된 곳. 사진 찍기 좋은 달빛 소나타 포토존이 마련되어 있다. (53p F:3)

강원 정선군 신동읍 엽기소나무길 518-23
#영화촬영지 #타임캡슐 #시간여행

병방치 스카이워크 추천 "동강을 한눈에, 유리 전망대의 아찔한 매력"

절벽 끝에 설치된 U자 모양 전망대. 바닥이 투명한 유리로 되어 있어 마치 하늘을 걷는 듯한 짜릿함을 즐길 수 있다. 맑은 동강이 휘돌아 흐르며 만들어낸 아름다운 풍경을 감상할 수 있는 곳. 이곳 지형은 한반도의 모습과 매우 닮아 있어 사진으로 남기기에 좋다. 짚와이어 탑승장도 함께 운영되고 있어 동강 위를 가로지르는 아찔한 경험을 함께 즐겨보아도 좋다. 입장료 성인 기준 2,000원. 09:00~18:00 운영, 동절기 10:00~17:00까지, 매주 월요일 휴무. (54p B:3)

강원 정선군 정선읍 병방치길 225   #투명유리바닥 #한반도지형 #짚와이어

병방치짚와이어
"공중에서 만나는 작은 한반도"

정선군 동강과 한반도 모양의 섬 '밤섬'을 가로지르는 짚와이어. 높이 325.5m, 최고 시속 약 100km로 짜릿한 경험을 할 수 있다. 신장 134cm 이하, 200cm 이상, 몸무게 35kg 이하~125kg 이상, 임산부나 심장질환자, 척추질환자 등은 탑승할 수 없으므로 주의. 스카이워크도 함께 이용할 수 있다. (54p C:3) 사진ⓒ한국관광 콘텐츠랩-마이픽처스

강원 정선군 정선읍 북실리 579-7
#정선 #짚와이어 #스카이워크

499

정선 오일장 `추천` "사람들이 모이면 이유 없이 정겨워"

노점과 상점 약 400여 개가 모이는 로컬 장터. 봄에는 제철 산나물, 여름에는 찰옥수수와 감자, 가을에는 버섯과 약초가 시장에 가득하다. 겨울에는 민물고기 탕과 메밀전병, 수수부꾸미가 인기. 구수한 메밀 맛 일품인 콧등치기 국수와 올챙이 모양 올챙이국수도 맛볼 것. 장날 펼쳐지는 흥겨운 공연을 즐겨보아도 좋다. 매월 끝자리가 2와 7인 날 열린다. (54p B:3)

강원 정선군 정선읍 봉양리 349-20   #로컬장터 #오일장터 #제철음식

파크로쉬 리조트앤웰니스 "숙면에 진심, 깊은 산속 웰니스 리조트"

정선의 깊은 산 속에 자리 잡은 웰니스 리조트. 전문가와 함께하는 요가, 피트니스, 명상 등 웰니스 프로그램을 통해 몸과 마음의 에너지를 재충전할 수 있는 곳. 자연을 품은 스파 공간 '아쿠아 클럽', 온실 스타일 음악 감상 공간 '글라스 하우스', 강원 로컬 재료 본연의 맛을 살리는 '파크키친'을 운영한다. 야외 가든 모닥불 존과 오두막 체험, 밤하늘의 쏟아지는 별을 감상하는 루프탑 별보기는 이곳에서만 느낄 수 있는 특별한 경험. '잠'에 진심인 곳으로 수면 특화 침대 및 침구를 제공한다. (54p B:3)

강원 정선군 북평면 중봉길 9-12   #웰니스 #재충전 #수면특화

아라리촌 "정선의 현재와 과거가 만나는 곳"

옛 정선 군민들의 삶을 그대로 복원한 곳. 너와집, 굴피집, 겨릅집 등 강원 산간 지방만의 독특한 전통 가옥들이 정교하게 재현되어 있다. 박지원의 소설 '양반전'을 소재로 한 조형물이 함께 있어 당시 사람들의 생활상도 살펴볼 수 있는 곳. 아리랑 공연 및 양반 증서 체험, 아라리 학당 체험 등이 운영되어 아이와 함께 방문하기에도 좋다. 매일 09:00~18:00 운영. (54p C:3)

강원 정선군 정선읍 애산로 37
#전통문화체험 #전통가옥 #정선아라리

청령포 추천 "단종의 아픔이 담긴 천혜의 감옥"

조선 비운의 왕 단종이 세조에게 왕위를 빼앗기고 유배되었던 아픔의 장소. 외부와 완벽하게 단절되어 나룻배를 타야 들어갈 수 있는 천혜의 감옥. 배를 타는 2~3분의 짧은 시간 동안 서강의 풍경을 감상해 보자. 단종이 머물던 단종 어소와 줄기가 두 갈래로 갈라진 모습의 600년 된 관음송은 반드시 둘러볼 것. 울창한 소나무 숲길을 걸으며 고요한 산책을 즐겨보아도 좋다. 입장료 2,000원, 나룻배 왕복 운임 포함. 09:00~18:00 운영, 매주 월요일 휴무. (53p E:3)

강원 영월군 남면 광천리 산 67-1   #단종유배지 #관음송 #나룻배

영월아프리카미술박물관
"여행가지 않아도 아프리카 문화를 체험해 볼 수 있는 곳!"

영월의 대표 관광 명소 고씨동굴 근처에 있는 미술관 겸 박물관. 아프리카 여러 부족의 생활, 의식, 신앙, 축제와 관련된 그림을 전시하고 있으며, 그들의 미술 소재, 제작 기법 등을 느껴볼 수 있다. 입장권 일반 기준 5,000원. 09:00~18:00 운영, 동절기는 17:00까지. 매주 화, 수요일 휴관. (53p E:3) 사진ⓒ한국관광 콘텐츠랩

강원 영월군 김삿갓면 진별리 592-3
#고씨동굴근처 #아프리카미술

함백산 만항재
"힘들이지 않고 즐기는 고원의 비경"

해발 1,330m에 있는 국내 최대 규모의 야생화 군락지. 가을에는 단풍, 겨울에는 설경이 아름답다. 소나무숲 산책길도 조성되어 있다. (47p D:3)

강원 영월군 상동읍 함백산로 853-199
#야생화군락지 #설경 #소나무숲

영월 봉래산 전망대
"전망도 보고 천문대에서 별도 보고"

별마로 천문대 주차장에서 1분만 위로 올라가면 봉래산 정상이 나온다. 도보 등반 없이 영월의 멋진 전망을 볼 수 있다. (53p E:3)

강원 영월군 영월읍 영흥리 154-3
#별마로천문대 #봉래산 #영월전망

선돌 추천 "마치 한 폭의 동양화를 보는 것 같아!"

유유히 흐르는 서강 옆에 우뚝 솟은 거대한 기암괴석. 신선이 내려와 쉬어갈 듯한 신비로운 모습을 하고 있다고 하여 신선암이라고도 불린다. 두 개의 거대한 바위가 수직으로 솟아 있어 웅장한 모습이 일품인 곳. 주변에 전망대가 조성되어 있어 선돌과 서강이 어우러진 한 폭의 동양화 같은 풍경을 감상할 수 있다. 주차장에서 전망대까지의 거리가 매우 짧아 누구나 방문하기 편한 곳. 전망대 포토존에서 멋진 기념사진을 남겨보자. (53p E:3)

강원 영월군 영월읍 방절리 769-4   #신선암 #선돌전망대 #기암괴석

별마로 천문대

"지금 우리가 서있는 이곳 '지구'도 별"

천체망원경으로 목성이나 달 같은 행성을 볼 수 있는 곳. 배고플 수 있으니 약간의 간식을 챙겨가자. 전망대까지 멋진 드라이브 코스가 이어진다. 어른들도 한 번쯤 들어봐야 하는 별 이야기가 있는 곳이다. (53p E:3) 사진ⓒ한국관광 콘텐츠랩

강원 영월군 영월읍 영흥리 산59
#천체관측 #드라이브코스 #별이야기

젊은달 와이파크 추천 "SNS 핫플, 붉은대나무의 강렬한 매력"

폐교를 리모델링해 만든 복합 예술 공간. 붉은색 금속 파이프 설치 작품 '붉은 대나무'가 이곳의 시그니처. 강렬한 붉은색 대나무가 길게 늘어서 있는 풍경으로 SNS 사진 촬영 명소가 되었다. 붉은 대나무 외에 미술관 내에도 재활용품을 활용한 다양한 설치 미술품이 전시되어 있어 곳곳을 누비며 사진 찍기 좋은 곳. 채색, 만들기 등 다양한 체험 프로그램을 운영하며 키즈 프렌들리 공간으로 가족 단위 방문객에게 추천. 관람권 성인 기준 15,000원, 매일 10:00~18:00 운영. (53p D:3) 사진ⓒ한국관광 콘텐츠랩

강원 영월군 주천면 송학주천로 1467-9   #붉은대나무 #포토존 #SNS명소

영월 한반도 지형 "평창강이 빚어낸 한반도 축소판"

우리나라의 지도를 축소한 듯한 신비로운 지형. 평창강이 휘돌아 흐르며 침식과 퇴적 작용으로 빚어낸 대한민국 명승 75호다. 동고서저의 모습까지 완벽하게 재현하고 있으며, 람사르 습지로도 지정된 생태적 가치가 높은 곳이다. 오간재 전망대에서 가장 아름다운 전경을 조망할 수 있다. 한반도 지형 주차장에서 800m 거리. 데크길을 따라 15~20분 정도 오르면 도착한다. (46p C:3)

강원 영월군 한반도면 선암길 70   #평창강 #한반도 #오간재전망대

초원가든 맛집
"돌솥밥과 고소한 고등어구이를 함께"

생선구이, 생선조림, 고추장 불고기가 있으며 모든 메뉴는 2인분 이상 주문해야 한다. 돌솥밥과 함께 꼬막, 간장게장 등 다양한 반찬류가 푸짐하게 제공된다. 껍질은 바삭하고 속은 부드러운 생선구이가 밥도둑인 곳. 친절한 직원들 덕분에 기분 좋게 식사할 수 있는 곳. 웨이팅이 긴 편이니, 일정에 참고하자. 매주 화요일 휴무. (53p D:3) 사진ⓒ한국관광 콘텐츠랩

강원 영월군 주천면 서강로 145-3
#고등어구이 #돌솥밥 #한식맛집

화진포 김일성별장 "김일성이 여름 휴양지로 삼았던 이곳"

북한 김일성 일가와 공산당 간부들이 사용했던 별장. 화진포 앞에 위치해 주변 경관이 아름답다. 현재는 한국전쟁 및 북한과 관련된 자료들을 전시해 놓은 박물관으로 활용되고 있다. 이승만 별장 및 기념관, 이기붕 별장, 셔우드 홀 문화공간 통합권으로 판매하니 함께 방문해 보길 추천. 모두 근처에 위치해 있다. 통합권 성인 기준 3,000원. 매일 09:00~18:00 운영, 동절기 16:30분까지. (45p E:1) 사진ⓒ한국관광 콘텐츠랩

강원 고성군 거진읍 화진포길 280   #역사여행지 #화진포 #별장

더한옥헤리티지 STAY "한옥의 정취와 자연의 운치를 동시에"

강원도 영월 수려한 자연 속에 위치한 럭셔리 한옥 리조트. 2024 베르사유 건축상 호텔 부문 세계 1위에 빛나는 곳으로, 한옥의 정취와 자연의 운치를 함께 즐길 수 있도록 설계된 것이 특징. 편백나무 건식 사우나, 전용 수영장, 아늑한 마당을 갖춘 프라이빗 한옥 독채와 종묘 모티브 한옥 호텔로 구성되어 있다. 조식 포함, 웰컴티 & 미니바 제공. 사진ⓒ더한옥헤리티지

강원 영월군 남면 문개실길 37-150 　　#럭셔리한옥 #베르사유건축상 #한옥독채

고성하늬라벤더팜 "보랏빛 라벤더가 선물하는 유럽풍 정원"

라벤더가 자라기 가장 좋은 조건을 갖춘 고성. 하늬라벤더팜은 3만m² 부지에 보랏빛 라벤더가 장관을 이루고 있다. 일본 홋카이도의 '팜 토미타'가 연상되는 이곳은, 보랏빛 융단이 깔린 듯한 동화 속 공간이다. 농장 주변으로 호밀밭, 메타세쿼이아 길도 있으니 함께 둘러보자. (50p C:1)

강원 고성군 간성읍 꽃대마을길 175 　　#라벤더 #팜토미타 #메타세콰이어

왕곡마을
"고성을 대표하는 전통민속마을"

고려 말부터 조선 초기까지, 이성계의 조선 건국에 반대했던 강릉 함 씨와 강릉 최씨가 모여 살고 있는 집성촌. 당시 건축 양식을 따른 북방식 가옥과 초가집 50여 채가 모여있는데, 이 건물들은 건축된 지 최소 50년부터 최고 180년까지 된 역사적인 건축물들이다. (50p C:1)

강원 고성군 죽왕면 왕곡마을길 38
#초가집 #기와집 #역사여행

스위밍 터틀 `카페` "아야진 바다와 플랫화이트의 만남"

@swimming.turtle.cafe

고성 아야진 해변에 위치한 전 좌석 오션뷰 카페. 햇살 쏟아지는 자리에 앉아 바라보는 동해의 풍경이 시원한 곳. DMZ벌꿀 플랫화이트와 땅콩 크림라떼, 아야진 선샤인 레몬이 시그니처, 커피와 찰떡인 터틀 쿠키, 한 겹씩 뜯어 먹는 재미가 있는 티슈 브레드도 인기. 월~목 10:30~19:00, 금 09:00~21:00, 토~일 08:00~21:00 영업. (51p D:2)

강원 고성군 토성면 아야진해변길 192   #고성카페 #아야진해변 #플랫화이트

바다정원 `카페` "해송 정원에서 즐기는 스페셜 정원라떼와 마늘빵 한 입"

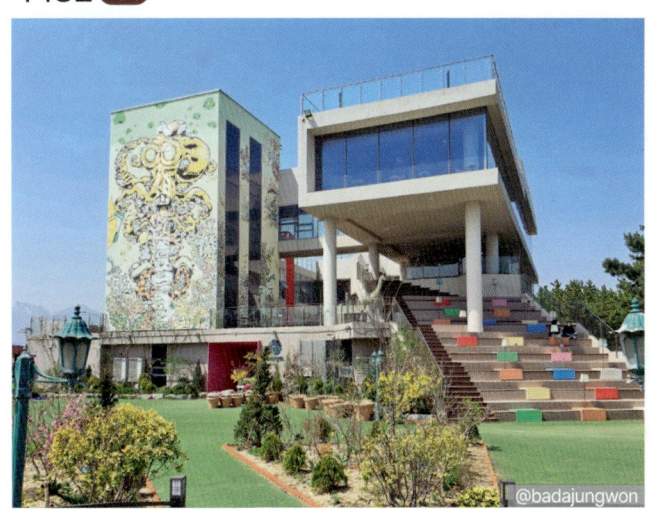

@badajungwon

백사장과 연결된 넓은 해송 정원을 품은 대형 오션뷰 카페. 직접 만든 수제 카라멜이 들어간 달달한 카라멜 마끼아또와 스페셜 정원 라떼가 시그니처. 마늘향 듬뿍 마늘빵도 맛있다. 신관 5층 탁 트인 루프탑에 올라 시원한 동해의 풍경을 한눈에 담은 후, 정원에 앉아 바다 바람을 즐기며 커피 한 잔의 여유를 즐겨보자. 키즈존 운영. 매일 09:30~21:00 영업. (51p D:2)

강원 고성군 토성면 버리깨길 23   #해송 #수제카라멜 #루프탑

백촌막국수 `맛집`
"로컬 맛집, 경지에 오른 막국수"

오픈 시간에 맞추어 가도 1~2시간 웨이팅은 감수해야 하는 고성 최고의 맛집. 슴슴한 메밀면과 따로 나오는 육수를 취향에 맞게 직접 조합해 먹는 독특한 방식. 속이 뻥 뚫리는 동치미의 청량함을 느껴보길 추천. 부드러운 수육에 매콤달콤한 명태 무침을 얹어 먹는 맛도 일품이다. 도착하자마자 테이블링 등록 후 대기할 것. 10:00~17:00 영업, 매주 화, 수요일 휴무. (51p D:1) 사진ⓒ한국관광 콘텐츠랩

강원 고성군 토성면 백촌1길 10
#막국수 #로컬맛집 #노포

선영이네물회 `맛집`
"물회, 오징어 순대가 맛있는 곳"

메뉴는 물회, 전복죽, 오징어 순대 등이 있다. 신선한 회와 종류별 해산물, 소면이 아닌 해초면이 들어 있는 물회는 새콤달콤한 맛이 일품이며, 오징어 순대는 쫀득하고 부드러운 식감에 고소한 계란물을 덮어 맛이 좋다. 전 메뉴에 미원을 사용하지 않는 것도 특징. 브레이크타임 16~17시30분, 화요일 정기휴무 (51p D:2) 사진ⓒ한국관광 콘텐츠랩

강원 고성군 토성면 토성로 75
#물회맛집 #오징어순대 #고성맛집

DMZ박물관 "DMZ의 과거, 현재, 미래를 만나다"

휴전선과 매우 근접한 민간인 통제구역에 위치한 박물관이다. DMZ의 과거와 현재, 미래를 살펴보며 전쟁과 분단의 아픔을 기억하고, 평화와 통일을 소망하는 공간. 60여 년간 사람의 손길이 닿지 않아 자연 그대로 보존된 DMZ의 생태 환경도 살펴볼 수 있다. DMZ 콘텐츠 체험 프로그램도 운영 중. 민통선 출입 절차에 따라 출입 신고 및 안보 교육 이수 후 출입할 수 있다. 신분증 필수. 09:00~18:00 운영, 동절기 17:00까지, 매주 월요일, 1.1 휴관. (45p D:1)

강원 고성군 현내면 통일전망대로 369　　#민간인통제구역 #전쟁과평화 #체험프로그램

고성통일전망타워 `추천` "이토록 가깝지만 갈 수 없는 곳"

동해안 최북단 전망대. 날씨가 맑은 날에는 금강산과 해금강이 손에 잡힐 듯 가까이 보인다. 과거 금강산 관광객을 실어 날랐던 동해선 남북 연결도로와 철도의 모습도 볼 수 있는 곳. 타워 내부에는 해설사의 설명을 들을 수 있는 전망 교육실, 통일 홍보관 등이 있으니 함께 이용해 보길 추천. 민통선 출입 절차에 따라 통일 안보 공원에서 출입 신고 및 안보 교육 이수 후 전망 타워로 이동한다. 신분증 필수. 입장료 성인 기준 3,000원. (45p D:1)

강원 고성군 현내면 통일전망대로 457　　#최북단 #전망대 #통일

서로재 STAY "차가운 콘크리트와 따뜻한 나무가 빚어낸 특별한 감성"

콘크리트의 모던함과 나무의 따뜻함이 어우러진 감성 스테이. 객실 곳곳 창마다 서로 다른 매력의 나무 풍경이 펼쳐진다. 객실마다 노천탕, 실내 욕탕, 온수 수영장, 사우나 등 다른 옵션을 가지고 있으니, 취향에 따라 선택해 방문해 볼 것. 웰컴드링크 제공(글라스와인 or 차, 인덱스 카라멜), 다이닝 주문 가능, 전문가가 기록하는 스냅 촬영 프로그램 운영. 사진ⓒ서로재

강원 고성군 죽왕면 봉수대길 118   #콘크리트 #감성숙소 #스냅사진

삼박한집 STAY "히노키탕이 있는 바닷가 감성 스테이"

건축문화상 특별상 수상한 곳. 외관은 모던, 실내는 차분하고 멋스러운 분위기. 히노키탕에서 따뜻하게 하루의 피로를 풀어낼 수 있는 곳. 목조 지붕 서까래와 오래된 원목 가구가 어우러진 32PY 타입에는 아늑한 히든 다락이 있어 안마나 영화, 게임도 즐길 수 있다. 아기용품이 잘 갖추어져 있어 가족 단위 방문에 추천. 인원 추가 요금 없음. 사진ⓒ삼박한집

강원 고성군 토성면 봉포2길 12   #히노키탕 #다락 #가족여행

델피노 리조트 "압도적인 울산바위 뷰를 즐기고 싶다면!"

THE AMBROSIA

설악산 울산바위의 웅장한 전경을 가까이에서 감상할 수 있는 대형 리조트. 사계절 온천수로 물놀이를 즐길 수 있는 워터파크 '오션플레이'와 울산바위 조망 디저트 카페 '더 엠브로시아'와 인피니티풀까지 다양한 공간을 갖추었다. 아이들 놀이 공간인 '키즈클럽'과 블록 놀이 공간 '플레이캐슬', 게임존과 슈팅존 등을 운영해 가족 단위 여행에 추천. 가장 최근에 지어진 소노펠리체는 모든 객실에서 오션뷰 또는 울산바위 뷰를 즐길 수 있다. (50p C:2) 사진ⓒ델피노리조트   강원 고성군 토성면 미시령옛길 1153   #오션플레이 #더 엠브로시아 #가족여행

설악산자생식물원
"설악산을 닮은 자연 생태 학습장"
설악산의 자연을 축소한 형태의 자연 생태 학습장, 다른 지역에서는 볼 수 없는 설악산 자생식물을 볼 수 있다. 아름다운 야생화와 수목을 감상하며 자연 속 휴식을 즐길 수 있는 힐링 공간. 수생식물원, 미로원, 암석원, 온실원, 자연 탐방로와 산책로를 갖추었다.입장료와 주차비 모두 무료. 매일 09:00~17:30 운영. (51p D:2) 사진ⓒ한국관광 콘텐츠랩

강원 속초시 바람꽃마을길 164
#설악산 #희귀식물 #생태학습장

영금정 추천 "해상 정자 아름다운 일출 & 야경 명소"

속초 등대 밑 바닷가에 크고 넓은 바위들이 깔려 있는 곳. 해안가 바위 위에 해상 정자가 세워져 있다. 푸른 동해와 기암괴석, 정자가 어우러진 풍경이 고즈넉하고 아름다운 곳. 정자에 이르는 다리를 건너다보면 시원한 파도 소리가 들려와 마치 바다 위를 걷는 것 같은 느낌이 든다. 바다를 바라보며 잠시 여유를 즐기기 좋은 곳. 밤에는 정자와 다리에 은은한 조명이 켜져 낮과는 다른 고즈넉한 분위기. 일출과 야경 촬영지로도 유명하다. (51p D:2)

강원 속초시 영금정로 43　　#해안가바위 #해상정자 #야경명소

시드누아 속초점 카페 "뷰와 맛, 어느 것 하나 놓치지 않은 세련된 공간"

@seednoir_coffee

숲속 갤러리에 온 듯 세련된 베이커리 카페. 통창 너머 병풍처럼 펼쳐진 설악산과 울산바위의 웅장한 풍경을 감상할 수 있는 곳. 높은 층고와 플랜테리어 덕분에 쾌적하고 싱그러운 느낌이다. 너트 라떼, 흑임자 라떼 등 음료와 소금빵, 밀푀유 등 베이커리 메뉴의 조화가 좋으니 함께 즐겨볼 것. 일~금 10:00~18:00, 토 10:00~20:00 영업. (51p D:2)

강원 속초시 바람꽃마을1길 38　　#울산바위뷰 #너트라떼 #플랜테리어

속초 등대전망대 "동해, 설악산, 속초시내를 한 번에 볼 수 있는 3종 세트"

오르는 데 약간 힘이 들지만 오르고 나면 만족하는 곳. 동해와 설악산 그리고 속초 시내를 한번에 볼 수 있다. 가파른 계단 때문에 노약자는 주의해야 한다. (51p D:2)

강원 속초시 영랑동 영금정로5길 8-28
#속초등대 #설악산전망 #동해일출

동명항 오징어 난전
"오징어 먹는 재미, 사람 구경하는 재미"

아는 사람들만 아는 속초의 명물. 갓 잡은 오징어를 바로 맛볼 수 있는 곳으로 동명항 초입에 있는 포장마차 거리이다. 여객선 터미널 앞에 있어 커다란 크루즈를 보며 오징어를 즐길 수 있고, 그날그날 시세에 따라 가격은 유동적이다. 회, 찜, 물회, 무침 다양하게 즐길 수 있다. (51p D:2)

강원 속초시 설악금강대교로 228
#오징어 #포장마차거리 #난전

봉포머구리집 맛집 "오션뷰 물회 맛집"

속초에서 가장 유명한 맛집. 속초의 바다를 보며, 신선한 해산물 가득한 물회를 즐길 수 있다. 입 안에 바다를 넣은듯 바다향 가득한 물회의 맛이 일품이다. 주문, 서빙 모두 자동화, 체계화 되어 있어 편리하다. (51p D:2)

강원 속초시 영랑해안길 223
#전복물회 #성게알밥 #등대해변뷰

설악산

설악산 추천 "백두대간의 웅장함, 우리나라 대표 명산"

대한민국을 대표하는 웅장한 명산. 병풍처럼 우뚝 솟은 울산바위와, 대청봉에서 마등령까지 이어지는 공룡능선, 가을철 화려한 오색 단풍으로 유명하다. 소공원에서 권금성까지 케이블카를 타고 이동하면 가장 쉽고 빠르게 설악의 수려한 풍경을 감상할 수 있다. 비교적 완만한 비룡폭포 코스는 계곡을 따라 걸으며 경치를 즐기기 좋으며, 설악산 최고봉에 오르는 최단 코스 대청봉 코스는 경사가 매우 심해 체력 소모가 크므로 신중하게 선택할 것. (50p C:2)　강원 속초시 설악산로 1085-3　##가을단풍 #케이블카 #대청봉

설악산 비선대 탐방로 단풍
"붉은 단풍과 기암괴석이 빚어낸 동양화 같은 풍경"

설악산의 가을 풍경을 바라보면 한지에 붓으로 그린 한 폭의 동양화가 떠오른다. 붉은 단풍과 기암괴석이 어우러진 모습이 장관을 이루는 곳으로 왕복 5.2km 2시간 40분 거리로, 초보자도 쉽게 등산할 수 있는 단풍 트레킹 코스가 조성되어 있다. 설악동 탐방지원센터 앞 주차 후 설악케이블카 탑승지를 지나 신흥사 왼쪽 탐방로로 진입하면 비선대, 기암절벽 사이에 여러 개의 봉우리가 보이는 아름다운 경관을 감상할 수 있다. (45p D:2)

강원 속초시 설악산로 1061
#가을단풍 #기암괴석 #탐방로

설악 권금성 케이블카 "생각보다 더 멋진 풍경을 보게 될 거야"

가장 빠르고, 가장 편안하게 설악산의 웅장한 풍경을 감상할 수 있는 방법. 권금성 부근까지 올라가는 동안 창밖으로 울산바위 등 설악산의 수려한 풍경을 한눈에 감상할 수 있다. 특히 가을에 이용하면 울긋불긋한 단풍이 케이블카 아래로 펼쳐진다. 강풍 등 날씨의 영향을 받아 현장 발권만 가능하며, 단풍철 주말에는 새벽부터 줄을 서야 할 정도로 인기. 이용료 대인 왕복 기준 16,000원. 방문 전 홈페이지에서 운행 상태 확인 필수. (50p C:2)

강원 속초시 설악산로 1085　#권금성 #단풍철인기 #강풍주의

한화호텔앤드리조트 워터피아
"리조트라 시설이 훌륭한 곳"

사우나, 야외 스파, 낙수탕, 원목탕 등이 모여 있는 워터피아는 설악산 풍경을 바라보며 노천온천을 즐길 수 있는 곳으로도 유명하다. 속초 바닷가와 순두부촌과도 가까우니 함께 들러보자. (50p C:2) 사진ⓒ한국관광 콘텐츠랩

강원 속초시 장사동 24-9
#설악워터피아 #노천온천 #속초

속초해수욕장 "동해안 답지 않게 해변 앞 섬이 있어 조금은 더 감성적인 곳"

속초 시내에서 가깝고 풍경이 좋은 곳. '조도'라는 섬이 앞에 있어 여행지 느낌이 물씬하다. 규모가 있어서 여름에는 엄청난 사람들이 찾는다. (51p D:2)

강원 속초시 조양동 해오름로 186
#속초해수욕장 #조도 #여름피서

카페 긴 [카페] "모든 공간이 포토존, 정면 울산바위 뷰 카페"

@muk_ssol

설악산 울산바위 뷰가 정면에 펼쳐지는 곳. 대형 원형 계단과 잔잔한 야외 수공간 등 모든 공간이 포토존이 되는 세련된 공간이다. 울산바위를 모티브로 한 달콤한 흑임자 크림라떼 '울.산.바.위'가 이곳의 시그니처. 에스프레소 아이스크림과 옥수수 알 튀김이 어우러진 노학 옥수수 커피아이스크림도 맛있다. 케이크 종류도 다양한 편. 매일 10:30~18:00 영업. (51p D:2)

강원 속초시 원암학사평길 60   #원형계단 #울산바위 #아이스크림

아바이마을 [추천] "갯배 타고, 아바이순대 한점!"

갯배와 아바이순대로 유명한 마을. 한국전쟁 당시 피난 온 실향민들이 정착해 형성된 곳으로 북한의 음식 문화를 간직하고 있다. 자동차로도 이동할 수 있지만 주로 속초 중앙동 선착장에서 갯배를 타고 마을로 들어온다. 줄을 당겨 배를 움직이는 방식이니 직접 당겨볼 것. 아바이순대와 오징어순대가 이곳의 시그니처. 특히 아바이순대는 명태, 채소, 찹쌀 등을 섞어 돼지 대창에 채워 찐 함경도식 순대이므로 한번 맛볼 것. 드라마 '가을동화' 촬영지로도 유명하다. (51p D:2)

강원 속초시 청호로 122   #실향민 #갯배 #아바이순대

속초아이 대관람차 `추천` "푸른 바다 앞 무지갯빛 대관람차"

속초 해수욕장 바로 앞에 위치해 **해변 가장 가까운 곳에서 탑승하는 대관람차**이다. 이 지역의 랜드마크. 캐빈에서 끝없이 펼쳐진 동해의 수평선과 웅장한 설악산, 속초 시내의 모습을 시원하게 감상할 수 있다. 특히 해 질 녁 탑승하면 바다와 산이 노을로 붉게 물드는 환상적인 풍경을 볼 수 있다. 방문 전 운행 정보 확인 필수. 입장료 대인 기준 12,000원. 일~금 10:00~20:00 운영. 토요일 21:00까지. (51p D:2)

강원 속초시 청호해안길 2　　#대관람차 #속초시내 #바다전망

봉브레드 `빵집` "속초를 대표하는 마늘바게트 성지"

속초를 대표하는 빵지순례 명소. 부동의 1위 메뉴는 마늘바게트인데 달콤하고 알싸한 마늘 크림 소스에 빵이 푹 적셔져 있어 촉촉하다. 달콤한 생크림과 블루베리 잼을 조합한 연인의빵, 속초의 랜드마크인 울산바위를 형상화한 설악울산바위빵도 인기 메뉴. 마늘바게트 6천 원대. 금~수 08:30~20:00 운영. (일요일은 18:30까지) 매주 목 휴무. 사진ⓒ한국관광 콘텐츠랩

강원 속초시 동해대로 4344-1　　#마늘바게트 #마늘크림 #연인의빵

88생선구이 `맛집`
"숯불 화로에 구워먹는 생선구이"

속초에서만 맛볼 수 있는 모둠 숯불 생선구이 전문점. 고등어, 꽁치, 삼치, 가자미, 청어 등 소금 간이 되어 있는 생선을 숯불에 직접 구워준다. 구워진 생선은 와사비와 마늘, 간장이 들어간 특제 소스에 찍어 먹는데, 생선의 담백한 맛을 더해준다. (51p D:2) 사진ⓒ한국관광 콘텐츠랩

강원 속초시 중앙동 468-55
#생선구이 #숯불구이 #고등어

한화리조트 설악쏘라노 "울산바위가 한눈에!"

울산바위가 한눈에 들어오는 이탈리아 투스카니 모티브 유럽풍 리조트. 100% 천연 온천수를 사용하는 워터 테마파크 '설악 워터피아'가 있으며, 야외 스파 시설인 '스파밸리'에서 설악산을 조망하며 뜨끈한 온천욕을 즐길 수 있다. 리조트 내 호수 위를 가로지르는 '튜브스터', 키즈 카페 '챔피언 R', 조식 뷔페 '아르떼' 등 다양한 부대시설을 갖추었다. 인기 애니메이션 '캐치! 티니핑'과 협업한 캐릭터 객실 운영 중. (51p D:2) 사진ⓒ한화리조트 설악쏘라노

강원 속초시 미시령로2983번길 111   #설악산 #워터피아 #캐릭터객실

롯데리조트 속초 "외옹치항 해안 절벽 전 객실 오션뷰 리조트"

외옹치항 해안 절벽에 위치하여 삼면이 동해로 둘러싸인 오션뷰 리조트. 모든 객실에서 바다 조망이 가능하며, 인피니티풀을 갖춘 '속초 워터파크'와 해안 산책로 '바다향기로'가 시그니처. 실내 시설인 바다 테마 키즈카페 '라라키즈어드벤처'와 다이닝 '마키노차야', 피트니스 센터 모두 바다를 조망하도록 설계되어 있다. 로티로라 캐릭터로 꾸며진 키즈룸과 템퍼 모션 베드룸 등 방문 목적에 따른 특화 타입 객실 운영 중. (51p D:2) 사진ⓒ롯데리조트 속초

강원 속초시 대포항길 186   #삼면이동해 #인피니티풀 #해안산책로

낙산사 `추천` "동해를 내려다보는 천년 고찰"

영광정메밀국수 `맛집` "새콤한 국물이 매력적인 동치미 메밀국수 원조집"

1974년, 한국에서 처음으로 동치미 막국수를 선보인 맛집. 한 달 이상 숙성한 살얼음 동치미 국물에 메밀국수를 말아먹으면 여름 더위를 잊을 수 있다. 새콤달콤한 양념이 더해진 막국수, 오겹살을 쫄깃하게 삶아 낸 수육, 담백한 메밀전병도 맛있다. (45p E:2) 사진ⓒ한국관광 콘텐츠랩

강원 양양군 강현면 진미로 446
#동치미막국수원조 #수육 #메밀전병

함스베이커리 `빵집` "생활의 달인이 만든 쫀득한 식감의 '소보로 찹쌀빵'"

쫄깃하고 달콤한 소보로 찹쌀빵인 '춘빵'으로 유명한 곳. 쑥을 넣어 향긋하고, 밀가루가 들어가지 않아 속이 편하다. 또 다른 인기 메뉴인 호두찹쌀빵은 부드러운 빵 사이로 호두가 씹혀 맛있다. 화려하기보다는 소박하고 친근한 분위기이며, '생활의 달인'에 소개되기도 했다. 춘빵 낱개 3천 원대, 4개 묶음은 1만 원대. 목~화 07:00~22:00 운영. 수요일 휴무. (51p D:2)

강원 양양군 강현면 물치1길 29
#소보로찹쌀빵 #호두찹쌀빵 #NO밀가루

동해안 아찔한 절벽 위에 자리 잡은 천년 고찰. 푸른 동해를 배경으로 아름다운 경관을 자랑하는 곳. 대형 화재로 소실되는 아픔을 겪었지만, 이후 복원되어 지금의 모습을 갖추었다. 바다를 바라보는 웅장한 해수관음보살상이 이곳의 랜드마크. 깎아지른 절벽 위에 세워진 의상대는 손꼽히는 해돋이 명소이다. 마루 밑에 구멍이 뚫려 파도 소리가 들리는 홍련암도 꼭 둘러볼 것. 매일 06:00~18:00 운영. (51p D:2)

강원 양양군 강현면 낙산사로 100   #해수관음보살상 #의상대 #홍련암

오산리선사유적박물관
"흙으로 만든 인면상이 가치가 높은 곳"

우리나라 신석기 유적지 중 가장 오래된 유적지인 오산리 호숫가 모래언덕에서 출토된 신석기시대 유물을 전시하고 있는 박물관. 이중 흙으로 만든 인면상은 특히 가치가 높은 유물이라고 한다. 이 밖에도 다양한 유물이 오산리 선사 이야기, 발굴 유물 이야기 등 6개 테마로 나뉘어 전시되어 있다. 토기 조각 짝 맞추기 등 다양한 체험 행사도 진행된다. (51p D:2) 사진 ⓒ한국관광 콘텐츠랩

강원 양양군 손양면 오산리 51

#오산리선사유적 #신석기유물 #인면상

감나무식당 `맛집`
"아침식사로 좋은 황태국밥집"

@sulley_hot_rinabell

버섯 불고기, 제육볶음 등이 있으며 황태국밥이 주메뉴다. 일반적인 황태국밥과는 다르게 뽀얀 국물에 콩나물, 황태가 들어 있는 걸쭉한 국밥으로 진하고 고소한 맛있는 곳. 밑반찬도 다양하며 가자미구이도 나와 국밥과 함께 곁들여 먹기 좋다. 14시 30분 라스트오더. 재료 소진 시 조기마감. 목요일 정기 휴무 (51p D:2)

강원 양양군 양양읍 안산1길 73-6

#아침식사추천 #황태국밥 #걸쭉한국밥

죽도정(양양8경)
"양양8경에 빛나는 일출 명소"

양양 인구리 죽도(동산) 정상에 있는 정자. 죽도는 원래 섬이었지만 지형변화로 인해 육지에 편입되었다. 죽도정은 기암괴석과 소나무 숲으로 둘러싸인 정자로, 양양 8경에도 꼽힐 만큼 그 경치가 아름답다. 근처에는 바다 전망을 더 넓게 즐길 수 있는 죽도 전망대가 마련되어 있다. (51p E:3)

강원 양양군 인구항길 24

#기암괴석 #솔숲 #바다전망

인구해변 "서핑과 캠핑을 동시에 "

수심이 비교적 얕은 편이라 아이가 있는 가족들이 즐기기에 충분한 해수욕장이다. 능숙하지 않은 서퍼들에게도 인기가 좋다. 최근 캠핑지로도 인기를 끌고 있다. 조용하고 넓은 해변이라 서핑은 물론 캠핑을 함께 즐길 수 있는 명소로 꼽힌다. (51p E:3)

강원 양양군 현남면 인구항길 12

#피서지 #가족여행 #서핑천국

하조대 `추천` "기암괴석과 소나무가 어우러진 일몰 & 일출 명소"

기암괴석이 펼쳐진 해안 절경이 일품인 곳. 이곳에 선 정자의 이름 역시 하조대이다. 정자 주변 수백 년 된 소나무들, 기암괴석이 펼쳐져 있어 한국적인 아름다움이 느껴진다. 해가 떠오르거나 넘어갈 때 주변 소나무와 암벽이 붉게 물드는 모습이 매우 아름다운 동해안 최고 일출 명소이자 일몰 명소. 산책로를 따라 해변 산책을 즐기다 절벽 끝에 세워진 하얀 등대와 푸른 바다를 배경으로 멋진 사진을 남겨볼 것. (51p E:3)

강원 양양군 현북면 조준길 99   #기암괴석 #정자 #무인등대

서피비치 추천 "해외에 온 것 같은 자유로움, K-서핑 핫플레이스"

양양의 이국적인 해변이자 K-서핑 핫플레이스. 서핑 전용 해변 구역이 설정되어 있어 안전하고 자유롭게 서핑을 즐길 수 있는 곳. 서핑 장비 대여나 초보자들을 위한 강습 프로그램이 잘 마련되어 있어 서핑을 시작하는 사람도 쉽게 도전할 수 있다. SUP 패들보드, 비치 요가 등 다양한 액티비티를 즐길 수 있는 곳. 서핑을 마친 후 선셋바와 애프터 파티를 즐기며 기분 좋은 시간을 보낼 수 있다. 성수기/비수기 운영 시간 사전 확인 필수. (51p E:3)

강원 양양군 현북면 하조대해안길 119   #양양핫플 #전용해변 #액티비티

연와 STAY "고요한 공간에서 누리는 오롯한 휴식"

@yeonwa.yangyang

2024년 강원건축문화제 최우수상 수상 독채 스테이. 차분한 회색 외관이 바닷가 마을 풍경과 자연스럽게 어우러진다. 고요한 분위기 각 객실은 프라이빗 정원을 품고 있어 계절의 변화와 푸른 하늘을 온전히 감상할 수 있는 곳. 따뜻한 물에 몸을 담근 채 정원을 바라보며 오롯한 휴식을 즐겨보길 추천.

강원 양양군 현남면 인구중앙길 16-15   #콘크리트 #프라이빗 #휴식

04

충청북도

SPRING
충북의 봄

충북 진천군 초평저수지 벚꽃
진천 초평저수지를 수놓은 연분홍꽃 자연, 물길 따라 펼쳐진 꽃 터널을 지나며, 호수 위에 내려앉은 봄날의 설렘과 낭만을 가슴 가득 채워보자.

@12.21

음성 감곡매괴성모순례지성당 벚꽃
백 년의 고딕 건축 위로 흩날리는 성스러운 꽃비

청주 문의문화재단지 철쭉
봄이면 단아한 기와지붕과 돌담 위로 철쭉이 쏟아지듯 피어난다.

충주 충주호벚꽃길
'내륙의 바다'라 불리는 충주호 따라 이어지는
벚꽃 드라이브길

청주 무심천 벚꽃
2,200여 그루 왕벚나무와 노란 개나리 앞 포토존
사진ⓒ한국관광 콘텐츠랩

옥천 친수생태공원 유채꽃
축구장 11개 면적을 가득 채운 단일 면적 최대 규
모 유채꽃밭

단양 소백산 비로봉 철쭉
5월 말~6월 초, 소백산에 불어온 연분홍빛 바람

SUMMER
충북의 여름

단양 패러글라이딩
국내 패러글라이딩의 성지. 소백산맥의 웅장한 능선과 남한강의 굽이치는 물줄기를
한눈에 담는 비행

단양 만천하 스카이워크
발아래에서 느껴지는 짜릿한 고공 스릴과 360도
파노라마 뷰

단양 온달동굴
기묘한 형상의 종유석과 석순이 끝없이 펼쳐지는 지
하 궁전

충주 활옥동굴 카누
미지의 동굴 속 탐험, 카누
사진ⓒ한국관광 콘텐츠랩

충주 충주호 유람선
유람선 위에 펼쳐진 한 폭의 수묵산수화 사진ⓒ
한국관광 콘텐츠랩

청주 정북동토성 나홀로나무
삼국시대 토성과 그 위를 지키는 독보적인
나홀로나무

진천 농다리
고려 시대로부터, 천 년의 시간을 건너 온 돌다리

단양 이끼터널
사랑이 이루어지는 200m 초록 터널
@_crystal__e

AUTUMN
충북의 가을

괴산 문광저수지 은행나무
수면 위로 잔잔하게 흐르는 황금빛 물결. 저수지 제방을 따라 300m 은행나무 터널이 이어진다.

청주 청남대 메타세쿼이아 길
대통령의 휴양지 청남대에서 만나는 아름다운 산책로

충주 월악산 단풍과 유람선
호반 위로 솟은 영봉의 장엄한 자태를 유람선 타고 즐기기

괴산 산막이옛길
세월의 흔적이 남은 옛길을 복원한 친환경 십 리 길

단양 도담삼봉과 국화꽃
단양팔경 중 제1경, 정도전의 이야기가 깃든 고즈넉한 정자와
강물이 어우러진 국화 향기

단양 보발재 단풍
소백산 자락을 수놓은 구불구불한 단풍 카펫

청주 청남대 단풍
20년간 베일에 싸였던 대통령의 단풍 별장

제천 의림지
천년의 시간을 머금은 호수 위로 가을이 내려앉다

WINTER
충북의 겨울

단양 소백산 설경
겨울에 꼭 가봐야 할 눈꽃 산행, 소백산. 정상으로 향하는 광활한 능선을 따라 끝없이
펼쳐지는 압도적인 스케일의 설원

제천 비룡담저수지 불빛
차가운 저수지 너머, 해가 지면 드러나는
일루미네이션 성

충주 수주팔봉출렁다리
드라마 '빈센조'가 선택한 깎아지른 절벽과
출렁다리

보은 속리산 법주사 설경
거대한 금동미륵대불이 하얗게 물든 법
주사를 내려 보고 있다.

제천 의림지 용추폭포
물줄기가 그대로 멈춰버린 듯한 방벽.

제천 옥순봉 출렁다리
명승지 옥순봉을 가장 빠르게 만나는 방법

옥천 대청호와 설경
몽환적인 겨울 물안개가 피어오르는 곳

@ceonxa

충청북도의 먹거리

01

단양 쏘가리매운탕 | 단양군

쏘가리 매운탕은 오뉴월 효자가 부모께 바친다고 하여 '효자탕'이라고도 불렸다. 채소, 고추장, 고춧가루 등을 넣고 위에 쑥갓을 얹어 끓여 먹는다.

02

단양 마늘정식 | 단양군

다른 지역에 비해 더 맵고 맛과 향이 독특한 육쪽마늘이 난다. 마늘 돌솥밥, 마늘장아찌, 마늘 샐러드, 마늘 떡갈비 등 한정식 차림

03

제천약초비빔밥 | 제천시

오가피, 황기, 뽕잎, 당귀 등의 약초와 콩나물, 표고버섯 등이 들어가 있다. 여기에 된장찌개, 나박김치와 산나물, 약초로 만든 나물 반찬이 나온다.

04

제천 두부전골 | 제천시

질 좋은 두부가 많이 나는 제천의 지리적 특징 덕분에, 손두부를 직접 만드는 두부 전문점이 많다.

05

제천 막국수 | 제천시

강원도와 가까운 제천에는 전국적으로 인기 있는 막국숫집이 많이 모여있다. 더덕 막국수, 약초 막국수 등 이색 막국수도 선보인다.

06

제천 닭갈비 | 제천시

제천에는 강원도만큼이나 닭갈비 맛집이 많이 모여있다. 닭갈비 먹고 남은 양념에 밥을 볶아 먹어도 맛있다.

사진 ⓒ한국관광 콘텐츠랩

충청북도에서 살만한 것들

1 괴산	2 단양	3 영동	4 화산동
5 충주	6 괴산	7 괴산	8 영동
9 보은	10 영동	11 청주	12 청주

1.괴산 고추
해발 250m 청정한 고지대에서 재배 되어 '청결 고추'라고 불리며, 모양이 소뿔처럼 생겼다고 해서 '쇠뿔고추'로 불리기도 한다.

2.단양 마늘
석회암 지대에서 재배되는 한지형 육쪽마늘은 크기가 작고 껍질은 약간 붉은 색을 띤다. 육쪽마늘은 매콤하며 살균력이 좋고, 오래 보관할 수 있다.

3.영동 포도
전국 포도 생산량의 12.7%를 차지하는 제1의 포도 주산지다. 포도 생과뿐만 아니라 와인, 포도즙 등으로도 유명하다.

4.화산동 약초
전국 약초의 80%가 제천약초시장을 통해 거래되고 있다. 이곳에서 판매되는 약초들은 대부분 충북에서 생산된 것으로, 국내산 약재만 취급

5.충주 사과
일조량, 일교차가 큰 충주에서 재배된 사과는 색, 당도, 향기가 뛰어나다. 사과빵, 사과 식혜 등도 유명

6.괴산 잣
소백산맥 고산지대에서 자라 알이 굵고 고소한 풍미를 지녔다. 엄격한 품질관리를 거쳐 생산된다.

7.괴산 대학찰옥수수
최봉호 교수가 지역 농민을 위해 개발한 품종으로 일반 옥수수보다 길며 알갱이가 하얗다. 쫄깃한 식감과 단 맛이 특징. '대학 교수님이 만든 옥수수'라고 부르던 명칭이 지금의 이름이 됐다.

8.영동 표고버섯
낮과 밤의 일교차가 큰 산간지대에서 자라서 육질이 두껍고 쫄깃하며 향이 깊다. 말린 표고나 가루 형태로 간편하게 구매하기 좋다.

9.보은 대추
임금님께 진상하던 명품 대추. 비옥한 토양에서 자라 알이 크고 과육이 풍부하다. 생대추뿐만 아니라 대추칩, 대추차도 유명. 10월이면 보은 대추 축제가 열린다.

10.영동 와인
국내 대표 와인 산지인 영동군. 영동에서 생산되는 고품질 포도를 활용해 국산 와인을 만드는 와이너리 40여 곳이 운영 중이다. 영동와인터넷에서 시음과 구매도 가능.

11.청주 용두사지 철당간 티스푼
국보로 지정된 청주 용두사지 철당간의 모습을 바탕으로 만든 티스푼. 역사 속으로 사라진 철당간의 용두 디자인을 되살렸다.

12.청주 한지 공예품
직지의 본고장답게 종이 제작 기술이 발달한 청주. 질기고 보존성 뛰어난 청주 한지로 만든 공예품은 선물로 인기있다.

충청북도 BEST 맛집

01

향미식당 | 단양군

백종원의 3대천왕에 나온 단양 맛집.
두툼하고 쫄깃한 찹쌀탕수육

02

금성제면소 | 제천시

일본라멘 맛집. 라면과 덮밥을 판매한
다. 닭과 돼지를 장시간 끓여 담백하고
깔끔한 육수가 일품인 토리파이탄라
멘

03

뜰이있는집 | 제천시

제천시 인증 맛집으로 모둠해물장이
시그니처 메뉴다.

04

탄금대왕갈비탕 | 충주시

왕갈비탕 맛집. 팽이버섯과 송송 썬 대
파, 지단이 올라간 갈비탕. 바글바글
끓는 뚝배기에 이름에 걸맞는 커다란
왕갈비

05

숲속장수촌 | 충주시

낙지 한마리가 통으로 들어간 닭해물
탕이 이색적

06

맛식당 | 괴산군

허영만의 식객에 소개된 올갱이국 맛
집. 직접 담근 된장에 아욱과 부추, 올
갱이를 가득 넣어 끓인 올갱이국 단일
메뉴

07

함지박소머리국밥 | **증평군**

맑은 국물이 일품인 소머리국밥. 담백
하고 묵직한 느낌의 육수

@96_true

08

정들식당 | **음성군**

고추장파불고기맛집으로 푸짐한 양과
맛으로 유명

@twee.eewt

09

초향기칼국수 | **음성군**

향토음식경연대회에서 칼국수 맛집
부문 대상을 받은 곳

@tommyspider

10

농민쉐프의묵은지화련 | **진천군**

10년 이상된 묵은지와 갈비의 만남

11

본궁석갈비 | **청주시**

미리 익혀둔 양념갈비를 뜨거운 돌판
위에 올려 먹을 수 있는 곳

12

경희식당 | **보은군**

역사와 전통을 자랑하는 법주사 맛집.
상째 내오는 잘차려진 한상

13

방아실돼지집 | **옥천군**

저렴한 가격의 흑돼지고기 맛집

14

덕승관 | **영동군**

백종원의 3대 천왕에 나온 유니짜장
맛집

15

안성식당 | **영동군**

3대째 운영중인 올뱅이국 맛집. 아욱,
버섯이 가득 들어간 담백한 국물

충청북도

감곡매괴
성모순례지 성당

음성군

진천 농다리

진천군

증
평
군

블래스톤 벨포레곡장
좌구산 자연휴양림

국립청주박물관,
청남대, 운보의집

청주시

보은군

속리산, 법주사
속리산 세조길
말티재 전망대

옥천군

천상의정원 수생식물학습원
부소담악, 옥천성당
정지용 문학관 및 생가

영동

영동 와인터널

충주세계무술박물관, 충주탄금공원
활옥동굴, 수안보온천 관광특구
충주고구려비전시관, 충주박물관
충주 중앙탑사적공원

단양군

보발재, 양백산
단양구경시장,
도담삼봉, 고수동굴
단양 온달 관광지
만천하 스카이워크

충주시

제천시

산군

괴산 양곡리 문광저수지
은행나무길

제천 의림지와 제림,
청풍문화유산단지,
용추폭포 유리전망대,
청풍호 비봉산 관광모노레일

양백산(양방산) `추천` "단양 전망 원탑, 패러글라이딩의 성지"

양백산 패러글라이딩(단양)

양방산이라고도 불린다. 해발 664m 정상에 오르면, 단양 시내 전체와 남한강 물돌이, 옥순봉, 구담봉 등 단양팔경 일부를 감상할 수 있다. 특히 이곳은 그림 같은 풍경 속에서 하늘을 가로지르며 짜릿한 경험을 즐기는 패러글라이딩의 성지로 잘 알려져 있다. 차로 전망대 부근까지 오를 수 있어 쉽고 빠르게 경치를 즐길 수 있다. 이른 아침 운해와 밤의 단양 시내 야경을 감상해 보자. 운전 시 일부 구간이 경사가 급하고 폭이 좁으니 주의할 것. (59p F:2)

충북 단양군 단양읍 양방산길 350   #전망대 #패러글라이딩 #단양시내

보발재 `추천` "굽이굽이 단풍이 물들다"

소백산 자락길 6구간 코스이자 가곡면 보발리에서 영춘면 백자리까지의 고갯길이다. 굽이굽이 단풍길로, 사진작가들뿐만 아니라 일반인들에게도 단풍 명소로 알려져 있다. 단풍이 스민 소백산의 산세와 굽이진 도로가 만나 황홀한 풍경을 만들어낸다. 절정의 풍경을 찍을 수 있는 포토존, 데크가 마련되어 있어 누구나 감상하고 찍을 수 있다. 보발재 임시주차장에 주차 후 5분 정도 걸어 올라가면 전망대가 나온다. (59p F:2)

충북 단양군 가곡면 보발리   #소백산자락길6구간 #단풍길 #소백산

소백산 "비로봉으로 가는 등산"

소백산 연화봉에서 정상 비로봉까지 이어지는 4km 구간 철쭉 길. 우아한 연분홍빛 철쭉이 인상적이다. 희방탐방지원센터에서 희방폭포-희방사-연화봉을 거쳐 정상인 비로봉에 도착 후 하산하는 코스를 추천한다. 등산에는 약 6~7시간이 소요되므로 체력이 필요하다. (59p F:2)

충북 단양군 가곡면 어의곡리   #소백산 #철쭉길 #등산코스

충주호 유람선 "단양 8경과 충주호 관람"

단양팔경, 옥순봉, 구담봉 등을 왕복하는 유람선. 1시간 길이로 12가지 관광코스를 순회한다. 선장님의 재미있는 안내도 인기 있다. 온라인 예약을 이용하면 더 저렴하게 탑승할 수 있다. 탑승 시 신분증을 꼭 지참해야 한다. (58p C:2)

충북 단양군 단성면 장회리 90-3
#단양팔경 #유람선 #충주호

카페산 `카페`
"멋진 뷰가 있는 단양 최고 핫플레이스"

산꼭대기에 위치해 산 전망을 바라보며 맛있는 베이커리와 커피를 맛볼 수 있는 힐링 카페. 패러글라이딩 체험도 할 수 있는 곳도 있다. 올라가는 길이 험해 초보 소형차는 길안내요원 필요. (59p F:2)

충북 단양군 가곡면 두산길 196-86
#단양카페 #패러글라이딩 #베이커리맛집

고수동굴 `추천` "웅장하고 멋진 천연 동굴을 볼 수 있는 곳"

5억 년 화석, 석주, 석순 등 자연이 만들어낸 신비한 석회암 동굴. 여름철 최고의 피서지. 아기자기한 코스지만 오르내리는 700여 계단이 있어 성인도 힘들고, 한번 진입하면 강제 완주해야 하니 주의하자. 약 1시간 소요. 내부가 어둡고 미끄러우니 구두, 샌들, 슬리퍼는 피하고 편한 운동화를 추천한다. 공식 홈페이지 예매 시 성인 9,900원. 연중무휴 09:00~17:00 운영. 휴관 시 홈페이지에 사전 공지. (59p F:2)

충북 단양군 단양읍 고수동굴길 8 고수동굴   #단양여행 #단양천연동굴 #고수동굴

단양구경시장 "구경거리 가득한 단양 여행 필수 코스"

이름 그대로 구경거리 가득한 단양 여행 필수 코스. 시장 골목을 고소한 냄새로 가득 채우는 마늘 닭강정, 마늘 빵, 쫄깃한 마늘 만두는 그냥 지나치기 힘든 비주얼. 단양 특산품인 마늘과 꿀을 구매해 보아도 좋다. 끝자리가 1일과 6일인 날 열리는 오일장 날 방문하면 더 풍성한 구경을 할 수 있으니 참고. 하상 주차장에서 시장 앞까지 오르는 귀여운 모노레일은 교통약자 전용이니 해당 사항이 없다면 눈으로 구경해 볼 것. (59p F:2)

충북 단양군 단양읍 도전5길 31   #단양여행 #단양마늘 #오일장

양백산 전망대 "굽이치는 단양의 남한강 물줄기를 네 눈에 직접 담아봐"

해발 664m, 단양이 한눈에 들어오는 곳. 국내 최대 활공장(패러글라이딩, 행글라이딩)이 있다. 주차 걱정 없이 정상까지 올 수 있다. (59p F:2)

충북 단양군 단양읍 기촌리 354-2
#패러글라이딩 #단양경치 #활공장

가연 `맛집` "임금님 수라상이 부럽지 않은 마늘 떡갈비 한상"

마늘 떡갈비로 유명한 맛집. 음식 프로그램의 단골손님이기도 하다. 한우마늘육회, 육회비빔밥도 유명하다. 이곳은 밑반찬도 기가 막혀서 종류도 다양하고 맛도 일품이다. 단양에 왔다면 이곳을 꼭 들러보자. (56p B:1) 사진ⓒ
한국관광 콘텐츠랩

충북 단양군 단양읍 삼봉로 87
#마늘 #마늘떡갈비 #푸짐한한상

단양마늘만두 `맛집`
"단양 하면 마늘이지! 마늘 만두 어때?"

단양구경시장 줄 서서 먹는 만두 맛집. 이름대로 쫄깃한 만두 속에 단양 특산물 마늘이 기본으로 들어간다. 명품 인삼 갈비 만두, 새우만두, 김치만두, 떡갈비 만두 네 가지 맛. 새

우만두가 가장 인기, 인삼이 통으로 들어간 인삼 갈비 만두는 호불호가 있다. 매주 수요일은 김치만두를 판매하지 않으니 참고할 것. 매일 10:00~19:00 영업. (59p E:2)

충북 단양군 단양읍 도전4길 26
#단양마늘 #쫄깃한맛 #줄서는맛집

석문 "자연이 만들어준 액자"

단양8경 중 하나. 돌로 이루어진 문을 뜻한다. 석회동굴이 무너지면서 생긴 구름다리 형태로 보존되고 있다고 추정되고 있다. 자연이 만들어둔 큰 문 사이로 보이는 남한강과 마을의 모습이 마치 한 폭의 그림 같다. 석문의 규모는 동양에서 가장 큰 것으로 알려져 있다. (59p E:2)

충북 단양군 매포읍 삼봉로 664-33
#단양8경 #돌문 #구름다리

도담삼봉 유람선 "단양팔경을 물 위에서 만끽하는 최고의 방법"

단양팔경의 백미 **도담삼봉**을 출발하여 단양팔경 제2경 석문과 기암괴석 등 수려한 경관을 물 위에서 만끽하는 최고의 방법이다. 약 50분 동안 천천히 둘러보는 유람선과 약 10분 동안 짜릿한 속도감을 즐기는 모터보트 중 선택할 수 있다. 매일 10:00~17:30 운영, 정확한 출항 시간은 홈페이지 확인. 온라인 가격이 더 저렴하므로 사전 예약 추천. (59p E:2)

충북 단양군 매포읍 삼봉로 644-13   #단양팔경 #유람선 #모터보트

도담삼봉 [추천] "단양8경을 물 위에서 만끽하는 최고의 방법"

단양8경의 백미 **도담삼봉**을 출발하여 단양팔경 제2경 석문과 기암괴석 등 수려한 경관을 물 위에서 만끽하는 최고의 방법이다. 약 50분 동안 천천히 둘러보는 유람선과 약 10분 동안 짜릿한 속도감을 즐기는 모터보트 중 선택할 수 있다. 매일 10:00~17:30 운영, 정확한 출항 시간은 홈페이지 확인. 온라인 가격이 더 저렴하므로 사전 예약 추천. (59p E:2)

충북 단양군 매포읍 삼봉로 644   #단양8경 #3개의봉우리 #반영샷

만천하 스카이워크 추천 "남한강 위를 걷는 짜릿한 체험"

남한강 절벽 위에서 80~90m 높이를 내려다 보며 걸을 수 있는 나선형의 전망대. 남한강과 단양 시내, 소백산 연화봉을 함께 감상할 수 있다. 꼭대기의 일부분은 바닥이 투명한 유리로 되어 있어 아찔한 스릴을 즐길 수 있다. 1~6주차장까지 있으며 주차장, 매표소, 전망대 사이를 오가는 무료 셔틀버스를 운행한다. 성인 4,000원. 매일 하절기 09:00~18:00, 동절기 09:00~17:00 운영. (59p E:2)

충북 단양군 적성면 옷바위길 10 만천하스카이워크 매표소
#남한강절벽 #유리바닥 #나선형전망대

구인사 "국내 최대 법당을 품은 영험한 사찰"

소백산 연화봉 아래 좁은 계곡에 위치한 대한불교천태종의 총본산이다. 50여 동의 거대한 콘크리트 전각들이 산 경사면을 따라 층층이 들어서 있어 흔히 생각하는 전통 사찰의 모습과는 확연히 다르다. 1만 명을 동시에 수용할 수 있는 설법보전이 이곳의 상징. 기도를 하면 소원이 이루어진다는 영험한 사찰이다. 템플스테이도 운영. (59p F:2) 사진ⓒ한국관광 콘텐츠랩

충북 단양군 영춘면 구인사길 73
#소백산 #천태종총본산 #설법보전

단양 온달 관광지 "온달산성부터 드라마세트장까지 고구려에 온 기분"

고구려 온달장군 설화와 관련한 역사문화관광지. 4억 5천만년 전에 생성된 것으로 추정되는 온달동굴, 온달장군과 평강공주의 이야기를 담은 온달전시관, '태왕사신기', '보보경심려' 등 유명 작품 촬영지인 온달드라마세트장, 온달장군이 신라군과 싸우다 전사한 장소로 전해져 내려오는 온달산성이 한데 모여 있다. 성인 6,000원. 하절기(3~11월) 09:00~18:00, 동절기(12~2월) 09:00~17:00 운영. (59p F:1)

충북 단양군 영춘면 온달로 23   #고구려설화 #온달산성 #드라마세트장

이끼터널 "자연이 만들어준 초록 스튜디오"

수양개빛터널 근처에 있는 터널로, 양쪽 벽에 초록의 이끼가 일부러 칠해 놓은 듯 자리하고 있다. 마치 초록 스튜디오에 와 있는 것 같은 이끼터널은 특유의 이국적인 분위기에 사람들로 늘 북적인다. (59p E:2)

충북 단양군 적성면 애곡리 129-2
#수양개빛터널 #초록터널 #이끼

소노벨 단양 "단양 8경 품은 온 가족 휴양 리조트"

남한강의 수려한 경관과 단양 8경의 비경을 품은 휴양 리조트. 키즈풀, 유수풀, 바데풀 등을 갖춘 사계절 테마 워터파크 '오션플레이'와 온 가족이 즐기기 좋은 스크린 스포츠 테마파크 '레전드 히어로즈' 등을 갖추었다. 단양의 특산물 마늘을 활용한 요리가 일품인 한식당 '미채원'과 조식 뷔페 '셰프스 키친' 운영. 야간 조명이 아름다운 산책로와 반려동물과 함께 머물 수 있는 펫 전용 객실이 있으며, 투어데스크에서 단양 주요 명소 입장권을 할인된 가격에 구매할 수 있다. (59p E:2) 사진ⓒ소노호텔앤리조트

충북 단양군 단양읍 삼봉로 187-17   #단양8경 #오션플레이 #투어데스크

단양강 잔도
"수려한 풍경과 어우러진 아찔한 트레킹 코스"

단양강 깎아지른 절벽 약 20m 위에 설치된 총길이 1.2km의 아찔한 벼랑길. 길을 따라 걸으면 발아래 강물이 흐르는 짜릿한 스릴과 함께, 강과 주변 산세가 어우러진 수려한 절경을 만끽하며 트레킹을 즐길 수 있다. 해가 진 뒤에는 화려한 조명이 길을 밝혀, 강물에 비치는 빛과 함께 아름다운 야경 명소로 유명하다. (59p E:2) 사진ⓒ한국관광 콘텐츠랩

충북 단양군 적성면 애곡리 산18-15
#벼랑길 #트레킹 #야경명소

용추폭포 유리전망대 추천 "발 아래로 떨어지는 폭포 절벽"

폭포 위를 걷는 듯한 아찔한 경험을 할 수 있는 유리 바닥 전망대. 용추폭포는 폭포에서 떨어지는 물소리가 마치 용의 울음소리 같다고 하여 지어진 이름이다. 절벽으로 물이 떨어지는 폭포 위로 전망대가 설치되어 있어 거센 물줄기를 그대로 느낄 수 있다. 유리 전망대 왼쪽 산책로를 따라 걸어가다 보면 맞은편에서 전망대와 폭포의 풍경을 한눈에 볼 수 있다. 의림지 주차장에 주차 후 약 8~10분 걸어서 이동. (46p B:3)

충북 제천시 모산동 581   #폭포 #절벽 #유리전망대

의림지파크랜드 "제천의 10경 중 하나"

제천 10경 중 1경에 속하는 의림지에 위치한 놀이공원. 바이킹, 회전목마, 토마스 기차, 미니 바이킹 등이 있고, 워터 범퍼, 워터 볼, 전동 바이크도 즐길 수 있다. 어른들을 위한 사격장, 야구장도 있다. (59p D:1) 사진ⓒ한국관광 콘텐츠랩

충북 제천시 모산동 236-1
#의림지 #놀이공원 #제천10경

모산비행장 해바라기밭

"BTS가 'Forever'를 찍었던 그곳"

원래는 항공훈련을 위해 만들어진 비행장이지만, 제천시에서 시민공원으로 조성했다. 뻥 뚫린 활주로 주변으로 빽빽한 꽃들이 만개해 있다. 백일홍을 비롯해 해바라기 등 다양한 꽃들을 심어 마음을 정화시켜준다. 이곳에서 BTS가 Young Forever 뮤비를 찍었다고도 하니 BTS를 좋아하는 분이라면 이곳을 꼭 메모해두시길! (59p D:1)

충북 제천시 고암동 1249
#활주로 #백일홍 #해바라기

콘크리트월 [카페] "미니멀 감성 가득, 세련된 레이크뷰 카페"

@space_concretewall

돌의 질감이 느껴지는 콘크리트 건물과 청풍호의 풍경이 어우러진 레이크뷰 카페. 한국건축가협회 건축상 수상작다운 세련된 공간이다. 고소하고 부드러운 서리태 크림 라떼가 이곳의 시그니처. 밤 타르트, 에그타르트 등 디저트도 맛있다. 혼자서도 머물러도 어색하지 않은 편안한 분위기로 조용히 힐링하기 좋은 곳. 10:00~17:30 영업, 매주 화요일 휴무. (59p D:2)

충북 제천시 금성면 청풍호로 1566   #건축상수상 #노출콘크리트 #밤타르트

금성제면소 [맛집] "제천에서 만나는 일본"

일본라멘 맛집. 라면과 덮밥을 판매한다. 닭과 돼지를 장시간 끓여 담백하고 깔끔한 육수가 일품인 토리파이탄라멘이 인기 메뉴다. 일본식 정원, 외관, 내부의 일본풍 인테리어가 일본에 온 듯한 착각을 불러일으킨다. 월요일 휴무. 예약 불가. 오픈런하지 않으면 대기가 긴편. 식사 후 청풍관광단지를 구경하기 좋다. (59p D:2) 사진ⓒ한국관광 콘텐츠랩

충북 제천시 금성면 청풍호로 991
#제천맛집 #일본라멘 #청풍맛집

@coffeelac

커피라끄 `카페`

"호수 위에 떠 있는 것 같아! 멋진 루프탑이 있는 곳"

청풍호 풍경을 여유롭게 감상할 수 있는 대형 카페. 루프탑에서 호수를 배경으로 인생 샷 한 컷 남긴 다음 물멍하기 좋다. 가장 사랑받는 커피 메뉴는 리얼 크림 라떼. 제천 명물 사과로 만든 사과빵도 달지 않고 맛있다. 산책하거나 아이들이 뛰어놀 수 있는 넓은 정원이 있어 가족 단위 방문객에게 추천. 월~토 10:00~18:30, 일 09:30~18:00 영업. (59p D:2)

충북 제천시 금성면 청풍호로 1226
#청풍호 #리얼크림라떼 #루프탑

제천 의림지와 제림 `추천` "잔잔한 수면에 깃든 천 년 이상의 역사"

국내에서 가장 오래된 저수지 중 하나로, 삼한시대부터 있었던 것으로 알려져 있으며 신라 진흥왕 때 우륵이 둑을 쌓았다는 이야기가 전해진다. 제방 위에는 수백 년 된 소나무와 버드나무 숲으로 이루어진 '제림'이 있으며 가을철 단풍 명소로도 인기있다. 저수지를 따라 산책로가 잘 조성되어 있으며, 용추폭포, 오리배, 놀이공원 등 주변 즐길거리가 많다. 입장료와 주차 모두 무료. (59p D:1) 사진ⓒ한국관광 콘텐츠랩

충북 제천시 모산동 241   #역사명소 #소나무숲 #단풍명소

540

산아래석갈비 맛집

"뜨겁게 달궈진 돌 위에 올려진 석갈비 맛집"

석갈비는 이미 구워져 나온 갈비를 뜨거운 돌 위에 올려 내어 계속 따뜻하게 즐길 수 있는 음식이다. 이곳 석갈비는 제천 한약재와 과일 등 20여 가지 재료가 들어간 소스를 발라 더욱 감칠맛이 난다. (58p C:1)

충북 제천시 백운면 금봉로 182
#석갈비 #특제소스 #한약재

박달재(옛길)

"애절한 사랑의 전설이 깃든 험한 고개"

'울고 넘는 박달재'라는 노래와 노랫말로 유명한 곳으로, 길이 워낙 험하고 산짐승이 많아 '울고 넘는'이라는 수식이 붙었다고 한다. 고개를 넘어 정상에 오르면 스피커를 통해 박달재 노래가 들려온다. 그 밖에도 간단히 식사할 수 있는 휴게소와 조각 공원, 동상, 전망대 등이 마련되어 있다. (59p D:1)

충북 제천시 봉양읍 원박길 245
#고갯길 #트래킹 #등산

제천 약초시장 "체질에 맞는 약초 찾기!"

질 좋은 제천 약초를 판매하는 전국 3대 약초시장 중 한 곳. 전국 생산량의 80%가 이곳에서 유통된다고 한다. (59p E:1) 사진ⓒ한국관광 콘텐츠랩

충북 제천시 원화산로 121
#제천약초시장 #3대약령시장 #한방특구

배론성지 "천주교 성지, 단풍의 성지"

지금의 한국 천주교를 있게 한 진원지. 박해받던 신자들이 이곳에서 생계와 신앙을 이어나갔다고 알려져 있다. 천주교 역사의 가치도 물론이지만, 이곳은 아름다운 단풍으로도 유명한 곳이다. 1시간 정도가 소요되는 배론성지 순례길을 따라 걸으면 절정에 이른 단풍을 만끽할 수 있을 것이다. (59p D:1)

충북 제천시 봉양읍 배론성지길 296   #진원지 #단풍성지 #배론성지순례길

덩실분식 빵집

"수제 찹쌀떡과 쫄깃한 도넛"

이름은 분식이지만 수제 도넛 전문점이다. 1965년부터 이어온 제천의 노포인데 오로지 팥도넛, 링도넛, 찹쌀떡 세 가지만 판매한다. 막걸리로 발효한 반죽을 써서 식어도 쫄깃함이 오래 유지되는 것이 특징. 도넛은 오전 10시부터 나오는데 웨이팅이 있기 때문에 10시 이전에 가서 대기표를 받는 것이 좋다. 도넛 6개 7천 원대. 월~토 08:30~18:00 운영, 일요일 휴무. (59p D:1)

충북 제천시 독순로6길 5
#수제도넛 #팥도넛 #링도넛

옥순봉 출렁다리 "청풍명월 청풍호 위를 걷다"

옥순봉은 충주호와 아름다운 주변 풍경에 반한 퇴계 이황이 붙인 이름이다. 2021년 222m 길이의 출렁다리가 생겨 금수산과 옥순봉의 풍경을 더 가까이서 즐길 수 있게 되었다. (59p E:2)

충북 제천시 수산면 옥순봉로 342　　#출렁다리 #옥순봉 #충주호

청풍호 비봉산 관광모노레일 "예약 없이 갔다가는 탈 수 없을 만큼 인기가 많아!"

제천 비봉산 정상까지 오르는 청풍호 관광 모노레일. 인기가 많아 무작정 현장으로 갔다가 못 타는 경우가 대다수이므로 홈페이지 예약은 필수다. 6인승 모노레일로 4분 간격으로 운행하며, 편도 25분이 소요된다. 일부 구간은 꽤 경사가 높아 스릴을 느낄 수도 있다. 성인 왕복 12,000원. 화~일 09:30~16:30 운영. 매주 월요일 휴무. 12~2월 동계 휴장. (59p D:2)

충북 제천시 청풍면 청풍명월로 879-17　　#비봉산정산 #숲속모노레일 #예약필수

청풍나루 유람선
"충주호를 둘러볼 수 있는 유람선"

충주호 관광선은 충추나루, 월악나루, 장회나루, 청풍나루로 나뉜다. 왕복 1시간~2시간 정도 진행되며 기암절벽인 옥순봉과 금수봉 등을 볼 수 있다. (59p D:2)

충북 제천시 청풍면 문화재길 54
#충주호 #관광선 #옥순봉

청풍호반 케이블카 "산과 호수를 동시에 볼 수 있는 유일한 케이블카"

케이블카를 타고 비봉산과 청풍호를 내려다볼 수 있다. 이때가 단풍시즌이라면? 환상의 풍경을 경험하실 수 있다. 능선들을 한눈에 볼 수 있고, 햇살을 받아 반짝이는 청풍호의 윤슬을 본다면 자연이 주는 감동이 얼마나 큰지 알 수 있다. 대기와 기다림이 정말 길 수 있으니 각오가 필요하다. 사전예약은 필수. 당일 예약은 어려우니 미리 준비해두자. (59p D:2)

충북 제천시 청풍면 문화재길 166
#비봉산 #케이블카 #단풍

포레스트 리솜 "자연에서 즐기는 완벽한 휴식"

울창한 원시림 속에 자리 잡은 친환경 숲속 휴양 리조트. 인피니티풀과 프라이빗 스톤 스파가 시그니처, 숲을 바라보며 노천 스파를 즐길 수 있는 '해브나인 웰니스 스파'가 핵심. 로컬 식재료의 맛을 살리는 '몬도 키친'과 아날로그 감성 '마묵 라운지', 파노라마 포레스트 뷰 '브이탑 가든' 등 부대시설과 함께 요가, 티 클래스, 별자리 관측 등 다양한 웰니스 프로그램을 운영 중. 숲속 별장 형태로 프라이빗한 산장형 '포레스트 리솜'과 호텔형 콘도 '레스트리'로 구성. (58p C:1) 사진ⓒ포레스트리솜

충북 제천시 백운면 금봉로 365   #노천스파 #웰니스 #숲속별장

청풍리조트 "봄이면 벚꽃으로 둘러싸이는 레이크뷰 휴식 공간"

청풍호의 수려한 풍경을 마주하고 있는 호반 리조트. 국민연금공단에서 운영해 합리적인 가격으로 전 객실 레이크뷰. 여름 시즌 호수 풍경을 바라보며 즐기는 야외 수영장과 호숫가 바비큐가 이곳의 하이라이트. 천연 암반수로 채워진 실내 수영장과 제천 한방 약재를 이용한 '한방 사우나', 독서와 컴퓨터 작업이 가능한 복합 공간 '북 스테이션' 등 다양한 부대시설도 갖추었다. 리조트 전체가 벚꽃으로 둘러싸이는 봄 시즌 방문을 추천. (59p D:2) 사진ⓒ청풍리조트

충북 제천시 청풍면 청풍호로 1798   #청풍호 #레이크뷰 #벚꽃

청풍문화유산단지 "물에 잠겼어도 문화와 역사는 이곳에 살아있어"

충주댐으로 수몰된 청풍 지역의 향교, 관아, 민가 등 국가유산 43점을 이전하여 놓은 곳. 수몰지구의 보물과 문화유산을 보전해 당시 생활상을 기억하고, 고향을 잃은 수몰민들의 애환을 달래기 위해 조성되었다. 한벽루, 석조여래입상 등 보물 2점을 비롯해 생활 유물 2천여 점 등 청풍의 역사와 문화를 한 곳에서 관람할 수 있다. 성인 3,000원. 매일 3~10월 09:00~18:00, 11~2월 09:00~17:00 운영. 연중무휴. (59p D:2)

충북 제천시 청풍면 청풍호로 2048 청풍문화유산단지   #문화유산 #충주댐 #수몰지구

제천 청풍호 `추천` "청풍랜드, 청풍문화재단지, SBS세트장 그리고 벚꽃 축제"

'육지 속의 바다'라 불리는 곳. 소백산맥의 줄기와 맑은 호수가 어우러진 명소. 청풍호반 케이블카를 타고 비봉산 정상에 오르면 옥순봉과 구담봉이 만드는 파노라마 절경을 한눈에 담을 수 있다. 매년 봄엔 제천시 금성면 청풍호 입구에서부터 청풍면 소재지까지 13km 구간의 벚꽃길이 이어진다. (59p D:2)

충북 제천시 청풍면 청풍호로 2048   #호수 #벚꽃명소 #소백산

탄금대
"기암절벽 사이를 흐르는 남한강 줄기의 절경"

3대 악성 중의 하나인 우륵이 가야금을 연주하던 곳으로, 기암절벽을 휘돌아 흐르는 남한강의 절경이 아름답다. 임진왜란 때 신립 장군이 패하여 투신자살한 곳이다. (58p C:2)

충북 충주시 칠금동 산 1-1
#우륵 #탄금대 #남한강

충주호 `추천` "호수 위 단양팔경을 유람하며 즐겨보자"

호국내 최대 규모의 담수량을 자랑하는 호수. 충주, 제천, 단양에 걸쳐 있어 유람선을 타고 구담봉, 옥순봉 등 단양팔경의 비경을 물 위에서 감상할 수 있다. 충주댐 우안공원 물레방아휴게소에서 충주나루로 가는 호반도로 벚꽃길로도 유명하다. 호수를 끼고 걷는 완만한 트레킹코스 종댕이길도 인기. 일출과 물안개가 피어오르는 새벽 드라이브 코스로도 명성이 자자하다. (59p D:2)

충북 충주시 동량면 지등로 745   #호반도로 #트레킹코스 #물안개호수

짚라인 충주
"충주의 하늘을 나는 체험"
충주 자주봉산에 위치한 문성자연휴양림을 가로지르는 짚라인. 4개의 코스를 운영하여 초심자부터 숙련자까지 재미있게 즐길 수 있다. 짚라인에 대한 두려움이 없다면 505m 길이의 4번 최종 코스를 추천. 휴양림 내에서 목재 체험장, 오토캠핑장, 모노레일도 함께 운영한다. (58p B:2)

충북 충주시 노은면 문성리 133 문성자연휴양림

#문성자연휴양림 #짚라인 #모노레일

하늘재
"우리나라에서 가장 오래된 고갯길을 걸어보자"
우리나라에서 가장 오래된 고갯길. 3km가량의 완만한 길로, 1850년 전 신라가 북진을 위해 만들었다. 미륵리사지 3층 석탑 근처 오솔길로 오른다. (61p F:2) 사진ⓒ한국관광 콘텐츠랩

충북 충주시 상모면 미륵리 52-5

#고갯길 #신라 #미륵리사지석탑

충주탄금공원 "자연 품에서 마음껏 뛰놀 수 있는 곳"

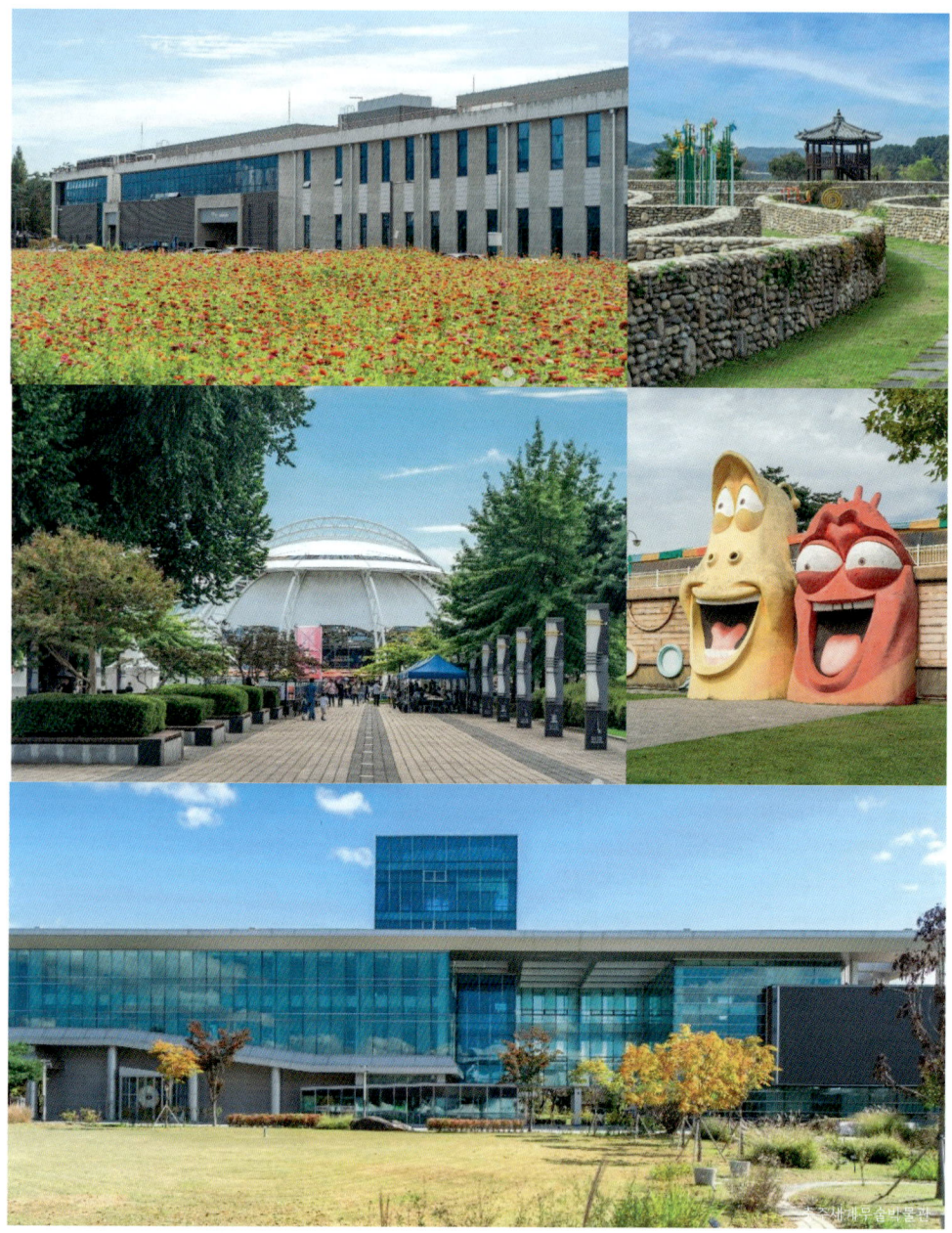

남한강변 제방을 따라 산책로와 자전거도로가 조성된 공원. 탄금공원은 충주세계무술공원의 새로운 이름으로, 공원 내에는 세계무술박물관, 야외공연장, 나무숲놀이터, 축구장, 돌미로원 등이 있다. 곳곳에 큰 고목과 잔디밭이 있어 쉬기 좋으며, 가을에는 코스모스가 펴서 풍경이 아름답다. 공원은 상시 개방, 세계무술박물관은 09:00~18:00 운영 (매주 월요일 휴관). 입장료 무료. (56p B:2) 사진ⓒ한국관광 콘텐츠랩

충북 충주시 남한강로 46　　#남한강 #코스모스 #무술박물관

활옥동굴 추천 "한여름에도 에어컨 튼 것처럼 시원해"

한여름에도 시원하게 즐길 수 있는 동굴 여행지. 원래 동양 최대 규모를 자랑하는 활석 광산이었으며 현재는 동굴 내부 관람과 보트 체험을 즐길 수 있는 관광지로 탈바꿈했다. LED 전시, 식물 전시, 와인 판매 등 볼거리가 다양하다. 25년 10월 27일부터 보트 체험은 임시 운영 중단 중이니 참고. 동굴 내부 관람은 정상 운영 중이다. 성인 10,000원. 화~일 09:00~18:00 운영, 매주 월요일 휴무. (61p F:1) 사진ⓒ한국관광 콘텐츠랩

충북 충주시 목벌안길 26   #여름여행지 #보트체험 #동굴체험

악어섬 "충주호에 악어떼가 나타났다?"

충주호로 향하는 산자락이 마치 악어떼들의 모습 같다 하여 지어진 이름. 실제로 섬은 아니지만, 악어떼 모양의 땅을 악어섬이라 부른다. '게으른 악어' 카페에서 보면 충주호와 악어섬을 함께 조망할 수 있어 많이 찾는다. 악어봉 정상에서 보면 악어섬을 제대로 확인할 수 있지만, 공식적으로 개방하고 있지 않으니 입산하면 안 된다. (61p F:1)

충북 충주시 살미면 신당리
#충주호 #악어섬 #게으른악어

월악산
"계곡&단풍을 사진으로 담고 싶다면"

월악산의 만수계곡에 펼쳐진 단풍의 모습이 매우 아름답다. 4km의 탐방로가 있고 더 진입하면 월악산을 등반할 수 있다. 월악산은 백두대간이 소백산에서 속리산으로 연결되는 중간 부분에 있는 산으로, 기암 절경과 폭포가 아름다운 경관을 만들어낸다. 만수 탐방지원센터 앞 주차 후 만수계곡 자연관찰로로 이동. 수안보온천을 즐기고 단풍놀이를 오는 것도 좋은 여행 코스가 된다. (61p F:1)

충북 충주시 수안보면 미륵송계로 988
#월악산 #만수계곡 #단풍놀이

숲속장수촌 맛집 "해물탕과 닭의 만남"

백숙 전문점인데 닭해물탕이란 이색 메뉴가 인기다. 낙지 한마리가 통으로 들어간다. 위만 보면 해물탕이지만 아래가 닭고기가 가득 들어있다. 각종 해산물의 시원한 국물과 닭의 담백한 맛이 잘 어울린다. 국물이 진하고 깊은 맛이 난다. 얼큰하기까지해 계속 먹게 된다. 수제비나 라면 사리를 넣어 먹어도 좋다. 화요일 휴무. 네이버 예약 가능. (61p E:1) 사진ⓒ한국관광 콘텐츠랩

충북 충주시 쇠저울1길 36
#누룽지닭백숙 #보양식 #충주맛집

충주 수안보 벚꽃길
"온천도 하고 벚꽃도 보고 축제도 즐기고!"

수안보 공영주차장에 주차를 하고 수안보온
천랜드부터 하천(석문동천)을 따라 내려오다
보면 천변에 벚꽃이 만발한다. (61p E:1)

충북 충주시 수안보면 온천리 181-1
#수안보온천랜드 #벚꽃명소 #석문동천

중앙탑메밀마당 `맛집`
"충주에서만 맛볼 수 있는 메밀막국수와 메밀치킨"

새콤달콤한 동치미 국물 막국수와 메밀 반죽
으로 튀긴 메밀 치킨의 궁합이 환상적인 곳.
겉은 바삭하고 속은 촉촉한 메밀 치킨은 메
밀 동동주와 메밀 모주와 함께 즐기기 좋다.
(56p B:2) 사진ⓒ한국관광 콘텐츠랩

충북 충주시 중앙탑길 103
#동치미막국수 #메밀치킨 #메밀동동주

수안보온천 관광특구 "피로 풀고 행복 채우고"

수안보온천은 약알칼리성 온천으로 피부 질환, 부인병, 위장병 등에 효험이 좋다고 알려져 있
다. 고려 ~ 조선시대 왕과 사대부들부터 일제강점기 때 일본인들까지 수안보 온천을 즐겨 찾았
다는 기록이 있을 정도로 역사적인 온천이다. 충주시에서 온천수를 직접 관리하고 호텔과 목
욕탕에 공급하기 때문에 수질 관리가 철저하여 안심하고 온천욕을 즐길 수 있다. (61p E:1) 사진
ⓒ한국관광 콘텐츠랩

충북 충주시 수안보면 주정산로 32　　#약용온천 #숙박 #온천욕

충주고구려비전시관 "우리나라에 딱 하나 있는 고구려비가 바로 여기에"

우리나라에 딱 한 점 남아있는 고구려비로, 국보 제205호로 지정될 만큼 역사적 가치가 높다.
높이 2m, 폭 55cm에 달하는 돌기둥의 4면에 고구려가 신라에 어떤 영향을 미쳤는지에 대한
내용이 새겨져 있다. 이 비석은 고구려 장수왕이 세웠다는 가설이 유력하다. 원래 충주 입석마을
에서 대장간 기둥, 빨래판으로 사용하던 돌이었으나 1500여 년 후에서야 그 정체가 밝혀졌다. 관
람료 무료. 화~일 09:00~18:00 운영. 매주 월요일 휴관. (58p B:2) 사진ⓒ한국관광 콘텐츠랩-김지호

충북 충주시 중앙탑면 감노로 2319　　#고구려비 #문화유산 #역사여행지

충주 중앙탑사적공원 "한반도 한가운데 우뚝 솟은 7층 석탑"

통일신라 시대 충주 지역이 중심이었음을 상징하는 탑평리 칠층 석탑 즉, 중앙탑을 중심으로 조성된 공원이다. 아름다운 남한강 변을 따라 탁 트인 경관을 자랑하며, 충북 최초의 야외 조각 공원으로 역사 유적과 현대 조각 작품이 어우러져 있다. 조용히 산책을 즐기거나 고즈넉한 탑을 배경으로 인생 사진을 남겨보자. 충주 박물관과 붙어 있어 함께 둘러보기 좋다. 아이와 함께 방문할 것을 추천. 매달 2, 4번째 월요일 휴무. (58p B:2)

충북 충주시 중앙탑면 탑정안길 6   #통일신라 #중앙탑 #야외조각공원

충주박물관 "중앙탑사적공원 속 박물관"

충주시 중앙탑 사적공원 부지에 위치한 종합 박물관. 불교 미술품, 민속품, 충주 역사, 충주 명현 등이 전시되어 있으며 전통문화학교, 어린이 박물관 학교 등 체험 행사도 운영한다. 1관과 2관으로 이루어져 있으며 1관에서는 충주를 둘러싸고 삼국이 경쟁하던 삼국시대부터 통일신라, 고려시대의 유물을 볼 수 있다. 관람료 무료. 화~일 09:00~18:00 운영. 매주 월요일 휴관. (56p B:2) 사진ⓒ한국관광 콘텐츠랩

충북 충주시 중앙탑면 중앙탑길 112-28   #삼국시대 #통일신라 #고려

비내섬
"억새와 갈대가 장관을 이루는 거대한 습지"

갈대와 나무가 무성해 비어(베어)냈다고 해서 붙은 이름. 남한강 물줄기가 빚어낸 거대한 갈대 습지로, 드라마 '사랑의 불시착' 촬영지로 유명해졌다. 드넓은 섬은 억새와 갈대가 장관을 이루며, 멸종위기종을 포함한 다양한 생물이 서식하는 국가 내륙습지 보호지역이다. 갈대 사이로 난 작은 길을 걷고, 강을 배경으로 선 버드나무가 바라보며 힐링할 수 있는 곳. (58p B:1) 사진ⓒ한국관광 콘텐츠랩

충북 충주시 앙성면 조천리 412
#남한강 #갈대습지 #힐링

중앙탑막국수 맛집
"치킨과 막국수의 이색조합"

쫄깃쫄깃한 메밀 막국수와 바삭바삭한 메밀 후라이드 치킨이 맛있는 곳. 바삭바삭한 치킨을 먹다가 매콤 달콤한 막국수로 입가심을 해보자. 막걸리도 함께 주문하면 '치막'을 제대로 즐길 수 있다. (61p E:1)

충북 충주시 중앙탑면 중앙탑길 109
#메밀막국수 #메밀치킨 #치막

장미산성 "삼국시대 역사를 따라 걷는 길"

장미산을 따라 지어진 산성. **삼국시대 당시 지어졌던 것으로 추정되는 역사 깊은, 오래된 성**이다. 성곽 아래로 흐르는 남한강의 모습은 평화롭기만 하다. 원형의 모습을 잘 간직한 채 오랜 세월을 버텨온 장미산성을 거닐며 자연과 역사를 느껴보자. (58p B:2)

충북 충주시 중앙탑면 장천리
#삼국시대 #산성 #역사

맛식당 맛집
"허영만의 식객에 나온 올갱이국"

@_kinderheim

허영만의 식객에 소개된 올갱이국 맛집. 직접 담근 된장에 아욱과 부추, 올갱이를 가득 넣어 끓인 올갱이국 단일 메뉴를 판매한다. 간이 세지 않고 조미료 맛이 나지 않는다. 토속적이고 구수한 맛. 다진 고추를 넣으면 칼칼하게 먹을 수 있다. 09:00~14:00 영업, 매주 월, 화요일 휴무. (61p D:2)

충북 괴산군 괴산읍 괴강로 12
#괴산맛집 #허영만식객 #올갱이국

탄금호 무지개길
"충주호에 달이 뜨고 무지개가 뜨면"

드라마 <사랑의 불시착>이 촬영되었던 곳. 한국관광공사 야경 100선에 선정되었을 정도로 밤에 **그 매력이 돋보이는 곳**이다. 긴 다리 구간 곳곳에 다양한 조명과 작품을 설치하여 야경이 정말 아름답다. '충주라서 달달해' 문구처럼, 공원 곳곳에 보름달 조명이 설치되어 있어 마음을 설레게 한다. (58p C:2)

충북 충주시 중앙탑면 중앙탑길 112-28
#야경100선 #무지개다리

수주팔봉 출렁다리 "독특한 암벽과 강, 마을이 어우러진 아름다운 포토 스폿"

구름다리라고도 불리는 충주를 대표하는 명소, 드라마 '빈센조'의 촬영지로 유명한 곳이다. 다리 위에서는 달천이 휘감아 도는 팔봉마을과 캠핑장 풍경을 한눈에 조망할 수 있어 특별한 사진을 남기기 위해 많은 사람이 찾는다. 출렁다리를 건너면 전망대가 있는 트레킹 코스가 이어져 걷기에도 좋다. 생각보다 크게 출렁이지 않으니 안심할 것. (61p E:1)

충청북도 충주시 살미면 팔봉로 669
#수주팔봉 #빈센조 #포토스폿

괴산 양곡리 문광저수지 은행나무길 "저수지에 비춘 노란 은행나무는 환상적이야!"

괴산군 소금랜드부터 문광 낚시터까지 이어진 대로변에 있는 400m 길이의 은행나무 길. **문광저수지 수면에 비친 은행나무의 모습**이 특색 있다. 저수지를 따라 산책로를 천천히 걷기 좋다. 새벽에는 물안개가 껴 더욱 신비로운 분위기라 사진작가들의 사진 촬영 명소로 유명하다. 가을에는 은행나무 마을 축제도 개최된다. 소금랜드 주차장 혹은 문광낚시터 주차장 이용. (61p D:2)

충북 괴산군 문광면 양곡리 54-1   #은행나무 #가을명소 #물안개 #반영사진

서유숙펜션 STAY "순둥한 리트리버가 반기는 한옥 스테이"

@stay.seoyoosuk

남한강 근처 햇살 바른 곳에 위치한 한옥 스테이. 야생화 가득 푸른 정원과 한옥이 어우러져 고즈넉한 분위기. 실내는 한지와 나무 가구, 목재가 어우러진, 잔잔하고 차분한 분위기로 창밖으로 보이는 자연과 함께 편안한 휴식을 취하기도 좋다. 테라스, 팔각정 등 다양한 공간에서 커피를 즐길 수 있는 카페도 함께 운영 중. 수제 조식 제공. 노키즈존. (58p B:1)

충북 충주시 소태면 덕은로 596　　#한옥 #휴식 #수제조식

좌구산 자연휴양림 "숲이 주는 치유"

명상 프로그램으로 유명한 자연휴양림. 명상 뿐만 아니라 요가, 독서, 트래킹 등 다양한 숲 해설 프로그램을 운영한다. 김득신과 거북이를 소재로 한 이색 테마파크와 펜션형 숙소도 마련되어 있어 가족 단위 방문객이 많다. 숲 나들e에서 프로그램 및 숙소를 예약할 수 있다. (60p C:2) 사진ⓒ한국관광 콘텐츠랩

충북 증평군 증평읍 솟점말길 107
#숲명상 #요가 #트래킹

감곡매괴 성모순례지 성당 [추천] "100년의 역사, 고딕 양식 단아한 성당"

100년 넘는 역사를 간직한 충청북도 최초의 성당. 고딕 양식으로 붉은 벽돌과 회색 벽돌이 어우러진 모습이 단아하면서도 웅장하다. 가을에 방문하면 특히 아름다운 곳. 성당 내부에는 한국 전쟁 당시 북한군의 총을 맞고도 깨지지 않았다는 성모상이 서 있어 숙연함을 더하는 곳. 고요한 산책로를 따라 십자가의 길을 걸으며 명상을 즐겨보아도 좋다. 소중한 가톨릭 역사를 한눈에 볼 수 있는 박물관도 함께 둘러볼 것. (58p A:1)

충북 음성군 감곡면 성당길 10   #천주교 #고딕양식 #성모상

블랙스톤 벨포레목장 "아이와 함께 하는 여행지를 찾는다면"

아이 있는 집이라면 반드시 주목해야 할 여행지. 강원도가 부럽지 않은 자연경관에 먹이주기가 가능한 동물농장, 몬테소리 체험센터, 양몰이와 공룡 공연까지 함께 할 수 있다. 바이킹이나 루지 같은 익스트림도 즐길 수 있으니 가족 단위의 여행객들에겐 매우 효율적인 여행지. 숙소 역시 지어진지 얼마 되지 않아 컨디션이 매우 좋다. (60p C:1) 사진ⓒ한국관광 콘텐츠랩

충북 증평군 도안면 벨포레길 400   #양몰이공연 #동물농장 #루지

송원칼국수 [맛집] "증평 사람들이 즐겨 찾는 진짜 칼국수 맛집"

근처 직장인들이 즐겨 찾는, 40년 전통을 간직한 칼국수 맛집. 얼큰한 국물의 버섯칼국수와 깔끔한 국물의 조개 칼국수 두 가지 메뉴를 고를 수 있다. 느타리버섯과 표고버섯이 들어간 버섯칼국수가 인기 메뉴다. 면을 먹고 볶음밥을 해 먹을 수도 있다. (60p C:2) 사진ⓒ한국관광 콘텐츠랩

충북 증평군 증평읍 초중리 570-1
#버섯칼국수 #조개칼국수 #삼계탕

삼기저수지 등잔길
"버드나무를 보며 걷는 수변산책로"

삼기저수지를 따라 만들어진 산책로. 3km 코스로 대부분 데크길로 조성되어 있다. 물속에 뿌리를 내린 버드나무들을 보며 걸을 수 있어 운치를 더한다. 조용하고 한적하여 생각을 정리하기에도 좋고, 높낮이가 고른 평탄한 길이라 부담 없이 운동하기에도 좋은 길이다. (60p C:2)

충북 증평군 증평읍 율리휴양로 163
#데크길 #버드나무 #수변산책로

벨포레리조트 "국제 카드 경기장 품은 숲속 리조트"

증평의 푸른 숲속에 위치, 자연과 액티비티가 어우러진 복합 테마 리조트. 엔진 소리 들려오는 국제 카트 경기장 '모토아레나'가 이곳의 시그니처 공간. 어린이 뮤지컬, 마운틴 카트, 벨포레 목장과 놀이동산까지 온 가족 즐길 거리가 다양해 아이를 동반한 가족 여행객이 많다. 숲속 캠핑 감성 '밤밤테이블', 역동적인 서킷뷰 '핏스탑' 등 식음 시설도 운영한다. 펫 전용 객실과 그라운드를 갖추어 반려동물 동반 여행객에게도 추천. (60p C:1) 사진ⓒ벨포레리조트

충북 증평군 도안면 벨포레길 346   #액티비티 #모토아레나 #가족여행

초향기칼국수 `맛집` "코스로 즐기는 올갱이칼국수"

향토 음식 경연대회에서 칼국수 맛집 부문 대상을 받은 곳. 보리밥, 묵무침, 메밀전병, 만두, 녹두빈대떡, 올갱이칼국수, 음료로 구성된 초향기스페셜이 추천 메뉴. 된장 베이스에 아욱과 건새우, 올갱이가 들어간 칼국수는 잡곡면으로 쫀득한 맛이 일품이다. 묵무침에 있는 채소를 보리밥에 비벼 먹으면 맛있다. 가성비 맛집. (60p C:1)

충북 음성군 원남면 충청대로 327

#칼국수 #올갱이칼국수 #음성맛집

정들식당 `맛집` "고기와 양념된 파의 조합"

고추장파불고기맛집으로 푸짐한 양과 맛으로 유명하다. 호일 위의 고기가 어느 정도 익으면 양념된 파채를 올려 볶아 먹으면 된다. 매콤 달콤한 파와 감칠맛 나는 고기의 조합이 좋다. 폭탄 계란찜과 함께 먹는 것을 추천. 고기를 어느 정도 남겨두고 치즈볶음밥을 해먹는 것은 필수. 14:30~17:00 쉬어가며 일요일은 휴무다. (60p C:1)

충북 음성군 맹동면 대하4길 6-17 104호

#고추장파불고기 #음성맛집 #치즈볶음밥

백야자연휴양림
"숲에서 머물며 즐기는 진짜 힐링"

울창한 천연 숲이 아름다운 공립 자연휴양림. 오토캠핑장과 숲속의 집, 휴양관, 연립동 등 숙박 시설이 잘 갖추어져 있어 편안한 시간을 보낼 수 있다. 다양한 식물을 관찰하며 산책할 수 있는 백야 수목원과 목공예 체험을 즐길 수 있는 목재 문화 체험장이 있어 숲속 힐링과 휴식, 교육을 한 번에 경험할 수 있다. 가족 단위 여행객에게 추천. 숲나들e에서 예약. (58p A:2) 사진ⓒ한국관광 콘텐츠랩

충북 음성군 금왕읍 백야로 461-97
#천연림 #숙박시설 #목공예체험

천주교 배티순교성지
"천주교 박해의 역사 현장"

1950년을 전후로 한국 천주교 박해기에 배티 골짜기 근처에 비밀리에 천주교 신앙 공동체들이 생겨났다. 최양업 신부 박물관과 함께 오반지 복자 묘소, 삼박골 모녀 순교자 묘소, 6인의 묘, 14인의 묘 등 순교자들의 유해가 모셔져 있다. (60p A:1) 사진ⓒ한국관광 콘텐츠랩

충북 진천군 백곡면 배티로 663-13
#천주교 #역사여행지 #순례지

한독의약박물관 "동서양의 의약이 궁금하다면"

한독제석재단에서 운영하는 의학 박물관 겸 예술품 전시공간. 충청북도의 문화유산을 활용한 한의학 체험 등 다양한 체험 프로그램이 운영되니 관심이 있다면 홈페이지나 전화를 통해 문의해 보자. (60p B:1) 사진ⓒ한국관광 콘텐츠랩

충북 음성군 대소면 대풍산단로 78   #박물관 #미술관 #기획전시

농민쉐프의묵은지화련 맛집 "10년 이상된 묵은지와 갈비의 만남"

@tommyspider

허영만의 백반기행에 나온 한식 맛집. 묵은지 갈비전골이 시그니처 메뉴다. 정식으로 먹으면 8가지 반찬에 삼합 또는 수육, 잡채가 나오는 풍성한 구성을 맛볼 수 있다. 직접 기른 재료들로 밑반찬을 만든다. 재료에 대한 자부심이 느껴진다. 10년이상된 묵은지를 넣어 육수를 만든다. 사전예약 가능. 화요일 휴무 (56p C:3)

충북 진천군 덕산읍 이영남로 73   #진천맛집 #백반기행 #한식

진천 농다리 추천 "오래된 돌다리를 건너며 바람쐬기 좋은 곳"

1000년이 흘러도 변함 없는 우리나라에서 가장 오래되고 긴 돌다리. 고려 초에 축조한 것으로 전해지며, 석회를 바르지 않고 쌓았는데도 견고하게 원형을 유지하고 있어 지방유형문화재로 지정되었다. 초평호와 하늘다리까지 경치를 감상하며 가벼운 산책 코스로 다녀오기 좋다. 매년 5월에는 이곳에서 진천 농다리 축제가 열린다. 연중무휴 상시 개방하나 호우, 대설 등 기상특보 발효 시에는 농다리 입장이 통제된다. (60p B:2)

충북 진천군 문백면 구산동리 128   #진천농다리 #초평저수지 #하늘다리

한반도지형전망공원
"청룡이 한반도를 품고 있는 모습"

초평호가 땅을 둘러싸고 있는 모습이 청룡이 한반도를 품고 있는 모습과 닮았다 하여 지어진 이름. 전망대에 올라서 보면 정말 한반도 지형과 매우 비슷하다. 전망대로 올라가는 데 크길도 주변을 조망하며 갈 수 있어 매우 좋다. 물멍, 산멍이 가능한 곳이다. (60p C:2)

충북 진천군 초평면 화산리 산51-9
#초평호 #한반도지형 #전망대

쥐꼬리명당 맛집
"배 타고 가서 먹는 맛집, 명당이로다!"

배 타고 들어가야 하는 음식점. 강물을 바라보며 초록의 그늘막 아래에서 닭볶음탕, 매운탕, 백숙 등을 먹을 수 있다. 쌀, 고추장 식재료 대부분을 직접 만들어 손님상에 내는 정성 어린 밥집이다. 비록 가는 길은 수고롭지만 그 값어

치는 충분한 곳이다. 전화 예약이 필수이니 미리 확인해 보자. (60p C:2)

충북 진천군 초평면 화산리 724
#닭볶음탕 #백숙 #매운탕

진천 종박물관
"한국 금속 예술의 극치, 범종"

진천 석장리 고대 철 생산 유적지에 있는 종박물관. 한국 범종의 유형 유산과 무형 유산이 공존하고 있다. 매주 월요일, 1월 1일, 설날과 추석 연휴 휴관. (60p B:1)

충북 진천군 진천읍 장관리 710
#진천종박물관 #한국범종 #철생산유적

555

룻스퀘어 추천 "미래 농업 복합문화공간"

아이들에게 미래의 농업이 어떻게 발전될 것인지 보여줄 수 있는 곳. 룻스퀘어에서 자라는 농산물을 활용한 레스토랑과 카페가 있다. 카페 내부에는 시냇물이 졸졸 흐르고 다양한 식물이 자라고 있다. 스마트팜과 디자이너들의 건축물도 같이 관람 가능하다. 건축가의 집은 숙소로도 운영된다. (60p B:1)

충북 진천군 이월면 진광로 928-27   #플랜테리어 #전시 #스마트팜

국립청주박물관 "박물관 자체가 건축가 김수근의 아름다운 작품이야"

충청북도 지역의 문화유산이 전시된 박물관. 충청북도의 선사시대부터 삼국시대, 조선시대까지의 변천사와 불교 조각 등의 역사 미술 작품이 전시되어 있으며, 어린이와 성인을 대상으로 한 교육 프로그램도 진행된다. 박물관 건물은 우리나라 대표 건축가 김수근 선생이 설계해 건축물 자체로도 의미가 깊다. 관람료 무료. 화~일 09:00~18:00 운영. 매주 월요일 휴관. (60p B:2) 사진ⓒ한국관광 콘텐츠랩

충북 청주시 상당구 명암로 143
#충북문화유산 #김수근 #현대건축

문의문화유산단지 "역사 탐방과 문화 예술이 한자리에"

대청댐 건설로 물에 잠긴 옛 마을의 전통 가옥과 향토 유적을 고스란히 옮겨 조성한 역사 교육장이다. 아름다운 대청호가 내려다보이는 수려한 경관 속에 문산관과 양반 가옥, 문화 유물전시관을 비롯해 옛 마을의 생활상이 재현되어 있다. 단지 내에는 대청호 미술관과 야외 조각공원도 함께 있어 역사 탐방과 문화 예술을 함께 즐기며 힐링하기 좋다. (60p B:3)

충북 청주시 상당구 문의면 대청호반로 721   #대청댐 #역사교육장 #전통가옥

대청댐 전망대 추천 "사계절 호수와 산세가 풍경화처럼 펼쳐지는 곳"

우리나라에서 세 번째로 큰 인공 호수인 대청호의 탁 트인 자연 경관을 감상할 수 있는 뷰 명소다. 아름다운 대청호반로 드라이브 코스를 따라 위치하며, 전망대 근처 현암정에 오르면 사계절 변화하는 호수와 산의 풍경이 마치 한 폭의 수채화 같다. 석양이 호수 위로 물드는 모습도 놓치지 말 것. 입장료와 주차비 모두 무료. 부담 없이 방문해 힐링하기 좋은 곳. (60p B:3)

충북 청주시 상당구 문의면 대청호반로 206　　#대청호 #현암정 #석양

미동산 수목원
"숲의 치유 기능을 깨닫게 되는 곳"

충북 최대 규모의 수목원. 94만 평이 넘는 큰 부지에 임업 기술의 발전을 위해 식물을 연구하고 보존하는 곳이다. 황톳길, 미로원 등 취향에 맞게 걸을 수 있는 산책 코스가 다양하게 마련되어 있어 진정한 숲캉스가 가능한 곳이다. 특히 하늘이 보이지 않을 정도로 쭉 뻗은 메타세쿼이아 길은 보고 걷는 것만으로도 스트레스가 풀리는 기분이다. 숲의 치유 기능을 몸소 깨닫게 되는 곳이다. (60p C:3) 사진ⓒ

한국관광 콘텐츠랩-김지호

충북 청주시 상당구 미원면 수목원길 51
#충북최대수목원 #숲캉스 #메타세콰이어

상당산성 "자연을 따라, 옛길을 걸어보세요"

청주를 대표하는 천년고도의 산성. 상당산 능선을 따라 설치되어 있다. 성 안에는 전통마을이 있는데, 이곳에서 빈대떡 같은 요리도 맛볼 수 있다. 이곳에서 둘러보는 단풍은 그야말로 예술이다. 문화관광해설사가 상주한다. 상당산성은 백제 시대 청주 서쪽을 방어하기 위해 만들어진 토성으로 추측되고 있다. 성곽에는 아직도 치성(돌출된 성벽)과 암문(숨겨 만든 성문) 등이 남아 있다. (60p C:2)

충북 청주시 상당구 성내로 70　　#천년고도 #청주산성 #상당산

운보의집 추천 "드라마 '미스터 션샤인' 촬영되었던 한옥의 진수"

만 원짜리 지폐에 그려진 세종대왕 초상화를 그린 운보 김기창 선생님의 거주지 겸 미술관. 드라마 '미스터 션샤인' 촬영지로도 유명하다. 전통 한옥과 정자, 정원을 따라 회화 작품, 공예품, 분재 등이 전시되어 있다. 운보 미술관에는 운보 김기창 선생님의 원본 작품을 전시해 놓았다. 성인 6,000원. 4~10월 09:30~17:30, 11~3월 09:30~17:00 운영, 토~일요일은 30분 연장 운영. 매주 월요일 휴관. (60p C:2) 사진ⓒ한국관광 콘텐츠랩

충북 청주시 청원구 내수읍 형동2길 92-41   #한옥 #갤러리 #미술관

무심천 개나리
"청주에서 산책하기 가장 좋은 곳"

매년 봄 무심천 우측(북측)에는 개나리나 벚꽃이 많이 피어난다. 보통 개나리가 피고 곧이어 벚꽃이 같이 핀다. 차량 이동시 무심천 하상 공영주차장에 주차하고 산책을 즐겨보자. 단, 꽃이 만개했을 때는 주변에 주차할 곳이 없으니 아침 일찍 가거나 주변에 주차하는 것이 낫다. (60p B:3) 사진ⓒ한국관광 콘텐츠랩

충북 청주시 서원구 사직동 48-1
#무심천 #벚꽃놀이 #봄산책

봉용불고기 맛집
"파 불고기 맛 보러 오세요"

파채 불고기로 유명한 곳. 냉동 돼지고기를 굽다가 소스를 부은 뒤, 파채를 올려 다시 볶는다. 일반 삼겹살 보다는 얇고, 대패 삼겹살 보다는 두꺼운 독특한 고기 두께에 맛있는 파채가 묘하게 잘 어울린다. (60p B:2)

충북 청주시 청원구 상당로203번길 14
#돼지고기 #파절이불고기 #볶음밥

청주 강내면 연꽃마을
"연잎 요리도 맛볼 수 있는 곳"

연꽃 음식뿐만 아니라 생활소품도 만들어 볼 수 있는 생태체험 마을. 연꽃마을 초입에서 남서쪽으로 이동하면 나오는 연꽃 마을 생태체험지에서 하얗게 자라난 백련 무리를 즐길 수 있다. 마을에 위치한 체험관에서 화분 만들기, 황토방 체험도 할 수 있고, 연을 이용한 연잎 칼국수나 연잎밥 요리도 맛볼 수 할 수 있다. (60p A:3)

충북 청주시 흥덕구 강내면 궁현리 309-4
#연꽃마을 #생태체험 #연잎요리

청주시립미술관
"햇살이 드는 아름다운 미술관 안을 걸어보자."

청주시 서원구 사직동에 위치한 청주시립미술관의 분관. 옛 KBS 청주방송국 사직동 청사 자리에 있으며, 6개의 전시실을 통해 시기별 다양한 전시가 진행된다. 매주 월요일, 1월 1일, 설날과 추석 연휴 휴관. (60p B:3) 사진ⓒ한국관광 콘텐츠랩

충북 청주시 서원구 사직동 604-26
#청주시립미술관 #전시관 #사직동

충청북도 청주시

청남대 단풍

대청댐 부근에 있는 약 55만 평 규모의 대통령 전용 별장. 청남대라는 이름은 '남쪽에 있는 청와대'라는 의미로, 2003년 노무현 대통령 때 일반인에게 전면 개방되었다. 청남대 입구 가로수길과 청남대 숲속에는 아름다운 단풍이 무리 지어 늘어서 있어 가을 명소로 인기 있다. 성인 6,000원. 화~일 09:00~18:00 운영(12~1월 09:00~17:00), 매주 월요일 휴관. (62p C:1)

충북 청주시 상당구 문의면 청남대길 646   #대통령별장 #가로수길 #단풍명소

정북동토성 추천 "세상에서 가장 아름다운 노을을 만날 수 있는 곳"

청동기 말기 또는 원삼국시대에 지어진 것으로 추정되는 아주 오래된, 역사 깊은 토성이다. 높은 산성과 달리 평지에 낮은 언덕처럼 보이는 정북동토성은 원형을 유지하고 있는 국내 유일의 토성이라고 한다. 넓은 초원 사이로 소나무가 심어져 있는데, 그 앞이 대표적인 포토존. 낮에도 예쁘지만 일몰에 가면 초원, 소나무, 하늘까지 더해져 환상적인 사진을 얻을 수 있다. (60p B:2)

충북 청주시 청원구 정북동   #삼국시대토성 #국내유일 #일몰

청주고인쇄박물관
"가장 오래된 금속활자본 직지"

과거 '백운화상초록불조직지심체요절'을 인쇄한 청주 흥덕사지에 위치한 박물관. 선조들의 인쇄, 문화 기술의 위대함과 인쇄문화 발달사를 배우고, 신라, 고려, 조선 시대의 목판본과 금속 활자본 등도 살펴볼 수 있다. 직지심체요절은 세계에서 가장 오래된 금속 활자본이다. 무료입장. 매주 월요일, 1월 1일, 설날과 추석 연휴 휴관. (60p B:2) 사진ⓒ한국관광 콘텐츠랩

충북 청주시 흥덕구 운천동 866
#직지 #금속활자본 #흥덕사지

인문아카이브 양림 & 카페 후마니타스 카페
"모던한 공간에서 즐기는 인문학과 커피 한 잔"

@yangleem.humanitas_official

고즈넉한 한옥 속 모던한 공간. 아름다운 사계절 뷰와 함께 커피와 책을 즐길 수 있는 복합 문화 공간이다. 아메리카노는 진하고 고소한 맛과 부드러운 맛을 선택할 수 있으며, 연잎 크림 위에 말차 초콜릿이 올라가는 연잎 슈페너도 인기 있다. 청아한 연꽃이 피어나는 여름에 방문할 것을 추천한다. 화~일 10:30~21:00 영업, 매주 월요일 휴무. (60p B:3)

충북 청주시 흥덕구 주봉로15번길 25   #한옥 #연꽃 #인문학

스테이오힐 풀빌라 펜션 `STAY` "수영장과 초록 정원, 잔잔한 강물을 한눈에"

@stay_ohill

SPRING부터 WINTER까지 4개 객실로 이루어진 풀빌라 펜션. 실내는 화이트와 밝은 우드 톤이 어우러져 아늑하고 따뜻한 분위기. 침실에서 온수풀과 잔잔한 달천강 리버뷰가 연결되어 더욱 감성적인 느낌. 풀사이드 바비큐장에서 소중한 사람과 불멍하며 프라이빗한 시간을 보내기 좋은 곳. 기본 온수 제공 시간 16:00~20:00까지.

충북 청주시 상당구 미원면 옥화2길 27-4　　　#풀빌라 #리버뷰 #프라이빗

더리버에스풀빌라 `STAY` "에메랄드빛 바다 수상가옥 콘셉트 풀빌라"

@the_river._s

에메랄드빛 바다, 수상가옥을 콘셉트로 조성된 하이앤드 풀라. 50m 길이 온수 인피니티풀이 이국적이다. 노천 자쿠지가 있는 풀사이드 자쿠지 빌라는 눈이 오는 겨울이면 더욱 낭만적인 분위기. 라운지 카페가 함께 운영되어 웰컴 커피와 모닝커피를 마시며 창밖 풍경을 즐길 수 있다. 멋진 포토존이 있는 유럽풍 정원도 둘러볼 것. 온수 풀 무료.

충북 청주시 상당구 미원면 옥화2길 13-29　　　#수상가옥 #인피니티풀 #자쿠지

속리산

속리산 추천 "세계문화유산을 품은 아름다운 명산"

기암괴석, 깊은 계곡, 울창한 숲 등 아름다운 자연과 소중한 문화유산이 공존하는 명산. 충북 보은군, 괴산군과 경북 상주시에 걸쳐 있다. 속리산 자락에 위치한 유네스코 세계문화유산 법주사는 신라 시대의 천년 고찰로, 우리나라 유일의 목조 5층 탑인 팔상전과 금동미륵대불을 품고 있다. 속리산 최고의 경치를 자랑하는 문장대와 조선 세조가 거닐던 명품 숲길 세조길은 반드시 가봐야 할 명소. 문장대 주변 붉은 단풍이 절정에 이르는 9월 말~10월 말에 방문할 것을 추천. (61p E:3)

충북 보은군 속리산면 법주사로 84   #세계문화유산 #문장대 #세조길

말티재 전망대
"열두 굽이 S자 곡선 도로뷰의 매력"

열두 굽이 말티고개를 한눈에 내려다볼 수 있는 곳. 구불구불 마치 뱀이 기어가는 듯한 역동적인 곡선이 시선을 사로잡는다. 나선형 계단을 따라 약 20m 높이 전망대에 오르며 사방으로 펼쳐진 아름다운 풍경을 감상해 보자. 산 전체가 붉고 노란 단풍으로 물드는 가을에 방문하면 숲과 도로가 어우러진 환상적인 모습을 마주할 수 있다. 길이 가파르므로 초보 운전자 주의 필요. 매일 9:00부터 11~2월 18:00, 3, 4, 9, 10월 19:00, 5~8월 20:00까지 운영. (63p D:1)

충북 보은군 장안면 장재리 산4-14
#열두굽이 #말티고개 #S자곡선도로

속리산 세조길 "세조길은 등산이 아니야, 산책하는 느낌!"

속리산 법주사 일주문을 지나 세심정에 이르는 2.35km의 둘레길. 대부분 평지이며 군데군데 나무데크 길을 만들어 놓아 어렵지 않게 산책할 수 있다. 조선시대 세조가 신미대사를 만나기 위해 왕래하던 길을 재현한 곳으로, 한국 8경에 속하는 속리산의 자연을 느끼기 좋다. 상수도 수원지에 비추는 단풍의 모습은 사진 촬영지로 유명하다. 법주사 주차장에 주차하면 된다. (63p F:1)

충북 보은군 속리산면 사내리 257　#속리산 #단풍여행 #법주사

법주사 "국내 유일 목탑 팔상전이 남아있는 신비한 사찰"

속리산 자락에 있는 조계종 사찰. 신라 진흥왕 14년에 의신대사가 창건한 곳으로, 국내 유일 목탑인 국보 55호 팔상전이 있으며, 커다란 금동미륵불상도 보유하고 있다. 속리산 입구에서 법주사까지 가는 길이 완만해 산책 코스로 인기. 가을에는 단풍이 들고, 국화로 이루어진 화단을 경내에 조성해둬서 더욱 아름답다. 무료 입장. 하절기 04:00~20:00, 동절기 05:00~20:00 운영. 입장 마감 18:00. (61p D:3)

충북 보은군 속리산면 법주사로 405　국보목탑 #팔상전 #가을명소

문장대 "속리산 경치는 여기가 최고!"

속리산 봉우리 중에서도 수려한 경치로 손꼽히는 전망 명소로, 정상에서 속리산의 웅장한 산줄기와 수려한 능선이 파노라마로 감상할 수 있다. 충북 보은군과 경북 상주시에 걸쳐 있으며, 법주사 지구 코스가 가장 인기. 세조길이나 법주사 등 주요 명소와 아름다운 숲길이 포함되어 있어 가장 많은 탐방객이 선호한다. 가을철 문장대 주변의 단풍은 매우 아름답기로 유명하므로 이 시기에 방문할 것을 추천. 바위와 계단이 많아 스틱을 준비하는 것이 좋다. (57p D:2)

경상북도 상주시 화북면 장암리 산33　#속리산봉우리 #법주사 #가을단풍

충청북도　보은군

독수리봉 전망대 "앗, 악어다! 독특한 지형을 감상할 수 있는 데크 전망대"

대청호의 수려한 풍경을 감상할 수 있는 전망대. 이곳에서 호수를 바라보면 마치 물 위에 거대한 악어 한 마리가 떠 있는 것 같은 지형이 독특하고 신비롭다. 보은군 회남면 광포리 산49-4 근처, 독수리봉 전망대 0.5km라고 적힌 작은 표시를 따라 짧게 등산하면 데크 전망대에 도착한다. 호수와 산이 어우러진 풍경을 즐기며 조용히 힐링할 수 있는 곳. (65p F:2) 사진ⓒ한국관광 콘텐츠랩

충북 보은군 회남면 은운리 산48-1
#대청호 #악어모양지형 #전망대

찐한식당 맛집 "금강 민물고기로 만든 생선국수"

생선국수와 도리뱅뱅이가 시그니처 메뉴. 금강으로 유입되는 맑은 하천에서 잡은 물고기를 사용한다. 어죽의 쌀 대신 국수를 넣어 끓인 생선국수는 생선 살들이 국물 위로 보인다. 비리지 않고 감칠맛이 난다. 바삭한 생선에 매콤달콤한 소스의 도리뱅뱅이. 민물고기 위에 깻잎과 청양고추를 얹어 먹으면 맛있다. 흔히 먹을 수 없는 음식이라 맛보는 것을 추천한다. 월요일 휴무(63p D:2) 사진ⓒ한국관광 콘텐츠랩

충북 옥천군 청산면 지전길 14
#옥천맛집 #생선국수 #도리뱅뱅이

경희식당 맛집 "상다리 부러지는 한정식 한상"

역사와 전통을 자랑하는 법주사 맛집. 잘 차려진 한상을 상째 들고 온다. 씻은 묵은지가 들어간 자작한 불고기가 메인 메뉴. 간이 세지 않아 국물을 떠먹기 좋다. 나물을 한데 넣어 비빔밥을 만들어 먹는다. 마지막에 나오는 누룽지까지 제대로된 한식을 먹을 수 있다. 남은 반찬은 포장해갈 수 있다. (63p E:1) 사진ⓒ한국관광 콘텐츠랩

충북 보은군 속리산면 사내7길 11-4
#보은맛집 #한정식 #법주사맛집

옥천 청산면 청보리밭 "넓은 벌 동쪽 끝으로 실개천이 휘돌아 나가는..."

청산 체육공원 쪽 보청천 둔치를 따라 자전거길까지 조성된 청보리밭. 10,000m² 규모의 드넓은 둔치에 청보리가 빽빽이 뒤덮여 있다. 보청천의 맑은 물과 어우러진 푸른 청보리가 인상적이다. 청산면 지역 명물인 생선조림 도리뱅뱅이와 생선 국수도 맛보자. (63p D:2)

충북 옥천군 청산면 지전리 378-5
#청보리밭 #보청천 #도리뱅뱅이

옥천성당 추천 "이토록 오래된, 이렇듯 아름다운 성당"

하늘빛 파스텔톤의 외관이 이국적인 성당. 1945년 또는 1948년 건립된 것으로 추정되며, 규모가 크고 역사도 깊어 천주교에서 의미있는 장소이다. 하늘색 벽면과 하얀 창틀이 아름다워 사진 명소로 인기. 이곳의 종탑은 맑은 소리로 유명한데, 1955년 프랑스에서 공수한 것으로 전해진다. 드라마 <괴물>의 촬영지이기도 하다. (65p F:3) 사진ⓒ한국관광 콘텐츠랩

충북 옥천군 옥천읍 중앙로 91   #이국적 #성당 #종소리

부소담악 추천 "호수 위로 보이는 병풍바위"

길이 700m에 달하는 기다란 기암절벽이 물 위로 솟아있는 병풍 바위. 원래는 산이었지만 대청댐을 만들며 물에 잠겨 지금의 모습이 됐다. 날씨가 가물어지면 대청댐 수위가 낮아지고 아랫부분이 드러나 더 멋진 풍경을 즐길 수 있다. 추소정에서 부소담악의 모습을 내려다 볼 수 있으며, 데크가 잘 마련되어 있어 산책하기도 좋다. 황룡사 앞 주차장 혹은 추소리 마을광장 주차장 이용. (65p F:2)

충북 옥천군 군북면 추소리 759   #자연경관 #병풍바위 #절경

풍미당 맛집
"우동과 쫄면의 중간 맛 물쫄면"

전국 3대 온쫄면집으로 꼽히는 맛집으로, 주력 메뉴는 '물쫄면'이다. 물쫄면은 유부, 쑥갓 등을 넣은 우동국물에 쫄면을 넣어 끓인 음식으로, 따뜻한 국물과 쫄깃한 면발 맛을 함께 즐길 수 있다. 김밥을 시켜 함께 먹으면 더욱 든든하다. (62p C:2) 사진ⓒ한국관광 콘텐츠랩

충북 옥천군 옥천읍 금구리 146
#물쫄면 #비빔쫄면 #수제비

천상의정원 수생식물학습원 추천 "대청호 물길따라 걷다보면..."

대청호를 배경으로 다양한 수련, 야생화, 수생식물을 바라보며 잠시 쉬어갈 수 있는 곳. 민간 정원이자 과학체험학습장으로, 유럽풍 건축물과 식물들로 꾸며진 화려한 야외정원이 특징이다. 사전 예약제로 운영되므로, 반드시 홈페이지에서 예약 후 방문해야 한다. 성인 8,000원. 3~10월 10:00~18:00, 11~12월 10:00~17:00 운영. 매주 일요일과 1~2월은 휴관. (65p F:2)

충북 옥천군 군북면 방아실길 255   #프로방스 #정원 #수생식물

스테이비롯 풀빌라 감성 독채펜션 STAY "천창 너머 쏟아지는 신비로운 별빛"

@stay_birot

커다란 천창이 있는 3층 구조 독채 스테이. 맑은 날에는 하늘의 아름다움을, 비 오는 날에는 낭만을, 밤에는 쏟아지는 별의 신비로움을 느낄 수 있는 곳. 개별 수영장과 실내 자쿠지가 마련되어 있어 프라이빗한 휴식을 즐기기 좋다. 계곡 물소리와 함께 즐기는 바비큐와 불멍 타임도 이곳의 매력. 툇마루에 앉아 차 한 잔의 여유도 누려보길 추천.

충북 옥천군 군서면 장령산로 473   #천창 #자쿠지 #툇마루

시작에 머물다 STAY "조용한 시골 마을, 아늑한 한옥 감성"

@stay_the.beginning

조용한 시골 마을에 자리 잡은 감성 스테이. 대나무 숲이 따뜻하게 감싼 듯한 한옥의 아늑한 분위기와 아기자기한 소품이 어우러져 편안히 휴식하기 좋은 곳. 고즈넉한 분위기의 프라이빗 야외 노천탕과 자연석 화로로 바비큐를 즐길 수 있다. 세심한 사장님이 운영하는 감성 소품숍도 천천히 구경해 볼 것. 조식 제공, 반려동물 동반 가능.

충북 옥천군 청산면 하서1길 24-2 1층   #대나무숲 #노천탕 #감성소품

정지용 문학관 및 생가 "그곳이 차마 꿈엔들 잊힐리야"

한국 현대 시인 정지용의 고향인 옥천 하계리에 조성된 문학관으로, 유년 시절을 보낸 집을 복원한 정지용 생가와 나란히 위치한다. 문학관은 문학전시실, 체험공간, 영상실, 문학교실로 구성되어 있어 정지용의 삶과 작품세계를 심도 있게 살펴볼 수 있다. 어린이를 위한 동시나 영상 시 낭송 등 시 관련 체험거리가 다양해서 아이와 함께 방문하기 좋다. 관람료 무료. 화~일 09:00~18:00 운영. 매주 월요일 휴관. (65p F:3) 사진ⓒ한국관광 콘텐츠랩·김지호

충북 옥천군 옥천읍 향수길 56   #정지용 #생가 #박물관

영국사
"가을이 쉬어가는 사찰"

1,000년 수령의 은행나무가 있는 불교 사찰. 이 은행나무는 가을이면 드넓게 퍼진 노란 잎을 드리운다. 천년고찰로 불리는 영국사 내에서 다도체험 및 템플스테이도 즐길 수 있다. (62p C:3) 사진ⓒ한국관광 콘텐츠랩

충북 영동군 양산면 영국동길 225-35
#은행나무 #다도체험 #템플스테이

비단강숲마을
"김장부터 와인시음까지"

금강변을 따라 다양한 생태체험을 즐길 수 있는 농촌체험마을. 뗏목체험, 포도잼 만들기, 웰빙 촌 음식 만들기 등 시기별로 다양한 체험행사를 진행한다. (63p D:3) 사진ⓒ한국관광 콘텐츠랩

충북 영동군 양산면 수두1길 20-42
#생태체험 #요리체험 #숙박

심천역
"동백꽃 필 무렵, 추억도 머뭅니다"

지역을 대표하는 간이역. 1934년 지금의 위치로 이전된 이래 지금의 모습을 유지 중이다. 세월이 묻어나는 역답게 <동백꽃 필 무렵> 드라마의 촬영지로, 예능 프로그램 <간이역> 의 무대로도 활용되었다. (63p D:2)

충북 영동군 심천면 심천로5길 5-1
#간이역 #동백꽃필무렵 #촬영지

선희식당 맛집
"기력을 더하는 인삼어죽으로 유명한 곳"

어죽과 도리뱅뱅으로 유명한 영동군 향토음식점. 어죽은 민물고기에 인삼, 대추 등을 넣어 기력을 복 돋우는 여름 음식이고, 도리뱅뱅은 빙어를 가지런히 돌려 담아 매운 양념에 조린 음식이다. 인삼어죽은 2인 이상 주문 가능하다. (62p C:3)

충북 영동군 양산면 금강로 756
#인삼어죽 #도리뱅뱅 #인삼주

노근리평화공원
"잊어선 안 될 노근리 사건"

노근리 양민 학살 사건을 기리기 위해 조성된 평화공원. 이 사건은 한국전쟁 때 미군이 비무장 피난민을 무차별 학살한 사건으로, 한국전쟁 때 미군에 의해 발생한 225여 개의 사건 중 유일하게 미군이 잘못을 인정한 사건이기도 하다. 한국 현대사의 아픔이 담겨있는 이 공간은 수십 년이 지난 지금에도 깊은 울림을 준다. (63p E:2) 사진ⓒ한국관광 콘텐츠랩

충북 영동군 황간면 목화실길 7
#역사여행지 #한국전쟁 #박물관

영동 와인터널 추천 "터널 안에서 즐기는 와인"

영동뿐만 아니라 세계 각지의 유수한 와인을 소개하는 체험형 와인터널. 420m 길이의 터널에 영동 와인관, 세계 와인관, 와인 체험관, 와인 저장고 등 다양한 체험시설이 마련되어 있다. 와인 체험관에서 영동 와이너리에서 주조한 와인을 시음할 수 있다. 성인 5,000원. 화~일 10:00~18:00 운영. 매주 월요일 휴무. (63p D:3) 사진ⓒ한국관광 콘텐츠랩

충북 영동군 영동읍 영동힐링로 30 #와인동굴 #와인체험 #뱅쇼만들기

반야사 "호랑이의 기운을 품은 천년고찰"

호랑이의 기운을 품고 있는 천년 고찰. 백화산 자락에 위치하고 있으며, 석천계곡이 이 사찰을 품듯이 감아 흐르고 있다. 이곳에 심어져 있는 배롱나무는 500년이 넘은 오래된 나무로, 꽃이 피면 절의 아름다움이 절정을 맞는다. 세조의 친필이 간직되어 있고 템플스테이로도 유명하다. (63p E:2) 사진ⓒ한국관광 콘텐츠랩

충북 영동군 황간면 백화산로 652 #천년고찰 #배롱나무 #석천계곡

안성식당 맛집 "시원하고 담백한 국물"

3대째 운영중인 올뱅이국 맛집. 올갱이를 영동지역에서는 올뱅이라고 부른다. 올뱅이와 수제비, 아욱, 버섯이 가득 들어간 올뱅이국. 시원하고 담백한 국물이 일품이다. 다진 고추를 넣어 얼큰하게 먹으면 좋다. 밥을 말아 꼴뚜기젓갈을 올려먹어도 좋다. 자극적이지 않고 건강한 한끼를 먹을 수 있다. (63p D:3) 사진ⓒ한국관광 콘텐츠랩

충북 영동군 황간면 영동황간로 1618 #황간맛집 #올뱅이국 #건강한맛

SPRING
충남의 봄

태안 코리아플라워파크 튤립축제
세계 5대 튤립 축제로 꼽히는 곳. 수백만 송이의 튤립으로 그려낸 거대한 꽃 카펫이 낭만적이다.

공주 공산성금강변 유채꽃
금강과 금빛 유채꽃의 절정, 백제의 역사를 배경으로 펼쳐진다.

아산 현충사 홍매화
고즈넉한 사당에 피어난 진홍빛 봄의 정렬

천안 각원사 가는 길 겹벚꽃
풍성한 겹벚꽃길 끝엔 태조산 기슭, 각원사로 이어진다.

서산 개심사 겹벚꽃
'마음을 여는 절'이라는 이름처럼 포근한 고찰

서산 유기방가옥 수선화
100년 역사의 전통 가옥을 감싸안은 2
만 평 수선화 군락

서산 해미읍성 유채꽃
조선시대 성벽을 장식한 노란 유채꽃

태안 천리포수목원 수선화
3월 말, 수선화가 반기는 세계가 인정한 아름다
운 수목원 사진ⓒ한국관광 콘텐츠랩

SUMMER
충남의 여름

보령 머드축제
온몸으로 만끽하는 머드 페스티벌. 슬라이드, 마사지 등 스트레스 풀리는
액티비티가 가득하다.

무창포 신비의바닷길
현대판 '모세의 기적'이라 불리는 1.5km 물길

보령 대천해수욕장
서해의 푸른 낭만이 일렁이는 은빛 백사장

태안 삼봉해수욕장 해식동굴
거친 파도가 빚어낸 안면도 SNS 핫플레이스

@hanjoung.lee

대전 장태산자연휴양림
곧게 솟은 나무들이 인도하는 울창한 휴양림. 한여름에
도 시원한 휘링이 가능하다.

세종 세종수목원
국내 최초의 도심형 국립수목원. 사계절 내내 푸
른 뷰가 포인트

공주 동학사계곡
계룡산의 청량함이 쏟아지는 깊고 맑은 골짜기

AUTUMN
충남의 가을

아산 곡교천 은행나무길
'전국 아름다운 거리'로 선정된 2.2km 황금빛 가로수길. 발길 닿는 곳마다 폭신한 은행잎 융단이 펼쳐진다.

부여 백제문화단지
1,400년 전 대백제의 찬란한 부활

대전 장태산 자연휴양림 출렁다리
거대한 메타세쿼이아 숲을 발아래 두는 공중 산책

공주 불장골저수지 단풍
사진가들이 사랑하는 숨은 단풍 성지

대전 추동억새밭
대청호를 따라 펼쳐진 눈부신 억새 군락

공주시 공산성 단풍
백제의 상징적인 산성,
금강을 굽어보는 성곽길

공주 마곡사
극락교 아래로 흐르는 아기단풍이 선명한 사찰

부여 성흥산성 사랑나무
사진가들이 사랑하는 숨은 단풍 성지.
연인들 약속의 성지로도 유명
@heezvely

태안 청산수목원 팜파스
사람 키보다 훌쩍 큰 팜파스그라스 숲

@h.71hy0

WINTER
충남의 겨울

청양 칠갑산얼음분수축제
동화 속으로 초대하는 거대한 얼음 궁전, '충남의 알프스'라 불리는 칠갑산 자락에서 펼쳐진다. 사진ⓒ한국관광 콘텐츠랩

아산 외암민속마을 설경
초가지붕 위로 눈꽃이 피어나는 500년 역사 마을

서산 해미읍성 설경
둘레 1.8km 견고한 석성 위로 내려앉은 겨울

아산 파라다이스스파 도고
힐링 여행에 제격, '동양 4대 유황온천' 사진ⓒ한국관광 콘텐츠랩

태안 꽃지해수욕장 일몰
서해 3대 낙조 명소. '할미 바위'와 '할
아비 바위' 사이로 붉은 노을이 저문다.

서천 금강하구 철새도래지
해 질 녘, 수만 마리의 가창오리가 펼치는 군무

예산 스플라스리솜
600년 역사의 덕산 온천수가 흐르는 보양 온천
사진ⓒ스플라스리솜 홍식홈

당진 왜목마을 일출
왜가리 목처럼 가늘고 길게 뻗은 일출 일몰 명소

충청남도·대전·세종의 먹거리

01

관평동 도토리묵말이 | 대전광역시 유성구 관평동

구즉동 일대의 묵 마을이 관평동으로 이전하며 도토리묵말이집이 많이 생겼다. 길게 썬 도토리묵에 김, 깨소금, 고춧가루를 얹고 뜨끈한 육수에 말아 먹는 음식으로, 여기에 잘게 썬 묵은지나 삭힌 고추를 취향껏 넣어 칼칼하게 먹는다.

02

대전 칼국수 | 대전광역시

대전 시민 60%가 지역을 대표하는 음식으로 칼국수를 꼽을 정도로, 대전은 칼국수가 맛있는 곳이다. 대전에서는 전골 요리나 샤브샤브를 해 먹고 남은 국물로 칼국수, 볶음밥을 해 주는 음식점이 많다.

03

가락국수 | 대전광역시 중구 대전역

예전에는 철도 구조상 호남선을 타려면 대전역에서 환승해야 했는데, 이때 간단하게 끼니를 때우려는 사람들이 몰려 대전역 가락국수가 유행하게 되었다. 보통 멸칫국물에 담긴 우동면에 유부, 김 가루, 고춧가루, 쑥갓 등이 올라간다.

04

공주 국밥 | 공주시

국밥은 양지머리 우린 국물에 간장 간을 하고 소고기를 넣어 밥을 말아 먹는 음식으로, 국과 밥을 따로 내는 '따로국밥'이 바로 공주 국밥이다. 공주에는 어머니 드릴 국밥을 쏟은 이복이 울고 갔다는 국고개 전설이 있다.

05

금산 인삼 삼계탕 ｜ 금산군

금산은 1500년을 이어온 인삼의 고장이다. 금산에서는 인삼 삼계탕과 함께 인삼 튀김, 인삼 어죽을 맛볼 수 있다

06

당진 꽃게장 ｜ 당진시

액젓, 생강 등을 넣어 전통 비법으로 끓인 당진 꽃게장은 봄철의 암게만을 골라 급속냉동하여 사용한다. 짜지 않고 달큼한 감칠맛 도는 양념이 특징

07

대천항 꽃게 ｜ 보령시 대천항

대천항 꽃게는 크기가 크고 담백한 맛으로 유명하다. 5월부터 6월까지는 암꽃게, 10월부터 11월까지는 수게가 맛있다.

08

당진 칼국수 ｜ 당진시

당진에는 지역 특산품인 바지락으로 육수를 낸 손칼국수 맛집이 많다. 닭고기가 들어간 닭 칼국수도 맛있다.

09

조개구이 ｜ 보령시 대천해수욕장

대천해수욕장 앞에는 모둠조개구이를 하는 많은 해산물 음식점이 있다. 대천항 인근에서 채취하는 품질좋은 바지락이 들어간 바지락탕도 대천의 명물

10

무창포 굴 ｜ 보령시 무창포

무창포 해수욕장 근처에서 직접 채집한 자연산 굴을 구매할 수 있다.

충청남도·대전·세종의 먹거리

오천항 키조개 | 보령시 오천항

오천항은 전국 키조개 생산량의 60~70%를 차지하고 있다. 키조개는 산란기인 7월 이전 4, 5월이 제철로, 이때 방문하면 샤브샤브, 회무침, 버터구이, 양념 볶음 등의 요리를 즐길 수 있다.

천북 굴 | 보령시 천북면

천북면 장은리 굴단지에서 굴회, 굴밥, 굴구이 등의 굴 요리를 즐길 수 있다. 굴은 카이사르, 카사노바, 나폴레옹도 사랑했던 고급 진미이다.

천북 굴밥 | 보령시 천북면

천북면에서는 은행, 대추, 밤 등을 넣고 굴을 올린 굴 돌솥밥을 맛볼 수 있다. 달래 간장을 넣고 비벼 먹으면 고소하고 상큼한 맛이 난다. 천북 굴단지 주변에 굴밥 식당이 모여있다.

서동한우 | 부여군

건조 숙성(드라이에이징)을 통해 감칠맛을 더한 한우 전문점. 마블링이 없는 고기임에도 부드럽고 진한 맛이 난다

15

연잎밥 | 부여군

부여는 연잎, 연근 요리로도 유명하다. 궁남지 근처에 연잎에 찹쌀, 은행, 대추, 잣을 넣어 찐 밥과 연근 요리 반찬이 나오는 전문음식점이 많다.

16

간월도 굴밥 | 서산시 간월도

고소하고 진한 맛의 간월도 산 강굴에 은행, 콩, 대추, 호두 등을 돌솥에 넣은 굴밥

17

마량항 도미 | 서천군 마량항

마량항 도미는 산란기인 봄철에 가장 맛이 좋다. 도미는 단백질은 많고 지방질은 적어 중년기나 회복기 환자에게 좋다.

18

서천 전어구이 | 서천군

전어에 칼집을 내 소금을 뿌려 그대로 구워 먹는 전어구이는 가을에서 겨울 사이 홍원항, 마량포 근처 횟집에서 맛볼 수 있다.

19

민물장어구이 | 아산시 인주면

5~11월경, 조수간만의 차가 심한 아산호에는 자연산 장어가 많이 잡힌다. 인주면 장어촌 특화 거리에 방문하면 신선한 자연산 장어를 맛볼 수 있다.

20

붕어찜 | 예산군

예당저수지에서 잡히는 붕어는 담백하고 쫄깃한 맛이 난다. 보통 말린 무청을 깔고 갖은양념과 민물 새우를 넣어 쪄낸다.

충청남도·대전·세종의 먹거리

21

서천 주꾸미 | 서천군

주꾸미는 산란기인 3월 중순부터 5월 사이 알이 꽉 차 가장 맛이 좋다. 마량항 주꾸미 철에 마량리 동백숲이 개화하니 주꾸미 먹고 꽃구경도 가 보자.

22

병천순대 | 천안시

천안 삼거리 길목에 있던 아우내(병천)장에서 팔던 장터 음식. 돼지 소창에 갖은 채소와 선지, 찹쌀, 들깨를 넣어 만든다. 당면이 거의 들어가 있지 않고 채소량이 많아 담백하다. 병천리 병천순대거리 특구에 음식점들이 모여있다.

23

구기자 갈비전골 | 청양군

구기자의 단맛과 사골의 구수함, 청양고추의 칼칼함이 어우러진다. 구기자는 소염, 해열작용, 혈압과 혈당을 낮추는 데 효과적이며, 비타민 C가 오렌지의 500배나 되어 일명 '청양산 자양 강장제'로 불린다.

24

안면도 꽃게 | 태안군 안면도

안면도에서는 신선한 꽃게를 이용한 향토 음식인 게국지와 간장게장을 맛보고 오자. 5~6월에는 암꽃게, 10~11월에는 수게가 가장 맛있다.

25

안면도 대하 | 태안군

대하는 한의학적으로 양기를 왕성하게 하여 몸을 데우는 효과가 있다. 또, 글리신, 아미노산과 단백질, 칼슘이 풍부해 원기회복에도 도움을 준다.

26

박속밀국낙지 | 태안군

밀이 날 무렵인 5~6월엔 살이 달고 크기가 작은 어린 낙지가 잡힌다. 무 대신 박속과 고추, 파 등을 넣고 끓인 것에 산 낙지를 살짝 데쳐 먹는다.

27

대하찜 | 태안군

태안은 대하 어획량의 70%를 차지하는 최대 집산지다. 보통 싱싱한 대하를 통째로 붉어질 때까지 쪄내서 초장에 찍어 먹는다.

28

남당리 대하 | 홍성군 남당리

가을 서해안의 명물, 새우의 왕! 천수만은 대하의 최대 산란지이자 서식지이다.

29

남당리 새조개 | 홍성군 남당리

속살이 새 부리와 닮아 새조개라 불리며 어린이 주먹만 하다. 보통 배추, 청경채, 버섯 등을 넣고 끓인 채수에 새조개와 주꾸미 등을 데쳐 먹는다.

30

홍성 한우구이 | 홍성군

매해 한우 축제가 열릴 정도로 한우로 유명한 곳이다. 다른 지역의 소고기보다 마블링이 촘촘하고 부드럽다.

충청남도·대전·세종에서 살만한 것들

1
금산

2
강경

3
보령

4
서산

5
서산

6
한산

7
천안

8
입장

9
남당항

1.금산 인삼
비옥한 마사토에서 재배되는 금산 인삼은 영양가가 높고 신선하다. 특히 사포닌 함량이 높은 여름형 인삼, 수삼을 건조한 백삼이 유명

2.강경 젓갈
강경은 일제강점기에 해산물 거래가 활발히 이루어지는 강경포구가 있던 곳

3.보령 대천김
서해안에서 채취한 원초만을 사용해 감칠맛이 깊다. 보통 소금간이 된 조미김 형태로 판매

4.서산 마늘
삼국 시대부터 재배되어 온 재래종 마늘이다. 육쪽마늘은 매콤하며 살균력이 좋고, 오래 보관할 수 있다.

5.생강한과
생강한과는 전국 생산량 30%를 차지하는 서산 생강으로 만든 전통 간식. 생강 찹쌀 반죽을 튀겨 튀밥을 묻히는 정통 방식으로 제작한다.

6.한산소곡주
달콤하고 감칠맛이 좋은 술. '앉은뱅이술'이라는 별명

7.병천순대
천안 아우내(병천) 장터에서 판매되기 시작한 향토 음식

8.입장 거봉포도
입장 거봉 포도 마을은 전국 거봉 수확의 43%를 차지하는 주산지

9.남당항 새조개
갯살이 새 부리처럼 생겨 새조개라고 불리며, 맛도 닭고기 맛이 난다.

10.안면도 대하
9~10월에 잡힌것이 더 감칠맛 난다.

11.안면도 대합
살이 통통해 구워 먹거나 쪄먹기 좋고, 감칠맛이 풍부해 찜, 탕도 좋다.

12.태안 꽃게
채석포항에서 잡히는 꽃게는 껍질이 청록색을 띠며 두껍고, 크기가 크다.

13.광천 새우젓
토굴에서 숙성 시켜 감칠맛이 깊고 젓갈 색이 곱다.

10 안면도	11 안면도	12 태안	13 광천
14 공주	15 대전	16 천안	17 서천
18 대전	19 대전	20 대전	21 부여

14.공주 알밤
국내 최대 밤 산지인 공주. 밤을 강제로 떨어뜨리지 않고 자연적으로 떨어지는 알밤만 수확해 맛이 더 좋다. 1~2월에 공주군밤축제가 열린다.

15.성심당 튀김소보로
대전에서 놓치면 안 되는 빵지순례 성지. 도넛, 소보로, 앙금빵을 하나로 합친 튀김소보로가 대표 메뉴.

16.천안 튀김소보로 호두과자
천안을 대표하는 호두과자와 튀김소보로를 조합한 이색 먹거리. 박스로 포장되어 있어 선물하기 좋다.

17.서천 모시송편
모시송편은 충남 서천의 전통적인 떡으로 모시풀의 잎이나 줄기를 써서 색과 향이 좋다. 쫄깃한 식감과 고소한 식감이 특징.

18.꿈돌이 막걸리
대전 지역 쌀을 원료로 사용한 막걸리. 병 라벨에 대전을 상징하는 꿈돌이 캐릭터가 디자인되어 있어 대전 여행 기념품으로 추천.

19.꿈돌이 라면
대전에서만 파는 한정상품. 밀가루의 도시로 불리는 대전의 특성을 살렸다. 대전역, 엑스포과학공원 내 기념품 매장, 대전 GS25에서 판매.

20.꿈돌이 얼굴 쿠션
1993년 대전엑스포 마스코트로 처음 등장해 이제는 대전을 대표하는 캐릭터가 된 꿈돌이. 대전역, 한빛탑에 있는 꿈돌이 굿즈숍인 '꿈돌이하우스'에서 구매 가능.

21.금동대향로 미니어처
백제금동대향로를 모티브로 제작됐다. 인센스 홀더로도 사용할 수 있어 실용적이다. 부여 국립박물관에서 판매.

충청남도·대전·세종 BEST 맛집

01

박순자아우내순대 | 천안시

병천순대거리에 위치한 병천 3대 순대라 불리는 집. 순대국밥, 모둠순대 두가지 메뉴만 판매

02

@mmo1019

가야밀면 | 천안시

밀면이 주력 메뉴. 주문하는 순간 면을 뽑아 쫀득하고 찰기있는 면발, 생면이라 소화에도 좋다.

03

곰골식당 | 공주시

운치 있는 한옥에서 즐기는 시골밥상 전문점. 생선구이나 제육불고기 등 일품 메뉴와 정갈한 반찬

04

@paran7515

마곡사 서울식당 | 공주시

40년 전통 더덕산채정식 맛집. 잘 구워진 더덕구이를 흰쌀밥에 올려 먹으면 꿀맛이다. 부드럽고 향도 좋다.

05

동해원 | 공주시

고기와 채소를 얇게 썰어 진한 국물맛이 나는 짬뽕집. 고기와 고추기름이 넉넉히 들어가 육개장을 닮은 짬뽕 국물맛이 일품이다.

06

@kjh216

한일식당 | 예산군

한 번 먹으면 계속 생각나는 맛. 빨간 국밥이 대표 메뉴로 칼칼하고 매콤하게 먹을 수 있다.

07

@chufreediver

소복갈비 | 예산군

80년의 오랜 전통을 자랑하는 한우 갈비집. 역대 대통령의 맛집

08

장춘닭개장 | 당진시

닭개장 단일메뉴만 판매한다. 얼큰하고 진한 국물의 닭개장

09

다원 | 태안군

알과 장이 가득찬 암꽃게로 만든 게국지

10

오양손칼국수 | 보령시

3대째 이어온 맛집. 갑오징어와 키조개가 들어간 칼국수와 비빔국수

11

은행집 | 청양군

직접 띄운 청국장으로 만들어 걸쭉하고 구수한 맛

12

@pine2020

왕곰탕 식당 | 부여군

시금치와 부추무침을 넣어 먹는 국밥. 40년 전통

13

@sunghoon___kim

진미식당 | 서천시

2대째 이어온 서리태 콩국수. 서천군 1호 백년가게로 선정된 곳.

14

원조연산할머니순대 | 논산시

4대째 이어오고 있는 순대맛집이다. 내장의 진한맛을 좋아한다면 추천

15

@kangiy90

오씨칼국수 | 대전광역시

수타면을 이용한 칼국수 전문점. 물총 조개탕과 손칼국수가 별미

충청남도·대전·세종

팜카밀레, 만리포해수욕장
파도리해수욕장 해식동굴
꽃지해수욕장, 백사장항
신두리해안사구, 태안솔향기길

난지도 해수욕장, 왜목마을
아미 미술관, 삽교호 놀이동산
삽교호 함상공원

당진시

서산 간월암 서산
버드랜드 개심사
해미읍성

서산시

태안군

예산군

아그로랜드 태신목장 청보리밭
예산 황새공원, 수덕사, 예산시장
예당호 출렁다리, 스플라스 리솜

홍성군

홍성스카이타워
남당항

천장호 출렁다리
청양 알프스 마을

청양군

무창포해수욕장
대천해수욕장

보령시

부여군

국립생태원, 백제문화단지
관북리유적 및 부소산성, 부여 궁남지
정림사지 오층석탑, 국립부여박물관
무량사, 서동요 테마파크

서천군

국립생태원 에코리움, 국립생태원
수생식물원, 장항 스카이워크
씨큐리움, 신성리 갈대밭

588

아산시
세계꽃식물원
외암민속마을
내정호 카페거리
현충사
지중해마을

천안시
독립기념관, 겨레의집
독립기념관단풍나무숲길
무궁화테마공원

세종특별자치시
국립세종수목원,
베어트리파크

공주시
계룡산국립공원
마곡사, 공산성
공주무령왕릉
국립공주박물관
공주 한옥마을

계룡시
계룡병영체험관

대전광역시
대청댐, 대청호 오백리길, 한밭수목원,
국립중앙과학관, 대전엑스포 과학공원,
대전 오월드, 성심당 본점

논산시
탑정호 출렁다리
온빛자연휴양림
선샤인랜드

금산군
금산 칠백의총, 대둔산
월영산 출렁다리

아산 도고온천역 레일바이크 코스모스 "코스모스와 황금빛 논, 가족과 함께 하는 여행지로 제격"

6~9월에 아산 레일바이크에 탑승하면 즐길 수 있는 코스모스 꽃길. 철길을 따라 심어진 코스모스와 주변으로 펼쳐지는 황금빛 논이 인상적이다. 코스모스는 레일바이크에서 손을 뻗으면 닿을 거리에 피어나있다. 레일바이크는 옛 도고온천역에서 출발하여 글램핑 캠핑장까지 주행하며, 왕복 4.8km 구간으로 체험에는 약 40분이 소요된다. 일몰 시각에는 석양을 바라보며 코스모스 길을 즐길 수 있다. (68p C:2)

충남 아산시 도고면 신언리 142-1
#아산레일바이크 #코스모스꽃길 #옛도고온천역

아산 레일바이크 "정겨운 들판을 달리는 레일바이크"

옛 도고온천역에서 출발해 약 40분간 4.8km 운행하는 레일바이크. 아산의 정겨운 시골 풍경이 정겹다. 일몰 시간에 즐길 수 있는 선셋 레일바이크도 운영된다. 현장 발권도 가능하지만 다소 대기가 있을 수 있으니 예약하는 것을 추천한다. 역 건물 바로 옆에서 짚라인도 체험할 수 있다. 2인승 기준 25,000원. 네이버 예매 시 할인. 3~11월 10:00~18:00, 12~2월 10:00~17:00 운영. (68p C:2) 사진ⓒ한국관광 콘텐츠랩

충남 아산시 도고면 아산만로 199-7
#레일바이크 #시골풍경 #선셋 #이색여행

세계꽃물원 "꽃이 주는 즐거움"

1년 내내 꽃이 만개해있는 실내외 꽃 식물원. 커다란 유리온실이 있어 한겨울에도 볼거리가 가득하다. 튤립, 작약, 수선화 등 구근식물들의 중심으로 3,000여 종의 식물을 취급하고 있다. 쿠폰을 구입해 입장하며, 쿠폰은 식물원 내에서 식물 구매에 사용할 수 있다. 성인 10,000원. 매일 09:00~18:00 운영. 17:00 (동절기는 16:30) 입장 마감. (68p C:2)

충남 아산시 도고면 아산만로 37-37   #유리온실 #작약 #수선화

파라다이스 스파 도고 "온천과 물놀이를 동시에"

온천의 고장 아산에서 즐기는 스파와 물놀이. 실내 바데풀, 실외 유수풀, 인피니티 스파, 키즈랜드, 파도풀, 히노끼탕 등 다양한 물놀이장부터 온천까지 이용할 수 있어 가족 단위의 여행객들이 많다. 포도, 산수유, 오미자, 쑥, 복숭아 등 독특한 이벤트 스파도 운영한다. 성인 49,000원부터. 시즌별로 가격이 다르므로 홈페이지 확인 필수. 월~목 09:00~19:00, 금~일 09:00~21:00 운영. (68p C:2) 사진ⓒ한국관광 콘텐츠랩

충남 아산시 도고면 도고온천로 176   #물놀이 #온천 #스파

충청남도·대전·세종 아산시

외암민속마을 추천 "500년 전 저잣거리로 가보자!"

500년 전에 형성된 마을로, 조선 명종 이후 예안 이씨가 이주해 오면서 지금의 모습을 갖추었다. 현재도 실제 주민들이 거주하며 23가구가 체험, 민박을 운영하고 있다. 떡메치기 체험, 민속놀이 체험을 할 수 있고 돌담길을 따라 산책하기도 좋다. 마을 입구에는 조선시대 장터를 재현한 저잣거리에서 먹거리를 판매한다. 성인 2,000원. 3~10월 09:00~18:00, 11~2월 09:00~17:00 운영. (69p D:2)

충남 아산시 송악면 외암민속길 5   #전통가옥 #전통체험 #저잣거리

충청남도·대전·세종 아산시

591

신정호 [추천] "호수 산책 후 즐기는 커피 한 잔의 여유"

아산 드라이브 코스로 유명한 신정 호수 주변, 호수를 조망하는 대형 베이커리 카페와 브런치 카페들이 모여 있는 곳. 통창 너머 펼쳐지는 아름다운 호수 뷰와 넓은 야외 정원을 갖춘 카페들이 많다. 붉은 벽돌 건물이 이국적인 '우즈 베이커리'가 이곳의 터줏대감. 모던한 인테리어와 시그니처 커피로 유명한 '컨스턴트', 호수 뷰와 한적한 논밭 뷰를 동시에 즐길 수 있는 '논사이하우스' 등이 인기. 가볍게 호수를 산책한 후 카페에서 시원한 음료를 즐겨보길 추천. (68p C:2)

충남 아산시 신정로 일대   #신정호수 #드라이브코스 #카페투어

환경과학공원 "생태체험의 보고"

쓰레기 소각장을 활용한 환경공원으로, 곤충 먹이주기 체험 및 허브체험을 즐길 수 있는 아산시 생태곤충원과, 측우기와 물시계를 체험해 볼 수 있는 장영실 과학관을 함께 운영하고 있다. 통합 입장권을 판매하고 있으니 참고하자. 하절기 10~18시 개관, 동절기 10~17시 개관, 매주 월요일 및 설날과 추석 연휴 휴관. (68p C:2) 사진ⓒ한국관광 콘텐츠랩

충남 아산시 실옥로 220
#곤충체험 #생태체험 #박물관

산시 브런치&베이커리 카페 `카페`
"반짝이는 호수와 정성 가득 브런치 한 끼"

신정호를 한눈에 담을 수 있는 레이크뷰 베이커리 & 브런치 카페. 그레이톤 모던한 느낌 실내는 넓고 쾌적한 편. 커다란 창 너머 펼쳐지는 신정호의 윤슬이 아름답다. 시그니처 메뉴인 에그 퐁듀 치즈 화덕피자, 새우 바질 크림 리조또를 비롯해 다양한 브런치 메뉴가 준비되어 있다. 모닝 파니니 등 09:30~12:00 한정 모닝 세트도 알차다. 매일 09:30~22:00 영업. (68p C:2)

충남 아산시 신정호길 102
#신정호 #브런치맛집 #한정모닝세트

현충사 곡교천 은행나무길 "아산의 은행나무 명소"

![은행나무길]

아산 충무교에서 곡교천변을 따라 조성된 2km 규모의 은행나무 길. '한국의 아름다운 길 100선', '전국의 아름다운 10대 가로수길'에 소개된 바 있다. 350여 그루의 은행나무가 노랗게 물들어 절경을 이룬다. 봄에는 유채꽃이 만발해 또 다른 매력을 느낄 수 있다. 공영 주차장 혹은 현충사 주차장 이용. 은행나무 절정 시기에는 추가 주차장을 운영한다. (69p D:1)

충남 아산시 염치읍 백암리 502-3　　#은행나무 #가을명소 #유채꽃

현충사 "이순신이 살던 집이 바로 이곳에"

이순신 장군을 기리기 위해 세워진 사당. 1706년 숙종 32년에 세워졌으며 숙종의 명으로 현충사란 이름이 내려졌다. 내부에는 충무공이순신기념관과 이순신 장군이 살던 고택, 활쏘기 연습을 하던 활터가 있다. 가을에는 곡교천부터 현충사 주차장과 현충사 내부까지 은행나무길이 이어져서 절경을 이룬다. 3~10월 08:00~18:00, 11~2월 09:00~17:00 운영. 월요일 휴무. (69p D:1)

충남 아산시 염치읍 현충사길 126   #이순신장군 #사당 #은행나무길

피나클랜드 수목원 [추천] "사계절 꽃이 피어나는 곳"

아산만 방조제 제작에 쓰였던 돌을 캐던 채석장이 자연 테마파크로 탈바꿈했다. 물, 바람, 꽃, 나무를 형상화한 테마공원과 가로수 산책로가 마련되어 있다. 봄에는 수선화와 튤립, 여름에는 수국, 가을에는 국화, 겨울에는 눈썰매를 즐길 수 있다. 성인 15,000원. 월~목 09:00~18:00, 금~일 09:00~22:00 운영. 1시간전 입장 마감. (68p C:1)

충남 아산시 영인면 월선길 20-22   #테마공원 #국화 #눈썰매

594

아레피 [카페] "세계 건축상 수상에 빛나는 세련된 대형 카페"

세계 건축상 수상, 콘크리트 사이로 펼쳐지는 저수지 뷰가 아름다운 대형 카페. 탁 트인 야외 온돌 평상에 편안히 앉아 물멍하기 좋은 곳. 쌀 슈페너 등 음료는 물론 브런치 메뉴와 BBQ 세트를 즐길 수 있다. 가족끼리 편안하게 앉기 좋은 키즈존이 있어 아이와 함께 방문하는 가족에게 추천. 수영장, BBQ를 즐길 수 있는 아레피 푸루푸루를 함께 운영 중. 매일 10:30~20:30 영업. (68p C:1)

충남 아산시 영인면 영인로 187-15
#세계건축상 #야외온돌평상 #수영장

목화반점 [맛집]
"부먹, 찍먹 논란이 필요없는 곳"

탕수육 찐 맛집. 신세계 정용진 회장이 다녀간 곳으로 더 유명해진 곳이기도 하다. 잡내가 느껴지지 않는 고기에, 소스와도 잘 어우러진다. 약간 묽은 소스가 산뜻함을 더한다. 겉바속촉의 탕수육 내공이 느껴지기도. (65p D:1) 사진ⓒ한국관광 콘텐츠랩

충남 아산시 온주길 28-8
#부먹 #탕수육 #겉바속촉

아산 스파비스
"충남 지역에 있는 온천수 워터파크"

국내 최초로 온천수를 사용한 워터파크. 파도 풀, 슬라이드, 실내바데풀, 실외온천풀 등 다양한 시설이 있고 딸기, 쑥, 솔잎, 인삼탕 등을 운영하여 물놀이뿐만 아니라 건강까지 챙길 수 있어 가족 단위의 방문객이 많다. 근처에 온양민속박물관, 현충사, 외암리 민속마을도 함께 들러보자. 스파 성인 50,000원부터. 매일 09:00~18:00 운영. (시기별 상이) (69p D:1)
사진ⓒ한국관광 콘텐츠랩

충남 아산시 음봉면 아산온천로157번길 67
#온천수 #워터파크 #스파

꽁당보리밥 맛집
"정겨운 분위기 속 따뜻한 한 끼"

옹기로 짓는 보리밥 전문점. 청국장 보리밥 정식 주문 시, 보리밥과 함께 정갈한 반찬과 청국장, 잡채, 수육이 한 상 가득 차려진다. 2인 주문 시 도토리묵, 고등어구이 중 한 가지 제공. 식사 후 야외 정원을 산책하며 힐링하기 좋은 곳. 캐치테이블에서 예약 후 방문 추천. 청국장 보리밥 정식 15,000원. 화~금 10:40, 주말 10:30 오픈 21:00까지 영업. 매주 월요일 휴무. (69p D:2) 사진ⓒ한국관광 콘텐츠랩

충남 아산시 배방읍 갈매길 159-39
#옹기보리밥 #청국장 #예약필수

공세리 성당 추천 "수많은 작품이 선택한 아름다운 성당"

한국을 대표하는 아름다운 성당으로 한국 천주교회의 중요한 역사적 성지 중 하나. 붉은 벽돌의 고딕 양식 건축물과 수백 년 된 아름드리 고목이 어우러져 고즈넉하고 서정적인 분위기. 영화 '태극기 휘날리며', 드라마 '아이리스', '모래시계' 등 70여 편의 작품이 이곳에서 촬영되었다. 종교를 넘어 평온한 분위기를 느낄 수 있는 힐링 공간. (68p C:1)

충남 아산시 인주면 공세리성당길 10   #천주교 #붉은벽돌 #촬영지

지중해마을
"지나가다 잠시 들러 사진 찍기 좋은 곳"

아산에 있는 이국적인 건물이 모여 있는 마을로 흰색 외벽과 파란색 원형 지붕을 많이 볼 수 있다. 산책로가 잘 갖춰져 있고 포토존이 많아 사진을 찍기 좋다. 카페, 옷 가게, 음식점, 소품 판매점 등이 있어 가볍게 둘러보며 커피 한 잔하는 것을 추천. 가을에는 국화축제가 열려 볼거리가 더 많다. 주차는 지중해마을 공영주차장 이용. 타워식 주차장이라 5층으로 올라가면 한눈에 지중해마을을 내려다 볼 수 있다. (65p D:1)

충남 아산시 탕정면 탕정면로8번길 55-7
#이국적 #카페 #국화축제

알마게스트 STAY "아늑한 중정과 프라이빗 노천탕 품은 감성 스테이"

@almagest_lake

호수 앞 조용한 독채 펜션. 본관과 별관으로 나누어진 실내는 화이트톤 인테리어에 나무 가구, 따뜻한 조명이 어우러져 아늑한 분위기. 프라이빗한 노천탕과 아늑한 라운지, 고요한 중정이 갖추어져 있어 편안한 휴식을 취하기 좋다. 웰컴 박스, 웰컴 드링크 제공. 5세 이하 유아 전용 의자와 침구 구비, 별도 요청 시 준비. (69p D:2)

충남 아산시 송악면 송악저수지길 273   #노천탕 #중정 #휴식

독립기념관

독립기념관 `추천` "역사공부하기 좋은 굉장히 볼거리가 많은 곳"

대한민국의 국난 극복사와 국가 발전사를 전시해놓은 박물관. 제1전시관부터 제6전시관, 체험관 등 다양한 전시가 진행되고 입체영상을 관람하며 호국정신을 배워볼 수 있다. 다양한 독립운동 체험 프로그램에도 참가해보자. 산책로가 잘 조성되어 있고 가을에는 단풍이 아름답게 들어 가을 산책 장소로 좋다. 입장료 무료. 3~10월 09:30~18:00, 11~2월 09:30~17:00 운영. 매주 월요일 휴관. (69p E:2)

충남 천안시 동남구 목천읍 독립기념관로 1   #독립운동 #가을명소 #단풍나무길

독립기념관 단풍나무숲길
"가을철 독립기념관 필수 코스"

독립기념관을 감싸고 있는 3.2km 길이 아름다운 숲길. 1,200여 그루의 단풍나무가 심겨 있어, 가을이면 붉고 노란 단풍이 터널을 이루는 장관을 이룬다. 마음의 짐을 내려놓고 조용히 걷기 좋은 힐링 명소로, 독립기념관 관람을 마친 다음 산책을 즐기기 좋다. 매년 가을 단풍나무 숲길 야간 개장 행사가 운영되므로, 낮과는 다른 분위기의 고즈넉한 야간 산책도 경험해 보자. 반려동물 동반 입장, 킥보드, 자전거 금지. (69p E:2)

충남 천안시 동남구 목천읍 남화리 산5-1
#독립기념관 #단풍 #야간개장

597

겨레의집 "본격적인 관람은 여기가 시작!"

겨레의 탑을 지나면 정면에 보이는 웅장한 기와집. 독립기념관의 대표 건축물이다. 내부 중앙홀에는 불굴의 한국인 상이 있다. 건물 뒤쪽으로 전시관들이 이어져 있어 본격적인 전시 관람의 시작점으로 볼 수 있다. 입구부터 도보로 이동할 수 있지만, 아이와 함께 왔다면 체험형 셔틀인 독립부릉이를 이용해 보자. 영상 체험 콘텐츠를 관람하며 이동해 유익하다. 킥보드, 자전거 금지. 독립기념관 입장료 무료. 09:30~18:00 운영 (동절기 17:00까지), 매주 월요일 휴무. (69p E:2)

충남 천안시 동남구 목천읍 독립기념관로 1   #독립기념관 #기와집 #태극열차

학화호두과자 `빵집`
"흰 앙금이 특징인 호두과자의 원조"

@lee_seul_

호두과자의 시초가 된 원조 호두과자집. 팥소 앙금이 흰색인 것으로 유명하다. 1934년 문을 열고 지금까지 90년 이상의 세월 동안 전통방식을 지키며 만들고 있어 변함 없는 맛을 유지하고 있다. 빵 부분은 쫀득하고, 팥소는 많이 달지 않아 담백한 맛이 특징이다. 10개에 4천 원대. 15개, 30개, 50개 구매도 가능. 매일 08:00~21:00 운영. (69p D:2)

충남 천안시 동남구 대흥로 233 학화호도과자
#흰앙금 #호두과자 #단백함

박순자아우내순대 `맛집` "병천 3대 순대 "

천안 병천 아우내장터 병천순대거리에 위치한 병천 3대 순대라 불리는 집. 순대국밥, 모둠순대 두가지 메뉴만 판매. 순대국밥은 팔팔 끓인 걸로 주문하지 않으면 적당한 온도로 나오는게 기본이다. 순대와 머릿고기, 부속들로 이뤄진 모둠 순대는 양이 꽤 많은 편이다. 부드러운 순대껍질, 꽉찬 속의 순대를 쌈장에 찍어먹는 맛있다. 월요일 휴무 (69p F:2)

충남 천안시 동남구 병천면 아우내순대길 47   #병천순대 #병천3대순대 #병천순대거리

아름다운정원 화수목 "아래 지방 오고 갈 때, 고속도로 운전하다 여유 되면 잠깐 쉬어가기 충분한 곳"

고속도로 타고 아래 지방 오고 갈 때 잠깐 쉬어갈 수 있는 곳. 천안 분기점(JC)에서 15분 거리에 있다. 여유가 있고 휴게소 음식이 지겹다면, 차 한 잔이나 식사하고 갈 만하다. (65p E:1)

충남 천안시 동남구 목천읍 교천리 211   #고속도로휴식처 #천안IC인근 #대체휴게소

시유당 `카페` "감성 가득 오두막 포토존이 있는 곳"

@oomyeon

태학산 자연휴양림 앞에 자리 잡은 카페. 계절마다 다른 분위기를 자아내는 감성 가득 루프탑 오두막 포토존이 이곳의 시그니처. 시유블랙티, 시유슈페너 등 음료는 물론 브런치 플래터 등 정성 가득 브런치 메뉴가 맛있는 집. 수프와 파스타 또는 리조또, 스테이크로 구성된 디너 세트 도 운영 중이다. 매일 10:00~21:00 영업. (1~2월 1시간 단축 운영) (69p D:2)

충남 천안시 동남구 풍세면 휴양림길 99-18   #태학산 #오두막포토존 #브런치맛집

천안박물관
"어린이 체험프로그램이 매우 많은 곳"

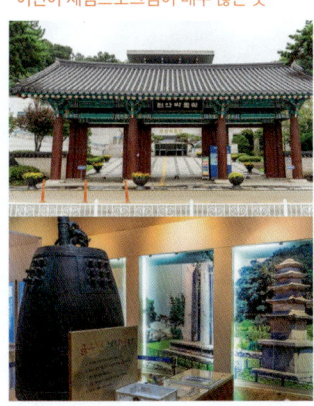

천안 서민들의 크고 작은 역사를 전시한 박물 관으로 고려 시대부터 현대까지의 천안인의 역사를 엿볼 수 있다. 과거 천안삼거리를 재 현한 천안삼거리관에서는 아름다운 아가씨 와 옛 주막 모습을 확인할 수 있다. 무료입장. 매주 월요일, 1월 1일, 설날과 추석 당일 휴관. (69p E:2) 사진ⓒ한국관광 콘텐츠랩

충남 천안시 동남구 삼룡동 261-10
#천안역사 #박물관 #천안삼거리

뚜쥬루 빵돌가마마을 `빵집` "느리게, 더 느리게'의 철학, 거북이빵 맛집"

'느리게 더 느리게'라는 모토를 가진 빵집으로, 이를 상징하는 거북이빵이 대표 메뉴다. 모카번인 거북이빵은 천연 효모로 14시간 이상 발효해 만들었으며 시나몬 향이 특징이다. 빵돌가마로 구워 풍미 있는 돌가마 브레드, 100% 자연산 치즈를 듬뿍 올린 뚜쥬루 피자도 꼭 먹어 봐야 할 이곳만의 특색 있는 메뉴. 2~6천 원대. 매일 08:00~22:00 운영. (69p D:2)

충남 천안시 동남구 풍세로 706 #거북이빵 #돌가마브레드 #빵돌가마

소노벨 천안 오션어드벤처 "오늘 밤 꿀잠 보장, 천안 대표 워터파크"

천안에 위치해 수도권에서 접근성이 좋은 초대형 워터파크. 짜릿한 '스피드레이싱'과 '바디 볼 슬라이드', '와일드 익스트림 리버' 등 인기 어트랙션은 물론 날씨에 상관 없이 즐길 수 있는 실내존에는 아쿠아 마사지를 즐길 수 있는 '바데풀'과 아이들을 위한 '키즈풀'이 갖추어져 있어 가족 단위 방문객에게 딱이다. 겨울 시즌에는 눈썰매장, 빙어 낚시 등 즐길 거리 가득한 스노우 어드벤처가 열리니 참고할 것. 아쿠아 슈즈 의무 착용. 시즌별 운영 시간 사전 확인 필수. (64p E:1) 사진ⓒ소노호텔앤리조트

충남 천안시 동남구 성남면 소노로 1 #소노벨 #워터파크 #키즈풀

몽상가인 `빵집`
"천안 통밀로 만든 정통 프랑스식 통밀빵"

천안의 유명 베이커리이자 이탈리안 레스토랑. 빵과 함께 파스타 요리를 즐겨보자. 직접 제분한 천안 통밀로 만든 건강한 통밀빵 같은 기본 빵부터, 재료를 가득 넣은 샌드위치까지 다양하다. 월~수 오전 12시까지 소금빵 2+1, 매달 1일 11일 21일마다 바게트 50% 할인 등 이벤트를 자주 진행하니 시기를 맞추면 좋다. 빵 2~5천 원대. 매일 08:30~21:00 운영. (69p D:1) 사진ⓒ한국관광 콘텐츠랩

충남 천안시 서북구 쌍용대로 85 몽상가인
#통밀빵 #샌드위치 #천안통밀

소노벨 천안 "온 가족 즐길 거리 풍부한 중부권 리조트"

중부권 최대 규모 리조트. 사계절 물놀이와 따뜻한 온천을 즐길 수 있는 '오션 어드벤처'가 있는 곳. 겨울이면 오션 어드벤처 야외에 다양한 눈놀이를 경험할 수 있는 '스노우 어드벤처'가 펼쳐진다. '레전드 히어로즈', '키즈 클럽', '게임존' 등 부대시설과 일몰을 바라보며 바비큐를 즐길 수 있는 'BBQ 스모크 하우스', 뷔페와 한식을 즐길 수 있는 '셰프스 키친' 등 식음 시설 운영 중. 백설 공주 등 동화 속에 온 듯한 테마 객실과 펫 전용 객실 보유. (69p E:2) 사진ⓒ소노호텔앤리조트

충남 천안시 동남구 성남면 소노로 1   #오션어드벤처 #일몰 #키즈객실

가야밀면 `맛집`
"쫄깃한 식감이 일품인 밀면"

주문 즉시 면을 뽑아 쫀득하고 찰기 있는 면발이 매력인 밀면 전문점. 12시간 이상 우려낸 온육수를 마시다 보면 금방 음식이 나온다. 쫄깃한 식감이 일품인 물밀면은 살얼음이 있어 면이 더 탱글탱글하다. 시원한 육수 덕분에 한 그릇 뚝딱할 수 있는 맛. 국산 배를 갈아 넣은 매콤달콤한 양념장의 비빔밀면도 인기. 월~금 10:00~15:00, 토~일 20:00까지. (69p D:1)

충남 천안시 서북구 성환읍 성환1로 151
#성환맛집 #밀면 #현지인맛집

@mmo1019

국립세종수목원 "도심 속 식물원"

도심형 수목원. 우리나라에서 가장 큰 사계절 온실이기도 하다. 날이 추워져도 따뜻한 온실에서 초록의 식물들을 마음껏 볼 수 있다. 도심 한복판에 세워진 최초의 수목원답게 보다 쉽고 편하게 접근할 수 있다. 20만 평 규모에 3천 종이 넘는 식물들이 모여 있으니 이곳에서 제대로 된 정화를 기대해 보자. 3~10월 09:00~18:00, 11~2월 09:00~17:00. 화~일 운영, 매주 월요일 휴관. (72p C:1)

세종 수목원로 136   #힐링 #도심형수목원 #사계절

세종 조천연꽃공원
"나무데크 길은 무릉도원으로 가는 길"

40,000m² 규모의 연꽃공원. 나무데크길을 걸으며 조천을 따라 자라난 연꽃 무리를 감상할 수 있다. 7종류의 다양한 연꽃과 소나무, 명자나무, 이팝나무 등이 심겨 있다. 쉼터, 팔각정, 자전거도로, 주차장이 잘 구비되어있으며 야간에도 산책로를 따라 조명이 들어와 안전하게 걸어 다닐 수 있다. (69p F:3) 사진ⓒ한국관광 콘텐츠랩

조치원 홈플러스 동쪽 다리를 건너면 등장하는

세종 조치원읍 번암리 226
#연꽃공원 #조천 #야간산책

국립조세박물관
"수염세, 방귀세, 창문세...세금의 세계"

국세청이 운영하는 조세 박물관. 시대별 조세제도와 조세와 관련한 역사자료도 감상하고, 국세청이 하는 일을 살펴보며 게임, 카툰, 세금체험도 즐길 수 있다. 무료입장. 매주 월요일, 공휴일 휴관. (69p E:3) 사진ⓒ한국관광 콘텐츠랩

세종 나성동 457
#조세박물관 #국세청 #세금체험

충청남도산림박물관
"중부권 최고의 자연학습 교육장"

충청남도 산림박물관은 박물관 시설뿐만 아니라 자연휴양림, 수목원, 열대 온실, 야생동물원, 야생화원, 연못, 팔각정 등을 갖추고 있다. 금산 은행나무, 안면도 소나무 등의 실제 크기 모형도 놓여있다. 11월 7일, 12월 5일 휴관. (65p E:2)

세종 금남면 도남리 12-2
#산림박물관 #자연휴양림 #수목원

장원갑칼국수 세종본점 `맛집`
"고소한 차돌과 상큼한 미나리의 만남"

샤브샤브와 칼국수, 볶음밥까지 푸짐하게 즐길 수 있는 샤브칼국수 전문점. 투뿔 등급 차돌에 상큼한 미나리를 싸 참기름에 콕 찍어 먹는 차돌 미나리 쌈 칼국수가 시그니처. 빨강, 하양, 마라 육수 중 선택할 수 있다. 1일 20개만 판매하는 조치원 복숭아 비빔만두도 인기. 기본 칼국수 10,000원, 차돌 미나리 쌈 칼국수 14,900원. 매일 10:30~21:00 영업. (69p F:3)

세종 조치원읍 허만석1로 32 2층
#샤브샤브 #코스 #차돌미나리쌈

베어트리파크 "식물원과 동물원을 합친 곳"

10만 평 대지에 50년간 가꿔온 동식물들을 볼 수 있는 곳. 베어트리 정원, 애완동물원 등으로 구성되어 있으며 전망대에 오르면 이 모든 것을 한눈에 내려다볼 수 있다. 40여만 점에 이르는 꽃과 나무를 볼 수 있고 반달곰을 만날 수 있다. 동물원이자 식물원인 이곳으로 주말여행을 계획해보자. 성인 13,000원. 월~목 10:00~19:00, 금~일 10:00~20:00 운영. (69p E:2)

세종 전동면 신송로 217   #식물원 #반달곰 #전망대

조치원1927 아트센터 "뉴트로한 매력이 느껴지는 복합 문화 공간"

폐공장을 고쳐 만든 복합 문화 공간으로 공연, 전시, 대관 등 다양한 문화 행사가 이루어진다. 키즈존과 미디어아트 공간이 있어 아이와 함께 방문하기에도 좋다. 함께 운영 중인 카페 헤이다는 대형 서가와 기다란 테이블, 화려한 자개 테이블과 고가구가 공존하여 세련되면서도 빈티지한 분위기. 긴 테이블이 있어 책을 읽거나, 작업하기에도 좋다. 카페 매일 10:00~21:00 영업. (69p F:3)

세종 조치원읍 새내4길 17   #복합문화공간 #폐공장 #카페헤이다

이한빵집 [빵집]

"당일 생산 당일 판매 원칙의 담백한 식빵"

@leehanbakery

오전에 방문하지 않으면 빵이 금방 동나는 맛집. 화려하진 않지만 좋은 재료로 하루에 한 번, 매일 아침에만 빵을 구우며 빵 소진 시 마감된다. 프랑스 바게트, 사워도우, 치즈식빵 등 담백한 식사빵이 많다. 원하는 빵이 있을 경우에는 하루 전 매장으로 전화해 예약할 수 있다. 3~7천 원대. 화~금 09:00~16:00 운영, 토 07:30~13:00 운영. 일, 월 휴무. (69p E:3)

세종 마음로 272-3
#식사빵 #하루한번생산

청벽산 금강조망명소(청벽대교 전망) "사진 마니아들의 일몰 사진 명소"

굽이도는 금강 위로 지는 붉은 태양을 사진에 담을 수 있는 곳. 사진 마니아들 사이에 일몰 촬영지로 이미 유명하다. 청벽가든 주변에 주차 후 20여 분 올라가면 된다. (72p C:2)

충남 공주시 반포면 마암리 529-2   #금강일몰 #일몰명소 #사진촬영지

불장골저수지 "물안개가 피어나는 아침의 풍경"

송곡지라고도 불리는 저수지. 이곳은 물에 비친 산과 하늘의 완벽한 반영샷을 찍을 수 있는 멋진 곳이기도 하다. 날이 아주 맑은 날 아침이면 물안개와 함께 그림 같은 반영 사진을 찍을 수 있다. 저수지 안에는 '엔학고레'라는 카페가 있는데, 평온한 물과 초록의 나무들과 함께 휴식을 즐길 수 있어 많은 사람들의 사랑을 받는 곳이다. 공주에서 사진 찍기 가장 좋은 곳이니 기억해 두자. (72p C:1)

충남 공주시 반포면 송곡리 산21-6   #물안개 #반영샷 #단풍

계룡산국립공원 추천 "계룡산에서 좋은 기운 잔뜩 얻어가세요"

계룡산 단풍

충남의 최고 명산. 풍수적으로도 기운이 좋아 신비로운 산으로 꼽힌다. 산의 능선이 닭의 벼슬을 쓴 모습과 닮아 계룡산으로 이름 붙여졌다. 천황봉을 중심으로 용문폭포, 동학사 등 유명한 사찰과 유적이 많다. 산이 특별히 험하지 않고 아늑하여 산행지로 인기 있으며, 가장 대표적인 탐방로인 계룡산 탐방안내소에서 동학사까지의 길은 소요시간 30분 정도로 가볍게 산책하기 좋다. (72p C:2)

충남 공주시 반포면 동학사1로 472-95 474   #계룡산 #신비의산 #풍수지리

숲너울 `카페` "푸르른 숲속에서 등장한 힐링 카페"

한적한 숲속에 자리 잡은 편안한 공간. 통창 너머 초록 나무와 수영장이 어우러진 풍경이 아름다운 곳. 야생 벌집꿀이 통째로 올라간 숲너울 벌집 아메리카노와 라떼가 이곳의 시그니처. 공주 특산물인 밤을 가득 넣은 밤 티라미수 라떼도 맛있다. 셀프BBQ, 가족 모임도 가능한 곳, 황화코스모스 개화 시기에 방문할 것 추천. 매일 10:00~19:00 영업. (69p D:2)

충남 공주시 유구읍 문금길 413   #수영장뷰 #야생벌집 #황화코스모스

미르섬 "금강을 따라 흐르는 꽃물결"

금강신관공원에서 아치형 다리를 건너면 만날 수 있는 작은 섬. 계절마다 핑크뮬리, 코끼리마늘꽃, 코스모스, 양귀비 등 다양한 꽃이 피어나 장관을 이룬다. 지평선 끝까지 꽃으로 채워져 있으니 꽃평선이라 불러도 무리가 없을 정도. 꽃이 주는 행복과 위안을 꼭 경험해 보시길. 금강신관공원에 무료 자전거 대여소가 있으니, 자전거를 타고 달리며 미르섬의 모습을 한눈에 담아 보아도 좋다. (72p C:1)

충남 공주시 금벽로 368   #꽃평선 #양귀비 #핑크뮬리

마곡사 서울식당 `맛집`
"40년 전통 더덕산채정식 맛집"

더덕산채정식이 인기 메뉴다. 잘 구워진 더덕 구이를 흰쌀밥에 올려 먹으면 꿀맛이다. 부드럽고 향도 좋다. 양념과도 잘 어울린다. 전, 버섯, 간장 제육, 간장게장 등 다양한 밑반찬이 나온다. 푸짐한 한 상을 맛볼 수 있다. 밤으로 유명한 공주라 식사와 함께 밤막걸리를 먹는 사람이 많다. (69p D:3)

충남 공주시 사곡면 마곡상가길 13-2
#마곡사맛집 #더덕정식 #한정식

베이커리밤마을 `빵집` "공주 알밤을 활용한 바삭한 '밤파이'와 밤 에끌레어 전문점"

공산성 입구 바로 앞에 있는 베이커리로, 공주의 특산물인 밤을 활용한 다양한 디저트를 판매한다. 인기 메뉴인 밤 파이는 수제 밤 앙금에 공주 알밤 하나가 통째로 들어가고, 밤에끌레어는 주문하면 즉석에서 바로 밤크림을 넣어 준다. 또다른 인기 메뉴 밤팡도르와 밤의여왕은 오전 10시 30분 이후부터 구입 가능하니 참고. 3~7천 원대. 매일 09:00~21:00 운영. (72p B:1) 사진ⓒ한국관광 콘텐츠랩

충남 공주시 백미고을길 5-9 베이커리밤마을
#공주알밤 #밤파이 #밤에끌레어

마곡사 `추천` "백범 김구 선생의 흔적이 남아있는 사찰"

명성황후 시해 사건 때 백범 김구 선생님이 은신한 곳이 바로 이 마곡사다. 근처에 김구 선생님이 스님이 되기 위해 삭발했던 자리가 있는데, 이후 3년간 이곳에서 스님으로 계셨다. 가을 단풍이 아름답기로 유명해, 자연 속에서 산책로를 따라 걸으며 힐링하기 좋다. 마곡사를 끼고 주변을 둘러보는 '백범 명상길'을 즐겨봐도 좋다. (1코스 3km, 2코스 10km) (72p B:1)

충남 공주시 사곡면 마곡사로 966   #김구 #백범명상길 #불교사찰

석장리박물관
"구석기 시대는 어떤 모습일까?"

공주 석장리 지역 구석기 유물을 통해 구석기 시대를 체험하는 곳. 전시관, 선사공원, 석장리 구석기 유적지, 체험공간 등이 운영되며, 석장리에서 출토된 석기와 선사인들의 주거공간인 막집 등을 전시하고 있다. 매월 마지막 주 수요일은 무료입장. (72p C:1) 사진ⓒ한국관광 콘텐츠랩

충남 공주시 석장리동 118
#공주 #구석기 #석장리박물관

동해원 `맛집`
"전국 5대 짬뽕집으로 꼽힌 담백한 짬뽕 맛집"

고기와 채소를 얇게 썰어 진한 국물맛이 나는 짬뽕집. 고기와 고추기름이 넉넉히 들어가 육개장을 닮은 짬뽕 국물 맛이 일품이다. 남은 국물에 밥을 말아 먹어도 별미. 오전 11시부터 오후 3시까지만 영업한다. (72p C:1) 사진ⓒ한국관광 콘텐츠랩

충남 공주시 소학동 납다리길 22
#찐한고기국물 #짜장면 #찹쌀탕수육

공주쌍신집칼국수 `맛집`
"밥상에서 즐기는 공주 알밤의 매력"

공주 특산물 알밤을 활용한 다양한 요리를 맛볼 수 있는 곳. 황금 면발 물총 바지락 알밤 칼국수가 대표 메뉴이다. 알밤 특유의 은은한 단맛과 쫀득한 식감이 특별하다. 쫄깃한 오징어와 새우 등 해물이 가득한 바삭한 파전도 인기 있다. 알밤 칼국수 11,000원, 해물 가득 바삭 파전 20,000원. 매일 11:00~20:00 영업. (72p B:1)

충남 공주시 쌍신길 109-2
#공주알밤 #칼국수전문 #바삭파전

공산성 추천 "백제의 마지막을 함께한 외롭고도 슬픈 성곽"

공주를 지키기 위해 백제시대에 만들어진 대표적인 성곽. 475년 고구려 장수왕의 침입으로 백제는 수도 한성을 포기하고 이곳 웅진(오늘날의 공주 공산성)으로 도읍을 옮겼다. 이는 성안에 왕궁을 둔 매우 독특한 사례이다. 서기 660년 의자왕이 나당 연합군에 의해 최후를 맞이한 장소 이기도 하다. 성인 3,000원. 11~2월 09:00~17:00, 3~10월 09:00~18:00 운영. (72p B:1)

충남 공주시 금성동 53-51   #백제 #성곽 #의자왕

608

공주 한옥마을 "전통 한옥에 머물며 백제 옷 입어볼까?"

공주산성시장
"공산성 둘러보고 이곳에서 배를 채워봐!"

한옥 스테이와 각종 전통 체험을 할 수 있는 곳. 한옥마을 내 전통문화체험관에서 백제차 만들기, 알밤다식 만들기, 백제 복식 체험을 진행한다. 이외에도 도자기, 한지, 국궁 등 다양한 체험이 가능하다. 입장료는 없으나 체험 비용은 별도. 전주한옥마을처럼 규모가 크지는 않으나 무령왕릉, 국립공주박물관과 가까워 함께 둘러보는 코스를 짜기 좋다. 한옥 스테이는 사전에 예약해야 한다. (69p D:3)

충남 공주시 관광단지길 12   #한옥스테이 #백제차만들기 #한옥마을

백제 왕궁터인 성곽 아래 위치한 로컬시장. 공주 유일의 장터로 문화관광형 시장으로 선정되었다. 밤 막걸리, 밤 과자 등 공주 특산물을 구매할 수 있다. (72p B:1) 사진ⓒ한국관광 콘텐츠랩

충남 공주시 용당길 22
#공주산성시장 #백제왕궁터 #밤특산물

무령왕릉

공주무령왕릉과왕릉원 추천
"당시 모습 그대로, 백제 무령왕의 벽돌무덤"

백제 25대 무령왕과 왕비의 합장릉. 1971년 도굴되지 않은 상태로 우연히 발견되어 국내 최초 주인을 알 수 있는 삼국시대 왕릉이 되었다. 벽돌무덤이며 금제관식, 지석, 석수 등 국보급 유물 4,600여 점이 출토되어 웅진 백제문화의 정수를 보여준다. 웅진백제역사관도 함께 둘러보길 추천. 하절기 09:00~18:00, 동절기 09:00~17:00 운영. (72p B:1)

충남 공주시 왕릉로 37
#무령왕 #웅진백제문화 #역사

국립공주박물관 "백제의 역사를 직접 눈으로 보는 것은 어떨까?"

백제의 두 번째 수도였던 웅진(현재 공주시)의 역사·문화를 전시하고 있는 박물관. 공주를 비롯한 충청남도에서 출토된 유물이 전시되어 있다. 국보 18점, 보물 4점을 포함한 3만여 점의 문화재가 있으며, 백제 문화유적 발굴 조사, 연구에 따른 학술자료도 발간된다. 스마트 투어가이드 국립 공주 박물관 앱을 통해 안내도 들을 수 있다. 입장료 무료. 화~일 09:00~18:00 운영. 매주 월요일 휴관. (72p B:1) 사진ⓒ한국관광 콘텐츠랩-김지호

충남 공주시 관광단지길 34   #유물 #문화유적 #백제

웅진백제역사관
"웅진 백제의 역사와 문화가 궁금하다면"

찬란했던 웅진 백제의 역사와 문화를 보여주는 전시관이다. 웅진이 건설되는 과정과 왕들의 업적, 백제 문화를 알 수 있다. 어려운 설명이 아닌 아이들 수준 사진과 영상 자료가 많아 이해하기 쉬운 편. 책이 있는 휴식 공간도 마련되어 있어, 천천히 관람하며 쉬어가기 좋다. 무령왕릉, 송산리 고분군 바로 옆에 있으므로 무령왕릉을 방문했다면, 이곳도 지나치지 말고 관람해 보자. 입장료 무료. 매일 09:00~17:30 운영. (72p B:1) 사진ⓒ한국관광 콘텐츠랩

충남 공주시 왕릉로 37
#백제 #역사 #무령왕릉

연미산 자연미술공원 추천 "숲속 곳곳이 포토존"

연미산 중턱에 있는 야외 미술 전시장. 세계 유명 작가들이 참여하는 '금강 국제 자연 미술전'이 바로 이곳에서 열린다. 그 밖에도 연중 다양한 설치미술 작품들을 전시하고 있다. 숲과 어울리는 자연친화적인 작품이 많으며, 커다란 곰 형태의 조형물이 대표적인 포토존. 숲 속 산책로를 걸으며 작품을 감상하는 데에 약 1시간 정도 소요된다. 성인 5,000원. 화~일 10:00~17:00 운영, 매주 월요일 휴관. (72p B:1) 사진ⓒ한국관광 콘텐츠랩

충남 공주시 우성면 연미산고개길 98   #야외전시 #특별전시 #설치미술

유구 색동 수국정원 "말 그대로 꽃길만 걷자"

유구천을 따라 수많은 수국이 피는 수국 정원. 매년 6~7월경에는 수국축제가 열리며, 축제기간에 방문하면 하얀색, 분홍색으로 탐스럽게 핀 수국 무리를 만나볼 수 있다. 에나멜수국, 목수국 등 다양한 수국과 곳곳에 포토존이 있어 사진을 찍기 좋다. 축제 기간에는 야간 조명이 설치되어 낭만적인 밤 산책도 즐길 수 있다. 유구색동수국정원 3공영주차장 혹은 유구전통시장 공영주차장 이용. (68p C:3)

충남 공주시 유구읍 창말길 44   #수국축제 #야간개장 #산책로

아그로랜드 태신목장 `추천` "아이들이 좋아할만한 다양한 볼거리"

아그로랜드 태신목장은 소 젖 짜기, 송아지 우유 주기, 건초 주기 등 직접적인 낙농 체험은 물론, 신선한 우유로 치즈와 아이스크림을 만드는 특별한 경험도 할 수 있어 인기가 높다. 봄에는 싱그러운 청보리와 화려한 겹벚꽃, 여름에는 푸른 물결의 수레국화, 가을에는 핑크빛 코스모스가 30만 평 드넓은 초원을 가득 채운다. 성인 10,000원. 체험비는 별도. 09:00~17:30 운영. (68p B:2)

충남 예산군 고덕면 상몽2길 231   #청보리밭 #목장체험 #벚나무

공주 메타세콰이어길
"메타세쿼이아 빽빽한 싱그러운 숲 터널"

약 500m 구간, 메타세쿼이아 나무가 빽빽하게 심어져 숲 터널을 이루는 아름다운 길. 차량 통행이 없는 산책로로 안전하게 거닐며 인생 사진을 남기기 좋다. 여름에는 짙은 그늘로 시원함을 선사하고, 8월에는 나무 아래 보랏빛 맥문동 군락이 아름다운 곳. 정안천 생태공원이 펼쳐져 함께 즐기기 좋다. 입장료와 주차비 모두 무료. (72p B:1)

충남 공주시 의당면 청룡리 905-1
#메타세콰이어 #숲 #산책로

충청남도역사박물관
"충남에 산다는 것은 어떤 의미일까?"

고려 말부터 근, 현대에 이르는 충남의 문화재가 전시된 곳. 전시실, 교육실습실, 체험학습실, 휴게실 등을 운영한다. 충남의 유래, 문화유산, 충청도 양반의 전통 등을 배울 수 있다. 무료입장, 1월 1일, 매주 월요일 휴무. (72p B:1) 사진ⓒ한국관광 콘텐츠랩

충남 공주시 중동 284-1
#충남문화재 #역사교육 #전통문화

예산 임존성 전망대(봉수산 전망대) "잔잔한 저수지의 드넓은 전망이라!"

임존성은 흑치상지가 3년여 동안 후백제 부흥운동 거점으로 활용한 곳. 임존성은 백제 산성 중에서도 그 규모가 커 산성 연구의 기초가 되었다. 봉수산 정상에서는 예당저수지가 아름답게 보인다. (68p B:3)

충남 예산군 광시면 동산리 산 10
#임존성 #백제부흥운동 #예당저수지

카페이리정미소 [카페] "옛 정미소 감성 그대로, 로스터리 카페"

@iri_jungmiso

옛 정미소 건물을 고쳐 만든 로스터리 카페, 개방감이 느껴지는 높은 층고 실내에 정미 기계가 있어 독특한 분위기. 넓은 정원과 야외 좌석을 갖추어 아이, 반려동물과 함께 여유로운 시간을 보내기 좋다. 직접 로스팅한 산미 적고 고소한 커피의 풍미도 깊은 곳. 크림라떼가 시그니처, 담백한 소금빵과 크로와상도 맛있다. 매일 10:00~22:00 영업. (68p B:2)

충남 예산군 삽교읍 다락로 103-3   #정미소 #로스터리카페 #소금빵

예산 황새공원 [추천] "황새에 관한 모든 것"

천연기념물 199호로 지정된 황새를 가장 가까이에서 만나볼 수 있는 곳. 황새공원에는 황새에 대한 정보를 살펴볼 수 있는 황새 문화관과 황새 사육장, 황새 먹이주기 체험장, 탐조대 등이 마련되어 있다. 그 밖에도 시기별로 반딧불 관찰 체험, 습지 체험 등 다양한 프로그램들을 진행한다. 관람료 무료. 하절기 09:00~18:00, 동절기 09:00~17:00 운영. 월요일 휴무. (68p C:3)

충남 예산군 광시면 시목대리길 62-19   #철새도래지 #전망대 #습지체험

수덕사 "그 옛날에 이런 기둥을 어떻게 만들었을까?"

국보로 지정된 대웅전 건물이 유명한 불교 사찰. 대웅전은 백제 계통의 목조건축 양식을 이은 고려시대 건물로, 무거운 지붕을 받치기 위해 기둥이 배흘림 양식으로 되어 있다. 당시에 이런 고도의 건축 기술이 적용된 점이 인상적이다. 관음전 앞 관음보살상도 꼭 보고 가야 할 불교문화유산 중 하나. 템플스테이도 가능하다. 입장료 무료, 주차비 유료 (경차 2,000원, 소형 및 중형 4,000원) (68p A:2) 사진ⓒ한국관광 콘텐츠랩

충남 예산군 덕산면 수덕사안길 79　　#문화유산 #불교 #건축물

예산시장 [추천] "맛과 추억이 넘치는 뉴트로 핫스폿"

평범한 시장에서 미식의 성지로 재탄생한 곳. 장터 광장을 중심으로 다양한 먹거리 점포가 푸드 코트처럼 모여 있다. 한우, 사과 같은 신선한 지역 특산물을 활용한 메뉴가 많으며, 정육점에서 구매한 고기를 광장에서 구워 먹는 셀프 구이가 인기. 시장 바로 앞에서 열리는 전통 오일장 장날에 맞추어 방문하면 더욱 풍성한 볼거리, 먹을거리를 경험할 수 있다. 주말에는 매우 붐비니 광장 테이블을 이용하려면 도착 즉시 대기 접수할 것. 매일 11:00~21:00 운영, 점포별 상이. (68p C:2)

충남 예산군 예산읍 예산시장길 2　　#뉴트로 #미식성지 #전통오일장

소복갈비 [맛집]
"역대 대통령이 찾은 맛집"

80년의 오랜 전통을 자랑하는 한우 갈비집. 역대 대통령의 맛집으로 알려졌다. 양념갈비는 너무 달지 않고 부드러운 식감과 잡내가 없는 것이 특징이다. 야들야들한 고기가 역시 한우구나 싶다. 생갈비는 수량한정. 브레이크 타임 14:00~17:00 (68p C:2)

충남 예산군 예산읍 천변로195번길 9
#대통령맛집 #한우갈비 #양념갈비

스플라스 리솜 "몸과 마음의 피로를 싹, 온천 테마 웰니스 리조트"

최고 49℃의 덕산 온천수를 활용한 온천 테마 웰니스 리조트. 사계절 운영되는 '스파&워터파크'는 음악 스파존, 감성 스파존, 실내 스파존과 온천 사우나 등 다양한 온천스파와 함께 다이나믹한 파도 풀과 레전드 스트림 리버 등 짜릿한 어트랙션을 갖추었다. 'THE 쉬운 요가', '패밀리 요가', '싱 잉볼 테라피' 등 웰니스 프로그램을 운영하며, '송화원' 등 가볍게 걷기 좋은 4개의 정원이 조성되어 있다. 이용 약자를 위한 케어룸을 보유. (68p A:2) 사진ⓒ스플라스리솜

충남 예산군 덕산면 온천단지3로 45-7   #덕산온천수 #웰니스 #스파&워터파크

예당호 출렁다리 "출렁다리를 건너며 즐기는 음악분수"

예당호를 가로지르는 길이 402m, 높이 64m의 출렁다리로, 우리나라에서 가장 긴 출렁다리 중 하나로 꼽힌다. 가장 높은 주탑까지 이동하면 예당호 저수지와 일대 풍경을 오롯이 즐길 수 있다. 출렁다리를 건너면 대규모 음악 분수가 나오는데, 해 질 녘이 되면 조명과 함께 분수 쇼가 펼 쳐진다. 입장료 무료. 12~2월 09:00~20:00, 3~11월 09:00~22:00 운영. 매달 첫 번째 월요일 정기휴무. (68p B:2)

충남 예산군 응봉면 후사리 39   #출렁다리 #예당호 #아찔한

면천읍성 "세종 때 축조된 군사와 행정의 중심지"

조선 초기 읍성의 모습을 충실하게 보여주는 곳. 세종 때 축조되어 당진의 군사와 행정의 기능을 동시에 담당했던 곳으로 그 역사적 가치가 높다. 복원이 잘 된 성벽과 남문, 치성을 따라 걸으며 역사 여행을 즐길 수 있는 곳. 동문 터 바깥, 연암 박지원 선생이 조성한 아름다운 연못 골정지도 함께 둘러보며 여유로운 시간을 만끽해 보자. (68p B:1)

충남 당진시 면천면 성상리 930-1　　#조선초기읍성 #세종 #골정지

난지도 해수욕장
"진정한 쉼이 가능한 한적한 해수욕장"

당진 9경 중 3경에 선정될 만큼 풍광이 아름다운 해수욕장. 서해이지만 갯벌이 아닌 고운 모래사장으로 이루어져 있어 해수욕을 즐기기 좋다. 낚시터와 캠핑장 시설도 있어서 자연을 만끽할 수 있다. 당진 도비도에서 소난지도까지 배를 타고 들어와야 해서 인파가 적은 편이다. 해양수산부가 추천한 한적한 해수욕장에 꼽혔으며, 조용하게 해수욕을 즐기기 좋다. 주차는 난지도관광지 주차장 이용. (66p A:2)

충남 당진시 석문면 난지도리
#캠핑장 #낚시터 #모래사장

삼선산 수목원 "마음껏 뛰고 마음껏 쉴 수 있는 곳"

여름방학, 겨울방학에 아이들을 위한 다양한 생태탐험 프로그램을 운영하는 수목원. '플라스틱 제로 수목원'으로 지정되어 일회용품 반입이 불가능하다는 점을 참고하자. (68p A:1)

충남 당진시 삼선산수목원길 79　　#생태체험 #트래킹 #가족여행

왜목마을 추천 "서정적인 일출의 아름다움"

서해안에서 드물게 일출과 일몰을 한곳에서 감상할 수 있는 특별한 어촌 마을. 지형이 마치 왜가리의 목처럼 가늘고 길게 뻗어 나갔다고 하여 왜목마을이라 불린다. 해안이 동쪽으로 툭 튀어 나와 있어 동해 못지않은 아름다운 일출을 볼 수 있다. 동해의 일출이 장엄하다면 이곳은 서정적인 느낌. 해안 산책로와 수변 데크가 조성되어 있어 바다 내음을 맡으며 걷기 좋은 곳으로 백사장 한가운데 은빛 왜가리 조형물이 랜드마크이다. 싱싱한 해산물과 바다낚시의 여유까지 함께 즐겨보자. (66p A:2)

충남 당진시 석문면 왜목길 26   #일출일몰명소 #왜가리 #산책로

아미 미술관 추천 "담쟁이 덩굴로 덮인 인스타 핫플레이스"

폐교를 개조해서 세워진 이색 미술관. 아미산 자락에 위치하며, 담쟁이 덩굴로 덮인 외관이 특징이다. 5곳의 전시실에서 상설전시와 기획전시가 이루어지고, 레지던스 작가들의 작업실도 있다. 미술, 건축 등 다양한 전시와 아기자기한 소품까지 전시되어 작지만 알찬 볼거리가 가득하다. 어떻게 찍어도 예쁘게 나오는 인생샷 스폿으로 인기. 성인 7,000원. 매일 10:00~18:00 운영. 17:30 입장 마감. (68p B:1) 사진ⓒ 한국관광 콘텐츠랩

충남 당진시 순성면 남부로 753-4

#당진미술관 #사진찍기좋은곳 #담쟁이덩굴

당진제일꽃게장 맛집 "비리지 않아 맛있는 간장게장"

게장백반과 꽃게탕을 판매한다. 그 중 게장 백반이 인기 메뉴다. 간장게장과 함께 밑반찬이 빠르게 세팅된다. 게장 살을 쭉 짜서 밥 위에 얹고 슥슥 비벼서 김에 싸먹으면 된다. 간장 양념이 짜지 않고 비린맛이 없다. 탱글탱글한 게살의 맛을 느낄 수 있다. 게딱지에 비벼먹는 밥은 밥도둑으로 손색이 없다. (68p A:1) 사진ⓒ한국관광 콘텐츠랩

충남 당진시 백암로 246   #게요리 #게장 #당진맛집

충청남도 · 대전 · 세종 당진시

해어름 `카페` "서해와 서해대교의 최고의 전망을 볼 수 있는 뷰맛집"

@haearum

3층 건물 전체 통유리로 되어 있어 확 트인 시야로 서해바다를 보며 힐링할 수 있는 곳. 테이크아웃을 해서 앞 정원 또는 바닷길 산책 추천. 1~2층은 카페 겸 레스토랑, 3층은 루프탑. 1인 1주문 원칙. (68p B:1)

충남 당진시 신평면 매산해변길 144　　#일몰맛집 #서해대교 #데이트코스

삽교호 놀이동산 `추천` "레트로 감성 가득한 추억의 놀이동산"

논 뷰 대관람차 포토존으로 유명한 놀이동산. 당진의 서해와 서해대교가 보이는 곳에 위치해 있다. 어린 시절 추억의 놀이동산 감성이 스며있는 곳으로, 레트로한 사진을 남길 수 있다. 대관람차에서 보는 일몰은 영화 속 장면처럼 감동적이다. 자유이용권은 없으며 각 놀이기구 별로 가격을 지불한다. 대관람차 성인 6,500원, 이외 일반 놀이기구 하나 당 5,500원. 평일 11:00~21:00, 주말 10:00~22:00 운영. (68p C:1)

충남 당진시 신평면 삽교천3길 15　　#삽교호대관람차 #포토존 #레트로감성

삽교호 함상공원 "바다를 꿈꾸고 해군의 소중함을 체험할 수 있는 곳"

실제 우리나라 해군에서 활약했던 함정 2척이 전시되어 있는 군함 박물관. 각각 상륙작전에 사용하는 상륙함과 잠수함전에 사용하는 구축함으로, 현재는 해군과 해병대 전시관으로 이루어져 있다. 함상공원 옆의 해양테마체험관에서는 선박 안전 체험, 해양 생존 체험 프로그램을 진행한다. 성인 10,000원. 화~일 09:00~18:00 운영, 월요일 휴관. (68p C:1)

충남 당진시 신평면 삽교천3길 79　　#해군정 #군사박물관 #역사박물관

장춘닭개장 `맛집`
"이제껏 먹어본 적 없는 닭개장맛"

닭개장 단일메뉴만 판매한다. 얼큰하고 진한 국물의 닭개장을 맛볼 수 있다. 잡내가 없고 감칠맛이 난다. 숙주, 부추, 고사리, 토란 등 채소의 씹히는 맛이 좋다. 이제껏 먹어본 닭개장 중 가장 맛있는 닭개장을 먹을 수 있다. 특히 백김치가 맛있다. 국물 리필이 가능하다. 오전 7시 영업시작으로 아침 식사를 위한 여행객의 방문이 많다. 일요일 휴무(68p A:1) 사진ⓒ

한국관광 콘텐츠랩

충남 당진시 정안로 50
#노포 #닭개장 #당진맛집

웅도 "육지와 연결된 섬"

웅도는 간조 때 물이 빠지면서 바닷길이 열리는 독특한 섬이다. 이때가 되면 걸어서 섬으로 이동해 조개잡이 체험을 즐길 수 있다. 이곳에서 생산하는 어리굴젓이 특히 유명하다.곰이 웅크린 모습을 닮았다 하여 '곰섬'이라고도 부르는 웅도. 이곳은 갯벌체험으로도 유명하지만, 간조 시간에 맞춰 바닷길이 열리고 그때 드러나는 잠수교로 더욱 유명해졌다. 다리 위로 물이 찰랑이고, 가로등까지 켜지면 영화 속 장면이 부럽지 않다. 물때 시간에 맞춰 이 신비한 잠수교의 매력을 느껴 보시길. (66p B:2)

충남 서산시 대산읍 웅도1길 45
#바닷길 #조개잡이 #산책

서산 간월도
"봄철, 간월암 갈때 들릴 만한 곳"

간월암에서 간월 교차로까지 이어진 60,000m² 규모의 유채꽃밭. 푸른 바다를 따라 피어난 노란 유채꽃이 인상적이다. 상쾌한 봄 바다와 봄꽃 향기를 함께 즐길 수 있다. 유채꽃밭 끝자락에 위치한 간월암은 밀물 때 바닷물이 들어와 섬이 된다. 간월포구의 신선한 굴을 이용한 어리굴젓도 맛보고 오자. (67p D:2)

충남 서산시 부석면 간월도리 681-1
#유채꽃밭 #간월암 #어리굴젓

서산 간월암 `추천` "간조 때 물 위에 떠 있는 암자로 보여 그래서 사진촬영지로 유명하지"

서산 부석면 간월도리에 있는 암자. 무학대사가 이곳에서 달을 보고 깨우쳤다고 하여 간월암이라는 이름이 붙었다. 1940년대에는 만공스님이 조선의 독립을 위해 천일기도를 했던 곳으로도 유명하다. 밀물과 썰물에 따라 섬이 되기도 하고 길이 생기기도 한다. 신비로운 분위기 덕분에 사진 촬영지로 인기. 일몰 후에는 입장이 불가하며, 반드시 물때를 확인한 후 방문해야 한다. (67p D:2)

충남 서산시 부석면 간월도1길 119-29   #간월도 #무학대사 #사진스폿

장수촌 `맛집`
"백숙과 겉절이, 환상의 궁합"

부드러운 누룽지 닭백숙, 구수한 누룽지 오리백숙을 판매한다. 누룽지 백숙의 살을 겉절이 김치에 쌈 싸듯 먹으면 환상의 궁합이다. 푹 익혀 부드러운 닭고기를 맛볼 수 있다. 아이들이 먹기도 좋다. 백숙을 먹은 후 누룽지가 들어간 닭죽은 고소한 맛이다. 남은 죽은 싸갈 수 있다. 예약 후 방문시 기다림 없이 먹을 수 있다. 브레이크타임은 15:00~17:00이며, 1,3번째 월요일은 휴무다. (66p C:2)

충남 서산시 음암면 동암마을길 306
#누룽지백숙 #삼계탕 #해미맛집

@sunkyung4300

서산 버드랜드 "철새 도래지 천수만 생태의 모든 것"

세계적인 철새 도래지, 서산에 조성된 생태 문화공간. 드넓은 논이 있어 흑두루미, 오리, 기러기 등 다양한 철새들이 먹이활동을 위해 이곳에 모여든다. 둥지 전망대, 철새전시관, 4D 영상관, 숲속 놀이터 등이 마련되어 있다. 버드랜드 숲속 생태체험, 탐조투어 등 야생동물과 관련한 유익한 체험 프로그램도 운영 중. 성인 기준 입장료 3,000원, 4D 영상관 관람료 2,000원. 10:00~18:00 운영, 동절기 17:00까지. 매주 월요일 휴관. (67p D:2) 사진ⓒ한국관광 콘텐츠랩

충남 서산시 부석면 천수만로 655-73   #철새도래지 #전망대 #생태체험

개심사 추천 "잠시 근심을 내려놓아요"

서산 도비산 해돋이 전망대
"가벼운 등산으로 해돋이를 볼 수 있어"

해돋이와 해넘이를 동시에 볼 수 있는 도비산의 전망대. 충청권의 해돋이 명소로 해넘이 전망대도 근처에 있다. 차량 이 동시 부석사 주차장에 주차하고 등반하자. (67p D:2)

충남 서산시 부석면 지산리 산58
#해돋이 #해넘이 #도비산

백제 의자왕 때 창건된 불교 사찰로, '마음을 여는 절'이라는 뜻의 이름이다. 일주문 아래 주차장에 주차 후 약 10분 정도 숲길을 따라 걸으면 도착한다. 개심사 앞 연못의 외나무다리는 대표적인 포토스폿. 봄철 벚꽃 명소로도 유명한데, 일반 벚꽃보다 풍성한 겹벚꽃과 국내에서 희귀한 청벚꽃이 핀다. 은은한 연둣빛이 감도는 개심사의 청벚나무는 국내 유일 자생 청벚꽃으로 알려져 있다. (68p A:2)

충남 서산시 운산면 개심사로 321-86   #불교사찰 #겹벚꽃 #건축물

수아다 STAY "탁 트인 레이크뷰 풀빌라"

안면도 영목항 전망대
"해당화 꽃잎을 형상화한 전망대"

태안 안면도 최남단 영목항에 위치한 전망대. 약 51m 높이에 태안의 상징인 해당화 꽃잎을 형상화한 아름다운 디자인이 특징이다. 22층 전망대에서 바다와 섬, 그리고 원산안면대교의 웅장한 모습을 360도 파노라마로 막힘없이 조망할 수 있다. 서해의 낭만적인 일몰을 감상하기 좋은 곳이다. 매일 09:00~21:00 운영. (68p C:1)

충남 태안군 고남면 안면대로 4506
#안면도 #해당화 #파노라마

태안 안흥 유람선
"태안의 작고 아름다운 섬들을 둘러보자"

태안해안국립공원에 위치한 섬들을 둘러보는 유람선. A코스(비정규), B코스(오전 11시 30분, 오후 2시), 응도하선 코스(오전 11시, 오후 2시)를 운영하며, 각 1시간, 1시간 30분, 2시간 40분이 소요된다. 선착장이 위치한 신진도는 낚시 명소로도 유명하다. 신진도 수산물 어판장에서 신선한 해산물을 사보자. (67p D:3)

충남 태안군 근흥면 신진도리 525
#태안해안국립공원 #안흥유람선 #신진도

통창 너머 푸른 정원과 호수, 산의 풍경을 한눈에 감상할 수 있는 레이크뷰 풀빌라. 실내는 화이트와 우드, 간살 파티션이 어우러진 깔끔한 분위기로 채광이 좋아 따뜻한 느낌. 개별 자쿠지와 테라스 바비큐 시설을 갖추고 있어 다른 사람의 방해 없이 편안한 시간을 보낼 수 있다. 노라포식당, 템부카페 근처로 함께 이용하기 좋다.

충남 서산시 부석면 봉락노라포1길 63   #자쿠지 #레이크뷰 #채광

해미읍성 추천 "전통 문화를 체험할 수 있는 조선시대 읍성"

조선시대에 만들어진 읍성으로, 당시 충청 지역의 육군 총지휘본부 역할을 했으며 이순신 장군도 군관일 때 10개월 정도 근무했다. 천주교 병인박해 때 천여 명의 천주교 신자들이 고문당하고 사형당한 곳이기도 하다. 잠양루 쪽에는 코스모스길과 무궁화 동산이 있다. 전통 문화 공연, 민속놀이, 연날리기 등 다양한 행사가 진행된다. 입장료 무료. 3~10월 05:00~21:00, 11~2월 06:00~19:00 운영. (68p A:2)

충남 서산시 해미면 남문2로 143   #조선읍성 #코스모스 #천주교박해

운여해변 "별빛이 쏟아져 내리는 해변"

앞으로는 고운 백사장과 함께 그림 같은 바다가, 뒤로는 울창한 솔숲이 연결되어 조화를 이루는 해변이다. 특히 운여해변은 영화 같은 일몰과 동화 같은 은하수로 유명한 곳이다. 소나무 사이로 넘어가는 해, 밤이 되면 소나무 숲 위로 쏟아지는 별들이 황홀하기 그지없다. 일몰 시간에 맞춰 방문해 보실 것을 추천한다. (68p C:1)

충남 태안군 고남면 장삼포로 535-57   #일몰 #은하수 #별

안면도 쥬라기박물관
"진짜! 공룡이 나타났다!"

60억 원의 건설비가 투자된 쥬라기 공원. 전시장 안에는 공룡 진품 골격, 알 등의 화석 등이 전시되어 있다. 전시장 밖으로는 생태공원이 꾸며져 있어 다양한 생물을 체험해 볼 수 있고, 곳곳에 움직이는 공룡 구조물이 설치되어 있어 재미를 더한다. 공룡에 관심이 많은 아이가 있는 가정이라면 흥미진진하고 유익한 여행지가 될 것이다. (67p D:2) 사진ⓒ한국관광 콘텐츠랩

충남 태안군 남면 곰섬로 37-20
#공룡화석 #공룡골격 #생태공원

청산수목원 추천 "사계절 주인공 꽃이 바뀌는 다채로운 수목원"

계절마다 꽃 사진 찍기 좋은 사진 촬영 맛집. 여름에는 홍가시나무와 연꽃, 가을이면 핑크 뮬리와 팜파스가 한가득 피어나 곳곳이 사진 찍기 좋은 포토존이 되어준다. 사철 푸르른 황금 메타세쿼이아 길도 주요 사진촬영 스팟 중 하나. 4~5월 09~19시, 6~10월 08~19시, 11~3월 09~17시 개장, 연중무휴. (67p D:2)

충남 태안군 남면 연꽃길 70   #홍가시나무 #핑크뮬리 #포토존

다원 맛집
"알과 장이 가득찬 암꽃게로 만든 게국지"

김수미 추천 맛집. 알과 장이 가득찬 암꽃게에 배추를 넣어 시원하게 끓인 게국지가 주력 메뉴. 다원스페셜 주문시 게국지, 간장게장, 양념게장, 생선구이, 황태구이가 나온다. 게국지는 끓일수록 진하고 시원한 맛이난다. 안면도에서 재배한 태양초로 만든 고춧가루를 사용. 네이버예약 가능. (67p D:2) 사진ⓒ한국관광 콘텐츠랩

충남 태안군 남면 천수만로 134-4
#김수미맛집 #게국지 #게장

몽산포해수욕장 "아이들과 갯벌체험 하기 좋은 해변"

넓게 퍼진 소나무 숲에 있는 오토캠핑장으로 유명한 곳. 넓은 갯벌에 조개와 게를 잡는 체험을 할 수 있다. 근처 몽대포구에서는 회를 저렴한 가격으로 멋을 수 있는 횟집들이 모여있다. (67p D:2)
충남 태안군 남면 몽산포길 65-27
#오토캠핑 #갯벌체험 #몽대포구

안면도 자연휴양림 "고려 시대부터 관리되던 숲!"

국내 유일의 소나무 천연림. 100년 내외의 소나무가 381ha 규모로 펼쳐져 있다. 안면도의 소나무는 궁궐을 지을 때 사용되었기 때문에, 고려 시대 이후로 지속 특별하게 관리되어 왔다고 한다. 수목원은 한국식 정원으로 여러 개의 테마공원으로 조성되어 있다. (67p E:2)

충남 태안군 안면읍 안면대로 3195-6   #소나무천연림

팜카밀레 "활짝 핀 수국 보러 오세요"

국내에서 손 꼽히는 크기의 허브 관광 농원. 1만 2천 평 규모의 다채로운 테마로 꾸며진 정원에서 검증된 허브 제품들을 체험해 볼 수 있다. 200여 종의 허브와 500여 종의 야생화, 그리고 동물들까지 함께 볼 수 있다. 6~7월에는 수국이 아름답다. 허브차를 마시거나 아로마 족욕을 즐길 수 있다. 수국 시즌(6~7월) 기준 성인 13,000원, 08:30~19:00 운영. (월별 입장료 및 운영시간 상이) (67p D:2) 사진ⓒ한국관광 콘텐츠랩-김용훈

충남 태안군 남면 우궁길 56-19   #국내최대허브농원 #허브체험 #수국

만리포해수욕장 "넓은 모래사장위를 마음껏 뛰어봐!"

크고 넓은 모래사장이 있는 해수욕장. 서해안 3대 해변 중 하나로 꼽히는 곳으로, 수온이 적당하고 바닥이 완만해서 서핑하기 좋기로 유명하다. 서퍼들 사이에서는 '만리포니아'라는 별명이 있을 정도. 파도가 잔잔한 편이라 서핑 초보자도 부담 없이 도전해볼 수 있다. 1km 가량 길게 뻗은 해안선을 따라 데크 길이 조성되어 있어 산책하는 것도 추천. (66p C:3) 사진ⓒ한국관광 콘텐츠랩

충남 태안군 소원면 모항리   #서해안해변 #만리포니아 #서핑성지

천리포수목원
"태안 해변을 여행하다 숲이 궁금해진다면"

푸른 눈의 한국인 故 민병갈 설립자가 40여 년에 걸쳐 만들어낸 1세대 수목원. 17만 평에 이르는 규모로, 15,800여 종의 식물 등이 일부 공개되어 있다. (66p C:3)

충남 태안군 소원면 천리포1길 187
#수목원 #민병갈 #1세대

코리아 플라워파크 "낙조를 품은 꽃"

매년 4월 '태안 세계 튤립꽃박람회'가 개최되는 곳으로, 축제 기간이 되면 플라워파크 일대에 전 세계에서 공수한 100여 종의 튤립들이 만개한다. 이 기간에는 구근 수확 체험, 빛 축제 등 다양한 부대 행사가 함께 진행된다. (67p E:2)

충남 태안군 안면읍 꽃지해안로 400
#튤립 #꽃단지 #축제

파도리해수욕장 해식동굴 "가장 완벽한 동굴샷을 얻을 수 있는 곳"

동굴을 액자 삼아 인생 사진을 남길 수 있는 곳이다. 바윗길을 거쳐가야 하므로 편한 신발 착용 필수. 만조에는 고립될 위험이 있으므로 반드시 사전에 간조 시간을 확인하고 방문해야 한다. 동굴 구멍은 2개인데 그중 왼쪽에서 사진이 더 잘 나오는 편이다. 군자캠핑장 인근 공터에 주차하거나, 파도리 해수욕장 주차장에 주차 후 해변을 따라 오른쪽으로 약 10분 정도 걸어가면 된다. (66p C:3)

충남 태안군 소원면 파도리 산203   #해식동굴 #액자샷 #인스타핫플

꽃지해수욕장 추천 "할매, 할배 바위 뒤로 지는 석양은 황홀할 따름이지"

태안 안면도를 대표하는 해수욕장. 5km에 이르는 긴 백사장을 따라 해당화가 만발해서 '꽃지'라는 이름을 갖게 되었다. 낙조가 유명한 곳으로 바다에 나란히 떠 있는 할매바위, 할배바위와 함께 어우러지는 화려한 노을 사진을 찍을 수 있다. 간조 시간에는 바닷길이 열려 바위까지 걸어갈 수 있다. 파도가 높지 않아 여름철 물놀이를 즐기기도 좋다. 주차장 무료. (67p E:2)

충남 태안군 안면읍 승언리   #할매바위 #할배바위 #노을스폿

딴뚝통나무집식당 맛집
"안면도 꽃게를 넣어 끓인 얼큰한 게국지"

안면도 꽃게와 김치, 건새우, 들깨가루를 넣어 끓인 얼큰한 게국지 맛집. 생배추가 들어가 게의 비린 맛이 없고 깔끔하다. 안면도 꽃게로 만든 간장게장과 양념게장도 인기 있다. 식당 근처에 국내 최대의 수련 군락지인 안면송길이 있어 함께 들르기 좋다. (64p B:2) 사진ⓒ한국관광 콘텐츠랩

충남 태안군 안면읍 조운막터길 23-22
#게국지 #간장게장 #양념게장

삼봉해수욕장 해식동굴
"동굴을 액자 삼아, 바다를 배경 삼아"

@hanjoung.lee

굴속으로 뚫렸다 하여 갱지동굴로도 불린다. 해수욕장 가는 길이 소나무 숲으로 되어 있어 산책하기에도 매우 좋은 곳이다. 돌밭을 지나 해식동굴을 찾았다면, 동굴을 액자 삼아 사진을 찍어보자. 동굴이라기보다는 조금 큰 구멍으로 생각해야 찾기 쉽다. 동굴 액자 프레임으로 실루엣 사진을 남겨보자. 간조 시간에 잘 맞추어 방문해야 한다. (67p E:2)

충남 태안군 안면읍 창기리
#해식동굴 #동굴프레임 #실루엣

백사장항 "명심해 꽃게는 봄, 대하는 가을이야"

봄에는 맛있는 꽃게를 신선하게 맛볼 수 있고, 가을이면 바로잡은 대하를 맛볼 수 있는 수산물 시장과 음식점이 많다. '백사장항꽃게거리'로도 불린다. 무료 주차장이 있어 주차가 편리하다. 꽃게를 닮은 모양의 인도교 '꽃게다리'가 있어 백사장항에서 드르니항까지 도보로 이동할 수도 있다. (67p D:2)

충남 태안군 안면읍 창기리 1269-94　　#꽃게 #대하 #수산물시장

안면가 맛집
"철판 가득한 해산물과 닭한마리"

용궁철판과 꼬막비빔밥이 시그니처 메뉴. 용궁철판 주문시 꼬막비빔밥이 나온다. 가리비, 갑오징어, 키조개, 새우, 게 등 해산물이 큰 철판 가득 나온다. 닭한마리가 통째로 들어있어 몸보신용으로도 좋다. 마무리로 칼국수 사리를 추가하면 해물칼국수를 먹을 수 있다. 대기가 길어 도착 즉시 입구에서 테이블링 예약할 것. 브레이크 타임은 15:00~17:00이다. (67p E:2) 사진ⓒ한국관광 콘텐츠랩

충남 태안군 안면읍 안면대로 3253 1층
#로컬맛집 #용궁철판 #꼬막비빔밥

태안솔향기길
"태안의 해안을 따라 선물 같은 풍경이 "

태안 앞바다를 둘러싼 소나무 숲길. 총 6개 코스, 67km 기나긴 해안 둘레길. 그중 가장 유명한 1코스는 10km 길이로 도보로 약 4시간 소요된다. 소나무의 짙은 향기를 맡으며 바다 풍경과 다양한 기암괴석들을 감상할 수 있어 트래킹 여행객들에게 인기 있는 장소다. 1코스의 경우 만대항에 주차. (66p B:2) 사진ⓒ한국관광 콘텐츠랩

충남 태안군 이원면 내리 산45
#소나무숲길 #트래킹 #기암괴석

신두리해안사구 추천 "사막처럼 쌓인 모래가 꼭 외국 같아"

우리나라 최대 규모의 해안사구 지역. 바닷가를 따라 3.4Km가량 사구가 형성되어있다. 이곳은 원형이 잘 보존되어 있어 생태보전 지역으로 지정되
었다. 사구가 만들어진 이유는 겨울철에 북서 계절풍이 해안에 직각 방향으로 불어 모래 운반이 매우 용이하기 때문이다. 해안 모래 알갱이가 곱고,
바다 해안의 높이가 다른 해변보다도 더 완만해 독특하고 신기한 느낌이 든다. 3~10월 09:00~18:00, 11~2월 09:00~17:00 운영. (66p B:3)

충남 태안군 원북면 신두해변길 201-54   #해안사구 #모래 #이국적

바다가되고싶은비 STAY "바다와 인피니티풀, 솔숲길 트레킹을 한 번에"

@napolirain

초록 정원과 푸른 바다가 어우러진 풍경이 평화로운 풀빌라. 청포대 해수욕장 바닷가에 위치해 물이 들어오면 해수욕을, 물이 빠지면 갯벌 체험
을 즐길 수 있어 아이들과 가족 단위로 방문하기 좋다. 개별 인피니티풀과 테라스 바비큐 시설이 갖추어져 있어 오붓한 시간도 보낼 수 있는 곳.
태안 해변길4코스에 속한 곳으로 솔숲길 트래킹도 경험해 보길 추천.

충남 태안군 남면 청포대길 109   #갯벌체험 #가족여행 #인피니티풀

아일랜드 리솜 "서해 낙조 보며 즐기는 낭만적인 스파"

낙조가 아름다운 안면도 꽃지해수욕장에 위치한 해안 리조트. 서해를 바라보며 스파를 즐길 수 있는 스파 시설 '오아식스'가 이곳의 시그니처. 야외 인피니티풀을 포함해 6가지 테마스파를 갖춘 곳. 안면송과 바다가 어우러진 비치 라운지 '아일랜드 57', 로컬 식재료 기반 레스토랑 '더 테이블' 운영하며, 호흡 명상 요가 등 체험 프로그램을 진행해 웰니스 환경을 제공한다. 자동차 침대를 갖춘 키즈룸이 가족 단위 여행객에게 인기.

(70p C:1) 사진ⓒ아일랜드리솜

충남 태안군 안면읍 꽃지해안로 204   #꽃지해수욕장 #낙조 #오아식스

하울펜션 `STAY` "초록 정원 오션뷰 스테이"

초록 정원과 푸른 바다가 시원하게 펼쳐진 오션뷰 스테이. 실내는 화이트 톤 인테리어로 밝고 따뜻한 분위기. 테이블, 흔들그네, 선베드가 갖추어진 넓은 정원은 아이들이 뛰어놀기에도 좋다. 객실과 연결된 단독 테라스에서 가족, 연인, 친구끼리 오붓한 바비큐 타임도 가져보길 추천. 펜션 앞 태안해변길 7코스 따라 가볍게 산책해 보는 것도 좋다. 사진ⓒ하울펜션

충남 태안군 고남면 옷점길 147-58 　　#오션뷰 #넓은정원 #단독테라스

남당항 `추천` "특히 새조개로 굉장히 유명한 곳"

9~10월에 대하 축제가, 1월~5월에 새조개 축제가 열린다. 신선한 대하와 새조개를 먹으러 시간 내서 찾아갈 만하다. 특히 새조개 좋아하시는 분은 무조건 남당항으로 가 보자. (67p E:2)

충남 홍성군 서부면 남당항로213번길 　　#대하 #새조개 #남당항

속동전망대 "노을과 드넓은 갯벌이 한눈에"

홍성 8경에 속하는 속동전망대에서 솔숲과 푸른 천수만 풍경을 즐겨보자. 전망대와 이어지는 모섬으로 이동하면 솔숲 군락과 포토존이 마련되어 있다. 전망대 일대에서 서해 조개잡이 갯벌 체험장도 마련되어 있다. (67p D:2) 사진ⓒ한국관광 콘텐츠랩

충남 홍성군 서부면 남당항로 689
#천수만 #전망대 #갯벌체험

홍성스카이타워 "노을과 바다가 만나는 곳"

서해안 천수만을 조망하는 65m 높이의 랜드마크. 유리 바닥으로 된 아찔한 스카이워크 체험이 인기. 보령부터 서산까지 드넓은 서해안과 갯벌을 360도 파노라마로 감상하기 좋다. 특히 해 질 녘 환상적인 노을과 야경을 즐길 수 있는 곳. 타워 외관의 경관 조명은 일몰부터 밤 10시까지 화려하게 점등된다. 매주 월요일 휴관. (67p D:2) 사진ⓒ한국관광 콘텐츠랩

충남 홍성군 서부면 남당항로 689
#천수만 #스카이워크 #노을

대천해수욕장 스카이바이크 "바다 위를 달리는 기분이야~"

바다 위를 달릴 수 있는 국내 유일한 스카이바이크. 대천해수욕장 분수광장에서 출발해 대천항까지 40분간 2.3km 거리를 왕복한다. 전구간 전동으로 운행되어 힘들이지 않고 편하게 탈 수 있다. 성인 2인 승차 기준 23,000원, 3인 승차 28,000원. 화~일 10:00~16:40 운영, 12:00~14:00(주말은 13:30) 브레이크타임. 매주 월요일 휴무. (71p D:2)

충남 보령시 해수욕장10길 75 스카이바이크   #스카이바이크 #대천 #바닷가

죽도 상화원 "조화를 숭상하는 비밀정원"

대나무가 울창한 섬 죽도에는 100% 예약제로 운영하는 상화원이 자리 잡고 있다. 한옥과 한국식 정원으로 꾸며진 이곳은 숙박도 가능하지만, 개인이나 소규모 예약은 받지 않는다. 4~11월 중에서도 금~일요일 및 공휴일에만 예약 가능하니 방문 일정을 꼭 확인하시길. (041-933-4750)(71p D:2)

충남 보령시 남포면 남포방조제로 408-52   #예약제 #한국식정원 #숙박시설

대천해수욕장 추천 "젊은이들이 많이 찾는 해수욕장"

서해안 최대의 해수욕장으로 길이 3.5km 너비 100m를 자랑한다. 서해에서 가장 오랫동안 유명한 해수욕장으로, 여름이면 세계적으로도 유명한 머드 축제가 열린다. 대천해수욕장을 검색하면 '헌팅' 연관검색어가 있을 정도로 젊은이들이 많다. (71p D:2)

충남 보령시 신흑동 1345-27   #서해 #해수욕장 #머드축제

오양손칼국수 `맛집`
"갑오징어와 키조개가 들어간 칼국수"

3대째 이어온 맛집. 6번을 먹으면 1~5번까지 다 먹을 수 있어 6번 칼국수가 인기 메뉴다. 보리밥에 열무김치, 고추장을 넣고 비벼먹다 보면 칼국수가 나온다. 갑오징어, 키조개, 매콤한 비빔국수까지 다양한 칼국수를 한 번에 먹을 수 있다. 인원수대로 주문시 면과 보리밥이 무한리필된다. 15:00~16:00 쉬어가며 월요일 휴무(67p F:1) 사진ⓒ한국관광 콘텐츠랩

충남 보령시 오천면 소성안길 55
#보령맛집 #칼국수맛집 #무한리필

충청수영성 "동백꽃 필 무렵 가야할 곳"

외적의 침입을 막기 위해 만든 석성. 돌로 만든 아치형 석문이 이곳의 포토존이다. 돌계단에 올라 사진을 찍으면 액자 프레임 같은 아치형 석문, 그 사이로 하늘과 나무가 함께 담긴다. 겨울에 동백꽃이 피면 그 아름다움은 배가 된다. 이곳은 드라마 <동백꽃 필 무렵> 촬영지이기도 하니, 드라마 속 장면을 떠올려보

셔도 좋겠다. (71p D:1)

충남 보령시 오천면 충청수영로
#액자프레임 #동백꽃필무렵 #드라마촬영지

외연도 상록수림 "신비한 자연의 숲을 있는 그대로 볼 수 있는 곳, 2박 추천!"

인간의 손길이 많이 타지 않은 자연 그대로의 숲을 볼 수 있는 곳. 제일 큰 나무중에는 20m도 훨씬 넘는 팽나무가 있으며, 이외에도 다양한 종의 나무들이 엉켜 자라고 있다. 섬에는 2km의 둘레길이 있어 도보여행 하기에도 좋다. 대천항에서 1시간 30분가량 소요된다. (70p A:2)

충남 보령시 오천면 외연도리 산239
#자연숲 #팽나무 #둘레길

짚트랙(대천해수욕장)
"서해 바다위를 날고 있는 짜릿한 느낌"

대천 앞바다를 가로지르는 631m 길이의 짚트랙. 트롤리와 와이어의 마찰음이 [집] 소리를 낸다고 하여 '짚트랙'이라고 불린다. 와이어 4개가 운영되어 4명이 동시에 즐길 수 있고, 해 질 무렵 이용하면 서해의 아름다운 석양도 바라볼 수 있다. (71p D:2)

충남 보령시 신흑동 2209-3
#짚트랙 #대천 #석양

무창포해수욕장 `추천` "신기한 바닷길을 경험하고 싶다면 음력 보름날을 기억해!"

대천해수욕장에 비하면 규모는 작지만 조용하고 깨끗해 가족 단위로 방문하기 좋은 곳. 물이 빠지면 작은 바지락을 쉽게 잡을 수 있어 갯벌 체험도 가능하다. 매월 음력 보름날과 그믐날 전후에는 해변에서 석대도까지 1.5km 바닷길이 열려서 걸어 갈 수도 있다. 서해 해변의 매력인 낙조 또한 멋진 풍경을 자랑한다. (71p D:2)

충남 보령시 웅천읍 열린바다1길 10   #조용한바다 #갯벌체험 #낙조명소

보령 주산 벚꽃길 "벚꽃터널이 펼쳐지는 드라이브 코스"

보령 주산초등학교 앞 금암삼거리부터 보령호 입구까지 6km가량 이어진 벚꽃 드라이브 코스이다. 왕벚나무가 2000여 그루 벚꽃 터널이 만들어진다. 내비게이션에 주산면을 거쳐 보령댐을 목적지로 하고 가다 보면 어느덧 2차선 양쪽으로 수많은 벚꽃 터널이 펼쳐진다. (71p D:2)

충남 보령시 주산면 황율리 51-2   #벚꽃드라이브 #보령호 #벚꽃터널

청양 칠갑산 "콩밭메는~ 아낙네야~"

장곡산장에서 465봉을 거쳐 정상까지 조성된 진달래 군락. 이곳뿐만 아니라, 칠갑산 전체에 진달래 군락이 조성되어 있다. 정상과 삼형제봉에서 진달래 군락을 조망할 수 있다. 칠갑산 산장과 천문대를 거쳐 정상으로 향하는 1시간 코스를 추천한다. 칠갑산은 진달래뿐만 아니라 철쭉으로도 유명하다. (72p A:1)

충남 청양군 대치면 장곡리 산20-1   #칠갑산 #진달래 #철쭉

천북굴단지 "겨울엔 맛있는 석굴 먹으러 가자! 벌써 군침이 도네"

천북 굴은 11월~2월까지 잡히는 것이 최상품으로, 매년 12월 '천북 굴 축제'가 열린다. 12월~2월이 석굴 구이 먹기에 최적기. 석굴 좋아하는 사람이면 겨울에 무조건 가야 하는 곳이다. (70p C:1)

충남 보령시 천북면 장은리 959-3
#천북굴 #굴축제 #석굴구이

천북굴단지 청수굴집수산 `맛집`
"친절한 사장님이 반기는 굴찜 맛집"

수북하게 쌓여 나오는 푸짐한 굴찜으로 유명한 굴 전문점. 청수 세트 메뉴에는 굴전, 굴 무침, 칼국수가 포함되어 있다. 홍가리비를 좋아한다면 가리비+굴찜을, 불향 가득한 굴을 즐기고 싶다면 굴구이를 추천한다. 메뉴가 고민이라면 친절한 사장님께 여쭤볼 것. 기본 굴찜 40,000원, 청수특선A세트 33,000원. 매일 10:00~21:00 영업. (70p C:1)

충남 보령시 천북면 홍보로 1061 6동 9호
#굴찜맛집 #가리비 #칼국수

천장호 출렁다리 "흔들 흔들 스릴만점!"

<mark>천장호와 칠갑산을 이어주는 길이 207m의 기다란 출렁다리.</mark> 다리 입구에 청양을 대표하는 농작물 고추 모형이 장식되어 있고, 다리 건너편에는 황룡과 호랑이 동상이 설치되어 있다. 칠갑산 황룡과 호랑이의 기운을 받으면 건강한 아이를 낳을 수 있다는 믿음 때문에 이 다리를 찾는 신혼부부가 많다. 매일 09:00~18:00 운영. (72p A:1)

충남 청양군 정산면 천장리   #출렁다리 #포토존 #전통설화

청양 알프스 마을 [추천] "눈과 얼음 가득한 겨울 왕국"

충남의 알프스. 지대가 높고 경사가 심하여 농사가 잘 되지 않는 대신, <mark>매년 12월부터 2월까지 열리는 칠갑산 얼음분수축제</mark>가 유명하다. 얼음 봅슬레이며 얼음 썰매, 빙어낚시 등 다양한 행사들이 기다리고 있다. 겨울철에 매력과 진가를 확인할 수 있는 곳이다. 여름에는 '세계 조롱박 축제'가 열린다. 얼음분수축제 성인 12,000원. 매일 09:00~18:00 운영, 12:00~13:00 휴게시간. (72p A:1) 사진ⓒ한국관광 콘텐츠랩

충남 청양군 정산면 천장호길 223-35   #얼음분수축제 #얼음썰매 #빙어낚시

은행집 맛집 "직접 띄운 청국장 맛집"

구수한 청국장이 생각날때 찾는 곳. 직접 띄운 청국장으로 만들어 걸쭉하고 구수하다. 간수를 사용하지 않고 바닷물을 이용해 만든 손두부가 맛보기로 나온다. 보글보글 끓는 청국장에는 버섯과 두부가 가득 들었다. 청국장을 푸짐하게 넣고 비벼 먹으면 맛있다. 밑반찬으로 나오는 파김치가 유명하다. 재료소진시 조기마감(72p A:1) 사진ⓒ한국관광 콘텐츠랩

충남 청양군 대치면 한티고개길 11
#칠갑산맛집 #두부요리 #청국장

청양 장곡사 벚꽃길 "동학사 벚꽃길과 더불어 충남의 벚꽃 명소로 유명!"

청양 장곡사 벚꽃길은 한국의 아름다운 길 100선에 선정된 바 있다. 청양 대치면 탄정리에서 지방도 645호 도로를 따라 장곡사 입구까지 7km가량의 벚꽃길이 아름답다. (72p A:1) 사진ⓒ한국관광 콘텐츠랩

충남 청양군 대치면 탄정리 84-1
#청양장곡사 #벚꽃길 #한국의아름다운길

부여 백마강 유람선
"천년 전 백제를 유람해 보자!"

백마강 유람선은 고란사-구드래, 고란사-규암, 황포돛배 일주, 고란사-백제보 코스를 운영한다. 단, 초등학생까지는 고란사-구드래 코스만 이용할 수 있다. 부소산성, 낙화암, 고란사를 구경하고 돌아가는 길에 유람선을 타는 코스를 추천한다. 백마강은 '백제의 제일 큰 강'이라는 뜻으로, 삼국시대에 일본, 신라, 당나라 등과 교역을 할 때 큰 역할을 했다. (72p A:1)

충남 부여군 부여읍 구교리 420
#백마강 #부소산성 #낙화암

백제문화단지 추천 "백제 시대 사비성을 17년의 고증을 거쳐 재현한 곳"

삼국시대 왕궁의 모습을 최초로 재현해낸 곳. 백제의 사비궁이 재현되어 있으며 천정전, 문사전, 무덕전 등으로 이루어져 있고, 성왕의 명복을 빌기 위한 왕실의 사찰도 재현되어 있다. 삼국시대 당시의 백제 생활 주거 풍습을 알 수 있는 마을도 있으며, 백제 한성시기(BC 18~AD 475)의 위례성도 재현되어 있다. 성인 6,000원. 11~2월 09:00~17:00, 3~10월 09:00~18:00 운영, 매주 월요일 휴무. (72p A:2)

충남 부여군 규암면 백제문로 455   #삼국시대 #백제 #위례성 #사비궁

장원막국수 맛집 "노포의 끝판왕"

식당이 맞나 싶을 정도로 낡은 집 앞으로 줄을 서는 사람들이 빼곡하다. 메밀막국수와 편육 단촐한 메뉴로 전국의 식객들을 사로잡았다. 국수 육수는 흔히 맛보던 그런 맛이 아니다. 감칠맛이 뛰어나고 계속해서 생각나는 맛이다. 괜히 줄을 서는 것이 아니구나 싶은 깨달음을 얻기도. (65p D:3)

충남 부여군 부여읍 나루터로62번길 20
#메밀막국수 #편육 #새콤

관북리유적 및 부소산성 추천 "538년 이전에 축조된 백제의 산성"

백제의 중심을 이룬 산성으로 <mark>유사시에는 도성의 방어거점</mark>으로 활용되었다. 백제 성왕 16년(538) 이전에 축조되었으며, 이곳에 낙화암이 있다. 산성 앞에는 백제의 사비시대 궁궐터인 관북리 유적이 있다. 성인 2,000원. 하절기 09:00~18:00, 동절기 09:00~17:00 운영. (71p F:2)

충남 부여군 부여읍 부소로 31   #백제 #산성 #성곽 #낙화암

정림사지박물관
"백제 불교는 어떤 형태였을까?"

백제 사비 시기의 불교문화를 주제로 한 박물관. 사비 시기 불교의 중심에 있었던 정림사지에 있으며, 백제의 불교 수용, 발전과정 등을 전시하고 있다. 불상 만져보기 체험도 해볼 수 있다. (72p A:2) 사진ⓒ한국관광 콘텐츠랩-이범수

충남 부여군 부여읍 동남리 364
#백제 #정림사지 #불교문화

가림성 "연인들의 촬영 명소 성흥산성 사랑나무가 있는 곳"

<mark>웅진시대에 부여지역을 방어하기 위해 세워졌던 산성</mark>으로, 그 역사적 가치를 인정받아 사적 4호로 지정되었다. 성흥 산 위에 있어 성흥산성이라고도 불린다. 성곽 안쪽은 흙으로, 겉면은 돌로 둥글게 쌓았으며, 규모는 둘레 1.4km에 이른다. (72p A:2) 사진ⓒ한국관광 콘텐츠랩

충남 부여군 장암면 성흥로97번길 150-31
#역사여행지 #문화유산 #산성

왕곰탕 식당 맛집 "상식을 파괴한 국밥"

@pine2020

시금치와 부추무침을 넣어 먹는 국밥. 40년 전통을 자랑한다. 양탕과 곰탕이 유명하다. 뽀얗게 잘 우려낸 곰탕이 뚝배기 안에서 팔팔 끓는다. 여기에 양념된 부추와 시금치를 넣어 먹는다. 국물에 시금치와 부추가 대처지며 식감이 살아나고 얼큰한 국물맛이 완성된다. 브레이크타임 14:30~17:00, 일요일 휴무(72p A:2)

충남 부여군 부여읍 사비로108번길 13
#곰탕 #설렁탕 #부여맛집

정림사지 및 오층석탑 "불타 없어진 정림사지에 홀로 남겨진 오층 석탑"

1탑 1금당, 전형적인 백제의 가람배치 형태로 제작된 오층 석탑과 정림사지 석불좌상. 538년 백제가 도읍을 사비, 현재 부여로 옮기면서 도성 한복판 평지에 완성되었다. 정림사지 5층 석탑은 삼국시대 목탑에서 석탑으로 탑의 형식이 바뀌는 과도기에 만들어진 탑으로 목탑의 형태를 그대로 유지하고 있다. 정림사지는 백제 사찰 건축의 원형이라 할 수 있다. (72p A:2)

충남 부여군 부여읍 동남리 254   #오층석탑 #석불좌상 #백제사찰

부여 왕릉원(유네스코 세계유산)
"93년 우연히 고분군 수로에서 '금동대향로' 가 발견되었어"

백제의 마지막 도읍이었던 사비(현재 부여)에 자리 잡은 총 7기의 고분. 백제 왕실의 무덤으로 추정되지만, 신라의 무덤과 달리 입구가 있는 능산리 고분은 대부분 도굴당해 무덤의 주인을 알 수가 없다. 1993년 능산리 사지 수로에서 우연히 '금동 대향로'(국보 제 287호)를 발견하게 되었다. '금동 대향로'는 오래전 국사 교과서의 표지에 실리기도 했다. 발굴 당시 고분군 1호에서는 고구려 무덤에서나 볼 수 있는 '사신도'가 있었다. (72p A:2)

충남 부여군 부여읍 능산리 산16-2
#백제 #금동대향로 #능산리

부여 궁남지 추천 "백제 무왕 34년(634년)에 궁궐 남쪽에 만들어진 연못"

백제 무왕 34년(634년) 때 궁궐 남쪽에 만든 연못. 삼국사기의 기록에 의해 궁남지라 부른다. 연못 주변에 우물과 주춧돌이 남아 있으며, 기왓조각이 흩어진 건물터도 발견되었다. 매년 봄부터 여름이면 연꽃들로 가득한 연못 정원이 된다. 연꽃은 혼탁한 환경에 자라지만 흔들림 없이 예쁜 꽃을 피워낸다. 연꽃은 꽃과 열매가 동시에 피는데, 이는 불교에서 인과의 진리를 의미한다. 입장료 무료. (72p A:2)

충남 부여군 부여읍 동남리 117   #백제시대 #연못 #연꽃

성흥산성 사랑나무
"커플 성지, 우리 사랑 이대로"

역사의 도시 부여를 낭만도시로 만든 장본인, 성흥산성 사랑나무. <삼국사기>에도 등장하는 오래된 산성인 성흥산성 아래, 거대한 느티나무가 있는데 반쪽짜리 하트 모양을 닮았다. 400년이 넘는 수령을 자랑하는 이 나무는, 드라마 <서동요>, <호텔델루나> 등 여러 드라마의 무대가 되었다. 하트 사진은 같은 자리에서 여러 차례 찍어 좌우 반전을 시켜 편집하면 된다. 연인이 찍으면 더 의미 있을 것이다. (72p A:2)

충남 부여군 임천면 성흥로 97번길 16 7
#성흥산성 #느티나무 #좌우반전사진

연꽃이야기 `맛집`
"연잎향 솔솔 나는 연잎밥을 맛보자"

@today_yummy_yummy

오리훈제, 기본찬과 연잎밥이 나오는 연잎밥 정식이 인기메뉴. 연잎차가 물 대신 나온다. 연꽃이야기에서 직접 재배한 연잎으로 만든 연잎밥이 별미다. 찰밥을 먹는 것처럼 찰진 맛이다. 반찬이 많이 나와 한정식을 좋아하는 사람이라면 충분히 만족할만하다. 정원을 잘 가꾸어 사진찍기 좋고, 대기가 지루하지 않다. 브레이크타임은 15:00~17:00이며 월요일은 휴무다. (72p A:2)

충남 부여군 부여읍 성왕로 22
#부여맛집 #연잎밥 #궁남지맛집

국립부여박물관 "백제 부여의 모습은 어땠을까?"

백제 역사, 문화재, 유물, 불교미술 등을 전시해놓은 박물관. 백제 금동 대향로, 호자 등 유명한 유물들이 전시되어있다. 미디어 콘텐츠도 많아 아이들과 함께 방문하기 좋다. 해설 시간에 맞춰 입장하면 예약 없이 해설을 들을 수 있다. 관람료 무료. 화~일 09:00~18:00 운영. 매주 월요일, 1월 1일, 설날, 추석 휴관. (72p A:2) 사진ⓒ한국관광 콘텐츠랩

충남 부여군 부여읍 금성로 5   #백제 #문화재 #금동대향로

무량사 "3개의 보물이 있는 사찰"

신라시대에 창건한 불교 사찰로 '금오신화'의 저자 김시습이 머물던 곳으로도 유명하다. 충청남도 유형문화재 25호로 지정된 김시습 부도와 보물 1497호 김시습 초상을 소장하고 있다. 절 한가운데 있는 오층 석탑과 석등, 극락전, 괘불탱 들도 모두 대한민국 보물로 지정되었을 만큼 그 역사적 가치가 높다. 매일 07:00~19:00 운영. (71p E:2)

충남 부여군 외산면 무량로 203   #역사여행지 #문화유산 #불교사찰

서동요 테마파크 추천
"백제시대로 떠나는 타임슬립 여행"

백제 왕실을 그대로 재현해놓은 1만 평 규모의 드라마 촬영장. '서동요'뿐만 아니라 '육룡이 나르샤', '계백' 등 백제를 무대로 한 다양한 사극이 이곳에서 촬영되었다. 백제시대 옷을 빌려 입고 한옥 앞에서 사진촬영도 즐길 수 있다. 3~10월 09:00~18:00, 11~2월 09:00~17:00 운영. 매주 월요일 휴무. (71p F:3) 사진ⓒ한국관광 콘텐츠랩

충남 부여군 충화면 충신로 616
#사극촬영지 #복식체험 #포토존

롯데리조트부여 "백제를 닮은 고즈넉한 아름다움"

롯데리조트 앞의 롯데부여 아울렛

백제의 역사와 문화가 살아 숨 쉬는 부여 소재 복합 휴양 리조트. 현대적 시설 속에 중정과 대청마루 등 한국 전통 건축미를 남아낸 것이 특징. 주요 시설로는 유수풀과 키즈풀을 갖춘 워터파크 '아쿠아가든'이 있으며, 식음 시설로는 한, 중, 일식과 양식을 제공하는 '본디마슬'과 야외 바비큐장인 '정경마당'이 있다. 아이들이 직접 참여하는 놀이형 액티비티 공간 '트래브러리 라운지'를 비롯한 다양한 부대시설을 갖추었다. 말랑이, 빼빼로 캐릭터 객실 보유. (72p A:2) 사진ⓒlotteresort.official

충남 부여군 규암면 백제문로 400   #백제 #전통건축미 #캐릭터객실

국립생태원

국립생태원 `추천` "사막을 지나 극지방까지, 세계 여행 축소판"

지구촌 생태계를 체험할 수 있는 거대한 생태 박물관. 축구장보다 몇 배 큰 온실 '에코리움'이 이곳의 랜드마크이다. 사막, 열대, 지중해, 온대, 극지 등 세계 5대 기후대의 동식물을 살펴볼 수 있다. 습지생태원, 하다람놀이터 등이 있는 넓은 야외 공간을 살펴보기 전 에코리움을 먼저 관람하는 코스를 추천. 많이 걷게 되므로 편안한 신발을 착용할 것. 입구에서 에코리움까지 셔틀 열차를 이용해 체력을 아끼자. 성인 기준 5,000원. 09:30~18:00 운영(동절기 17:00까지), 매주 월요일 휴무. (71p E:3) 사진ⓒ한국관광 콘텐츠랩-이범수

충남 서천군 마서면 금강로 1210 　#지구촌생태계 #에코리움 #편한신발필수

국립생태원 수생식물원
"에코리움 앞 이곳도 놓치지 마"

한반도 습지에서 보이는 다양한 식물을 관찰하고 학습할 수 있는 정원. 우리나라 농촌지역에서 자주 볼 수 있었던 다랑 논을 본떠 조성해, 논둑을 걸으면서 연꽃, 애기부들 등 습지에서 자라는 식물을 볼 수 있다. 멸종위기종인 금개구리가 이곳에서 서식하고 있기도 하다. 에코리움 앞에 있어 함께 연결해 산책하듯이 둘러보기 좋다. (71p E:3) 사진ⓒ한국관광 콘텐츠랩-김지호

충남 서천군 마서면 덕암리 705
#습지 #식물 #금개구리

국립생태원 에코리움 "세계의 생태계를 한눈에"

대표적인 기후와 그 기후에 맞춰 살아가는 동식물을 살펴볼 수 있는 곳, 생태계를 배울 수 있는 곳이다. 저렴한 입장료에도 큰 규모의 시설, 매우 다양하고 유익한 콘텐츠 등이 아이의 교육적인 측면에서 매우 훌륭한 여행지이다. 지구와 기후, 동식물을 놀이하듯 익힐 수 있다. 성인 5,000원. 3~10월 09:30~18:00, 11~2월 09:30~17:00 운영. 매주 월요일 휴관. (71p E:3) 사진ⓒ한국관광 콘텐츠랩

충남 서천군 마서면 금강로 1210   #에코리움 #기후 #생태계

춘장대해수욕장 "작지도 크지도 않은 적당한 규모의 해수욕장"

관광공사가 지정한 자연학습장 8선 가운데 한 곳. 완만한 경사와 잔잔한 수면이 특징이다. 갯벌에서 조개, 납치 등을 잡을 수 있는 체험을 즐길 수 있고, 아카시아 숲에는 캠핑도 할 수 있다. (71p D:2)

충남 서천군 서면 도둔리 400

#자연학습장 #갯벌체험 #캠핑

장항 스카이워크 "서해바다와 소나무 숲이 발 아래 펼쳐져"

울창한 소나무 숲을 자랑하는 장항송림산림욕장에 위치한 전망대. 15m 높이, 250m 길이의 스카이라인이 짜릿함을 선사한다. 서해바다와 소나무 숲 위를 걷는듯한 느낌이 이색적이다. 해양생물자원관을 함께 관람할 수 있으니 꼭 들러보자. 성인 2,000원. 3~10월 09:30~18:00, 11~2월 09:30~17:00 운영. 매주 월요일 휴무. (71p D:3)

충남 서천군 장항읍 장항산단로34번길 122-16   #산림욕장 #소나무숲 #전망대

서천 마량리 동백나무 숲
"겨울에 피어나는 강인한 꽃"

매년 봄이 되면 마량리 동백나무 80 그루에 붉은 꽃이 만개한다. 동백 숲 정상에는 동백 정이라는 정자가 있는데, 이곳에 올라 너른 서해바다와 붉은 동백나무숲을 내려다보면 저절로 탄성이 나온다. 동백 정은 일몰, 일출 감상 명소로도 유명하다. 4월 중 서천에서 주꾸미 축제가 열리니 함께 방문해 봐도 좋겠다. (70p C:3)

충남 서천군 서면 서인로235번길 103
#동백나무 #봄여행지 #주꾸미축제

신성리 갈대밭 `추천`
"앞이 보이지 않는 갈대숲"

충남 서천 한산면 신성리에 있는 10만여 평의 갈대밭. 순천의 갈대밭은 나무데크 위로 걷지만, 신성리는 갈대숲, 맨 밑부분 땅을 직접 밟으며 걸을 수 있다. 영화 공동경비구역 JSA가 이곳에서 촬영되었다. 금강하구의 담수호에 있어 매년 12월, 1월에는 10만여 마리의 겨울철 새들이 찾아든다. 노을 지는 시간대에 방문하면 특히 아름답다. (71p F:3)

충남 서천군 한산면 신성리 22-21   #신성리 #철새 #갈대숲

탑정호 출렁다리
"탑정호를 가로지르는 탁 트인 출렁다리"

거대한 탑정호수를 가로지르는 출렁다리로, 바닥에 투명 강화유리가 깔려있어 더 아찔한 느낌이 든다. 낮에는 탑정호의 풍경을, 밤에는 미디어 파사드의 야경을 즐길 수 있다. 입장료 무료. 3~5월 · 9~10월 09:00~18:00, 6~8월 09:00~20:00, 11~2월 : 09:00~17:00 운영. 연중무휴. (72p C:3) 사진ⓒ한국관광 콘텐츠랩

충남 논산시 부적면 신풍리 769
#출렁다리 #강화유리 #미디어파사드

강경해물칼국수 `맛집`
"오동통한 면발과 시원한 국물의 조합"

맛있는 녀석들에서 SNS 추천 맛집으로 소개된 곳. 바지락, 홍합, 굴, 오만둥이와 멸치와 다시마를 넣고 끓인 시원한 육수가 일품이다. 면은 3~4시간 숙성시켜 두껍게 뽑아내는데, 쫄깃한 맛이 일품이다. (72p B:3) 사진ⓒ한국관광 콘텐츠랩

충남 논산시 강경읍 대흥리 56-8
#해물칼국수 #굵은면 #해물육수

진미식당 `맛집`
"사계절 즐길 수 있는 콩국수"

2대째 이어온 전통의 맛. 서천군 1호 백년가게로 선정된 곳. 서천에서 수확한 서리태 콩을 이용해 콩물을 만든다. 걸쭉하게 갈아 낸 콩물에 면을 넉넉히 넣은 서리태 콩국수. 걸쭉한 콩물과 탱글한 면발이 조화롭게 어우러진다. 설탕과 소금을 넣지 않아도 맛있다. 여름에는 콩국수, 겨울에는 온콩국수로 사계절 콩국수를 즐길 수 있다. 계절별 영업시간 다름. 전화 후 방문 추천 (71p E:3)

충남 서천군 판교면 종판로 885
#서천맛집 #콩국수 #물막국수

관촉사
"은진미륵이 보우하사"

대한민국에서 가장 큰 석불 '은진미륵'을 모시고 있는 불교 사찰. 높이 74척(18m)에 이르는 거대한 화강암 불상은 그 가치를 인정받아 우리나라 보물 제218호로 지정되었다. 이 불상이 마치 촛불처럼 빛난다고 해서 관촉사라는 이름으로 불리게 되었다. (72p C:2)

충남 논산시 관촉로1번길 25
#불교사찰 #역사여행지 #문화유산

충청남도 · 대전 · 세종 서천군 | 논산시

씨큐리움 `추천` "표본 보며 떠나는 해양 생태계 탐험"

아쿠아리움처럼 살아 있는 물고기를 보는 곳이 아니라 해조류부터 고래 뼈까지 다양한 해양 생물들의 표본을 통해 바다의 생태계를 이해할 수 있는 국립해양생물자원관. 5,000여 점의 해양 생물 표본이 전시된 '생명의 탑'이 이곳의 랜드마크. 고래 뱃속을 탐험하는 듯한 어린이 공간 '바다마을 고래고래'가 아주 인기. 아이가 있다면 입장 시 바다마을 고래고래부터 예매해 둘 것. 1일 1회 이용. 씨큐리움 입장료 성인 기준 3,000원. 09:30~18:00 운영, 매주 월요일 휴무. (71p E:3)

충남 서천군 장항읍 장산로101번길 75　　#국립해양생물자원관 #해양생태 #아이와여행

서산회관 `맛집`
"제철 쭈꾸미로 만든 철판볶음"

쭈꾸미 철판볶음과 쭈꾸미 샤브샤브를 판매한다. 쭈꾸미 볶음은 적당히 칼칼하고 미나리가 들어가 향긋하다. 졸여진 양념으로 만든 볶음밥은 꼭 먹어야 한다. 전창으로 바다가 보여 만조때는 바다를 보며 식사할 수 있다. 3~5월 쭈꾸미가 맛있는 시기다. 제철에 방문하는것을 추천한다. 대기가 긴 편이라 이른 시간에 방문하는 것이 좋다. 연중무휴 (70p C:3) 사진 ⓒ한국관광 콘텐츠랩

충남 서천군 서면 서인로 318
#마량포구맛집 #쭈꾸미 #쭈꾸미샤브샤브

온빛자연휴양림 "숨만 쉬어도 정화가 되는 메타세쿼이아 숲"

메타세쿼이아와 호수가 어우러진 모습이 마치 북유럽의 한적한 별장을 연상케 한다. 단풍 시즌이면 그 아름다움이 절정을 맞는다. 곧게 뻗은 나무들 사이로 숨만 쉬어도 그대로 정화가 되는 느낌. 사진으로 보는 것보다 직접 가봐야 그 매력과 감동을 실감할 수 있다. 호수에 나무가 비치는 반영 사진을 찍기 좋다. 입장료 무료. (72p C:2)

충남 논산시 벌곡면 황룡재로 480-113　　#메타세쿼이아 #호수 #단풍

백제군사박물관
"계백장군에 대해 더 상세히 알고 싶다면"

계백장군이 황산벌 전투에서 전사하신 유적지에 개설된 박물관. 백제 시대의 유물과 군사 문화를 체험할 수 있다. 박물관 옆에 계백장군의 묘소와 영정을 모신 충장사가 있다. 주말에 초등학생을 대상으로 국궁체험, 승마체험을 운영하고, 매월 셋째 주 일요일 박물관 대학 강의가 진행된다. 또, 매년 4월 충장사에서 계백 장군의 충절을 기리는 제향 행사가 진행된다. (65p E:3) 사진ⓒ한국관광 콘텐츠랩

충남 논산시 부적면 신풍리 6
#계백장군 #황산벌 #백제군사박물관

돈암서원 "세계문화유산으로 빛나는 조선 예학의 중심지"

조선 시대 예학의 대가 사계 김장생 선생을 기리는 서원. 2019년 유네스코 세계문화유산에 '한국의 서원'으로 등재된 곳이다. 서원의 중심 건물인 보물 응도당은 조선 서원 건축 중 가장 큰 규모를 자랑한다. 흥선대원군의 서원 철폐령에도 보존된 서원으로 역사적 가치가 높다. 고즈넉한 아름다움을 간직한 이곳에서 잠시 힐링의 시간을 가져보자. (72p C:2)

충남 논산시 연산면 임3길 26-14
#예학 #김장생 #세계문화유산

선샤인랜드 추천 "미스터선샤인의 주인공이 되어보자"

드라마 '미스터 선샤인' 촬영장이었던 이곳에 국내 최초 병영테마파크인 호국 테마파크가 마련되었다. 드라마 '미스터 선샤인'의 주요 촬영지로, 개화기 한성의 풍경을 재현한 테마파크. '글로리 호텔' 등 극 중 명장면 속 장소들이 그대로 보존되어 있다. 병영체험 테마파크가 마련되어 한국전쟁을 재현한 스튜디오 및 서바이벌 경기도 즐길 수 있다. 실내 사격 2,000원, 서바이벌 14,000원. 스튜디오는 무료 입장. 금~수 10:00~17:30 운영, 12:00~13:00 휴게시간. 매주 목요일 휴무. (72p B:3)

충남 논산시 연무읍 봉황로 102   #영화촬영지 #테마파크 #가족여행

계룡병영체험관
"오늘 하루 멋진 군인이 되어 보자!"

육군, 해군, 공군 3군 본부가 위치한 군사 도시 계룡의 특색을 살린 복합 군 문화 체험 랜드마크. VR 가상 체험, 실제 군 무기 전시, 그리고 유격, 사격, 서바이벌 같은 다채로운 병영 프로그램을 운영한다. 생생한 군 문화 체험을 통해 대한민국 국방 안보의 중요성을 깨닫고, 특별한 추억을 만들 수 있는 이색 안보 관광 명소다. (72p C:2) 사진ⓒ한국관광 콘텐츠랩

충남 계룡시 신도안면 신도안2길 185
#3군본부 #군문화체험 #안보

원조연산할머니순대 맛집
"4대째 이어온 피순대집"

4대째 이어오고 있는 순대맛집이다. 내장의 진한맛과 향을 좋아한다면 추천한다. 피순대로 스폰지처럼 폭신하고 촉촉하다. 뜨거울때 먹어야 맛있다. 다대기, 소금, 새우젓, 들깨가루를 먹어 입맛에 맞게 멋으면 된다. 찹쌀순대에 익숙한 사람들에겐 조금 어려운 맛일 수 있다. 브레이크타임14:30~15:30(72p C:2) 사진ⓒ한국관광 콘텐츠랩

충남 논산시 연산면 황산벌로 1525
#순대 #순대국 #연산맛집

대청댐 "인공적인 댐이지만, 마치 호수 같은 곳"

대전과 청주 사이에 있는 우리나라에서 3번째로 큰 댐. 댐 완공 후 전망대와 잔디광장이 있는 금강 로하스공원, 그리고 물 홍보관으로 관광지가 되었다. 많은 이들이 대청호 주변 드라이브와 함께 이곳에 올라 대청호를 조망한다. 대청댐 물 문화회관 건너편에는 대통령의 별장인 청남대가 있다. 전망대에는 편의점이 있어 잠시 쉬어가기 좋다. (73p E:1)

대전광역시 대덕구 미호동 1-5   #전망대 #드라이브 #대청호

고향맛집 맛집
"가성비 동태탕 맛집"

@brightsmile0820

동태탕 단일메뉴만 판매. 인원수에 맞게 동태탕이 나온다. 약불에 보글보글 끓여 먹으면 된다. 알, 동태, 무 등이 냄비 가득 푸짐하게 들어가 있다. 비린맛이 없어 좋고, 국물이 졸면서 점점 진하고 시원한 국물맛을 맛볼 수 있다. 라면사리를 넣어 먹어도 좋다. 점심장사만 한다. 일요일 휴무. (72p C:2)

충남 계룡시 엄사면 배울길 97

#계룡시맛집 #동태탕 #현지인맛집

계족산 황톳길 추천 "푹신푹신한 황톳길을 따라 가뿐히 산책해보자"

계족산에는 명품 100리 숲길과 장동산림욕장 그리고 황톳길이 있는데, 이 황톳길은 맨발로 걸을 수 있는 힐링 여행지이다. 입구에 신발장, 발 씻는 곳, 에어워시가 준비되어 있다. 황토가 젖어 있는 구간은 미끄러울 수 있으므로 주의. 20분만 오르면 계족산성이 있는데 대전 전망을 볼 수 있다. (73p D:1)

대전 대덕구 장동 산91   #황톳길 #맨발 #계족산성

부추해물칼국수 `맛집`
"초록 부추 콕콕, 향긋한 면발"

오랜 시간 대전 시민들의 사랑을 받아 온 칼국수 맛집. 메뉴는 부추 해물칼국수, 주꾸미, 맛배기 족발 단 세 가지. 대표 메뉴 칼국수는 부추가 들어가 향긋한 면과 해물과 채소가 어우러진 육수가 어우러져 시원하고 깊은 맛을 낸다. 웨이팅이 있지만 회전이 빠른 편이다. 칼국수 12,000원. 매일 11:00~21:00 영업. (73p D:1) 사진ⓒ한국관광 콘텐츠랩

대전 대덕구 신탄진로804번길 31
#대전맛집 #부추면 #쭈꾸미

식장산전망대
"답답한 마음에 차를 몰고 정상에 올랐어"

대전의 전경을 볼 수 있는 몇 안 되는 장소로, 일몰과 야경이 아름다워 대전의 데이트 코스로도 유명하다. 식장산은 백제와 신라의 경계였던 곳인데, 자동차로 정상까지 올라갈 수 있다. (73p E:2)

대전 동구 대성동 산1-1
#야경 #일몰 #데이트코스

매봉식당 계족산본점 `맛집`
"전골에 퐁당, 두부 샌드위치"

30년 전통 대전 노포. 우삼겹 샤브샤브가 포함된 황톳길 고기 품은 두부전골이 대표 메뉴. 바삭하게 지진 두부 사이에 만두소를 넣었다. 버섯과 채소가 푸짐해 깊고 깔끔한 국물맛이 해장으로도 좋다. 여름철 한정 메뉴 땅콩 크림 콩국수도 인기. 황톳길 고기 품은 두부전골(소) 34,000원. 매일 11:00~20:50 영업. (73p D:1) 사진ⓒ한국관광 콘텐츠랩

대전 대덕구 계족로664번길 113
#두부샌드위치 #전골 #콩국수

신탄진 핑크뮬리
"금강변에 내려앉은 핑크빛 안개"

분홍빛 안개 같은 핑크뮬리. 대전에서 가장 아름다운 핑크뮬리를 볼 수 있는 곳이다. 금강변을 따라 이어진 길에 핑크뮬리가 그림같

오씨칼국수 `맛집` "물총조개탕과 손칼국수가 별미"

수타면을 이용한 칼국수 전문점. 14시간동안 멸치 다시마를 우려낸 육수에 조개를 사용하여 만든 바지락 칼국수가 대표메뉴로 얼큰한 김치와 함께 먹으면 깔끔하고 매콤한 맛이 조화롭다. 이 외 국산 검정콩을 맷돌에 갈아만든 검정 콩국수, 묵은지를 넣은 묵은지 수제비, 오동통한 조갯살이 가득한 물총탕도 인기가 좋다. 월요일 정기휴무 (73p D:2)

대전 동구 옛신탄진로 13　　#수타칼국수 #매콤김치 #물총탕

이 펼쳐져 있다. 산책길 코스에 자리하여 걷기 좋고, 포토존들도 잘 설치되어 있어 방문하기 좋다. (73p D:1)

대전 대덕구 석봉동 522-4
#핑크뮬리 #금강로하스 #금강변

세천유원지
"시냇물 졸졸 흐르는 한적한 벚꽃길"

세천저수지를 끼고 있는 세천공원에는 왕벚나무 많아 봄이 되면 벚꽃이 만발한다. 따뜻한 봄날 저수지에서 졸졸 흘러내려 오는 시냇물 소리를 들으며 벚꽃을 구경해보자. 유명한 벚꽃 여행지는 아니어도 다소 한적한 산책길이 좋다. 식장산 삼거리에서 세천공원으로 들어오는 입구에 주차장이 몇 군데 있으니 이곳에 주차하고 이동하자. (73p E:2) 사진ⓒ한국관광 콘텐츠랩

대전 동구 세천동 산 76-9
#벚꽃 #세천공원 #산책길

소제동 카페 거리 `추천` "대전역 뒷편 뉴트로 감성이 충만한 카페 골목 여행"

대전역 뒷편 오래된 건물들을 개조하면서 뉴트로 감성의 카페 거리로 변신한 곳. 아기자기한 주택과 골목 벽화를 감상하며 산책하기 좋다. 국가 대표 바리스타가 커피를 내려주는 '챔프스페이스 커피로스터스', 귀여운 푸딩이 있는 '킷사코오리', 연못 정원이 있는 한옥 카페 '미도리컬러' 등 개성만점 카페를 구경할 수 있다. (73p D:2) 사진ⓒ한국관광 콘텐츠랩

대전 동구 소제동 일대   #소제동카페 #대전가볼만한곳 #뉴트로감성

한밭수목원 "수목원을 거닐며 여유를 찾아보세요"

중부권에서 가장 큰 규모를 자랑하는 수목원으로 소나무 숲길, 장미원, 허브원, 암석원 등 다양한 테마 정원이 마련되어 있다. 산책로와 편의시설이 잘 마련되어 있다. 동원, 서원, 열대식물원으로 나뉘며 각각 운영시간이 다르다. 입장료 무료. 하절기 동·서원 05:00~21:00, 열대식물원 09:00~17:30 운영. 동절기 동·서원 07:00~19:00, 열대식물원 09:00~18:00 운영. 서원 매주 화, 동원과 열대식물원 매주 월 휴원. (73p D:1)

대전 서구 둔산대로 169   #장미원 #허브원 #가족여행

정동문화사 `빵집` "겉바속촉의 정석을 보여주는 '까눌레'와 '휘낭시에'"

@jd_moonhwasa

대전역 근처, 인생 휘낭시에를 만날 수 있는 구움과자 전문점. 휘낭시에, 에그타르트, 까눌레를 당일 생산해 당일 판매하는 원칙으로 운영된다. 휘낭시에는 얼그레이, 쏠티카라멜, 말차초코마카다미아 등 종류가 무려 12가지나 되어서 취향에 맞게 골라먹는 재미가 있다. 웨이팅이 있을 때는 번호표를 배부한다. 3~4천 원대. 화~토 12:00~17:00 운영. 일, 월 휴무. (73p D:2)

대전 동구 창조2길 11
#휘낭시에 #구움과자 #12가지휘낭시에

대청호 오백리길 "평화롭고 평화롭도다"

대청 호반의 아름다운 풍경을 즐길 수 있는 트래킹 코스. 1구간부터 21구간까지 있으며 대덕구와 동구 사이 나무데크길을 따라 남녀노소 가볍게 산책을 즐길 수 있다. 갈대와 억새, 습지 생물들이 많고 대청호와의 조화가 매우 아름답다. 오백 리 길을 따라 대청댐물 문화관, 계족산 황톳길, 동춘당공원 산책도 함께 즐겨보자. 근처에 '대청호 로하스 캠핑장'이라는 대규모 캠핑장이 있어 숙박도 가능하다. 1구간 기준 (73p E:1)

대전 동구 천개동로 36   #대청호 #트래킹 #캠핑장

하레하레 `빵집` "프랑스 제빵 월드컵 챔피언의 집"

@harehare_official

대전 빵 투어에서 빠질 수 없는 숨은 맛집. 프랑스 제빵 월드컵의 챔피언이 운영하는 곳이다. 폭신폭신한 식감의 쌀치즈 카스테라 쌀하레치즈를 비롯해 단팥빵, 소금빵 같은 심플한 빵부터 못난이 녹차인절미, 단짠양파빵 등 독특한 메뉴까지 빵이 다양하다. 빵을 먹고 갈 수 있는 카페도 함께 운영한다. 2~6천 원대. 매일 08:00~21:00(카페는 20:00까지) 운영. (73p D:2)

대전 서구 둔산로 155 크로바아파트 제상가동 1층   #쌀치즈카스테라 #단팥빵 #소금빵

대전시립미술관 "분수대에 비치는 물그림자가 아름다운 미술관"

이응노미술관 "동양화로 그린 추상화"

세계적인 한국 화가 고암 이응노 화백을 기리는 미술관. 이응노 화백은 충청지역 출신이기도 하다. 고암 이응노 화백의 종이 부조, 판화, 은지화, 페인팅 등 전시되어있는데, 그의 작품은 동·서양이 결합한 미술 세계를 보여준다. 매주 월요일, 1월 1일, 설날과 추석 연휴 휴관. (73p D:1)

대전 서구 만년동 396
#이응노미술관 #고암이응노 #동서양결합

대전, 중부지역에서 최초로 개설된 공공미술관. 시기별 다양한 전시와 교육이 기획된다. 5개의 전시실, 야외 분수대와 조각공원이 함께 운영된다. 매주 월요일, 명절 연휴 당일 휴관. (73p D:1)

대전 서구 만년동 396   #공공미술관 #전시 #조각공원

대전화폐박물관

"돈은 어떻게 만들까?"

우리나라 최초의 화폐 전문 박물관. 세계의 화폐 자료 4,000여 점을 시대별, 종류별로 전시하며, 지폐의 역사와 위조 방지 기술, 씰, 메달 등도 전시되어 있다. 무료입장. 매주 월요일, 1월 1일, 설날과 추석 연휴, 임시공휴일 휴관. (73p D:1) 사진ⓒ한국관광 콘텐츠랩

대전 유성구 가정동 35
#화폐전문박물관 #세계화폐자료 #무료입장

장태산 자연휴양림 추천 "누군가와 아무 말 없이 그냥 걷기 좋은 곳!"

1970년대부터 조성된 메타세쿼이아 숲. 밤나무, 잣나무, 은행나무, 소나무, 두충, 메타세쿼이아, 가문비나무 등을 계획적으로 조림했다. 산 정상의 형제바위에서는 기암괴석과 함께 낙조도 관람할 수 있다. 숲속의 어드벤처(나무데크길), 스카이타워(전망대) 등 다양한 편의시설이 갖추어져 있다. (73p D:2) 사진ⓒ한국관광 콘텐츠랩

대전 서구 장안동 산48   #메타세쿼이아숲 #형제바위 #스카이타워

대전선사박물관
"구석기 사람들은 믹서기 대신 뭘 썼을까?"

대전광역시의 첫 시립 박물관이자 유일한 선사시대 전문 박물관. 구석기부터 철기시대까지의 대전의 선사 문화를 전시하며, 무덤 체험, 선사인 되어보기 등 다양한 체험행사도 진행된다. 무료입장. 매주 월요일, 1월 1일, 설날 당일 휴관. (73p D:1) 사진ⓒ한국관광 콘텐츠랩

대전 유성구 노은동 523
#대전광역시 #선사시대 #무료입장

국립중앙과학관 추천 "6살 이하 아이도 체험할 수 있는 오감놀이터"

과학기술관, 자연사관, 생물탐구관, 창의나래관 등을 함께 운영하는 국립중앙과학관에서는 자기부상열차를 체험하고 천체관측도 해볼 수 있다. 미취학 아동을 위한 꿈아띠체험관도 함께 운영된다. 근처에 대전 엑스포가 있으니 함께 방문해보자. 창의나래관, 꿈아띠체험관, 천체관은 각각 성인 2,000원, 예약 필요. 그외 전시관은 무료. 화~일 09:30~17:30 운영. 매주 월요일 휴관. (73p D:1)

대전 유성구 대덕대로 481 국립중앙과학관   #자기부상열차 #천체관 #과학기술

대전엑스포 과학공원 `추천` "미디어파사드 음악분수를 즐겨보아요"

1993년 대전 엑스포가 개최된 곳으로, 지금은 과학과 관련한 다양한 전시를 진행하는 과학공원 겸 박물관으로 운영되고 있다. 테크노피아관, 우주탐험관, 전기에너지관 등 과학과 관련된 다양한 테마 전시관을 갖추고 있다. 아이맥스급 영화관과 자기부상열차 등 어린이부터 어른까지 과학과 관련된 다양한 체험을 즐길 수 있다. 3~11월에는 야간 운영하며 음악분수와 미디어파사드 등 다채로운 볼거리가 있다. 매주 월요일 휴원. (73p D:1) 사진ⓒ한국관광 콘텐츠랩

대전 유성구 대덕대로 480   #과학체험 #우주체험 #교육여행지

공간태리 `카페` "몽블랑 라떼 마시며 즐기는 포레스트 뷰"

수통골 아름다운 풍경을 담아내는 조용한 분위기의 카페. 옆 건물과 U자형으로 이어진 독특한 외관이 시선을 사로잡는다. 실내는 노출콘크리트와 우드톤이 어우러져 편안한 분위기. 고급스러운 단맛 몽블랑 라떼와 귀여운 알밤 모양 밤밤마들렌은 꼭 맛봐야 할 이곳의 시그니처. 드라이브 후 잠시 들러 쉬어가기 좋다. 3층은 노키즈존. 매일 11:00~21:00 영업. (73p D:2)

대전 유성구 수통골로 9   #포레스트뷰 #몽블랑라떼 #드라이브코스

대전 오월드 "작고 아담한 조이랜드"

대전 도심 속에서 즐길 수 있는 종합테마파크. 조이랜드, 주랜드, 플라워랜드, 버드랜드, 나이트유니버스 등 다양한 테마로 구성되어 있으며 놀이공원인 조이랜드에는 회전목마, 범퍼카, 자이언트 드롭, 슈퍼 바이킹 등이 있다. 동물원 주랜드에는 사파리가 있어 아이와 함께 방문하기 좋다. 성인 입장권 17,000원, 자유이용권 34,000원, 시즌별 요금 상이. 매일 09:30~18:00 운영. (73p D:2) 대전 중구 사정공원로 70

#동물원 #호랑이 #놀이동산

성심당

성심당 본점 추천

"바삭하고 달달한 튀김소보로를 시작으로 빵지순례 필수 코스"

대전을 대표하는 빵집이자 전국 5대 빵집으로 꼽히는 곳. 2014년 프란치스코 교황 방한 때 그의 식사 빵을 담당하기도 했다. 소보로를 튀겨 만든 튀김소보로와 부추, 계란 등으로 속을 채운 부추빵이 유명하다. 케이크, 식사빵, 샌드위치, 디저트 등 종류가 다양하며 가격이 저렴하다. 본점 지하에는 샌드위치정거장이 있다. 웨이팅은 필수. 매일 08:00~22:00 운영. (73p D:2) 사진ⓒ성심당

대전 중구 대종로480번길 15
#전국5대빵집 #튀김소보로 #부추빵

성심당 케익부띠끄 "대전 여행 당 충전 필수 코스"

대전의 자부심, **성심당만의 특별한 케이크와 디저트**를 만날 수 있는 곳. 부드럽고 진한 생크림과 초콜릿 시트의 조화, 딸기 모차르트가 이곳의 대표 케이크. 생우유 크림이 가득한 순수롤과 달콤 상큼한 딸기가 한가득, 딸기 파티 타르트도 인기 있다. 과일 토핑은 시즌마다 변경되니 확인 후 방문할 것. 전용 주차장이 몹시 붐비는 편이므로, 사전 확인 필수. 현대주차장은 고액으로 과금되니 주의. 매일 오픈 08:00, 일~목 21:30, 금~토 22:00까지 영업. (73p D:2)

대전 중구 대종로 480   #성심당케이크 #딸기모차르트 #순수롤

성심당 시루케익전문점

"사장님, 과일을 이렇게 담으면 얼마 남아요?"

성심당 대표 케이크. 오로지 시루 케이크만을 판매하는 시루 케이크 전문 매장이다. 딸기, 무화과, 감귤, 망고, 키위 등 시즌별 과일을 아낌없이 한가득 담은 시루 케이크를 구매할 수 있다. 딸기 시루가 가장 인기. 성심당 케익부띠끄에서 지하철 중앙로역 쪽으로 직진하면 쉽게 찾을 수 있다. 과일 시루 52,000원, 과일 시루 막내 45,000원. 보냉 쇼핑백 구매 가능. 매일 오픈 08:00, 일~목 19:00, 금~토 22:00까지 영업. (73p D:2) 사진ⓒ성심당

대전 중구 대종로 484 1층

#과일시루 #시즌별메뉴 #케이크

금산 보곡산골 비단고을 산벚꽃
"벚꽃길은 아니야 스스로 자라난 산벚꽃이라고!"

금산 보곡산골에 있는 **국내 최대 산벚꽃 자생군락지**. 억지로 심어놓은 벚꽃이 아닌 자연 그대로 자생한 벚꽃을 볼 수 있다. 산꽃벚꽃마을 오토캠핑장에 주차하고 신안사 가기 전 정자까지 보이네요길(6km), 자진뱅이길(9km), 건강걷기대회코스(4km) 3가지 코스를 따라 이동하자. (73p E:2) 사진ⓒ한국관광 콘텐츠랩

충남 금산군 군북면 산안리 285-1　　#금산 #산벚꽃 #캠핑장

원골식당 `맛집` "금강 민물고기와 금산 인삼의 만남"

@_yammuk

30년 전통의 식당으로 어죽과 도리뱅뱅이가 인기메뉴다. 작은 물고기를 손질해 기름에 튀긴 뒤 고추장을 발라 구운 도리뱅뱅이, 달달하면서 바삭하고 고소한 맛이다. 어죽은 2인부터 주문 가능하고, 큰 냄비에 담겨 나온다. 금강에서 잡은 민물고기와 인삼을 넣고 걸쭉하게 끓인 어죽이 구수하다. 보양식으로 좋다. (73p E:3) 사진ⓒ한국관광 콘텐츠랩

충남 금산군 제원면 금강로 588　　#도리뱅뱅이 #어죽 #천태산맛집

금산인삼약령시장
"저렴하게 인삼 구매 가능"

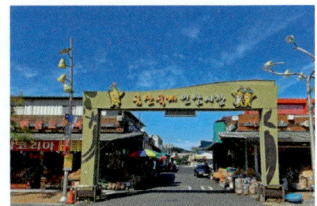

전국 생산량의 80%가 거래되는 인삼 전문시장. 인삼과 각종 약재를 타지역보다 2~50% 저렴하게 구매할 수 있다. (73p E:3) 사진ⓒ한국관광 콘텐츠랩

충남 금산군 금산읍 중도리 9-1
#인삼시장 #약재 #금산

보석사 "천 년의 은행나무, 붉은 꽃무릇이 반겨주는 곳"

1,100년 수령의 거대한 은행나무가 있는 불교 사찰. 이 은행나무는 천연기념물 제365호로 지정되기도 했다. 홍수, 가뭄 등 나라에 재난이 닥칠 때마다 이 은행나무에서 울음소리가 들렸다는 전설이 전해지고 있다. (73p E:3) 사진ⓒ한국관광 콘텐츠랩

충남 금산군 남이면 보석사1길 30
#은행나무 #문화유산 #불교사찰

금산 칠백의총 "나라를 지켜낸 조상들의 넋이 모여있는 곳"

임진왜란 때 우리나라 700명의 의병이 왜적과 맞서 싸우다 순절한 넋을 기리는 곳. 당시 청주성 탈환에 성공한 조헌 선생이 권율 장군과 함께 금산에서 협공하기로 약속했으나, 기일을 늦추자는 권율 장군의 서한을 받지 못한 조헌 선생과 700 의병들은 결국 금산 연곤평 전투에서 전원 순절하고 말았다. 화~일 09:00~18:00 운영. 매주 월요일 휴무. (73p E:3) 사진ⓒ한국관광 콘텐츠랩

충남 금산군 금성면 의총길 50   #역사여행지 #임진왜란 #조헌

월영산 출렁다리 "발 밑으로 금강을, 위로는 월영산을 품을 수 있는 곳"

제원면 월영산과 부엉산을 이어주는 275m 길이의 아찔한 출렁다리. 금강 상류의 아름다운 경관을 한눈에 볼 수 있다. 주차장에서 출렁다리로 가는 길에는 가파른 계단이 있으니 편한 신발을 착용하자. 취병협, 원골 유원지 등과 길이 연결되어 있어 두루 방문하기 좋다. 매주 월요일 휴무. (73p E:3)

충남 금산군 제원면 천내리 168-5   #출렁다리 #월영산 #금강상류

금산 지구별그림책마을
"숲속으로 떠나는 북캉스"

@hw.sw.je_mom

하루 종일 책을 쌓아두고 뒹굴뒹굴 시간을 보내고 싶을 때가 있다. 그것이 숲속이라면 얼마나 더 평화로울까. 나무들이 가득한 숲 한 가운데, 대안학교와 한옥스테이, 도서관 등이 세워져 있다. 아이도, 어른도 본인에게 가장 편안한 자세를 찾아 원 없이 책을 읽을 수 있다. 책 속으로, 자연 속으로 여행을 떠나보자. (73p D:2) 사진ⓒ한국관광 콘텐츠랩

충남 금산군 진산면 장대울길52

#도서관 #그림책 #북캉스

대둔산 추천 "케이블카로 정상에서 보는 단풍여행"

기암 절경이 뛰어나 호남의 금강산으로 불리는 단풍명소. 케이블카를 타고 편하게 산을 오를 수 있다. 케이블카를 타고 승강장에서 내리면 국내 최초의 출렁다리이자 건축 당시 가장 긴 현수교였던 금강 구름다리가 나온다. 다리를 건너면 나오는 사다리 형태의 아찔한 삼선계단은 인기 포토존. 케이블카 왕복 성인 16,000원. 평일 09:00~17:00, 주말 09:00~17:20 운행. (73p D:3) 사진ⓒ한국관광 콘텐츠랩

충청남도 금산군 진산면 대둔산로 6   #대둔산 #단풍 #케이블카

금산산림문화타운
"걸음걸음이 즐거운 초록의 숲길"

나무 도마 만들기, 나무의자 만들기 등 다양한 목공 프로그램과 캠핑을 즐길 수 있는 산림문화공간. 휠체어나 유모차로도 쉽게 이동할 수 있는 0.73km 무장애 나눔 길이 조성되어 있다. (73p D:3) 사진ⓒ한국관광 콘텐츠랩

충남 금산군 남이면 느티골길 200
#목공체험 #산림욕 #가족여행

@stayinterview_geumsan

볏짚 지붕과 패턴 타일 외관이 동남아 휴양지를 연상시키는 스테이. 바로 앞에 계곡이 흐르고, 수영장도 잘 갖추어져 있어 아이들과 방문하기에도 좋다. 아늑한 객실뿐만 아니라 감성적인 카라반, 숙박하지 않고 이용할 수 있는 방갈로와 풀 카바나도 갖추었다. 상쾌한 밤공기, 계곡 소리와 함께 감성 넘치는 불멍도 즐겨보자. 숙박 시 수영장 무료 이용. (73p D:3)

충남 금산군 진산면 휴양림로 2423   #휴양지감성 #이국적 #카라반

06

경상북도·대구광역시

SPRING
경북의 봄

대구 두류공원 대구타워와 벚꽃
연분홍 꽃구름 위로 솟은 대구의 랜드마크. 팝콘 같은 벚꽃 터널 아래를 거닐고 화려한 조명이 더해진 83타워를 배경으로 인생샷 남겨 보자.

경주 대릉원 벚꽃
천년 고분의 곡선 위로 드리운 벚꽃 그늘

경주 불국사 겹벚꽃
불국사 정원을 가득 메운 몽글몽글 꽃송이

경주 첨성대 벚꽃
별 헤는 밤을 수놓는 벚꽃과 첨성대의 고고함

658

안동 병산서원 홍매화
진홍빛 기품으로 피어난 선비의 서원

경산 반곡지 매화
저수지 주변은 온통 매화 향기

청도 청도읍성 작약꽃
견고한 성벽 아래는 진분홍빛 작약 천국

김천 연화지 벚꽃
봉황대를 중심으로 둥글게 에워싼 수백 그루의 벚나무

SUMMER
경북의 여름

경주 동궁과월지 야경
달빛 아래 깨어나는 신라 천 년 궁궐. 호수와 정교한 누각이 어우러져 신라 건축 기술의 정수를 보여준다.

예천 회룡포
350도 휘돌아 만들어진 육지 속의 섬

경주 첨성대 해바라기
천 년의 역사를 향해 고개 든 황금빛 얼굴들

영주 소백 산희방사계곡
소백산 품속을 굽이치며 흐르는 시원한 울림

울진 후포항
스카이워크 끝, 끝없이 펼쳐진 에메랄드 바다

포항 영일대해수욕장 해상누각
바다 위로 띄워 보낸 조선의 기품, 해상누각

울진 성류굴
'신선이 머물던 곳'이라는 뜻을
가진 신비로운 동굴

영덕 장사해수욕장
장사상륙작전의 바로 그 장소

AUTUMN
경북의 가을

경주 불국사 단풍
10월은 청운교와 백운교 주위를 감싸는 붉은 단풍의 절정 시기. 천년 고찰이 화려한 가을빛으로 변신한다.

청송 주왕산국립공원 단풍
한국 3대 암산이 불타오르는 단풍의 시기

경주 동궁과월지 단풍
왕실 정원의 기품 있는 가을을 그대로 재현하는 곳

662

안동 하회마을 단풍
부용대에 오르면 단풍으로 물든 600년 고택이 아담해 보인다.

경주 통일전 단풍
가을의 정점에 펼쳐진 통일전의 연못

청송 주산지
수백 년 동안 마르지 않은 저수지 위 낡은 수채화

영주 무섬마을 외나무다리
폭 30cm, 황금빛 강물 위를 거닐다.

WINTER
경북의 겨울

포항 호미곶 일출
바다와 육지에 마주 선 '상생의 손' 사이로 떠오르는 일출이 주는 강렬한 인상 바다와 육지에 마주 선 '상생의 손' 사이로 떠오르는 일출이 주는 강렬한 인상.

울진 덕구온천 레몬탕
상큼한 레몬 향이 물씬 풍기는 활력탕 사진◎한국관광 콘텐츠랩

포항 구룡포과메기
동해 바람과 햇살을 견뎌내야 완성되는 고소함

대구 이월드 불빛축제
겨울 83타워 앞은 천만 개의 별빛 판타지월드 사진◎한국관광공사 김지호

청송 얼음골
골짜기 전체를 뒤덮는 압도적인 규모의 거대 수직 빙벽이 장관을 이룬다. 사진©한국관광 콘텐츠랩

경주 문무대왕릉 일출
바다의 호국룡 위로 날아오르는 장엄한 태양

영주 부석사 설경
무량수전 배흘림기둥에 기대어 선 하얀 고요

영덕 대게거리
찬 바람이 불어 속살이 꽉 찬 12월부터 3월까지 가 절정 사진©한국관광 콘텐츠랩

665

경상북도·대구의 먹거리

01

찜갈비 | 대구광역시 중구 동인동

동인동 찜갈비는 마늘과 생강, 고춧가루를 넣은 매콤달콤한 양념이 매력적이다. 특히 남은 양념에 비벼 먹는 비빔밥이 별미다. 동인동 찜 갈비 골목은 60년대부터 생겨난 오래된 맛집 골목이다.

02

납작만두 | 대구광역시 서문시장

납작 만두는 만두피에 잘게 썬 당면과 부추만 넣어 얄팍하게 만든 만두다. 보통 간장에 찍어 먹지만, 떡볶이 국물이나 쫄면 국물에 찍어 먹어도 맛있다.

03

안지랑 곱창거리 | 대구광역시 남구 대명동

안지랑시장 안에 있는 안지랑 곱창 거리에는 서민들을 위한 곱창, 막창 맛집들이 모여있다. 대구 곱창은 초벌구이 되어 잡내가 적고 담백하다.

04

중앙로 야끼우동 | 대구광역시

야끼우동은 1980년 대구에서 중국집을 운영하던 화교가 처음으로 선보인 음식이다. 각종 해산물과 채소를 중화 면과 함께 매콤하게 볶아 낸다.

05

평화시장 닭똥집 | **대구광역시**

평화시장에는 저렴한 가격에 닭똥집
과 다양한 닭요리를 선보이는 닭똥집
골목이 있다.

06

뒷고기 | **대구광역시**

뒷고기는 돼지고기를 도축하고 남은
특수부위를 뜻한다. 대구 뒷고기 전문
점에서 놀랄 만큼 저렴한 가격으로 뒷
고기를 푸짐하게 맛볼 수 있다.

07

경주 쌈밥 | **경주시 황남동**

대릉원 일대 쌈밥 골목에 쌈밥 전문점
이 모여있다. 보쌈, 석쇠불고기, 소불
고기 쌈밥 등

08

경주 한정식 | **경주시**

갈비찜, 떡갈비 등을 메인 메뉴로 해,
수라상에 올라가는 12첩 여의 반찬이
제공된다.

09

한우구이 | **경주시**

경주에서는 저렴한 가격으로 질 좋은
한우를 구매할 수 있다. 구이용 고기뿐
만 아니라 떡갈비, 육회로도 유명하다.

10

한방백숙 | **구미시 금오산**

금오산 입구에 한방백숙 전문점이 모
여있다. 호박, 인삼과 당귀, 작약 등의
한약재 30여 가지 약재가 들어간다.

경상북도·대구의 먹거리

선산곱창 | 구미시

선산곱창은 돼지 곱창과 각종 부속물을 넉넉히 넣고 김치와 채소를 넣어 얼큰하게 끓여 먹는 구미의 전골 요리다. 건더기를 건져 먹고 라면 사리를 넣어 먹거나 밥을 볶아 먹어도 맛있다.

김천 흑돼지구이 | 김천시 지례면

지례면 산간지대에서 사육되는 국산 토종 흑돼지는 덩치가 작고 육질이 쫄깃하고 비계가 적은 것이 특징이다. 보통 연탄불, 석쇠 등으로 구워 소금구이나 양념구이로 먹는다.

약돌돼지구이 | 문경시

거정석(약돌)을 먹여 키운 문경 특산 돼지는 불포화 지방산, 필수 아미노산 함량이 일반 돼지보다 높다. 문경에는 약돌돼지 삼겹살, 항정살, 갈빗살 등을 취급하는 음식점이 많다

문경 약돌한우 | 문경시

문경에는 골다공증, 피부질환, 혈압 등에 효과가 있는 화강암 거정석(약돌)을 먹여 키운 한우 등심 맛집이 많다. 약돌한우에는 필수 아미노산 함량이 높고 육즙이 풍부해 맛이 좋다.

15

건진국수 | 안동시

밀가루에 콩가루를 넣어 반죽한 칼국 수면에 찬물에 헹군 면을 닭육수나 멸 치다시마 장국에 말아 먹는 요리

16

안동 간고등어정식 | 안동시

생선 효소와 소금이 만나 이동하면서 바람, 햇볕에 자연 숙성한 간고등어. 정식은 1인분에 고등어 반 마리씩 나 온다.

17

헛제삿밥 | 안동시

나물, 생선, 소고기 산적, 상어고기, 간 고등어 등의 안동 제사음식과 소고기, 명태, 무가 들어간 탕국과 전이 반찬으 로 나온다.

18

안동찜닭 | 안동시 구시장

닭고기에 채소와 간장 양념을 넣어 만 든 닭조림 요리로, 아주 맵지 않아 아 이들과 함께 먹기 딱 좋다.

19

안동식혜 | 안동시

다른 지방과 달리 고춧가루와 무, 생강 을 넣어 만든다. 매콤달콤하고 톡 쏘는 맛

20

강구항 대게 | 영덕군 강구항

강구항 주변에 대게 전문점이 모여있 다. 늦겨울과 이른 봄에 가장 맛이 좋 다.

경상북도·대구에서 살만한 것들

1 경산   **2** 경주   **3** 김천   **4** 문경

5 봉화   **6** 상주   **7** 안동   **8** 안동

9 영덕   **10** 영덕   **11** 영덕   **12** 영양

1. 경산 대추
알이 굵고 달콤하며 영양가가 풍부한 경산 대추는 전국적으로 품질이 인정되어 대추로써는 처음으로 산림청 지리적 표시제 제9호로 등록되었다. 씨를 빼고 얇게 썰어 건조한 대추칩도 인기가 있다.

2. 경주 황남빵
황남동에서 처음 만들어져 황남빵이 되었다. 얇은 밀가루 반죽에 팥고물을 가득 넣어 국화 무늬 도장을 찍어 구워낸다.

3. 김천 자두
전국 자두 생산량의 2~30%를 차지하는 김천에서는 노란 바탕에 붉은 물이 들어 있는 포모사(후무사) 품종의 자두가 주로 생산된다. 진한 빨간빛을 띠는 대석 자두도 포모사 다음으로 많이 생산된다.

4. 문경 사과
문경은 소백산맥 남쪽에 위치해 일교차와 토질이 사과를 재배하기 적합하다. 문경 사과는 맛이 새콤달콤하고 식감이 단단하며 오래 보관할 수 있다. 특히 씨앗 주변에 '꿀'이 들어찬 달콤한 사과로 유명하다.

5. 봉화 송이 버섯
태백산 자락의 마사토 토양에서 자라난 송이버섯은 향이 진하고, 수분 함량이 적어 쫄깃쫄깃하고 오래 보관할 수 있다. 길이가 8cm 이상이면서 갓이 퍼지지 않은 것이 최상품이고, 갓이 퍼질수록 식감이 좋지 않아 상품성이 떨어진다.

6. 상주 곶감
상주 곶감은 조선 예종 때 임금님께 진상되었던 명품 곶감으로, 전국 곶감 생산량의 60%를 차지한다. 해풍으로 건조해 만든다.

7. 안동 간고등어
안동 간고등어는 고등어 부위 별로 들어가는 소금양이 달라 일반 고등어보다 감칠맛이 좋다.

8. 안동 소주
안동시에서 주조되는 증류식 민속주 안동소주는 예로부터 귀한 손님을 대접할 때나 약용으로 사용되었다.

9. 영덕 게장
대게의 고장 영덕에는 등딱지의 내장만 골라 만든 게딱지장. '가니미소'라고 불리며, 일본에서도 큰 인기

10. 영덕 대게
껍질이 얇으면서도 살이 가득 차 있으며, 담백하고 쫄깃쫄깃하다. 항구 근처에서 갓잡아낸 대게를 택배로 배송해준다.

11. 영덕 마른오징어
영동 앞바다의 해풍으로 건조한 마른오징어는 맛과 향이 유독 진하다.

12. 영양 고춧가루
일조량이 많아 고운 색을 내는 영양군 홍고추를 이용해 만든다. 고추 크기가 크고 과피가 두꺼워 고춧가루가 유독 많이 나온다.

13. 영천 포도
영천 포도는 시지 않고 알알이 단맛이 가득하다. 8~9월 초가을 무렵 캠벨포도, 거봉 품종이 주로 재배된다. 영천 포도로 만든 와인도 유명하다.

13 영천	**14** 울릉도	**15** 울릉도	**16** 의성
17 청도	**18** 청도	**19** 청송	**20** 구룡포
21 영주	**22** 대구	**23** 대구	**24** 대구

14. 울릉도 더덕
울릉군 저동항 앞 노점에서 쉽게 살 수 있는 더덕은 일반 더덕과 달리 식감이 부드럽고 아린 맛이 없어 부담 없이 즐길 수 있다. 더덕구이, 더덕장아찌, 더덕주 등으로 활용해도 좋다.

15. 울릉도 오징어
울릉도 해안가는 육지와의 거리가 있어 보통 말린 오징어가 판매된다. 울릉도의 깨끗한 바닷바람으로 당일 건조해 신선하고 향이 좋다. 마른오징어는 구린 냄새가 나지 않고 살이 두꺼우며 가루가 고루 묻은 것이 좋다.

16. 의성 마늘
경상북도 의성에서 재배되는 육쪽마늘은 매콤하며 살균력이 좋고, 오래 보관할 수 있어 김치 담기 좋다.

17. 청도 반시
씨가 없어 더 먹기 좋다. 청도에는 반시를 이용해 감말랭이, 아이스 홍시 등 다양한 상품을 선보이고 있다.

18. 청도 미나리
1~3월 수확기에 청도 화악산 미나리 단지를 찾아오면 비닐하우스 안에서 미나리 삼겹살도 맛볼 수 있다.

19. 청송 사과
1924년 독립운동가이자 농촌운동가였던 박치환 장로가 보급했다. 일교차가 크고 일조량이 많아 식감이 단단하며 당도가 높은 '꿀사과'가 재배된다.

20. 구룡포 과메기
동해안 지방에서만 맛볼 수 있는 명물이다. 겨울철 널어놓은 꽁치가 해풍을 맞고 얼고 녹기를 반복하여 쫄깃한 식감

21. 영주 풍기 인삼
영주는 우리나라 최초의 인삼 재배지. 매년 10월 열리는 영주풍기인삼축제에서는 풍기 인삼으로 만든 식품들을 판매한다.

22. 대구 반야월 연근과자
대구 반야월에서 나는 연근이 함유된 과자. 연근 모양 안에 연근 반죽과 연근칩이 들어 있으며 간식으로 먹기 좋다.

23. 대구 12경 그립톡
팔공산, 수성못 등 대구를 대표하는 12경을 모티브로 만든 휴대폰 그립톡. 실용적인 선물로 구매하기 좋다.

24. 대구 약령시 한방 방향제
대구 약령시는 우리나라에서 가장 오래된 한약재 전통 시장이다. 이곳에서 한방 재료를 사용한 방향제를 기념품으로 구매해보자.

경상북도·대구 BEST 맛집

01

한우리식당 | 문경시
족살찌개는 문경 지역 특색음식으로 예전 탄광촌 광부들이 자주 먹었던 음식. 능이버섯, 표고버섯과 돼지 앞다리살이 들어간 짜글이 느낌

02

약선당 | 영주시
세계약선 요리대회 대상을 수상한 요리연구가가 직접 운영하고 있는 대한민국 대표 약선요리전문점

03

순흥전통묵집 | 영주시
김가루, 김치를 넣고 먹는 전통묵밥. 옛 한옥집을 활용한 외관으로 고즈넉한 분위기에서 식사가 가능하다.

04

일직식당 | 안동시
안동 간고등어 정식이 대표메뉴로 특유의 양념장에 조린 고등어와 된장찌개, 오이무침 등 반찬과 함께 먹으면 입 맛을 당긴다

05

동악골금재가든 | 안동시
단짠단짠의 닭볶음탕이 이곳의 대표 메뉴. 매콤달콤한 양념에 밥을 비벼 먹으면 맛이 일품

06

대게종가 | 영덕군
탱탱한 게살을 맛볼 수 있는 대게 요리전문점. 단골이 많은 영덕대게음식점으로 쫄깃쫄깃한 대게맛이 일품

07

명궁약수가든 | 청송군

37년 전통으로 청송에서 최초로 누룽지백숙을 선보인 곳

08

@country_fogu

신라식당 | 대구광역시

1985년부터 오픈하여 운영하고 있는 곳. 돌판낙지볶음이 주메뉴

09

@easeo.1519

평양아바이순대국밥 | 구미시

30년동안 운영하고 있는 순대국밥집. 깔끔하고 개운한 국물맛

10

산동장안식당 | 구미시

석쇠불고기 청국장 정식, 고등어정식이 대표 메뉴

11

@sesesep

산마루식당 | 성주군

오리불고기, 산채비빔밥, 칼국수, 백숙 등

12

@doni.spapa

송산능이백숙 | 고령군

능이 백숙, 능이 오리백숙, 능이 소고기전골, 능이 삼계탕

13

유림식당 | 포항시

싱싱한 생선과 해산물을 넣고 여럿이 냄비 채로 나누어 먹는 모리국수

14

@_foodjoha

진미손칼국수 | 영천시

바지락칼국수, 들깨칼국수, 얼큰해물칼국수, 보리비빔밥, 수육 등

15

향화정 | 경주시

꼬막무침비빔밥이 대표 메뉴. 육회비빔밥, 육회물회, 소불고기, 파전

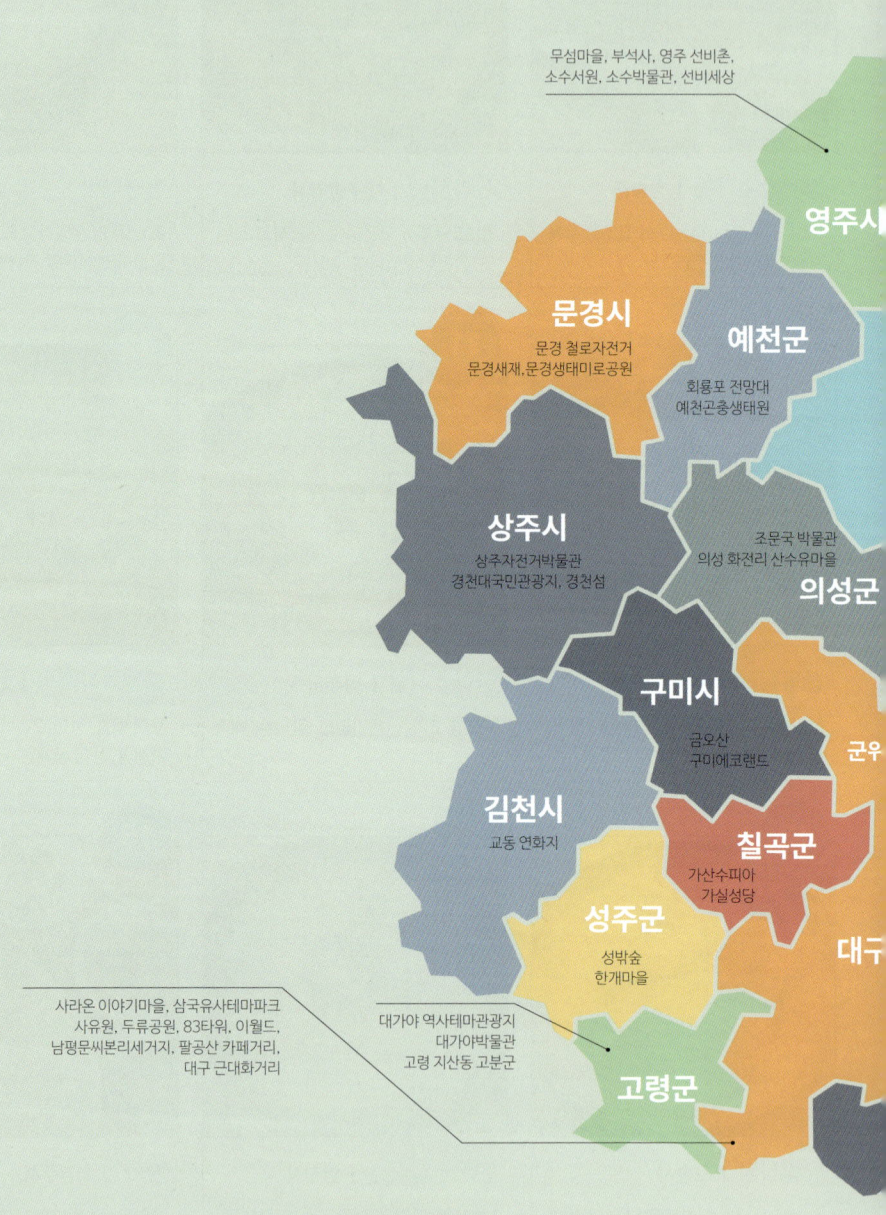

무심마을, 부석사, 영주 선비촌,
소수서원, 소수박물관, 선비세상

영주시

문경시
문경 철로자전거
문경새재, 문경생태미로공원

예천군
회룡포 전망대
예천곤충생태원

상주시
상주자전거박물관
경천대국민관광지, 경천섬

조문국 박물관
의성 화전리 산수유마을

의성군

구미시
금오산
구미에코랜드

군위

김천시
교동 연화지

칠곡군
가산수피아
가실성당

대구

성주군
성밖숲
한개마을

사라온 이야기마을, 삼국유사테마파크
사유원, 두류공원, 83타워, 이월드,
남평문씨본리세거지, 팔공산 카페거리,
대구 근대화거리

대가야 역사테마관광지
대가야박물관
고령 지산동 고분군

고령군

울릉도

나리분지

울릉군

서도 독도
동도

울진군

성류굴, 등기산 스카이워크
불영사계곡, 죽변해안스카이레일

봉화군

분천 산타마을
국립백두대간수목원

도산서원, 월영교, 안동
군자마을, 안동 하회마을
병산서원, 국립백두대간수목원
영양 반딧불이 생태숲

영양 반딧불이 생태숲
선바위관광지

영양군

동시

영덕대게거리,
장사 해수욕장,
벌영리 메타세콰이어 숲

영덕군

청송군

주왕산, 주산지, 대전사
청송 얼음골, 송소고택

구룡포 일본인 가옥거리
구룡포 근대 역사관
환호 스페이스워크

포항시

영천시

영천전투메모리얼파크
반곡지

경주시

산시

반곡지

청도군

군파크 루지테마파크
청도 프로방스

양동마을, 월정교, 교동
최씨고택, 보문관광단지
문무대왕릉, 감은사지, 동궁과
월지, 첨성대, 국립경주박물관,
불국사, 석굴암, 대릉원,
황리단길

카페 가은역 `카페` "오래된 역사의 '폐역에 부는 달콤한 향기'가 있는 카페"

등록 문화재로 지정된 더 이상 운영하지 않는 가은역을 개조한 카페. 전형적인 간이역사 모습을 보존한 역사적 가치가 있는 장소. 어른들의 옛추억과 아이들의 색다른 경험을 할 수 있는 곳. (74p B:1) 사진ⓒ한국관광 콘텐츠랩

경북 문경시 가은읍 대야로 2441 가은역   #문경가은역 #간이역사카페 #폐역

옛길박물관 "문경새재의 관문을 통과 한다는 것은 어떤 의미일까?"

문경관문, 영남대로, 문경의 전투에 대해 전시하고 있는 역사박물관. 문경의 문화, 의식주, 신앙과 의례, 생업 등도 함께 전시되어 있다. 박물관 근처에 있는 앙카 마야 박물관, 박열 의사 기념관도 함께 들러보자. 1월 1일, 설날과 추석 당일 휴관. (74p B:1) 사진ⓒ한국관광 콘텐츠랩-김지호

경북 문경시 문경읍 상초리 242-1
#문경 #향토박물관 #서민문화

문경단산모노레일 "문경에서 백두대간을 둘러볼 수 있는 산악 모노레일"

해발 956m 고요리 단산까지 왕복 3.6km 길이를 이동하는 산악 모노레일로, 케이블카와 달리 땅과 맞닿은 창밖의 풍경도 오롯이 즐길 수 있다. 한국관광공사가 주관하는 '한국관광 100선'에 선정된 관광명소이기도 하다. (74p C:1) 사진ⓒ한국관광 콘텐츠랩

경북 문경시 문경읍 활공장길 106
#산전망 #모노레일 #한국관광100선

문경 에코월드 `추천` "문경 석탄의 역사와 체험을 한곳에서"

석탄 박물관, 가은 오픈세트장, 자이언트 포레스트, 에코타운 등 주요 관광시설이 모여있다. 이 일대는 옛 탄광이 있던 자리로, 광업과 관련된 지역 축제가 열리기도 한다. (74p B:1) 사진ⓒ한국관광 콘텐츠랩

경북 문경시 가은읍 왕능길 112
#석탄체험 #박물관 #가족여행

뉴욕제과 `빵집` "예약 필수 찹쌀도너츠, 찹쌀떡 전문점"

@silvia_yeowon

오래된 외관이지만 문경 사람들도 일부러 찾아오는 노포 맛집. 메뉴는 찹쌀도너츠와 찹쌀떡 단 두 개인데 찹쌀떡은 치즈처럼 쭉 늘어날 정도로 말랑하고 부드럽다. 금방 동나기 때문에 1~2일 전 미리 전화로 예약하는 것을 추천. 찹쌀도너츠는 오전에 소량만 튀겨내기 때문에 예약은 받지 않고 현장 구매만 가능하다. 10개 8천 원대. 화~일 08:30~15:00 운영. 매주 월 휴무. (74p C:1)

경북 문경시 산북면 금천로 557
#찹쌀떡 #찹쌀도너츠 #현장구매

문경 철로자전거 추천 "이제는 석탄을 나르는 대신 풍경을 즐길 수 있는 철로야"

석탄을 실어 나르던 철로를 개조한 레일 바이크. 진남역과 구랑리역 두 구간이 있지만 구랑리역은 26년 4월까지 휴장이며 진남역만 운영한다. 진남역 구간은 왕복 7.2km 길이로 약 1시간 소요. 문경의 자랑인 진남교반의 풍경을 감상할 수 있다. 페달을 밟지 않아도 자동으로 움직여 편하다. 2인승 15,000원, 4인승 25,000원. 화~일 09:00~17:00 운영, 12:00~13:00 휴게시간. 매주 월 휴무. (74p B:1) 사진ⓒ한국관광 콘텐츠랩

경북 문경시 마성면 진남1길 155   #레일바이크 #석탄 #철로

문경새재

문경새재 `추천`

"문경새재의 문은 꼭 소림사의 문 같아"

충청지역과 영남지역을 이어주는 옛길. 조선 시대 여섯 개의 한양으로 향하는 큰길 중에 하나로, 과거 영남의 선비들이 이 길을 통해 과거를 보러 다녔지만, 산새가 험해 임진왜란 시 왜구들도 주저했다고 한다. 임진왜란 때 왜구들이 이곳의 산새가 험해 주저하고 있는 동안 신립 장군은 문경새재를 버리고 탄금대에 진을 치는 실수를 저질렀다. 안타깝게도 이때의 실수로 신립 장군은 전쟁에서 패하게 되었다. (74p B:1)

경북 문경시 문경읍 새재로 932
#임진왜란 #신립장군 #유적지

문경생태미로공원 "미로를 통과하며 자연도 즐겨볼까?"

도자기, 연인, 돌, 생태를 주제로 하는 4개의 미로를 따라 걸으며 자연을 즐길 수 있는 곳. 미로에는 유아체험숲, 생태연못, 조류관찰장이 있어 아이들도 지루하지 않고 즐겁게 걸을 수 있다. 4개의 미로를 다 완주하면 전망대에 올라 성취의 종을 울려보자. 전망대에서는 미로공원과 문경새재의 풍경을 한눈에 감상할 수 있다. 입장료 무료. 3~10월 09:00~18:00, 11~2월 09:00~17:00 운영. (74p B:1) 사진ⓒ한국관광 콘텐츠랩-김지호

경북 문경시 문경읍 하초리 245   #생태학습 #미로 #전망대

문경새재 오픈세트장 "조선시대로의 시간 여행"

무려 75억 원을 투자해 지어진 조선시대 세트장이자 국내 최대 사극 세트장. 우리가 알고 있는 대부분의 사극, 시대극이 이곳에서 촬영되었다. 조선시대에 와 있는 듯한 현실적인 세트와 문경새재의 자연으로 지루할 틈 없다. 문경새재도립공원 주차장에서 도보 30분 혹은 문경새재 전동차(편도 2,000원) 이용. 성인 입장료 2,000원. 3~10월 09:00~18:00, 11~2월 09:00~17:00 운영. (74p B:1)

경북 문경시 문경읍 상초리 84-2　　#조선시대 #오픈세트장 #문경새재

산양정행소 `카페` "양조장에서 맛보는 귀여운 항아리 햇쌀푸딩"

80년 된 양조장의 풍미가 담긴 베이커리 카페. 높은 층고 실내는 아기자기 레트로한 분위기. 양조장의 역사를 간직한 곳답게 발효 과정에 막걸리를 사용해 소금빵, 타르트, 베이글 등을 만든다. 귀여운 항아리에 담긴 햇쌀푸딩과 달콤한 크림이 올라간 정행슈페너가 인기. 지역 예술가와 협업한 작품을 판매하는 소품숍도 함께 운영. 매일 11:00~19:00 영업. (74p C:2)

경북 문경시 산양면 불암2길 14-5　　#양조장 #막걸리빵 #햇쌀푸딩

한우리식당 `맛집` "문경하면 족살찌개!"

@kim_kiwoong

24년동안 한결 같은 정성으로 만든 전골, 백숙, 한식 전문점. 대표메뉴인 족살찌개는 문경 지역 특색음식으로 예전 탄광촌 광부들이 자주 먹었던 음식이다. 능이버섯, 표고버섯과 돼지 앞다리살이 들어가 짜글이 느낌으로 개운하고 얼큰한 국물 맛 평이 좋다. 계란, 햄, 멸치볶음, 김치가 들어 있는 광부도시락도 추천한다. 연중무휴 (74p C:2)

경북 문경시 중앙6길 26-4 한우리식당
#정부지정안심식당 #족살찌개 #문경맛집

문경 짚라인 "다양한 코스의 짚라인"

백두대간의 중심인 불정산을 가로지르는 짚라인. 9개의 다양한 코스로 초심자부터 숙련자까지 누구나 즐길 수 있다. 짚라인에 대한 두려움이 없다면 9번의 다이내믹 코스를 추천한다. 몸무게 30kg 이하, 100kg 이상, 임산부 등은 탑승할 수 없다. (74p B:2) 사진ⓒ한국관광 콘텐츠랩

경북 문경시 불정동 336-3
#짚라인 #스릴 #스포츠

상주 비봉산전망대
"힘들이지 않고 멋진 전경을 볼 수 있는 곳"

산세가 봉황이 날개를 펴고 비상하는 모습과 같다 하여 비봉산이라 불린다. 청룡사 입구에서는 낙동강의 풍경이 매우 운치 있고 아름답다. 청룡사에서 조금만 올라가면 비봉산 전망대가 나오는데 경천 섬 공원과 낙동강이 매우 멋지다. 차로 이동 시 청룡사 입구까지 가서 주차하면 된다. (78p C:2)

경북 상주시 중동면 오상리 산73-2
#청룡사 #낙동강전망

상주자전거박물관 "자전거가 자동차보다 나중에 만들어졌다는 사실! "

국내 최초로 자전거를 테마로 한 박물관. 상주시는 전국에서 자전거 보유 대수가 가장 높은 도시이다. 자전거 역사, 건강, 자전거 체험관, 애니메이션 등이 전시되어 있고, 이색 자전거를 대여하거나 내 자전거를 점검해볼 수도 있다. 전시실과 4D 영상관 관람 무료. 자전거타기 체험료는 성인 1,000원. 화~일 09:30~17:30 운영. 매주 월요일 휴관. (78p C:2)

경북 상주시 용마로 415   #이색자전거 #체험 #전시

경천대국민관광지 [추천] "낙동강이 한눈에 내려다보이는 절벽"

낙동강을 내려다 볼 수 있는 경천대가 있는 곳. 낙동강 물길 중에서도 유독 경치가 좋기로 소문난 곳으로, 절벽과 노송으로 이루어진 모습이 아름답다. 조선시대 사극 '상도'의 무대가 되기도 했다. 출렁다리, 조각공원이 조성되어 있어 한적하게 산책할 수 있다. 인근에는 국립 상주 박물관이 있어 함께 방문하기 좋다. 입장료 무료. (78p C:2)

경북 상주시 사벌국면 경천로 652   #사극촬영지 #낙동강 #출렁다리

상주 공검지
"습지보호 지역으로 선정된 곳"

상주 공검지 역사관 앞에 위치한 공검지에 피어난 연꽃 자생지. 백련, 홍련, 수련, 가시연 등 다양한 종류의 연꽃이 피어난다. 공검지는 후삼국 시대에 벼농사를 위해 조성된 저수지로, 그 가치가 뛰어나 현재는 습지보호 지역으로 선정되어 관리되고 있다. (78p B:2)

경북 상주시 공검면 양정리 199-84
#백련 #홍련 #습지

경천섬 "일몰과 유채꽃, 자전거를 즐길 수 있는 섬"

낙동강변에 있는 경치 좋은 섬으로, 오리알 섬이라는 별칭으로도 불린다. 낙동강 10경 중 하나일 정도로 아름다운 자연을 볼 수 있다. 봄에는 잘 정돈된 둘레길을 따라 150,000m² 규모의 유채꽃밭이 조성되어 낙동강 풍경과 아름답게 어우러진다. 여름에는 플라이보트 등 다채로운 수상 스포츠를 즐길 수 있다. 자전거를 대여해 섬을 돌아보는 것도 좋다. (78p C:2)

경북 상주시 중동면 오상리 968-1   #유채꽃 #자전거 #낙동강10경

두락 맛집 "자연을 담아 약이 되는 밥상"

뽕잎을 이용하여 만든 약선 요리 전문점. 연근절임, 곶감장아찌, 뽕잎장아찌 등 각종 밑반찬과 뽕잎 돌솥밥이 나오는 뽕잎밥상이 대표메뉴. 영양과 맛 모두 챙길 수 있는 곳으로 텃밭 채소를 직접 재배하여 매일 신선한 밥상으로 차려진다. 브레이크 타임 14시~17시, 2,4번째 월요일 정기휴무(78p C:2)

경북 상주시 식산로 112
#뽕잎 #약선요리 #건강식

예천천문 우주센터
"예천 밤하늘의 별을 관측해 보자"

관측실과 천체투영실이 있어 직접 천문 관측을 해볼 수 있는 곳. 관측 외에도 우주인 체험, 가변중력 체험 등 다양한 우주 환경을 체험해 볼 수 있다. 1박 2일 동안 진행되는 천문캠프 프로그램도 진행되니 관심이 있다면 홈페이지에 방문해 보자. (79p D:1) 사진ⓒ한국관광 콘텐츠랩

경북 예천군 감천면 충효로 1078
#천문관측 #우주체험 #천문캠프

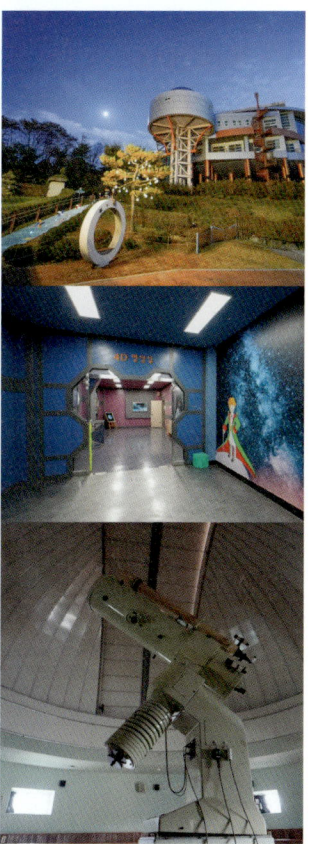

미성쌀빵 빵집
"곶감을 활용한 쌀빵 전문점"

100% 쌀로만 빵을 만드는 쌀빵 전문점. 곶감으로 유명한 상주의 빵집답게 곶감초코파이, 카스테라곶감빵, 곶감 롤케익 등 곶감을 활용한 독특한 메뉴가 있다. 빵 안에 실제 곶감을 잘게 썰어 넣은 것이 특징. 고구마 앙금이 가득 든 고구마빵도 추천 메뉴. 화려하지는 않아도 친근한 동네 빵집 분위기가 정겹다. 3~5천 원대. 월~토 07:00~20:00 운영. 매주 일요일 휴무. (78p B:2)

경북 상주시 중앙로 154 1층
#곶감초코파이 #쌀빵전문 #카스테라곶감빵

예천곤충생태원 추천 "곤충 덕후 어린이들, 모두 모여라!"

다양한 곤충들이 살아가는 곤충 체험학습원이다. 곤충 정원, 곤충 체험 온실, 나비 관찰원 등 곤충을 좋아하는 아이라면 푹 빠질만한 볼거리, 즐길 거리가 많다. 곤충 화석 액자 만들기, 유충 기르기 등 다양한 체험도 이루어지는 곳. 귀여운 노란색 꿀벌 모노레일을 타고 곤충생태원 전체를 둘러보는 것도 추천. 20분 정도 소요. 성인 기준 입장권, 모노레일 각각 5,000원, 09:30~18:00 운영(동절기 17:00까지), 매주 월요일 휴무. (79p D:1) 사진ⓒ한국관광 콘텐츠랩

경북 예천군 효자면 고향리 608 #곤충체험 #관찰 #모노레일

예천곤충연구소생태체험관
"사슴벌레 만져보고 싶은 사람? 저요~!"

곤충생태원 내부의 생태체험관으로 사슴벌레, 장수풍뎅이 등 살아있는 곤충을 직접 만져볼 수 있다. 3D영상관, 곤충학습관, 곤충생태관, 곤충자원관 등으로 구성되어 있으며 곤충화석 액자 만들기, 나무 곤충 만들기, 유충 기르기 등의 곤충 체험 교실도 운영한다. 곤충생태원 입장료(성인 5,000원)를 결제하면 이곳도 함께 관람할 수 있다. 화~일 09:00~17:00 운영, 매주 월요일 휴관. (79p D:1) 사진ⓒ한국관광 콘텐츠랩

경북 예천군 효자면 은풍로 1045 #곤충체험 #과학관 #곤충바이오엑스포

용궁단골식당 맛집
"순대 하나, 오징어 불고기 하나요!"

모둠순대, 오징어 불고기 맛집. 막창 속으로 꽉 찬 순대 소. 양념장이 필요하지 않는 알맞은 간에, 입 안 가득 푸짐한 양이 먹는 순간 행복한 미소를 짓게 한다. 거기에 불향 가득한 오징어 불고기는 이곳이 왜 유명한지 깨닫게 한다. 백종원 3대천왕 맛집으로 소개된 명성이 이해되는 곳. (78p C:2) 사진ⓒ한국관광 콘텐츠랩

경북 예천군 용궁면 용궁시장길 30
#순대 #오징어불고기

예천 산택연꽃공원
"기분좋게 연꽃 나들이"

경북 예천군 용궁면 산택리 고종산 국도 동쪽에 위치한 산택저수지(산택지)를 따라 조성된 15,000m² 규모의 홍련 단지. 한적한 곳에 있어 고즈넉한 분위기 속에서 연꽃을 즐길 수 있다. 34번 국도 대로변에 위치해 잠시 쉬어가기 좋다. 산택지는 원래 농업용수를 공급하던 저수지였다고 한다. (78p C:2)

경북 예천군 용궁면 산택리 95-10
#저수지 #공원 #홍련

약선당 맛집 "약이 되는 음식을 만드는 집"

세계약선 요리대회 대상을 수상한 요리연구가가 직접 운영하고 있는 대한민국 대표 약선 요리전문점. 인삼, 산야초, 영주 한우 등을 사용하여 건강한 식재료를 일체 조미료를 사용하지 않고 음식을 지공한다. 직접 장도 손수 만들어 재료 고유의 맛을 살려 건강한 음식을 맛볼 수 있다. 브레이크 타임 15시~16시30분(80p A:2)

경북 영주시 봉현면 신재로 887-14 약선당
#약선요리 #건강한밥상 #노조미료

태극당 빵집
"고소한 카스텔라 고물을 묻힌 '카스테라 인절미'"

카스테라 인절미가 맛있는 영주의 대표 빵집. 서울의 태극당과는 이름만 같을 뿐 완전히 다른 곳이다. 카스테라 인절미는 부드러운 카스테라에 콩고물을 묻혀 떡과 빵의 장점만 절묘하게 합친 듯한 포슬포슬하고 촉촉한 맛이 매력적이다. 단팥빵, 소보로크림빵 등의 옛날 빵도 판매한다. 카스테라 인절미 한 봉지 2천 원대. 월~토 08:00~20:00 운영. 매주 일요일 휴무. (80p B:2) 사진ⓒ한국관광 콘텐츠랩

경북 영주시 번영로 154 태극당
#카스테라인절미 #콩고물

회룡포 전망대 추천 "한국의 아름다운 하천 선정"

낙동강 지류인 내성천이 360도 휘돌아 나가는 풍경을 볼 수 있는 전망대. 하트 모양의 골짜기 풍경을 보러 오는 커플 여행객이 많다. 비룡산 장안사 사찰 근처에 회룡포 마을 전경을 바라볼 수 있는 팔각정이 마련되어 있다. 회룡포를 가로지르는 뿅뿅다리를 건너면 영원한 사랑을 이룰 수 있다는 전설이 내려져오고 있다. 드라마 '가을동화' 촬영지로도 유명하다. (78p C:2)

경북 예천군 지보면 회룡대길 191 회룡대   #하트모양 #골짜기 #연인

부석사 추천 "무량수전 배흘림 기둥에 기대서서"

무량수전

부석사 삼층석탑

안양루

1,300년 이상의 역사를 지닌 고찰. 삼국시대 676년 의상대사가 창건한 곳으로, 고려시대 최고 수준의 목조 건축물로 불리는 무량수전과 배흘림기둥으로 유명하다. 주차장에 주차 후 도보로 약 20분 소요되며, 일주문부터 천왕문을 잇는 길에는 약 500m 길이의 은행나무 길이 펼쳐져 가을에 방문하기 좋다. 부석사 내부를 장식한 단풍나무도 절경을 이룬다. 2층 누각 안양루와 부석사 삼층석탑은 훌륭한 뷰 포인트. (80p B:1)

경북 영주시 부석면 부석사로 345   #사찰 #배흘림기둥 #국보문화재

무섬마을 추천 "물위에 떠있는 듯한 조선시대 선비 마을"

조선시대 영주지방 선비들이 모여 살던 선비촌이다. 무섬은 '물에 떠있는 섬'이라는 뜻으로, 마치 섬처럼 마을 주변을 물길이 휘감고 있다. 마을 안에는 조선시대 선비들이 거주하던 한옥들과 초가집들, 강을 건널 수 있는 외나무다리가 있다. 숙박 체험을 할 수 있는 옛 가옥, 초가집을 개조한 카페, 정갈한 음식이 나오는 한정식 집들이 모여있어서 식사와 휴식을 모두 즐길 수 있다. (80p B:2)

경북 영주시 문수면 무섬로 238-3   #조선시대 #집성촌 #한옥마을

정도너츠 빵집 "영주 풍기 인삼과 생강을 활용한 건강한 수제 도너츠"

영주 풍기의 지역 특색을 담아내는 도넛 전문점. 시그니처 도넛인 생강도너츠는 팥앙금이 들어간 도넛 겉에 생강과 땅콩을 묻혀 알싸하면서도 달콤한 맛이 특징이다. 풍기 수삼을 사용한 인삼도너츠도 별미. 이외에도 고구마, 사과, 갈릭, 화이트초코 등 다양하니 골라서 먹자. 낱개와 박스 구매 모두 가능. 도넛 낱개 1천원대. 화~일 10:00~18:00 운영, 매주 월요일 휴무. (80p A:2) 사진ⓒ한국관광 콘텐츠랩-이범수

경북 영주시 풍기읍 동양대로 6-1 정도너츠
#생강도너츠 #인삼도너츠

영주 선비촌

영주 선비촌 추천 "고즈넉한 분위기에서 즐기는 선비 문화 체험"

조선 시대 선비들의 생활 공간 재현한 민속 마을. 대표적인 양반 가옥인 만죽재, 김문기 가옥 등 총 12채의 전통 고택이 복원되어 있다. 고택 체험 및 서당 체험, 다도 예절, 한지공예, 한과 만들기 등 다양한 전통문화 체험 프로그램이 운영되어 고즈넉한 분위기 속에서 역사 교육과 힐링을 동시에 누릴 수 있다. 소수서원과 가까워 함께 둘러보기 좋다. (80p A:1)

경북 영주시 순흥면 소백로 2796   #유교문화 #전통고택 #전통문화체험

소수박물관 "소수서원 가기 전 이곳부터!"

소수서원 바로 옆에 있는 유교 전문 박물관. 고문서, 현판, 의복 등을 통해 선조들의 삶과 문화를 이해할 수 있다. 특히 퇴계 이황의 정신과 흔적을 엿볼 수 있는 곳. 이곳에서 유교에 대한 배경지식을 쌓은 다음, 소수서원을 거닐며 옛 선비들의 숨결을 느껴보는 코스를 추천. 소수서원, 소수박물관 등 통합 관람권 성인 기준 2,000원, 매일 09:00 오픈. 봄, 가을 18:00, 여름 19:00, 겨울 17:00까지 운영. (80p A:1)

사진 ⓒ한국관광 콘텐츠랩

경북 영주시 순흥면 소백로 2780
#소수서원 #퇴계이황 #유교

소수서원 추천 "우리나라 최초의 서원"

현생들이 모여 토론하던 경렴정

우리나라 최초의 사액서원으로, 원래 이름은 '백운동 서원'이었으나 명종으로부터 '소수 서원'이라는 이름과 명판을 하사받았다. 조선시대 유학 연구의 중심지로 꼽힌다. 서원은 조선시대 학자들이 유교 문화를 배우던 교육기관이자 조상님들의 은덕을 기리던 사당이다. 성인 2,000원. 11~2월 09:00~16:00, 3~5·9~10월 09:00~17:00, 6~8월 09:00~18:00 운영. (80p A:2)

경북 영주시 순흥면 소백로 2740   #역사여행지 #조선시대 #유교

도산서원 추천 "이토록 아늑하고, 산책이 즐거워 지는 곳은 처음이야"

과거시험 보던 자리, 시사단

1550년 3칸 규모로 검소하게 건축된 도산서당을 조선 성리학을 완성한 대학자 퇴계 이황이 직접 설계했으며, 이황 사후 제자들이 도산서원으로 증축했다. 성리학적 사상에 따라 소박함과 자연과의 조화로움이 강조되어 있다. 낙동강과 어우러져 고즈넉한 분위기이며 이황의 생애와 유품을 전시한 전시관도 있다. 성인 2,000원. 11~1월 09:00~17:00, 2~10월 09:00~18:00 운영. (80p C:2)

경북 안동시 도산면 도산서원길 154   #이황 #성리학 #학문

선비세상 "선비처럼 입고, 먹고, 즐겨보자"

K-선비 문화 테마파크. 한옥, 한복, 한식, 한지, 한글, 우리 음악 등 6가지 테마를 중심으로 선비 문화를 체험해 볼 수 있다. 블록 놀이방, 미디어아트 관, 어린이책방, 플레이존 등 아이들이 좋아할 만한 공간이 많고, 다도, 한지 뜨기 체험도 가능해 가족 여행 코스로 좋다. 소수서원, 소수 박물관에서 역사적 배경지식을 쌓은 다음 방문하면 더 유익하다. 입장권 성인 기준 5,000원, 매월 마지막 주 수요일 무료. 계절별, 요일별 운영 시간이 상이하므로 사전 확인 필수. 매주 월요일 휴무. (80p A:1) 사진ⓒ한국관광 콘텐츠랩

경북 영주시 순흥면 선비세상로 1   #선비문화 #체험 #가족여행

일직식당 맛집
"살이 토실하게 오른 간고등어"

안동 간고등어 정식이 대표메뉴로 특유의 양념 장에 조린 고등어와 된장찌개, 오이무침 등 반찬과 함께 먹으면 입맛을 당긴다. 조림은 2인 이상, 구이는 1인도 가능하다. 좌식, 입식 테이블을 보유하고 있어 아이와 함께 오기에 좋다. 월요일 정기휴무 (80p B:3) 사진ⓒ한국관광 콘텐츠랩

경북 안동시 경동로 676 일직식당
#간고등어맛집 #안동맛집 #현지인맛집

선상수상길 "호수 위를 걷다 "

안동호 위에 설치된 1km의 데크길. 호수 위를 따라 걷는다. 물 위를 걸으며 바람을, 바람에 흔들리는 물결을 감상할 수 있다. 보고 걷는 자체로 평화를 얻을 수 있는 곳이다. (80p C:2)

경북 안동시 도산면 선성길 14
#안동호 #데크길 #부교

순흥전통묵집 맛집
"김가루, 김치를 넣고 먹는 전통묵밥"

옛 한옥집을 활용한 외관으로 고즈넉한 분위기에서 식사가 가능하다. 실내외 테이블을 보유하고 있으며, 메뉴는 전통묵밥 단일메뉴. 묵과 김치를 넣고 육수에 김가루, 참깨가루를 솔솔 뿌려넣으면 감칠맛이 난다. 탱글탱글한 묵 식감으로 인기 좋다. 연중무휴(80p B:1) 사진ⓒ한국관광 콘텐츠랩

경북 영주시 순흥면 순흥로39번길 21
#한옥 #단일메뉴 #묵밥

맘모스베이커리 빵집 "상큼한 크림치즈가 듬뿍 들어간 '크림치즈빵'"

1974년부터 안동의 빵 문화를 이끌어온 터줏대감 빵집. 미슐랭 가이드 그린가이드에 소개될 정도로 소문난 맛집이다. 쫀득한 빵 안에 짭짤한 크림치즈의 풍미가 느껴지는 크림치즈빵이 대표 메뉴이며, 국산 유자즙이 들어가 새콤달콤한 유자파운드는 선물용으로 좋다. 주말과 공휴일에는 평균 웨이팅 시간이 1시간일 정도로 인기 있으니 일찍 방문하는 게 좋다. 매일 08:30~19:00 운영. (80p B:3)

경북 안동시 문화광장길 34 맘모스
#미슐랭 #크림치즈빵 #유자파운드

월영교 "야경이 아름다워 감성적인 곳"

안동시 상아동과 성곡동 일원의 안동호에 놓인 국내에서 가장 긴 나무로 된 인도교. 교량 한가운데 월영정이라는 정자가 있어 월영교라 불린다. 월영교의 진가는 밤에 드러나는데, 가로등, 분수, 레이저 등 다양한 불빛으로 화려한 야경이 아름답다. 안동호에 떠다니는 달 모양의 문보트도 분위기를 더한다. (80p B:3)

경북 안동시 상아동 486-3 　　#나무다리 #월영정 #전망

안동 군자마을 "광산 김씨 전통 마을"

600년 넘는 역사를 가진 전통마을로, 옛 모습을 그대로 간직한 20여 채의 한옥들을 만나볼 수 있다. 후조당, 사랑채, 읍청정, 낙운정 등 일부 고택 및 신축 한옥펜션에서 숙박할 수 있다. 홈페이지(gunjari.net) 및 네이버예약에서 한옥스테이 예약 가능. 마을 내 식당에서 정갈한 한정식을 판매하니 기회가 된다면 식사도 즐겨보자. 입실 15:00, 퇴실 11:00. (80p C:2)

경북 안동시 와룡면 군자리길 21 　　#한옥마을 #한옥펜션 #전통체험

월영교 달빵 빵집 " 5가지 맛의 크림이 들어간 부드러운 월영교달빵"

안동 월영교 앞 베이커리 카페. 보름달처럼 동그란 모양의 빵 안에 크림을 가득 채운 월영교달빵을 판매한다. 크림은 팥, 흑임자, 요거트, 녹차, 딸기 총 5가지 종류가 있어서 고르는 재미가 있다. 차갑게 먹어야 쫀쫀하고 부드러운 크림의 식감을 제대로 느낄 수 있다. 크림빵 3천 원대. 매일 11:00~22:00 운영. 소진 시 조기 마감. (80p B:3)

경북 안동시 석주로 199
#달빵 #5가지종류 #크림빵

봉정사 "천등산에 있는 통일신라시대의 절"

유네스코 세계문화유산으로 지정된 천년고찰. 신라 문무왕 때 능인 스님이 창건하였다. 주변에 오랜 수령의 소나무가 많이 심겨있어 산림욕하기 좋다. 고려 태조, 공민왕, 엘리자베스 2세 여왕과 앤드류 왕자 등 유명 인물이 방문한 곳으로도 유명하다. (80p B:3)

경북 안동시 서후면 봉정사길 222
#유네스코 #불교사찰 #소나무숲길

안동 하회마을

안동 하회마을 추천 "억지로 만든 마을이 아니라 오래전부터 있던 마을 "

부용대에서 본 안동하회마을

유네스코 세계문화유산으로 지정된, 고려 말기부터 정착하게 된 풍산 류 씨의 마을. 물길 건너 부용대에 오르면 그림 같은 마을 풍경이 보인다. 이순신, 권율을 천거한 영의정 류성룡의 고향이며, 류성룡은 이곳에서 징비록을 저술하게 된다. 나라를 구한 인재를 배출한 곳이기에 명당으로 여겨진다. 성인 5,000원. 4~9월 09:00~18:00, 10~3월 09:00~17:00 운영. (75p D:2)

경북 안동시 풍천면 전서로 186   #한옥마을 #전통마을 #명문가

병산서원 추천
"풍산 유씨의 교육기관"

조선시대 유학자인 류성룡이 세운 병산서원. 만대루로 이동하면 시원스럽게 펼쳐진 낙동강 경치를 즐길 수 있다. 서원은 조선시대 학자들이 유교 문화를 배우던 교육기관 이자 조상님들의 은덕을 기리던 사당을 말한다. 대중교통으로는 이동하기 힘들고, 자동차나 택시를 이용해 이동하는 것이 좋다. 입장료 무료. 하절기 09:00~18:00, 동절기 09:00~17:00 운영. (75p D:2)

경북 안동시 풍천면 병산길 386
#조선시대 #문화유적 #역사여행지

하회세계탈박물관
"하회탈에 담겨있는 우리민족의 얼과 의미"

안동 하회마을에 위치한 탈 박물관. 하회별신굿에 쓰이는 탈을 포함한 세계의 여러 탈을 전시하고 있다. 익살 맞은 표정의 한국 탈은 각각의 풍자와 해학을 담고 있다. 스탬프 투어, 인생네컷 등 즐길거리가 많고 내부에 카페도 있다. 관람료 무료. 매일 09:30~18:00 운영. 1월 1일, 설날, 추석 휴관. (57p D:1) 사진ⓒ 한국관광 콘텐츠랩-김지호

경북 안동시 풍천면 전서로 206
#하회탈 #한국탈

부용대 "낙동강과 하회마을이 한눈에! 양반들의 풍류가 담긴 곳"

안동 하회마을을 마주 보는 높이 64m의 깎아지른 절벽. 하회마을 양반들의 풍류 문화가 꽃피웠던 장소이다. '연꽃을 바라보는 전망대'라는 뜻처럼 정상에 서면 낙동강이 S자로 휘감아 도는 하회마을 전체의 모습을 한눈에 담을 수 있어 최고의 포토 스폿이다. 마을과 부용대를 오가는 나룻배 체험과 소나무 숲길 트레킹으로 옛 선비의 정취를 느낄 수 있는 힐링 명소. (75p D:2)

경북 안동시 풍천면 광덕리 산23-3   #하회마을 #절벽 #선비

영양 반딧불이 생태숲 "완벽한 어둠 속에서 만나는 별과 반딧불이"

@jominji811219

인공적인 불빛이 차단된 '국제 밤하늘 보호 공원' 안에 위치. 도시에서 볼 수 없는 깊은 어둠으로 우리나라에서 은하수를 가장 선명하고 볼 수 있는 별빛의 성지다. 낮에는 울창한 숲에서 삼림욕을 즐기고, 밤에는 쏟아지는 별과 반딧불이를 만날 수 있는 힐링 명소. 매년 8월 말에는 '영양 별빛 반딧불이 축제'에 맞추어 방문하길 추천. 숲속에 수놓는 신비로운 반딧불이의 움직임을 직접 관찰할 절호의 기회. 반딧불이 천문대도 함께 방문해 보자. (81p D:2)

경북 영양군 수비면 반딧불이로 50   #은하수 #반딧불이 #생태체험

일월산자생화공원 "영양군 최고봉 일월산의 아름다운 꽃"

소박한 아름다움을 가진 대한민국의 자생화들이 피어있는 공원. 일월산 자생화 공원에서 시작해 수비면 남회룡로 790번지 우련전까지 이어지는 숲길이 산림청이 뽑은 '걷기 좋은 명품 숲길'로 지정되었다. (81p D:2)

경북 영양군 일월면 영양로 4124   #자생화 #정원 #나들이

선바위관광지
"촛대를 닮은 선바위와 낙동강절경이 한눈에"

촛대를 닮은 선바위와 그 앞에 펼쳐진 푸른 남이포 물결 풍경이 아름답다. 민물고기가 잘 잡히는 낚시 명당으로도 유명하다. (81p D:3)

사진ⓒ한국관광 콘텐츠랩-김지호

경북 영양군 입암면 영양로 883-16
#촛대모양 #기암괴석 #낚시터

분천 산타마을
"열차 타고 산타마을로 오세요!"

봉화의 오지 간이역인 분천역에 조성된 테마 마을이다. 스위스 체르마트역과 자매결연을 하여 이국적인 분위기. 1년 365일 산타, 루돌프, 크리스마스트리 등의 조형물로 동화 속 풍경을 연출한다. 백두대간협곡열차의 정차역으로 산타 레일바이크, 소망 우체함 등을 체험할 수 있다. 낙동강 세평 하늘길 트레킹 코스의 시작점이기도 하다. (81p D:1) 사진ⓒ한국관광 콘텐츠랩

경북 봉화군 소천면 분천길 49
#오지간이역 #테마마을 #산타열차

국립백두대간수목원 "백두산 호랑이와 시드볼트가 있는 곳"

아시아에서 가장 큰 수목원. 백두대간의 상징인 백두산 호랑이를 볼 수 있는 곳이기도 하다. 전세계에 단 두 곳 뿐인 시드볼트(전지구적인 측면에서 보존해야 할 식물종자를 저장하는 시설) 중 하나를 보유하고 있다. 트램(편도 2,000원)을 타고 올라가 호랑이를 관람하고 내려오며 수목원을 구경하는 것 추천. 성인 5,000원. 11~2월 09:00~17:00, 3~10월 09:00~18:00 운영. 월요일 휴관. (80p C:1) 사진ⓒ한국관광 콘텐츠랩

경북 봉화군 춘양면 춘양로 1501   #백두대간 #백두산호랑이 #아시아최대수목원

고향집식당 맛집
"시골 냄새 물씬, 구수한 밥상"

직접 두부, 청국장 등 여러 장류를 만들어 음식 제공하는 곳. 메뉴는 청국장+순두부, 모두부 2가지다. 모두 국내산을 이용하여 전체적으로 깔끔하고 맛있다. 각종 나물에 제철 나물에 비벼 먹으면 나물 식감과 고소한 두부맛을 함께 느낄 수 있다. 둘째, 넷째 일요일 정기 휴무 (80p B:2) 사진ⓒ한국관광 콘텐츠랩

경북 봉화군 봉성면 다덕로 539
#시골냄새 #구수한밥상 #토속음식점

대정연가 STAY "별과 함께 즐기는 노천탕의 낭만"

@daejungyeonga

소나무 숲과 사과 과수원으로 둘러싸인 고요한 독채 스테이. 넓은 데크와 야외 자쿠지를 갖추어 밤하늘의 별을 바라보며 낭만적인 시간을 보낼 수 있다. 특급 호텔 일식 셰프 출신 사장님이 제공하는 조식도 꼭 맛볼 것. 카페도 함께 운영 중. 도자기 페인팅 체험 이벤트 진행. (투숙객 50% 할인). 국립백두대간수목원과 가깝다.

경북 봉화군 춘양면 달구벌길 62-152 1층   #자쿠지 #낭만 #힐링

등기산 스카이워크 "후포의 바다를 즐길 수 있는 스카이워크"

후포항 전망을 즐길 수 있는 높이 20m 길이 135m의 해상 스카이워크. 강화유리 바닥 아래로 푸른 동해바다가 훤히 들여다보여 정말 바다 위를 걷는듯한 느낌이 든다. 덧신 착용은 필수. 후포항 전망대, 포토존, 신석기유적관 등을 함께 운영한다. 입장료 무료.11~2월 09:00~17:00, 3~5·9~10월 09:00~17:30, 6~8월 09:00~18:30 운영. (81p F:2)

경북 울진군 후포면 후포리 산141-21 　　#바다전망 #강화유리 #스카이워크

성류굴 "임진왜란때 불상을 피신 시켰던 굴"

2억 5천만 년의 역사를 가지고 있는 석회동굴로, 대한민국 관광 동굴 제1호, 천연기념물 제155로 지정되었다. 임진왜란 때 이 동굴로 불상을 피신시켰기 때문에 성류굴이라는 이름으로 불린다. 김시습이 성류굴의 아름다움에 반해 '성류사 유숙'이라는 시를 짓기도 했다. 성인 5,000원. 11~2월 09:00~17:00, 3~10월 09:00~18:00 운영. 매주 월요일 휴무. (81p E:1)

경북 울진군 근남면 성류굴로 221 　　#자연동굴 #석회동굴 #김시습

금강송숲길 "금강송 따라 걷기 좋은 길"

산림청 지정 대한민국 1호 숲길로, 500년 넘는 수령의 금강소나무 숲이 원시림 그대로 보존되어 있다. 산림보호를 위해 방문 인원을 제한하고 있으므로 인터넷으로 사전 예약 후 방문하는 것을 추천한다. 금강송(금강소나무)은 금빛으로 빛나는 나무껍질과 가지가 특징이며, 왕궁 건축이나 왕실의 장신구를 만드는 데 쓰였던 고급 소나무 품종이다. (81p D:1)

경북 울진군 금강송면 대광천길 60
#금강송 #명품소나무 #사전예약필수

덕구솔밭옹심이칼국수 맛집
"직접 만든 옹심이를 넣었어요"

옛 시골집을 개조해 만들어 편안한 분위기에서 식사가 가능하다. 직접 만든 옹심이가 들어간 옹심이칼국수, 장칼국수가 대표메뉴. 옹심이칼국수는 진한 국물로 담백한 맛을 느낄 수 있고 장칼국수는 빨간 국물로 맵지 않고 깔끔한 맛을 느낄 수 있다. 목요일 정기휴무 (81p E:1)

경북 울진군 북면 덕구온천로 758
#장칼국수 #노포 #옹심이칼국수

불영사계곡 추천 "우리나라 3대 계곡"

불영사 선유정, 불영정 일대에 15km 가량 이어지는 웅장한 계곡으로, 우리나라 3대 계곡 중 한곳으로 꼽힌다. 계곡물 양옆으로 소나무가 심겨 있는데, 기암괴석, 절벽 사이 푸릇푸릇한 풍경이 시원스럽다. 선유정 누각 2층에서 보는 풍경이 가장 멋지다. 계곡이 넓고 깨끗해서 여름철 물놀이를 즐기기 좋다. (81p E:1)

경북 울진군 금강송면 하원리　　#계곡 #단풍 #기암괴석

죽변해안스카이레일 "바다 위 1열, 동해를 달리는 모노레일"

울진의 바다 위를 달리는 모노레일. 부서지는 파도 위를 달리고, 하늘 위를 나는 기분도 든다. 죽변항으로부터 후정해변까지 이어지는 길이다. 울진의 대표적인 명소인 하트해변, 드라마 <폭풍속으로> 세트장 등을 지나는 코스여서 지루할 틈이 없다. B코스 보다 A코스를 더 추천한다. 선착순 탑승임을 기억해두자. 1~2인 탑승 기준 21,000원. 평일 09:30~18:00, 주말 09:00~18:00 운영. 매달 세 번째 수요일 정기휴무. (81p E:1)

경북 울진군 죽변면 죽변중앙로 235-12　　#모노레일 #하트해변 #폭풍속으로

덕구온천스파월드
"어른과 함께하는 여행지로는 온천만한게 없지! 믿어봐!"

국내에서 유일하게 온천수를 그대로 사용하는 자연용출온천. 태백산맥 광경을 바라보며 낭만적인 온천욕을 즐길 수 있다. 이곳 온천수는 알칼리수로 신경통, 관절염, 근육통에 효과가 좋다. 스파를 이용하려면 수영복을 꼭 들고 가야 한다. 울진 대게를 맛보고 온천을 즐기는 코스를 추천한다. (81p E:1) 사진ⓒ한국관광 콘텐츠랩

경북 울진군 북면 덕구리 575-26
#노천온천 #건강 #스파

영덕대게거리 "영덕 대게 맛보러 가보자"

강구항 일원에 활대게를 파는 어시장과 함께 대게요리 전문점 120여 곳이 모여있다. 거리 입구의 커다란 대게 간판이 시선을 끌어당긴다. 대게 철인 11월~4월 사이에 방문하면 신선한 대게요리를 맛볼 수 있다. 매년 4월에는 영덕 대게축제가 열리니 축제 일정을 확인해 보자. 사진ⓒ한국관광

콘텐츠랩-김지호

경북 영덕군 강구면 영덕대게로 61   #어시장 #대게찜 #대게비빔밥

영덕 풍력발전단지 전망대
"이 한 장면을 보기 위해 우리는 그토록 멀리서 달려왔나 보다."

영덕의 푸른 앞바다가 눈 앞에 펼쳐지는 전망대. 풍력발전소의 하얀색 프로펠러의 조화가 아름답다. 파란 하늘과 하얀색 뭉게구름이 소품이 되어버릴 만큼 감성적인 전망을 보여준다. (81p E:3)

경북 영덕군 영덕읍 해맞이길 247   #풍력발전기 #스냅사진 #연인

고래불해수욕장 "가족 여행지로 딱, 고래가 놀았다는 청정 해변"

고래들이 하얀 물을 뿜으며 노는 모습을 보고 이름 지었다는 명사 20리 해변. 긴 백사장과 맑고 깨끗한 바닷물 덕분에 아이들과 함께하는 여름철 가족 피서지로 딱 좋은 곳. 해변 뒤편으로 울창한 소나무 숲이 병풍처럼 둘러싸고 있는 캠핑의 성지. 해변 한쪽 고래 모양 전망대 앞이나 알록달록 방파제와 빨간 등대를 배경으로 멋진 인생샷을 남겨보아도 좋다. (81p E:3) 사진ⓒ한국관광 콘텐츠랩

경북 영덕군 병곡면 병곡리 58-24   #해수욕장 #솔숲 #여름여행지

장사 해수욕장 "장사상륙작전이라는 중요 작전이 있던 곳"

평범한 해수욕장 같지만 이곳은 장사상륙작전이라는 6·25전쟁의 중요 작전이 있었던 곳이다. 학도병으로 구성된 772명이 문산호를 타고 이곳에 상륙하여 북한군의 보급로를 차단하고, 인천상륙작전의 성공을 위해 동해로 시선을 돌리고자 한 작전이 수행되었다. 그 결과 772명의 학도병 중 139명 사망, 92명 부상, 나머지는 행방불명이었다. 해변에 보이는 배는 학도병들이 탔던 문산호를 재현한 것이다. (85p E:1)

경북 영덕군 동해대로 3592   #한국전쟁 #인천상륙작전 #역사여행지

벌영리 메타세쿼이어 숲 `추천` "메타세쿼이어 숲길과 푸른 바다"

20만 평 너른 규모의 사유지에 조성된 메타세쿼이어 숲으로, 20m 넘는 기다란 나무들이 줄지어 있는 풍경이 아름답다. 산책로 계단길을 따라 올라가면 영덕군을 감싸고 있는 푸른 동해바다를 한눈에 담을 수 있는 전망대가 마련되어 있다. 메타세쿼이어 외에도 삼나무, 은행나무, 주목나무 등 다양한 나무가 있다. 앉아서 쉴 수 있는 의자가 있어 산책하며 휴식할 수 있다. 무료 개방. (81p E:3) 사진ⓒ한국관광 콘텐츠랩

경북 영덕군 영해면 벌영리 산54-1   #숲길 #산책로 #동해바다

영덕 해맞이공원
"강렬한 동해의 태양을 맞이하는 곳"

강렬하게 떠오르는 동해의 태양을 감상할 수 있는 일출 명소. 이곳의 랜드마크, 거대한 대게 집게발이 하얀 등대를 감싼 독특한 모습의 창포말 등대를 배경으로 인증샷을 남겨볼 것. 등대에 마련된 전망데크에서 시원하게 펼쳐진 동해의 수평선을 감상해 보길 추천. 전망을 즐긴 후에는 등대 아래로 길게 이어진 나무 계단을 따라 바다 가까이 내려가 보아도 좋다.

경북 영덕군 영덕읍 창포리 산 5-5
#동해 #일출명소 #창포말등대

괴시리 전통마을 "영양 남씨 집성촌"

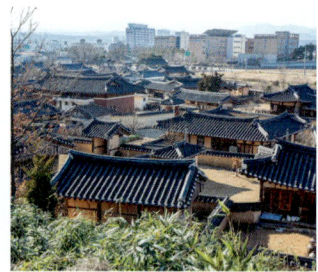

영양 남씨 집성촌으로, 조선시대 옛 모습을 간직한 200년 넘은 고택들을 구경할 수 있다. 매주 주말 10~18시 사이에 고택체험 및 궁중 무용 관람이 가능하다. (81p E:3) 사진ⓒ한국관광 콘텐츠랩- 김지호

경북 영덕군 영해면 호지마을1길 11-2
#조선시대 #한옥마을 #고택체험

정일호선주집 `맛집`
"축산항 영덕 대게 맛집"

@puni.1008

시골 작은 항구에 있는 횟집 분위기로 1층, 2층으로 나뉘어 있으며 찜기에서 대게를 바로 쪄서 제공한다. 기본 반찬도 맛이 좋다. 게를 쉽게 바를 수 있도록 손질되어 나오며 오동통한 게살이 올라 있어 부드러운 대게를 맛볼 수 있다. 연중무휴 (81p E:3)

경북 영덕군 축산면 축산항3길 25 축산항 3길 25

#축산항대게 #살통통대게 #대게맛집

대전사 "의상대사가 창건한 주왕산의 사찰"

신라시대 의상대사가 창건한 주왕산의 불교 사찰. 사찰 안에서 바라본 주왕산 정상, 다섯 손가락을 닮은 깃대 바위의 풍경이 아름답다. 주왕산 산행의 시작점이기도 하며, 자연과 어울리는 사찰의 고즈넉한 매력을 느끼기 좋다. 매일 08:00~17:00 운영. (152p C:2)

경북 청송군 주왕산면 상의리 442-6   #깃대바위전망 #불교사찰 #신라시대

청송 얼음골 `추천` "겨울왕국 실사판 사진찍기"

한여름에도 얼음이 낀다 하여 얼음골이라 이름 붙은 주왕산 골짜기. 여름철 기온이 32도를 넘으면 바위 틈에 얼음이 어는 기현상으로 유명하다. 인공폭포가 설치되어 있으며, 겨울에는 얼음을 얼려 대규모의 얼음 폭포로 이루어진 겨울왕국이 펼쳐진다. 사진애호가들에게 사랑 받는 명소. 돌다리를 건너면 맑고 시원한 물을 마실 수 있는 얼음골 약수터가 있다. (85p D:1)

경북 청송군 주왕산면 팔각산로 228   #겨울왕국 #빙벽 #얼음폭포

주왕산 `추천` "200km이상 달려와도 후회하지 않을 단풍 명소"

주왕산은 수려한 암봉과 계곡으로 이루어진 우리나라 3대 암산 중 하나로 꼽힌다. 기암단애, 연화굴, 용추협곡, 주상절리, 용연폭포, 절골계곡, 주산지 등 지질 명소가 많다. 가을철 단풍이 아름다운데, 주왕산 절골계곡과 대문다리 단풍을 즐기고 싶다면 절골탐방지원센터 앞에 주차하고, 주왕산 대전사, 주방계곡, 용추폭포 등의 단풍 절경을 즐기고 싶다면 주왕산 상의주차장에 주차하자. (152p C:2)

경북 청송군 주왕산면 공원길 169-7   #주왕산 #폭포 #단풍

주왕산 절골계곡 단풍

"단풍이 아름다운 계곡"

깎아지른듯한 기암괴석 사이로 흐르는 물과 붉게 물든 단풍이 아름답다. 단풍이 가장 예쁜 10~11월 사이 방문을 추천한다. 체력, 시간적 여유가 있다면 절골 매표소에서 출발해 상의 매표소까지 이어지는 5~6시간 등산 코스도 추천한다.

경북 청송군 주왕산면 주산지길 121-170
#기암괴석 #단풍 #가을여행지

경상북도·대구 청송군

698

주산지 추천 "김기덕 감독의 '봄, 여름, 가을, 겨울 그리고 봄' 촬영지"

조선 숙종 때 만들어진 길이 100m의 저수지. 물 속에서 자라는 왕버들나무가 한 폭의 그림처럼 신비롭다. 김기덕 감독의 영화 '봄 여름 가을 겨울 그리고 봄'에 나와 유명하며 많은 사진작가들의 출사지이기도 하다. 해 뜨기 직전이나 해 지기 직전의 빛을 담아야 더욱 아름다운 사진을 찍을 수 있다. 주산지 주차장에 주차 후 10~15분 도보로 이동. (152p C:2)

경북 청송군 주왕산면 주산지리 73   #왕버들 #석양사진

주왕산가든 맛집
"가족과 방문하기 좋은 깔끔한 고기집 "

1988년 오픈하고 현재까지 운영되고 있는 곳으로 일반 홀과 프라이빗한 식사가 가능한 룸 형태로 좌석이 나누어져 있다. 숯으로 고기를 구워먹는 방식으로 한우부터 한돈까지 다양한 고기 주문이 가능하다. 깔끔하고 정갈한 밑반찬과 부드러운 고기 맛이 좋다. 브레이크 타임 14시30분~16시30분 사진ⓒ한국관광 콘텐츠 랩

경북 청송군 주왕산면 주왕산로 508-9 2F
#개별룸 #한우 #한돈

송소고택 "99칸 만석꾼의 고택"

막대한 재력을 자랑하던 만석꾼 송소 심호택의 저택으로, 솟을대문이 7칸, 저택 전체는 99칸에 이른다. 집을 다 짓는데 무려 20년의 세월이 걸렸을 정도. 지금은 심호택의 11대 후손이 저택을 관리하고 있다. 질 좋은 금강송으로 지어진 이 고풍스러운 고택에서 직접 숙박해 볼 수도 있다. 네이버예약 가능. 입실 14:00, 퇴실 11:00. (152p C:2)

경북 청송군 파천면 송소고택길 15-2   #99칸 #대저택 #한옥숙박

소노벨 청송 "솔샘온천 품은 자연 친화적 리조트"

주왕산 자락, 수려한 산세 속 휴양형 리조트. 지하 800m ~ 870m 암반에서 용출되는 약알칼리 성분 '솔샘온천'이 이곳의 핵심. 맑은 공기 어우러진 사계절 야외 노천탕과 실내 사우나 시설을 갖추고, 사과 등 지역 특산물을 활용한 한식당 '수달래'와 이탈리안 레스토랑 '빠띠오', 야외 바비큐장인 '파인트리 가든'을 운영한다. 특히 사과 과수원에서 캠핑 감성 바비큐를 즐길 수 있는 '별보다 캠핑'이 특별한 곳. 펫 프렌들리 객실도 보유. 사진ⓒ소노호텔앤리조트

경북 청송군 주왕산면 소노로 38   #주왕산 #솔샘온천 #사과과수원

군위이로운한우 맛집 "명품 군위 한우 저렴하게 구워 먹을 수 있는 곳"

한우 직판장 겸 정육식당으로 군위 한우를 저렴하게 먹을 수 있다. 1층 직판장에서 고기를 주문하고 2층 식당에서 상차림비를 내고 고기를 구워 먹을 수 있다. 소 잡는 날에만 판매하는 쫄깃한 식감의 뭉티기 육회도 기회가 있다면 꼭 맛보고 오자. (84p A:1) 사진ⓒ한국관광 콘텐츠랩

대구 군위군 효령면 성리 715-8
#군위한우 #직판장 #정육식당

의성 화전리 산수유마을
"매년 봄 산수유 축제가 열린다고!"

의성군 사곡면 화전리 산수유 마을 탐방센터 우측으로 뻗은 길을 통해 숲실(정자), 화곡지를 이으며 조성된 4km 산수유 군락지. 2~300년된 산수유 고목 3만여 그루가 밀집해 있다. 산수유 마을은 봄이면 노란 꽃이, 가을이면 빨간 산수유 열매가 마을을 장식한다. 매해 봄에는 산수유 축제도 개최된다. (84p C:1)

경북 의성군 사곡면 화전리 1115
#산수유마을 #봄꽃 #축제

조문국 박물관
"고대 의성지역의 역사를 알아보기 좋은 곳"

삼국시대 이전 조문국에 대해 전시해놓은 박물관. 의성군은 금성산 고분군 및 경덕왕릉이 남아있는 곳이자 우리나라에서도 드물게 조문국 유적이 남아있는 지역이며, 박물관에서 이에 대한 자료들을 찾아볼 수 있다. 박물관 옥상에는 조문국 유적이 훤히 들여다보이는 전망대가 마련되어 있다. (79p E:3) 사진ⓒ한국관광 콘텐츠랩

경북 의성군 금성면 초전1길 83
#조문국 #유적 #역사박물관

사라온 이야기마을 "군위의 역사와 문화, 농촌 체험 마을"

경북 군위군 군위읍에 있는 농촌체험마을. 선조들이 살아온 역사와 문화를 몸소 체험할 수 있다. 제기차기, 투호놀이, 대형 윷놀이, 전통의상 체험 등 다양한 무료 체험이 준비되어 있으며 이외에 떡메치기, 문패 만들기 등 유료 체험 프로그램도 운영. 입장료 무료. 유료 체험은 프로그램별 상이(1,000~5,000원). 화~일 09:00~18:00 운영. 매주 월요일 휴무. (84p A:1) 사진ⓒ한국관광 콘텐츠랩

대구 군위군 군위읍 동서길 49   #전통놀이 #농촌체험 #무료체험

혜원의 집
"리틀 포레스트 그집에서 쉬어가기"

영화 <리틀 포레스트>의 촬영지. 시종일관 조용하고 여유 있고 다정했던 영화의 촬영지답게, 아기자기하고 따뜻한 곳이다. 혜원의 집 안으로도 출입이 가능하여, 영화 속에서 그녀가 요리하던 곳을 직접 볼 수 있다. 마을 곳곳에 영화의 흔적을 찾을 수 있다. (84p B:1) 사진ⓒ한국관광 콘텐츠랩

대구 군위군 우보면 미성5길 58-1
#리틀포레스트 #영화촬영지 #가을여행

사유원 추천 "팔공산 자락 프라이빗 사색 공간"

@yunyunmoon

수백 년 된 나무와 석상, 세계적인 건축 거장들이 설계한 건축물이 조화롭게 어우러진 산지 정원이다. 팔공산 자락에 위치. 단순한 수목원 관람을 넘어, 고요하고 절제된 정원을 거닐며 오롯이 자신을 마주하고 사유하는 시간을 경험해 볼 수 있는 특별한 힐링 공간이다. 100% 사전 예약제로 09:00~17:00 운영, 매주 월요일 휴무. 미취학 아동 입장 불가. (84p B:2)

대구 군위군 부계면 치산효령로 1176   #산지정원 #사유 #힐링공간

삼국유사테마파크 추천 "삼국유사를 테마로 한 역사 체험 테마파크"

삼국유사테마파크-해룡 물놀이장

눈썰매장

삼국유사에 등장하는 이야기들을 재현해낸 복합문화공간. 삼국유사에 담긴 건국 설화, 위인 설화를 테마로 한 조형물이 설치되어 있으며, 가온누리 전시관에서 삼국유사에 담긴 내용과 함께 소원 빌기, 활쏘기 등 다양한 체험을 즐길 수 있다. 사계절 썰매장, 해룡 물놀이장, 해룡열차 등 각종 놀이시설이 있어 가족 단위로 즐기기 좋다. 성인 9,000원. 썰매장, 열차 이용료 별도. 10:00~18:00 운영, 매주 월 휴무. (84p B:1) 사진ⓒ한국관광 콘텐츠랩

대구 군위군 의흥면 일연테마로 100　　#삼국유사 #썰매장 #물놀이장

대구 앞산 케이블카 "대구를 대표하는 앞산공원"

대구를 대표하는 도시자연공원 앞산공원에 위치한 케이블카. 비수기와 평일에는 2층에서 표를 살 수 있다. 정상에서 안일사로 내려가면 왕건이 은신했던 왕굴을 방문할 수 있다. 밤에 오르면 대구 도심의 야경을 한눈에 조망할 수 있다. (84p A:3) 사진ⓒ한국관광 콘텐츠랩-김지호

대구 남구 봉덕동 산152-1
#앞산공원 #케이블카 #야경

밀림
"파충류가 있는 밀림 닮은 공간"

@ssssy_lee

이름처럼 빽빽한 숲을 형상화한 건물이 인상적인 곳. 다크 그레이톤 공간에 식물과 물, 안개가 어우러져 마치 밀림에 온 것 같은 분위기. 말차를 베이스로 한 밀림 초코나무숲, 밀림 테린느 등이 대표 메뉴. 미스트존과 포토존에서 감성 가득 사진을 남겨 보자. 파충류 갤러리&숍이 4층에 있어 아이와 방문하기 좋은 곳. 신비한 동물 교실도 운영한다. 매일 10:00~22:00 영업. (77p E:2)

대구 남구 용두길 16 2,3층
#밀림 #미스트존 #파충류갤러리

두류공원

두류공원 추천 "도시 한가운데 대구 시민들의 쉼터"

대구에서 가장 큰 도심 공원, 놀이, 문화, 휴식을 모두 즐길 수 있는 대구 시민들의 쉼터이다. 83타워와 유럽풍 테마파크 이월드를 품고 있으며, 코오롱 야외 음악당과 대구문화예술회관이 있어 다양한 문화 콘텐츠를 경험할 수 있다. 인라인, 자전거, 킥보드 등을 자유롭게 즐길 수 있는 곳. 성당못 주변에 조성된 산책로를 걸으며 여유로운 시간을 보내기 좋다. (84p A:3)

대구 달서구 공원순환로 36   #문화 #산책로 #성당못

83타워 "전망대에 오르면 그 지역을 정복한 것 같은 느낌이 들어"

대구 시내를 한눈에 볼 수 있는 전망대. N서울타워보다 90m 가량 높은 높이로, 360도로 탁 트여 아름다운 야경을 볼 수 있다. 타워 내에 아이스링크, 뮤지엄, 키즈파크, 푸드코트, 레스토랑, 카페 등 다양한 시설이 있어 시간을 보내기 좋다. 전망대 매표소는 4층이며, 매표 후 엘리베이터를 타고 77층으로 올라간다. 성인 15,000원. 평일 11:00~20:30, 주말 11:00~21:00 운영. (84p A:3)

대구 달서구 두류동 두류공원로 200
#대구 #전망대 #시내전망

대구 이월드 "잘 꾸며진 대구 도심 놀이 테마파크"

유럽식 폭포, 분수, 조명 등으로 장식된 놀이공원. 놀이 시설, 어린이 광장, 전시·예술공간 등이 함께 운영된다. 스릴을 즐긴다면 카멜백 롤러코스터, 메가 스윙 360을 추천한다. 야간 자유이용권을 이용하면 보다 저렴하게 즐길 수 있다. 성인 자유이용권 종일 49,000원, 야간 35,000원. 월~목 10:00~20:00, 금~일 10:00~21:00 운영. (77p D:2) 사진ⓒ한국관광 콘텐츠랩

대구 달서구 두류공원로 200　#유럽식테마파크 #롤러코스터

큰나무집 맛집 "각종 한약재를 넣고 끓인 보양식 궁중약백숙"

토종닭에 수삼, 율무, 흑임자 등 한약재를 아낌없이 넣고 끓인 궁중약백숙 전문점. 주문 시 전복, 능이버섯을 추가할 수 있다. 밑반찬으로 나오는 양파장아찌와 고추 장아찌는 백숙과 찰떡궁합이다. 방문 전 미리 예약하고 가는 것을 추천. (84p B:3) 사진ⓒ한국관광 콘텐츠랩

대구 달성군 가창면 삼산리 930-1
#닭백숙 #오리백숙 #한약재

달성습지 "생태계의 보고"

자연의 보고인 달성습지는 다양한 동식물이 자라는 곳으로, 자연을 즐기고 공부할 수 있는 최고의 체험장이다. 낙동강과 금호강이 만나는 곳에 위치한 달성습지는 가을이면 억새와 갈대가 장관을 이루어 손꼽히는 가을여행지이기도 하다. 겨울에는 철새와 두루미들도 볼 수 있다. (83p D:2)

대구 달성군 화원읍 구라리 1769
#생태계 #갈대 #철새

남평문씨본리세거지 "황토색 돌담에 피어난 주황색 능소화"

목화씨를 들여온 충신 문익점의 후손들이 모여 살던 조선 후기 전통 한옥 집성촌. 고택과 정자가 보존되어 있다. 황토색 돌담길과 아름다운 연못인 안흥원으로 유명한 곳. 봄에는 홍매화가, 여름에는 능소화가 만발한다. 고즈넉한 전통미와 꽃의 아름다움을 함께 느낄 수 있는 힐링 스폿이다. (84p A:3)

대구 달성군 화원읍 인흥3길 16
#문익점 #돌담길 #능소화

스파밸리 워터파크 "신나는 파도풀부터 뜨끈뜨끈 온천까지"

대구의 뜨거운 여름을 시원하게 즐길 수 있는 워터파크. 스피드 슬라이드와 트위스트 슬라이드 등 다양한 슬라이드와 아찔한 파도풀이 있는 곳. 노천 오행탕이 있어 하루의 피로까지 말끔하게 날려버릴 수 있다. 동절기에는 일부 시설만 운영되니 방문 시 미리 확인해 볼 것. 여름철 골드 시즌 주말 종일권 대인 기준 52,000원. 실내 09:00~18:00, 실외 09:00~17:00 운영. 호텔 드 포레, 네이처파크와 함께 방문해도 좋다. (84p B:3) 사진ⓒ한국관광 콘텐츠랩·양지뉴필름

대구 달성군 가창면 냉천리 27-9   #온천 #워터파크 #슬라이드

대구 반야월 연꽃테마파크
"도심인근 산책하기 좋은 곳"

대구 지하철 1호선 안심역 4번 출구 방향으로 동남쪽, 대구도시철도공사 안심 차량 기지 사업소 안쪽에 위치한 대규모 연꽃테마파크. 연근 밭 사이로 나무데크길이 조성되어있으며, 전망대도 설치되어 있다. 홍련과 백련이 무리 지어 있으며, 특정 시기에는 연꽃 전시회도 개최된다. 반야월 지역이 속한 대구광역시는 전국 최대의 연근 생산지로도 유명하다. (84p B:2) 사진ⓒ한국관광 콘텐츠랩

대구 동구 대림동 758
#홍련 #백련 #전망대

대구 팔공산 ———————————

대구 팔공산 (추천) "간절한 소원이 있다면, 이 산을 추천해"

웅장한 자연 경관과 오랜 역사가 살아 숨 쉬는 대구의 명산이다. 거대한 통일대불로 유명한 동화사와 평생 한 가지 소원은 꼭 들어준다는 전설로 유명한 갓바위를 품은 선본사도 이곳에 있다. 원하는 소원이 있다면 간절히 빌어보자. 걷기 좋은 팔공산 올레길 코스도 조성되어 있어 가벼운 산행을 즐기기도 괜찮은 곳. 해발 820m 지점까지 7분 만에 빠르게 오르며, 오르는 동안 아름다운 팔공산의 풍경을 한눈에 담을 수 있는 케이블카를 이용해 보는 것도 좋다. (84p B:2)

대구 동구 갓바위로 229   #갓바위 #케이블카 #올레길

팔공산 갓바위 `추천` "전국에서 가장 유명한 기도처 명당"

팔공산 갓바위는 우리나라 보물 431호로 지정된 불상으로 부처님 머리 위에 갓처럼 생긴 돌이 올라가 있다고 해서 갓바위라고 부른다. 새해나 수능시험을 전후로 불공을 드리기 위해 이 불상을 찾는 불교신자들이 많다. 정성을 다해 소원을 빈다면 딱 한 가지 소원은 이루어진다고 전해진다. (84p C:2)

대구 동구 갓바위로 267　　#불교사찰 #기도처 #소원

팔공산 카페거리
"팔공산 근처 대구 카페 투어의 성지"

팔공산 주변 운치 있고 분위기 좋은 카페들이 모여 있는 곳. 자연 속에서 힐링하러 가기 좋은 데이트 코스로도 유명하다. 루프탑 뷰가 일품인 '티아이티에프', 정원에 앵무새가 있는 '헤이마', 고즈넉한 한옥에서 즐기는 커피 '브리니 팔공', 일본 스타일 정원이 이국적인 '아미타' 등 다양한 카페가 자리 잡고 있어 취향에 따라 선택해 여유를 즐기기 좋은 카페 투어의 성지. 카페 방문 전후로 팔공산 케이블카를 타거나 갓바위, 동화사 등도 함께 둘러볼 것 추천. (84p B:2)

대구 동구 팔공산로 일대
#팔공산 #데이트코스 #힐링

팔공산 케이블카 "사시사철 팔공산의 풍경을 즐길 수 있는 케이블카"

동화사 입구에서 팔공산 해발 820m 정상까지를 잇는 케이블카. 경사가 있고 거리가 길어 구경하는 재미가 있다. 정상에 오르면 대구 시내와 팔공산을 한 번에 조망할 수 있다. 6인승 곤돌라 리프트를 운영하며, 주변 관광명소로 방짜 유기 박물관, 동화사, 부인사 등이 있다. 성인 왕복 탑승권 14,000원. 매일 09:30~17:00 운영, 월별 운영시간 상이하므로 홈페이지 확인. (84p B:2) 사진ⓒ한국관광 콘텐츠랩-김지호

대구 동구 용수동 팔공산로185길 51　　#시내전망 #산전망 #케이블카

불로동 고분군
"경주가 부럽지 않은 삼국시대 고분군"

삼국시대 당시 토착 지배세력의 것으로 추정되는 200여기의 고분군이다. 연둣빛 고분들 사이로 난 길을 따라 오르면 정상에 나무가 한 그루 있는데, 푸른 하늘과 밑으로 보이는 고분과 대구 시내의 모습이 묘한 조화를 이룬다. (84p B:2)

대구 동구 불로동
#삼국시대 #고분군 #나홀로나무

대구 하중도 "사계절이 아름다운 금호강의 꽃섬"

대구 금호강에 있는 섬으로, 계절마다 다양한 꽃으로 시민들의 쉼터가 되어준다. 봄에는 유채꽃과 청보리가, 가을에는 알록달록한 코스모스가 피어나 섬 전체가 포토존이 된다. 산책로가 잘 정비되어 있어 남녀노소 누구나 걷기 좋다. 다만 그늘이 많지 않아 양산이나 선글라스를 챙기는 게 좋다. 10월에는 대구정원박람회가 열린다. (84p A:2) 사진ⓒ한국관광 콘텐츠랩

대구 북구 노곡동 665　　#금호강 #꽃섬 #포토존

팔공산 벚꽃길
"먹거리, 케이블카, 동화사관광지 그리고 벚꽃"

팔공CC부터 수태골까지 이어지는 팔공산로 벚꽃 터널 드라이브 길. 팔공산벚꽃축제는 보통 팔공산 동화사지구 분수대 광장에서 펼쳐진다. 근처에 있는 동화사는 사명대사가 임진왜란 때 승군을 지휘한 본부였다. (84p B:2)

대구 동구 용수동 27-5
#팔공산 #벚꽃축제 #분수대

리안 `맛집`
"대구의 명물 야끼우동 맛있는 곳"

우동면에 오징어, 돼지고기, 목이버섯, 양파 등을 넣고 맵게 볶아낸 야끼우동 전문점. 쫄깃쫄깃한 식감이 좋은 찹쌀탕수육을 곁들여 먹으면 더 맛있다. 음식양 역시 푸짐하여 누구나 배부르게 먹고 나올 수 있다. (84p B:2)

대구 수성구 교학로4길 48
#야끼우동 #찹쌀탕수육 #대구요리

파네토네 `빵집`
"속이 편안한 이탈리아 전통 빵 '파네토네'"

@bakery_panettone

제과기능장 부부가 운영하는 대구 북구 복현동 빵집. 상호처럼 이탈리아 전통 빵인 파네토네를 포함해서 몽블랑, 마늘바게트, 타르트, 베이글 등 다양한 종류를 모두 만든다. 동물성 생크림을 듬뿍 올린 딸기 케이크도 인기. 제빵계량제를 사용하지 않아서 먹으면 소화가 잘 되고 속이 편안하다. 5~6천 원대. 매일 08:30~22:00 운영. 매달 1, 3번째 일요일 휴무. (83p E:2)

대구 북구 동북로 345 복현푸르지오상가 118호
#파네토네 #몽블랑 #딸기케이크

동촌파크광장 놀이공원
"아담한 놀이공원이지만 괜찮아!"

대구광역시 동촌유원지에 위치한 소규모 놀이공원. 범퍼카, 바이킹, 우주비행기, 회전그네, 인형 뽑기, 두더지 등이 있고, 어른들은 야구, 사격을 즐길 수 있다. 근처에 음식점과 공원도 있어 주말을 보내기에 좋다. 동촌 유원지는 벚꽃 명소로도 유명하다. (84p B:2)

대구 동구 효목동 1111
#범퍼카 #바이킹 #오락실

국립대구박물관 "내가 살고 있는 대구의 과거부터 현재까지 모습"

대구·경북의 문화유산이 전시된 박물관. 구석기시대부터 통일신라 시대까지의 유물이 전시되어 있으며, 우리 문화 체험실, 박물관 교육도 예약제로 운영되고 있다. 우리 문화 체험실을 통해 3D 펜으로 문화재 만들기 등을 체험할 수 있다. 관람료 무료. 화~일 09:00~18:00 운영. 매주 월요일 휴관. (84p B:3) 사진ⓒ한국관광 콘텐츠랩-김지호

대구 수성구 청호로 321   #경북 #문화유산 #체험

근대골목단팥빵 빵집 "직접 끓인 팥과 생크림이 조화를 이루는 단팥빵"

한국관광공사가 지정한 '관광객이 꼭 가봐야 하는 전국 3대 빵집'으로 선정된 곳. 직접 삶은 단팥으로 만든 수제 단팥빵이 주력 메뉴인데, 겉은 살짝 바삭하고 안쪽은 촉촉한 식감이다. 달콤하고 부드러운 맛을 원한다면 생크림이 가득 들어간 생크림단팥빵을 추천. 사과의 모양을 똑 닮은 대구 능금빵은 달콤한 사과와 크림치즈가 꽉 차있다. 단팥빵 2천 원대. 매일 09:00~21:00 운영. (83p E:2)

대구 중구 남성로 7-1   #생크림단팥빵 #능금빵 #수제단팥빵

김광석 다시그리기 길 추천 "그냥 걷고 있는 것만으로도 생각이 나"

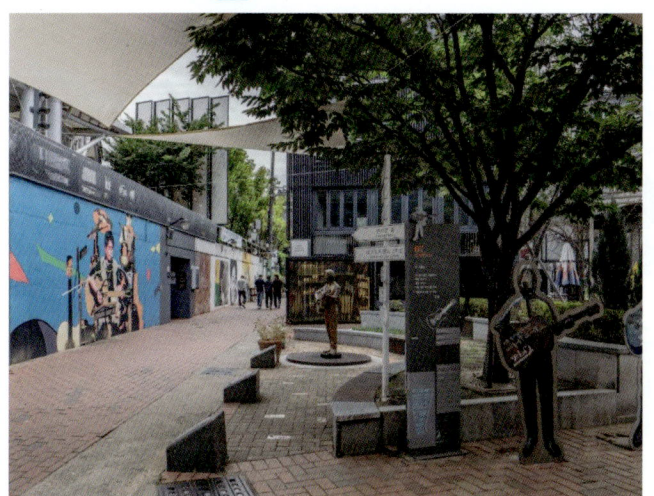

김광석의 추억을 담아놓은 거리. 대구 방천시장 350미터가량의 골목길을 김광석 벽화와 조형물이 수놓고 있다. 2014년 한국관광공사 '베스트 그곳'으로 선정되었다. (84p A:2) 사진ⓒ한국관광 콘텐츠랩

대구 중구 대봉1동 6-12   #김광석 #음악 #감성

대구약령시 한의약박물관
"약재란 어떤 것일까?"

전국 3대 한약재 전문시장인 대구 약령시에 있는 대구약령시 한의약박물관은 약재, 약초 채집 도구, 약탕기 등을 전시하고 있다. 2층에서 한방 족욕체험, 한방 비누 만들기 등을 체험할 수 있고, 개인별 한방건강요법도 체크해볼 수 있다. 3층에서 한국어, 영어, 일본어, 중국어 음성 안내기를 대여해준다. 무료입장, 매주 월요일, 1월 1일, 설날과 추석 당일 휴관. (84p A:3) 사진ⓒ한국관광 콘텐츠랩

대구 중구 남성로 51-1
#한약 #약초 #한방족욕

대구 근대화거리 추천 "근대 건축물과 옛 골목의 정취를 느껴보고 싶다면"

근대 건축물과 옛 골목의 정취가 고스란히 남아 있는 대구 여행 필수 코스. 고딕 양식 계산성당과 3.1만세운동길, '빼앗긴 들에도 봄은 오는가'를 쓴 이상화 시인과 국채보상운동으로 알려진 서상돈 선생의 고택 등 둘러볼 곳이 많다. 골목 곳곳에 비치된 스탬프를 찍으며 완주의 기쁨을 누려볼 것. 조금 더 깊이 있는 투어를 원한다면 골목 문화 해설사와 함께 '제2코스 근대 문화 골목'을 걸어볼 것. 골목투어 대구 중구청 홈페이지 사전 예약 필수. (84p B:3)

대구 중구 경상감영길 67
#근대문화골목 #스탬프투어 #문화여행

대구간송미술관 "국보급 유물들이 숨 쉬는 대구의 문화 핫플"

훈민정음해례본, 신윤복의 '미인도' 등을 만나볼 수 있는(미인도 26년 7월 상설전시) 간송미술문화재단의 상설 전시관. 교육 문화공간, 아카이브실, 아트숍 등 다양한 시설을 갖추어 우리 미술을 더욱 입체적으로 느껴볼 수 있다. 유물을 수리, 복원하는 전문가들의 모습을 지켜볼 수 있는 보이는 수리 복원실이 색다른 재미. 상설 전시 성인 기준 6,000원. 하절기 10:00~19:00 운영, 동절기 18:00까지. 매주 월요일 휴관. (83p E:2)

대구 수성구 미술관로 70   #간송미술문화재단 #미인도 #수리복원실

신라식당 맛집
"오동통한 낙지와 매콤한 소스의 조화"

@country_fogu

1985년부터 오픈하여 운영하고 있는 곳으로 홀은 11시~15시, 포장 11시~19시까지 가능하다. 2인분부터 주문가능한 돌판낙지볶음이 주메뉴. 통통한 낙지와 당면, 떡이 어우러져 매콤하면서도 부드럽고 탱글한 식감의 낙지 맛이 좋다. 낙지 외 제육, 낙지+새우, 낙지+양볶음, 1인분도 가능한 순두부찌개도 인기가 좋다. 수요일 정기휴무 (84p A:2)

대구 중구 중앙대로 406-8
#동성로맛집 #낙지 #돌판낙지볶음

삼송빵집 빵집 "통옥수수가 톡톡 터지는 달콤한 맛"

@__podomry

대구에서 시작해 전국에 지점을 낼 정도로 유명한 빵집. 옥수수 알갱이가 통째로 씹히는 통옥수수빵은 달콤하고 고소한 특제 소스로 맛을 내서 계속 먹고 싶어지는 '마약빵'이라는 별명이 붙었다. 튀기지 않고 구워서 만드는 야채 고로케도 인기. 메이플 프로마쥬, 영구빵, 소보로크림치즈빵 세 가지는 본점에서만 한정 판매한다. 2~5천 원대. 매일 08:00~22:00 운영. (83p E:2)

대구 중구 중앙대로 397   #통옥수수빵 #마약빵 #야채고로케

밀밭베이커리 `빵집`
"2대째 내려오는 특허 받은 메론빵"

겉부터 속까지 메론으로 꽉 채운 진정한 메론빵을 만날 수 있는 곳. 1982년 문을 연 빵집으로 2대째 운영 중이다. 특허까지 받은 메론빵은 메론 크림으로 속을 가득 채워서 한 입 베어 물면 향긋함이 퍼진다. 대구 사람들에게는 학창 시절 친구들과 수다 떨던 아지트 같은 추억이 있는 곳. 메론빵 3천 원대. 매일 08:00~23:00 운영. (83p E:2) 사진ⓒ한국관광 콘텐츠랩

대구 중구 국채보상로 602-1
#메론빵 #2대째운영

모에누베이커리 `카페` "유럽식 분수 정원과 산책로"

유럽 느낌 가득한 분수 정원이 이곳의 포토 스팟이다. 분수 중간에 있는 돌다리에 서서 이국적인 감성 사진을 찍을 수 있다. 야경도 멋져서 밤에 방문해도 좋은 곳. 대형카페인만큼 드넓은 정원과 산책로가 있어 아이들도, 반려견도 뛰어놀기 적합한 카페다. 건물 내, 외부는 모던한 인테리어로 꾸며져 있으며, 2층 루프탑은 노키즈존이다. (82p C:1)

경북 구미시 고아읍 봉한3길 4   #구미감성카페 #분수정원카페 #구미대형카페

너와숲 `카페` "은하수 길이 있는 도심 속 힐링 스폿"

@you_forest0509

블루리본을 획득한 도심 속 한옥 카페. 창문 너머 숲 뷰와 잘 가꾸어진 정원, 한옥 특유의 고즈넉한 분위기가 어우러져 편안한 느낌. 따스한 햇살이 쏟아지는 아늑한 좌식 공간이 이곳의 시그니처. 공간과 어울리는 흑임자 라떼, 쑥 크림 라떼가 인기 있다. 밤이 되면 반짝반짝 은하수 조명이 켜져 걷는 것만으로 힐링되는 곳. 10:55~23:00 영업, 매주 월요일 휴무. (82p C:1)

경북 구미시 고아읍 들성로 171-34   #한옥카페 #블루리본 #은하수길

평양아바이순대국밥 `맛집`
"30년 전통 순대국밥"

@easeo.1519

30년동안 운영하고 있는 순대국밥집. 깔끔하고 개운한 국물맛과 항정살, 오소리살 등 100% 국내산 돼지고기 3가지 부위가 듬뿍 들어 있다. 돼지고기 잡내도 없고 푸짐하다. 좌식, 입식 테이블 보유. 밀키트도 출시 해 집에서도 간편하게 즐길 수 있다. 아기의자 보유, 연중무휴 (82p C:1)

경북 구미시 고아읍 들성로 61 1층
#전통순대국 #문성맛집 #깔끔한국물

금오산 "구미시 벚꽃 단풍 명소"

금오지

소백산맥의 지맥에 솟은 산으로, 산 전체가 기암절벽을 이루고 있다. 영남 8경 중 하나로 케이블카를 타고 올라갈 수 있다. 봄에는 금오산 초입부터 금오천 벚꽃산책길까지의 벚꽃 군락이 아름답고, 가을에는 대혜(명금)폭포, 해운사, 도선굴 주변의 단풍이 절경을 이룬다. 케이블카 성인 편도 6,000원. 매일 09:00~17:00 운영. (82p C:1)

경북 구미시 금오산로 434-1   #금오산 #대혜폭포 #단풍

구미금오랜드 "야경이 아름다운 놀이공원"

금오산 도립공원 내에 있는 놀이공원. 바이킹, 범퍼카, 공중자전거, 회전목마, 오락실, 볼 풀장 등이 있고, 수영장, 아이스링크, 눈썰매장, 레이저 매직&벌룬 쇼도 즐길 수 있다. 특히 야간에 볼 수 있는 일루미네이션이 인상적이다. (82p C:1) 사진ⓒ한국관광 콘텐츠랩

경북 구미시 남통동 253 금오랜드
#바이킹 #회전목마 #야간개장

도선굴
"금오산에 위치한 신비로운 자연 동굴"

금오산에 위치한 자연 동굴로, 통일신라 말 풍수지리설의 대가인 도선 대사가 참선하여 도를 깨우친 곳으로 알려져 있다. 금오산 입구 탑승장에서 케이블카를 타고 해운사 승강장에서 하차. 아슬아슬한 벼랑에 조성된 탐방로를 따라 오르면 신비로운 굴과 함께 낙동강, 구미 시내가 한눈에 펼쳐진다. 바로 아래에 웅장한 대혜폭포가 있어 함께 둘러보기 좋다. (82p C:1) 사진ⓒ한국관광 콘텐츠랩

경북 구미시 금오산로 434-1
#금오산 #도선대사 #케이블카

서울깍두기 [맛집] "간과 허파 무한리필"

@food.started

메뉴는 고기, 내장, 순대가 포함된 순대국밥과 고기만 있는 돼지국밥, 순대 총 3가지. 간과 허파가 무한으로 제공되어 맘껏 맛 볼 수 있는 곳이 이곳의 특징. 18시간 우려낸 뽀얀 국물이 담백하다. 개인 기호에 맞게 부추, 청양고추 다대기를 넣으면 맛이 더 살아난다. 일요일 정기휴무 (82p C:2)

경북 칠곡군 약목면 금오대로 41
#간허파무한제공 #노포국밥 #국밥맛집

구미에코랜드 "다양한 체험을 할 수 있는 테마파크"

모노레일 타고 숲속 생태체험을 즐길 수 있는 산림테마파크. 숲 해설, 목공예 체험, 항공 과학 체험 등 자연과 과학을 주제로 한 다양한 체험 프로그램으로 2022년 대한민국 안심 관광지로 선정되기도 했다. 모노레일 성인 6,000원, 짚코스터 10,000원. 09:00~18:00 운영, 매주 월요일 휴무. (84p A:1) 사진ⓒ한국관광 콘텐츠랩-김지호

경북 구미시 산동읍 인덕1길 195   #목공예 #항공체험 #모노레일

가산수피아 `추천` "사시사철 예쁜 꽃과 아이들이 좋아하는 놀이 공간"

전국 최대 규모의 민간 정원으로, 계절마다 벚꽃, 핑크뮬리, 라벤더 꽃을 보면서 감성 충전을 할 수 있는 곳. 움직이는 공룡, 아이들이 좋아하는 놀이기구도 있어서 여유롭게 즐기려면 아침 일찍 방문하기를 추천한다. 그밖에 미술관, 수목원, 캠핑장, 카페 등이 있다. 입장료 무료. 연중무휴 10:00~18:00 운영. (84p A:2) 사진ⓒ한국관광 콘텐츠랩

경북 칠곡군 가산면 학하들안2길 105   #칠곡수목원 #칠곡캠핑장 #칠곡미술관

칠곡 매원마을

"살아 내려옴으로 연꽃은 이어져 가고"

영남 3대 마을로 지정된 매원마을의 고택단지 안에 조성된 연꽃지. 매원마을에서 동북 방향으로 350m 이동하면 고택들이 보이고 그중 해은고택 맞은편 방향에 정자와 연꽃지가 조성되어 있다. 다양한 연꽃과 수련이 피어나 눈을 즐겁게 한다. 연꽃지가 위치한 매원마을은 아직도 어르신들이 거주하고 계시는 집성촌이며, 매원마을 지경당은 경북 문화재자료 620호로 지정되기도 했다. (84p A:2)

경북 칠곡군 왜관읍 매원리 404-1
#연꽃 #정자 #시골풍경

가실성당 "오래된 성당의 운치를 더하는 배롱나무"

경상북도 유형문화재. 100년이 넘는 역사를 지닌 성당이다. 붉은색 벽돌로 지어진 성당이 주는 경건함, 세월이 느껴지는 거룩함 모두 성지순례지로서의 가치를 충분히 더하고 있다. 여름이면 배롱나무가 활짝 피어 그 아름다움이 배가 된다. 드라마 '폭싹 속았수다'의 결혼식 장면의 배경이 된 곳이다. 화,목,토 13:30~20:30, 수,금 09:00~16:00, 일 07:00~16:00 운영. 매주 월요일 휴무. (84p A:2)

경북 칠곡군 왜관읍 가실1길 1   #경북유형문화재 #성지순례 #배롱나무

마타아시타 `맛집`
"정갈하고 푸짐한 일본 가정식"

대표메뉴는 치킨난반 정식으로 이 외 미소카츠, 돈카츠 카레 등이 있다. 치킨난반 정식은 닭다리 살을 이용한 미야자키현의 명물 요리로, 겉바속촉한 튀김과 간장 소스로 간을 해서 먹으면 된다. 카레는 순한맛, 중간맛, 매운맛 선택이 가능하다. 짙은 원목빛의 인테리어로 안락한 분위기를 느낄 수 있다. 브레이크타임 16시~17시 (82p B:1)

경북 김천시 시청1길 27 마타아시타
#일본가정식 #김천맛집 #치킨난반정식

@yj2070520

교동 연화지 벚꽃
"연못에 비춘 정자, 벚꽃 사진촬영으로 유명"

연화지는 경북 김천시 교동에 있는 조선 시대 조성된 연못으로, 봄철에는 연못을 둘러싼 벚꽃의 전경이 아름답다. 연못 가운데에는 정자가 있는데, 연못을 둘러싼 벚꽃과 정자, 그리고 연못에 비춘 이들의 모습을 담는 사진 촬영지로 유명하다. (82p B:1)

경북 김천시 교동 820-2
#연못 #벚꽃 #사진

한개마을
"오랜 역사를 가진 성산이씨의 전통마을"

600년 넘는 역사를 가진 전통마을로, 옛 모습을 간직한 기와집과 초가집 70여 채가 모여있다. 국가적으로 많은 인재를 배출해낸 양반 가문 성산 이씨 집성촌이기도 하다. 마을 전체가 국가민속문화유산으로 지정되었을 정도로 역사적 가치가 크다. 옛스러운 돌담길을 걸으며 고즈넉한 분위기를 즐기기 좋다. 매일 09:00~18:00 운영. (82p C:2) 사진ⓒ한국관광 콘텐츠랩

경북 성주군 월항면 한개2길 8-5
#기와집 #초가집 #전통체험

성밖숲 추천 "성주의 왕버들 숲"

천연기념물 403호로 지정된 자연숲으로, 왕버들 군락지로 유명하다. 300~500년 수령의 왕버들 50여 그루와 함께 보라색 맥문동 꽃이 조화를 이룬다. 산책로가 길지 않지만 나무 사이를 걸으며 힐링할 수 있다. 최근 복원을 마친 성주 읍성 및 성주 역사테마공원이 근처에 있으니 함께 방문하면 좋다. (82p C:2)

경북 성주군 성주읍 경산리   #왕버들 #성주읍성 #가을여행지

촌두부집 맛집
"시골할머니집 감성에 노포 맛집"

산 속 아래 30년동안 운영하고 있는 곳으로 시골 할머니집 분위기를 물씬 느낄 수 있는 곳이다. 국산콩을 사용한 두부와 칼국수 면을 매일 직접 만들어 제공한다. 가격 대비 양도 푸짐하고 간이 삼삼한 편이라는 맛. 기호에 맞게 간장을 추가해 먹을 수 있다. 바로 옆 계곡. 재료 소진 시 조기 마감, 월요일 정기휴무 (82p C:2) 사진ⓒ한국관광 콘텐츠랩

경북 성주군 월항면 지산로 64 촌두부집
#시골할머니집감성 #계곡뷰

회연서원 "봄을 맞이하는 매화꽃의 향기가 가득한 멋스러운 옛 서원"

조선시대 학자 한강 정구 선생이 제자들을 교육하기 위해 만든 서원. 옛스러움 그대로 간직한 고즈넉한 유적지. 매화 1백 그루 이상 심어져 있다고 해서 '백매원'이라고도 불리기도 했다. 가볍게 산책을 하거나 쉬어가기 좋은 곳. (82p C:2) 사진ⓒ한국관광 콘텐츠랩

경북 성주군 수륜면 동강한강로 9
#매화꽃 #대구근교나들이 #백매원

송산능이백숙 맛집
"푸릇푸릇 숲을 보며 건강한 몸보신"

@doni.spapa

한옥스타일의 외관으로 창 밖으로는 푸른 숲을 볼 수 있다. 능이 백숙, 능이 오리백숙, 능이 소고기전골, 능이 삼계탕이 있으며 백숙은 사전 예약을 해야 한다. 1인당 1개씩 깍두기, 3종 장아찌 반찬이 제공된다. 능이버섯 특유의 향과 야들야들한 고기 맛이 특징이다. 월요일 정기휴무 (82p C:3)

경북 고령군 다산면 성암로 809
#정부지정안심식당 #푸른숲뷰 #몸보신

대가야 역사테마관광지 "찬란한 문화를 가진 대가야의 역사 관광지"

대가야박물관

대가야박물관

토기, 철기 문화가 번성했던 대가야의 역사를 살펴보고 다양한 체험을 즐길 수 있는 역사테마파크. 농기구 체험 등 농촌체험을 즐길 수 있고, 넓은 캠핑장과 펜션이 마련되어 있어 이곳에서 숙박하는 가족 여행객들도 많다. 근처에 또 다른 체험시설인 '대가야 생활촌'이 있으며, 고령 지산동 고분군에서 출토된 대가야 유물을 전시하는 대가야박물관도 함께 방문할만 하다. 화~일 09:00~18:00 운영, 매주 월 휴무. (82p C:3) 사진 ⓒ한국관광 콘텐츠랩

경북 고령군 대가야읍 대가야로 1216   #역사박물관 #농촌체험 #캠핑장

고령 지산동 고분군 추천 "가야의 역사는 우리가 생소해!"

5~6세기의 대가야 시대 고분군. 현재 무덤이 수백 기에 이르고 있으나 확실히 구분되는 무덤에 한해 번호를 부여해서 현재 72호 무덤까지 정해져 있다. 오르막길이 다소 가파르지만 가장 위에 올라가면 시가지를 한눈에 내려다 볼 수 있어 전망도 좋다. 근처에 '대가야유적지'도 있으니 들러보는 것을 추천한다. (82p C:3)

경북 고령군 대가야읍 지산리   #가야 #역사 #무덤

유림식당 맛집

"생선, 해산물이 들어 있는 얼큰한 국수"

주메뉴는 모리국수로 싱싱한 생선과 해산물을 모디(모아의 사투리) 넣고 여럿이 냄비째로 나누어 먹는다는 뜻이다. 생선, 골뱅이, 홍합, 콩나물 등 각종 해산물과 야채를 넣고 양념장과 푹 끓여 먹는 방식으로 부드러운 생선살과 쫄깃한 면발이 조화롭다. 적당히 얼큰하고 칼칼한 맛이 난다. 매일 11:30~18:00 운영. 14:30~16:00 브레이크타임. (85p F:2)

사진 ⓒ한국관광 콘텐츠랩

경북 포항시 남구 구룡포읍 호미로 227-6
#얼큰칼칼 #모리국수

구룡포 일본인 가옥거리

구룡포 일본인 가옥거리 추천 "100년 전 조선을 침략한 일본인들이 살던 곳 그리고 '역사거리'로 재탄생"

100년 전 일본인들이 거주하던 거리. 원래 가옥 몇 개만 남아있었으나 당시의 생활상과 일제강점기 착취당했던 역사를 기억하는 교육장으로 삼고자 최근 근대문화역사거리로 조성했다. 드라마 '동백꽃 필 무렵'의 촬영 장소이기도 하다. 드라마에 등장한 계단에서 인증 사진은 필수. 구룡포 근대역사관도 꼭 함께 방문해보자. (85p F:2)

경북 포항시 남구 구룡포읍 호미로 277   #근대 #일본인가옥 #역사거리 #드라마촬영지

까멜리아 카페 "내가 동백이가 되는 곳, 드라마 여운 가득 감성 카페"

인기 드라마 '동백꽃 필 무렵'에서 동백이가 운영했던 가게. 현실에선 술집이 아니라 동백빵과 과메기빵, 동백 샌드, 육식샌드로 유명한 카페. 곳곳에서 드라마의 진한 여운이 느껴진다. 아기자기하게 꾸며진 카페 공간은 물론 굿즈 가득 동백서점과 추억의 오락실, 셀프 사진관 등이 있어 볼거리, 즐길 거리 풍부한 작은 복합문화공간이다. 카페 입구 간판 아래 포토존에서 기념 사진도 남겨볼 것. 구룡포 일본인 가옥 거리 공용주차장 주차장 이용 추천. (85p F:2) 사진ⓒ한국관광 콘텐츠랩

경북 포항시 남구 구룡포읍 구룡포길 135-1   #드라마 #동백꽃필무렵 #술집아닌카페

구룡포 근대 역사관 "일본 전통 가옥에서 배우는 근대사"

마치 100년 전 일본에 온 것 같은 이국적인 분위기. 일제강점기에 지어진 일본인 가옥을 복원한 공간으로, 당시 구룡포의 어업 활동과 일본 이주민들의 삶, 조선인들이 겪었던 아픔을 유물을 통해 전시하고 있다. 일본 전통 가옥의 특징인 정원, 다다미방, 현관이 원형 그대로 보존되어 있어 당시 일본인들의 생활 모습을 엿볼 수 있다. 구룡포 근대문화역사거리 안에 위치. 입장료 무료. 10:00~17:30 운영, 매주 월요일 휴무. (85p F:2) 사진ⓒ한국관광 콘텐츠랩-김지호

경북 포항시 남구 구룡포읍 구룡포길 153-1   #일본전통가옥 #근대사 #일제강점기

포항 운하 유람선
"옛 물길 따라 포항 운하 한 바퀴"

옛 물길을 복원한 운하를 돌아보는 유람선. 송도해수욕장과 운하를 한 바퀴 도는 코스와 포항 운하를 왕복하는 코스가 있다. 매일 10:00~16:50 운영. 성인 15,000원. (85p E:2) 사진ⓒ한국관광 콘텐츠랩

경북 포항시 남구 해도동 489-6
#포항운하 #송도해수욕장

호미곶 추천 "학교 다닐 때 배웠던 전국지도의 호랑이 꼬리 부분"

포항시 장기 반도의 끝에 있는 곳. '곶'이란 바다로 돌출한 육지라는 의미인데, 그 규모가 크면 반도라고 부른다. 김정호는 대동여지도를 만들면서 국토 최동단을 측정하기 위해 이곳을 일곱 번이나 답사한 후 호랑이 꼬리라고 기록했다. 이것이 '호미'라는 이름의 기원이 되었다. 이곳은 '상생의 손'이라고 하는 수상 조형물이 있어 더욱 알려지기 시작했다. (85p F:2)

경북 포항시 남구 호미곶면 대보리 221-1   #대동여지도 #상생의손

덕동문화마을 "여강 이씨 전통마을"

여강 이씨 집성촌이자 한옥체험이 가능한 전통문화마을이다. 전통음식 만들기, 전통문화 체험뿐만 아니라 한옥에서 직접 숙박도 할 수 있다. 고즈넉한 한옥을 둘러싼 소나무 숲, 용계천과 계곡 풍경이 특히나 아름답다. 체험 일주일 전 예약 필수, 매주 월요일 휴관. (85p D:1) 사진ⓒ한국관광 콘텐츠랩

경북 포항시 북구 기북면 오덕리 210
#한옥체험 #전통문화체험 #가족여행

영일대한티재 맛집

"포항의 맛을 느낄 수 있는 한식 음식점"

@yoonsooyeon84

포항보쌈과 순두부전문점으로 2시간 삶아 기름기 뺀 갓 삶은 수육과 다양한 해물 및 수제 순두부가 들어가 맛 좋은 음식을 즐길 수 있다. '한식의 티나는 재구성'을 모티브로 건강한 식재료를 사용해 맛있는 음식을 맛볼 수 있다. 아기의자 보유, 단체석 완비. 브레이크 타임 15시~17시, 재료 소진 시 조기마감 (85p E:2)

경북 포항시 북구 삼호로 384 영일대한티재
#포항영일대맛집 #스카이워크맛집 #보쌈한상

환호 스페이스워크 추천 "포항 해변을 내려다보는 아찔한 스카이워크"

포항 해변 일대가 내려다보이는 바닷길 스카이워크로, 2021년 개장한 국내 최대 규모의 체험형 조형물이기도 하다. 2023년 '대한민국 정책브리핑'에서 가장 많이 열람한 여행지로 꼽히기도 했다. 야간에는 화려한 조명으로 꾸며져 야경 감상하기도 좋다. 입장료 무료. 4~10월 10:00~20:00, 11~3월 10:00~17:00 운영. 주말에는 1시간 연장 운영. 매달 첫 번째 월요일 휴무. (85p E:2)

경북 포항시 북구 환호공원길 30　#동해전망 #스카이워크 #야간개장

영일대 해수욕장 "국내 유일의 해 상누각과 포스코의 야경이 한번 가볼만하다."

국내 유일의 해상 누각인 영일정이 있는 곳. 누각을 비추는 등 때문에 야경 감상하기에 좋다. 누각에 오르면 포스코가 보이는데 포스코 야경도 유명하다. (85p E:2)

경북 포항시 북구 두호동 1015　#영일정 #포스코야경

보경사 12폭포 "3시간 정도의 등산으로 12개의 자연폭포를 감상해보자"

경북 3경에 해당하는 12개의 자연폭포로, 3시간이면 12폭포를 모두 볼 수 있다. 보경사에서 출발해 상생폭포, 보현폭포, 관음폭포 등이 이어진다. 12폭포 중에서도 연산폭포(내연폭포)는 규모가 가장 크고 웅장해 우렁찬 물소리를 자랑한다. (85p E:1)

경북 포항시 북구 송라면 중산리 622   #자연폭포 #등산로

죽도시장 추천 "언제나 북적이는 포항 식도락 여행 필수 코스"

50년 역사를 자랑하는 동해안 최대 규모의 포항 전통시장. 사계절 내내 신선한 회와 대게, 문어 등 동해의 수산물을 저렴하게 맛볼 수 있는 포항 식도락 여행 필수 코스. 포항의 별미 물회 맛집들이 곳곳에 숨어 있고, 겨울이면 쫀득한 과메기를 직접 시식하고 구매할 수 있어 많은 사람이 찾는다. 수제비 골목에서 따끈한 한 끼를 즐겨보아도 좋다. 매일 08:00~22:00 영업. (85p E:2) 사진ⓒ한국관광 콘텐츠랩

경북 포항시 북구 죽도동 2-4   #전통시장 #물회 #과메기

환여횟집 맛집 "생선회 물회 맛집 "

물회로 유명한 곳. 포항의 물회는 조금 더 맵고 진한 맛을 자랑한다. 고추장이 기본이 되는 물회. 쫀득한 활어에 진한 육수가 조화롭다. 함께 제공되는 매운탕 또한 기본 이상의 맛이니 함께 먹어보자. (85p E:2) 사진ⓒ한국관광 콘텐츠랩

경북 포항시 북구 해안로 189-1
#물회 #물회국수 #매운탕포함

이가리닻전망대 `추천` "드라마 <런온>, <갯마을차차차>에서 나왔던 전망대"

떠오르는 일출 명소. 닻 모양을 하고 있는 전망대이다. 파도가 부서지는 바다 위로 100m가 넘는 데크길이 펼쳐진다. 해송과 함께 기암괴석까지 함께 즐길 수 있다. 전망대의 끝부분인 닻의 화살표는 독도를 가리키고 있다. (85p E:1)

경북 포항시 북구 청하면 이가리 산 67-3 이가리간이해수욕장 인근   #일출명소 #닻 #데크길

시민제과 `빵집` "정통 찹쌀떡과 단팥빵의 클래식함을 느낄 수 있는 곳"

포항의 1호 제과점으로 70년 넘은 역사를 가지고 있는 포항 대표 빵집. 개업한 연도인 1949년을 이름에 담은 1949단팥빵과 1949찹쌀떡이 대표 메뉴다. 쫄깃한 빵과 달지 않은 팥앙금이 특징. 한편으로는 마들렌, 소금빵 같은 트렌디한 빵도 있어서 메뉴 폭이 넓다. 여름에 방문한다면 진하고 달콤한 밀크쉐이크도 꼭 먹어볼 것. 단팥빵 2천 원대. 매일 09:00~22:00 운영. (85p E:2) 사진ⓒ한국관광 콘텐츠랩

경북 포항시 북구 불종로 48   #단팥빵 #찹쌀떡 #밀크쉐이크

갯마을 차차차 촬영지
"드라마 속 공진을 포항에서 만나는 법"
드라마 '갯마을 차차차'에 등장하는 곤륜산 활공장. 인조 잔디밭에 앉으면 오봉산의 능선은 물론, 칠포항을 한눈에 내려다볼 수 있어 막혔던 속이 뻥 뚫리는 기분이다. 주차장에 주차 후 도보 20분 정도 걸어 올라가야 한다. 오르막이 꽤 높기 때문에 편한 신발 착용. (85p E:1)

경북 포항시 북구 흥해읍
#갯마을차차차 #곤륜산활공장 #청하시장

스테이 흥해랑 STAY "자연광 쏟아지는 곡선과 직선의 공간"

@stay_hhaerang

평범한 시골 풍경 속에 자연스럽게 자리 잡은 특별한 독채 스테이. 곡선과 직선이 어우러진 세련된 공간 속 중정과 잔잔한 프라이빗 풀이 마음을 평화롭게 한다. 통창 너머 따스한 자연광이 쏟아지는 화이트톤 실내는 우드톤 가구와 포인트 컬러 가구가 어우러져 아늑한 분위기.

경북 포항시 북구 흥해읍 한동로327번길 6   #중정 #프라이빗 #자연광

화랑설화마을
"천 년 신라의 화랑정신을 체험해 보자"

천 년 신라 화랑정신과 설화를 현대적으로 재

해석한 복합 문화 공간. 4D 영상과 VR 체험이 가능한 신화랑 주제관과 김유신 장군의 생애를 따라가는 설화 재현 마을, 화랑 전통 무예를 체험하는 국궁 체험장 등 다양한 전시와 체험 시설을 갖추고 있다. 아이를 동반한 가족에게 추천. 매주 월요일 휴관, 시설별, 월별 운영 시간이 상이하므로 홈페이지 확인 필수.
(84p C:2) 사진ⓒ한국관광 콘텐츠랩

경북 영천시 금호읍 거여로 426-5
#화랑정신 #신라역사문화 #체험

임고서원 "정몽주의 업적을 기리는 서원"

고려 시대 충신이자 유학자였던 포은 정몽주

의 업적을 기리는 서원으로, 경상북도 기념물 62호로 지정되었다. 전통문화체험 행사와 예절 체험학습 등 다양한 문화행사가 열린다.
(84p C:2) 사진ⓒ한국관광 콘텐츠랩

경북 영천시 임고면 포은로 447
#정몽주 #문화유적 #전통체험

반곡지 추천 "완벽한 반영샷을 찍을 수 있는 곳"

사진 애호가들에겐 손꼽히는 출사지로, 드라마 관계자들에겐 인상 깊은 촬영지로 유명한 곳이다. 오랜 세월 자리를 지켜온 왕버들이 150m나 터널처럼 이어져 있는데, 그 버들이 저수지 물에 반영되어 환상적인 장면을 연출한다. 물과 하늘, 초록의 나무들이 완벽하게 대칭을 이룬다. 거울에 비친 듯 호수의 반영샷이 그림 같은 곳이다. (84p C:3)

경북 경산시 남산면 반곡리 246   #저수지 #반영샷 #왕버들

잔치국수 맛집
"육수 맛으로 입소문 난 잔치 국숫집"

배춧잎, 명태 껍질, 소금구이 멸치, 건새우 등을 넣고 끓인 비법 육수가 기막히게 맛있는 잔치 국숫집. 주인장이 <생활의 달인> 잔치국수편 달인으로 출연하기도 했다. 양도 매주 푸짐하다. (84p B:2)

경북 경산시 압량읍 대학로 647
#잔치국수 #비빔국수 #푸짐

보현산 천문대 "나와 별의 연결고리"

우리나라 3대 천문대 중 하나. 영천시 일대 가장 높은 산에 위치하여 천체 관측뿐만 아니라 일출, 일몰 명소이기도 하다. 전국에서 별이 가장 잘 보이는 곳이고, 국내 최대 규모를 자랑한다. (84p C:1) 사진ⓒ한국관광 콘텐츠랩

경북 영천시 화북면 정각길 475
#별보기 #일출 #일몰

진미손칼국수 맛집
"깔끔한 국물맛이 끝내줘요"

@_foodjoha

직접 손으로 칼국수, 수제비를 만들어 제공하는 곳. 바지락칼국수, 들깨칼국수, 얼큰해물칼국수, 보리비빔밥, 수육 등이 있다. 대표메뉴는 바지락칼국수로 깔끔한 국물맛과 쫄깃한 면발이 맛있다. 자극적이지 않은 옛 칼국수 맛을 느끼고 싶다면 추천한다. 화요일 정기휴무 (84p C:2)

경북 영천시 임고면 포은로 1067-22 진미손칼국수
#수타면 #옛칼국수맛 #깔끔한국물

영천전투메모리얼파크
"6.25 영천 전투를 기리며"

6.25 전쟁 때 영천전투가 있던 장소로, 공원 곳곳에 6.25 때 일어난 영천전투를 주제로 삼은 전시실과 추모시설 등이 마련되어 있다. 서바이벌 체험장도 운영하고 있으며 전망타워는 무료로 입장 가능하다. 서바이벌 체험 성인 15,000원(종류별 상이). 3~10월 10:00~18:00, 11~2월 10:00~17:00 운영. 매주 월요일 휴무. (84p C:2) 사진ⓒ한국관광 콘텐츠랩

경북 영천시 교촌동 11-33
#영천전투 #서바이벌체험 #전망타워

운문사
"솔바람길 따라 힐링을 선사하는 천년 고찰"

신라 진흥왕 시기 창건된 천년 고찰. 우리나라 최대 규모의 비구니 승가대학으로 유명하며, 보물로 지정된 동·서 삼층 석탑과 아름다운 모습의 천연기념물 처진소나무 등 소중한 문화유산을 간직한 곳이다. 사찰 입구부터 운문천을 따라 펼쳐지는 솔바람길은 울창한 소나무 숲과 시원한 계곡 소리가 어우러져 고즈넉한 분위기 속에서 산책하며 힐링하기 좋다. (84p C:3)

경북 청도군 운문면 운문사길 264
#천년고찰 #처진소나무 #솔바람길

버던트 [카페] "비대칭 벽면과 야자수가 포인트"

@cafe_verdant

비대칭으로 벽을 뚫어서 예술적인 느낌이 든다. 이 벽을 배경으로 사진을 찍으면 벽면이 큰 프레임이 된다. 사진 채도를 낮추면 더욱 분위기 있는 사진이 된다. 카페에 들어서면 양쪽으로 야자수가 심어져 있어 식물원에 온 듯한 느낌이 든다. 폐공장을 개조한 카페로 천장이 높고 공간이 넓어 시끄럽지 않다. 아보카도가 들어간 메뉴가 유명하다. (84p B:3)

경북 청도군 이서면 연지로 330
#청도 #액자포토존 #베이커리카페

청도 와인터널 [추천]
"감 와인이 익어가는 터널"

폐 터널이 와이너리로 변신했다. 15만 병이 넘는 와인을 저장하고 있는 와인터널은, 청도의 반시로 만든 와인도 판매하고 있다. 특히 여름엔 서늘할 정도로 시원한 이곳으로 피서를 와도 좋다. 터널 끝 쪽엔 소원을 걸어두는 곳이 있어 꿈을 숙성시켜준다고도 한다. (84p B:3)

경북 청도군 화양읍 송금길 100
#와인 #터널 #폐터널

군파크 루지테마파크 "청도에서 즐기는 루지"

2021년 개장한 민간 레저 테마파크로, 국내 최장 1.88km의 트랙 길이를 자랑한다. 직선, 곡선 등 코스가 다양해 짜릿한 속도감을 느낄 수 있다. 출발 지점에서는 청도의 아름다운 풍경이 한눈에 보인다. 36개월 미만 어린이는 이용할 수 없으며 만 10세 미만은 성인 보호자와 동반 탑승 필수. 성인 1회 17,000~20,000원. 하절기 기준 10:00~20:00 운영, 시기별 운영시간 상이하므로 방문 전 확인. (84p B:3) 사진ⓒ한국관광 콘텐츠랩

경북 청도군 화양읍 남성현로 350-30
#레저 #속도감 #액티비티

경상북도·대구 / 청도군

청도 유호연지 연꽃
"저수지와 정자가 그림같이 어울리는 곳"

청도 연지교차로, 연지휴게소 길 건너 맞은편 유호연지(유등지)에 있는 65,000㎡ 면적의 연꽃지. 연지를 가득 메우는 분홍빛 홍련이 아름답다. 연지 동쪽 중앙에 위치한 군자정이라는 정자도 유명하다. 유호연지는 청파극담의 저자 이육이 연산군 때 만든 것이다. (84p B:3)

경북 청도군 화양읍 유등리 783-2
#분홍연꽃 #군자정

화덕촌 `맛집` "참나무 화덕에 구운 피자"

피자, 스테이크, 스파게티, 리조또 등 다양한 양식 음식을 맛볼 수 있는 곳이다. 화덕촌 시그니처 피자가 대표메뉴로 통통한 새우, 바질 페스토, 루꼴라, 발사믹소스, 치즈가루가 올라간다. 참나무 화덕에 구워 향긋한 참나무향과 고소담백한 피자 맛이 좋다. 좌석 태블릿 주문하는 시스템. 포장가능, 연중무휴 (84p B:3) 사진ⓒ한국관광 콘텐츠랩

경북 청도군 화양읍 화양로 72 1층 화덕촌
#참나무화덕 #화덕피자 #청도맛집

청도 프로방스 `추천` "청도에서 만나는 프랑스 시골 마을"

프랑스 시골 마을풍으로 꾸민 공간에 다양한 콘셉트의 조명을 더한 '청도 프로방스 빛축제'가 열리는 곳. 우리나라 최대 규모 빛 축제장으로도 널리 알려져 있다. 화려한 빛으로 꾸민 기찻길이 주요 사진 촬영 포인트. 눈썰매장, 글램핑장도 운영한다. 성인 주중 13,000원, 주말 14,900원. 연중무휴. 평일 15:00~21:30, 주말 13:00~22:00 운영. (84p B:3)

경북 청도군 화양읍 이슬미로 272-23   #유럽감성 #포토존 #빛축제

키에튀드 STAY "깊은 산속 고즈넉한 힐링 공간"

@_qui_etude_

아름다운 자연 속에 위치한 고요한 스테이. 복잡한 일상에서 벗어나 오롯이 휴식을 즐기기 좋은 숲속 집이다. 실내는 화이트와 브라운이 어우러진 편안한 분위기. 간살 문 사이로 들어오는 햇살이 따사롭다. 폴딩 도어를 열면 정원과 연결되는 테라스에서 나만의 힐링을 즐겨보자. 산불 예방을 위해 바비큐 불가, 간단한 조리 가능. 조식 제공.

경북 청도군 매전면 관하실길 54-124   #숲속 #테라스 #힐링

루오 스테이 STAY "숲을 배경으로 즐기는 프라이빗 풀"

@luostay_official

고요한 자연 속에서 나에게 집중하며 사색하기 좋은 곳. 실내는 마치 갤러리에 온 듯한 화이트 톤 고급스러운 분위기. 폴딩 도어를 열면 그대로 자연과 연결되는 넓은 풀과 테라스가 이곳의 시그니처이다. '5호'의 삼면 유리 통창 히노키탕은 숲을 향해 나와 있어 마치 숲에 떠 있는 듯한 느낌을 주는 최고의 힐링 스폿. '3호' 반려동물 동반 가능.

경북 청도군 풍각면 봉수길 642   #테라스 #히노키탕 #힐링

전촌용굴 "용이 드나들던 동굴에서 인생사진을"

파도와 시간이 만들어낸 걸작, 해식동굴. 전촌항의 용굴로 가는 해파랑길은 어디를 찍어도 근사한 작품 같다. 군 작전지역으로 출입이 어려웠던 곳이나 최근 공개되었다. 동굴 사이로 파도가 밀려오기 때문에 안전에 각별히 유의해야 한다. 오르막 계단 산책로를 15분 정도 걷다 보면 보인다. 용이 드나들었던 동굴에서 인생사진을 찍어보자. 전촌항 앞 무료 주차장에 주차. (85p F:3)

경북 경주시 감포읍 장진길 37 39   #해식동굴 #해파랑길 #인스타핫플

경주타워
"황룡사 9층 목탑 품은 경주의 랜드마크"

경주의 랜드마크 타워. 황룡사 9층 목탑을 음각으로 품은 디자인으로 유명하다. 밤이 되면 조명이 켜지며 신비로운 분위기를 자아내는 곳. 82m 높이 전망대에 오르면 보문호수의 탁 트인 전경을 한 눈에 담을 수 있다. 타워 관람 후 천마의 궁전, 솔거미술관 등을 둘러보기 좋다. 경주엑스포대공원 입장권 대인 기준 12,000원. 계절별 탄력 운영으로 방문 전 홈페이지 확인 필수. (85p E:3)

경북 경주시 경감로 614
#경주랜드마크 #황룡사9층목탑 #전망대

또봇 정크아트뮤지엄
"폐자원의 새로운 변신"

폐자동차를 이용해 제작한 대형로봇과 같이 정크아트를 경험해볼 수 있다. 카봇, 또봇과 같은 변신로봇이 아이들의 상상력을 자극한다. 로봇을 조립하고 조종해볼 수 있는 다양한 체험 시설이 갖추어져 있다. (85p E:3)

경북 경주시 경감로 614
#정크아트 #또봇 #디오라마

송대말 등대 "스노클링의 성지"

감포 앞바다를 지키고 있는 등대. 감은사지 석탑을 본떠 만든 등탑도 있다. 300년이 훌쩍 넘은 소나무들과 어우러져 조화를 이룬다. 최근 스노클링의 성지로도 꼽힌다. 일제강점기 당시 양식장으로 사용하던 웅덩이가 스노클링 명소로 유명해졌다. 파도가 세지 않고 웅덩이 역시 넓어서 비교적 안전하게 즐길 수 있다. 수협감포활어직판장에 주차 가능. (85p F:3)

경북 경주시 감포읍 척사길 18-94

#감은사지석탑등탑 #소나무 #스노클링성지

양동마을

양동마을 `추천` "유네스코 문화유산으로 지정된 전통마을"

옛 문화와 건축물들이 그대로 보존되어 있는 전통체험마을. 경주 손 씨와 여강 이씨의 집성촌으로, 옛 모습을 간직한 기와집, 초가집들이 모여있다. 유네스코 세계문화유산으로 지정되었으며, 무첨당, 관가정 등 일부 건물들이 국가 문화재로 지정될 만큼 그 역사적 가치가 높다. 성인 4,000원. 4~9월 09:00~18:00, 10~3월 09:00~17:00 운영. (85p E:2)

경북 경주시 강동면 양동마을안길 91   #기와집 #초가집 #전통체험마을

무첨당
"손님을 맞이하던 사랑채는 이렇게 생겼어"

조선 중기에 지어진 집으로, 조선시대 성리학자였던 회재 이언적 선생의 종가 사랑채에 해당한다. 손님을 접대하거나 책을 읽는 등 휴식의 용도로 사용되었으며 당시 조선의 건축과 생활상을 느낄 수 있다. 대청 오른쪽 벽의 '좌해금서'라는 현판은 흥선대원군이 직접 쓴 것이니 놓치지 말고 살펴보자. 회재 이언적 선생의 유물을 보관하고 있다. (85p D:2)

경북 경주시 강동면 양동마을안길 32-19
#성리학자 #사랑채 #조선건축

향단 "양동마을 가면 여기는 꼭 둘러봐"

양동마을 중에서도 가장 눈에 띄는 가옥. 회재 이언적 선생이 노모를 돌볼 수 있도록 중종이 지어준 집이라고 전해진다. 당시 상류주택의 일반적인 형식에서 과감히 벗어난 독특한 구조를 가지고 있다. 행랑채, 안채, 사랑채가 하나의 몸체로 이루어져 있고 마당이 2개인 점이 특이하다. 원래 99칸이었지만 한국전쟁으로 일부가 불타 56칸이 보존되어 있다. (85p D:2)

경북 경주시 강동면 양동마을길 121-83   #기와집 #99칸 #한옥

교동 최씨고택
"조선판 노블레스 오블리주의 상징"

교촌마을의 중심, 12대 400년 동안 막대한 부를 유지하면서도 이웃에 나눔을 실천했던 '조선판 노블레스 오블리주'의 상징이다. 사랑채, 안채 등 조선 시대의 전형적인 양반집 구조를 잘 간직한 곳으로 특유의 기품이 느껴지는 곳. 주변을 배려해 처마를 낮게 지은 것도 이곳의 특징이다. 고운 한복을 입고 솟을대문 앞에서 사진을 남겨보아도 좋다. 고즈넉한 담장 길을 따라 걸으며 잠시 여유를 즐기기 좋은 곳. 입장료 무료. 09:30~17:30 운영, 매월 마지막 월요일 휴관. (85p D:3)

경북 경주시 교촌안길 19-21
#최부자댁 #고택 #노블레스오블리주

엘로우 [카페] "나른하고 여유로운 그리고 편안한 보문호수 카페"

@sun070707

한옥의 고즈넉함과 현대의 세련된 감성이 어우러진 보문호수 뷰 카페. 편안한 공간에서 창문 너머 바라보는 호수 풍경이 아름다운 곳. 맑은 날엔 탁 트인 야외 좌석도 좋다. 슬로우 커피와 딸기라떼, 딸기나 바나나가 올라간 홈메이드 푸딩과 호두 크림치즈 곶감말이가 인기. 14세 미만 노키즈존. 매일 10:00~22:00 영업, 인스타그램에서 운영 시간 확인 필수. (85p E:2)

경북 경주시 경감로 375-16　#보문호수뷰 #한옥감성 #경주핫플

월정교 "신라의 달밤을 잇는 월정교"

경주를 대표하는 야경 명소, 월정교! 해가 지길 기다리는 사람들이 찾는 월정교 앞은 고즈넉한 공원 같다. 돌담 계단과 월정교를 반영하는 개울과 징검다리 모두 낭만적이다. 통일신라 시대 당시 지어졌던 교량이 최근 복원되어 그 웅장함을 자랑하는데, 밤이 되면 물가에 완벽히 반영되어 더 환상적인 매력을 뽐낸다. 09:00~22:00 운영. (85p D:3)

경북 경주시 교동 274　#월정교 #야경 #반영

보문관광단지

보문관광단지 추천 "오래전 중학교 수학여행 이후에 다시 찾은 곳"

보문호의 오리배

경주월드

50만 평의 인공호수 보문호 근처에 위치한 210만 평 규모의 관광단지. 많은 숙박 시설과 음식점이 모여 있는 곳으로, 차로 15분만 나가면 대릉원과 첨성대로 갈 수 있다. 가을에는 단풍나무와 은행나무가 아름답다. 2025년 APEC 정상회의를 개최하며 새롭게 설치한 알 모양의 조형물은 신라 박혁거세의 탄생 설화를 테마로 한다. 반드시 찍어야 할 포토존. (85p E:3)

경북 경주시 보문로 446　　#숙박 #식당 #중심가

경주동궁원 "기록 속 신라 동식물원을 재현한 테마 공간"

신라의 동궁과 월지가 우리나라 최초의 동식물원이었다는 기록을 재해석하여 조성한 사계절 체험 관광 시설이다. 신라 궁궐 양식의 이색적인 유리 온실인 동궁 식물원과 다양한 조류를 가까이에서 보고 체험할 수 있는 경주 버드파크를 중심으로 구성. 보문관광단지 입구에 위치. 식물원 09:30~19:00, 체험관 09:30~18:00 운영, 매주 월요일 식물원 휴무. (85p E:3) 사진ⓒ한국관광 콘텐츠랩

경북 경주시 보문로 74-14　　#동궁과월지 #동식물원 #보문관광단지

황룡원 "보문관광단지의 화려한 랜드마크"

보문관광단지의 랜드마크. 선덕여왕 때 지었던 황룡사 9층 목탑을 재현한 건물로, 9층 높이에 화려한 외관으로 유명한 곳이다. 가까이에서는 전체를 찍을 수 없으므로 경주 스마트 미디어 센터 앞에서 찍을 것을 추천. 황룡원을 배경으로 주변 예쁜 가로수를 함께 담을 수 있다. 교육 시설로 투숙객이나 교육생 외의 외부인은 내부 출입이 금지되니 참고하자. (85p E:3)

경북 경주시 엑스포로 40　　#보문관광단지 #선덕여왕 #황룡사9층목탑

보문호 "가을엔 단풍, 봄엔 벚꽃 그리고 호수 야경이 끝내주는 곳"

경주 동쪽에 있는 50만 평 규모의 인공호수. 걷거나 조깅할 수 있는 산책로가 잘 조성되어 있다. 가을에는 단풍이, 봄에는 벚꽃이 만발하며, 일몰 석양이 아름다워 많은 사람이 찾는 공원이다. 밤에는 달 모양의 문보트와 화려한 불빛의 경주월드가 어우러지는 야경을 감상할 수 있다. 보문호 둘레길을 따라 한 바퀴 걸으면 1시간 30분에서 2시간이 소요된다. (85p E:3)

경북 경주시 신평동　　#산책 #가족 #일몰

보문정 "하늘, 정자 그리고 연못의 꽃은 사진 촬영의 명소"

CNN이 선정한 '한국에서 가봐야 할 아름다운 장소' 11위에 뽑힌 곳. 팔각 정자와 연못 주변에 벚나무, 단풍나무가 있어서 봄에는 벚꽃, 여름에는 연꽃, 가을에는 단풍이 아름답다. 어느 계절에나 아름다워서 사진 작가들이 자주 찾는 숨은 명소. 연못 주변에 벤치가 있어 산책하다 쉬어갈 수 있다. (85p E:3)

경북 경주시 신평동 150-1
#정자 #꽃길 #산책

경상북도·대구 경주시

경주월드 "역사도시 경주의 테마파크"

경주월드 캘리포니아비치 "여름 경주를 시원하게 해주는 곳"

스릴 있는 놀이기구들이 준비된 영남권 최대 규모의 테마파크. 대한민국에서 유일한 인버티드 코스터인 '파에톤'을 강력히 추천한다. 스릴을 느끼고 싶다면 경주월드에서 가장 무서운 놀이기구인 '토네이도'도 함께 즐겨보자. 어린이도 즐길 수 있는 테마 공간인 위자드 가든과 범퍼카, 가족 열차, 미로 탐험 등도 운영된다. 성인 종일권 54,000원. 매일 10:00~18:00 운영. (85p E:3) 사진ⓒ한국관광 콘텐츠랩

경북 경주시 보문로 544   #놀이공원 #파에톤 #토네이도

경주월드 내의 대규모 워터파크. 다양하고 짜릿한 슬라이드로 젊은층에 인기가 많다. 워터파크 내의 어트랙션으로는 엑스존, 와이프아웃, 더블 익스트림을 추천한다. 캘리포니아비치 이용객은 경주월드 구역에 있는 인기 물놀이 기구 '섬머린 스플래쉬'도 탑승할 수 있으니 참고. 성수기 기준 성인 종일권 70,000원. 평일 10:00~18:00, 주말 10:00~19:00 운영. (85p E:3) 사진ⓒ한국관광 콘텐츠랩

경북 경주시 보문로 544   #워터파크 #슬라이드 #수영

경주세계자동차박물관 "자동차의 어제와 오늘 그리고 내일"

@jaewoonh8864

자동차의 역사, 구조, 변천 과정 등을 확인할 수 있는 곳이다. 영화 속에 등장했던 차량을 비롯, 의전차, 스포츠카 등 다양한 종류의 차를 관람할 수 있다. 실제 트랙에서 스스로 운전해 볼 수도 있으며, 야외 전시장에서는 캠핑카나 빈티지카 등의 이색 차량을 경험해 볼 수도 있다. 카페에서 음료를 구입하면 키즈카페 무료 이용이 가능하다. 전망대에서 보문호수 감상도 가능하니 확인해 보자. (85p E:3)

경북 경주시 보문로 132-22 　#세계자동차 #클래식카 #시승체험

추억의 달동네 경주 "잊혀져 가는 나의 달동네"

떠오르는 레트로 여행지! 시간여행을 떠나온듯 당시의 흔적과 향수가 그대로 남아있다. 어른들에겐 '맞아, 옛날에 이랬었지' 하는 추억이, 아이들에겐 "옛날엔 이런게 있었어?" 하는 새로움을 경험할 수 있다. 오래된 간판, 추억의 골목길 등 볼거리가 다양하다. (85p E:3) 　사진ⓒ한국관광 콘텐츠

경북 경주시 보불로 216-8 　#추억의골목#달동네#이색체험

맷돌순두부 맛집
"아이와 가기 좋은 경주 전통 순두부 맛집"

보문단지 입구에 있는 순두부 맛집. 국내산 콩을 사용해 매일 새벽 전통 가마솥 방식으로 순두부를 만들어낸다. 고소한 맷돌순두부, 해물과 특제 양념으로 칼칼한 맛을 낸 맷돌 순두부찌개가 대표 메뉴이다. 기본 반찬으로 꽁치구이와 달걀찜이 나와 아이들과 방문하기 좋다. 맷돌순두부, 맷돌 순두부찌개 모두 12,000원. 08:00~21:00 영업, 매주 목요일 휴무. (85p E:3) 　사진ⓒ한국관광 콘텐츠

경북 경주시 북군길 7
#맷돌순두부 #아이와함께 #보문단지

바니베어 뮤지엄
"사랑스러운 실바니안과 테디베어의 만남"

아이들에게 익숙한 실바니안 패밀리와 테디베어로 꾸며진 박물관이다. 불국사, 첨성대 등 신라시대를 대표하는 명소들을 배경으로 한복을 입은 테디베어와 실바니안 패밀리의 모습을 볼 수도 있다. 아이들에게 익숙한 캐릭터와 함께 경주의 역사를 배울 수 있다. 다이노소어 월드에서는 공룡을 볼 수 있는가 하면, 서식지에 맞게 테마별로 바다생물들을 관람할 수도 있다. (85p E:3)

경북 경주시 보문로 280-34 교원드림센터
#실바니안 #테디베어 #만들기체험

문무대왕릉 추천 "정말 위대한 대왕이었다는 사실은 팩트!"

문무대왕은 백제를 멸망시키고 나당전쟁을 승리로 이끈 신라의 왕으로, 문무라는 칭호는 문과 무를 모두 겸비했다는 의미다. 한국사에서 '대왕'이라는 칭호를 붙인 몇 안 되는 위대한 왕이기도 하다. 문무대왕은 죽어서도 용이 되어 왜구의 침략을 막겠다는 유언을 남겼으며 동해 대왕암 일대에 유해를 뿌리고 대석에 장례를 치렀는데 왕으로서는 역사상 최초의 화장이었다. 이른 아침에 방문하면 문무대왕릉과 바다 너머로 해가 뜨는 장관을 볼 수 있다. (85p F:3)

경북 경주시 문무대왕면 봉길리 30-1   #신라 #문무대왕 #역사

감은사지 "3층 석탑의 묵직함과 웅장함 "

신문왕 2년(682년) 돌아가신 아버지 문무대왕을 기리기 위해 만든 절터. 감은사지 3층 석탑은 고구려, 신라, 백제의 모든 양식이 통합되어 있는데, 묵직하고 안정적인 느낌의 3층 석탑은 편안함과 위엄을 동시에 갖추고 있다. 신문왕은 이곳을 죽은 문무대왕이 용이 되어 드나들 수 있도록 동해로 이어지는 수로를 설계했다. (85p F:3)

경북 경주시 문무대왕면 용당리 17   #문무대왕 #신문왕 #석탑

향화정 맛집 "푸짐한 양에 반할 수 밖에 "

꼬막무침비빔밥이 대표 메뉴로 육회비빔밥, 육회물회, 소불고기, 파전도 있다. 간장베이스에 졸여진 통통한 꼬막살을 김과 함께 싸 먹으면 달콤 짭짤한 맛이 난다. 음식 양도 푸짐한 편. 캐치테이블 앱 현장 대기 등록 가능. 포장 가능. 브레이크 타임 15시~17시 (85p D:3)

사진ⓒ한국관광 콘텐츠

경북 경주시 사정로57번길 17

#정부지정안심식당 #푸짐한양 #황리단길

키덜트 뮤지엄 "어른이들의 추억 소환"

아이들은 물론 키덜트 어른들에게도 천국과 같은 곳. 마징가Z, 로봇태권V와 같은 오래된 캐릭터들은 물론 마블 캐릭터까지 5만 점이 넘는 전시품들이 눈길을 사로잡는다. 한 시대를 풍미했던 할리우드 스타들의 피규어들도 만나볼 수 있다. 관람에 그치지 않고 조립하고 그려보는 다양한 체험 프로그램들이 운영 중이다. (85p E:3)

경북 경주시 보문로 132-16 콜로세움1층/3층
#추억공유 #7080 #숨은키뮤찾기

도리마을 은행나무숲 "황금빛 은행나무숲"

도리마을은 경주의 서쪽에 있는 곳으로, 영천시와 경계에 있다. 자작나무 숲과 같이 은행나무들이 빼곡하게 줄을 지어 심어져 있다. 가을철엔 위, 아래 모두 노란 잎들이 장관을 이룬다. 관광객들의 발길뿐만 아니라 사진작가들이 즐겨 찾는 곳이기도 하고, 이곳에서 웨딩 촬영을 하는 사람들도 많다. 사진 찍기 좋은 곳이다. (85p D:2)

경북 경주시 서면 도리길 35-102   #은행나무 #황금물결 #웨딩촬영

보문뜰 맛집 "현지인 추천, 맛도리 갈비찜"

사골 육수와 특제 소스를 사용, 뛰어난 감칠맛을 자랑하는 갈비찜 전문점. 고기가 부드럽고 양념이 잘 배어 밥과 함께 먹기 딱 좋다. 한우 육회비빔밥은 맛도 좋고, 양도 많은 편. 매콤 소갈비찜 29,000원, 돼지갈비찜 20,000원, 한우 육회비빔밥 14,000원. 월~금 10:20, 토~일 10:00 오픈, 20:30까지 영업. 대기 많을 시 조기 마감.

경북 경주시 경감로 142-3
#감칠맛 #갈비찜 #한우육회비빔밥

단석가 찰보리빵 빵집 "찰보리의 구수함이 살아있는 경주 찰보리빵의 시초"

@timenlife

경주의 명물인 찰보리빵을 처음 개발한 곳. 이곳의 찰보리빵은 국내산 재료와 동물복지 유정란으로 만드는데, 팬케이크처럼 부드럽고 쫀득한 식감이 특징이다. 안에 들어간 팥소는 자극적이지 않고 은은하게 달아서 남녀노소 누구나 먹기 좋다. 찰보리떡, 찰보리 소금빵처럼 변주를 준 메뉴도 판매하니 함께 구매해보자. 찰보리빵 20개입 2만 원대. 매일 08:00~21:30 운영. (85p D:3)

경북 경주시 금성로 237 단석가찰보리빵 경주본점

#찰보리빵 #찰보리떡 #시초

한국대중음악박물관
"K-POP의 찬란한 역사를 모아 모아"

세계의 대중문화를 이끌어나가는 K-Pop! 케이팝의 100년 역사를 한곳에서 체험해 볼 수 있는 곳이다. 피아노 소리가 나는 계단, 곳곳에 마련된 퀴즈 코너 등 다양한 재미요소가 흥미를 돋운다. 일제강점기 음악부터 지금의 케이팝까지 한국 대중음악사를 온몸으로 체험할 수 있는 음악여행을 떠나보자. (85p E:3)

경북 경주시 엑스포로 9
#K-POP #음악감상

첨성대 `추천` "1300년 동안 무너지지 않았다는 게 믿기지가 않아"

1300여 년 동안 보수, 개축 없이 원형 상태를 보존하고 있는 국보 유물로 돌의 강도는 콘크리트의 두 배나 된다. 내부 4.5m까지는 자갈과 흙으로 채워 배수로 역할을 했다. 네모난 구멍으로 사다리를 통해 들어가 천문을 관측하고 기록한다. 계절에 맞춰 주변 식물을 조성해놓아 사진 찍기 좋다. 그중에서도 가을에는 핑크뮬리, 억새, 팜파스, 코스모스, 국화로 풍경이 아름답다. 입장료 무료. (85p D:3)

경북 경주시 인왕동 839-1 　#천문대 #역사 #문화재

금장대 "아름다운 연등 숲 야경 명소"

형산강과 경주 시내의 모습을 한눈에 담을 수 있는 누각. 기러기도 쉬어간다는 전설이 있을 정도로 뛰어난 경치를 감상할 수 있는 곳. 지금의 정자는 2012년 복원된 것으로 밤에는 아름다운 조명이 켜져 야경 명소로도 손꼽힌다. 연등 숲이 연출되는 연등 문화 축제 기간에 방문하길 추천. 누각 아래에는 석장동 암각화가 보존되어 있어 함께 둘러보기 좋다. (85p D:2)

경북 경주시 석장동 산38-8
#형산강 #야경명소 #연등숲

최영화빵 `빵집` "얇은 피 속에 꽉 찬 달지 않은 팥소의 수제 빵"

경주빵의 창시자인 최영화 옹의 기술을 그대로 계승하는 빵집. 모든 공정을 100% 수작업으로 만들어서 피가 얇은 것이 특징이며, 안에는 국내산 팥으로 만든 팥소가 꽉 차있다. 따뜻할 때 먹으면 더욱 맛있다. 낱개 구매가 가능하며, 1인당 최대 20개로 구매 제한이 있으니 참고하자. 1개 1천 원대, 20개 2만 원대. 매일 09:00~21:00 운영. (85p D:3)

경북 경주시 북정로 6-1
#수작업 #경주빵 #얇은피

동궁과 월지 추천 "연못을 배경으로 하는 야경 사진의 성지"

문무왕의 삼국통일을 기념하기 위해 준공된 신라 왕궁의 별궁으로, 귀빈들의 접대 장소로 이용되었다. 동궁 터에서 3만여 점의 유물 출토되어 통일신라의 왕실 문화를 엿볼 수 있다. 연못을 따라 한 바퀴 걸을 수 있도록 관람로가 조성되어 있다. 연못에 반사되는 야경이 아름다워 경주의 대표 야경 스폿으로 꼽힌다. 성인 3,000원. 매일 09:00~22:00 운영. 21:30 입장 마감. (85p D:3)

경북 경주시 원화로 102 안압지   #통일신라 #연못 #야경

국립경주박물관

"박물관에 가야 진짜 유물을 볼 수 있어!"

신라역사관, 신라미술관, 특별 전시관, 수묵당 등으로 나뉘어 운영되는 국립경주박물관은 시간을 맞춰 방문하면 전시 해설도 들을 수 있다. 어린이를 위한 어린이 박물관, 교육 프로그램을 함께 운영한다. 상설전시관, 어린이박물관, 특별전시 관람료 무료. 매일 10:00~18:00 운영, 3~12월 매주 토요일 18:00~21:00 야간연장개장. (85p D:3 사진ⓒ한국관광 콘텐츠-김지호, 이범수)

경북 경주시 일정로 186 국립경주박물관
#신라시대 #역사 #문화

불국사 추천 "기억나? 수학여행 단체사진 촬영 장소였잖아"

자하문과 연결되는 청운교와 백운교

다보탑

불국사의 벚꽃

신라 법흥왕 528년에 창건한 절. 불국사라는 이름은 부처 불, 나라 국, 즉 부처의 나라라는 의미로 불교는 신라의 통치이념이었음을 나타낸다. 다보탑과 석가탑을 나란히 놓은 것은 불국사만의 특징. 봄에는 불국사 제2주차장에 주차를 하고 화장실 옆 계단을 올라가면 벚꽃이 피어있는 산책길이 나온다. 천년 사찰에 드리워진 벚꽃을 놓치지 말자. 입장료 무료. 매일 09:00~18:00 운영. (85p E:3)

경북 경주시 불국로 385 불국사   #신라 #문화재 #사찰

석굴암 추천
"신라 시대 찬란했던 불교 예술의 정수"

유네스코 세계문화유산으로 지정된 한국을 대표하는 불교 문화재. 신라 시대 불교 예술의 정수를 보여주는 경주 여행 필수 코스이다. 그 중심에 높이 3.48m 본존 석가여래불이 위치해 웅장하고 경건한 느낌. 본존불을 둘러싸고 있는 석굴 벽면, 섬세하고 정교한 조각상들의 모습도 잊지 말고 눈에 담아 두자. 입장료 무료. 매일 09:00부터, 11~1월 17:00, 2월, 10월 17:30, 3~9월 18:00 입장 마감. (85p E:3)

경북 경주시 석굴로 238
#유네스코 #불교문화 #토함산

대릉원

대릉원 추천 "신라시대 무덤인 천마총으로 들어가본다는 것은 어떤 느낌일까?"

비주황릉

경주 황남동 일대에 자리한 신라 시대의 대규모 고분군이다. 미추왕릉을 비롯해 왕과 귀족의 무덤으로 추정되는 23기의 거대한 고분이 부드러운 능선을 그리며 모여 있다. 대표적인 볼거리로는 유일하게 내부 관람이 가능한 '천마총'과 신라 고분 중 가장 큰 규모를 자랑하는 표주박 모양의 '황남대총'이 있다. 특히 두 고분 사이에 홀로 선 목련나무는 대릉원을 대표하는 포토존으로, 역사적 경이로움과 낭만을 동시에 느낄 수 있는 공간이다. 대릉원 입장은 무료. 천마총 입장은 성인 3,000원. 매일 정문 09:00~22:00, 후문 및 천마총은 21:30까지 운영. (85p D:3)

경북 경주시 황남동 31-1   #신라 #무덤 #유물

대릉원 돌담길 "천년의 기억과 오늘의 추억"

대릉원 입구의 우측에 있는 길인 계림로를 따라 천마총 후문 방향으로 0.6km 가량 이어지는 돌담길에 벚꽃이 펼쳐진다. 대릉원 주차장에 주차를 한 후 첨성대, 대릉원 등을 함께 둘러보는 동선을 추천. 플리마켓, 공연 등 행사가 자주 열리며 벚꽃이 만개하는 4월에는 경주 대릉원돌담길 축제가 개최된다. (85p D:3)

경북 경주시 황남동 493-26
#대릉원 #첨성대 #벚꽃길

천마총 `추천` "신라 시대 무덤 속에 들어가보자!"

1,500여 점의 어마어마한 유물이 출토된 무덤 천마총. 자작나무 껍질에 하늘을 나는 흰말을 그린 천마도가 출토되면서 천마총이라는 이름을 얻었다. 현재 천마총 내부에 전시 중인 천마도는 복제품. 발굴 당시의 돌무지덧널무덤 구조를 재현해 유물을 전시하고 있다. 쾌적한 환경과 알기 쉬운 설명으로 아이들과 방문하기 좋다. 신라 시대 고분 중 유일하게 내부를 볼 수 있는 곳이니 꼭 한 번 방문해 볼 것. 입장료 성인 기준 3,000원. 매일 09:00~21:30 운영. (85p D:3)

경북 경주시 황남동 262   #천마도 #대릉원 #돌무지덧널무덤

강동 워터파크
"대형 파도는 내 맘을 설레게 하고!"

2.6m 높이의 대형 파도가 일렁이는 워터파크. 사계절 즐길 수 있는 포시즌 존이 운영되고 있다. 음악을 들을 수 있는 웨이브 존의 스톰 웨이브 추천. 이곳에서 사용되는 블루 코인은 충전 후 영수증을 챙겨야 나머지 금액을 환불받을 수 있다. (85p E:3) 사진ⓒ한국관광콘텐츠

경북 경주시 천군동 1688
#워터파크 #파도풀 #수영

황남빵 `빵집` "80년 전통의 황남빵"

경주 여행의 상징인 '경주빵'을 판매하는 대표적인 곳. APEC 정상회의에 참가한 시진핑 주석도 맛있게 먹은 것으로 알려져 다시금 주목 받고 있다. 메뉴는 황남빵 한 가지로, 경주 팥으로 만든 팥소로만 가득 채워 만드는 방식을 86년째 유지하고 있다. 1호와 2호 사이즈로 나뉜다. 1호 1박스(20개) 2만 원대. 매일 08:00~22:00 운영. (85p D:3) 사진ⓒ한국관광 콘텐츠랩

경북 경주시 태종로 783
#황남빵 #경주팥 #80년전통

황리단길 "황남동과 이태원의 경리단길을 합쳐진 단어 '황리단길'"

1960~70년대의 오래된 건물이 잘 보존되고 골목마다 테마별로 형성된 뉴트로 거리. 옛 정취를 느낄 수 있는 동시에, 트렌디한 카페, 식당, 기념품샵이 늘어서 있어 먹거리, 볼거리 등 구석구석 구경하는 재미가 있다. 골목 사이에는 한옥 콘셉트의 감성 숙소들이 숨어 있다. 경주 여행을 하면서 꼭 들러야하는 코스. 주차는 황남생활문화센터 공영주차장 혹은 대릉원 공영주차장 이용. (85p D:3) 사진ⓒ한국관광 콘텐츠랩

경북 경주시 포석로 1080   #뉴트로감성 #젊음의거리 #도보코스

사색공간 풀빌라 `STAY` "화이트 앤 우드 럭셔리 풀빌라"

@sasaek_space_

이국적인 휴양지 분위기 'A'와 밝고 아늑한 분위기 'B'로 이루어진 프라이빗 풀빌라. 전 객실 개별 미온수 수영장과 자쿠지를 갖추었다. A는 실내에서 핀란드식 사우나와 찜질을 즐길 수 있어 부모님들에게 인기. 화이트 앤 우드 실내 공간뿐 아니라 인스타 감성 넘치는 실내 자쿠지, 실외 불멍 공간도 이곳의 매력. 미온수 수영장 무료. 조식 컵라면 제공.

경북 경주시 천북면 나리길 26-33   #휴양지감성 #자쿠지 #사우나

스테이 하담담 STAY "하늘 담은 정원에서 즐기는 여유로운 한때"

부드러운 곡선미가 돋보이는 독채 스테이. 콘크리트 담장으로 외부와는 완벽하게 단절하면서 정원 위 공간은 원 모양으로 비워내 햇살이 쏟아 지는 것이 특징. 천창이 있는 사계절 미온수 수영장은 폴딩도어를 모두 열면 마치 노천탕에 온 것 같은 느낌. 아이들이 모래놀이를 즐기는 동안, 정갈한 공간에서 차 한 잔의 여유를 즐겨보아도 좋다. 　　　　　　　　　경북 경주시 새골길 49-18 1층 　　　#곡선미 #수영장 #모래놀이터

한화리조트 경주 "신라 고전미와 현대적 감각의 조화"

에톤과 담톤 두 개의 동으로 구성, 신라의 고전미와 현대적 감각이 공존하는 리조트. 지하 750m에서 용출되는 천연 온천수를 사용하는 뽀로로 테마 사계절 워터파크 '뽀로로 아쿠아빌리지'가 이곳의 하이라이트. 뽀로로 캐릭터를 활용한 14가지 어트랙션을 갖추었다. 정갈한 한식당 '아사 달' 등 식음 시설과 게임존, 온천 사우나, 야외 정원 등 다양한 부대시설 운영. 특히 담톤은 아이들을 위한 뽀로로 캐릭터룸을 보유해 영유아 동 반 가족 여행객의 선호도가 높다. (85p E:2) 사진ⓒ한화리조트경주　　　　경북 경주시 보문로 182-27 　　　#천연온천수 #뽀로로 #워터파크

소노캄 경주 "동굴과 월지의 곡선을 품다"

태하향목 관광모노레일
"대풍감, 코끼리 바위 등의 울릉도 비경을 감상할 수 있어!"

고요한 보문호수와 마주한 휴양형 리조트. 2025년 전면 리노베이션을 진행해 현대적이고 쾌적한 시설을 갖추었다. 동궁과 월지의 곡선미를 재해석한 '웰니스 풀앤스파'가 이곳의 시그니처. 지하 680m에서 끌어올린 약알칼리 온천수를 사용한다. 부대시설로는 여유로운 공간 북카페 '서재', 구이 전문 레스토랑 '식객', 뷔페 레스토랑 '셰프스 키친 담음' 등 식음 시설을 운영. 보문호수 뷰 객실과 펫 프렌들리 객실 보유. (85p E:3) 사진ⓒ소노호텔앤리조트

경북 경주시 보문로 402-12   #보문호수 #웰니스풀앤스파 #온천수

울릉도의 비경을 한눈에 감상할 수 있는 곳. 국내 10대 비경 중의 하나인 대풍감, 코끼리바위의 풍경을 볼 수 있다. 태하등대를 볼 수 있는 태하 향목 모노레일도 즐겨보자.

경북 울릉군 서면 태하길 236

#교통수단 #코끼리바위

나리분지 "화산 폭발의 신비로움을 느낄 수 있는 곳"

해저에서 솟아오른 화산섬인 울릉도에서 유일하게 볼 수 있는 평지 지형. 여러 번의 화산 폭발로 지금의 칼데라(화산 분화구가 함몰된 형태) 분지가 되었다. 여름에는 수국, 가을에는 단풍이 아름답다. 울릉도의 전통 집인 너와집과 투막집이 보존되어 있다. 나리 전망대에 오르면 사방이 산으로 둘러싸인 풍경이 한눈에 보인다.

경북 울릉군 북면 나리　　#화산 #분지 #평지

독도전망대 케이블카
"울릉도 왔으면 독도도 보고 가야지"

도동약수공원에서 망향봉 정상까지 운행하는 왕복 케이블카. 정상에 오르면 푸른 바다를 배경으로 도동항과 시내 풍경이 펼쳐지며, 날씨가 맑은 날에는 정상에서 독도까지 감상할 수 있다. 바로 옆에 위치한 독도박물관도 함께 둘러보길 추천. 일반 7,500원, 티켓은 왕복으로 내려올 때도 확인하니 버리지 말 것. 기상 상황에 따라 운행 시간이 변동되니 방문 전 확인할 것.

경북 울릉군 울릉읍 약수터길 99
#케이블카 #독도전망 #독도박물관

독도 추천 "죽기 전에 꼭 한번 가봐야 할 곳"

우리나라 동쪽 끝에 있는 아름다운 화산섬. 죽기 전에 꼭 한번 가봐야 할 우리 땅이다. 울릉도에서 동남쪽으로 87.4km 떨어진 곳에 위치하며 동도와 서도 두 개의 주요 섬과 수십 개의 부속 도서로 이루어져 있다. 괭이갈매기 등 수많은 철새의 휴식처이자 희귀 식물들이 자생하는 청정 지역으로 그 가치를 인정받아 섬 전체가 천연기념물 제336호로 지정되어 있다.

경북 울릉군 울릉읍 독도안용복길 3   #화산섬 #천연기념물 #청정지역

죽도 "대나무로 가득한 울릉도 부속섬 죽도

울릉도에서 유람선을 타고 죽도 관광이 가능한 데 섬 전체가 아름다운 관광지이다. 절벽에 365 소라 계단을 오르면 전망대까지 오를 수 있다. 울릉도의 부속 섬 중 가장 큰 섬으로 대나무 군락이 형성되어 있어 죽도라 부른다. 죽도의 특산물로는 수박과 더덕이 있다. 현지에서 파는 더덕 주스도 먹을 만하다.

경북 울릉군 울릉읍 저동리
#대나무 #오징어 #더덕

07

경상남도·울산광역시

SPRING
경남의 봄

진해군항제 벚꽃관광열차
기차는 떠나도 봄비는 멈추지 않는 곳. 경화역 철길 위로 흩날리는 연분홍 낙화의 향연을 만끽하러 떠나자

진해 군항제 경화역 벚꽃
시간이 멈춘 철길, 벚꽃으로 다시 움직이다.

거제 예구마을 수선화
바다가 보이는 언덕 위, 햇살을 닮은 수선화 물결

울산 태화강국가정원 유채꽃
태화강의 맑은 바람을 타고 전해지는 싱그러운 꽃내음

하동 녹차밭 녹차와 벚꽃
4월 초순, 녹차 융단 위로 흩날리는 분홍빛 꽃

남해 다랭이마을 유채꽃
남해를 향해 층층이 일렁이는 노란 물결

남해 독일마을 주황지붕
남해에서 만난 작은 독일, 독일에서 공수한 자재로
지은 전통 가옥들

하동 쌍계사 십리벚꽃길 벚꽃
사랑하는 남녀가 손을 잡고 걸으면 백년해로한
다고 하여 연인들의 성지가 되었다.

@aareummi

SUMMER
경남의 여름

함안 악양독방 양귀비
둑방 위 거대한 나무 한 그루와 붉은 꽃밭이 한 폭의 명화 같은 풍경을 완성한다

함안 연꽃테마파크
700년 전 고려 시대 씨앗이 발아한 '아라홍련'을 만날 수 있는 곳

@cherish__ranji

남해 설리스카이워크그네
그네를 타면 구름과 바다가 일렁이는 모습이 바로 내 눈앞에

울산 대왕암공원 다리
동해의 거친 파도를 뚫고 전설로 가
는 길

거제 근포동굴
동굴 밖은 푸른 바다

울산 태화강 십리대숲 야경
LED 조명 사이로 댓잎이 속삭이는 밤

고성 상족암군립공원 동굴
썰물이 허락한 찰나,
드러난 신비의 동굴

@_h_i_ss.j

@jin2zzzang

사천 사천바다케이블카
푸른 바다를 가로질러 초록빛 섬으로, 다시 산
정상으로

거제 매미성 성벽
한 남자의 집념이 쌓아 올린 바닷
가 위 요새

@nan.kyung

751

AUTUMN
경남의 가을

하동 북천 코스모스 축제
북천역 기찻길을 따라 피어난 코스모스 군락이
가을의 향수와 낭만을 동시에 선사한다.

진주 경상남도 수목원
수목원으로 안내하는 황금빛 카펫 길

남해 금산보리암 단풍
암자 위에서 마주한 가을 하늘사진ⓒ한국관광공사-노정후

김해 대동생태체육공원 코스모스
낙동강이 머문 자리에 피어난 코스모스 바다

@flooriarocio

울주 영남알프스 간월재 억새
'한국의 알프스'라 불리는 영남알프스의 심장부. 해발 900m 고지에 펼쳐진 약 10만 평의 광활한 억새 군락

밀양 천황산 케이블카
해발 1,020m의 고지까지 단 10분

진주 남강유등축제
진주성을 지키던 마음이 수만 개의 유등이 되어 남강을 수놓는 행사

창녕 우포늪과 돛배
인간과 자연이 공존하는 생태계의 보고

WINTER
경남의 겨울

울산 영남알프스 설경
영남의 지붕 위로 내려앉은 압도적인 스케일의 겨울 왕국.
가지산과 신불산 정상의 설경이 인기 있다.

통영 동피랑 마을
푸른 바다를 내려다보는 따뜻한 달동네

하동 청학동 장승
한겨울 추위에도 끄떡없는 기개
넘치는 장승

양산 통도사 설경
흰 눈 속에 더욱 빛나는 국보 대웅전

거창 월성계곡 설경
흰옷 입은 너럭바위들과 꽁꽁
얼어붙은 계곡 사진ⓒ한국관광 콘텐츠랩

754

창원 사궁두미 일몰
바다 한가운데 떠 있는 작은 등대와
그 뒤로 서서히 저무는 붉은 태양

합천 황매산 은하수
해발 1,100m 고지에 쏟아지는 별들의 바다

창원 주남저수지 철새와 노을
영남 지역 최대 철새 도래지. 노을빛 날개를 달고
비상하는 철새들

경상남도·울산의 먹거리

01

언양불고기 | 울주군 언양읍

양념에 재운 채 썬 한우를 석쇠에서 구워 먹는 언양식 불고기는 국물이 없고 숯 향이 나며 담백하고 육즙이 살아있다.

02

울산 고래고기 | 울산광역시

고래고기는 제사상에도 오를 만큼 울산 사람들에게는 친숙한 음식이다. 갓 잡은 고래고기일수록 잡내가 없고 맛있는데, 특히 지방이 많은 꼬리 부위가 고소하다.

03

외포리 대구탕 | 거제시 외포리

외포항은 전국 30% 생산량의 대구 집산지다. 대구와 함께 대구 알인 곤이, 채소를 넣어 시원하고 얼큰하게 끓여낸다. 외포항 대구탕 거리에 맛집이 모여있다.

04

거제 복요리 | 거제시

거제 복은 복회, 복국, 복수육, 복튀김, 복 샤브샤브, 복 불고기 등으로 요리해 먹는다. 거제에는 맑은 생선국 스타일의 복지리와 얼큰하게 끓여낸 복매운탕을 식사로 내는 음식점이 많다.

05

거제 굴 | 거제시

거제도에는 석화 굴구이 전문점이 많다.

06

멸치쌈밥 | 거제시

멸치쌈밥은 자박하게 끓인 멸치 찌개를 밥과 함께 상추에 싸 먹는 경남지방의 별미이다.

07

멍게비빔밥 | 거제시

멍게비빔밥은 잘게 썬 멍게 젓갈을 밥에 넣고 채소, 참기름을 넣어 비빈 요리다.

08

멸치회 | 남해군

남해 특산품 죽방멸치는 어른 손가락 크기로 일반 멸치보다 훨씬 통통하다. 남해 멸치회는 생물 멸치를 통으로 넣어 뼈째 씹히고 살이 달콤하다.

09

오동동 아구찜 | 창원시 오동동

아귀찜은 건 아귀(말린 아귀)에 미더덕, 채소와 갖은양념, 고춧가루를 넣어 찐 음식. 오동동 아귀찜 거리에 식당이 많이 모여있다.

10

마산 전어회 | 창원시 마산합포구

가을철에 마산합포구 어시장을 찾는다면 고소한 전어회를 맛볼 수 있다.

경상남도·울산의 먹거리

밀양 돼지국밥 | 밀양시

밀양식 돼지국밥은 부산식과는 달리 소뼈를 우려 육수를 낸다. 맛이 깔끔하다. 국밥 안에는 살코기와 함께 쫀득한 머리고기, 내장 등이 들어가 있다.

진주냉면 | 사천시, 진주시

사천에서는 해물 육수에 메밀면, 육전, 계란지단을 올려 만드는 진주식 냉면을 판매한다. 육전이 들어가 일반 냉면보다 더 든든하다.

진주 육회비빔밥 | 진주시

진주식 육회비빔밥은 밥에 양념한 육회, 청포묵, 나물 등을 넣고 보탕국을 붓고 엿꼬장을 넣어 비벼 먹는다. 진주 육회비빔밥은 나물의 놓인 모양이 꽃과 같아 '칠보화반(꽃밥)'이라고도 부른다.

진주 추어탕 | 진주시

진주 추어탕은 다른 지방 추어탕보다 국물이 맑고 맛이 깔끔하다. 수육을 추가해 먹으면 더 든든하게 즐길 수 있다.

15

옥천리 송이백숙 | 창녕군

옥천계곡을 따라 난 옥천 송이 백숙 거리 양쪽에 송이 요리 전문점이 많다.

16

석쇠불고기 | 창원시

창원의 언양불고기는 광양식과 달리 미리 양념에 재운 한우를 석쇠로 구워 낸다. 불맛이 나게 골고루 익힌 고기는 기름기가 적어 맛이 담백하다.

17

복국 | 창원시 마산합포구 남성동

낙동강에서 잡아 올린 신선한 복어로 끓인 창원 복국. 마산합포구 남성동에 오래된 복국집들이 모여있다.

18

강구안 굴 | 통영시 강구안

강구안(통영항)은 국내 굴 생산량의 80%를 차지한다.

19

충무김밥 | 통영시 중앙동

충무김밥은 밥만 싼 김밥과 무김치, 오징어무침, 양념 된 어묵을 같이 먹는 요리

20

통영 전복 | 통영시

통영에서 전복 물회, 전복 빵 등 이색 먹거리를 만나볼 수 있다.

경상남도·울산의 먹거리

통영 굴요리 | 통영시

전국 굴 생산량의 80%를 차지하는 통영에는 굴 두루치기, 굴 삼겹살, 굴찜, 굴 파스타 등의 다양한 굴 요리 전문점이 있다. 굴전, 굴 무침, 굴회, 굴튀김, 굴찜 등이 포함된 굴 코스 요리 전문점도 있으니 굴 요리를 좋아한다면 꼭 방문해보자.

통영 복요리 | 통영시

통영에서 복회, 복국, 복수육, 복튀김, 복 샤브샤브, 복 불고기 등을 맛볼 수 있다. 통영에는 맑은 생선국 스타일의 복지리와 얼큰하게 끓여낸 복매운탕을 식사로 내는 음식점이 많다.

통영 멍게비빔밥 | 통영시

멍게비빔밥은 잘게 썬 멍게 젓갈을 밥에 넣고 채소, 참기름을 넣어 비빈 요리다. 2~5일 숙성한 멍게 젓갈에 양념이 되어 있어 고추장을 넣지 않는다. 멍게의 타우린 성분이 간 기능을 높여주고, 바나듐 성분이 당뇨를 예방 치료한다.

통영 다찌 | 통영시

다찌는 음식을 시키는 게 아니라 술을 시키면 안주가 나오는 방식의 술집을 일컫는다. 통영 다찌집에서는 술을 더 시킬수록 새로운 해산물 안주가 나온다. 제철 해산물, 해물전, 밑반찬과 광어회, 생선구이, 매운탕 등이 나온다

25

통영 회 | 통영시

통영 중앙시장에서 신선한 회를 저렴하게 판매한다. 활어 직판장에서 초장값을 내면 상차림을 받을 수 있다.

26

통영 멸치쌈밥 | 통영시

멸치쌈밥은 자박하게 끓인 멸치 찌개를 밥과 함께 상추에 싸 먹는 경남지방의 별미다. 멸치회와 함께 먹어도 맛있다.

27

꿀빵 | 통영시

팥을 넣은 밀가루 빵을 튀겨 겉에 물엿을 두른 달콤한 간식. 항남동에 있는 오미사 꿀빵이 60년 넘는 역사를 가진 원조집이다.

28

산채정식 | 하동군

하동 지리산 부근에 산채정식 전문점이 모여있다. 지리산에서 직접 채취한 20여 가지의 산나물 반찬과 생선구이, 더덕구이 등이 함께 나온다.

29

다슬기 | 하동군

다슬기는 해장국, 비빔밥, 무침, 전골 등으로 요리해 먹는데, 하동에서는 보통 섬진강 재첩과 함께 국 요리로 먹는다.

경상남도·울산에서 살만한 것들

1
거제

2
거제

3
거창

4
진영

5
남해

6
남해

7
남해

8
남해

9
밀양

10
산청

11
창녕

12
통영

1.거제 멸치
거제도 청정해역에서 어획되는 다양한 크기의 마른 멸치는 시원한 남해의 해풍을 맞고 건조되어 살이 연하고 담백하다. 작은 지리 멸치, 가이리 멸치는 볶아 밥 반찬용으로 활용하기 좋고, 큼직한 다시 멸치는 국물을 내면 시원한 맛이 일품

2.거제 맹종죽순
거제시는 전국 맹종죽순 생산량의 80%를 차지한다. 맹종죽은 보통 죽순을 먹기 위해 기르기 때문에 먹는 대나무라고도 불리며, 죽순은 4~5월경 채집한다. 맹종죽순은 섬유질이 풍부해 당뇨와 고혈압에 좋다.

3.거창 사과
해발 250~700m의 청정지역 거창군에서 재배되는 사과는 고운 색과 달콤한 맛, 아삭거리는 식감이 특징이다. 농촌진흥청 탑 프루츠(Top fruit) 품질평가회에서 대상을 수상한 바 있다.

4.진영 단감
진영읍은 1927년 대한민국 최초의 단감 시배지로 현재까지도 그 명맥을 이어오고 있다. 우리나라는 세계 1위의 단감 생산지기도 하다. 진영단감은 다른 단감보다 더 달콤하고 비타민 등 영양성분이 풍부하다.

5.남해 마늘
마늘은 남해군의 대표 특산물로, 사면이 바다로 둘러싸여 해풍을 맞고 자라난다. 염분 있는 흙에서 자라나는 난지형 마늘로 알싸한 맛이 나며 영양이 좋다.

6.남해 유자
전설에 따르면, 남해 유자는 신라시대에 장보고가 당나라에서 선물 받은 유자 씨에서 전파되었다고 한다. 남해 유자를 활용한 유자차나 유자주도 인기

7.남해 굴
남해 굴은 선도가 높아 입안에 넣으면 싱그러운 바다향이 물씬 풍긴다.

8.창선면 고사리
남해 창선 고사리는 따뜻한 기후에 해풍을 맞고 자라 맛과 향이 진하고, 식감도 부드럽다. 단백질과 무기질도 풍부해 성장기 아이들에게 더욱 좋다.

9.밀양 사과
밀양 사과는 단단해서 저장성이 좋은 부사(후지) 사과로, 다른 지역에서 생산되는 부사보다 더욱 새콤달콤한 맛이 특징이다.

10.산청 곶감
고종 황제에게 진상했던 '고종시'와, '단성시'. 산청 곶감을 선물 받은 엘리자베스 2세 여왕도 그 맛에 감탄해 감사를 표했다고 한다.

11.창녕 양파
창녕군은 국내 최초로 1900년도 초부터 양파를 재배하기 시작한 곳이다. 창녕군의 비옥한 토양에서 풍부한 일조량을 받으며 자란 양파는 수분 함량이 적고 단단해 오래 두고 먹을 수 있다.

13 하동

14 하동

15 하동

16 함안

17 통영

18 울산

19 의령

20 울산

21 통영

22 울산

23 울산

12. 통영 꿀빵
통영 꿀빵은 팥소가 들어간 밀가루 빵을 튀겨 물엿과 깨를 묻혀 만든다. 통영 중앙시장에 꿀빵을 파는 가게가 모여있으며, 중앙시장과는 다소 떨어진 봉평동에도 유명한 꿀빵 가게가 있다.

13. 하동 악양 대봉감
대봉감은 그냥 먹으면 떫지만, 홍시나 곶감으로 익혀 먹으면 달콤한 맛이 그만이다. 악양면 대봉감은 임금님 진상품으로도 올라갔을 정도로 품질이 좋다. 매년 11월 악양면에서 대봉감 축제가 열린다.

14. 하동 화개 녹차
지리산 자락에 있는 하동군 화개면 일대에서 생산되는 녹차는 소엽종의 차나무 잎이 담백하고 고소한 맛을 낸다. 자연과 어우러진, 야생 상태와 가까운 재배 환경에서 재배하며, 솥에서 덖고 비비는 수제 작업을 통해 완성된다.

15. 하동 매실
3~6월경 하동군 일원에서 매실 열매가 열린다. 5월 말부터 수확되는 청매실은 아삭한 식감으로 절임으로 활용하기 좋고, 6월부터 수확되는 황매실은 맛과 향이 좋아 매실주나 청으로 활용하기 좋다.

16. 함안 수박
전국 수박 생산량 11%, 경남 수박 생산량 36%를 차지하는 함안 수박은 일반적으로 겨울철에 비닐하우스에서 재배된다. 씨 없는 수박이나 컬러 수박 등 기능성 수박으로 유명하다.

17. 통영 굴
국내 굴 생산량의 대부분을 통영에서 차지한다. 깨끗한 바다에서 자라 달고 바다 향이 풍부하다.

18. 울산 복순도가 손막걸리
울산의 프리미엄 전통주 브랜드 복순도가의 베스트셀러. 전통 방식 그대로 손으로 빚어낸다.

19. 의령 쌀빵
의령군의 특산물인 찹쌀로 만든 빵으로, 밀가루가 전혀 들어가지 않는다. 담백한 맛이 특징.

20. 울산 배빵
울산의 지역 특산물 울주배로 만든 배빵. 마들렌 안에 배 잼을 넣어 달콤하면서도 아삭한 식감이 있다.

21. 통영 나전칠기
나전칠기의 재료가 되는 전복, 소라, 조개의 주산지가 바로 통영이다. 통영의 나전칠기는 공예 법이 독창적이고 색깔과 빛이 아름다워 최상품으로 친다. 통영 옻칠미술관, 나전칠기 공방에서 작품 관람과 소품을 구매할 수 있다.

22. 울산 별까루 고래인형
울산을 대표하는 고래를 모티브로 하는 인형. 버려지는 페트병을 재가공한 업사이클링 제품이라 소장 가치가 있다.

23. 울산 큰애기 캐릭터 동전지갑
울산 중구의 마스코트 캐릭터로, '울산큰애기'라는 유명 노래에서 파생됐다. 캐릭터 굿즈를 판매하는 굿즈숍 '울산큰애기집'를 방문해보자.

경상남도·울산 BEST 맛집

01

하동식당 | 울산광역시

울산 3대 국밥 맛집으로 고기랑 내장이 잘게 잘려져 들어가 있어 먹기 편하다.

02

언양 진미불고기 | 울산광역시

60여년전 언양 최초의 식육점으로 시작된 오랜 역사를 자랑하는 곳

03

행랑채 | 밀양시

흑미밥에 고사리, 콩나물, 배추 등 각종 야채를 넣고 양념장을 넣어 비벼먹는 비빔밥

04

단골집 | 밀양시

돼지국밥, 살고기국밥, 순대국밥, 섞어국밥 등 메뉴가 다양한 노포

05

대동할매국수 | 김해시

1959년부터 쭉 이어온 국수집. 물국수(보통/곱빼기), 비빔국수, 유부초밥이 주 메뉴

06

안집곱도리탕 | 창원시

한우곱창과 닭이 어우러진 곱도리탕

07

화정소바 | 의령군

30년 이상 레시피를 유지하는 전통 소바

08

중동식당 | 의령군

40년 전통의 오래된 식당으로 신선한 한우가 듬뿍 들어간 소고기국밥

09

@teamsunny_1121

다우리밥상 | 거창군

생선구이, 돼지불고기, 계절반찬 12가지 등이 나오는 다우리(반상)

10

@about_jonghee

혜성식당 | 하동군

재첩국, 은어, 참게탕을 전문으로 한 식당. 인기 있는 메뉴는 참게탕

11

하연옥 | 진주시

1945년부터 3대째 전통 방식을 유지하며 한결 같은 맛을 내는 진주냉면집

12

한꼬막두꼬막 | 거제시

28년 경력이 있는 음식 장인이 손수 만든 게장과 꼬막, 가리비 정찬

13

심가네 해물짬뽕 | 통영시

꽃게, 가리비, 새우, 홍합, 조개, 키조개, 오징어 등 해산물 가득 해물짬뽕

14

@heyjina_jmt

통영해물가 | 통영시

해산물을 듬뿍 넣어 끓인 얼큰한 해물 뚝배기

15

힙한식 | 남해군

남해 식재료로 건강한 한식을 제공하는 감성 한식당

우두산 출렁다리
감악산 풍력발전단지

거창군

합천군

대장경테마파크
해인사 ,가야산
합천영상테마파크

지리산 조망공원 휴게소
남계서원, 개평한옥마을

함양군

의령

의령구름다리

산청군

동의보감촌
남사예담촌

진주시

진양호, 국립진주박물관
진주성, 경상남도수목원

하동 북천 코스모스/메밀꽃밭
매암제다원, 화개장터
하동 쌍계사 십리벚꽃길

하동군

사천항공우주박물관
사천 바다케이블카

사천시

고성군

상족암 군립공원
고성공룡박물관

남해군

다랭이마을, 독일마을
파독전시관, 원예예술촌
남해 보리암,
돌창고프로젝트

창녕 남지 유채꽃밭,
창녕 영산 만년교,
우포늪, 우포늪생태관,
창녕우포곤충나라

울산광역시

대왕암공원, 영남알프스
간월재 , 반구대 암각화,
십리대숲, 울산 태화강대공원

창녕군

영남알프스 사자평고원 억새, 영남알프스
얼음골 케이블카, 밀양 표충사영남루

밀양시

양산시

양산 원동마을,
통도사

안 연꽃테마파크

안군

김해시

김해수로왕릉
김해가야테마파크
국립김해박물관

창원시

부산광역시

저도 콰이강의다리
해양드라마세트장
진해 여좌천 벚꽃길
진해 경화역 벚꽃길

통영시

거제시

거제도 포로수용소 유적공원,
바람의 언덕, 해금강, 구조라성,
외도 보타니아 해상농원, 매미성,
거제맹종죽테마파크

삼도수군통제영, 한려수도 케이블카, 욕지도
모노레일, 소매물도 ,한산도, 동피랑 벽화마을

울산대공원 "울산에 있는 대규모 공원"

울산광역시 남구에 위치한 도심 공원. 369만 m²로, 국내 도심 공원 중에서도 손꼽히는 규모를 자랑한다. 규모가 커서 입구가 남문(시내), 정문(주택가), 동문(공업탑)으로 나뉘어 운영된다. 공원 안에는 놀이터, 장미원, 동물원, 헬스장, 수영장, 스케이트장 등이 있으며, 장미원에서 개최되는 장미 축제로도 유명하다. 공원 입장료는 무료이지만 수영장 등 일부 부대시설은 별도 요금을 받는다. (91p E:2)

울산 남구 옥동 146-1
#도심공원 #헬스장 #수영장 #장미축제

하동식당 `맛집`
"가마솥에 끓인 걸쭉한 국밥 맛집"

@minjun141

울산 3대 국밥 맛집으로 고기랑 내장이 잘게 잘려져 들어가 있어 먹기 편하다. 흔한 돼지 국밥과 달리 국물이 걸쭉하다. 가마솥에 끓여 깊은 맛을 느낄 수 있다. 아침 7시부터 영업으로 아침 식사하기 좋다. 주차장이 따로 없고 공영주차장을 이용해야 한다. (91p F:1)

울산 동구 동해안로 30-7
#울산맛집 #국밥맛집#돼지국밥

윤연당 `빵집` "겹겹이 살아있는 데니쉬 식빵과 눈꽃 빵"

@ryuuyeong63

울산에서 시작된 향토 베이커리. 눈처럼 새하얀 눈꽃빵이 대표 메뉴로, 영하 26도에서 48시간 저온 숙성시켜 만드는 부드러운 생크림 카스테라다. 초코소금빵, 인절미크림빵도 인기. 농장에서 수확한 제철 딸기를 아낌없이 올린 생딸기케이크는 비주얼도 예뻐 특별한 날 먹기 좋다. 2층 카페도 운영. 눈꽃빵 1만 원대. 매일 09:00~22:00 운영. (91p E:1)

울산 남구 삼산로122번길 9-1 윤연당 본점   #눈꽃빵 #생크림카스테라 #초코소금빵

장생포고래박물관 "울산과 고래의 깊은 인연을 담다"

고래잡이가 활발하게 이루어졌던 장생포에 위치한 고래 전문 박물관이다. 길이 12m가 넘는 브라이드고래의 실물 뼈대와 멸종된 한국계 귀신고래의 실물 크기 모형을 볼 수 있는 곳. 과거 고래잡이 장비와 고래 해체 작업장의 모습이 생생하게 복원되어 있다. 반구대 암각화에 새겨진 고래 그림도 전시. 평일 09:00~18:00, 주말 09:00~20:00 운영, 매주 월요일 휴관. (91p F:2) 사진ⓒ한국관광 콘텐츠랩-이범수

울산 남구 장생포고래로 244   #고래잡이 #고래실물뼈대 #고래전문박물관

대왕암공원 `추천`

"거대한 기암괴석과 해안절경"

울주군 간절곶과 함께 해가 가장 빨리 뜨는 곳. 한국 관광 100선에 꾸준히 선정되는 명소. 아름드리 해송 숲길을 따라 걸으면 기암괴석 절경과 마주하게 된다. 문무대왕의 왕비가 잠들었다는 전설이 깃든 대왕암으로 이어지는 철교 앞이 대표 포토존. 산책로에는 벚꽃, 동백, 맥문동, 상사화 등이 핀다. 일산해수욕장을 비롯한 울산 전경이 펼쳐지는 303m 길이의 해상 출렁다리 위에서 바다 위를 걷는 듯한 짜릿함도 즐겨보자. (91p F:2)

울산 동구 등대로 95

#해변 #기암괴석 #꽃길산책

영남알프스 ———

영남알프스 `추천` **"은빛 억새가 아름다운 한국의 알프스"**

영남 지역에 걸쳐 있는 해발 1,000m가 넘는 7개의 봉우리가 마치 알프스산맥처럼 아름답다고 하여 붙여진 이름. 이곳은 가을철 능선을 따라 펼쳐지는 억새 평원이 아름다운데 그중 신불산과 간월산 사이 간월재, 밀양 재약산의 사자평이 유명하다. 푸른 가을 하늘 아래 웅장한 산세와 은빛 억새의 감동을 동시에 경험해 볼 수 있는 가을에 방문할 것을 추천. 초보자용 둘레길부터 전문 산행 코스까지 다양한 코스가 있으므로, 자신의 체력에 맞추어 선택해 보자. (90p C:1)

울산 울주군 상북면 알프스온천5길 103-8   #알프스 #가을억새 #둘레길

영남알프스 간월재 "생각 없이 억새 사잇길을 걷다 보면..."

10월 중순부터 절정에 이르는 광활한 은빛 억새 평원이 아름다운 고개. 신불산과 간월산 사이에 있는 해발 900m의 코스. 배내골 방면에서 출발하는 코스는 비교적 완만한 편이라 초보자도 쉽게 등반할 수 있다. 복합웰컴센터에서 영남알프스 케이블카를 이용하면 더욱 빠르고 편리하게 간월재 인근까지 접근할 수 있다. 간월산 울산 2코스 기준 왕복 3시간 10분 소요되며, 영남알프스 복합 웰컴센터에 주차하고 등반하면 된다. (91p D:1)

울산 울주군 상북면 이천리　　#간월산 #억새 #노을

영남알프스 사자평고원 억새 `추천` "억새 밭이 아니라 신비롭기까지한 고원이다!"

해발 700~1,000m 고지대에 펼쳐진 150만 평 규모의 억새 군락지. 바람에 흔들리는 억새의 물결이 사자의 갈기를 닮았다고 하여 '사자평'이라는 이름이 붙었다. 억새가 허리 정도밖에 안 올 정도로 키가 작고 잎새도 가늘다는 점이 특징. 매, 삵, 하늘다람쥐 같은 멸종 위기 동물들도 서식한다. 영남알프스 얼음골 케이블카를 타고 상부 승강장에서 하차, 하늘정원을 지나 재약산 방향으로 1시간 30분 산책하면 억새 군락지에 도착한다. (90p C:1)

경남 밀양시 단장면 구천리 산1-8　　#고원 #작은억새 #케이블카 #등산

영남알프스 얼음골 케이블카

"가슴이 확 트이는 느낌을 받고 싶을 때 일단 케이블카 타고 올라가 봐!"

영남알프스 천왕산 자락의 해발 1,020m 지점까지 단숨에 오르는 왕복 케이블카. 약 1.8km의 거리를 10분 만에 이동하며 백호바위와 얼음골 계곡의 풍경을 조망할 수 있다. 사자평 고원과 천왕산, 재약산 등 영남알프스 주요 봉우리를 편하게 오갈 수 있다. 편도권은 판매하지 않으며 왕복으로만 이용 가능. 입장료 17000원. 평일 09:00~17:00, 주말 및 공휴일 08:00~17:00 (12월~2월 겨울 시즌에는 단축 운행, 하행 막차 16:50). (90p C:1) 사진ⓒ한국관광 콘텐츠랩

경남 밀양시 산내면 얼음골로 241
#케이블카 #백호바위

자수정동굴나라
"보트 타고 즐기는 동굴 테마파크"

자수정을 캐던 광산을 활용한 길이 2.5km 동굴 테마파크. 연중 12~16℃를 유지해 사계절 쾌적하다. 동굴 내부 수로를 보트로 탐험하면서 자수정을 찾는 이색 체험을 즐길 수 있는 곳. 쥬라기월드와 뉴미디어 관, 다양한 놀이시설을 갖추었다. 온 가족이 즐기기 좋은 곳. 평일 09:15~17:00, 주말 09:15~17:30 운영. (91p D:1) 사진ⓒ한국관광 콘텐츠랩

울산 울주군 상북면 자수정로 212
#자수정 #동굴 #이색체험

미지의 카페
"스토리 담은 10개의 정원과 특별한 맛"

@migiui

10개의 정원과 작품, 디저트를 즐길 수 있는 이색 공간. 가장 기본적인 '미지의 산책', 프라이빗 라운지에서 여섯 가지 프리미엄 디저트를 즐기는 '미지의 위로', 미지의 10개 정원을 모티브로 만들어진 '핑거 다이닝 코스'로 이루어져 있다. 핑거 다이닝 코스는 100% 예약제. 10:30~21:00 영업, 매주 수요일 휴무. (91p D:1)

울산 울주군 상북면 송락골길 130
#미지의정원 #디저트 #다이닝코스

파래소 폭포
"당신이 '바라던 대로 이루어지는 곳'"

먼 옛날 기우제를 올리던 곳으로도 알려져 있는데, 파래소 폭포는 '바라던 대로 이루어지길 바람'의 뜻을 지닌 '바래소'에서 유래되었다. 15m 높이의 폭포 중앙 쪽에 바위들이 있는데 그곳에서 사진을 찍으면 폭포와 주변 자연을 함께 담을 수 있다. (91p D:1)

울산 울주군 상북면 청수골길 175 신불산폭포자연휴양림
#기우제 #바래소 #피서 #윤슬 #등산 #전망대

언양기와집불고기 맛집
"대한민국 3대 한우 불고기 언양불고기"

한우를 얇게 썰고 뭉쳐서 석쇠에 구워 먹는 언양식 불고기 맛집. 불고기 말고도 낙엽살, 안거미살 등 한우 특수부위를 함께 판매하고 있다. 한옥으로 된 식당 건물과 정원이 아름다워 잠시 쉬어 가기도 좋다. (87p F:1)

울산 울주군 언양읍 언양길 86
#언양불고기 #등심 #낙엽살 #한우특수부위 #막국수 #된장찌개

반구대 암각화 추천 "세계유산적 가치가 있는 바위그림"

대곡천을 마주한 3m 높이, 10m 너비의 커다란 절벽에 선사시대 사람들이 그림을 새겨 넣었다. 신석기시대부터 여러 시기에 걸쳐서 제작되다고 여겨지며 시대별 양식의 차이를 살필 수 있다. 고래 잡는 사람, 물고기 잡는 사람, 수영하는 고래, 탈 쓴 사람 등 선사시대 사람들의 흥미로운 삶의 모습을 엿볼 수 있다. 고래잡이(포경) 모습을 담고 있는 유적 중 세계에서 가장 오래된 것으로, 국보 285호 문화유산으로 지정되었다. (91p E:1)

울산 울주군 언양읍 대곡리 산234-1 #문화유산 #국보급 #고래잡이

십리대숲 추천 "10리 대나무숲을 거닐며 힐링을"

태화강을 따라 십 리(약 4km) 길이로 펼쳐진 대규모 대나무 숲. 약 70만 그루의 대나무로 조성된 곳으로 댓잎들이 바람에 따라 흔들리는 소리를 들으며 힐링할 수 있다. 대부분 평탄한 흙길과 데크로 이루어져 있으며 중간중간 둘레길과 태화강 국가정원으로 들어갈 수 있는 길이 나 있다. 야간엔 수백만 개의 LED 조명이 대나무 캐노피 위로 투사되어 마치 밤하늘의 은하수를 걷는 듯한 분위기를 연출하여 인기. (91p E:1)

울산 중구 태화동   #울산 #태화강 #대나무숲 #은하수길 #인스타핫플

양산시립박물관 "양산시의 역사"

양산시의 고분 문화, 불교문화, 도자 문화, 제례 문화를 전시하고 있는 박물관. 역사실, 고분실, 어린이 역사 체험실을 운영하며, 야외에는 양산 횡구식 석실묘 3점도 전시되어있다. 무료입장, 매주 월요일, 1월 1일 휴관. (91p D:2) 사진ⓒ한국관광 콘텐츠랩

경남 양산시 북정동 678
#양산 #향토박물관 #석실묘

울산 태화강국가정원 추천 "누구나 함께할 수 있는 편한 산책길"

십리대숲을 포함하여 계절별로 테마를 달리하는 6개 구역으로 구성된 국가정원. 축구장 100여 개 규모의 거대한 면적에 다채로운 정원과 황톳길, 데크길 등 산책하기 좋은 코스가 잘 조성되어 있다. 도시락을 챙겨 평상에서 피크닉도 가능하다. 4월~5월에 걸쳐 유채꽃, 작약, 꽃양귀비 등 수백만 송이의 꽃들이 만개하며 장관을 이루고, 가을에는 국화 축제가 열린다. 산책로 동쪽 방면엔 코스모스가 피어난다. (91p E:1)

울산 중구 태화강국가정원길 154   #산책로 #나들이 #대나무숲

홍룡폭포
"신비로운 무지개가 피어오르는 폭포"

양산8경 중 하나. 폭포에서 떨어지는 물보라 사이로 무지개가 뜨는 곳이다. 폭포 아래로 홍룡사가 위치하여 역동적이면서도 차분함을 느낄 수 있다. (91p D:2)

경남 양산시 상북면 홍룡로 372
#양산8경 #물보라 #무지개 #홍룡사

해월당 호포점 `카페`
"노을과 낙동강의 환상적인 콜라보"

@only_hopo

호포역 바로 앞, 노을이 아름다운 낙동강 리버뷰 베이커리 카페, 하늘과 맞닿은 듯한 탁 트인 루프탑이 이곳의 포토존. 베이커리 메뉴가 다양한 곳으로 판매량 1위 해월빵은 물론 크루아상 챔피언이 만든 1등 크루아상과 소금빵, 육쪽 흑마늘빵도 인기 있다. 해 질 무렵 루프탑에 올라 환상적인 노을 뷰를 즐겨보길 추천. 매일 09:00~21:50 영업. (91p D:3)

경남 양산시 동면 양산대로 83
#낙동강리버뷰 #루프탑 #베이커리천국

양산 원동마을 매화 (순매원) `추천` "매화마을 가는 기차여행"

매화꽃이 만개한 언덕 아래로 경부선 철길이 지나는 출사 명소. 하얀 꽃에 푸른 기운이 도는 청매화, 붉은빛이 나는 홍매화, 하얀색의 백매화로 나뉘며, 3월 초부터 4월 초까지 핀다. 전망대에 오르면 낙동강과 기찻길 매화가 한눈에 들어온다. 순매원에서 파전, 국수, 떡볶이, 어묵 등 식사를 판매한다. 원동 주말장터 일원에서 개최되는 3월 초 원동매화축제 기간엔 주차가 쉽지 않으니 근처 임시주차장에 주차하고 셔틀로(홈페이지 확인) 이동하길 추천. (90p C:2)

경남 양산시 원동면 원리　　#홍매화 #백매화 #음식거리

천성산 원효봉 억새평원 억새 "일출도 보고 억새도 보고!"

가을이면 억새가 온 산을 덮어 억새산이 되는 곳. 한반도에서 동해의 일출을 가장 먼저 볼 수 있는 전망대이기도 하다. 해돋이 광경을 보기 위해 전국에서 많은 관광객이 찾는 곳이다. 홍룡사 주차장에 주차 후 등반하여 이동하자. (91p D:2)

경남 양산시 하북면 용연리 산63-2　　##억새 #일출 #홍룡사

통도사 추천 "부처의 진신사리를 안치하고 있는 국보"

해인사, 송광사와 함께 불교 3대 사찰 중 하나. 국보 제290호로 지정된 금강계단에 부처님의 진신사리를 모시고 있다. 봄에는 자장매를 비롯한 매화꽃이 피어나 장관을 이루고, 가을에는 메밀꽃밭이 펼쳐진다. 통도사 입구부터 시작되는 약 1.5km의 소나무 숲길도 인기. 녹차 만들기, 족욕, 명상, 암자 순례길 걷기 등 다양한 불교문화 체험 프로그램과 마음 치유를 위한 템플스테이 프로그램을 운영한다. (91p D:2)

경남 양산시 하북면 통도사로 108   #유네스코 #문화유산 #불교사찰

밀양 표충사 "맑고 얕은 계곡에서 물놀이하기 좋은 고즈넉한 사찰"

서리단 양산물금본점 맛집
"깔끔하고 정갈한 한식을 즐기고 싶다면"

블루리본 선정 전국 맛집 한식 전문점. 고소한 흑임자와 쫄깃한 옹심이가 만난 흑임자 옹심이가 대표 메뉴이다. 당일 한정 수량만 판매하는 청어알 항정수육도 인기. 맛은 물론 플레이팅도 아름다워 먹는 재미가 있다. 흑임자 옹심이 13,000원, 청어알 항정수육 25,000원. 캐치테이블 예약 후 방문 추천. 매일 11:00~21:00 영업. (90p C:3)

사계절 맑은 물이 흐르는 표충사 계곡과 주변의 울창한 숲이 어우러져 고즈넉한 사찰. 계곡의 서왕교 아래 등에서 얕은 수심의 물놀이를 즐기는 가족 단위 방문객이 많다. 임진왜란 당시 승병을 일으켜 나라를 구한 사명대사의 충혼을 기리는 사당(표충사당)을 품고 있다. 국보 제75호인 청동함은향완을 비롯하여 보물 제467호의 삼층석탑이 있으며 석등 · 대광전 등의 지방문화재와 25동의 건물, 사명대사의 유물 300여 점이 보존되어 있다. (90p C:1)

경남 밀양시 단장면 표충로 1338   #계곡 #사명대사 #국보

경남 양산시 물금읍 화산길 10 1, 2층
#전국맛집 #옹심이 #플레이팅

위양못 "하얀 이팝나무꽃과 싱그러운 청보리밭의 콜라보"

밑양 팔경의 하나로 손꼽히는 곳. '백성을 위한다'라는 이름처럼 이곳을 찾는 모든 사람에게 편안한 쉼을 주는 힐링 명소이다. 고즈넉한 정자 '완재정'과 주변을 감싸는 하얀 이팝나무꽃, 위양못 정면에 펼쳐진 드넓은 청보리밭이 특히 아름다운 곳. 하얀 꽃비가 내리는 환상적인 모습을 감상할 수 있는 5월 초에 방문할 것을 추천. 잔잔한 수면에 비친 꽃과 나무의 모습이 수채화처럼 아름다운 곳. 산책로를 가볍게 둘러본 후, 근처 카페에서 차 한 잔의 여유를 즐겨보아도 좋다. (90p B:1)

경남 밀양시 부북면 위양리 293　　#청보리밭 #이팝나무 #산책로

트윈터널 "1억 개의 별빛부터 다양한 포토존에서 추억을 쌓기 좋은 장소"

약 900m 길이, 연인들의 포토존으로 유명한 터널. 1억 개의 별빛들이 쏟아지는 터널을 시작으로 다양한 스토리 테마 터널을 여행할 수 있다. 경부선 복선화로 인해 사용되지 않던 폐터널 안에 미디어아트, 트릭아트 포토존 등 수천만 개의 LED 조명을 활용해 꾸몄다. 핑콘카트, 피자 만들기 체험 등 다양한 프로그램이 운영된다. 터널 내부는 연중 15~18℃의 시원한 온도가 유지되어 여름철 피서지로도 인기가 높다. 10:30~19:00 운영, 목요일 정기휴무. 입장료 10000원. (90p B:2)

경남 밀양시 삼랑진읍 삼랑진로 537-11　　#밀양여행 #1억개의별빛 #터널여행 #아이와가볼만한곳 #가족나들이 #데이트코스

밀양 연꽃단지
"연꽃 사이에서 특별한 사진을 남겨 보자"

여름철 연꽃이 장관을 이루는 곳. 7~8월 연꽃이 만개하면 푸른 연잎과 분홍빛 연꽃이 끝없이 펼쳐지는 장관을 감상할 수 있다. 연꽃 사이 덱 산책로에서 특별한 사진을 남기기 좋다. 가을에는 밀양 연근 캐기 체험 행사가 열리는 곳. 연꽃 감상 후 밀양아리나 둘레길을 따라 걸으며 주변의 고즈넉한 한옥 마을과 저수지 경관을 감상해도 좋다. (90p B:1) 사진ⓒ한국관광 콘텐츠랩

경남 밀양시 부북면 창밀로 3097-23
#연꽃 #연근캐기 #밀양아리나둘레길

밀양 종남산 진달래
"10분 등산이면 진달래 군락을 만날 수 있어!"

종남산 정상부에 이르는 500m 길이의 진달래 군락지. 종남산 사각 정자에 주차 후 정상까지 오르는 코스를 추천한다. 경사는 다소 가파르지만 10분 정도 등산하면 진달래 군락을 만날 수 있다. 종남산 정상에서 밀양 시내를 한눈에 조망해 볼 수도 있다. (90p B:2)

경남 밀양시 상남면 남산리 산162-1
#진달래 #종남산 #전망대

달빛쌈지공원
"해질 무렵, 밀양 시내를 한눈에"

데이트 명소. 노을 무렵 데이트하기 좋은 곳이다. 원래는 오래된 배수지가 있던 곳이었지만 공원으로 탈바꿈했다. 정상의 전망대는 밀양 시내를 한눈에 내려다볼 수 있는 핫플레이스다. 아기자기하면서도 곳곳에 포토존이 많아 지루할 틈이 없다. (87p E:1) 사진ⓒ한국관광 콘텐츠 랩-이범수

경남 밀양시 밀양대로 2047
#데이트명소 #일몰명소 #노을 #배수지

단골집 `맛집`
"깔끔한 국물과 잡내 나지 않는 고기"

밀양 아리랑시장 내 국밥집이 위치해 있어 노포 분위기를 물씬 느낄 수 있는 곳이다. 각종 TV프로그램에 방영되어 더 인기가 좋아졌다. 돼지국밥, 살고기국밥, 순대국밥, 섞어국밥 등 메뉴가 다양하다. 기본적으로 밥에 국물이 말아 제공되며, 잡내가 나지 않는 고기와 깔끔한 국물 맛이 좋다. 재료 소진 시 조기 마감. 수요일 정기휴무 (90p B:2)

경남 밀양시 상설시장3길 18-16 단골집 시장안
#밀양맛집 #노포분위기 #아리랑시장맛집

김해수로왕릉 "찬란했던 가야 역사의 중심"

금관가야의 시조이자 김해 김씨의 시조인 수로왕의 능으로 가야역사의 중심지이다. 넓게 조성된 능역 자체가 왕릉 공원의 역할을 하는 곳. 왕릉의 정문인 납릉 정문의 쌍어문양과 비석 머릿돌의 인도 태양 관련 문양이 남아 있어 수로왕비 허황후가 인도에서 배를 타고 왔다는 설화를 상징한다. 역사 탐방과 함께 고즈넉하게 산책하기 좋은 명소. (87p E:2)

경남 김해시 가락로 93 번길 26   #금관가야 #수로왕 #인도문양

영남루 `추천` "이황, 이색이 거쳐 간 조선시대 3대 누각"

야경명소로 유명한 조선시대 3대 누각 중 하나. 총 20칸이 넘을 만큼 규모가 크며 원래 신라시대에 세워진 누각이었으나 화재 등으로 조선시대까지 개, 보수 작업을 거쳐 지금의 모습이 되었다. 조선 후기 단청 예술의 극치를 보여주며 누각 곳곳에서 명필들의 현판을 감상할 수 있다. 당시 손님을 대접하거나 관리들이 휴식하는 객사로 사용되었다. 매년 10월에는 영남루를 중심으로 밀양 국가유산 야행이 개최되어 어화 꽃불놀이, 낙화놀이 등을 무료로 관람할 수 있다. 매일 09:00~18:00 (90p B:2)

경남 밀양시 중앙로 324   #누각 #전망대 #객사

김해 분성산 만장대
"머릿속에 생각이 많다면 근교 등산 추천!"

멋진 김해야경을 볼 수 있는 전망대. 분성산에서는 낙동강과 김해평야를 볼 수 있다. 가야테마파크 주차장에서 도보로 19분 이동하면 나온다. (90p C:3)

경남 김해시 가야로405번안길 210-162
#전망대 #야경 #낙동강전망

국립김해박물관 "가야를 알고 싶다면 이곳으로"

가야 문화를 중심으로 영남지역의 고대 문화유산을 연구하고 전시하는 국립박물관. 금관가야의 시초지인 김해 지역에서 출토된 유물을 중점적으로 다루고 있으며, 철의 왕국이었던 가야의 성립과 발전 과정을 생생하게 보여주는 철기 유물과 각종 토기 등을 소장하고 있다. 어린이 박물관, 영상실, 강당, 도서 자료실도 함께 운영된다. 야외 전시공간에서 고인돌 등 석조 유물을 감상하며 산책하기 좋다. 09:00~18:00 운영, 매주 월요일 휴무. 입장료 무료. (90p C:3) 사진ⓒ한국관광 콘텐츠랩

경남 김해시 가야의길 190   #가야문화 #가야유물

김해가야테마파크 `추천` "금관가야의 역사를 짜릿한 어드벤처와 함께!"

금관가야의 건국 신화와 철기 문화를 현대적으로 재해석하여 조성한 교육 테마파크. 가야 무사 어드벤처, 익사이팅 타워 등 놀이기구와 미니 동물원, 공예체험장 등 아이들이 즐기고 체험할 수 있는 교육 시설들이 모여있다. 김수로와 허황옥의 러브스토리를 주제로 한 뮤지컬 등 다채로운 상설 공연도 열린다. 주말과 공휴일에 특별 이벤트가 진행되는 경우가 많다. 09:30~18:00, 매주 월요일 정기휴무. 어드벤처 포함 입장료 8000원, 성인 기본 입장료 5000원. (90p C:3) 사진ⓒ한국관광 콘텐츠랩

경남 김해시 가야테마길 161   #가야체험 #놀이동산 #교육테마파크

파우제앤숨 `카페`
"한 숨 쉬어가기 좋은 이국적인 식물원 카페"

@before_sunrise_2025

평화로운 동화 속 마을에 온 것 같은 식물원 카페. 잘 가꾸어진 정원과 싱그러운 초록 공간, 유럽풍 건물이 어우러진 이국적인 분위기. 고소함 그 자체 크리미 흑임자 라떼가 이곳의 시그니처. 자연 속 편안한 공간에서 여유를 즐기며 예쁜 사진도 남겨보자. 10:30~21:00 영업, 매주 월요일 휴무. (90p C:3)

경남 김해시 대동면 동남로41번길 94
#식물원 #유럽풍 #정원

저도 콰이강의다리 추천 "야경과 스카이워크를 동시에 즐겨볼까"

푸른 바다 위로 놓인 <u>빨간색</u> 다리가 아름다운 석양 명소. 바닥 일부가 투명한 유리로 되어 있어 바다 위를 걷는 듯한 스카이워크 체험이 가능하다. 정식 명칭은 저도연륙교이지만 태국 여행 명소 '콰이강의 다리'를 닮아 똑같은 이름으로 불린다. 야간엔 조명이 빛을 발하여 야경 명소로 인기. 다리 주변으로 오션뷰 카페와 식당들이 많이 생겨 드라이브 코스로도 인기가 높다. 우천 시에는 통행 불가. 10:00~22:00 운영 (11~2월, 21시까지). (93p E:1)

경남 창원시 마산합포구 구산면 해양관광로 1872-56   #스카이워크 #연인 #야경

고려당 빵집 "겉단 속촉 꿀빵과 밀크쉐이크의 만남"

통영에 오미사꿀빵이 있다면 마산에는 고려당이 있다고 할 정도로 마산 창동의 랜드마크 빵집. 1959년 문을 열어 2대째 이어오고 있다. 꿀빵은 겉은 단단하고 속은 촉촉하다. 옛날 방식 그대로 얼음을 갈아 만든 밀크쉐이크에 꿀빵을 찍어먹는 조합이 인기 있다. 주문하면 직접 즉석에서 잘라주는 생크림스틱도 추천. 꿀빵 9백 원대. 매일 09:00~24:00 운영. (90p A:3) 사진ⓒ한국관광 콘텐츠랩

경남 창원시 마산합포구 동서북10길 68 주택
#꿀빵 #밀크쉐이크 #겉단속촉

대동할매국수 맛집
"1959년부터 쭉 이어온 국수집"

1959년부터 쭉 이어온 국수집. 선결제 후 식사가 가능하다. 물국수(보통/곱빼기), 비빔국수, 유부초밥이 메뉴이며 굵은 중면과 각종 고명에 별도 제공해주시는 주전자 멸치 육수를 부어먹으면 된다. 양념과 다진청양고추가 테이블에 있어 개인 기호에 맞게 뿌려먹으면 더욱 맛있는 국수를 맛볼 수 있다. 브레이크 타임 15시~16시, 월요일 정기휴무 (90p C:3)
사진ⓒ한국관광 콘텐츠랩

경남 김해시 대동면 동남로45번길 8
#물국수 #국수맛집

밀양돼지국밥 맛집
"깔끔한 토렴식 국밥"

날이 추워지면 생각나는 국물 음식. 경상도에 왔다면 돼지국밥 한 그릇은 먹고 가야 한다. 뽀얀 국밥에 부추를 얹어 기운을 더한다. 음식의 맛도, 식당의 청결함도 돋보이는 집이다. (90p C:3)

경남 김해시 인제로 91
#돼지국밥 #내장국밥 #부추

김해롯데워터파크
"해운대에서 차로 1시간거리"

2015년 개장 당시 기준 대한민국 최대 규모의 워터파크. 부산 해운대에서 차로 1시간 거리에 있다. 남태평양을 모티브로 한 이국적인 풍경과 다양한 탈 거리가 있다. 근처 롯데 프리미엄 아울렛과 장유 율하 카페거리도 들러보자. (90p C:3)

경남 김해시 장유로 555
#남태평양느낌 #슬라이드

해양드라마세트장 "드라마 속으로의 여행"

가야 시대를 배경으로 하는 사극의 촬영을 위해 바닷가에 조성된 야외 세트장. 가야 시대의 왕궁, 저잣거리, 항구 등 당시의 생활상을 엿볼 수 있는 다양한 건물들이 재현되어 있으며 <해적>, <육룡이 나르샤>, <미스터 션샤인> 등 수많은 사극 드라마 영화의 배경이 되었다. 선착장, 저잣거리 목조건물 25채, 선박 3척 등으로 구성. 일몰 풍경이 아름답기로 유명하니 오후 늦게 방문하여 석양도 감상해 보자. 09:00~18:00 (동절기 ~17:00). 입장료 무료. (93p E:1) 사진ⓒ한국관광 콘텐츠랩

경남 창원시 마산합포구 구산면 석곡리 산183-2   #드라마세트장 #미스터션샤인 #해적

죽동마을 (추천) "메타세쿼이아 길 따라 주남저수지까지"

약 1km에 걸쳐 곧게 뻗은 메타세쿼이아 가로수길로 유명한 마을. 길은 억새와 철새를 볼 수 있는 주남저수지까지 이어진다. 키 큰 나무들이 하늘을 가릴 듯 늘어서 있어서 드라이브 코스로 인기. 5월 모내기철에는 물이 찬 논에 나무들이 비치는 반영 사진을 찍을 수 있으며, 가을 수확철에는 황금빛 들녘과 붉게 물든 메타세쿼이아 길이 대비된다. 보행자 도로는 별도로 없어서 차를 타고 이동해야 한다. (87p D:1)

경남 창원시 의창구 동읍 죽동리   #메타세쿼이아길 #주남저수지 #드라이브코스

창원 주남저수지 코스모스
"저수지 천변 따라 코스모스 길"

주남저수지 밀피부터 철새 조망대까지 둑길을 따라 조성된 1.3km 규모의 코스모스 길. 폭 7~8m, 10,000m²에 달하는 거대한 코스모스 꽃길이 인상적이다. 코스모스 길 중간에 쉼터와 벤치가 있어 편하게 걸을 수 있는 것이 장점. 코스모스 길을 따라 더 걷다 보면 문화재로 지정된 주남 돌다리도 건너볼 수 있다. 가을 철새도 구경하고 근처 생태학습관, 람사르 문화관에도 들러보자. (90p B:2)

경남 창원시 의창구 대산면 가술리 1553
#철새조망지 #코스모스 #람사르

창원 주남저수지 연꽃
"한적한 시골 저수지"

주남저수지 생태학습관에서 동쪽으로 400m 떨어진 길가에 위치한 주남저수지 탐조대의 맞은편에 위치한 연꽃단지. 홍련과 백련, 가시연, 어리연이 사이좋게 무리 지어 피어나 있다. 연꽃뿐만 아니라 자라풀, 물달개비 등의 수생식물도 함께 관찰할 수 있고, 연꽃밭을 찾는 참새목의 귀여운 새 '개개비'도 만날 수 있다. (90p B:2)

경남 창원시 의창구 동읍 주남로101번길 32
#저수지 #연꽃 #수생식물 #개개비

천주산 진달래 "천주산 정상에서 만나요"

천주산 만남의 광장부터 정상 용지봉까지 1.5km 구간에 달천계곡을 따라 6,000m² 규모로 조성된 진달래 군락지. 천주산 정상에서 만날 수 있는 드넓은 진달래 무리가 인상적이다. 천주암, 임도를 거쳐 정상에 오르는 천주암 코스를 추천한다. 짧지만 경사가 심한 코스이기 때문에 체력이 필요하다. (90p A:3)

경남 창원시 의창구 북면 외감리 산68   #진달래 #등산

진해해양공원 솔라타워 전망대
"신재생 에너지의 랜드 마크"

음지도 해양공원 내에 위치한 건축물로 전시동과 태양광 타워를 함께 운영한다. 120m 높이의 전망대에서는 부산항과 거가대교, 진해만을 한눈에 볼 수 있다. (93p F:1) 사진ⓒ한국관광 콘텐츠랩

경남 창원시 진해구 명동로 62
#해안전망 #부산항 #거가대교

진해 여좌천 벚꽃길 추천 "단연코 국내 넘버원 벚꽃 꽃길, 우리 꽃길만 걷자"

약 1.5km 길이의 작은 하천인 여좌천 양옆으로 벚나무가 빼곡히 터널을 이루는 벚꽃 명소. 분홍색 또는 백색의 벚꽃이 피며, 군락을 이룬 곳은 눈이 온 것 같다. 벚꽃이 만개하는 3월 말에서 4월 초 시기에 맞춰 진해 군항제가 개최된다. 축제 기간 중에는 벚꽃길을 따라 다채로운 야간 조명이 설치되어 몽환적인 벚꽃 야경을 감상할 수 있다. 축제 기간에는 교통 통제가 광범위하게 이루어지고 주차가 매우 어려우니 대중교통이나 셔틀버스를 이용하길 추천. (93p F:1)

경남 창원시 진해구 여좌동 136   #여좌천 #벚꽃길 #진해군항제

진해 제황산공원 벚꽃

"모노레일 타고 진해탑 정상에서 진해 벚꽃 명소를 한눈에 볼 수 있어!"

제황산공원은 진해 제황산 일대에 조성된 공원으로 산 정상에 진해탑이 있어 진해를 조망할 수 있다. 모노레일을 타거나 걸어서 진해탑 앞까지 올라갈 수 있는데, 진해탑 9층 전망대에 오르면 벚꽃이 가득한 진해 벚꽃 명소들이 한눈에 들어온다. 전망뿐만 아니라 진해탑을 오르는 중간중간에도 아름드리 벚꽃을 감상할 수 있다. 모노레일을 탑승하려면 모노레일카 주변 갓길 주차장에 주차하면 되고, 도보 이동하려면 진해탑 계단 바로 아래 주차장에 주차하면 된다. 벚꽃 철에는 주차가 쉽지 않으니 근처 공영주차장 주차 후 도보로 이동하는 게 훨씬 빠를 수 있다. (93p F:1)

경남 창원시 진해구 제황산동 28-5
#제황산공원 #벚꽃축제 #모노레일

경남도립미술관

"공간이 아름다운 미술관"

경상남도민을 위한 미술 문화 공간으로 매시기 다양한 전시와 교육 프로그램이 진행된다. 인근에 김종영 생가와 창원 소재의 다양한 갤러리들이 있으니 함께 들러보자. 매주 월요일, 1월 1일, 설날과 추석 연휴 휴관. (90p B:3) 사진 ⓒ한국관광 콘텐츠랩

경남 창원시 의창구 사림동 1-2
#특별전시 #미술교육

진해 경화역 벚꽃길 [추천] "동네 벚꽃길과 비교하지 말자 차원이 다르다"

벚꽃 터널 아래에서 벚꽃 비를 맞을 수 있는 포토존. 진해의 벚꽃 명소 중 여좌천과 쌍벽을 이루는 곳. 약 800m 길이의 철로 양옆으로 수령 높은 벚나무들이 길게 늘어서 있다. 철길을 걸으며 벚꽃 사진을 찍을 수 있어서 인기. 경화역은 현재 여객 업무가 중단된 폐역이나 벚꽃 축제 시즌에는 관광객들을 위한 포토존 설치 및 관광 열차 운행이 임시로 이루어지기도 한다. (93p F:1)

경남 창원시 진해구 진해대로 663　#경화역 #왕벚나무 #벚꽃축제

경상남도·울산　창원시

동부회센터 맛집
"가성비 갑, 최고의 회센터"

싱싱한 회를 저렴하게, 풍성하게 즐길 수 있는 곳. 모둠회부터 킹크랩, 장어까지 없는 해산물이 없다. 모둠회도 3만 원이면 충분! 물고기 좋아하는 사람이라면 물 만나는 곳이다. (90p B:3) 사진ⓒ한국관광 콘텐츠랩

경남 창원시 진해구 천자로 5
#모둠 #조개구이 #가성비갑 #해산물

진해제과 빵집
"진해 벚꽃을 형상화한 벚꽃 앙금이 들어간 '벚꽃빵'"

진해의 명물 벚꽃을 빵으로 담아낸 곳. 벚꽃빵, 벚꽃샌드, 벚꽃롤 등 벚꽃향과 벚꽃 모양의 빵을 만든다. 대표 메뉴인 벚꽃빵은 분홍 앙금이 들어있는데 벚꽃향이 은은하게 나는 것이 특징이다. 벚꽃 샌드에는 봄에 채취한 벚꽃 꿀이 들어간다. 꽃 모양 비주얼이 예뻐 선물로도 추천. 진해 군항제 기간이면 줄이 길게 선다. 벚꽃빵 10개에 1만 원대. 매일 08:30~22:00 운영. (90p B:3) 사진ⓒ한국관광 콘텐츠랩

경남 창원시 진해구 중원로43번길 4
#벚꽃빵 #벚꽃샌드

1997영국집
"앤틱한 공간에서 즐기는 스콘과 홍차 한 잔"

@1997.teamuseum

용호동 가로수길에 자리 잡은 영국 감성 카페, 직접 로스팅한 원두를 사용한 다크한 커피와 고급스러운 티팟에 담겨 제공되는 티의 풍미가 좋은 곳. 앤틱한 공간에 앉아 홍차 한 잔과 스콘을 음미하며 잠시 힐링의 시간을 즐겨보자. 지하 1층은 너티버터, 1층은 카페, 2층은 럭셔리 소품 쇼룸으로 이루어져 있다. 매일 11:00~22:50 영업. (90p B:3)

경남 창원시 성산구 외동반림로248번길 25
#가로수길 #영국감성 #홍차

성산명가 맛집
"벚꽃의 도시에서 즐기는 벚꽃갈비"

소 왕갈비를 벚꽃꿀로 양념한 시그니처 벚꽃갈비로 유명한 생갈비 전문점. 평일과 주말 점심 특선 메뉴도 준비되어 있다. 평일 5시부터 주문할 수 있는 2층 전용 메뉴 용용 세트는 푸짐한 양을 자랑한다. 블루리본 4년 연속 선정. 벚꽃 갈비 42,000원. 월~금 11:15, 토~일 11:00 오픈, 22:30까지 영업. (90p B:3)

경남 창원시 성산구 마디미로63번길 7
#블루리본 #벚꽃갈비 #용용세트

함안 연꽃테마파크 "고려 때 씨앗을 싹을 틔운 아라연꽃"

700년 전 고려 때 연꽃 씨앗에서 발아한 아라홍련을 볼 수 있는 연꽃 명소. 넓은 늪지에 아라홍련, 법수홍련, 백련 등 다양한 연꽃이 식재되어 있으며, 잘 조성된 데크와 징검다리를 따라 사진 남기기 좋다. 연꽃 개화 시기인 7월 중순부터 8월 초에 방문하면 붉은 아라홍련을 만날 수 있다. 연꽃 시즌엔 함안 연꽃문화제 등 관련 행사가 열린다. 함안공설운동장에 주차하고 이동하는 걸 추천. 24시간 개방. 입장료 무료. (89p E:3)

경남 함안군 가야읍 왕궁1길 38-20   #아라홍련 #고려연꽃 #여름여행지

함안박물관
"높게 솟은 고분 사이의 박물관"

사적 제515호인 아라가야 말이산 고분군에 위치한 함안 군립 박물관. 국내에서 처음 출토된 말 갑옷, 불꽃무늬 토기 등 가야 시대의 다양한 유물들이 전시되어있다. 야외에 있는 아라홍련 연못과 고인돌 공원도 꼭 들러보자. 무료입장. 매주 월요일, 추석 연휴 휴관. (87p D:2) 사진ⓒ한국관광 콘텐츠랩

경남 함안군 가야읍 도항리 581-1
#가야시대 #갑옷 #토기

함안 강주마을 해바라기
"그림 같은 해바라기"

함안군 법수산 주변의 마을 주민들이 힘을 모아 조성한 300만 송이 해바라기밭. 농촌 마을의 부흥을 위해 주민들이 힘을 모아 해바라기밭을 가꾸었다. 마을 곳곳에 그려진 해바라기 벽화도 인상적이다. 매해 여름에는 해바라기를 주제로 한 마을 축제도 열린다. (89p E:3) 사진ⓒ한국관광 콘텐츠랩

경남 함안군 법수면 강주리 455
#해바라기벽화 #해바라기축제

악양생태공원 "낙강변 예쁘게 조성된 핑크뮬리로 유명한 꽃들의 천국 생태공원"

핑크뮬리뿐만 아니라 금계국, 코스모스 등등 사시사철 다양한 꽃들이 피어나는 정원. 꽃과 호수에 둘러싸인 데크로드를 따라 산책하기 좋은 장소. 아이들을 위한 놀거리도 있어 가족나들이로 추천! (89p E:3)

경남 함안군 대산면 서촌리 1418　　#꽃밭 #핑크뮬리 #양귀비 #산책

입곡군립공원 `추천` "익사이팅한 산악스포츠 체험장"

600m 길이의 산림욕장과 함께 무빙 보트, 아라 힐링 사이클, 바이크 등 산악스포츠 체험장이 마련되어 있다. 저수지 위를 이동할 수 있는 전동 무빙 보트는 가족 여행객들에게 인기 있고, 11m 높이에서 즐기는 공중 자전거 아라 힐링 사이클은 개인 여행객들에게 인기가 있다. (87p D:2)

경남 함안군 산인면 입곡공원길 255-20　　#무빙보트 #아라힐링사이클 #산악레포츠

스테이 아안유 STAY "하루 한 팀, 아무것도 안 할 자유"

대구식당 맛집
"야들야들한 한우가 들어간 얼큰한 국밥 맛집"

한우, 선지, 무, 콩나물, 고춧가루를 넣고 얼큰하게 끓인 한우국밥 맛집. 국수와 밥이 함께 나오는 짬뽕도 인기. 한우불고기나 돼지수육, 돼지불고기를 함께 시키면 든든한 한 끼가 된다. (87p D:2) 사진ⓒ한국관광 콘텐츠랩

경남 함안군 함안면 북촌2길 50-27
#한우국밥 #짬뽕 #돼지불고기 #돼지수육

@stay_aanu

오래된 시골집을 고쳐 만든 한옥 스테이. 민트색 지붕과 하얀 벽 화사한 외관과 아기자기한 실내가 어우러져 톡톡 튀는 느낌. 160평 넓은 공간에 하루 한 팀만 머무를 수 있다. 곳곳이 포토존인 마당과 프라이빗한 자쿠지, 커다란 화면으로 즐기는 영화 한 편까지 즐길 거리가 풍부한 곳. 넓은 잔디밭이 있어 아이와 함께 방문하기 좋다.

경남 함안군 칠서면 이룡1길 61   #시골집 #자쿠지 #마당

창녕 남지 유채꽃밭 "끝없이 펼쳐진 노란 물결"

도천진짜순대원조집 맛집
"칼칼한 순대 전골과 볶음밥 한 그릇"

도톰한 돼지 내장에 찹쌀, 선지, 두부, 숙주를 넣은 순대 요리를 선보이는 곳. 그중에서도 얼큰한 순대 전골과 모둠 순대가 인기. 순대 전골을 먹고 남은 국물에 밥을 비벼 먹는 것이 이 집을 찾는 진짜 이유. 김말이 순대도 이곳에서만 맛볼 수 있는 이색 메뉴인데, 모둠 순대를 시키면 함께 나온다. (89p F:3)

경남 창녕군 도천면 일리 532
#내장순대 #순대전골 #모둠순대

남지체육공원 좌우로 펼쳐진 800,000m² 규모의 유채꽃밭. 물레방아, 초가집, 풍차 등 포토존이 다양해서 사진 찍기 좋다. 낙동강이 맞닿아있어 강물을 바라보며 유채꽃을 감상할 수 있으며, 미니 기차를 타고 편하게 둘러볼 수도 있다. 유채꽃 외에도 튤립, 청보리 등 다양한 꽃이 피어난다. 매해 4월 중순 봄에는 유채꽃 축제가 개최되며 축제 기간엔 체험 프로그램과 야시장, 포토존 등이 설치된다. (89p E:3)

경남 창녕군 남지읍 남지리 873-23   #낙동강 #유채꽃 #청보리

창녕 영산 만년교 추천 "냇가에 반영된 무지개 다리 "

봄과 가을 포토존으로 유명한 다리. 조선 후기에 축조된 무지개 모양의 석조 다리로 보물 제564호로 지정되었다. 튼튼하게 지어져 현재도 통행할 수 있다. 아치형의 다리가 냇가에 반영되는 모습을 사진으로 남길 수 있어 인기. 봄에는 연못 주변으로 수양 벚꽃이 흐드러지게 피어나고 능수버들이 어우러져 아름다운 풍경을 자랑한다. 가을엔 노란 은행잎으로 덮인다. (89p F:3)

경상남도 창녕군 영산면 원다리길 42   #돌다리 #무지개다리 #보물 #아치형 #반영샷

우포늪

우포늪 추천 "생소한 '늪지'라는 단어만큼이나 어떤 장소이고 느낌일지 궁금한 곳"

람사르 협약에 등록된 국제적인 습지. 1억 4,000만 년 전에 생성된 자연 늪지로 1,000여 종에 달하는 희귀 동식물이 서식하는 생태계의 보고이자 철새 도래지로 유명하다. 망원경을 통해 늪 속 새들을 가까이서 관찰할 수 있다. 전망대와 사지포 제방길을 잇는 약 8.4km의 탐방로가 인기. 자전거를 대여해서 둘러볼 수도 있다. 이른 새벽에 방문하면 안개가 자욱하게 피어나는 풍경을 사진으로 담을 수 있다. 입장료 무료. (89p E:2)

경남 창녕군 유어면 세진리 232　　#람사르 #습지 #자연

우포늪생태관 "놀면서 깨닫는 자연의 소중함"

우포늪의 다양한 생물과 생태 환경을 주제별로 전시하여 자연의 소중함을 배울 수 있는 곳. 사람 또한 자연의 일부라는 사실을 자연스럽게 알 수 있어 아이들과 함께 방문하기 좋은 곳이다. 단순한 전시물 외에도 디지털 우포늪 체험, 늪배 체험 등 다양한 재미 요소가 구석구석 숨어 있어 흥미로운 곳. 실제 우포늪을 탐방 전, 이곳에서 사전 지식을 쌓고 갈 것을 추천. 입장료 무료. 09:00~18:00 운영, 매주 월요일 휴무. (89p E:2) 사진ⓒ한국관광 콘텐츠랩

경남 창녕군 유어면 우포늪길 220　　#우포숲 #생태 #체험

창녕우포곤충나라 "곤충 러버들은 한 번 아니 두 번 가세요!"

다양한 곤충을 직접 만져보고 체험할 수 있는 곳. 나비와 곤충들이 날아다니는 따뜻한 생태 온실, 전 세계 곤충 표본실 등 운영 중. 곤충 관찰, 먹이 주기 등 흥미로운 체험 활동이 풍부하다. 특히 곤충을 좋아하는 아이라면 반드시 방문해 볼 것. 종종 이벤트와 기획전이 열리니 방문 전 확인 필수. 인근 우포늪 생태관과 함께 둘러보길 추천한다. 입장료 성인 4,000원. 10:00~17:00 운영, 매주 월요일 휴무. (89p E:2) 사진ⓒ한국관광 콘텐츠랩

경남 창녕군 대합면 우포2로 333　　#곤충체험 #먹이주기 #생명

의령구름다리
"강물이 훤히 들여다보이는 아찔한 그물 다리"

의령천을 가로지르는 보도교로, 바닥이 그물 형태로 되어있어 강물이 훤히 들여다보여 아찔하다. 가을에는 붉게 칠해진 다리 주위로 단풍잎이 물들어 경치가 더 아름답다. 다리 건너편에서 오리배와 전동 보트 등 수상 스포츠를 즐길 수 있다. (89p D:3) 사진ⓒ한국관광 콘텐츠랩

경남 의령군 의령읍 벽화로 622-5
#의령천 #출렁다리 #오리배

의령소바 맛집 "장조림이 듬뿍 들어간 의령식 메밀소바"

메밀면에 육수를 붓고 고명으로 소고기장조림, 지단, 김치, 배, 오이 등을 올려 만든 의령식 메밀소바. 5시간 동안 양념간장에 조린 소고기장조림이 별미다. 육수에는 동치미 국물이 섞여 새콤달콤하고 맛있다. 채소를 잘게 썰어 매콤한 양념장과 함께 무쳐낸 비빔소바도 맛있다. (86p C:2) 사진ⓒ한국관광 콘텐츠랩

경남 의령군 의령읍 서동리 491-30
#의령식메밀소바 #소고기장조림 #비빔소바

대장경테마파크 추천 "대장경판의 우수성과 과학적 원리 체험"

팔만대장경과 장경판전 제작의 과학적 원리와 역사적 가치를 살펴볼 수 있는 교육 체험 공간. 대장경천년관, 기록문화관, 빛소리관 등 주요 전시관에서는 대장경의 제작 과정과 역사, 불교 미디어 아트, 실감 나는 모형 등으로 교육과 재미를 동시에 제공한다. 실내 VR 체험, 야외 놀이터, 롤러코스터 등 아이들이 좋아할 만한 액티비티가 마련되어 있다. 09:00~17:00, 매주 월요일 휴무. 입장료 5000원. (89p D:1) 사진ⓒ한국관광 콘텐츠랩

경남 합천군 가야면 야천리 996   #팔만대장경 #박물관 #놀이터

가야산 "기암괴석 봉우리부터 붉게 물든 단풍 계곡까지"

해동(海東)의 10승지' 중 하나로 꼽힐 만큼 수려한 경관을 자랑하는 국립공원. 최고봉인 상왕봉(1,430m)과 우뚝 솟은 기암괴석 봉우리인 만물상의 웅장한 능선이 백미이며, 산자락에는 유네스코 세계유산 팔만대장경을 소장한 해인사가 자리하고 있어 역사적 가치 또한 높다. 가야산의 계곡은 붉게 물든 단풍이 비쳐 계곡물까지 붉게 보인다고 해서 '홍류동'이라는 이름으로 불린다. 바위가 많고 난도가 높은 만물상 코스는 등산 마니아들에게 인기가 높다. (89p D:1)

경남 합천군 가야면 가야산로 1645-8   #단풍 #트래킹 #만물상

황매산 [추천] "높은 고지에 주차장이 있어 억새를 바로 볼 수 있어!"

태백산맥의 마지막 준봉인 황매산은 무학대사의 수도장소로, 기암괴석과 소나무, 철쭉으로 유명하다. 고지대에 있는 황매산오토캠핑장에 주차하면 바로 앞부터 억새군락지가 펼쳐진다. 힘들고 긴 등반이 필요 없어 더욱더 좋은 곳. (88p C:2)

경남 합천군 가회면 둔내리 산 219   #황매산오토캠핑장 #억새

황매산 철쭉 "일단 정상까지 올라가면 1km 규모의 철쭉"

황매산 정상에서 모산재 방향으로 뻗은 1km 규모의 철쭉 군락지. 황매산 은행나무 주차장에 주차 후 황매산 정상으로 올라 배틀봉을 따라 철쭉 군락지까지 이동 후 주차장으로 돌아가는 코스를 추천한다. 정상부 철쭉 군락지에서 바라볼 수 있는 꽃밭이 절경이다. 모산재 주차장에서 출발해 모산재를 거쳐 철쭉 군락지로 이동할 수도 있다. (88p C:2)

경남 합천군 가회면 둔내리 산219-5   #모산재 #진달래 #철쭉

경상남도·울산 합천군

장경판전

부처님오신날 연등과 삼층석탑

팔만대장경판

통도사, 송광사와 함께 '삼보사찰' 중 하나로 불리는 불교 성지. 유네스코 세계기록문화유산으로 지정된 팔만대장경을 소장하고 있다. 바닥에 깔린 숯이 제습 작용을 하여 오늘날까지 잘 보존된 팔만대장경은 대적광전 뒤 장경판전에서 찾아볼 수 있다. 가야산 홍류동 계곡을 따라 걷는 해인사 소리길로도 유명. 다도 체험, 108배, 암자 체험등을 즐길 수 있는 해인사 템플스테이도 인기 있다. 08:00~18:00 (동절기 ~17:00까지). 입장료 무료. (89p D:1)

경남 합천군 가야면 해인사길 122   #팔만대장경 #유네스코 #템플스테이

합천영상테마파크 추천 "근대문화 특화 오픈세트장"

7만 제곱미터 넘는 넓은 부지에 1920년대부터 1980년대까지 서울 시내 저잣거리를 그대로 옮겨놓았다. 경성역(서울역), 경교장, 동화 백화점, 조선총독부 건물에서부터 청와대 세트장까지 둘러볼 수 있다. 특히 대통령 집무실에서부터 브리핑룸까지 그대로 재현해 놓은 청와대 세트장은 구석구석 볼거리가 많다. 개화기 의상과 교복 대여가 가능하니 복장을 갖춰 입고 인생샷 남겨 보자. 09:00~17:00, 매주 월요일 휴무. 입장료 5000원. (88p C:2) 사진ⓒ한국관광 콘텐츠랩

경남 합천군 용주면 합천호수로 757 　#드라마촬영지 #경성역 #청와대

합천정원테마파크 "청와대야, 세트장이야?"

실제 청와대 본관 건물을 약 68% 크기로 축소하여 정교하게 복원한 세트장이다. 대통령 집무실, 접견실, 회의실 등 주요 공간을 실제처럼 재현해 놓아 영화나 드라마 촬영지로 활용되며, 일반인들도 마치 실제 청와대를 둘러보는 듯한 체험을 할 수 있다. 합천영상테마파크에서 모노레일을 타면, 자연을 감상하며 편안하게 이동할 수 있다. (88p C:2) 사진ⓒ한국관광 콘텐츠랩·이범수

경남 합천군 용주면 합천호수로 777 　#세트장 #촬영지 #모노레일

합천박물관
"철기 문화를 이끈 다라국 이야기"

가야 시대 다라국 지배자 묘역인 옥전 고분군의 유물이 전시되어있는 박물관. 주요 유물로는 용봉 문양 고리 자루 큰칼, 금제 귀걸이 등이 있다. 가야 시대 다라국 지배자 무덤 모형과 다라국 도성 모형도 볼만하다. 무료입장. 매주 월요일, 1월 1일, 설날과 추석 연휴 휴관. (89p E:2) 사진ⓒ한국관광 콘텐츠랩

경남 합천군 쌍책면 성산리 504
#옥전고분군 #가야유물

황계폭포 "중국의 여산폭포가 부럽지 않은 곳"

합천8경 중 하나. 20m에 이르는 폭포는 2단으로 이루어져 있는데 수심 역시 깊어 물놀이는 금지되어 있다. 주변 암벽이 병풍처럼 감싸 안고 있다. 여름부터 초가을까지, 밤에 이곳을 찾으면 폭포 바로 위로 쏟아지는 은하수를 담을 수 있다. (89p C:2)

경남 합천군 용주면 황계2길 30 　　#합천8경 #2단폭포 #은하수

우두산 출렁다리 "국내유일의 Y자 출렁다리"

우두산(의상봉) 해발 약 620m 지점에 설치된 Y자형 출렁다리. 세 갈래의 다리가 깎아지른 협곡을 향해 각각 40m, 24m, 45m 길이로 뻗어나가며, 공중에 떠 있는 듯한 짜릿함과 함께 작은 금강산이라 불리는 우두산의 웅장한 능선 파노라마를 한자리에서 감상할 수 있다. 봄이면 우두산 철쭉을 보기 위해 많은 이들이 이 다리를 건넌다. 주말 무료 셔틀 운영. 09:00~17:00 (동절기 ~16:00까지). 매주 화요일 정기휴무. 입장료 3000원. (88p C:1)

경남 거창군 가조면 의상봉길 834 　　#우두산 #출렁다리 #철쭉

순할머니손칼국수 맛집
"손으로 밀어 만든 칼국수"

@booraki

손으로 밀어 만든 칼국수만 전문으로 판매하는 곳. 전통손칼국수, 들깨칼국수, 엄나무닭칼국수가 있다. 매일 아침 김치를 담가 아삭한 김치 맛과 시원 담백한 국물, 얇지만 쫄깃한 면발이 조화롭다. 독특한 육수로 다른 곳과는 좀 다른 칼국수 맛을 느낄 수 있다. 월, 화 정기휴무 (89p D:2)

경남 합천군 합천읍 충효로 113 순할머니손칼국수

#정부지정안심식당 #찐손칼국수 #합천맛집

거창 의동마을 은행나무 숲길
"전국 사진작가들의 명소"

의동교 앞 의동마을 입구에서부터 마을 내부를 잇는 300m 규모의 은행나무 숲길. 2011년 제1회 거창 관광 전국 사진 공모전을 통해 알려지기 시작한 이후 전국의 사진작가들이 즐겨 찾는 곳이 되었다. 가을에는 은행마을이 위치한 월천 권역 마을에서 은행나무 축제도 개최된다. (88p C:1) 사진ⓒ한국관광 콘텐츠랩

경남 거창군 거창읍 학리 1047-134

#은행나무길 #산책로 #축제

감악산 풍력단지 [추천] "풍력발전기 아래 보랏빛 물결"

해발 900m 고지 광활한 초원에 풍력발전기와 꽃밭이 어우러진 풍력발전단지. 거창 감악산(954m) 정상 부근에 조성되었으며 산 정상까지 차로 쉽게 접근할 수 있어 드라이브 명소로 각광받고 있다. 탁 트인 시야에서 지리산, 덕유산 등 영남알프스 산군을 조망할 수 있다. 보랏빛 아스타국화와 구절초가 만개하는 가을이 하이라이트. 일출과 일몰을 감상하기 위해 노지캠핑, 차박하는 사람들도 많다. (107p F:2)

경남 거창군 연수사길 115-103   #풍력발전기 #아스타국화 #일몰

거창 미인송  "꼭 새벽에 가야 되는 곳"

지리산 조망공원 휴게소 "지리산 천왕봉부터 각종 봉우리들을 한눈에!"

동양화 한 폭처럼 느껴지는, 물속에서 굳건히 자라나는 소나무. 사진 촬영장소로도 유명하다. 2010년 고사한 '거창 미인송'은 그 유명세로 말미암아 새로운 소나무로 다시 옮겨심었다. (88p C:2)

경남 거창군 남하면 대야리 775
#소나무 #사진 #물안개

지리산 천왕봉부터 노고단까지의 능선을 한눈에 조망할 수 있는 뷰포인트. 단풍 드라이브 코스로 유명한 오도재를 넘는 길목에 자리하고 있다. 휴게소 식당 옆 지등정이라는 정자에 오르면 지리산 천왕봉은 물론이거니와 세석평원, 반야봉, 중봉 등을 볼 수 있다. 겨울철에는 운해(雲海)를 만날 확률이 높아져 일출이나 이른 아침에 방문하면 구름바다 위에 떠 있는 듯한 지리산의 절경을 볼 수 있다. (107p F:2)

경남 함양군 마천면 지리산가는길 534   #지리산 #전망 #자연

다우리밥상 맛집
"외할머니 정성을 느낄 수 있는 집밥"

@teamsunny_1121

메뉴는 생선구이, 돼지불고기, 계절반찬 12가지 등이 나오는 다우리(반상)과 제육솥밥, 백숙 등 다양하다. 공기밥은 따로 없으며 안전함을 검증받은 지하수와 몸에 좋은 아로니아를 넣고 만드는 돌솥밥이 제공된다. 웨이팅이 있는 편이라 근처 관광지인 수승대를 둘러보기 전 미리 웨이팅을 걸어두는 것도 추천한다. 테이블링 예약 가능. 15시~17시 쉬어가고, 월요일은 정기휴무. (107p F:2)

경남 거창군 위천면 은하리길 98-17 다우리밥상
#정부지정안심식당 #한식집 #돌솥밥

함양대봉산휴양밸리
"모노레일에서 만나는 분홍빛 꽃 물결"

모노레일과 짚라인을 즐길 수 있는 산악체험 유원지. 봄에는 진달래와 철쭉이 대봉산 정상을 진분홍빛으로 수놓는데, 이 모습을 보기 위해 산에 오르는 상춘객들이 많다. 모노레일과 짚라인은 숲나들e 사이트를 통해 예약할 수 있다. (107p F:2) 사진ⓒ한국관광 콘텐츠랩

경남 함양군 병곡면 광평리 723-15
#모노레일 #짚라인 #철쭉

남계서원 "서원 철폐에도 살아남은 우리나라 2번째 서원"

성리학자 일두 정여창 선생을 모시고 있는 서원으로 유네스코 세계문화유산으로 지정된 문화재. 영주 소수서원에 이은 우리나라 두 번째 서원이다. 흥선대원군의 서원철폐령 때 존속한 서원 중 하나. 서원 앞으로는 남계천이 흐르고 그 앞 넓은 들판 너머엔 백암산이 펼쳐진다. 서원 입구에 위치한 솔숲길에서 산책하기에도 좋다. 풍영루(風詠樓)에 올라 서원을 둘러싼 주변 풍경을 감상해 보자. (107p F:2)

경남 함양군 수동면 남계서원길 8-11　#유네스코 #정여창 #서원

개평한옥마을 "성리학자 일두 정여창 선생의 선비 정신이 깃든 곳"

일두 정여창 선생의 고택을 비롯해 조선 시대 양반 가옥 60여 채가 잘 보존된 마을. 하동 정씨 집성촌 겸 한옥마을이다. 조선시대에 지어진 정여창 고택은 마을의 중심이 되는 가장 높은 곳에 있어 일두 고택이라고 불린다. 드라마 <토지>, <미스터 션샤인> 등 사극 촬영지로도 유명. 일부 가옥에서는 한옥 스테이를 운영하고 있어 하루 묵으며 전통문화를 체험할 수 있다. (107p F:2)

경남 함양군 지곡면 개평길 35-9　#정여창고택 #일두고택 #한옥마을

늘봄가든 `맛집`
"향토 별미를 맛볼 수 있는 곳"

동의보감촌 "허준의 숨결이 느껴지는 한방 테마 관광지"

향토 별미를 맛볼 수 있는 자연 건강식 요리 전문점. 웰빙 컬러푸드인 특오곡정식을 대표로 삼겹살, 한방수육, 갈비찜 등 다양한 메뉴가 있다. 대표메뉴인 특오곡정식은 찌개, 생선, 불고기 등과 조, 수수 등이 들어간 오곡밥이 나와 푸짐하게 각종 음식들을 맛볼 수 있다. (107p F:2) 사진ⓒ한국관광 콘텐츠랩

경남 함양군 함양읍 필봉산길 65 늘봄가든
#컬러푸드 #자연건강식 #향토별미

약초 향 가득한 한방 테마 관광지. 산청 세계전통의약항노화엑스포가 개최되었던 명소이다. 한의학박물관과 엑스포주제관 같은 교육 시설은 물론, 한방 기 체험장이나 무릉교 출렁다리 등 다양한 힐링 및 체험 시설을 갖추고 있다. 왕산과 필봉산의 맑은 기운이 흐르는 허준 순례길을 따라 걸으며 몸과 마음을 치유해 보자. 10:00~18:00 운영, 매주 월요일 휴무. (107p F:2)

경남 산청군 금서면 동의보감로555번길 61
#지리산 #한방테마 #허준순례길

열매랑뿌리랑약초산나물뷔페 `맛집`
"지리산에서 채취한 산나물 뷔페식"

지리산에서 직접 채취하여 만든 각종 산나물, 찌개, 고기, 카레 등을 무한으로 즐길 수 있는 산나물 뷔페. 40여 종류의 나물들을 맛볼 수 있으며 조미료향보다는 나물 본연의 맛과 향을 느낄 수 있어 건강한 한 끼로 배를 채울 수 있다. 밥도 쌀밥, 곤드레밥 2종류로 나뉘어 있다. 산나물도 직접 판매 중. 연중무휴 (107p F:3) 사진ⓒ한국관광 콘텐츠랩

경남 산청군 시천면 남명로 228 1층
#정부지정안심식당 #산나물뷔페 #건강밥상

남사예담촌 `추천` "옛 담 마을로의 초대"

경상도를 대표하는 한옥마을. 양반마을로 유명했던 이곳은, 전통가옥들이 잘 보존되어 있고 지리산 초입이라 자연 풍경도 매우 아름답다. 700여 년 전, 먼 옛날로 여행을 온듯한 이곳에서 옛 정취를 만끽해 보시는 것은 어떨까. (107p F:3)

경남 산청군 단성면 지리산대로2897번길 10　　#선비마을 #양반마을 #전통가옥

하동 북천 코스모스/메밀꽃밭 "메밀꽃 보고 레일바이크 타고"

매년 가을 분홍빛 코스모스와 새하얀 메밀꽃이 장관을 이루는 가을꽃 명소. 약 6만 평에 이르는 넓은 면적에 꽃이 식재되어 있어 꽃바다를 배경으로 인생샷 남길 수 있다. 매년 가을 북천 코스모스·메밀꽃 축제가 개최되며 조형물 포토존, 하동의 농특산물을 판매하는 매장 등 볼거리가 마련된다. 북천역을 거점으로 철길을 따라 이동하는 레일바이크도 운영하고 있다. (86p B:2)

경남 하동군 북천면 직전리 1196-1   #코스모스 #메밀꽃 #레일바이크

코리아 짚와이어
"금오산 정상에서 시작되는 짜릿함"

아시아 최장 길이인 3,420m 길이의 짚와이어. 최고 시속 120km로 한려해상국립공원 일대를 빠르게 이동하는데, 아찔한 속도감을 즐길 수 있다. 금오산 정상까지 이동하는 하동 케이블카를 함께 운영한다. (86p B:2) 사진ⓒ한

국관광 콘텐츠랩

경남 하동군 금남면 경충로 493-37

#산악스포츠 #짚와이어 #최장길이

악양 평사리 최참판댁 "박경리 대하소설 '토지'의 재현"

대하소설 토지의 주 무대로 펼쳐지는 곳으로, 소설 속 상상의 무대였던 하동군 악양면 평사리의 최참판댁과 그 주변인물들의 생활공간이 재현되어 있다. 주변에는 평사리 문학관, 최참판댁 드라마 촬영지 평사리 부부 소나무 등이 있다. (86p A:2)

경남 하동군 악양면 평사리 448-8   #토지 #최참판댁

매암제다원 카페 "하동의 아름다운 다원으로 선정"

녹차밭 풍경과 더불어 차를 마시고 쉴 수 있는 고즈넉한 한옥 찻집. 넓은 통창 너머로 녹차밭 풍경이 펼쳐진다. 대표 메뉴인 매암홍차(8000원)를 비롯해 우전녹차(8000원), 쑥차(7000원) 등 차 메뉴들과 우리밀쿠키(5000원)를 함께 판매한다. 찻집 옆 매암차박물관도 함께 구경할 수 있으니 티타임 후 방문해 보길 추천한다. 주차장 자체적으로 운영. 10:00~18:00, 매주 월요일 휴무. (86p A:2)

경남 하동군 악양면 악양서로 346-1 매암다원문화박물관　　#녹차밭 #차박물관 #하동다원

하동 쌍계사 십리벚꽃길 추천 "화개장터, 섬진강, 쌍계사 그리고 벚꽃"

경남에서 손꼽히는 벚꽃 명소. 화개장터에서 화개천을 따라 쌍계사까지 이어지는 약 5km의 벚꽃길. 수령이 오래된 벚나무들이 터널을 이루며 나무데크도 있어 산책하기 좋다. 연인이 함께 걸으면 결혼한다는 속설이 있어 '웨딩로드'로도 불린다. 화개장터를 중심으로 개최되는 벚꽃 축제 기간에는 전통 공연, 벚꽃 마라톤, 플리마켓 등이 열린다. 축제 기간에는 화개장터 공영주차장, 화개중학교에 주차하는 것을 추천한다. (86p A:2)

경남 하동군 화개로 142　　#화개천 #쌍계사 #벚꽃길

하동 사기아름마을 연꽃단지
"취화선의 촬영지"

하동군 사기아름마을 광장 뒤쪽 골짜기에 길게 조성된 연꽃단지. 이곳의 연꽃은 작물용으로써 연꽃과 연잎 등은 수확기에 수확된다. 관광지로 개발되지 않았기 때문에 더욱이 여유롭게 연꽃을 구경할 수 있는 곳. 도예가 장금정 씨가 운영하는 도자기 전시관과 칸 국제 영화제 수상작 취화선의 촬영지도 함께 만나볼 수 있다. (92p A:2) 사진ⓒ한국관광 콘텐츠랩

경남 하동군 진교면 백련리 152
#대규모 #연꽃단지 #도자기전시관

평사리 공원 및 섬진강변
"넓고 잔잔한 이 강줄기는 마음을 편하게 해"

하동과 구례의 중간지점에 위치한 평사리 공원. 넓은 백사장과 낮은 수심, 전국 유일의 1급수 수질로 가족 여행객에는 최고의 장소라 할 수 있다. 야영장과 넓은 주차장, 바비큐 그릴 등 캠핑 관련 시설들이 준비되어 있어 야영하기도 제격이다. 근처에 화개장터 고소성과 토지의 무대인 최참판댁이 있다. (86p A:2)

경남 하동군 악양면 섬진강대로 3137
#낮은수심 #1급수 #야영

삼성궁 추천 "지리산 자연 속 신비로운 돌탑"

지리산 청학동 깊은 곳에 위치한 성전으로 환인, 환웅, 단군 세 성인을 모시는 곳이다. 고조선 시대의 소도 문화를 복원한 곳. 수많은 돌탑과 돌담, 연못 등이 주변의 울창한 숲과 어우러져 마치 다른 세계에 온 듯한 신비로운 느낌이다. 고요한 분위기 속에서 우리 민족 고유의 정신문화를 엿볼 수 있는 곳. 걷는 코스가 많으니 편한 신발을 준비할 것. (86p A:2)

경남 하동군 청암면 삼성궁길 13   #고조선시대 #소도문화 #돌탑

화개장터 추천 "재첩국 등의 맛깔스러운 음식을 맛볼 수 있다. "

섬진강 물길 따라 형성된 재래시장. 전라도와 경상도를 잇는 섬진강과 화개천이 만나는 지점에 자리하고 있으며 옛 장터의 정취를 그대로 간직한 전통 5일장이다. 매년 3월 말에서 4월 초엔 벚꽃이 만발한 화개장터를 중심으로 벚꽃 축제가 열린다. 섬진강 재첩국, 참게 매운탕, 산채 비빔밥 등 향토 음식을 맛볼 수 있는 식당들이 모여 있어 식도락 여행지로 추천. 수공예품과 기념품 가게에서 선물 사기에도 좋다. (86p A:2)

경남 하동군 화개면 쌍계로 15   #전통시장 #재첩국 #벚꽃

비바체 리조트 "지리산 원시림과 100m 인피니티풀의 만남"

섬이정원
"아름다운 꽃들의 천국, 남해 민간 정원 1호"

@1weekbro

지리산 자락 하동호와 맞닿은 전 객실 레이크뷰 휴양 리조트. 지리산 원시 자연림과 하동호수의 만남, 숲속 호수에서 유영하는 듯한 100m 인피니티풀이 이곳의 시그니처. 정갈한 조식과 푸짐한 석식 BBQ를 즐길 수 있는 '레스토랑'과 호수가 보이는 '비바체카페 하동', 하동 특산물을 판매하는 기념품숍과 스크린 골프장 등 다양한 부대시설을 갖추었다. 리조트와 연결된 산책로와 지리산 둘레길을 걸으며 자연 속 휴식을 즐길 수 있는 곳. 온돌, 벙커베드 객실 보유. (92p A:1) 사진ⓒ비바체 리조트

경남 하동군 청암면 청학로 876   #하동호 #지리산둘레길 #인피니티풀

사시사철 아름다운 꽃이 피어나는 아늑한 유럽감성 정원. 제일 유명한 연못 포토존에서 인생샷을 남길 수 있다. 무인 매표소 운영. 외길이라 초보 운전자에겐 어려운 코스니 주의하자. (86p B:3)

경남 남해군 남면 남면로 1534-110
#민간정원 #연못포토존

시골할매막걸리 맛집
"직접 담근 막걸리를 놓치지 말아요"

3대째 이어 운영하고 있는 남해 맛집. 메뉴는 멸치쌈밥, 갈치조림, 생선구이, 해물칼국수 등이 있다. 물과 반찬 셀프. 특히 직접 담근 유자막걸리, 울금(강황)막걸리, 남해(쌀)생탁주 등은 음식과 남해 명물로 함께 맛보는 것을 추천한다. 바다가 보이는 야외테이블도 인기가 좋다. 라스트오더 19시 (86p B:3)

경남 남해군 남면 남면로679번길 17-37 시골할매막걸리

#멸치쌈밥 #막걸리 #야외바다뷰

혜성식당 맛집
"한국관광공사 공인 깨끗하고 맛있는 집"

재첩국, 은어, 참게탕을 전문으로 한 식당. 가장 인기있는 메뉴는 참게탕으로 매콤하고 얼큰한 맛을 느낄 수 있는 국물과 알이 꽉 차 있는 게와 함께 먹으면 밥도둑이다. 각종 TV프로그램에도 방영되어 인기있는 곳이다. 공기밥 별도 주문. 화개장터, 쌍계사, 섬진강이 인근에 있어 방문하기 좋다. 연중무휴 (86p A:2)

경남 하동군 화개면 화개로 48

#정부지정안심식당 #참게탕 #재첩국

@about_jonghee

다랭이마을 추천 "계단식의 독특한 형태의 논을 따라 걸어보기!"

경상남도·울산   하동군 | 남해군

척박한 산비탈을 깎아 45도 경사에 108개 층, 680여 개의 좁고 긴 계단식 논을 일구어 논 마을. 다랑논이 아름답게 펼쳐져 있어 '다랭이마을'로 불린다. 푸른 남해 바다와 초록빛 계단식 논이 어우러진 경관을 감상할 수 있다. 겨울엔 시금치 캐기 체험 등 농촌 체험 프로그램을 운영하고 있다. 다랭이 마을의 명물인 암수바위와 몽돌해변을 따라 남파랑길을 걷는 해안 트레킹도 즐겨보자. (86p B:3)

경남 남해군 남면로 702   #계단식논 #달랭이마을 #체험

독일마을

독일마을 추천 "파독 광부, 간호사들의 정착 마을"

1960년대 파독 광부, 간호사들이 귀국하여 정착한 마을로 독일 문화를 간접 체험할 수 있는 관광지. 남해가 내려다보이는 언덕에 빨간 지붕과 하얀 외벽을 지닌 독일 전통 양식의 주택들이 어우러져 이국적인 분위기를 자아낸다. 독일 관련 기념품점, 수제 맥주를 판매하는 펍, 독일식 소시지와 맥주를 맛볼 수 있는 레스토랑 등 독일 문화를 체험할 수 있는 곳들이 다양하다. 파독전시관을 방문하면 파독 근로자들의 삶과 역사에 대해 알아갈 수 있다. (86p B:3) 경남 남해군 삼동면 물건리 1074-2   #독일 #감성사진 #수제맥주

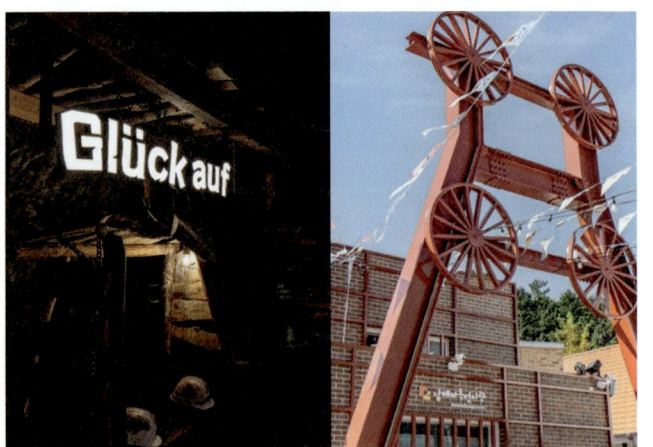

남해파독전시관
"파독 광부와 간호사의 헌신을 담아내다"

1960~70년대 나라의 가난을 극복하기 위해 낯선 땅 독일로 떠났던 광부와 간호사들의 삶과 희생을 다룬 공간이다. 지하 막장에서 일했던 광부들의 작업 환경과 간호사의 방을 둘러보며 고단했을 그들의 삶을 간접 체험해 볼 수 있다. 영상을 볼 수 있는 아카이브 기록관도 꼭 둘러보자. 관람료 성인 기준 1,000원, 09:00~18:00 운영, 매주 화요일 휴무. (86p C:3) 사진ⓒ한국관광 콘텐츠랩

경남 남해군 삼동면 독일로 89-7
#독일마을 #노동 #광부와간호사

원예예술촌 "마을 자체가 하나의 예술 작품인 곳"

독일마을공식기념품판매점
"독일의 문화를 만나는 이국적인 공간"

원예 전문가들이 직접 거주하며 각자의 집과 정원을 테마별로 가꾸어 조성한 마을. 남해의 아름다운 바다와 숲이 한눈에 내려다보이는 곳에 자리 잡고 있다. 마을 전체가 정원과 산책로로 연결되어 있어 여유롭게 걸으며 힐링하기 좋은 곳. 방송인 박원숙이 살았던 집을 개조한 카페 '커피앤스토리', 전망데크, 온실 등이 있어 함께 즐기기 좋다. 이국적 분위기를 담은 인생 사진도 남겨 보자. 나물 채취, 곤충 채집 금지. 09:00~18:00 운영, 매주 화요일 휴무. (92p B:3)

경남 남해군 삼동면 예술길 39　　#원예전문가 #집과정원 #산책로

독일의 상점을 그대로 옮겨 놓은 듯한 기념품 숍. 독일 공인 맥주 소믈리에 디플로마 전문가가 직영하는 곳으로 독일 전통 와인, 전통 맥주, 주별 전통 기념품과 라이프스타일 소품을 구경하는 재미가 쏠쏠하다. 아기자기한 건물이 주변 자연과 어우러져 이국적인 분위기를 자아낸다. 매일 10:00~18:00 영업. 사진ⓒ한국관광 콘텐츠랩 (92p B:3)

경남 남해군 삼동면 독일로 84-2
#독일마을 #기념품 #소품

물건방조어부림
"해안가 바로 옆 1.5km의 숲, 신기하지?"

남해 보리암 　추천　 "조선 태조 이성계의 백일기도 명당"

물건리에 위치한 물건방조어부림(勿巾防潮魚付林)은 남해 12경중의 하나로 해안가 옆에 초승달 모양으로 1.5km 숲을 이룬다. 느티나무, 이팝나무, 푸조나무, 팽나무 등 1만 그루의 나무가 심어져 있으며, 독일마을에서 물건마을, 방조어부림을 한눈에 볼 수 있다. (92p B:3)

경남 남해군 삼동면 동부대로1030번길 59
#느티나무 #이팝나무 #산책로

양양 낙산사, 강화 보문사와 함께 3대 관음성지로 꼽히는 불교 성지. 신라 시대 원효대사가 초당을 짓고 수행한 곳으로 알려져 있다. 속된 말로 '기도발이 잘 받는' 명당으로 소문나서 소원을 빌기 위해 찾는 이가 많다. 가을이면 보리암 경내와 금산 일대가 단풍잎으로 붉게 물들어 화려한 풍경을 보여준다. 문화재 구역 입장료(1000원)를 지불해야 하며, 개인 차량의 금산 정상부 진입은 통제되니 하부 주차장을 이용해야 한다. 04:00~18:00 (동절기 05:00~17:00). (92p B:3)

경남 남해군 상주면 보리암로 665　　#기도명당 #불교사찰 #단풍

상주 은모래비치 "고운 모래, 호수같이 맑은 바다"

소나무숲에 둘러싸인 백사장이 일품인 곳. 남해 금산 아래, 호수처럼 맑은 해변 덕에 남해에서 가장 많은 사람들이 모여드는 해수욕장이다. 이곳으로 일출 구경 오는 사람이 많다. 겨울엔 전지훈련지로도 각광받는다. (92p B:3)

경남 남해군 상주면 상주로 17   #백사장 #고운모래 #일출

돌창고프로젝트 `카페` "남해 여행의 필수 코스, 창고 카페"

@jjjjjong_2_

일제가 쌀을 수탈하기 위해 만들었던 곡물 창고(돌창고)를 문화 재생 공간으로 탈바꿈시킨 카페. 100년 이상 된 오래된 건축물을 그대로 보존해서 사용 중이다. 1층에서 돌창고의 역사와 도자기 전시 관람, 도자기 만들기 체험이 가능하고, 2층은 카페, 3층은 루프탑으로 운영되고 있다. 도자기에 내오는 돌창고 미숫가루(5500원), 덩어리 쑥떡(4000원)이 대표 메뉴로 인기 있다. 12:00~17:00, 화,수 정기휴무. (86p B:3)

경남 남해군 서면 스포츠로 487   #창고카페 #전시회 #돌창고미숫가루

남해 두모마을 유채꽃
"파도처럼 움직이는 유채꽃 물결"

남해군 상주면 두모마을 두모교 북쪽 150,000m² 계단식 논두렁에 자라난 유채꽃밭. 독특하고도 아름다운 풍경 덕분에 아름다운 대한민국 꽃길로 선정되었다. 유채꽃이 지는 가을 무렵에는 메밀꽃이 피어나는데, 이 모습도 무척 아름답다. 바다와 맞닿은 두모마을의 풍경과 해양 레포츠도 함께 즐길 수 있다. 매해 봄에는 유채꽃 축제가 개최된다. (92p B:3)

경남 남해군 상주면 양아리 137
#계단식 #유채꽃밭 #메밀꽃밭

남해 망운산 철쭉
"KBS 중계소 까지는 차량 이동이 가능!"

망운산 주봉에서부터 KBS 중계소가 위치한 망운산 제2봉을 잇는 철쭉 군락지. 바다와 어우러진 아름다운 풍경으로 대한민국 100대 야생화 명소로 선정되었다. 화방사 입구에서 출발해 망운산 주봉에서 암봉까지 진입 후 좌회전하여 KBS 중계소(통신시설)를 찍고 하산하는 코스를 추천한다. 단, 등산에는 약 5~6시간이 걸리므로 체력이 필요하다. (92p A:2)

경남 남해군 서면 노구리 산99-2
#망운산 #야생화 #등산

남해대교 유람선
"남해바다로 역사기행 가자"

남해대교 유람선은 주간 해상 크루즈, 대도 상륙 관광 코스를 운영한다. 매해 1월 1일에는 해맞이 유람선도 운영되는데, 선착순 50명만 이용할 수 있으니 미리미리 예약하자. 유람선은 충무공 이순신 장군이 전사하신 관음포 바다를 지나간다. 탑승 시 신분증을 꼭 지참해야 한다. (86p B:3) 사진ⓒ한국관광 콘텐츠랩

경남 남해군 설천면 노량리 443-21
#남해대교 #해맞이 #유람선

남해 왕지마을 벚꽃
"남해대교와 푸른 바다 그리고 벚꽃터널"

남해대교 아래 남해 충렬사를 지난 후 갈림길이 나오는데, 여기에서 우측길로 들어선 후 약 3km가량을 이동하면 벚꽃길이 나온다. 왕지마을 입구부터 양쪽으로 늘어진 벚나무가 벚꽃 터널을 만든다. (92p A:2)

경남 남해군 설천면 노량리 산 14-2
#남해대교 #벚꽃길

남해 상상양떼목장 편백숲 "피톤치드 가득한 힐링 목장"

10만 평 푸른 초원 위, 울창한 편백숲이 어우러진 힐링 목장. 피톤치드 가득한 맑은 공기 속에서 산책을 즐길 수 있는 곳. 양과 교감하며 먹이 주기 체험을 할 수 있어 아이들과 함께 방문하기 좋다. 높은 지대에 위치해 목장 정상에서 한려수도의 아름다운 바다 풍경을 감상하며 휴식하기 좋다. 하절기 09:00~18:00, 동절기 09:00~17:00 운영. (86p B:2)

경남 남해군 설천면 설천로775번길 364   #편백숲 #동물먹이주기 #한려수도

남해 장평저수지 유채꽃/튤립 "따뜻한 봄날, 행복한 산책"

장평저수지 튤립밭을 둘러싸고 있는 유채꽃밭. 저수지를 따라 조성된 나무데크길을 걸으며 유채꽃, 튤립, 저수지 풍경을 모두 즐길 수 있다. 시기를 맞추어 가면 벚꽃까지 구경할 수 있다. 장평저수지 고랑을 따라 조성된 아담한 튤립밭. 다양한 무늬를 가진 5색의 화려한 튤립을 구경할 수 있다. 새벽 시간대에 방문하면 물안개가 드리워 더욱 아름답다. 튤립뿐만 아니라 유채, 개나리 등도 피어나는 봄꽃의 명소. 벚꽃 개화기에 방문하면 벚꽃도 함께 감상할 수 있다. (93p D:1)

경남 남해군 이동면 초음리 1604-5   #오색튤립 #물안개 #봄꽃

쏠비치 남해 "남해의 시그니처, 다랭이 논 닮은 해양 리조트"

이탈리아 남부 휴양지 모티브 해양 리조트. 절벽 위로 켜켜이 쌓아진 모습은 남해 특유의 다랭이 논을 연상하게 한다. 탁 트인 오션뷰를 배경으로 펼쳐지는 압도적 스케일의 인피니티풀이 이곳의 시그니처. 바닷바람을 맞으며 사계절 스케이팅을 즐길 수 있는 '아이스 비치'와 발 아래 바다와 붉은 석양을 한눈에 담을 수 있는 오션뷰 '비스트로 게미'에서 잊지 못할 경험을 제공한다. 다락과 복층, 펫 프렌들리 객실 등 취향에 맞춘 특화 객실 운영. (92p B:3) 사진ⓒ소노호텔앤리조트

경남 남해군 미조면 쏠비치길 21　　#휴양지감성 #다랭이논 #아이스비치

스트라이프 남해 풀빌라 STAY
"인피니티풀이 있는 이국적인 풀빌라"

핑크빛 건물과 경쾌한 스트라이프 벽, 인피니티풀이 어우러진 이국적인 분위기. 숙소 앞으로 눈부시게 아름다운 남해의 풍경이 펼쳐진다. 창밖으로 바다가 보이는 이층 버스에 앉아 나만의 인생샷을 남겨 보길 추천. 아이들과 함께 방문하기에도 좋다. 이층 버스, 오션뷰 자쿠지 무료. 조식, 석식 제공, 식사 제외 시 할인.

경남 남해군 서면 남서대로 1965-60
#이국적 #이층버스 #자쿠지

@stlife_namhae

아난티 남해 "시사이드 골프 코스 품은 남해 럭셔리 리조트"

남해의 수려한 해안선을 따라 조성된 럭셔리 리조트. 바다를 조망하며 라운딩을 즐길 수 있는 '골프 클럽'과 붉은 벽돌 아치가 이국적인 '워터하우스'가 이곳의 핵심. 온천수를 사용해 사계절 내내 따뜻한 물놀이와 노천욕을 즐길 수 있다. 8,000여 권의 책과 라이프스타일 존, 키즈존을 갖춘 서점 '이터널 저니'도 사랑받는 공간. 오션뷰 레스토랑 '르블랑' 등 식음 시설과 해안 산책로, 잔디광장 산책로를 갖추어 편안한 휴식이 가능하다. 펫 프렌들리 서비스 운영. (92p A:3) 사진ⓒ아난티남해

경남 남해군 남면 남서대로1179번길 40-109   #골프클럽 #워터하우스 #이터널저니

@stlife_namhae

대방진굴항 "거북선을 숨겨두던 비밀의 요새"

왜구의 침략을 막기 위해 세웠던 둑으로, 활처럼 굽은 모양을 띠고 있어 '굴항'이라 부른다. 이순신 장군이 거북선을 숨기는 용도로 사용했으나 지금은 작은 어선들이 선착장으로 이용 중이다. 주머니 모양으로 바다로부터 들어와 있는 그 형세가 특이하고 신비롭다. (92p B:2) 사진ⓒ한국관광 콘텐츠랩

경남 사천시 굴항길 99　　#왜구침략 #이순신장군 #선착장

사천항공우주박물관
"항공기가 신기한 아이들과 함께"

실제 사용했던 전투기, 훈련기 앞에서 기념사진 찍을 수 있는 박물관. 항공 우주관, 자유 수호관, 야외 전시장까지 폭넓은 공간에서 항공기의 역사와 원리 등을 56개의 패널로 조감할 수 있다. 2층에는 우주왕복선에 대한 전시물이 있으며, 자유수호관에서는 6.25 한국전쟁에 대한 전시가 진행된다. 야외 전시장에는 실제 퇴역 항공기 26대가 전시되어 있다. 통합권을 구매하면 항공우주과학관까지 관람할 수 있다. 입장료 4000원. 09:00~17:00, 월요일 정기휴무. (92p B:1) 사진ⓒ한국관광 콘텐츠랩

경남 사천시 사남면 공단1로 78
#항공 #우주선 #한국전쟁

사천 바다케이블카 `추천` "바다와 섬을 잇는 해상 전망"

삼천포대교와 한려해상국립공원의 섬들을 한눈에 조망할 수 있는 해상 케이블카. 초양도, 대방정류장, 각산정류장을 잇는 약 2.43km 길이의 노선으로 바닥이 투명한 크리스탈 캐빈을 이용하면 바다 위를 걷는 듯한 짜릿함을 느낄 수 있다. 케이블카를 타고 도착하는 각산 정상(400m)에 바다와 섬들을 조망할 수 있는 전망대가 설치되어 있다. 일반캐빈 왕복 18000원. 크리스탈캐빈 왕복 23000원. 09:30~18:00, 매달 1,3번째 수요일 정기 휴무. (92p B:2)

경남 사천시 사천대로 18　　#해상케이블카 #바다전망 #섬전망

하주옥진주냉면 `맛집`

"시원한 냉면 위 부드러운 육전"

부드러운 육전과 지단, 오이 등 다양한 고명이 듬뿍 올라간 냉면이 대표 메뉴. 선주문 후 입장하면 진한 선짓국과 신선한 샐러드, 왕만두가 기본 세팅된다. 물냉면 12,000원, 비빔냉면 13,000원, 어린이 상차림 4,000원. 매일 10:30~21:00 영업. (92p B:2)

경남 사천시 사남면 하동길 8-11
#육전 #어린이메뉴 #냉면

진양호 "인공호수 앞 전망대 그리고 공원"

겹벚꽃 명소로 인기 있는 호수. 진주 남강과 덕천강이 만나는 곳에 조성된 인공 호수로 일몰과 노을이 아름답기로 유명하다. 호반전망대에 오르면 탁 트인 호수를 한눈에 담을 수 있다. 영화 <하늘정원>의 촬영지로 유명하다. 지리산과 한려해상국립공원의 경계에 위치해 있어 수려한 자연 경관을 자랑한다. 최근 진양호 노을 데크길이 새롭게 조성되어 산책하기 좋다. 동물원, 진주랜드와 연결되어 다양한 볼거리와 체험거리가 있다. (92p B:1)

경남 진주시 남강로1번길 105-13　　#인공호수 #전망대 #석양

진주성 `추천`

"한국인이 꼭 가봐야 할 국내 관광지 1위로 뽑혔어"

촉석루 / 진주남강 유등축제 / 진주성의 야경 / 진주성 공북문

1592년 진주대첩 시 3,800여 명으로 왜군 2만을 물리친 성곽. 임진왜란 3대 대첩 중 하나인 진주대첩의 무대이자, 논개의 충절이 깃든 곳. 촉석루, 의암, 영남포정사, 국립진주박물관 등 주요 역사 유적이 밀집되어 있다. 남강에 비치는 촉석루의 반영을 촬영하는 이가 많다. 가을엔 별빛동행 축제 등 야간 개장 행사가 열린다. 입장료 2000원(당일 재입장 가능). 05:00~23:00(동절기 ~22:00), 촉석루 09:00~18:00. (92p C:1)

경남 진주시 본성동　　#임진왜란 #논개 #성곽

경상남도수목원 "희귀한 식물 가득한 생태숲 체험장"

약 31만 평의 광활한 면적에 3,600여 종의 다양한 식물이 자생하고 있는 수목원. 산림, 임업에 대한 역사적 자료가 전시된 박물관, 전시실, 자연 표본실, 경남의 산림을 소개하는 박물관, 생태 체험실 등을 운영한다. 연구원 내에 무궁화 공원, 식물원, 야생 동물원 등도 있다. 단풍이 물드는 가을에 방문하여 메타세쿼이아 길을 거닐어 보자. 입장료 1500원. 09:00~18:00, 매주 월요일 정기휴무. (93p D:1)

경남 진주시 이반성면 수목원로 386   #숲체험 #생태체험 #식물원

국립진주박물관
"진주대첩은 우리에게 어떤 의미가 있을까?"

임진왜란 격전지인 진주성에 있는 박물관. 진주 촉석루 아래 남강 변에 위치해 있다. 임진왜란 당시의 전투 상황과 역사를 고스란히 담아낸 유물과 사료가 전시되어 있으며 진주성의 역사적 의미를 되새길 수 있다. 3D 입체 상영관에서 '진주대첩', '명량대첩' 애니메이션도 상영한다. 진주성 입장료를 냈다면 박물관 관람은 무료. 음성 안내기도 선착순으로 25대까지 대여해준다. 09:00~18:00, 월요일 정기휴무. (92p B:1)

경남 진주시 남강로 626-35

#진주성 #향토박물관 #애니메이션

진주 강주연못 연꽃
"연못 위를 걷는 느낌"

진주 시내에서 사천방면 3번 국도 예하교차로 우측에 위치한 연꽃지. 강주연못을 가득 메운 홍련과 백련, 수련이 싱그럽다. 연못 좌우 양옆으로 나무데크길이 설치되어 연꽃을 더 가까이 만날 수 있다. 연못을 따라 1km의 산책로가 조성되어 있으며 지압 보드, 쉼터, 벤치 등이 조성되어 나들이하기 좋다. (92p B:1) 사진ⓒ한국관광 콘텐츠랩

경남 진주시 정촌면 예하리 911-11

#연꽃 #산책로 #휴식

월아산 숲속의 진주
"온 가족 숲속 힐링 공간"

산불의 아픔을 이겨내고 생명의 숲으로 되살아난 월아산에 조성된 복합 산림복지시설이다. 자연휴양림에서 편안한 휴식을 취하고, 우드랜드에서 숲 체험과 목공 체험, 어린이 도서관을 이용할 수 있으며, 산림 레포츠단지에서 집라인, 에코 라이더, 네트 어드벤처 등 스릴을 즐길 수 있는 곳. 자연 속에서 휴식과 체험, 레저를 한 번에 즐길 수 있는 온 가족 힐링 공간이다. (92p C:1) 사진ⓒ한국관광 콘텐츠랩

경남 진주시 진성면 달음산로 313

#산림복지시설 #우드랜드 #레포츠

하연옥 `맛집` "알록달록 고명과 감칠맛의 진주냉면"

1945년부터 3대째 전통 방식을 유지하며 한결 같은 맛을 내는 진주냉면집. 오이, 계란 지단, 육전, 실고추 등 형형색색의 빛을 내는 고명으로 인해 더 입맛을 돋운다. 육수는 홍합, 멸치 등 다양한 해산물과 소뼈를 함께 넣었다. 400도 이상 달군 무쇠를 넣고 잡내를 잡아 깔끔한 감칠 맛을 느낄 수 있다. 연중무휴. (92p B:1)

경남 진주시 진주대로 1317-20   #진주냉면 #알록달록 #감칠맛

고성쭈꾸미 `맛집` "단짠,단맵의 쭈꾸미 맛집"

@dntkak11

쭈꾸미, 쭈꾸미삼겹, 쭈꾸미새우 등과 어린이 도 즐길 수 있는 김가루 주먹밥, 돈까스 등도 있다. 쭈꾸미는 보통맛과 매운맛 중 선택이 가 능하며 콘치즈, 계란찜, 묵사발은 기본으로 제 공된다. 상차에 쭈꾸미를 소스에 찍어 먹고, 콘치즈까지 먹으면 단짠,단맵의 맛을 느낄 수 있다. 1인당 인삼우유와 요구르트 제공. 브레 이크 타임 14시30분~17시. 월요일 정기휴무 (93p D:2)

경남 고성군 거류면 거류로 711
#정부지정안심식당 #쭈꾸미요리 #단짠단맵

천황식당 `맛집`
"80년 넘는 역사를 간직한 진주비빔밥"

1900년대 초부터 4대째 내려오고 있는 진주 비빔밥 식당. 진주비빔밥 3대 식당으로도 꼽 히며, 한국 사람이 사랑하는 오래된 한식당으 로 선정되기도 했다. 한우가 들어간 진주식 비 빔밥에 선짓국이 딸려 나와 더욱더 든든하다. (92p B:1)

경남 진주시 촉석로207번길 3
#진주비빔밥 #선지국 #육회

수복빵집 `빵집`
"찐빵 위에 걸쭉한 단팥 소스를 뿌려 먹어보자"

진주 중앙시장 근처의 '찍먹 찐빵'을 파는 노 포. 작은 찐빵 4개 위에 팥물을 부어 먹는 독 특한 방식이다. 찐빵 안의 팥소와 겉의 소스 모두 자극적이지 않고 은은한 단맛이 있어 투 박하지만 계속 먹게 되는 것이 포인트. 옛날 다방 같은 분위기에서 먹는 재미도 있다. 찐빵 4개 4천 원대. 12:00~17:00 운영. 11~5월 매주 화요일 휴무, 6~10월 2, 4번째 화요일

고성 상리연꽃공원 연꽃
"마음을 다스릴땐 연꽃 저수지가 최고"

고성군 상리면 시내 남측 끝에 위치한 상리연 꽃공원. 공원 연못에 수련, 홍련, 백련, 노랑어 리연꽃 등 다양한 연꽃이 피어나 있다. 연못을 가로지르는 나무 데크와 돌다리가 설치되어 연꽃을 더욱 가까이에서 관찰하고 만져볼 수 도 있다. 근처에 있는 고성 공룡박물관에도 방 문해보자. (92p C:2) 사진ⓒ한국관광 콘텐츠랩

경남 고성군 상리면 척번정리 89-1
#공원 #연꽃

휴무. (92p B:1) 사진ⓒ한국관광 콘텐츠랩

경남 진주시 진주대로1088번길 8 1층 수복빵집
#찍먹찐빵 #레트로느낌

상족암 군립공원 추천 "1억 5000만 년 전 공룡의 발자국이 담긴 화석 산지"

중생대 백악기 공룡 발자국 화석 산지. 세계 3대 공룡 화석지 중 하나로 천연기념물로 지정될 정도로 학술 가치가 높은 곳이다. 파도와 풍화 작용으로 깎인 해식동굴과 층층이 쌓인 기암괴석(주상절리)이 절경을 이루며 썰물 때 바닷물이 빠지면 넓은 암반 위에서 공룡 발자국 화석을 직접 관찰할 수 있다. 고성공룡 박물관으로 이동하면 티라노사우루스, 트리케라톱스 등 공룡 발자국, 공룡 모형, 공룡 관련 영상 등을 체험할 수 있다. 매년 여름에 공룡축제 개최. (92p C:2)

경남 고성군 하이면 덕명5길 42-23　　#공룡발자국 #천연기념물 #주상절리

고성공룡박물관 "공룡탐험을 떠나자"

세계 3대 공룡 발자국 화석 산지 중 하나인 상족암 군립공원 내에 자리한 공룡 박물관. 5개의 전시실을 포함해 공룡 탑, 전망대 등을 운영하며, 웅장한 크기의 공룡 골격 화석 복제품과 다양한 모형, 체험 시설을 통해 공룡의 시대와 진화 과정을 학습할 수 있다. 상족암 해안까지 이어지는 데크 산책로를 따라 내려가 실제 공룡 발자국 화석을 직접 관찰해 보자. 입장료 3000원. 09:00~18:00 (동절기~17:00), 월요일 정기휴무. (92p C:2)

경남 고성군 자라만로 618　　#공룡 #전망대 #어린이

당항포 관광지
"쥐라기 공원에서 이순신 장군을 만나다!"

이순신 장군과 공룡에 대한 다양한 체험시설이 마련된 테마파크. 이순신 장군의 활약상을 전시해놓은 당항포 해전관, 거북선 체험관과 공룡 엑스포, 공룡 캐릭터관, 고성 자연사 박물관이 한자리에 있다. 넓은 캠핑장에 놀이터까지 갖춰져 있으니 이곳에 숙박하며 다양한 체험시설을 느긋하게 즐겨봐도 좋겠다. (93p D:2) 사진ⓒ한국관광 콘텐츠랩

경남 고성군 회화면 당항만로 1116 당항포관광지
#역사체험 #이순신 #거북선

경남고성공룡세계엑스포
"한반도의 공룡을 한자리에서 보자!"

고성 당항포 관광단지 부지 내에 있는 공룡엑스포는 한반도의 공룡 발자국이 한곳에 모여 있는 곳이다. 국내 최초 360도 회전하는 5D 영상관과 미디어파사드 불꽃 쇼, 빛 체험관 등이 운영되며, 야간에 방문하면 밤을 수놓는 화려한 불빛도 인상적. 2016년 엑스포 행사 종료 후에도 관광지 내에 공룡 전시, 홀로그램 영상 등이 남아있다. (93p D:2) 사진ⓒ한국관광 콘텐츠랩

경남 고성군 회화면 당항리 112-2
#공룡 #당항포관광지 #빛축제

거제 식물원 정글돔 추천 "정글돔을 지나서 가자!"

국내 최대 규모의 온실 정글돔. 삼각 유리가 7,500장 넘게 투입된 이 정글돔은, 엄청난 규모의 식물은 물론 실내에 인공폭포와 물안개가 어우러져 그야말로 아마존 정글에 와 있는 듯한 착각이 들게 한다. 곳곳에 핫한 포토존이 많은데 그중에서도 '새둥지 포토존'은 제일 인기가 뜨겁다. (93p E:2)

경남 거제시 거제면 거제남서로 3595　#국내최대식물원 #열대온실 #새둥지포토존

거제관광모노레일
"수려한 거제의 풍경을 관람할 수 있는 모노레일"

거제포로수용소 유적공원에서 계룡산까지 이동하는 모노레일로, 주변 숲길 풍경을 오롯이 즐길 수 있다. 하절기 09~17시 운행하며 탑승 인원이 제한되어 있으므로 사전예약 후 방문해야 한다. (93p E:2) 사진ⓒ한국관광 콘텐츠랩

경남 거제시 계룡로 61 포로수용소유적공원 #계룡산 #모노레일 #예약필수

거제도 포로수용소 유적공원 추천 "민족의 비극이 고스란히 남아있는 곳"

1950년 6.25 전쟁 당시 포로들을 수용했던 국내 최대 규모의 포로수용소. 처음의 규모는 6만 명이었으나 나중에 17만 명에 이르는 전쟁 포로를 수용했다. 역사적 교훈을 되새기기 위해 조성된 공원으로 당시의 생활 모습, 폭동, 탈출 시도 등 포로들의 애환이 담긴 기록과 실제 유적, 디오라마와 체험 전시 등을 통해 전쟁의 비극과 아픔을 전달한다. 6·25 역사관에서 6.25 전쟁 당시의 유물을 집중적으로 볼 수 있다. 입장료 7000원. 09:00~18:00, 화요일 정기휴무. (87p D:3)

경남 거제시 고현동 362　#한국전쟁 #수용소

바람의 언덕 추천 "찬바람이 불면 내가 떠난 줄 아세요~!"

잔디로 덮인 완만한 언덕과 그 위에 우뚝 솟은 풍차를 배경으로 이국적인 사진 찍기 좋은 곳. 가을에는 초록 잔디 대신 황금빛으로 변한 억새가 바람에 넘실거린다. 해금강으로 가는 길목에 위치한 언덕이라 바다 전망도 멋지게 볼 수 있다. 바다를 보다 가까이 볼 수 있는 스카이워크도 설치되어 있다. 언덕 아래 도장포 유람선 선착장에서 유람선과 모터보트를 탈 수 있으니 데이트 코스로 선택해 보자. (87p D:3)

경남 거제시 남부면 갈곶리 산14-47　　　#민둥산 #전망대 #핫도그

저구항 수국
"바다와 수국 "

수국 축제가 열리는 동산. 바닷가에 인근하여 바다와 어우러지는 수국을 경험할 수 있다. 수국 주변으로 산책로도 잘 꾸며져 있어 걷기에도 참 좋다. 색색의 아름다운 수국을 만끽해 보시길. (87p D:3)

경남 거제시 남부면 저구리
#수국축제 #수국동산 #수국명소

근포땅굴 "거제 여행 필수 코스, 동굴 인생샷 남기기"

@_h_i_ss

거제에서 가장 핫한 여행지. 근포마을 뒤, 5개의 땅굴 중 하나이다. 일제강점기 당시 포진지로 쓰기 위해 만들었다가 그 흔적이 남았다. 해가 질 시점에 가면 동굴 밖 어스름한 풍경과 피사체의 실루엣이 대비를 이룰 때 보다 멋진 사진을 얻을 수 있다. (87p D:3)

경남 거제시 남부면 저구리 423　　　#일제시대 #동굴사진

해금강 "바다의 금강산, 우리나라 명승 제2호"

명승 제2호로 지정된 바위섬. 바다의 금강산이라 불릴 만큼 수억 년 동안 파도와 바람에 깎인 기암괴석들이 웅장하고 아름다운 경관을 연출한다. 바위섬 안에 십자(十) 모양으로 뚫려 있는 십자동굴은 해금강 최고의 비경으로 꼽힌다. 해금강 유람선을 타면 한려해상국립공원으로 지정된 작은 섬들과 바다 풍경을 오롯이 즐길 수 있다. 해금강 유람선은 외도, 우제봉, 병대도, 소매물도 등을 둘러보는 총 6가지 코스로 운영. 비정기적으로 운행하여 사전 문의 필요. (87p D:3)

경남 거제시 남부면 갈곶리 산1
#명승지 #유람선 #섬투어

장사도 가배 유람선
"장사도의 육상관광을 포함한"

거제도 가배항에서 20분 떨어진 장사도 해상공원에 도착 후 2시간가량 장사도 해상공원 육상관광을 즐기는 2시간 40분 코스의 유람선. 장사도에 도착하면 10만여 그루의 동백나무와 후박나무, 팔색조 등을 만날 수 있다. 장사도는 추억의 영화 '낙도의 메아리' 촬영지로도 유명하다. 동백꽃 피는 겨울철에는 붉은 동백꽃 물결을 감상할 수 있다. (93p E:3) 사진 ⓒ한국관광 콘텐츠랩

경남 거제시 동부면 가배리 247-11
#장사도 #겨울 #동백나무

학동 흑진주 몽돌해변
"검은 몽돌이 가득한 흔치 않은 해변"

남해의 파도가 몽돌을 굴리며 자그락자그락 청량한 소리를 만들어내는 거제 남쪽 해변이다. 몽돌과 푸른 바다가 어우러진 탁 트인 풍경을 만날 수 있는 곳. 이곳 선착장에서 유람선을 타면 아름다운 해금강과 이국적인 외도를 둘러볼 수 있으니 이용해 보아도 좋다. 다른 해수욕장보다 수심이 깊고 파도가 거친 편이니, 아이와 함께할 때 특히 주의할 것. (93p E:3) 사진ⓒ한국관광 콘텐츠랩

경남 거제시 동부면 학동리 276-8
#몽돌 #해금강 #유람선

거제파노라마 케이블카 "하늘에서 감상하는 거제의 환상적인 풍경"

거제의 산과 숲, 바다가 이루는 환상적인 풍경을 감상할 수 있는 1.56km 구간 케이블카. 전망대에 오르면 노자산과 다도해의 모습을 360도 파노라마로 감상할 수 있다. 바닥이 유리로 되어 있는 크리스탈 캐빈을 이용하면 발아래로 노자산 숲이 펼쳐지는 아찔한 경험을 즐길 수 있다. 일반 왕복 대인 기준 18,000원. 월~금 09:30~18:30, 토~일 09:00~18:30 운영. (93p E:3)

경남 거제시 동부면 거제중앙로 288   #노자산 #다도해 #크리스탈캐빈

성포끝집 맛집
"3면이 통창으로 되어있는 거제도 맛집 "

33면이 통창으로 되어 있어 고래섬, 등대, 가조도, 가조도 다리를 보며 식사를 할 수 있다. 톳밥정식, 꼬막 비빔면정식, 전복죽 정식 등이 인기 메뉴다. 건강식으로 간을 세게 하지 않아 기호에 따라 비치된 비빔밥 양념이나 새우장 간장에 비벼 먹을 수 있다. 라스트오더 20시 30분, 연중무휴. (93p E:2) 사진ⓒ한국관광 콘텐츠랩

경남 거제시 사등면 성포로3길 56 2층
#뷰맛집 #오션뷰 #꼬막한상

거제 가조도 "조용한 어촌에서 하룻밤"

거제도에 속한 섬으로, 이름에 거제도를 보좌한다는 뜻이 담겨 있다. 물이 맑아 전국의 낚시꾼들이 즐겨 찾는 낚시 명소로 계도어촌체험마을에서 낚시와 어촌 체험을 즐겨볼 수 있어 가족 단위 방문객이 많다. 해 질 무렵 노을이 드는 언덕 전망대에 올라 탁 트인 바다와 섬들이 어우러진 석양을 감상해 보아도 좋다. 거제 본섬과 가조연륙교로 연결되어 있어 차량을 이용해 편리하게 드나들 수 있다. (93p E:2)

경남 거제시 사등면 창호리 산112-2
#어촌마을 #일몰

구조라성
"샛바람 소리길 끝에 펼쳐진 거제의 쪽빛 바다"

조선 성종 21년(1490년)에 왜구의 침입을 막기 위해 쌓은 성벽. 구조라 앞산 능선에 자리잡고 있고 성문이 동서남북 사방으로 나 있다. 지형에 따라 구불구불 이어지는 성곽의 모습과 성 위에서 바라보는 구조라항, 구조라 해수욕장, 바다 조망이 뛰어나다. 울창한 대나무 숲 사이로 바닷바람이 지나며 독특한 소리를 내는 숲길 '샛바람 소리길'과 연결되어 있다. 구조라 유람선 터미널 주차장이나 마을 인근 공용 주차장을 이용하고 걸어가면 된다. (93p F:3)

경남 거제시 일운면 구조라리 산55
#샛바람소리길 #대숲터널 #산성

거제 내도 동백꽃 섬
"둘레길을 따라 한바퀴 걷는 명품섬"

내도는 구조라유람선터미널에서 배로 10분 거리에 있는 섬으로, 외도의 안에 있다 하여 내도라 한다. 이곳은 3.9km의 해안선을 가진 작은 섬으로, 10가구가량의 주민이 거주하고 있다. 섬 안에는 내도 명품 길이라는 둘레길이 있어 산책을 즐기기 딱 좋다. 외도의 모습과 해금강의 모습을 모두 감상할 수 있는 곳으로도 유명하다. 동백나무는 정원용으로 재배되는 품종으로 기후가 따뜻한 곳에서 잘 자라며, 꽃은 붉은색 꽃잎에 노란색 수술을 갖는다. (93p F:3)

온더선셋 [카페] "야자수 조망 루프탑 카페"

@onthesunset

휴양지 느낌의 분위기가 물씬 풍기는 카페 입구에서 사진을 남겨보자. 선셋 브릿지와 야자수에서 느낄 수 있는 트로피컬한 분위기의 감성 루프탑 카페이다. 낮에는 푸른 바다를 보며 청량함을, 노을 무렵에는 로맨틱한 분위기를 만끽할 수 있는 곳이다. 해수면에 붙어 있어 크루즈 카페 같은 느낌도 받을 수 있다. 다양한 음료와 베이커리는 물론 10~14시까지 브런치 주문도 가능하다. (93p E:2)

경남 거제시 사등면 성포로 65   #휴양지 #대형카페 #크루즈

경남 거제시 일운면 와현리 산 99
#유람선 #동백꽃 #둘레길

지심도
"섬 전체가 동백나무숲을 이루어 동백섬이라고도 불러"

거제시 동쪽으로 1.5km 떨어진 섬. 장승포항에서 배로 15분 거리에 있으며 섬 전체가 동백나무로 뒤덮여 있다. 오솔길을 따라 2~3시간이면 섬 전체를 둘러볼 수 있다. (93p F:2)

사진 ⓒ 한국관광 콘텐츠랩

경남 거제시 일운면 외도길 17
#동백나무 #산책길

마소마레 [카페] "압도적인 오션뷰 거제 핫플레이스"

@ong_motherinlaw

망치 몽돌 해수욕장 오션뷰 대형 카페. 바다가 한눈에 펼쳐지는 루프탑과 편안하게 누워 바다를 감상할 수 있는 이국적인 야외 빈백이 이곳의 시그니처. 무지갯빛 의자에 앉아 사진을 찍어도 잘 나온다. 높은 층고와 통창이 어우러진 쾌적한 공간에서 달콤한 돌체 마소 라떼를 즐겨보자. 월~금 10:00~20:00, 토~일 10:00~22:00 영업. (93p F:3)

경남 거제시 일운면 거제대로 1828-5 　#거제도카페 #망치몽돌해수욕장 #루프탑

한꼬막두꼬막 [맛집]
"국내산 꼬막, 가리비만 사용해요"

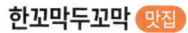

28년 경력이 있는 음식 장인이 손수 만든 게장과 꼬막, 가리비 정찬을 만드는 곳. 국내산 꼬막, 가리비만 사용하여 음식이 제공된다. 음식에 들어가는 장 또한 전부 직접 담가 사용하여 음식의 맛이 깊고 풍부하다는 맛 평. 매주 첫째, 셋째 화요일 정기휴무(공휴일 제외) (93p F:2) 사진ⓒ한국관광 콘텐츠랩

경남 거제시 일운면 지세포로 122
#소노캄맛집 #신선한해산물 #해산물정식

외도 보타니아 해상농원 [추천] "매년 백만 명 이상 찾는 관광섬"

아열대 식물을 포함한 3,000여 종의 희귀 식물들이 자라고 있는 유럽풍 해상 식물 공원. 겨울엔 동백꽃이 피어난다. 거제도에서 약 4km 떨어진 한려해상국립공원 내에 있으며 개인이 30여 년간 가꾸어 조성된 곳이다. 비너스 가든, 조각공원, 전망대, 에덴가든, 천국의 계단 등이 바다와 어우러져 이국적이다. 장승포, 구조라, 해금강 등 여러 선착장에서 유람선을 타고 도착. 입장료 11000원. 09:00~19:00 (입도 마감 17시). (93p F:3)

경남 거제시 외도길 17 　#식물원 #산책 #가족

매미성 `추천` "포토존에서 찍는 사진마다 예술이 되는 인스타 성지"

성곽을 프레임 삼아 탁 트인 바다 배경의 인생샷을 남길 수 있는 포토존. 2003년 태풍 '매미'로 인해 삶의 터전을 잃은 백순삼 씨가 자연재해로 부터 자신의 경작지를 지키기 위해 쌓기 시작한 돌 성이다. 시멘트 없이 자연석을 쌓아 올린 독특한 형태와 유럽의 중세 성을 연상시키는 이국적인 모습이 특징. 현재도 성곽 구축이 진행 중이다. 매미성 주변으로 카페나 기념품 상점이 다양하게 밀집해 있다. 무료 개방. (93p F:2)

경남 거제시 장목면 복항길 29   #태풍매미 #개인사유지 #돌성

거제조선해양문화관
"4D로 거제도 해저탐험 해볼래?"

거제도를 포함한 남해안 어촌의 생활상과 선박 관련 자료가 전시된 박물관으로, 어촌민속전시관(1관)과 조선해양전시관(2관)으로 구성되어있다. 시기별 다양한 기획전과 교육 프로그램도 진행된다. 매주 월요일, 1월 1일, 명절 당일 휴관. (93p F:2) 사진ⓒ한국관광 콘텐츠랩

경남 거제시 일운면 지세포리 929-88
#바다 #민속박물관

거제맹종죽테마파크 `추천`
"거제의 대나무 테마공원"

거제도의 향토 자원인 맹종죽을 테마로 조성된 죽림욕장. 빽빽하게 하늘로 솟은 대나무 숲 사이로 잘 정비된 산책로와 포토존이 조성되어 있다. 대나무를 활용한 공방 체험, 모험의 숲 네트 체험, 짚라인 등 다양한 체험 프로그램이 준비되어 있다. 매년 4~5월 쯤 지역축제인 맹종 대나무 축제가 열리니 이 시기에 맞추어 방문해 보자. 입장료 4000원. 09:00~18:00 (동절기 ~17:30). (93p E:2)

경남 거제시 하청면 거제북로 700
#바다전망 #놀이동산 #맹종대나무축제

경상남도 · 울산

거제시

일운담소 STAY "하루 한 팀만을 위한 고요한 공간"

@irun_damso

넓은 통창 한쪽으로 외도의 풍경이 펼쳐지는 사이드 오션뷰 독채 스테이. 소박한 잔디 마당과 히노키탕, 바비큐 시설을 갖추어 프라이빗한 시간을 보낼 수 있다. 실내는 화이트와 우드, 따뜻한 조명이 어우러져 아늑한 분위기. 유리창 너머 정원이 보이는 거실과 바다 풍경 아름다운 야외 테이블은 차 한 잔의 여유를 즐기기 딱 좋다.　　　　　　　　　　경남 거제시 일운면 망치2길 15-1　　　#외도 #히노키탕 #사이드오션뷰

지평집 STAY "건물 지붕이 들풀이 자라는 땅이 되는 곳"

@jipyungzip

유명한 건축가 조병수의 철학이 담긴 독채 스테이. 건물 지붕이 들풀이 자라는 땅이 되는 곳. 노출 콘크리트와 나무가 자연스럽게 어우러진 객실은 차분하고 아늑한 분위기. 모든 객실에서 거제의 푸른 바다를 바라보며 사색의 시간을 보낼 수 있다. 일부 객실에 아늑한 다락, 히노끼 노천탕이 갖추어져 있다. 웰컴티, 조식 제공.　　　　　　　　　　경남 거제시 사등면 가조로 917　　　#콘크리트 #사색 #다락

소노캄 거제 "요트 투어를 즐길 수 있는 해양 리조트"

끝없이 펼쳐진 한려해상국립공원의 풍경을 즐길 수 있는 해양 리조트. 실내외 풀과 파도풀, 익스트림 리버 등 다양한 어트랙션을 갖춘 워터파크 '오션 어드벤처'가 이곳의 하이라이트. 마리나베이에서 카타마란 요트와 제트 크루저를 활용한 해넘이 요트 투어, 야간 불꽃 투어 등 차별화된 레저 프로그램을 운영한다. 오션뷰 레스토랑 '몬테로소'와 뷔페 '셰프스 키친'이 있으며, 스타벅스와 배스킨라빈스가 입점해 있다. 전 객실 오션뷰, 펫 프렌들리 객실 보유. (93p F:2) 사진ⓒ소노호텔앤리조트

경남 거제시 일운면 거제대로 2660　　#한려해상국립공원 #오션어드벤처 #요트투어

한화리조트 거제 벨버디어 "요트 투어에서 뽀로로 키즈카페와 캐릭터룸까지, 아이들과 묵기 좋은 곳"

거가대교와 남해의 절경이 어우러진 해양 리조트. 바다 위 100m, 하늘에서 유영하는 듯한 인피니티풀이 이곳의 시그니처. 전용 마리나에서는 거가대교와 저도를 일주하는 요트 투어와 요트 낚시 등 해양 레저를 즐길 수 있는 곳. '바운스 트램폴린 파크'를 비롯해 '뽀로로 키즈카페', '브릭 앤아트' 등 아이들을 위한 특화 시설도 가득하다. 시푸드 다이닝 '치치 더 테라스', 오션뷰 레스토랑 'L-Floor' 등 식음 시설 운영. 키즈 전용 뽀로로 캐릭터 룸 보유. (93p F:2) 사진ⓒ한화리조트 거제 벨버디어

경남 거제시 장목면 거제북로 2501-40   #남해 #요트투어 #캐릭터룸

디피랑 (남망산조각공원)
"동심으로 초대하는 화려한 빛의 축제"

남망산 공원 일대에 조성된 약 1.5km 길이 국내 최장 야간 디지털 테마파크. 통영의 상징인 동피랑과 서피랑 벽화마을 모티브로 이곳에서 사라진 그림들이 밤이 되면 살아나 빛의 축제를 벌인다는 이야기로 꾸며진다. 누구나 즐길 수 있는 환상적인 통영의 야경 명소. 춘계 19:30, 하계 20:00, 동계 19:00~24:00 운영, 매주 수요일 휴무. (93p D:2) 사진ⓒ한국관광 콘텐츠랩

경남 통영시 남망공원길 29
#디지털테마파크 #벽화 #야경명소

통영 유람선(통영)
"한산도의 육상관광을 포함한"

장사도+한려수도 코스(약 3시간 20분), 한산도+승전지 코스(2시간)를 운영하는 유람선. 장사도 코스에서는 장사도 해상공원을, 한산도 코스에서는 이순신 장군 격전지를 방문한다. 자가용 이용 시 북 통영 IC로 통영 터널을 통과하면 빠르게 유람선 승선지로 갈 수 있다. (93p D:2)

경남 통영시 도남동 634 유람선터미널
#장사도 #한려수도 #이순신

통영케이블카 "통영의 아름다운 바다를 한눈에"

통영 미륵산 정상까지 이동하는 2,000m 길이의 케이블카. 케이블카 아래로 거제도, 한산도, 소매물도, 욕지도 등 다도해로 유명한 이곳의 아름다운 섬들이 한눈에 내려다보인다. 케이블카는 불교 사찰 미래사와 전망대로 이어져있는데, 모두 둘러보는 데는 1시간 넘게 걸리니 시간적, 체력적 여유를 갖고 방문하는 것이 좋겠다. (93p D:3)

경남 통영시 도남동 발개로 205   #미륵산 #케이블카 #섬전망

거제 대금산 진달래 "정상에서 만나는 진달래 평원"

대금산 정상에서 북동쪽으로 10분 거리에 있는 0.4km 구간의 진달래 평원. 반깨 고개에 주차 후 진달래 군락지까지 이동하고 돌아와 정상에 올라 원점으로 회귀하는 코스를 추천한다. 등산에는 왕복 약 3시간이 소요된다. 대금산은 신라 시대에 쇠를 생산하던 곳이었으며, 비단을 두른듯한 아름다운 모습으로 대금산이라 불린다. (93p F:2)

경남 거제시 장목면 시방리 산86   #진달래 #등산

아르세 [카페] "아름다운 수국길 품은 오션뷰 카페"

@arce__official

동백과 수국, 단풍까지 사계절 아름다운 정원 품은 가든뷰, 마운틴뷰, 오션뷰 대형 베이커리 카페. 높은 층고 쾌적한 공간에 햇살이 쏟아져 따스한 느낌. 오디오디, 쌍콤하이, 깔쌈하이, 꼬소하이 등 귀여운 이름의 시그니처 메뉴는 보기에도 좋고 맛도 좋다. 담백한 소금빵과 크루아상을 곁들여 즐겨보자. 2층 노키즈존. 매일 10:00~21:00 영업. (93p D:2)

경남 통영시 광도면 창포길 6-16 1,2층   #동백꽃 #오션뷰 #베이커리

삼도수군통제영 "특히 세병관의 웅장함은 마치 궁궐 건물을 보는 듯"

조선 후기 삼도(경상, 전라, 충청) 수군을 총괄하던 해상 방어 총사령부 터. 임진왜란 당시 이순신 장군의 한산진영이 그 기원이며, 1604년부터 약 300년간 해상 요충지의 본영 역할을 했다. 목조 건축물 중 하나인 세병관(국보)을 중심으로 100여 동의 관아 건물이 복원되어 있어 당시 조선 수군의 위상과 역사를 생생하게 느낄 수 있다. 세병관에 오르면 통영 시내와 바다가 한눈에 들어오는 시원한 조망을 감상할 수 있다. 입장료 3000원. 09:00~18:00 (동절기 ~17:00). (93p D:2)

경남 통영시 세병로 27   #이순신장군 #해군

오미사꿀빵 [빵집]
"딱딱하지 않고 달콤한 매력 꿀빵"

1963년 가판대에서 시작해서 지금은 통영 명물이 된 꿀빵 원조집. 튀긴 도넛 안에 팥소가 가득 들어 있다. 손반죽으로 만들어 쫄깃한 빵의 식감과 겉에 코팅된 달콤한 물엿이 매력 있다. 우유와 함께 먹으면 환상의 조합을 자랑한다. 다양한 맛을 보고 싶다면 팥 앙금, 호박 앙금, 고구마 앙금이 골고루 들어 있는 꿀빵 모둠으로 구매하는 것을 추천. 모둠 10개 약 1만 원대. 매일 08:00~19:00 운영. (93p D:3) 사진©한국관광 콘텐츠랩

경남 통영시 도남로 110
#꿀빵 #팥앙금 #호박앙금

통영 스카이라인 루지 [추천]
"아이, 어른할 것 없이 즐길 수 있어"

통영 풍경도 즐기고, 스릴만점인 루지로 즐거운 액티비티를 할 수 있는 곳. 통영의 인기 관광 명소. 최소 3번이상 타기 추천. 매번 탈때마다 티켓을 확인하니 분실 주의. (93p D:3) 사진 ©한국관광 콘텐츠랩

경남 통영시 발개로 178   #루지 #액티비티

통영 중앙시장 "신선한 해산물을 저렴하게 구매할 수 있는 곳"

강구안 항구와 동피랑 벽화마을 사이에 위치한 통영 여행의 중심지다. 이곳은 늘 싱싱한 해산물과 사람들로 활기가 넘친다. 가장 큰 볼거리는 단연 활어 시장이다. 갓 잡은 제철 생선을 저렴한 가격에 흥정하고, 즉석에서 회를 떠서 숙소나 인근 식당에서 즐기는 맛이 각별하다. 시장 골목마다 달콤한 꿀빵과 원조 충무김밥 가게들이 즐비해 입을 즐겁게 한다. 품질 좋은 멸치와 건어물도 저렴하게 구입할 수 있다. (93p D:2)

경남 통영시 중앙동 38-4   #활어회 #해산물

이순신 공원 "한산대첩의 승리를 기념하는 해양 공원"

임진왜란 당시 조선 수군이 일본 수군을 대파하며 해상 주도권을 장악했던 한산대첩의 승리를 기념하기 위해 조성된 해양 공원이다. 정상에 우뚝 선 충무공 동상이 한산도 앞바다를 내려다보고 있는데, 이 동상이 가리키는 곳이 바로 한산대첩의 학익진이 펼쳐진 현장이다. 동상 주변 수변 산책로를 거닐며 통영 앞바다와 한산도의 풍경을 감상할 수 있다. (93p D:2)

경남 통영시 정량동 688-1   #임진왜란 #한산대첩 #학익진

소매물도 추천 "등대섬을 가장 아름답게 바라 볼 수 있는 섬"

소매물도 등대

바다를 두 발로 걸어 등대까지 도착할 수 있는 섬. 한려해상국립공원에 속하는 작은 섬이자 남해를 대표하는 비경으로 손꼽힌다. 수직의 해안 절벽을 따라 다양한 암석경관이 장관을 이루고 있다. 매물도 옆에 있는 등대섬(쿠크다스섬) 사이에 '열목개'라 불리는 자갈길이 있는데, 이 길이 썰물 때만 바다 위로 드러나 두 섬을 걸어서 건널 수 있다. 통영항이나 거제 저구항 등에서 유람선을 타고 약 1시간~1시간 30분 정도 소요(하루 에 2~3회 운항). (87p D:3)

경남 통영시 한산면 소매물도길 116   #등대섬전망 #고즈넉한 #자갈길

한산도 [추천] "한산대첩으로 유명한 곳"

노자산에서 본 한산도 일몰

제승당 유허비

한산도 제승당

학익진의 한산대첩이 있었던 앞바다. 이순신 장군이 최초로 삼도수군통제사 진영을 설치하고 조선 수군의 본영으로 삼았던 역사적인 성지다. 한산대첩(1592년)이 벌어진 곳으로 유명하며, 현재 섬에는 이순신 장군의 사당인 제승당(制勝堂)이 복원되어 있다. 충무공이 '한산가'를 읊었던 망루도 있다. 통영항 여객선 터미널이나 거제 가배항에서 출항하는 정기 여객선을 이용하며, 통영항에서 약 25분 정도 소요. (93p E:3)

경남 통영시 한산면   #한산대첩 #이순신 #삼도수군통제사

동피랑 벽화마을 추천 "통영의 '동쪽 벼랑' 벽화로 다시 태어난 곳"

아기자기한 벽화와 함께 통영항과 강구안, 중앙시장 등 통영 시내를 한눈에 내려다볼 수 있는 마을. 철거 위기에 처했던 달동네를 지역 주민과 예술가들이 힘을 모아 벽화로 가득 채우면서 통영의 상징적인 관광 명소로 되살렸다. 마을 정상에는 동포루 전망대가 있는데 이곳에서 통영 앞바다와 거북선, 시장 일대의 전경을 감상할 수 있다. 실제로 주민들이 거주하는 공간이니 조용하고 매너 있게 둘러보자. (93p D:2)

경남 통영시 동피랑1길 6-18   #벽화마을 #스냅사진

뚱보할매김밥집 맛집
"담백한 김밥과 매콤한 오징어의 만남"

통영 대표 음식 충무김밥 전문점이다. 메뉴는 충무김밥 단 하나. 아삭한 섞박지, 매콤 쫄깃한 오징어 어묵볶음이 담백한 김밥과 잘 어우러진다. 김밥과 반찬을 한 번에 콕 찍어 먹은 다음, 구수한 시래깃국으로 마무리하면 맛있다. 추가 반찬 제공 불가. 충무김밥 7,000원, 2인분 이상 포장 가능. 매일 06:00~22:00 영업.

경남 통영시 통영해안로 325
#통영대표음식 #오징어어묵 #섞박지

브라운스테이 STAY "노을 지는 오션뷰가 이곳의 매력"

@brownhouse427

전면 창 너머 환상적인 통영의 바다가 펼쳐지는 곳. 작은 섬과 바다, 그 위에 떠 있는 선박이 어우러져 그림 같은 풍경을 만들어낸다. 실내는 이름처럼 화이트 앤 브라운톤 따뜻한 분위기. 침대 또는 야외 테라스에서 바라보는 환상적인 일몰이 이곳의 하이라이트. 객실 불을 모두 끄고 야경을 감상해 보아도 좋다.　　　　　　　　　　　　　　　　　　경남 통영시 평인일주로 427　　#통영바다 #일몰 #야경

금호통영마리나리조트 "동양의 나폴리에서 경험하는 선셋 투어와 힐링"

동양의 나폴리' 통영에 위치한 해상 리조트. 전용 마리나에서 출발하는 고품격 요트 투어가 이곳의 하이라이트. 카타마란 요트를 이용해 한산대첩 접전지를 둘러보는 해상 투어, 붉은 노을 속 선셋 투어 등 특별한 해양 레저를 경험할 수 있다. 리조트 바로 앞 바다와 맞닿은 산책로에서 통영의 일출과 일몰을 즐길 수 있는 곳. 통영 특산물 요리를 맛볼 수 있는 한식당 '동백'과 오션뷰 카페 & 펍 '엘리제'를 비롯해 온 가족이 함께 즐길 수 있는 볼링장, 탁구장, 사우나 등을 고루 갖추었다. (93p D:2) 사진 ⓒ금호통영마리나리조트

경남 통영시 큰발개1길 33　　#동양의나폴리 #요트투어 #일출과일몰

08

부산광역시

SPRING
부산의 봄

대저생태공원 유채꽃
노란색 하트로 표현한 부산의 봄. 축구장 수십 개 크기의 광활한 부지에 유채꽃이 가득하다.

168계단 모노레일
산복도로가 숨 가쁠 땐 모노레일로

누리마루APEC하우스
동백섬 끝자락, 세계 정상이 머문 곳

블루라인파크 스카이캡슐
해안 절벽을 오가는 로맨틱 프라이빗 큐브

온천천 카페거리 벚꽃
부산 시민이 사랑하는 벚꽃 피크닉 명소. 테이크아웃한 커피 한잔 들고 산책해 보자

민주공원 겹벚꽃
꽃잎처럼 겹겹이 쌓여 깊어지는 공원의 봄

오륙도 해맞이공원 유채꽃
해를 맞이하러 나온 유채꽃 동산

광안대교 노을
보랏빛 무드 넘실대는 광안대교의 골든 타임
사진ⓒ한국관광 콘텐츠랩

SUMMER
부산의 여름

해운대 해수욕장
도시의 화려함과 바다의 낭만이 공존하는 곳. 여름을 시작하기
에 제격인 1.5km의 모래 해변.

오륙도 스카이워크
35m 해안 절벽 끝, 하늘을 걷는다.

송정해수욕장 서핑
보드에 의지해 올라타는 송정의 물결

광안리 해수욕장 야경
부산의 감성이 깨어나는 7.42km의 빛줄기. 밤을 밝히는 광안대교와 함께 로맨틱한
하루를 완성해 보자.

감천문화마을 전망
어린왕자 시선에서 바라본
파스텔톤 마을

황령산 전망
부산의 낮과 밤을 360도로 품은 관람석

해운대 청사포 블루라인파크
부산에서 찾아낸 '슬램덩크'의 한 장면

해동 용궁사
바다 위를 굽어보는 아름다운 사찰

@twinkle_2yu

AUTUMN
부산의 가을

고우니생태길 억새
강과 바다가 만나는 지점에 억새 군락이 끝없이 펼쳐진다. 도심에서 벗어난 평온한 공간.

을숙도 갈대밭
섬 전체를 뒤덮은 갈대밭. 습지 위에 낮게 깔려 서정적이고 깊은 분위기를 자아낸다.

대저생태공원 메타세콰이아길
제방 위로 곧게 뻗은 나무와 나란히 걷는 사색의 공원
사진ⓒ한국관광 콘텐츠랩

범어사 단풍
천년 고찰의 단청과 짙게 물든 단풍이 조화롭다.

흰여울 문화마을
'부산의 산토리니'라 불리는 예술 마을사진ⓒ한
국관광 콘텐츠랩

드림성당
거친 해안 암벽 위, 유럽풍 성당의 낭만

835

WINTER
부산의 겨울

광안리해수욕장 불꽃축제
광안대교라는 거대한 무대 위, 빛과 음악의 축제. 매년 겨울, 약 100만 명 이상의 인파가 몰리는 국내 최대 규모의 불꽃 축제

오랑대공원 일출
바다 위에 홀로 서 있는 용왕단 너머로 붉은 해가 고개를 내밀 때

다대포해수욕장 일몰
낙동강의 강물과 남해의 바다가 만나 일몰 빛을
반사하는 거대한 거울이 된다.

씨라이프부산아쿠아리움
푸른 바다의 파노라마가 눈 앞에 펼쳐지는 곳
사진 ©한국관광 콘텐츠랩

해운대 빛 축제
구남로에서 바다까지, 발걸음마
다 빛 축제 사진 ©한국관광 콘텐츠랩

자갈치시장
"오이소, 보이소, 사이소!" 싱싱함이 느껴지는 부산 최대의
수산시장 사진 ©한국관광 콘텐츠랩

부산광역시의 먹거리

01

동래파전 | 동래구

동래 파전은 통파 위에 해물, 찹쌀 반죽, 달걀을 올리고 뚜껑을 덮어 쪄낸다. 부산에서는 파전을 초장에 찍어 먹는다.

02

전포 카페거리 | 부산진구 전포역

부산 지하철 전포역 7번 출구 방향으로 카페거리가 이어진다. 프렌차이즈 카페가 아닌 개성 있는 개인 카페들이 모여 있어 더 재미있다. 이곳에서 해마다 전포 카페거리 축제도 열린다.

03

부평동 냉채족발 | 중구 부평동

얇게 썬 족발에 당근, 오이, 양파 등의 채소와 해파리를 올리고 매콤한 겨자 소스를 부어 먹는 음식. 꼬들꼬들한 해파리와 채소의 아삭한 식감에 새콤한 소스로 느끼한 맛을 제대로 잡았다. 부평동 족발 골목에 많은 전문점이 모여있다.

04

자갈치시장 생선구이 | 중구 자갈치시장

자갈치시장은 국내 최대 수산물 시장으로, 꼼장어, 갈치, 가자미, 고등어, 삼치 등을 즉석에서 구워준다. 만원 내외의 가격에 매운탕까지 나오는 구이 정식 코스를 즐길 수 있다.

05

복요리 | 부산광역시

부산에서는 보통 무, 콩나물, 미나리, 마늘 양념을 넣어 맑게 복국으로 끓여 먹는다.

06

돼지국밥 | 부산광역시

돼지 뼈를 우린 육수에 편육과 밥을 말아 먹는 것이 부산식 돼지국밥이다. 범일동, 부전동 등 여러 곳에 돼지국밥 골목이 있다.

07

곰장어구이 | 부산광역시

먹장어를 부산 사투리로 곰장어라고 부른다. 부산은 짚불 곰장어와 양념 곰장어로 유명하다. 자갈치시장, 온천장, 부전동에 곰장어 전문점이 많다.

08

어묵 | 부산광역시

부산 어묵은 풀치나 깡치에 조기, 도미 등을 섞어 만든다. 생선 살이 50% 이상 함유되어 더 쫄깃쫄깃하고 맛이 진하다. 삼진어묵, 영진어묵 등이 유명

09

밀면 | 부산광역시

밀가루 국수에 시원한 고기 뼈 육수를 얹어 먹는 부산 향토음식. 돼지고기, 무절임, 달걀 지단 등이 고명으로 올라간다.

10

완당 | 부산광역시

조그마한 고기만두를 완당이라고 한다. 고기 뼈 육수에 완당을 넣은 만둣국 형태로 판매한다. '원조 18번 완당 발국수'라는 곳이 가장 유명

부산광역시에서 살만한 것들

1.부산 고등어
고등어는 부산 근해에서 잡히는 대표적인 물고기. 기름진 고등어를 반으로 갈라 석쇠에 구워 먹는 고갈비나 신선한 고등어회가 일품

2.부산어묵
부산어묵은 풀치, 깡치 등의 생선 살을 이용해 만들어진다. 신선한 생선 살이 70% 이상 함유되어 더 쫄깃 깊은 맛이 난다.

3.대저 토마토
대저 토마토는 짭짤한 맛으로 '짭짤이 토마토'라고도 불린다. 과육이 단단해 아삭아삭한 식감이 좋다. 3월부터 5월까지가 제철

4.기장 멸치
길이 10~15cm로 큼직하고 고소한 맛이 좋아 어엿한 '생선'으로 취급된다. 특히 봄철의 기장 멸치는 감칠맛이 나고 살이 연해 회로 먹기 좋다.

5.기장 미역
기장 앞바다는 플랑크톤과 유기물이 많이 함유되어 향이 진하고 식감이 쫄깃한 미역이 자란다. 기장 미역은 겨울부터 봄까지 재배된 것이 가장 맛있다.

6.부산 로컬 증류주 안녕부산
부산의 로컬 증류주. 산뜻한 풀향과 시원한 맛을 지녔다. 부산타워, 광안대교 등 부산 관광명소를 담은 패키지가 특징.

7.감천문화마을 달빵
감천문화마을 내의 감천제빵소에서 판매하는 빵. 달동네인 감천문화마을의 특성을 살려 반달 모양으로 초콜릿 코팅을 입혔다.

8.자갈치 오지매 건어물
부산 자갈치시장의 이야기를 한 팩의 스낵으로 담아냈다. 오징어, 아귀, 쥐포 등 종류가 다양해 간식이나 안주로 추천.

9.모모스커피 드립백
부산의 커피 브랜드 모모스커피에서 만들어낸 부산 블렌드 드립백. 부산의 산을 표현한 패키지 디자인이 특징이다.

10.고등어빵
부산 대표 생선 고등어 모양의 카스테라 쌀빵. 부산 백년송도골목길 먹거리타운에 위치. 작은 크기의 '고도리빵'도 함께 판매한다.

11.부산 부기 인형
갈매기를 모티브로 하는 부산의 캐릭터. 부산 대표 먹거리인 어묵과 씨앗호떡을 양 손에 든 인형은 여행 기념품으로 제격이다.

12.동래 유기 소주잔
동래 유기의 명맥을 이어 전통 노하우를 현대적으로 해석한 소주잔. 고품질 유기로 만들어 술맛이 깔끔하고 소장 가치가 높다.

부산광역시 BEST 맛집

01

@newaplus14

합천일류돼지국밥 | 사상구

깊고 진한 돼지 국물 맛으로 유명한 돼지국밥집. 200도로 끓인 육수로 토렴해 밥알에 깊은 맛이 배어있다.

02

할매재첩국 | 사상구

손톱만큼 작은 조개 재첩과 부추를 넣어 끓인 우유빛깔 조 갯국. 반찬으로 나오는 고등어조림도 인기 높다. 재첩국과 재첩엑기스는 포장 가능

03

@mukk.ing

이재모피자 | 중구

임실치즈와 토핑을 듬뿍 넣은 로컬 맛집. 치즈크러스트 피자 가 주력상품. 파스타와 마늘빵도 인기

04

부산족발 | 중구

부평동 족발거리에서 손꼽히는 냉채족발 전문점. 족발, 해 파리냉채, 채소를 톡 쏘는 겨자 소스와 함께 버무려 먹는다.

부산광역시 BEST 맛집

05

초량밀면 | 동구

부산의 자랑인 밀면! 깊은 육수에 감칠맛 나는 양념, 고기와
각종 채소들이 맛있는 조화를 이룬다.

06

본전돼지국밥 | 동구

부산역 근처에 있는 돼지국밥 찐 맛집. 특히 매콤하게 무쳐
낸 배추김치와 정구지(부추)김치 맛이 일품

07

오늘도카츠 | 영도구

풍부한 육향, 육미를 위해 최소 400시간 이상 교차숙성을
하여 만든 제주도 흑돼지 숙성 돈카츠 전문점. 특로스카츠정
식, 히레카츠정식, 치즈카츠정식 등이 있다.

08

왔다식당 | 영도구

소의 힘줄 부위인 스지를 이용한 요리를 맛 볼 수 있는 곳.
스지전골이 대표메뉴로 버섯, 두부 등 각종 채소를 넣고 푹
끓여 담백하면서도 깔끔한 국물이 좋다.

09

@eat_ing.diary

원조할매낙지 | 부산진구

40여년의 전통을 자랑하는 원조낙지 볶음할매집. 29가지의 재료를 아끼지 않고 넣어 풍부한 맛의 양념이 밴 음식을 맛 볼 수 있다.

10

@kimmijeong0411

기장손칼국수 | 부산진구

전국 5대 칼국수집으로 꼽히는 곳. 매일 직접 뽑아내는 쫄깃한 수타면에 쑥갓과 고춧가루가 들어간 얼큰한 국물이 속을 달랜다.

11

@muckji_yo

톤쇼우 광안점 | 수영구

육향과 풍미가 좋은 고기를 사용한 돈가스 전문점. 다양한 돈가스 메뉴가 있으며 한정수량인 특로스카츠가 가장 인기가 많은 편

12

@yam_jjul2

신발원 | 동구

여러 요리 프로그램에 소개된 만두집. 튀김만두가 가장 유명

13

해운대암소갈비집 | 해운대구

부산에서 가장 유명한 음식점으로 꼽히는 곳. 생갈비는 아침 일찍 방문하거나 미리 예약하지 않으면 맛보기 힘들다. 리모델링으로 2024년 6월 재오픈

14

해운대기와집대구탕 | 해운대구

대구탕 단일메뉴로 두툼한 대구살과 무가 듬뿍 들어가 있어서 시원하다. 기본적으로 맑은 대구탕이 나온다.

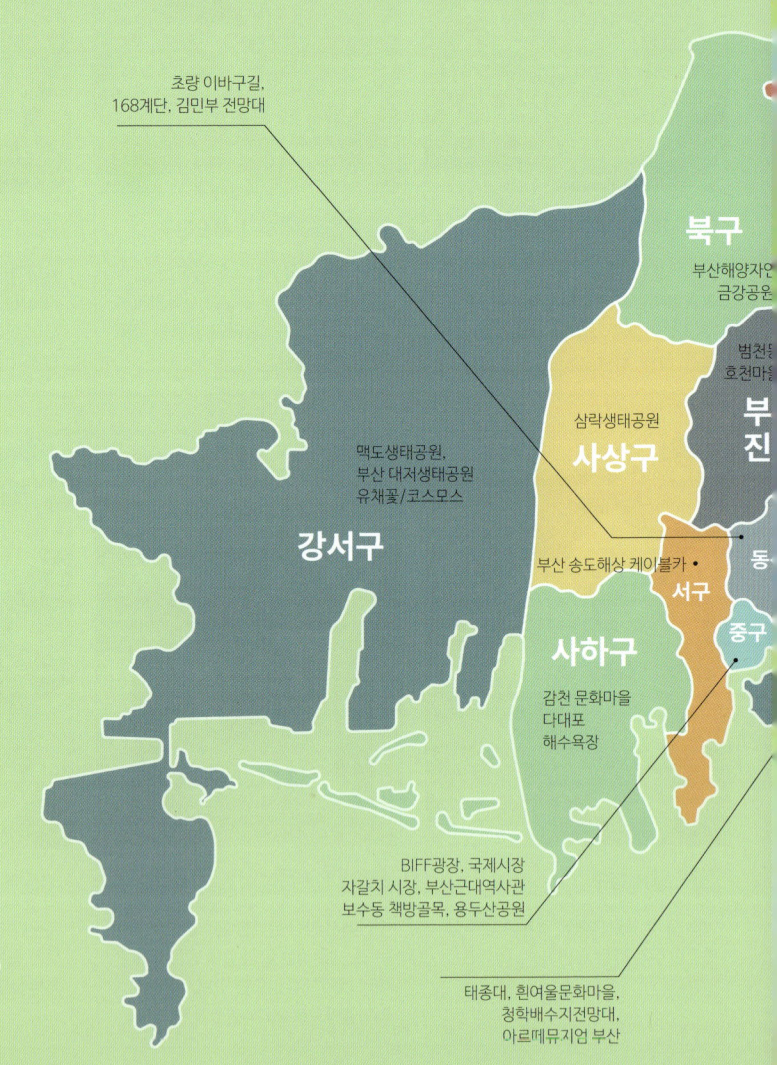

초량 이바구길,
168계단, 김민부 전망대

북구

부산해양자연
금강공원

범천동
호천마을

부
진

삼락생태공원
사상구

맥도생태공원,
부산 대저생태공원
유채꽃/코스모스

강서구

부산 송도해상 케이블카 •

서구

동

중구

사하구

감천 문화마을
다대포
해수욕장

BIFF광장, 국제시장
자갈치 시장, 부산근대역사관
보수동 책방골목, 용두산공원

태종대, 흰여울문화마을,
청학배수지전망대,
아르떼뮤지엄 부산

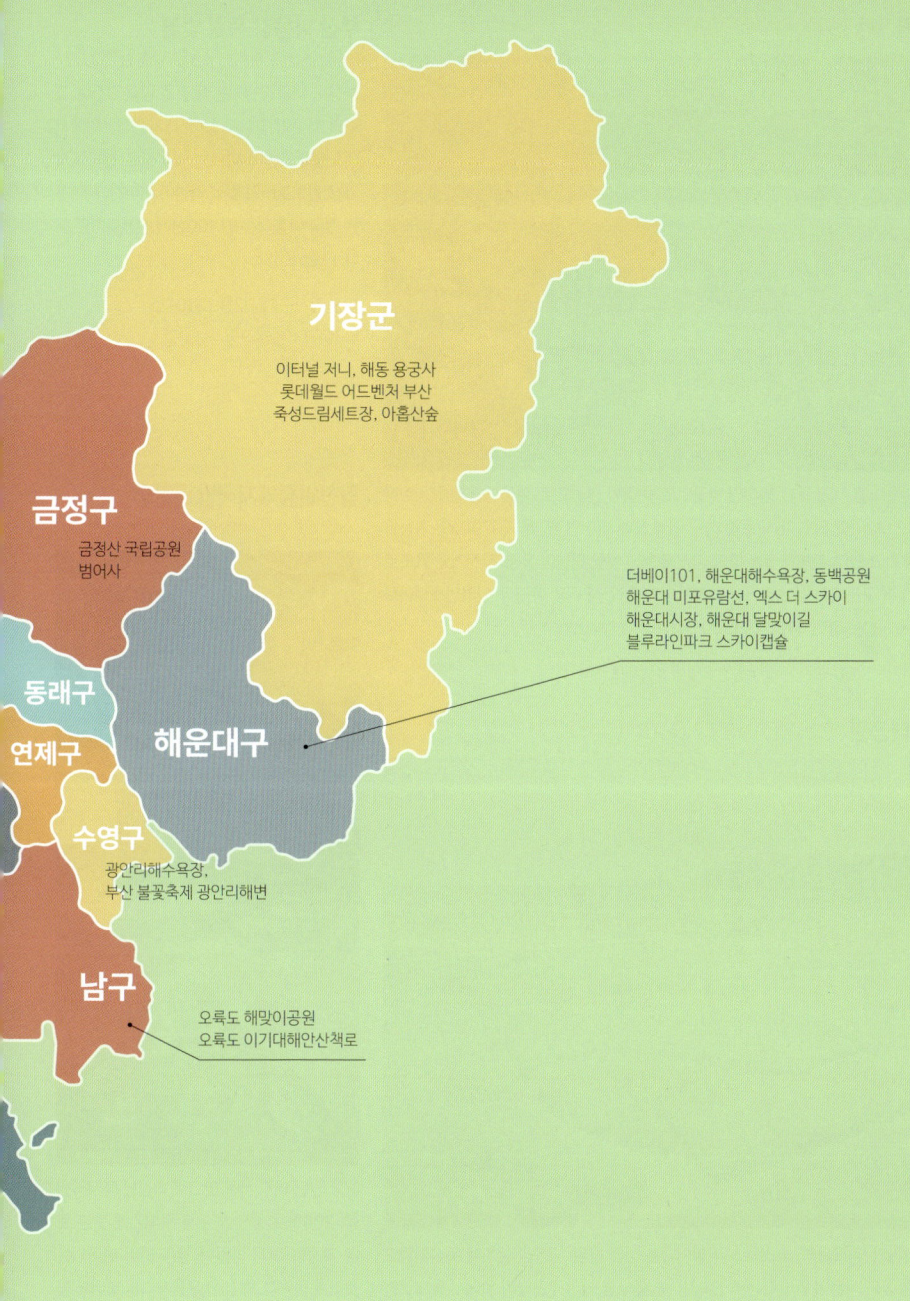

기장군

이터널 저니, 해동 용궁사
롯데월드 어드벤쳐 부산
죽성드림세트장, 아홉산숲

금정구

금정산 국립공원
범어사

더베이101, 해운대해수욕장, 동백공원
해운대 미포유람선, 엑스 더 스카이
해운대시장, 해운대 달맞이길
블루라인파크 스카이캡슐

동래구

연제구

해운대구

수영구

광안리해수욕장,
부산 불꽃축제 광안리해변

남구

오륙도 해맞이공원
오륙도 이기대해안산책로

맥도생태공원 "낙동강 따라 걷는 에코 투어 "

낙동강을 따라 만들어진 자연 둔치. 봄이면 벚꽃으로, 여름엔 연꽃으로, 겨울이면 철새들로 장관을 이룬다. 약 2.5km²에 달하며, 낙동강 하구 철새 도래지(천연기념물 제179호)의 기능을 강화하는 역할을 하고 있다. **제방둑길을 따라 길게 펼쳐진 벚꽃 터널이 유명.** 자전거 전용도로와 도보 산책로가 잘 구분되어 있어 걷거나 자전거 타기 좋다. 축구장, 야구장, 인라인스케이트장 등 다양한 체육 시설도 마련되어 있다. (99p D:2) 사진ⓒ한국관광 콘텐츠랩

부산 강서구 대저2동 1200-32   #낙동강 #벚꽃 #철새도래지

부산 대저생태공원 "낙동강변 엄청난 크기에 감동이 밀려오는 곳"

유채꽃부터 해바라기, 핑크뮬리, 코스모스가 피어나는 생태 공원. 낙동강 둔치에 조성되었으며 사계절 다양한 꽃과 식물이 만발하는 부산 대표 꽃 축제 명소다. 구포다리 위에서 유채꽃밭을 촬영하면 근사한 사진을 찍을 수 있다. 자전거 도로, 도보 산책로 외에도 축구장, 야구장, 게이트볼장 등 체육 시설이 잘 갖춰져 있다. P2 주차장을 이용하면 메인 포토존으로 불리는 꽃밭에 가깝게 도착할 수 있다. 자전거 대여소 운영. 06:00~21:00. (99p E:1)

부산 강서구 대저1동 1-5   #유채꽃길 #자전거 #피크닉

부산 낙동강 둑길 벚꽃
"이번 부산여행에는 낙동강 벚꽃길로!"

사상구 낙동강변에는 둑길을 따라 3천여 그루의 벚꽃이 펼쳐져 있다. 대저생태공원에서 맥도생태공원에 이르는 벚꽃길로 전국에서 가장 긴 12km의 벚꽃 터널이 이어진다. 이곳은 전국 아름다운 길 100선에 선정되기도 했다. (99p E:1)

부산 강서구 대저2동 1200-22
#낙동강 #생태공원 #벚꽃길

합천일류돼지국밥 맛집
"진한 국물 돼지국밥에 아삭한 깍두기 한 입"

깊고 진한 돼지 국물 맛으로 이름난 돼지국밥집. 200도로 끓인 육수를 뚝배기에 붓는 토렴 과정을 거쳐 밥알에 깊은 맛이 배어있는 것이 특징이다. 밥 대신 우동사리를 넣어 먹을 수도 있다. 24시간 영업. (99p E:2) 사진ⓒ한국 관광 콘텐츠랩

부산 사상구 광장로 34
#돼지국밥 #진한국물 #모둠보쌈

삼락생태공원 "계절마다 옷 갈아입는 수변공원"

낙동강 변을 따라 펼쳐진 대형 수변 공원. 봄에는 끝없이 이어지는 벚꽃 터널이, 여름에는 연꽃과 해바라기가 방문객을 맞이한다. 테니스장 P6 주차장에서 김해경전철 다리 밑으로 이동하면 넓은 코스모스 밭에 도착한다. 오토캠핑장과 체육시설도 완비되어 있어 피크닉 하기 좋은 곳. (99p E:2)

부산 사상구 삼락동 29-66　　#수변공원 #벚꽃터널 #연꽃정원

할매재첩국집 `맛집`
"아침 식사로도, 해장국으로도 제격"

재첩국의 고장 부산광역시에서도 손꼽히는 재첩국 전문점. 재첩국은 손톱만큼 작은 조개 재첩과 부추를 넣어 끓인 우유 빛깔 조갯국이다. 반찬으로 나오는 고등어조림도 재첩국만큼이나 인기 있다. 재첩국과 제첩엑기스는 포장 주문도 가능하다. (99p E:1) 사진ⓒ한국관광 콘텐츠랩

부산 사상구 삼락동 69-4
#재첩국 #재첩회 #고등어조림

감천 문화마을 `추천` "과거 애환을 같이 나누는 사람들이 모여살던 곳"

파스텔톤의 다채로운 색상으로 칠해진 집들이 옹기종기 모여 있는 마을. 어린 왕자 조형물 앞에서 인증 사진은 필수 코스. 6.25 당시 피난민들이 산비탈에 계단식으로 집을 짓고 살던 달동네가 마을 미술 프로젝트 사업으로 벽화와 마을 정비가 이루어져 인기를 끌고 있다. 마을 곳곳에 있는 아기자기한 카페에 앉아 마을 풍경을 내려다보며 휴식을 취하기 좋다. 감천제빵소 등 현지 베이커리나 공방도 인기. 마을 입구의 안내센터에서 지도를 구매하고 스탬프 투어에 참여해 보자. (99p F:3)

부산 사하구 감천2동 감내2로 203　　#감성 #스냅사진 #기념품점

다대포 해수욕장 "타들어가는 저녁놀"

부산에서 일몰 명소로 유명한 해변이자 유난히 하얗고 고운 모래가 오래도록 기억나는 곳. 낙동강 하구에 자리하여 부드럽고 고운 모래로 이루어져 있다. 물이 얕고 차지 않아서 가족 단위의 피서지로도 인기가 좋다. 패들보드 같은 해양 레포츠를 즐기는 사람들도 많다. 세계 최대 규모의 음악 분수 '꿈의 낙조 분수'(4월~10월 운영)도 반드시 봐야 할 명소. 해변 뒤편으로는 다대포 해변공원이 조성되어 있다. (102p A:3)

부산 사하구 다대동 　　#고운모래 #꿈의낙조분수 #일몰명소

부산 부네치아 `추천` "사진 찍기 좋은 날엔 부네치아로 "

"부산의 베네치아. 장림포구를 수놓은 이국적인 건물들과 소품들이 절로 카메라를 켜게 만든다. 비비드한 색상의 건물들이 이어져, 그냥 보는 것보다 사진으로 찍었을 때 더 매력적인 곳. 'BUNEZIA' 글씨 포토존에서 사진 찍는 것을 잊지 말자. (102p A:2) 사진ⓒ한국관광 콘텐츠랩

부산 사하구 장림로 93번길 72　　#장림포구 #비비드 #글씨포토존

아미산전망대
"부산의 일몰 명소로 유명한 전망대"

낭만적인 일몰을 감상할 수 있는 부산 일몰 명소. 옆에서 보면 마치 새가 앉아 있는 것 같은 외관이 독특하다. 낙동강 하구에 위치해 모래섬과 철새의 모습을 함께 볼 수 있는 곳으로 낙동강의 지형, 지질에 대한 자료도 전시하고 있어 아이들과 함께 방문해 보길 추천. 카페테리아와 기념품숍이 함께 운영되어 낙동강 전경을 즐기며 잠시 쉬어가기 좋다. 입장료 무료, 09:00~18:00 운영. (102p A:3) 사진ⓒ한국관광 콘텐츠랩

부산 사하구 다대동 1548-1
#전망대 #전망카페

을숙도생태공원
"사계절 내내 철새들이 모여드는 곳"

먹이를 찾아 날아든 철새들을 볼 수 있는 생태 여행지. 큰고니의 최대 월동지로 유명하지만, 사계절 내내 다양한 철새들을 볼 수 있는 곳이다. 눈앞에서 철새들을 볼 수 있어 교육적으로도 매우 유익한 여행지이다. 다만 새들이 놀라지 않게 너무 화려한 옷을 입거나 큰 소리를 내선 안 되니 주의가 필요하다. (99p D:3) 사진ⓒ한국관광 콘텐츠랩

부산 사하구 하단동 1207
#철새도래지 #큰고니 #최대월동지

부산 송도해상 케이블카
"투명한 바닥으로 보이는 영도의 풍경"

부산 송림공원에서 암남공원까지 운행되는 1.67km 길이의 케이블카. 8인승 케이블카 39기를 운영한다. 일부 케이블카는 바닥이 투명하게 제작되어 짜릿함을 느낄 수 있다. 투명한 바닥 사이로 보이는 남항, 영도의 풍경이 매력적이다. (102p C:2)

부산 서구 암남동 124-1
#투명케이블카 #영도앞바다

송도 용궁구름다리
"바다 위를 건너는 짜릿함"

송도 해상케이블카를 타고 암남공원으로 간 뒤, 송도 용궁구름다리를 이용하는 코스. 송도를 대표하는 가장 핫한 여행지이다. 절벽에서 작은 섬을 잇는, 바다 위를 걷는 용궁구름다리는 아찔하면서도 짜릿해 여행객들을 설레게 한다. 발아래로 보이는 부산의 깊은 바다와 파도가 스릴 넘치게 다가온다. (102p C:3)

부산 서구 암남동 620-53
#해상케이블카 #암남공원 #스카이워크

BIFF광장(비프광장) 추천 "화려한 핸드프린팅 위 맛과 멋의 거리"

부산국제영화제(BIFF)의 발상지이자 중심 무대였던 남포동 일대에 위치한 영화의 거리이다. 지금은 영화제보다 부산 길거리 음식 먹방 성지로 더 유명해 씨앗 호떡, 납작만두, 비빔 당면 등 맛있는 음식과 쇼핑을 함께 즐길 수 있는 활기찬 문화의 중심지가 되었다. 거리 바닥에 새겨진 세계적인 영화인들의 핸드프린팅을 찾아보자. (104p C:3) 사진ⓒ한국관광 콘텐츠랩

부산 중구 구덕로 44 #부산국제영화제 #먹방성지 #핸드프린팅

국제시장 추천 "없는 것 빼고 다 있는 활기찬 시장"

1945년 광복 이후 형성되어 부산 근현대사를 담고 있는 부산의 대표적인 전통시장이다. 한때는 없는 것 빼고 다 있는 도떼기시장으로 불릴 정도였으며, 지금도 다양한 생필품을 판매하는 활기찬 분위기. 구제 골목에서 독특한 의류나 잡화를 발견하는 재미도 있는 곳. BIFF 광장, 부평 깡통시장 등 주변 명소와 묶어 쇼핑, 음식, 문화를 한 번에 즐기기 좋다. (104p C:2) 사진ⓒ한국관광 콘텐츠랩

부산 중구 국제시장2길 55   #근현대사 #대표전통시장 #도떼기시장

비엔씨(B&C) 빵집

"부산의 추억을 간직한 곳"

@bncbakery_official

남포동 시민들의 대표적인 만남의 장소이자 추억의 빵집. 부산 3대 빵집 중 하나로 부산시에서 지정한 명품 빵집에 선정되기도 했다. 시그니처 메뉴는 연근팥빵으로 촉촉한 팥 앙금 사이에 연근이 들어 있어 아삭아삭 씹히는 맛이 독특하다. 겉은 바삭하고 속은 팥과 밤으로 가득 찬 파이만주도 추천. 연근팥빵 3천 원대. 월~목 10:00~20:00, 금~일 10:00~21:00 운영. (104p C:2)

부산 중구 광복로39번길 6 와이즈파크 1층
#부산3대빵집 #연근팥빵 #파이만주

자갈치 시장 추천 "생선이 이렇게 많아보이긴 처음이야 "

싱싱한 해산물을 저렴하게 맛볼 수 있는 부산 대표 전통시장. 활어, 패류, 건어물 등 다양한 종류의 해산물을 판매한다. 크게 신동아시장 건물과 노점 시장으로 나뉘는데, 건물 1층에서 해산물을 구매하여, 2층 식당에 올라가 상차림 비용(자릿세)을 지불하고 즉석에서 회를 먹는 것이 일반적인 이용 방법이다. 시장 동쪽에는 건어물 구역이 형성되어 있어 미역, 멸치, 다시마 등 부산의 특산 건어물을 저렴하게 구매할 수 있다. 신동아시장 건물 옥상에는 영도대교가 보이는 전망대가 있다. (104p C:3)

부산 중구 남포동 자갈치해안로 52   #수산시장 #횟집거리

부산근현대역사관
"부산 근대유물 200여점"

옛 동양척식주식회사와 옛 한국은행 부산본부 건물을 그대로 살려 부산의 근현대사 유물 200여 점을 전시하고 있다. 일제 수탈의 아픈 역사와 부산의 근대부터 현대까지의 성장 과정을 살펴볼 수 있다. 전시를 통해 일제강점기 부산의 수탈과 독립운동, 해방과 한국전쟁 당시 피란 수도로서의 역할, 부산 시민 생활사, 근대 도시 발전 과정 등 부산의 역사를 집중적으로 조명한다. 관람료 무료, 09:00~18:00, 월요일 정기휴무. (105p D:1)

부산 중구 대청로 112
#일제강점기 #역사박물관

깡통야시장
"야시장 열풍의 주인공, 없는 게 없는 시장"

전국 야시장 열풍의 주역! 자갈치 시장, 국제시장과 함께 부산의 3대 시장으로 꼽힌다. 일제강점기 때부터 운영 중인 역사 깊은 시장이기도 하다. 한국전쟁 당시 미군의 통조림이 거래되면서 이름 붙여졌다. 없는 것 없는 만능시장으로, 밤이 깊어질수록 더욱 생기를 띤다. 먹을 것, 볼 것 많은 에너지 넘치는 시장이다. (104p B:2)

부산 중구 부평1길 48
#야시장 #부산3대시장 #만능시장

부산영화체험박물관
"스크린 속 주인공이 되어 보자!"

영화 전문 체험 전시 시설. 단순히 관람만 하는 것이 아니라 최신 영상 기법과 장비를 활용하여 나만의 영화 예고편을 만들며 영화 제작 원리를 배우는 체험 중심 박물관이다. 체험형 스튜디오에서 다양한 장르의 영화 속 장면을 배경으로 멋진 사진을 남겨 보자. 온 가족이 영화 속 주인공이 되는 특별한 추억을 만들 수 있다. 10:00~18:00 운영, 매주 월요일 휴관. (105p E:2) 사진ⓒ한국관광 콘텐츠랩

부산 중구 대청로126번길 12
#영상 #제작원리 #영화속주인공

보수동 책방골목 추천 "헌책방의 추억을 다시 꺼내고 싶다면"

부산의명소
보수동
책방골목

희귀한 절판본, 고서적, 오래된 만화책 등을 저렴한 가격에 발굴하는 재미가 있는 곳. 6.25 전쟁 당시 피난민들이 미군 부대에서 나온 헌책을 팔기 시작하며 자연스럽게 형성되었으며, 약 50년이 넘는 세월 동안 좁은 골목길을 따라 헌책방 수십 곳이 빼곡하게 자리 잡게 되었다. 골목 중간중간에는 옛날 교복 체험, 책 관련 기념품 가게, 아기자기한 카페 등이 있다. 대부분의 서점이 12:00~19:00 운영. 책방골목 1,3째주 화요일 정기휴무. (104p B:1)

부산 중구 대청로 67-1   #헌책방 #감성 #추억

부산타워 (다이아몬드타워)

"다이아몬드타워로 새롭게 단장한 랜드마크"

용두산 미디어파크와 함께 있는 높이 120m 랜드마크 전망대. 부산항, 광안대교, 남포동 일대의 전경과 아름다운 야경을 360도 파노라마로 감상하며 힐링할 수 있다. 타워 내부에서 팝아트 포토존과 가상 체험 미디어 아트도 함께 즐길 수 있다. 주변의 국제시장, 자갈치시장과 함께 부산의 대표적인 관광 명소다. 매일 10:00~22:00 운영. (105p D:2)

부산 중구 용두산길 37-30
#부산여행 #랜드마크 #야경명소

용두산미디어파크

"밤이 되면 펼쳐지는 화려한 빛의 향연"

부산 랜드마크 중 하나인 용두산 공원을 메타버스와 AI 기반 기술로 새롭게 단장했다. AR 게임과 메타버스 체험 등을 자유롭게 즐기며 소소한 재미를 느낄 수 있다. 고즈넉한 낮과 달리 밤이 되면 중앙광장 대형 미디어월과 벽천폭포, 종각 등에 설치된 미디어 파사드를 통해 부산의 역사와 문화를 담은 화려한 야경을 연출한다. (105p D:2) 사진ⓒ부산관광공사

부산 중구 용두산길 37-55
#용두산공원 #인공지능 #미디어파사드

신발원 맛집 "과연 만두의 성지"

@yam_jjul2

부산의 소문난 만두 맛집. <백종원의 3대 천왕>을 비롯, 여러 요리 프로그램에 소개되었을 정도로 유명한 곳이다. 튀김만두가 가장 유명하고 새우교자, 고기만두도 훌륭하다. 과연 '만두의 성지'라 불릴만한 흡족한 맛. 긴 웨이팅은 감수해야 한다. (102p C:1)

부산 동구 대영로243번길 62   #만두성지 #튀김만두 #웨이팅필수

백구당 빵집 "부산에서 가장 오래된 빵집"

부산에서 가장 오래된 빵집. 옛스러운 추억의 빵부터 요즘 인기 있는 빵까지 제품 구색이 다양하다. 이곳에서 꼭 맛봐야 하는 대표 메뉴는 크로이즌인데, 고소한 빵 안에 옥수수가 가득 들어있다. 겉은 달달한 소보로 같으면서 안은 식빵처럼 촉촉하고, 옥수수 알갱이가 톡톡 씹히는 것이 포인트. 크로이즌 6천 원대. 월~토 07:30~21:30 운영. 일 휴무. (102p C:2) 사진ⓒ한국관광콘텐츠랩

부산 중구 중앙대로81번길 3
#크로이즌 #옥수수알갱이 #추억의빵

풀빌라 가온 STAY "남포동 중심가, 베이 뷰 자쿠지 숙소"

@poolvilla_stay_gaon

부산항이 보이는 베이 뷰 숙소로 따사로운 햇살이 쏟아지는 베이지 톤 객실에 커다란 자쿠지가 있어 여행 후 편안한 휴식을 만끽할 수 있는 곳. 자쿠지 위치에 따라 실내, 야외 두 타입으로 나뉜다. 아이를 포함한 가족과 방문해도 좋은 곳. 남포역 1번 출구 위치, 자갈치 시장, 국제 시장, 용두산 공원 등 부산 도심 명소를 즐기기 좋다.

부산 중구 구덕로 26   #부산항 #자쿠지 #남포역

초량밀면 맛집 "독특한 향과 함께 느낄 수 있는 청량함"

물밀면, 비빔밀면, 만두 3가지 종류를 판매한다. 육수 한모금 후 밀면에 식초와 겨자소스를 기호에 맞게 적당히 넣어 먹으면 시원한 참 밀면 맛을 느낄 수 있다. 독특한 향과 함께 먹는 청량한 육수의 맛이 좋다. 다진 채소와 고기로 가득찬 왕만두도 인기가 좋다. 연중무휴 (102p C:1) 사진ⓒ
한국관광 콘텐츠랩

부산 동구 중앙대로 225   #별미음식 #물밀면 #밀면맛집

초량 이바구길 `추천` "껍데기 말고 진짜 '부산'을 느끼고 싶다면"

모노레일

168계단과 모노레일선

김민부 전망대에서 본 전경

부산의 역사를 담고 있는 **구불구불 높고 좁은 길이 이어진 테마 거리**. 남선창고 터(부산 최초 물류창고 터), 구 백제병원, 우물 터, 168계단, 김민부 전망대, 이바구갤러리 등이 있다. 168계단 중턱에 있는 김민부 전망대나 정상의 유치환 우체통 전망대에서 부산항, 부산역, 북항이 한눈에 들어오는 시원한 파노라마 뷰를 감상할 수 있다. 초량2동 공영주차장에 주차하고 모노레일로 오를 수도 있다. (102p C:1)

부산 동구 초량동 865-48   #테마거리 #복고풍

브라운핸즈백제 `카페`

"100년 된 근대 건축물 속 빈티지 감성"

100년 된 백제병원 건물, 층고 높은 공간은 붉은 벽돌과 투박한 콘크리트 어우러져 빈티지한 분위기. 생캐러멜 라떼가 인기. 힙한 감성으로 찍는 곳마다 화보가 되는 곳이니 멋진 사진을 남겨볼 것. 갈색 손바닥 로고가 그려진 굿즈도 판매한다. 부산역 7번 출구 155m. 매일 10:00~21:30 영업. (102p C:1)

부산 동구 중앙대로209번길 16 1층
#근대건축물 #빈티지 #힙한감성

태종대

태종대 `추천` "거대한 바위에 올라 사진 찍을 기회를 놓치지마"

명승 제17호로 지정된 해안 절경 명소. 백제를 멸망시킨 태종 무열왕이 활을 쏘고 절경을 즐긴 곳으로, 깎아 세운듯한 기암절벽과 푸른 바다가 펼쳐져 있다. 계단을 따라 절벽 바위 위에 올라가 볼 수 있다. 다누비열차를 이용해 태종사, 영도등대, 전망대 등 태종대 명소들을 쉽게 오갈 수 있다. 다누비 열차 운행 정보 (09:20~17:30, 월요일 정기휴무, 성인 왕복 4000원). 태종대 운영시간 09:20~17:30 (4~9월 18:30까지, 10~3월 매주 월요일 정기휴무) (103p E:3)

부산 영도구 전망로 24   #바다전망 #산책로 #다누비열차

영도등대 "100년 넘게 부산의 밤바다를 지켜온 불빛"

태종대 깊숙한 곳, 거친 파도와 절벽이 만나는 곳에 자리 잡은 등대. 100년이 넘는 세월 동안 이곳을 지켜온 태종대의 랜드마크이다. 등대 주변으로 펼쳐진 기암괴석과 끝없이 펼쳐진 수평선이 가슴 탁 트이는 감동을 주는 곳. 등대 앞 원형 조형물 '무한의 빛'이 이곳의 포토존이니, 기념사진을 남겨볼 것. 다누비 열차를 타고 영도등대 정류장까지 이동하는 것이 가장 편한 방법. 실내 시설 09:00~18:00 운영, 동절기 17:30까지. 매주 월요일 휴관. (103p E:3)

부산 영도구 전망로 181   #태종대 #랜드마크   #수평선

부산 태종대 유람선
"빼어난 절경을 유람선 타고 관광해 보자!"

태종대 해안 절벽의 비경과 동백섬 아치 섬을 함께 둘러보는 약 40분 코스 유람선. 태종대의 해송 숲, 철새, 모자상, 신선바위, 병풍바위 등을 감상할 수 있다. 날이 맑은 날에는 맨눈으로 대마도를 바라볼 수 있다. 영도 등대를 지나 상위마을 절경을 회항하는 코스가 하이라이트 구간이니 집중하자. 유람선별로 가격 상이 (6000~15000). (103p E:3)

부산 영도구 동삼동 1052-3
#동백섬 #유람선 #해안절벽뷰

흰여울문화마을 [추천] "부산의 '산토리니'로 불리는 마을"

부산의 '산토리니'로 불리는 마을. 영화 <변호인>의 촬영지로 유명세를 타기 시작했으며 바다를 배경으로 다양한 벽화, 공방, 카페가 자리하고 있다. 봉래산 기슭에서 맑은 물이 굽이쳐 내리는 모습이 마치 하얀 눈이 내리는 물줄기와 같다고 하여 '흰여울'이라는 이름이 붙었다. 해안 절벽 아래로 내려가는 계단 길인 꼬막 계단과 피아노 계단, 해안 터널 등이 멋진 사진을 남길 수 있는 명소가 다양하다. 바다와 하늘색 건물을 배경으로 인증사진 남겨보자. (103p D:2)

부산 영도구 영선동4가 605-3   #테마거리 #포토존 #산토리니감성

국립해양박물관
"바다에서의 삶은 어땠을까?"

다양한 해양 문화유산이 전시된 박물관. 해양문화, 해양생물, 해양산업, 선박 등의 자료가 전시되어 있으며 어린이 박물관에서 해양생물 종이접기, 해양 마술 쇼도 열린다. 관람료 무료, 매주 월요일 휴관. 근처에 75광장, 동삼동 패총, 봉래산, 아치 섬 등 부산 주요 여행지가 있다. (103p E:2) 사진ⓒ한국관광 콘텐츠랩

부산 영도구 동삼동 1125-39
#해양문화 #해양생물 #선박

청학배수지전망대 "부산항의 밤은 당신의 낮보다 아름답다"

부산항과 영도 시내를 내려다볼 수 있는 하버뷰 명소. 부산항 대교와 부산항, 부산 도심의 야경을 아름답고 입체적으로 조망할 수 있는 야경 스팟으로 유명하다. 과거 청학 배수지 공간을 시민들의 휴식처이자 전망대로 탈바꿈시킨 곳이다. 로즈마리 등 여러 식물로 꾸며진 야외 정원도 있다. 포토존인 '조내기 고구마를 짊어진 농부' 조형물과 '영도 절영마' 조형물이 숨어있으니 찾아보자. 무료입장. 24시간 개방. (103p D:2)

부산 영도구 와치로 36   #야경명소 #하버뷰 #부산항대교

아르떼뮤지엄 부산
"작품 속을 거닐며 파도와 달빛을 느껴 보자"

영원한 자연을 주제로 빛, 소리, 향을 활용한 디지털 아트를 선보이는 몰입형 미디어 아트 전시관. 벽과 바닥을 가득 채운 압도적인 크기의 영상으로 해운대의 파도, 광안대교, 달맞이길 등 부산의 바다와 명소를 예술적으로 담아냈다. 파도와 달빛 속을 직접 걷는 듯한 특별한 경험을 즐기며 멋진 인생샷을 남겨 보자. 매일 10:00~20:00 운영. (103p E:2)

부산 영도구 해양로247번길 29
#몰입형 #미디어아트 #인생샷

경성대 문화골목
"빈티지 감성 가득한 골목"

빈티지 감성을 입힌 독특한 구조와 소품들이 생동감 넘치는 복합문화공간. 다양한 볼거리, 놀거리, 먹거리가 가득하다. 2008년 '부산다운 건축상' 대상을 수상함. (103p F:1)

부산 남구 대연동 용소로13번길 36-1
#레트로감성 #빈티지 #골목

절영해안산책로

"모든 여행지는 절영해안산책로로 통한다"

바다를 끼고 걷기 좋은 산책로. 해안선을 따라 3km의 길이 이어진다. 산책로 중간중간 갓 잡은 해산물을 파는 노점들을 보는 재미도 쏠쏠하다. 신비로운 '흰여울 해안터널' 끝에서 찍는 동굴샷은 이곳에 왔다면 반드시 찍어야 하는 대표적인 포토존. 산책로를 따라갈 수 있는 관광지가 많아 강력 추천한다. (102p C:2)

부산 영도구 해안산책길 52
#산책로 #흰여울해안터널 #흰여울문화마을

오륙도 해맞이공원
"스카이워크 위에서 오륙도가 보여"

조용필의 '돌아와요 부산항에'의 배경이 된 곳. 35m 해안 절벽 위에 U자형으로 15m 길이로 돌출된 투명 유리다리 스카이워크 전망대에서 오륙도의 풍경을 바라볼 수 있다. (스카이워크 운영시간 09:00~18:00). 봄엔 해맞이 공원으로 이어지는 길에 수선화가 피어난다. 날씨가 좋을 때는 이곳에서 대마도를 맨눈으로 바라볼 수 있다. 영화 <해운대>의 촬영 장소이기도 하다. (103p F:2)

부산 남구 오륙도로 137   #스카이워크 #해맞이공원 #수선화

오륙도 스카이워크
"영화 '해운대'의 촬영장소"

35m 높이 해안 절벽에 설치된, 말발굽형으로 이어진 15m 길이의 유리 다리. 영화 '해운대'의 촬영 장소이기도 하다. 날씨가 좋을 때는 이곳에서 대마도를 맨눈으로 바라볼 수 있다. (103p F:2)

부산 남구 용호동 산197-4
#스카이워크 #대마도전망

부산박물관
"부산의 전통문화는 어떤것이 있을까?"

선사시대부터 현대까지의 부산광역시의 전통문화자료를 전시하고 있는 부산박물관은 동래관(구석기~고려), 부산관(조선~현대), 야외전시장으로 나뉘어 운영된다. 일본어 통역 안내요원이 상주하고 있으며, 한국어, 영어, 일본어, 중국어 음성 가이드기기도 빌릴 수 있다. 무료입장, 매주 월요일, 1월 1일 휴관. (103p E:1) 사진ⓒ한국관광 콘텐츠랩

부산 남구 대연4동 948-1
#부산 #역사박물관

오륙도 이기대해안산책로 "부산 앞바다와 광안리, 해운대가 보이는 산책로"

부산 바다와 광안대교, 오륙도 등 시원한 해상 파노라마가 펼쳐지는 곳. 부산 갈맷길 2코스의 일부이자 하이라이트 구간으로 오륙도 해맞이공원(스카이워크)에서 시작하여 동생말(광안대교 방면)까지 이어지는 해안 절벽 산책로다. 파도와 바람에 깎인 기암괴석과 해식 절벽의 웅장한 지질학적 경관을 감상할 수 있다. 해안선을 따라 오르막과 내리막 계단이 반복되어 가벼운 등산에 가까운 수준. 완주하는 데는 약 2시간~2시간 30분 정도 소요. (103p F:1)

부산 남구 용호동 산25   #해안전망 #산책로

겐츠베이커리 [빵집]
"통새우의 탱글함을 고스란히 담아낸 베이커리"

@h_sunmi

용호동에서 시작해 백화점까지 진출한 부산 3대 베이커리 중 하나. 통통한 통새우가 들어간 새우 바질페스토 치아바타, 바삭한 새우까스를 넣은 통새우버거가 베스트 메뉴로, 든든해서 식사 대용으로 먹기 좋다. 본점 매장은 작은 편이지만 빵 종류가 많아 행복한 고민을 하게 된다. 새우 바질페스토 치아바타 6천 원

대. 매일 07:30~21:00 운영. (103p F:1)

부산 남구 분포로 111 LG메트로시티 주상가1층
#새우바질페스토치아바타 #통새우버거

기장손칼국수 [맛집]
"전국 5대 칼국수집 중 한 곳"

전국 5대 칼국숫집으로 꼽히는 곳. 매일매일 직접 뽑아내는 쫄깃한 수타 면에 쑥갓과 고춧가루가 들어간 얼큰한 국물이 속을 달랜다. 일반 손칼국수보다도 강렬한 매운맛을 자랑하는 '매운 마약 수제비'가 이곳의 시그니처 메뉴.

부산 부산진구 서면로 56
#손칼국수 #매운마약수제비 #갈비만두

범천동 호천마을 "드라마 <쌈, 마이웨이> 촬영지로의 심야 데이트"

드라마 <쌈, 마이웨이>의 주요 촬영지로 알려진 마을. 드라마 주인공들이 자주 가던 '남일바' 촬영지가 남아있다. 산복도로 특유의 높은 지대 덕분에 부산진구 일대와 부산항의 야경을 한 눈에 담을 수 있는 야경 명소로 유명하다. 드라마 촬영 소품이 설치된 '별빛 플랫폼'을 전망대 삼아 야경을 감상해 보자. 드라마에서 나온 주요 장소는 표지판과 포토존 간판이 표시되어 있다. (94p B:2)

부산 부산진구 엄광로 491　　#쌈마이웨이 #드라마촬영지 #야경명소

전포카페거리 추천 "과거와 현재를 잇는 이색 카페거리"

과거 철물, 공구상가였던 지역에 이색적인 카페들과 식당, 수공예점들이 생기면서 과거와 현재 가 공존하는 이색적인 거리를 형성하고 있다. 2017년 뉴욕타임스 선정 '올해의 세계여행지 52 곳중에 한곳'으로 한국에서 유일하게 선정됨. (94p B:1) 사진ⓒ한국관광 콘텐츠랩

부산 부산진구 전포2동 서전로37번길　　#전포동카페골목 #부산카페투어 #이색적인거리

황령산 봉수대
"부산에서 해변 볼 만큼 봤다면 부산 야경으 로 무조건 추천!"

부산 전체를 조망하기 좋은 곳으로, 특히 부 산 야경이 아름답다. 저녁 8시 이후에는 크루 즈 불꽃놀이도 즐길 수 있다. 해수욕장이 지 루하다면 무조건 추천한다. (94p C:1)

부산 부산진구 전포동 산50-1
#야경 #크루즈

베이커스(Bakers) 빵집
"결이 살아있는 다양한 맛의 페이스트리와 빨미까레"

@bakers____

부산에 '빨미까레' 열풍을 일으킨 베이커리. 감각적이고 트렌디한 메뉴로 승부한다. 주력 메뉴는 소금빵으로, 가장 기본인 플레인부터 후추, 올리브, 명란, 에그 등 다양한 변주를 준 소금빵으로 가득하다. 멜론 소금빵은 얼려 먹 으면 더 맛있다. 소금빵 3~4천 원대. 월~토 08:00~20:00 운영. (94p B:1)

부산 부산진구 중앙대로 623 1층
#빨미까레 #소금빵 #멜론소금빵

덴바스타 료칸 만덕점 STAY "자연과 어우러진 일본식 료칸"

@md_denbasta_ryokan

전 객실 히노키탕을 갖춘 마운틴뷰 료칸 숙소. 그레이&우드톤 고급스러운 인테리어로 대형 히노키탕이 있는 '츠키요', 야외 노천과 실내 히노키탕이 있는 '테라스 쿠사' 등 다양한 타입 객실로 이루어져 있으니 취향에 맞게 선택해 볼 것. 아이와 함께 방문해 물놀이를 즐겨도 좋다. 유카타 비치. 조식 및 석식 객실 배달 서비스 운영.

부산 북구 만덕고개길 72-1   #히노키탕 #료칸 #마운틴뷰

옵스(OPS) 빵집
"크림 가득한 커다란 슈크림빵과 학원전"
부산 3대 빵집 중 하나이자 부산을 넘어 전국구로 진출한 유명 베이커리. 대표 메뉴는 학원전과 슈크림. 학원전은 아이들이 학원 가기 전에 먹는 빵이라는 뜻으로 우유와 먹으면 좋은 부드러운 카스테라. 커다란 크기에 바닐라빈 크림이 가득 들어간 슈크림은 꼭 먹을 것을 추천한다. 클래식한 유럽풍 인테리어도 이곳의 매력. 학원전 2천 원대. 매일 08:00~22:00 운영. (94p C:1)

부산 수영구 황령대로489번길 37
#슈크림빵 #카스테라

@slowslowoo

부산광역시 북구 | 수영구

858

광안리해수욕장 추천 "광안대교의 야경이 상징적인 해수욕장"

밤이 되면 화려하게 빛나는 광안대교의 야경이 상징적인 해수욕장. 1.4km의 백사장과 트렌디한 카페 거리, 레스토랑, 횟집 등이 밀집해 있다. 해변 상공에선 무료 드론 쇼가 펼쳐진다. (광안리 드론 라이트쇼, 매주 토요일 2회 공연, 3월~9월 20시, 22시/10월~2월 19시, 21시). 버스킹 공연을 비롯한 다양한 문화 행사도 자주 열리니 꼭 둘러보자. (100p B:3)

부산 수영구 광안해변로 219　　#해수욕장 #드론쇼 #광안대교

밀락더마켓 "환상적인 오션뷰 복합 문화 공간"

광안대교와 마린시티가 어우러진 환상적인 뷰를 자랑하는 부산의 대표적인 복합 문화 공간이다. 단순한 쇼핑몰이 아닌 푸드 코트, 트렌디한 팝업 스토어, 버스킹 등을 한곳에서 즐길 수 있는 열린 광장형 마켓. 특히 대형 계단식 스탠드 좌석이 이곳의 시그니처. 광안리의 낮과 밤을 배경으로 SNS 인증샷 명소로 유명하며, 특별한 음식과 분위기를 함께 즐길 수 있는 힙플레이스이다. (87p F:2) 사진ⓒ한국관광 콘텐츠랩

부산 수영구 민락수변로17번길 56　　#오션뷰 #광장형마켓 #인증샷명소

꽃피는 4월 밀익는 5월 "제철 과일이 듬뿍 올라간 비건 베이커리"

줄여서 '꽃사미로'라고 불리는 부산의 비건 베이커리 카페. 우유와 버터 대신 코코넛오일, 두유, 유기농 비건 버터를 사용한다. 딸기, 샤인머스캣, 멜론 등 제철 과일이 듬뿍 올린 과일 크로아상을 추천한다. 비주얼이 예쁜데다, 너무 달지 않아 부담없이 먹을 수 있다. 인테리어가 감성적이라서 분위기 좋은 브런치를 즐기기 위해 방문하기 좋다. 수~일 11:00~17:00 운영. 월화 휴무. (94p C:1) 사진 ⓒ한국관광 콘텐츠랩

부산 수영구 망미번영로70번길 16 1층
#제철과일 #비건빵 #브런치

플라야 STAY "광안대교 정면 오션뷰 스테이"

커다란 통창 한가득 광안리를 담아내는 곳. 낮에는 창 너머 따스한 햇살이, 밤에는 광안대교의 불빛이 쏟아져 들어온다. 밤 시간, 정면으로 보이는 광안대교의 환상적인 야경을 감상하며 반신욕을 즐기는 것이 이곳의 하이라이트. 프러포즈, 생일 등 특별한 날 방문해 좋은 시간을 보내보길 추천. 사진도 잘 나오니 소중한 추억을 가득 남겨보자.

부산 수영구 광안해변로 191 4층, 5층   #광안리 #야경 #반신욕

수변최고돼지국밥 민락본점 맛집
"항정살 듬뿍 따뜻한 돼지국밥"

현지인 추천 돼지국밥 맛집. 고기가 듬뿍 들어간 고기국밥이 꾸준히 사랑받는 스테디셀러. 뽀얀 국물과 잡내 없는 항정국밥과 육즙 가득한 항정수육 대표 메뉴이다. 운이 좋다면 성게알이 듬뿍 올라간 1일 3개 한정 메뉴 성게 폭탄 국밥을 맛볼 수 있다. 웨이팅이 심한 곳이므로 예약 후 방문할 것. 고기국밥 10,000원, 항정국밥 13,000원. 24시간 영업 (100p C:3)

부산 수영구 광안해변로370번길 9-32
#돼지국밥 #항정국밥 #예약필수

해운대시장 "50년 전통시장"

다양한 먹을거리로 가득한 **50년 이상 전통의 시장.** 선짓국밥, 부산어묵, 구슬 떡볶이, 곰장어 구이, 조개구이가 유명하며 '상국이네 떡볶이'가 여행객에게 인기 있는 대표적인 음식점이다. 가격도 저렴한 곳이 많아서 현지인과 관광객 모두에게 인기 있다. 겨울에 열리는 해운대 빛 축제 기간엔 축제 조명이 시장 골목까지 이어진다. 해운대역 3번 출구에서 도보로 5분. (101p D:2) 사진ⓒ한국관광 콘텐츠랩

부산 해운대구 중동1로 42-16
#부산어묵 #곰장어 #회

해운대해수욕장 ━━━━━━

해운대해수욕장 추천 "그냥 잡다한 말 필요 없고, 해운대"

1.5km의 넓은 백사장과 평균수심 1m인 바닷물로 여름 피서철 하루에 수십만 명이 찾는 명소. 숙박시설들이 해변 근처에 가까이 있어 해수욕하기에 매우 편리하다. 해수욕철이 아닌 때에도 불꽃 축제 등의 여러 행사가 진행되며, 특히 불꽃 축제 때에는 어마어마할 정도로 많은 사람이 몰린다. (101p D:3) 부산 해운대구 우1동 620-29   #해수욕장 #연인 #불꽃축제

미포유람선 위에서 본 광안대교와 마린시티

해운대 미포유람선

"해운대 해변과 광안리를 한눈에!"

오륙도, 광안대교, 마린시티 등 부산의 주요 해상 명소를 바다 위에서 감상할 수 있는 유람선. 동백섬을 지나 광안대교 앞, 이기대 및 오륙도를 돌아오는 코스에서 바다 경치의 하이라이트인 일출과 일몰을 감상할 수 있다. 약 70분간 운행. 대인 28000원, 소인 6000원.13:00~20:00 (기상 상황에 따라 유동적이니 방문 전 반드시 전화 문의 필수). (101p D:3)

부산 해운대구 중1동 957-8
#해운대 #동백섬 #일몰

동백공원 "해운대, 광안대교를 멋지게 볼 수 있는 장소"

해운대, 광안대교를 모두 멋지게 볼 수 있는 장소. 동백나무와 소나무가 울창하게 자생하고 있다. 2005년 APEC 정상회의가 개최되었던 누리마루APEC하우스 관람도 가능하다. (09:00~17:00, 매달 1번째 월요일 정기휴무). 여행객이나 지역 주민들에게도 산책로로 인기가 많은 곳. 과거에는 섬이었으나, 육지와의 퇴적 작용으로 현재는 육계도(陸繫島)가 되었다. 해운대 해수욕장과 곧장 연결되어 있다. (100p C:3)

부산 해운대구 동백로 99　　#도시전망 #산책 #동백나무

부산엑스더스카이 "발끝에서 펼쳐지는 부산의 낮과 밤"

해운대 엘시티 랜드마크타워 98~100층에 위치한 국내 두 번째 높이, 최대 규모 전망대. 해운대 해변과 광안대교, 마린시티를 아우르는 화려한 오션뷰와 시티뷰를 360도 파노라마로 감상하며 힐링할 수 있는 곳. 특히 유리 바닥 스카이워크와 전 세계 가장 높은 스타벅스가 있어 스릴과 휴식을 동시에 즐길 수 있는 부산의 랜드마크. 10:00~21:00 운영. (101p D:3)

부산 해운대구 달맞이길 30　　#전망대 #오션뷰 #시티뷰

씨라이프부산아쿠아리움
"파도 소리 들으며, 바닷속 세계로 입장!"

해운대 해수욕장 바로 앞에 위치한 부산 대표 해양 테마파크. 화려한 조명 아래 해파리 존, 바닷속을 걷는 것 같은 해저터널로 유명하다. 불가사리, 소라게 등을 만져볼 수 있는 락풀체험장은 아이들이 좋아하는 곳. 인어공주 쇼, 펭귄과 아기 수달, 상어 먹이 주기 등 다양한 공연이 열리며 특히, 메인 수조에서 투명 보트를 타고 해양 생물들에게 먹이를 주는 상어 투명 보트 체험이 인기. 매일 10:00 오픈, 월~금 19:00, 토~일 20:00까지 운영. (101p D:2) 사진 ⓒ한국관광 콘텐츠랩

부산 해운대구 해운대해변로 266
#해운대앞 #해저터널 #상어

더베이101 추천 "야경이 멋진 부산의 랜드마크"

마린시티의 야경과 마천루를 즐길 수 있는 해운대의 핫플레이스. 마린시티의 화려한 고층 빌딩 숲이 물에 비치는 야경이 마치 수상 도시처럼 보이게 한다. 주변 여행지를 연계한 산책 코스로 훌륭하며 이국적인 풍경 덕에 셀피명소로도 유명하다. 건물에 카페, 스낵바, 펍, 음식점, 잡화점이 입점해 있으며 요트투어도 가능하니 이용 시간과 요금을 미리 확인하자. (요트투어 약 1시간 소요, 가격 1~3만 원대 선). (100p C:3)

부산 해운대구 동백로 52 더베이101   #야경명소 #이국적인풍경 #부산야경

뮤지엄 원
"전시의 진화, 미디어 전문 미술관"

우리나라에서 최초로 시도되는 미디어 전문 미술관이다. 세계에서도 가장 큰 규모를 자랑한다. 고정되어 있는 작품이 아닌, 끊임없이 움직이고 변하는 미디어 작품들을 만날 수 있다. 진화된 전시를 경험하는 느낌. 8천만 개의 LED 조명이 선사하는 화려한 빛을 느껴볼 수 있다. (95p D:1) 사진ⓒ한국관광 콘텐츠랩

부산 해운대구 센텀서로 20
#미디어전문미술관 #국내최초 #LED전시

해운대 마천루 마린시티 "마천루의 야경을 즐겨보자"

해운대 마린시티에는 수십층이 넘는 마천루 건물들이 있다. 건너편 동백공원의 운대산 자락에서 바라보는 마린시티 마천루의 야경이 멋있다. 더베이101에 앉아 맥주 한잔하면서 야경을 감상하는 사람들이 많다. (95p D:1)

부산 해운대구 우1동 747-7   #도심 #쇼핑 #음식점

부산시립미술관
"현대미술은 언제나 내 삶을 일깨워 주지"

부산시민의 문화 의식 향상을 위해 설립된 미술관. 시기별로 다양한 현대미술 작품이 전시된다. 특정 시간에 방문하면 도슨트의 해설을 들을 수 있다. 별관에 현대미술의 거장 이우환 작가의 전용 전시 공간이 마련되어 있다. 매주 월요일, 1월 1일 휴관. (95p D:1)

부산 해운대구 우동 1413   #미술관 #이우환

해운대가야밀면 맛집 "깔끔한 육수의 맛"

22년째 영업중인 밀면 전문점. 밀면 육수 농축액을 직접 만들어 제공한다. 밀면, 비빔면이 주메뉴로 물밀면은 식초, 겨자를, 비빔밀면은 온육수를 기호에 따라넣어 먹으면 입 안에 천국이 펼쳐진다. 고명으로 양념, 오이, 잘게 찢어진 고기가 올라가 있는데 아삭쫄깃 식감의 고명과 깔끔한 육수맛이 조화롭다. 테이블링 앱 예약 가능, 연중무휴 (95p E:1)

부산 해운대구 좌동순환로 27 해운대 가야밀면
#깔끔한육수 #밀면 #로컬맛집

해운대기와집대구탕 맛집 "원기회복에 딱 좋은 맑은 대구탕"

신선한 대구로 만든 맑은 국물 대구탕 전문점. 연중무휴 아침 8시부터 영업하며, 정갈한 밑반찬이 함께 나와 아침식사 혹은 숙취해소로 그만이다. 다른 대구탕집보다 대구 살도 통통해서 든든한 한 끼를 즐길 수 있다. (95p E:1)

부산 해운대구 달맞이길50번길 4 2~3층   #대구탕 #맑은국물 #대구뽈찜

청사포 다릿돌 전망대 "바다로 뻗은 길에서 해맞이를!"

육지로부터 70m 가량 바다를 향해 뻗어 있는 전망대. 전망대 끝은 투명 바닥이라 20m 높이의 아찔함을 느낄 수 있다. 청사포의 아름다운 광경은 물론, 이곳에서 일출과 일몰을 즐길 수 있다. (101p E:2)

부산 해운대구 청사포로 167   #투명전망대 #청사포 #일출 #일몰

해운대 달맞이길 "부산에서 유명한 드라이브 코스"

해운대 해수욕장에서 송정 해수욕장으로 넘어가는 언덕배기에 위치한 길. 부산 8경 중 하나로 꼽히는 낭만적인 드라이브 코스이자 산책로다. 길을 따라 15곡의 고개가 구불구불 이어져 있으며, 울창한 소나무 숲과 벚나무가 터널을 이루고 있다. 푸른 바다 위로 뜨는 보름달의 경치가 아름답다고 하여 '달맞이'라는 이름이 붙었다. 달맞이길의 상징적인 정자인 해월정에 올라 보름달과 일출을 감상해 보자. (101p D:3)

부산 해운대구 중동 산42-20   #드라이브 #해월정 #일출명소

해운대암소갈비집 맛집
"명불허전의 위엄"

부산에서 가장 유명한 음식점을 꼽으라면 이곳이 아닐까. 생갈비는 아침 일찍 방문하거나 미리 예약해두지 않으면 맛보기도 힘들다고. 이곳만의 시그니처 불판에 갈비를 구워 먹으면 맛있는 양념과 불맛이 잘 어우러진다. 식사를 마칠즈음 주문하는 감자사리는 쫀득하면서도 감칠맛이 제대로라 마지막까지 행복하게 즐길 수 있다. (95p E:1) 사진ⓒ한국관광 콘텐츠랩

부산 해운대구 중동2로10번길 32-10

#생갈비 #양념갈비 #된장뚝배기

블루라인파크 해변열차 & 스카이캡슐 추천 "부산의 바다를 즐기는 가장 낭만적인 방법"

@twinkle_2yu

해운대 미포에서 청사포를 거쳐 송정까지 이어지는 모노레일. 지상 7~10m 높이의 공중 레일 위를 느린 속도(약 4km/h)로 움직이는 레트로 차량으로 해변 열차가 운행되는 모든 구간은 바다 조망이 가능하다. 청사포, 달맞이 터널 등의 명소들을 지날 수 있으며 표에 따라 원하는 정거장에서 내려 주변 명소를 둘러본 뒤 다시 탑승할 수도 있다. 1회 탑승권 8000원. 매주 화요일에 한 달 뒤 일주일분 티켓 오픈. 09:00~18:00(계절별 상이). (101p E:2)

부산 해운대구 청사포로 116   #모노레일 #청사포 #달맞이터널

모네의 여름 STAY "푸른 바다 앞 열차가 지나가는 풍경"

@etedemonet

통창 너머 푸른 바다와 그곳을 지나가는 해변 열차가 한 폭의 풍경화 같은 곳. 뷰 맛집 감성 숙소이다. 실내는 우드톤 인테리어와 따뜻한 조명으로 아늑한 분위기. 탁 트인 테라스에 앉아 시원한 맥주 한 잔도 어울리는 곳. 바다와 가깝고 주변 편의시설이 잘 갖추어져 있어 아이와 함께 가족 단위로 방문하기 좋다. 송정해수욕장 도보 1분.　　　　부산 해운대구 송정광어골로 65　　#해변열차 #테라스 #송정해수욕장

한화리조트 해운대 "탁 트인 바다와 화려한 광안대교의 매력"

부산 마린시티 화려한 스카이라인에 위치, 광안대교와 오션뷰를 한눈에 담을 수 있는 시티 리조트. 32층, 지상 120m 높이에 위치한 '클라우드 32'가 이곳의 시그니처. 파노라마처럼 펼쳐지는 푸른 바다와 광안대교를 배경으로 다이닝을 즐길 수 있는 곳. 통창 너머 바다를 바라보며 피로를 풀 수 있는 오션뷰 '사우나'와 신선한 해산물을 즐길 수 있는 '피쉬 앤 시사이드 키친'을 운영한다. 키즈 텐트 또는 키즈 침대를 갖춘 키즈룸과 안마의자가 있는 힐링룸 보유. (100p C:3) 사진ⓒ한화리조트 해운대　　부산 해운대구 마린시티3로 52　　#마린시티 #광안대교 #클라우드32

해동 용궁사 "망망대해 앞, 기암절벽이 사찰"

망망대해 앞, 기암들 사이 바닷가에 세워진 사찰. 한 가지 소원은 반드시 이루어진다'라는 전설이 있어 많은 사람이 찾는 영험한 기도처다. 매년 새해 해돋이 명소로도 인기가 높다. 108 장수계단을 따라 내려가면 바다를 마주한 대웅전과 바다 위에 우뚝 솟은 황금 불상(자비의 황금 불상)을 찾을 수 있다. 10m 높이의 '해수관음대불'과 '갓바위 부처'라고 하는 약사여래불이 있다. 무료 개방. 04:30~19:20. (95p F:3)

부산 기장군 기장읍 용궁길 86   #사찰 #바다전망 #기암괴석

죽성드림세트장 "폭풍의 언덕 위, 죽성성당"

2009년 방영된 SBS 드라마 <드림> 촬영을 위해 해안가에 지어진 세트장. 마치 유럽의 작은 성당을 연상시켜 드라마가 종영된 이후에도 '죽성성당'이라는 이름으로 불리며 부산의 대표적인 해변 포토존으로 자리매김했다. 내부는 갤러리와 전시회 공간으로 운영되고 있다. 세트장이 바닷가 바위 위에 지어져 있어서 파도가 높은 날이나 썰물 밀물 때 안전에 유의해야 한다. (95p F:2)

부산 기장군 기장읍 죽성리 134-7   #죽성성당 #드라마촬영지 #포토존

어느멋진날 맛집
"가정식 전복 전문 음식점"

매일 2번씩 신선한 전복을 직접 받아 음식을 제공한다. 전복밥, 새우장덮밥, 홍게살덮밥, 전복구이, 전복죽, 간장새우장이 메뉴로 비법소스와 함께 비벼먹는 방식이다. 청결한 가게 분위기와 호불호가 없고 자극적이지 않은 깔끔한 맛으로 인기가 좋다. 일광해수욕장 바로 앞에 위치해 있어서 창가쪽에서는 오션뷰를 보며 식사가 가능하다. 아기의자 보유, 브레이크 타임 15시~17시 (95p F:2) 사진ⓒ한국관광 콘텐츠랩

부산 기장군 일광읍 기장해안로 1286
#일광해수욕장 #전복새우 #오션뷰

회동수원지
"부산에서 가장 산책하기 좋은 길"

1930년대에 조성된 인공저수지. 숲과 호수를 즐길 수 있는, 20km에 가까운 5시간가량의 다소 긴 산책길이다. 땅뫼산 황토숲길은 특히 건강에 좋다고 알려져 있다. 본인에게 맞는 코스를 선택하여 걸어보는 재미가 있는 곳이다. (96p C:2) 사진ⓒ한국관광 콘텐츠랩

부산 금정구 개좌로 147

#인공저수지 #황토숲길 #생태탐방로

금정산 국립공원
"금정산성과 범어사를 품은 부산의 명산"

2025년 대한민국 24번째 국립공원으로 지정된 명산. 임진왜란 이후 왜구를 막기 위해 축조된 금정산성과 신라 문무왕 때 의상대사가 창건한 천년 고찰 범어사로 유명하다. 금정산 정상에 오르면 부산 시내와 낙동강, 멀리 남해까지 한눈에 담을 수 있다. 금정산 케이블카를 이용하면 하차 후 완만한 흙길을 따라 남문까지 편안하게 오를 수 있다. (96p B:1) 사진ⓒ한국관광 콘텐츠랩

부산 금정구 북문로 124-1

#국립공원 #범어사 #케이블카

아홉산숲 "하늘을 채운 대나무숲"

300년 가까이 되는 금강송을 비롯해 대나무숲과 편백나무숲이 이어지는 숲. 남평 문씨 가문이 400년 넘게 사유림으로 지켜오고 가꿔온 곳이다. 해발 361m의 아홉산 자락에 자리 잡고 있으며 빽빽하게 하늘을 찌를 듯 곧게 뻗은 맹종죽 대나무 숲으로 유명하다. 수령 100~300년 된 금강송(소나무), 편백나무, 삼나무 등 다양한 수종이 어우러져 있다. 드라마 <더 킹>에서 주인공이 시공간을 초월해 다니던 문이 이곳이다. 입장료 5~8000원. 09:00~18:00. (95p D:1)

부산 기장군 철마면 미동길 31   #금강송 #대나무숲 #편백나무숲

범어사 "금정산 자연 속 천년 고찰"

금정산 수려한 자연 속에 위치한 천년 고찰로 신라 문무왕 때 의상대사가 창건했다. 해인사, 통도사와 함께 영남 3대 사찰로 불리는 한국 불교의 중심지. 일연의 '삼국유사' 일부를 비롯해 대웅전, 삼층 석탑 등 소중한 문화유산을 품고 있다. 웅장한 조계문과 천연기념물 등나무 군락지가 뛰어난 경관을 자랑하며, 많은 사람의 발길이 끊이지 않는 명소 중의 명소. (96p B:1) 사진ⓒ 한국관광 콘텐츠랩

부산 금정구 범어사로 250   #의상대사 #천년고찰 #문화유산

메르데쿠르 기장본점 `카페` "하늘과 바다가 만난 탁 트인 오션뷰 카페"

@merdecour_offical

소나무사이로 하늘과 바다가 한눈에 보이는 전망 좋은 루프탑 카페. 커피와 팡도르가 유명하다. A와 B동 2개의 건물이 이어지는 독특한 구조와 세련된 외관, 화이트톤의 깔끔한 내부 인테리어가 인스타 감성사진 찍기 좋다. 루프탑은 노키즈존으로 운영. (95p F:2)

부산 기장군 기장읍 기장해안로 871-1   #빵지순례 #전망좋은카페 #루프탑카페

롯데월드 어드벤처 부산 "최신식 놀이기구들이 가득한 놀이공원"

@the_vvhj

2021년 개장해 부산 여행의 새로운 필수 코스로 자리 잡은 놀이동산. 총 6개의 테마존으로 꾸며져 있다. 다이빙 롤러코스터인 '자이언트 디거'와 45m 높이에서 물속으로 급하강하는 '자이언트 스플래시'가 대표 인기 어트랙션. 로티스 매직 포레스트 퍼레이드, 우정의 세계여행 등 퍼레이드와 스테이지 공연이 알차다. 성인 종일권 49000원. 10:00~19:00. (95p E:3)

부산 기장군 기장읍 동부산관광로 42   #롯데월드부산 #아이와 #가족

일광해수욕장 "가족동반 피서객이 많은 곳!"

동해 남부해안의 소나무숲이 바로 옆에 있는 해수욕장. 가족동반 피서객이 많이 찾고 있다. (95p F:2) 사진ⓒ한국관광 콘텐츠랩

부산 기장군 일광면 삼성리 143-11   #솔숲 #해수욕장

아난티 코브 "아름다운 해안선 따라 펼쳐진 힐링 공간"

기장의 아름다운 해안선을 따라 조성된 복합 휴양 단지. 미로처럼 연결된 벽면을 가득 채운 미디어 아트와 감각적인 음악이 함께하는 '워터하우스'에서 사계절 내내 온천욕을 즐길 수 있는 곳. 전면 통유리, 아이들도 함께 즐길 수 있는 '맥퀸즈 풀', 500여 평 규모의 대형 서점이자 복합 문화 공간인 '이터널저니' 등 다양한 부대시설을 운영하며, 그림 같은 프라이빗 해안 산책로를 갖추었다. 문을 열면 두 객실이 연결되는 커넥팅 룸과 펫 프렌들리 객실 보유. (101p F:1) 사진ⓒ아난티코브

부산 기장군 기장읍 기장해안로 268-31   #워터하우스 #맥퀸즈풀 #해안산책로

아난티 코브 이터널저니
"개인 서재 같은 공간에서 즐기는 북캉스"

아난티코브 내 고급스러운 공간에 잘 정돈된 500여 평 규모의 대형 서점. 책을 통해 취향과 라이프스타일을 발견할 수 있도록 설계된 문화 공간이다. 베스트셀러나 신간 위주로 진열된 일반 서점과 달리, 55개 테마로 책을 분류하고 여행, 인물, 예술, 환경 등 다양한 주제의 책과 콘텐츠, 해외 원서 등을 전시하고 있다. 무료 북토크도 진행되며, 음악과 차를 즐길 수 있는 카페에서 책을 읽기에도 좋다. 11:00~20:00 (카페 19시까지). 음료 가격대 6~8천 원. (95p F:3) 사진ⓒ아난티코브

부산 기장군 기장읍 기장해안로 268-32
#북카페 #분위기좋은서점 #북캉스

홀씨스테이 `STAY` "동백나무가 있는 100년 고택"

100년 된 전통 한옥을 리모델링한 독채 스테이. 굵은 서까래와 나무 기둥을 그대로 살린 실내는 묵직하면서도 세련된 분위기. 밤에는 은은한 외부 조명으로 고즈넉하다. 돌벽과 나무가 어우러진 바비큐 공간에서 좋은 사람들과 도란도란 이야기 나누며 쉬어가기 좋은 곳. 모래 놀이터와 장난감이 준비되어 있어 아이들과 방문해도 즐거운 시간을 보낼 수 있다.

부산 기장군 일광읍 동백길 27-1   #한옥 #동백나무 #모래놀이터

스테이화가 `STAY` "기장 바다 앞 한옥 감성 숙소"

한옥 느낌 정갈한 감성 숙소. 실내는 화이트 벽면에 우드 바닥과 가구, 기둥, 전통 문살이 어우러진 따뜻한 분위기. 101호, 102호 제외 편백 탕을 갖추어 몸과 마음의 피로를 풀 수 있는 곳. 독특하게도 문방사우가 갖추어져 있어 나만의 글이나 그림을 남겨보는 재미가 있다. 전 객실 반려동물 동반 시 문의. 웰컴 다도 세트 제공.

부산 기장군 기장읍 연화길 10   #한옥 #편백탕 #문방사우

복천박물관
"고대 가야, 궁금하다!"

복천동 고분군에서 발굴된 고대 가야의 유물을 전시하고 있는 박물관. 복천동 고분은 6세기 이전 부산 지배층의 무덤이다. 가야 토기, 철제 무기, 갑옷, 투구, 금동관 등이 전시되어 있으며, 선사시대부터 삼국시대까지의 무덤 문화도 살펴볼 수 있다. 무료입장, 매주 월요일, 1월 1일 휴관. (96p B:3) 사진ⓒ한국관광 콘텐츠랩

부산 동래구 복천동 13
#복천동 #고분 #유물

소문난주문진막국수 [맛집] "야들야들 삶아낸 수육이 인기 있는 막국수집"

물막국수, 비빔막국수, 수육이 맛있는 곳. 특히 잡내 없이 야들야들하게 삶은 돼지고기 수육이 인기. 수육을 시키면 함께 나오는 식해 무침 또한 그 맛이 각별하다. 막국수와 수육 모두 포장 주문 가능. (96p B:3) 사진ⓒ한국관광 콘텐츠랩

부산 동래구 사직로58번길 8   #물막국수 #비빔막국수 #수육

부산해양자연사박물관 "어촌의 삶은 어땠을까?"

낙동강과 동해를 둘러싼 부산의 어촌문화를 전시해놓은 박물관. 낙동강 어촌 민속실, 부산 어촌 민속실로 나뉘어 있으며, 다양한 어패류와 열대 생물, 화석을 관람할 수 있다. 무료입장, 매주 월요일, 1월 1일 휴관. (96p B:2) 사진ⓒ한국관광 콘텐츠랩

부산 동래구 온천1동 산13-1   #어촌 #민속박물관 #화석

금강공원 케이블카
"부산시내 전경을 볼 수 있는 곳"

장거리(1,260m)를 운행하는 케이블카. 금강공원에서 해발 540m 금정산 등성이까지 왕복 운행한다. 케이블카로 금정산 정상에 오르면 금정공원과 부산 시내 전경을 함께 조망할 수 있다. (96p B:2) 사진ⓒ한국관광 콘텐츠랩

부산 동래구 온천동 산20-17
#케이블카 #금정공원

전북특별자치도

SPRING
전북의 봄

전주 한옥마을 돌담길 봄꽃
700여 채의 한옥이 운집한 전주 한옥마을. 봄이 되면 마을 전체가 거대한 꽃바구니로 변한다.

전주 팔복동 이팝나무 철길
철길 위로 내리는 사월의 눈꽃, 하얀 이팝나무 터널 속으로

전주 완산공원 겹벚꽃
하늘을 가득 메운 꽃의 터널. 꽃의 요새에 들어온 기분을 만끽하자

진안 마이산 벚꽃길
마이산 탑사까지 약 2.5km 구간에 이어지는 벚꽃 산책 사진ⓒ한국관광 콘텐츠랩

고창 고창읍성 철쭉
한 바퀴 돌면 다릿병이 낫고 두 바퀴 돌면 무병 장수한다는 성곽 따라 피어난 붉은 꽃

고창 고창학원 청보리밭
드라마 '도깨비' 촬영지로도 유명한 이곳

부안 내소사 벚꽃
전나무 숲길을 지나면 도착하는 벚꽃 사찰

SUMMER
전북의 여름

군산 선유도 고군산군도
신선이 노닐던 63개의 크고 작은 섬. 대장봉에 오르면 고군산군도가 한눈에 들어온다.

전주 연화정도서관 연꽃
덕진공원 연못 한가운데 세워진 연꽃 프레임

임실 옥정호 작약밭 작약
물안개로 유명한 옥정호가 5월이 되면 선분홍빛 작약으로 물든다.

@yoonauoo
@1304___h

@wltn6_727

군산 경암동 철길마을
집 사이를 아슬아슬하게 지나가던 철길이 그대로 남은 곳

임실 옥정호 붕어섬
붕어 모습과 똑 닮아 '붕어섬'

고창 선운사 계곡
계곡 주변에 자생하는 도토리와 참나무잎의 타닌 성분이 만들어낸 '검은 계곡'

남원 구 서도역 철길
소설 '혼불'의 첫 장이 열리는 간이역

군산 옥녀교차로
청보리가 익어가는 한가운데, 우뚝 솟은 나무섬

@___jhye @yyejji__

@joohwa.__cc

부안 격포해변
채석강을 품은 해변으로 밀려오는 시원한 파도

부안 채석강 해식동굴
자연이 깎아낸 바다의 창

AUTUMN
전북의 가을

정읍 내장산 국립공원 단풍
산세에 숨겨진 단풍의 성지. 일주문에서 내장사까지 이어지는 단풍 터널이 가을의 정수로 꼽힌다.

고창 선운사 단풍
고요한 가을 산사를 찾고 있다면 이곳으로

무주 덕유산국립공원 단풍
너른 품으로 가을을 안아온 덕유산

정읍 구절초지방정원 구절초
망경대 산자락에 하얗게 내려앉은 구절초 무리

순창 강천산 국립공원 계곡
맑은 물 위로 띄워진 붉은 애기단풍

군산 신성리갈대밭
국내 4대 갈대밭 중 하나, 사람이
보이지 않을 만큼 키가 큰 갈대가
숲을 이룬다.

전주 전주향교 은행나무
드라마의 한 장면이 떠오르는 유생의 마당

군산 옛세관건물 외관
1908년에 준공된 서양 고전주의 3대 건축물 중 하나

@arjoonhee

전주 한국도로공사 전주수목원
연못 위에 떠 있는 듯한 누각이 포토존이 되는 곳

전주 경기전 대나무숲
시원한 바람에 대나무 잎 흔들리
는 소리로 가득한 공간

@h___delight

@with__ari

879

WINTER
전북의 겨울

전주 한옥마을 설경
오목대에 오르면 하얀 기와로 뒤덮인 한옥마을이 들어온다.
전주만의 겨울 동화를 감상해 보자

고창 선운사 동백꽃
대웅전을 병풍처럼 두른 3천 그루 동백

눈덮인 부안 내소사 전나무숲길
백 년 넘은 전나무들이 소복소복 하얀 눈으로 뒤덮
이는 겨울

무주 덕유산리조트
곤돌라를 타면 겨울 왕국 설천봉까지
한걸음

고창 고창읍성 설경
600살 성벽을 숨긴 하얀 눈송이들

남원 광한루원 설경
성춘향과 이몽룡의 사랑이 깃든 곳에 눈이 내
리다.

고창 선운산 설경
진흥굴 너머 순백의 설경사진©한국관광 콘텐츠랩

군산 금강철새조망대
수만 마리의 철새가 일제히 날아올라
하늘을 검게 수놓다

전북특별자치도의 먹거리

01

고창 바지락 | 고창군

고창군에서는 바지락을 죽, 칼국수, 비빔밥 등으로 요리해 먹는다. 전통시장에서 맛볼 수 있는 바지락 라면도 맛보고 가자.

02

고창 장어 | 고창군

풍천장어의 이름은 선운산 앞 고랑 '풍천'에서 유래했다. 선운사 입구에 장어구이 촌이 형성되어 있다. 장어에는 면역력을 높이는 비타민A가 소고기의 300배나 들어있다.

03

고창 짬짜면 | 고창군

고창에서만 맛볼 수 있는 비빔 짬짜면은 말 그대로 걸쭉한 짬뽕과 짜장 소스를 면에 섞어 먹는 이색 음식이다. 배틀트립, 삼시세끼 등에 소개되어 더 유명해졌다.

04

군산 꽃게장 | 군산시

군산에서는 싱싱한 꽃게에 감초, 고추씨, 황기, 생강, 파, 마늘 등을 넣어 끓인 간장을 부어 꽃게장을 만드는데, 특히 이 과정을 3번 반복하는 삼벌장으로 유명하다. 군산 대부분의 꽃게장 백반집에서는 양념게장이 반찬으로 나온다.

팥칼국수 | 군산시

군산시와 전주시 일대에서 걸쭉한 팥
국물에 칼국수 면과 설탕을 넣어 먹는
전라도식 팥칼국수를 선보인다. 동짓
날 먹는 달콤한 팥칼국수도 별미이다.

추어탕 | 남원시

남원식 추어탕은 신선한 미꾸라지를
삶아 갈아내고, 들깨, 시래기, 된장을
넣어 다시 푹 끓여 만든다. 다른 지역
추어탕과는 차원이 다른 깊은 국물맛

격포항 꽃게 | 부안군 격포항

격포항은 전북권 최대의 꽃게 집산지
로, 격포항 주변에만 100여 개의 꽃게
전문점이 있다.

부안군 백합죽 | 부안군

삼면이 바다와 갯벌인 부안은 백합과
바지락 요리가 유명하다. 백합살에서
나온 해수의 감칠맛과 백합살의 쫄깃
함이 느껴지는 부안의 별미음식이다.

전설의 쌍화차거리 | 정읍시

정읍 경찰서 앞에 있는 전설의 쌍화탕
거리. 한약재를 아낌없이 넣은 진짜배
기 한방 쌍화차를 맛볼 수 있다. 찻집
에서 쌍화탕 재료도 함께 판매한다.

한옥마을 길거리 음식 | 전주시

토스트 전문점 길거리야, 만두 전문점
다우랑, 전주 초코파이의 원조 풍년제
과, 비빔밥 고로케를 선보이는 교동고
로케, 문어꼬치 구이 전문점들이 인기

전북특별자치도의 먹거리

콩나물 국밥 | 전주시

콩나물 국물에 밥을 넣고 새우젓으로
간을 해 뚝배기째 끓여 나오는데, 여기
에 칼칼한 고춧가루 양념장을 취향껏
넣어 먹는다.

전주비빔밥 | 전주시

전주비빔밥은 각종 나물에 육회 혹은
한우 불고기를 넣고 양념장과 비벼 먹
는 음식이다. 콩나물과 황포묵이 들어
가며, 양지머리 우린 물로 밥을 한다.

물짜장 | 전주시

물짜장은 춘장 대신 간장을 넣고 매콤
하게 끓여낸 면 요리다. 걸쭉하면서도
해물과 고춧가루가 들어가 매콤한 맛
이 있다. 노벨반점이 유명

전주 피순대 | 전주시

선지가 듬뿍 들어간 피순대는 전주와
순천 일대에서만 맛볼 수 있는 별미다.
피순대는 소금이나 새우젓, 막장이 아
닌 초고추장에 찍어 먹는다.

정읍 산채정식 | 정읍시 내장동

정읍 산채정식집들은 내장산에서 채
취한 산나물을 비롯한 40여 가지 반
찬을 선보인다. 더덕구이, 홍어찜, 버
섯구이와 한우 불고기가 곁들인다.

한우구이 | 정읍시

정읍 한우는 보리와 한약재를 먹고 자
라 고기 색이 진하고 신선하다. 북면에
한우 전문 식당이 모여있다.

전북특별자치도에서 살만한 것들

1 무주	2 무주	3 무주
4 부안	5 부안	6 부안
7 임실	8 진안	9 전주

1.무주 머루와인

덕유산에서 자란 머루로 만든 와인은 포도만큼이나 새콤달콤하다. 적성산에 있는 머루와 인동굴에서 무주 와인을 시음해보고 저렴하게 구매할 수 있다.

2.구천동 한과

구천동 한과는 무주군 설천면 일대에서 제작되는 전통 유과로, 산머루, 찹쌀, 깨 등 100% 국산 농산물을 이용해 만들어진다. 산머루 유과와 찹쌀 유과 두 종류를 판매하는데, 전통 방식을 통해 만들어져 명절 선물로도 인기가 좋다.

3.구천동 호두

무주 덕유산은 고도가 높아 질 좋은 호두가 생산된다. 무주 호두는 알이 굵고 몸에 좋은 불포화지방산 함량이 높으며 더 고소하다.

4.곰소 젓갈

곰소 젓갈에는 곰소만의 신선한 해산물과 곰소염전의 천일염이 들어가 더 신선하다. 새우젓, 멸치액젓, 갈치속젓, 갈치액젓 등이 유명하다.

5.부안 김

부안 김은 서해안에서 자라난 신선한 김 원초를 사용해 향긋한 바다 향이 느껴지는 국민 반찬이다. 특히 겨울철에 생산되는 햇김이 가장 맛이 좋다.

6.백산리 전통고추장

순창 고추장은 고려 시대 말 이성계가 맛보고 감탄하여 조선 창건 후 진상하도록 했다는 기록이 있다. 섬진강 깨끗한 물과 질 좋은 태양초, 콩을 이용한다.

7.임실 치즈

1967년 임실을 찾은 벨기에인 지정환 신부에 의해 임실에 치즈가 만들어지기 시작했다. 식감은 더 쫄깃하고 맛은 더 부드럽다.

8.진안 인삼

진안군 고원지대에 위치한 용담면, 주천면 일대에서 재배되는 인삼은 비옥한 토양에서 자라나 사포닌 함량이 높다. 홍삼으로도 유명하다.

9.전주 모주

생강, 대추, 계피를 넣은 막걸리. 전주에서는 콩나물국밥과 함께 모주를 곁들이곤 한다. 은은한 계피향과 단 맛이 특징.

전북특별자치도에서 살만한 것들

10
전주

11
전주

12
군산

13
정읍

14
고창

15
남원

16
남원

17
전주

10.기와 샌드
전주한옥마을의 인기 상품. 한옥의 기와를 형상화한 쿠키로 크림과 수제 카라멜이 들어가 있다.

11.전주 수제 초코파이
전주 대표 빵집 PNB의 베스트셀러. 크림과 딸기잼이 샌드되어 부드럽고 새콤달콤한 맛이다.

12.군산 건조 박대
박대의 주산지 중 한 곳인 군산. 천일염으로 염지해 반건조한 제품으로 손질 없이 바로 구워먹는다.

13.정읍 쌍화차
정읍에는 쌍화차를 판매하는 전통 찻집이 모여있는 쌍화차거리가 있을 정도로 유명하다. 20가지 이상의 한약재를 넣어 풍부한 맛이 난다.

14.고창 복분자주
서해안의 해풍을 맞고 자란 고창 복분자 열매를 엄선해 만드는 복분자주. 토굴 안에서 숙성시켜 깊고 부드러운 맛과 향을 즐길 수 있다.

15.남원 제기
승려의 수가 3천 명이 넘었던 신라의 고찰 실상사로부터 제기 기술이 전수되어 향과 모양, 내구성이 좋아 남원 목기를 최상품으로 친다. 어현동의 목공예길, 운봉읍의 목기 단지의 여러 공방에서 제기를 비롯한 목기를 전시·판매하고 있다.

16.남원 교자상
교자상은 명절이나 제사 등 큰 행사 때 사용하는 밥상이다. 남원 교자상은 장인이 질 좋은 목재에 옻칠해 만들어 오래도록 튼튼하게 사용할 수 있다.

17.전주 한지 부채
전주에는 닥나무가 많아 한지 제작 기술이 발달했다. 한지를 사용한 전통부채는 기념품으로 구매하기 좋다.

전북특별자치도 BEST 맛집

01

지린성 | 군산시

백종원의 3대 천왕에 나오며 더 유명해진 고추짜장 맛집. 소스와 면이 따로 나오는데, 굵직한 채소에 반질반질한 소스가 입맛을 돋운다.

02

태백칼국수 | 익산시

40년 넘는 역사를 가진 칼국수 맛집으로, 익산 사람들 중에는 대를 이어 이곳을 찾는 사람도 많다. 진한 멸치육수에 고기와 계란, 김 가루, 깨가 들어가 더욱 감칠맛 나는 칼국숫집

03

@kim_okkyu

다솜차반 | 김제시

다솜차반건강한식이 기본 메뉴다. 호박죽, 수육, 삼색전, 게장 등 다양한 메뉴로 구성되어 있다. 냄비 밥을 지어서 가져와 직접 퍼준다. 시그니처 메뉴는 한방수육으로 깔끔하고 정갈한 맛이다. 무말랭이무침과 새우젓을 올려 먹으면 된다.

04

@enetable_619

은혜식탁 | 김제시

파스타 맛집으로 유명하다. 묵은지와 소고기, 버섯, 청양고추가 들어간 순이 크림파스타가 시그니처 메뉴다. 엄마가 담근 새콤한 묵은지와 단짠 크림의 맛이 조화로워 계속 생각나는 맛이다.

전북특별자치도 BEST 맛집

05

고궁 전주본점 | 전주시

맛있는 녀석들에 나왔던 전주비빔밥 맛집. 불고기, 파전, 떡 갈비와 세트로도 먹을 수 있고, 단품으로도 먹을 수 있다. 나물, 고기, 버섯, 무생채, 청포묵 등이 들어간 비빔밥이 건강한 맛이다.

06

@muk_luvxx

기찻길옆오막살이 전주아중리본점 | 전주시

닭볶음탕 맛집으로 유명한 식당. 큼직한 감자와 부드럽고 간이 잘 된 닭이 입맛을 돋운다. 감자를 으깨 양념, 고기와 함께 먹으면 맛있다. 닭볶음탕을 다 먹고 먹는 볶음밥이 별미다.

07

베테랑 | 전주시

2대에 걸쳐 운영중인 칼국수 맛집. 이젠 백화점 팝업 스토어에서도, 마켓컬리에서도, 밀키트로도 이곳의 음식을 즐길 수 있게 되었다.

08

조점례남문피순대 | 전주시

선지를 가득 넣어 담백한 맛이 나는 피순대 전문점. 피순대와 머리고기가 들어간 얼큰한 순대 국밥과 선지로 속을 채운 피순대가 대표 메뉴.

09

봉동짬뽕 ┃ 완주군

고추기름에 해산물 육수가 시원한 짬뽕이 인기메뉴다. 고기와 해산물이 가득 들어있다.

10

@___ssim___

화심순두부 본점 ┃ 완주군

3대째 직접 만든 손두부를 판매한다. 콩돈까스와 화심순두부찌개가 대표메뉴다. 바지락이 가득 들어간 얼큰한 맛의 순두부를 맛볼 수 있다.

11

금단양만 ┃ 고창군

우리나라 최초의 셀프 장어집. 바다와 갯벌의 풍경이 장어의 맛을 더한다.

12

@eunji._jeon

보안식당 ┃ 정읍시

생활의 달인에 쫄면 달인으로 출연한 분식집. 일반 쫄면과 달리 면발이 가는 비빔쫄면이 시그니처 메뉴다.

13

대일정 ┃ 정읍시

1969년부터 운영중인 참게장, 떡갈비 전문점. 참게장 정식과 떡갈비 정식이 인기 메뉴다.

14

천마루 ┃ 무주군

무주 천마로 면을 뽑아 각종 해산물과 갈비로 만든 해물갈비짬뽕이 인기 메뉴다. 머루소스를 올린 탕수육도 별미다.

익산 왕궁리 유적, 익산 미륵사지 및 석탑
교도소세트장, 함라마을 삼부자집

익산

경암동 철길마을, 군산근대화거리
군산근대역사박물관, 동국사, 초원사진관
신흥동 일본식가옥, 선유도 해수욕장

군산시

금산사,
김제 벽골제
(지평선 전망대)

김제시

부안군

변산반도, 채석강, 내소사

내장산
내장사,김명관 고택

정읍시

고창고인돌박물관
고창읍성,보리나라 학원농장
상하농원, 선운사

고창군

완주군

삼례문화예술촌
오성한옥마을
소양고택, 아원고택

전주시

전주한옥마을
전주전통술박물관
국립전주박물관

진안군

마이산
탑사 벚꽃길

무주군

덕유산 구천동계곡, 백련사
국립 덕유산 자연휴양림, 태권도원
무주 반디랜드

장수군

논개사당,
장수누리파크

임실군

임실치즈 테마파크,
옥정호물안개길, 붕어섬

남원시

서도역, 춘향 테마파크
광한루원

순창군

순창고추장민속마을
순창 채계산 출렁다리
강천산 강천사

군산근대화거리

군산근대화거리 추천 "시간을 걷는 역사 여행"

옛 군산세관   말랭이 마을 신흥양조장

근대 건축물이 고스란히 남아 있어 독특한 분위기를 자아내는 곳. 일제강점기 군산의 수탈과 항거 역사를 전시하는 근대역사박물관을 시작으로, 군산 근대건축관과 군산 근대미술관 등을 둘러볼 수 있다. 포목상으로 큰돈을 벌었던 일본인의 집인 신흥동 일본식 가옥은 일본의 전통 목조 주택 양식으로 지어져 드라마나 영화 촬영지로도 유명한 이곳의 랜드마크. 군산의 명물 이성당 빵집과 노포에서 맛있는 음식도 맛보길 추천. (108p C:2)

전북 군산시 해망로 240   #일제강점기 #근대화 #일본식가옥

군산근대역사박물관 "근대 개항지인 군산의 역사를 이해할 수 있는 곳"

해상무역 도시인 군산의 과거와 오늘날의 모습을 전시하고 있는 박물관. 1930년대 군산의 모습을 재현한 근대 생활관에서 고무신 가게, 우체국, 쌀 창고 등 당시 생활상을 체험할 수 있다. 군산근대역사박물관을 중심으로 구 조선은행 군산지점(근대건축관), 구 일본 제18은행 군산지점(근대미술관), 3.1운동 100주년 기념관 등 군산 근대 문화유산지구가 밀집해 있어 박물관에서 통합 관람권(5000원)을 구매하면 더 효율적이다. 09:00~18:00, 월요일 정기휴무. (108p B:2) 사진ⓒ한국관광 콘텐츠랩-김지호

전북 군산시 해망로 240   #근대 #군산항 #옛체험

동국사 "국내 유일의 일본식 사찰"

일제강점기에 지어진 국내 유일의 일본식 사찰. 절 뒤쪽으론 대나무 숲이 있다. 당시 일본 불교의 포교 목적으로 사용되었으며 일본 에도 시대의 건축 특징을 잘 보여준다. 지붕 물매가 가파르고, 창호의 형태가 일본식이며, 건축에 사용된 목재 대부분이 일본산이다. 사찰 경내에 세워져 있는 '평화의 소녀상'은 과거 역사에 대한 성찰과 평화의 염원을 상징하고 있다. 무료 개방. 08:00~18:00 (하절기 19시까지). (108p B:2)

전북 군산시 삼학동 동국사길 16　　#일본식사찰 #대나무숲 #근대문화유산

초원사진관
"8월의크리스마스 영화 속 그 장소"

영화 '8월의 크리스마스' 촬영지. 군산 포토존으로 유명한 곳으로 영화 속 모습 그대로 유지하며 레트로 감성을 만끽할 수 있는 명소. 영화에서 사용한 소파, 카메라, 소품 등이 고스란히 전시되어 있다. 초원사진관 간판 앞이 대표 포토존으로 유명하다. 입장료 무료. 09:00~21:30, 월요일 및 11월~12월 18시까지. (108p C:2)

전북 군산시 구영2길 12-1 1층
#촬영지 #아날로그 # 8월의크리스마스

신흥동 일본식가옥(히로쓰가옥) 추천 "정원이 아름다운 일본식 2층 목조주택"

군산에서 포목점을 하던 일본인 히로쓰 게이샤브로가 거주하던 일본식 2층 목조주택. 영화 <타짜>, <장군의 아들> 등 촬영지로도 알려져 있다. 습기를 막기 위해 바닥에 깔아놓은 다다미부터, 지진을 대비하기 위해 설치한 벽장 오시이레와 도코노마 등 전형적인 일본식 주택의 모습을 따르고 있다. 창밖으로는 석탑과 식물로 꾸며진 전형적인 일본식 정원이 마련되어 있다. 현재는 내부 정원만 관람 가능. 입장료 무료. 10:00~17:00, 월요일 정기휴무. (108p C:2)

전북 군산시 신흥동 구영1길 17　　#일본식 #2층집 #정원

경암동 철길마을 추천 "기찻길을 따라 옛 판자촌 상점들이"

1970~80년대의 정취를 고스란히 간직한 마을. 과거 페이퍼코리아 공장과 군산역을 연결하던 화물용 철길 옆에 형성된 마을로 기찻길을 따라 판잣집들이 옹기종기 모여있다. 판잣집 안에는 불량 식품이나 추억의 장난감 등을 파는 레트로 소품점과 레트로 콘셉트 사진관들이 모여있다. 철길마을 기차 모형과 BTS 정국 벽화 앞 등 포토존도 다양하다. 2008년까진 하루에 두 번씩 종이를 나르는 화물열차가 지나다녔다. (108p C:2)

전북 군산시 경촌4길 14　　#장난감 #레트로 #사진관

복성루 맛집 "시원한 국물과 푸짐하게 돼지고명을 얹은 짬뽕"

수북한 돼지고기 건더기로 유명해진 전국 5대 짬뽕집. 해물로 육수를 먼저 내고 돼지고기를 따로 구워 얹어냈기 때문에 시원한 국물 맛이 그대로 살아있다. (108p C:2) 사진ⓒ한국관광 콘텐츠랩

전북 군산시 미원동 332　　#전국5대짬뽕 #돼지고기건더기

은파호수공원 벚꽃길
"잔잔한 저수지와 벚꽃은 정적인 감동이 있지"

@seung_0720

미제저수지를 벚꽃이 둘러싸고 있는데 이곳에는 은파호수공원, 은파유원지가 있고 은파유원지에서 저수지를 가로지르는 물빛다리가 있다. 은파호수공원 앞 나무데크 산책로 변으로 벚꽃이 흐드러지게 피어 있다. 호수를 둘러싼 도로에 노상 유료주차장이 많이 있지만, 벚꽃 철에는 때에 따라 주차 금지하는 주차장도 있으니 현장에서 잘 확인해야 한다. (108p C:2)

전북 군산시 나운동 1222-1

#호수공원 #벚꽃 #산책로

이성당 빵집 "전국 3대 빵집에서 야채빵 먹기"

군산 하면 떠오르는 빵집. 1945년에 문을 열어 백년가게로 인증받은 군산의 상징적인 빵집이다. 성심당, 맘모스 제과와 함께 우리나라 3대 빵집으로 유명. 가장 인기 있는 메뉴는 야채빵과 단팥빵. 빙과, 커피, 샌드위치 등 다양한 메뉴를 판매한다. 본관 옆 신관 2층에 카페가 마련되어 있어서 매장에서 먹을 수 있다. 08:00~21:30. 월 2회 비정기 휴무로 방문 전 확인 요망. 월요일 휴무. (108p C:2) 사진ⓒ이성당

전북 군산시 중앙로 177 이성당　　#야채빵 #단팥빵 #빵지순례

영국빵집 빵집
"담백한 단팥빵과 보리 만주"

이름은 영국빵집이지만 군산에서 재배한 흰찰쌀보리를 밀가루 대신 사용해 빵을 만드는 로컬 맛집이다. 흰찰쌀보리 단팥빵, 카스테라, 만주, 초코파이 등 종류가 다양하며 밀가루보다 고소하고 담백한 맛이 특징이다. 양상추가 들어간 야채빵은 만두 같은 느낌도 난다. 영화 '말죽거리 잔혹사' 촬영지로도 알려져 있다. 2~6천 원대. 매일 08:00~21:00 운영. (108p C:2) 사진ⓒ한국관광 콘텐츠랩

전북 군산시 대학로 144-1
#흰찰쌀보리단팥빵 #카스테라 #만주

틈 카페
"일본식 가옥에서 즐기는 아인슈페너 한 잔"

@pyo_aa

담쟁이넝쿨이 감싼 붉은 벽돌 건물이 비밀스럽게 느껴지는 곳. 일본식 가옥을 고쳐 만든 감성 카페로, 높은 층고와 햇살이 내리쬐는 격자창, 아늑한 조명이 이국적이면서도 빈티지한 느낌. 고즈넉한 분위기 속 중정을 바라보며 즐기는 아인슈페너 한 잔이 더 부드럽게 느껴지는 곳. 크루아상 앙버터, 피칸 찰떡바도 맛있다. 매일 10:00~21:00 영업. (108p C:2)

전북 군산시 구영6길 125-1
#일본식가옥 #아인슈페너 #이국적

한일옥 맛집
"속이 편안해지는 소고기 뭇국"

초원사진관 맞은편에 있는 소고기 뭇국 전문점. 쫄깃한 소고기와 담백한 국물은 찰진 쌀밥과 환상의 궁합을 자랑한다. 식당 건물은 1937년 일제강점기 병원 건물을 리모델링한 것으로, 2층에 당시 사용했던 물건을 전시해 놓은 박물관이 있다. (108p C:2)

전북 군산시 신창동 구영3길 63
#소고기무우국 #육회비빔밥 #닭국

전북특별자치도 군산시

선유도 추천 "고군산 군도가 방파제 역할을 해 잔잔한 바다를 느낄 수 있는 곳"

신선이 노닌다는 이름의 선유도. 선유도 전망대인 선유봉에 오르면 선유도 해수욕장이 한눈에 보인다. 새만금 방조제와 연륙교로 연결되어 차량으로 접근할 수 있다. 모래사장이 10리에 이른다고 하여 명사십리해수욕장이라고도 불린다. 100m를 걸어 들어가도 수심이 허리밖에 오지 않을 정도로 낮다. 12층 높이에서 바다를 가로지르는 집라인(스카이 썬라인) 체험도 가능하다. 전기 자전거, 삼륜바이크 등을 대여해 망주봉, 장자도, 대장봉까지 연결된 다리를 따라 여유로운 섬 투어를 즐겨보자. (106p B:2)

전북 군산시 옥도면 선유남길 37-12   #섬마을 #어촌 #차량이동

선제리의 아침 STAY "하루 한 팀, 시골 마을 풍경을 담은 촌캉스 명소"

@seonje_ri

하루 단 한 팀만 누릴 수 있는 프라이빗한 공간. 본채와 별채, 넓은 정원을 갖추고 최대 10인까지 이용할 수 있어 대가족 여행 숙소로 딱 좋다. 별채에 별도의 식사 공간과 노래방이 준비되어 있으니 즐겨볼 것. 실내는 포근하고 정갈한 분위기. 복잡한 일상에서 벗어나 가족, 친구와 함께 촌캉스를 즐기고 싶다면 이곳을 고려해 보자.

전북 군산시 옥구읍 옥구남로 64-2   #대가족 #촌캉스 #시골

새만금 및 신시전망대
"이 거대한 인공물은 자연이 영원히 허락할까?"

군산부터 변산면까지 33.9Km에 이르는 방조제. 이후에 갯벌과 바다를 육지로 만드는 간척 사업이 진행되었다. 전 세계에 가장 긴 방조제로 기네스북에 올랐다. 방조제 중간이 신시도인데, 이곳에 전망대가 설치되어 있다. (106p B:2)

전북 군산시 옥도면 신시도리
#간척지 #드라이브 #갈매기

익산보석박물관 추천
"보석으로 불리는 광물에 대해 공부할 수 있는 곳!"

아름다운 보석들과 화석이 함께 전시된 박물관. 다이아몬드를 닮은 피라미드형 건물 외관이 인상적이다. 한국의 여러 왕조와 영국 왕실

의 보석관련 복제유물과 대형원석, 탄생석, 보석 원석, 화석, 보석탑 등이 전시되어 있으며 3월~12월 중에는 보석 액세서리 만들기 등 체험행사도 진행된다. 매주 월요일, 1월 1일 휴관. 10~18시 운영 (109p F:1) 사진ⓒ한국관광콘텐츠랩-이범수

전북 익산시 왕궁면 호반로 8
#보석 #원석

태백칼국수 맛집
"40년 동안 익산역을 지켜온 유명 칼국숫집"

40년 넘는 역사를 가진 칼국수 맛집으로, 익산 사람들 중에는 대를 이어 이곳을 찾는 사람도 많다. 진한 멸치육수에 고기와 계란, 김가루, 깨가 들어가 더욱 감칠맛 나는 칼국숫집. 아삭하게 무쳐낸 김치 겉절이가 맛을 더한다. 고기가 듬뿍 들어간 왕만두도 꼭 함께 시켜 먹어보자. (109p E:2)

전북 익산시 중앙동1가 52
#칼국수 #겉절이 #고기만두

익산 왕궁리 유적 추천 "백제의 옛 궁궐터"

백제 무왕 때인 639년에 건립되었던 왕실의 궁궐터. 신증동국여지승람, 대동지지 등의 문헌에도 '옛 궁궐터'라고 적고 있다. 발굴 작업은 1989년부터 진행되고 있는데 처음에는 5층 석탑을 보고 사찰로 추정했으나, 건물 터에서 왕궁의 형태가 발견되었다. 거대한 화장실 터, 장방형의 궁장과 후원, 공방지 등 왕궁 관련 유구와 왕궁리오층석탑 등 대관사(왕궁사)관련 유구 등이 확인되었다. (109p F:2)

전북 익산시 궁성로 666   #백제 #왕궁터 #역사여행지

함라마을 삼부자집
"전북 소문난 세명의 만석꾼의 집"

익산뿐만 아니라 전라도에서도 부자로 소문났던 만석꾼 삼부자 집. 삼부자는 조해영, 이배원, 김안균 3인을 일컫는다. 이 집들의 담장이 마을 골목을 형성하고 있는데,1,500m에 이르는 구간이 보존되어 있으며, 그 아름다움과 역사적 가치를 인정받아 국가등록문화재로 지정되었다. 당시 유행하던 근대적 건축양식(붉은 벽돌 사용 등)이 반영 되었다. 고즈넉하고 긴 돌담길을 따라 걸으며 근대 부촌의 분위기를 느끼기에 좋다. (109p D:1)

전북 익산시 함라면 함라교동길25
#99칸 #대저택 #고택

국립익산박물관
"베일에 가린 백제의 모습을 조금은 볼 수 있어!"

미륵사지 유물과 자료 400여 점을 전시해놓
은 곳. 미륵사지는 백제 최대의 사찰로, 백제
문화의 우수성을 엿볼 수 있다. 전시관 또한
미륵사지 석탑을 닮아 아름답다. 주기적으로
전통문화강좌와 영화가 상영되며, 영어, 일본
어, 중국어 브로슈어와 전시해설도 제공한다.
무료입장. 매주 월요일, 1월 1일, 설날과 추석
당일 휴관. (109p E:1) 사진ⓒ한국관광 콘텐츠랩

전북 익산시 금마면 기양리 104-1
#미륵사지 #백제문화 #유물

나바위성당 "종교가 달라도 느낌이 너무 좋은 곳 "

화산 천주교회의 초창기 명칭이지만, 아직까지 애칭으로 나바위성당으로 불린다. 1897년 베
르 모렐 신부가 1906년 성당으로 개조했다. 한옥과 양옥이 결합한 건물로, 성당으로는 매우
독특한 형태이다. (106p C:1)

전북 익산시 망성면 화산리 1158-1　　#천주교 #성지

익산 미륵사지 및 석탑 추천 "삼국유사에도 기록되어 있는 백제 최대의 사찰 터"

유네스코 세계유산 백제역사유적지구의 핵심이자, 백제 무왕이 창건한 백제 최대의 사찰 터. 백제 석탑의 시원(始原)으로 불리는 국보 익산 미륵사지
석탑(서탑)과 그 양식을 본떠 복원한 동탑, 목탑지의 터가 웅장하게 남아있어 백제 가람의 3탑 3금당 배치를 한눈에 볼 수 있다. 서탑은 국내에서 오랜
복원 과정을 거쳐 2019년에 재정비가 완료되어 목탑의 건축 양식이 석탑으로 이행되는 과도기적 모습을 선명하게 보여준다. (109p E:1)

전북 익산시 금마면 기양리 32-7　　#백제 #석탑 #역사여행지

교도소세트장 "드라마 속 교도소는 모두 이곳!"

드라마 <펜트하우스>, 영화 <7번방의 선물> 등, 우리나라에서 교도소를 배경으로 하는 영화, 드라마의 대부분이 이곳에서 촬영되었다. 유치장, 독방, 면회장 등 교도소 장면에 필요한 공간들이 현실적으로 꾸며져 있다. 원한다면 수의나 교도관복을 빌려 사진을 찍을 수도 있다. 의류 대여2천원, 매주 월요일 정기휴무, 9시~17시까지 운영 (106p C:1) 사진ⓒ한국관광 콘텐츠랩-이범수

전북 익산시 성당면 함낭로 207　　#드라마 #영화 #교도소세트장

풍성제과 빵집
"옥수수 식빵 속 찹쌀 반죽이 포인트"

옥수수에 진심인 빵집. 옥수수 꽈배기, 옥수수 밤식빵 등 옥수수가 들어간 빵을 종류별로 판매한다. 일반 식빵과 달리 찰기가 있어 떡처럼 쫀득한 옥수수 찹쌀 식빵이 가장 유명하다. 토스트로 해먹으면 겉은 바삭하고 속은 치즈처럼 늘어나며, 톡톡 씹히는 옥수수 알갱이가 매력적이다. 옥수수식빵 5천 원대. 매일 08:00~22:00 운영. 매달 1, 3번째 월요일 휴무. (109p E:2)

전북 익산시 서동로 103 마동 349-1
#옥수수식빵 #옥수수 #생활의달인

고스락 "장독대 가득한 풍경"

우리나라 최고의 장류가 만들어지는 곳이다. 3만 평에 달하는 넓은 공간에 빼곡히 채워진 장독대는 그야말로 장관. 이곳에서 만들어지는 장류는 모두 유기농 원료로 지어진다고. '최고'를 의미하는 고스락 이름다운 곳이다. 겨울이면 이 많은 장독대 위에 눈이 소복이 쌓인 아름다운 모습을 볼 수 있다. 카페와 판매장도 같이 운영되고 있다. 운영시간 10:00~17:40. (109p E:1)

전북 익산시 함열읍 익산대로 1424-14　　#최고의장류 #유기농 #설경

김제 벽골제(지평선 전망대) `추천` "백제시대 저수지 둑, 전망대, 전시관 "

거대한 쌍룡 조형물과 잘 보존된 두 개의 당간지주 등의 유적을 중심으로 **드넓은 잔디밭과 한옥 건축물이 어우러져 있는 대평야.** 삼국사기에 따르면 330년 백제 시대 만든 저수지 둑으로, 제방이 3km에 이르게 이어져 있다. 본래는 저수지였지만 현재는 벽골제 민속유물전시관, 농경사주제관, 지평선 한우 명품관이 있는 복합 문화공간으로 활용되고 있다. 매년 가을 김제 지평선축제가 열리는 장소. 입장료 3000원. 09:00~18:00, 월요일 정기휴무. (106p C:2)

전북 김제시 부량면 신용리 119-1 　　　#지평선 #곡창지대 #전망대

금산사 "한국전쟁 때에도 소실되지 않은 천년 고찰"

김제 금산사는 백제 법왕 2년(600년)에 창건된 천년고찰이자 미륵 신앙의 성지. 한국전쟁 소실을 피했으며, 후백제 견훤의 원찰로도 알려져 있다. 가장 중요한 건축물은 국보 제62호 미륵전으로, 국내 유일의 3층 통층 구조 법당이다. 이 외에도 오층석탑 등 많은 보물을 품고 있다. 금산사는 모악산 자락에 자리하여 사계절이 아름다우며, 특히 봄에는 김제 관광안내소부터 이르는 벚꽃길이 유명하며, 규모가 커 산책하기 좋다. 2023년에는 새만금 잼버리 대원들이 방문하기도 했다. (109p F:3)

전북 김제시 금산면 모악15길 1 　　　#계절꽃 #단풍 #불교사찰

원평지평선청보리한우촌 `맛집`
"김제 청보리 먹고 자란 부드러운 육질의 한우"

김제평야에서 수확한 청보리를 먹여 부드러운 육질을 자랑하는 청보리 한우 정육식당. 꽃등심, 갈빗살 등 한우 구이뿐만 아니라 콩나물, 오이, 무채 등을 곁들여 아삭한 맛이 일품인 육회비빔밥도 인기. (113p F:1) 사진ⓒ한국관광 콘텐츠랩

전북 김제시 금산면 원평리 1-1
#한우 #정육식당 #육회비빔밥

대율담 `카페` "루프탑 인피니트 풀 공간"

@daeyuldam

루프탑의 수조 포토존 징검다리에 서서 대율저수지와 푸른 하늘을 담아보자. 인피니티풀의 느낌을 담을 수 있다. 밝은색의 외관의 푸른 하늘과 잘 어울린다. 입구에 제주도 느낌이 나는 카페 로고 앞, 블랙톤의 벽 분수, 통창을 통해 보이는 저수지 등 포토존이 다양하다. 층마다 인테리어 분위기가 달라 모든 층을 둘러보는 것도 좋겠다. (109p E:3)

전북 김제시 금구면 대화1길 95　　#김제 #대율저수지 #징검다리

오늘여기 `카페` "꽃에 진심, 포토존에 진심"

유채, 샤스타데이지, 유럽수국, 핑크뮬리 등 시즌마다 다른 아름다움을 보여주는 카페. 높은 층고 실내는 화이트와 우드가 어우러진 편안한 분위기로 커피 한 잔 마시며 여유로운 시간을 보내기 좋다. 건물 앞 잔잔한 수공간과 꽃밭 속 하얀 집이 이곳의 시그니처. 크리스마스 시즌 방문도 추천. 매일 10:00~21:00 영업. (109p E:3)

전북 김제시 금구면 상사길 50　　#김제카페 #정원 #계절꽃

전주동물원 "전북의 대표 동물원"

호랑이, 반달가슴곰, 알락꼬리원숭이 등의 멸종 위기종을 포함하여 400여 마리의 다양한 동물을 만날 수 있는 동물원. 입구 쪽에 무료 물품보관소와 유모차 대여소가 마련되어 있다. 내부에는 청룡 열차, 공중그네, 회전목마 등 아이들이 타기 좋은 놀이기구가 마련된 '드림랜드' 놀이동산을 운영한다. 입장료 3000원. 09:00~19:00 (드림랜드 18시까지), 동절기 18시까지. (109p F:3) 사진ⓒ한국관광 콘텐츠랩

전북 전주시 덕진구 소리로 68 전주동물원　　#멸종위기종 #놀이공원 #벚꽃

전주수목원 "연못 위 창에서 찍는 인생사진"

10만 평에 이르는 넓은 부지 덕에 수목원, 유리온실, 약초원 등 다양한 섹션이 운영되는 수목원. 한국도로공사에서 훼손된 자연을 복원하고 조경수를 개발하기 위해 조성했다. 수생식물원, 무궁화원, 죽림원 등 24개의 주제원이 계절마다 달라지는데 그중에서도 안내 책자 내 40번으로 표기된 수생식물원2가 포토존으로 유명하다. 연못 위 누각의 큰 창틀을 활용해 앵글을 잡으면 한옥의 창이 그 자체로 액자가 된다. 입장료 무료. 09:00~18:00, 월요일 정기휴무. (107p D:1)

전북 전주시 덕진구 번영로 462-45 전주수목원　　#습지 #한옥포토존 #수생식물원

포랩스커피컴퍼니 본점 `카페` "아이들도 즐거운 스페셜티 로스터리 카페"

@so_ori__

탁 트인 정원과 잔잔한 수공간이 어우러진 로스터리 카페. 깔끔한 스페셜티 커피와 매일 아침 직접 굽는 베이커리 메뉴가 조화로운 곳. 말차소스와 바닐라빈 크림이 들어간 포레스트가 시그니처. 브루잉 커피도 추천한다. 수유실 등 편의시설이 잘 갖추어져 있어 아이와 함께 방문하기 좋다. 수공간이 보이는 1층 통창 자리가 명당. 매일 11:00~21:00 영업. (109p F:2)

전북 전주시 덕진구 초포로 250-16　　#로스터리카페 #베이커리 #키즈프렌들리

전주 한옥레일바이크
"한옥마을 구경하고 레일바이크도 타고"

아중역에서 왜망실까지 왕복 3.4km 구간을 운영하는 레일바이크. 아중역, 바람개비 구간, 터널 구간, 포토존 등을 지난다. 전 구간이 기찻길 옆에 조성된 것도 독특하다. 아중역은 한옥마을 근처에 있어 함께 관광하기 좋다. (110p A:2) 사진 ⓒ한국관광 콘텐츠랩

전북 전주시 덕진구 우아동1가 942-1
#한옥 #레일바이크

베테랑 `맛집`
"비주얼만 봐도 이미 맛있는 칼국수"

2대에 걸쳐 운영 중인 칼국수 맛집. 이젠 백화점 팝업 스토어에서도, 마켓컬리에서도, 밀키트로도 이곳의 음식을 즐길 수 있게 되었다. 김가루, 들깻가루, 고춧가루... 비주얼만으로 이미 맛있는 칼국수이다. 면의 식감이 너무 맛있는 곳! (110p A:2)

전북 전주시 완산구 경기전길 135
#칼국수 #만두 #들깨가루

전주한옥마을

전주한옥마을 `추천` "과거로 가보고 싶은 인간의 마음"

전주 교동 및 풍남동 일대에 **700여 채의 한옥**으로 이루어진 한옥마을 보존지구. 핵심 관광 포인트로는 **조선 태조의 어진을 모신 경기전(유료)**, 한옥 지붕을 배경으로 사진 찍기 좋은 오목대 등이 있으며, 길거리에는 길거리 음식, 공예품 상점, 현대적인 카페 등이 즐비하게 늘어서 있다. 방문 시 외곽 공영 주차장을 이용하는 것이 좋다. (110p A:2)

전북 전주시 완산구 풍남동 기린대로 99   #쇼핑 #맛집거리 #한복체험

전주한옥마을 오목대 "태조 이성계도 이곳에 올라 이 전망을 보았겠지"

전주 한옥마을의 전경을 한눈에 담을 수 있는 전망대이자, 역사적으로 의미가 깊은 장소. 고려 우왕 6년(1380년), 이성계가 왜구를 물리치고 돌아가던 길에 이곳에 올라 승전 잔치를 열었다고 전해진다. 팔각정 형태의 오목정과 넓은 마루 위에서 빼곡한 한옥 지붕의 파노라마를 감상할 수 있다. 한옥마을 가장 위쪽에 위치하며, 약 10분 정도의 완만한 오르막길을 오르면 나타난다. (110p A:2)

전북 전주시 완산구 기린대로 55 　#이성계 #전망대

전주 전동성당 `추천` "국내 3대 성당으로 꼽히는 곳"

한국 천주교 최초의 순교자들이 희생된 역사적인 터 위에 세워진 성당이자, 사적 제288호로 지정된 서양 근대 건축물. 서울 명동성당, 대구 계산성당과 함께 국내 3대 성당으로 손꼽히며, 전주 한옥마을 입구에 웅장하게 자리 잡아 필수 관광 코스로 인기가 높다. 1889년 프랑스의 신부가 성당 용지를 매입하고 설계하여 건물이 완공되었다. 로마네스크와 비잔틴풍, 화강석을 기단으로 붉은 벽돌을 사용해 이국적인 느낌이 물씬 풍긴다. 09:00~17:00. (109p F:3)

전북 전주시 완산구 전동 태조로 51 　#천주교성당 #벽돌건물 #감성사진

전주경기전 "태조 어진이 모셔져 있는 경기전"

국보인 태조 이성계의 어진이 모셔져 있는 곳. 대나무숲 포토존으로도 유명하며 태조 어진 외에도 역대 왕들의 어진을 만나볼 수 있다. 여기에 전주사고도 설치되어 있으니 조선왕조의 뿌리와 역사가 이곳에 있는 셈이다. 곳곳에 아름다운 나무들과 풍경이 아름다워 사진 찍기에도 좋다. 한옥마을 초입이라 경기전을 둘러보고 본격 전주 여행을 시작하는 사람들이 많다. 입장료 3000원. 09:00~18:00. (109p F:3)

전북 전주시 완산구 태조로 44   #태조어진 #국보 #한옥마을

어진박물관 "태조 어진 실물과, 세종, 영조, 정조 등의 어진이 전시"

태조 이성계의 영정이 봉인된 경기전에 있는 어진 박물관. 조선 태조 이성계의 어진(초상화)을 중심으로 세종, 영조, 정조, 철종, 고종, 순종의 어진 모사본과 어진 봉안 과정에 사용된 의례 유물 등을 전문적으로 전시하고 있다. 어진을 봉안할 때 사용했던 채여(가마) 등 중요한 유물에 대한 특별 전시회도 종종 열린다. 경기전 유물 만들기, 어진 그리기 등의 체험 행사가 열리기도 한다. 경기전 입장 시 별도의 입장료는 없음. 09:00~19:00 (동절기 18시까지). (110p A:2) 사 진ⓒ한국관광 콘텐츠랩·김지호·김지영

전북 전주시 완산구 태조로 44 경기전 경내   #어진 #왕 #초상화

전주전통술박물관
"술빚기 강좌가 있어 체험해 볼 수도 있어!"

전통 가양주(家陽酒) 문화의 맥을 잇고 그 역사와 제조 과정을 연구, 전시, 교육하는 전문 박물관. 전통주로 손님을 맞이하고 제사를 지내던 문화를 체험할 수 있다. 강좌를 통해 집에서도 집에서 간단하게 술 빚는 방법이나 술을 마시는 예법인 '향음주례'도 배워볼 수 있다. 전주의 명물인 '모주' 시음이 가능하며, 다양한 지역 전통주를 구매할 수 있는 상품관도 운영. 관람료 무료(체험비 별도). 10:00~20:00 (12:00~13:00 휴게시간). 월요일 정기휴무. (110p A:2) 사진ⓒ한국관광 콘텐츠랩

전북 전주시 완산구 한지길 74
#전통주 #이강주 #향음주례

PNB 풍년제과 _{빵집}

"진한 초코 코팅 속에 호두와 딸기잼이 든 수제 초코파이"

1951년 개업해 3대를 이어오는 전주의 명물 빵집이다. 딸기잼, 크림, 호두가 들어간 묵직한 수제 초코파이는 전주 여행 필수 쇼핑리스트. 화이트, 복분자, 녹차, 크림치즈 등 다양한 맛의 미니 초코파이는 본점에서만 판매하는 한정 메뉴라 인기 있다. 1층에서 구매 후 2층 카페에서 커피와 함께 빵을 먹을 수 있다. 초코파이 2천 원대. 매일 08:00~22:00 운영. (110p A:2) 사진ⓒPNB풍년제과

전북 전주시 완산구 팔달로 180
#수제초코파이 #미니초코파이

카페이르리 _{카페}

"한옥에서 즐기는 달콤한 크로플의 매력"

@muck_bo_da

전통적인 양반집을 현대적으로 재해석한 한옥 감성 카페. 본관, 별채, 사랑방, 좌식룸 등 다양한 공간이 마련되어 있다. 좌식 공간에서 즐기는 크로플의 달콤함은 이곳만의 특별한 경험. 시원한 맥주와 푸짐한 빙수도 판매. 카페 안쪽 정자에 올라 한옥 뷰 사진을 남겨 보자. 매일 09:00~23:00 영업. (110p A:2)

전북 전주시 완산구 은행로 69
#한옥감성 #크로플 #빙수

전주 향교 은행나무 "기와 사이 일렁이는 노란 은행잎 물결"

전주 풍남동 한옥마을에 있는 600년 넘은 은행나무. 고목의 반절이 파일 정도로 오래된 나무이지만 아직도 해마다 싹을 틔우고 가을이면 잎을 물들인다. 이 은행나무는 고려 시대 월당 최담 선생이 후진 양성을 위해 학당을 세우고 정원에 심은 나무다. 은행나무는 벌레가 슬지 않기 때문에, 관직에 진출할 유생들이 부정에 물들지 말라는 뜻에서 심어졌다. 사진ⓒ한국관광 콘텐츠랩·강미선

전북 전주시 완산구 향교길 139   #은행나무 #고목 #유학

전주난장 "그 시절의 추억이 담긴 근대사 체험 박물관"

7080세대의 추억과 향수를 느낄 수 있는 체험형 테마 박물관. 학교, 구멍가게, 만화방, 고고장 등 옛 생활 공간이 실감 나게 재현되어 있는 곳. 다양한 근대사 소품과 자료를 통해 그때 그 시절의 정서를 직접 체험할 수 있다. 추억을 떠올리며 특별한 사진도 남겨 보자. 평일 10:00~19:00, 토 09:30~19:30 일 09:30~19:00 운영. (110p A:2) 사진ⓒ한국관광 콘텐츠랩

전북 전주시 완산구 동문길 33-20   #7080세대 #근대사체험 #시간여행

전주 완산공원 겹벚꽃 "둥글 둥글 뭉쳐 있는 개량 벚꽃, 일반 벚꽃 보다 개화일이 늦어!"

전주 시내를 내려다보는 완산칠봉에 조성된 겹벚꽃 명소. 일반 벚꽃이 진 후, 보통 4월 중순에서 하순에 만개하며, 풍성하고 탐스러운 진분홍빛 겹벚꽃 터널이 장관을 이룬다. 겹벚꽃 외에도 철쭉과 꽃해당화, 배롱나무 등 다양한 꽃이 피어난다. 완산공원은 경사가 있는 언덕이므로 편안한 신발을 착용하길 추천. 개화 시즌에는 완산공원 내 주차장이 매우 혼잡하므로 대중교통을 이용하거나 인근 유료 주차장을 이용하길 권장한다. (109p F:3)

전북 전주시 완산구 동완산동 612　　#겹벚꽃 #늦봄

객사(객리단길) 추천 "SNS 핫플 천국, 전주객리단길"

한옥마을의 풍경과 맛집, 개성 있는 카페, 펍 등이 만나는 전주 핫플레이스. 트렌디하고 현대적인 감성의 가게가 많아서 젊은이들에게 인기 있다. 과거 외국 사신이나 관리들이 묵었던 숙소인 풍패지관(전주 객사, 보물 제583호)에서 길 이름이 유래되었다. 좁은 골목을 따라 감각적인 인테리어의 맛집, 이색적인 카페, 로컬 소품샵, 빈티지숍 등이 밀집해 있으니 길거리 데이트를 즐겨보자. (109p F:3) 사진ⓒ한국관광 콘텐츠랩

전북 전주시 완산구 중앙동2가 10-1　　#전주한옥마을 #먹거리골목 #소품샵

조점례남문피순대 맛집
"선지로 속을 꽉 채운 피순대와 순대국밥"

선지를 가득 넣어 담백한 맛이 나는 피순대 전문점. 피순대와 머리고기가 들어간 얼큰한 순대 국밥과 선지로 속을 채운 피순대가 대표 메뉴. 피순대는 초고추장에 찍어 깻잎에 싸 먹는 것이 정석이다. 포장 주문 가능. (110p A:2) 사진ⓒ한국관광 콘텐츠랩

전북 전주시 완산구 전동 풍남문2길 39
#피순대 #선지 #순대국밥

전라감영 "조선 시대 관아 건축의 웅장한 위엄"

![전라감영 건물]

조선 시대 **전라도와 제주도를 담당하는 관찰사**가 근무하던 관청이다. 약 500년 동안 호남 지역의 정치, 행정, 군사의 중심지였던 곳. 복원 작업을 통해 선화당, 연신당, 내아, 관풍각 등의 전통 건물이 재현되었다. 조선 시대 관아 건축의 위엄을 느낄 수 있으며, 전주의 역사와 전통문화를 체험할 수 있는 역사 교육장이다. 매일 09:00~21:00 운영. (109p F:3)

전북 전주시 완산구 전라감영로 55   #관찰사 #관아건축 #역사문화

청연루 "전주의 밤을 내려다보는 정자"

전주천을 가로지르는 남천교 위에 있는 정자. 이곳은 밤에 봐야 그 진가가 드러난다. 따뜻한 조명이 켜진 한옥마을과 밤하늘의 별을 구경하기에 이곳만큼 좋은 곳이 없기 때문이다. 해가 지면 청연루를 찾자. (109p F:3)

전북 전주시 완산구 천경로 40
#정자 #남천교 #야경명소

국립전주박물관 "전북 대표 박물관"

전북 지역의 선사시대부터 조선시대까지의 주요 유물을 상설 전시하고 있는 박물관. 고고 유물부터 불교 미술품, 도자기 등 4만여 점의 작품을 전시하고 있다. 고고실, 미술실, 역사실, 석전 기념실, 옥외 전시실을 운영하며, 어린이부터 성인, 전문인까지 전통문화를 체험해 볼 수도 있다. 월요일~토요일 중에는 예약을 통해 전시 해설도 들어볼 수 있다. 무료입장. 10:00~18:00. (109p F:3) 사진ⓒ한국관광 콘텐츠랩-김지호

전북 전주시 완산구 효자동2가 900
#유물 #미술품 #도기

맘스브레드 `빵집` "오징어 먹물과 연유가 만난 오징어 먹물빵"

신선한 재료로 건강한 빵을 만드는 전주 로컬 베이커리. 까만 오징어 먹물 반죽에 부드러운 크림치즈가 들어간 길쭉한 오징어 먹물빵이 대표적이다. 국산 가루쌀로 만든 쌀빵인 가을농부, 카스테라꽈배기는 담백하면서도 계속 끌리는 맛이다. 현지 맘 카페에서 맛으로 인정 받은 곳. 오징어 먹물빵 4천 원대. 매일 08:30~21:30 운영. (109p F:3)

전북 전주시 완산구 호암로 81 은하빌딩   #오징어먹물빵 #카스테라꽈배기

스테이 춘몽 STAY "한옥 감성에 모던함을 더하다"

@stay_choonmong

전주한옥마을에 위치, 전통과 현대가 어우러진 감각적인 독채 스테이. 주변에 다양한 명소와 편의시설이 있어 편안하게 쉬어갈 수 있다. 한옥 양식 건물로 전면 창문을 닫으면 사우나, 열면 노천탕 느낌을 낼 수 있는 프라이빗 자쿠지가 이곳의 백미. 여행 후 따뜻한 반신욕을 즐기며 와인 한 잔의 여유로움을 누려보는 건 어떨까.　　　　　　　　　　　　전북 전주시 완산구 한지길 28　　#전주한옥마을 #자쿠지 #프라이빗

똘랑코티지 STAY "따뜻하고 정겨운 한옥 독채 펜션"

@ttollang_cottage

1970년대 지어진 한옥을 리모델링한 독채 펜션. 할머니 집에 온 듯 소박하고 따뜻한 감성이 넘치는 곳. 아기자기한 소품과 정갈한 이부자리, 천장 서까래가 어우러진 아늑한 분위기로 편안하게 쉬어갈 수 있다. 마루에 걸터앉아 차 한 잔 즐기기 좋은 곳. 전주한옥마을을 건너편에 위치해 주변 명소들을 둘러보기 편하다.　　　　　　　　　　　　전북 전주시 완산구 서학로 63-17　　#한옥 #감성숙소 #전주한옥마을

전북도립미술관
"경관이 뛰어난 미술관, 나들이도 좋아!"

전북을 대표하는 예술 문화공간. 모악산과 구이 저수지 사이에 있어 경관이 뛰어나다. 시기별 다양한 전시와 문화예술교육이 진행된다. 매주 월요일, 1월 1일, 명절 휴관. (107p D:2)
사진ⓒ한국관광 콘텐츠랩

전북 완주군 구이면 모악산길 원기리 1068-7
#특별전시 #예술교육

고산미소한우 [맛집]
"저렴하게 신선한 한우 맛볼 수 있는 정육식당"
완주 한우농가 250여 곳이 모여 차린 정육식당. 한우 직영 판매점이라 저렴한 가격에 신선한 한우를 맛볼 수 있다. 식사류로는 갈비탕과 소고기가 익혀 나오는 한우 비빔밥 '익힘 비빔밥'이 인기. 갈비탕은 하루 120그릇만 한정 판매하므로 여유 있게 방문하는 것이 좋다. (107p D:1) 사진ⓒ한국관광 콘텐츠랩

전북 완주군 고산면 남봉로 135
#한우직영점 #한우비빔밥 #갈비탕

대아수목원 "배우고 힐링하는 자연 속 숲 배움터"

수려한 산세가 빚어낸 대규모 산림 휴양 공간이자 학습장. 야생화와 희귀 식물 등 2,700여 종의 다양한 식물이 자라고 있으며, 열대식물원을 갖추고 있어 사계절 이색적인 식물 관람이 가능해 아이들과 함께 방문하기 좋다. 숲 해설과 산림 문화 체험 교실도 운영. (110p B:1) 사진ⓒ한국관광 콘텐츠랩

전북 완주군 동상면 대아수목로 94-34   #대아호 #산림휴양공간 #열대식물원

헤일로92 [카페]
"빈백에 누워 감상하는 웅장한 마운틴뷰"

@halo92_cafe

자연과 어우러진 차분하고 고요한 공간, 편안하게 누워 마운틴뷰를 감상할 수 있는 야외 빈백이 이곳의 시그니처. 아이스크림이 올라간 플로트 커피와 고소한 흑임자 크림 라떼가 베스트 메뉴. 매장에서 직접 만드는 아이스크림도 맛있다. 단풍이 아름답게 물드는 가을에 방문할 것을 추천. 월~금 10:30~19:00, 토~일 10:30~20:00 영업. (114p B:1)

전북 완주군 구이면 구이로 1082-28
#마운틴뷰 #단풍명소 #야외빈백

봉동짬뽕 [맛집]
"신선한 재료와 손맛의 만남"

고추기름에 해산물 육수가 시원한 짬뽕이 인기메뉴다. 고기와 해산물이 가득 들어있다. 손질된 해산물이 들어있어 홍합을 까는 번거로움이 없어 좋다. 기본짬뽕도 얼큰한 편이다. 매운맛을 즐기는 분은 고추짬뽕을 추천한다. 겉바속촉한 찹쌀탕수육과 함께 주문하면 두 명이 먹기에 충분하다. 브레이크타임 14:30~17:00. 금, 토 휴무 (110p A:2) 사진ⓒ한국관광 콘텐츠랩

전북 완주군 봉동읍 하월길 43봉동짬뽕
#완주맛집 #짬뽕맛집 #중국집

삼례문화예술촌 추천 "양곡 수탈지에서 문화 예술의 본거지로"

일제강점기 당시 양곡 수탈의 본거지였던 양곡창고를 문화창고로 변신시켰다. 곳곳에 작품들이 전시되어 있고, 레트로하고 빈티지한 분위기 덕분에 사진 찍기 좋은 공간이 많다. 디자인 뮤지엄, 모모미술관, 북카페 등 다양한 문화 공간으로 구성되어 있으며, 삼례 책마을에서는 고서와 희귀본 등을 구경하거나 책 관련 체험 및 전시에 참여할 수 있다. 주말엔 버스킹 공연 등 문화 행사가 열리기도 하니 참고하여 방문하자. (107p D:1)

전북 완주군 삼례읍 삼례역로 81-13   #양곡수탈 #문화창고 #작품

위봉산성 "역사적 성지, BTS 성지"

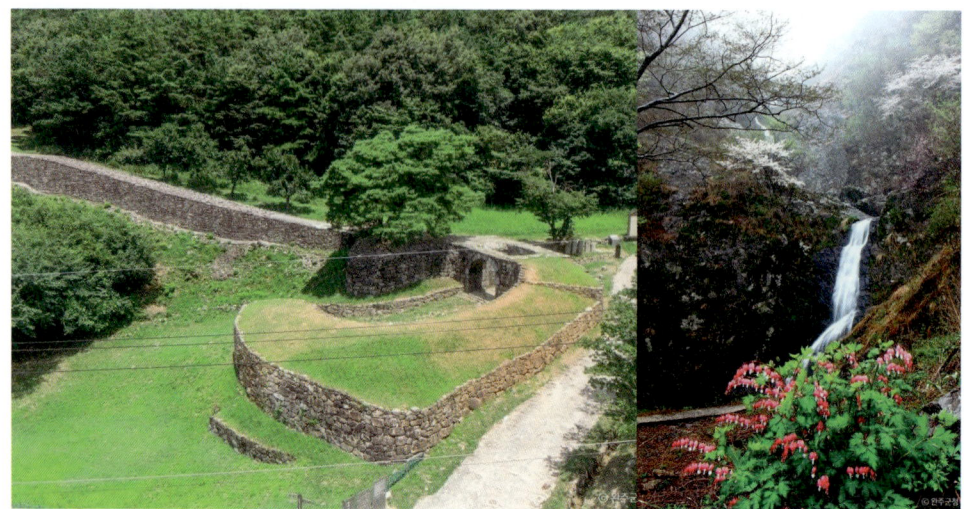

조선 숙종시대 당시 지었던 돌로 된 산성이다. 적의 침입에 대비하기 위해 지어진 시설이지만, 난리가 생겼을 때 태조 이성계의 어진을 이곳으로 옮겨 보호하려는 목적도 있었다. 역사적 가치와 더불어 BTS가 서머 패키지를 촬영했던 곳이기도. 팬들에겐 성지로 통하는 곳이다. (110p A:2)

사진ⓒ한국관광 콘텐츠랩

전북 완주군 소양면 대흥리   #돌산성 #군사시설 #어진보호

상관 공기마을 편백숲
"피톤치드 가득한 편백나무 숲"

10만 그루 편백나무가 모여있는 피톤치드 가득한 편백숲. 하늘 높이 뻗은 편백나무가 빼곡하다. 공기마을은 위에서 내려다보면 그 모습이 꼭 공깃밥 그릇같이 생겼다 해서 공기마을이라는 이름으로 불린다. (110p A:3) 사진ⓒ

한국관광 콘텐츠랩

전북 완주군 상관면 죽림편백길
#편백나무 #힐링 #트래킹

화심순두부 본점 맛집 "얼큰한 순두부와 콩까스"

@___ssim___

3대째 직접 만든 손두부를 판매한다. 콩돈까스와 화심순두부찌개가 대표메뉴다. 바지락이 가득 들어간 얼큰한 맛의 순두부를 맛볼 수 있다. 콩돈까스는 엄청난 크기를 자랑하고 고기와 비슷한 식감을 느낄 수 있다. 검은콩 토핑이 뿌려진 고소한 아이스크림과 담백한 콩도넛도 판매한다. 별관쪽에 놀이방이 있어 아이와 방문하기 좋다. (110p B:2)

전북 완주군 소양면 전진로 1051   #화순맛집 #순두부 #콩돈까스

오성한옥마을

오성한옥마을 추천 "한옥 카페, 갤러리 고즈넉한 힐링의 장소"

완주군에 귀촌한 동네 주민이 경남 진주에 있던 한옥을 그대로 옮겨 놓은 것을 시작으로, 완주군에서 추가적으로 한옥과 전통가옥을 건설해 오성 한옥마을이 만들어졌다. 실제 주민이 거주하는 한옥 숙박 시설 외에도 두베 카페, 아원고택 등 문화 예술 공간이 공존한다. 전통놀이 체험과 한옥 숙박 체험까지 즐길 수 있다. BTS가 2019년 'SUMMER PACKAGE' 뮤직비디오 및 화보를 촬영한 장소로 알려져 있다. (110p A:2)

전북 완주군 소양면 송광수만로 472-23   ##한옥 #전통놀이 #숙박

소양고택 카페 "통창 밖 물 위의 돌다리"

160년 이상 된 고택을 현대적으로 복원하고 재해석한 한옥 스테이 및 문화 공간. 고택의 창틀 너머로 송광사와 돌다리, 소나무 정원 등 자연 경관이 펼쳐지는데 특히 독채 '제월당'의 대청에서 바라보는 자연 풍경이 아름답기로 유명하다. 독립 서점인 플리커 책방 운영. 숙박객들에게는 정갈한 한식 조식(누룽지와 전라도식 밑반찬)과 웰컴 티 서비스 제공. 객실 1박당 30만 원대부터. (110p A:2) 사진ⓒ한국관광 콘텐츠랩

전북 완주군 소양면 송광수만로 472-23   #한옥카페 #제월당 #통창뷰

아원고택 카페 카페 "산 전망 한옥 갤러리 카페"

250년 된 고택을 개조한 갤러리형 카페. 한옥 옆에 인공 연못을 만들어 놓아 웅장한 산과 물 위에 떠 있는 듯한 모습을 한 장에 담을 수 있다. 입장료를 지불하면 갤러리와 고택 카페를 함께 둘러볼 수 있다. BTS 화보 촬영지로 유명해서 팬들이 많이 찾는 곳. 입장료 1만 원. 음료 4000원~. 11:00~17:00 (고택 내부 관람은 12:00~17:00) (110p A:2) 사진ⓒ한국관광 콘텐츠랩

전북 완주군 소양면 송광수만로 516-7   #완주 #한옥카페 #갤러리카페

고산자연휴양림
"사계절 아름다운 가족 힐링 명소"

운장산 자락에 위치, 울창한 숲과 맑은 계곡을 자랑하는 산림 휴양 공간이다. 봄은 야생화, 여름은 계곡, 가을은 단풍, 겨울은 설경이 아름다운 곳. 숲속의 집, 야영장, 산림교육센터 등 다양한 시설을 갖추고 있어 가족 단위의 휴식에 알맞다. 잘 정비된 산책로와 등산로를 따라 피톤치드 가득한 숲속 트레킹을 즐기며 몸과 마음을 치유해 보자. 숲나들e에서 예약. (110p A:1) 사진ⓒ한국관광 콘텐츠랩

전북 완주군 고산면 고산휴양림로 246
#운장산 #산림휴양공간 #숲속트레킹

스테이별하 STAY
"수정원과 자쿠지가 있는 감성 한옥"

스테이리안 STAY "마운틴뷰 고즈넉한 한옥 스테이"

사방이 푸른 산으로 둘러싸인 마을 높은 곳에 자리 잡은 스테이. 아래로 한옥마을의 고즈넉한 풍경이 펼쳐진다. 안채, 별채, 사랑채로 이루어져 있으며 '안채+별채' 타입은 대가족이 머무르기에도 충분한 공간이다. 주변 산세와 한옥 지붕이 하나의 프레임에 담기는 수정원 위 징검다리가 이곳의 포토존이니 기념 사진도 남겨볼 것.

전북 완주군 상관면 만덕산길 69-13   #한옥마을 #대가족 #징검다리

전통과 현대가 어우러진 SNS 감성 한옥 스테이. '별 하나'부터 '별 넷'까지 4개의 독채 사이로 수정원이 꾸며져 있어 더욱 고즈넉한 느낌이다. 밤이 되면 은은한 조명이 들어오는 야외 공간에서 진정한 힐링을 경험해 볼 수 있는 곳. 한옥 느낌 짙은 우드톤 실내에는 자쿠지가 마련되어 있어 창밖 풍경을 즐기며 편안하게 쉬어가기 좋다.

전북 완주군 상관면 상관소양로 94-40   #한옥 #자쿠지 #힐링

변산반도국립공원

변산반도국립공원 추천 "가을을 마음껏 느낄 수 있는 단풍명소"

우리나라 국립공원 중 유일하게 산과 바다가 함께 지정된 곳. 내륙의 산악 지대인 내변산과 해안 절경 지대인 외변산으로 이루어져 있다. 외변산의 대표 명소는 채석강과 적벽강으로 일몰 사진 명소로 유명하다. 내변산은 직소폭포, 내소사 등의 명소가 있다. 변산반도의 단풍을 즐기려면 내변산탐방지원센터 앞에 주차하여 등산. 내변산탐방지원센터~직소폭포 2.2km 1시간 거리 (산책길), 남여치~내변산 5.5km, 1시간 50분 (능선길), 내변산~내소사 6.1km 2시간 30분 (계곡길) 세 가지 등산코스. (112p C:1)

전북 부안군 상서면 청림리 산252-1   #단풍 #바다전망 #등산

채석강 추천 "중국의 채석강과 비슷하게 생긴 강이 아닌 바다"

채석강 해식동굴

파도에 의해 지표면이 겹겹이 깎인 독특한 해식 절벽을 관찰할 수 있는 곳. 켜켜이 얇게 쌓인 단면은 마치 책의 단면을 보는 듯하다. 썰물 때 물이 빠지면 해식동굴과 절벽 아래를 직접 걸어볼 수도 있다. 간조(썰물) 시간을 기준으로 앞뒤 2시간 정도에 방문하길 추천. 서해에 속해있지만 이태백이 빠져 죽은 중국 채석강을 닮았다고 해서 채석강이라는 이름으로 불린다. (112p A:1)

전북 부안군 변산면 격포리   #채석강 #해식절벽 #교육여행

내소사 "최고의 보물과 숲길을 모두 품은 곳"

백제 시대 창건된 유서 깊은 사찰. 국보 동종, 보물 대웅보전 등 소중한 문화재를 품고 있다. 사찰 전체가 울긋불긋 물드는 가을 단풍으로 가장 유명하지만, 눈 내린 겨울 풍경도 고즈넉하고 아름답다. 이곳 여행의 백미는 일주문부터 천왕문까지 길게 이어지는 전나무 숲길. '아름다운 길 100선'에도 선정된 곳으로 전나무의 맑은 향기를 맡으며 천천히 걷는 것만으로도 힐링이 된다. 하절기 06:00~19:00, 동절기 07:00~18:00 운영. (112p B:1) 사진ⓒ한국관광 콘텐츠랩-김지호

전북 부안군 진서면 내소사로 191
#천년고찰 #전나무숲길 #힐링

소노벨 변산 오션플레이
"변산반도를 끼고 있는 워터파크"

프랑스 북부 노르망디 지방을 모티브로 한 워터파크. 격포 해수욕장을 바라보며 노천온천과 물놀이를 즐길 수 있다. 야외 파도 풀, 슬라이드, 노천온천, 닥터피시 체험장 등을 운영한다. (112p A:1) 사진ⓒ한국관광 콘텐츠랩

전북 부안군 변산면 격포리 257
#유럽풍 #풀장 #온천

곰소염전 추천 "하늘과 바다의 데칼코마니, 반영샷 명소"

모항갯벌해수욕장
"경관이 화려한 해수욕장"

아담한 백사장과 울창한 소나무숲이 아름다운 곳. 내변산과 외변산이 마주치는 지점에 생긴 해수욕장으로, 변산반도 국립공원의 산악경관과 바다의 해양경관이 조화롭다. (112p B:2) 사진ⓒ한국관광 콘텐츠랩

전북 부안군 변산면 도청리 203-1
#솔숲 #해수욕장

부안청자박물관
"부안지역 청자의 모습을 볼 수 있는 곳!"

부안군 고려청자 유적지에서 출토된 청자 조각들이 전시된 박물관. 청자 찻잔 모양의 건물이 흥미롭다. 청자 전시관, 체험관, 도예 창작 스튜디오, 야외 사적공원 등을 운영하며, 특히 전시동에 위치한 4D 입체영상이 특히 볼만하다. 매주 월요일, 1월 1일, 설날과 추석 연휴 휴관. 내소사 입장권 지참 시 입장료 50% 할인. (112p C:1) 사진ⓒ한국관광 콘텐츠랩

전북 부안군 보안면 유천리 798-4
#고려청자 #체험

현정이네
"다양한 회를 맛볼 수 있는 회정식"

병어, 아나고, 광어, 간재미 등 여러종류의 회를 맛볼 수 있는 회정식이 인기메뉴다. 개불, 산낙지, 조개구이 등 20여가지 이상의 밑반찬이 나온다. 해산물을 좋아하는 사람이라면 만족스러운 식사를 할수 있다. 잘 차려진 한상이 먹음직스럽다. 회와 스끼다시, 얼큰한 매운탕까지 완벽한 회정식을 맛보자. (112p B:2)

전북 부안군 진서면 곰소항길 66-15
#곰소항 #생선회 #회정식

천일염 생산지. 4월~10월 사이엔 실제로 소금을 만드는 시기이니 염전 근처로 가는 것은 주의가 필요하다. 바닷물이 소금이 되는 과정을 직접 볼 수 있어 신기하고, 염전 위로 비치는 하늘이 마치 거울 같은 모습도 신비롭기만 하다. 물이 고인 염전에 반사된, 반영샷을 찍어보는 것도 좋다. (112p B:2)

전북 부안군 진서면 곰소리
#염전 #소금 #반사샷

소노벨 변산 "루프탑에서 만끽하는 진홍빛 낙조"

프랑스 노르망디를 모티브로 한 이국적인 휴양 리조트. 실내외 수영장과 슬라이드를 갖춘 사계절 워터파크 '오션플레이'가 있어 아이를 동반한 가족 여행객이 선호하는 곳. 진홍빛 낙조와 주상절리가 아름다운 루프탑 다이닝 '더 선셋'은 동계 시즌 유리 돔이 시그니처. 즐거운 순간을 기록하는 '스튜디오 런츠' 비롯해 '키즈플레이', '킨더랜드 키즈카' 등 다양한 키즈 시설을 갖추었다. 리조트와 연결된 해안 산책로를 따라 걸으면 채석강의 장관을 만날 수 있다. 펫 프렌들리 객실 보유. (112p A:1) 사진ⓒ소노호텔앤리조트

전북 부안군 변산면 소노로 10   #오션플레이 #주상절리 #루프탑

고창읍성 "전북 고창에 있는 조선시대 성곽"

고창고인돌박물관

"열차 타고 고인돌 보러가자"

동양 최대 규모인 447기의 고인돌이 밀집된 군락지에 있는 고인돌 박물관. 고인돌의 역사, 축조 과정 등을 상세히 전시하며, VR 체험실과 애니메이션 상영 등 다양한 시청각 자료를 활용하여 이해를 돕는다. 암각화 그리기, 불 피우기, 고인돌 만들기 체험도 할 수 있다. 광활한 유적지를 편하게 돌아볼 수 있는 '모로모로 탐방열차'가 운영되고 있으니 고인돌 광장도 함께 둘러보자. 입장료 3000원. 09:00~18:00 (동절기 17시까지), 월요일 정기휴무. (112p C:3) 사진ⓒ한국관광 콘텐츠랩

전북 고창군 고창읍 고인돌공원길 74
#고인돌 #선사시대 #꼬마열차

조선 단종 원년(1453년)에 왜구의 침입을 막기 위해 축성된 자연석 성곽. 사적 제145호이자 우리나라에서 가장 완벽하게 원형이 보존된 읍성 중 하나다. 성의 모양이 양(羊)처럼 생겼다고 하여 모양성(牟陽城)으로도 불리며, 매년 가을 고창 모양성제가 열린다. 1.7km에 달하는 성벽을 따라 성곽 밟기(답성)를 체험할 수 있는데, '성곽을 한 바퀴 돌면 다릿병이 낫고, 두 바퀴 돌면 무병장수하며, 세 바퀴 돌면 극락에 이른다고 전해진다. 입장료 3000원. 05:00~22:00. (112p C:3)

전북 고창군 고창읍 읍내리 125-9　　#역사여행지 #답성놀이 #전통문화

보리나라 학원농장 `추천` "너른 들녘을 가득 메운 아름다운 꽃들"

봄에는 유채꽃, 여름에는 청보리와 해바라기, 가을에는 메밀꽃이 심겨 사철 구경할 거리가 가득한 농장. 드라마나 영화 촬영 장소로도 유명하며 드넓은 평야를 가득 메운 꽃들 사이에서 인생샷 찍기 좋다. 농장 규모가 무려 17만 평에 이른다. 농장 식당에서 이곳에서 재배한 청보리로 만든 한정식을 판매한다. 청보리 특산물 판매장 운영. 입장료 3000원. 09:00~18:00. (112p B:3)

전북 고창군 공음면 학원농장길 154　　#청보리 #계절꽃 #포토존

상하농원 추천 "푸르른 대지 위에 그림 같은 농장"

유럽 시골 마을에 온 것 같은 풍경을 지닌 농촌 체험 단지. 견학 프로그램과 숙박, 식음료가 유기적으로 결합한 공간이라 다양한 체험이 가능하다. 농장 내 카페와 식당에서 신선한 우유로 만든 아이스크림, 커피, 피자 등을 맛볼 수 있다. 체험목장에서는 동물 먹이 주기, 공방에서는 직접 로컬 식재료로 가공품(치즈, 소시지, 빵 등)을 만들어 볼 수 있다. 입장료 9000원. 09:30~21:00. (112p A:3)

전북 고창군 상하면 상하농원길 11-23   #동물먹이체험 #수제아이스크림 #매일유업

꽃객프로젝트 핑크뮬리
"고창의 가을을 수놓는 핑크뮬리"

민간 정원. 대를 이어 정원을 가꿔오는 중이다. 10만 본의 핑크뮬리 물결이 장관을 이루는데 백일홍, 코키아 같은 다양한 꽃도 함께 즐길 수 있다. 붉은 안개 같은 핑크뮬리가 지평선을 가득 채운 느낌. 꽃을 좋아하는 사람이라면 이곳을 위해 고창을 찾아도 아깝지 않을 것이다. (112p C:2) 사진ⓒ한국관광 콘텐츠랩

전북 고창군 부안면 복 분자로 307
#민간정원 #핑크뮬리 #백일홍

구시포해수욕장
"붉은 노을과 함께 하는 캠핑 성지"

고창에서 가장 큰 해수욕장이다. 소나무 숲에 둘러싸여 풍경이 좋을 뿐 아니라 일몰이 아름다워 차박, 캠핑을 위해 이곳을 찾는 사람들이 늘고 있다. 잔잔한 해변과 너른 모래사장, 아름다운 낙조가 감동적인 해수욕장이다. (112p A:3)

전북 고창군 상하면 자룡리
#차박 #낙조 #일몰

금단양만 맛집
"최초의 셀프 장어집"
우리나라에 셀프 장어집을 처음 도입한 곳이다. 몸에 좋은 보양식으로 으뜸인 풍천장어를 사서 식당 2층으로 올라가 직접 구워 먹는다. 가게 밖으로 보이는 바다와 갯벌의 풍경이 장어의 맛을 더한다. (112p B:2)

전북 고창군 심원면 검당길 51-10
#국내최초 #셀프장어집 #풍천장어

운곡람사르습지 자연생태공원
"830종의 생물이 공존하는 고대 생태의 보고"

@hyundinio_o

수달, 담비, 삵, 황조롱이 등 도시에서는 쉽게 볼 수 없는 멸종 위기종 및 천연기념물 동물들이 살고 있는 곳. 생태탐방 열차를 타고 공원 곳곳을 편하게 돌아다닐 수 있다. 세계 최대 크기를 자랑하는 고인돌이 설치되어 있다. 습지생태 전시, 영상실, 체험 프로그램 운영. (112p C:2)

전북 고창군 아산면 운곡서원길 15
#습지체험 #생태체험 #고인돌

선운산도립공원
"천년 고찰 선운사를 품은 아름다운 힐링 명산"
울창한 숲과 수려한 계곡, 기암괴석이 사계절 내내 아름다운 경관을 자랑하는 자연 속 힐링 공간. 동백꽃으로 유명한 천년 고찰 선운사와 깊은 산속 거대한 암벽에 새겨진 도솔암 마애불좌상 등 소중한 문화재를 품고 있다. 자연 속 고요한 사찰을 둘러보며 몸과 마음의 피로를 풀 수 있는 곳. 산행 후에는 고창의 명물 풍천장어와 복분자술을 곁들이며 하루를 마무리해 보자. (112p B:2)

전북 고창군 아산면 선운사로 242-86
#동백꽃 #선운사 #힐링

선운사 "붉은 동백 꽃잎 아름다운 천년 고찰"

"도솔산 기슭에 위치해 아름다운 자연경관을 자랑하는 천년 고찰이다. 대웅보전 뒤편 천연기념물로 지정된 수백 년 된 동백나무 숲과 가을철 아름다운 단풍으로 유명한 곳. 만개한 동백꽃이 한꺼번에 툭툭 떨어지면서, 사찰 주변과 돌담길에 붉은 카펫처럼 깔리는 모습이 장관이다. 사찰 입구부터 도솔천을 따라 도솔암 마애불까지 가는 길은 여유롭게 걸으며 자연을 만끽하기 좋은 선운사 최고의 산책 코스. 매일 06:00~19:00 운영. (112p B:2)

전북 고창군 아산면 선운사로 250   #도솔산 #동백낙화 #도솔암마애불

내장산

내장산 `추천` "단풍객들이 가장 사랑하는 이곳"

대표적인 단풍 명소이자 호남 지역 5대 명산 중 하나. 기암괴석이 병풍처럼 둘러싸인 모습이 아름다운 국립공원이다. 내장산의 핵심 관광 코스는 매표소에서 내장사까지 이어지는 단풍 터널 길과, 호수에 비친 단풍과 정자가 아름다운 우화정. 케이블카에 탑승하여 산맥의 절경을 편하게 감상할 수 있다. 내장산 국립공원 입구 다리에서 탐방안내소(케이블카 타는 곳)까지 셔틀버스 운행 (편도 1000원). (편도 1000원). (113p E:2)

전북 정읍시 내장산로 1207   #호남5대명산 #단풍명소 #기암괴석

우화정 "내장산의 단풍이 감싸안은 정자"

거울같이 맑은 호수 위에 단정히 놓인 정자이자 사계절 내내 인기 있는 내장산 포토 스팟. 맑은 호수 아래로 푸른 하늘과 단풍 든 내장산, 우화정의 정자가 고스란히 반영된다. 정자에 날개가 돋아 하늘로 승천했다는 전설이 담겨 '우화정(羽化亭)'이라 불린다. 계절별로 산수유, 개나리, 단풍 등이 피어난다. 내장산 탐방의 시작점이자 상징적인 장소라 꼭 들리는 코스. (113p E:2)

전북 정읍시 내장동 598-7
#단풍 #호수 #반영 #정자

내장사 "단풍객들이 가장 사랑하는 이곳"

내장산 국립공원의 심장부에 자리한 천년 고찰. 백제 무왕 때 창건되었다고 전해지며, 아름다운 산세에 둘러싸여 사계절 고즈넉한 정취를 느낄 수 있는 곳이다. 조선시대 건축 양식을 잘 보여주는 극락전, 대웅전 등이 있으며, 사찰 주변 넓은 산책로를 따라 여유롭게 걸을 수 있다. 내장사로 가는 길목에 있는 일주문과, 내장사 앞 연못에 비치는 반영이 대표 포토존으로 꼽힌다. 입장료 무료. (113p E:2)

전북 정읍시 내장산로 1253   #오색단풍 #트래킹 #가을여행지

내장산 케이블카&전망대
"대한민국 단풍명소 No 1"

내장산 탐방안내소 인근에서 출발하여 산 중턱의 전망대(해발 650m)까지 운행하는 케이블카. 단풍철에는 탑승을 위해 1시간 대기는 필수다. 케이블카를 타고 5분 만에 상부 정류장에 도착하면, 정류장에서 10~15분 정도의 짧은 계단길을 따라 내장산 전망대에 도달한다. 전망대에서는 내장산의 병풍처럼 펼쳐진 기암괴석 봉우리들과 고즈넉한 내장사 전경을 한눈에 담을 수 있다. 왕복 11000원. 09:00~17:00 (동절기 10:00~17:00). (113p E:2)

전북 정읍시 내장산로 1179-11
#단풍명소 #사진 #케이블카

김명관 고택 "99칸 한옥의 툇마루에 앉아"

솟을대문, 행랑채, 사랑채, 안채, 별당 등이 잘 보존된 99칸 대저택. 조선 정조 8년(1784년)에 김명관이 건립한 호남 지방 양반 상류층 주택의 대표적인 건축물. 뒤로는 창하산을, 앞으로는 동진강 상류를 낀 전형적인 배산임수 명당에 자리 잡고 있으며, 건축적 독창성과 조선 후기 사대부 가옥의 중후한 모습을 원형 그대로 잘 간직하고 있다는 평가를 받고 있다. 09:00~18:00 (소유주 개인 사정으로 관람이 제한될 수 있음). (113p F:1) 사진ⓒ한국관광 콘텐츠랩

전북 정읍시 산외면 공동길 72-10   #99칸 #대저택 #계절꽃

대일정 맛집
"게장 국물에 밥 비벼먹기"

1969년부터 운영중인 참게장, 떡갈비 전문점. 참게장 정식과 떡갈비 정식이 인기 메뉴다. 반찬의 가짓수가 많아 남도밥상임을 느낄 수 있다. 짭쪼름한 간장에양파, 쪽파, 고춧가루가 뿌려진 참게장. 게딱지 밥도 맛있고, 게장 국물에 밥을 말아먹어도 좋다. 비린내가 많이 나지 않아 좋다. 남은 음식 포장 가능. 화요일 휴무. 브레이크타임 없음 (113p E:1) 사진ⓒ한국관광 콘텐츠랩

전북 정읍시 태인면 수학정석길 3
#정읍맛집 #한정식 #백년가게

엘리스테이 STAY "거대한 요새를 닮은 자연 속 스테이!"

2022 세계 건축상 WA Awards를 수상한 정읍 자연 속 숙소. 유명한 건축가 곽희수가 설계했다. 거대한 요새를 닮은 압도적인 스케일이 이곳의 특징. 라운지 인피니티풀이 이곳의 시그니처 포토존이다. 그레이톤 실내는 모던하고 깔끔한 분위기. 아름다운 내장산과 주변 자연을 감상하며 온전한 휴식을 즐겨보자.

전북 정읍시 서당길 14 　　#인피니티풀 #내장산 #건축미

사선대
"섬진강 상류, 신선도 반한 수려한 경치"

섬진강 상류 오원천 기슭에 조성관 국민관광지. 물이 맑고 경치가 아름다워 하늘에서 신선과 선녀들이 내려와 놀았다는 전설이 전해질만큼 아름다운 곳. 조선 시대 정자인 운서정에 앉아 고즈넉한 사선대의 풍경을 감상해보자. 옥정호와 임실치즈테마파크 등 임실의 대표 관광지와 함께 둘러보며 수려한 임실의 자연을 만끽하기 좋은 곳이다. (114p C:1)

전북 임실군 관촌면 사선2길 68-7
#오원천 #국민관광지 #운서정

임실치즈 테마파크 추천 "임실의 가장 큰 보물, 치즈!"

치즈, 피자 만들기 체험을 즐길 수 있는 테마파크. 드넓은 초원 위에 유럽풍 건축물이 있어 사진 찍기에도 좋다. 치즈가 어떻게 만들어졌는지부터 시작해 다양한 치즈 종류를 배우고, 치즈 체험관에서 다양한 치즈 요리를 직접 만들어볼 수 있다. 식당에서 수제 치즈로 만든 치즈 커틀릿, 골드 포테이토 피자도 판매한다. 만들기 체험은 사전 예약 필수 (체험료 18000원). 09:00~18:00, 월요일 정기휴무. (114p C:1)

전북 임실군 성수면 도인2길 50   #치즈만들기 #피자만들기 #치즈식당

옥정호&붕어섬 추천 "옥정호물안개길"

임실 9경 중 하나. 섬진강댐을 만들며 생긴 인공 호수 옥정호와 호수 위에 떠 있는 모습이 붕어를 닮았다 하여 이름 붙여진 붕어섬. 섬 전체가 사계절 꽃과 나무가 식재된 생태공원으로 조성되어 있으며 작약, 꽃양귀비 등이 만개하여 장관을 이룬다. 국사봉 전망대에 오르면 '붕어' 모양을 전체적으로 조망할 수 있다. 붕어섬은 길이 420m의 옥정호 출렁다리를 통해 육지와 연결되어 있어 도보로 들어갈 수 있다. (114p B:1)

전북 임실군 운암면 용운리 259-3   #임실9경 #호수 #사진촬영명소

국사봉 전망대 "휘감아 도는 옥정호의 환상적인 전망!"

옥정호를 한눈에 볼 수 있는 전망대. 일교차가 큰 새벽 운해의 모습이 장관이다. 수많은 포토그래퍼가 찾는 사진 촬영의 명소로 꼽힌다. 붕어섬을 한눈에 내려다 볼 수 있다. 물안개가 자주 생기는 곳으로 흐린날이나 새벽에 방문하면 몽환적인 풍경을 감상할 수 있다. (114p B:1)

전북 임실군 운암면 입석리 719-1   #옥정호 #전망대 #사진촬영

전북특별자치도 임실군 | 순창군

옥천골한정식 맛집
"반찬이 푸짐하게 나오는 전라도식 한정식집"

푸짐하고 정갈한 밑반찬으로 유명한 전라식 한정식집. 석쇠에 구운 소불고기와 돼지불고기, 조기탕이 포함된 한정식 차림을 주문할 수 있다. 밑반찬으로는 갈치조림, 된장국, 조기구이, 장조림, 나물 등이 한상 가득 나온다. (114p B:3) 사진ⓒ한국관광 콘텐츠랩

전북 순창군 순창읍 교성리 394-21
#한정식 #석쇠구이 #조기탕

순창고추장민속마을 "일품 고추장의 위엄"

전통 방식 그대로 고추장, 된장, 간장 등 장류를 생산하고 판매하고 있는 마을. 전통 장독대들이 늘어서 있어 고즈넉한 한옥의 정취를 느끼며 산책하기 좋고, 곳곳에서 고추장 제조 과정을 견학하고 직접 참여하는 체험 프로그램을 상시 운영 중이다. 마을 내 순창장류박물관에서 장류의 역사와 과학, 제조 도구 등을 무료로 관람할 수 있다. 체험 프로그램은 사전 예약이 필수. (114p B:3)

전북 순창군 순창읍 백야길 29
#고추장 #된장 #명인

순창 채계산 출렁다리 "발끝에서 느껴지는 짜릿함, 산악 출렁다리"

채계산에 웅장하게 놓인 산악 출렁다리로, 기둥 없이 270m 길이를 곧게 뻗어 있다. 아찔한 높이에서 다리가 흔들리는 짜릿한 스릴을 느낄 수 있는 곳. 다리 위에서는 굽이쳐 흐르는 섬진강과 수려한 산세가 어우러진 아름다운 풍경을 마음껏 감상할 수 있다. 순창의 맑은 자연 속 멋진 풍경을 배경 삼아 인생 사진을 남겨 보자. (114p C:3)

전북 순창군 적성면 괴정리 산30   #산악출렁다리 #스릴만점 #섬진강

향가산장 맛집
"신선한 메기와 고소한 참게"

순창에서 메기탕으로 유명한 집. 들깨와 참게가 가득 들어가 시원하고 고소한 맛의 참게메기탕이 인기메뉴다. 부드러운 시래기, 알이 꽉 차 고소한 참게, 부드럽고 통통한 살의 메기까지. 뚝배기 가득 나오는 매운탕에 밥한그릇은 뚝딱이다. 비린내가 나지 않아 호불호 없이 즐길 수 있다. 점심 영업만 하고, 휴무는 전화문의해야 한다. (114p B:3) 사진ⓒ한국관광 콘텐츠랩

전북 순창군 풍산면 향가로 574-45
#순창맛집 #참게매기매운탕 #메기찜

강천산 추천 "계곡 따라 흐르는 붉은 단풍의 소리"

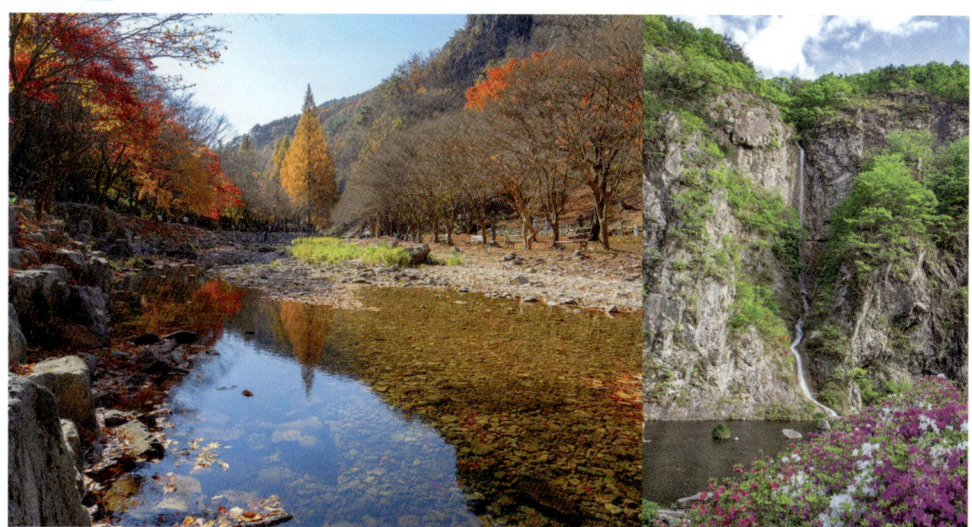

가을 단풍과 기암괴석, 맑은 계곡물이 조화롭기로 유명한 군립공원. 전라도 3대 단풍 절경(순창 강천산, 백암산, 내장산)으로 손꼽힌다. 강천산 주차장에 주차 후 강천사로 이어지는 계곡의 단풍이 장관을 이룬다. 구름다리(현수교)가 대표적인 포토존. 여름 휴가철에는 야간에도 개장하여 산책로에 불이 들어와 안전하게 여행을 즐길 수 있다. 강천사에서 강천산의 정상인 왕자봉까지 3시간가량 소요. (114p A:3)

전북 순창군 팔덕면 청계리 산 271   #전라도3대절경 #계곡 #단풍놀이

혼불문학관
"최명희 작가의 혼이 담긴 곳"

무려 17년 동안 집필한 대작 <혼불>. 일제강점기 모진 탄압을 겪으며 살아냈던 사람들의 모습을 그리고 있다. 소설 속 무대가 되었던 남원의 상신마을과 노봉마을. 이곳에 혼불문학관이 지어져 소설의 정서를 재현해 내고 있다. (115p D:2) 사진ⓒ한국관광 콘텐츠랩

전북 남원시 사매면 노봉안길 52
#혼불 #노봉마을 #소설재현

봉화산 "3시간 코스 철쭉 등산"

봉화산 매봉에서 정상 중간 지점인 꼬부랑재까지 이어진 1km 길이 철쭉 능선으로 유명한 산. 봉화산의 철쭉 군락지는 길이가 길고 등산로가 좁은 것이 특징이다. 남원면 성리 봉화사 주차장 하차 후 도보로 복성이재까지 이동하여 매봉 철쭉군락지와 꼬부랑재를 거쳐 봉화산 정상까지 오른 후 복성이재로 하차. 이 코스대로 이동할 경우 약 3시간이 소요된다. (115p F:2)

전북 남원시 아영면 성리 산40
#철쭉 #등산

서도역 [추천] "미스터 션샤인의 주인공이 되는 곳"

1932년에 지어진 복고풍 감성의 목조 간이역. 실제 기차가 운행되는 역은 아니며, 역사 건물이 철도 문화 공간으로 잘 보존되어 있다. 최명희의 대하소설 <혼불>의 배경이 되었던 곳으로 알려져 있으며, 드라마 <미스터 션샤인>의 촬영지로 더 유명해졌다. 입장료 없음. 24시간 개방. (115p D:2)

전북 남원시 사매면 서도길 32   #미스터션샤인 #드라마촬영지 #레일포토존

춘향 테마파크 "춘향전 소설 속으로"

고전소설 '춘향전'을 그대로 옮겨놓은 테마파크로, 영화 '춘향뎐'과 드라마 '쾌걸춘향'의 촬영지로 쓰였다. 춘향의 어머니 월매가 살던 집과 부용당 등 소설 속에 등장하는 장소들을 실제로 방문해 볼 수 있다. 입장료 3000원. 연중무휴 09:00~22:00 (11~3월 09~21시 개관) (115p D:3) 사진ⓒ한국관광 콘텐츠랩

전북 남원시 양림길 43   #영화촬영지 #역사여행지 #향토박물관

광한루원 추천 "조선 관아조경의 달나라 궁전이라는 의미의 광한루원"

춘향전의 배경이자 명승 제33호로 지정된 정원. 세종 원년(1419)에 황희정승이 작은 누각을 지은 것이 기원이 되었다. 훗날 옥황상제가 사는 광한루(달나라 궁궐)와 같다고 하여 지금의 이름이 되었다. 광한루 자체의 웅장함과 호수 위에 떠 있는 삼신산(삼신도) 이들을 잇는 오작교가 조화롭게 어우러져 있다. 입장료 4000원. 오후 6시 이후 입장 무료. 08:00~21:00 (동절기 20시까지). (115p D:3)

전북 남원시 요천로 1447   #황희정승 #춘향전 #누각

새집추어탕 맛집

"기력보충에 좋은 추어탕"

광한루원 앞 추어탕 거리에서도 손꼽히는 추
어탕 맛집. 된장과 우거지를 넣고 매콤하게 끓
여낸 추어탕 한 그릇에 속이 든든해진다. 함께
판매하는 추어 숙회와 미꾸라지 깻잎 튀김도
맛있다.

전북 남원시 천거동 160-206
#추어탕 #추어숙회 #미꾸라지깻잎튀김

명문제과 맛집

"생크림슈보르, 수제햄빵, 꿀아몬드빵 꼭 먹
어야할 3종빵!"

소박한 동네 빵집 같지만 알고 보면 줄을 길게
서는 노포 맛집. 바삭한 소보 안에 생크림
이 들어간 '생크림슈보르'와 식빵 위에 커스터
드와 아몬드가 올라간 '꿀아몬드'가 시그니처
메뉴다. 빵은 하루 3번 10:00, 13:30, 16:30
에 나오며 빵이 나오기 전 번호표를 배부하기
때문에 시간보다 일찍 가는 것이 좋다. 2~4
천 원대. 화~일 10:00~20:00 운영, 매주 월
휴무. (115p D:3) 사진ⓒ한국관광 콘텐츠랩

전북 남원시 하정동 1-5
#생크림슈보르 #수제햄빵 #꿀아몬드빵

지리산 허브밸리 "자연 속에서 익스트림 체험"

우리나라 최대 규모의 스카이트 레일을 갖춘 산림체험장. 스카이트 레일은 지상 3층 규모 오각
타워로, 지리산 일대를 시원하게 내려갈 수 있는 스포츠 시설이다. 이 외에도 열대식물원, 복합
토피아 관 키즈존 등 다양한 체험 시설과 화분 꾸미기, 정원 가꾸기, 허브정원 해설 프로그램,
식물 체험 프로그램 등이 마련되어 있다. (115p F:2)

전북 남원시 운봉읍 바래봉길 214   #스카이트레일 #숲체험 #식물원

정령치 고리봉 전망대 "지리산 노고단 정도는 1시간이면 등반완료!"

고도 1,172m 자동차로 올라갈 수 있는 지리산 전망대. 이곳에서 한 시간 정도 등산하면 노고
단에 올라갈 수 있다. 1.6km의 자연관찰로도 있어 힘들지 않게 산책할 수 있다. (115p E:3)

전북 남원시 운봉읍 주촌리 산 32   #지리산 #전망대 #휴게소

논개사당 "호수를 바라보고 우뚝 선 의암사"

왜군의 적장을 끌어안고 강으로 투신한 논개의 초상화가 모셔진 사당. 진주성 촉석루 아래 의암(義巖) 옆에 위치해 있다. 매년 6월엔 논개의 순국을 기리는 '의암별제'가 열린다. 경내에는 기념관, 비각 등이 있다. 진주성 입장료에 포함되어 있어 별도의 추가 요금 없음. 09:00~18:00 (동절기 17시까지). (동절기 17시까지). (115p E:1)

전북 장수군 장수읍 논개사당길 41   #의암사#의암루#논개고을

장수누리파크 [추천] "귀여운 동물 카라반에서의 하룻밤"

가족과 어린이를 위한 다양한 체험 및 놀이 시설을 갖춘 농촌테마파크. 연못 위 데크길을 따라 산책하거나 놀이터와 키즈카페 등 실내 놀이 공간이 있어 추운 겨울에도 이용하기 좋다. 캠핑장과 카라반 숙박 시설은 연중무휴로 운영. 여름엔 물놀이 시설이 운영되며, 장수 특산물인 한우랑 사과를 활용한 피자, 파이 등 요리 체험도 가능하다. 키즈카페, 물놀이장 등 운영시간은 10:00~17:00 (시설별 상이). 방문 전 정확한 운영시간과 입장료 확인. (115p E:1) 사진ⓒ한국관광 콘텐츠랩

전북 장수군 장수읍 논개사당길 65   #농촌테마공원#이색카라반#캠핑장

옛터가든 [맛집]
"48시간 끓은 육수로 만든 삼계탕"

@doni__yumyum

1992년부터 운영한 역사가 있는 곳으로 토종닭과 오리 전문점이다. 한우 사골과 한약재로 48시간 끓여 깊은맛이 일품인 육수의 장수보약삼계탕이 시그니처 메뉴다. 전북지역에서 생산되는 식재료를 사용해 믿고 먹을 수 있다. 주문 즉시 솥에 끓여 조리시간이 걸리는 편, 예약하면 기다림없이 바로 먹을 수 있다. (111p D:3)

전북 장수군 계남면 장무로 170
#장수맛집 #삼계탕 #한방삼계탕

운일암반일암
"오직 하늘과 돌과 나무와 구름"

한여름에도 시원한 계곡물이 흘러 여름철 가족 여행지로 각광받는 곳. 깎아지른 듯 날카로운 절벽 사이로 흘러내리는 계곡물이 장관을 이룬다. 절벽이 너무 높아 돌과 나무, 구름만 오간다 해서 '운일암', 절벽이 너무 깊어 해가 반나절 밖에 뜨지 않는다 해서 '반일암'이라는 이름이 붙었다고 한다. (110p C:1) 사진ⓒ한국관광 콘텐츠랩

전북 진안군 주천면 동상주천로 1996-13
#기암괴석 #자연여행지 #여름여행지

마이산 `추천` "미쉐린 그린가이드 별 3개"

탑사

10리 벚꽃길

두 개의 봉우리가 말의 귀 모양을 닮은 산. 소백산맥과 노령산맥이 만나는 지점에 있다. 1억 년 전엔 담수호였으나 7천만 년 전 지각변동으로 솟아올라 현재의 형태가 되었다. 암석을 보면 침식작용으로 인해 구멍이 나 있는 '타포니 현상'을 발견할 수 있다. CNN이 선정한 한국의 가장 아름다운 사찰 33곳 중 하나로 꼽힌 '마이산 탑사'가 있다. 미쉐린 그린가이드에서 별 3개 만점을 받기도 했다. (110p C:3)

전북 진안군 마령면 동촌리 745   #말귀모양 #자연 #타포니현상

부귀 메타세쿼이아 모래재길 `추천` "길이 아름다워 드라마의 단골 촬영지"

진안과 전주를 연결하는 길목, 자동차로 이동할 수 있는 메타세쿼이아 길로, 여름이면 싱그러운 잎을 드리우고, 가을이 되면 단풍잎이 물들이는데 이 시기에 드라이브하러 오는 사람이 많다. (110p B:3) 사진 ⓒ한국관광 콘텐츠랩

전북 진안군 부귀면 모래재로 841   #여름여행지 #가을여행지 #드라이브

섬바위가든 `맛집`
"몸보신에 좋은 쏘가리탕"

@apple58666

전북음식 문화대전 쏘가리매운탕 대상 수상자의 집. 살이 통통하고 국물맛이 얼큰한 쏘가리탕이 시그니처 메뉴다. 민물새우, 버섯, 시래기 등 다양한 야채와 수제비가 들어있다. 라면 사리와 함께 먹으면 더욱 맛있다. 쫀득한 쏘가리회는 흔한 음식이 아니므로 맛볼 것을 추천한다. 기력 회복에 좋은 쏘가리, 몸보신용으로 좋다. 월요일 휴무 (111p D:2)

전북 진안군 용담면 안용로 910 안용로910
#진안맛집 #쏘가리매운탕 #쏘가리회

덕유산

덕유산 `추천` "곤돌라로 편하게 올라 만나는 환상의 눈꽃 세상"

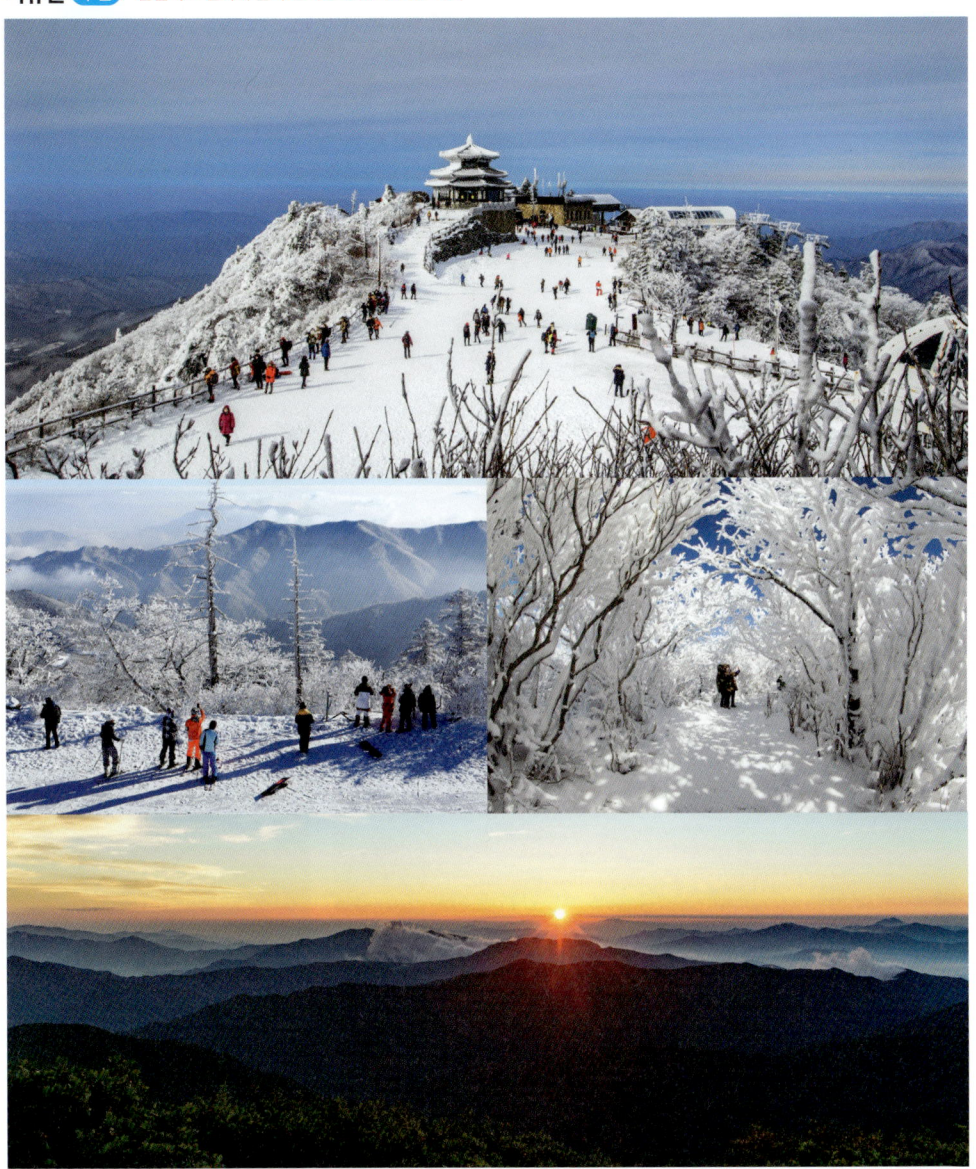

소백산맥의 중심에 자리한 해발 1,614M의 산. 눈꽃과 설경 산행을 즐기려는 등산객들에게 명소로 손꼽힌다. 주요 포인트인 **설천봉**까지 곤돌라에 탑승하여 편하게 올라갈 수 있으며, 설천봉에서 향적봉까지는 20분 내외로 등반할 수 있다. 정상에는 상고대가 가득한 아름다운 주목 군락이 펼쳐진다. 향적봉 대피소에서 휴식 가능. 완만한 트레킹 코스를 찾는다면 탐방지원센터에서 백련사까지 이어지는 **6km 코스**를 추천한다. (111p E:2)

전북 무주군 설천면 구천동1로 159   #단풍 #불교사찰 #가을여행지

국립 덕유산 자연휴양림 "자연이 주는 최고의 힐링 스폿"

무주 덕유산 곤돌라

전북의 명산 덕유산 내에 있는 맑은 물과 울창한 숲이 어우러진 자연휴양림. 휴양림 내에 숲속의 집, 연립동 등 다양한 숙박 시설과 야영 데크 시설이 잘 갖추어져 있다. 아이들을 위한 숲 체험 교육 시설과 가벼운 산책을 즐길 수 있는 탐방로도 조성되어 있다. 숙박 예약은 '숲나들e' 사이트에서 진행. 입장료 1000원. 09:00~18:00. (111p F:2) 사진ⓒ한국관광 콘텐츠랩

전북 무주군 무풍면 구천동로 530-62   #스키 #리조트 #겨울여행지

무주 덕유산리조트 "덕유산 자락에 자리잡은 가족 휴양지"

드라마 '여름향기'의 무대가 된 곳으로, 리조트 곳곳이 사진 찍기 좋은 포토존으로 꾸며져있다. 수준급 리프트를 갖춘 스키장과 눈썰매장, 노천온천장, 사우나, 쇼핑센터까지 다양한 시설들이 한자리에 모여있어 가족 단위 여행객이 즐겨 찾는다. (111p E:2)

전북 무주군 설천면 만선로 185   #스키 #눈썰매 #온천

구천동 어사길

"한번 발을 들이면 되돌아나가기 힘든 매력의 길"

계절 풍경 따라 걷기 좋은 무주 천리길 및 어사길 트래킹 코스. 이중 어사길은 암행어사인 박문수가 암행을 나온 길이라 해서 '어사길'이라 불린다. 구천동 계곡을 따라 펼쳐진 시원한 치유길부터 선녀가 비파를 연주하며 놀았다는 비파담, 하얀 연꽃이 아름다운 백련사까지 곳곳에 형형색색 아름다운 볼거리들이 많다. (111p F:2) 사진ⓒ한국관광 콘텐츠랩

전북 무주군 설천면 삼공리 산109
#트래킹코스 #걷기좋은길 #자연경관

태권도원 추천 "올 어바웃 태권도"

태권도원 모노레일

산들애 맛집 "다양한 버섯이 가득"

@sungsim1979

덕유산 근처에 있어 등산객들이 많이 찾는 곳이다. 버섯전골이 주력 메뉴다. 버섯연구가인 사장님이 운영한다. 버섯먹는 순서, 고기와 먹어야 하는 버섯 등 먹는 방법을 알려준다. 노루궁댕이버섯, 소간버섯, 목이버섯, 느타리버섯 등 다양한 버섯이 들어가 깔끔하고 향긋한 국물맛을 맛볼 수 있다. 09:00~21:00. (111p E:2)

전북 무주군 설천면 만선1로 94
#무주맛집 #덕유산맛집 #버섯전골

금강식당 맛집
"매콤 칼칼한 어죽 한 그릇 어때?"

금강에서 잡은 빠가사리, 모래무지 등 민물고기를 푹 고아 만든 어죽으로 유명한 블루리본 맛집. 고추장 베이스로 칼칼한 어죽은 쫄깃한 수제비까지 들어가 든든한 한 끼 식사로 충분하다. 쏘가리, 빠가사리, 메기 등 민물매운탕도 비린내 없이 깔끔한 맛. 어죽 10,000원. 매일 10:30~19:30 영업. (111p E:1)

전북 무주군 무주읍 단천로 102
#어죽 #민물매운탕 #블루리본

T1 경기장

태권도인의 성지이자 태권도의 역사, 문화, 정신을 집대성한 곳. 태권도 동작과 간단한 호신술도 배울 수 있다. T1 경기장, 태권전, 명인관, 체험관 등 다양한 시설을 갖추고 있으며, 태권도 상설 공연과 다양한 몰입형 체험 프로그램이 연중 운영된다. 여의도의 절반에 이르는 넓은 부지로 인해 셔틀버스와 모노레일이 운영 중이다. 입장료 무료. 10:00~18:00, 월요일 정기휴무. (111p F:1)

전북 무주군 설천면 무설로 1482　　#태권도 #태권도체험관 #시범단공연

무주 반디랜드 "곤충은 징그럽게 아니야"

대규모의 희귀 곤충 전문 박물관. 반딧불이와 곤충의 생태를 학습할 수 있는 무주 반딧불이 연구소 및 곤충 박물관을 중심으로 곤충 박물관, 생태 온실, 돔 영상실, 입체 영상실, 천문과학관이 있다. 천문과학관에서 반디와 별을 함께 감상할 수 있다. 청소년 수련원, 청소년 야영장, 물놀이장 등도 함께 운영한다. 입장료 5000원. 09:00~18:00, 월요일 정기휴무. 시설별로 휴관일 및 운영시간이 상이하므로 방문 전 확인. (111p E:1) 사진ⓒ한국관광 콘텐츠랩

전북 무주군 설천면 무설로 1324　　#희귀곤충 #반디 #천문관

@seorimyeonga

아름다운 자연 속 콘크리트 벽면으로 외부와 완벽히 차단된 프라이빗한 공간. 실내는 화이트와 우드가 어우러진, 차분하고 따뜻한 분위기. 객실마다 작은 정원과 자쿠지가 있어 주변 방해 없이 자연을 느끼며 휴식하기 좋다. 바로 앞 계곡은 여름철 아이들 물놀이 장소로 딱 좋은 깊이. 12월~3월 자쿠지 사용 불가. (111p F:2)

전북 무주군 설천면 원삼공2길 25   #콘크리트 #프라이빗 #계곡

10

전라남도·광주광역시

SPRING
전남의 봄

구례 산수유마을 산수유꽃
지리산 자락에 번지는 노란 아지랑이. 산수유 향기
따라 마을 산책을 떠나보자.

보성 대원사 벚꽃길
왕벚나무 4,000그루가 만든 환
상의 드라이브코스

구례 섬진강벚꽃길 300리길
구례에서 하동을 거쳐 광양에 이르는 꽃길

완도 청산도 유채꽃
서편제의 진도아리랑이 들려오는 유
채꽃밭

광양 매화마을 매화
3대째 이어져 온 청매실농원의 정성과 섬진강의 수려한 풍광이 만나는 곳

나주 영산강유채꽃밭
영산강이 이끄는 대로 피워낸 봄의 꽃

영암 월출산 유채꽃밭
깎아지른 듯한 바위 봉우리가
병풍이 되어주는 유채꽃밭

순천 순천만국가정원 튤립
순천만정원 속 작은 네덜란드, 동그랗게 피어난 무지개 꽃길

SUMMER
전남의 여름

담양 메타세쿼이아길
'한국의 아름다운 길 100선' 대상의 위엄, 높이 30m의 거대한
메타세쿼이아 나무들

여수 오동도 보트
여수 바다 위를 유영할 방법을 찾는다면

신안 퍼플교
박지도와 반월도를 잇는 보랏빛 로드

해남 땅끝마을
한반도의 끝, 바다와 맞닿은 곳

@su__in_2

담양 죽녹원 대나무숲
댓잎 오케스트라 연주가 펼쳐지는 광활한 면적. 8가지 테마의 산책로가 조성되어 있다.

보성 대한다원 녹차
초록빛 찻잎이 끝없이 펼쳐진 계단식 밭. 그 너머엔 삼나무 길이 이어진다.

진도 신비의바닷길
바닷길이 열리면 뽕할머니 동상을 찾아가자

장흥 정남진 물축제
여름의 탐진강은 물놀이장으로 변신한다
사진ⓒ한국관광 콘텐츠랩

AUTUMN
전남의 가을

장성 백양사 단풍
거대한 백학봉 바위 절벽을 배경으로 고즈넉한 사찰과 붉은
단풍이 어우러진 모습. 가을 인기 출사지로 손꼽힌다.

화순 세량지 단풍
미국 CNN이 선정한 몽환적 물안개
호수

광주 무등산 억새
해발 900m에 자리한 춤추는 억새들

광주 황룡강생태공원 황화코스모스
가을과 함께 깊어지는 황룡강의 오렌지빛 코스모스

담양 메타세쿼이아길 단풍
담양 하면 떠오르는 가을 여행지, 2.1km 황금 터널을 지나 보자

목포 유달산 전망
목포 도심과 바다까지 조망할 수 있는 전망대

순천 낙안읍성
초가집 마을 조선으로 떠나는 시간 여행

순천 순천만습지 갈대
세계 5대 연안 습지 중 하나, 철새들의 보금자리

@mjbbang_90

943

WINTER
전남의 겨울

광주 무등산 서석대 설경
나뭇가지와 바위에 얼어붙은 서리꽃은 오직 겨울 산행에서만
만날 수 있어 특별하다.

강진 백련사동백림 동백꽃
정약용의 발자취를 따라 걷는 동백 길

광주 펭귄마을
버려진 것들에 숨결을 불어넣은 골목

광주 국립아시아문화전당
자연 채광이 쏟아지는 도서관에서의 독
서사진©한국관광 콘텐츠랩

목포 근대역사관
호텔 델루나의 촬영지로 알려진 이곳
사진©한국관광 콘텐츠랩

담양 담양관방제림 설경
푸조나무, 느티나무, 팽나무 등 수령 300년이 넘는 고목들
이 줄지어 선 겨울 길

여수 돌산대교 야경
돌산도와 여수 육지를 잇는
450m의 낭만

담양 소쇄원 설경
선비의 절개가 깃든 순백의 별서정원

전라남도·광주의 먹거리

01

송정동 떡갈비 | 광주광역시 송정동

송정 떡갈비는 비싼 한우 떡갈비와 달리 돼지고기를 섞어 가격도 저렴하고 맛도 더 부드럽다. 돼지 뼈로 끓여낸 뼛국이 반찬으로 나오는데, 이 뼛국과 떡갈비의 조화도 끝내준다.

02

보리밥정식 | 광주광역시 지산동

보리밥은 광주 5미중 하나로, 무등산 입구에 보리밥 거리가 있다. 각종 채소와 고추장을 보리밥에 넣고 비벼 먹으며, 반찬으로는 전라도식 나물과 고기반찬, 청국장과 생열무 쌈이 나온다.

03

상추튀김 | 광주광역시

상추 튀김은 각종 튀김을 상추에 싸 먹는 광주만의 독특한 간식거리다. 보통 오징어 튀김을 먹지만 고구마, 야채 튀김을 싸 먹어도 맛있다. 튀김만 먹을 때보다 훨씬 속이 편하다.

04

오리찜 | 광주광역시 북구 유동골목

오리고기 요리로 유명한 광주는 오리탕에 들깻가루와 고춧가루를 넣어 국물이 걸쭉하고 얼큰하다. 광주 북구 유동골목에 오리탕 전문점이 모여있다.

05

광주 육전 | **광주광역시**

육전은 얇게 저민 소고기에 달걀 물을 입혀 구워낸 고급 음식이다. 광주에서는 육전을 직접 눈앞에서 구워준다.

06

고흥 커피 | **고흥군 커피마을**

고흥에는 커피농장에서 직접 재배한 원두로 만든 핸드드립 커피를 맛볼 수 있는 커피마을이 있다.

07

고흥 한우구이 | **고흥군**

고흥 한우는 고흥 유자를 먹고 자라 면역력이 높고, 고기 질도 좋다. 유자골 고흥한우프라자, 고흥한우직판장에서 저렴하게 판매

08

고흥 굴 | **고흥군**

고흥 청정지역에서 채취한 굴은 유기물이 풍부해 고소한 우유 맛이 난다.

09

아나고 | **광양시**

광양에서는 섬진강 하구 통발 낚시로 잡힌 장어 요리를 선보인다. 광양은 아나고라 불리는 붕장어가 유명하다.

10

광양 불고기 | **광양시**

얇게 썬 소고기에 최소한의 양념을 발라 먹기 직전 구워 먹는다. 귀양살이왔던 선비들이 한양에 올라가 '천하일미 마로화적'이라 그리워한 음식

전라남도·광주의 먹거리

나주 곰탕 | 나주시

나주 곰탕은 뼈 대신 양지, 등심, 갈빗살 등 고기를 삶아 다른 지역과 달리 국물이 맑고 개운한 맛이 일품이다. 밥알 사이사이로 국물이 스며들도록 밥에 곰탕 국물을 부었다 따라내는 토렴 과정을 거쳐 더욱 맛있다.

나주 홍어 | 나주시

나주는 흑산도 못지않게 삭힌 홍어로 유명한 지방이다. 돼지고기, 묵은지, 홍어를 함께 먹는 삼합뿐만 아니라 미나리와 양념을 넣고 무친 홍어회 무침도 먹어보자.

우렁쌈밥 | 담양군

담양 우렁쌈밥은 우렁이와 된장, 다진 김치 등을 넣어 자작하게 끓여낸 강된장을 사용해 짜지 않고 삼삼하고 구수한 맛이 난다. 우렁이에는 칼슘과 철분, 비타민 B가 풍부하다.

대통밥 정식 | 담양군

담양 대통밥 정식은 3년 이상 된 왕대나무 대통에 은행, 밤, 잣 등을 넣어 쪄내는 전통 음식이다. 담양 명물 떡갈비가 함께 나오는 정식 코스가 많다.

담양 국수 | 담양군

관방제림에는 국수의 거리라고 불리는 맛집 거리가 있다. 멸칫국물에 소면과 양념장이 올라간 잔치국수와 매콤달콤하게 양념 된 비빔국수 모두 인기

담양 떡갈비 | 담양군

떡갈비는 다진 갈빗살을 양념하여 다시 갈빗대에 붙여 구워낸 것으로, 모양이 시루떡을 닮아 떡갈비라 이름 붙여졌다.

세발낙지 | 목포시

발이 세 개라서가 아니라, 발이 가늘어서 세(細)발 낙지라 불린다. 일반 낙지보다 크기가 작아 살이 야들야들하고 먹기 편하다.

무안 낙지요리 | 무안군 성남리

'무안 낙지 골목'에 낙지집이 많이 모여있다. 보통 초무침, 비빔밥, 호롱, 탕탕이, 연포탕, 돌솥밥 등으로 요리해 먹는다.

홍어삼합 | 보성군 흑산도

홍어 삼합은 삭힌 홍어와 삶은 돼지고기, 묵은지를 썰어 함께 먹는 음식이다. 막걸리를 곁들여 먹는 것을 '홍탁삼합'이라 한다.

순천 닭구이 | 순천시

순천에서는 닭고기를 양념 없이 돼지, 소고기처럼 숯불에 구워 먹는데, 이를 닭구이라고 한다.

전라남도·광주의 먹거리

21

신안 전복 | 신안군

신안에서 양식된 전복은 신선한 다시마를 먹고 자라나 큼직하고 신선하다. 전복은 껍질이 깨지지 않고 살이 통통하게 오른 것이 상품이다.

22

돌산 갓김치 | 여수시 돌산읍

부드러운 여수 돌산 갓을 이용해 만든 새콤달콤 톡 쏘는 갓김치. 익을수록 톡 쏘는 맛이 강해져 더 매력적이다. 갓김치에는 다른 김치보다 단백질, 무기질, 비타민이 많아 고지혈증 등 성인병을 예방하는데 좋다.

23

여자만 장어 | 여수시 여자만

청정해역인 여수 여자만은 장어 서식지로도 유명하다. 장어에는 면역력을 높이는 비타민A가 소고기의 300배나 된다.

24

여자만 꼬막 | 여수시 여자만

청정해역 여자만에는 피꼬막, 새꼬막, 참꼬막 등 다양한 참꼬막이 잡힌다. 그냥 삶아 먹어도 짭짤하고 맛있지만 회나 무침으로 먹어도 별미이다.

25

서대회무침 | 여수시

서대는 6~10월에 잡히는 가자미와 비슷한 생선으로, '서대가 엎드려있는 개펄도 맛있다.'는 말이 있을 정도로 담백하고 부드러운 맛을 자랑한다.

26

여수 돌게장 | 여수시

일반 꽃게장과 달리 껍질이 단단하고 더 깊은 감칠맛을 낸다. 여수에는 간장 돌게장, 양념 돌게장을 무한리필해주는 백반집이 많다.

27

여수 굴 | 여수시

여수의 석화 굴구이는 여수 10미로 꼽힐 만큼 맛이 좋다. 날이 추워지는 11월부터 2월까지가 제철이다.

28

법성포 굴비 | 영광군 법성포

법성포 앞바다에서 잡은 참조기를 소금간 해서 말린 최고의 밥 도둑. 임금님 수라상에 올라갔을 정도로 고급 음식이다.

29

영광 장어 | 영광군

황토 갯벌에서 자연 양식하는 영광 민물장어는 식감이 쫀득하고 맛도 자연산 민물장어와 비슷하다.

30

영광 한우구이 | 영광군

친환경 농법으로 재배한 청보리를 먹고 자란 영광 한우는 지방질이 적고 면역력이 높다. 영광 축협 하나로마트에 한우 판매장이 있다.

전라남도·광주의 먹거리

완도 전복 | 완도군

완도에서는 전국 참전복의 80%가 양식된다. 완도에 미역, 다시마가 많고 수온과 수질이 좋아 맛좋은 전복을 양식할 수 있다. 회로 먹을 때는 신선한 생전복을 썰어 기름장이나 초장에 찍어 먹는다.

매생이국 | 완도군

완도는 청정해역에서만 서식하는 무공해 식품 매생이로 끓인 매생이 국이 유명하다. 매생이에 숙취해소에 도움이 되는 칼륨 함량이 높아 숙취해소용 국으로도 인기 있다.

장흥 키조개 | 장흥군

장흥에서는 키조개를 소고기, 표고버섯과 함께 삼합으로 먹는다. 키조개는 산란기인 7월 이전 4, 5월이 제철이며, 보통 샤브샤브, 회무침, 버터구이, 양념 볶음 해 먹는다.

장흥 한우구이 | 장흥군

장흥 한우는 마블링이 뚜렷하고 고소한 맛이 난다. 장흥 한우와 표고버섯, 키조개를 함께 먹는 '한우 삼합'도 함께 맛보자.

35

독천 낙지거리 | 영암군 학산면 독천리

영암군 학산면 독천리 하나로마트 앞에 낙지 맛집이 모여있다. 갈비와 낙지가 함께 들어간 '갈낙탕'이 유명하다.

36

한우비빔밥거리 | 함평군 함평읍

육회를 넣은 생고기 비빔밥, 구운 한우를 넣은 익힘 비빔밥 모두 맛볼 수 있다. 화랑식당, 대흥식당이 유명하다.

37

해남 산채정식 | 해남군

해남 두륜산 일대에서 채취한 버섯과 산나물을 이용해 산채정식을 선보인다. 해남 산채정식은 남도 밥상답게 반찬 가짓수가 많고 푸짐하다. 두륜산 대흥사 주차장 부근에 산채정식집이 모여있다.

38

짱뚱어탕 | 순천시

짱뚱어는 순천만 갯벌에 서식하는 물고기다. 짱뚱어탕은 '100마리를 먹으면 감기에 안 걸린다'는 말이 있을 정도로 건강에 좋은 보양식이다. 짱뚱어탕은 여름이 제철이며, 맛은 추어탕과 비슷하지만, 살이 더 고소하고 담백하다.

전라남도·광주에서 살만한 것들

1
고흥

2
곡성

3
광양

4
구례

5
광양

6
보성

7
신안

8
여수

9
여수

10
영광

11
영암

1.고흥 유자
사계절 내내 온난한 고흥에서 서해안 해풍을 맞고 자란 고흥 유자는 전국 생산량의 35%를 차지한다. 작지만 옹골차고 향이 진하며 과즙이 많다. 고흥 유자를 이용한 전통주 유자 향주도 인기

2.곡성 사과
섬진강과 보성강의 물을 머금고 자라난 보성 사과는 달콤하고 아삭한 식감의 후지 사과 품종이다. 단단한 과육 덕분에 더욱더 오래 보관할 수 있다. 껍질 채 먹는 사과나 1인 가구를 위한 소형 사과도 개발되었다.

3.광양 매실
섬진강과 백운산의 청정한 자연 환경 속에서 자란 매실은 구연산 함량이 높고 과즙이 많아 여러 용도로 활용하기 좋다. 5월 말부터 수확되는 청매실은 절임으로 활용하기 좋고, 6월부터 수확되는 황매실은 매실주나 청으로 활용하기 좋다.

4.구례 산수유
구례는 전국 산수유 생산량의 74%를 차지하는 산지다. 산수유는 10~11월에 열매가 빨갛게 익는데, 신장과 당뇨, 고혈압, 면역력 강화에 효과가 있다. 보통 햇볕에 말려 차로 끓여 먹거나 설탕에 절여 청을 만들어 먹는다.

5.광양 섬진강 재첩
섬진강 하류에 서식하는 작은 조개인 재첩. 재첩국으로 끓이면 국물맛이 시원하다. 회, 덮밥, 부침 등으로도 다양하게 활용된다.

6.보성 녹차
보성 녹차는 지리적 표시 전국 제1호로 지정될 만큼 전국적으로 유명한 지역 특산품

7.신안 천일염
전국 소금 생산량의 70%를 차지한다. 신안 천일염을 이용하면 발효가 천천히 진행된다.

8.여수 돌게장
여수 돌게장은 일반 꽃게장과 달리 껍질이 단단하고 더 깊은 감칠맛을 낸다. 유명 돌게장 식당에서 돌게장만 따로 구매할 수 있다.

9.돌산 갓김치
여수 특산품 돌산 갓에 매운 양념을 넣어 만든 갓김치는 다른 지방의 갓김치보다 향이 진하고 식감이 부드럽다.

10.법성포 영광굴비
법성포항에서 어획된 참조기를 소금에 절여서 말린 영광굴비는 예로부터 임금님 수라상에 진상된 밥도둑

12
완도

13
장성

14
장성

15
장흥

16
진도

17
해남

18
해남

19
해남

20
여수

21
여수

22
담양

11.영암 황토고구마
영암 황토고구마는 말 그대로 황토밭에서 경작되는데, 일반 땅에서 자란 고구마보다 훨씬 달고 속살도 노랗다. 진한 단맛으로 꿀고구마라고도 불린다.

12.완도 멸치
완도 멸치는 짜지 않으면서도 바다 향이 그윽하다. 대멸치~중멸치는 조림용으로, 소멸치는 국물 내기용으로 쓴다.

13.장성 새송이 버섯
장성 새송이버섯은 자연산 송이에 버금가는 탄력 있는 식감과 은은한 버섯 향이 특징이다. 소고기를 먹을 때 함께 구워 먹으면 콜레스테롤 수치를 떨어뜨려 궁합이 좋다. 생으로 찢어서 향을 즐기며 먹거나, 구워서 담백하게 먹을 수 있다.

14.장성 새싹삼
새싹삼은 인삼 새싹을 뜻하며, 장성군은 우리나라 최대의 새싹삼 재배지다. 삼의 잎부터 뿌리까지 모두 먹을 수 있어 삼의 영양을 오롯이 섭취할 수 있다.

15.장흥 무산김
청정 장흥 앞바다에서 양식된 무산 김은 산 처리를 하지 않아 건강에 더 좋다. 깨끗한 제조환경으로 최근 코셔 인증을 받았다.

16.진도 검정쌀
전국 생산량 77%를 차지하는 검정쌀의 주산지. 진도 검정쌀은 일반 쌀보다 구수한데, 생쌀에도 향취가 날 정도다

17.해남 겨울배추
남해의 해풍을 맞고 자라 속이 꽉 들어찬 달콤한 겨울 배추는 추운 겨울을 견디며 자라 쉽게 물러지지 않아 김장용으로 제격이다.

18.해남 젓갈
해남 젓갈은 매운맛, 단맛 등이 조화롭다. 낙지젓, 갈치속젓, 꼴뚜기젓, 토하젓 등. 이중 토하젓은 조선 시대에 궁중에 진상하던 젓갈

19.해남 고구마
해남 고구마는 전분 함량이 높아 일반 고구마보다 더 달콤하고 식감이 포근하다.

20.여수밤바다 수제 맥주
여수에서만 살 수 있는 로컬 맥주. 에일, 라거, IPA, 스타우트 4가지 종류가 있다. 여수 지역 편의점 및 여수밤바다기념품샵에서 판매.

21.여수 꼬북샌드
여수 거문도의 해풍을 맞고 자란 쑥으로 만든 샌드. 이순신광장에 본점이 있어 여행 선물로 구매하기 좋다.

22.담양 죽공예
담양은 국내 대숲 면적의 34%를 차지하고 죽공예가 발달해 죽향(竹鄕)으로 불린다.

전라남도·광주 BEST 맛집

01

@junkjiny

승일식당 | 담양군

명인이 운영하는 숯불 돼지갈비집. 여기에 얼마든지 가져다먹을 수 있는 양념게장까지!

02

남도예담 | 담양군

떡갈비 명인으로 지정된 오너 셰프가 있는 곳이다. 주문 즉시 숯불에 구워낸 맛있는 떡갈비를 먹을 수 있다.

03

@dizzywrd

영미오리탕 | 광주광역시

몸보신에 으뜸인 오리탕 맛집. 졸여진 국물에 밥을 말아 죽처럼 먹으면 완성!

04

@l_is.b

동창식당 | 장성군

오리백숙 반마리와 오채밥이 함께 나오는 동창 건강밥상이 주 메뉴다. 삼채가 들어가 있는 백숙은 보양식으로 손색이 없다.

05

초동순두부 | 장성군

소고기, 새우, 바지락이 들어간 순두부찌개를 돌솥밥과 함께 먹는 초동 순두부

06

@woo_u_o

갈매기식당 | 영광군

영광에 왔다면 꼭 먹어야하는 영광굴비. 정식으로 즐겨보자. 굴비구이, 보리굴비, 간장게장, 조기매운탕 등이 나온다.

07

화랑식당 ┃ 함평군

돼지비계 한, 두 젓가락을 넣고 묵은지를 얹어 선짓국과 먹는 육회비빔밥

08

나주곰탕하얀집 ┃ 나주시

1910년부터 100년이 넘는 역사를 자랑하는 곰탕집

09

진미국밥 ┃ 나주시

잡내없는 깔끔하고 진한 국물맛의 국밥

10

수림정 ┃ 화순군

적당히 말리고 훈연한 보리굴비 정식 지역 맛집

11

대숲골농원 ┃ 순천시

닭숯불구이와 차돌된장찌개가 인기메뉴

12

꽃돌게장1번가 ┃ 여수시

무한리필 여수 간장게장 맛집

13

동서식당 ┃ 여수시

여수 지역에서 초고추장을 서대에 찍어 먹는 음식인 서대회무침

14

천일식당 ┃ 해남군

100년의 역사의 전 대통령들도 자주 찾던 대통령 맛집

사진ⓒ한국관광 콘텐츠랩

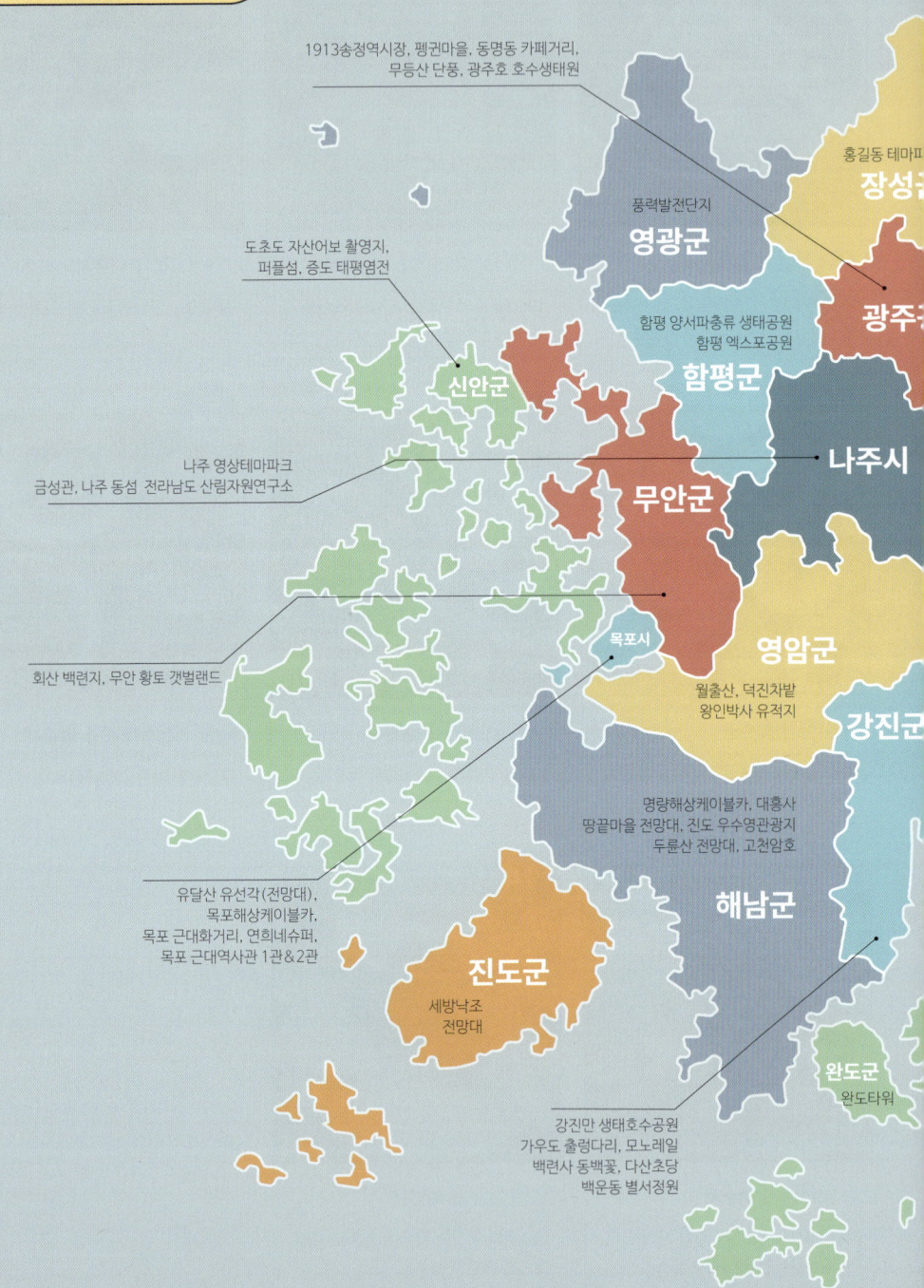

1913송정역시장, 펭귄마을, 동명동 카페거리,
무등산 단풍, 광주호 호수생태원

홍길동 테마파

장성군

풍력발전단지

영광군

광주

도초도 자산어보 촬영지,
퍼플섬, 증도 태평염전

함평 양서파충류 생태공원
함평 엑스포공원

함평군

신안군

나주 영상테마파크
금성관, 나주 동섬 전라남도 산림자원연구소

무안군

나주시

목포시

영암군

월출산, 덕진차밭
왕인박사 유적지

강진군

회산 백련지, 무안 황토 갯벌랜드

명량해상케이블카, 대흥사
땅끝마을 전망대, 진도 우수영관광지
두륜산 전망대, 고천암호

유달산 유선각(전망대),
목포해상케이블카,
목포 근대화거리, 연희네슈퍼,
목포 근대역사관 1관&2관

해남군

진도군

세방낙조
전망대

완도군

완도타워

강진만 생태호수공원
가우도 출렁다리, 모노레일
백련사 동백꽃, 다산초당
백운동 별서정원

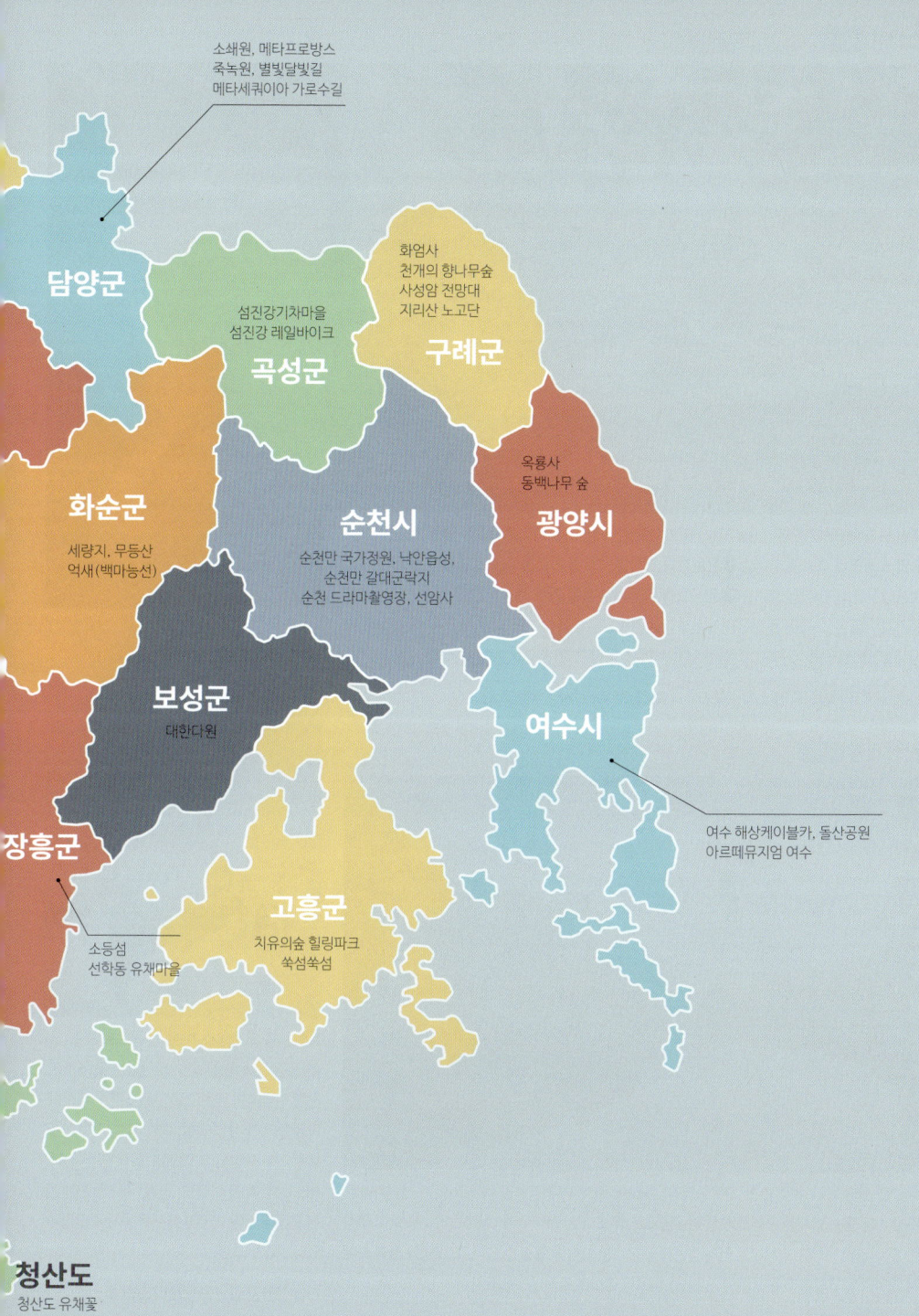

소쇄원, 메타프로방스
죽녹원, 별빛달빛길
메타세쿼이아 가로수길

담양군

화엄사
천개의 향나무숲
사성암 전망대
지리산 노고단

구례군

섬진강기차마을
섬진강 레일바이크

곡성군

화순군

세량지, 무등산
억새(백마능선)

순천시

순천만 국가정원, 낙안읍성,
순천만 갈대군락지
순천 드라마촬영장, 선암사

옥룡사
동백나무 숲

광양시

보성군

대한다원

여수시

여수 해상케이블카, 돌산공원
아르떼뮤지엄 여수

장흥군

고흥군

치유의숲 힐링파크
쑥섬쑥섬

소등섬
선학동 유채마을

청산도

청산도 유채꽃

소쇄원 추천 "오로지 한국에서만 느껴볼 수 있는, 조선 대표 정원 "

조선 중기 대표적인 민간 원림(苑林)으로, 대한민국 명승 제40호로 지정된 정원. 양산보가 스승인 조광조의 죽음에 충격받아 은둔하며 조성한 곳으로 자연을 거스르지 않는 한국 고유의 아름다운 정원 양식을 보여준다. 양산보의 아들과 손자를 거쳐 현재의 정원이 완성되었다. 광풍각과 제월당, 오곡문 등 전통미가 돋보이는 건축물들과 돌담, 계곡이 한데 어우러져 있다. 입장료 2000원. 09:00~18:00 (하절기 19시까지, 동절기 17시까지). (107p D:3)

전남 담양군 가사문학면 소쇄원길 17   #양산보 #조선시대 #한국식정원

관방제림 추천 "고즈넉한 정취와 힐링을 동시에"

담양천 제방 위에 수백 년 된 고목들이 약 2km에 걸쳐 거대한 숲을 이루고 있는 천연기념물. 조선 시대 홍수 방지를 위해 조성된 인공림으로, 푸조나무, 팽나무, 벚나무, 느티나무 등이 울창한 숲 터널을 형성하여 사계절 언제 방문해도 상쾌한 산책을 즐길 수 있다. 고즈넉한 정취 속에서 역사와 자연의 조화를 느낄 수 있는 곳. 피크닉 장소로 추천. (119p E:1)

전남 담양군 담양읍 객사7길 37   #수백년고목 #숲터널 #피크닉명소

메타프로방스 "담양의 프로방스 마을"

프랑스의 프로방스 마을 콘셉트로 맛집, 카페, 소품가게, 펜션 등이 모여있는 곳. 화이트 톤의 이국적인 배경으로 인생사진 찍기 좋다. 마을 전체가 상업 시설, 숙박 시설, 다양한 포토존으로 구성되어 있으며 특색 있는 카페, 레스토랑, 패션 아울렛, 공방, 기념품 가게 등이 밀집해 있어 쇼핑과 식사를 동시에 즐길 수 있다. (107p D:3)

전남 담양군 담양읍 학동리 586-1
#인생사진 #인스타감성 #이국적인장소

죽녹원 `추천` "엄청난 대나무 숲으로 초대해"

8가지 테마의 길을 따라 산책하며 맑고 상쾌한 공기를 마실 수 있는 대나무 숲. 9만여 평의 울창한 대나무 숲에 2.4Km의 산책로가 이어져 있다. 걷다 보면 이이남아트센터와 대나무 숲을 조망하는 전망대도 만날 수 있다. 영화 <알포인트>, 각종 TV CF의 촬영지로도 유명하다. 담양천과 가로수길 풍경이 한눈에 보이는 '봉황루'에서 절경을 만끽해 보자. 입장료 3000원. 09:00~19:00 (동절기 18시까지). (106p C:3)

전남 담양군 담양읍 죽녹원로 119   #대나무 #산책 #피톤치드

플라타너스 별빛달빛길
"플라타너스 나무 아래로 '별빛이 내린다'"
야간에 만날 수 있는 플라타너스길. 메타세쿼이아 가로수길을 따라 색색의 LED 조명이 설치되어 마치 별빛과 달빛이 흐르는 듯한 분위기가 연출된다. 계절에 따라 테마와 색상이 달라진다. 초승달 조형물이 설치된 포토존에서 인증샷은 필수. 메타프로방스길과 연결되어 있어 저녁 식사 후 야간 산책코스로 추천한다. 점등시간 19:00~23:00. (119p E:1)

전남 담양군 담양읍 죽 녹원로 130
#플라타너스 #죽녹원 #별빛달빛길

메타세쿼이아 가로수길 `추천` "내가 걷는 이 길은, 시간이 지나 먼 훗날 추억이 되겠지"

담양을 상징하는 8.5Km의 가량의 메타세쿼이아 가로수길. 웅장하고 높게 뻗은 메타세쿼이아 나무들이 터널을 이루는 것이 특징이다. 1970년대에 3~4년생의 묘목을 심어 조성하여 현재 메타세쿼이아 나무 나이는 45~50살 정도 된다. 근처 국도 확장 시 가로수길이 사라질 뻔한 위기가 있었으나 담양군민의 노력으로 살아남아 관광지가 되었다. 2006년 '한국의 아름다운 길 100선'에서 최우수상을 받았다. 입장료 2000원. (119p E:1)

전남 담양군 담양읍 학동리 613-31   #메타세쿼이아길 #산책

담양국수거리 `추천` "이모~멸치국물국수에 약계란 2개 추가요!"

관방천을 따라 길게 늘어선 국수 맛집 거리. 야외 테이블에서 시원한 바람을 맞으며 국수를 즐길 수 있다. 멸치육수, 비빔 등 기본에 충실한 메뉴가 주를 이루며, 저렴하고 정겨운 분위기가 특징이다. 멸치국물국수에 약계란을 1~2개 추가하면 완벽한 조합. 주말 점심시간은 혼잡하므로 아예 늦은 오후에 방문할 것을 추천. 멸치국물국수 5~6,000원. (119p E:1)

전남 담양군 담양읍 객사리   #관방천 #멸치국물국수 #약계란

옥담 `카페` "인공연못 사진맛집"

@jdyksy0730

인공연못 앞에 서서 하얀 건물을 배경으로 사진을 찍는 것이 시그니처다. 잔잔한 감동을 주는 연못 뷰가 멋지다. 프라이빗 룸에서 연못과 전원 풍경을 독점하듯 즐길 수 있다. 주차장에서 보는 카페 건물과 인공 연못은 한 폭의 그림 같다. 진짜 딸기우유가 대표 메뉴다. (119p E:1)

전남 담양군 봉산면 연산길 89-11
#담양 #연못뷰 #딸기우유맛집

소예르 `카페` "메타세쿼이아 아름다운 담양 속 작은 휴양지"

@shch.eunwoo

차분한 분위기의 휴양지 감성 카페. 메타세쿼이아의 이국적인 풍경과 아늑하고 따뜻한 실내가 어우러져 진정한 쉼을 만끽하기 좋은 공간이다. 담양의 향기를 담은 댓잎 크림 라떼와 달콤한 밤부 딸기 케이크는 이곳에서만 맛볼 수 있는 특별한 경험. 바쁜 일상에서 벗어나 자연이 주는 온전한 휴식을 즐겨보자. 월~금 11:00~19:00, 토~일 11:00~20:00 영업. (119p E:1)

전남 담양군 담양읍 지침6길 78-6 1, 2동　　　#메타세쿼이아 #휴양지감성 #댓잎크림라떼

카페 밀 `카페` "나 홀로 나무가 반기는 고요한 휴식처"

@mll_coffee_co

탁 트인 수공간 한가운데 홀로 서 있는 나무가 시그니처인 곳. 담양의 한적한 여유를 오롯이 느끼기 좋은 편안한 공간이다. 화이트톤 군더더기 없는 실내는 깔끔한 분위기. 브리오슈 초콜릿 빵 위로 달콤한 크림이 쏟아지는 주말 한정 화이트 마그마 팡도르가 인기. 아이와 함께 방문해도 좋다. 금~화 10:30~20:30, 수~목 10:30~16:30 영업. (119p E:1)

전남 담양군 수북면 한수동로 578　　　#나홀로나무 #담양카페 #화이트마그마팡도르

승일식당 `맛집`
"명인이 요리하는 숯불 돼지갈비"

숯불돼지갈비 맛집. 다양한 요리 프로그램, 경연 프로그램에서 이미 검증된 명인이 운영하는 고수의 맛집이다. 숯불 향이 잘 입혀진 부드러운 돼지갈비가 침샘을 자극한다. 여기에 얼마든지 가져다 먹을 수 있는 양념게장! 아쉬우니 냉면도 한 그릇! 입으로 떠나는 미식여행 완성이다. (119p E:1)

전남 담양군 담양읍 중앙로 98-1
#돼지갈비 #숯불 #푸짐한양

담양애꽃 `맛집` "담백한 떡갈비를 맛보자"

사진 ⓒ한국관광 콘텐츠랩

담양에 왔다면 꼭 먹어봐야 하는 음식, 떡갈비 한정식집이다. 정갈한 상차림이 대접받는 느낌이 들게 한다. 기름기 있는 돼지고기와 담백한 소고기 반반이 가능하다. 식사 후 숭늉을 먹으며 마무리 할 수 있다. 룸으로 된 식당으로 프라이빗하게 식사할 수 있다. 브레이크 타임 15:00-17:00, 수요일 휴무. (119p E:1)

전남 담양군 봉산면 죽향대로 723
#죽녹원맛집 #떡갈비 #한정식

까망감스테이 `STAY` "리틀 포레스트 감성 마운틴뷰 스테이"

@camanggam_stay

추월산 숲속에 자리 잡은 조용한 숙소. 화이트톤 실내가 군더더기 없이 깔끔해 창밖 자연에 오롯이 집중할 수 있다. 호수와 숲을 동시에 바라볼 수 있는 '사번방'을 추천. 봄이 되면 아름다운 벚꽃이 만개하니 시기를 맞추어 여행을 계획해 보아도 좋다. 숙소와 연결된 담양호 산책길도 걸어볼 것. 펫프렌들리, 15kg 이하 반려견 2마리까지 동반 가능

전남 담양군 용면 추월산로 900-11 #추월산 #벚꽃 #담양호

담양 전라남도자연환경연수원 은행나무길

"아는 사람만 아는 한적한 은행나무길"

전라남도 자연환경연수원(국제청소년교육재단) 하차 후 병풍산 등산로를 통해 임도를 타고 약 500m를 올라가면 조성된 400m 길이의 은행나무 길. 등산로이지만 길이 가파르지 않기 때문에 쉽게 이동할 수 있다. 개인 사유지이기 때문에 임산물 수집 및 야영은 할 수 없다. (119p E:1)

전남 담양군 수북면 대방리 산75-1
#은행나무 #산책

명화식육식당 맛집
"돼지고기와 애호박이 들어간 광주식 옛날국밥"

돼지고기와 애호박을 넣고 매콤하게 끓인 광주식 옛날국밥. 연한 애호박과 껍질이 붙은 돼지고기, 버섯, 양파, 고추기름이 조화를 이룬다. 큼직한 그릇에 가득 담겨 나와 양으로 아쉬움을 느끼는 사람이 없을 정도. (119p D:2) 사진ⓒ한국관광콘텐츠랩

광주 광산구 평동 평동로 421
#옛날국밥 #애호박국밥 #향토음식

1913송정역시장 추천 "다양한 먹거리와 구경거리 쇼핑몰과는 다른 매력"

광주송정역 바로 앞에 있는 시장. 송정매일시장, 송정5일시장과 함께 일명 '송정리 3대 시장'이라 불린다. 1913년에 문을 연 전통시장을 리모델링하여 현대적으로 탈바꿈한 곳으로 레트로 감성을 담은 간판과 디자인이 고스란히 남아있어서 사진 찍기에도 좋다. 꼬치, 호떡, 어묵, 잔치국수 등 먹거리부터 청년 상인들의 독특하고 트렌디한 메뉴와 수제 맥주, 공예품 가게 등이 어우러져 있다. 11:00~22:00 (금/주말 23시까지), 매달 2,4번째 월요일 정기휴무. (119p D:2) 사진ⓒ한국관광콘텐츠랩

광주 광산구 송정로8번길 13   #떡볶이 #호떡 #시장먹거리

펭귄마을 "뒤뚱뒤뚱 어르신들의 불편한 걸음이 펭귄이 되어"

재활용품과 폐자재를 활용하여 예술적으로 꾸며진 골목길. 양은 냄비, 벽걸이 시계, 액자 등 빈집에서 나온 쓰레기들로 꾸민 거리 곳곳이 독특한 포토존이 되어준다. 직접 만든 소품을 판매하는 가게들과 사진관, 주막 등이 옹기종기 모여있다. 마을 이름은 이 마을 어르신들의 걸음 걸이가 뒤뚱거리는 펭귄 같다고 하여 붙여졌다. 골목에 펭귄 조형물이 숨어 있으니 찾아보자. (119p E:2)

광주 남구 천변좌로446번길 7   #시골마을 #포토존 #레트로

동명동 카페거리 `추천` "감성카페들이 공존하는 광주 핫플레이스"

힙한 카페와 맛집이 즐비한 핫플레이스. '동리단길'이라고 불리며 오래된 주택을 개조한 이색적인 카페, 분위기 좋은 레스토랑, 독립 서점, 개성 있는 편집숍 등이 골목골목 들어서 있다. 날씨가 좋은 주말에는 야외 테라스나 마당을 개방하는 카페들이 많다. 주차 공간이 마땅하지 않으므로 아시아문화전당 앞 공영주차장에 주차하고 걸어가길 추천. (119p E:2) 사진ⓒ한국관광 콘텐츠랩

광주 동구 동명동 292   #레트로 #동리단길 #광주카페거리

양인제과 `빵집` "직접 개발한 천연 발효종"

@yangin_bakeshop

광주 근대역사문화 마을인 양림동에서 매일 타르트를 구워내는 곳. 유기농 밀가루와 직접 개발한 천연 발효종으로 빵을 만든다. 부드러운 커스터드와 바삭한 페이스트리가 어우러지는 에그타르트가 대표 메뉴. 이외에도 초당옥수수, 산딸기, 보늬밤 등 다양한 타르트가 있다. 4개를 골라 담을 수 있는 타르트 세트는 선물하기 제격이다. 타르트 3~4천 원대. 매일 08:30~19:00 운영. (119p E:2)

광주 남구 제중로47번길 1
#초당옥수수타르트 #에그타르트

소맥베이커리 `빵집`
"콩가루가 듬뿍 묻은 인기 콩크림빵"

@somacbakery

콩의 고소함과 초코의 달콤함을 모두 느낄 수 있는 콩크림빵 맛집. 콩크림빵은 쫀득한 빵 안에 초코 양갱과 콩 크림이 들어간 이곳의 대표 메뉴다. 72겹 페이스트리 속에 커스터드 생크림이 꽉 차 있는 72겹 식빵, 바게트 사이사이에 꾸덕한 크림치즈가 들어간 크림치즈 바게트도 유명하다. 콩크림빵 3천 원대. 매일 10:30~21:00 운영. (119p E:2)

광주 동구 문화전당로26번길 10-2
#콩크림빵 #초코양갱 #72겹식빵

지산유원지
"무등산을 오르는 모노레일(feat. 아찔, 스릴, 공포)"

무등산을 가장 스릴 넘치게 즐길 수 있는 곳이다. 세월이 느껴지는 리프트를 타고 올라가 아찔한 모노레일을 타고 정상에 오르는 코스. 고소공포증이 유발되는 높이에 운영 중인, 세월감이 느껴지는 다소 낡은 기구들이라 더 아찔하고 스릴 넘친다. 정상에 오르면 너른 광주 시내가 한눈에 내려다보인다. (119p E:2)

광주 동구 지호로164번길 35-1
#무등산 #리프트 #모노레일

국립광주박물관
"과거의 광주는 어땠을까?"

광주와 전라남도의 문화유산이 전시되어있는 박물관. 선사문화실, 농경문화실, 고대문화실, 서화실 등을 운영하며, 안에는 광주, 전남 지역의 불교 미술품과 해저 유물 등이 전시되어 있다. 스마트폰 앱으로 전시를 안내받을 수 있다. (119p E:2) 사진ⓒ한국관광 콘텐츠랩

광주 북구 매곡동 430   #불교미술 #유물

궁전제과 `카페` "광주 빵집투어 1순위"

@gung_jeon_bakery

1973년 작은 과자점으로 문을 열어 지금은 광주에 8개 매장을 가지고 있는 광주 대표 빵집. 바게트 속에 샐러드를 채운 공룡알빵, 나비 모양 페이스트리에 시럽을 바른 나비파이는 이곳에서 직접 개발한 독특한 메뉴다. 공룡알빵은 구운 것과 굽지 않은 버전이 있는데 구운공룡알빵에는 감자샐러드와 치즈, 굽지 않은 공룡알빵에는 에그샐러드가 들어 있다. 3천 원대. 09:00~21:30 (지점별 운영시간 상이). (119p E:2)

광주 동구 충장동 충장로 93-6
#전국5대빵집 #빵집투어 #빵지순례

무등산 `추천` "거대한 주상절리가 온 산을 감싸는 곳"

서석대

정상석

광주광역시와 담양군, 화순군에 걸쳐 이어진 국립공원. 해발 1,000m 이상의 고지대에 펼쳐진 서석대, 입석대, 규봉암 등 웅장한 산세와 천연기념물 제465호로 지정된 거대한 주상절리를 감상할 수 있는 곳이다. 원효사 지구에서 시작하는 코스가 일반적이며, 증심사 지구 쪽에는 무등산 지질공원 탐방안내소와 무등산 자연휴양림 등이 있어 다양한 방식으로 산을 즐길 수 있다. 수만탐방지원센터, 들국화 마을, 안양산 입구에서도 등반할 수 있다. 04:00~16:00. (119p E:2)

광주 북구 무등산천왕봉길 792   #서석대 #입석대 #주상절리

국립5.18 민주묘지 추천
"반드시 기억해야 할 투쟁의 역사"

5.18 광주 민주화 항쟁 당시 민주주의를 위해 투쟁하신 분들의 유해가 모셔져 있는 곳. 입구의 추모 공간, 참배 광장, 묘역, 역사관 등으로 구성되어 있어 5.18 민주화운동의 역사적 의미를 되새길 수 있다. 역사관에서는 당시의 기록물과 사진, 영상 자료를 관람할 수 있다. 매년 5월 18일에 민주화 운동 기념식이 열린다. 입장료 무료. 09:00~18:00. (119p E:2)

광주 북구 민주로 200　　#역사여행지 #교육여행지 #문화유산

광주패밀리랜드
"호남권 최대 규모의 놀이동산"

카오스, 청룡열차, 바이킹, 타가디스코, 깜짝마우스, 씽씽 보트 등이 있는 놀이공원. 스릴을 즐기고 싶다면 카오스, 청룡열차, 바이킹을 추천한다. 타가디스코 DJ의 재미있는 멘트로도 유명하다. 패밀리 목마, 어린이 범퍼카 등 어린이를 위한 놀이기구도 많이 있어 가족과 함께 방문하기도 좋다. 정문에서 패밀리 열차를 이용해 입구까지 이동하는 것을 추천한다. (119p E:2) 사진ⓒ한국관광 콘텐츠랩

광주 북구 생용 동 산127-2
#청룡열차 #바이킹 #범퍼카

광주 운천저수지 연꽃
"도심속 친환경 저수지"

광주 상무역 운천역 2번 출구에서 200m 거리에 위치한 도심 공원 연꽃지. 여름이면 수련, 백련, 홍련이 무리 지어 피어나며, 백일홍도 붉게 물든다. 나무데크길, 흔들의자, 벤치, 쉼터 등이 잘 조성되어 있고, 밤에 방문하면 연꽃과 함께 빛고을 광주의 야경을 즐길 수 있

밤실마을 맛집
"담백하고 고소한 육회비빔밥"

생고기, 육회, 갈비찜, 갈비탕 등이 있으며 생고기비빔밥이 주메뉴다. 기본 반찬은 콩나물, 김치, 육회가 제공되며 반찬으로 나온 육회를 함께 비빔밥에 넣어 먹으면 더 포만감 있는 비빔밥을 맛 볼 수 있다. 담백하고 고소한 맛이 좋다. 후식으로는 직접 만든 식혜가 제공된다. 일요일 정기휴무 (119p E:2) 사진ⓒ한국관광 콘텐츠랩

광주 북구 밤실로 163-9
#생고기 #두암동맛집 #현지맛집

다. 봄에는 나무데크길을 따라 늘어선 벚꽃이 아름답다. 일요일에는 교회 주차장을 사용할 수 없으며, 주차 공간이 협소하므로 주말에는 지하철을 이용하는 것이 좋다. 운천역 2번 출구 하차 후 직진하면 된다. 사진ⓒ한국관광 콘텐츠랩

광주 서구 쌍촌동 869-10
#광주 #백련 #홍련

광주 어린이대공원
"광주의 대표 어린이 테마파크"

와이키키, 바이킹, 타가디스코, 범퍼카, 허리케인, 하늘자전거 등이 있는 놀이공원. 스릴을 좋아한다면 바이킹, 허리케인, 와이키키를 추천한다. 어린이대공원은 놀이공원뿐만 아니라 시립 미술관, 야외 공연장, 민속 박물관 등을 함께 운영한다.

광주 북구 운암동 164
#놀이공원 #민속박물관 #미술관

광주호 호수생태원
"언제 걸어도 좋은, 광주의 보물"

호수의 자연 습지대를 그대로 활용한 생태원. 봄에는 해당화, 팬지, 데이지 꽃이, 여름에 연꽃과 맥문동이, 가을에는 꽃무릇, 구절초, 코스모스가 피어나는 나무데크길을 따라 계절 꽃 산책을 즐길 수 있다. 테마별 원예 학습장, 버들나무 군락지도 조성되어 있다. 벚나무와 단풍나무도 심겨 있으니 봄과 가을에 꼭 방문해 보자. 입장료 무료. 09:00~18:00. (119p E:2)

광주 북구 충효동 905
#계절꽃 #산책로 #습지대

베비에르 `빵집` "페이스트리 속 밤과 호두가 씹히는 '마왕파이'"

성심당, 이성당에 버금가는 광주의 대형 로컬 베이커리. 전국 17명 뿐인 제과제빵 명장 중 마옥천 명장의 빵집이다. 아몬드크림, 하겔슈가로 코팅한 달콤하고 바삭한 페이스트리 안에 팥 앙금, 밤과 호두가 들어가는 마왕파이가 시그니처 메뉴. 마왕파이 1천 원대. 매일 07:00~22:00 운영 (지점별 영업시간 상이). (119p E:2)

광주 서구 풍암중앙로 37 베비에르
#마왕파이 #밤과호두

축령산 삼나무 편백숲
"피톤치드 넘치는 치유의 숲길"

'치유의 숲'이라고 불리는 축령산 편백나무 군락지. 피톤치드 가득한 편백 숲을 산책하는 것만으로도 몸과 마음이 치유된다. 250만 그루의 하얀 편백나무 가지가 하늘 끝까지 시원스럽게 뻗어 있는 풍경이 아름답다. 축령산 장성 숲체원에 들러 숲누림 산책길을 함께 걸어도 좋겠다. 자동차 혹은 시티투어 버스로 이동. (119p D:1)

전남 장성군 북일면 문암리   #편백나무 #피톤치드 #숲체험

내장산 백양사 `추천` "단풍 최고 명소 두말하면 잔소리"

백양사 입구 연못 위에 비치는 쌍계루와 단풍 풍경으로 사진작가들에게 인기 있는 곳. 내장산 국립공원 내에는 백제 시대 천년 고찰이 있으며, 등산로 쪽에도 천진암, 약사암, 운문암 등 암자가 많고 경관도 뛰어나다. 약사암에서는 첩첩산중 백양사와 단풍의 모습이 한눈에 들어온다. 단풍철 1, 2, 3, 4 주차장에 가득 찰 정도로 사람이 많으니 새벽같이 오는 편이 낫다. (119p E:1)

전남 장성군 북하면 백양로 1239   #사찰 #단풍길

방장산 자연휴양림 단풍
"혼자 느낄 수 있는 단풍의 양은 오히려 더 많을지도 몰라!"

단풍과 함께 편백의 매력을 느낄 수 있는 자연휴양림. 휴양림에는 참나무, 소나무, 편백, 낙엽송, 리기다소나무 등이 많이 자라고 있다. 벽오봉과 고창 고개 중간 능선에서는 고창읍과 서해바다가 보인다. 휴양림에서 방장산 정상까지는 왕복 3시간 정도가 걸린다. (119p D:1)

전남 장성군 북이면 죽청리 산70-1
#편백나무 #등산 #서해전망

초동순두부 ^{맛집}
"광주/전남 순두부 판매량 1위"

소고기, 새우, 바지락이 들어간 순두부찌개를 돌솥밥과 함께 먹는 초동 순두부가 인기 메뉴다. 자극적이지 않고 부드러운 순두부의 맛을 느낄 수 있다. 깔끔하고 감칠맛나는 국물이 일품이다. 찰진 솥밥을 다 먹고 따뜻한 물을 부어 숭늉으로 입가심하기 좋다. 바로 옆에 카페가 있어 후식으로 즐기기 좋다. 15:00~17:00까지 브레이크타임이다. (119p D:2) 사진ⓒ한국관광 콘텐츠랩

전남 장성군 진원면 초동길 1
#두부요리 #장성맛집 #순두부찌개

홍길동 테마파크 "우리나라 최초의 히어로 홍길동의 모든 것"

소설 속 의적 홍길동의 고향으로 알려진 장성에 조성된 테마파크. 홍길동 생가 및 유적지, 홍길동의 삶을 입체적으로 전시한 홍길동 전시관, 소설 속 율도국을 모티브로 한 숙박 시설(펜션) 등이 갖춰져 있다. 전통놀이를 즐길 수 있는 놀이마당과 활쏘기 체험장 등이 운영되어 체험 학습 공간으로 활용할 수도 있다. 야영장 이용료 2000원. 텐트 대여료 15000원. 14:00~06:00 (119p D:1) 사진ⓒ한국관광 콘텐츠랩

전남 장성군 황룡면 홍길동로 431   #역사여행지 #교육여행지 #박물관

풍력발전단지 ^{추천} "저 푸른 초원 위에 그림같은 풍력발전단지"

해안도로 인근의 고지대와 해상에 조성된 풍력 발전단지. 이국적 드라이브 코스로 인기 있는 곳. 발전단지 주변을 지나는 백수해안도로는 '한국의 아름다운 길 100선'에도 선정되었을 만큼 뛰어난 해안 절경을 자랑한다. 하늘이 반사되는 염전 반영 사진도 촬영할 수 있다. 영화 <독전> 촬영 장소로도 알려진 곳. (118p B:2)

전남 영광군 염산면 봉덕로 221-65   #호남풍력발전 #독전촬영지 #염전

갈매기식당 ^{맛집}
"영광에서는 영광굴비를"

영광에 왔다는 꼭 먹어야하는 영광굴비. 정식으로 즐겨보자. 굴비구이, 보리굴비, 간장게장, 조기매운탕 등이 나온다. 시원한 녹차물에 밥을 말아 굴비살을 얹어 먹으면 꿀맛이다. 굴비를 고추장에 찍어 먹어도 맛있다. 가격에 비해 반찬이 많이 나와 가성비 맛집으로 유명하다. 15:00~16:00 쉬어간다. (118p C:1)

전남 영광군 법성면 진굴비길 46
#법성포맛집 #영광굴비 #녹차물

영광 칠산타워 "탄성을 자아내는 칠산의 타는 저녁놀"

전라남도에서 가장 높은 111m 해안 전망대로, 낙조 때 하늘과 칠산 앞바다 일대가 타오르듯 붉게 물드는 모습이 특히 아름답다. 타워 1층은 수산시장, 2층은 횟집, 3층은 전망대로 이용되고 있다. 맑은 날에는 바다 너머 작은 섬까지 들여다보인다. 09~20시 운영, 11~2월은 10~18시 운영. 월요일 정기휴무. (118p B:2) 사진ⓒ한국관광 콘텐츠랩

전남 영광군 염산면 향화로 2-25　　#바다전망 #낙조 #횟집

함평 양서파충류 생태공원 "양서파충류를 가까이 볼 수 있는 특별한 기회"

국내에서 보기 드문 양서류와 파충류를 전시하는 공원. 뱀, 악어, 아나콘다, 거북 등 국내외 100여 종의 양서류와 파충류를 관찰할 수 있다. 나비 곤충 애벌레 생태관, 반달가슴곰 관찰원, 분재원, 우리 꽃 생태학습장 등 아이들이 즐기고 체험할 만한 시설이 가득하다. 입장료 5000원. 09:00~18:00 (동절기 17시까지), 월요일 정기휴무. (118p C:2) 사진ⓒ한국관광 콘텐츠랩

전남 함평군 신광면 학동로 1398-9　　#양서류 #파충류 #생태체험

카페 보리 `카페`
"메밀꽃과 수평선의 아름다운 콜라보"

절벽 위에 위치 탁 트인 서해 수평선을 한눈에 담을 수 있는 오션뷰 카페. 건강한 맛 보리미수가 이곳의 시그니처. 계절에 따라 청보리, 메밀꽃, 억새를 감상할 수 있는 산책로가 조성되어 있어 가볍게 걸으며 힐링하기 좋다. 월~금 11:00~20:30, 토~일 10:00~20:30 영업. (119p E:2)

전남 영광군 백수읍 해안로 787
#오션뷰카페 #산책로 #보리미수

함평 엑스포공원 "나비와 함께 나빌레라"

매년 4~5월이면 함평나비축제가 열리는 공간. 나비·곤충 표본 전시관, 나비 생태관 등 볼거리가 풍부하고 축제 기간이 아니더라도 나비곤충생태관에서 살아있는 나비와 곤충을 만나볼 수 있다. 다육식물관, 자연생태관이 있으며, 한여름에는 야외 물놀이장이 개방된다. 야외에는 드넓은 잔디 광장에서 산책하거나 오리배를 타고 둘러볼 수 있다. 입장료 무료. 축제 기간엔 입장료 별도. 09:00~18:00, 월요일 정기휴무. (118p C:2)

전남 함평군 함평읍 곤재로 27
#나비체험 #곤충체험 #식물원

화랑식당 맛집
"돼지 비계를 넣은 육회비빔밥"

육회비빔밥이 주력 메뉴다. 옛날부터 함평에서는 육회비빔밥에 돼지비계를 넣어 먹었다고 한다. 돼지비계 한, 두 젓가락을 넣고 묵은지를 얹어 시원한 선짓국과 함께 특별한 맛의 육회비빔밥을 맛보자. 육회를 못 먹는 사람들을 위한 익힘비빔밥도 판매한다. 영수증 지참시 근처 카페에서 할인을 받을 수 있다. 재료가 소진되면 조기 마감될 수 있다. (118p C:2)

전남 함평군 함평읍 시장길 96
#돼지비계 #육회비빔밥 #익힘비빔밥

금성관 "역사와 문화가 숨쉬는 나주객사"

조선시대 나주목의 객사로 사용되었던 건물. 중앙에서 파견된 관리들이 묵거나, 국왕의 위패를 모시고 매월 초하루와 보름에 제사를 지내던 건물로, 금성관은 현존하는 객사 건물 중 규모가 큰 중 하나로 손꼽힌다. 역사적 가치를 인정받아 전라남도 유형문화재 2호로 지정되어 있다. 건물 앞에는 토지신을 모셨던 사직단의 흔적도 남아 있다. 입장료 무료. 09:00~19:00. (116p C:1)

전남 나주시 금성관길 8   #경치좋은 #역사여행지 #문화유산

나주 금성산 금영정 전망대
"교과에서 익혔던 '나주는 평야다'"

나주평야의 넓은 전망을 볼 수 있는 전망대. 한수제 저수지 앞 주차장에서 도보 30분가량 소요된다. (116p C:1)

전남 나주시 경현동 산 1-4
#나주평야 #전망대

나주곰탕하얀집 맛집
"오랜 역사를 가진 나주곰탕 맛집"

1910년부터 100년이 넘는 역사를 자랑하는 곳이다. 일반 고기가 들어간 곰탕, 머릿고기가 들어간 수육곰탕 중 입맛에 맞게 골라 먹으면 된다. 밥을 토렴해서 함께 담아준다. 잘 익은 김치를 곰탕에 얹어 먹으면 꿀맛이다. 아침 8시 오픈이라 아침식사 하기 좋다. 매주 수요일 정기휴무. (116p C:1)

전남 나주시 금성관길 6-1
#나주곰탕 #수육곰탕 #백년맛집

3917마중 카페
"달콤 시원 나주배 메뉴가 특별한 고택 카페"

@3917majung_official

나주향교와 담장 하나로 이웃하는 고즈넉한 카페. 고택을 꾸며 만든 편안한 공간으로 나주 특산물인 배를 이용한 이색 음료와 디저트가 있는 곳. 추억의 나주배 파르페와 배 모양 귀여운 나주배 양갱이 특히 인기. 능소화 핀 정원에 앉아 나주배배차 한 잔의 여유를 즐겨보면 어떨까. 아이, 부모님과 함께 방문하기 좋은 곳. 매일 10:00~21:00 영업. (119p D:2)

전남 나주시 향교길 42-13
#고택카페 #나주배디저트 #능소화정원

남평은행나무길
"노란 은행나무길에서 인생사진 찍으세요"

양옆으로 길게 이어진 노란 은행나무길이 그림 같은 곳이다. 그중에서도 1길은 짧지만 사진이 가장 예쁘게 나오는 곳. 오후보다는 오전에 방문하는 것이 좋다. 오후일수록 역광으로 찍히는 경우가 많아 오전에 인생사진을 찍기 좋다. (119p E:2) 사진ⓒ한국관광 콘텐츠랩

전남 나주시 남평읍 동촌로 236-42
#은행나무 #인생샷 #오전방문

진미국밥 맛집
"7,000원으로 푸짐한 한그릇!"

잡내없는 깔끔하고 진한 국물맛의 국밥을 맛볼 수 있다. 돼지내장과 부속고기가 푸짐하게 들어가 있다. 셀프바에서 들깨가루를 추가해서 먹어도 좋다. 7,000원으로 가성비가 좋다. 반찬으로 나오는 부추무침을 국밥에 넣어 먹으면 맛있다. 브레이크타임 14:00~17:00. 일요일 휴무 (119p D:3) 사진ⓒ한국관광 콘텐츠랩

전남 나주시 황동2길 4-15
#나주맛집 #돼지국밥 #순대맛집

국립나주박물관 "나주라는 곳! 알고 싶다!"

영산강 유역 고대 문화의 중심지였던 나주 지역의 역사와 문화유산을 연구, 보존, 전시하는 박물관. 금동관, 금동신발 등 마한(馬韓)의 화려한 장신구와 토기 유물이 풍부하게 소장되어 있어 고대사 학습에 중요한 역할을 하는 곳이다. 영산강 유역의 고분 문화, 보이는 수장고 등을 전시하고 있으며 50여 기의 고분이 밀집된 반남 고분군에 있어 고대 무덤의 형태를 직접 볼 수 있다. 관람료 무료. 09:00~18:00, 월요일 정기휴무. (119p D:3) 사진ⓒ한국관광 콘텐츠랩

전남 나주시 반남면 고분로 747 국립나주박물관　　#영산강 #고분 #수장고

전라남도 산림자원연구소 추천 "길게 뻗은 메타세콰이어 길 앞에서 인생샷을!"

길게 뻗은 메타세콰이어 인생샷 명소로 유명한 곳. SNS 핫플레이스로 소문난 곳이다. 잣나무숲, 난대수목원, 무장애나눔길, 유실수원 등 다양한 테마의 숲길이 조성되어 있어 걷는 재미가 있다. 산림의 연구 기능을 수행하는 동시에 지역민과 관광객들에게 수목원 형태의 개방된 공간을 제공하고 있다. 입장료 무료. 09:00~18:00 (동절기 17시까지). (116p C:1)

전남 나주시 산포면 다도로 7　　#산림생태계연구 #메타세쿼이아 #잣나무숲

나주 동섬 "작은 섬, 유채꽃으로 가득하고"

영산강 일대에 피어난 화사한 유채꽃밭으로 유명한 작은 섬. 영산강 상류에서 내려온 토사가 쌓여 만들어진 작은 섬으로 수양버들과 왕버들나무 숲이 우거져 있다. 유채꽃이 피어나는 4~5월엔 도로변에 조망대가 설치된다. 데크 다리 위에서 유채꽃에 둘러싸여 인생 사진 남겨보자. 내비게이션에 나주 동섬이 아닌 '나주 종합 스포츠파크'를 검색 후 영산강 변을 향해 내려오는 것이 편리하다. (119p D:2)

전남 나주시 영산동 383-5　　#유채꽃 #섬

영산포 홍어거리
"탁주와 함께 홍어의 톡 쏘는 이 맛"

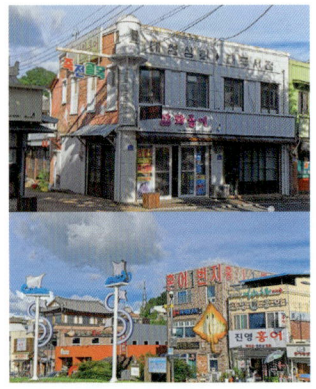

영산포 선창 전통 방식으로 푹 삭힌 홍어를 맛볼 수 있는 영산포 홍어거리. 달큰한 흑산도 홍어와 달리 코가 매울 정도로 톡 쏘는 맛이 특징이다. 돼지고기, 김치와 함께 먹는 홍어삼합을 비롯해 홍어회 무침, 홍어애국 등 다양한 먹거리들을 판매하고 있다. 홍어 1번지라는 가게가 유명하다. (119p D:3) 사진ⓒ한국관광 콘텐츠랩

전남 나주시 영산2길 17-3
#홍어 #맛집 #홍어삼합

빛가람 호수공원
"빛가람의 밤은 당신의 낮보다 아름답다"

봄부터 가을까지(4월~ 10월 말) 대형 음악 분수를 개장해서 인기인 공원. 넓은 호수를 중심으로 순환 산책로, 잔디 광장, 어린이 놀이터, 수변 무대 등이 갖춰져 있다. 음악 분수는 12:00~21:30까지, 하루 10회, 30분간 운영하는데 20시 이후부터는 조명이 밝혀져 더 화려한 분수 쇼를 즐길 수 있다. 분수 개장 기간이 아니더라도 버스킹 공연, 빛 축제 등 다양한 행사가 열린다. (119p D:2) 사진ⓒ한국관광 콘텐츠랩

전남 나주시 빛가람동 호수로 77
#산책로 #음악분수 #조명

도곡보리밥&보리카페　맛집
"각종 나물과 보리밥을 비벼 먹자"

@honeylee87

주문은 간단하다. 보리밥과 쌀밥 중 고르면 된다. 주문 즉시 빠르게 밥상이 차려진다. 밥이 나온 큰 그릇에 콩나물, 고사리나물, 머위대 나물, 표고버섯볶음 등 각종 나물을 가득 넣고 고추장과 참기름을 넣고 비벼먹으면 된다. 가격은 9천원으로 부담이 없다. 후식으로는 단술(알코올이 없는 술)이 나온다. 일요일 휴무 (119p E:3)

전남 화순군 도곡면 효자1길 27
#화순맛집 #백반맛집 #보리밥

화순 적벽 관광지문화유적
"방랑객 김삿갓의 걸음도 멈춰 세운 곳"

김삿갓이 사랑했던 이곳은 삼국지에 나오는 중국 적벽을 닮았다 해서 '화순 적벽'이라 불린다. 물염적벽, 창랑 적벽 등 물줄기를 따라 웅장한 절벽이 이어지는데, 그중 가장 유명한 것은 노루목적벽이라고도 불리는 장항 적벽이다. 동복댐 건설 후 수몰지역이 된 이곳 마을 주민들을 위로하기 위해 망향정이라는 정자도 세워져 있다. 투어 사전 예약 후에만 방문할 수 있다. 09:30~15:00 (11:30~12:30 휴게시간), 매주 월,화 휴무. (119p F:2) 사진ⓒ한국관광 콘텐츠랩

전남 화순군 이서면 물염로 161
#절벽 #수몰지 #투어신청

세량지 `추천` "미국 CNN이 선정한 한국에서 가봐야할 곳!"

동이 트면 차오르는 물안개 경치가 아름다워 사진 촬영 명소가 된 저수지. 화순 8경 중 하나. CNN에서 '한국에서 가봐야 할 50곳'중 한 곳으로 꼽기도 했다. 특히 봄에는 저수지를 둘러싸고 분홍색 벚꽃이 만개해 마치 한 폭의 예술 작품을 보는 듯하다. 물가로 나무 데크길이 조성되어 있어 산책하기 좋다. 물안개를 보려면 해가 뜨기 전 일찍 출발해야 하므로 근처에서 하루 숙박하는 것을 추천한다. (117p D:1)

전남 화순군 화순읍 세량리 98   #CNN추천 #벚나무 #사진촬영

무등산 양떼목장
"화순의 알프스, 양 보러 오세요!"

화순의 알프스. 10만 평의 초원 위를 뛰노는 200마리의 양들이 동심을 자극한다. 양에게 직접 먹이를 줄 수도 있고, 전망대에 올라 이 평화로운 목장을 조망해 볼 수도 있다. 곳곳에 포토존이 많아 인생사진을 건지는 것은 시간문제! (117p D:1)

전남 화순군 화순읍 안양산로 537
#알프스 #먹이주기체험 #포토존

어흥스테이 `STAY` "일상에 지친 나, 호랑이 기운 풀 충전!"

@ouheung_stay

숲으로 둘러싸인 조용한 한옥 감성 독채 스테이. 붉은 지붕과 연노랑 벽, 초록 나무들이 어우러져 사진도 잘 나온다. 숙소 곳곳 귀여운 호랑이 소품을 찾아보는 재미도 있는 곳. 깊은 밤 야외 자쿠지와 불멍을 즐기며 낭만과 여유를 느껴보자. 넓은 마당과 모래 놀이터가 있어 아이와 함께하기 좋은 곳. 바스 솔트, 불멍 에탄올, 야외 전기 그릴 무료.   전남 화순군 동면 경현길 148-10   #한옥감성 #호랑이소품 #자쿠지

섬진강기차마을

섬진강 기차마을 추천 "아이들에게 태워주고 싶은 기차체험, 느리게 가서 좋다."

약 10km의 섬진강변을 따라 증기기관차를 타볼 수 있는 테마 마을. 폐선된 구(舊) 전라선 철도를 활용하여 조성된 테마파크로 증기기관차, 레일바이크, 기차 펜션 등 기차를 주제로 한 다양한 시설과 체험을 제공하고 있다. 장미, 코스모스 등 꽃길이 조성되어 있어서 산책하기에도 좋은 곳. 증기기관차는 곡성역부터 가정역까지 운행하며 왕복으로 약 1시간 30분 소요된다. 입장료 5000원. 09:00~20:00. (122p A:3)

전남 곡성군 오곡면 기차마을로 232   #꼬마기차 #증기기관차 #레일바이크

섬진강기차마을 증기기관차 관광열차
"10km의 섬진강자락 구간을 왕복"

섬진강 기차마을과 가정역을 잇는 관광용 증기기관차. 열차에 탑승하여 섬진강의 경치를 감상할 수 있다. 폐선된 옛 전라선 철로를 따라 곡성역(기차마을)부터 가정역까지 약 10km 구간을 운행한다. 매일 5회 운행. 편도 30분, 왕복에는 약 1시간 30분이 소요. 가정역에서 30분 정차하여 기차마을을 둘러볼 자유시간이 생긴다. 인터넷 사전 예약 필수. 편도 6000원, 왕복 9000원. 09:00~16:00. (122p A:3)

전남 곡성군 오곡면 기차마을로 232   #증기기관차 #이색체험

섬진강 레일바이크 "섬진강을 따라 달리는 레일바이크"

침곡역부터 가정역까지 편도 약 5.1km 운행하는 레일바이크. 직접 페달을 밟아 달리며 섬진강의 자연 경관을 감상할 수 있다. 2인승, 3인승, 4인승으로 구성되며 6인 이상 단체도 가능하다. 가정역에서 출발해 봉조반환점을 돌고 오는 30분 코스 또는 곡성 기차마을 내부의 짧은 트랙을 순환하는 코스로 선택할 수도 있다. 섬진강변을 가깝게 바라보고 싶다면 침곡역~가정역 코스를 추천. 2인 기준 20000원. 인터넷 예약 및 현장 발매. 매일 7회 운행. 09:30~17:20. (122p A:3) 사진ⓒ한국관광 콘텐츠랩

전남 곡성군 오곡면 섬진강로 1465   #섬진강 #레일바이크

침실습지 "섬진강을 따라 천천히 걸어보는 길"

곡성9경 중 하나. 섬진강의 거대한 습지이다. 수달이며 삵 등의 멸종 위기의 야생동물이 서식하는 것으로 알려진, 신비하면서도 귀한 지역이다. 물안개가 피어나면 그 풍경이 몽환적이라 '섬진강의 무릉도원'이라고도 부른다. 생명의 강, 섬진강을 따라 평소보다 조금 더 천천히 걸어보시는 것은 어떨까. (122p A:3)

전남 곡성군 오곡면 오지2길 21-99   #곡성9경 #멸종위기동물 #물안개

천개의 향나무숲 "유럽의 정원에서 즐기는 피크닉"

천 그루의 향나무가 숲을 이루는 나들이 핫플. 사유지로 시작하여 점차 알려진 개인 수목원으로 수백 년 된 향나무와 다양한 조경수가 아름다운 조화를 이루고 있다. 향나무 향을 맡으며 숙박도 가능하며 독특한 모양을 한 고목과 향나무 앞에서 사진 찍기에도 좋다. 숲길을 지나면 초록의 잔디밭을 즐길 수 있는 공원이 나온다. 피크닉 소품 대여 가능. 1일 숙박비 80000원~ 입장료 5000원. 10:00~17:00. (122p A:2)

전남 구례군 광의면 천변길 12   #향나무 #민간정원 #잔디밭공원

제일식당 맛집
"곡성 기차마을 가성비 맛집"

13,000원에 제육볶음(또는 보쌈)과 생선구이가 들어간 백반정식을 먹을 수 있다. 나물 반찬이 많이 나오고, 정갈하고 깔끔하다. 점심시간에는 점심특선만 가능하고, 주말에도 점심특선이 가능하다. 2인 이상 주문 가능. 14:30~17:30 쉬어가며, 일요일 휴무. 재료소진시 조기 마감. (122p A:3) 사진ⓒ한국관광 콘텐츠랩

전남 곡성군 오곡면 오지리 476
#곡성맛집 #가정식백반 #제육볶음

섬진강 대나무 숲길
"올곧은 대숲으로 가자"

서늘한 대나무 숲 산책을 즐길 수 있는 여름철 대표 여행지. 대나무 숲속은 주변보다 기온이 약 3도 낮으며, 높은 대나무 그늘 덕분에 쾌적한 산책길을 만들어준다. 야간에는 산책로에 알록달록한 조명이 들어와 안전하게 밤 산책을 즐길 수 있다. (122p B:2)

전남 구례군 구례읍 원방리 1
#대나무숲 #야간개장 #여름여행지

사성암 전망대 "전망대에서 바라보는 섬진강, 지리산, 구례평야"

섬진강과 구례읍, 지리산의 웅장한 능선을 한눈에 바라볼 수 있는 조망 명소. 일출과 일몰 명소로 유명하다. 원효, 도선, 진각, 의상 네 명의 성인(四聖)이 수도했다고 하여 사성암이라 불린다. 원효대사가 손톱으로 그렸다고 알려진 마애여래입상이 있다. 사성암까지는 차량으로 진입이 제한되며, 인근 오산 주차장에 주차 후 마을버스(왕복 3400원)를 이용하거나 도보로 올라야 한다. 입장료 무료. 09:00~18:00. (122p B:2)

전남 구례군 문척면 사성암길 303　　#해안전망 #마애여래입상

목월빵집 빵집
"구례에서 생산되는 농산물로 만든 빵집"

@1like.a.bird

로컬 재료로 빵을 만드는 구례의 핫플레이스. 밀을 포함한 재료 대부분을 구례에서 생산되는 농산물로 빵을 만든다. 구례호밀빵, 구례쑥부쟁이치아바타, 산동막걸리오곡빵 등 식사 대용의 건강한 하드계열 빵이 주력 상품이다. 종류별로 빵 나오는 시간이 정해져 있으니 미리 확인하는 것이 좋다. 치아바타 5천 원대, 덩어리빵 1만 원대. 매일 10:00~18:00 운영. (122p B:2)

전남 구례군 구례읍 서시천로 85 목월빵집
#로컬재료 #구례호밀빵 #쑥부쟁이치아바타

화엄사 추천 "각황전은 우리나라에서 가장 큰 불전 "

지리산 내에 자리한 백제 성왕 때 창건된 천년 고찰. 한국 화엄종의 근본 도량으로서 역사적, 문화재적 가치가 매우 높은 곳이다. 정면 7칸 측면 5칸의 팔작지붕 건물 각황전은 우리나라에서 가장 큰 불전으로 알려져 있다. 국보 제35호 사사자 삼층석탑도 볼거리. 드라마 <미스터 션샤인>의 촬영지로도 유명하다. 00:00~18:00, 일몰 이후 입장 불가. (122p A:2)

전남 구례군 마산면 화엄사로 539　　#백제 #천년사찰 #각황전

지리산 노고단 `추천` "노고단 운해는 지리산 10경일 정도로 장관을 이룬다."

지리산의 3대 주봉(천왕봉, 반야봉, 노고단) 중 하나이자, 해발 1,507m에 위치한 봉우리. 아름다운 운해와 일출 명소로 소문났다. 노고단 정상은 광활한 평원과 초지로 이루어져 있어 탁 트인 조망을 자랑한다. 봄철에는 철쭉이, 여름에는 원추리가, 가을에는 억새가 장관을 이루며 겨울 설경도 아름답다. 성삼재 휴게소(해발 약 1,100m)까지 차량으로 접근 후, 약 1시간 30분 정도 탐방로를 따라 오르면 도착한다. (122p A:2)

전남 구례군 토지면 반곡길 42-237　　#등산 #자연 #절경

구례 반곡마을 산수유 "구례 산수유 명소!"

산수유 사랑 공원을 중심으로, 서시천 계곡을 따라 북측 2km까지 반곡마을, 대음교, 상위마을을 걸쳐 지리산 둘레길을 따라 조성된 산수유길. 계곡 길을 따라 올라가면 좌우로 산수유나무가 식재되어 있다. 노란 산수유꽃과 정겨운 마을 풍경이 인상적이다. 매해 봄이 되면 '구례 산수유 꽃축제'가 열린다. 구례군에서 나오는 산수유는 전국 산수유 생산량의 70% 이상이라고 한다. (122p A:2)

전남 구례군 산동면 좌사리 839-1　　#구례 #산수유

수락폭포
"하늘에서 쏟아지는 은빛 폭포수"

30m 높이에서 시원한 폭포수가 흘러내리는데, 매년 여름이 되면 이 계곡물을 맞으러 피서객들이 몰려든다. 판소리 명인 송만갑이 득음한 곳으로도 알려져 있다. (122p A:2)

전남 구례군 산동면 원달리
#폭포 #가족여행 #여름여행지

구례자연드림파크
"온 가족이 함께하는 친환경 먹거리 체험"

아이쿱생협에서 조성한 친환경 유기농업 복합문화단지. 라면, 우리 밀, 우유 등 친환경 유기농식품 생산 공방을 직접 견학하며 제조 과정을 확인할 수 있다. 영화관, 레스토랑, 게스트 하우스 등 다양한 편의시설을 갖추고 있어, 아이들과 함께 방문하여 친환경 먹거리 체험을 하기에 좋은 곳. 숙박, 견학, 체험 등 주요 프로그램 이용 시 사전 예약 권장. (122p A:2) 사진ⓒ한국관광 콘텐츠랩

전남 구례군 용방면 용산로 107-66
#친환경 #유기농식품 #먹거리체험

지리산 피아골 계곡 단풍 "후회하지 않을 계곡 단풍 여행전남 구례군 토지면 내동리 산26"

지리산 피아골 계곡은 피아골 단풍 축제가 열릴 정도로 주변이 붉게 단풍이 진다. 특히 지리산 10경 중 하나인 직전마을~피아골대피소(왕복 3시간 30분 거리) 코스의 단풍이 절정이다. (122p A:2)

전남 구례군 토지면 내동리 산26
#계곡 #단풍축제

삼대광양불고기집 맛집
"광양에 왔다면 불고기부터"

광양의 대표 음식, 불고기! 숯 불판 위로 야들야들하게 양념된 고기를 구워 먹는다. 이곳의 기본 반찬인 매실장아찌는 달큼하면서도 아삭하여 고기와 매우 잘 어울린다. 3대째 운영 중인 이곳의 역사가 맛을 대변한다. (122p C:2)

전남 광양시 광양읍 서천1길 52
#광양불고기 #매실장아찌 #숯불

광양 홍쌍리 청매실농원 매화 "눈처럼 온산을 뒤덮은 하얀 매화를 보고 싶다면?"

섬진강 너머 백운산 5만 평 자락에 매화나무가 가득한 광양에서도 유명한 곳. 매화꽃은 하얀 꽃에 푸른 기운이 도는 청매화, 붉은빛이 나는 홍매화, 하얀색의 백매화로 나뉘며, 3월 초부터 4월 초까지 핀다. 청매실농원에서는 매실로 만든 다양한 제품도 구매할 수 있다. (122p B:2)

전남 광양시 다압면 도사리 399-9   #매화축제 #매실먹거리

지리산수라간 맛집
"신선한 채소와 육회의 조합"

@yangda_gurye

묵사발과 김치전을 포함한 기본 반찬이 맛있다. 각종 채소와 나물들이 가득 들어간 그릇에 다슬기가 듬뿍 들어간 강된장을 비벼먹는 강된장 비빔밥과 육회가 얹어 나오는 육회 비빔밥이 인기다. 메뉴가 많지 않아 세팅 속도가 빠르다. 화엄사 가는 길에 들러 식사하기 좋다. 화요일 휴무. (122p A:2)

전남 구례군 토지면 섬진강대로 5048-1
#구례맛집 #비빔밥 #육회비빔밥

광양 백운산 국사봉 철쭉
"주차장 주차후 10분이면 정상"

광양 국사봉 정상에서 좌우(선유지-헬기장 방향) 양방향 1km 구간에 조성된 철쭉 길. 철쭉 길 주변으로도 30ha 규모의 드넓은 철쭉 군락지가 조성되어있다. 영세공원 주차장에 주차 후 도보로 10분만 이동하면 정상까지 오를 수 있다. 등산 시 수평마을 수평재 하차 후 대치재를 따라 정상까지 오르는 코스를 추천한다. (122p C:1) 사진ⓒ한국관광 콘텐츠랩

전남 광양시 옥 곡면 대죽리 산140-1
#영세공원 #철쭉

옥룡사 동백나무 숲
"천년에 걸쳐 생명을 이어온 동백"

1만여 그루의 아름드리 동백나무가 숲을 이루고 있는 곳. 백계산 자락에 자리하며 천연기념물 제489호로 지정되어 있다. 통일신라 말기의 고승이자 풍수지리의 대가인 도선국사가 옥룡사를 창건하면서 지리적으로 허한 기운을 막기 위해 주변에 심었다고 전해진다. 현재는 절터만 남은 옥룡사지 주변을 둘러싼 울창한 동백 숲을 거닐며 인생 사진도 찍어보자. 백운산 자락으로 흐르는 찬 공기 탓에 동백 개화 시기가 늦다 (3~4월 초). 입장료 무료. (122p C:1)

사진 ⓒ한국관광 콘텐츠랩

전남 광양시 옥룡면 추산리 423-1
#사찰 #동백나무

순천 동천 유채꽃 "국가정원 가는 길"

순천 동천 양옆의 둑길을 따라 조성된 유채꽃길. 산책로와 자전거 도로, 벤치 등 편의시설이 잘 구비되어있다. 길 한가운데 위치한 돌다리를 통해 옆쪽 유채꽃 길로 이동할 수 있고, 길을 따라서 남쪽으로 죽 내려가면 순천만 정원까지 이동할 수 있다. 시민들과 여행객들을 위해 무료로 개방한다. (122p C:2)

전남 순천시 조곡동 753
#유채꽃 #자전거

순천만 국가정원 추천 "우리나라의 첫 국가정원"

대한민국 국가 정원 1호로 등록된 정원. 유럽, 아시아, 아프리카 등 각국의 정원 모델을 선보이는 세계정원 구역과 한국 전통 정원의 아름다움을 담은 한국정원 구역 등 100여 개의 테마 정원으로 꾸며져 있다. 꿈의 다리와 순천호수정원 앞이 포토존으로 인기가 높다. 정원 내부를 돌아볼 수 있는 전기관람차를 운행하고 있다. 입장료 10000원. 09:00~20:00, 매달 5번째 월요일 정기 휴무. (122p C:2)

전남 순천시 국가정원1호길 47   #세계정원 #국가정원 #꼬마기차

선암사 "사찰의 보물이 가장 많이 남아있는 곳"

600년 된 매화나무와 800년 된 야생차밭으로 유명한 천년고찰. 담장 사이로 핀 홍매화, 목련, 동백꽃들의 조화로운 모습을 볼 수 있다. 600여 년 전에 심은 매화나무는 천연기념물 488호로 지정되었다. 각황전을 따라 운수암으로 가는 돌담길이 이곳 매화길의 하이라이트. 선암사에서 송광사까지 이어지는 숲길 경치도 유명하다. 다원 선각당에 방문하면 이곳에서 재배한 야생 녹차를 직접 마실 수 있다. 템플스테이 프로그램도 진행하니 기회가 된다면 참여해 보자. 입장료 무료. 09:00~18:00. (122p C:2)

전남 순천시 승주읍 선암사길 450   #매화나무 #다도체험 #템플스테이

낙안읍성 추천 "400년 전 조선의 일상"

우리나라 3대 읍성 중 하나. 성벽, 마을, 관아 건물이 원형 그대로 남아있다. 실제 주민 100여 세대가 전통 생활 양식을 이어가며 거주 중으로 사적 제302호로 지정되어 있다. 전통 의상 입어보기, 전통 악기 연주, 혼례 체험, 두부 만들기 등 다양한 체험거리도 즐길 수 있으며 주말에는 전통 악기 연주회가 열린다. 민속마을 안에 있는 황토 초가집에서 숙박할 수 있다. 입장료 4000원. 09:00~18:00 (동절기 ~17:30). (122p C:3)

전남 순천시 낙안면 충민길 30
#전통체험 #조선시대체험 #숙박

순천만 갈대군락지 추천 "세계 5대 습지에 속할 만큼 굉장한 곳이야"

바다로 흘러 들어가는 물길 양쪽으로 70만 평의 갈대숲이 펼쳐지는 생태의 보고. 람사르 습지로 지정되었으며 세계 5대 습지로 불릴 만큼 세계적으로 가치를 인정받는 곳이다. 국제적인 희귀조류와 천연기념물 140종의 새들이 서식하고 있으며 겨울철 철새를 관찰하기에도 좋은 곳. 용산 전망대에 오르면 S자형 수로를 중심으로 끝없이 펼쳐진 갈대와 갯벌, 노을 지는 서해를 한눈에 담을 수 있다. 입장료 8000원. 08:00~18:00, 매달 5번째 월요일 정기 휴무. (117p E:2)

전남 순천시 대대동 162-2   #갈대 #철새도래지 #갯벌

화월당 빵집
"100년 가까운 역사를 가진 곳"

@dr_gaemi

찹쌀떡과 볼카스테라 딱 두 가지만 만드는 곳. 얇은 카스테라 안에 팥앙금을 넣어 공처럼 빚은 볼카스테라는 이곳의 독특한 메뉴다. 1928년 문을 열어 100년 가까운 오랜 역사를 가지고 있다. 자극적이지 않고 깊은 단맛으로 어르신 선물용으로 좋다. 볼카스테라 낱개 2천 원대, 12개에 2만원 대. 방문 1~2일 전 전화로 예약 필수. 월~토 10:00~18:00 운영. 일요일 휴무. (122p C:2)

전남 순천시 중앙로 90-1 화월당
#찹쌀떡 #볼카스테라 #팥앙금

카페 오곡 카페 "곡선 루프탑 품은 포레스트 뷰 카페"

@noeyheatiw

초록 자연과 어우러진 웅장한 건물이 시선을 사로잡는 대형 카페. 실내는 모던하고 깔끔한 분위기. 곡선으로 이루어진 루프탑에 오르면 갈대밭과 탁 트인 숲이 이루는 아름다운 풍경을 감상할 수 있다. 엑설런트 아이스크림이 올라간 엑설런트 라떼와 생인삼과 꿀이 들어간 인삼 라떼가 이곳의 시그니처. 매일 11:30~20:00 영업. (122p C:2)

전남 순천시 상사면 오곡리 89-4　　#루프탑 #포레스트뷰 #세계수석박물관

순천 드라마촬영장 추천 "시대극의 주인공이 되어보세요"

1950년대부터 1980년대까지의 서울, 순천 등 다양한 도시의 모습을 재현한 오픈 세트장. 드라마 <제빵왕 김탁구>, <자이언트>의 무대가 된 촬영장이다. 옛날 극장, 옛날 빵집, 주막, 양장점까지 옛 달동네의 향수를 불러일으키는 가게들이 줄지어 있다. 옛날 교복, 7080 뮤직박스, 달고나, 윷놀이 체험도 즐길 수 있다. 옛날 교복을 빌려 입고 흑백사진, 필름 사진을 찍어보자. 입장료 3000원. 09:00~18:00. (122p C:2) 사진ⓒ한국관광 콘텐츠랩

전남 순천시 비례골길 24　　#드라마촬영지 #7080 #교복대여

벽오동 맛집
"고급 한정식으로 착각하게 만드는 백반집"
10가지가 넘는 밑반찬이 나오는 백반집이다. 보리밥과 쌀밥 중 하나를 고르면 된다. 반찬이 다양해 아이와도 함께 하기 좋다. 백반집이 아닌 한정식에 온 듯한 착각을 느끼게 한다. 고기를 제외한 반찬이 무료 리필되고, 가격도 저렴하여 맛있는 밥을 부담없는 가격에 즐길 수 있다. 15:00~17:00까지 브레이크타임이며, 수요일은 휴무다. (122p C:2)

전남 순천시 상사호길 73
#순천맛집 #보리밥 #보리밥정식

송광사 가는 벚꽃길
"한국관광공사 선정 '가볼만한 벚꽃길'"
주암호를 끼고 송광사까지 가는 길로 특히, 송광사삼거리부터 송광사까지 이어지는 벚꽃길이 유명하다. 한국관광공사에서 선정한 '가볼만한 벚꽃길'이기도 하다. (122p C:3)

전남 순천시 송광면 신평리 270-5
#호수 #사찰 #벚꽃길

건봉국밥 맛집 "깔끔한 국물 맛이 좋은 순천식 돼지국밥 맛집"

잡내 없이 고소한 돼지 머리고기와 내장이 가득 들어간 순천식 돼지국밥 맛집. 국밥에 들어가는 고기와 순대 양을 조절할 수 있고, 고기 부위도 취향껏 고를 수 있다. 후추의 알싸한 맛이 고기, 국물과 조화를 이룬다. 반찬으로 나오는 전라도식 김치는 리필이 가능. (117p E:2) 사진ⓒ한국관광 콘텐츠랩

전남 순천시 장평로 65   #머리고기 #돼지국밥 #고기부위선택가능

무슬목해변 "새해 소원은 무슬목해변에서"

700m에 달하는 긴 해변. 보고만 있어도 기분이 좋아지는 몽돌 해수욕장이다. 여수에서 가장 손꼽히는 일출 해변이기도 하다. 임진왜란의 격전지이기도 했던 무슬목인지라 이순신 장군 조형물도 구경할 수 있다. (123p E:1)

전남 여수시 돌산읍 돌산로 2876   #몽돌해수욕장 #일출명소 #임진왜란

와온해변

"일몰 명소, 솔섬 뒤로 지는 태양"

해넘이 명소. 갯벌 위로 바다와 철새, 그리고 다양한 생물들을 보고 느낄 수 있도록 해상데크길이 설치되어 있다. 이곳의 하이라이트는 일몰. 솔섬 뒤로 타는 듯 지는 해가 장관을 이룬다. 하늘과 바다 모두를 붉게 물들이는 아름다운 해넘이를 꼭 경험해 보셨으면 한다. (123p D:2) 사진ⓒ한국관광 콘텐츠랩

전남 순천시 해룡면 상내리
#일몰 #해넘이 #낙조

여수 해상케이블카&돌산공원 추천 "바다위를 야간에 통과하는 이색 케이블카"

바다 위를 가로지르며 여수 도심과 다도해의 풍경을 공중에서 감상할 수 있는 해상 케이블카. 돌산공원 탑승장과 자산공원 탑승장을 오가며 운행한다. 일반 캐빈(8대)과 바닥이 투명한 크리스탈 캐빈(6대) 두 종류로 운영되며 크리스탈 캐빈은 발아래로 바다가 펼쳐지는 짜릿한 경험을 제공한다. 편도 약 13분, 왕복 약 25분 소요. 돌산공원 내 놀아 정류장에서 무료 주차를 할 수 있다. 왕복 17000원. 09:30~21:30. (123p E:1)

전남 여수시 돌산읍 돌산로 3600-1   #바다풍경 #투명바닥 #케이블카

향일암
"일출제가 열리는 여수 해돋이 명소"

해를 바라보는 암자라는 이름처럼, 남해 수평선 위로 솟아오르는 아름다운 일출로 유명한 사찰. 신라 원효대사가 창건한 것으로 전해지며, 금오산 자락 기암절벽 위에 자리 잡고 있다. 거북 등껍질 무늬 암석, 동백 숲, 바위틈의 해탈문 등 자연과 건축의 조화가 뛰어나 국가지정문화재 명승으로 지정되었다. 매년 12월 31일, 1월 1일 '향일암 일출제'가 열린다. (123p E:1)

전남 여수시 돌산읍 향일암로 60
#원효대사 #명승 #향일암일출제

아르떼뮤지엄 여수 "여수의 바다와 자연을 미디어로 만나다"

파도가 밀려오는 듯한 미디어아트가 하이라이트인 뮤지엄. 여수 바다를 주제로 한 '오션' 등 여수의 바다 생태탐험 및 자연경관을 미디어아트를 통해 접할 수 있다. 지역 특색을 살린 특별한 콘텐츠와 함께, 꽃, 나무, 폭포 등 자연을 모티브로 한 다양한 주제의 작품들도 선보이고 있다. 거대한 공간 전체를 활용한 압도적인 스케일 속에서 인생 사진도 남겨보자. 입장료 19000원. 10:00~18:00. (123p D:1) 사진ⓒ한국관광 콘텐츠랩

전남 여수시 박람회길 1 국제관 A동 3층
#미디어아트 #여수의자연 #바다생태탐험

아이뮤지엄 "오감으로 즐기는 빛의 예술"

빛이 만들어내는 환상의 세계. 플라워가든, 포레타시아, 아이스페이스 등 꽃과 숲, 우주라는 테마로 미디어 아트가 펼쳐진다. 볼풀장, 미술 테이블 등의 아이 친화적인 공간도 많으니 가족 여행객들에게도 인기가 높다. (123p D:1)

전남 여수시 박람회길 1 국제관 D동 3층
#미디어아트 #인터랙티브 #실내여행지

유월드 루지 테마파크 "초대형 트랙을 타고 내려오는 루지"

@20190112ja

아이부터 어른까지 스릴 넘치는 하루를 보낼 수 있는 곳. 곤돌라를 타고 올라가 지상 7m 높이의 트랙에서 스피드를 즐길 수 있다. 규모가 크고 속도 조절이 비교적 쉬워 아이도 안전하게 즐길 수 있다. 다이노밸리, 쥐라기 어드벤처도 함께 운영 중이니 가족 단위의 여행객이 즐기기에 편하다. (123p D:2)

전남 여수시 소라면 안심산길 155　　#루지 #스피드 #스릴 #가족여행

꽃돌게장1번가 맛집
"무한리필 간장게장의 매력"

여수 하면 게장이 아니던가. 식사를 시키면 간장게장, 양념게장 등은 계속해서 리필하여 먹을 수 있다. 꽃게, 돌게 게장 모두 맛볼 수 있으며 셀프 바에서 이용 가능한 기본 반찬들은 모두 수준급이라 입이 쉴 새가 없다. 밥도둑 게장의 위엄을 제대로 느껴보자. (123p D:1) 사진ⓒ한국관광 콘텐츠랩

전남 여수시 봉산2로 36
#꽃게정식 #꽃게탕 #무한돌게장

힐론카페 힐론다이닝 `카페` "이국적인 풍경이 펼쳐지는 여수 오션뷰 카페"

커다란 통창 너머 여수 바다를 바라보며 커피와 디저트, 다이닝을 즐길 수 있는 곳. 옹기종기 모여 있는 건물들의 붉은 지붕과 나무, 바다와 섬이 만드는 풍경이 이국적인 분위기. 커다란 인절미가 올라간 인절미 통통 라떼를 마시며 달콤한 휴식을 즐기기 좋은 곳. 밤이 되면 선소대교의 불빛이 아름다운 야경을 선사한다. 카페 매일 10:00~22:00 영업. (다이닝만 매주 화요일 휴무) (123p D:2)

전남 여수시 안산1길 62   #오션뷰 #이국적인분위기 #선소대교

동서식당 `맛집` "서대회에 밥을 비벼먹자"

여수 지역에서 초고추장으로 버무린 음식인 서대회무침을 맛볼 수 있는 식당. 커다란 밥그릇에 서대회를 넣어 비벼 먹으면 된다. 꽃게와 딱새우가 들어간 된장국도 맛있다. 허영만의 백반기행에 나왔던 식당으로 유명하다. 터미널 근처에 위치해 뚜벅이 여행자들이 방문하기 좋다. 15:00~17:00까지 브레이크타임. 수요일 휴무 (123p D:1) 사진ⓒ한국관광 콘텐츠랩

전남 여수시 장군산길 71
#여수맛집 #백반기행 #서대회무침

여수 영취산 진달래
"40분 정도면 진달래 군락을 볼 수 있는 곳"

돌고개 행사장부터 가마봉까지 40분 길이의 등산로에 펼쳐진 진달래 군락지. 이 외에도 시루봉, 진례봉 정상 방향으로도 진달래 군락지가 조성되어 있다. 봉우재에서 출발해 가마봉을 한 바퀴 도는 둘레길 코스도 추천. (2시간 30분 소요) 영취산은 우리나라 3대 진달래 군락지 중 하나로 꼽히는 곳이다. 매년 4월 열리는 진달래 축제 기간에 음악회, 예술단 등 다양한 이벤트가 진행된다. (123p D:1)

전남 여수시 월암동 548
#가마봉 #진달래 #지역축제

여수구항방파제 하멜등대 "작지만 이국적인 분위기, 여수 밤바다의 낭만"

여수 구항 방파제 끝에 자리한 빨간색 등대. '하멜 표류기'로 알려진 네덜란드인 헨드릭 하멜의 이름을 따서 지어졌다. 높이 10m의 작은 등대지만, 주변 바다 풍경과 어우러져 이국적인 분위기를 자아내며, 경관 조명이 설치되어 여수 밤바다를 대표하는 야경 명소 중 하나이다. (123p D:1)

전남 여수시 종화동 458-7   #빨간등대 #하멜표류기 #야경명소

여수 낭만포차거리 `추천` "여수의 밤바다와 낭만에 취할 수 있는 포장마차 거리."

<mark>여수 해양공원 앞에 조성된 포차거리.</mark> 돌산대교와 장군도의 야경과 함께 술과 안주를 즐기려는 관광객들로 밤늦도록 붐비는 곳. 여수 밤바다의 정취를 가까이에서 느끼며 싱싱한 해산물과 해물 삼합, 딱새우 회, 갓김치 등 지역 먹거리를 맛볼 수 있다. 포차마다 운영시간이 다소 차이가 있으나 보통 저녁 시간(18:00 경)부터 문을 열어 새벽까지 운영. (123p D:1) 사진ⓒ한국관광 콘텐츠랩

전남 여수시 하멜로 102 거북선대교아래 　　　#여수밤바다 #낭만포차 #포차거리

솔스테이 풀빌라 펜션 `STAY` "층마다 다른 매력, 유럽 감성 풀빌라"

파스텔톤 유럽 감성 가득한 풀빌라. 오션뷰 인피니티풀과 4가지 타입 객실을 갖추었다. 풀과 가장 가깝고 개별 바비큐가 가능한 1층 '프렌치 테라스' 타입과 아늑한 다락방과 미니 테라스를 갖춘 4층 '르보브' 타입은 아이를 동반한 가족에게 추천. 여수 케이블카, 돌산대교, 오동도, 낭만포차 등 여수 주요 명소와 차량 5~15분 거리.　　　전남 여수시 돌산읍 우두3길 102　　　#유럽감성 #인피니티풀 #여수여행

하이클래스153 풀빌라 `STAY` "여수 바다 품은 오션뷰 인피니티풀의 매력"

@highclass153

여수 오션뷰 풀빌라. 바다와 연결된 듯한 대형 인피니티풀이 이곳의 시그니처. 프라이빗한 물놀이를 즐기고 싶다면 실내 수영장을 갖춘 풀빌라 타입 객실을 추천. 키즈존과 노래방, 게임존을 갖춘 하이플레이랜드가 있어 아이와 어른 모두 즐거운 시간을 보낼 수 있다. 발리 느낌 하이스윙을 타며 멋진 인생샷을 남겨보아도 좋다.   전남 여수시 돌산읍 무술목길 116   #인피니티풀 #수영장 #하이스윙

라테라스 리조트 "야자수와 남해 자연의 콜라보, 이국적인 휴양 리조트"

여수 돌산 해안선을 따라 위치한 휴양 리조트. 이국적인 야자수와 탁 트인 남해의 자연이 어우러져 해외 휴양지에 온 것 같은 분위기. 바다와 하늘이 맞닿은 사계절 인피니티풀과 햇살 가득 실내 수영장, 아이들 웃음이 가득한 워터파크, 따뜻한 자쿠지 스파를 운영 중. 겨울 시즌이면 아이스 더 링크, 어드벤처 존 등 테마존을 갖춘 '윈터 빌리지'가 펼쳐진다. 감성 이자카야 '만카이', 요트 탑승장 등 다양한 부대시설을 운영 중. (123p E:2) 사진ⓒ라테라스리조트   전남 여수시 돌산읍 진모1길 29-12   #해외휴양지감성 #워터파크 #윈터빌리지

디오션리조트 "단아한 한실에서 즐기는 다도해 풍경"

다도해의 풍경이 파노라마처럼 펼쳐지는 여수 휴양 리조트. 수평선과 맞닿은 듯한 인피니티풀이 이곳의 시그니처. 실내외 수영장은 물론 짜릿한 슬라이드와 파도풀을 갖춘 '디 오션 워터파크'는 가족 단위 여행객에게 추천. 천연 암반수 스파 & 사우나와 탁 트인 바다 전망 골프장 등 다양한 레저 시설을 운영한다. 모던한 현대식 객실부터 우리 고유의 단아한 멋이 살아있는 한실, 2층 침대가 있는 키즈룸을 갖추어 객실 선택의 폭이 넓은 편. (123p D:2) 사진ⓒ디오션리조트   전남 여수시 소호로 295   #다도해 #디오션워터파크 #한실

초암산 철쭉
"매년 5월 철쭉이 만발하는 초암산"

초암산 정상에서 광대코재까지 이어지는 철쭉 군락지. 이 구간 외에도 봄철에는 초암산 길목 곳곳에 철쭉꽃이 만개해 있다. 수남 주차장에서 하차하고 초암산 정상으로 향한 후 철쭉봉과 광대코재를 거쳐 무남이재 방면으로 하차하는 3시간 거리 코스를 추천. 무남이재에서 다시 수남 주차장으로 도로를 따라 이동할 수 있다. (123p D:3)

전남 보성군 겸백면 사곡리 산1
#무남이재 #철쭉

대원사 가는 벚꽃길 "대한민국 아름다운 길 100선 선정"

대원사삼거리부터 티벳박물관까지 이어진 5km가량의 벚꽃길. 대한민국 아름다운 길 100선에 선정되었으며, 전남을 대표하는 벚꽃 명소로도 유명하다. 2차선 도로의 양쪽 벚나무가 터널을 이룬다. (119p F:3) 사진ⓒ한국관광 콘텐츠랩

전남 보성군 문덕면 죽산리 산86   #사찰 #벚꽃길

대한다원  "동일한 모양의 패턴을 가진 녹차밭이 너무 신비로워"

드넓은 산비탈에 계단식으로 펼쳐진 푸른 녹차밭이 이국적인 대규모 녹차 생산지. 영화와 드라마, CF의 배경지로 수없이 등장하는 곳. 삼나무와 편백나무로 조성된 진입로도 포토존으로 유명하며, 녹차 밭을 따라 조성된 다양한 테마 산책로도 조성되어 있다. 녹차밭 정상 부근 전망대에서 다원 전체와 멀리 남해 바다까지 조망할 수 있다. 입장료 4000원. 09:00~18:00. (117p D:2)

전남 보성군 보성읍 녹차로 763-43   #녹차밭 #CF배경지 #삼나무길

춘운서옥 카페 "정원 전망 툇마루 포토존"

@wc_jin

툇마루에 앉아 정원을 담아보자. 방에서 정원을 향해 사진을 찍으면 운치 있는 사진을 찍을 수 있다. 야외 테이블, 방으로 된 실내, 일반 카페 홀 등 다양한 공간이 있는데 곳곳이 포토존이다. 오래된 역사처럼 정원에는 큰 나무들이 많고, 대나무가 집 주변을 둘러싸고 있다. 카페 외부에는 동굴이 있는데, 색감이나 질감이 특이해 사진 찍기 좋다. (117p D:2)

전남 보성군 보성읍 송재로 211-9   #보성 #한옥카페 #동굴

한국차박물관
"차는 어떻게 재배되고 어떻게 마셔야 할까?"

전국 최대의 녹차 생산지 보성에 있는 차 박물관. 차의 재배와 생산, 시대별 차 도구, 세계의 차 문화를 전시하고 있으며, 차 제조 공방에서 직접 녹차와 떡차 등을 만들어 볼 수도 있다. 월요일, 1월 1일, 설날과 추석 당일 휴관.

사진 ⓒ한국관광 콘텐츠랩

전남 보성군 보성읍 봉산리 1197
#차잎 #도기

보성녹차떡갈비 ^{맛집}
"녹차를 만난 떡갈비"

@hawaiian_tanning

보성녹차떡갈비 원조집이다. 녹돈으로 만든 돼지떡갈비, 녹차가루를 섞어 만든 한우떡갈비를 먹을 수 있다. 20여가지의 재료를 넣어 만든 떡갈비를 참나무숯으로 구워 향이 좋다. 10여 가지의 밑반찬이 나오고, 셀프 코너가 있어 넉넉하게 먹을 수 있다. 보성에서만 먹을 수 있는 녹차떡갈비, 보성 여행 필수 코스다. 월요일 휴무

전남 보성군 보성읍 흥성로 2541-4
#보성맛집 #녹차떡갈비 #모둠떡갈비

치유의숲 "편백의 숲에서 힐링"

팔영산 편백나무 숲을 중심으로 조성된 피톤치드 숲. 고흥 특산품인 유자, 석류를 이용한 물치유실과 편백소금집 등 다양한 힐링 공간이 마련되어 있으며 요가, 명상, 맨발 걷기 같은 체험 프로그램도 진행한다. 무장애 데크길이 조성되어 있어 산책하기 편하다. 숲 내에서 취사, 음주, 텐트 설치 금지. 입장료 무료. 09:00~18:00, 월요일 정기휴무. (117p E:2)

전남 고흥군 영남면 금사리 1330   #편백나무 #힐링 #치유공간

힐링파크 쑥섬쑥섬(애도) ^{추천} "쑥섬으로 트레킹 오세요"

꽃정원으로 가득한 작은 섬. 애도(艾島) 섬 전체가 힐링파크 쑥섬쑥섬이라는 이름으로 불리는 민간 정원이다. 예부터 섬에 쑥이 많아서 붙여진 이름. 때묻지 않은 원시림이 보존되어 있으며, 김상현-고채훈 부부가 가꾼 미로정원, 꽃 테마 정원이 섬 곳곳을 장식하고 있다. 나로도항에서 배를 타고 약 10분 정도 이동하면 도착한다. 입장료 6000원. 07:30~17:00. (117p E:3)

전남 고흥군 봉래면 쑥섬길 43   #원시림 #미로정원 #쑥섬

소등섬 "일출 명소, 은하수 명소"

아는 사람들만 알던 일출 명소이자 별여행지. 규모가 크지 않은 무인도이지만, 섬 앞으로 물길이 갈라지는 모세의 기적이 펼쳐지는 곳이다. 바닷물이 빠지고, 섬으로 들어가는 길이 드러날 때 쏟아지는 별들을 만날 수도 있다. 해가 떠오르는 때도, 별이 쏟아지는 때도 너무나 아름다운 곳이다.

전남 장흥군 용산면 상발리 산225   #일출명소 #별여행지 #은하수

선학동 유채마을 "임권택 감독의 100번째 작품을 촬영한 곳"

선학동 유채마을 주택가 뒤편에 산책로를 따라 조성된 유채꽃밭. 드넓은 유채꽃밭과 고즈넉한 마을 분위기가 정겨워 다시 찾고 싶은 곳으로, 사진작가들의 촬영 명소로도 손꼽힌다. 선학동은 이청준의 "선학동 나그네"의 배경이 된 곳이자, 선학동 나그네를 영화화한 임권택 감독의 100번째 작품 '천년학'의 무대가 된 곳이다. 마을 초입에서 천년학 촬영지를 구경할 수 있다.
(117p D:3)

전남 장흥군 회진면 회진리 200   #유채꽃 #임권택 #천년학

문수헌 장흥 본점 [맛집]
"관자+한우+표고버섯=장흥삼합"

@barkvictoria

키조개 관자, 한우, 표고버섯이 들어간 장흥삼합전골이 주력 메뉴. 자극적이지 않은 순한 국물맛이 일품이다. 청태전이란 식전차를 제공한다. 흑임자죽, 버섯전, 토마토 샐러드등 맛있는 밑반찬이 나온다. 4천원을 추가하면 연잎밥을 먹을 수 있다. 15:00~17:00까지 브레이크타임이며, 월요일은 휴무다. (121p F:1)

전남 장흥군 장흥읍 외평길 152
#한우삼합 #삼합전골 #안심식당

하늘빛수목원 튤립
"잘 가꾸어진 수목원과 꽃밭"

장흥 하늘빛수목원 30,000평 대지 위에 심어진 튤립과 야생화 꽃밭. 튤립은 아침 정원에, 야생화는 야생화 정원 일대에서 감상할 수 있다. 아침 정원 시냇물을 따라 피어난 다양한 색의 튤립이 아름답다. 매년 4월에는 튤립 축제도 개최된다. 하늘빛수목원에서 승마체험, 봄꽃 심기 등의 체험 행사도 즐겨보자.

사진ⓒ한국관광 콘텐츠랩

전남 장흥군 용산면 어산리 382-3
#야생화 #튤립축제

강진만 생태호수공원 "갈대가 파도처럼 일렁이는 곳"

가을이면 호수 주변으로 드넓은 갈대밭이 펼쳐지고, 고니를 비롯한 희귀한 철새들이 찾아오는 생태공원. 강진만으로 유입되는 탐진강 하구의 광활한 갯벌과 갈대숲을 중심으로 조성되어 있다. 갈대밭 한가운데 나무데크길이 이어져 산책하기 좋다. 강진만에서 요트와 낚시, 짚트랙 등 다양한 레저 활동도 즐길 수 있으니 관심이 있다면 여행사나 인터넷 사이트에 문의해 보자. 입장료 무료. 06:00~20:00 (동절기 07:00~19:00) (121p E:1)

전남 강진군 강진읍 생태공원길 47   #갈대밭 #철새전망 #강진만

남미륵사 "천만 그루의 철쭉과 서부해당화가 만들어낸 꽃대궐"

@zzeong_v

아시아에서 가장 큰 아미타 부처님이 모셔진 사찰이다. 그러나 이곳을 유명하게 만든 것은 사찰 주변으로 피어난 아름다운 꽃과 나무들이다. 봄이면 서부해당화와 철쭉이 흐드러지는데, 꽃대궐이라 불러야 할 것 같은 느낌이다. 가히 봄 여행지 최적의 코스라 불러도 손색이 없는 곳. SNS의 포토존은, 연꽃방죽으로 가는 길에 있다. 붉은 꽃 터널을 걷다 보면 정신이 아득해진다. (121p F:1)

전남 강진군 군동면 풍 동1길 24-13   #서부해당화 #철쭉 #꽃터널

다강한정식 맛집
"남도의 손맛이 느껴지는 한정식"

한정식 코스 요리를 판매하는 집으로 2인부터 주문이 가능하다. 게장, 간재미 무침, 회, 홍어삼합 등 남도 한정식답게 반찬의 가짓수가 많다. 장소가 넓어 가족모임이나 단체모임 장소로도 좋다. 전화예약 가능. 브레이크타임 13~17, 월요일 휴무 (121p E:1) 사진ⓒ한국관광 콘텐츠랩

전남 강진군 강진읍 중앙로 193
#남도음식 #한정식 #한식명인

고려청자박물관
"고려청자는 우리의 자부심"

고려청자 유물이 많이 발굴되어 국가 사적 제68호로 지정된 강진의 청자 요지에 위치한 고려청자 박물관. 고려청자는 중국에 이어 세계 두 번째로 만들어진 자기이다. 고려청자의 생산, 소비, 유통을 한눈에 파악할 수 있다. 매주 월요일 유무. (121p E:2) 사진ⓒ한국관광 콘텐츠랩-김지호

전남 강진군 대구면 사당리 127
#고려청자 #강진청자

가우도 출렁다리 "가우도를 즐기는 짜릿한 방법"

소머리를 닮은 섬 가우도는 육지에서 출렁다리를 건너거나 모노레일, 짚트랙을 이용해 이동할 수 있다. 대구면에서 출발하는 저두 출렁다리와 도암면에서 출발하는 망호 출렁다리가 있는데, 각 438m, 716m에 이르는 긴 출렁다리 위에 서면 다리 위로 너른 산과 바다 풍경이 360도로 펼쳐진다. 출렁다리를 걷기 힘든 사람들을 위해 모노레일도 설치되어 있으니 원하는 방법으로 이동하면 된다. 모노레일 요금 3000원. 09:00~18:00(계절별 상이). (121p E:2)

전남 강진군 도암면 신기리 산7-1   #출렁다리 #모노레일 #짚트랙

백련사 `추천` "다산초당에 들러 1500그루 동백나무 백련사로의 산책"

1500그루의 동백나무가 있는 천년고찰. 고려 후기 팔만대장경 제작에 깊이 관여했던 요세 스님이 결사(結社) 운동을 펼쳤던 유서 깊은 곳이기도 하다. 다산 정약용 선생이 유배 시절 머물던 다산초당과 가까워 함께 방문하는 이가 많다. 동백나무 숲을 지나 다산초당으로 가는 오솔길은 정약용이 백련사를 왕래할 때 이용하던 길로, 다산초당에서 백련사까지 도보 20여 분 정도가 걸린다. 입장료 무료. 상시개방. (121p E:2)

전남 강진군 도암면 백련사길 145 백련사   #동백꽃 #도산서원 #요세스님

전라남도·광주 강진군

다산초당 추천 "당대 최고의 학자가 10여 년간 유배되었던 곳"

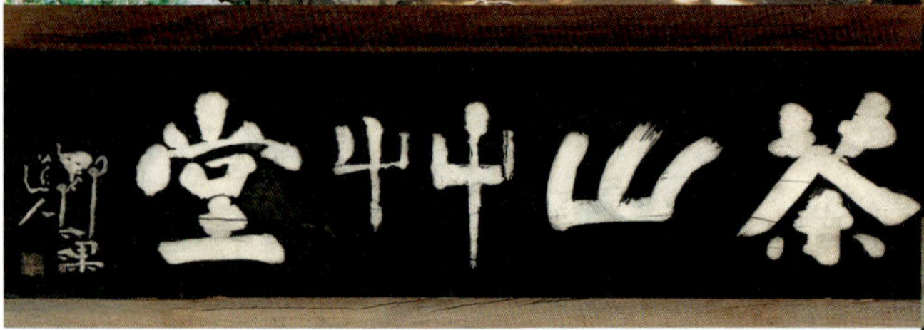

조선 후기 실학을 집대성한 대학자 다산 정약용 선생이 10여 년을 유배되어 머물며 학문 연구와 저술 활동에 매진했던 곳. '목민심서', '경세유표' 등 실학 사상을 완성한 장소로 사적 제107호로 지정되어 있다. 정약용 선생이 기거했던 초당과, 제자들을 가르쳤던 동암(東庵), 벗들과 차를 마셨던 서암(西庵) 등으로 구성. 초당 뒤편에는 정약용 선생이 직접 파서 만든 작은 연못인 연지(蓮池)와, 정석(丁石)이라고 새겨진 바위가 남아 있다. 입장료 무료. 09:00~18:00. (121p E:2)

전남 강진군 도암면 만덕리 339-1   #다산 #정약용 #유배지

다산 박물관
"수많은 기록을 남기신 다산 정약용 배우기!"

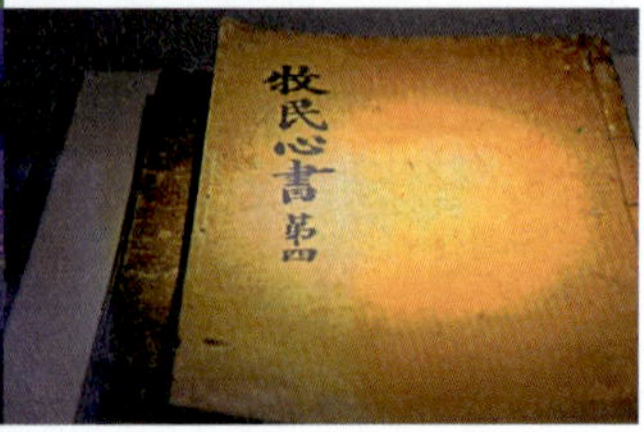

다산 정약용 선생의 유배지 강진에 있는 다산 기념관. 정약용 선생의 18년간의 유배 생활과 정신을 엿볼 수 있다. 다산 정약용의 생애, 업적, 유물, 애니메이션 등을 만나볼 수 있다. 입장료 2000원, 09:00~18:00, 매주 월요일 휴무. (121p E:2) 사진ⓒ한국관광 콘텐츠랩

전남 강진군 도암면 만덕리 415
#정약용 #유배지 #업적

예촌 맛집
"깔끔하고 담백한 추어탕 한그릇"

자연산 미꾸라지를 얼갈이 배추와 시래기와 함께 푹 끓인 추어탕이 유명하다. 추어탕에 반찬으로 나오는 쪽파무침을 넣어먹으면 더 맛있다. 국물이 담백하고 깔끔하다. 월출산 아래 위치해 등산객 맛집으로 유명하다. 우설이 들어간 쫄깃한 수육을 맛볼 수 있다. 11:00~18:30, 월,화 휴무 (121p E:1)

전남 강진군 성전면 월남1길 2 1층
#강진맛집 #추어탕 #소머리곰탕

전라남도·광주 강진군

백운동 별서정원 "정약용도 잊지 못한 풍경"

계곡과 월출산 풍경을 즐길 수 있는 정원. 조선 중기 문인인 이담로가 조성한 개인 별장이다. 우리나라 전통별서(別墅) 정원 중에서도 원형이 잘 보존된 곳으로, 매화, 동백나무 등 조경이 조화를 이룬다. 다산 정약용 선생도 그 경치에 반해 이 공간을 찬미하는 시를 남겼다. 소쇄원, 식영정과 함께 호남의 3대 정원으로 꼽히기도 한다. 계곡물 위로 안개가 피어오르는 모습을 보고 백운동(白雲洞)이라 지었다. 입장료 무료. 상시개방. (121p E:1) 사진ⓒ한국관광 콘텐츠랩

전남 강진군 성전면 월하안운길 100-63   #월출산 #계곡 #정약용

완도타워 추천 "일출과 일몰이 아름다운 완도의 랜드마크"

다도해일출공원에 세워진 높이 76m의 전망 타워이다. 완도항, 신지대교는 물론, 청산도, 보길도 등 다도해의 수려한 섬들을 360도 파노라마로 시원하게 바라볼 수 있는 곳. 특히 환상적인 일출과 일몰 명소로 유명하며, 밤이 되면 화려한 경관 조명과 레이저 쇼가 연출되어 아름다운 야경을 감상할 수 있다. 도보 방문 시 완도 모노레일을 이용하면 편리하다. (121p E:3)

전남 완도군 완도읍 장보고대로 330   #다도해일출공원 #전망타워 #일출일몰명소

빙그레식당 맛집
"완도에서 맛보는 자연산 생선구이"

생선구이 정식이 인기 메뉴다. 생선구이는 적당한 짠맛의 반건조 생선을 구워준다. 쫄깃한 식감이 좋고, 직접 손질을 해주셔서 편히 먹을 수 있다. 10가지가 넘는 기본 반찬이 나온다. 톳이 들어간 진한 된장국이 일품이다. 브레이크타임 14:30~17:00. 2,4번째 월요일 휴무 (121p E:3) 사진ⓒ한국관광 콘텐츠랩

전남 완도군 완도읍 청해진로 1565-4
#해산물정식 #완도맛집 #생선구이

청산도 추천 "CNN이 선정한 가봐야 할 곳"

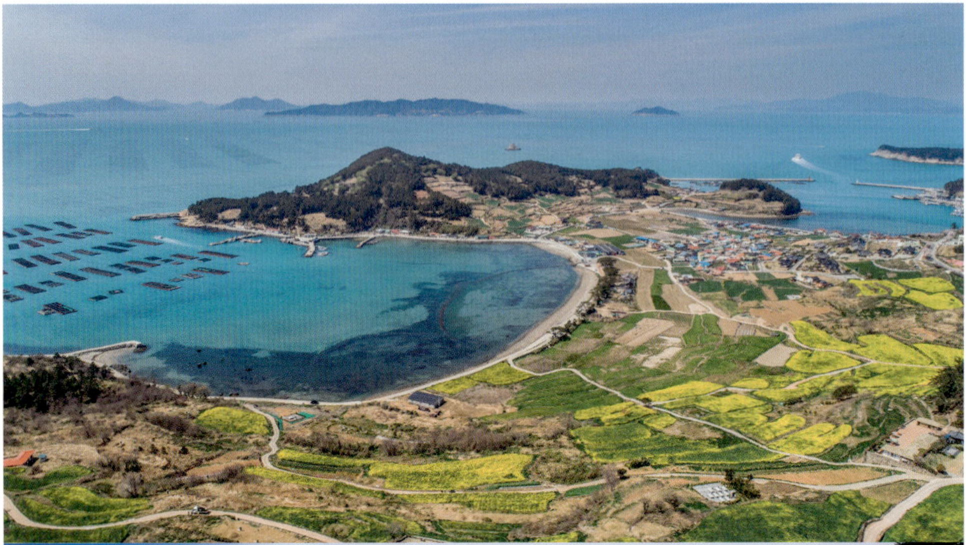

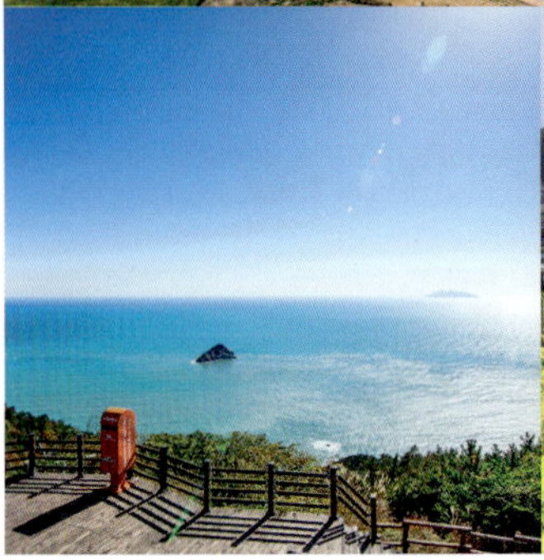

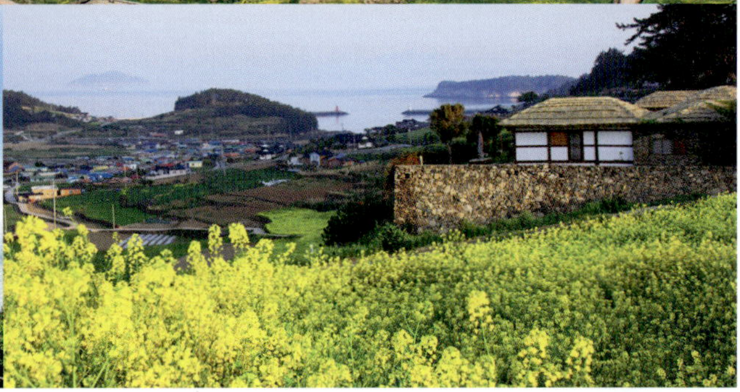

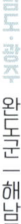

영화 <서편제>, 드라마 <봄의 왈츠>, 드라마 <여인의 향기> 등의 촬영지로 유명한 곳. CNN이 선정한 가봐야 할 곳으로도 선정되었다. 해신 드라마 세트장, 보길도 윤선도 원림, 지리청송해변 등이 있다. 청산도 슬로길 1코스 구간에 위치한 유채꽃밭에서 '서편제'의 한 장면, 아리랑을 부르며 돌담길을 걷는 장면이 촬영되었다. 슬로길 1코스는 도보 90분 정도의 거리로 도청항방문자센터에서 연애바위입구까지 이어진다. (121p F:3)

전남 완도군 청산면 부흥리 861　#관광섬 #둘레길 #서편제 #유채꽃밭

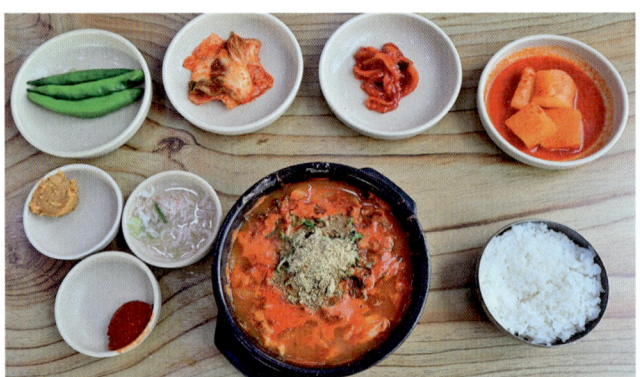

신창손순대국밥 맛집

"유시민 작가가 인생 순댓국집으로 꼽은 곳"

사골 육수에 순대와 돼지머리 고기, 콩나물, 대파를 넣고 끓인 순댓국밥집. 사골 육수가 들어가 마치 소고깃국을 먹는 듯하다. 순댓국에는 다진양념을 넣어 간을 맞추고, 순대는 초장을 찍어 먹는 것이 현지 스타일이다. (116p B:2) 사진ⓒ한국관광 콘텐츠랩

전남 해남군 관광레저로 1673
#순대국밥 #사골육수 #양념장

명량해상케이블카 "명량대첩 해협을 지나는 케이블카"

명량대첩을 성공으로 이끌었던 울돌목 위를 지나는 케이블카. 유속이 빠르기로 유명한 울돌목의 거센 물살과 진도대교의 모습을 바라보며 지날 수 있다. 진도와 해남을 오가는 케이블카로 일반 캐빈과 바닥이 투명한 크리스탈 캐빈으로 운영되어 취향에 따라 골라 탈 수 있다. 왕복 기준 약 12분 소요. 일반 캐빈 왕복 15000원. 크리스탈 캐빈 왕복 18000원. 10:00~18:00. (116p B:2)

전남 해남군 문내면 관광레저로 12-20 명량해상케이블카   #명량대첩 #울돌목 #이순신장군

진도 우수영관광지 추천 "이순신에 대한 존경심 만으로 찾는 곳"

명량해전의 역사적인 현장이자 조선 수군이 주둔했던 군사 거점. 충무공 이순신 장군이 단 12척의 배로 330척에 달하는 왜선을 물리친 명량대첩의 전초 기지를 그대로 보존하고 있다. 명량대첩의 승리를 기리는 기념비와 더불어, 이순신 장군의 업적을 기리는 기념관과 당시의 수군 진영을 재현한 시설 등이 자리하고 있다. 매년 10월에는 명량대첩제가 열린다. 입장료 무료. 09:00~17:30. (116p B:2)

전남 해남군 문내면 학동리 1021   #이순신 #역사여행지

전라남도·광주 해남군

진도대교(울돌목) "이곳 명량에서 왜선의 침몰 장면이 머리속에 자꾸 그려져"

해남과 진도를 연결하는 대교이자 1597년 명량대첩이 있었던 역사적인 장소. 폭 294m 내외의 좁은 울돌목의 격렬한 물살과 회오리 현상을 가깝게 관찰할 수 있다. 회오리치는 소리가 20리(7.8km) 밖까지 들린다고 한다. 진도대교 양쪽에 위치한 진도 타워와 울돌목스카이워크 전망 공간에서 울돌목의 물살과 다리가 한눈에 들어온다. (120p C:2)

전남 해남군 문내면 학동리 1467-9 #명량대첩 #명량해전 #역사여행지

보해매실농원 매화

"너는 내운명 영화 매화 스틸컷 처럼 똑같이 찍어보자"

전남 해남군 국내 최대 규모인 14만 평 14,500주의 매화나무 농원. 너는 내운명(영화), 연애소설(영화)등이 촬영된 곳으로도 유명하다. 보통 3월 초부터 말까지 개화 시기에 맞춰 무료개방되지만, 홈페이지에서의 확인 필수다. 매화꽃은 하얀 꽃에 푸른 기운이 도는 청매화, 붉은빛이 나는 홍매화, 하얀색의 백매화로 나뉘며, 3월 초부터 4월 초까지 핀다. (121p D:1)

전남 해남군 산이면 예덕길 125-89
#매실농원 #매화

전라남도·광주 해남군

두륜산 전망대 추천 "표현할 방법이 없을 정도로 감탄사가 나오는 전망"

<mark>다도해의 푸른 바다와 산, 섬들이 병풍처럼 펼쳐지는 전망대.</mark> 해남 땅끝마을 전망대, 완도, 강진만, 진도 등이 보이며 일출 명소로 유명하다. 날씨가 맑은 날에는 제주 한라산까지 볼 수 있다. 전망대까지는 두륜산 케이블카를 이용하여 비교적 쉽게 오를 수 있다. 케이블카 하차장에서 전망대까지는 약 10분 정도만 걸으면 도착. 두륜산 케이블카 운영시간 09:00~17:00, 요금 15000원. (121p D:2)

전남 해남군 삼산면 평활리 산177-18   #케이블카 #땅끝마을 #바다전망

대흥사 추천 "우거진 숲길을 걷다 그림처럼 나오는 천년 사찰"

<mark>사찰 입구까지 이어지는 십리 숲길이 단풍 명소로</mark> 인기 있는 곳. 신라 진흥왕 5년, 544년 두륜산에 창건된 불교 유적으로 임진왜란의 승병장이었던 서산대사가 계셨던 곳으로 유명하다. 그의 유품과 유물이 봉안된 유서 깊은 곳이기도 하다. 계곡을 따라 길게 펼쳐진 공간에 여러 개의 건물군이 조화롭게 배치된 구조로 응진당과 표충사, 북미륵암 마애여래좌상(국보 제308호) 등 수많은 문화재를 품고 있다. 입장료 무료. 주차료 3000원. 07:00~18:00. (121p D:2)

전남 해남군 삼산면 대흥사길 400   #천년고찰 #서산대사

땅끝마을 전망대 `추천`

"전망도 좋지만, 나는 땅끝마을을 가봤다는 경험 생겨"

한반도 최남단이라는 상징성을 지닌 전망대. 일출과 일몰 명소라 해돋이나 해넘이 시간에 맞춰 많은 사람이 방문한다. 햇불 모양을 형상화한 디자인이 특징이며 보길도, 노화도 등 수많은 섬이 파노라마처럼 펼쳐진다. 땅끝마을 주차장에 차를 세운 후 전망대까지 도보로 오르거나 모노레일(왕복 6000원)을 이용하여 도착할 수도 있다. 입장료 무료. 09:00~17:50. (121p D:3)

전남 해남군 송지면 송호리 1158-5   #최남단 #남해바다 #전망대

해남고구마빵 피낭시에 `빵집`

"해남 고구마 똑 닮은 비주얼의 쫀득한 빵"

실제 고구마보다 더 고구마 같은 고구마빵을 만드는 곳. 해남에서 나는 고구마와 쌀을 사용해서 로컬 감성이 가득하다. 해남고구마빵, 해남고구마타르트, 해남고구마누룽지 등 달콤하고 고소한 고구마의 맛을 느낄 수 있는 메뉴 위주로 이루어져 있다. 고구마빵 겉은 쫄깃하고 양쪽 끝은 바삭해 두 가지 식감으로 먹을 수 있다. 2~3천 원대. 화~일 09:30~20:00 운영. (116p C:3) 사진ⓒ한국관광 콘텐츠랩

전남 해남군 해남읍 읍내길 8
#고구마빵 #로컬재료 #해남고구마타르트

해남 땅끝 모노레일

"모노레일 타고 올라가는 전망대!"

땅끝마을 산책로에서 전망대까지 이동하는 모노레일. 전망대로 이동하면 땅끝마을과 서해 풍경을 한눈에 담을 수 있다. 인근 해양자연사박물관, 조각공원에도 방문해보자. (116p B:3)

전남 해남군 송지면 송호리 산45
#모노레일 #전망대 #땅끝마을

천일식당 `맛집`

"대통령 맛집에서 한정식 한상"

100년의 역사를 자랑하는 오래된 맛집. 3대째 운영하고 있다. 전 대통령들도 자주 찾던 대통령 맛집. 숯불향과 육즙이 가득한 떡갈비 정식이 인기메뉴다. 상다리가 부러지게 차려진 한상을 직접 들고 온다. 아이를 위한 반찬도 많이 나온다. 전화 및 홈페이지를 통한 예약 가능. 2,4주 월요일 휴무 (116p B:2) 사진ⓒ한국관광 콘텐츠랩

전남 해남군 해남읍 읍내길 20-8 천일식당
#떡갈비 #아이와함께 #현지인맛집

포레스트수목원 "가시는 걸음마다 작품같은 포토존"

@ssooooo_yul

포레스트는 별(STar), 기암괴석(STone), 이야깃거리(STory), 배울거리(STudy), 이렇게 4개의 ST가 있는 테마 수목원이다. 달 모양 조형물 앞에 인생 사진을 남길 수 있는 메인 포토존이다. (121p D:2)

전남 해남군 현산면 봉동길 232-118   #기암괴석 #별체험 #포토존

고천암호 "수많은 가창오리떼를 볼 수 있어"

광활한 갈대밭 위로 가창오리 떼가 날아오르는 철새도래지. 12월~2월 말쯤 방문하면 수십만 마리의 가창오리가 해가 질 녘 하늘을 뒤덮으며 일사불란하게 움직이는 모습을 발견할 수 있다. <서편제>, <살인의 추억> 등이 촬영된 장소로도 유명하다. 고천암호를 따라 14km 정도 둘레를 가득 메운 50만 평의 갈대밭 군락지도 함께 만나볼 수 있다.해남공룡박물관 (116p B:2) 사진ⓒ한국관광 콘텐츠랩

전남 해남군 화산면 율동리 869   #가창오리떼 #갈대밭

해남공룡박물관
"공룡 화석, 발자국을 실제로 볼 수 있어!"

세계 최초로 익룡, 공룡, 새 발자국이 동일 지층에서 발견된 곳에 해남에 세워진 공룡박물관. 알로사우루스 화석, 공룡 조형물, 공룡 발자국 등이 전시되어 있다. 국내 최대 규모의 공룡테마파크도 함께 운영된다. 음성 안내기와 야외전시관 영상 안내 시스템을 대여할 수 있다. 7~8월을 제외한 매주 월요일 휴관. (116p B:2) 사진ⓒ한국관광 콘텐츠랩

전남 해남군 황산면 우항리 191
#공룡 #화석 #공룡모형

진도 신비의 바닷길 추천 "신비로운 엄청난 조수간만의 차"

약 1시간 동안 열리는 진도 바닷길. 조수간만의 차이로 수심이 낮아져 길이 약 2.8km의 바닷길이 폭 약 30~40m 정도로 넓게 펼쳐진다. 뽕할머니 전설을 기리는 동상과 사당도 볼 수 있다. (116p B:3)

전남 진도군 고군면 금계리 1212-31   #바닷길 #뽕할머니

운림산방 "허련의 예술혼이 담긴 한국식 정원의 백미"

조선 후기 화가 소치 허련이 살면서 그림 그렸던 화실이자 정원이다. 주변 산봉우리들에 안개가 구름 숲을 이룬다고 하여 이름 붙여졌다. 아름다운 연못의 작은 섬에는 소치가 심었다는 백일홍 한 그루가 서 있어 고즈넉한 분위기. 고풍스러운 한국식 정원의 아름다움을 제대로 느낄 수 있는 곳이다. (116p B:3) 사진ⓒ한국관광 콘텐츠랩·강시몬

전남 진도군 의신면 운림산방로 315   #조선후기화가 #소치허련 #정원

세방낙조 전망대 추천 "다시 떠오르기 위해 이렇게 아름답게 지는 것인가!"

한국 '10대 일몰 명소' 중 하나로 꾸준히 언급되는 일몰 명소. 다도해의 수많은 섬 사이로 해가 지는 풍경을 감상하기 위해 많은 관광객이 찾는다. 바다를 향해 길게 뻗은 스카이워크 데크와 포토존이 설치되어 있어 편안하게 일몰을 감상하고 기념사진을 남길 수 있다. 전망대 근처에 자유 주차 가능. 라면, 음료 등 간식 판매하는 매점 운영. 입장료 무료. 상시개방. (116p A:3)

전남 진도군 지산면 가학리 산27-3   #노을 #섬 #전망대

용천식당 맛집
"다양한 낙지요리를 즐겨보자"

낙지요리 전문점이다. 탕탕이, 연포탕, 낙지볶음, 초무침 등을 판매하는데 그 중 탕탕이가 인기 메뉴. 국내산 낙지로 질기지 않고 연해서 씹기에 부담이 없다. 게장을 포함한 푸짐한 밑반찬이 나온다. 쏠비치 근처에 위치해 이용객들로 붐빈다. 15:00~17:00 시간엔 브레이크 타임이다. (116p B:3) 사진ⓒ한국관광 콘텐츠랩

전남 진도군 의신면 초평길 64
#낙지요리 #쏠비치맛집 #낙지탕탕이

도리산 전망대 "첩첩섬중 바다 전망"

섬 조도에 있는 전망대로 관광객이 많지 않아 깨끗하고 전망이 좋다. 진도항에서 출발하여 하조도를 지나 상조도에 하선하면 된다. 육지에서 바라보는 다도해의 절경과는 또 다른 매력이 있는 곳이다. (116p A:3)

전남 진도군 조도면 조도대로 54
#바다 #전망대 #섬

쏠비치 진도 "하루 두 번 바닷길이 열리는 이국적인 휴양 리조트"

남프랑스의 휴양지 프로방스를 모티브로 한 이국적인 휴양 리조트. 남도의 바다와 경계 없이 이어지는 사계절 인피니티풀이 이곳의 시그니처. 낮에는 맑은 하늘, 밤에는 화려한 조명과 함께 수영을 즐길 수 있다. 리조트 중심부 프로방스 광장과 향기 가득 라벤드 가든을 갖추었으며, '레전드 히어로즈', 오락실, 사우나 등 다양한 부대시설을 운영한다. 하루 두 번 바닷길이 열리는 작은 섬 '소삼도'와 연결된 해안 산책로가 조성되어 있다. 펫 프렌들리 객실 보유. (120p C:2) 사진ⓒ소노호텔앤리조트　　　전남 진도군 의신면 송군길 30-40　　　#프로방스 #인피니티풀 #해안산책로

월출산 `추천` "산 전체가 하나의 수석 같아!"

기암괴석이 발달해 산 전체가 거대한 하나의 수석 같은 느낌을 주는 웅장한 바위산. '호남의 금강산'이라고도 불린다. 천황봉, 구정봉 등 독특하고 수려한 바위 봉우리가 유명하며, 도갑사 등 유서 깊은 사찰을 품은 곳. 가장 사랑받는 코스인 '천황 지구 순환코스', 천황봉과 구정봉을 모두 거치는 가장 긴 코스 '종주 코스' 등 다양한 탐방 코스가 있으니, 체력에 따라 선택할 것. 천황지구 순환 코스는 반나절 코스지만, 급경사의 구간이 많아 체력 소모가 많으니 참고. (116p C:2)

전남 영암군 영암읍 천황사로 280-43　　　#기암괴석 #호남의금강산 #탐방코스

왕인박사 유적지 "남도를 대표하는 벚꽃 명소이기도"

일본에 건너가 문자, 유교, 기술 등을 전파하여 일본의 아스카 문화 성립에 큰 영향을 미친 왕인 박사의 탄생 및 성장지를 기리는 곳. 왕인박사의 묘, 왕인박사가 홀로 공부하던 천연 석굴(책굴)과 서당(문산재), 가옥 등이 복원 및 보존되어 있다. 매년 봄에는 왕인 박사의 업적을 기리는 영암 왕인문화축제가 유적지 일대에서 성대하게 열린다. 입장료 무료. 상시개방. (116p C:2)

전남 영암군 군서면 왕인로 440   #백제 #일본 #역사여행지

백리벚꽃길 추천 "4월 초, 반드시 들러야 할 벚꽃 드라이브코스 명소"

100리(40km)에 이르는 벚꽃길이 이어진다 해서 백 리 벚꽃길이라 불린다. 매년 3~4월 중 벚꽃이 만개하는 때 지역축제인 영암 왕인문화축제가 열리는데, 이 시기에 맞추어 방문해 봐도 좋겠다.

전남 영암군 영암읍 남풍리   #벚꽃명소 #왕인문화축제 #봄여행지

덕진차밭
"녹차밭에서 보는 월출산 비경"

40년 이상 된 차밭으로 가득한 5만여 평 녹차밭. 월출산을 탁 트이게 조망할 수 있는 장소로 소문났다. 월출산 동쪽으론 활성산 풍력발전 단지도 보인다. 영암 덕진면에 있어 '덕진차밭'으로 불리며 정식 명칭은 '영암 제2다원'이다. 찾아갈 때 덕진 차밭으로 검색하면 찾기가 어려우니 '송석정 마을 입구'로 검색할 추천. 마을 길을 따라가다가 저수지 건너편으로 올라가면 보인다. 주차는 차밭 꼭대기 정자 옆 또는 송석정 마을 입구를 추천. (116p C:2) 사진ⓒ

한국관광 콘텐츠랩-김재은

전남 영암군 덕진면 운암리 133-2
#녹차밭 #자연경관 #사진촬영

영암국제자동차경주장
"쾌속질주의 스피드를 체험하고 싶다면"

우리나라 최초의 국제 자동차 경주 서킷으로, F1 대회뿐만 아니라 대학생 포뮬러 자작 자동차 대회 등 대규모 자동차 대회가 바로 이곳에서 열렸다. 일반 방문객들도 카트체험, 모터스포츠 체험 등을 즐길 수 있다. (116p B:2)

전남 영암군 삼호읍 에프원로 2
#모터사이클 #카트체험 #레이싱

달뜬콩두부 `맛집`
"안전한 식재료로 만든 맛있는 두부요리"

모든 식재료를 달뜬영농조합 농가에서 공급받아 신선하고 믿고 먹을 수 있다. 국산콩을 사용해 직접 만든 두부는 특유의 고소함과 부드러움이 있다. 순두부찌개와 두부전골이 인기 메뉴다. 여름에 먹어야 하는 콩국수는 물을 부어 입맛에 맞게 농도를 맞출 수 있다. 브레이크 타임14:30~16:30, 월요일 휴무 (121p D:1)

전남 영암군 삼호읍 나불외도로 13-10
#콩요리 #두부요리 #영암삼호맛집

독천식당 `맛집`
"살아있는 목포 세발낙지를 먹고 싶다면"

백종원의 3대 천왕에도 나왔던 목포 세발낙지 맛집. 주문과 동시에 수족관에서 살아있는 낙지를 건져올려 바로 요리해 주기 때문에 식감이 더욱 쫄깃하다. 혼자 방문시 낙지 비빔밥추천. (121p D:1)

전남 목포시 호남동 7-3
#세발낙지 #낙지비빔밥 #생물낙지

코롬방제과점 `빵집`
"고소한 새우향이 배어있는 시그니처 바게트"

목포역 앞 소문난 바게트 맛집. 반죽에 건새우를 갈아넣은 새우바게트, 담백한 빵 사이에 크림치즈를 아낌없이 넣은 크림치즈 바게트가 가장 유명하다. 또 하나의 인기 상품인 목화솜빵은 우유크림과 쫀득한 식감이 매력적이다. 바게트 6천 원대. 매일 08:00~21:00 운영. 사진ⓒ한국관광콘텐츠랩

전남 목포시 영산로75번길 7
#새우바게트 #크림치즈바게트 #목화솜빵

수궁한정식 `맛집`
"남도의 푸짐한 한상을 맛보자"

허영만의 백반기행에 출연한 백반 맛집이다. 정식 단일메뉴만 판매하고, 인원수에 맞춰 주문하면 된다. 1인 주문도 가능하다. 10가지가 넘는 반찬이 나온다. 해물된장찌개와 제육볶음도 리필이 된다. 저렴한 가격에 푸짐한 남도 한상을 먹을 수 있다. 09:00~20:00 (일요일 09:00~15:00).

전남 영암군 삼호읍 용당로 80-1
#백반기행 #백반집 #영암맛집

장터식당 `맛집`
"꽃게살만 발라 만든 귀한 양념 비빔밥"

목포에서 가장 유명한 꽃게요리 전문점. 그중에서도 꽃게 살만 모아 매운 양념을 더해 비벼 먹는 꽃게살 양념 비빔밥이 가장 인기다. 비빔밥은 조미김에 싸서 함께 제공되는 정갈한 나물 반찬에 싸 먹으면 그 맛이 각별하다.

전남 목포시 만호동 영산로40번길 23
#꽃게살비빔밥 #꽃게무침 #꽃게찜

국립해양문화재연구소
"어촌과 바다 생활상을 볼 수 있어!"

대한민국의 해양 문화유산을 발굴, 전시하는 유일한 해양 박물관. 과거의 배, 해양 문화재, 어촌 사람들의 삶과 문화 등을 전시하고 있으며, 전시품을 통해 선조들이 어떻게 바다를 이용해왔는지 엿볼 수 있다. 화~금요일에는 전시해설을 들을 수 있으며 한국어, 영어, 중국어, 일본어 오디오 가이드도 구비되어 있다. 관람료 무료, 매주 월요일 휴무. 사진ⓒ한국관광콘텐츠랩

전남 목포시 용해동 8 #해양문화 #어촌 #배

목포자연사박물관
"46억 지구역사 박물관"

46억 년의 지구 역사를 돌아보는 자연사박물관. 자연사관(공룡), 문예역사관(수석, 문학, 화폐 등)으로 나뉘어 운영되고 있다. 매주 월요일과 1월 1일 휴관. (116p B:2) 사진ⓒ한국관광콘텐츠랩-이범수

전남 목포시 용해동 9-28
#자연사박물관 #공룡 #문화

목포 갓바위 "바람과 파도가 빚은 신비로운 풍화혈"

바다와 영산강이 만나는 곳에서 오랜 시간 바람과 파도에 침식되어 만들어진 희귀한 풍화혈. 두 사람이 나란히 삿갓을 쓰고 서 있는 모습을 닮아 갓바위라고 불린다. 천연기념물로 지정되어 있으며, 목포 8경 중 하나이다. 가까이에서 갓바위의 신비로운 모습을 볼 수 있는 해상 보행교가 포토 스폿. 밤이면 바위에 경관 조명이 켜져 아름다운 야경을 즐길 수 있다. (116p B:2)

전남 목포시 용해동 산86-24 #풍화혈 #목포8경 #해상보행교

SUKSAN [카페] "바위 닮은 공간에서 바라보는 환상적인 하버뷰"

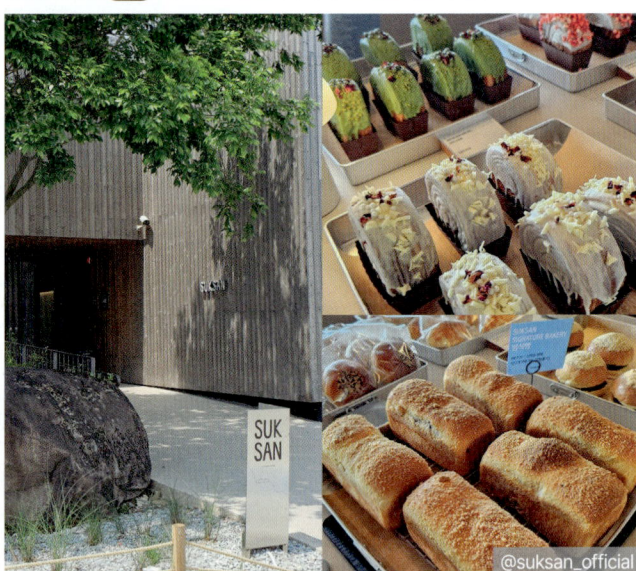

@suksan_official

거대한 바위 절벽을 연상시키는 콘크리트 외관, 탁 트인 하버 뷰를 자랑하는 감각적인 공간. 석산 너츠 캐러멜 라떼 등 시그니처 음료와 함께 엄마의 마음, 검정 고무신, 빵 오 쇼콜라 등 7가지 시그니처 베이커리 메뉴를 즐길 수 있는 곳. 루프탑에 올라 시원한 바닷바람을 맞으며 목포항의 정취를 느껴보아도 좋다. 월~금 10:00~22:00, 토~일 09:00~22:00 영업.

전남 목포시 고하대로 588 #바위절벽 #콘크리트 #하버뷰

유달산 일주도로 개나리
"기암절벽과 이런 개나리!"

유달산은 봄마다 2.7km의 일주도로를 따라 개나리가 피어난다. 유달산은 노령산맥의 마지막 봉우리로 다도해로 이어지는 서남단 끝의 산으로, 228m 높이의 아담한 봉우리라서 가벼운 마음으로 오를 수 있다. 사진ⓒ한국관광콘텐츠랩

전남 목포시 죽교동 168-1   #개나리 #등산

유달산 유선각(전망대) 추천 "목포항, 목포시, 다도해를 한눈에 볼 수 있어"

다도해의 풍경, 목포항, 목포 시내 전경을 360도로 조망할 수 있는 전망대. 바다 건너 영암 대불 산단까지 보인다. 전망대까지 향하는 길목에 단풍나무가 심겨 있어 가을에 더욱 인기 있다. 유선각 바로 옆에도 단풍나무가 노랗게 물든다. 울퉁불퉁하고 가파른 돌계단을 올라야 하니 편안한 신발을 신고 방문하길 추천. 계단 앞 주차장 1시간 무료 주차 가능.

전남 목포시 죽교동 산27-3   #다도해 #단풍 #전망대

목포해상케이블카 "다도해를 내려다보는 우리나라 최장 케이블카"

목포 북항을 출발하여 유달산을 거쳐 고하도까지 이어지는 총길이 3.23km의 국내 최장 해상 케이블카. 유달산의 경치와 목포대교, 다도해의 시원한 바다 풍경을 공중에서 조망할 수 있다. 바닥이 투명한 크리스탈 캐빈을 이용하면 더욱 생생하고 스릴 넘치는 경험을 할 수 있다. 왕복 24000원. 편도 19000원. 크리스탈 캐빈으로 탑승하는 경우 왕복 29000원, 편도 22000원. 09:30~18:00. (116p B:2)

전남 목포시 해양대학로 240   #유달산 #바다전망 #투명바다

목포 근대화거리

목포 근대화거리 `추천` "거리 전체가 살아 있는 박물관 그 자체"

개항과 일제강점기~해방 이후 목포의 역사가 살아 숨 쉬는 곳. 마치 거대한 야외 박물관처럼 100여 년 전 건축물과 거리가 그대로 보전되어 있다. 붉은 벽돌 건물과 일본식 가옥, 서양식 건물들이 뒤섞여 이국적인 풍경을 이룬다. 이곳의 랜드마크, 일본영사관이었던 근대역사관 1관과 동양척식주식회사였던 근대역사관 2관은 필수 방문 코스. 건물 외벽, 좁은 골목길, 독특한 창문과 문 앞 모두 사진을 남기기 좋은 포토 스폿이니 천천히 걸으며 인생 사진을 남겨 보자.

전남 목포시 중앙동2가 일원   #근대 #역사문화 #이국적풍경

연희네슈퍼 `추천` "옛날 감성 물씬나는 슈퍼"

영화 <1987>에서 주인공 연희(김태리)의 집이자 슈퍼마켓으로 등장하는 곳. 아기자기한 옛 골목에 자리한 레트로 감성 슈퍼라 포토존으로 인기 있다. 건물 외관과 내부가 영화 속 모습 그대로 보존되어 있으며 1980년대 슈퍼에서 팔법한 옛 물건들을 구경할 수 있다. 서산동 시화골목(서산동 벽화마을) 초입에 위치. 바로 앞 무료 공영주차장 이용 추천. 입장료 무료. 09:00~18:00.

전남 목포시 서산동 12-32   #레트로 #오래된골목길 #영화촬영지

목포 근대역사관 1관&2관 "목포 근대사를 대표하는 두 장소"

근대역사관 1관

근대역사관 2관

목포 근대사를 생생하게 느낄 수 있는 역사 문화 공간. 드라마 '호텔 델루나'의 촬영지로 유명한 1관은 붉은 벽돌 건물로 개항부터 일제강점기의 목포의 역사와 유물을 전시 중이다. 뒤편 방공호도 잊지 말고, 살펴보자. 1관에서 도보 3~4분 거리, 2관은 일제의 수탈 기관이었던 석조 건물을 리뉴얼한 곳으로 항일운동과 일제강점기 수난의 역사를 다루고 있다. 성인 기준 2,000원, 1회 발권으로 두 관 모두 관람 가능. 09:00~17:30 운영, 매주 월요일 휴무. (116p B:2) 사진ⓒ한국관광 콘텐츠랩

1관: 전남 목포시 영산로29번길 6/2관: 전남 목포시 번화로 18   #개항 #근대사 #일제강점기

씨엘비베이커리 빵집

"새우바게트와 크림치즈바게트의 원조"

코롬방제과점의 새우바게트, 크림치즈바게트를 만든 원조로 불리는 곳. 이곳의 크림치즈바게트에는 유명 크림치즈 브랜드 끼리(kiri)를 사용한다. 코롬방제과점 운영주체 분리로 인해 별도의 빵집으로 운영하고 있지만, 서로 겹치는 빵이 많다보니 두 곳의 빵을 모두 구매해 비교하며 먹는 재미도 있다. 바게트 6천 원대. 매일 08:00~21:00 운영.

전남 목포시 영산로75번길 14 1층
#새우바게트 #크림치즈바게트

@clbbakery

회산 백련지 추천 "동양 최대의 백련 자생지"

10만여 평에 달하는 드넓은 저수지 전체에 하얀 연꽃이 가득 피어나는 곳. 8월에 이곳을 찾으면 연꽃의 절정을 목격할 수 있다. 물옥잠, 물양귀비 등 다양한 수생식물들도 함께 볼 수 있다. 호수 위를 가로지르는 탐방 데크길을 통해 연지 중앙까지 걸어 들어갈 수 있으며, 연꽃 전망대에서는 광활한 백련지의 모습을 한눈에 조망할 수 있다. 주변으론 물놀이장, 카페, 느티나무길 등이 조성되어 있다. 입장료 무료. (116p B:2)

전남 무안군 일로읍 산정리　　#백련꽃 #저수지 #수생식물

무안 황토 갯벌랜드 "검은비단이라 불리는 세계 5대 갯벌"

칠게, 짱뚱어, 함초 등 다양한 생물이 서식하는 무안 황토 갯벌을 중심으로 조성된 생태 체험 학습장. 갯벌에 직접 들어가 흰발농게 등 갯벌에서만 서식하는 각종 생물을 관찰할 수 있다. 갯벌 위를 걸을 수 있는 해안 탐방 데크길도 설치되어 있다. 황토 이글루에서 숙박하는 이색 체험도 가능. 갯벌 생태계에 관해 설명해 주는 생태체험과학관도 운영하고 있다. 입장료 무료. 09:00~18:00, 월요일 정기휴무. (116p B:1)

전남 무안군 해제면 황토갯벌길 88　　#황토체험 #갯벌체험 #생태체험

섬티아고 순례길
"신안군에서 걷는 순례길, 섬티아고"

천여 개의 섬으로 이루어진 신안군. 소악도에 있는 12사도 예배당을 도는 코스이다. 크고 작은 섬들을 이어 만든 순례길이라 '섬티아고'가 되었다. 지표를 따라 섬의 풍경을 감상하며 천천히 걷는 길은, 생각을 정리하고 마음을 다듬는데 큰 도움을 준다. 순례길을 걷기 위해 굳이 산티아고를 갈 필요가 없을 정도. (116p A:1)

전남 신안군 증도면 병풍리
#순례길 #12사도예배당 #섬티아고

백길천사횟집 맛집
"신선한 회를 맛보자"

광어, 참돔, 도다리, 농어 등 많이 먹던 횟감부터, 현지에서 즐길 수 있는 횟감까지 다양한 생선회를 즐길 수 있다. 자연산, 양식을 구분해서 판매하고, 식사 메뉴도 다양해 선택의 폭이 넓다. 밑반찬이 푸짐하고 맛있기로 유명하다. 매일 10:00~21:00. (116p A:1) 사진ⓒ한국관광 콘텐츠랩

전남 신안군 자은면 자은서부1길 86-12
#생선회 #백길해수욕장 #자은도

하누넘전망대(하트해변전망)
"육지가 아닌 섬의 전망은 왠지 모르게 가슴 떨려"

하늘과 바다만 보이는 바닷가라는 뜻의 '하누넘' 하트 해변이 보이는 곳. 침식작용의 반복으로 하트 형태의 해변이 만들어졌다. 멀리 선왕산의 기암괴석과 봉우리 그리고 바다의 모습이 아름답다. 명사십리 해변에서 차로 17분 이동.

전남 신안군 비금면 내월리 산 117   #하트해변 #연인 #사진

증도 소금밭전망대 `추천` "느리게 사는 삶,인생을 허투루 살지 않겠다는 다짐"

증도는 드넓은 갯벌 염전을 토대로 세계 슬로시티로 지정되었다. 소금밭 전망대에 오르면 국내 최대 단일 염전인 태평염전과 증도대교, 앞바다가 한눈에 들어온다. 증도라는 지명은 물이 귀하여 물이 밑 빠진 시루처럼 새어나간다는 의미를 담고 있다. (116p A:1)

전남 신안군 증도면 대초리 1650-65   #염전 #전망대 #바다전망

도초도 자산어보 촬영지
"초가집 마루에서 보는 도초도의 바다"

영화 <자산어보>의 촬영지. 언덕 위 바다가 내려다보이는 초가집 두 채가 영화가 촬영되었던 곳. 주인공 정약전(설경구)과 어부 창대(변요한)의 삶의 터전이자 영화 속 '가거댁 초가'로 등장하는 공간이다. 대청마루, 부엌, 돌담, 우물 등이 영화 속 모습 그대로 보존되어 있다. 초가집 대청마루에 앉으면 바다가 한눈에 시원하게 내려다보이며 멀리 우이도와 흑산도까지 조망할 수 있으니 기념사진 남겨보자. (120p A:1)

전남 신안군 도초면 발매리 1356
#초가집 #대청마루 #바다액자

퍼플섬 "섬 전체가 온통 보랏빛 향기"

보라색의 아스타 꽃이 섬 전체를 물들여 '퍼플섬'이라 불리는 곳. 신안 반월도(半月島)와 박지도(朴只島) 두 개의 섬을 통틀어 부르는 명칭이다. 마을을 보라색으로 단장하는 섬 재생사업을 통해 마을 지붕, 도로, 가로등, 다리까지 온통 보랏빛으로 물들였다. 퍼플섬은 세 개의 보라색 해상 보행교인 문브릿지(안좌도~반월도), 퍼플교(반월도~박지도), 퍼플2교(박지도~안좌도)로 연결되어 있어서 세 섬을 걸어서 여행할 수 있다. (116p A:2)

전남 신안군 안좌면 소곡두리길 257-35
#아스타꽃 #보라색섬 #퍼플교

증도 태평염전 추천 "염전 한 번도 안가본 사람?"

끝없이 펼쳐진 염판과 소금창고가 만들어내는 경치를 감상할 수 있는 곳. 신안 증도에 있는 국내 최대의 단일염전으로 매년 1만 5천 톤 이상의 천일염이 생산되는 곳으로 소금 창고가 3km가량 넓게 늘어서 있다. 관광지로 개방되어 있어 염전 체험도 즐길 수 있으며, 태평염전 입구에는 소금 가게, 소금 아이스크림을 파는 소금 카페들도 있다. (116p A:1)

전남 신안군 증도면 지도증도로 1058　　#염전체험 #소금커피 #소금아이스크림

신안 가거도 "낚시체험을 해보고 싶다면 가거도로 가족여행을~!"

우리나라 갯바위 5대 지역 중에 하나로, 중국의 새벽닭 울음소리가 들리기도 한다. 낚시로 유명한 섬이며 해저가 수심이 깊은 암초 지대여서 어종이 다양하다.

전남 신안군 흑산면 가거도리 582-18　　#섬 #낚시터

11

제주특별자치도

SPRING
제주의 봄

산방산 유채꽃
산방산 아래서 피어난 제주의 봄. 제주에서도 남쪽에 위치해 이른 유채꽃을 감상할 수 있는 곳 중 하나

엉덩물계곡 유채꽃
구름다리에 서면 유채꽃 계곡의 매력이 한층 가깝게 다가온다.

가파도 청보리밭
평탄하고 아담한 섬이라 지평선 끝까지 초록초록하다.

녹산로 유채꽃도로
가시리 마을에서부터 약 10km, 노란 빛 드라이브

삼성혈 벚꽃
세 시조가 솟아난 전설의 땅에서 피어난 벚꽃

제주대학교 벚꽃길
청춘의 설렘이 끝날리는 분홍빛 터널

한라산 윗세오름 철쭉
윗세오름에서 남벽 분기점까지 펼쳐
진 철쭉 군락

가시리 유채꽃 밭
거대한 풍차가 압도적인 3만 평의 평원

SUMMER
제주의 여름

협재해수욕장
손에 잡힐 듯 떠 있는 비양도와 투명한 에메랄드빛 바다가 기다리는 제주 서쪽의 인기 휴양지.

정방폭포
바다로 직접 떨어지는 거대한 비단길, 동양 유일의 해안 폭포

해안도로 수국
바다를 닮은 파란 꽃의 행진은 종달리를 따라 이어진다.

비자림
숲 깊은 곳에 수령 800년 이상의 비자나무가 숨어있다

한담해변 카누
투명한 카누 아래로 헤엄치는 물고기가 가득!

광치기해변 노을
성산일출봉을 품은 붉은 바다

세기알해변 스노쿨링
스노쿨링 마니아들 사이에서 소문난 '천연 수영장'

우도 서빈백사
눈부신 하얀 산호와 투명한 바다가 만나는
홍조단괴 해변

AUTUMN
제주의 가을

따라비오름 갈대
매끄럽고 아름다운 곡선을 자랑하는 '오름의 여왕' 가을이면 은빛 억새로 뒤덮인다.

성산일출봉 해국
깎아지른 절벽 끝에 피어난 보랏빛 야생화

한라산 영실코스
해발 고도가 높아짐에 따라 달라지는 희귀 나무 군락과 탁 트인 고원

아끈다랑쉬오름 억새
10분이면 오르는 아담한 억새 동산

삼다수길 억새와 단풍
제주 삼다수의 근원이 되는 깨끗한 물
을 품은 곳이자 가을 산책 코스

마노르블랑 핑크뮬리
산방산과 송악산 서귀포 바다
까지 한눈에 들어오는 핑크뮬
리 카페

오라동 메밀밭 메밀꽃
해발 500m 중산간 지대에 위치
해 탁 트인 뷰는 덤

WINTER
제주의 겨울

카멜리아힐 동백꽃
500여 종의 동백이 숲을 이루는 곳. 감성적인
가랜드 앞에서 사진도 남겨보자

휴애리 자연생활공원 동백꽃
겨울 동백 축제는 제주 내에서도 손꼽히는 규모사진ⓒ한국
관광 콘텐츠랩

성산일출봉 일출
'일출봉' 이름 그 자체인 명소사진ⓒ한국관광 콘텐츠랩

돌문화공원 초가집 설경
예부터 이어온 초가집과 돌담, 제주다운
모습

눈덮인 귤나무
눈을 툭툭 털면 제주도 최고 간식이 등장!

1100고지휴게소 설경
눈 덮인 고산식물들과 설경이 어우러진 평온한 풍경을 데크 길에서 감상할 수 있다.

한라산 윗세오름 설경
겨울 한라산 산행의 묘미, 눈이 쌓여 마치 하얀 바다처럼 보이는 낮은 관목들

1100도로
하늘과 맞닿은 하얀 왕국으로 향하는 도로, 한라산의 장엄한 설경을 드라이브로 즐길 수 있다.

제주특별자치도의 먹거리

01

보말칼국수 | 제주특별자치도

보말은 '바다 고둥'의 제주 방언으로, 여름에 가장 맛이 좋으며 깊고 고소한 맛이 난다.

02

제주도 갈치 | 제주특별자치도

제주도 갈치는 채낚시로 잡아 올려 손상이 적어 최상급으로 친다. 갈치는 보통 구이, 찌개, 조림으로 먹지만, 제주에서는 국과 회로도 먹을 수 있다. 갈치에는 비타민A, B, D, E와 오메가 3가 풍부하다.

03

제주도 흑돼지 | 제주특별자치도

일반 돼지보다 작고 털이 검은 흑돼지는 껍질이 두껍고 마블링이 많아 일반 돼지고기보다 더 육즙이 풍부하고 고소하다. 돼지껍데기가 붙은 흑돼지 오겹살도 별미다.

04

돔베고기 | 제주특별자치도

돔베는 '도마'의 제주 방언으로, 돔베고기는 마늘, 계피, 생강 등을 넣어 삶은 흑돼지를 나무 도마에 통째로 올려 썰어낸 요리를 말한다. 여기에 소금이나 멜젓, 마늘, 묵은지를 곁들여 먹는다.

05

갈치조림 ┃ 제주특별자치도

손상이 적고 살코기가 통통한 최상급 제주도 은갈치. 토막 낸 갈치를 무와 감자 등과 함께 고추장을 풀어 매콤하게 조려 먹는다.

06

제주도 물회 ┃ 제주특별자치도

제주 물회는 쉰다리 식초를 넣어 새콤한 맛이 난다. 제피잎, 풋고추, 마늘을 넣어 매운맛을 내는 것도 제주 물회만의 특징이다.

07

고기국수 ┃ 제주특별자치도

제주 고기국수는 뽀얗게 우린 돼지 뼈 육수에 중면을 넣고 수육을 올려 먹는다. 뼈와 수육은 모두 제주 흑돼지를 사용해 담백하고 깔끔한 맛이 난다.

08

막창순대 ┃ 제주특별자치도

제주도에서는 두툼한 돼지 막창에 소를 넣어 순대를 만들어 먹는다. 일반 순대와 달리 막창 피가 쫄깃하고, 순대 한 접시만 먹어도 든든하다.

09

전복돌솥밥 ┃ 제주특별자치도

전복 내장을 넣어 돌솥에 한 밥에 통통한 전복 살을 올린 전복 돌솥 밥은 밤, 대추, 호박 등과 맛 간장을 넣어 기본 간이 되어서 나온다.

10

몸국 ┃ 제주특별자치도

몸국은 돼지고기를 삶은 육수에 모자반, 돼지 내장, 신김치를 썰어 넣고 메밀가루를 풀어 걸쭉하게 만든 국이다.

제주특별자치도의 먹거리

11

제주도 전복 | 제주특별자치도

전복은 제주도에서 꼭 먹어보고 가야 할 대표적인 특산물이다. 쫄깃쫄깃한 식감이 예술인 전복회, 전복죽, 시원한 국물이 일품인 전복 뚝배기 모두 맛있다.

12

제주도 회 | 제주특별자치도

제주도에서는 식당뿐만 아니라 시장이나 마트에서도 간편하게 회를 사 먹을 수 있다. 고등어회, 갈치회, 딱새우회 등 제주에서만 먹을 수 있는 회도 많다.

13

말고기 | 제주특별자치도

평소에 맛보기 힘든 말고기를 제주도에서는 흔하게 만나볼 수 있다. 말고기는 보통 육회로 먹지만 구이, 찜, 샤브샤브, 탕으로도 요리해 먹는다.

14

오메기떡 | 제주특별자치도

차조 가루 떡에 팥고물, 콩가루, 견과류를 굴려 만든 오메기떡. 제주 동문시장에서 판매하며 택배로 부칠 수도 있다.

15

우도 땅콩 아이스크림
| 제주시 우도면

우도에 방문한다면 꼭 먹고 가야 할 땅콩 아이스크림. 땅콩 알과 가루가 수북이 뿌려져 있어 고소하다.

사진ⓒ한국관광 콘텐츠랩

제주특별자치도에서 살만한 것들

1

2

3

4

5

6

7

8

9

10

11

12

1.제주 옥돔
제주 옥돔은 생선 중의 생선으로 꼽힐 만큼 고급 어종이다. 옥돔은 부패하기 쉬워 육지에서는 맛보기 힘들다. 9월부터 이듬해 4월까지가 제철.

2.감귤막걸리
감귤막걸리는 제주 감귤 농축액이 들어가 새콤달콤한 맛이 난다. 한·중·일 3국 정상회의 만찬주로도 선정된 바 있다.

3.오메기술
오메기술은 오메기떡으로 빚은 제주도 전통주다. 몸국이나 제주 흑돼지에 오메기술을 곁들이면 더 맛있다.

4.서귀포 감귤
삼국시대부터 재배되고, 임금에게 진상되던 제주 감귤. 11월~12월에는 서귀포의 여러 감귤농장에서 귤 따기 체험을 할 수 있다.

5.우도 땅콩
우도 특산물 땅콩은 껍질 채 먹어도 될 정도로 고소한 맛이 제대로 살아있다. 땅콩 아이스크림을 시켜도 껍질 땅콩이 그대로 올라올 정도이다.

6.우도 땅콩막걸리
해풍을 맞고 자란 우도 땅콩으로 만드는 막걸리. 우도 땅콩 특유의 고소한 향과 맛이 살아있는 것이 특징이다.

7.제주 마음샌드
제주 공항 파리바게뜨에서만 구매할 수 있는 여행 필수 기념품. 우도 땅콩맛과 한라봉 맛이 있다.

8.제주 컵라면 돗멘
제주산 흑돼지가 들어간 컵라면. 돼지코가 그려진 패키지가 인상적이다. 깊고 진한 육수 맛이 특징.

9.제주산 애플망고
이제는 국내에서도 애플망고가 재배된다. 그중에서도 제주산 애플망고는 해풍과 풍부한 일조량 덕분에 향이 진하고 당도가 높다.

10.제주 감귤 모자
감귤의 색과 모양을 그대로 표현한 모자로, 제주 여행을 더욱 즐겁게 만들어 준다. 제주 곳곳의 소품샵에서 쉽게 구매할 수 있다.

11.제주 화투
제주 해녀, 제주 풍경 등을 화투에 담아 낸 이색 기념품. 아기자기하고 위트 있는 그림으로 인기.

12.돌하르방 마그넷
제주에서만 볼 수 있는 현무암 석상인 돌하르방. 돌하르방을 표현한 마그넷은 제주 여행 기념품으로 제격이다.

제주특별자치도 BEST 맛집

올래국수 | 제주시

제주3대 고기국수집이다. 고기국수 단일메뉴만 판매한다. 맑고 가벼운 느낌의 국물에 두툼한 제주산 고기가 올라가 있다.

돈사돈 | 제주시

연탄불에 직접 구워주는 돼지고기 전문점. 고기는 근(400g, 600g) 단위로 주문할 수 있으며, 5cm 정도로 두툼하게 썰려 나온다.

다가미 | 제주시

제주3대 김밥 맛집이다. 제주산 돼지떡갈비에 마늘, 고추가 들어간 매콤한 화우쌈이 시그니처 메뉴다.

곰막식당 | 구좌읍

큼직한 회, 탱글탱글한 면, 맛있는 양념이 만나 조화로운 맛을 이루는 회국수가 인기메뉴

벵디 | 구좌읍

매콤하고 달콤한 양념의 돌문어덮밥이 인기 메뉴다. 탱글탱글하고 신선한 문어를 맛볼 수 있다. 식감이 쫄깃하고 담백하다.

명진전복 | 구좌읍

제주도 전복 맛집으로 유명한 곳. 돌솥밥에 전복 내장과, 당근 등의 재료를 넣고 위에 전복을 올렸다. 취향에 맞게 버터를 넣어 비벼먹으면 된다.

07

섬소나이 | 우도면

우도 특산물인 몸이 올라가고 톳으로
만든 톳면이 특징인 우도 짬뽕 맛집

08

성산흑돼지두루치기 | 성산읍

활전복, 흑돼지, 오징어로 만든 흑돼지
삼합두루치기가 시그니처 메뉴

09

@kkuni_love

오는정김밥 | 서귀포시

예약제로 운영하므로 예약 필수. 사전
예약은 하루 전부터 가능하다.

10

연돈 | 서귀포시

등심가스, 치즈가스 2가지 메뉴만 판
매하는 곳

11

@henupark

서광춘희 | 안덕면

귤창고를 식당으로 개조했다. 성게라
면과 성게비빔밥이 인기메뉴

12

안녕협재씨 | 한림읍

협재 비빔밥 맛집이다. 여러 비빔밥 중
딱새우비빔밥이 인기

13

수우동 | 한림읍

쫄깃쫄깃한 면발에 반숙 계란 튀김이
올라간 냉우동 맛집

14

문개항아리 | 애월읍

꽃게, 바지락, 가리비, 전복, 문어 등
푸짐한 해물이 들어간 해물라면

15

애월 우니담 | 애월읍

제주 성게 맛집이다. 성게덮밥, 성게미
역국, 전복 가마솥밥이 인기메뉴

제주특별자치도

추자도

곽지과물해변(곽지 해수욕장),
구엄리돌염전, 새별오름, 새별오름 억새,
들불축제, 항파두리 항몽유적지,
항파두리 유채꽃, 아르떼뮤지엄 제주

절물자연휴양림, 삼성혈
제주대학교 벚꽃길, 한라수목원
제주 오라동, 이호테우해변 등대

제주시

비양도

애월읍

성이시돌목장, 금오름
협재해수욕장

한림읍

한경면

수월봉, 수월봉 지질트레일
신창풍차 해안도로

차귀도

안덕면

산방산
용머리해안
오설록티뮤지엄
신화워터파크
본태박물관

서귀포시

사라오름, 서귀포 올레시장 이중섭
문화거리, 천제연 폭포 중문색달해변,
천지연 폭포, 쇠소깍

대정읍

알뜨르 비행장
가파도 청보리밭
마라도 억새
곶자왈

가파도

마라도

우도

우도, 우도 유채꽃,
비양도
하고수동 해수욕장
산호해수욕장

구좌읍

김녕 해수욕장
월정리 해수욕장
용눈이오름, 만장굴

조천읍

사려니숲길, 제주
서우봉,산굼부리,
함덕 서우봉해변

성산읍

광치기해변
김영갑갤러리 두모악
서귀포 광치기해변
유채꽃, 섭지코지
성산일출봉

표선면

성읍민속마을
표선해수욕장
제주민속촌

남원읍

큰엉해안경승지
편백포레스트

국립제주박물관
"제주도의 모든 것"

제주특별자치도 제주시

제주도의 섬 생성부터 역사와 문화를 다양한 자료와 유물을 통해 배우는 고고역사박물관이다. 다양한 체험과 교육 프로그램이 운영되고 있어 아이들과 함께 방문하기 좋다. 박물관 주변에는 자연을 즐길 수 있는 산책로가 있다. 화~일 09:00~18:00 운영, 입장 마감 17:30. 매주 월요일 휴관. 관람료 무료. (125p E:1) 사진ⓒ한국관광 콘텐츠랩

제주 제주시 일주동로 17
#고고역사박물관 #교육 #아이

동문재래시장 [추천] "제주 방문 필수 코스! 다양한 먹을거리와 볼거리가 가득한 곳"

제주도에서 가장 오래된 재래시장이다. **야시장 구경부터 풍성한 먹거리까지 시장 인심이 넉넉한 곳**이다. 가성비 좋은 포장회와 공항 면세점보다 싼 가격의 선물용 초콜릿 등 제주도의 다양한 특산물을 저렴하게 구입할 수 있다. 제주공항에서 차로 15분 거리며, 공영주차장이 있어서 접근성이 좋다. 자정까지 야시장도 운영한다. 매일 08:00~21:00 운영. 야시장은 11~4월 18:00~24:00, 5~10월 19:00~24:00 운영. 연중무휴. (125p D:1)

제주 제주시 관덕로14길 20   #재래시장 #야시장 #가성비

마방목지
"한라산 중턱의 넓은 초원만큼 이색적인 곳도 없지!"

제주에서 서귀포로 넘어가는 한라산 중턱 1131번 도로에 있는 말을 키우는 **이국적이고 넓은 초원. 순수 제주 혈통의 조랑말이 있는 이곳은 천연기념물 347호**로 지정되어 있다. 우리나라 말의 50%는 제주에 있는 이유는 이곳과 같은 넓은 초원이 한몫을 했을 것이란 의견이 많다. (125p F:3)

제주 제주시 516로 2480   #조랑말 #초원 #승마체험

올래국수 맛집
"고기국수의 성지"

@oohjinnie

돼지사골 육수에 중면을 넣고 부드러운 돔베고기를 얹힌 고기국수 맛집. 고기국수 성지 중에 하나라 항상 웨이팅이 있지만 회전율은 빠른 편. 부추와 다대기를 넣으면 돼지국밥처럼 진한 맛이 더 우러난다. 양도 많고 저렴. 주차 불가. 인근 유료 주차장 이용 시 음식값 1,000원 할인. 가격은 고기국수 10,000원. 08:00~ 15:00, 일요일 휴무. (125p D:2) 사진ⓒ한국관광 콘텐츠랩

제주 제주시 귀아랑길 24
#고기국수 #웨이팅 #주차할인

빵글 빵집 "버터 풍미 가득한 오픈런 소금빵 맛집"

오픈런을 해야 할 만큼 빵 마니아 사이에 소문난 빵지순례 스폿. 버터의 풍미가 느껴지는 기본 소금빵은 최고급 레스큐어 버터를 사용한다. 애플뵈르 소금빵도 인기인데, 주문하면 즉석에서 시그니처 소금빵에 수제 애플잼과 버터를 발라준다. 매장이 작아 한 번에 2팀만 입장 가능. 소금빵 2천 원대. 10:30~19:00 운영.
사진ⓒ한국관광 콘텐츠랩

제주 제주시 구남동6길 45-1 1층 빵글
#소금빵 #애플뵈르소금빵

어승생악 "작은 한라산"

'임금님께 바치는 말'이란 뜻을 지닌 어승생악은 해발 1,168m 높이로 작은 한라산이라는 별명을 갖고 있다. 정상까지 대부분 계단으로 이루어져 있으며, 별명처럼 짧은 시간에 한라산을 등반하는 느낌을 얻어 갈 수 있다. 정상에 오르면 백록담 정상은 물론 다양한 오름과 바다를 볼 수 있고 250m의 분화구가 있다. 정상까지 편도 1.3km로 왕복 1시간가량 소요된다. (127p E:3)

제주 제주시 해안동 산220-12
#작은한라산 #백록담 #분화구

아침미소목장 "아름다운 자연 속 낙농 체험 목장"

소규모 체험형 목장으로 아이를 동반한 가족 단위 손님에게 인기 있는 장소이다. 양, 송아지에게 우유주기 체험도 하고 아이스크림과 치즈를 직접 만들어볼 수도 있다. 만들기 체험은 반드시 예약이 필요하다. 카페도 운영하며 크림치즈와 아이스크림 맛집으로 유명하다. 드넓은 초원과 다양한 포토존에서 사진도 찍어보자. 수~월 10:00~17:00, 16:30 마감. 매주 화요일 휴무. 입장료 없음. 체험료는 별도. (125p E:2) 사진ⓒ한국관광 콘텐츠랩

제주 제주시 첨단동길 160-20 #목장 #체험교육 #포토존

다가미 맛집
"계란, 참치, 멸치로 꽉찬 김밥"

제주3대 김밥 맛집이다. 제주산 돼지떡갈비에 마늘, 고추가 들어간 매콤한 화우쌈이 시그니처 메뉴다. 3,500원의 가격에 속이 꽉찬 푸짐한 김밥을 맛볼 수 있다. 햄과 단무지가 들어가지 않는 것이 특이하다. 전화예약이 가능하나, 주문이 밀린 경우 통화가 어렵다. 제주 도내 5개의 매장이 있으니 가까운 곳으로 방문하면 된다. 일요일 휴무 (125p D:2)

제주 제주시 도남로 111
#김밥맛집 #참치김밥 #가성비

한라생태숲 추천
"가벼운 마음으로 지나가다 들러봐. 혼자 걸으며 사색하기 좋은 곳!"

난대, 온대, 한대 식물을 한 장소에서 모두 볼 수 있는 곳이다. 2층 전망데크에 오르면 한라산 정상 뷰를 즐길 수 있다. 힘들지 않게 동네 공원을 산책하는 느낌으로 한라산 정상과 제주 앞바다를 볼 수 있어 더 매력적이다. 3~10월 매일 09:00~18:00, 11~2월 매일 09:00~17:00 운영. 운영 시간 종료 1시간 전 입장 마감. 입장료 무료. (125p F:3)

제주 제주시 516로 2596   #식물원 #전망대 #한라산전망

절물자연휴양림 추천
"많은 사람들이 이곳을 제주 1순위 여행지라고 말해"

쭉쭉 뻗은 삼나무 숲길로 유명한 휴양림. 삼나무 숲 사이로 한 폭의 수채화 작품 같은 산책로가 나 있는데, 두 시간 코스로 제주의 삼나무 숲을 느끼면서 산책할 수 있다. 절물 오름에 오르면 멋스럽게 한라산을 조망할 수 있다. 휴양림에는 약수터, 연못, 잔디광장, 폭포 등의 시설이 있다. 절물은 '절 옆에 물이 있다'라는 뜻이다. 매일 07:00~17:00 운영. 성인 1,000원. (125p F:2)

제주 제주시 명림로 584   #삼나무숲길 #트래킹

제주 전농로 벚꽃거리

"벚꽃은 이 길에서 봐야 제맛이지!"

대한적십자사 제주도지사 앞부터 삼성혈 방향 KT 제주지사까지 1km가량의 왕벚꽃 거리. 2차선의 양쪽 벚나무가 벚꽃 터널을 이루고 있어 제주를 대표하는 벚꽃 명소로 불린다. 삼성혈 주차장 또는 제주민속자연사 박물관 주차장 또는 복개주차장을 이용하자. (125p D:1)

제주 제주시 삼도1동 1230
#3, 4월 #벚꽃터널 #삼성혈

제주 삼성혈 `추천`

"아침 일찍 혼자 걷는 제주 벚꽃 산책길"

탐라국을 창시한 3성씨(제주 고씨, 제주 양씨, 제주 부씨)의 시조가 용출한 전설의 장소이다. 한반도의 가장 오래된 사적지로 국가지정문화재 제134호 지정되어 있다. 시조에 대한 제의가 이루어지는 곳이며, 울창한 소나무 숲 사이를 산책하기에도 좋다. 매일 09:00~18:00 운영, 17:30 매표 마감. 성인 4,000원. (125p D:1)

제주 제주시 삼성로 22
#탐라국 #시조 #벚꽃

제주대학교 벚꽃길 "이른 시기 봄을 알리는 벚꽃길"

제주에서 아름답기로 손꼽히는 벚꽃 명소 중 하나. 벚꽃이 만개하는 시가가 되면 수많은 사람이 찾아오는 꽃놀이 핫스폿. 낭만적인 벚꽃 드라이브 코스로도 유명하다. 이곳은 꽃잎이 크고 풍성한 왕벚나무 군락지로 다른 곳보다 화려하고 풍성한 아름다움을 자랑한다. 봄이 되면 벚꽃길 외에도 캠퍼스 곳곳에 아름다운 봄꽃이 함께 피어나니 함께 감상해 보길 추천한다. 벚꽃 절정기 주말 차량 통제 확인 필수. (125p E:2)

제주 제주시 제주대학로 102   #캠퍼스 #벚꽃 #낭만

제주특별자치도 제주시

아베베베이커리 카페 "제주 로컬 재료를 활용한 크림 도너츠 전문점"

제주 로컬 음식을 빵으로 재해석하는 베이커리. 최근 제주에서 가장 핫한 곳으로 손꼽힌다. 우도 땅콩 크림 도너츠, 조천 오메기 품은 단팥빵, 산방산 고구마 크림 도너츠 등 제주의 특색을 담은 도 너츠와 빵이 다양하게 준비되어 있다. 크림 도너츠는 차가운 상태로 먹으면 아이스크림 같은 맛이 라 디저트로 좋다. 도너츠 3천 원대. 매일 10:00~21:00 운영. (125p D:1) 사진ⓒ한국관광 콘텐츠랩

제주 제주시 동문로6길 4 1-3층(일도일동) #우도땅콩크림도너츠 #제주로컬재료 #도너츠

용두암 추천 "한 번쯤은 용의 머리를 찾으러 가보자!"

암석 모양이 용의 머리를 닮았다 하여 '용두암'이라 불린다. 제주 공항에서 매우 가까우며 용두 암 해안 도로를 따라 조금만 이동하면 애월 해안 도로가 나온다. 용두암 옆에는 해녀들이 직 접 잡은 수산물을 맛볼 수 있다. (125p D:1)

제주 제주시 용두암길 15 #해안도로 #드라이브

김경숙해바라기농장
"부부가 운영하는 해바라기 농장"

75만 송이의 노란빛 해바라기로 가득한 농장이 다. 부부가 운영하는 개인 사유지로 입장료가 있 지만 선물을 사면 입장료가 빠진 금액으로 구매 할 수 있다. 제주의 유채꽃, 동백꽃과는 다른 매력 을 느낄 수 있는 곳이다. 해바라기 만개 시기에 방 문해 볼 것을 추천한다. 매일 09:00~19:00 운영. 해바라기 만개할 때는 입장료 5,000원, 그외에는 3,000원. (125p F:2) 사진ⓒ한국관광 콘텐츠랩

제주 제주시 번영로 854-1 #해바라기 #절경

메종드쁘띠푸르 빵집
"국내 최초 소금식빵을 만든 곳"

@maison_de_petit_four_yeondong

가수 이효리도 즐겨 찾는다고 알려진 제주 3 대 빵집. 국내 최초의 시오(소금) 식빵, 오이 바게트 등 다른 빵집에서 보기 어려운 메뉴 들이 눈길을 사로 잡는다. 화려하고 예쁜 비 주얼의 과일 타르트와 데니쉬 종류가 많아 눈과 입이 모두 즐거운 곳이다. 매장 내부에 서 먹고 갈 수 있다. 시오 식빵 5천 원대. 매일 09:00~22:00 운영.

제주 제주시 신설로7길 3
#소금식빵 #오이바게트 #과일타르트

제주 오라동 청보리/메밀꽃밭 추천 "30만 평은 축구장 100개보다도 큰 거래!"

@jinah6077

국내 최대 규모, 30만 평에 이르는 엄청난 크기의 메밀밭. 제주 메밀꽃은 5월과 10월, 1년에 두 번 절정을 이룬다. 메밀꽃밭을 둘러볼 수 있도록 꽃밭 사이에 길이 나 있다. 팝콘 같은 하얀 메밀꽃밭을 만끽해보자. 편한 운동화 착용 필수. 매일 09:00~18:00, 17:30 입장 마감. 성인 4,000원. (127p E:2)

제주 제주시 오라이동 산76
#메밀밭 #가을

보엠(Boheme) 빵집
"첨가물을 넣지 않은 고소한 빵"

@boheme_jeju

씹을수록 고소하고 담백한 식사 빵으로 소문 난 작은 빵집. 방부제, 유화제 등 첨가물을 넣지 않으며 자연에서 얻은 효모를 사용하는 것이 특징. 사워도우가 인기인데, 짭짤하고 고소한 그린올리브가 듬뿍 들어간 그린올리브 사워도우가 대표적. 천연 버터를 사용한 버터프레첼도 추천. 8천 원대. 화~토 10:00~19:00 운영. 일.월 휴무.

제주 제주시 원노형로 102 한화아파트 상가동 103호
#사워도우 #그린올리브사워도우

한라수목원 "희귀, 멸종 위기 식물의 안식처"

희귀식물을 비롯, 909종의 식물이 있는 수목원. 멸종 위기 식물을 볼 수 있는 이곳은 서식지 보전 기관으로 지정되었다. 천천히 걸으면서 식물을 주의 깊게 관찰해보자. 야외전시원은 연중무휴 상시개방하며, 야외 산책로는 23:00까지 관람 가능. 실내 시설은 09:00~18:00(동절기는 17:00). 입장료 무료. (124p C:2)

제주 제주시 수목원길 72　#희귀식물 #정원

이호테우해변 등대 추천 "빨간색 하얀색 조랑말 등대가 반기는 곳"

바다로 향하는 방파제 끝 빨간색과 하얀색 조랑말 모양 등대가 이곳의 시그니처. 제주공항과 가까워 제주 여행의 시작이나 끝에 가볍게 들리기 좋은 인증샷 명소이다. 해질녘 방문하면 붉게 물드는 하늘과 바다를 배경으로 더욱 낭만적인 사진을 남길 수 있는 곳. 모래가 곱고 수심이 완만할 뿐 아니라 파도도 잔잔하여 해수욕 즐기기 좋은 해변에 있다. (127p D:1)

제주 제주시 이호1동 375-43   #조랑말등대 #인증샷명소 #비치캠핑

제주특별자치도   제주시 | 조천읍

닭머르 해안 추천 "숨어있던 커플 사진 촬영 명소"

올레길 18코스로, 아름다운 해안 절경을 감상할 수 있는 조천읍의 숨은 명소이다. 닭이 흙을 파헤치고 안에 들어앉은 모습이라 이런 이름이 붙었다. 해가 질 무렵 일몰이 아름다운 장관을 연출하는 사진 촬영 명소이다. (146p B:3)

제주 제주시 조천읍 신촌리 2318-2   #올레18코스 #낙조

제주레포츠랜드 카트체험
"제주에 위치한 대규모 카트체험장"

국내 최대 규모 카트체험장으로 세계에서 유일하게 2개의 언덕 코스를 운영하는 카트체험장. 안전 교육(1~2분)을 포함해 15분간 운행된다. 1인승, 2인승 카트가 함께 마련되어 있다. 레포츠 랜드 내에서 산악 버기카, 서바이벌 등도 함께 즐길 수 있다. (146p C:3) 사진

ⓒ한국관광 콘텐츠랩

제주 제주시 조천읍 와흘리 870
#카트레이싱 #산악버기카 #서바이벌

함덕 서우봉해변 `추천` "서우봉에서 바라보는 해변의 모습, 이곳이 하와이는 아닐까?"

낮은 수심의 해변으로 물이 맑고 깨끗하여 가족 단위의 여행자들이 즐기기 좋다. 카약을 빌려 카약 체험도 해볼 수 있다. 함덕 서우봉에서 바라보는 함덕해수욕장은 하와이를 잊게 한다. (146p B:2)

제주 제주시 조천읍 조함해안로 525　　#이국적 #카약

렛츠런팜 제주 `추천` "목장의 예쁜 꽃길에서 인생 사진도 찍을 수 있는 곳"

@chloe_hyeyoung

양귀비밭, 해바라기밭으로 꽃이 가득 한 곳. 말이 있는 목장과 목장 사잇길의 꽃길이 아름답다. 꽃밭을 배경으로 인생 사진 찍을 수 있는 커플 사진의 성지이기도. (147p E:2)

제주 제주시 조천읍 남조로 1660　　#목장 #꽃밭 #스냅사진

조천늦장 STAY "100년의 세월을 담은 고요한 제주 돌집"

@jeju_slow_living_part2

제주만의 정취가 느껴지는 고즈넉한 스테이. 통창 너머 돌담과 나무가 그림처럼 펼쳐지는 'A동'과 아늑하고 편안한 분위기의 'B동'으로 이루어져 있다. 특히 A동은 본동과 분리된 자쿠지동을 갖추어 프라이빗한 탕욕을 즐길 수 있는 곳. 아이들 물놀이 장소로도 좋아 가족 여행에 추천. 가을에는 감, 겨울에는 감귤을 따보는 소소한 재미도 놓치지 말 것. (125p F:1) 제주 제주시 조천읍 조천9길 24-7 #제주정취 #돌담 #자쿠지

오드랑베이커리 빵집 "마늘 소스 가득한 마농바게트 "

@da_m_bi

마늘 소스가 넘칠 정도로 듬뿍 발라져 있는 마농바게트가 시그니처인 곳. 속은 촉촉하고 겉은 바삭하다. 마농바게트가 진열되어 있지 않을 때는 카운터에 이야기하면 꺼내준다. 고소한 인절미 브레드도 꾸준히 인기 있는 제품이니 함께 구매하는 것을 추천. 마농바게트 7천 원대. 매일 07:00~22:00 운영. (146p B:2)

제주 제주시 조천읍 조함해안로 552-3 #마농바게트 #인절미브레드 #겉바속촉

사려니숲길 추천 "울창한 편백나무와 붉은 흙길"

비자림로에서 사려니오름에 이르는 총 15km 가량의 숲길. 피톤치드가 가득한 나무가 상쾌한 향기를 뿜어낸다. 편백나무, 삼나무, 때죽나무 등의 다양한 종류의 나무가 가득하며, 완만한 지형으로 산책 다녀오듯 가볍게 다녀올 수 있다. 아주 천천히, 느리게, 걷고 싶은 만큼 걷는, '여행'이라는 건 사실은 이런 것 아닐까? (125p F:3)

제주 제주시 조천읍 교래리 산137-1   #숲길 #여유 #피톤치드

한라산 성판악코스

"활엽수가 우거져 단풍이 아름답게 지는 코스"

성판악휴게소에 주차 후 등반하면 9.6km 높이에 있는 정상까지 편도 약 4시간 30분이 걸린다. 성판악탐방안내소-속밭대피소-사라오름(산정화구호)-진달래대피소-한라산 동능(정상 안내소) 순으로 이동하자. 등산이 부담되면 사라오름 산정화구호에서 돌아와도 괜찮은 단풍 코스를 즐길 수 있다. (138p B:1)

제주 제주시 조천읍 516로 1865

#등산 #진달래 #단풍

백리향 맛집

"1인분 주문되는 고등어, 갈치정식"

조천읍 현지인 맛집으로 알려진 곳. 기름기 쫙 빼고 담백하게 구워져 나오는 고등어정식이 시그니처 메뉴다. 콩나물무침, 묵, 고추장아찌 등 여러종류의 반찬이 나오고 셀프바가 있어 더 먹기 좋다. 집밥 느낌의 맛이다. 만 원의 가격에 고등어와 탐라포크의 흑돼지로 만든제육볶음, 여러종류의 밑반찬을 맛볼 수 있는 가성비 맛집이다. 11시~13시 혼밥 손님 안받음. 일요일 정기휴무 (146p B:3)

제주 제주시 조천읍 신북로 244
#고등어구이 #갈치구이 #혼밥

@fabulous_food_7

1112도로 삼나무 숲길 추천 "드라이브도 좋지만, 꼭 내려서 걸어봐!"

단연코 우리나라에서 가장 아름다운 삼나무 숲길. 드라이브 코스로도 매우 유명하다. 5.16도로 방향에서 1112번 도로, 사려니 숲 방향으로 이어진다. 쭉쭉 길게 뻗은 삼나무 사이의 도로가 신비로운 느낌을 준다. (147p E:2)

제주 제주시 조천읍 교래리 776-2   #삼나무 #드라이브

산굼부리 `추천` "오름 높이는 불과 28m, 구덩이 깊이는 100m"

산(오름)에 있는 구덩이(굼부리). 오르는 높이는 수직 28m에 불과하지만, 구덩이는 100m로 백록담보다도 넓고 깊다. 화산 폭발로 제주가 형성될 때 폭발하지 못한 구덩이가 산굼부리가 되었다. 구덩이의 위치에 따라 다양한 식물이 자생하여 천연기념물 263호로 등록되어 있다. 학술적으로도 연구 가치가 높은 이곳은 사유지이기 때문에 따로 입장료를 받고 있다. 3~6월, 9~10월 09:00~18:40 운영(입장 마감 18:00), 7~8월, 11~2월 09:00~17:40 운영(입장 마감 17:00). 연중무휴. 성인 7,000원. (147p D:2)

제주 제주시 조천읍 비자림로 768　　#화산 #구덩이 #천연기념물

스테이 선흘숲 `STAY` "창문 너머 숲을 마주하는 곳"

@stay_sunheul.jeju

곶자왈 품은 독채 스테이. 무채색 톤 소재를 사용해 숲속에 스며든 느낌. 거실과 침실을 감싸는 커다란 통창이 자연을 액자 속 그림처럼 담아낸다. 공간 어디서든 숲을 마주할 수 있는 곳. 피톤치드 가득한 공기를 마시며 프라이빗한 자쿠지를 즐기거나, 숲 산책로를 걸으며 자연 속 치유를 경험해 보자.

제주 제주시 조천읍 선흘남4길 221　　#곶자왈 #통창 #치유

비자림 추천 "네가 받았던 그동안의 상처, 이곳에서 마법처럼 치유해봐"

500~800년 된 비자나무 2,500여 그루가 있는 곳. 천년을 버텨온 원시림 그리고 피톤치드로 가득한 산림욕을 즐겨보자. 항균효과가 뛰어난 비자 열매로 여행하며 몸까지 건강해지는 효과를 누릴 수 있다. 피톤치드는 피부 자극이 낮은 방향성 천연 무독성 물질로, 살균 효과 탁월하며 스트레스 감소, 중추신경계 흥분 완화, 혈압 저하 효과도 갖고 있다. 매일 09:00~18:00 운영, 입장마감 17:00. 성인 3,000원. (145p D:2)

제주 제주시 구좌읍 비자숲길 55   #비자나무 #고목 #피톤치드

김녕 해수욕장
"조용한 곳을 좋아하는 사람만 모여!"

맑고 투명한 에메랄드 색 바다와 얕은 수심, 하얀 모래가 어우러진 아름다운 해변. 근처에는 하얀 풍력발전기가 돌아가고 있어 더 이국적이고 평화로운 분위기. 파도가 잔잔해 어린아이들도 물놀이하기 좋은 곳으로 SUP 패들보드나 카약 등 해양 액티비티도 추천. 크게 붐비지 않는, 조용하고 아담한 해변이지만, 각종 해수욕 시설이 조성되어 있어 편리하다. (144p C:1)

제주 제주시 구좌읍 해맞이해안로 9
#해양액티비티 #해수욕장 #낚시

제주동화마을 "무료인데 즐길 게 한가득이야"

입장료 무료인 정원. 동백, 핑크뮬리, 샤스타 데이지, 수국 등 계절별 꽃을 심어 언제 방문해도 예쁜 풍경을 볼 수 있다. 알록달록한 색깔의 투어 기차(성인 6천원, 어린이 5천원)를 운영하며, 정원 내부에는 스타벅스 리저브, '마녀 배달부 키키' 컨셉의 코리코 카페, 지브리 굿즈 샵 '도토리숲', 기념품 마트가 있다. 09:00~20:00 운영. 주차비 무료. (144p C:3) 사진ⓒ한국관광 콘텐츠랩

제주 제주시 구좌읍 비자림로 1191   #사계절정원 #무료입장

세화 해수욕장 추천 "파란 바다를 배경으로 의자에 앉아 사진 찍는 그곳! 알지?"

구좌읍 세화리에 있는 폭 30~40m의 해수욕장. 해안도로를 따라 카페들이 있으며 바다 배경의 의자에 앉아 사진 촬영 하는 사람들이 많다. (145p E:2)

제주 제주시 구좌읍 세화리 1477-1　　#해수욕장 #카페거리

다랑쉬오름 "깊게 파인 분화구 풍경에서 보는 일출과 일몰"

@sseulgi81

'오름의 여왕'이라 할 만큼 우아한 산세를 자랑하는 다랑쉬 오름. 원뿔 모양으로 깊게 파여있으며, 안에는 잡초가 수북히 자라있는 분화구는 한라산 백록담과 비슷한 정도의 깊이다. ' 다랑쉬'는 '달이 뜨는 곳'이라는 제주말로, 오름에 올라 바라본 달 모양이 동글동글 탐스러워 붙은 이름이다. (145p E:2)

제주 제주시 구좌읍 세화리 산6　　#오름의여왕 #월랑봉

아부오름
"낮아서 편안히 오르기 좋은 오름"

점잖게 앉아있는 아버지 모습같다하여 아부오름이라 불린다. 다른 오름들에 비해 높지 않고 분화의 깊이가 넓은 것이 특징이다. 웨딩 촬영지로도, 어린아이들 또는 할머니 할아버지와 함께 하는 가족여행지로도 좋다. (145p D:3)

제주 제주시 구좌읍 송당리 산164-1
#웨딩스냅 #가족여행지

제주 송당리 메밀꽃밭
"하이라이트는 축제가 열리는 가을"

백약이오름 가는 길목에 있는 메밀꽃밭으로, 주소는 송당리 산164-4. 아부오름 일대에서 매년 메밀꽃 축제가 열린다. (147p D:1)

제주 제주시 구좌읍 송당리 산164-4
#5,6,9,10월 #백약이오름 #흰꽃밭

월정리 해수욕장 추천 "에메랄드빛 바다와 일몰이 아름다워"

에메랄드빛 바다와 해 질 녘의 일몰이 아름다운 곳. 이국적인 해안 카페거리도 꼭 들러보자.
(145p D:1)

제주 제주시 구좌읍 해맞이해안로 481 485   #바다전망 #카페거리

용눈이오름 "오름에서의 멋진 일몰을 보고자 한다면 이곳으로!"

용눈이오름 정상에서 서면 성산 일출봉을 볼 수 있다. 이 정상에서 보는 일몰 풍경으로도 유명한데, 경사가 비교적 완만하여 30분 정도 편안한 산책길을 걷듯이 오를 수 있다. 잔디와 들꽃이 넓게 펼쳐져 있는 아름다운 풍경을 즐겨보자. (145p E:3)

제주 제주시 구좌읍 종달리 산28   #성산일출봉 #전망

종달리 수국길 추천
"해안도로를 따라 수국길 걷기"

6~7월이 되면 종달리 크리스마스 리조트부터 소금바치 순이네 식당까지 이어지는 1.7km 도로에 새하얀 수국 무리가 소담스럽게 피어난다. 종달리 해안도로와 함께 수국 경치를 즐길 수 있으니 차를 렌트했다면 꼭 방문해보자. 차량이동 시 일주동로 종달 1교에서 소금바치 순이네 식당까지 이동. (145p F:2)

제주 제주시 구좌읍 종달리 10
#5,6,7월 #크리스마스리조트 #소금바치순이네 #해안도로 #드라이브

종달리 해변
"주차하고 그냥 걸어봐. 느낌이 있는 해변"

올레길 21코스에 해당하는, 우도와 성산일출봉 해안 절경이 보이는 곳이다. (145p F:2)

제주 제주시 구좌읍 종달리 565-72
#올레길 #성산일출봉

평대리 해수욕장 "평대리 마을 궁금하지 않아?"

월정리해변과 세화해변 사이, 아기자기한 평대리 마을에 있는 걷기 좋은 해변. 바다의 모래가 투명하게 보일 정도로 물이 맑고 깨끗하다. 상대적으로 덜 알려진 아담한 해안가로 붐비지 않아 아이들과 물놀이, 모래놀이 하며 평화로운 시간을 보내기에 딱 좋다. 숙소, 카페 등 주변 인프라도 잘 갖추어져 있다. 제주올레길20코스. (145p E:2)

제주 제주시 구좌읍 평대리 1994-20　　#해수욕장 #산책 #가족

명진전복 맛집 "바다보며 전복돌솥밥 먹기"

제주도 전복 맛집으로 유명한 곳. 돌솥밥에 전복 내장과, 당근 등의 재료를 넣고 위에 전복을 올렸다. 취향에 맞게 버터를 넣어 비벼 먹으면 된다. 솥에 물을 부으면 전복향이 나는 누룽지도 먹을 수 있다. 메인 메뉴 주문시 고등어구이가 나온다. 해안도로에 위치해 오션뷰를 보며 식사할 수 있다. 09:30~20:30, 화요일 휴무 (145p E:2)

제주 제주시 구좌읍 해맞이해안로 1282　　#전복요리 #전복돌솥밥 #바다뷰

구좌 용문사앞 해변
"지나가다 잠깐 사진 한 장?"

구좌읍의 아름다운 해안도로를 따라가다 마주하게 되는 곳. 바로 앞 용문사의 평화로운 분위기와 파도 소리가 어우러진 고즈넉한 힐링스폿이다. 잠시 차에서 내려 바닷바람을 느끼며 사색하기 좋은 곳. 해변을 따라 펼쳐진 현무암과 푸른 바다를 배경으로 멋진 사진을 남겨보길 추천. 해변을 충분히 즐겼다면 용문사에 들러보아도 좋다. (145p E:2) 사진ⓒ한국관광 콘텐츠랩

제주 제주시 구좌읍 하도리 3140-3
#세화 #해변 #감상

구좌 방파제
"저 멀리 월정리 해안이 멋지게 보여!"

구좌 방파제에서 바라보는 월정리 해안은 매우 이색적으로 보인다. 해안의 경치가 지나다 한 번쯤은 멈추게 만든다. 올레길 20코스에 있으며, 지나가다 꼭 들러볼만 한 곳이다. (145p D:1)

제주 제주시 구좌읍 행원리 583-1
#올레길20코스 #바다전망

벵디 `맛집`
"야들야들 매콤한 돌문어덮밥집"

매콤하고 달콤한 양념의 돌문어덮밥이 인기 메뉴다. 탱글탱글하고 신선한 문어를 맛볼 수 있다. 식감이 쫄깃하고 담백하다. 옥수수알이 들어간 솥밥을 돌문어 양념에 섞어먹으면 맛있다. 벵디돈가스 등 아이들이 먹을 수 있는 메뉴도 있어 가족이 방문하기 좋다. 매일 10:00~19:30. (145p E:2)

제주 제주시 구좌읍 해맞이해안로 1108
#돌문어덮밥 #문어맛집 #바다뷰

@joo_ya_life

스테이 오후 `STAY` "자연을 감싸안은 곡선의 미학"

@stay.oohhoo

소담한 중정을 감싸안은 U자형 독채 스테이. 라운드 형태의 거실 창 너머 제주의 자연과 햇살을 마음껏 누릴 수 있는 곳. 테라스 선베드에 누워 구름을 보거나, 다도 공간에서 명상을 즐겨보길 추천. 밤하늘의 별을 보며 즐기는 야외 족욕은 이곳의 백미. 사계절 온수풀 무료.

제주 제주시 구좌읍 상도로 24   #U자형 #라운드거실창 #온수풀

제주특별자치도 구좌읍

동춘스테이 `STAY` "김녕 바닷가 마을, 제주 전통 돌담집"

@dongchunstay_official

김녕 바닷가 마을, 두 채의 돌집으로 이루어진 독채 스테이. 제주 특유의 돌담과 초록 정원이 어우러져 제주다운 감성을 느낄 수 있는 곳. 북카페 느낌 밝고 편안한 분위기의 '가'동과 폴딩도어를 통해 정원과 연결되는 차분하고 아늑한 분위기의 '나'동 모두 매력적이다. 삼각 천장 멋스러운 공간에서 예쁜 사진을 남기며 여유로운 시간을 보내보길 추천. (144p C:1)   제주 제주시 구좌읍 김녕로2길 15   #돌집 #제주감성 #삼각천장

제주숙소 스테이셀레네 `STAY` "코난 해변 근처, 프라이빗 자쿠지 숙소"

@stay_selene

고요한 바닷가 마을, 고즈넉한 분위기의 오션뷰 펜션. 프라이빗 자쿠지가 갖추어져 온전한 휴식을 즐길 수 있는 곳. 깊은 밤 잔잔한 음악과 함께 영화 한 편을 즐기기도 좋다. 원룸형 A, 복층형 B 타입 구성으로 포근한 침실과 아이들이 마음껏 뛰어놀 수 있는 넓은 마당이 있어 아이를 동반한 가족 여행 숙소로도 괜찮다.   제주 제주시 구좌읍 상도로 24   #U자형 #라운드거실창 #온수풀

우도

우도 [추천] "누운 소를 닮은 또 다른 세계로 들어가보자"

매년 300만 명의 관광객이 찾으며, 인구 1,700여 명이 살고 있는 섬이다. 깨끗한 물과 해변은 제주 본섬에서 볼 수 없는 풍경이다. 소 한 마리가 누워있는 형상을 한다고 해서 우도라 불린다. 우도봉에 오르면 우도의 풍경은 물론이고 성산일출봉과 제주도 본섬 모습까지 볼 수 있다. (143p F:1)

제주 제주시 우도면 #관광명소 #우도봉 #짜장면

우도 하고수동 해수욕장 "우도의 해변은 제주 본섬보다 물이 더 맑은 거 알지?"

마치 동남아 휴양지에 온 것 같은 착각을 불러일으키는 이국적인 곳. 해변이 움푹 들어와 있는 독특한 지형으로 파도가 매우 잔잔해 어린아이들도 물놀이를 즐기기 좋다. 스노클링이나 투명 카약, SUP 패들보드 등 액티비티도 추천. 해변에 조성된 해녀 상, 인어공주 상과 함께 제주다운 인증샷을 남겨 보자. (143p F:1)

제주 제주시 우도면 연평리 1200-11 　　#모래사장 #해수욕 #가족여행

제주 우도 유채꽃
"우도를 가득 메우는 유채꽃의 향연"

'유채꽃 섬'이라고 불릴 정도로 곳곳에 많은 유채밭이 위치한 우도는 섬 면적의 1/4이 유채꽃밭으로 채워져 있다고 한다. 따뜻한 제주 날씨 덕분에 내륙보다 일찍 유채꽃이 개화하며, 매년 4월경 유채꽃 행사도 진행된다. 제주 올레길 1-1코스를 이용하면 우도의 해안도로를 따라 유채꽃을 감상해볼 수 있다. 우도는 성산항에서 배편으로 이동할 수 있다. (143p F:1)

제주 제주시 우도면 연평리 1737-13
#3,4월 #꽃길 #올레길 #유채꽃축제

우도 산호해수욕장 추천 "제주와 우도를 통틀어 가장 투명한 느낌의 해변!"

하얀 모래가 펼쳐져 있는 모래사장. 우도 해안의 홍조류가 단괴 된 일명 홍조 단괴 백사장. 진정한 에메랄드빛 해변이 마치 남태평양이나 동남아 유명 해안에 와 있는 듯한 느낌을 준다. 제주도와 우도를 통틀어 가장 투명한 느낌이 나는 해수욕장이다. (143p E:1)

제주 제주시 우도면 연평리 2565-1   #에메랄드해안 #모래사장

우도 비양도 "우도에 딸린 작은 섬이야. 작은 다리로 연결되어 있지!"

우도에 딸린 작은 섬으로, 우도와 도로가 연결되어 있다. 제주도가 자랑하는 캠핑 성지이기도 하다. 우도 본섬을 약간 벗어난 시선에서 감상할 수 있다. (143p F:1)

제주 제주시 우도면 연평리 9-2   #우도전망 #캠핑

검멀레해변 "검은색 모래 가득 해변"

해변의 모래가 전부 검은색이라고 해서 유래된 명칭이다. 응회암이 오래 세월에 걸쳐 부서져 만들어진 해변이다. 우도 등대에 올라 검은색 모래 해변의 절경을 한눈에 담아보자. 여름이 되면 해수욕도 즐길 수 있는 곳이다. 검멀레 해변의 절벽 배경과 함께 우도 아이스크림 인증샷은 필수! (143p F:1)

제주 제주시 우도면 연평리 317-11
#검은모래 #등대 #해변

우도 짜장면(산호반점)

"톳을 넣어 독특한 식감의 우도표 짜장면, 짬뽕"

우도 산호반점에서 소라와 톳이 들어간 짜장면과 짬뽕을 판매한다. 톳의 오독하는 식감이 재미있다.

제주 제주시 우도면 우도해안길 252
#소라톳짜장면 #소라톳짬뽕

유민 아르누보 뮤지엄 `추천`

"유리공예 미술관"

세계적인 건축가 안도 타다오가 설계한, 국내 유일한 아르누보 유리공예 미술관이다. 노출 콘크리트로 지어진 건축물로, 건물과 제주도의 자연이 하나의 작품처럼 조화를 이루는 것으로도 유명하다. 미술관 벽 틈으로 보이는 성산일출봉을, 마치 액자 속 그림처럼 담아낼 수 있다. 제주도의 자연이 더 돋보이는 공간이다. 매일 09:00~18:00 운영, 매표 마감 17:00. 성인 20,000원. (143p E:2)

제주 서귀포시 성산읍 섭지코지로 107
#안도타다오 #노출콘크리트 #아르누보

광치기해변 `추천` "성산일출봉을 가장 멋지게 볼 수 있는 곳"

광치기 해변의 봄 유채꽃밭

용암이 굳어 생성된 해변으로 성산일출봉을 가장 멋지게 볼 수 있는 장소. 올레길 1코스의 마지막 장소이며 2코스의 시작 부분이다. 성산일출봉과 섭지코지 사이의 해변으로 봄이면 유채꽃이 만발하는 곳이다. (143p E:2)

제주 서귀포시 성산읍 고성리 224-33   #성산일출봉 #전망 #올레1코스

맛나식당 맛집
"가성비 좋은 밥도둑 조림 식당"

갈치조림, 고등어조림으로 유명한 식당. 2인 기준으로 갈치, 고등어 반반 섞은 조림이 기본이다. 조림 국물이 맛있어서 반찬에 손이 안 갈 정도. 여기에 우도땅콩막걸리까지 곁들이면 화룡점정. 새벽부터 웨이팅이 길다. 가격은 갈치조림 13,000원, 고등어조림 11,000원. 08:30~ 14:30 수요일 일요일 휴무. 사진ⓒ한국 관광 콘텐츠랩

제주 서귀포시 성산읍 동류암로 41
#반반조림 #가성비 #웨이팅

김영갑 갤러리 두모악 "김영갑선생의 미술관"

한라산의 옛 이름인 '두모악'은, 폐교였던 삼달 분교를 개조해 만든 미술관으로 20여 년간 제주도를 사진에 담아온 김영갑 선생의 작품이 전시되어 있다. (주로 제주의 오름) 제주도에 매료되어 열병처럼 앓다가 결국 터를 잡고 왕성한 활동을 했던 김영갑의 소장품과 작품들은 물론, 루게릭 투병을 하던 당시 손수 일군 야외 정원이 관람객들의 많은 사랑을 받고 있다. 화~일 09:30~18:00 운영, 매주 월요일 휴관. 성인 5,000원. (141p E:2)

제주 서귀포시 성산읍 삼달로 137   #김영갑#삼달분교#사진

섭지코지 추천 "경치좋은 제주 산책길"

코지하우스(과자집)

섭지코지 유채꽃

'코지'는 곶(바다로 돌출한 육지)의 제주 방언이다. 섭지코지는 신양해수욕장에서 시작되는 2km가량의 해안 절경이 펼쳐지는 곳으로, 경치가 너무 좋아 제주도에서도 인기가 좋다. 드라마 '올인' 등 각종 영상물이 제작되었던 곳으로도 유명하다. 3월 중순에는 유채꽃이 만발해 더욱더 예쁘다. (143p E:2)

제주 서귀포시 성산읍 고성리 62-4   #해안길 #유채꽃

유네스코 세계 자연유산에 등재된 182m 높이의 산봉우리. 10만 년 전 바닷속에서 용암이 분출되어 만들어진 수성 화산으로, 정상에 거대한 분화구가 있고 가파른 경사면이 형성되어 있다. 원래 성산일출봉은 화산 섬이었으나 모래와 자갈이 쌓이면서 육지와 연결되었다. 06:00~18:00, 매달 첫 번째 월요일 정기 휴무. 성인 5,000원. (143p F:2)

제주 서귀포시 성산읍 성산리 1   #화산섬 #일출 #유네스코

아쿠아 플라넷 제주
"아시아 최대 해양테마파크"

아시아 최대 규모의 프리미엄 해양 테마파크! 단일 수조로는 세계 최대급이며, 500여종 2만 8,000마리의 전시생물을 보유하고 있다. 특히 해녀가 직접 등장해 보여주는 '제주 해녀 물질 시연'. 가족 나들이로는 최고의 명소! 매일 09:30~18:00 운영, 연중무휴. 매표 마감 17:00, 입장 마감 17:30. 성인 44,600원. 네이버 예매 시 할인. (143p E:2) 서귀포시

성산읍 섭지코지로 95

신산·신양 해안도로
"섭지코지 배경의 해안도로"

신풍 신천 바다목장
"그냥 해변하고는 또 다른 느낌"

수요미식회에 소개된 국수 맛집. 고기국수, 멸치국수, 비빔국수가 인기 메뉴다. 커플세트를 주문하면 고기국수, 비빔국수, 돔베고기를 골고루 맛볼 수 있어서 추천. 고기국수는 국물이 진해서 고춧가루를 뿌려 먹기도 한다. 가격은 돔베고기 세트2인 36,000원, 고기국수9,000원. 10:00~ 20:30 (19:50 라스트오더) 수요일 휴무. (143p E:2) 사진ⓒ한국관광 콘텐츠랩

제주 서귀포시 성산읍 섭지코지로 10
#수요미식회 #고기국수 #비빔국수

표선을 지나 신산리에서 신양포구에 이르는 해안 도로. 멀리 섭지코지를 배경으로 서귀포 우측 해안을 보며 이동할 수 있다. (143p E:3)

제주 서귀포시 성산읍 신산리 1130-11
#해안도로 #드라이브

제주올레 3코스에 해당하는 곳으로 해안 옆 목장이 이색적이다. 아름다운 해안가를 걷다 보면 말이 뛰는 초원 위를 걷는 기분이 든다. 관광 목장이 아니므로 지정된 올레길로만 이동해야 한다. (141p F:2)

제주 서귀포시 성산읍 일주동로 5417
#바다목장 #바다전망 #올레3코스

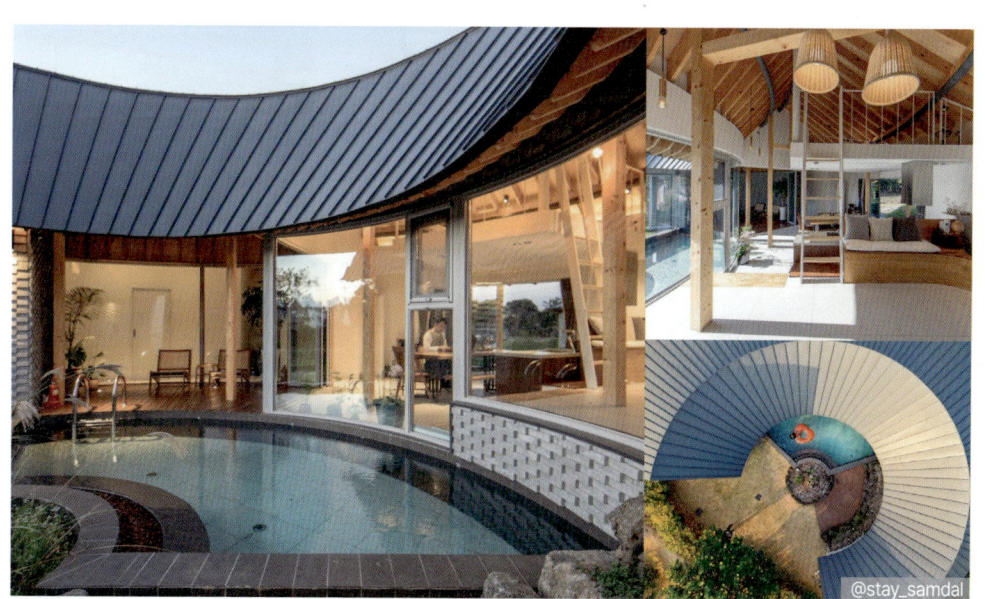

@stay_samdal

건축상 3관왕, 제주 오름 모티브 독채 스테이. 제주의 자연을 닮은 원형 건물이 수영장과 정원을 감싸안은 느낌. 은은한 조명과 목재가 어우러진 실내는 아늑한 분위기. 하루 한 팀만 머무는 프라이빗한 공간으로 온수풀을 운영해 아이를 동반한 가족 여행에 추천. (141p F:2)

제주 서귀포시 성산읍 삼달하동로17번길 15-3　　#오름모티브 #원형건물 #가족여행

제주특별자치도 성산읍

따라비오름
"제주도 오름 중 가을 억새가 가장 볼만한 오름"

3개의 굼부리(구덩이)가 있는 것이 특징인 오름. 이류구가 있는 것으로 보아 최근 분출된 화산에 속한다. 제주 오름 중 가을 억새로 유명하다. (140p C:2)

제주 서귀포시 표선면 가시리 산62
#구덩이 #억새

제주민속촌 "제주의 옛모습 엿보기"

서귀포 정석항공관 앞 유채꽃길
"드라이브는 유채꽃과 함께"

@bikey_yoosung

정석항공관 앞뒤로 녹산로를 따라 이어지는 10km 유채꽃 드라이브 코스. 차도를 중심으로 양편에 유채꽃과 벚꽃이 나란히 펼쳐져 봄을 만끽할 수 있다. 푸른 하늘, 흰벚꽃, 노란 유채꽃의 조화가 아름다워 한국의 아름다운 길 100선에 선정되기도 했다. (140p B:2)

제주 서귀포시 표선면 가시리 산87-15
#3,4월 #드라이브코스 #삼색꽃길

유채꽃 프라자(가시리) 유채꽃
"카페에서 유채꽃 보며 커피한잔의 여유를"

숙박시설인 유채꽃 프라자 동쪽에 위치한 드넓은 유채꽃밭. 이국적인 유채꽃프라자 건물과 유채꽃이 어우러진 풍경이 아름답다. 가을에는 유채꽃이 진 자리에 억새가 피어나 아름다운 풍경을 만든다. 축구장, 포토존, 무인 카페 등의 편의시설이 마련되어 있으며, 유채꽃밭 사이로는 커다란 무대가 설치되어있다. (140p C:2)

제주 서귀포시 표선면 녹산로 464-65
#유채꽃 #전망카페 #포토존

19세기 당시 제주의 전통가옥을 재연해 둔 역사 박물관이다. 옛날 제주 사람의 주생활에 따라 중산간촌, 어촌, 제주 영문에서 제주의 종가 체험을 할 수 있고 절기에 따른 행사와 풍물공연, 민속놀이 체험 등 다양한 프로그램이 있다. 오리, 닭, 돼지 등의 동물들에 먹이주기 체험도 가능하다. 매일 09:00~18:00 운영, 매표 마감 17시. 성인 15,000원. (141p E:3)

제주 서귀포시 표선면 민속해안로 631-34
#전통가옥 #종가체험 #민속놀이

백약이오름 가는 산간 도로
"나는 이런 이색적임과 신비로움이 좋더라!"

해안 도로 못지않게 이국적이고 아름다운 산간도로. 성산읍에서 한라산 중간 산 방면(1112번 도로 방면)으로 이어진다. '백약이오름 입구'를 내비게이션 목적지로 찍고 이동. 도로 좌우로 오름과 초원이 펼쳐져 기분 좋게 드라이브를 즐길 수 있다. 우측 사진이 멋지게 나오진 않았지만 드라이브 하면 묘한 신비로움을 느낄 수 있다. (141p E:1)

제주 서귀포시 표선면 성읍리 산1 #초원 #산길 #드라이브

성읍민속마을 "제주 왔으니 전통가옥쯤은 봐야 하지 않겠어?"

백약이오름
"초원을 오르는 나무계단 위, 촬영 명소"

실제 주민이 거주하고 있는 민속 마을. 중요민속문화제 제188호로 지정되어 있다. 전통 초가 가옥들이 현무암 돌담 사이에 분포되어 있고, 마을을 둘러싼 성곽과 관아 향교 등도 남아있다. 국내에 남아있는 몇 안 되는 읍성 중에 하나. 1423년(세종 5년) 현청이 생긴 이후 조선 말기까지 '정의현' 소재지였다. 무료 문화관광해설(10:00~17:00)을 운영한다. 연중무휴. 입장료 무료. (141p D:2)

제주 서귀포시 표선면 성읍리 3294
#민속마을 #초가집 #돌담 #읍성

푸른 초원과 나무계단 그리고 성산일출봉이 보이는 확 트인 전망이 아름다운 오름. 약초가 많다고 하여 백약이라는 이름으로 불린다. 오름 정상으로 올라가는 초원 길이 이색적이다. 오름 입구, 나무계단과 초원의 아름다운 배경이 웨딩사진이나 커플 사진의 성지로 알려졌다. 근처에 목장이 있는데 소들이 나무 계단 사이를 유유히 다니기도 한다. (141p D:1)

제주 서귀포시 표선면 성읍리 산1 #나무계단 #초원

표선 해수욕장 `추천`
"물위를 걷고만 싶다면 여기가 딱이지!"

서귀포시 표선면에 위치한 백사장 길이 200m, 폭 800m가량 되는 아주 넓은 해변으로, 물때를 잘 맞추면 30cm 미만 깊이의 백사장이 100m 이상 펼쳐진다. 그래서 수영하지 않는 사람들이 걷기에도 좋고, 아이들이 놀기에도 안성맞춤이다. (141p E:3)

제주 서귀포시 표선면 표선리 44-4
#해수욕 #해변산책 #가족

목장카페 드르쿰다 `카페` "카페와 체험을 동시에 즐기는 목장형 액티비티 카페"

제주의 넓은 초원과 자연을 배경으로 승마, 레이싱카트, 사격, 파크골프 등 다양한 체험을 즐길 수 있는 액티비티 카페. 제주 보리가루와 흑당이 어우러진 제주 흑당보리샷라떼와 제주 흑당보리라떼가 시그니처 메뉴. 어린이 음료와 말빵, 케이크, 핫도그 등도 준비되어 있다. 쿰다패스를 사용하면 여러 체험을 가성비 있게 즐길 수 있다. 아이가 있는 가족 여행객에게 추천. 주차 가능. 매일 9:00~18:00 영업. (140p C:1)

제주 서귀포시 표선면 번영로 2454   #초원#승마#체험#제주흑당보리#쿰다패스

녹산로 유채꽃 도로
"유채꽃은 꽃밭보다 꽃길이지"

조천읍 교래리 서진 관광 승마장 입구부터 정석항공관을 지나 가시리 사거리까지 이어지는 10km의 드라이브 코스. 차도를 따라길게 이어진 유채꽃밭과 벚꽃 무리가 인상적이다. 한국의 아름다운 길 100선에도 선정된 제주도의 대표적인 여행명소. 사진을 찍기 위해 갓길에 정차하는 사람이 많아 운전에 주의해야 한다. (140p C:2)

제주 서귀포시 표선면 가시리 산87-15
#3,4월 #드라이브코스 #아름다운길

해비치 호텔&리조트 제주 "따로 또 같이, 온 가족이 즐거운 휴양 리조트"

제주의 아름다운 일출을 마주할 수 있는 복합 휴양 단지. 스파, 사우나, 피트니스 등이 모여 있는 '윈터가든'이 이곳의 핵심. 온 가족이 함께 즐길 수 있는 '트윈 풀'과 휴양지 감성 가득 성인 전용 '더 써드 풀'을 갖추었다. 어린이 놀이 공간 '놀멍'과 콘솔 게임을 즐길 수 있는 '엔터테인먼트 존' 등 차별화된 키즈 시설을 보유해 가족 여행객에게 인기. 곶자왈 모티브 파인다이닝 '밀리우'와 오션뷰 뷔페 '섬모라' 등 다양한 식음시설을 운영하며, 해피 키즈 & 해피맘 렌탈 서비스를 제공한다. (141p E:3) 사진ⓒ해비치호텔&리조트제주

제주 서귀포시 표선면 민속해안로 537   #트윈풀 #더써드풀 #키즈시설

편백포레스트
"편백숲에서 흑염소와 뛰어놀자"

편백숲과 오름 하나를 품은 자연친화적 흑염소 농장. 흑염소 먹이주기 체험을 할 수 있다. 아기 흑염소들이 뛰어노는 편백숲 놀이터에는 짚라인과 그네들이 있어 아이들에게 인기다. 매시 정각에는 염소달리기 공연이 열린다. 2가지의 오름 코스가 있어 숲을 즐기기 좋다. ATV를 타고 숲을 둘러보는 체험도 인기다. 매일 10:00~17:00 운영. 입장료 성인 5,000원, ATV 20,000~40,000원. (139p D:2)

제주 서귀포시 남원읍 서성로 544-97
#아이와함께 #체험농장 #제주투어패스

아프리카 박물관
"아프리카에 대한 편견을 없애는 곳"

이색적인 건물 만큼이나 볼거리가 다양한 박물관이다. 아프리카 하면 떠오르는 사파리 파크나, 상설전시관, 현대미술전 등이 마련되어 있다. 아프리카의 색이 어떤 것인지 온몸으로 경험해볼 수 있다. 관람객들의 만족도가 높은 원주민 공연은 사전 예약필수. 매일 10:00~18:50 운영. 성인 11,000원. (136p A:3) 사진ⓒ한국관광 콘텐츠랩

제주 서귀포시 이어도로 49

#사파리파크 #원주민공연 #아프리카

큰엉해안경승지 "높은 해안 언덕길을 따라 걷는 또 다른 경험"

'큰엉'이라는 뜻은 제주 사투리로 '큰 언덕'이라는 뜻이다. 현무암 해안인 제주 대부분과는 달리 큰엉해안은 큰 바윗덩어리들이 해안가를 둘러쌓고 있다. 1.5km가량 해안 산책로가 갖춰져 있는 관광지이자 한반도 지형의 사진을 찍을 수 있는 사진 명소이기도 하다. (139p D:3)

제주 서귀포시 남원읍 태위로 522-17   #바위언덕 #한반도지형

강정천 "유명 여행지는 아니지만 들러봐, 이색적인 느낌이 분명히 들 꺼야"

사시사철 맑은 물이 넘쳐 흐르는 샘이다. 서귀포시의 식수 중 70%가 이 강정천 물에서 비롯된 것이라고 한다. 1급수에만 사는 것으로 알려져 있는 은어가 살고 있을 만큼 맑고 깨끗한 물이기도 하다. 주변으로 기암절벽과 노송이 우거져 있는데 이 풍경이 장관이다. (136p C:3)

제주 서귀포시 강정동 5647   #용천수 #현무암 #은어

오는정김밥 맛집 "예약하고 먹는"

예약제로 운영하므로 예약 필수. 사전 예약은 하루 전부터 가능하다. 2줄부터 판매한다. 튀긴 유부가 들어가 짭짤하고 감칠맛 나는 오는정김밥(4000원)이 시그니처 메뉴다. 포장만 가능. 옆 가게 꼬란에서 라면이나 음료 주문시 취식이 가능하다. 09:00~19:00, 일요일 휴무 (137p D:3)

제주 서귀포시 동문동로 2
#김밥 #2줄이상 #예약필수

소천지 "인스타 사진촬영 명소"

올레6코스의 소나무숲길을 따라가다 보면, 제주도의 숨은 명소 소천지를 만나게 된다. 백두산 천지를 그대로 옮겨 놓은듯 하여 소천지라 부르는데, 날씨가 좋으면 고여있는 물 위로 한라산이 반영되는 모습까지 볼 수 있다. (137p E:3)

제주 서귀포시 보목동 1400
#백두산축소판 #올레6코스 #1급수

정방폭포 추천 "해안으로 바로 떨어지는 폭포 아시아에서 찾아보기 쉽지 않을걸?"

천지연, 천제연과 더불어 제주 3대 폭포 중 하나. 해안으로 바로 떨어지는 해안폭포로 아시아에서는 찾아보기 힘든 비경을 자아낸다. 4.3항쟁 직후 제주도민의 학살 터라는 슬픈 역사를 가진 곳이기도 하다. (137p D:3)

제주 서귀포시 칠십리로214번길 37   #해안폭포 #4.3항쟁

소정방 폭포 "폭포를 가까이에서 만질 수 있다는 것!"

정방폭포 동쪽에 있는 아담한 폭포로 폭포수를 매우 가까이서 볼 수 있다. 정방폭포를 축소한 모양이라 하여 '소정방'이라 부른다. 폭포 높이가 7m가량으로 여름철 물맞이 장소로 인기 있다. (137p E:3)

제주 서귀포시 토평동
#폭포 #여름여행지 #물놀이

고집돌우럭 중문점 `맛집`
"매콤한 우럭조림에 밥 비벼먹기"

우럭 조림을 비롯한 제주의 별미를 모아 차린 한상을 맛볼 수 있는 곳. 전복 새우 우럭 조림과 옥돔구이, 뿔소라 미역국, 낭푼밥, 독게 튀김의 런치 C 세트가 인기. 디너해 세트는 여기에 제주잔칫고기가 함께 제공된다. 런치 24,000원~35,000원, 디너 33,000원~63,000원. 키즈프렌들리. 매일 10:00~21:30 영업. (136p A:3) _{사진©한국관광콘텐츠랩}

제주 서귀포시 일주서로 879
#우럭조림 #가족친화 #중문

테라로사커피 중문 에코라운지 DT점 `카페` "모던한 공간에서 즐기는 특별한 커피"

자연과 어우러진 콘크리트. 높은 층고 덕분에 개방감이 느껴지는 모던한 카페다. 1층은 벽면의 작품들 덕분에 마치 미술관에 온 것 같은 분위기다. 책을 판매하고, 읽는 공간인 2층과 야외 테라스도 마련되어 있다. 테라로사답게 다양한 커피 메뉴가 있으며, 제주 돌담 블렌드, 제주 밤바다 디카페인은 오직 제주에서만 즐길 수 있다. 2층은 식음료 반입 금지. 주차 가능. 매일 09:00~20:00 영업.

제주 서귀포시 일주서로 1166   #웅장 #모던 #북카페 #커피

엉덩물계곡 "유채꽃 만발 하는 계곡"

중문 관광단지 안에 있는 엉덩물계곡은 봄이면 유채꽃밭으로 유명한 곳이다. 산책로 주변으로 온 세상이 노란 유채꽃 장관을 볼 수 있다. 입장료 없이 유채꽃밭을 마음껏 다닐 수 있는 귀한 곳이기도 하다. 차량을 이용한다면 중문해수욕장 주차장을 이용해보자. (136p A:3)

제주 서귀포시 색달동 3384-4
#유채꽃 #올레8코스 #중문달빛걷기공원

갯깍주상절리대 해식동굴
"6각 주상절리의 신비로움"

깎아놓은듯한 돌기둥이 인상적인 갯깍 주상절리대. 사각형, 육각형의 돌기둥이 절벽처럼 이어져 있는데, 우리나라에서 가장 큰 규모라고 한다. 이곳 안쪽으로 동굴이 있는데, 사진을 찍으면 동굴의 검은 실루엣 안쪽으로 파란 하늘과 바다를 한껏 담을 수 있어 사진을 찍으려는 사람들로 늘 북적인다. (136p A:3)

제주 서귀포시 상예동 977-1
#주상절리 #동굴 #포토존

한라산

한라산 추천 "4시간 30분 등반이면 우리나라 최고 높은 곳에 오를 수 있어"

성판악 코스 정상까지 4시간 30분이면 백록담을 볼 수 있다. 겨울철에 눈밭을 올라가려는 등산객으로 붐빈다. 더 이상의 미사여구가 필요 없는 남한에서 제일 높은 산으로, 등반 시간을 잘 체크하여 사고 나는 일이 없도록 해야 한다. (137p D:1)

제주 서귀포시 토평동 산15-1   #등산 #설경 #백록담

한라산 영실 "등반 코스중 가장 짧은 곳"

한라산까지 2시간 30분 정도 소요되는, 5.8km의 가장 짧은 등반 코스이다. 차로 정상 밑까지 올라갈 수 있어서 비교적 수월하게 등반할 수 있다는 점에서 초보자들에게 추천되는 코스이기도 하다. 단순히 짧은 코스로 유명한 것이 아닌, 등반하는 길이 아름답기로 유명한 곳이기도 하다. 특히 눈꽃이 쌓인 영실 코스는 결코 잊을 수 없는 경험을 선사할 것이다. (136p C:1)

제주 서귀포시 1100로 740-168   #한라산 #초보코스 #절경

백록담 "한라산의 분화구"

한라산 정상에 있는 타원형의 분화구이다. 원형이 잘 보존되어 있어 학술적인 가치도 뛰어나지만, 이곳은 아름다운 경관으로 더 유명하다. 신선들이 한라산에서 흰 사슴을 타고 다녔다는 전설에 유래하여, 백록담이라는 이름이 지어졌다. 한겨울에 내린 눈이 여름까지 남아있는데, 이 흰 눈이 제주10경 중 하나라고 한다. (137p D:1)

제주 서귀포시 토평동 산15-1   #한라산 #분화구 #최고봉

사라오름 산정호수

"분화구에 고인 물이 만든 호수"

성판악 탐방로를 따라 1시간 반 정도 올라가야 한다. 오름 분화구에 물이 고여 습원을 이루고 있는 곳이 산정호수인데, 비가 온 다음날에 가볼 것을 추천한다. 물이 가득차 있거나, 겨울에 눈이 쌓여있는 모습이 특히 아름답다. (137p D:1)

제주 서귀포시 남원읍 신례리 산2-1

#사라오름 #산정호수 #성판악 #천국

서귀포 올레시장 "저렴하고 맛있는 회를 사서 숙소로 출발~!"

서귀포에서 가장 큰 아케이드형 시장. 횟감, 감귤 등 각종 토산품 및 선물용품을 살 수 있다. 구입한 물건은 대부분 육지까지 택배로 부칠 수 있다. 오메기떡, 꽁치 김밥 등 다양한 먹거리도 판매하는데, 이곳에서 음식을 사서 숙소에서 먹는 여행자들도 많다. 하절기 07:00~21:00, 동절기 07:00~20:00 운영. 연중무휴. (137p D:3)

제주 서귀포시 서귀동 340   #회 #한라봉 #감귤초콜릿

황우지 해안 "현무암 천연 수영장이 만들어지는 곳"

현무암이 둘레를 이루고 있어 천연 수영장이 만들어지는 곳. 황우지 해안은 눈에 잘 띄지 않는데, 외돌개 휴게소 올레 7코스 부근 주차장에 주차하여 올레 7코스를 따라 해안가로 내려가면 그곳이 바로 황우지 해안이다. 해안에는 열두 개의 굴이 있는데, 이 동굴들은 일본군이 파놓은 진지 동굴이다. (137p D:3)

제주 서귀포시 서홍동 766-1
#현무암 #해안 #올레7코스

외돌개 "용암이 식어 만들어진 바위"

외돌개는 용암이 식어 만들어진 바위로, 삼매봉 남쪽 바다에 우뚝 솟은 모습이 특이하다. 대장금 촬영지로 활용되어서 수많은 외국인이 찾고 있는 국제적인 여행지이기도 하다. 외돌개와 해안 절경을 보며 걸을 수 있는 산책길인 올레길 제7코스가 있다. 올레길 7코스는 올레길 중에서도 으뜸으로 손꼽힌다. (137p D:3)

제주 서귀포시 서홍동 791
#기암괴석 #대장금 #올레7코스

이중섭 문화거리
"이중섭 거주지와 이중섭 미술관이 있는 곳"

이중섭문화거리는 천재 화가 이중섭이 1951년 1년여를 지내며 그림을 그린 곳이다. 피난 당시 거주했던 초가(이중섭 거주지)를 중심으로 문화 거리가 조성되었으며, 화가를 기리기 위한 이중섭 미술관이 운영되고 있다. 거리에는 이중섭 화가의 작품을 모티브로 한 조형물, 벽화, 보도블록 등이 설치되어 있어 예술적인 분위기를 더한다. 주말에는 차 없는 거리가 운영되며, 이 기간 동안 예술가들의 플리마켓이 운영된다. (137p D:3)

제주 서귀포시 이중섭로 29
#민중화가 #이중섭 #문화거리

이중섭 미술관
"이중섭의 원화를 볼 수 있는 곳"

6.25 전쟁 당시 이중섭이 1년여간 거주했던 서귀포 자택 뒤편에 위치한 미술관. 가나아트센터 대표 이호재 씨의 기증품이 전시되어있다. 이중섭 원화 8점과 근현대 화가 작품 52점이 전시되어있다. 매주 월요일 휴관. (137p D:3)

제주 서귀포시 서귀동 532-1
#이중섭 #민중화가 #소

채점석베이커리 `카페`

"생마늘을 갈아 넣은게 포인트인 명장 빵집"

@chaejeomseok_bakery

제주도 제과제빵 명장이 운영하는 빵집. 보존료, 방부제를 사용하지 않아 건강한 빵을 만든다. 대표 메뉴는 마농 바게트인데, 마농은 제주 방언으로 마늘을 뜻한다. 생마늘을 갈아서 만드는 점이 포인트. 슈가파우더가 소복하게 쌓인 팡도르에는 크림과 딸기가 놀랄만큼 가득 들어있다. 마농바게트 7천 원대. 매일 08:00~22:00 운영.

제주 서귀포시 서호남로32번길 29
#팡도르 #마농바게트

대포주상절리

"6각형의 주상절리를 볼 수 있는 곳"

주상절리는 화산 분출 후 용암 표면이 균등한 수축으로 수직 방향으로 생겨난 돌기둥을 뜻한다. 해안가의 용암이 빠르게 식으면서 생긴 균열이 4~6각형의 기둥을 생성하고, 그 균열로 비와 눈이 들어가 얼고 녹기를 반복하면서 틈이 발생하고 떨어져 나가 대포동 주상절리대가 생성되었다. 매일 09:00~17:30 운영. 성인 2,000원. (136p A:3)

제주 서귀포시 이어도로 36-24
#해안 #돌기둥 #기암괴석

천제연 폭포 `추천` "비가 오는 날은 반드시 제1폭포를 보러 가자"

천제연(天帝淵)은 하느님의 못이라는 뜻을 담고 있다. 천제연 폭포는 상, 중, 하로 나뉘는 3단 폭포로 천제교 아래 있다. 그중 비가 와야 구경할 수 있는 최상류의 제1폭포가 으뜸으로 꼽히며, 나무데크로 1폭포부터 3폭포까지 산책로가 이어져 있다. 천제연 폭포 옆 선임교는 오작교 형태의 전설을 담고 있다. 매일 09:00~17:10 운영. 폐장 시간은 일몰 시간에 따라 변경되기도 함. 성인 2,500원. (136p A:3)

제주 서귀포시 천제연로 132   #비오는날 #제1폭포

중문색달해수욕장 "중문단지 해양스포츠 하기 좋은 해변"

제주의 다른 해변들보다 조금 더 깊이가 있는 곳. 그래서 수상스키, 윈드서핑, 스쿠버다이빙 등 해양스포츠를 하기에 제격이다. 과거 전국 해수욕장의 수질평가를 한 적이 있는데 이곳이 가장 우수했다고. (136p A:3)

제주 서귀포시 색달동 3306-3   #수상스키 #윈드서핑 #해양스포츠

제주 운정이네 갈치조림 중문본점 _{맛집}
"먹기 좋은 순살갈치조림"

서귀포 갈치조림 맛집이다. 메뉴가 다양해 꼼꼼히 확인 후 주문해야 한다. 통갈치에 문어, 전복, 새우 등 해물이 가득 들어간 갈치조림을 맛볼 수 있다. 전복 돌솥밥 또한 별미다. 가시가 발라져 나와 편하게 먹을 수 있다. 오메기떡, 돈까스, 튀김 등이 식전 반찬으로 나온다. 식사 후 커피, 아이스크림 무료제공. 08:30~22:00. (136p B:3) 사진ⓒ한국관광 콘텐츠랩

제주 서귀포시 중산간서로 726
#갈치조림 #순살갈치 #가족식사

삼매봉
"오르는 동안 한라산이 병풍이 되는 곳!"

정상에 봉우리가 세 개 있다고 해서 삼매봉이라는 이름이 붙은 산. 정상 팔각정까지 도보 15분 거리의 산책로로 형성되어 있다. 북쪽으로 한라산 정상이 보이고 남쪽으로 서귀포 앞바다가 보이는 숨은 명소다. (137p D:3) 사진ⓒ한국관광 콘텐츠랩

제주 서귀포시 서홍동 820-2
#팔각정 #한라산 #서귀포 #전망

천지연 폭포 "운치있는 스테디셀러 폭포"

오래된 스테디셀러 관광지로, 넓은 계곡으로 떨어지는 폭포의 모습이 한편의 동양화 같다. 야간 조명시설이 되어 있어 야간에도 오픈한다. 외국의 거대한 폭포도 좋지만, 천지연폭포야말로 운치 있는 폭포로 색다른 아름다움을 준다. 매일 09:00~22:00 운영. 성인 2,000원. (137p D:3)

제주 서귀포시 천지동 666-2
#푸른빛폭포 #필수관광지

중문수두리보말칼국수 _{맛집} "수제 반죽한 톳면 보말 칼국수"

@yoonjung1028

톳을 넣고 직접 반죽한 수타면에 보말 100% 육수로 만든 칼국수로 유명한 식당. 보말죽도 맛있으니 2명이라면 칼국수와 보말죽을 하나씩 주문하는 것을 추천한다. 가격, 양, 맛 모두 훌륭해서 웨이팅이 엄청나다. 테이블링으로 예약은 필수. 가격은 수두리보말칼국수 11,000원, 보말죽 13,000원. 08:00~ 16:30 (16:00 라스트오더), 화요일 휴무. (136p A:3)

제주 서귀포시 천제연로 192
#보말칼국수 #자가제면 #웨이팅

제주특별자치도 서귀포시

쇠소깍 ^{추천} "잔잔한 물 위에 투명 카약, 수상자전거 체험하러 줄을 서는 곳"

용암이 흐르다 굳어져 만들어진 골짜기이다. 에메랄드빛 물색과 골짜기 주변을 에워싸고 있는 소나무숲이 감동적일만큼 아름답다. 전통배 테우나 카약, 수상자전거 등을 타며 이곳을 둘러 봐도 좋고, 산책로를 따라 구경해도 좋다. 제주도에서 산과 바다, 강 모두를 볼 수 있는 드물기에 더 귀한 곳이다. (137p E:3)

제주 서귀포시 쇠소깍로 104　#냇가 #수상스포츠

시스터필드 ^{빵집}
"버터 풍미 가득한 크로와상과 담백한 하드 계열 빵이 일품"

서귀포 월드컵경기장 근처의 핫플레이스 베이커리. 유기농 밀가루, 프랑스산 버터 등 최상급 재료만 사용해 기본에 충실한 빵을 만든다. 버터의 풍미가 좋은 크루아상과 치아바타, 바게트, 깜빠뉴 등 두고두고 먹기 좋은 하드 계열 빵을 추천. 빵 종류별로 나오는 시간대가 있기 때문에 원하는 빵이 있다면 시간을 맞춰 가는 것이 좋다. 크루아상 4천 원대. 매일 09:00~18:00 운영.

제주 서귀포시 월드컵로 8
#크루아상 #치아바타 #깜빠뉴

금호제주리조트 "한반도 포토존이 이곳의 시그니처"

남원 큰엉해안경승지를 앞마당처럼 품고 있는 이국적인 리조트. 정원과 연결된 큰엉 산책로를 따라 걷다 보면 나무들이 겹쳐 작은 한반도 모양을 이루는 '한반도 포토존'을 만날 수 있다. 사계절 온수풀과 워터 슬라이드를 즐길 수 있는 '아쿠아나'가 있어 아이들 동반한 가족 여행객의 선호도가 높은 곳, 흑돼지 풍미 가득한 디너를 제공하는 '오션 그릴'을 비롯해 카페 '담다', 특산품점 등 다양한 부대시설을 갖추었다. 아이들 취향에 맞춘 키즈룸 보유. (139p D:2) 사진ⓒ금호제주리조트

제주 서귀포시 남원읍 태위로 522-12
#큰엉해안경승지 #한반도포토존 #아쿠아나

JW 메리어트 제주 리조트 & 스파 "제주 담은 럭셔리 리조트"

세계적인 건축가 빌 벤슬리가 디자인한 럭셔리 리조트. 제주의 초가, 유채, 돌담, 해녀에서 영감을 얻은 인테리어가 특별한 곳. 바다와 맞닿은 느낌의 'Re Fresh 인피니티풀'이 이곳의 시그니처. 제주의 맛을 담아낸 정성스러운 아침, 아일랜드 키친의 '제주 브런치 로얄'을 추천. 정원에서 제주올레길 7코스와 바로 연결되어 외돌개, 범섬 등 제주의 비경을 감상하기 좋다. 2층 침대를 갖춘 패밀리 스위트와 'Re Play Kids Club'을 운영해 가족 단위 여행객의 만족도가 높다. 사진ⓒJW 메리어트 제주 리조트&스파

제주 서귀포시 태평로 152
#빌벤슬리 #인피니티풀 #제주브런치로얄

켄싱턴리조트 서귀포점
"아늑한 키즈룸이 있는 서귀포 휴양 리조트"

서귀포의 자연을 오롯이 만끽하기 좋은 휴양 리조트. 마운틴뷰 객실에서는 웅장한 한라산을, 오션뷰 객실에서는 서귀포 바다와 범섬을 한눈에 담을 수 있다. 사계절 아름다운 팜트리 정원과 해안 산책로가 조성되어 있으며, 여름 시즌 운영되는 야외 수영장과 풀사이드 바가 활기찬 휴양지 분위기를 더해주는 곳. 벙커 침대와 메인 침실이 작은 통로로 연결된 아늑한 분위기의 키즈룸 보유. 켄싱턴 프리미어 객실에는 윈도우 벤치가 설치되어 있어 액자 창 너머 제주 자연을 배경으로 인생 사진을 남기기 좋다. 사진ⓒ켄싱턴리조트 서귀포점

제주 서귀포시 이어도로 684　　#한라산 #범섬 #키즈룸

산방산  "어디에서 보느냐에 따라 달리 보이는 종상화산"

산방산은 우뚝 솟아 있는 거대한 종 모양의 화산체로 돔 형태의 종상화산. 한라산, 성산일출봉과 함께 제주 3대 산으로 불린다. 산방(山房)이라는 의미는 산수의 동굴을 의미하는데, 해식동굴이 있어서 이런 이름이 붙었다. 산의 서남쪽 방면에 용머리해안 해넘이 뷰로 유명한 산방굴이 있다. 매일 09:00~18:00 운영 (입장 마감은 일몰시간에 따라 변동). (134p B:3)

제주 서귀포시 안덕면 사계리 산16　　#봄#3,4월#산방산#유채꽃

방주교회 추천 "제주 7대 아름다운 건축물"

제주 7대 아름다운 건축물로 꼽힌 곳. 관광지는 아니지만 특이한 건물로 많은 사람이 찾는다. 건물을 연못이 둘러싼 설계는 '노아의 방주'를 표현하고 있다. 가을에는 방주교회 근처에 '핑크뮬리' 꽃이 피어 사람으로 더욱 붐빈다. (135p D:2)

제주 서귀포시 안덕면 산록남로762번길 113　　#교회 #연못 #스냅사진

카멜리아힐 "어마어마한 동백 수목원"

사계절 꽃으로 가득한 제주 핫플. 시그니처 겨울 동백은 물론 여름의 수국, 가을의 핑크뮬리와 억새가 매우 아름답다. 산책로 곳곳에 '사랑해', '잘 지내?', '보고 싶다' 등 감성적인 가랜드와 소품이 배치되어 있어 인생샷을 남기기에 딱 좋은 장소. 붉은 꽃잎이 카펫처럼 깔린 동백 터널이 대표 포토스폿이니 놓치지 말 것. 입장료 성인 기준 12,000원. 매일 08:30~18:00 운영. (134p C:2)

제주 서귀포시 안덕면 병악로 166
#동양최대동백수목원 #수국 #핑크뮬리

산방산 탄산온천 "수질 좋은 탄산 온천"

우리나라의 5대 약수들 보다 수질이 좋기로 유명한 산방산 탄산온천! 온천의 약효가 뛰어나 여행의 피로와 고단함을 풀고 가기에 제격인 곳이다. 노천탕을 이용하며 보는 이국적인 야자수들, 산방산의 풍경은 진정한 힐링이 무엇인지를 깨닫게 해준다. (134p B:3) 사진ⓒ한국관광 콘텐츠랩

제주 서귀포시 안덕면 사계북로41번길 192
#노천탕 #온천수 #고혈압탕

용머리해안 추천 "용한마리 몰고가세요"

산방산에 있는 해안으로, 180만년 전 있었던 화산 폭발로 생긴 것으로 알려져 있다. 층층이 쌓인 기이한 모양의 암벽들이 절경을 이룬다. 에메랄드 빛 물 웅덩이가 이곳의 대표적인 포토존인데, 물 아래로 거울처럼 반사되는 사진을 얻을 수 있어 이곳에서 사진을 찍으려는 사람들이 줄을 이룬다. 만조와 기상악화 시 출입 통제. 성인 2,000원. (134p B:3)

제주 서귀포시 안덕면 사계리 112-3   #용머리모양 #물웅덩이 #포토존

비밀역 카페 "작은 기차역을 모티브로 한 이색 카페"

@buri_young

일본의 작은 기차역을 그대로 옮겨 놓은 듯한 카페. 빈티지한 간판의 기차역 입구를 비롯해 카페 전체가 포토존이다. 재료를 아낌없이 담아낸 달콤한 파르페가 대표 메뉴. 오리지널, 딸기, 초코 세 가지 맛이 있다. 음료를 마시는 공간은 기차 좌석처럼 꾸며져 있어, 마치 달리는 기차를 탄 것 같은 느낌이 든다. 좁은 골목길을 따라 놓인 기찻길에서 인생샷을 남겨 보자. 매일 10:30~18:00 영업. (134p B:3)

제주 서귀포시 안덕면 화순중앙로124번길 26-1   #빈티지 #파르페 #기찻길

제주특별자치도 안덕면

오설록 티 뮤지엄 `추천` "오설록 차를 시음하면서 즐기는 녹차밭 풍경"

세계적인 디자인 건축 사이트인 '디자인 붐'이 선정한 세계 10대 미술관에 오를 만큼 아름답고 뛰어난 풍광을 자랑하는 티 뮤지엄. 오설록의 다양한 차를 시음하며 전시 해설을 제공받고, 전망대 및 가든 투어를 해볼 수 있는 티스톤 티 클래스는 강력 추천. 차와 관련한 작품 관람 및 다례 등을 배워볼 수 있으며 사전 예약은 필수다. 매일 09:00~18:00 운영. 프리미엄 티 코스 60,000원. 카페 메뉴는 말차 비빔 국수, 말차 소프트 아이스크림 등이 인기. (134p B:2)

제주 서귀포시 안덕면 신화역사로 15　　#오설록 #티스톤 #티클래스

신화워터파크 "아이와 함께 워터파크"

제주도에서 가장 큰 워터파크. 서로 다른 매력의 실내, 실외 워터파크에는 18개나 되는 풀과 스릴 넘치는 슬라이드, 다양한 찜질방까지 갖추고 있다. 다양한 할인 혜택이 있으니, 이용 전에 검색을 해볼 것을 추천한다. 매일 실내 11:00~19:00, 실외 11:00~18:00 (동절기 휴장). 비수기(1~4월, 10~12월) 40,000원, 평수기(5~6월, 9~10월) 53,000원, 성수기(7~8월) 75,000원. (134p B:2)

제주 서귀포시 안덕면 신화역사로304번길 38　　#워터파크 #워터슬라이드 #가족여행

군산오름
"고려 목종 때 폭발한 오름, 천년밖에 안된 산이라니"

@gona__o.o

산방산과 중문 사이에 있는 오름. 오름이란 산의 제주도 방언이다. 군산 오름은 가장 최근에 폭발한 오름인데, 고려 목종 7년, 1007년에 생겼다고 기록되어 있다. 주차를 하고 5분가량 계단을 올라가면 쉽게 정상에 오를 수 있다. 정상에서는 서귀포 앞바다의 멋진 전경이 눈에 들어온다. (134p C:3)

제주 서귀포시 안덕면 창천리 564
#화산 #오름 #서귀포전망

춘심이네 본점 `맛집`
"통갈치구이와 조림을 한상에!"

바다낚시로 잡은 자연산 갈치를 공수해 만든 통갈치구이가 시그니처 메뉴다. 입에 낚싯바늘이 있어 주의해야 한다. 크기가 커 조리 시간이 30분 정도 걸린다. 직원이 갈치를 직접 손질해줘서 먹기 편하다. 고소하고 부드러운 갈치살을 아삭한 양파절임과 함께 먹는 것을 추천. 매일 10:30~21:00 (재고소진 시 조기마감). (134p C:3) 사진ⓒ한국관광 콘텐츠랩

제주 서귀포시 안덕면 창천중앙로24번길 16
#통갈치구이 #은갈치조림 #가족식사

서귀포 화순서동로(화순리) 유채꽃 "차창 밖으로 보이는 유채꽃길"

서광동리 사거리에서 안덕면 화순리에 위치한 화순서동로를 따라 3km 길이로 조성된 장거리 유채꽃 드라이브 코스. 유채꽃 드라이브 코스 사이로 보이는 산방산도 인상적이다. 다른 지역에서 볼 수 없는 독특한 드라이브 코스로 많은 사랑을 받고 있다. 길이 복잡하지 않아 중간에 차를 세워두고 꽃을 오롯이 즐길 수 있다. (134p B:3)

제주 서귀포시 안덕면 화순리 2046   #3,4월 #드라이브코스 #산방산전망

화순금모래 해변
"빛에 따라 변화하는 검은 모래사장"

현무암의 검은색을 띤 고운 모래가 햇빛에 비쳐 금색으로 보이는 아름다운 해수욕장. 가파도와 마라도가 보이는 해변으로, 해안의 끝에는 산방산이 있다. 여름엔 용천수를 사용해 담수풀장을 운영한다. (134p B:3)

제주 서귀포시 안덕면 화순리 776-8
#금빛모래사장 #산방산

본태박물관 추천 "안도 타다오의 콘크리트 외관을 직접 눈으로 보자"

'본래의 형태'라는 뜻의 본태 박물관은 전통과 현대가 조화를 이루는 곳이다. 건축계의 노벨상이라 불리는 프리츠커상을 수상한 세계적인 건축가 안도 타다오가 설계한 건물은, 빛과 물이 조화롭게 어우러져 건물 자체만으로도 방문 가치가 넘치는 곳이다. 전통문화는 물론 자연과 조화를 이루는 건축, 아름다운 공예품의 전시, 제주도의 풍경 등 빼어난 문화 공간이다. 매일 10:00~18:00 운영, 입장 마감 17:00. 성인 30,000원. 네이버 예매 시 도슨트 포함 입장권 할인. (135p D:2)

제주 서귀포시 안덕면 산록남로762번길 69   #안도타다오 #프리츠커상 #조화

이국적인 분위기 자연 속 독채 통나무집 숙소. 나무의 결이 그대로 느껴지는 실내는 아늑하고 포근한 분위기. 세심한 사장님의 친절함이 돋보이는 곳. 잘 가꾸어진 정원은 물론 객실과 연결된 외부 테라스에서도 자연을 만끽하며 여유로운 시간을 보낼 수 있다. 아이 또는 부모님과 함께하는 가족 여행 숙소로 추천. 반려동물 동반 가능. 사진ⓒ웨스티하우스

제주 서귀포시 안덕면 일주서로1488번길 9   #통나무집 #테라스 #친절한사장님

서귀포 가파도 청보리밭 "꼭 한번 가고 싶은 곳"

조방전망대에서 본 가파도와 유채밭

가파도 2/3 규모를 빼곡히 채운 **600,000m²의 대규모 청보리밭**. 모슬포항 가파도 선착장에서 유람선을 타고 이동할 수 있다. 올레길 10-1코스를 따라 가파도 선착장에서 곧바로 섬에서 가장 고도가 높은 가파초등학교까지 이동해 청보리밭과 섬 전체를 조망해볼 수도 있다. 매년 4월에는 청보리 축제도 개최되니 기회가 된다면 꼭 참여해보자. (133p D:3) 사진ⓒ한국관광 콘텐츠랩

제주 서귀포시 대정읍 가파리   #올레10-1코스 #청보리축제

마라도 "제주가 왜 아름다운 섬인지 자연스레 알게 되는 곳"

마라도 성당과 억새

대한민국 최남단의 섬. 섬 둘레는 **4.2km**로, 도보로 한 바퀴 도는데 40분가량 소요된다. 여객선은 보통 2시간 간격이며 1시간 정도 산책하고 짜장면까지 먹으면 대략 2시간 정도가 걸린다. 날씨가 좋은 날 마라도에서 보는 제주도 본섬의 모습은 환상적이다. 조개류, 해조류 등이 많아 톳이 들어간 짜장면이 유명하다. (132p A:3)

제주 서귀포시 대정읍 마라로101번길 46-1   #여객선 #산책 #짜장면

알뜨르비행장 "아픔과 평화가 공존하는 아이러니"

'알뜨르'는 제주어 방언으로 '아래쪽 들'이라는 뜻. **평평하고 광활한 들판에 비행장이 건설되어 붙여진 이름이다.** 일제강점기 태평양 전쟁 당시 일본군이 건설한 군사 시설로 비행장을 따라 비행기를 숨겨놓던 콘크리트 격납고가 남아 있어 독특한 분위기를 연출하는 곳. 아이러니하게도 전쟁의 상흔이 남아있는 이곳에서 바라보는 산방산과 한라산의 풍경은 몹시 평화롭고 아름답다. 제주 자연 속에서 평화의 중요성을 일깨워 주는 역사 유적지. (133p D:2)

제주 서귀포시 대정읍 상모리   #비행장 #전쟁 #격납고

곶자왈 추천 "원시 숲에 들어온 기분이야."

사계절 늘 초록의 공간인 곶자왈은, **남방계 식물과 북방계 식물이 함께 사는 매우 독특한 생태계를 자랑하는 곳**이다. 우리나라에서 가장 큰 난대림 지대이기도 한데, 곶자왈을 통해 모인 빗물이 강이 되어 흐른다고 한다. 생명수를 품고 있다 하여 제주의 허파라고도 불린다. 매일 10시와 14시 무료 숲해설을 진행해 곶자왈의 주요 식생과 문화, 역사 이야기를 들으며 걸을 수 있다. 11~2월 09:00~17:00(입장 마감 15:00), 3~10월 09:00~18:00(입장 마감 16:30) 운영. 연중 무휴이나 날씨에 따라 출입 제한. 성인 1,000원. (133p D:1) 사진ⓒ한국관광 콘텐츠랩

제주 서귀포시 대정읍 에듀시티로 178   #화산숲 #최대난대림 #생명수

송악산
"섭지코지 못지않게 해안절경이 아름다워"

104m의 낮은 오름. 태평양전쟁 때 일본군들이 배를 감추기 위해 파놓은 15개의 해안 절벽 동굴 일오동굴이 있다. 둘레길이 있어 산책할 수도 있는데, 이 둘레길에서 바라보는 산방산과 한라산, 마라도의 모습도 너무 아름답다. (133p D:3)

제주 서귀포시 대정읍 송악관광로 421-1
#일오동굴 #둘레길

마라도 정기여객선
"마라도로 향하는 여객선 타는 곳"

하루 5번 운행, 편도 25분 소요되는 마라도 정기 여객선. 출발 10분 전 매표가 마감되며, 전화로 사전 예약할 경우 40분 전까지 매표소에 도착해야 한다. 매일 08:00~17:00, 성인 왕복 20000원. (133p D:3) 사진ⓒ한국관광 콘텐츠랩

제주 서귀포시 대정읍 최남단해안로 120
#가파도 #마라도 #정기여객선

미영이네 맛집 "고등어회와 고등어탕의 꿀맛조합"

모슬포항에서 고등어횟집으로 유명한 식당. 싱싱한 고등어회와 고소한 고등어탕, 야채무침이 꿀맛이다. 식사시간에는 웨이팅이 있다. 전화로 포장 예약하고 픽업 가능하다. 10월~3월에는 모슬포 앞바다에서 잡은 방어회를 맛볼 수 있다. 가격은 고등어회와 탕 70,000~95,000원(소/대). 11:30~ 22:00 (20:30 라스트오더) 수요일 휴무. (132p C:2) 사진ⓒ한국관광콘텐츠랩

제주 서귀포시 대정읍 하모항구로 42   #고등어회 #고등어탕 #방어회

엉알해안

"조용히 걷고 싶을 때 , 조금은 덜 알려진 이곳으로 와"

해안 절벽이 퇴적층으로 이루어져 있는 유네스코 세계지질공원. 차귀도 포구에서 수월봉 방향으로 엉알해안이 있으며, 올레길 12코스에 속해있다. 해안 길을 따라 차귀도 뒤로 지는 아름다운 석양을 볼 수 있다. (130p A:2)

제주 제주시 한경면 고산리 3653-3
#유네스코 #해안절벽 #석양

수월봉 "오지 않으면 후회할만한 경치, 수월봉을 잊지 마!"

수월정 전망

수월봉 지질트레일

차귀해안을 따라가다 보면 나오는 오름. 차량으로 수월정(정상 전망대)까지 접근할 수 있다. 정상에 오르면 차귀도와 차귀해안이 아름답게 내려다보이며, 해 질 무렵 보이는 저녁노을 또한 으뜸이다. (130p A:2)

제주 제주시 한경면 고산리 3760   #해안 #낙조 #전망대

신창풍차 해안도로 추천 "줄지은 하얀 풍차를 배경으로 멋진 사진을 찍어봐!"

한경면 신창리에 있는 풍력발전소가 있는 신창풍차해안은 일몰의 석양을 아름답게 볼 수 있는 명소이다. 드라이브 코스로 손에 꼽히는 곳이므로 차로 여행한다면 꼭 들러보자. 싱계물공원에는 바다 육교가 설치되어 있어 바다와 풍차를 더 가까이 볼 수 있다. (130p A:2)

제주 제주시 한경면 신창리 1481-23   #드라이브 #바다전망 #풍차

제주특별자치도
한경면

제주 차귀도 요트투어
"요트 위에서 바라보는 아름다운 일몰"

대한민국 10대 일몰 명소인 차귀도 풍경을 즐길 수 있는 요트투어. 일반 요트투어와 낚시투어, 스노클링투어 3가지 코스를 운영한다. 단독으로 배를 빌려 연인이나 가족을 위해 깜짝 이벤트를 준비할 수도 있다. 매일 10:00~19:00 (날씨에 따라 휴업). (130p A:2)

제주 제주시 한경면 용수리 4240
#이벤트요트 #낚시 #스노클링

해거름 전망대
"사람 없는 조용한 곳에서 조용히 즐기는 노을"

판포 포구 앞 해변을 조망할 수 있는 2층 건물의 전망대. 협재해변에서 서귀포 가는 방향에 있으며, 2층 해거름 카페에서 해 질 녘 멋진 낙조 전망을 보며 차를 즐길 수 있다. (130p B:1)

제주 제주시 한경면 판포리 1608
#해변가 #전망카페

판포포구
"꼭 여름에 들러봐! 수영이 가능할 때 말이야"

협재해변을 지나 나오는 이색 물놀이 명소. 물이 맑고 물고기가 많아 스노클링 장소로도 유명하다. 조수 간만의 차가 커서 썰물 때는 모래 등이 보일 정도로 수심이 낮아지는데, 밀물일 때와는 또 다른 매력을 지닌다. (130p B:1) 사진ⓒ한국관광 콘텐츠랩

제주 제주시 한경면 판포리 2877-3
#스노쿨링 #수상스포츠

오형제 풀빌라 STAY "프라이빗 수영장과 사우나에서 즐기는 온전한 휴식"

@o_hyung_jae

제주 서쪽 시골 마을 언덕 위에 자리 잡은 고즈넉한 스테이. 5개의 객실 모두 프라이빗한 야외 온수 수영장과 사우나, 작은 정원을 갖추었다. 개방감이 느껴지는 복층 구조 실내는 깔끔한 화이트톤에 포인트 컬러를 사용해 세련되고 경쾌한 분위기. 창문 너머 수영장과 돌담, 자연이 어우러진 풍경을 바라보며 오롯한 휴식을 즐겨보자. (130p B:2)

제주 제주시 한경면 신한로 183-28   #수영장 #돌담 #사우나

수우동 맛집
"쫄깃쫄깃한 면발에 반숙 계란 튀김이 올라간 냉우동 맛집"

발로 반죽한 족타 방식으로 면을 뽑아내는 우동 전문점. 반죽을 하루 동안 숙성시켜 면발 식감이 더욱 쫄깃하다. 우동에 올라간 반숙 계란 튀김은 쫄깃한 면발만큼이나 별미. 가게 통창 밖으로 보이는 비양도 경치도 아름답다. 방문 예약만 가능하며, 최소 하루 전 미리 방문해서 예약하는 것을 추천. (128p B:2)

제주 제주시 한림읍 협재1길 11
#냉우동 #바다뷰 #웨이팅

협재해수욕장 추천 "협재만큼 로맨틱한 해변은 없을 거야"

투명하고 영롱한 바다와 하얀 조개껍데기 모래가 어우러진 아름다운 해변. 수심이 얕고 경사가 완만해 아이를 동반한 가족 단위 관광객에게 인기 있는 물놀이 장소이다. 해변 바로 앞에 비양도가 떠 있어 독특한 아름다움을 자랑하는 곳. 해 질 녘이면 노을에 붉게 물든 하늘과 바다, 섬의 실루엣이 어우러진 환상적인 풍경을 감상할 수 있다. (128p B:2)

제주 제주시 한림읍 협재리 2497-1   #석양 #해수욕장

안녕협재씨 맛집

"신선한 해산물 비빔밥을 맛보자"

협재 비빔밥 맛집이다. 여러 비빔밥 중 딱새우 비빔밥이 인기 메뉴다. 새우 손질 후 달걀 노른자를 넣고 소스를 부어 비벼먹으면 된다. 부드러운 간장 딱새우장과 달걀 노른자의 고소한 맛이 조화롭다. 특히 비빔밥에 들어있는 조림무가 달달하고 맛있다. 잘게 썰어 비벼먹으면 된다. 제공되는 맛간장으로 간을 맞춰 먹으면 된다. (128p B:2) 사진ⓒ한국관광 콘텐츠랩

제주 제주시 한림읍 금능길 12 1층
#딱새우장비빔밥 #돌문어장비빔밥

금악리 해바라기

"초겨울 까지도 해바라기가 있다."

농장주 히피웅씨가 금악리 홍보를 위해 무료개방하는 해바라기 농장. 금악리는 관광객들이 많이 찾지 않는 지역이지만, 자연환경이 아름답고, 대로변에 위치해 접근성이 좋은 지역이다. 따뜻한 제주도의 날씨 덕분에 초겨울까지도 해바라기가 피어있다. 단, 수확으로 인해 꽃을 보지 못할 수 있으니 농장주인 히피웅 블로그를 통한 확인이 필요하다. 해바라기밭 앞 길가에 주차할 수 있지만, 주차장이 만석일 경우 금악초등학교에 주차하면 된다.

제주 제주시 한림읍 금악리 3017-1
#해바라기 #무료입장

제주특별자치도 / 한림읍

성이시돌목장 추천 "'우유부단' 아이스크림과 이국적인 건축물인 '테쉬폰'으로 유명"

이국적인 건축물인 테쉬폰 형태의 건물이 있는 곳. '우유부단'이라는 브랜드의 아이스크림이 유명하다. 제주에서 사진 찍기 좋은 장소 중에 하나다. 25년 12월 말 기준 테쉬폰 건물을 흰색으로 도색했다. (129p D:3)

제주 제주시 한림읍 산록남로 53   #우유부단 #아이스크림 #스냅사진

금오름 추천 "감성사진으로 유명한 오름"

자동차로 입구에 내려 약간 가파르지만 금방 오를 수 있는 오름으로 정상에서 패러글라이딩 체험도 즐길 수 있다. 협재해변, 한라산, 새별 오름 등 아름다운 제주의 자연을 전망할 수 있다. 협재해변에서 차로 15분 거리 이동. 금오름의 '금'은 고조선부터 쓰이던 신(神)이라는 의미이다. (129p D:3)

제주 제주시 한림읍 금악리 산1-2   #제주자연전망 #패러글라이딩

잔월 STAY "고요한 공간에서 느끼는 제주의 정취"

@stay.janwol

팽나무로 둘러싸인 작은 마을 속 고요한 스테이. 본채와 별채, 프라이빗 스파동으로 이루어진 공간이다. 야외와 연결된 마루에서 차 한 잔의 여유를 즐기거나, 별채 침대에 누워 천창으로 보이는 하늘과 나무를 만끽하기 좋은 곳. 따뜻한 욕조에 몸을 담근 채 온전한 쉼을 느끼며 하루를 마무리해 보길 추천.

제주 제주시 한림읍 명월로2길 11   #프라이빗스파동 #천창 #휴식

애월 우니담 맛집
"성게가 밥보다 많은 성게덮밥"

제주 성게 맛집. 성게덮밥, 성게미역국, 전복 가마솥밥이 인기메뉴다. 성게덮밥은 비비지 말고 밥에 성게알을 얹어 먹는 것이 성게의 고소하고 녹진한 맛을 느끼기 좋다. 가마솥밥이라 밥이 고슬고슬하다. 바다향을 가득 품은 성게를 넣은 미역국의 진한 맛이 솥밥과 잘 어울린다. 애월해안가 바로 앞에 위치해 뷰가 좋다. 09:00~19:30 (브레이크타임15:00~16:00) (126p B:2) 사진ⓒ한국관광 콘텐츠랩

제주 제주시 애월읍 고내로13길 107 2층
#한정식 #한그릇식사 #애월바다전망

곽지과물해변(곽지 해수욕장) "노천탕을 품은 해수욕장"

비교적 한적하고 고즈넉한 해변. 수질이 매우 깨끗하고 모래가 고와서 기분 좋은 물놀이를 즐길 수 있는 곳. '곽지과물해변'이라고도 불리는데 '과물'은 곽지 마을에 있는 샘물을 뜻한다. 이름처럼 용천수가 솟아나는 노천탕이 있어 해수욕 후 몸을 개운하게 씻을 수 있다. 제주 서쪽의 환상적인 일몰과 수평선, 풍력발전기가 어우러진 아름다운 풍경을 감상하기 좋은 곳. 여유로운 분위기에서 해수욕을 즐기고 싶은 분에게 추천. (126p B:2)

제주 제주시 애월읍 곽지리 1565   #해수욕 #용천수 #노천탕

구엄리돌염전 "정말 작은 염전, 사진 한장으로 끝!"

현무암으로 이루어진 천연암반지대에서 소금을 생산했던 장소이다. 조선시대부터 구엄마을의 주요 생업 터전이었지만 1950년에 그 기능을 상실해서 현재는 체험과 관광자원으로 활용하고 있다. 제주 올레 16길 코스에 위치하여 <mark>바다의 절경</mark>을 감상할 수 있는 해안 드라이브 코스로도 유명하다. (126p C:1)

제주 제주시 애월읍 구엄리 1254-1   #돌염전 #소금빌레 #올레16코스

노을리 `카페` "제주 노을을 보며 흑연탄빵을 먹자"

흑연탄빵으로 유명한 대형 베이커리 카페. 창을 향해 놓인 빈백에 앉아 멋진 노을을 감상하기 좋다. 노을리에이드가 시그니처. 매일 9:00~21:00 영업, 브런치는 주말 9:00~18:30, 평일 9:00~17:30까지. (126p C:1) 사진©한국관광 콘텐츠랩

제주 제주시 애월읍 애월해안로 654   #애월카페 #흑연탄빵 #오션뷰

테지움
"사파리 테마의 테디베어"

사파리 테마의 동물 인형들과 실물 크기의 테디베어를 만날 수 있는 테지움 테디베어 테마파크이다. 인형들을 직접 만질 수도 있고 많은 인형에 둘러싸여 사진도 찍을 수 있다. 중문에 있는 테디베어 박물관과는 다른 장소이니 헷갈려선 안 된다. 매일 09:00~19:00 운영, 18:00 입장 마감. 성인 12,500원. 네이버 예매 시 할인. (126p C:2)

제주 제주시 애월읍 평화로 2159
#테디베어 #인형 #어린이

크랩잭 `맛집`
"오션뷰와 함께 즐기는 랍스터"

제주도의 푸른 바다를 보며 랍스터를 즐긴다면? 그곳이 바로 천국이 아닐까. 특히 해 질 무렵 이곳을 찾는다면 더욱 환상적인 식사를 즐길 수 있다. UFO를 닮은 외관도 독특하고 재밌다. 테라스는 마치 하와이인 듯 이국적이기까지 하다. 로맨틱한 식사는 크랩잭에서 즐겨보자.

제주 제주시 애월읍 애월해안로 765
#랍스터 #UFO #테라스

새별오름

새별오름 `추천` "더 이상 외롭지 않은 아름다운 오름"

중산간 도로에서 바라본 새별오름

새별오름 나들로 왕따나무

매년 3월 중순 열리는 새별오름 들불축제

저녁 하늘 샛별과 같이 외롭게 서 있다고 하여 붙여진 이름. 가을철 억새로 유명한 곳으로 정상에 오르면 푸른 바다와 비양도, 한라산까지 탁 트인 파노라마 뷰가 펼쳐진다. 서쪽 코스는 경사가 가파르지만 빠른 지름길, 동쪽 코스는 경사가 완만하여 천천히 감상하기 좋은 길이므로 취향에 맞게 선택해 탐방해 보자. 서쪽으로 올라 동쪽으로 내려오는 코스를 추천. 매년 봄 제주 들불 축제가 열리는 장소이므로 시기를 맞추어 방문해 보자. (126p C:3)

제주 제주시 애월읍 봉성리 산59-8   #가을여행지 #억새 #제주들불축제

새별오름 억새 "가을 제주, 필수 여행지!"

새별오름은 제주에서도 손꼽히는 억새 명소이다. 가을이 되면 오름 전체가 은빛 억새로 뒤덮여 바람이 불 때마다 파도처럼 일렁이는 모습이 장관을 이루는 곳. 해 질 녘 붉은 노을과 은빛 억새가 만나 빚어내는 환상적인 풍경은 보는 이로 하여금 깊은 감동을 느끼게 한다. 억새밭을 배경으로 가을의 낭만을 담은 사진을 남겨 볼 것. 이곳 억새는 보통 10월 말부터 11월 중순까지가 가장 아름다우니 시기를 맞추어 방문해 보자. (126p C:3)

제주 제주시 애월읍 봉성리 산59-8   #억새명소 #노을 #은빛파도

항파두리 항몽유적지 `추천` "삼별초 최후 항전지"

항몽유적지 나홀로나무
@reummmy_

몽골 침입 때 삼별초가 최후까지 항전한 곳이다. 전라도 전투에서 패한 삼별초는 제주도로 건너와 이곳에 항파두성을 쌓았다. 입장료 무료이며, 홈페이지에서 사전 신청 시 문화관광해설사의 해설을 무료로 들을 수 있다. 해설은 10~16시 각 정각마다 진행된다. 숨겨진 유채꽃 명소이기도 하다. 매일 09:00~18:00 운영, 17:30 입장 마감. 입장료 무료. (127p D:2)

제주 제주시 애월읍 항파두리로 50   #항파두성 #역사여행지 #꽃밭

유년시절 `STAY` "붉은 건물 x 야자수 x 돌담의 이국적인 콜라보

@childhood_stay

나지막한 오름들이 파노라마처럼 펼쳐지는 곳, 제주 대자연 속 프라이빗 스테이. 붉은 건물과 초록빛 야자수, 제주의 흙과 돌이 어우러져 이국적인 정취를 물씬 풍긴다. 실내는 은은한 조명과 나무 가구, 라탄 소재 소품으로 꾸며져 편안하고 아늑한 느낌. 야외 자쿠지에서 밤하늘의 별을 바라보며 하루를 마무리해 보자. 김나영의 한달살이 숙소로 유명하다. (134p B:1)   제주 제주시 애월읍 녹근로 523   #오름 #야자수 #자쿠지

제주특별자치도 애월읍

아르떼뮤지엄 "제주 여행의 핫플레이스! 시공간을 초월하는 영원한 자연!"

빛과 소리가 만들어내는 환상적인 공간, 코엑스 'Wave' 작품으로 유명한 디지털 컴퍼니 d'strict가 주관/제작한 대규모 미디어 아트 전시관이다. 영원한 자연(ETERNAL NATURE) 소재의 10개 테마의 미디어 아트가 전시되어 있으며, 특히 최고의 몰입도를 자랑하는 비치 (Beach) 존이 가장 유명하다. 매일 10:00~20:00 운영, 입장 마감 19:00. 성인 18,000원. (126p B:3)

제주 제주시 애월읍 어림비로 478   #Wave #d'strict #미디어아트전시관

더럭초등학교 "알록달록 무지갯빛 초등학교"

알록달록 무지갯빛 외관 덕분에 학교 전체가 하나의 예술 작품 같은 곳. 규모는 작지만 잘 가꾸어진 초록 잔디 운동장과 예쁜 건물이 어우러져 평화롭고 순수한 분위기. 예쁜 감성 사진을 남기기 좋은 제주 대표 포토스폿이다. 실제로 아이들이 공부하는 공간으로, 평일 수업 시간 중에는 출입이 금지되니 주의할 것. (126p C:2)

제주 제주시 애월읍 하가로 195   #인스타성지 #컬러프로젝트 #매너필요

9.81파크 제주
"도민에게도 인기있는 신나는 카트레이싱"

@sng8229

중력가속도를 뜻하는 이름처럼 중력 가속도만을 이용하여 스피드를 즐기는 무동력 친환경 레이싱파크이다. 제주 바다와 한라산이 보이는 트랙에서 짜릿한 레이싱을 경험할 수 있으며, 기록과 영상은 앱으로 확인할 수 있다. VR 게임, 링고, 스포츠 랩 등 게임과 액티비티 시설을 갖추어 스릴과 재미를 동시에 느낄 수 있다. 매일 09:00~18:00 운영. (126p C:3)

제주 제주시 애월읍 천덕로 880-24
#981파크 #카트레이싱 #잔디밭 #노을

연화못(연화지)
"여름에 연꽃을 찾을 만한 곳"

약 37800여 평에 핀 연꽃의 장관을 볼 수 있는, 제주도에서 가장 큰 연밭이다. 연화못 가운데 육각 모양의 정자 안에 있으면 마치 연꽃 위에 둥실 떠 있는 느낌이 든다. 연꽃을 배경으로 사진 찍기 좋은 장소이다. (126p C:2) 사진ⓒ한국관광 콘텐츠랩

제주 제주시 애월읍 하가리 1569-2
#연꽃 #연밭 #포토존